Science & Technology

生命科学规划教材

"十四五"时期国家重点出版物
出版专项规划项目

微生物学前沿

Frontiers in Microbiology

李文均　主　编

白逢彦　东秀珠　高 福　吕志堂　张立新　副主编

U0389787

化学工业出版社

·北京·

内 容 简 介

《微生物学前沿》由中山大学李文均教授担任主编，中国科学院微生物研究所刘志恒研究员担任名誉主编，国内外有着丰富教学和科研经验的知名微生物学者组成编者团队编写而成。

本书在扼要介绍微生物学研究进展基础上，涵盖原核微生物系统学、放线菌、细菌、古菌、真菌、病毒、人感染性病毒与分子免疫、分子微生物学、化学微生物学、环境微生物学、生命起源与地外生命探索等十一个微生物领域的前沿理论研究进展及技术发展水平。全书各章都配有详实的图表。为了满足读者进一步阅读的需求，每章还附有参考文献。

本书可作为高校生物专业本科生及研究生教材，也可供广大的微生物学工作者查阅参考。

图书在版编目（CIP）数据

微生物学前沿/李文均主编；白逢彦等副主编. —北京：化学工业出版社，2022.6（2023.11重印）
ISBN 978-7-122-40663-7

Ⅰ.①微… Ⅱ.①李… ②白… Ⅲ.①微生物学-研究 Ⅳ.①Q93

中国版本图书馆 CIP 数据核字（2022）第 014157 号

责任编辑：傅四周 装帧设计：王晓宇
责任校对：刘曦阳

出版发行：化学工业出版社有限公司（北京市东城区青年湖南街 13 号 邮政编码 100011）
印 装：北京建宏印刷有限公司
787mm×1092mm 1/16 印张 39¾ 彩插 6 字数 937 千字 2023 年 11 月北京第 1 版第 3 次印刷

购书咨询：010-64518888 售后服务：010-64518899
网 址：http://www.cip.com.cn
凡购买本书，如有缺损质量问题，本社销售中心负责调换。

定 价：199.00 元

编 委 会

前　言

微生物学作为生物学的重要分支学科，是研究历史最为悠久、贡献最大的学科之一。从数千年人类利用自然经验应用微生物酿造食品，历经实验微生物学时期（17～19世纪），即 Antonie van Leeuwenhoek 发明显微镜，开始微生物描述分类，直到 1953 年 J. Watson 和 F. Crick 发现 DNA 双螺旋结构，从而进入现代微生物学时期，将微生物学推到生物科学的前沿。微生物学作为微生物的知识载体，研究所涉及的微生物是地球上最早出现的生命形式：其个体小、繁殖快、数量多、代谢强、易变异，其生物多样性在维持地球生物圈和为人类生存提供广泛的、大量的生物资源和潜在资源方面具有重要作用。同时，它们中有些类群又是人类和其他生物的敌人，如历史上数次流行并杀死了数以万计生命的鼠疫、伤寒、霍乱以及 20 世纪下半叶开始威胁人类的艾滋病和 21 世纪第一个威胁人类的 SARS 冠状病毒引起的非典型肺炎、埃博拉病毒的感染，以及 2019 年底爆发的由 SARS-CoV-2 引起的新型冠状病毒肺炎（COVID-19）。

随着科学技术的迅速发展，微生物学不断革新，当今已形成了基础微生物学和应用微生物学，也可根据研究的侧重面和层次不同，而分为许多不同的分支学科，并不断地形成新的学科和研究领域。如通常按研究对象分，可分为细菌学、放线菌学、真菌学、病毒学、原生动物学、藻类学等；按过程与功能分，可分为微生物分类学、微生物生理学、微生物遗传学、微生物生态学、微生物分子生物学、微生物基因组学、细胞微生物学、化学微生物学等；按生态环境分，可分为土壤微生物学、环境微生物学、水域微生物学、海洋微生物学、宇宙微生物学等；按技术与工艺分，可分为发酵微生物学、分析微生物学、微生物遗传学、微生物技术学等；按应用范围分，可分为工业微生物学、农业微生物学、医学微生物学、兽医微生物学、食品微生物学、预防微生物学等；按与人类疾病关系分，可分为微生物流行病学、临床微生物学、微生物免疫学等。随着现代科学研究理论和技术的不断发展，如大数据、云计算以及 IT、AI、5G 技术的广泛应用，越来越多新的微生物学分支学科正在不断形成和建立。

以中山大学李文均教授为首，汇集国内外有着丰富教学和科研经验的知名微生物学者组成编委会，与时俱进，把握微生物学理论与技术的最新增长点，在以往《现代微生物学》（Current Microbiology，科学出版社，一、二版）的基础上，更新、编写了本书《微生物学前沿》（Frontiers in Microbiology），由化学工业出版社出版。新书内容涵盖了 11 个微生物领域的前沿理论研究进展及技术发展水平。该书新增"人感染性病毒与分子免疫""分子微生物学""化学微生物学""空间微生物学"等内容。全书各个章节都配有详实的图表。为了满足读者需求，每章之后罗列了参考文献，可以作为相关内容的延伸阅读材料。总之，本书作者愿以此书奉献读者，共享微生物学知识与技术，促进我国和人类社会的发展和进步。

本书适用于生物科学、生态学、生物工程、生物技术等专业，也适用于农林、食品等专业的本科生和研究生学习，还可供相关科研与技术人员参考。

最后，感谢在此书编辑出版过程中化学工业出版社所付出的辛苦工作，对于支持、关心和帮助过本书出版的所有单位与同仁，谨表示真挚的感谢！

2021 年 5 月 9 日

目 录

第 3 章
放线菌

092

第 4 章
细菌

126

第 5 章
古菌

211

第 7 章
病毒

339

第 8 章
人感染性病毒与分子免疫
411

第 9 章
分子微生物学

447

第 10 章
化学微生物学

505

第 11 章
环境微生物学

553

第 12 章
生命起源与地外生命科学探索

603

第 12 章
生命起源与地外生态科学探索

第1章

绪　论

　　摘要： 微生物作为地球上最古老的生命形式之一，在伴随地球不断演化的过程中，通过不断进化演化，影响着其他生命，在自然界生命的舞台上扮演着重要角色。微生物学是在分子、细胞或群体水平上研究各类微小生物的形态结构、生长繁殖、生理代谢、遗传变异、生态分布和系统进化等生命活动的基本规律，并将其应用于医学卫生、工业发酵和生物工程等领域的科学。微生物学作为生命科学研究非常重要的组成部分，其研究结果与应对全球经济可持续发展、环境保护、人类健康等社会重大需求等多个层面具有密切联系。近年来，伴随着科学技术的革新和发展，我们对微生物世界的重要性和多样性的认识日益增强。2016 年美国率先启动"国家微生物组计划"，随后欧盟组织以及日本、德国等发达国家和经济体纷纷将微生物科技发展上升到国家战略的高度；我国政府也分别于 2017 年依托中国科学院发起了"微生物组计划"、2018 年依托世界微生物数据中心（WDCM）发起了全球微生物模式菌株基因组和微生物组测序合作计划，我国的微生物研究领域再次迎来重大发展机遇。本章将重点介绍开展微生物学前沿研究的意义，主要涉及前沿研究领域和微生物多样性等内容。

1.1　开展微生物学前沿研究的意义

　　微生物是地球上分布最广泛、生物量最大、多样性最丰富、进化历史最长的生命形式，蕴藏着极为丰富的物种和基因资源，在维护人类健康及地球生态系统物质循环中发挥着不可替代的作用。随着 21 世纪科学技术的快速发展，微生物学的内容也在不断更新和充实。尤其是近年微生物基因组学、环境宏基因组学及相关技术的发展，使微生物学研究发生着革命性的变化。由于微生物具有基因组小的特点，从最开始就引领了基因组学的发展。自第二代测序技术发明以来，基因组学的研究突飞猛进，推进了微生物基因组的研究。以微生物成簇的、规律间隔的短回文重复序列（CRISPR）系统为基础发展起来的基因（组）编辑系统，已经成功应用到不同的物种。从微生物而生，最终又应用回到了微生物，微生物 CRISPR 系统功能与机制的深入挖掘，使基因（组）编辑成功应用于大片段染色体区域操作。基于 CRISPR 系统发展了大片段克隆、大片段缺失、定点修饰、定点突变、基因沉默、RNA 编辑等，如火如荼。不仅如此，基因（组）编辑还可以应用到合成基因组的纠错，在基因组合成的时候可以对基因组进行从头设计，对基因组的重复序列进行删除、移位，在基因组上添加标记序列等。日益庞大的基因组和宏基因组信息，将有助于人们认识微生物的自然进化关系，并对微生物系统学有更加深刻的理解；宏基因组学在环境中的应用，将推进微生物分子生态学的发展；后基因组时代对功能基因组的分析，以及蛋白质组学、代谢组学、生物信息学的出现和发展，将促进微生物药物学、免疫学、微生物法医学、工业化学、生物治理等诸多应用领域的创新。

1.2 微生物学前沿的主要研究领域

1.2.1 微生物组学

微生物组（Microbiome）是指存在于特定环境中所有微生物种类及其遗传信息和功能的集合，其不仅包括该环境中微生物间的相互作用，还包括微生物与该环境中其他物种及环境的相互作用。微生物组学（Microbiomics）是继基因组学之后，生命科学与生物技术研究领域的重大突破之一，全面系统地解析微生物组的结构和功能，明晰相关的调控机制，将为解决人类社会面临的健康、食品和环境等重大系统问题带来革命性的新思路，提供不同寻常的解决方案。

在过去的近 20 年中，微生物组的研究极大地改变了我们对人类生物学的理解，为人类对疾病的认知打开了另一扇大门。人体内存在着数以万亿计的微生物，远高于人体细胞的数目，这些微生物甚至被称为人体的"第二基因组"，对人体健康不可或缺。自2000 年起，美国国家科学基金和美国农业部连续 10 年支持了"联合微生物基因组测序计划"。在 2007 年，美国国家卫生研究院（NIH）启动了为期 10 年的"人类微生物组计划（Human Microbiome Project，HMP）"，该计划是继"人类基因组计划"完成之后一项规模更大的测序计划，也被称为"人类第二基因组计划"，其目标是探索研究人类微生物组的可行性，通过绘制人体不同器官中微生物宏基因组图谱（包括细菌、病毒等微生物），解析微生物群落结构变化对人类健康的影响，同时为其他科学研究提供信息和技术支持。2008 年初，欧盟宣布启动人类肠道宏基因组计划（Metagenomics of the Human Intestinal Tract，MetaHIT），其目的是研究人类肠道中的所有微生物群落，进而了解人类肠道中细菌的物种分布，最终为后续研究肠道微生物与人的肥胖、肠炎等疾病的关系提供非常重要的理论依据。近年来我国科学家也积极参与或牵头实施了中法人体肠道宏基因组研究、十万食源性病原微生物基因组计划、万种微生物基因组计划等。随着微生物组学研究的深入，人们逐渐了解微生物如何介导消化和疾病过程，并发现其与癌症、帕金森病、自闭症和抑郁症等疾病的关系。此外，针对全球的环境微生物国际上也实施几大微生物组计划，主要包括地球微生物组计划（The Earth Microbiome Project，EMP）、全球海洋采样（Global Ocean Sampling，GOS）和海洋生命普查（Census of Marine Life，CoML）等。鉴于微生物组对人类与环境健康的重要性，美国政府在 2016 年 5 月 13 日宣布启动"国家微生物组计划（National Microbiome Initiative，NMI）"，这是奥巴马政府继脑计划、精确医学、抗癌"登月"之后推出的又一个重大国家科研计划。我国政府也分别于 2017 年依托中国科学院发起了"微生物组计划"、2018 年依托世界微生物数据中心（WDCM）发起了全球微生物模式菌株基因组和微生物组测序合作计划，我国的微生物研究领域再次迎来重大发展机遇。

但是各国的微生物组学研究方法和标准不统一，使得数据难以比较及整合，这种

"碎片化"现状造成资源的极大浪费。为此，我国科学家赵立平教授联合德国马普海洋研究所 Dubilier 教授、美国夏威夷大学 Margaret McFall-Ngai 教授于 2015 年 10 月在英国《自然》杂志发文，共同呼吁尽快启动"国际微生物组计划（International Microbiome Initiative，IMI）"。与此相呼应，近 20 名美国科学家同时在美国《科学》杂志上发出类似提议，建议开展"联合微生物组研究计划（Unified Microbiome Initiative，UMI）"（Alivisatos et al.，2015）。这样才能保证不同国家和研究领域能够共享标准，并且实现已有的微生物组研究计划的整合。

1.2.2 微生物系统学

微生物系统学是研究微生物的种类、多样性及其系统进化关系的科学，主要涉及微生物的分类、鉴定和命名。其中微生物分类和鉴定是与基础微生物学和应用微生物学相关的核心科学，而微生物命名法对微生物科学的各个方面都至关重要。国际上微生物系统学的权威工具书《伯杰氏系统细菌学手册》（第二版）和《伯杰氏古菌与细菌系统学手册》均采用基于 16S rRNA 基因序列分析的系统发育分类系统。随着基因组和宏基因组技术的快速发展，微生物系统学已进入基因组时代，基因组数据及其相关生物信息学分析已成为微生物新物种描述的基本指标，而对于未培养微生物的研究和暂定状态类群的描述也严重依赖于宏基因组数据。

微生物多样性丰富的发生是微生物与微生物间、微生物与环境间的相互作用，并受遗传性状控制的进化结果。1859 年，英国生物学家查尔斯·达尔文在《物种起源》一书中提出了进化论的观点，并且认为所有现存的和已灭绝的生物都有一个共同的起源，后人将之称为所有现存物种的共同祖先（Last Universal Common Ancestor，LUCA）。目前地球上最古老的生命证据是在澳大利亚西部地区发现的距今 35 亿年的叠层石，其中含有丝状蓝细菌微化石。根据这些 35 亿年前的化石遗迹，可以推论那时的微生物已经有了不同程度的发展，因而这些早期的生物应该来自更原始的生命形式。所以原始生命（共同祖先）诞生的时间可能距今 35 亿～38 亿年，在这之前进行着被科学家称作"前生命的化学进化"，即在原始的地球环境下利用前生命的物质构建共同祖先的过程。原始生命必须具备两种特性：①代谢，能够转化能量和营养；②遗传，能分配和传递它的遗传特性给子代。早期的代谢是厌氧的，而且可能是化能异养也可能是化能自养，或两者兼有。随着时间的推移，突变和选择可能产生对化学环境变化有更好调节作用的代谢方式，最终是基于卟啉的光合作用的产生。光合作用首先是厌氧的，然后是有氧光合作用并导致有氧大气的出现及其他高等生物的进化。原始生物细胞中的 RNA 有可能是唯一的生物大分子，即所谓的"RNA 生命世代"。可能 RNA 最先负责遗传信息存储和酶的组合功能，然而 RNA 对生物催化并非十分有效；随后蛋白质的出现和催化作用显著地改变了细胞生活。由于生物进化中储存更多遗传信息的需要，作为细胞基因的DNA 开始建立。DNA 由于比 RNA 能够提供更为稳定的遗传信息形式和更精确的拷贝，从而在进化中取代了 RNA 作为遗传信息的储存形式。这样，DNA、RNA 和蛋白质就成为生物进化的物质基础。漫长的生物进化岁月中，微生物生境的多变引起了由核酸构成的基因突变和重组的频繁发生，结果导致微生物生长、遗传变异和消失的进化和分化过程。在这一过程中，地球上生存环境的物理和化学多样性越大，今天我们看到的微生物多样性也越高。

早期生命的起源与演化以及真核生物的出现都是当前生命科学领域尚未完全解决的重大科学问题。目前主要是基于基因组序列数据进行系统发育分析，构建系统发育树来探寻现存生命间的演化关系，进而推断早期微生物生命演化的古老历史，故生命树（Tree of Life）结构是理解微生物演化的关键（Betts et al.，2018）。rRNA 是发现于所有细胞生物中的古老生物大分子，20 世纪 60～70 年代，Woese 等人（1990）率先利用核糖体小亚基 RNA 基因（SSU rRNA）序列来研究物种的进化关系，并将生物分为细菌、古菌和真核生物三大类（Woese et al.，1990）。最新基于 RNA 聚合酶构建系统发生树，仍然支持三域生命树（Da Cunha et al.，2017），如图 1-1 所述。但"三域系统"一直存在争议。20 世纪 80 年代，进化生物学家 Lake 等（1984）通过对不同生物的核糖体结构进行分析后发现真核生物与原核微生物泉古菌具有更近的亲缘关系，认为生物最先分化出细菌和古菌 2 个类群，而真核生物则起源于古菌域的泉古菌门（泉古菌假说，Eocyte Hypothesis）。其后，Martin 和 Müller（1998）提出线粒体和氢化酶体的共同祖先出现在真核生物的祖先中，该假说认为真核生物的形成源于一种依赖氢的严格自养的厌氧古菌宿主和呼吸产生分子氢的细菌共生，指出真核祖先的能量代谢依赖线粒体且是兼性厌氧。之后 Williams 等（2013）通过分别对核糖体大小亚基，以及一些在所有生物体内都保留的与复制、转录、翻译相关的蛋白质序列进行系统发育分析，提出了真核生物起源于古菌域 TACK 超门（Thaumarchaeota，Aigarchaeota，Crenarchaeota and Korarchaeota）的推论，同样支持生命之树为二域分类系统。2015 年，瑞典进化微生物学家 Thijs Ettema 领导的研究团队在北大西洋海底发现了一种全新的古菌门类洛基古菌（Lokiarchaeota），系统发生和细胞功能分析结果表明该古菌类群与真核生物的关系比 TACK 超门关系更近（Spang et al.，2015）。此后科学家陆续发现了多个与洛基古菌有关的古菌类群，如索尔古菌（Thorarchaeota）、奥丁古菌（Odinarchaeota）、海姆达尔古菌（Heimdallarchaeota）、海拉古菌（Helarchaeota）等。因最初的这些古菌类群是以北欧神话中的神来命名的，科学家们以神话中的神域阿斯加德（Asgard）命名这些新发现的古菌超门（又名仙宫古菌）。近期深圳大学李猛教授研究团队从我国的滨海湿地和近海沉积物到西太平洋深渊等样品中发现了 6 个阿斯加德古菌新门，并以中国古典名著《西游记》中大闹天宫的齐天大圣为名，将其中一个更古老的阿斯加德古菌新分支命名为悟空古菌（Wukongarchaeota）（Liu et al.，2021）。基于基因组数据的系统发育分析，有学者提出真核生物可能起源于阿斯加德古菌，进一步支持了 Lake 的二域学说（Zaremba-Niedzwiedzka et al.，2017）。

2003 年，科学家对酷似细菌的米米病毒（Mimivirus，Mimicking Microbe Virus）进行研究，发现该病毒不仅体积巨大，其遗传物质中存在一些以前被认为只有在细菌和其他生物细胞中才存在的基因（Raoult et al.，2004）。十年之后法国学者 Chantal Abergel 及其研究团队在智利沿海和澳大利亚一处池塘发现了一种直径达 $1\mu m$ 的巨大病毒——潘多拉病毒（Pandoravirus），该病毒的基因与地球上已知生物的基因的相似度仅为 6%（Philippe et al.，2013）。由此我们不禁猜测，在现有的三域系统外，有没有可能存在未知的第 4 个生命域呢？这些发现也显示了我们目前对地球微生物的认识有多么浅薄。本书第 2 章，重点介绍了原核微生物系统学；第 3～7 章，分别介绍了放线菌、细菌、古菌、真菌和病毒。

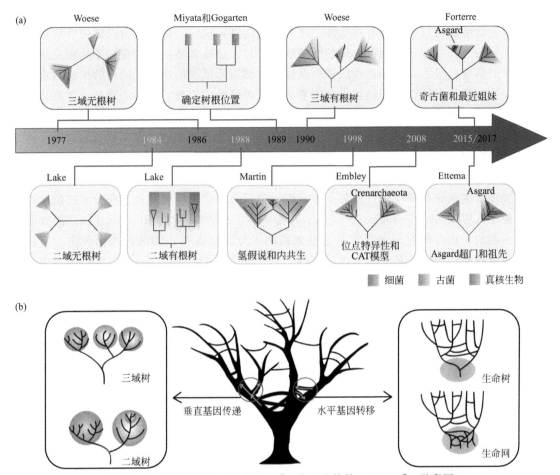

图 1-1　生命树发展及其相关理论［引自（肖静等，2019）］（见彩图）

(a)"三域学说"与"二域学说"代表性的树。Woese 提出"三域学说"，构建三域无根树；Miyata 和 Gogarten 利用旁系同源蛋白分析确定树根位置；Woese 构建三域有根树并确定古菌域主要有两个门；Forterre 在 2017 年加入了新发现的古菌门类进行系统发生分析得到三域树，由此引发新时代关于二域、三域的争论。Lake 根据对核糖体结构分析提出"二域学说"，利用简约法构建二域无根树；其后在 1988 年利用位点特异模型构建二域有根树；Martin 于 1998 年提出氢假说，从能量代谢的角度解释真核是由古菌宿主与细菌的内共生形成的，支持二域学说；Embley 建树时考虑了序列间的氨基酸组成异质性得到二域树；Ettema 定义新的古菌超门 Asgard（绿色的一支），构建的系统发生树显示其与真核关系最近，是真核的祖先，建树结果支持二域学说。(b) 进化树中的垂直基因传递与水平基因转移

1.2.3　人感染性病毒与分子免疫

病毒是一种具有遗传特性、以寄主细胞的代谢功能进行自身复制的非细胞生物。自然界中存活的病毒有胞外和胞内两种状态。在胞外状态下，病毒是由蛋白质包围着核酸的病毒粒子，不具有呼吸和生物合成功能。病毒粒子一旦侵入新的细胞，就开始了胞内状态。在胞内，病毒除进行基因组的复制外，还要合成其蛋白质外壳（Protein Coat）。病毒基因组分子大小是十分有限的，它最初尚不能编码那些由寄主细胞执行的功能。

病毒与细胞染色体一样，也是具有遗传性状的载体。当寄主细胞分裂时，病毒基因组所携带的遗传信息也遗传给新的细胞。然而，病毒的遗传学特性不同于质粒（Plasmid），质粒只是将 DNA 由一个细胞转移给另一个细胞，而病毒却必须在特异寄

主细胞中进行重组增殖，并在细胞裂解后释放出病毒粒子，再度侵染特异性细胞。病毒的这一生物学特性使得它具有致病性。依据科赫法则，确定一种病毒为人感染性病毒需要 4 个标准：在每一病例中都出现相同的病毒，且在健康者体内不存在；要从宿主分离出这样的病毒并得到病毒株；用这种病毒株接种健康而敏感的宿主，同样的疾病会重复发生；从试验发病的宿主中能再度分离培养出这种病毒。但是，科赫法则是一个充分不必要条件，在实际应用时需要灵活对待。时代在进步，科学在发展，科赫法则需要一定的修改和完善，在如今基因组时代，我们完全不用去分离病原体，仅仅通过基因组分析或者目的基因的直接检测（核酸检测），就能快速地判断我们是否被感染，也能通过残留的 DNA 分析，去探索疾病的病因。在许多情况下，病毒是否致病或改变遗传特性还要取决于寄主细胞和环境条件的分子适宜性。分子免疫学是研究免疫反应分子机制的科学。免疫反应（Immunological Response）是由许多称为免疫原（Immunogen）的外源分子引起的。这些外源分子通常是一些致病的大分子化合物，如细胞表面蛋白、多糖等。一旦这些外源分子被免疫系统识别时，它们作为抗原（Antigen）分别作用于免疫细胞而产生特异抗体蛋白或免疫球蛋白（Immunoglobulin，Ig）。另外，生物机体被激活的 T 细胞与特异抗原（致病的细菌、病毒和真菌）作用所引起的体液反应就是所谓的细胞免疫（Cellular Immunity）。

抗原的实质是能与抗体或 T 细胞受体（TCR）反应的所有免疫原。但有些被免疫系统识别的抗原物质也并非真正的免疫原，例如，半抗原（Hapten）就是低分子量的物质，它可以与特异抗体结合但其自身并不诱导抗体产生。半抗原包括糖、氨基酸和小分子的聚合物。在适当的条件下，许多大分子也可作为免疫原，包括几乎所有的蛋白质、脂蛋白，许多多聚糖苷、核酸以及一些胞壁酸（Muramic Acid）。通常其分子质量必须大于 10000 Da 。

免疫反应中抗体或 TCR 并不直接对整个抗原大分子发生反应，而只是与抗原分子上的特定部位或表位（Epitope，又称抗原决定簇）结合。从化学意义上讲，抗原决定簇可以是糖、氨基酸侧链、有机酸和碱基，以及糖类和芳香族基团等。细胞或病毒是一种蛋白质、多糖及其他大分子的镶嵌体，每种镶嵌分子均是一种潜在的抗原。

最常见的抗体是免疫球蛋白（Ig），其中免疫球蛋白 G（IgG）更常存在于体液中。IgG 分子结构有多肽保守区和可变区，与抗原结合的位点处在可变区。IgG 分子有两个抗原结合位点，因此每个 IgG 分子可结合两个抗原分子，又称作双价抗体。

免疫反应具有特异性、记忆性和耐受性三种主要特性。反应的特征类型因抗原的定位和反应条件，以及存在的有关因子而不同。例如，中和（Neutralization）反应是抗体与一种毒素或病毒外壳结合，并阻止其反应；沉淀（Precipitation）反应是一种可溶性抗原与二价 IgG 聚集形成沉淀；凝集（Agglutination）反应是免疫球蛋白与细胞或病毒粒子表面抗原相互作用，形成大的细胞团或粒子凝块。用荧光染料标记抗体或重金属连接抗体，通过荧光显微镜或电子显微镜可检测不同的免疫反应。免疫反应对于机体抵御感染疾病起着重要作用。人工制备抗原决定簇、分子克隆抗原片段及使用抗体微化抗原等技术正在用于生产更为安全有效的疫苗。B 细胞和瘤细胞融合形成杂交瘤细胞生产单克隆抗体，可用于疾病诊断和免疫治疗。此外，单克隆抗体还可用作生物传感器的电子元件。

考虑到跨种传播至人类是人感染性病毒引发大规模疫情的重要原因，而病毒疾病一般和人体免疫和炎症反应密切相关，本书第 8 章将从人感染性病毒和分子免疫两方面对几种重要的人感染性病毒展开讨论。

1.2.4　分子微生物学

分子微生物学是从分子水平上研究微生物生命现象物质基础的学科，是当代分子生物学和微生物学融合交叉的产物，具有广阔的发展前景。微生物全基因组测序，不仅是人类最早和首先完成的第一种生物的全基因组分析，也是迄今为止完成测序基因组种类最多的领域。随着生物信息学的长足发展，借助生物信息学研究平台，人们不仅能够实时在线检索丰富的微生物资源、共享海量的信息数据，还可以利用不断优化的系统平台、新的算法对微生物学各方面作进一步的研究。微生物的基因组天生就是动态的。一个基因 DNA 碱基的改变所引起的密码子的变化，将导致蛋白质分子中氨基酸的改变。这种变化也同样发生在其他 DNA 序列里，影响那些包括调控蛋白质的合成过程。任何 DNA 序列的改变（通常这种改变是有害的）均称为突变（Mutation）。突变可能来自 DNA 复制的错误，也可能是 DNA 分子受到破坏所致。微生物发生的突变在遗传学研究中是不可缺少的。变异菌株的产生使得有关生物遗传和杂交成为可能，这对于绘制基因图谱的 DNA 特异定位是必要的。此外，研究突变菌株对于测定野生型（Wild Type）正常基因的功能也是必要的。

本书第 9 章，结合分子微生物学的理论基础，重点介绍该领域的关键技术及其发展，其内容涵盖基因组学、宏基因组学和基因工程等领域。

1.2.5　化学微生物与合成生物学

今天人们要认知微生物，就必须要研究发生在细胞中的化学过程。一些支配非生命物质的化学和物理原理也同样支配着细胞的各种代谢过程。然而，作为自身复制的生命本质，许多在非生物中难以发现的化学分子只存在于活细胞中。大约有 20 种主要化学元素可以在细胞中发现，但只有氢、碳、氮、氧、磷、硫 6 种元素大量存在于生命系统中。化学元素的原子通过化学键相结合构成了千变万化的分子，而仅仅那些通过氢键和其他弱键构成的分子材料才具有重要的生物分子功能。

众所周知，水是最简单的化学极性分子，是细胞化学的溶剂，创造了一个良好的生物化学溶液系统。因此，无论是在地球上或是外空星球上，有水的存在，才有可能发现微生物这种生命形式。生物大分子是以特异方式构成的细胞"建筑材料"。生物大分子是由许多化学单体（Monomer）结合而成的多聚体（Polymer），重要的生物大分子有核酸、蛋白质、多糖和类脂等。多糖几乎是所有原核生物和植物细胞壁的主要化学组分。细胞中储存能量的一些化合物如淀粉、糖苷等也是多糖。

类脂（Lipid）主要由脂肪酸组成。脂肪酸的高度亲水性（Hydrophilicity）和疏水性（Hydrophobicity）构成了具有特异生理功能的细胞膜。核酸 DNA 和 RNA 是核苷酸（Nucleotide）的聚合物。除了个别病毒 DNA 是单链结构外，多数细胞的染色体 DNA 均是双链。一级结构是核酸序列，RNA 能折叠成不同类型的二级结构，二者均是遗传信息分子。决定细胞性质的因素是构成细胞的蛋白质的种类和数量，因此要了解细胞的功能首先要了解组成细胞的蛋白质。蛋白质是以氨基酸分子结合形成的多肽（Polypeptide），一级结构是氨基酸序列，但多肽的折叠将决定其在细胞中的功能。

微生物学的奠基人 Louis Pasteur 首先认识到化学立体异构对生命的重要意义。他发现作为生命过程固有的不对称性与不具这一特性的非生命化学过程是完全不同的。自然界组成蛋白质的氨基酸既有 L 型也有 D 型，然而构成具有活性的蛋白质的氨基酸除在极少数细菌的胞壁中发现有 D-氨基酸以外，其他都为 L-氨基酸。随着生物死亡时间的推移，部分 L-氨基酸会逐渐消旋化产生 D 型异构体，即形成 D 型和 L 型的混合异构体。生物死亡后大约经过 100 万年的矿化，会形成等量的 L 型和 D 型异构体。因此通过分析 L-氨基酸的消旋化比例可以推测生物的生存年龄。

微生物除了从外界吸收各种营养物质，通过分解代谢和合成代谢，生成维持生命活动的物质和能量外，它还能产生生命活动所必需的次生代谢产物。微生物次生代谢产物具有结构多样性、生物活性多样性及产生菌多样性等特点，在农用和医用抗生素研究与开发中发挥着重要作用。

合成生物学是 21 世纪初在基因组学和系统生物学全面发展的基础上，以工程科学理念引入以生命科学研究领域为特征而形成的新兴前沿交叉学科，它涉及生物、化学、物理、工程、计算机与信息化技术等多领域的综合交叉。2004 年，美国著名科技杂志《麻省理工学院技术评论》（MIT Technology Review）已将合成生物学评选为未来改变世界的十大新技术之一。作为一门新兴的、有望引领生物技术和生命科学领域的颠覆性交叉学科，合成生物学已经登上了历史舞台并体现出了强大的生命力。合成生物学以解决人类社会中的重大问题为出发点，利用"设计—构建—测试—学习"的思想进行生物系统设计，以工程化的生物系统或生物模型来处理信息、操纵生物体，通过人工设计和构建自然界中原本不存在的生物系统，以达到制造材料、生产能源、提供食物、保持和增强人类健康以及改善环境等目的。

随着生命科学的发展，合成生物学已经使人们对遗传信息的认识从基因测序"读"的过程迈入到基因编辑"写"的阶段，真正实现了设计。通过构造人工生物系统，可进一步了解生命系统的基础法则，即"Build to Understand"，体现了合成生物学对生命本质认识的提升。与此同时，通过人造微生物细胞工厂进行高效制造，即"Build to Apply"。微生物作为了解和认识生命活动规律最重要的实验材料，同时也是合成生物学实现"格物致知"的一种非常重要的研究对象和工具。从 Wimmer 实验室首次人工合成脊髓灰质病毒、Venter 研究所依照蕈状支原体（*Mycoplasma mycoides*）的基因组合成人造生命 Synthia，到 Jay Keasling 和 Christina Smolke 的研究组利用酿酒酵母（*Saccharomyces cerevisiae*）分别实现植物来源的药物青蒿酸和阿片类药物的微生物合成，Christopher Voigt 课题组建立的大肠杆菌成像系统，再到最近我国科学家参与完成的全化学合成重新设计酿酒酵母染色体（Sc2.0）及首次创造出单条融合染色体酵母，合成生物学掀起的技术革命已经彻底颠覆了人们过去对于生命科学和生物技术的认知。与此同时，伴随着大数据、人工智能、机器学习和先进装备制造等高新技术的快速发展，合成生物学的发展和应用前景及生物制造属性正在变得越来越清晰，合成生物学将助力产业化的发展，并促进基于微生物细胞的高效智能制造平台技术，帮助解决目前面临的能源、食品、生物医药、环境等各种问题，最终真正实现从"格物致知"到"建物致用"。

本书第 10 章，尝试以化学的视角来介绍微生物的代谢与活性天然产物的物质基础，微生物次生代谢的意义和次生代谢调控，微生物天然产物的结构多样性和应用，在此基础上对微生物天然产物的生物合成及合成途径等进行了论述。

1.2.6 环境微生物学

环境微生物通常是指大量的、丰富多样的、存在于自然界的形态微小、结构简单、肉眼不易看见，须借助光学显微镜或电子显微镜放大数百倍、数千倍，甚至数万倍才能观察到的微小生物。环境微生物不仅是地球环境演化的关键参与者，在生态环境治理和保护中还发挥着重要作用，与人类和其他生物密切相关。自然界的环境条件的复杂多变，决定着不同环境中的微生物群落组成与群体之间的生态系统平衡也会随着环境条件变化而变化。本书第 11 章主要介绍了不同自然环境（如土壤、湖泊水体、海洋等），以及一些极端环境生态系统中的微生物群落结构、组成及变化。

1.2.7 空间微生物学与地外生命

空间微生物学主要研究微生物在空间环境下的生存能力和适应机制，是伴随着载人航天而出现的新兴交叉学科。随着人类活动向太空扩展，地球微生物也随着人类一起登上了太空。例如在"和平"号空间站，人们已经检测到 234 种微生物。微生物在空间环境微重力和高辐射条件下，其表型和基因型方面表现出高度的适应性，其变化一方面可能会影响空间密闭环境内航天员健康以及航天器安全，另一方面可能在生物技术领域具有重大应用前景（Bijlani et al.，2021）。目前借助航天器和地面太空条件模拟设备，研究人员已经对少数微生物及其生理过程进行了研究，还需要对生物技术上重要的微生物进行广泛的研究，从而更好地服务于空间和地面环境的微生物技术和转化应用。

我国空间微生物学奠基人刘长庭教授科研团队在国内最早地从事了空间微生物领域的研究，并成功将优选的微生物工程菌种搭载神舟八号、九号、十号、十一号载人飞船及天宫二号，圆满完成医学及工程微生物搭载任务，并提出了空间微生物分子效应学说（Liu，2017），空间环境影响微生物基因的性质、分子结构与功能，进而产生表型的改变。主要包括 3 个基本理论：①空间微生物毒力突变致病与人体互利共生理论；②空间微生物耐药突变与代谢相关的制药理论；③空间微生物腐蚀与材料改性技术理论。同时也提出了相应的 3 个应用方向：①建立空间微生物安全评估系统，为航天员健康提供保障；②提出感染性疾病防护策略，为治疗地面感染性疾病与药物研发奠定基础；③揭示微生物腐蚀机制，为延长航天器在轨运行时间提供技术支撑。这些理论的发现，对保障人类健康、感染性疾病治疗、药物及功能性食品等研发、延长航天器在轨运行时间具有重大意义，同时也为世界空间微生物学研究提供了新思路。本书第 12 章主要介绍了空间微生物学与地外生命科学探索。

1.3 微生物多样性

生物多样性（Biodiversity）由国际自然和自然资源保护联合会定义为：生物的所有生命形式，它涵盖了所有从基因、个体、物种、种群、群落、生态系统到地景等各种层次的生命形式。微生物是地球上生物多样性最为丰富，用于生物技术革新最有潜力的生物资源。基于高通量测序技术的生物多样性基因组学方法，可以同时对海量的核酸序列进行测序，进而解析环境样本中的生物多样性。在新方法的推动下，针对海洋、陆地、淡水生态系统的生物多样性解码工作迅速展开。在准确快速的物种鉴定基础上，生物多样性的认知得以深入到多样性动态监测、生态网络构建、宿主-微生物关系、入侵物种检测等领域。尽管DNA重组技术可以构建生产人类所需产物的工程菌株，但寻找和发现有开发价值的生命现象仍是当今生物技术发展的起点。

1.3.1　微生物多样性的概念

微生物多样性是生物多样性的重要组成部分。目前对原核生物的生态学和种群概念尚缺乏系统了解，因此估算细菌、古菌和病毒的种类和数量相当困难。近年来，伴随着低成本高通量测序技术的发展、对从单个微生物细胞到复杂微生物群落进行测序所需的样本制备技术的进步、计算和成像技术的改进以及用于数据解析的生物信息学工具的革新，我们对微生物世界的重要性和多样性的认识日益增强。一些大的科学计划加深了人们对特定生态系统中微生物多样性的了解，如旨在尽可能多地对地球微生物群落进行取样，以促进人们对微生物及其与包括植物、动物和人类在内的环境之间关系的理解的地球微生物组计划（Earth Microbiome Project，EMP），目前已覆盖了从北极到南极的七大洲和43个国家，而且有超过500名研究人员为样品和数据收集做出了贡献。该计划在2017年第一次公布的数据中，鉴定出大约30万个独特的微生物16S rRNA基因序列，其中将近90%在现有的数据库中找不到精确匹配的序列（Thompson et al.，2017）。同时技术的革新也大大增加了生物学家们对无法在实验室培养的微生物的特征和功能的认识，而地球微生物组的绝大部分细菌都无法被目前的培养技术培养。利用经典的微生物分类学方法，目前只鉴定出35个细菌和古菌的"门"，但是过去几年的测序研究使这一数量提高到接近1000（Yarza et al.，2014）。同时微生物新类群的发现也使人们对三域生命之树有了新的认识，并揭示了人类对地球生物圈及其进化的认识存在巨大的知识空缺。

基于宏基因组和单细胞基因组技术，借助生物信息学分析手段，从环境中直接获得并解读未培养微生物的基因组信息逐渐成为可能，包括破译一些潜在新门级别的未培养微生物基因组信息，让我们有机会揭开环境中大量存在的未培养微生物的神秘面纱，进而认识环境中微生物的多样性，理解其生理生态潜能和进化历程，给微生物学研究领域带来了巨大变革。微生物多样性还包括细胞形态多样性、细胞化学多样性、代谢多样性、运动多样性、发育多样性、遗传多样性等，这些内容在本书各相关章节中均有详细论述。

1.3.2　生物多样性与天然产物筛选

新的天然产物的发现经常是基于大量的筛选系统筛选新的生物活性菌株（Bioactive Strains）。微生物分类系统的发展可以解决微生物技术中面临的诸多挑战：建立一个高质量的分类鉴定系统，指导筛选过程中对生物活性物质产生菌的正确识别；确定原核微生物多样性的范围，包括有应用价值的微生物的地域分布，能够对目的产物的筛选进行生态系统研究；对生产专利菌种提供详细有效的描述；等。

放线菌和真菌是极具代谢多样性潜力的微生物，尤其是放线菌产生的抗生素是已知抗生素总数的2/3。过去靠传统方法筛选活性微生物，的确获得了许多工业上有价值的产品，但应该指出的是传统的分离筛选放线菌的程序习惯于实用性而忽视合理性，很少重视微生物的选择，结果是重复发现已知化合物，筛选的难度越来越大。因此，现代筛选程序应注意结合选择分离新的分类单元或稀有放线菌（Rare Actinobacteria）设计筛选程序。

自 20 世纪 60 年代新的微生物分类概念和技术的应用，包括化学分类、分子分类和数值分类以及多相分类，从而能正确地鉴定微生物分离菌株。通常认为，新的微生物可能产生新的生物活性物质。因此，不断发展新的微生物选择分离和培养方法是挖掘微生物资源的重要途径。过去常用的平板分离法，只能分离到一些在普通实验室条件下能够生长的微生物，而活的不可培养状态的微生物（Viable But Noncultural Microbes，VBNC）不会被发现。这类微生物包括现有条件下无法分离培养的新菌种，也包括某些因条件改变而成为无法增殖状态的微生物类群。目前一些学者使用"共培养技术"（Co-cultural Technique）探讨 VBNC 类微生物中土壤浸提物（Soil Extract）需求菌株和微菌落（Micro Colony）的分离技术。所谓的土壤浸提物需求菌株是指某些在培养基中必须添加土壤浸提物才能生长的菌株。而微菌落是指那些在固体培养基分裂几代后即停止分裂，不足以形成可见菌落，但转接到液体培养基中培养后可检测到生长特性的菌种。虽然这些难培养微生物对生长条件要求苛刻，分离培养难度大，成功率也小；但一旦这类微生物被分离，就有可能是新菌种，也意味着可能产生新的活性物质。共培养技术就是为了满足 VBNC 类微生物的生长条件，将一些有益微生物或其代谢产物适当加入分离培养基中以促进 VBNC 菌株的生长或代谢活性。利用共培养技术提高活性物质产量的成功例子有，将酿酒酵母或曲霉（Aspergillus）与红曲霉（Monascus）共培养，可使后者发生形态变异，色素产量可提高数十倍。将产生土臭味素（Geosmin）的链霉菌与抗寄生虫药物阿维菌素（Avermectin）产生菌阿维链霉菌（Steptomyces avermitilis）C-18 共培养时，后者的产量显著提高。因此，应用土臭味素高产菌株与不同来源的微生物进行共培养来提高某一微量组分的含量，从而使得在筛选模型上被检出。这一技术正在受到新药筛选者的关注。

未培养微生物蕴藏着大量的未知功能基因和代谢潜能，在生物能源、生物技术和环境领域等方面具有重要的应用潜力。Lewis（2017）指出未培养微生物是探寻新抗生素的重要来源，可以解决目前病原微生物的抗药性和耐药性问题。Lackner 等（2017）利用宏基因组构建海绵共生细菌 Candidatus Entotheonella factor 和 Candidatus Entotheonella gemina 的基因组，并证明它们是海绵中生物活性物质的主要产生者。Ling 等（2015）利用最近建立的 iChip 装置对以前未培养的土壤细菌进行原位培养（培养出50％左右的微生物），获得一种隶属于 β-变形杆菌 Eleftheria terrae 的未培养微生物，该菌株能够产生一种称之为 Teixobactin 的脂肽。Teixobactin 具有广谱的抗菌活性，通过作用于合成细菌细胞壁肽聚糖和磷壁酸前体物质来抑制细胞壁的合成，这样的抗菌机制也决定了病原菌很难对其产生抗药性。

1.3.3　微生物多样性的保护和管理

现在用于发展生物技术的生物多样性资源是不可估量的。然而，生物多样性的丧失正受到从事分类学和生物技术开发研究的微生物学家的关注。虽然现在评价微生物多样性丧失的问题还很困难，因为如前所述，我们对微生物多样性的认识还十分有限，目前探讨这一问题仅是一种理论推测。但当考虑到微生物与动植物和环境所构成的生态系统时，由于动植物物种消失是可以估计的，这就意味着微生物多样性的丧失现象也在发生。据估算，热带雨林生物多样性每年正以1.8%的速度消失，如果再加之无法估计的那些包括湿地、淡水、海洋和其他生态环境中生物多样性的消失，微生物多样性的消失就自然应该受到重视。

微生物多样性的保护有微观和宏观两种途径。宏观途径菌种保护只能保护基因多样性中的很少一部分，微观途径则对微生物基因多样性的保护更有实质意义。对于微生物基因的保护应该弄清楚哪种基因、哪个物种或哪种生态环境需要优先得到保护。由于微生物生态学研究的滞后，以及物种概念尚不确定，其问题的解决显然要比根据宏观生态学已经确定的优先实施的保护策略（濒危物种、保护区等）更为复杂。

近年来，世界各国和国际组织就如何制定微生物多样性利用和保护的行动计划做了很多努力，结果有可能促成一项微生物多样性行动计划的产生。这项计划包括建立推动微生物多样性研究的国际组织，召开关于微生物"种"的概念和分类指征研讨会，提出已知种名录，发展微生物分离、培养和保藏技术，发展微生物群落取样的标准，提出选择自然保护区和其他需要长期保护的生态系统等诸多方面。我们相信随着微生物生态学、系统分类学的发展，不断壮大已经建立的菌种保藏库和基因库、质粒库，以及与其相关的数据库和存取系统，微生物基因库的保存和管理将更有利于人类对微生物多样性的保护和利用。

参考文献

肖静，范陆，吴顶峰，等，2019.古菌、生命树和真核细胞的功能演化.中国科学：地球科学，49（7）：1082-1102.

Alivisatos A P，Blaser M，Brodie E L，et al.，2015. A unified initiative to harness Earth's microbiomes. Science，350（6260）：507-508.

Betts H C，Puttick M N，Clark J W，et al.，2018. Integrated genomic and fossil evidence illuminates life's early evolution and eukaryote origin. Nat Ecol Evol，2（10）：1556.

Bijlani S，Stephens E，Singh N K，et al.，2021. Advances in space microbiology. iScience，24（5）：102395.

Da Cunha V，Gaia M，Gadelle D，et al.，2017. Lokiarchaea are close relatives of Euryarchaeota，not bridging the gap between prokaryotes and eukaryotes. PLoS Genet，13（6）：e1006810.

Dubilier N，McFall-Ngai M，Zhao L，2015. Microbiology：create a global microbiome effort. Nature News，526（7575）：631.

Lackner G，Peters E E，Helfrich E J，et al.，2017. Insights into the lifestyle of uncultured bacterial natural product factories associated with marine sponges. Proc Natl Acad Sci USA，114（3）：E347-E356.

Lake J A，Henderson E，Oakes M，et al.，1984. Eocytes：a new ribosome structure indicates a kingdom with a close relationship to eukaryotes. Proc Natl Acad Sci USA，81（12）：3786-3790.

Lewis K，2017. Antibiotics from the microbial dark matter. FASEB J，31（1 Supplement）：257. 2.

Ling L L，Schneider T，Peoples A J，et al.，2015. A new antibiotic kills pathogens without detectable resistance. Nature，517（7535）：455-459.

Liu C，2017. The theory and application of space microbiology：China's experiences in space experiments and beyond. Environ Microbiol，19（2）：426-433.

Liu Y，Makarova K S，Huang W C，et al.，2021. Expanded diversity of Asgard archaea and their relationships with eukaryotes. Nature，593（7860）：553-557.

Martin W，Müller M，1998. The hydrogen hypothesis for the first eukaryote. Nature，392（6671）：37.

Philippe N，Legendre M，Doutre G，et al.，2013. Pandoraviruses：amoeba viruses with genomes up to 2. 5Mb reaching that of parasitic eukaryotes. Science，341（6143）：281-286.

Raoult D，Audic S，Robert C，et al.，2004. The 1.2-megabase genome sequence of Mimivirus. Science，306（5700）：1344-1350.

Spang A，Saw J H，Jørgensen S L，et al.，2015. Complex archaea that bridge the gap between prokaryotes and eukaryotes. Nature，521（7551）：173.

Thompson L R，Sanders J G，McDonald D，et al.，2017. A communal catalogue reveals Earth's multiscale microbial diversity. Nature，551（7681）：457.

Williams T A，Foster P G，Cox C J，et al.，2013. An archaeal origin of eukaryotes supports only two primary domains of life. Nature，504（7479）：231.

Woese C R，Kandler O，Wheelis M L，1990. Towards a natural system of organisms：proposal for the domains Archaea，Bacteria，and Eucarya. Proc Natl Acad Sci USA，87（12）：4576-4579.

Yarza P，Yilmaz P，Pruesse E，et al.，2014. Uniting the classification of cultured and uncultured bacteria and archaea using 16S rRNA gene sequences. Nat Rev Microbiol，12（9）：635-645.

Zaremba-Niedzwiedzka K，Caceres E F，Saw J H，et al.，2017. Asgard archaea illuminate the origin of eukaryotic cellular complexity. Nature，541（7637）：353.

（李文均 周恩民）

第2章

原核微生物系统学

摘要：原核微生物包括细菌域和古菌域两大类群，分类学是原核微生物系统学的主要研究内容。原核微生物纲及以下等级分类单元的命名遵循《国际原核微生物命名法规》。多相分类可用于所有水平分类单位的描述和定义，是原核微生物分类的共同途径。国际上微生物系统学的权威工具书《伯杰氏系统细菌学手册》（第二版）和《伯杰氏古菌与细菌系统学手册》均采用基于 16S rRNA 基因序列分析的系统发育分类系统。虽然存在很多问题，但至少在属及以上等级仍然是"原核微生物分类学的主干"（Anantharaman et al.，2016；Bertrand et al.，2018）。随着基因组和宏基因组技术的快速发展，原核微生物系统学已进入基因组时代，基因组数据及其相关生物信息学分析已成为新种描述的基本指标，而对于未培养微生物的研究和暂定状态的描述也严重依赖于宏基因组数据。本章首先介绍原核微生物的概念演变、进化、结构特征、生态分布和细胞分子生物学基础，在此基础上介绍原核微生物的分类命名和多相分类研究方法，最后对基因组时代原核微生物系统性研究进展和未培养微生物及其分类研究进展进行了系统论述。

2.1　原核微生物的描述和定义

原核微生物（Prokaryote）一般指无核膜包裹，只存在称作核区（Nuclear Region 或 Nuclear Area）的裸露 DNA，也没有线粒体或任何其他膜分隔的细胞器的原始单细胞生物，偶尔有原核微生物为多细胞生物。原核微生物在没有配子融合的情况下繁殖，是地球上最早和最原始的生命形式。在三域系统中，原核微生物包括细菌域和古菌域。一些原核微生物，例如蓝细菌，是能够进行光合作用的光合营养微生物。许多原核微生物都是能够在各种极端环境中生存和繁衍的极端微生物，包括热液喷口、热泉、盐湖、沼泽、湿地以及人类和动物的内脏。原核微生物几乎可以生长在任何环境中，并且是人类微生物菌群的重要组成部分，可谓"无处不在，处处在；无时不有，时时有"。

2.1.1　原核微生物概念的提出与演变

当谈到一种生物是否属于某种人们认识并已命名的分类单元时，我们可以说：甲烷杆菌属（*Methanobacter*）属于古菌域（Archaea），雉鸡（*Phasianus colchicus*）属于鸟纲（Aves），这个细菌是大肠埃希菌（*Escherichia coli*，即大肠杆菌）。这时，我们至少考虑到了一个分类系统和对进化理论的理解，这使我们对该系统的合法性有信心。但是，什么是原核微生物，甚至要不要保留这一概念，却一直是存在争议的。因为它一直被所有生物学文献所使用，所以很难停止使用原核微生物这个词。

原核微生物的概念从提出至今发生了很大的变化。1957 年，Dougherty 镜检发现细菌细胞核比其他生物细胞核简单，因而提议把细菌的细胞核称为原核，其他生物的细胞核则称为真核，并将生物分为原核微生物和真核生物（Eukaryote）两大类。这是原核微生物概念首次正式用于系统学。

1962 年，Stanier 和 van Niel 共同发表《细菌概念》，明确指出细菌细胞代表了一种可定义的、生物学上连贯的生物群，是原核细胞。原核微生物的主要特征是：①不具区隔细胞核和细胞质的细胞核膜，不具含有光合作用或呼吸作用相关酶机制的细胞器；②通过裂变进行核分裂，而不是通过有丝分裂，这可能与存在携带细胞所有遗传信息的单一结构有关；③存在细胞壁，其中含有特定的肽聚糖赋予了细胞壁机械强度。

1974 年，《伯杰氏鉴定细菌学手册》（第八版）正式列出原核微生物界（Kingdom Prokaryota），下设蓝细菌门（Division Cyanobacteria）和细菌门（Division Bacteria）两个门。但同样在《伯杰氏鉴定细菌学手册》（第八版）中 Murray 却认为"蓝藻与细菌有关系（Allied to Bacteria）"，并未说蓝藻是细菌，原核微生物、细菌与蓝藻三者之间不能划等号。

Woese 在原核微生物核糖体核糖核酸（Ribosomal Ribonucleic Acid，rRNA）编目和测序方面的开创性工作，在生物学史上首次提供了一种为生物体建立真正的系统发育系统的手段，而在以前认为是不可能实现的目标。1977 年 Woese 等人将 16S SSU rRNA 的寡核苷酸序列作为分子/进化计时器，提出独立于真细菌和真核生物之外的生命的第三种形式——古细菌，建立了三域系统（The Three-Domain System）。该系统将细胞生命形式划分为古菌、细菌和真核生物三个域（Domain）（图 2-1），它强调原核微生物分为两组，最初称为真细菌（Eubacteria）和古细菌（Archaebacteria），现分别称为细菌（Bacteria）和古菌（Archaea）。Woese 及其同事依据 16S SSU rRNA 基因序列分析建立的三域系统得到了核酸杂交和 23S LSU rRNA、腺苷三磷酸酶 β 亚基及延伸因子 Tu 的序列分析的有力支持，也与化学分类结果相符。值得一提的是，Woese 最初将三个系统发育类群称为"界"（Kingdom），直到 1990 年才正式称为"域"（Domain）（Woese et al.，1990）。

随着各方面研究的进展，学术界对于 Stanier 和 van Niel 提出的"原核微生物"产生了争议，认为它从根本上与生命的三域系统相矛盾。原生生物不是单系的，原生生物是由消极特征定义的，"原核微生物"这个词意味着真核生物是原核微生物进化来的，这个词是不准确的。Pace（2009）认为原核微生物的概念具有误导性，并建议禁止将"原核微生物"这个词用于科学文献。他认为，原核微生物一词是指缺乏核，因此它是从负面定义细胞的（即原核细胞没有什么细胞结构），是"因而无科学、无效的描述"。《原核微生物》（The Prokaryotes，4th ed.）也认为 Stanier 和 van Niel 提出的原核微生物概念确实是令人沮丧的极简主义。例如，细菌和古菌细胞壁中存在很多组成变异，裂变（二分裂）也不是细菌或古菌分裂的唯一途径，这都是这个定义所不能涵盖的。

事实上，自 1962 年提出原始提案以来，原核微生物概念的实验证据得到了极大的丰富。今天，原核微生物的概念包括对原核细胞和真核细胞之间差异的分子基础的更多理解。此外，它承认原核微生物的古老、丰富和多样性。Whitman 接受了 Stanier 和 van Niel 提出的原核微生物的概念，但是认为这个概念需要现代化，以便在"原核微生

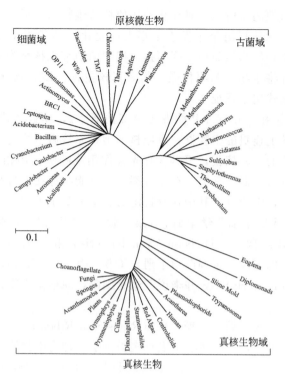

图 2-1   古菌域、细菌域和真核生物域基于 16S rRNA 基因序列的系统发育树
原核微生物包括古菌域和细菌域，真核生物仅包含真核生物域

物"的定义中更具体；原核微生物的"现代概念"认为原核微生物包括细菌和古菌两个系统发育群，因为它们都缺乏真核细胞结构。Martin 和 Koonin（2006）认为，原核微生物是在其主要染色体上具有共转录翻译的细胞，它们将新生的 mRNA 翻译成蛋白质。这个特征的存在使它们与具有细胞核并且不在其主染色体上翻译新生转录物的细胞区分开来。虽然历史上建立在负性状（缺乏核）的基础上，但术语"原核微生物"确实特别指定了由正性特征定义的生物。

由于微生物包括了三域系统中的细菌域、古菌域和部分真核域生物，因而习惯上把细菌和古菌称为原核微生物（Prokaryotic Microorganism），而把真核生物域的真菌、原生动物、显微藻类等统称为真核微生物（Eukaryotic Microorganism）（图 2-1，Whitman，2009）。

在分析从日本海域 1240m 深处热泉附近采集的样本时，日本千叶大学的科学家发现了一个单细胞生物，它附着在一根属于深海有鳞蠕虫的毛上。令人惊讶的是，竟然无法确定这种生物到底是真核生物还是原核微生物：其 DNA 并不呈游离态，却被包裹在一个有别常识的未成形细胞核内。也就是说，它不是原核微生物，但也不是真核生物，而是介于两者之间的一种生命形式。最终被命名为 *Parakaryon myojinensis*（意为"源自明神的准真核生物"）的这一奇特生物或将阐明数十亿年前细胞核所选择的道路。

2.1.2   原核微生物的进化

地球化学和化石证据表明，地球上的生命起源于 35 亿～40 亿年前，以早期的二氧化碳、一氧化碳、蒸汽、氮气、氢气和氨气为食。虽然古代微化石的形式类似于现代原核微生物，但化石记录中的分子性质几乎没有其他证据。然而，有证据表明 25 亿年前存在丰富的原生生物，包括广泛的微化石和叠层石或化石微生物垫，以及地球化学记录中生物过程的主要特征，如无机碳酸盐中 ^{12}C 的减少和复杂有机物的沉积中 ^{12}C 的富集。到这个时候，早期地球的还原型大气逐步被氧化型大气所替代，并且可能是因为在细菌域内完全进化了含氧光合作用。基于 rRNA 和蛋白质编码基因的分子钟表明古菌域和细菌域此时已经分化。此外，在细菌域内，许多深层类群或门已经形成，包括蓝细菌门（Cyanobacteria）、变形菌门（Proteobacteria）和厚壁菌门（Firmicutes）的现代谱系。在古菌域内，泉古菌门（Crenarchaeota）和广古菌门（Euryarchaeota）已经分化，广古菌门内许多主要的产甲烷菌谱系也已经分化。

相比之下，第一批明显真核生物的化石大约出现在 18 亿年前。对现代真核生物中分子多样性的分析表明，该群体在 11 亿至 20 亿年前开始多样化。因此，真核生物很可能是在原核微生物获得其现代复杂性后才进化而来的。

但是，到底生命的三个域（古菌、细菌和真核生物）是如何进化的？这仍然是一个有争论的问题。近年来，细胞融合假设，即通过细菌和古菌之间的细胞融合事件引起的真核生物的说法较为流行，但这种融合因为是生命史上的"一次性"事件而无法进行科学测试。域细胞理论（Domain Cell Theory，DCT）认为生命的三个域中的每一个都来自一个已存在的祖先，每个域代表一个独特的独立细胞谱系。域细胞理论与核室共性（Nuclear Compartment Commonality，NuCom）假说兼容，该假说认为细菌和真核生物都是有核生物的后代。依据 rRNA、蛋白质组中的结构域和序列基序，以及分子功能构建的生命树（ToLs）中浮霉状菌-疣微菌-衣原体超门［*Planctomycetes-Verrucomicrobia-Chlamydia*（PVC）superphylum］呈极早期细菌分支支持这一结论。最近，Staley 和 Caetano-Anollès（2018）根据比较基因组学和系统发育组学研究结果提出了古菌优先模型（Archaea-First Model），该模型认为古菌是第一个从生命最后共同祖先多样化而成的域，进而形成细菌和真核生物。

2.1.3　原核微生物的结构特征

在原核微生物中，所有细胞内水溶性组分、蛋白质、DNA 和代谢物一起位于由细胞膜包围的细胞质中，而不是在单独的细胞区室中。细菌确实具有基于蛋白质的细菌微区室，其被认为充当包裹在蛋白质壳中的原始细胞器。一些原核微生物，例如蓝细菌，可能形成大的菌落。其他的，如黏细菌，在其生命周期中具有多细胞阶段，并可形成具有特定形态的子实体。

原核微生物具有细胞骨架，其比真核生物更原始。除了肌动蛋白、微管蛋白和中间丝蛋白的同源物之外，鞭毛的螺旋排列的构建块——鞭毛蛋白是细菌中最重要的细胞骨架蛋白之一，提供趋化性的结构背景，即细菌的基本细胞生理反应。至少一些原核微生物含有可被视为原始细胞器的细胞内结构。膜生细胞器或细胞内膜在一些原核微生物组中是常见的，例如用于特殊代谢特性（例如光合作用）的液泡或膜系统。一些物种还含有蛋白质封闭的微区室，其具有不同的生理作用。

2.1.4　原核微生物的生态分布

原核微生物几乎遍布在任何地方，它们的存在决定了生物圈。在大气中 77km 高度和地下 2km 的深度都检测到了原核微生物的存在。土壤、淡水、海水、树木的叶子和根内、无脊椎动物和脊椎动物的肠道以及地下含水层都被高度专业化的原核微生物种群所定植。地球上原核微细胞的数量可能在 10^{30} 的数量级，并且它们的生物量与植物的生物量相当。

原核微生物的丰富性使它们能够在生命主要元素的地球化学循环过程中发挥关键作用，包括 C、N 和 S。例如，除了稀有气体外，原核微生物有助于生成大气中所有含量丰富的气体。例如大气里的甲烷和一氧化二氮的主要来源就是原核微生物。同样，对于一些物质循环的关键步骤几乎完全由原核微生物催化。在氮循环中，生物固氮、反硝化和硝化过程通常只能由原核微生物完成。在硫循环中，异化硫酸盐还原和厌氧硫化物氧化也仅能由原核微生物完成。

古菌具有独特的古老进化历史，是地球上最古老的生物物种。过去人们常常强调古菌通常生活在极端环境中，如大洋底部的高压热液口、热泉、盐碱湖等高温、高酸、高盐等环境，但实际上在农田、河湖底泥、牛的瘤胃等普通环境中也大量分布有古菌。沼气发酵中产生甲烷气体的产甲烷菌是最常见的古菌之一。

细菌在温和环境中分布广泛，数量大。多数已知的致病原核微生物属于细菌。例如，在受氮、磷等元素污染后引起富营养化的海水"赤潮"和湖泊"水华"的蓝细菌（Cyanobacteria）（旧称蓝藻）、水体和食品等粪便污染的指示菌大肠杆菌、益生菌双歧杆菌和抗生素生产常用的放线菌都属于细菌。

2.2 原核微生物的细胞分子生物学基础

原核微生物的细胞组织对其生理和生化过程至关重要，并且它们与真核生物的区别明显：

① 不存在核膜，转录和翻译通常是偶联的。因为 DNA 不是隔离到细胞核内，所以也可以用阻遏物和结合代谢物的激活剂调节转录。在这个意义上，转录调节进一步与代谢相关。而在真核生物中，主要的代谢过程发生在线粒体、叶绿体和细胞质中，并从细胞核里的转录中分离出来。

② 原核细胞通常小于真核细胞。细胞大小确定了细胞的表面积与体积比，这决定了营养摄取的速率和类型。它还允许小分子物质和蛋白质在整个细胞中快速扩散，这提供了耦合代谢和调节的机制。

③ 细胞质膜在原核微生物中是多功能的，并且代表细胞的确定结构。通过呼吸、光合作用或 ATP 水解在细胞质膜上产生质子动力，以赋予关键的细胞过程，例如 ATP 生物合成、通过反向电子传递的 NAD^+ 还原、营养摄取、运动和分泌。原核微生物利用细胞表面上的膜转运蛋白来吸收溶解在其环境中的营养物质。在许多原核微生物中，细胞质膜具有由薄片、小管或其他细胞质膜内陷形成的复杂拓扑结构——间体。相反，真核生物的细胞质膜在结构和功能上非常不同。真核生物通常通过吞噬作用吸收颗粒物质，这种过程在原核微生物中一般不会发生。

④ 真核生物具有复杂的内膜系统，形成了在结构、功能乃至发生上具有一定联系的膜相结构和细胞器，包括线粒体、叶绿体、高尔基体、内质网等。目前仅在部分原核

微生物类群发现了内膜系统，但远较真核生物简单。

2.2.1 原核微生物的形态与大小

原核微生物具有不同的细胞形状。最常见的细菌形状多为球形、杆状或螺旋形，柄杆菌、球衣菌、支原体、放线菌和黏细菌具有特殊的形态。

球菌有单球、双球、四联、八叠和葡萄球菌，球形细胞一般是均匀的，如化脓性链球菌（*Streptococcus pyogenes*）。杆菌有的为钝端，如枯草芽孢杆菌（*Bacillus subtilis*），有的为锥形末端，如具核梭杆菌（*Fusobacterium nucleatum*）。螺旋菌是细胞呈弯曲杆状细菌的统称，一般分散存在。根据其长度、螺旋数目和螺距等差别，分为弧菌、螺菌和螺旋体。如霍乱弧菌（*Vibrio cholerae*）细胞呈弧形，梅毒螺旋体（*Treponema pallidum*）的细胞呈螺旋弯曲。还有的细菌缺乏特征性形状，呈多形性，如白喉棒状杆菌（*Corynebacterium diptheriae*）和缺乏细胞壁的支原体（Mycoplasma）。此外，很多放线菌呈分枝的丝状，并具有基内菌丝、气生菌丝和孢子丝的分化，如灰色链霉菌（*Streptomyces griseus*）等，速生生丝微菌（*Hyphomicrobium facilis*）具有不规则但特征性的形状；黏细菌具有营养体阶段和子实体阶段等（图2-2，Zhang et al.，2003）。

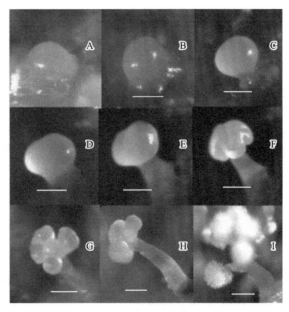

图2-2　软骨霉菌（*Chondromyces* sp.）BD20子实体的形态发生过程（标尺代表500μm）
A. 出现黏液堆；B. 黏液堆出现30min后；C. 黏液堆出现80min后；
D. 黏液堆出现2.5h后；E. 黏液堆出现4h后；F. 黏液堆出现8h后；G. H. I. 黏液堆随后形态

通常，真核细胞的大小显著大于原核细胞的大小。原核细胞的直径通常为0.2~2.0μm，长度为1~6μm。某些螺旋体可能长达250μm，但它们的直径却只有约100nm，也有例外，一些原核细胞可能具有更大的尺寸，例如纳米比亚硫珠菌（*Thiomargarita namibiensis*）的直径高达750μm，细胞体积达200000μm³，费舍尔森刺骨鱼菌（*Epulopiscium fishelsoni*）大小为600μm×80μm，它们比许多原生生物都要大。相反地，人们也在不同环境中发现了一些特别微小的细菌和古菌，其细胞直径小于0.2μm，体积小于0.1μm³，这些微生物通常被称为"纳米细菌"，例如 *Candidatus*

Pelagibacter ubique 的细胞体积约 $0.01\mu m^3$，*Candidatus* Actinomarina minuta 的平均细胞体积约 $0.013\mu m^3$。即使在营养丰富的培养基中，纳米细菌大小也保持不变。更小的体积增加了细胞表面积与体积比（S/V），并且与较大细胞体积相比具有下列明显优势：细胞中的营养物吸收和扩散更有效，免受捕食者捕食，有利于占据微环境。

此外，少数被称为微微型真核生物或超微型真核生物（Picoeukaryotes）的大小与原核微生物相似，例如，真核藻类金牛微球藻（*Ostreococcus tauri*）的平均长度为 $(0.97\pm0.28)\mu m$，平均宽度为 $(0.70\pm0.17)\mu m$。

2.2.2 原核微生物的基本细胞结构与功能

原核细胞不像真核细胞那么复杂。它们没有真正的细胞核，因为 DNA 不包含在膜内或与细胞的其余部分明显分离，而是在称为核区（或拟核、类核）的细胞质区域中盘绕。原核微生物的细胞结构包括一般细胞结构如细胞壁、细胞膜、细胞质、拟核、贮藏物，特殊结构如荚膜/黏液层、鞭毛、菌毛、性毛、芽孢、间体及类囊体等内膜结构等。一般结构是一般细菌都有的构造，特殊结构是部分细菌具有的或在特殊环境下形成的构造（图 2-3）。

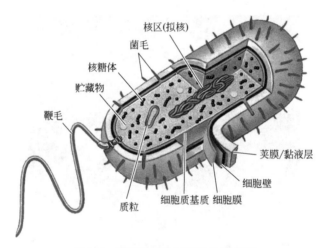

图 2-3　原核微生物细胞结构模式图

细胞壁（Cell Wall）：位于细胞表面，内侧紧贴细胞膜的一层较为厚实、坚韧的外被。细菌细胞壁具有刚性框架肽聚糖（胞壁质）骨架，肽聚糖是通过肽链交联的多糖，其中的肽有四肽尾和肽桥两种，多糖由 N-乙酰葡糖胺和 N-乙酰胞壁酸相互间隔连接而成。细胞壁的功能包括：固定细胞外形和提高机械强度，使其免受渗透压等外力损伤；为细胞的生长、分裂和鞭毛运动所必需；阻拦大分子（分子量＞800）有害物质进入细胞；赋予细菌特定的抗原性、致病性以及对抗生素和噬菌体的敏感性。几乎所有细菌的细胞壁都由周质间隙（Periplasmic Space）与细胞膜分开。

细胞质（Cytoplasm）：细胞质是一种凝胶状物质，主要由水组成，还含有酶、盐、细胞成分（例如核糖体、质粒、贮藏颗粒等）和各种有机分子。而细胞质基质（Cytoplasmic Matrix），又称胞质溶胶（Cytosol），是细胞质中均质而半透明的胶体部分，充填于其他有形结构之间。细胞质基质的化学组成可按其分子量大小分为三类，即小分子、中等分子和大分子。小分子包括水、无机离子；属于中等分子的有脂类、糖类、氨基酸、核苷酸及其衍生物等；大分子则包括多糖、蛋白质、脂蛋白和 RNA 等。

细胞膜（Cell Membrane）或质膜（Plasma Membrane）：紧贴在细胞壁内侧，包围着原生质的一层柔软、脆弱、富有弹性的半透性薄膜，厚度 7～8nm，由磷脂和蛋白质组成，蛋白质嵌埋在磷脂双层分子中形成液态镶嵌结构。膜的流动性很大程度上取决于不饱和脂肪酸的结构和相对含量。细胞膜上长链脂肪酸的链长和饱和度因细菌种类和生长温度而异，通常生长温度要求越高的种，其饱和度也越高，反之则低。细胞膜的主要功能：选择性地控制细胞内、外的营养物质和代谢产物的运送；是维持细胞内正常渗透压的屏障；合成细胞壁和糖被的各种组分〔肽聚糖、磷壁酸、脂多糖（LPS）、荚膜多糖等〕的重要基地；膜上含有氧化磷酸化或光合磷酸化等能量代谢的酶系，是细胞的产能场所；是鞭毛基体的着生部位和鞭毛旋转的供能部位。

核区（Nuclear Region）：也称为拟核（Nucleoid）、核体（Nuclear Body）或染色质体（Chromatin Body）。存在于原核微生物，是没有由核膜包被的遗传物质，也不与组蛋白结合形成高级螺旋化状态。细菌的染色体通常是单个的共价闭合环状 dsDNA 分子，超螺旋并高度折叠，通常不与膜结合，但是少数例外，例如小梨形菌属（*Pirellula*）具有围绕类核区域的单个膜，隐球出芽菌（*Gemmata obscuriglobus*）的核体被两个膜包围。

核糖体（Ribosomes）：核糖体是负责蛋白质合成的细胞结构。原核细胞的核糖体比真核细胞中的核糖体小得多。细胞中的核糖体分散在整个细胞质中，而不像真核细胞中常见的那样附着在内质网上。原核核糖体占干细胞质量的 10％左右，沉降系数为 70S，由大（50S）、小（30S）两个核糖体亚基组成。大肠杆菌 50S 核糖体亚基由 34 种核糖体蛋白和 5S、23S rRNA 分子组成，30S 小亚基由 21 种核糖体蛋白和 16S rRNA 组成。

荚膜（Capsule）：也叫糖被（Glycocalyx），是包被于某些细菌细胞壁外的一层厚度不定的胶状物质。糖被按其有无固定层次、层次厚薄又可细分为大荚膜（Macrocapsule）、微荚膜（Microcapsule）、黏液层（Slime Layer）和菌胶团（Zoogloea）。荚膜的主要成分是水（＞90％），其次是多糖、多肽或蛋白质，尤以多糖居多。经特殊的荚膜染色，特别是负染色（又称背景染色）后可在光学显微镜下清楚地观察到它的存在。产生荚膜是微生物的一种遗传特性，其菌落特征及血清学反应是细菌分类鉴定的指标之一；荚膜等并非细胞生活的必要结构，但它对细菌在环境中的生存有利；荚膜形成与环境条件密切相关。荚膜的主要作用：可以帮助细菌在菌落中保持在一起和/或为细胞提供一些保护；可以在细胞被其他生物吞噬时保护细胞；有助于保持水分，并帮助细胞黏附在表面和营养物上。

菌毛（Fimbrum，复数形式为 Fimbria）：也称为伞毛，长在细菌体表的纤细、中空、短直、数量较多的蛋白质类附属物，具有使菌体附着于物体表面的功能。每个细菌有 250～300 根菌毛。有菌毛的细菌一般以革兰氏阴性致病菌居多，借助菌毛可把它们牢固地黏附于宿主的呼吸道、消化道、泌尿生殖道等的黏膜上，进一步定植和致病。

性毛（Pili，单数形式为 Pilus）：又称性菌毛（Sex-Pili），构造和成分与菌毛相同，但比菌毛粗、长，数量仅一至少数几根。性毛一般见于革兰氏阴性细菌的雄性菌株（即供体菌）中，其功能是向雌性菌株（即受体菌）传递遗传物质。有的性毛还是 RNA 噬菌体的特异性吸附受体。

鞭毛（Flagellum，复数形式为 Flagella）：某些原核细胞表面着生的一至数十条长丝状、螺旋形的附属物，具有推动原核细胞（例如细菌）运动的功能，为细菌的"运动器官"。鞭毛是长而呈鞭状的突起。原核细胞的鞭毛运动不是"挥鞭"式，而是围绕细胞壁中的"轴承"旋转，以与螺旋桨向前推进某些船只的相同的方式驱动细胞前进。

芽孢（Endospore 或 Spore）：某些细菌在其生长发育的一定时期（后期），在细胞内形成一个圆形或椭圆形、厚壁、含水量极低、抗逆性极强的休眠体，而非繁殖体，称为芽孢（也叫内生孢子）。

质粒（Plasmid）：广泛存在于原核微生物细胞的染色体（或拟核）以外的 DNA 分子，存在于细胞质中。从分子组成看，一般为 DNA 质粒，且多为共价闭合环状双链 DNA，也有线性 DNA 质粒和 RNA 质粒。真核生物一般没有质粒，酵母的 $2\mu m$ 质粒存在于细胞核中。质粒具有自主复制能力，使其在子代细胞中也能保持恒定的拷贝数，并表达所携带的遗传信息。质粒不是微生物生长繁殖所必需的物质，可以获得，也可自行丢失或人工处理而消除，如高温、紫外线等。质粒携带的遗传信息能赋予宿主菌某些生物学性状，有利于细菌在特定的环境条件下生存。

间体（Mesosome）：通过质膜的折叠内陷形成的原核细胞的结构，但并非所有原核细胞都具有。具有间体的原核细胞的呼吸相关的酶部分位于质膜内褶上。

贮藏物（Reserve Material）：又称为食物颗粒（Food Granule）、胞质贮藏内含物（Cytoplasmic Storage Inclusion），是一类由不同化学成分累积而成的不溶性沉淀颗粒，主要功能是贮存营养物。贮藏物种类众多，功能各异：

$$
贮藏物 \begin{cases} 碳源及能源类 \begin{cases} 糖原颗粒：大肠杆菌、克雷伯菌、芽孢杆菌等 \\ 聚 \beta\text{-羟基丁酸酯（PHB）：固氮菌、产碱菌和肠杆菌等} \\ 硫粒：紫硫细菌、丝硫细菌、贝氏硫杆菌等 \end{cases} \\ 氮源类 \begin{cases} 藻青素：蓝细菌 \\ 藻青蛋白：蓝细菌 \end{cases} \\ 磷源——异染粒：迂回螺菌、白喉棒杆菌、结核分枝杆菌 \end{cases}
$$

2.2.3 原核微生物的细胞骨架

长期以来，人们认为原核微生物是没有细胞骨架的生物体，细胞骨架是用于区分原核微生物和真核生物的特征。然而，在过去的几十年中，已经证明，除了刚性细胞壁（"外骨骼"）之外，除了柔壁菌门（Tenericutes）外，原核微生物具有与构成真核生物细胞骨架同源的结构，例如，肌动蛋白、微管蛋白和中间丝蛋白。这些原核微生物对应物在结构和功能水平上表现出相当大的多样性。除肌动蛋白、微管蛋白和中间丝蛋白外，原核微生物可能具有真核生物中没有同源物的特异性细胞骨架蛋白。原核细胞骨架蛋白参与细胞分裂、DNA 分离、细胞形态发生和运动（图 2-4，Bertrand et al.，2018）。细胞骨架的出现是原核微生物的一种"发明"，因此是地球上生命史上的早期事件。在下文中，将描述主要的原核细胞骨架元件。

2.2.3.1 原核微生物微管蛋白同系物

原核微生物微管蛋白同系物中研究最多的是 FtsZ 蛋白。该蛋白质存在于大多数细菌和几种古菌中，在细胞分裂中起着重要作用。FtsZ 也存在于线粒体和叶绿体中，因此提供了这些细胞器和原核微生物之间进化关系的进一步证据。在细胞分裂过程中，FtsZ 蛋白聚合在细胞中间形成环（Z 环），并附着其他分裂蛋白形成分裂体（Divi-

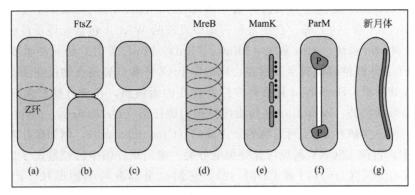

图 2-4　一些原核细胞骨架元件的示意图和定位（见彩图）

（a），（b），（c），FtsZ，在细胞中间形成一个环；（d）MreB，在细胞内部形成螺旋状
细丝，位于细胞质膜下方；（e）MamK，确保将磁小体（以黑点表示）组织成线性
链；（f）ParM，介导质粒 P 分离；（g）CreS（新月体，Crescentin）（如绿色所示），
影响细胞的内曲率

some）。分裂体是一组蛋白质，它们在隔膜形成的区域组装，并指导细胞分裂过程。在
大肠杆菌中，募集 10 种蛋白质以形成 Z 环（FtsZ、FtsA、ZipA、FtsK、FtsQ、FtsL、
FtsB、FtsW、FtsI、FtsN）。FtsZ 环在分裂过程中收缩，结果导致形成单独的新生子
细胞。FtsA 和 ZipA 将环固定在细胞质膜上。另一种细菌微管蛋白 TubZ 与质粒分离
（梭菌属和芽孢杆菌属）有关。存在于突柄杆菌属（*Prosthecobacter*）物种中的 BtubA
和 BtubB 蛋白（可能是基因水平转移的结果）具有与微管蛋白非常相似的结构，其功
能目前尚不清楚。在古菌中，CetZ 蛋白（CetZ1 和 CetZ2）控制细胞形状。

2.2.3.2　原核微生物肌动蛋白同系物

研究得最多的是 MreB、ParM、AlfA、MamK、FtsA 和 Alp7A。在棒状细菌中，
MreB 蛋白（形态发生的控制者）具有控制细胞壁生物合成酶的细胞形状和活性的主要
功能。结果，这些蛋白质的消耗诱导圆形细胞（球形形状）的形成。MocB 在球菌中缺
失。这种蛋白质形成螺旋状细丝，环绕细胞质膜下的细胞。MreB 参与其他功能，例
如，新月柄杆菌（*Caulobacter crescentus*）中极性茎的伸长，黄色黏球菌（*Myxococcus
xanthus*）的运动性，天蓝色链霉菌（*Streptomyces coelicolor*）的正常孢子形成。在向
磁磁螺菌（*Magnetospirillum magneticum*）中，磁小体的线性排列需要一种名为
MamK 的蛋白质。其他蛋白质 ParM、AlfA 和 Alp7A 参与质粒分配。FtsA 与 FtsZ 相
互作用形成 Z 环（图 2-4）。

2.2.3.3　原核微生物中间丝样蛋白

在新月柄杆菌中，新月体（CreS）是一种蛋白质，通过肌动蛋白 MreB 确保细胞的
弯曲形状（图 2-4）。在没有新月体的情况下，细胞呈直杆状。另一种双功能蛋白，即
代谢酶 CtpS（CTP 合酶），也与细胞形状有关，与其酶活性无关。已经鉴定的中间丝状蛋
白还有螺旋体（Spirochetes）中的 Scc 和 CfpA，黄色黏球菌和天蓝色链霉菌中的 AglZ。

2.2.3.4　原核微生物特异的细胞骨架蛋白

除了与真核生物细胞骨架蛋白相同的微管蛋白、肌动蛋白和中间丝蛋白，还鉴定出
了原核微生物特异的各种细胞骨架蛋白。这些特异成分主要出现在原核微生物进化过程

中，包括 Walker A 细胞骨架 ATP 酶（WACA）、Bactofilin、ESCRT 系统、CtpS、CCRPs、DivIVA 和 PopZ 等。在细菌和古菌中发现的 WACA 包括介导质粒和染色体分离的 ParA 和 Min 系统。Min 系统（MinC、MinD、MinE 蛋白）是一种重要的抑制剂系统，对 FtsZ 环的精确位置至关重要，以确保 FtsZ 环和分裂复合物仅在细胞中心而不是在细胞极处形成。Bactofilin 是细菌中广泛存在的蛋白质，在新月柄杆菌和黄色黏球菌中与细胞形状相关。Bactofilin 还负责维持幽门螺杆菌（*Helicobacter pylori*）的螺旋细胞形状。在一些缺乏 FtsZ 同源物的泉古菌门（Crenarchaeota），例如硫化叶菌（*Sulfolobus*）中，古菌 ESCRT 系统可介导细胞分裂。幽门螺杆菌中已经鉴定了四种 CCRP（Ccrp58、Ccrp59、Ccrp1143 和 Ccrp1142），它们也全部参与细胞形状。产蜜螺原体（*Spiroplasma melliferum*）中，已鉴定出三种主要的推定结构蛋白，分别是 Fib、MreB 和延伸因子 Tu，其中 Fib 是主要成分。

2.2.4 细胞膜

2.2.4.1 细胞膜磷脂

原核和真核细胞膜都由脂质和蛋白质双层组成，而在超嗜热古菌中，基本结构是单层结构。原核和真核细胞膜之间的主要差异之一是真核细胞膜含有固醇，而在原核微生物细胞膜中，除了甲烷氧化细菌和支原体等极少数情况外，通常是不含固醇的。许多细菌膜含有类胡萝卜素（五环三萜类化合物），其作用类似于真核细胞中的甾醇。细菌和真核的膜由产乙酸脂质组成，通常由与 sn-1,2 甘油酯连接的脂肪酸组成，而古菌的类异戊二烯脂质由与 α-2,3 甘油醚连接的类异戊二烯烷基链组成（图 2-5）。此外，一些真核生物和细菌具有非类异戊二烯醚连接的脂质，表现出细菌/真核生物和古菌的脂质结构特征的有趣组合。

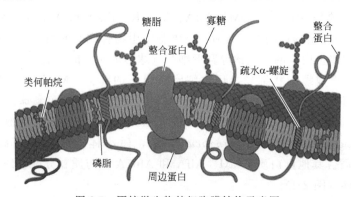

图 2-5　原核微生物的细胞膜结构示意图

2.2.4.2 细胞膜的功能

原核细胞膜具有多种功能，包括渗透屏障、通过膜转运系统捕获营养物质、呼吸和光合作用的位点、脂质合成以及细胞壁组分的合成。

膜内陷（即"间体"）存在于许多原核微生物中。在无氧光养细菌（Anoxygenic Phototrophic Bacteria）中，光合结构与细胞质膜相连。在无氧光养紫色细菌（Anoxygenic Phototrophic Purple Bacteria）中，光合系统位于细胞质膜的特征性内陷中，其形状根据物种而变化，呈囊泡、薄片或小管等形状。在无氧光养绿色细菌（Anoxygenic

Phototrophic Green Bacteria）中，光合色素位于附着于细胞质膜的内表面的叶绿小体（Chlorosomes）中，并将反应中心插入细胞质膜中。细胞质膜和叶绿小体的内陷使得光合效率增加（图 2-6，Bertrand et al. 2018）。此外，趋磁性水螺菌（*Aquaspirillum magnetotacticum*）、向磁磁螺菌等趋磁细菌可将细胞外铁转化为磁铁矿的晶体并构建真正的"细胞内磁罗盘"——磁小体（Magnetosomes）。磁小体的链与膜结合。变形菌门（Proteobacteria）也存在具有内膜系统的类群。在好氧化能自养硝化细菌中，呼吸所需的酶和组分与胞质内膜系统相关。亚硝酸盐氧化细菌硝化杆菌属（*Nitrobacter*）和硝化球菌属（*Nitrococcus*）都含有胞质内膜系统。氨氧化细菌含有胞质内膜，它是氨氧化中关键酶氨单加氧酶（AMO）的位置所在。在自养亚硝化单胞菌（*Nitrosomonas eutropha*）中，胞质内膜的排列取决于细胞的生理状态。细胞能够在厌氧条件下生长，其中氢作为电子供体，亚硝酸盐作为电子受体（反硝化细胞）。在这种情况下，AMO 多肽浓度非常低，并且胞质内膜排列为圆形囊泡。在氨氧化的恢复和 AMO 多肽的从头合成期间，这些圆形形式逐渐恢复到扁平的外周膜。

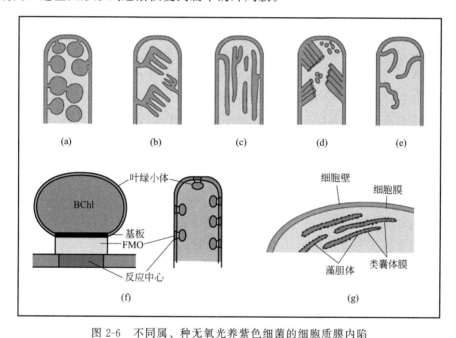

图 2-6　不同属、种无氧光养紫色细菌的细胞质膜内陷

（a）囊泡状，如着色菌属（*Chromatium*）、硫囊菌属（*Thiocystis*）、闪囊菌属（*Lamprocystis*）和桃红荚硫菌（*Thiocapsa roseopersicina*）；（b）堆叠状，如外硫红螺菌属（*Ectothiorhodospira*）、黄褐红螺菌（*Rhodospirillum fulvum*）；（c）膜状，如沼泽红假胞菌（*Rhodopseudomonas palustris*）、万尼红微菌（*Rhodomicrobium vannielii*）等；（d）管束状，如芬尼硫球菌（*Thiococcus pfennigii*）；（e）管状，如纤细红螺菌（*Rhodospirillum tenue*）、胶质红假单胞菌（*Rhodopseudomonas gelatinosa*）

　　甲烷氧化细菌（Methane-Oxidizing Bacteria）在甲烷和甲醇存在的条件下生长时也形成胞质内膜系统。根据其内膜的组织，甲烷氧化菌被分为三类：Ⅰ型，包括甲基单胞菌属（*Methylomonas*）、甲基杆菌属（*Methylobacter*）、甲基微菌属（*Methylomicrobium*）、甲基球菌属（*Methylosphaera*）、甲基卵菌属（*Methylovulum*）、巨大甲基球营养菌属（*Methylomagnum*）；Ⅱ型，包括甲基弯曲菌属（*Methylosinus*）、甲基孢囊菌属（*Methylocystis*）；Ⅹ型，如荚膜甲基球菌（*Methylococcus capsulatus*）。在Ⅰ型中，膜

形成平行层，填充细胞内的大部分空间，并且或多或少地垂直于细胞壁；Ⅰ型甲烷氧化菌具有甲烷单加氧酶（pMMO），并使用核酮糖—磷酸循环（RuMP）。在Ⅱ型成员中，胞质内膜平行于细胞壁排列，它们都具有 pMMO，并使用丝氨酸循环，它们通常含有可溶性甲烷单加氧酶（sMMO）。X 型代表已堆叠。

2.2.5 细胞器

细胞器（Organelle）指的是细胞内的膜封闭结构，其中包含特定细胞功能所需的组分。过去认为，与真核生物相反，原核微生物通常不含内部细胞器。然而，已经在许多不同的原核微生物中发现了胞质内膜系统并且具有不同的功能。一个功能是为细胞提供更大的膜表面积，其中可以掺入用于代谢过程的酶，从而产生更大的代谢活性。在这种情况下，增加的膜表面是通过细胞质膜的广泛和复杂的折叠实现的，从而产生各种形态的胞质内膜系统。例如，蓝细菌具有复杂的内部结构，除了没有类囊体的紫色黏杆菌（*Gloeobacter violaceus*）外，它们的光合作用和呼吸发生在细胞器类囊体中。类囊体是堆叠的互连膜，其通常与细胞质膜平行排列但不与其连接［图 2-6（g）］。

厌氧氨氧化体（Anammoxosome）是一种存在于一些厌氧性化能自养细菌中的细胞器。厌氧氨氧化菌是自养型细菌，可在缺氧条件下以氨为电子供体，亚硝酸盐为电子受体，产生 N_2。目前尚未得到厌氧氨氧化菌的纯培养，已发现的厌氧氨氧化菌均属于浮霉状菌目（Planctomycetales）的厌氧氨氧化菌科（Anammoxaceae），共 6 个暂定状态（关于暂定状态 *Candidatus* 命名的介绍详见 2.6 节），分别为 *Candidatus* Brocadia、*Candidatus* Kuenenia、*Candidatus* Anammoxoglobus、*Candidatus* Jettenia、*Candidatus* Anammoximicrobium moscowii 及 *Candidatus* Scalindua。其中，*Candidatus* Scalindua 发现于黑海海洋次氧化层区域，称之为海洋厌氧氨氧化菌，其余 5 个属水平暂定状态均发现于污水处理系统中，称之为淡水厌氧氨氧化菌。厌氧氨氧化细菌对全球氮循环具有重要意义，也是污水处理中重要的细菌。

厌氧氨氧化菌具有特征性的细胞组织，包括壁、细胞质膜（最外层膜）和胞质内膜。胞质内膜包围一个包含核糖体和拟核的隔室——称为小梨形体（Pirellulosome）或核糖质（Riboplasm）。核糖质本身含有第二个膜结合区室，即厌氧氨氧化体（图 2-7，Fuerst et al.，2011）。厌氧氨氧化体作为厌氧氨氧化作用以及能量代谢的场所，膜上附着有反应所需的酶，它的膜中的脂质由酯-脂肪酸和醚-脂肪酸两类组成，这些膜脂类以梯形烷（Ladderane）脂为主，目前只在厌氧氨氧化菌中发现有梯形烷脂的存在。不同的厌氧氨氧化菌中梯形烷脂的种类和含量基本相似，按其相对含量，梯形烷脂由多至少的排序为：脂肪酸甲酯、sn-2-烷基甘油单醚、醇，sn-1,2-二烷基甘油二醚、甘油醚和酰基甘油。非梯形烷脂的种类和含量变化较大，它们与梯形烷脂结合，以确保厌氧氨氧化体膜的抗泄漏性好于其他膜结构。在海洋厌氧氨氧化菌 *Candidatus* Kuenenia stuttgartiensis 中，检测到了典型的肽聚糖。

厌氧氨氧化菌以亚硝酸盐为电子受体，以肼（N_2H_4）和羟胺（NH_2OH）为中间体，将铵（或氨）进行厌氧氧化成氮气。厌氧氨氧化体膜的结构硬度和形状决定了细胞生物膜特殊的密度和非渗透性，可以有效地减少中间产物肼和质子的流失以避免能量损失，同时阻止毒性的中间产物肼扩散到细胞质中。

在使用卡尔文循环的大多数原核微生物中，存在没有脂质双层膜的蛋白质结合的细

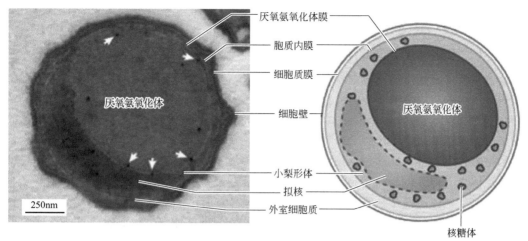

右侧示意图标注（从上到下）：
厌氧氨氧化体膜
胞质内膜
细胞质膜
细胞壁
小梨形体
拟核
外室细胞质
核糖体

图中文字：厌氧氨氧化体、厌氧氨氧化体、250nm

图 2-7 *Candidatus* Kuenenia stuttgartiensis 透射电镜图（左）和厌氧氨氧化菌细胞结构示意图（右）

胞器。它们被称为羧酶体（Carboxysomes），其中含有参与 CO_2 固定的关键酶核酮糖-1,5-二磷酸羧化酶（RuBisCO）。在细菌中鉴定出的其他微区室还有肠沙门菌（*Salmo-nella enterica*）等细菌中参与乙醇胺利用的 Eut 微区室和 1,2-丙二醇利用的 Pdu 微区室。

2.2.6 细胞的多细胞性和分化

2.2.6.1 多细胞性

多细胞性（Multicellularity）在原核微生物中非常常见，并且在自然界中可以采取不同的形式：①作为线性或分枝的细丝，单层或多层，如蓝细菌门（Cyanobacteria）、放线菌门（Actinobacteria）、绿弯菌门（Chloroflexi）、贝日阿托菌属（*Beggiatoa*）等；②聚集成群体，形成生物被膜、子实体、微生物垫或叠层状，其中群体内的细胞交流、相互作用，并且可以具有协调的行为，例如黏细菌（*Myxobacteria*）可形成子实体；③趋磁性多细胞原核微生物（Magnetotactic Multicellular Prokaryotes，MMP）。

多细胞原核微生物在其生命周期中具有单细胞阶段，除了趋磁性多细胞原核微生物在其生命的所有阶段始终是多细胞的。多细胞可以是瞬时的，如生物被膜（Biofilm），或永久的，如丝状蓝细菌、MMP。原核微生物中的多细胞性在生命进化的早期出现，是探索真核多细胞的起源的材料。

2.2.6.2 细胞分化

原核微生物中存在来自单个克隆的细胞的不同功能的特化现象，即细胞分化现象。例如，在蓝细菌中，两种类型的遗传上相同的细胞提供两种不相容的任务：一种负责光合作用中产生氧气，另一种负责固定大气中的氮，而固氮作用是一个需要厌氧的还原反应。再如，枯草芽孢杆菌细胞在固体培养基表面上的集体迁移涉及两个执行不同任务的亚群，一个产生表面活性剂，另一个产生基质，它们一起高度组织化的成束，称为"梵高束（van Gogb Bundles）"。许多细胞可分化成可以承受干燥或高温条件的孢子，例如厚壁菌门或放线菌门。自然环境中的生物被膜是克隆化的，通常包括几个物种。

虽然原核微生物中也存在细胞分化现象，但它永远不会达到真核生物中发现的复杂性，其中动物中存在超过 200 种不同的细胞类型，并且这些细胞会进一步形成不同的组织和器官。

2.2.7 原核微生物基因组

2.2.7.1 原核微生物基因组的特点

与原核细胞相比，真核细胞含有与组蛋白相关的多条线性染色体；在细菌中不存在真核组蛋白的同源蛋白质，但古菌中却存在。原核微生物通常只包含单条染色体，但球形红细菌（*Rhodobacter sphaeroides*）等原核微生物却含有两条染色体，有趣的是球形红细菌的两条染色体在功能上没有差别；广古菌的某些好氧成员含有更多条染色体。著名的耐辐射奇球菌（*Deinococcus radiodurans*）是一种高度耐胁迫的细菌，它的基因组由染色体 I、染色体 II 和质粒的多部分基因组系统组成。

细菌染色体通常是环形的，有时是线形的，如伯氏疏螺旋体（*Borrelia burgdorferi*）和天蓝色链霉菌（*Streptomyces coelicolor*）的染色体都是线形的。目前发现的古菌的染色体都是圆形的。除染色体外，很多细菌和古菌还含有染色体外遗传元件质粒，而真核生物中质粒是非常罕见的。

已经测定的原核微生物基因组大小从最小<0.2Mb 到最大>13Mb，编码基因数量从 100 多个到 9000 多个不等，这在很大程度上与其生活方式、生长条件、系统发育起源和营养策略有关。与真核生物不同，细菌中的基因组大小变异几乎直接转化为生物化学、生理学和生物复杂性，因为大多数序列是功能性蛋白质编码区。需要注意的是，一些原核微生物比一些真核生物含有更多的 DNA。真菌的平均基因组大小约为43.30Mb，但一些菌株的基因组大小低于该平均值，如解酪蛋白假丝酵母（*Candida caseinolytica*）（9.18Mb）、多形汉逊酵母（8.97Mb）和 *Wallemia sebi*（9.82Mb）。同样，最小的自由生活真核生物海洋藻类 *Ostreococcus tauri* 的基因组大小为 12.56Mb。

基因组（G+C）摩尔分数是微生物分类研究的特征性参数之一，不同原核微生物基因组（G+C）摩尔分数差别较大，如很多芽孢杆菌属（*Bacillus*）物种的基因组（G+C）摩尔分数在 30% 以下，而链霉菌属（*Streptomyces*）很多种的（G+C）摩尔分数在 70% 以上。

真核生物基因组中编码区所占比例远低于原核微生物，例如人的基因组达 3×10^9 bp，但却仅编码 20000 多个基因，而大肠杆菌仅仅 4×10^6 bp 大小的基因组就编码了约 4000 个基因！众所周知，在真核生物结构基因的内部存在许多不编码蛋白质的间隔序列（Intervening Sequences），称为内含子（Intron），编码区则称为外显子（Exon）。或者说，内含子是在成熟 RNA 转录本中被剪切掉的基因组序列。实际上，少数原核微生物也存在内含子，其中既有I型，也有II型内含子，古菌中还含有其特有的内含子。

原核微生物基因组特点可总结为：①基因组较小，通常只有一个环形或线形的DNA 分子；②通常只有一个 DNA 复制起点（*ori*）；③非编码区主要是调控序列，如插入序列、转座子；④存在可移动的 DNA 序列；⑤基因密度非常高，基因组中编码区大于非编码区；⑥结构基因多为单拷贝连续排列，一般没有内含子，结构基因一般无重叠现象；⑦重复序列很少，重复序列多来源于转座子；⑧具有编码同工酶的不同基因；⑨存在操纵子结构，及功能相关的序列常串连在一起，由共同的调控元件调控，并转录成同一 mRNA 分子，可指导多种蛋白质的合成；⑩不同原核微生物基因组（G+C）摩尔分数差别较大。

2.2.7.2 原核微生物基因组中 DNA 结构相关序列特征的多样性

原核微生物基因组的核苷酸和寡核苷酸组成以及可影响 DNA 分子物理特性的各种

序列特征的存在是多种多样的。有学者进行了局部序列模式的调查，这些模式有可能创立非经典 DNA 构象（即与标准 B-DNA 双螺旋不同），并根据与生物栖息地、系统发育分类和其他特征的关系来解释结果。该工作不同于早期的类似调查，不仅通过研究大量基因组中更广泛的序列模式，而且通过使用更现实的空值模型来评估显著的偏差。结果显示简单的序列重复和 Z-DNA 促进模式通常在原核基因组中被抑制，而回文序列和反向重复被过度表示。促进 Z-DNA 和内在 DNA 曲率的模式的表示随着最佳生长温度（Optimal Growth Temperature，OGT）的增加而增加，并且随着氧需求的增加而减少。此外，密切直接重复、回文序列和反向重复随着 OGT 的增加而表现出明显的减少趋势。观察到的 DNA 结构与环境特征的关系，特别是与 OGT 相关，表明了 DNA 对特定环境生态位的结构适应性的可能进化情景。

2.2.7.3 原核微生物内含子

在最初发现内含子和 RNA 剪接之后，一度认为内含子是真核生物特有的，常作为区分真核生物和原核微生物的特征。Kaine 等（1983）最先在古菌 tRNA 基因中发现了内含子，Belfort 等（1984）又在噬菌体 T4 胸苷酸合成酶基因 *td* 中发现了自剪接的 I 型内含子（Group I Intron），随后，20 世纪 90 年代初又陆续在一些细菌中发现了 I 型和 II 型内含子（Group II Intron）（图 2-8），并在细菌质粒中发现了核前 mRNA 样内含子。但是，原核微生物中内含子数量远没有真核生物基因中出现得多。这与原核微生物中广泛存在的水平基因转移（Horizontal Gene Transfer，HGT）有关，这是导致修复通用遗传密码的主要因素之一，也是原核微生物基因组缺乏由剪接体处理的含内含子的基因的主要原因（Lamolle 和 Musto，2018）。

2.2.8 原核微生物的转录与翻译

在真核生物中，DNA 复制和转录发生在细胞核中，而翻译发生在细胞质中。因此，遗传信息的翻译在空间上与其转录是分开的。相反，原核转录和翻译在空间上通常不是分开的，而是紧密连锁的，只在极少数情况下，这两个过程可以解偶联。例如，有人发现枯草芽孢杆菌中，RNA 聚合酶浓缩在拟核中，但是核糖体分布在细胞内部边缘。以同样的方式，有学者在大肠杆菌中观察到一些 mRNA 从拟核转移到细胞的其他位点，并在那里被翻译。在具有广泛内膜网络的隐球出芽菌（*Gemmata obscuriglobus*）中也发现了转录和翻译在空间上分离的现象。有学者使用抗 EF-Tu 抗体通过免疫荧光和免疫电子显微镜研究发现，在远离拟核的区域中，大部分活性蛋白质合成发生在外周核糖体中。尽管有这些例外，转录-翻译相偶联仍然是原核微生物的绝大多数情况，翻译在转录完成之前就开始了。而且，从一个转录本中，几个翻译事件常并行发生。

有人为了研究原核微生物转录延伸事件是如何影响翻译延伸和蛋白质水平波动的，建立了核苷酸和密码子水平的原核转录和翻译的延迟随机模型，包括启动子开放复合物形成和延伸的替代途径，即暂停、逮捕、编辑、焦磷酸解、RNA 聚合酶运输和提前终止。逐步翻译可在核糖体结合位点形成后开始，并考虑可变密码子翻译速率、核糖体运输、反向移位、脱落和反式翻译。该模型可准确匹配序列依赖性翻译延伸动力学，对于实际间隔内的参数值，发现转录和翻译在大肠杆菌中紧密偶合。

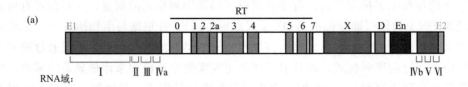

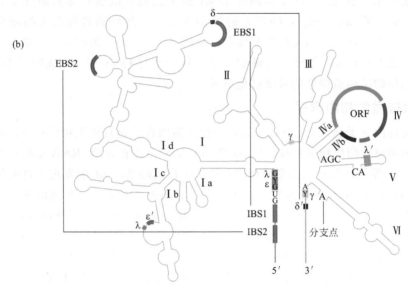

图 2-8　乳酸乳杆菌（*Lactobacillus lactis*）*ltrB* Ⅱ型内含子 DNA 序列和 RNA 结构（见彩图）

（a）Ⅱ型内含子的基因组结构。2~3kb 的序列由 RNA 和蛋白质部分组成。内含子 RNA 结构域用红色表示，并用罗马数字标出。域Ⅰ至Ⅳa 在内含子的 5′端，而域Ⅳb 至Ⅵ在 3′端。IEP 序列嵌套在 RNA 的序列中，并且结构域由不同阴影的蓝色框表示。IEP 包含具有 0~7 个基序的逆转录酶结构域（RT）、一个成熟酶结构域（X，有时称为 X／thumb）、一个 DNA 结合结构域（D）和核酸内切酶结构域（En）。外显子以绿色显示

（b）未剪接的 RNA 转录物的二级结构。内含子 RNA（红色）折叠成六个结构域的结构，ORF 编码在结构域Ⅳ的大环中。5′和 3′外显子是底部的绿色垂直线。对外显子识别很重要的 Watson-Crick 配对相互作用是 IBS1-EBS1、IBS2-EBS2 和 δ-δ′（对于ⅡA 内含子），分别以青绿色、橙色和棕色阴影显示，并用黑线连接。对于ⅡB 和ⅡC 内含子，可通过 IBS3-EBS3 配对（未显示）识别 3′外显子。还指出了 ε-ε′、λ-λ′和 γ-γ′相互作用，因为它们在剪接体中具有潜在的平行性。为了简单起见，其他已知的第三级相互作用被省略

2.2.9　原核微生物基因重组

原核微生物体内的遗传变异是通过基因重组实现的。在重组中，来自一种原核微生物的基因被整合到另一种原核微生物的基因组中。原核微生物基因重组的方式包括接合（Conjugation）、转化（Transformation）和转导（Transduction）。

在接合中过程，细菌性毛的蛋白质管结构彼此连接，基因通过性毛在细菌之间转移（图 2-9）。

在转化过程中，细菌从周围环境中吸收 DNA。DNA 通过细菌细胞膜转运并掺入细菌细胞的 DNA 中。

转导涉及通过病毒感染交换细菌 DNA。噬菌体（感染细菌的病毒）将细菌 DNA 从先前感染的细菌转移到它们感染的任何其他细菌中。

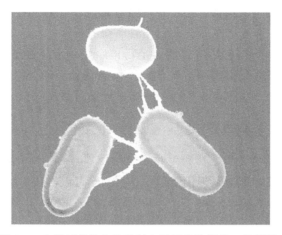

图 2-9　大肠杆菌接合的透射电子显微镜照片（见彩图）

连接细菌的管是性毛，用于在细菌之间转移遗传物质

2.3　原核微生物的分类与命名

2.3.1　基本概念

分类学与系统学涉及概念较多，相互之间既有联系又有区别，常常容易混淆。

分类（Classification）是根据每种微生物的各自的特征，并按照它们的亲缘关系分门别类，以不同等级编排成系统。

命名（Nomenclature）是在分类基础上，按照微生物命名法规给予每种微生物一个科学名称，以便在生产实践、临床实践和科学研究工作中能互相交流。遵照细菌命名的法规，能保证所有科研工作者以同样的方式给予原核微生物名称。

鉴定（Identification）是指确定一个新的分离物是否归属于已经命名的分类单元的过程。若与已知微生物相同即采用已知微生物的名称，如果不同则按照微生物命名法规确定一个新名称。

分类学（Taxonomy）是研究生物分类理论和技术方法，对生物进行分类、命名和鉴定的一门学科。它的任务是在全面了解生物生物学特征的基础上，研究它们的种类，探索其起源、演化以及与其他类群之间的关系，最终建立能反映自然发展的分类系统，并将生物加以分门别类。

系统学（Systematics）是对各种生物多样性以及它们之间所有关系进行科学研究，其最终目标是有序地表征和排列生物。系统学也可以定义为"对生物多样性和相互关系的研究"。生物之间关系通过进化树（系统发育树）显示。系统发育有两个组成部分：分支顺序显示类群关系，分支长度显示进化量。正如 Cowan（1968）已经指出的那样，系统学包括分类学、生态学、生物化学、显微学、病理学、遗传学和分子生物学等方面。

2.3.2　分类、鉴定和命名的关系

分类、鉴定、命名之间的关系如下。分类是尽可能多地得到关于新分离株的特征的

数据，以便通过鉴定过程（例如，将这些数据与先前分类的生物体的数据库进行比较）来确定这些特征数据是否表明这个分离株归属已知的某个种，还是需要为这个新分离株建立一个新分类单元。分类包括将表征的生物排序成单个或多个分类系统的理论和过程。命名是在一个分类系统范围内给适当的分类单元合适的名称，它包括因为对分类指征权重的新简介而导致分类学家人为改变分类单元的等级。

2.3.3　系统学与分类学的关系

一种观点认为分类学、系统学和生物系统学（Biosystematics）这些词汇在不同时期具有重叠的相关含义。即使在现代使用中，它们都可以被认为是彼此的同义词。只不过欧洲人倾向于使用"系统学"和"生物系统学"来研究整个生物多样性，而北美人倾向于使用"分类学"。

但是，事实上二者还是有区别的。可以说，系统学的研究范围包括分类学，因为如果不首先正确研究、充分描述、分类鉴定，就无法理解一个生物与其他生物间的关系。分类学是对生物进行分类的理论和实践，而系统学涵盖了更广泛的范围，包括进化和系统发育组成部分。系统学描述了有机体信息的排序，它在传播生物科学中的信息方面发挥着重要的潜在作用，分类学只应被视为系统学的一部分。虽然原核微生物在许多方面可能被认为与真核生物有显著差异，但人们常常忘记原核微生物和真核生物的系统学和分类学中的许多基本原理对两组都是共同的。

一旦开始比较两种或更多种生物，系统学和基础分类学的重要性就显而易见了。系统学试图发现生物的表型和基因型多样性，将其与它们相互作用的方式联系起来，并了解它们的进化历史，以及它们在当今环境中的相互作用。系统学可以利用各种各样的数据，并且不限于利用实验方法得到的数据。为了在生物体之间进行合理的比较，系统学需要基础秩序。系统学，特别是分类学，强烈依赖于理论和智慧用于创建这种秩序。

2.3.4　原核微生物分类单元及其等级

按分类等级（也称分类阶元）由高到低，域（Domain）、门（Phylum 或 Division）、纲（Class）、目（Order）、科（Family）、属（Genus）、种（Species）是当今原核微生物分类中使用的七个主要水平。有些门的主要分类等级之间还有次级分类等级，如亚门（Subphylum）、亚纲（Subclass）、亚目（Suborder）、亚科（Subfamily）、亚种（Subspecies）等。此外，暂定状态（*Candidatus*）用于描述未在纯培养物中分离得到，但其特征与基于分离的菌株的已知分类群不同的原核微生物。在没有纯培养物的情况下，未分离菌株的这种表征只能是试验性的，并且对代谢类型的确定性评估将依赖于将来的纯培养物。此类别"*Candidatus*"不受细菌命名规则的约束。因此，"*Candidatus*"类别中包含的名称无法有效发表，也不能指定为新种（sp. nov.）或者新属（gen. nov.），相应内容将在 2.6 节论述。

除上述国际公认的分类单元及其等级外，在原核微生物分类中还常常使用一些非正式的分类。如种或亚种以下常用培养物（Culture）、型（Type）和菌株（Strain），种以上常用群（Group）、组（Section）等类群名称。

原核微生物分类单元的最高等级是"域"，最基本分类单元是"种"。

2.3.4.1 种

原核微生物的种通常被定义为：一组具有许多共同表型和化学特征，在 DNA-DNA 杂交（DNA-DNA Hybridization，DDH）测定中同源性（Homology）大于等于 70% 的微生物。DNA-DNA 杂交作为定义原核微生物物种的技术已经使用超过 50 年，但该技术费时费力，需要所有菌株的纯培养物，并且需要大量待测物种的 DNA。已经提出了许多方法作为 DDH 测定的替代方法，例如 16S rRNA 基因序列比较、扩增片段长度多态性（Amplified Fragment Length Polymorphism，AFLP），或多位点序列分析/分型（Multilocus Sequence Analysis/Typing，MLSA/MLST）。二代测序技术普及之后全基因组比较已经成为替代 DDH 的常用方法，其中最常用的方法为平均核苷酸同一性（Average Nucleotide Identity，ANI）测定，原核微生物种的阈值为 95%。

有些物种不符合目前公认的种的定义。最典型的例子是所有大肠杆菌（*Escherichia coli*）与志贺氏菌属（*Shigella*）的菌株非常相似，但由于公共卫生原因而维持在不同的属中。另一个引起争议的物种是根瘤菌属（*Rhizobium*），有人根据系统发育分析建议将所有农杆菌属（*Agrobacterium*）的菌转入根瘤菌属，但该提议因为原有名称与病原体相关的习惯而受到激烈争论，最终达成共识，继续保留两个属。还有一些物种具有许多共同表型特征，但基于基因组特征定义的"种"显然非常大，因此，它们被标记为物种复合物（Species Complexes），表明它们正处于被分为更明确和更受限制的不同种的过程中。例如，根癌农杆菌（*Agrobacterium tumefaciens*）、洋葱伯克霍尔德菌（*Burkholderia cepacia*）和枯草芽孢杆菌都是这种情况。

按照《国际细菌命名法规》的要求，当命名一个新种时，需要指定一个菌株作为这个种的命名模式，这个被指定的菌株称为模式菌株。例如，嗜热糖多孢菌（*Saccharopolyspora thermophila* Lu et al.2002，sp. nov）的模式菌株为 216^T（= $AS4.1511^T$ = IFO 16346^T = JCM 10664^T）。

2.3.4.2 属

属是一组具有许多共同特征的种。一些属非常大，而另一些则非常小，取决于该群的历史和其在自然界的分布情况。对于创建属或任何更高等级分类阶元的理想阈值没有达成共识，尽管这可能随着基因组在分类学研究的应用而改变。属也是最著名的分类等级，因为在双名法系统中谈到物种名称时首先要给出属名。

按照《国际细菌命名法规》的要求，建立新属时必须指定一个种作为这个属的命名模式，这个被指定的菌株称为模式种。例如，刘志恒菌属（*Zhihengliuella* Zhang et al.2007，gen. nov.）的模式种是耐盐刘志恒菌（*Zhihengliuella halotolerans*）。

2.3.4.3 科

科是一群具有许多共同特征的属。按照《国际细菌命名法规》的要求，建立新科时必须指定一个属作为这个科的命名模式，这个被指定的属称为模式属。例如链霉菌科（Streptomycetaceae）的名称源自其模式属链霉菌属（*Streptomyces*）。一个特例是肠杆菌科（Enterobacteriaceae）的名称源自肠杆菌属（*Enterobacter*），然而该科的模式属却是埃希氏菌属（*Escherichia*）。

2.3.4.4 目、纲、门

目是一群具有许多共同特征的科。纲是一群具有许多共同特征的目。门是系统发育上相关的一些纲。

2.3.4.5 非正式等级

亚种是指某些特征与模式种有明显差别的微生物，与变种是同义词。

培养物是指一定时间空间内的微生物细胞群或生长物。如斜面培养物、液体发酵培养物等。如果某一培养物是由单一微生物细胞繁殖产生的，则称之为该微生物的纯培养物。

型（Type）是种或亚种以下的细分。当同种或同亚种不同菌株之间的性状差异不足以分为新的亚种时，可细分为不同的型。常用于临床检验或病原微生物描述，有血清型（Serotype）、细菌素型（Bacteriocin-Type）、噬菌体型（Phage-Type）等区分方法。

菌株（Strain）是指同种不同来源的纯培养物。从自然界分离纯化所得或实验室、生产中选育所得到的纯培养的后代，经过鉴定属于某个种，但存在某些细微特征差异的微生物都可以区分为不同菌株。

2.3.4.6 分类学的三个阶段

第一阶段，α分类学，指物种水平的分类、鉴定和命名。第二阶段，β分类学，包括根据表型特征或系统发育特征将物种分配至自然分类系统。最后阶段，γ分类学，涵盖亚种、生态型和多态性等种内类别以及对分类群生物学方面的描述。

2.3.5 原核微生物命名

命名原核微生物分类单元是任何新种、新属、新科等的描述中必不可少的部分。国际原核微生物系统学委员会（International Committee on Systematics of Prokaryotes，ICSP；以前是国际系统细菌学委员会，International Committee on Systematic Bacteriology，ICSB）批准的《国际原核微生物命名法规》（*International Code of Nomenclature of Prokaryotes*，ICNP）是目前国际上公认的细菌域和古菌域微生物命名法规。法规第一版出版于1958年，名称为《国际细菌与病毒命名法规》（*International Code of Nomenclature of Bacteria and Viruses*）。此后分别于1975年和1990年再版，名称为《国际细菌命名法规》（*International Code of Nomenclature of Bacteria*，ICNB）。在1999年国际微生物学联合会（International Union of Microbiological Societies，IUMS）会议结束时，国际系统细菌学委员会（ICSB）改为国际原核微生物系统学委员会（ICSP）。随着1999年ICSB会议记录的通过，本命名法规正式更名为《国际原核微生物命名法规》。最新版的《国际原核微生物命名法规》是2008年修订版［简称为 *The Prokaryotic Code*（2008 Revision）］，自2015年在线公布后开始生效，并于2019年1月发表在《国际系统和进化微生物学杂志》（*International Journal of Systematic and Evolutionary Microbiology*，IJSEM）上。该版法规是在2014年蒙特利尔第十四届国际细菌学和应用微生物学会议（BAM）全体会议上提交的草案基础上修订而成，汇集了自上次修订发布以来ICSP和司法委员会接受、发布和记录的变更。除了较大修改的版本更新，只有ICSP在全体会议上才能对本规范进行修订，且修改提案应在足够的时间内进行，以便在下一届国际细菌学和应用微生物学大会之前在IJSEM上发表。2008修订ICNP的重要变化之一是增加了"附录11 暂定状态 *Candidatus*"部分，相关内容将在2.6节详述。

2.3.5.1　2008 修订版《国际原核微生物命名法规》简介

（1）法规总体情况

本命名法规共分为 4 章，外加 13 项附录。

命名规则不管理分类群的划界，也不确定它们之间的关系。规则主要用于评估适用于定义的分类群的名称的正确性，还规定了创建和提出新名称的程序。命名规则适用于所有的原核微生物。本准则分为原则、规则和建议。"第 2 章　原则"构成本法规的基础，规则和建议源于它们。"第 3 章　规则"旨在使"原则"有效，将过去的命名统一起来，并规定未来的命名。"第 4 章　建议"涉及附属点，并附于其补充的规则之后。"建议"没有规则的效力，而旨在成为未来理想实践的指南。

这次修订法规首次明确了原核微生物的命名不是独立于植物学和动物学的命名法。在命名属或更高级别的新分类群时，应适当考虑避免《国际动物命名法》和《国际命名法》规定的藻类、真菌和植物的名称。ICSP 公布的这一原则实际上自 2000 年 11 月公布之日起已经有效，但不追溯以往的冲突名称。例如 *Proteus* 在微生物中指的是变形菌属，在动物中指的是洞螈属。

命名法规包括的正式分类等级由低到高依次为种、属、科、目、纲，可选的分类等级由低到高有亚属、亚簇（Subcluster）、簇（Cluster）、亚科、亚目和亚纲，其中亚簇、簇和亚科的顺序由低到高，都是属与科之间的可选分类等级。种可分为亚种，由本法规的规则处理。变种是亚种的同义词。因为容易引起混乱，法规明确规定，2008 修订版法规公布后亚种在命名法中没有地位，不主张使用。

（2）不同等级分类单元的命名

所有分类单元的科学名称都是拉丁语或拉丁化词语，不论其来源如何都被视为拉丁语。它们通常来自拉丁语或希腊语。种等级以上的分类单元名称是一个词。

属以上至目等级的名称应是一个名词性实词或一个形容词用作名词性实词，起源于拉丁文或希腊文，或者一个拉丁化的词；用阴性，复数，首字母大写。本法规包含的目等级以上的每个分类单元的名称是拉丁语或拉丁语化词。

纲的名称是中性，复数，并用首字母大写。纲的名称是通过在该纲的模式目、模式科、模式属名称的词干添加后缀 -ia 而构成的。亚纲的名称是阴性，复数，并用首字母大写。亚纲名称是通过在该亚纲的模式目、模式科、模式属名称的词干添加后缀 -idae 而形成的。

亚纲和属之间分类阶元的名称是通过在模式属名称的词干后添加适当的后缀而形成的，各分类阶元名称的后缀分别为：目 -ales、亚目 -ineae、科 -aceae、亚科 -oideae、簇 -eae、亚簇 -inae。

虽然以前 ICNB/ICNP 从未包括门等级的命名规则，但最近 Whitman 等（2018）建议修订 ICNP 第八条规则（Rule 8），增加关于"门"等级的命名要求：门的名称是中性，复数，首字母大写，该名称是通过在其中包含的一个纲的名称的词干后添加后缀 -ota 而形成的。可以预期，该规则通过后必将对细菌域和古菌域各门等级的命名带来巨大影响。

属或亚属的名称是名词性实词或用作名词性实词的形容词，用单数表示，并首字母大写。该名称可以从任何来源获取，甚至可以以任意方式组成。它被视为拉丁文名词性实词。

原核微生物种的命名采用"双名法"，一个原核微生物种的科学名称（学名）是由一个属名和一个种名（或称为种加词）组成的，具有拉丁化文字的形式和明确分类等级。属名在前，是名词，首字母大写；种名在后，是形容词，不论是否为人名或地名一律小写；两者均用斜体表示。

原核微生物在命名时通常以其某种显著特征、最初分离该菌的地点、宿主或对细菌研究工作有巨大贡献的细菌学家或学者的姓氏、疾病的名称等作为细菌（古菌）的名称。在分类学文献中的细菌（古菌）学名，往往还加上最初定名人姓氏和年份（外加括号）、最后定名人姓氏和最后定名年份，如：*Escherichia coli*（Migula 1895）Castellani and Chalmers 1919，*Pseudonocardia yunnanensis*（Jiang et al. 1991）Huang et al. 2002，comb. nov. 但一般使用时这几部分常常省略掉。

当泛指某一属细菌（古菌）而非特指其中某个种细菌（古菌）时，可在属名后加sp.，如 *Streptococcus* sp. 表示葡萄球菌属细菌，sp. 代表种 species，复数用 spp. 表示，二者都不用斜体。亚种名称的书写是在种名后再加"subsp. ＋亚种名"，例如 *Staphylococcus aureus* subsp. *aureus*。

（3）命名模式

原核微生物命名的一个重要规则是对于纲及以下各种分类学等级的每个命名的分类单元都要指定一种命名模式。所谓命名模式，是与该名称永久关联的分类单元的元素，无论是作为正确的名称还是作为后来的异型同义词。命名模式不一定是分类单元中最典型或最具代表性的元素。

种和亚种的模式就是指定的模式菌株。菌株应该以纯培养物保存，并且应该与原始描述中的菌株一致。

属和亚属的命名模式是模式种，即当该名称最初有效发表时包括的唯一种或其中一个种。只有名称合法的种才可以作为模式种。

属以上至目（包含目）的命名模式是命名相关分类单元所依据且含在内的一个属的合法名称。属以上至目（包含目）每个等级的一个分类单元必须包含模式属。

目以上水平分类单元的模式是包含多个目的更高等级分类单元所包含的一个目。如果只有一个目，则该目就是模式目；如果包含有两个或两个以上的目，则在建立更高等级时由作者指定其中一个目作为命名模式。

（4）名称的优先权、有效发表和合格化发表

原核微生物名称的优先权、有效发表和合格化发表是微生物学家关注的一个重要问题。一个给定的限制、位置和等级种至目水平（含目水平）的分类单元，只能有一个正确的名称，即最早符合本规则的名称具有优先权。种的名称采用双名法，由属名和种加词构成。在一个给定的位置，一个物种只能拥有一个正确的种名，也就是最早符合本法规规则的种名。例如，胸膜肺炎嗜血杆菌（*Haemophilus pleuropneumoniae*）在嗜血杆菌属（*Haemophilus*）拥有一个名称，当转入放线杆菌属（*Actinobacillus*）时它只能用胸膜肺炎放线杆菌（*Actinobacillus pleuropneumoniae*）的名称。

合法的名称（Legitimate），指与本法规规则相符的名称。

非法的名称（Illegitimate），指与本法规规则相悖的名称。

有效发表（Effectively Published），指根据本法规规定，通过销售、分发印刷和/

或电子材料提供给科学界，通常能够获取，以便提供永久记录。当一个新分类单元的名称发表在用大多数细菌学工作者不熟悉的语言编写的作品中时，建议作者在出版物中加入英文描述。

合格化发表（Validly Published）——有效发表并附有对分类单元的描述或对描述和某些其他要求的引用。有效发表新分类单元的名称或现有分类单元的新组合需同时满足下列条件：①名称发表在《国际系统细菌学杂志》（*International Journal of Systematic Bacteriology*，IJSB，2000 年之前名称/IJSEM，2000 年之后名称）上；②在 IJSB / IJSEM 中发表的名称附有对分类单元的描述或参考先前有效发表的分类单元的描述。截至 2001 年 1 月 1 日，以下标准也适用：a. 新名称或新组合应明确说明并按新科 fam. nov，新属 gen. nov.，新种 sp. nov.，新组合 comb. nov. 等相应方式表示。b. 必须给出新名称的词源，必要时新组合也要给出词源。c. 所述分类单元的特性必须在 a 和 b 规则之后直接给出。d. c 规则中包含的所有信息都应该是可获取的。

如果新名称或新组合的初始建议不是在 IJSB/IJSEM 中有效发表的，根据规则 27（2）和（3），作者是在 IJSB / IJSEM 合格化发表的，即在合格化名称目录（Validation List）中公告新名称或新组合的首要负责人。但是，如果符合本法规的规则，其他人也可以提交新名称或新组合进行合格化发表。

另外，从 2018 年 1 月起，IJSEM 已经开始要求作者在描述新分类单元时必须提供基因组测序数据。

2.3.5.2　原核微生物学名翻译与使用

细菌学名在翻译成中文名称时遵循种名在前属名在后的原则，如果是亚种，则亚种名置于最后并加"亚种"后缀。例如，*Streptomyces griseus* 的中文名称为灰色链霉菌，*Staphylococcus aureus* subsp. *aureus* 的中文名称为金黄色葡萄球菌金黄色亚种。

细菌名称的拉丁化的主要规律如下：①细菌的种名与属名的词性必须一致。拉丁词的词性可分为"阳性""阴性""中性"三类，如属名的拉丁词性为阳性，则种名的拉丁词性也需为阳性。②以姓名命名的属名，其尾缀通常有两种形式，一种以"-a"为尾缀，如 *Escherichia*、*Burkholderia*、*Delftia*、*Rothia*、*Yania*，一种以"lla"为属缀，如 *Salmonella*、*Klebsiella*、*Shigella*、*Moraxella*、*Zhihengliuella*，且以姓名命名属名的拉丁词性为阴性。③以姓名命名的种名，则至少存在三种不同的拉丁化方式，以与属名的词性相一致。④以地名命名的种名加词，如已有拉丁化的地名形容词，可直接使用，如 Europaeus（欧洲）、Asiaticus（亚洲）、Americanus（美国）、Romanus（罗马）、Germanicus（德国）、Mediterraneus（地中海）等，如无拉丁化的地名形容词，则以其地名的英文名添加"-ensis"尾缀或"-ense"以进行拉丁化，其中阳性和阴性拉丁词性均使用"-ensis"作为尾缀，中性拉丁词性使用"-ense"作为尾缀。

按照国家新闻出版署的规定，对于涉及外国人名译为汉语时，除极少数特别著名、沿用已久者外，应尽量使用音译名的全名，并省略"氏"字，如 *Brucella* 曾翻译为"布鲁氏菌""布氏菌"，现统一翻译为"布鲁菌"；*Pasteurella* 之前曾翻译为"巴氏菌"，现统一翻译为"巴斯德菌"；*Staphylococcus cohnii* 曾被译为"科氏葡萄球菌"，但更应该译为"科恩葡萄球菌"，因为该细菌的种名来源于细菌学的创始人 Ferdinand Cohn。值得注意的是，细菌的拉丁文学名在翻译为中文时，由于译者不同常出现同物异名的情况，为避免翻译的不同而造成不必要的混乱，应在中文翻译的括号中注明其拉丁文学名。

2.3.5.3 纲以上分类等级的命名

高于纲等级的分类学类别不属于《国际原核微生物命名法规》的规定范畴。因此，这些类别中包含的名称无法合格化发表。虽然在 IJSB/IJSEM 的合格化名称目录先后引用、在核准名称目录（Approved List）现有列出的 50 余个新亚门（subphyl. nov. 或 subdivsio. nov.）和新门（phyl. nov. 或 divsio. nov.）的名称，但所有纲以上水平等级分类类别的命名类型必须被视为建议类型，并且 IJSB/IJSEM 所引用或核准的纲以上分类等级名称未必与大家常用的一致，例如早已为各国学者认可的放线菌门（Actinobacteria phyl. nov）在 IJSB/IJSEM 的合格化名称目录与核准名称目录中依然是亚门等级 Actinobacteria Cavalier-Smith 2002，subdivisio. nov.。2021 年 2 月，ICSP 投票决定在将来的 ICNP 中对 rules 5b、8、15 和 22 进行修订，加入门等级的命名规则，并正式在 IJSEM 上合格化了 42 个基于属模式的门的名称及正式描述。

国际上对于纲以上分类等级的命名一般以伯杰氏手册（按出版顺序，名称依次为 *Bergey's Manual of Determinative Bacteriology*/ *Bergey's Manual of Systematic Bacteriology*/*Bergey's Manual of Systematics of Archaea and Bacteria*）为准。门、亚门的命名模式都是模式目（Type Order）。

2.3.6 原核微生物的分类系统

国际上影响较大和普遍采用的原核微生物分类系统是伯杰氏手册分类系统（Bergey's Manual Taxonomy System）。该手册第一版于 1923 年出版，原名《伯杰氏鉴定细菌学手册》（*Bergey's Manual of Determinative Bacteriology*，BMDB），至 1994 年出版至第九版后不再出版。取而代之的是 1984 年起改版的《伯杰氏系统细菌学手册》（*Bergey's Manual of Systematic Bacteriology*，BMSB），第一版共 4 卷，出版于 1984～1989 年。

现行的《伯杰氏系统细菌学手册》是 2001 年开始出版的第二版，该版分类体系按照 16S rRNA 基因系统发育关系进行编排，共分 5 卷，直至 2012 年才出版齐全。《伯杰氏系统细菌学手册》被认为是微生物学领域的经典之作，是世界上大多数国家分类学家所接受的学术观点的汇总，具有科学性、统一性和实用性的特点，共有近一千位作者参与编撰。《伯杰氏系统细菌学手册》（第二版）提供了原核微生物每个类群的分类学、系统学、生理学、生态学和栖息地的广泛描述性信息，以及反映其进化历史的原核微生物的自然分类系统。

鉴于《伯杰氏系统细菌学手册》（第二版）出版之后几年内每年都会描述大约 100 个新属和约 600 个新物种，2014 年之后，每年平均描述约 750 个新种，为了及时更新内容，Bergey's Manual Trust 首次与 Wiley 出版集团合作，改以电子方式出版其系统手册，并更名为《伯杰氏古菌与细菌系统学手册》（*Bergey's Manual of Systematics of Archaea and Bacteria*，BMSAB）。该手册于 2015 年 4 月首次上线，在线 ISBN：9781118960608 ｜ DOI：10.1002／9781118960608，将取代并扩展《伯杰氏系统细菌学手册》第二版。电子版提供了所有已命名的原核分类群的分类学、系统学、生态学、生理学和其他生物学特性的最新描述，并将系统发育基因组学纳入 BMSAB 的内容和分类纲要。

2.3.6.1 《伯杰氏系统细菌学手册》(第二版) 概况

《伯杰氏系统细菌学手册》(第二版) 采用系统发育分类系统，基本情况如下：

第一卷：古菌、深分支细菌和光合细菌 (*The Archaea and the Deeply Branching and Phototrophic Bacteria*)，主编包括 D. R. Boone、R. W. Castenholz 和 G. M. Garrity。本卷介绍了 157 个属中的 407 种，包括 172 个新种或重新划分的物种。同时介绍了手册历史、词源学、多相分类学、探针、系统发育主线、微生物生态学、菌种保藏机构、知识产权、使用手册、原生物分类、伯杰氏鉴定细菌学手册第一版前言、伯杰氏系统细菌学手册第一版前言、数值分类、数值鉴定和细菌命名。

第二卷：变形菌门 (*The Proteobacteria*)，主编包括 D. J. Brenner、N. R. Krieg、J. T. Staley 和 G. M. Garrity。该卷内容包括 Alpha-、Beta-、Delta-和 Epsilon-变形菌纲，其中描述许多著名的医学和环境上重要的类群，共描述了变形菌门的 538 属，超过 2000 种，特别值得注意的是醋杆菌属 (*Acetobacter*)、土壤杆菌属 (*Agrobacterium*)、水螺菌属 (*Aquospirillum*)、布鲁菌属 (*Brucella*)、伯克霍尔德菌属 (*Burkholderia*)、柄杆菌属 (*Caulobacter*)、脱硫弧菌属 (*Desulfovibrio*)、葡糖杆菌属 (*Gluconobacter*)、生丝微菌属 (*Hyphomicrobium*)、纤毛菌属 (*Leptothrix*)、黏球菌属 (*Myxococcus*)、奈瑟菌属 (*Neisseria*)、副球菌属 (*Paracoccus*)、丙酸杆菌属 (*Propionibacter*)、根瘤菌属 (*Rhizobium*)、立克次体属 (*Rickettsia*)、鞘氨醇单胞菌 (*Sphingomonas*)、硫杆菌属 (*Thiobacillus*)、黄色杆菌属 (*Xanthobacter*) 和 268 个其他属。本卷又分为三个部分：Part A，序文 (The Introductory Essays)；Part B，γ-变形菌纲 (The Gammaproteobacteria)；Part C，α-、β-、δ-、ε-变形菌纲 (The Alpha-、Beta-、Delta-，and Epsilonproteobacteria)。

第三卷：厚壁菌门 (*The Firmicutes*)，主编包括 P. Vos、G. Garrity、D. Jones、N. R. Krieg、W. Ludwig、F. A. Rainey、K. H. Schleifer 和 W. Whitman。本卷介绍了包括基于 SILVA 项目修订的厚壁菌门的分类纲要，以及隶属厚壁菌门的 1346 个种，超过 235 个属的描述。这些菌也被称为低 G+C 摩尔分数革兰氏阳性原核微生物，主要类群包括脂环酸芽孢杆菌属 (*Alicyclobacillus*)、芽孢杆菌属 (*Bacillus*)、梭菌属 (*Clostridium*)、肠球菌属 (*Enterococcus*)、丹毒丝菌属 (*Erysipelothrix*)、真细菌属 (*Eubacterium*)、盐厌氧菌属 (*Haloanaerobium*)、阳光杆菌属 (*Heliobacterium*)、毛螺菌属 (*Lachnospira*)、乳杆菌属 (*Lactobacillus*)、明串珠菌属 (*Leuconostoc*)、李斯特菌属 (*Listeria*)、类芽孢杆菌属 (*Paenibacillus*)、消化球菌属 (*Peptococcus*)、瘤胃球菌属 (*Ruminococcus*)、葡萄球菌属 (*Staphylococcus*)、链球菌属 (*Streptococcus*)、互养单胞菌属 (*Syntrophomonas*)、高温放线菌属 (*Thermoactinomyces*)、高温厌氧杆菌属 (*Thermoanaerobacter*) 和韦荣球菌属 (*Veillonella*) 和 229 个其他属。本卷内容包括许多医学和工业上重要的分类群。

第四卷：拟杆菌门、螺旋体门、柔膜菌门、酸杆菌门、纤维杆菌门、梭杆菌门、网团菌门、芽单胞菌门、黏胶球形菌门、疣微菌门、衣原体门和浮霉菌门 [*The Bacteroidetes，Spirochaetes，Tenericutes* (*Mollicutes*)，*Acidobacteria，Fibrobacteres，Fusobacteria，Dictyoglomi，Gemmatimonadetes，Lentisphaerae，Verrucomicrobia，Chlamydiae，* and *Planctomycetes*]，主编包括 N. R. Krieg、W. Ludwig、W. Whitman、B. P. Hedlund、B. J. Paster、J. T. Staley、N. Ward、D. Brown 和 A. Parte。本卷内容包括基于 SILVA 项目修订的下列门的分类纲要：拟杆菌门（Bacteroidetes）、浮霉菌门（Planctomycetes）、衣原体门（Chlamydiae）、螺旋体门（Spirochaetes）、纤维杆菌门（Fibrobacteres）、梭杆菌门（Fusobacteria）、酸杆菌门（Acidobacteria）、疣微菌门（Verrucomicrobia）、网团菌门（Dictyoglomi）和芽单胞菌门（Gemmatimonadetes），以及隶属上述门的 29 个科、153 个属的描述。本卷内容包括许多医学上重要的分类群。

第五卷：放线菌门（*The Actinobacteria*），主编包括 M. Goodfellow、P. Kämpfer、H. J. Busse、M. E. Trujillo、K. I. Suzuki 和 A. Parte。本卷是《伯杰氏系统细菌学手册》（第二版）最后一卷，也是最为畅销的一卷，内容包括基于 SILVA 项目修订的放线菌门（或称为高 G＋C 摩尔分数革兰氏阳性细菌）分类纲要以及隶属该门的 49 个科、200 多个属的描述。本卷内容包括许多医学和工业上重要的分类群。第五卷分为 A、B 两部分，于 2012 年 5 月出版。在 M. Goodfellow 等人的指导和组织下完成。本卷对放线菌的分类系统进行了重大修订，正式建立了放线菌门（phylum Actinobacteria）。放线菌门包括 6 个纲，23 个目（包括一个未确定分类地位的目），53 个科，222 个属和约 3000 个种。其分类阶元为细菌域，放线菌门，在门下为纲、目、科、属和种。本卷收录了我国放线菌分类学研究的大量成果，这是我国几代放线菌分类学家们共同努力的结果。但需要指出的是，由于其过于严谨、保守的编写宗旨与较长的出版周期，该卷对多位点序列分析（MLSA）、基因芯片技术和基因组技术等分子方法在分类学领域中所做出的新研究成果没有采纳，而相关研究内容已经逐渐成为原核微生物系统学研究的新标准，例如，现在 IJSEM 在新分类单元描述时必须提供基因组测序数据。

2.3.6.2 《伯杰氏古菌与细菌系统学手册》概况

《伯杰氏古菌与细菌系统学手册》（*Bergey's Manual of Systematics of Archaea and Bacteria*）是一个全新的、独特的微生物学单点在线参考书，包括了超过 1750 篇文章（截至 2019 年 9 月）。本手册的监督编辑是 W. B. Whitman，主要编者包括 P. DeVos、S. Dedysh、B. Hedlund、P. Kämpfer、F. Rainey、M. E. Trujillo、J. P. Bowman、D. R. Brown、F. O. Glöckner、A. Oren、B. J. Paster、W. Wade、N. Ward、H. J. Busse、A. L. Reysenbach。本手册包括古菌域 3 个门和细菌域 31 个门的描述，以及手册使用、路线图和分类纲要、史论、分类理论与实践、微生物生态学、特殊原核微生物类群的特征与培养基和特殊方法等内容。

值得注意的是，虽然《伯杰氏古菌与细菌系统学手册》改为数字化出版加快了出版速度，但仍然很难做到及时更新。由于原核微生物的分类是一个快速发展和充满争议的领域，该手册在更新上也持谨慎态度。例如，目前的分类系统旨在将古菌组织成具有共同结构特征和共同祖先的生物群，而这种分类在很大程度上依赖于使用 rRNA 基因序列进行研究的分子系统发育学来揭示生物之间的关系。大多数可培养和经过充分研究的古菌种隶属两个主要的门，广古菌门（Euryarchaeota）和泉古菌门（Crenarchaeota）。但研究者还初步建立了其他一些古菌的门。例如，2003 年发现的特殊物种骑行纳古菌（*Nanoarchaeum equitans*）已被赋予了单独的纳古菌门（Nanoarchaeota）。再如，已经提出了一个超级门（Superphylum）——TACK，包括 Thaumarchaeota、Aigarchaeota、Crenarchaeota 和 Korarchaeota。这种超级门可能与真核生物的起源有关。2017年，有人提议建立了一个新的超级门 Asgard，它与原始真核生物关系更为密切，是TACK 的姐妹类群。上述结果并没有在《伯杰氏古菌与细菌系统学手册》中有任何体现。

2.4 原核微生物的多相分类

原核微生物分类学在经历了曲折的发展历程后，人们的认识已经从表观现象到基因本质逐步深入，多相分类（Polyphasic Taxonomy）成为研究各级分类单位的最有效手段。多相分类的概念最初由 Colwell 于 1970 年提出，指利用微生物多种不同的信息，包括表型、基因型和系统发育的信息，综合起来研究微生物分类和系统进化的过程。多相分类几乎包括了现代分类中所有方面，如传统分类、数值分类、化学分类及分子分类等，可用于所有水平上的分类单位的描述和定义，目前已被广泛应用。多种方法相互印证、互为补充，从而合理地确定微生物的分类地位，反映微生物间系统进化关系。多相分类中常用的信息（图 2-10）、研究方法及其适用的分类等级见图 2-11（Vandamme et al.，1996）。

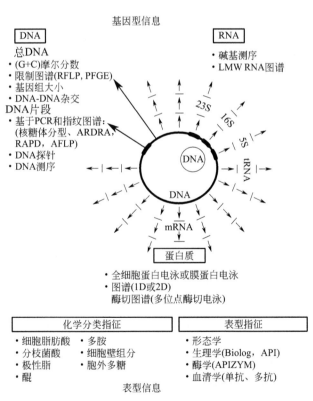

图 2-10　多相分类常用分类信息总结

PFGE，脉冲场凝胶电泳；RAPD，随机扩增多态性 DNA 分析；RFLP，限制性酶切片段长度多态性分析；
ARDRA，扩增 rDNA 限制性酶切分析；AFLP，扩增片段长度多态性

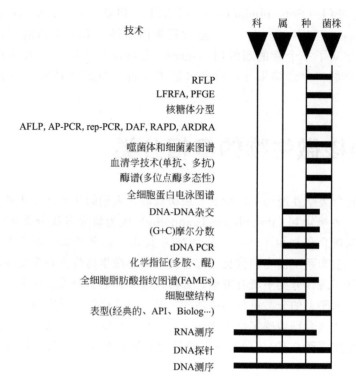

图 2-11 多相分类常用方法的适用等级

rep-PCR，重复 DNA 序列 PCR；LFRFA，低频限制性酶切片段长度分析；

AP-PCR，随机引物 PCR；tDNA PCR，转移 DNA 基因间隔区长度多态性分析

2.4.1 传统分类

传统分类（Traditional Calssification）也称经典分类，是多相分类研究的基础。主要指以形态特征（Morphological Characteristics）、培养特征（Cultural Characteristics）及生理生化特性（Physiological Characteristics）等表观分类学指征（Phenotypic Information），对微生物分类单位进行描述的分类。现今存在于《伯杰氏系统细菌学手册》及微生物学教科书中大量细菌分类单位名称都是建立在传统分类基础上的，是最常用、最经典的分类鉴定指标，也是现代分类鉴定的依据。

传统分类法中的形态特征常用作分类系统中科以上单元的划分，而形态结构特征结合生理生化特性可以用于科以下单元的分类。形态学鉴定辅以生化试验在细菌鉴定中具有重要的意义。生理生化实验性状的选择主要根据 *Bergey's Manual of Determinative Bacteriology*（1994）、*Bergey's Manual of Systematic Bacteriology*、*Bergey's Manual of Systematics of Archaea and Bacteria* 和新近出版的 IJSEM 中相应属、种鉴定有关的内容进行。主要包括糖（醇）类代谢试验、唯一碳源生长试验、蛋白质降解试验、酶的产生试验、水解活性试验、抗生素抗性试验、抗微生物实验、对温度和酸碱度以及 NaCl 的耐受试验、溶菌酶敏感试验、硝酸盐还原试验等，以及血清分型、噬菌体分型、免疫分析等。需指明的是，表型特征数据必须与该微生物相似菌株的表型特征数据，在相同或相近培养条件下进行比较，如表 2-1 所示。

表 2-1 微白类芽孢杆菌（*Paenibacillus albidus*）与相似种的生理生化特性比较

特性	1	2	3	4	5
生长温度					
范围/℃	4～37	5～35	10～40	5～37	5～50
最适/℃	28～30	30	28～30	28～30	30
生长 pH					
范围	6.0～10.0	5.0～10.0	6.0～10.0	5.6～8.0	7.0～8.0
最适	7.5	7.0～7.5	7.0～7.5	7.0	7.5
NaCl 最大耐受值/%	＜3	＜5	＜3	＜5	0.8
水解					
酪素	−	−	+	+	−
淀粉	+	−	+	−	+
利用碳源产酸					
甘露糖	+	−	−	+	−
D-阿拉伯糖	w	−	−	−	w
D-核糖	+	+	−	−	+
D-木糖	+	+	+	−	+
L-木糖	w	−	−	−	−
D-阿东糖醇	+	−	−	−	−
L-鼠李糖	w	−	−	−	−
D-山梨糖醇	−	−	−	+	−
菊糖	+	+	+	+	w
木糖醇	+	−	+	−	w
D-松二糖	−	+	+	+	+
D-阿拉伯糖醇	−	−	−	+	−
碳源同化利用					
D-葡萄糖	+	+	−	−	−
D-甘露醇	+	−	−	+	−
麦芽糖	w	+	−	+	+
葡萄糖酸钾	w	−	−	−	w
癸酸	−	−	−	−	+
苹果酸	−	+	−	−	−
酶活性					
酯酶	w	+	+	+	−
类脂酯酶	−	w	+	+	w
亮氨酸芳胺酶	+	−	+	+	−
α-半乳糖苷酶	+	−	−	+	−
酸性磷酸酶	+	−	−	+	−

注：1—*Paenibacillus albidus* Q4-3[T]；2—*Paenibacillus odorifer* JCM 21743[T]；3—*Paenibacillus typhae* DSM 25190[T]；4—*Paenibacillus borealis* DSM 13188[T]；5—*Paenibacillus etheri* DSM 29760[T]。+—阳性；−—阴性；w—弱阳性。

随着微生物鉴定技术的发展，涌现出一些快速、高效、简易和自动化的鉴定方法，较有代表性的有 API 细菌数值鉴定系统（API System）、Biolog 全自动和手动微生物鉴定系统等，根据生理实验特征而设计的细菌自动鉴定仪已用于临床细菌的检验。API 是 Analytic Products INC 的简称。API 鉴定系统是由法国生物-梅里埃公司（BioMerieux SA）研发的细菌数值分类分析鉴定系统。该系统品种齐全，包括的范围广，涵盖 16 个鉴定系列，常用的有 API 50CH、API 20E、API 20NE、API ZYM、API Staph 和 API Coryne 等系列。目前约有 1000 种生化反应，可鉴定的细菌超过 600 种，数据库在不断地完善和补充。鉴定过程中，可根据细菌所属类群选择适当的生理生化鉴定系列，通过软件将待测细菌与数据库参比，得出鉴定结果。API 是世界范围内应用最广、种类最多、最受推崇的国际标准化产品，从而成为细菌鉴定的"金标准"。Biolog 微生物鉴定系统是美国安普科技中心（ATC US）所研发的一套系统，特点是自动化、快速（4～24h）、高效和应用范围广。关键部件是一块有 96 孔的微生物培养板，以微生物对不同碳源的利用情况为基础，检测微生物的特征指纹图谱，建立与微生物种类相对应的数据库。通过软件将待测微生物与数据库参比，得出鉴定结果。此系统可鉴定近 2000 种微生物，涉及革兰氏阴性菌、革兰氏阳性菌、厌氧菌、酵母和丝状真菌。Biolog 系统已获美国食品药品监督管理局（FDA）认可，已逐步应用于食品和饮品企业、环保、海洋生物/水产品、制药、农业微生物、生物治理、化妆品、临床等领域的微生物鉴定试验中，它的商品化，开创了细菌鉴定史上新的一页。

虽然传统分类不能确切说明微生物的遗传进化地位和关系，但它却是人们认识微生物实际重要性和研究生物进化的基础。许多医学致病细菌的鉴定一直依赖于传统分类指标和技术。因此，传统分类尽管已经受到了现代系统分类学的冲击，但依然是人们认识微生物物种的最基本方法之一，是化学分类和分子分类所不可替代的，是多相分类研究的重要组成部分。

2.4.2　数值分类

数值分类法（Numerical Classification）又称统计分类法，是一种依据数值分析的原理，借助计算机技术对分类的微生物对象按大量表型性状的相似性程度进行统计、归类的方法。数值分类的原理是由法国植物学家 M. Adanson 于 1757 年提出来的，而现代数值分类学是从 1957 年英国学者 P. H. A. Sneath 在研究细菌分类时兴起的。该方法可以对众多菌株进行大量表型数据的比较分析，提供准确的、可重复的、大信息量的处理手段。其优点在于采用"等重衡量"原则，并运用数学方法和计算机进行处理，与数据库进行比较，使其分类结果在分类学的估价和分类单元的建立上都是客观、明确和可重复的。

数值分类在细菌分类中运用的步骤包括：①收集实验（t）中获得的被分类菌株（n）的大量数据，实验包括生化、生理、形态等，然后做成一个 $n \times t$ 的数据矩阵；②使用得出的数据矩阵，根据实验菌株的相似性或非相似性进行分类；③相互关系密切的菌株再用聚类分析的方法划归类群；④检验数值上定义的类群，由矩阵求出可以区别它们的任何特性，进行加权鉴定。

（1）数据收集。对菌株进行数值分类，一般要求选择不少于 50 个实验特征。特征太少会影响分类结果的可信度。在收集实验数据时，阳性特征记录为"1"或"＋"，阴性特征记录为"0"或"－"。

（2）计算相似性。每一实验菌株（操作单位，OTU）的实验特性要分别与其他菌株进行匹配比较相似性（Similarity），相似程度可以用相似系数 Ssm 表示。

$$Ssm=\frac{相同特征的和}{特征总数}\times100\% \quad 或\ Ssm=\frac{a+d}{n}\times100\%$$

式中，a 为相同阳性特征数；d 为相同阴性特征数；n 为特征总数。

这一计算过程由计算机完成，并可以得出一个非聚类相似矩阵表（表 2-2）和阴影图（图 2-12）。

表 2-2　非聚类相似矩阵表

OTU	1	2	3	4	5
1	100				
2	51	100			
3	88	54	100		
4	85	53	86	100	
5	52	66	54	52	100

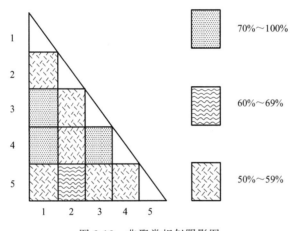

图 2-12　非聚类相似阴影图

（3）聚类分析。聚类分析有许多计算方法，最常用的是单链锁聚类分析方法（Single Linkage Cluster Analysis Technique）。这一方法是根据矩阵得出的相似系数，由最高值开始，逐一进行链锁，即可将表 2-2 转变为图 2-13。链锁图通常称为系统树（Dendrogram）。另外，聚类分析也可聚类阴影矩阵图来表示（图 2-14）。

数值分类要处理大量的实验数据，因此目前这项工作是用计算机辅助完成的。如使用中国科学院微生物研究所的 MINTS 程序，就可以很容易地将实验数据转换为分类的系统树。

微生物数值分类鉴定集数学、电子、信息及自动分析技术于一体，具有系统化、标准化、微量化和简易化等优点，采用商品化的鉴定测试系统，将未知菌鉴定到属、种、亚种或生物型，可对不同来源的临床标本进行针对性鉴定，所得结果以数字方式表达或与数据库数据（手册或软件）对比得出鉴定结果。数值分类的不足之处在于测试的性状比较多（通常为 100～200 项），费时费力，而不同实验室间的测定结果也可能存在一定的差异，但由于其能够定性和定量地反映供试菌株生物表型多样性的程度，并能提供菌株具体的表型性状鉴定特征，因此，在细菌分类和多样性研究中广泛应用。

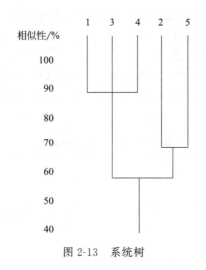

图 2-13 系统树

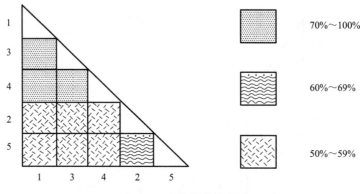

图 2-14 聚类阴影矩阵图

2.4.3 化学分类

化学分类（Chemotaxonomy）是利用各种化学分析手段，研究微生物细胞不同化学成分，并利用这些特性对生物个体进行分类和鉴定。化学分类是由 Cummins 和 Harris 在 20 世纪 50 年代中期建立起来的，从 20 世纪 60 年代开始，Lechevalier 等学者进行了放线菌化学分类的研究，提出以化学与形态特征相结合划分属的观点，并于 1971年发表了主要依据细胞化学指征的分类系统，从而打破了传统分类观念，奠定了化学分类学的基础，使分类学的内容从表观水平深入到了细胞水平。化学分类方法的应用推动着原核微生物分类学的发展，并逐步建立起一整套细胞化学分析方法，也有专门设计的分析仪器和商业软件问世。化学分析的对象主要包括细菌细胞壁、外膜、细胞质膜及整个细胞（表 2-3）。目前经常使用的特异性细胞化学特性包括：细胞壁化学组分、脂肪酸、磷酸类脂、醌、分枝菌酸、全细胞蛋白及核糖体蛋白电泳分析等。常使用气相色谱、高效液相色谱和质谱等仪器分析手段，使得分类研究更为快捷、灵敏和准确。细胞特定化学组分及分子结构的稳定性好，结果重现性好，分类的可靠性高，因此化学分类是原核微生物系统分类学必不可少的手段之一，是属划分的主要方法和指标之一，一个新的分类单位，必须有化学分类的结果，才能得到国际认可。

表 2-3　化学分类信息来源

细胞部位	成分
外膜	束缚脂-分枝菌酸 游离脂（甘油酯、蜡等），脂蛋白，类脂多糖
细胞壁	蛋白质 肽聚糖（氨基酸与糖） 多聚糖（糖类型） 磷壁酸
细胞质膜	类异戊二烯醌，脂溶性色素，脂肪磷壁酸 极性脂（脂肪酸，磷酸类脂，类异戊二烯脂）
全细胞	糖，蛋白质，核糖体蛋白

2.4.3.1　细胞（壁）化学组分分析

原核微生物中的细菌和古菌在细胞（壁）化学特性上有明显差异。革兰氏阴性细菌肽聚糖的化学结构一般是一致的，而革兰氏阳性（G$^+$）细菌细胞壁中的氨基酸种类和糖类组分是不同的，具有重要的分类价值。根据 G$^+$ 细菌细胞壁肽聚糖分子中肽链第 3 位氨基酸的种类、中间肽桥和邻近的四肽交联位置，将它们归纳为 5 种类型：

① 第 3 位的氨基酸为内消旋的二氨基庚二酸（Diaminopimelic Acid，*meso*-DAP），与邻近的肽链以 3-4 交联。这类细菌包括棒状杆菌（*Corynebacterium*）、分枝杆菌（*Mycobacterium*）、诺卡氏菌（*Nocardia*）、乳酸杆菌（*Lactobacillus*）、节杆菌（*Arthrobacter*）及丙酸杆菌（*Propionibacterium*）属中的某些种。

② 第 3 位为赖氨酸，与邻近的肽链以 3-4 交联。这类菌包括链球菌（*Streptococcus*）、片球菌（*Pediococcus*）、明串珠菌（*Leuconostoc*）、葡萄球菌（*Staphylococcus*）、微球菌（*Micrococcus*）、乳酸杆菌、节杆菌和双歧杆菌（*Bifidobacterium*）属中的某些种。

③ 第 3 位为 L,L-DAP，与邻近肽链以 3-4 交联。这类菌包括链霉菌（*Streptomyces*）、类诺卡氏菌（*Nocardioides*）、节杆菌、丙酸杆菌属中的某些种。

④ 第 3 位为 L-鸟氨酸，与邻近的肽链以 3-4 交联。这类菌包括双歧杆菌和乳酸杆菌属中的某些种。

⑤ 第 3 位结构不固定，中间肽桥包括两个氨基酸——第 2 位的 D-谷氨酸和第 4 位的 D-丙氨酸之间的羧基在内。属于这类菌的有某些节杆菌和其他菌等。

20 世纪 60 年代初，Lechevalier 夫妇建立的细胞（壁）化学组分分析方法应用于放线菌的分类，不仅澄清了原来一些分类单位的错误，而且使得一些新的分类单位被发现和建立，如无分枝菌酸菌属（*Amycolata*）、拟诺卡氏菌属（*Nocardiopsis*）、类诺卡氏菌属（*Nocardioides*）等都是基于细胞化学特征建立的放线菌新属。1976 年，在分析了 600 多株放线菌以后，他们提出根据形态和细胞（壁）化学组成将放线菌分为 9 个胞壁类型（表 2-4）和 4 个糖型，从而奠定了化学分类的基础。1994 年，Stackebrandt 发现绿灰链孢囊（*Streptosporangium viridogriseum*）等的全细胞水解物只含半乳糖，定为 E 型（表 2-5）。

表 2-4　放线菌细胞壁类型的主要构成

胞壁类型	主要组成	代表属（种）
Ⅰ	L,L-DAP，甘氨酸	*Sterptomyces*
Ⅱ	*meso*-DAP，甘氨酸	*Micromonospora*
Ⅲ	*meso*-DAP	*Actinomadura*
Ⅳ	*meso*-DAP，阿拉伯糖，半乳糖	*Nocardia*
Ⅴ	L-赖氨酸，鸟氨酸	*Actinomyces israelii*
Ⅵ	L-赖氨酸（天冬氨酸，半乳糖）	*Oerskovia*
Ⅶ	DAB，甘氨酸	*Agromyces*
Ⅷ	鸟氨酸	*Bifidobacterium*
Ⅸ	*meso*-DAP，多种氨基酸	*Mycoplana*

注：DAB 为 1,4-二羟基丁酸；所有细胞壁均含有丙氨酸、谷氨酸、胞壁酸和葡萄糖胺。

表 2-5　放线菌全细胞的主要糖类型

糖类型	主要成分	代表属（种）
A	阿拉伯糖，半乳糖	*Nocardia*，*Rhodococcus*，*Pseudonocardia*
B	马杜拉糖	*Actinomadura*
C	无	*Actinosynnema*，*Streptomyces*
D	木糖，阿拉伯糖	*Micromonospora*
E	半乳糖	*Streptosporangium viridogriseum*

　　云南大学微生物所放线菌实验室的研究人员用薄层色谱扫描法与氨基酸全自动分析仪分析法相结合，定量分析了胞壁Ⅰ～Ⅳ型的 70 株典型菌株的 DAP 和其他种类氨基酸，发现放线菌的细胞壁中都同时含 L,L-DAP 和 *meso*-DAP，其幅度在 5%～95% 之间，因此建议对原来的Ⅰ～Ⅳ型胞壁类型定性划分标准作如下修正：

　　Ⅰ型，主要含 L,L-DAP（相对百分含量 50% 以上）、无特征性糖（C 型）；

　　Ⅱ型，主要含 *meso*-DAP（相对百分含量 50% 以上）、木糖和阿拉伯糖（D 型）；

　　Ⅲ型，主要含 *meso*-DAP（相对百分含量 50% 以上）、含马杜拉糖或无或含半乳糖；

　　Ⅳ型，主要含 *meso*-DAP（相对百分含量 50% 以上）、半乳糖和阿拉伯糖。

2.4.3.2　磷酸类脂分析

　　原核微生物中所含的极性脂种类十分丰富。主要有磷酸类脂（Phospholipids）、糖脂（Glycolipids）、糖磷脂（Glycophospholipids）、氨基酸脂（Aminolipids）、硫脂（Sulfolipid）等。其中磷酸类脂是位于细胞膜上的极性脂，形成膜的基本结构，对于物质运输、代谢及维持正常的渗透压都有重要作用。不同属的磷酸类脂组分是不同的，它们是鉴别属的重要特征之一。研究表明具有分类学意义的磷酸类脂为：磷脂酰乙醇胺（Phosphatidylethanolamine，PE）、磷脂酰胆碱（Phosphatidylcholine，PC）、磷脂酰甲基乙醇胺（Phosphatidylmethylethanolamine，PME）、磷脂酰甘油（Phosphatidylglycerol，PG）和含葡萄糖胺未知结构的磷酸类脂（Phospholipids of Unknown Structure Containing Glucosamine，GluNus）等五种，部分结构如图 2-15 所示。Lechevalier 夫妇分析了放线菌 48 个属的磷酸类脂组成，将好氧放线菌分为 5 种磷酸类脂类型（表 2-6）。

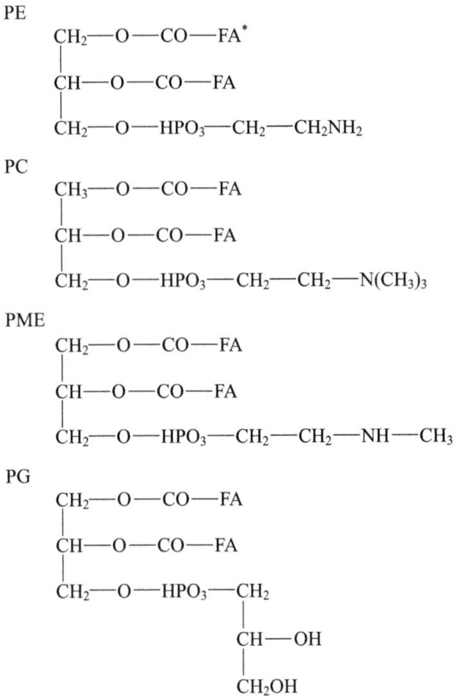

PE

$$CH_2-O-CO-FA^*$$
$$CH-O-CO-FA$$
$$CH_2-O-HPO_3-CH_2-CH_2NH_2$$

PC

$$CH_3-O-CO-FA$$
$$CH-O-CO-FA$$
$$CH_2-O-HPO_3-CH_2-CH_2-N(CH_3)_3$$

PME

$$CH_2-O-CO-FA$$
$$CH-O-CO-FA$$
$$CH_2-O-HPO_3-CH_2-CH_2-NH-CH_3$$

PG

$$CH_2-O-CO-FA$$
$$CH-O-CO-FA$$
$$CH_2-O-HPO_3-CH_2$$
$$CH-OH$$
$$CH_2OH$$

图 2-15　特征性磷酸类脂的结构式

FA 为脂肪酸

表 2-6　好氧放线菌的磷酸类脂类型

磷酸类脂类型	特征性磷酸类脂				
	PE	PME	PC	GluNus	PG
P I	−	−	−	−	v
P II	+	−	−	−	−
P III	v	v	+	−	v
P IV	v	v	−	+	−
P V	−	−	−	+	+

注：—为不出现；+为出现；v为有变化。

磷酸类脂分析采用双向薄层色谱法（TLC），主要参照 Lechevalier 等（1980）、Minnikin 等（1984）、Komagata 和 Suzuki（1987）的方法进行。阮继生（2006）对磷酸类脂的提取和鉴定方法进行了改进，大大简化了操作步骤，使得样品中的磷酸类脂得以较好分离。各种磷酸类脂位置如图 2-16 所示。海泥芽孢杆菌（*Bacillus oceanisedimini*）H2^T 用 TLC 法分析其磷酸类脂的结果见图 2-17。

2.4.3.3　脂肪酸组分分析

脂肪酸（Fatty Acid）通常以极性脂的形式存在于磷脂、脂蛋白、脂多糖、磷壁酸脂等生物大分子中，是原核微生物细胞膜和细胞壁的组成部分，已经鉴定出脂肪酸有300 多种不同的化学结构，脂肪酸的链长、双键位置和数量及取代基团具有分类学意义，是一项重要的分类特征。1963 年，美国科学家 Able 首次将气相色谱技术应用于细菌脂肪酸成分分析，目前，脂肪酸分析已经成为化学分类中重要的分类手段之一。不同

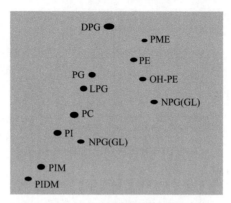

图 2-16　磷酸类脂模式图

DPG，双磷脂酰甘油；OH-PE，羟基磷脂酰乙醇胺；PME，磷脂酰甲基乙醇胺；PE，磷脂酰乙醇胺；
PG，磷脂酰甘油；PC，磷脂酰胆碱；LPG，溶血磷脂酰甘油；NPG，含葡萄糖胺未知结构的磷酸类脂；
PIM，磷脂酰肌醇甘露糖苷；PI，磷脂酰肌醇；PIDM，磷脂酰肌醇二甘露糖苷

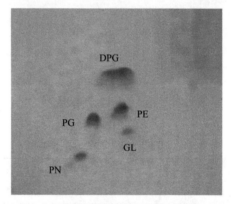

图 2-17　海泥芽孢杆菌 $H2^T$ 的磷酸类脂图谱

DPG，双磷脂酰甘油；PG，磷脂酰甘油；PE，磷脂酰乙醇胺；PN，未知氨基磷脂；GL，β-龙胆二酰甘油酯

的属、种甚至不同的菌株之间其脂肪酸碳链的长度、双键位置、取代基团等都存在差异。脂肪酸组分一般较为复杂，分别归属于 3 种类型：直链、分支和复杂形式的脂肪酸。例如，类芽孢杆菌属（*Paenibacillus*）以分支脂肪酸（支链脂肪酸）为主，其主要组分是 anteiso-$C_{15:0}$（表 2-7）；糖单孢菌属的脂肪酸是由 iso-、anteiso-、分支和直链系列不饱和脂肪酸组成的混合物；假诺卡氏菌属中以 iso-分支脂肪酸为主，其主要组分是 iso-$C_{16:0}$，同时含有 $C_{16:0}$ 和 10-甲基-$C_{16:0}$ 等组分。脂肪酸分析具有快速、方便、自动化程度高等优点，适用于大量菌株的快速分析。脂肪酸分析应在标准化的条件下进行，因为不同组分的相对含量因菌龄和培养条件的不同而异。用作脂肪酸分析的菌体应在稳定期收获。在高度标准化的培养条件下，细胞的脂肪酸甲酯（Fatty Acid Methyl Esters，FAMEs）组分是较稳定的分类学特征。脂肪酸定性分析结果限于属和属以上的分类；脂肪酸定量分析结果可为种和亚种分类提供有用的基本资料。脂肪酸的组分测定可以使用玻璃毛细管柱（Glass Capillary Colume）气相色谱或气-质联用色谱（Gas-Mass Spectrometer）。当前通用的方法是采用具有 MIDI（Microbial Identification System）软件的气相色谱（GC）分析系统。美国 MIDI 公司开发了 Sherolock 全自动微生物鉴定系统，建立了脂肪酸组分标准数据库，可用于菌体脂肪酸成分的标准化分析。

表 2-7　微白类芽孢杆菌与相似种的脂肪酸组分比较

脂肪酸	1	2	3	4	5
直链脂肪酸					
$C_{14:0}$	1.1	1.5	3.7	3.8	10.4
$C_{16:0}$	13.3	4.8	8.0	10.0	29.0
支链脂肪酸					
iso-$C_{14:0}$	2.9	5.6	6.3	4.5	6.3
iso-$C_{15:0}$	3.1	6.2	5.1	11.3	6.5
iso-$C_{16:0}$	14.5	9.6	9.1	4.2	7.5
iso-$C_{17:0}$	2.5	TR	TR	1.1	TR
anteiso-$C_{13:0}$	TR	TR	TR	1.1	—
anteiso-$C_{15:0}$	55.5	62.3	56.1	57.4	32.9
anteiso-$C_{17:0}$	4.9	2.9	2.7	1.9	TR
不饱和脂肪酸					
$C_{16:1}\,\omega7c$ alcohol	—	2.1	1.5	TR	TR
$C_{18:1}\omega9c$	TR	—	—	—	—
$C_{16:1}\omega11c$	TR	1.8	4.8	2.5	4.7
iso-$C_{17:1}\,\omega10c$	—	TR	TR	TR	—
混合组分					
3	0.3	—	—	TR	—
5	0.5	—	—	—	—

注：1，*Paenibacillus albidus* Q4-3[T]；2，*Paenibacillus odorifer* JCM 21743[T]；3，*Paenibacillus typhae* DSM 25190[T]；4，*Paenibacillus borealis* DSM 13188[T]；5，*Paenibacillus etheri* DSM 29760[T]。TR，痕量（<1%）；—，未测出；混合组分 3 包括 $C_{16:1}\omega7c$ 和/或 $C_{16:1}\omega6c$，混合组分 5 包括 anteiso-$C_{18:0}$ 和/或 $C_{18:2}\omega6$，9c。

2.4.3.4　醌组分分析

醌是原核微生物细胞质膜的组分，在电子传递和氧化磷酸化中起重要作用。细菌的醌有泛醌（Ubiquinone，辅酶 Q）和甲基萘醌（Menaquinone，MK），其分子中的多烯侧链长度为 1～14 个异戊烯单位不等。对革兰氏阳性的放线菌而言，通常只含有甲基萘醌，甲基萘醌的侧链由不同的异戊烯单位构成（图 2-18）。研究表明，甲基萘醌分子中的多烯侧链长度和 3 位碳原子上多烯侧链的氢饱和度对于放线菌具有分类学意义。有研究者建立了醌在不同放线菌分类鉴定中的指标，并划分了放线菌的甲基萘醌类型（表 2-8）。

表 2-8　放线菌目中的甲基萘醌类型

类型	萘醌种类	代表菌（属/种）
I *Eubacteria scandidus*（异戊烯单位无氢化）	A MK-7	*Thermoactinomyces*
	B MK-9	*Gordona aurantiaca*
II *Mycobacterium*（主要是 8～9 异戊烯单位上被 2～4 个氢化）	A MK-8（H_2）	*Rhodococcus rhodochrous*
	B MK-8（H_4）C	*Nocardia*
	C MK-9（H_2）	*Mycobacterium*
	D MK-（H_4）	*Geodermatophilus*

类型	萘醌种类	代表菌（属/种）
Ⅲ *Saccharomonospora* （四氢化的多烯萘醌）	A MK-8（H$_4$），MK-9（H$_4$） B MK-9（H$_4$），MK-10（H$_4$）	*Saccharomonospora* *Actinoplanes*
Ⅳ *Streptomyces* （具有同一链长，但氢饱和度 不同的萘醌）	A MK-9（H$_2$），MK-9（H$_4$），MK-9（H$_6$） B MK-9（H$_4$），MK-9（H$_6$），MK-9（H$_8$） C MK-10（H$_4$），MK-10（H$_6$）	*Microtetrospora* *Streptomyces* *Nocardiopsis*

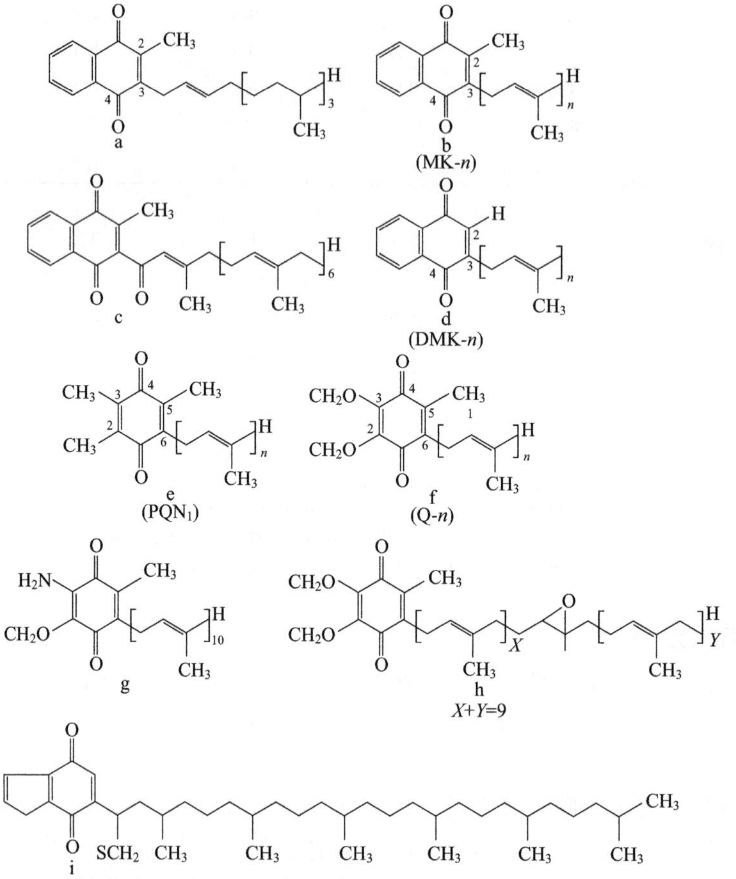

图 2-18　不同醌的分子结构

a，叶绿醌；b，甲基萘醌；c，绿菌醌；d，脱甲基萘醌；e，质体醌；
f，泛醌；g，深红醌；h，环化泛醌；i，含硫醌

　　Howarth 等（1986）用质谱分析诺卡氏菌属的甲基萘醌时发现，真正属于诺卡氏菌属的成员，其主要的醌型并非以往认为的 MK-8（H$_4$），而是一种新的甲基萘醌类型，它含 8 个异戊烯单位，且末端 2 个单位成环，分子中有 3 个饱和单位，用反相高压液相色谱测定，其保留时间明显比 MK-8（H$_4$）延长。检测这种特殊的甲基萘醌类型，有助于把真正的诺卡氏菌与系统发育上相关的乳酪杆菌属（*Caseobacter*）、棒杆菌属（*Corynebacterium*）、分枝杆菌属、红球菌属区别开来，因后者都是二氢化的甲基萘醌。通过上述研究他们认为侧链中是否带有部分成环的结构也具有重要的分类学意义，这种分子可作为系统发育的指征。Chun 等（1995）也证实了这种特征性的甲基萘醌对诺卡

氏菌属分类的重要性，后来 Chun 等（1997）建立了新属斯科尔曼氏菌属（*Skerma-nia*），其也具有此种类型的甲基萘醌。原核微生物部分类群的醌类型见表 2-9。常用来分析醌的方法有薄层色谱法（TLC）、高效液相色谱法（HPLC）和液质联用法（LC/MS）等。选用同一属或最相近的典型菌株作标准对照菌株，例如链霉菌甲基萘醌分析常用的对照菌株为灰色链霉菌（*Streptomyces griseus*）AS4.139，已知其醌型为 MK-9（H_4，H_6，H_8）（如图 2-19）。

表 2-9　原核微生物部分类群的醌类型

分类单位	主要醌组分
变形杆菌门	
α-纲	
Agrobacterium	Q-10
Rhodomicrobium vannielii	Q-10＋RQ-10
Rhodopseudomonas acidophila	Q-10＋RQ-10＋MK-10
β-纲	
Alcaligenes	Q-8
Brachymonas，*Zoogloea*	Q-8＋RQ-8
γ-纲	
Acinetobacter，*Pseudomonas*	Q-9
Chromatiaceae	Q-8＋MK-8
Enterobacteriaceae	Q-8＋MK-8＋DMK-8
δ-纲	
Desulfobulbus	MK-5（H_2）
Desulfovibrio	MK-6，MK-6（H_2）
革兰氏阳性菌	
低（G＋C）含量类群	
Bacillus	MK-7
Enterococcus	MK-8，DMK-9
高（G＋C）含量类群	
Arthrobacter	MK-9（H_2）
Kribbella	
Streptomyces	MK-9（H_4）
蓝细菌（*Cyanobacteria*）	MK-9（H_6）＋MK-9（H_8）
Nostoc	PQ-9＋K_1
螺状菌（*Spirosoma* group）	
Spirosoma	MK-7
类杆菌/黄杆菌类群（*Bacteroides/Flavobacteria* group）	
Flavobacterium/Cytophaga	MK-6，MK-7
Sphingobacterium	MK-7
其他	
Chlorobium	MK-7＋CK
Deinobacter	MK-8

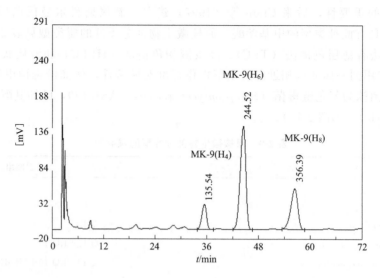

图 2-19　灰色链霉菌 AS4.139 甲基萘醌组分的高效液相色谱图

2.4.3.5　分枝菌酸分析

　　分枝菌酸（Mycolic Acid）是诺卡氏菌形放线菌（Nocardioform Actinomycetes）最具特征性的细胞膜成分之一，Lechevalier 等（1986）根据分枝菌酸的有无，将不含有分枝菌酸的诺卡氏菌从诺卡氏菌属里划分出来，并结合其他化学指标，建立了无分枝菌酸属（*Amycolata*）和拟无分枝菌酸属（*Amycolatopsis*）。从分子结构上看，分枝菌酸属于 α-烷基-β-羟基高分子脂肪酸，其分子式为：

$$CH_3(CH_2)_m(CH\!=\!CH)_r(CH_2)_n(CH\!=\!CH)_s(CH_2)_o(CH\!=\!CH)_t(CH_2)_p(CH\!=\!CH)_u(CH_2)_q \overset{\displaystyle OH}{\underset{\underset{\displaystyle CH_3}{\displaystyle (CH_2)_x}}{CHCHCOOH}}$$

　　式中，$0 \leqslant r+s+t+u \leqslant 4$；$m$，$n$，$o$，$p$，$q > 1$；$5 \leqslant x \leqslant 19$。

　　根据分子中所含碳原子数目的多少可将分枝菌酸分为 4 类：约含 80 个碳原子的分枝杆菌酸（Mycobacteomycolic Acid）；约含 60 个碳原子的诺卡氏分枝菌酸（Nocardomycolic Acid）；约含 40 个碳原子的红球菌分枝菌酸（Rhodomycolic Acid）；约含 30 个碳原子的棒状杆菌分枝菌酸（Corynomycolic Acid）。分枝菌酸的有无和分子特性是诺卡氏菌形放线菌分类必不可少的化学指征。商品化的 SMIS（Sherlock Mycobacteria Identification System）系统专门用于分枝菌酸的鉴定（美国 MIDI 公司）。

2.4.3.6　全细胞蛋白 SDS-PAGE 分析

　　全细胞 SDS 降解蛋白质片段的聚丙烯酰胺凝胶电泳（SDS-PAGE）是一种通过分析蛋白质图谱来获取化学分类信息的快速技术，是一种在细胞总体蛋白质水平上进行比较分析的方法。蛋白质是基因表达的产物，不同原核微生物其蛋白质组成存在着差异，在高度标准化的培养条件下，它是一种分群和比较大量相近菌株的较好方法。研究证明这项技术和 DNA-DNA 杂交有很好的相关性，具有种水平的分类分辨率，可用于种水平上的分类鉴定和追踪同义种。种的划分通常对应于 90% 的蛋白质相似性。全细胞蛋白 SDS-PAGE 分析方法流程见图 2-20。图 2-21 是链霉菌 108 个典型菌株全细胞蛋白

SDS-PAGE 分析聚类系统树（李炜，2002）。

除此之外，核糖体蛋白、ATPase、延伸因子、同工酶、反转录酶及分子伴侣（Chaperone）等某些特殊蛋白质也可用于分类研究，具有分子保守性好和方法简便等优点。

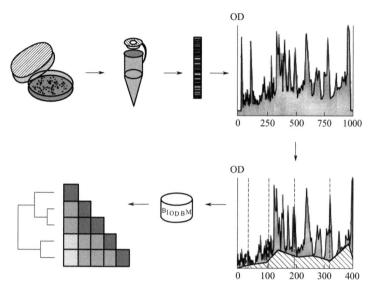

图 2-20 全细胞蛋白 SDS-PAGE 分析方法流程

2.4.4 基因型分类

基因型分类（Genotype Taxonomy）是在分子水平上，对生物个体的 DNA 和 RNA 进行研究，并根据获得的基因型信息对生物个体进行分类。20 世纪 80 年代，原核微生物分类学进入分子分类时期，分子分类和系统发育信息丰富了多相分类的内容，共同推动原核微生物分类向着自然分类系统靠近。目前经常采用的分子分类方法包括核酸序列分析（16S rRNA/rDNA 序列分析）、DNA G＋C 摩尔分数、DNA-DNA 杂交、DNA 分子指纹图谱分析、DNA-RNA 杂交、多位点序列分型、全基因组分析、rDNA 转录间隔区（Internally Transcribed Spacer，ITS）序列分析等。

2.4.4.1 16S rRNA 基因序列分析和系统进化树的构建

（1）16S rRNA 基因序列分析

16S rRNA 基因是系统分类和进化研究的最理想材料。选用 16S rRNA 进行分析的原因：16S rRNA 普遍存在于原核微生物中，是蛋白质合成的场所，生理功能重要且恒定，在细胞中含量较大；既有高度保守的区域又有相对可变的区域，某些碱基顺序非常保守，以致经过 30 亿年的进化，仍然保持初始的状态，具有分子计时器功能；其分子质量适中，大小为 1500bp 左右，所代表的信息量大，既能反映生物界的进化关系，又较容易进行操作，可适用于各级分类单元，相比较而言 5S rRNA 分子较小，所含信息量太少，而 23S rRNA 分子大（2900bp），且信息量多，但碱基突变速率要比 16S rRNA 快得多，对于较远的亲缘关系不适用。因此，目前以 16S rRNA 基因序列分析的应用最为广泛，其已成为研究细菌系统发育，建立自然分类系统的主要依据之一。研究

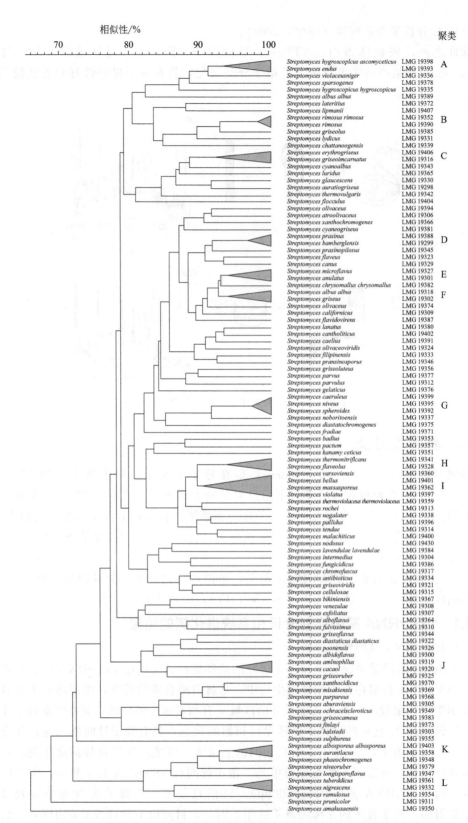

图 2-21　链霉菌 108 个典型菌株全细胞蛋白 SDS-PAGE 分析聚类系统树

菌株分类地位最有效的方法就是把它放到系统发育树中，考察与其他菌株之间的关系，再结合其他分类信息来最终确证其分类地位。16S rRNA 序列被认为是细菌分类鉴定研究的"金标准"（Gold Standard），发表的新分类单位则都有 16S rRNA 序列作为依据。

16S rRNA 序列分析的方法主要有两种：一种是 16S rRNA 提纯后用反转录酶和保守引物进行测序；另一种是扩增 16S rRNA 基因，然后与特定的质粒连接进行克隆测序或用 PCR 产物直接测序。16S rRNA 基因扩增通常使用两个通用引物，分别对应于 *E.coli* 16S rRNA 基因的第 8~27 位碱基（27f）和第 1492~1513 位碱基（1492r），序列如下：

  27f： 5′-AGAGTTTGATCCTGGCTCAG-3′

  1492r：5′-TACGGCTACCTTGTTACGACTT-3′

PCR 产物经 1%琼脂糖凝胶电泳检测呈 1.5kb 左右的条带。使用胶回收试剂盒对 PCR 产物进行纯化。纯化后的 PCR 产物直接用 Taq DyeDeoxy Terminator Cycle Sequencing Kit（Applied Biosystems）测序，电泳及数据收集用 Applied Biosystems DNA Sequencer（model 3730）自动进行。一般的全自动测序仪 1 个测序反应很难把 16S rRNA 基因全序列测全，即使能够测全，序列质量也很难保证。所以，需要至少 2 个测序反应，一般使用正反向引物各 1 个，分别为 27f 和 1492r，2 个反应会给出 2 段序列，必须通过拼接才能得到完整的 16S rRNA 基因序列。PCR 产物的测序可由专门从事基因测序的公司完成。随着核酸测序技术的发展，基因测序行业得到迅速发展。目前我国已有 300 余家机构从事基因测序服务相关业务，主要分布在北京、上海、深圳、广州、杭州、武汉、苏州等经济发达的地区。随着经济的不断发展和测序市场规范化，中国测序市场增速明显加快。

（2）构建系统进化树

系统进化树（Phylogenetic Tree）是用来表示物种间亲缘关系远近的树状结构图，是由相互关联的分支线条做成的图形，是表明被认为具有共同祖先的各物种间演化关系的树，是一种亲缘分支分类方法（Cladogram）。进化树具有时空概念，分支线条代表着属或种等分类单位；分支末端代表着某种生活着的生物个体。树还有时间尺度，其分支长度代表着已经发生在两线条间的分子进化时间距离。进化树可以是有根树也可以是无根树。

进化树是通过比较分子序列的同源性而构建的。经匹配比较分子序列中相同部位和不同部位的数量，计算出序列间的差异，往往这种差异显示进化距离（Evolutionary Distance），再根据序列间的相似值就可以生成进化树。这项任务因工作量大，如今是借助计算机完成的。

构建系统发育树常用的方法主要有三种，即距离矩阵（Distance Matrix）法、最大简约（Maximum Parsimony，MP）法和最大似然（Maximum-Likelihood，ML）法。这三种方法最大的差别就在于它们所采用的标准不同，且各具有自己的优缺点。

① 距离矩阵法

此方法是建立在进化距离矩阵（Evolutionary Distance Matrix）的基础上。首先通过各个物种之间的比较，根据一定的假设（进化距离模型）推导得出分类群之间的进化距离，构建一个进化距离矩阵。进化树的构建则是基于这个矩阵中的进化距离关系。该方法在计算速度上要比最大似然值法快得多。在距离矩阵法中，有三个常用的建树方法，即 Fitch 方法、UPGMA 法和 NJ 法，其中以 NJ 法最为常用。

Fitch 法 [Least-Squares (Fitch-Margoliash) Method]：这种方法试图构建一种树，使计算出的进化距离和树中分支间距离的不一致性降到最低水平。这种方法被认为是比其他两种方法更可靠的模型，但在计算上更复杂更耗时。

UPGMA (The Unweighted Pair Group Method with Arithmetic Mean) 法，即算术平均不加权组对法：该方法是通过逐步聚类 (Clustering) 来构建进化树。假设树中所有分类单位与树根 (或祖先) 都是等距离的，也就是说，进化分子钟在所有谱系中都是以相同的速度进化着。在早些年的分子进化分析中，UPGMA 法十分流行，但由于它假设的缺陷，现在已很少使用。

NJ 法 (Neighbor-Joining)，即邻接法：该方法在概念上与聚类分析有关，它是通过对有关数据逐步分叉 (Splitting) 来构建进化树的，但去掉了恒定分子进化钟的假设。该法记录的是结 (Node) 之间而不是簇 (Cluster) 之间的距离。NJ 法在计算上非常快，并且比 UPGMA 方法可靠。如果待分析的数据很大并且计算机的计算能力有限，那么 NJ 法是最佳的选择。

② 最大简约法

该方法涉及分支进化学分析中选择最佳进化树时所用的一个规则，即具有最少变化的分支进化树为最好的进化树。最大简约法最早源于形态性状研究，现在已经推广到分子序列的进化分析中。最大简约法的理论基础是奥卡姆 (Ockham) 哲学原则，这个原则认为：解释一个过程的最好理论是所需假设数目最少的那一个。

最大简约法对所有可能正确的拓扑结构进行计算，并挑选出所需替代数最小的那个拓扑结构，作为最优进化树。优点：最大简约法不需要如距离法或似然法在处理核苷酸或氨基酸替代时所必需的假设。由于任何现行的数学模型都是对现实情况的粗略估计，当序列分歧度较低时，无需模型的最大简约法可以获得比其他方法更可靠的系统树。计算机模拟已经表明，当序列分歧度很低 ($d \leq 0.1$)，核苷酸替代率较稳定，被检核苷酸数目很大时，最大简约法通常比距离矩阵法能更好地获得真实的拓扑结构。最大简约法对于分析某些特殊的分子数据，如插入、缺失等序列有用。在分析的序列位点上没有回复突变或平行突变，且被检验的序列位点数很大的时候，最大简约法能够推导获得一个很好的进化树。缺点：在分析序列上存在较多的回复突变或平行突变，而被检验的序列位点数又比较少的时候，最大简约法可能会给出一个不合理的或者错误的进化树推导结果。

③ 最大似然法

最大似然法是根据一个明确的进化模型 (即什么形式的进化事件最有可能导致我们所分析的数据) 来推论有关进化过程的假说。最早应用于系统发育分析是在对基因频率数据的分析上，后来基于分子序列的分析中也引入了最大似然法的分析方法。最大似然法分析中，选取一个特定的替代模型来分析给定的一组序列数据，使得获得的每一个拓扑结构的似然率都为最大值，然后再挑出其中似然率最大的拓扑结构作为最优树。分析中所考虑的参数并不是拓扑结构而是每个拓扑结构的枝长，并对似然率求最大值来估计枝长。

最大似然法是一个比较成熟的参数估计的统计学方法，具有很好的统计学理论基础，在当样本量很大的时候，似然法可以获得参数统计的最小方差。只要使用了一个合理的、正确的替代模型，最大似然法可以推导出一个很好的进化树结果。建树过程费时，计算量大，每个步骤都要考虑内部节点的所有可能性。

系统进化树建成后，如何评估其可靠性呢？一个进化树中有两类误差：拓扑结构误差和分支长度误差。前者在近来的分子系统学研究中更重要。下面几个准则可作为初步评估的参考。

a. Bootstrap 分析：最常用来检验进化树可靠性的是 Felsenstein（1985）的自展检验（Bootstrap），Bootstrap 值即自展值，这种检验用 Efron（1982）的自展重复抽样技术来评估进化树分支的可信度。所谓 Bootstrap 分析是从比对的多序列中随机又放回抽取某一列，构成相同长度的新的比对序列；重复上述的过程，得到多组新的序列；根据某种算法，每个多序列组都可以生成一个进化树；将生成的许多进化树进行比较，按照多数规则（Majority-Rule）得到一个最"逼真"的进化树。在自展检验中，需要对每一重复取样的数据构建一个进化树。简单地说，Bootstrap 方法就是从原始数据通过"置换式取样（Sampling with Replacement）"重建一个"新"数据。通常 Bootstrap 方法可以做 100 或 1000 次，从而组建 100 或 1000 个新数据，再用这些新数据构建相应的系统发育树。分析这些树，计算具有相同拓扑结构部分的数目，并给予相应的自展值。例如，100 个树中，有 95 个树含有 A＋B 分支；这时可以说，系统发育树中，A＋B 分支的自展值为 95％。一般自展值＞70％，则认为构建的进化树较为可靠，自展值越大越好；如果自展值太低，则有可能进化树的拓扑结构有错误，进化树是不可靠的。

b. 使用不同的方法来分析和构建系统进化树，如果所得到的进化树类似，则结果较为可靠。比较它们在拓扑结构上的异同点、相同或相似处，应给予较高的信任值；差异处，可用其他方法继续分析。

c. 选择合适的外群（Outgroup）对分析相当重要。这个外群要足够近，以提供足够的信息，但又不能太近以致于和树中的种类相混。合理的做法是用若干个外群进行分析，检查内在分类群的拓扑结构的一致性。

d. 去掉长的进化分支。若发现有一个或少数几个特别长的分支时，就应多加注意。一般可有两种选择，其一，删除或用其他代表性分类单位取代这一长的分支；其二，删除数据中导致这一长分支的高度变异区。

e. 从数据中去掉某一可疑的序列。这时如发现进化树的拓扑结构有较大的变化，说明这一分子序列正在引起一些系统错误。

f. 即使只对少数几个分类单位的相互关系感兴趣，最好尽可能多地加入一些中间类型的其他分类单位。这将有助于增加引起分析混乱的多重取代（Multiple Substitutions）的透明度。

用于系统发育分析的免费软件中，最常用是 MEGA 和 PHYLIP。

MEGA 的全称是分子进化遗传分析（Molecular Evolutionary Genetics Analysis），由亚利桑那州立大学的 Sudhir Kumar 主要负责开发，用于分析来自物种和种群的 DNA 和蛋白质序列数据，应用于多序列比对、进化树的推断、计算遗传距离、估计分子进化速度、验证进化假说等。MEGA 软件功能齐全，操作便捷，界面简单直观，是多数学者的首选软件。在建树方法上，MEGA 提供了最大简约法、最大似然法和距离法中的UPGMA 法、最小进化法（Minimum-Evolution）和邻接法，同时包括 Bootstrap 分析。该软件已有多个版本，最新的版本是 MEGA X，可以到 MEGA 的官网下载。从 1993

年的第一版到 2018 年发布的 MEGA X，在这 25 年间，MEGA 的下载次数达 180 多万，有 10 万多次引用。MEGA 毫无疑问是目前科研人员使用最多、体验最好的进化树构建软件。新版的 MEGA X 主要特点是大数据运算能力增强，并支持多种计算平台。完成进化树的构建后，如果想对进化树进行更细致的美化，可导出为 Newick 格式的进化树，便于在 iTOL、Evolview、Figtree 等工具中进行更复杂的调整，比如添加分类颜色、标记、条形图和热图的组合等。

PHYLIP（Phylogeny Inference Package）是一个提供系统发育分析的程序包，包含了约 30 个程序，该程序包由美国华盛顿大学的 Joseph Felsenstein 研发，从 1980 年首次发布，目前已经更新到了版本 3.697。PHYLIP 提供的建树算法包括距离法、最大简约法和最大似然法，还可以进行 Bootstrap 分析和 Jackknife 分析。PHYLIP 可以实现一致树（Consensus）的构建，是一个功能强大的程序包。PHYLIP 主页上提供了软件使用说明。PHYLIP 基于 DOS 系统，操作相对繁琐，但灵活的参数设置和强大的功能，是 PHYLIP 之所以经久不衰的原因。

2.4.4.2　DNA 碱基组成（G+C 摩尔分数）分析

每一种生物的 DNA 均由特定的碱基组成，DNA 分子含有 4 种碱基，分别是腺嘌呤（Adenine，A）、鸟嘌呤（Guanine，G）、胞嘧啶（Cytosine，C）和胸腺嘧啶（Thymine，T）。一般生物个体的 DNA 分子中 (G+C)/(A+T) 两对碱基间的比例是非常稳定的，反映着碱基序列及变化，G+C 摩尔分数 $=[(G+C)/(G+C+A+T)]\times 100\%$。由于每一种微生物的 G+C 含量通常是恒定的，不受菌龄、生长条件等各种外界因素的影响，故 G+C 摩尔分数测定在微生物分类鉴定中有着较大的应用价值，亲缘关系相近的种，其 G+C 摩尔分数值也接近。测定 G+C 摩尔分数常用于验证已建立的分类关系是否正确，它已成为细菌分类鉴定的基本方法，并作为描述细菌分类单位的特征之一。

测定 G+C 摩尔分数的方法分为间接法和直接法两种方法，常用的方法有熔点法（T_m 值法）、高效液相色谱法和浮力密度法等。熔点法（T_m 值法）是常用的间接测定法。DNA 分子中 G 和 C 配对有 3 个氢键，而 A 和 T 间是 2 个氢键连接。当加热使 DNA 双链分子变性成为单链时，打开 G 和 C 间的 3 个氢键比打开 A 和 T 间的氢键需要更高的温度，即有更高的熔点（T_m 值）。DNA 熔点的测定可以借助紫外分光光度计（UV）测定 260nm 处因解链引起的吸收值增加（即增色效应）来完成。当 DNA 样品被慢慢加热时，光吸收值（A_{260nm}）或光密度值（OD_{260nm}）随温度的升高（DNA 氢键的打开）而增加，并最终因所有双链 DNA 成为单链时吸收值趋于平稳（图 2-22）。从 DNA 变性曲线得到 T_m 值，就可以根据公式计算出 G+C 摩尔分数：

① 当使用 $0.1\times$SSC 缓冲液时，G+C 摩尔分数 $= 2.08\times T_m - 106.4$

② G+C 摩尔分数还可以从已知对照菌株的数据进行换算：

$0.1\times$SSC 缓冲液时：G+C 摩尔分数 $=$ GC 摩尔分数$_{已知}+2.08\times(T_{m未知}-T_{m已知})$。

熔点法（T_m 值法）的重复性好，但精确度没有直接测定方法高。高效液相色谱法是常用的直接测定方法，其主要优点是：分析精确度高；速度快，十几分钟到几十分钟可完成；重复性高；自动化操作；高效液相色谱柱可反复使用（图 2-23）。

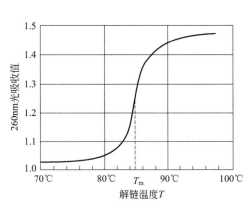

图 2-22　DNA 热变性曲线

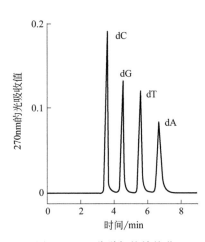

图 2-23　四种脱氧核糖核苷
标准品的 HPLC 色谱图

微生物的 DNA G+C 摩尔分数变化很大，在 25%～80% 的范围内，而动物和高等植物的 G+C 摩尔分数为 30%～50%。许多微生物的 G+C 摩尔分数已被测定（表 2-10）。根据原核微生物 G+C 摩尔分数的不同可以分为高 G+C 摩尔分数和低 G+C 摩尔分数两大类群（图 2-24）。通常认为：种内菌株间 G+C 摩尔分数相差不超过 4%，属内菌株间相差不超过 10%，相差低于 2% 时没有分类学意义。

表 2-10　微生物代表类群的 DNA G+C 摩尔分数

微生物种类	G+C 摩尔分数/%	微生物种类	G+C 摩尔分数/%	微生物种类	G+C 摩尔分数/%
细菌		*Nitrobacteria*	60～62	*Cyclotella*	41
Actinomyces	59～73	*Oscillatoria*	40～50	*Euglena*	46～55
Anabaena	38～44	*Prochloron*	41	*Nitella*	49
Bacillus	32～62	*Proteus*	38～41	*Nitzschia*	47
Bacteroides	28～61	*Pseudomonas*	58～70	*Ochromonas*	48
Bdellovibrio	33～52	*Rhodospirillum*	62～66	*Peridinium*	53
Caulobacter	63～67	*Rickettsia*	29～33	*Scenedesmus*	52～64
Chlamydia	41～44	*Salmonella*	50～53	*Spirogyra*	39
Chlorobium	49～58	*Spirillium*	38	*Volvox*	50
Chromatium	48～70	*Spirochaeta*	51～65		
Clostridium	21～54	*Staphylococcus*	30～38	**原生动物**	
Cytophaga	33～42	*Streptococcus*	33～44	*Acanthamoeba*	56～58
Deinococcus	62～70	*Streptomyces*	69～73	*Amoeba*	66
Escherichia	48～52	*Sulfolobus*	31～37	*Paramecium* spp.	29～39
Halobacterium	66～68	*Thermoplasma*	46	*Plasmodium*	41
Hyphomicrobium	59～67	*Thiobacillus*	52～68	*Stentor*	45
Methanobacteria	32～50	*Treponema*	25～54	*Tetrahymena*	19～33
Micrococcus	64～75			*Trichomonas*	29～34
Mycobacterium	62～70	**藻类**		*Trypanosoma*	45～59
Mycoplasma	23～40	*Acetabularia*	37～53	**黏菌**	
Myxococcus	68～71	*Chlamydomonas*	60～68	*Dictyostelium*	22～25
Neisseria	47～54	*Chlorella*	43～79	*Lycogala*	42

微生物种类	G+C 摩尔分数/%	微生物种类	G+C 摩尔分数/%	微生物种类	G+C 摩尔分数/%
Physarum	38~42	*Blastocladiella*	66	*Neurospora*	52~54
		Candida	33~35	*Penicillium*	52
真菌		*Claviceps*	53	*Polyporus*	56
Agaricus	44	*Coprinus*	52~53	*Rhizopus*	47
Amanita	57	*Formes*	56	*Saccharomyces*	36~42
Aspergium	52	*Mucor*	38	*Saprolegnia*	61

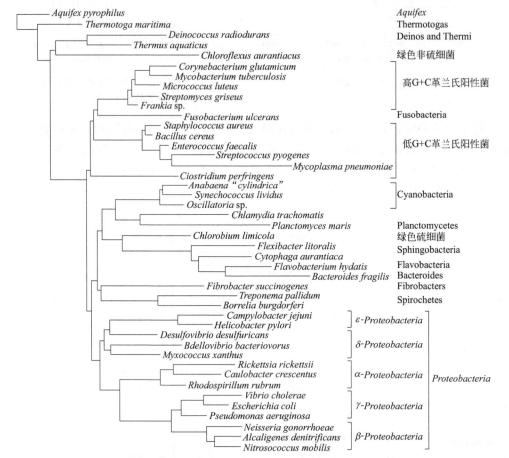

图 2-24　细菌的进化树中的高 G+C 类群和低 G+C 类群

2.4.4.3　DNA-DNA 分子杂交

DNA 同源性分析是确定微生物正确的分类地位，建立自然分类系统的最直接方法，而 DNA-DNA 杂交是分析 DNA 同源性的一种有效手段。DNA-DNA 杂交可以得出 DNA 之间核苷酸序列的互补程度，从而推断不同物种基因组之间的同源性。利用 DNA-DNA 杂交可以在总体水平上研究微生物间的区别与联系，用于种水平的分类学研究和新种的确立。1960 年 Doty 和 Marmur 等人最先建立了测定核苷酸序列相似性的技术。1961 年 Schildkraut 用杂交的方法测定了不同细菌 DNA 间碱基序列的相似性。此后，核酸分子杂交技术得到了迅速发展和不断改进，并成为微生物分类鉴定的一种重要的和基本的方法。1987 年，国际系统细菌学委员会（ICSB）规定，DNA 同源性

≥70％为细菌种的界限。在细菌分类中，DNA-DNA 杂交已被确定为建立新种的必要标准之一。DNA 的杂交值和结合率可反映出两基因组间序列的相似性。已经证明，每错配1％，杂交热稳定性降低 1.0％～2.2％，但目前还不能确切地将杂交值或结合率转化为基因组序列的相似性。

DNA-DNA 杂交的方法按反应所处的环境可分为液相杂交和固相杂交两种基本方法。常用的杂交方法有液相复性速率法（又称光学测量法）、固相膜杂交、羟基磷灰石吸附法、S₁ 核酸酶法、光敏生物素标记法和地高辛标记法。

以液相复性速率法为例，它是利用 DNA 在双链状态时严格互补，提高温度或用碱处理时，双链会解链或变性，在适当的条件下又会重新组合（复性）的特性而进行的（图 2-25）。根据 DNA 分子解链的可逆性和碱基配对的专一性，将待测的不同来源的DNA 在体外加热使其解链，并在合适的条件下使互补的碱基重新配对，然后测定杂交率。此杂交率越高，说明两者间碱基顺序的同源性越高，亦即其间的亲缘关系越近（图2-26）。细菌等原核微生物的基因组 DNA 通常不包含重复顺序，它们在液相中复性（杂交）时，同源 DNA 比异源 DNA 的复性速度要快，同源程度越高，复性速率越快。利用这个特点，可以通过分光光度计直接测量变性 DNA 在一定条件下的复性速率，进而用理论推导的数学公式来计算 DNA-DNA 之间的杂交（结合）度。

$$相似率 = \frac{4V_m - (V_A + V_B)}{2 \times (V_A \times V_B)^{1/2}} \times 100\%$$

式中，V_A、V_B 分别为样本 A、B 的 DNA 复性速率；V_m 为 A、B 混合样本的 DNA复性速率。

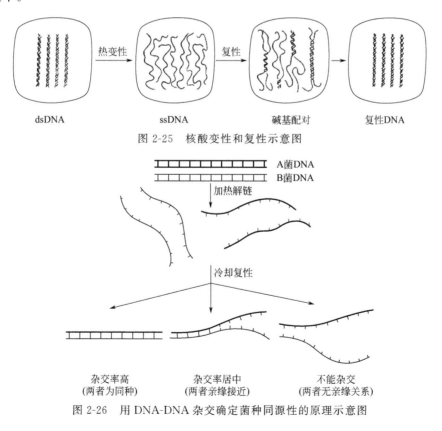

图 2-25　核酸变性和复性示意图

图 2-26　用 DNA-DNA 杂交确定菌种同源性的原理示意图

2.4.4.4　RNA 同源性分析

一般认为 rRNA 是研究系统进化关系的最好材料，它广泛存在于原核微生物，功能稳定，由高度保守区和可变区组成。最初人们通过 rRNA-DNA 杂交和寡核苷酸编目法间接研究 rRNA 的同源性。两个重要的发现使 rRNA-DNA 杂交技术成为研究遗传和分类关系的有力工具。一个是偶然发现单链 DNA 可以固定到硝酸纤维素膜上，这在 rRNA-DNA 杂交中是十分重要的；另一个是发现核糖体 RNA（rRNA）基因在进化过程中比 DNA 更为保守，这使得 rRNA 在研究分类和系统发育上具有 DNA-DNA 杂交所不可比拟的优越性。DNA-DNA 杂交反映种及亚种水平的信息，而 rRNA-DNA 杂交反映的是属与属以上水平的信息。rRNA-DNA 杂交和寡核苷酸编目法在揭示细菌之间亲缘关系中都曾发挥过重要作用。

研究 rRNA 同源性最直接可靠的方法是 rRNA 核苷酸序列分析。随着 rRNA 分子测序方法的诞生，分析 5S rRNA、16S rRNA 或 23S rRNA 基因的全序列来说明系统发育关系已成为多相分类中必不可少的研究内容。

2.4.4.5　RNA 二级结构分析

RNA 的同源性更多的是建立在其特定的二级结构具有保守性，而不是具有哪一段保守的序列，它所具有的功能活性也是由特定的结构所决定的。RNA 结构上的生物学意义要大于它的序列组成，这对于非编码 RNA 或结构 RNA 来说尤其如此。这一点我们可以从 16S rRNA 分子上很明显地看到。所有的 16S rRNA 分子有着基本相同的二级结构和三级结构，正是这种结构上的一致性决定了它们在功能上的稳定性，高级结构对于维系其功能极为重要。

16S rRNA 二级结构是指 16S rRNA 序列通过自身回折形成碱基配对的茎区以及不配对的发卡环、突环、多分支环等结构。相比一级结构，二级结构在系统分类中有着独特的意义。首先，16S rRNA 的二级结构比一级结构更为保守，甚至在古菌和真核生物之间区别也很小，因此，二级结构的不同可能暗示着系统发育的多样性；其次，16S rRNA 二级结构具有很多一级结构无法体现出来的特征，这些特征具有特殊而重要的生物学意义，并且表现出种属特异性，因此被越来越多地用于系统分类研究。

16S rRNA 二级结构的相关数据库非常多，其中 Comparative RNA Web Sit 是最权威、最专业的 RNA 数据库之一，它内容丰富，数据全面而精确，且更新速度快。该数据库通过比较 RNA 序列分析方法，揭示 RNA 的高级结构和保守性，并构建进化树；提供三种核糖体 RNA（rRNA、mRNA 和 tRNA）以及其他一些 RNA 的四类信息，即最新的比较结构模型、核苷酸保守性、序列和结构的相关数据以及获得数据的方法系统。

16S rRNA 的二级结构存在单链、端环、双链螺旋（茎）、内环、非配对碱基、突环结构等多种图形差异。虽然一级结构的变化（碱基差异）是分子系统学的基础，但二级结构的变化（图形差异）也具有一定的分子鉴定意义。云南大学的研究人员发现姜氏菌属（*Jiangella*）的二级结构与其他相近属有着明显的差别，主要表现在 9 个可变区二级结构中茎的长度、环的数目和类型、茎的碱基对以及环内部碱基的不同。尤其在 V5 和 V6 两个区，这种差别尤为明显。根据这些特征差异，可以将 *Jiangella* 和其他种属彼此区分开，为姜氏菌属的建立提供了又一个有意义的分子指征。16S rRNA 可变区二级结构分析（图形差异），可作为分类的辅助分析方法应用于属以上原核微生物分类的验证。如果 9 个可变区中的 3 个存在不同的结构单元，可考虑定为新的属。

2.4.4.6　DNA 指纹技术

DNA 指纹技术（DNA-Fingerprinting Techniques）通常指那些以 DNA 为基础的微生物鉴别技术。传统的细菌分型方法是通过表型分析的方法如生化分析、血清学分析、噬菌体抗性或抗生素敏感性分析等进行的。随着分子生物学的发展出现了一些直接基于 DNA 的分型方法（DNA-Based Typing Methods）。这些方法简便易行，分辨率高且重复性好，已逐渐取代了繁琐的传统分型方法，成为多相分类和遗传多样性研究的常规方法，通常适用于种及种以下水平的分类。DNA 指纹分析实际上是对 DNA 序列分析的一种简化。该法利用 DNA 限制性内切酶在特定位点上将 DNA 切割成不同长度的片段，电泳分离后对得到的图谱进行分析比较，从而得出分类的结论。DNA 限制性内切酶有许多种，每种能特异识别某一小段 DNA 序列，并从识别位点将 DNA 水解。如在遗传分析等领域常用限制性内切酶 *Eco*R I 识别 GAATTC，并从 G-A 间将 DNA 断开。由于酶切位点在 DNA 中的数目和分布不同，酶切后得到的 DNA 片段的数目和大小也不同。从理论上讲，相同菌种的 DNA 指纹图谱应该是相同的；菌种之间的差异越大，图谱的差异也越大。

DNA 限制性酶切片段长度多态性，即 RFLP 分析（Restriction Fragment Length Polymorphism Analysis）是最早在细菌分类中应用的以 DNA 为基础的分型方法，其方法是提取全细胞基因组 DNA，用限制性内切酶在特定位点上将 DNA 酶切之后，进行琼脂糖凝胶电泳分析全细胞基因组限制性酶切片段长度多态性。其缺点是 DNA 酶切片段组分往往较复杂，难以比较遗传学关系较近的菌株。

低频限制性酶切片段分析（Low-Frequency Restriction Fragment Analysis，LFR-FA）被认为是分辨率较高的 DNA 分型法之一。选用专一识别 6～8 个碱基序列的限制性内切酶，酶切位点较少，DNA 片段数量大大减少，但是，这样切出的 DNA 片段太大，不能用琼脂糖凝胶电泳分开，而只能用脉冲场凝胶电泳（Pulsed-Field Gel Electro-phoresis，PFGE）分离。

核酸分子印迹或核酸分型（Ribotyping）分析是将 DNA 酶切以后电泳，然后转移到膜上进而与标记的 rRNA（rDNA）探针进行杂交的一种方法，它的特点是简便快速。Ribotyping 可用不同的探针，如可用 16S 或 23S rRNA，也可用 rRNA 的保守寡核苷酸片段。

PCR 技术出现以后，应运而生了许多以 PCR 技术和限制性酶切分析相结合的分类方法，广泛应用于种水平的分类学研究。例如，随机引物 PCR 分析（Arbitrary Primer PCR，AP-PCR）、随机扩增多态性 DNA 分析（Randomly Amplified Polymorphic DNA，RAPD）、DNA 扩增指纹分析（DNA-Amplified Fingerprinting，DAF）、扩增的 rDNA 限制性酶切片段分析（Amplified-rDNA Restriction Analysis，ARDRA）、扩增片段长度多态性分析（Amplified Fragment Length Polymorphism，AFLP）、DNA 重复片段扩增指纹分析（REP-PCR Genomic Fingerprinting）等。AP-PCR、RAPD 和 DAF 都是以短的随机序列为引物进行 PCR 的方法，其区别在于用作引物的寡核苷酸序列长短不同：AP-PCR 引物长约 20 个碱基，RAPD 引物长约 10 个碱基，而 DAF 引物长仅 5 个碱基左右。

ARDRA 是 PCR 与 RFLP 技术相结合的一种 rDNA 限制性片段长度多态性分析方法，首先对 16S rRNA 基因、23S rRNA 基因或二者的部分基因和间隔区用位于保守区通用引物进行 PCR 扩增，然后选择一组限制性内切酶对扩增产物进行 RFLP 分析，通常可以产生一些种特异性片段。

以 16S rRNA 基因分析为例，ARDRA 方法（图 2-27）主要包括：菌体培养、DNA 的制备、16S rRNA 基因序列的 PCR 扩增、16S rRNA 基因序列的不同限制性酶切、片段的凝胶电泳分离、用 EtBr 使带在凝胶上显现、转换、修正、比较扩增的 16S rDNA 的理论指纹（根据 Genecompar 软件包），最后使用 Coefficient of Dice 计算图谱的相似性，并通过 UPGMA-algorithm 软件做树，建立数据库。ARDRA 可用于菌种的进化关系的聚类分析，与标准菌株进行比较，并将结果储存于数据库中，能同时分析大量菌株，获得指导性系统分类信息，以便选择相关分类单位做以后的多相分类研究。

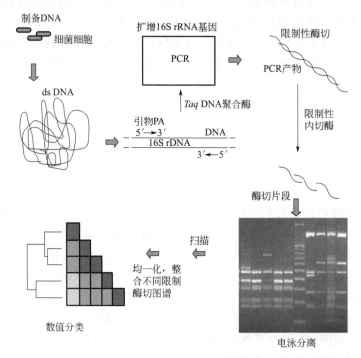

图 2-27　ARDRA 方法图解

合适的限制性内切酶的选择是通过从 EMBL/GenBank/DDBJ 数据库中随机抽取若干细菌的 16S rRNA 序列，通过软件模拟酶切得到，如使用 GeneCompar 2.0 软件包可以模拟对 16S rRNA 序列的限制性酶切，并且给出理论上的片段及其大小。筛选限制性内切酶要符合以下要求：①识别位点是 4 个碱基，因为它们给出许多片段；②产生片段数量，最少 4 个，最多 9 个；③片段不能太大也不能太小，否则很难在常用凝胶上分离；④没有重复片段（片段大小一样）；⑤片段能够在胶上很好分开。

使用 ARDRA 方法对链霉菌 76 个典型菌株分析结果生成的指纹图谱聚类图如图 2-28 所示。结果显示 ARDRA 方法可以用于链霉菌属中亚分类类群的进一步描述，由于其比 16S rRNA 基因序列分析方法快，所以可作为一种链霉菌分离菌株快速鉴定的方法。

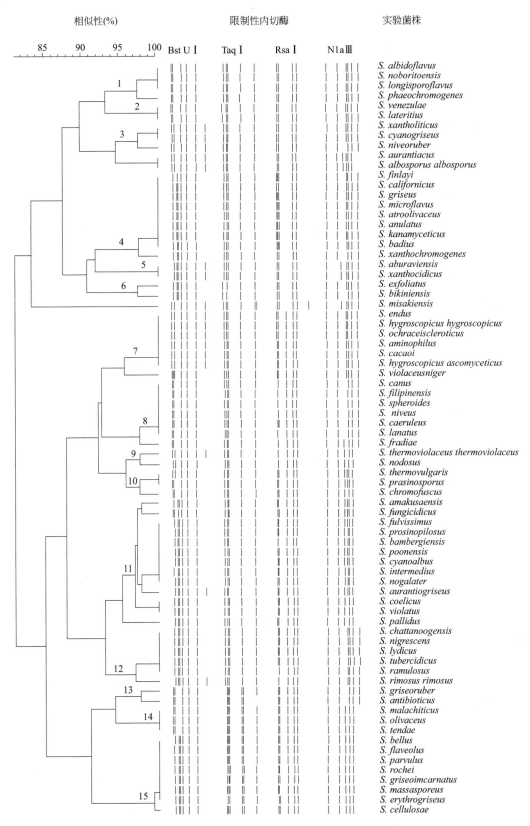

图 2-28　链霉菌 76 个典型菌株 ARDRA 指纹图谱聚类图

AFLP 技术的基本原理是选择性扩增片段的 RFLP 分析。其方法是用两种限制性内切酶消化细菌的总 DNA，并将接头连接到酶切片段的末端作为 PCR 的模板，再用两对与接头序列和酶切位点序列相对应的引物进行选择性 PCR 扩增，对 PCR 产物进行电泳图谱分析，可得到种群或菌株特异的片段，应用于种水平以及个别菌株之间的分类和鉴定。

REP-PCR 指纹分析是一种快速而有效的 DNA 指纹技术。在各种细菌染色体上分散存在着一些长度为十五至几百个碱基对的重复序列，其中有些是多拷贝、高保守的重复 DNA 序列，REP-PCR 基因指纹技术利用的引物互补于这些重复序列，已应用于 PCR 的重复序列有 3 种：①基因外重复的回文序列（Repetitive Extragenic Palindrome，REP），大小为 35～40bp；②肠杆菌基因间重复共有序列（Enterobacterial Repetitive Intergenic Consensus sequences，ERIC sequences），大小为 124bp；③BOX 片段，大小为 154bp，是由保守性不同的亚序列组成的，最初定义了 3 种不同的亚基，boxA（57bp）、boxB（43bp）和 boxC（50bp），只有 boxA 亚基在不同细菌中表现高保守性。按照 REP、ERIC 或 BOX 中的 boxA 亚基设计了不同的寡核苷酸引物，并进行 PCR，使得位于重复序列之间的不同基因区域得到选择性扩增，得到大小不等的 DNA 扩增片段，然后对 PCR 产物进行电泳图谱分析，相应的技术分别被称为 REP-PCR、ERIC-PCR 或 BOX-PCR 基因指纹技术，统称 REP-PCR 指纹分析。

REP-PCR 基因指纹分析可应用于种及其以下水平的分类和快速鉴定。采用的分类信息来自于全基因组。该法能在种及菌株水平上反映出微生物的基因型、系统发育和分类关系，具有分辨率高、稳定、重现性好、简便易行等特点，在一定程度上与 16S rRNA 基因序列比较结果相一致，是一种快速而有效的 DNA 指纹技术，因此可作为一种快速鉴定方法，它的最大优点是适用于分析大量的菌株或分离株。通过与数据库中的 REP-PCR 基因指纹图谱相比较，将为进一步的分类鉴定提供理论指导。

2.4.4.7　rDNA 转录间隔区序列分析

rDNA 转录间隔区序列（Internally Transcribed Spacer Sequences，ITSs）是指 rRNA 操纵子中位于 16S rRNA 和 23S rRNA 以及 23S rRNA 和 5S rRNA 之间的序列。近年来人们发现不同菌种 16S～23S rDNA 间隔区两端（即 16S 的 3′端和 23S 的 5′端）均具有保守的碱基序列。不同间隔区所含 tRNA 数目和类型不同，具有长度和序列上的多态性，而且较 16S rDNA 具有更强的变异性，因而可以作为菌种鉴定的一种分子指征。ITSs 序列分析适用于属及其以下水平的分类研究。1997 年，Yoon 等人测定了 22 株糖单孢菌属（*Saccharomonospora*）16S～23S rDNA 和 23～5S rDNA ITSs 的序列。系统进化分析发现除个别种外，该属 16S～23S 和 23S～5S DNA ITSs 的核酸序列相似性分别为 87.6%±3.9% 和 83.0%±2.2%。除 *Saccharomonospora glauca* K194 与 *S. glauca* 典型种及其他菌株 23S～5S DNA ITSs 相差 1bp 外，没有发现种间差异。*S. viridis* 的 16S～23S DNA ITSs 较其他种小。ITSs 的这些特征使之在糖单孢菌属鉴定上成为比 16S rRNA 序列更有用的工具。有学者通过 PCR 扩增 16S～23S rDNA 间隔区序列，并对扩增产物的限制性酶切图谱分析，对几种分枝杆菌进行了鉴定。发现快速生长的分枝杆菌能扩增出 1～2 条分子质量在 420bp 左右的区带，而缓慢生长的分枝杆菌仅能扩增出 1 条大小在 325～370bp 的带。因大部分分枝杆菌 16S～23S rDNA 间隔区序列 PCR 扩增产物酶切图谱都不相同，用此法可将其鉴定到种的水平。

2.4.4.8 多位点序列分型技术

多位点序列分型（Multilocus Sequence Typing，MLST），也称为多位点序列分析（Multilocus Sequence Analysis，MLSA），是一种基于核酸序列测定的细菌分型方法。这种方法通过 PCR 扩增多个管家基因内部片段并测定其序列，分析菌株的变异，从而进行分型。MLST 是在 1998 年提出的，首先应用于脑膜炎奈瑟球菌（*Neisseria meningitides*）的分型，后来被广泛应用于其他病原细菌、环境细菌和真核生物中。

多位点序列分型的原理：MLST 方法一般测定 6～10 个管家基因内部 400～600bp 的核苷酸序列，常选择微生物染色体上不连锁的、相距一定距离且基本覆盖整个染色体的管家基因。这些基因最大的特点是既相对保守，又可允许局部碱基发生点突变，这样既能通过 MLST 研究病原菌在致病性或耐药性改变时基因谱的改变，又能追踪较长时间的病原菌的遗传谱来源。常用的基因有 *gyrB*、*recA*、*recG*、*rpoB*、*atpA*、*atpD*、*trpB*、*Hsp*60 等。每个不同的基因序列称作其等位基因，特定的等位基因序列给出一个专门的基因序号，每个位点的序列根据其发现的时间顺序赋予一个等位基因编号，每一株菌的等位基因编号按照指定的顺序排列就是它的等位基因谱，也就是这株菌的序列型（Sequence Type，ST）。得到的每个 ST 均代表一组单独的核苷酸序列信息。这样就可以高效得到在一个菌群内的多个型别等位基因库，并可显示等位基因间的微小变异来对细菌进行检测或分型。通过比较 ST 可以发现菌株的相关性，即密切相关菌株具有相同的 ST 或仅有极个别基因位点不同的 ST，而不相关菌株的 ST 至少有 3 个或 3 个以上基因位点不同。当分离到一个性质未知的病原菌时，与等位基因谱比较就可确定它的来源。

MLST 分析方法：①选择经过初步筛选的菌株；②选择具有独特特征的基因位点；③设计用于基因扩增和序列测定的引物。MLST 技术针对管家基因设计引物对其进行 PCR 扩增和测序，得出每个菌株各个位点的等位基因数值，然后进行等位基因图谱（Allelic Profile）或序列型鉴定，再根据等位基因图谱使用配对差异矩阵（Matrix Pair-Wise Differences）等方法构建系统树图进行聚类分析，分析菌株之间的亲缘关系。

与 16S rRNA 系统发育分析相比，MLST 方法具有更高的分辨力，能将同种细菌分为更多的亚型，并确定不同 ST 型之间的系统发育关系以及与疾病的联系。MLST 具有快速简便、重复性好的特点，能快速得到结果并且便于不同实验室的比较，越来越多地被作为能进行国际间菌株比较的常用工具，可通过数据库与其他国家和地区的研究结果进行比对，从而更加全面地认识本地区细菌流行的特征，已经用于多种细菌的流行病学监测和进化研究。随着测序速度的加快和成本的降低，以及分析软件的发展，MLST 逐渐成为细菌的常规分型方法。

MLST 方法最大的优势是有一个庞大的数据库，可将数据结果直接提交到数据库进行比较，分析不同时间不同地区临床分离株的遗传相关性，并能长期追踪和不断补充完善，且该方法易于与其他方法相结合，提高了准确性。主要的缺点是每个管家基因之间引物不能通用，需针对其序列设计引物。

2.4.4.9 全基因组分析

Chun 等人（2018）提出把基因组数据列为原核微生物分类的最低标准之一。基因组测序由低成本、高质量的高通量 DNA 测序平台支持，并有充分的生物信息学工具可运用，对原核微生物的分类和鉴定而言是一个准确的、高信息量的手段。基于基因组数据的平均核苷酸同源性（Average Nucleotide Identity，ANI）可以取代推断原核微生物系统发育关系的"黄金标准"——DNA-DNA 杂交。不仅如此，通过基因组数据可以确定生物的功能基因以推测微生物的潜在功能；而且解决了传统的 DNA G＋C 摩尔分数含量测定方法不够准确的问题。微生物全基因组测序是当前国际生命科学领域掌握微生物全部遗传信息的最佳途径。1990 年 10 月 1 日人类基因组计划的正式启动，极大地推动了微生物基因组学和微生物蛋白质组学的飞速发展。IJSEM 作为微生物系统分类的国际权威期刊，依照 1990 年版《国际细菌命名法规》提出合格化发表的要求，原核微生物的新分类必须经 IJSEM 杂志发表描述或经其认可列入合格化名称目录才被认可为合格化发表，其命名才能正式被认可合乎命名法则。自 2018 年 1 月开始，IJSEM 要求新种的发布需要提供基因组测序数据，要求作者将数据存放在一个不需要查看者注册的已建立的、免费的公共数据库（即 GenBank、ENA 或 DDBJ）中。基因组序列对原核微生物的系统学研究具有重要价值，除了提高对微生物学的一般认识外，它们还有助于分类单元的鉴定和高等分类单元系统发育的解析。

微生物全基因组测序是一种绘制新颖生物的基因组、完成已知生物的基因组或比较多个样品基因组的重要工具。利用二代或三代测序技术，获得微生物的基因组序列；并在全基因组组装的基础上，进行基因组组分分析、功能注释等分析。测序整个基因组对生成准确的参考基因组很重要，适用于微生物鉴定及其他比较基因组研究，微生物全基因组测序已成为研究微生物进化遗传机制和关键功能基因的重要工具。

细菌全基因组测序可由专业的测序公司来完成，根据不同的研究目的和需求，可以细分为如下 4 个产品：

细菌框架图：采用小片段文库建库的方式，利用 HiSeq 或 MiSeq 进行深度测序，并进行初步的基因组组装，获得基因组序列；其性价比高，满足细菌基因组研究基本需求。

细菌精细图：采用大片段加小片段文库的方式，利用 HiSeq 和 MiSeq 进行深度测序，并进行反复优化的基因组组装，获得基因组序列；其是目前研究细菌基因组的主流产品。

细菌完成图：综合利用一代、二代、三代等测序技术，根据菌株具体情况制订最优策略，最终得到一条完整的基因组序列（1 Scaffold，0 gaps），是细菌基因组测序组装的最高要求。

细菌重测序：主要是针对已知基因组序列的细菌，采用小片段文库，利用 HiSeq 进行深度测序，主要关注基因组遗传变异情况（包括 SNP、InDel 等），也可进行群体细菌进化分析和 Ka/Ks 分析，是群体研究的首选。

目前原核微生物多相分类的方法已较为成熟，形成了一套完整的体系。由于微生物的复杂多样，目前还没有一种简单的方法可以把一个未知菌准确地鉴定到种一级的水平。因此，必须同时使用几种方法全面鉴定，表型分析与基因型分析相结合，充分利用现有技术和数据库资源，采用多相分类的方法从不同的研究水平来描述微生物的不同特征，从而对未知菌株进行准确定位。同时，还要注重新技术的研究和数据库的积累。

2.5 基因组时代下的原核微生物系统学

原核微生物系统学为微生物学研究提供了基本框架，但仍然依赖于费时、费力的多相分类学方法，包括 DNA-DNA 杂交、16S rRNA 基因序列分析和表型特征等。这些技术在区分密切相关的物种时分辨率较差，并且经常导致菌株的错误分类和错误鉴定。此外，细菌属的描述标准尚不清楚。

如 2.3 节所述，分类学是系统学研究的一个重要部分。分类学的最终目标是建立一个反映"自然秩序"的系统。在原核微生物学中，几乎所有的分类学概念都试图以细胞为基本单位将整个进化顺序反映回生命的起源。基因组时代的到来为原核微生物系统学提供了新的工具与方法，使人们向建立自然分类系统这一目标又迈近了一步。

2.5.1 16S rRNA 在原核微生物系统学中的地位

1965 年，Zuckerkandl 和 Pauling 首次提出利用生物大分子的初级结构推导生物间的进化关系这一设想。随着分子测序技术的发展，这一设想得以实现。最早被用来作为分子标记推导生物体间系统发育关系的生物大分子是细胞色素 c 和铁氧还蛋白。随后，Woese 研究组首次证明 16S rRNA 可作为普遍适用的分子标记用于研究原核微生物的系统演化。通过分析 16S rRNA，Woese 等人不仅发现了古细菌（Archeabacteria，现称古菌 Archaea），同时还揭示了细菌域（Bacteria）各类群间的系统发育关系。引入 16S rRNA 基因作为分子标记首次允许基于一个实用的分子标记创建等级分类系统。

16S rRNA 之所以被认为是最为合适的系统发育标记分子，是因为它具有如下特点：①16S rRNA 是核糖体小亚基的重要组成部分，为蛋白质合成所必需，其存在于所有原核微生物细胞中且功能同源；②具有分子计时器的特点，分子序列进化缓慢，能跨越整个生命进化过程；③分子中既存在保守序列又存在可变序列，这些进化速度不同的区域，可用于研究进化程度不同的生物之间的系统发育关系。16S rRNA 在原核微生物分类系统中具有举足轻重的作用，尤其是目前在划分高等级分类单元（门、纲、目）时还没有明确的标准，主要依据其能否在 16S rRNA 系统发育树中形成独立分支。国际上微生物系统性的权威工具书《伯杰氏系统细菌学手册》（第二版）和《伯杰氏古菌与细菌系统学手册》均采用基于 16S rRNA 基因的系统发育分类系统。

由于用于确定原核微生物种水平分类地位的 DNA-DNA 杂交具有费时、重复性差、需要的 DNA 量大等缺点，科学家也曾试图寻找 16S rRNA 基因序列分析和 DDH 之间的关系。但总的来说，大量研究表明，16S rRNA 基因的序列分析不是替代 DNA-DNA 杂交以确定种描述和分析种内关系的适当方法。

2.5.2 16S rRNA 为主干的原核微生物系统学存在的问题

微生物系统学的发展在很大程度上取决于技术创新。很早研究者就发现，因为它具有保守的结构，16S rRNA 基因序列在属水平以下的分辨能力差异较大。共有非常相似或甚至相同 16S rRNA 基因序列的生物在整个基因组水平上可能比具有更多可变位置的生物更加多样化（Stackebrandt 和 Goebel，1994）。

随着研究的深入，16S rRNA 自身存在的缺陷导致根据其进行的系统发育分析面临的问题越来越突出。首先，由于 16S rRNA 具有重要的功能，所以其各独立的结构元件都不能随意改变，因此，可以认为该基因序列的改变呈跳跃状态，而非一个连续的过程。这就导致了当今多样的 rRNA 序列可能来自共同的祖先。同时该基因包含的序列信息内容有限，所以尽管 16S rRNA 的系统演化与物种进化历史具有一定的相关性，但该基因树并不能完全反映各物种间的进化关系。其次，利用 16S rRNA 作为系统发育标记分子也将面临旁系同源问题。自从利用 16S rRNA 进行系统发育分析起，分类学家们就已经注意到了原核微生物基因组内可能存在多个 16S rRNA 基因拷贝。然而，此前人们普遍认为不同基因拷贝间无明显差别，不同拷贝的选择不会对物种分类地位的确定造成影响。另外，以前普遍认为，由于细胞内 rRNA 与大量其他生物大分子相互作用，因而不易发生水平转移。然而，已有研究发现，放线菌门中某些菌株［如双孢高温双孢菌（*Thermobispora bispora*）］、争论梭状芽孢杆菌（*Clostridium paradoxum*）和多黏类芽孢杆菌（*Paenibacillus polymyxa*）等原核微生物的 16S rRNA 基因不同拷贝可明显分成不同类型，且实验证明不同类型拷贝均具有功能。同一菌株内存在的不同类型拷贝序列同源性相对较低，序列比较分析结果显示 16S rRNA 基因也可在亲缘关系较远的菌株间发生水平转移。

因此，随着大量新物种的发现，仅利用 16S rRNA 很难准确界定高等级分类单元的分类地位。如在《伯杰氏系统细菌学手册》（第二版）中，放线菌门分类系统中尚存在弗兰克氏菌目（Frankiales）和微球菌目（Micrococcales）等多个目在 16S rRNA 系统发育树中无法形成单一起源的系统发育群（图 2-29，Lu 和 Zhang，2012）。16S rRNA 这一局限性在整个原核微生物系统发育分析中也很明显。在 2018 年 Silva 网站公布的利用所有已知原核微生物种模式菌株 16S rRNA 构建的生命树中［LTPs132_SSU（16S rRNA）］，部分高等级分类单元的分支顺序与目前普遍接受的分类系统之间存在一定差异。特别是一些物种多样性比较丰富的高等级分类单元，在该基因树中未形成独立分支，如变形杆菌门（Proteobacteria）。

最新出版的《伯杰氏古菌与细菌系统学手册》依然认为 16S rRNA 是原核微生物系统学的基准分子（The Benchmark Molecule for Procaryote Systematics）。但该手册也指出了 16S rRNA 基因序列分析的一些缺点：①受其功能制约，rRNA 序列的变化可以记录共同祖先及其现代后代的继承，但不能假设与时间尺度直接相关。②同一生物体内的多个 rRNA 基因之间存在显著程度的序列差异。③高 16S rRNA 基因序列的相似性的解释。共享相同 SSU rRNA 序列的生物体在整个基因组水平上可能比含有在几个可变位置不同的 rRNA 的其他生物体更加不同。Stackebrandt 和 Goebel（1994）通过比较 16S rRNA 序列和基因组 DNA-DNA 杂交数据证实了这一点。在系统发育树的解释中，重要的是要注意树周边的分支模式能不能可靠地反映系统发育现实。

为避免单基因包含信息量不足带来的误差，已有越来越多的生物大分子被用于原核微生物系统发育分析，如 23S rRNA、延伸因子、RNA 聚合酶、ATP 酶、RecA 蛋白及热休克蛋白等。由于不同标记分子进化速率不同且包含信息量有限，构建的系统发育树均不能完全真实地反映原核微生物的进化历史。为此，在对新型分类单元进行分类时人们越来越多地利用 16S rRNA 和/或其他基因序列数据，如多位点序列分析（MLSA）在种属和物种水平上的比较分析。对其他分子标记以及全部或部分基因组比较的综合分

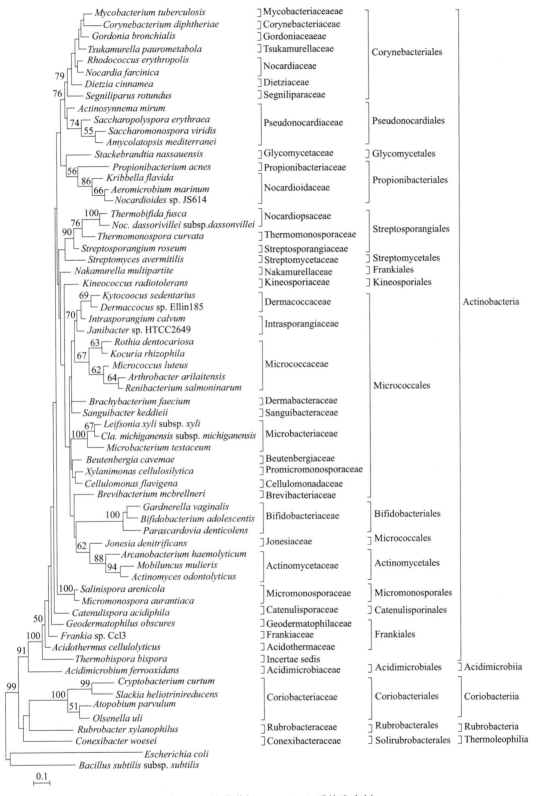

图 2-29　放线菌门 16S rRNA 系统发育树

析证实，基于 16S rRNA 的分类系统至少在属及以上等级仍然是"原核微生物分类学的主干"。

但是，根据各自独立进化的标记分子进行系统发育分析得到的系统发育树的拓扑结构各不相同，为系统发育关系的重建带来极大困难。为解决这一问题，系统发育基因组学这一交叉学科应运而生。

2.5.3 基因组和宏基因组驱动下原核微生物系统学的机遇

随着新的测序方法的发展与测序成本的下降，全基因组测序已成为研究基因组进化、遗传多样性和细菌物种概念不可或缺的工具，完成全基因组序列测定细菌数目日益增加，截至 2019 年 7 月底，在 Joint Genome Institute 在线基因组数据库（Genomes OnLine Database，GOLD）v.7 中，完成全基因组测序的原核微生物模式菌株已达8787 株。利用丰富的基因组序列对分类系统进行批判性评估已成为可能。从环境样品中提取宏基因组 DNA，并通过高通量测序获得微生物基因组数据已经成为现实，对未培养微生物系统学的研究成为常规方法（相关内容在 2.6 节介绍）。

近年来，生物信息学发展迅速，利用自动化渠道从现有的连锁蛋白质标记序列构建基因组系统发育树已经成为可能，根据基因组信息进行物种功能基因和代谢途径分析和预测也非常方便。

基因组和宏基因组技术的快速发展为描述原核微生物的多样性提供了坚实的基础，并有可能成为原核微生物更稳定、深入分类的基础。基于基因组序列的分类还可以克服DDH 实验的耗时长、不稳定等相关问题。原核微生物系统学已经迎来了基因组时代。

2.5.4 系统发育基因组学

2.5.4.1 系统发育基因组学简介

1998 年，Eisen 首次正式提出系统发育基因组学（Phylogenomics）这一概念。系统发育基因组学是基因组学（Genomics）和系统发育学（Phylogenetics）的结合，是进化生物学领域中一门崭新的交叉学科。系统发育基因组学是利用基因组中海量数据信息进行系统发育分析的一门学科，它减少了单个基因随机误差的影响，由此推断出的不同物种之间的系统发育关系也更为可靠。简言之，系统发育基因组学是基于大量基因和物种的数据集的系统发育分析。

2.5.4.2 系统发育基因组学研究方法

目前，系统发育基因组学分析方法主要分为两类，基于序列分析和基于全基因组特征（Whole-Genome Features，WGFs）分析。其中基于序列分析目前应用较为广泛，有两种途径进行系统发育重建，即超级矩阵（SuperMatrix）途径和超级树（Super-Tree）途径。

超级矩阵途径是将各个标记分子比对序列首尾相连，然后利用合并的串联序列（Concatenated Sequences）根据标准的建树方法构建系统发育树的系统发育基因组学研究方法。超级树途径是将基于各个不同分子标记分别构建的系统发育树，通过一定的优化技术合并成一个进化树的系统发育基因组学研究方法。超级矩阵法是将所有基因的比对矩阵进行串联处理，生成一个合并的大型数据矩阵集，等同于把许多个基因合并成一个超级基因，因此也被称为串联分析（Concatenation Analysis）。

超级矩阵法（串联分析）将不同基因中的信号进行混合，其基本假定是所有基因都遵循同一进化过程。在编码序列中，由于简并密码子的存在，第一、二、三位密码子间的进化速度有明显的差异。将这些进化速度差异很大的数据不加区别地合并分析，无法真实反映生物进化的过程，会对系统发育树推断的稳定性产生较大影响，因此设置数据分区模型就显得十分必要。近几年，数据分区模型最常用的软件是 PartitionFinder，可处理形态学和基因组级别数据，它能够基于贝叶斯信息标准（Bayesian Information Criterion，BIC）给出最优数据分区方案，同时还会给出每个分区模块的最优进化模型，在分析速度与使用便利性上已大大超越 Modeltest、jModeltest 和 Prot-Test 等软件。

基因组中含有大量基因信息，在基于序列分析的系统发育基因组研究中只有那些在细菌域内普遍存在且为单拷贝（直系同源基因）的基因才适合作为系统发育标记分子，用于生命树的构建。比较分析完整基因组序列信息显示，有一定数量的直系同源基因普遍存在于所有原核微生物基因组中，可作为潜在的系统发育标记分子。然而，各个标记分子所包含的序列信息有限，均不能完全反映整个基因组的进化历史。因此，可运用系统发育基因组学的方法，充分利用基因组内普遍存在的直系同源基因，重建原核微生物的系统发育关系。

利用系统发育组学研究物种间的进化关系，反映物种间进化关系最为直观的方法是构建系统发育树。对核酸或蛋白质序列进行系统发育分析的首要步骤是进行序列的多重比对。目前，人们普遍认为在进行初级结构序列比对时引入序列的高级结构特征将提高比对的可信度。如目前普遍采用的核酸序列比对程序 Infernal、NAST 及蛋白质序列比对程序 MUSCLE 等在进行序列比对时均考虑到序列的高级结构。一般情况下，比对结束后，通常需要根据比对的不确定性程度和处理插入-缺失（Indel）序列状态的原则将这两个标准进行对比，对结果进行取舍，从中选择所需的适合用于系统发育分析的序列集。

SCaFos 是一个能够处理数百种物种和基因的氨基酸或核苷酸水平数据集的选择、串联和融合基因的工具。它是第一个整合用户知识以选择直系同源序列，创建串联序列以减少缺失数据并根据其缺失数据水平选择基因的工具，可以根据用户允许的缺失数据水平保留基因，并以与标准系统发育分析软件兼容的几种格式生成超级矩阵和超级树分析文件。

目前在系统发育基因组学分析中应用最为广泛的串联分析均是基于似然率计算的，主要分为两大类，第一类是基于最大似然法（maximum likelihood，ML）的建树软件，主要代表有 RAxML 和 IQ-TREE。两者均可以处理包括上千个基因或上千个物种的大型数据集，且支持多线程运行。其中，IQ-TREE 具有超快自展（Ultrafast Bootstrap Approximation）的特性，如果采用相同的进化模型，计算速度是 RAxML 的 $10\sim40$ 倍。最大似然法是目前普遍认为最为精确的方法，该方法采用的进化模型包括多种参数，如转换/颠换率、位点变异等。最大似然法利用所选序列更多的信息内容，因而计算强度大，需要耗费更多时间。第二类是基于贝叶斯法（Bayesian Inference，BI）的建树软件，主要代表程序有 Mrbayes、PhyloBayes 和 ExaBayes。其中，Mrbayes 软件的使用频率最高，针对大型数据集开发的 ExaBayes 软件计算速度相对较快；PhyloBayes 软件中的 CAT 模型能够降低长枝吸引的影响，但计算速度相对于其他软件来说会慢得多。长枝吸引效应在目前已不常用的最大简约法（Maximum Parsimony，MP）建树时很明显。

超级树法承认不同基因有不同的进化历史，这些分析会为数据集中的每个基因构建基因树，最后从这些基因树中统计出最可能的物种树。相对于串联分析，超级树方法在不完全谱系分选发生的情况下表现更为稳健，更有可能给出正确的结果。不完全谱系分选指由于物种分化时间极其短，使得祖先基因的多态性在分化的物种里随机地固定下来。这种现象也为构建系统演化树带来了极大的障碍。但是，由于是统计分析，超级树方法需要分析相当数量的基因树，且假定的每个基因的基因树都应当是准确的。当这一假定不被满足的时候（如基因数量太少、大多数基因序列过短，无法准确推断出准确的基因树等），超级树分析的表现就会不理想。

不同建树方法在处理数据时采用不同假设，因此所得系统发育树拓扑结构可能会存在差别。因此，在构建系统发育树时，应根据所利用数据信息的不同选择合适的建树方法。

2.5.5 全基因组序列数据在新物种描述中的应用与数据标准

由于 DDH 实验耗时长、不稳定等相关问题，人们进行了一系列努力来开发用于替代 DDH 以用于区分原核微生物物种的生物信息学方法。因为 DDH 值基本上反映了两个基因组之间的相关性或相似性，所以这些努力集中于设计类似于 DDH 值的一些标准。整体基因组相关指数（Overall Genomerelated Index，OGRI）指任何方法测定的两个基因组序列的相似程度。与 DDH 一样，OGRI 可用于通过计算菌株的基因组序列和物种的菌株之间的相关性来检查菌株是否属于已知物种。平均核苷酸同源性（ANI）和数字 DDH（digital DDH，dDDH）已被最广泛使用。经过十余年的使用和发展，ANI 和 dDDH 值的拟议和普遍接受的种的边界值分别为 95%～96% 和 70%。

Chun 等（2018）建议的原核微生物分类基因组数据的最低标准包括：

（1）应详细描述测序仪器，文库试剂和基因组组装方法。

（2）至少应给出最终基因组装配的以下统计数据：①获得的基因组大小；②DNA G＋C 含量；③重叠群数量；④N50 值；⑤测序深度。建议 Illumina、Ion Torrent 和 Pacific Biosciences DNA 测序平台的深度至少为 50 倍。应检查潜在的污染。应通过 Sanger 测序方法确定所提出的模式菌株的全长 16S rRNA 基因序列。为了检查最终基因组装配的真实性，应将从基因组装配中提取的全长 16S 序列与 Sanger 方法的全长 16S 序列进行比较。或者，用蛋白质编码基因序列检查真实性。在任何情况下，必须为模式菌株提供全长 16S 序列。

（3）对于新物种的提议，应使用所有系统发育相关物种计算 OGRI 值。对于属或更高分类单元的分类，应使用至少一种方法构建系统发育树，其中包括至少 30 个基因。

（4）组装的基因组序列应存放在无需登录过程的可公开访问的数据库中。

2.5.6 系统发育基因组学对原核微生物分类的影响举例

2006 年，有学者利用三个域 191 个种的 31 个直系同源蛋白（均与翻译相关）序列进行了系统发育基因组学分析构建了高分辨率的生命树，但所用序列多数不是模式菌株的序列，所以这里不在讨论。2007 年，有学者利用系统发育基因组学的方法，根据 12

个保守蛋白的氨基酸序列构建系统发育树，主要研究了 α-变形杆菌纲（α-Proteobacteria）内各分类单元的系统发育关系。

2.5.6.1 放线菌门系统发育基因组学研究

放线菌门一直是细菌域最受人们重视的一个类群，具有丰富的具有重要应用价值的次生代谢产物。目前《伯杰氏系统细菌学手册》（第二版）中基于 16S rRNA 基因序列的放线菌纲（Actinobacteria）系统发育树的拓扑结构非常不稳定，并且几个科和目之间的关系是模糊的。一项使用核糖体蛋白（Ribosomal Protein，RP）组进行比较研究发现（Lu 和 Zhang，2012），基于 46 种串联 RP 序列的系统发育组学构建的系统发育树与 16S rRNA 系统发育树基本一致，但所有分支都具有极高的自荐值支持。该研究特别对现有放线菌纲 16S rRNA 分类系统中存在的问题进行了重点分析，发现放线菌纲最大的目微球菌目（Micrococcales）明显分为代表了目水平的 3 个子分支（Subclade）；在 16S rRNA 系统发育树中关系不确定的弗兰克菌目（Frankiales）分为 3 个独立的目水平进化分支；在 16S rRNA 系统发育中未定地位的双孢放线双孢菌（*Thermobispora bispora Incertae sedis*）隶属于链孢囊菌科（Streptosporangiaceae），与链孢囊菌属（*Streptosporangium*）系统发育关系最近且被 100% 自荐值支持。随后一项利用 94 种蛋白质串联序列进行的系统发育组学研究得出了几乎完全相同的结论，并建议对微球菌目和弗兰克菌目分类进行修正（Verma et al，2013）。2020 年，李文均教授团队根据 16S rRNA 基因系统发育分析和系统发育基因组分析结果对放线菌门高等级分类进行了更新，将放线菌门 425 个合格化描述的属分为 6 个纲，46 个目和 79 个科，其中包括 16 个新目和 10 个新科，并将放线菌纲的拉丁文由原来的 Actinobacteria 修订为合乎 ICNP2019 Rule8 命名法规的 Actinomycetia，关于 Actinomycetales、Aquipuribacterales、Beutenbergiales 等 14 个目的 16S rRNA 基因序列和 18 个通用标记基因序列系统发育分析比较结果见图 2-30（Salam N et al.，2020）。

几乎同时，Nouioui 等（2018）使用大量放线菌模式菌株的基因组序列草图从基因组规模数据推断系统发育树，发现大多数分类单元是单系（Monophyletic）的，但是几个目、科和属，以及许多物种和一些亚种的分类需要修订，提出了 2 个新目，10 个新科和 17 个新属，并将 100 多个物种转移到其他属。

2.5.6.2 厚壁菌门系统发育基因组学研究

Zhang 和 Lu（2015）发现，包含 41 个核糖体蛋白（RPs）在内的 81 个保守蛋白（Conserved Proteins，CPs）可以更加真实地反映厚壁菌门（Firmicutes）系统发育关系，理清了基于 16S rRNA 基因分类系统中该门种以上分类单元存在的问题，发现粪热杆菌属（*Coprothermobacter*）和热脱硫菌属（*Thermodesulfobium*）均代表了新门水平，并提出了 2 个新目，7 个新科，调整了 11 个属的科水平归属。Pavan 等（2018）在上述工作基础上根据系统发育基因组结果建立了粪热杆菌门（Coprothermobacterota）。

2.5.6.3 红球菌属系统发育基因组学研究

Sangal 等（2016）将一种创新的系统发育和分类基因组（Taxogenomic）方法应用于异源的红球菌属（*Rhodococcus*）放线菌分类，以确定属内和种间分类的界限。他们首先从 115 个基因组中提取了原核微生物中 400 个广泛保守蛋白的氨基酸子集，然后进一步从中得到 255 个核心基因的核苷酸序列的串联基因（Concatenated Genes）序列，

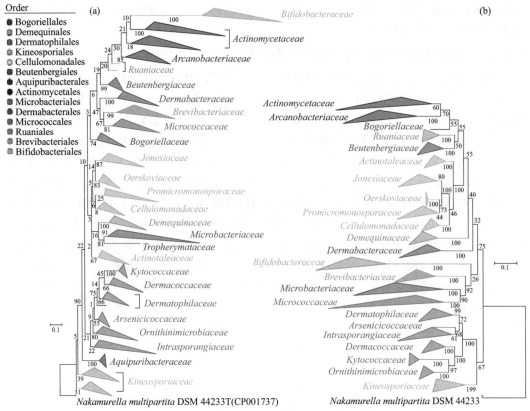

图 2-30 基于 16S rRNA 基因序列和 18 个通用标记基因序列构建的
放线菌目等 14 个目 RAxML 树比较（见彩图）

去除具有缺失数据和缺失对齐区域的核心基因的串联蛋白质序列构建系统发育树。同时对其中 107 株菌提取 16S rRNA 保守区（≥1000bp）构建 ML 树。在红球菌属中鉴定出七个物种群，与它们间进化距离相当的含分枝菌酸的放线菌均为属等级，因此红球菌属这七个种群可以等同于属的等级。显然在使用传统的分类学标准分类时，红球菌种群的菌株未得到正确分类。

2.5.7　基因组时代原核微生物系统学的实施方式

原核微生物系统学最终目标是至少培养和描述每个原核微生物的代表物种。我们生存的环境居住着 $4 \times 10^{30} \sim 6 \times 10^{30}$ 个原核细胞，其中 90％以上存在于海洋中和陆地表面以下。基于我们目前对原核微生物物种的概念，这些代表的物种数量无法精确计算，但大多数估计至少比目前描述的 10000 多种物种高出两个数量级。2.6 节将详述未培养的宏基因组学方法近年来已阐明的尚未培养的原核微生物门的多样性，即所谓的微生物暗物质。尽管可以从环境样品直接获得完整的基因组序列，并通过生物信息学分析获得其可能的代谢途径等信息，但仍然需要培养以完全表征新菌株。由系统发育驱动的细菌和古菌的基因组百科全书（Genomic Encyclopedia of Bacteria and Archaea，GEBA），其中待测序的生物仅仅因其系统发育新颖性而被选择的倡议已经增加了我们对原核微生物世界中的分类学多样性的理解。这方面的进展在很大程度上取决于改进的新型微生物分离技术和策略，因为这些因素限制了我们充分了解原核微生物世界的能力。如 2.3 节所述，基因组数据已经成为描述新分类单元的必需指标（IJSEM，2017）。

Oren 和 Garrity（2014）预计基因组时代原核微生物系统学的实施方式将发生根本改变，新物种的分离和描述策略将会是：①从选择的环境中收集样本；②通过细胞分选或极度稀释（Extinction Dilution）分离细胞；③富集单细胞；④从感兴趣的单个细胞中获得完整的基因组序列；⑤组装和注释基因组；⑥使用支持成对基因组比较的生物信息学方法选择与现有模式菌株完全不同的那些细胞；⑦进行表型和化学分类学测试以确认所选分离株的基因组注释结果。

作为一种必不可少的基础生物学科，原核微生物系统学正在进入基因组学时代。这种范式转变不仅对于理解全基因组水平的分子系统发育而且对揭示用于分类和鉴定物种的表型标准的遗传或表观遗传基础具有重要意义。这些发展为系统学家提供了机会和挑战，通过利用平台技术和相关生物信息学工具从基因组学和/或功能基因组学研究中获取知识，重新分析原核微生物分类学特征的分子机制。

2.6　未培养微生物及其分类

根据《国际原核微生物命名法规》（ICNP）规定，为了有效发表物种，必须将细菌/古菌分离、培养、描述并保存在可公开获取的不同国家的菌种保藏机构中。然而，一些微生物需要特殊的培养条件，并且不能有效分离培养并在这些菌种保藏机构保存。例如专性细胞内寄生的病原体和内共生菌等。大量研究表明，地球上细菌和古菌物种（即原核微生物）的确切数量仍然是一个尚未解决的争论问题，估计数百万到数万亿。然而，毫无疑问，绝大多数仍未被分类，截至 2017 年，只有约 15448 种细菌和古菌被描述及其名称迄今已有效发表。随着 16S rRNA 基因扩增子测序和宏基因组测序技术的迅速应用，人们发现了越来越多的未培养微生物，如何对这些微生物进行分类已经成为更好地理解、研究和交流生物多样性的一个主要限制因素。

2.6.1　未培养微生物"不可培养"的原因

自然环境中存在着大量的微生物，迄今依靠传统纯培养方法能够分离培养的微生物约占总数的 1.0%，而原核微生物仅为 0.1%。几乎在所有情况下从给定样品中分离得到的菌落形成单位（Colony-Forming Unit）的数量都明显低于用未培养显微技术观测到的微生物实际含量。不同环境中微生物的可培养率有所不同，土壤中约 0.3%，海洋环境中 0.001%～0.1%，淡水环境中约 0.25%，沉淀物中约 0.25%，活性污泥中 1%～15%。道理很简单，在一定条件下只有一小部分原核细胞可培养，没有任何一种培养基允许所有类型的原核微生物生长。有报道，当使用 25 种不同的培养基进行分离时平板计数的效率可以显著提高。然而，在大多数情况下，天然样本中原核微生物的优势物种常常分离不到。例如，嗜温的泉古菌门（Crenarchaeota）古菌构成了极地或近极地海洋原核浮游生物 34% 的比例，长期以来用很多种培养基都无法分离得到；绿色滑动细菌的 T78 组克隆和土壤中采用分子方法检测到的大部分酸杆菌也无法用多种培养基分离得到。

因此，未培养微生物目前尚"不可培养"的原因不外乎两个：①天然样品中尚未培养的原核微生物细胞处于特定的生理状态，这阻止它们在常规培养基中生长；②原核微生物的未培养物种的生理学基本上不同于已知原核微生物的生理学，因此所应用的培养方法不符合生长要求。具体而言，包括以下几方面：

2.6.1.1 原核微生物细胞的生理状态

① $rpoS$ 的基因产物转录因子 σ^S 参与不同应激的细胞反应。在不利条件下诱导 $rpoS$ 表达可使细胞存活率增加。σ^S 参与细胞向稳定期的转变，cAMP 是 $rpoS$ 转录的负调节因子。因此，通过在培养基中添加 cAMP，细胞可以更容易地维持在营养物清除状态并且阻碍进入保护性稳定期反应，从而促进微生物细胞进入可培养状态。有学者报道，与对照相比，向低营养液体人工淡水或海洋培养基中添加 cAMP 可使培养成功效率显著提高。

② 存在死亡细胞。微放射自显影或直接活菌计数技术等未培养方法发现，自然环境中 50%～90% 原核微生物细胞可能具有代谢活性。

③ 休眠。休眠是一种低代谢活动、维持有生存力的可逆状态。人们对藤黄微球菌（*Micrococcus luteus*）休眠状态的研究是最为深入的。在室温下孵育稳定期培养物数月导致藤黄微球菌大量细胞休眠。这种暂时不可培养的细胞可以用来自生长的藤黄微球菌培养物的上清液复苏。负责休眠细胞复苏的物质是藤黄微球菌编码的一个 17kDa 蛋白质——复苏促进因子（Rpf）。

④ 底物加速死亡。如果将生长限制性底物（例如甘油、葡萄糖、核糖、磷酸盐或氨）以大于 1～10mmol/L 的浓度添加至先前缺乏相同底物的细胞，则抑制细胞的生长。这种现象被称为"底物加速死亡"。适量添加 Mg^{2+} 可使细胞避免底物加速死亡现象。克雷伯菌属（*Klebsiella*）、埃希菌属（*Escherichia*）、链球菌属（*Streptococcus*）、固氮菌属（*Azotobacter*）、节杆菌属（*Arthrobacter*）和分枝杆菌属（*Mycobacterium*）都发现过底物加速死亡现象，但这一现象对从环境样品分离原核微生物的影响未知。

⑤ 活的非可培养状态。在原核微生物生理状态对其分离培养影响中最著名的要数活的非可培养状态（VBNC）。有学者首次描述了大肠杆菌和霍乱弧菌（*Vibrio cholerae*）的 VBNC 状态。这两种细菌在低温无菌水中培养而没有营养补充剂条件下能够存活数天，但不能在琼脂平板上形成菌落，因此证明了相当大比例的非可培养细胞确实存活着。VBNC 状态用于那些具有可检测代谢功能，但不能通过现有方法进行培养的细菌细胞。变形菌中超过 17 属 35 种细菌发现了 VBNC 状态。

2.6.1.2 营养物质浓度低

营养物质的浓度严重影响培养实验的结果。尽管在微生物学的早期阶段，培养基的离子被调整到与自然环境相称的浓度，但贫碳（"寡营养"）培养基最近才被用于通过系统培养方法挖掘大量多样的浮游细菌。此外，碳源的定性组成决定了天然存在的原核微生物的培养是否能够成功。复合碳源培养基对原核微生物的分离效果比相同浓度的仅含有一种确定碳源的类似培养基更好。分离土壤假单胞菌时，碳含量仅为 15mg/L 的寡营养培养基比传统的富含有机物的培养基可得到更多的可培养细胞。超微细菌指细胞体积 $<0.1\mu m^3$ 的细菌，在贫营养海水中占优势，也属于寡营养细菌。寡营养细菌可代表具有未知生理特性的新型细菌，例如，氨氧化古菌 "*Candidatus* Nitrosopumilus maritimus" 对氨的亲和力最高，在氨浓度 $>2mmol/L$ 时生长被抑制；"*Candidatus* Pelagibacter ubique"和其他海洋浮游细菌中存在同化二甲基磺酰丙酸酯的新途径。

2.6.1.3　生长需要多种底物

尽管自然环境中的细菌在存在大量多种化合物的情况下生长，但大多数实验室研究都集中在单一底物的生长上。当细菌在含有多种底物的培养基分批培养中生长时，经常观察到这些底物的顺序利用：优先利用速效碳源，只有在几乎完全利用速效碳源后才能诱导在第二种碳源（迟效碳源）上的生长。但是，缺失存在代谢多功能细菌，它们专门同时利用几种不同的底物，但它们通常只有较低的最大生长速率。

2.6.1.4　不均匀性的影响

不均匀性可对原核微生物的生理学产生深远的影响。土壤、沉积物等环境都是高度异质的，因此微生物底物和细菌繁殖分布在不同浓度和大小的微尺度空间中。在这样的条件下，例如分子氧的陡峭梯度可能导致需氧和厌氧物种的紧密接近和转化。在自然环境中，非极性有机碳底物以吸附状态存在，微生物生长所需底物通常不能直接获得，解吸速率制约降解速率。

2.6.1.5　与其他微生物的相互作用

目前富集和培养技术中的一个主要问题是微生物相互作用不能充分再现。在自然界中，原核微生物在大多数水生环境中达到约 10^6 个/mL 的细胞密度，在沉积物中达到 10^9 个/cm^3，在土壤中达到 10^{11} 个/cm^3。如果假设细胞均匀分布，则平均细胞间距离分别为 $112\mu m$、$10\mu m$ 和 $1\mu m$。在如此小的距离上，通过分子扩散的小分子的传输以快速的速率进行并且需要在几微秒到几秒之间，但在分离培养时这些微生物间相互作用无法实现。

2.6.2　未培养微生物分类历史与现状

2.6.2.1　未培养微生物分类研究历史

在 20 世纪 90 年代早期，基于 rRNA 的分子技术的发展应用于未培养生物的鉴定和可视化，促进了临时分类学状态的建立，称为暂定状态（*Candidatus*）。Murray 和 Schleifer（1994）发表了一份分类简报，其中他们建议为某些假定的分类群建立新的非限定等级——暂定状态，这些类别无法详细描述以确保建立新的分类单元。这是未培养微生物分类学暂定状态一词的首次使用。他们还建议在《国际系统细菌学杂志》（IJSB）（现为《国际系统和进化微生物学杂志》IJSEM）中建立暂定状态清单。1994 年布拉格司法委员会会议上提出了为某些假定的分类单元建立新的无限等级暂定状态类别的建议，这些类别无法详细描述，无法确定建立新分类单元。该委员会还建议 ICSB（现为 ICSP）在 IJSB（现 IJSEM）中建立暂定状态清单。司法委员会任命 Murray 和 Stacke-brandt 准备一份分类说明，介绍暂定状态的概念。

关于未完全描述的原核微生物确立暂定状态的分类说明发表在 1995 年 1 月的 IJSB 期刊上。根据本说明，暂定状态类别应用于描述原核微生物实体，其中 DNA 序列不仅可用，而且缺乏根据细菌学规范描述所需的特征。除了序列等基因组信息外，所有信息，包括结构、代谢和生殖特征，都应包括在描述中。具体而言，暂定状态的描述要求为显微镜下可见的微生物细胞选定 16S rRNA 基因序列的特定寡核苷酸探针，随后通过形态学、革兰氏染色或其他细胞染色、栖息地定位、细胞特殊特征和从栖息地推断出来的生长温度估计等特征进一步表征。

目前，绝大多数微生物种仍未被培养，严重限制了它们的分类学表征，从而限制了科学家之间的交流。虽然暂定状态被设计为暂定分类状态用于对未培养的分类群进行分类，但由于技术限制和 ICSP 官方命名法规 ICNP 中暂定状态名称缺乏优先权，因此尚未被广泛接受。高通量测序提供了对未培养微生物的数据丰富的分类学描述的潜力，其基因组数据质量与培养微生物的质量相当。为了充分发挥这一潜力，需要建立有关如何执行这些描述的标准和指南。

2.6.2.2　未培养微生物分类的现状

在过去的十余年中，高通量测序技术和生物信息学的快速发展彻底改变了未培养微生物的分类方式。来自宏基因组信息的宏基因组组装基因组（Metagenome-Assembled Genomes，MAGs）以及单（细胞）扩增基因组（Single-Cell Amplified Genomes 或 Single-Amplified Genomes，SAGs）技术导致了与古菌和细菌有关的基因组发现的激增，如今主导着候选分类单元的描述。新的候选分类单元的代谢潜力不再需要从系统发育的从属关系中推断出来，而是可以从基因组中更可靠地推断出来。

截至 2019 年 7 月 31 日，LPSN（List of Prokaryotic Names with Standing in Nomenclature）编目的在 IJSB/IJSEM 及其以外文献中描述的暂定状态名称共计 390 个，但是，依然有大量暂定状态没有统计入该名录。在 ICNP 中缺乏暂定状态的正式分类地位也导致缺乏对新分类的命名审查，从而导致约 30％名称的词源错误。一旦获得相应培养物，这种错误将妨碍在正式分类的情况下相应的分类单元的合格化发表。

为了使未培养微生物的分类广泛适用，制定未培养微生物的描述标准势在必行。Konstantinidis（2017）建议描述未培养微生物的最低标准应包括以下项目：①完整或几乎完整的基因组序列（＞80％完整性；＜5％污染）作为详细分析基因组离散性与其最近分类单元的基础（例如，ANI/AAI 值）及基于功能基因注释的代谢性状的预测；②生态学数据，生物体的栖息地、生物体在栖息地内的丰富程度以及其种群在时间或空间上的稳定程度（例如，区分短暂的、异地生物和土著生物）；③完整或几乎完整的 16S rRNA 基因序列，以便准确确定其系统发育位置，设计可靠探针；④证实与该生物的关键代谢功能相关的生物信息学预测的实验数据；⑤通过显微镜和荧光原位杂交得到的该生物的图片。了解生物体的图片以及与关键代谢特性相关的生物信息学预测的一些实验验证，可为将来的研究提供有价值的信息。然而，在某些情况下，由于低细胞 rRNA 含量或不可渗透的细胞壁存在，通过荧光原位杂交鉴定可能失败，代谢活动可能太低而无法原位测量或 16S rRNA 基因序列可能不是由复杂的宏基因组组装而成的。Konstantinidis 等总结了未培养微生物研究时利用宏基因组方法鉴定序列离散种群（Sequence-Discrete Populations，SDP）的基本流程（图 2-31）（Konstantinidis KT 和 Rosselló-Móra R，2015）和获得上述高质量未培养微生物分类单元暂定状态描述所需数据的方法流程（图 2-32）（Konstantinidis KT et al.，2017）。

获得高质量的未培养微生物的分类单元描述所需数据过程中，重叠群分箱（Contig Binning）是非常关键的一个环节，其原理如下：①来自同一菌株的序列，其核酸组成是相似的。因此，可以根据核酸组成信息来进行分箱（Binning），例如根据核酸使用频率（Oligonucleotide Frequency Variations），通常是四核苷酸频率（Tetranucleotide

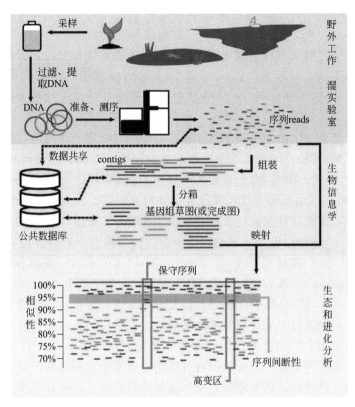

图 2-31　宏基因组方法鉴定序列离散种群的流程示意图（见彩图）

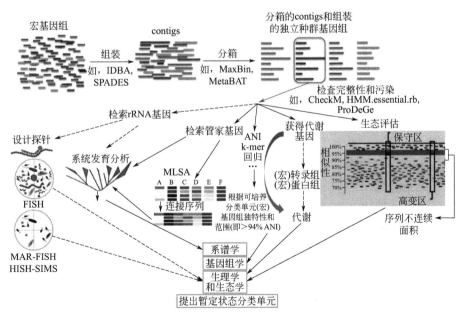

图 2-32　获得高质量的未培养微生物的分类单元描述所需数据的流程（见彩图）

连接线上显示的是用于每项任务的代表性生物信息学软件或技术。虚线表示可以省略的最低质量描述的数据或任务。HISH-SIMS，卤素原位杂交和二次离子质谱；MAR-FISH，微放射自显影和荧光原位杂交；MLSA，多位点序列分析

Frequency)、G＋C 摩尔分数和必需的单拷贝基因等。即根据核酸组成（Nucleotide Composition，NC）来进行重叠群分箱。②随后的研究发现来自同一个菌株的基因在不同的样品中（不同时间或不同病理程度）的丰度分布模式是相似的，因此可以根据基因在不同样品中的丰度变化模式（Co-abundance Patterns Across Multiple Samples），即微分丰度（Differential Abundance，DA）来进行重叠群分箱。这种方法更有普适性，一般效果也比较好，能达到菌株的水平。但这种方式需要较大样本量，一般要 50 个样本以上，且至少要有 2 个组能呈现丰度变化（即不同的处理、不同的时间、疾病和健康或者不同的采样地点等），每个组内的生物学重复也要尽量多。③还可以同时依据核酸组成和丰度变化信息，即核酸组成与丰度（Nucleotide Composition and Abundance，NCA），利用核酸组成信息和丰度差异综合计算距离矩阵，既能保证分箱效果，也能相对节约计算资源，现在比较主流的分箱软件大多是 NCA 算法，如 ABAWACA、Canopy、CONCOCT、MetaBAT 等。宏基因组中重叠群分箱主要有两方面应用：①通过分箱得到的 bins 代表了菌株水平集群（Strain-Level Clusters）或菌株水平分类单元（Strain-Level Taxonomic Units），可以进行宏基因组关联分析（Metagenome-Wide Association Studies，MWAS/MGWAS）以及多组学联合分析，将特定功能代谢产物与特定物种、特定基因进行关联研究。探究疾病的因果机制，为疾病监控、环境监测提供菌株水平的生物靶标。②单菌基因组组装。一般情况下，宏基因组测序由于其组装难度，以及存在大量的未知物种，最终可有效利用的数据量比例较低。而重叠群分箱却能够很好地利用到这些数据，最大限度地得到菌群的组成信息，并且得到的菌群可能是未知物种。

另一项重要技术单细胞扩增基因组（SAGs）技术由 Rinke 等（2014）建立，其主要流程包括：样品保存和制备、单细胞分离、荧光激活细胞分选（FACS）、细胞裂解以及最终全基因组扩增等步骤（图 2-33）。该过程需要四天，可以在标准分子生物学实验室中进行，并且每个单个微生物细胞可产生高达 1μg 的 DNA，足以满足 PCR 扩增和鸟枪测序的需求用量。

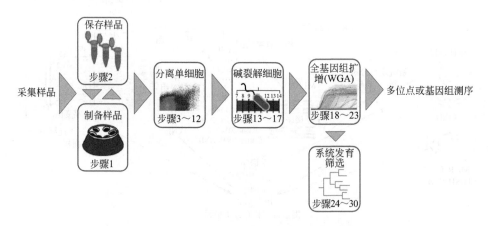

图 2-33　单细胞全基因组扩增技术工作流程

同时，Konstantinidis 等提出了一个基于基因组分类学的路线图。该分类路线图与分离株分类系统是平行的，且高度一致。该标准建议使用通过种群分箱（Population

Binning）或单细胞扩增基因组（SAGs）技术得到的基因组序列鉴定和确定系统发育位置，进行基于生物信息学的功能性和表型预测的基础，并作为分类学描述的模式材料。他们还建议实施一个独立的未培养分类单元命名系统，遵循与培养细菌和古菌相同的命名规则，但有自己的有效发表名称清单。如果这一建议被广泛采用，该系统不仅将促进"未培养的多数"微生物的全面描述，而且还提供有效发表的未培养分类单元名称的统一目录，从而避免同义词和混淆。他们还建议成立一个由国际微生物学会支持的专家委员会来管理新的分类系统。

2015 年在线公布的 2008 年修订版《国际原核微生物命名法规》（ICNP）综合考虑近年未培养微生物研究的巨大进展，增列了附录 11 暂定状态（APPENDIX 11. THE PROVISIONAL STATUS *CANDIDATUS*），并于 2019 年 1 月以专刊形式出版，但实际上是 2015 年在线公布后就生效的。

虽然最新的 ICNP 在附录中增列了暂定状态，也给出了描述暂定状态需要的信息标准，但由于暂定状态依然没有获得正式分类地位，这些信息也并非按照门，纲，目，科，属或种等级相应标准化的。在过去几十年中新发现的大部分未培养的分类单元都没有获得林奈双名法名称，而只是用简单的字母或/和数字标识，例如海洋细菌 SAR11 的进化枝 Ia 和 Ib。这些标识符既不能描述表型或生态特征，也不能指示分类学等级，如门，纲，目，科，属或种。此外，因为缺乏对字母、数字标识符的规定，同一个分类单元被赋予不同标识符的情况很常见，导致科学家之间的交流混乱。例如，γ-变形菌硫氧化细菌是一个丰度很高的类群，文献中有的称为 GSO，有的称为 SUP05。再如，海水通常由两个 α-变形菌纲的分类群主导，一个被称为 SAR11，另一个被称为 *Roseobacter* 分支，但很少有生态学家知道 SAR11 指的是一个分支深度类似于门的大型单系群（Monophyletic Group），而 *Roseobacter* 分支仅仅包含一个科。

2.6.3 未培养微生物的命名规则

在原核微生物命名法规中，暂定状态是细菌或其他原核微生物的分类名称的一个组成部分，它不能在微生物培养物保藏机构中保存。它是尚未培养的微生物的临时分类地位，例如 "*Candidatus* Phytoplasma allocasuarinae"。当一个物种或属被很好地表征但尚未培养时，可以使用暂定状态。2008 年修订版《国际原核微生物命名法规》中关于未培养微生物暂定状态的命名规则如下：

（1）暂定状态可用于记录原核微生物的推测的分类单元的特性。

该类别应该用于描述原核微生物实体，其中不仅仅有核酸序列可用，但缺乏根据本规范描述所需的特征。

（2）以下信息应包括在暂定状态的描述中：

① 基因组信息，即易于确定生物体系统发育位置的核酸序列。

② 迄今为止提供的所有信息。

③ 结构和形态（适当的说明）。

④ 生理和新陈代谢。

⑤ 生殖特征。

⑥ 自然环境，其中可通过原位杂交或类似的细胞鉴定技术鉴定生物体。

⑦ 任何其他可用和适当的信息。

（3）暂定状态的生物名称由 *Candidatus* 一词组成，后跟"俗名加词"，由具有特定加词的属名，或仅属名，或仅特定加词组成。

例子：*Candidatus* Liberobacter asiaticum；*Candidatus* magnetobacterium；*Candidatus* intracellularis。

请注意，*Candidatus* 这个词用斜体字印刷，但名称加词不是用斜体。

（4）暂定状态名称根据定义是初步名称，因此在原核微生物命名法规中没有地位。

（5）ICSP 司法委员会与 IJSEM 编辑委员会合作保存以暂定状态记录编纂的清单，并在适当的时间间隔内在该期刊上公布。

（6）列入编纂记录的项目列于表 2-11。

（7）当暂定状态的生物体后来被分离并且纯化培养、充分描述时，必须根据《国际原核微生物命名法规》的规则对其进行分类和命名。并将先前暂定状态生物的名称从暂定状态列表中删除。

表 2-11　编纂临时状态记录时应包括的项目

描述顺序	例证
状态	暂定状态（*Candidatus*）
方言词语	别名
系统发育谱系或可能的属	例如 δ-变形菌纲，可能（很可能）脱硫弧菌属
培养状态	已培养或未培养
革兰氏染色反应	G^+，G^-，可变或不适用
形态学	杆状、球状、丝状、菌丝体、其他、未知
分类基础	核酸序列（数据库登录号）、形态学等
形态特征的特异性鉴定	探针身份
栖息地、联系或宿主	共生（宿主名称和组织）、独立生存（海洋等）等
代谢及罕见特征	好氧、厌氧、微耗氧等
生长温度	中温、低温、高温
来源	自然环境
作者	必要的参考文献

Whitman 等（2018）在 IJSEM 上建议修改《国际原核微生物命名法规》，赋予暂定状态名称优先权。目前，在没有分离的纯培养物的情况下，对指定暂定状态的分类单元的描述需要基因序列和其他分类学相关的可用信息，并且暂定状态名称是临时的，即没有在命名法规中正式的地位。如果基因序列被认为是用于描述原核物种的合适模式材料，则许多被指定为暂定状态的分类群将满足《国际原核微生物命名法规》中的所有要求优先权。因此，他们建议在接受序列数据作为模式材料后，在 2020 年 1 月 1 日之前发布的所有暂定状态名称，只要符合本法规的规则，就根据其在 IJSEM 上发表的日期予以优先考虑，无论它们是发表在论文中、暂定状态分类单元名称清单中还是合格名称清单中，除非保藏的模式培养物已经存在同义名称。他们进一步建议修改上标"T"来识别命名类型。如果模式材料是培养物，则将继续使用上标"T"；如果模式材料是序列，则使用上标"Ts"；如果模式材料是某种其他形式的描述，则使用上标"Td"。

2.6.4　未培养古菌与细菌命名路线图

单扩增基因组（SAGs）和宏基因组组装基因组（MAGs）的应用使得未培养古菌和细菌发现数量激增，截至 2020 年 6 月，描述的暂定状态分类单元已经超过 700 个！由于 ICNP 只承认培养物为"模式材料"（Type Material），从而阻止了未培养微生物的命名。为了避免再次出现原核微生物分类学在 20 世纪下半叶因为分类方法局限性导致的名称的混乱状况再次出现，促进未培养细菌和古菌研究与交流，国际上 60 余位科学家联名发表了一份共识声明，提出了两种可能的途径来解决这个命名难题：

一个是采用以前提出的对 ICNP 的修改，承认 DNA 序列为可接受的模式材料。该方案可通过建立 ICSP 专门的分委员会来启动，指定以 DNA 序列作为模式材料。此外，无论是 MAGs 还是 SAGs 用到的新名词和描述都需要通过 JSEM 进行审查，然后列入修订后的核准名称目录。同时该方案需要在命名代码中创建新框架，便于后续与已有命名规则融合，促进未来命名法的统一。

另一种选择是短期解决办法，建议在有足够权力提供统一框架的国际实体组织的主持下为未培养的原核微生物创建一个并行的命名代码，将来可能最终与 ICNP 合并。无论采取何种方法，我们认为科学界现在都需要采取行动，为未培养分类单元制订一致的命名规则，以清晰、稳定并有效地进行微生物多样性交流。

2.6.5　未培养微生物高等级分类单元的分类

根据 ICNP 规则，暂定状态一般用于未培养微生物推测的种、属水平分类单元的命名。LPSN 列出的 *Candidatus* 目录清单也基本上只有种（亚种）、属水平，仅有个别例外，如 *Candidatus* ζ-Proteobacteria Emerson et al. 是未培养的变形菌纲水平分类单元。

但是，由于近十余年来在宏基因组技术等新技术推动下，未培养原核微生物研究得到了迅速发展，微生物学和生态学研究者已经将暂定状态这一概念用于未培养原核微生物更高等级分类单元的分类，不过有时候会使用"候选的（Candidate）"一词替代，属以上水平对应的暂定状态有门、纲、目、科。

截至 2019 年 7 月底，NCBI Taxonomy 命名的古菌域（Archaea）门水平暂定状态已达 20 个，包括 *Candidatus* Heimdallarchaeota、*Candidatus* Helarchaeota、*Candidatus* Lokiarchaeota、*Candidatus* Odinarchaeota、*Candidatus* Thorarchaeota、*Candidatus* Aenigmarchaeota、*Candidatus* Altiarchaeota、*Candidatus* Diapherotrites、*Candidatus* Huberarchaea、*Candidatus* Micrarchaeota、*Candidatus* Parvarchaeota、*Candidatus* Woesearchaeota、*Candidatus* Bathyarchaeota、*Candidatus* Geoarchaeota、*Candidatus* Geothermarchaeota、*Candidatus* Korarchaeota、*Candidatus* Marsarchaeota、*Candidatus* Nezhaarchaeota、*Candidatus* Verstraetearchaeota 和 Candidate phylum NAG2；亚门水平暂定状态 1 个，*Candidatus* Nanohaloarchaeota；纲水平暂定状态 3 个，*Candidatus* Methanoliparia、*Candidatus* Poseidoniia 和 *Candidatus* Methanomethylia；目水平暂定状态 1 个，*Candidatus* Methanoliparales；还有一批未定等级的暂定状态，如 *Candidatus* Hydrothermarchaeota 和 *Candidatus* Pacearchaeota。

截至 2019 年 7 月底，NCBI Taxonomy 中的细菌域（Bacteria）门水平暂定状态已达 101 个，其中 66 个 *Candidate* division 分别是（以下省略 *Candidate* division）AC1、AD3、BHI80-139、CAB-I、CPR1、CPR2、CPR3、FCPU426、GAL15、GN01、GN03、GN04、GN05、GN06、GN07、GN08、GN09、GN10、GN11、GN12、GN13、GN14、GN15、JL-ETNP-Z39、Kazan-3B-28、KD3-62、kpj58rc、KSA1、KSA2、KSB1、KSB2、KSB3、KSB4、marine group、MSBL2、MSBL3、MSBL4、MSBL5、MSBL6、NC10、NPL-UPA2、NT-B4、OP2、OP4、OP6、OP7、OS-K、RF3、SAM、SBR1093、Sediment-1、Sediment-2、Sediment-3、Sediment-4、SR1、TA06、TG2、VC2、WOR-3、WPS-1、WPS-2、WS2、WS4、WS5、WWE3、WYO ；35 个门水平 *Candidatus* 分别是（以下省略 *Candidatus*）Abawacabacteria、Aerophobetes、Aminicenantes、Atribacteria、Berkelbacteria、Bipolaricaulota、Calescamantes、Coatesbacteria、Dadabacteria、Delongbacteria、Dependentiae、Desantisbacteria、Dojkabacteria、Doudnabacteria、Edwardsbacteria、Eisenbacteria、Fervidibacteria、Firestonebacteria、Fischerbacteria、Fraserbacteria、Glassbacteria、Goldbacteria、Handelsmanbacteria、Hydrothermae、Lindowbacteria、Peregrinibacteria、Poribacteria、Raymondbacteria、Riflebacteria、Rokubacteria、Saccharibacteria、Schekmanbacteria、Sumerlaeota、Wallbacteria、Wirthbacteria。

　　然而，由于最近十余年来未培养原核微生物研究发展迅速，大量文献中建议的高等级分类单元暂定状态名称并没有被 NCBI Taxonomy 记录，如常见诸文献的 *Candidate* phylum TM6 和 *Candidate* phylum TM7 等；又如，*Candidate* Phyla Radiation 就包括了超过 70 个门等级暂定状态，并分为 *Candidate* Superphylum Parcubacteria 和 *Candidate* Superphylum Microgenomates，它们都不在 NCBI Taxonomy 记录之中；再如，在微生物暗物质计划（Microbial Dark Matter Project）执行过程中已经发现 18 个门水平高等级分类单元，并给出了建议命名，但同样都没有被 NCBI Taxonomy 记录。这 18 个 *Candidate* phyla 包括（原始 *Candidate* phylum 名称为字母和数字的，在其后括号中标注作者建议的名称；以下省略 *Candidate* phylum）：OP3（Omnitrophica）、SAR406（Marine Group A）（Marinimicrobia）、WS3（Latescibacteria）、WWE1（Cloacimonetes）、OP8（Aminicenantes）、OP11（Microgenomates）、OD1（Parcubacteria）、GN02（BD1-5）（Gracilibacteria）、OP9（Atribacteria）、EM19（Calescamantes）、CD12（BHI80-139）（Aerophobetes）、NKB19（Hydrogenedentes）、OP1（Acetothermia）、Oct-Spa1-106（Fervidibacteria）、pMC2A 384（Diapherotrites）、ARMAN group（Parvarchaeota）、DSEG（Aenigmarchaeota）和 Nanohaloarchaeota。

　　上述现象充分说明，占微生物类群绝大多数的未培养微生物亟须建立自己的分类系统，并与基于分离株的分类系统最终整合成反映生命进化的自然分类系统。

参考文献

黄秀梨，辛明秀，2009. 微生物学. 北京：高等教育出版社.

李炜，2002. 链霉菌的多相分类研究. 北京：中国科学院微生物研究所.

刘志恒，姜成林，2004. 放线菌现代生物学与生物技术. 北京：科学出版社.

刘志恒，2008. 现代微生物学. 2 版. 北京：科学出版社.

阮继生，2006. 磷酸类脂快速测定方法. 微生物学通报，33（4）：190-192.

阮继生，黄英，2011. 放线菌快速鉴定与系统分类. 北京：科学出版社.

沈萍，陈向东，2016. 微生物学. 8 版. 北京：高等教育出版社.

徐丽华，李文均，刘志恒，等，2007. 放线菌系统学—原理、方法及实践. 北京：科学出版社.

张建丽，刘志恒，2004. 链霉菌的 rep-PCR 基因指纹分析. 微生物学报，44（3）：281-285.

Anantharaman K，Brown C T，Hug L A，et al.，2016. Thousands of microbial genomes shed light on interconnected biogeochemical processes in an aquifer system. Nat Commun，7：13219.

Bertrand J C，Normand P，Ollivier B，et al.，2018. Prokaryotes and Evolution. Springer Nature Switzerland AG.

Bryant D A，Costas A M，Maresca J A，et al.，2007. *Candidatus* Chloracidobacterium thermophilum：An Aerobic Phototrophic Acidobacterium. Science，317（5837）：523-526.

Chun J，Blackall L L，Kang S O，et al.，1997. A proposal to reclassify Nocardia pinensis Blackall et al. as *Skermania piniformis* gen. nov.，comb. nov. Int J Syst Bacteriol，47：127-131.

Chun J，Goodfellow M，1995. A phylogenetic analysis of the genus *Nocardia* with 16S rRNA gene sequences. Int J Syst Bacteriol，45：240-245.

Chun J，Oren A，Ventosa A，et al.，2018. Proposed minimal standards for the use of genome data for the taxonomy of prokaryotes. Int J Syst Evol Microbiol，68：461-466

Collins M D，1985. Analysis of isoprenoid quinones，In：Gottschalk，G. Methods in microbiology. London：Academic Press.

Collins M D，Shah H N，Minnikin D E，1980. A note on the separation of natural mixtures of bacterial menquinones using reverse-phase thin layer chromatography. J Appl Bacteriol，48：277-282.

De Ley J，Cattoir H，Reynaerts A，1970. The quantitative measurements of DNA hybridization from renaturation rates. Eur J Biochem，12：133-142.

Embley T M，Stachebrandt E，1994. The molecular phylogeny and systematics of the actinomycetes. Annu Rev Microbiol，48：257-289.

Euzéby J P，Tindall B J，2004. International Committee on Systematics of Prokaryotes. Status of strains that contravene Rules 27（3）and 30 of the Bacteriological Code. Request for an opinion. Int J Syst Evol Microbiol，54（1）：293-301.

Frederiksen W，1995. Judicial Commission of the International Committee on Systematic Bacteriology：Minutes of the Meetings，2 and 6 July 1994，Prague，Czech Republic. Int J Syst Bacteriol，45：195-196.

Fuerst J A，Sagulenko E，2011. Beyond the bacterium：planctomycetes challenge our concepts of microbial structure and function. Nat Rev Microbiol，9（6）：403-413.

Hasegawa T，Takizawa M，Tanida S，1983. A rapid analysis for chemical grouping of aerobic actinomycetes. J Gen Appl Microbiol，29：319-322.

Holt J G，Krieg N R，Sneath PHA，et al.，1994. Bergey's Manual of Determinative Bacteriology. 9th ed. Baltimore：The Williams and Wilkins Co.

Howarth O W，Grund E，Kroppenstedt R M，et al.，1986. Structural determination of a new naturally occurring cyclic vitamin K. Biochem Biophys Res Commun，140：916-923.

Hug L A，Baker B J，Anantharaman K，et al.，2016. A new view of the tree of life. Nat Microbiol，1：16048.

Konstantinidis K T，Rosselló-Móra R，2015. Classifying the uncultivated microbial majority：A place for metagenomic data in the *Candidatus* proposal. Syst Appl Microbiol，38（4）：223-230.

Konstantinidis K T，Rosselló-Móra R，Amann R，2017. Uncultivated microbes in need of their own taxonomy. ISME J，11（11）：2399-2406.

Konstantinidis K T，Tiedje J M，2005. Genomic insights that advance the species definition for prokaryotes. Proc Natl Acad Sci U S A，102：2567-2572.

Kumar S，Stecher G，Li M，et al.，2018. MEGA X：Molecular Evolutionary Genetics Analysis across computing platforms. Mol Biol Evol，35：1547-1549.

Lamolle G，Musto H，2018. Why Prokaryotes Genomes Lack Genes with Introns Processed by Spliceosomes？J

Mol Evol，86：611-612.

Lechevalier M P，Lechevalier H A，1980. The Chemotaxonomy of actinomycetes. In：Dietz A.，Thayer D. W. Actinomycetes taxonomy. Arlington VA：Special Publication No. 6. Society for Industrial Microbiology.

Ludwig W，Klenk H P，2015. Overview：A phylogenetic backbone and taxonomic framework for procaryotic systematics. Bergey's Manual of Systematics of Archaea and Bacteria，Wiley Online Library：49-65.

Lu Z，Zhang W，2012. Comparative phylogenies of ribosomal proteins and the 16S rRNA gene at higher ranks of the class *Actinobacteria*. Curr Microbiol，65（1）：1-6.

Martin W，Koonin E，2006. A positive definition of prokaryotes. Nature，442：24.

Minnikin D E，O'Donnell A G，Goodfellow M，et al.，1984. An integrated procedure for the extraction of bacterial isoprenoid quinones and polar lipids. J Microbiol Methods，2：233-241.

Mukherjee S，Stamatis D，Bertsch J，et al.，2019. Genomes OnLine database（GOLD）v. 7：updates and new features. Nucl Acids Res，8，47（D1）：D649-D659.

Murray A E，Freudens Te In J，Gribaldo S，et al.，2020. Roadmap for naming uncultivated Archaea and Bacteria. Nat Microbiol，5（8）：987-994.

Murray R G E，Schleifer K H，1994. Taxonomic notes：a proposal for recording the properties of putative taxa of procaryotes. Int J Syst Bacteriol，44（1）：174-176.

Murray R G E，Stackebrandt E，1995. Taxonomic note：implementation of the provisional status *Candidatus* for incompletely described procaryotes. Int J Syst Bacteriol，45（1）：186-187.

Nouioui I，Carro L，Garcia-López M，et al.，2018. Genome-based taxonomic classification of the phylum Actinobacteria [J]. Front Microbiol，9：2007.

Oren A，Garrity G M，2014. Then and now：a systematic review of the systematics of prokaryotes in the last 80 years. Antonie van Leeuwenhoek，106：43-56.

Pace N R，2009. Rebuttal：the modern concept of the prokaryote. J Bacteriol，191：2006-2007.

Parker C T，Tindall B J，Garrity G M，2019. International code of nomenclature of prokaryotes. Int J Syst Evol Microbiol，69（1）：S1-S111.

Pavan M E，Pavan E E，Glaeser S P，et al.，2018. Proposal for a new classification of a deep branching bacterial phylogenetic lineage：transfer of *Coprothermobacter proteolyticus* and *Coprothermobacter platensis* to *Coprothermobacteraceae* fam. nov.，within *Coprothermobacterales* ord. nov.，*Coprothermobacteria* classis nov. and *Coprothermobacterota* phyl. nov. and emended description of the family *Thermodesulfobiaceae*. Int J Syst Evol Microbiol，68（5）：1627-1632.

Rinke C，Lee J，Nath N，et al.，2014. Obtaining genomes from uncultivated environmental microorganisms using FACS-based single-cell genomics. Nat Protoc，9（5）：1038-1048.

Rosenberg E，DeLong E F，Lory S，et al.，2013. The prokaryotes- springer，berlin，heidelberg.

Roure B，Rodriguez-Ezpeleta N，Hervé Philippe，2007. SCaFoS：a tool for Selection，Concatenation and Fusion of Sequences for phylogenomics. BMC Evol Biol，7（Suppl 1）：S2.

Sangal V，Goodfellow M，Jones A L，et al.，2016. Next-generation systematics：an innovative approach to resolve the structure of complex prokaryotic taxa. Sci Rep，6：38392.

Salam N，Jiao J Y，Zhang X T，et al.，2020. Update on the classification of higher ranks in the phylum *Actinobacteria*. Int J Syst Evol Microbiol，70（2）：1331-1355.

Siegl A，Kamke J，Hochmuth T，et al.，2011. Single-cell genomics reveals the lifestyle of Poribacteria，a candidate phylum symbiotically associated with marine sponges. ISME J，5（1）：61-70.

Spang A，2015. Complex archaea that bridge the gap between prokaryotes and eukaryotes. Nature，521：173-179.

Stackebrandt E，Goebel B，1994. Taxonomic note：a place for DNA-DNA reassociation and 16S rRNA sequence analysis in the present species definition in bacteriology. Int J Syst Bacteriol，44：846-849.

Staley J T，Caetano-Anollès G，2018. Archaea-first and the co-evolutionary diversification of domains of life. BioEssays：1800036.

Vandamme P，Pot B，Gillis M，et al.，1996. Polyphasic taxonomy，a consensus approach to bacterial systematics. Microbiol Rev，60：407-438.

Verma M，Lal D，Kaur J，et al.，2013. Phylogenetic analyses of phylum Actinobacteria based on whole genome sequences. Res Microbiol，164（7）：718-728.

Versalovic J，Schneider M，de Bruijin F J，et al.，1994. Genomic fingerprinting of bacteria using repetitive sequence based PCR（rep-PCR）. Methods Mol Cell Biol，5：25-40.

Whitman W B，2009. The modern concept of procaryote. J Bacteriol，191（7）：2000-2005.

Whitman W B，Oren A，Chuvochina M，et al.，2018. Proposal of the suffix -ota to denote phyla. Addendum to 'Proposal to include the rank of phylum in the International Code of Nomenclature of Prokaryotes'. Int J Syst Evol Microbiol，68：967-969.

Woese C R，Fox G E，1977. Phylogenetic structure of the prokaryotic domain：the primary kingdoms. Proc Natl Acad Sci USA，74（11）：5088-5090.

Woese C R，Kandler O，Wheelis M L，1990. Towards a natural system of organisms：proposal for the domains Archaea，Bacteria，and Eucarya. Proc Natl Acad Sci USA，87（12）：4576-4579.

Woese C R，2007. The Archaea：an invitation to evolution，In R. Cavicchioli（ed.），Archaea：molecular and cellular biology. ASM Press，Washington，DC：1-13.

Wrighton K C，Thomas B C，Sharon I，et al.，2012. Fermentation，hydrogen，and sulfur metabolism in multiple uncultivated bacterial phyla. Science，337（6102）：1661-1665.

Yamaguchi M，Mori Y，Kozuka Y，et al.，2012. Prokaryote or eukaryote? A unique microorganism from the deep sea. J Electron Microsc（Tokyo）. 61（6）：423-431.

Zhang J，Wang J，Fang C，et al，2010. *Bacillus oceanisediminis* sp. nov.，isolated from marine sediment. Int J Syst Evol Microbiol，60（12）：2924-2929.

Zhang L，Wang H，Fang X，et al.，2003. Improved methods of isolation and purification of myxobacteria and development of fruiting body formation of two strains. J Microbiol Methods，54（1）：21-27.

Zhang W，Lu Z，2015. Phylogenomic evaluation of members above the species level within the phylum *Firmicutes* based on conserved proteins. Environ Microbiol Rep，7（2）：271-283.

Zhi X Y，Zhao W，Li W J，et al.，2012. Prokaryotic systematics in the genomics era. Antonie van Leeuwenhoek，101：21-34.

Zhuang J，Xin D，Zhang Y Q，et al.，2017. *Paenibacillus albidus* sp. nov.，isolated from grassland soil. Int J Syst Evol Microbiol，67：4685-4691.

（吕志堂　张建丽）

第3章

放线菌

摘要：放线菌门是细菌域最大的谱系之一，门下物种繁多。目前放线菌门已获得纯培养的类群包括 6 个纲（放线菌纲、酸微菌纲、红蝽菌纲、腈基降解菌纲、红色杆形菌纲和嗜热油菌纲），400 多个属。放线菌作为人类生产和生活极为密切的微生物类群，其强大的代谢活性为人们所共识。随着在放线菌自然代谢产物中发现大量的包括抑制免疫力制剂、抗恶性细胞增殖制剂、杀虫制剂、抗生素、酶和酶的抑制剂等医疗实用组分，放线菌已经成为人们探索临床抗生素的主要来源。本章将从放线菌相关研究进展为主线，主要介绍放线菌物种多样性和代谢能力及其相关技术的研究进展。本章的最后一节描述放线菌在人类生活、生产中的贡献，从生物医药、农业等领域介绍放线菌资源的开发和利用现状，也对未培养放线菌的遗传资源挖掘和应用前景展开了讨论。

3.1 放线菌系统学的研究进展

放线菌门下物种多样，典型的放线菌是一类革兰氏阳性、高（G+C）摩尔分数的细菌，因其菌落呈放线状而得名。最早由 Cohn（1875）从人泪腺感染病灶中分离到一株丝状病原菌——链丝菌（*Streptothrix*）而发现，而后 Harz 于 1877 年从牛颈肿病灶中分离到类似的病原菌，并命名为牛型放线菌（*Actinomyces bovis*）。因绝大多数放线菌具有发育良好的菌丝体，19 世纪以前人们曾将放线菌归于真菌中。随着科学的发展及新技术的应用，人们的认识逐渐深入，才将放线菌列于细菌之中。克拉西里尼科夫（Krassil'nikov）首先将放线菌放在植物界，原生植物门，裂殖菌纲中。后有人认为把无真正细胞核的放线菌放在植物界不妥，因此将其列入动物界和植物界之外的原生生物界（Protista）内。1968 年 Murray 提出原核生物界（Procaryotae）和真核生物界（Eucaryotae）之后，放线菌被归于原核生物界。1978 年，Gibbens 和 Murray 根据细胞壁的有无和细胞壁的性质建议将原核生物界分为：薄壁菌门（Gracilicutes），包括革兰氏阴性细菌；厚壁菌门（Firmicutes），包括革兰氏阳性细菌；疵壁菌门（Mendosicutes），包括无肽聚糖细胞壁的细菌；柔膜菌门（Mollicutes），包括无细胞壁的支原体类细菌。而放线菌被包括在厚壁菌门中。在 1989 年出版的《伯杰氏系统细菌学手册》（*Bergey's Manual of Systematic Bacteriology*）中，放线菌被划分在原核生物界，厚壁菌门，分枝菌纲（Thallobacteria），放线菌目（Actinomycetales）。Woese（1987）通过对 500 多种生物的 16S SSU rRNA 基因序列的系统发育学分析，提出了著名的生命三域学说，即真细菌域（Eubacteria）、古细菌域（Archaebacteria）和真核生物域（Eucaryota）。

1990 年，Woese 等人通过 rRNA 及 RNA 聚合酶（RNA Polymerase）分子结构特征和序列的比较发现核苷酸分子的结构和序列比表型更能揭示生命的进化关系，将地球上的生命分为 3 个基本类群，正式建立了三域分类系统，并将生物分类的最高等级命名为域（Domain）。生命三域分别为古菌域（Archaea）、细菌域（Bacteria）和真核生物域（Eucarya），每个域包含两个或多个界（Kingdom），而放线菌当时所属的厚壁菌门归于细菌域。

放线菌作为细菌域最大的谱系之一（Ludwig et al.，2012），门下物种繁多、分类系统不稳定，导致建立适用于放线菌门的层级分类系统是一个十分具有挑战的任务。Stackebrandt 和 Woese 根据 16S rRNA 相似性，DNA-DNA 杂交和 DNA-rRNA 杂交的结果构建了放线菌与其他生物之间的系统发育树。结果表明，放线菌作为高 G＋C 摩尔分数、革兰氏阳性细菌的一个分支，与芽孢杆菌属、乳杆菌属、链球菌属、梭菌属构成的梭状菌分支有着共同的起源。1997 年，Stackebrandt 等通过对 16S rRNA 基因序列分析，提出了放线菌纲（Actinobacteria）这一新的分类等级，并将放线菌纲分为 5 个亚纲，分别是 Acidimicrobiadae、Actinobacteridae、Coriobacteridae、Rubrobacteridae 和 Sphaerobacteridae。12 年后，随着放线菌物种的逐渐增多，放线菌的分类单元开始快速扩展，Zhi 等人在基于 16S rRNA 基因数据的基础之上，对放线菌类群进行重新整理，将放线菌五个亚纲细分为五个目，其中包括 Acidimicrobiales、Actinomycetales、Bifidobacteriales、Coriobacteriales 和 Rubrobacterales（Zhi et al.，2009）。在之后的几年里，《伯杰氏系统细菌学手册》简化了微生物的系统层级关系，将亚纲、亚目提升到了纲和目的分类级别，并于 2012 年将放线菌亚纲（Acidimicrobiadae、Coriobacteridae、Nitriliruptoridae 和 Rubrobacteridae）提升到了纲的水平（Acidimicrobiia、Coriobacteriia、Nitriliruptoria 和 Rubrobacteria）（Ludwig et al.，2012）。此外，四个科（Conexibacteraceae、Patulibacteraceae、Solirubrobacteraceae 和 Thermoleophilaceae）从 Rubrobacteria 纲剥离出来，被再分类到一个新的纲 Thermoleophilia。至此，放线菌门下纯培养的类群包括酸微菌纲（Acidimicrobiia）、放线菌纲（Actinobacteria）、红蝽菌纲（Coriobacteriia）、腈基降解菌纲（Nitriliruptoria）、嗜热油菌纲（Thermoleophilia）和红色杆形菌纲（Rubrobacteria）六个纲（图 3-1）。

随着测序技术的发展，基因组信息逐渐成为推断物种之间进化关系、更新原核微生物分类系统不可缺少的重要证据（Chun et al.，2018）。近年来，越来越多的物种基于基因组系统学分析方法被再分类，例如有学者将 *Mycobacterium* 再分类，重新归类出了 *Mycobacillus*、*Mycobacteroides*、*Mycolicibacter* 和 *Mycolicibacterium* 四个新属；有学者将 *Klenkia* 属从 *Geodermatophilus* 剥离出来；有学者同样通过基因组信息，将 Frankiales 重分类为包括 Frankiales 在内的四个目（Frankiales、Acidothermales、Geodermatophilales 和 Nakamurellales）；有人基于基因组信息进行的系统发育分析，将 100 多个放线菌物种进行再分类，并提出了 2 个新目，8 个新科，15 个新属。这些研究显示出了基于基因组序列进行的系统进化分析对于解决放线菌重分类问题的应用前景。然而，由于放线菌物种个数远远高于实际测得的基因组个数，因此对放线菌门的重分类工作难以完全依赖基因组序列进行。尽管 GEBA 项目和一些研究单位正在对合格化发表的微生物类群基因组进行测序，然而想要获得全部物种的基因组数据仍需长期的努力。近期 Salam 等通过结合 16S rRNA 基因和基因组序列对放线菌门进行重新整理，并

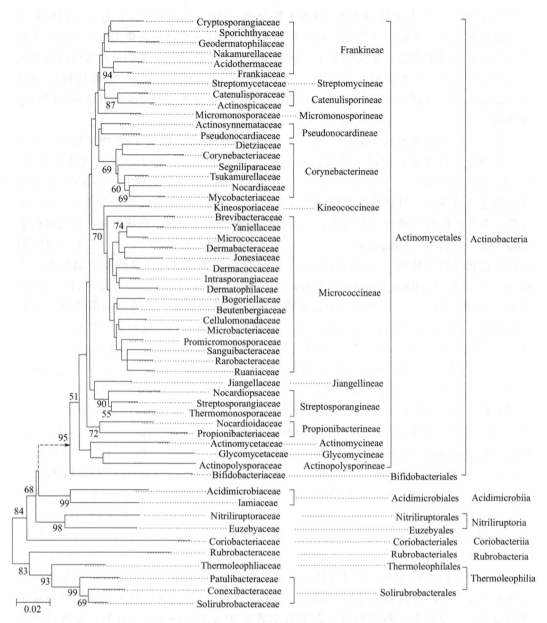

图 3-1　放线菌门系统进化树

（源自 Zhi et al.，2009）

根据命名法则将放线菌纲 Actinobacteria 修订为 Actinomycetia（Salam et al.，2020）。至此，放线菌门包括 6 个纲（放线菌纲、酸微菌纲、红蝽菌纲、腈基降解菌纲、红色杆形菌纲和嗜热油菌纲），46 个目，79 个科，425 个属。放线菌纲下蕴含了最为丰富的放线菌类群（61 个科），包括链霉菌科（Streptomycetaceae）、地嗜皮菌科（Geodermatophilaceae）和姜氏菌科（Jiangellaceae）等等；而剩余的 5 个纲包含了 18 个科，包括盖亚菌科（Gaiellaceae）和红色杆形菌科（Rubrobacteraceae）等（表 3-1）。

表 3-1 放线菌门下合格化发表属

纲	目	科	属
Acidimicrobiia Norris 2013	Acidimicrobiales Stackebrandt et al. 1997 emend. Zhi et al. 2009	Acidimicrobiaceae Stackebrandt et al. 1997 emend. Zhi et al. 2009	*Acidimicrobium* Clark and Norris 1996、*Aciditerrimonas* Itoh et al. 2011、*Ferrimicrobium* Johnson et al. 2009、*Ferrithrix* Johnson et al. 2009
	Iamiales	Iamiaceae Kurahashi et al. 2009	*Iamia* Kurahashi et al. 2009、*Aquihabitans* Jin et al. 2013
		Ilumatobacteraceae Asem et al. 2018	*Ilumatobacter* Matsumoto et al. 2009、*Desertimonas* Asem et al. 2018
Actinomycetia	Actinomycetales Buchanan 1917 (Approved Lists 1980) emend. Zhi et al. 2009	Actinomycetaceae Buchanan 1918 (Approved Lists 1980) emend. Nouioui et al. 2018	*Actinomyces* Harz 1877 (Approved Lists 1980) emend. Nouioui et al. 2018、*Boudabousia* Nouioui et al. 2018、*Botdeniella* Nouioui et al. 2018、*Buchananella* Nouioui et al. 2018、*Gleimia* Nouioui et al. 2018、*Mobiluncus* Spiegel and Roberts 1984 emend. Hoyles et al. 2004、*Pauljensenia* Nouioui et al. 2018、*Schaalia* Nouioui et al. 2018、*Varibaculum* Hall et al. 2003 emend. Glaeser et al. 2017、*Winkia* Nouioui et al. 2018
		Arcanobacteriaceae	*Arcanobacterium* Collins et al. 1983 emend. Hijazin et al. 2012、*Actinobaculum* Lawson et al. 1997 emend. Yassin et al. 2015、*Actinotignum* Yassin et al. 2015、*Flaviflexus* Du et al. 2013、*Fudania* Zhu et al. 2019、*Trueperella* Yassin et al. 2011
	Acidothermales Sen et al. 2014	Acidothermaceae Rainey et al. 1997 emend. Zhi et al. 2009	*Acidothermus* Mohagheghi et al. 1986
	Actinocatenisporales	Actinocatenisporaceae	*Actinocatenispora* Thawai et al. 2006 emend. Seo and Lee 2009
	Antricoccales	Antricoccaceae Nouioui et al. 2018	*Antricoccus* Lee 2015、*Cumulibacter* Huang et al. 2017、*Epidermidibacterium* Lee et al. 2018
	Aquipuribacterales	Aquipuribacteraceae	*Aquipuribacter* Tóth et al. 2012
	Beutenbergiales	Beutenbergiaceae Zhi et al. 2009 emend. Ue et al. 2011	*Beutenbergia* Groth et al. 1999、*Litorihabitans* Hamada et al. 2019、*Miniimonas* Ue et al. 2011、*Salana* von Wintzingerode et al. 2001、*Serinibacter* Hamada et al. 2009
	Bifidobacteriales Stackebrandt et al. 1997 emend. Zhi et al. 2009	Bifidobacteriaceae Stackebrandt et al. 1997 emend. Zhi et al. 2009	*Bifidobacterium* Orla-Jensen 1924 (Approved Lists 1980)、*Aeriscardovia* Simpson et al. 2004、*Alloscardovia* Huys et al. 2007 emend. Killer et al. 2013、*Bombiscardovia* Killer et al. 2014、*Galliscardovia* Pechar et al. 2017、*Gardnerella* Greenwood and Pickett 1980 emend. Vaneechoutte et al. 2019、*Neoscardovia* Garcia-Aljaro et al. 2015、*Parascardovia* Jian and Dong 2002、*Pseudoscardovia* Killer et al. 2014、*Scardovia* Jian and Dong 2002 emend. Downes et al. 2011

纲	目	科	属
Actinomycetia	Bogoriellales	Bogoriellaceae Schumann and Stackebrandt 2000 emend. Hamada et al. 2009	Bogoriella Groth et al. 1997, Georgenia Altenburger et al. 2002 emend. Li et al. 2007
	Brevibacteriales	Brevibacteriaceae Breed 1953 (Approved Lists 1980) emend. Zhi et al. 2009	Brevibacterium Breed 1953 (Approved Lists 1980), Sediminivirga Zhang et al. 2016, Spelaeicoccus Lee 2013
	Catenulisporales Donadio et al. 2015	Catenulisporaceae Busti et al. 2006 emend. Zhi et al. 2009	Catenulispora Busti et al. 2006 emend. Tamura et al. 2008
		Actinospicaceae Caveletii et al. 2006 emend. Zhi et al. 2009	Actinospica Caveletii et al. 2006, Actinocrinis Kim et al. 2017
	Cellulomonadales	Cellulomonadaceae Stackebrandt and Prauser 1991 emend. Nouioui et al. 2018	Cellulomonas Bergey et al. 1923 (Approved Lists 1980) emend. Stackebrandt et al. 1982
		Actinotaleaceae	Actinotalea Yi et al. 2007 emend. Yan et al. 2018, Pseudoactinotalea Cho et al. 2017
		Jonesiaceae Stackebrandt et al. 1997 emend. Nouioui et al. 2018	Jonesia Rocourt and Stackebrandt 1987, Flavimobilis Nouioui et al. 2018, Populibacterium Li et al. 2016, Sanguibacter Fernández-Garayzábal et al. 1995, Timonella Mishra et al. 2016
		Oerskoviaceae	Oerskovia Prauser et al. 1970 (Approved Lists 1980) emend. Stackebrandt et al. 2002, Paraoerskovia Khan et al. 2009 emend. Hamada et al. 2013, Sediminihabitans Hamada et al. 2012, Tropicihabitans Hamada et al. 2015
		Promicromonosporaceae Rainey et al. 1997 emend. Nouioui et al. 2018	Promicromonospora Krasil'nikov et al. 1961 (Approved Lists 1980), Cellulosimicrobium Schumann et al. 2001 emend. Yoon et al. 2007, Isoptericola Stackebrandt et al. 2004, Krasilnikoviella Nishijima et al. 2017, Luteimicrobium Hamada et al. 2010 emend. Hamada et al. 2012, Myceligenerans Cui et al. 2004 emend. Wang et al. 2011, Rarobacter Yamamoto et al. 1988, Xylanibacterium Rivas et al. 2004, Xylanimicrobium Stackebrandt and Schumann 2004, Xylanimonas Rivas et al. 2003

续表

纲	目	科	属
Actinomycetia	Corynebacteriales Goodfellow and Jones 2015 emend. Nouioui et al. 2018	Corynebacteriaceae Lehmann and Neumann 1907 (Approved Lists 1980) emend. Nouioui et al. 2018	Corynebacterium Lehmann and Neumann 1896 (Approved Lists 1980) emend. Nouioui et al. 2018
		Dietziaceae Rainey et al. 1997 emend. Zhi et al. 2009	Dietzia Rainey et al. 1995 emend. Kämpfer et al. 2010
		Gordoniaceae Rainey et al. 1997 emend. Nouioui et al. 2018	Gordonia (ex Tsukamura1971) Stackebrandt et al. 1989, Jongsikchunia Nouioui et al. 2018, Williamsia Kämpfer et al. 1999
		Hoyosellaceae	Hoyosella Jurado et al. 2009 emend. Hamada et al. 2016
		Lawsonellaceae Nouioui et al. 2018	Lawsonella Bell et al. 2016
		Mycobacteriaceae Chester 1897 (Approved Lists 1980) emend. Nouioui et al. 2018	Mycobacterium (Zopf 1883) Lehmann and Neumann 1896 (Approved Lists 1980) emend. Gupta et al. 2018, Mycobacteroides Gupta et al. 2018, Mycolicibacillus Gupta et al. 2018, Mycolicibacter Gupta et al. 2018, Mycolicibacterium Gupta et al. 2018
		Nocardiaceae Castellani and Chalmers 1919 (Approved Lists 1980) emend. Nouioui et al. 2018	Nocardia Trevisan 1889 (Approved Lists 1980), Aldersonia Nouioui et al. 2018, Millisia Soddell et al. 2006, Rhodococcus Zopf 1891 (Approved Lists 1980), Skermania Chun et al. 1997, Smaragdicoccus Adachi et al. 2007
		Segniliparaceae Butler et al. 2005 emend. Zhi et al. 2009	Segniliparus Butler et al. 2005
		Tomitellaceae	Tomitella Katayama et al. 2010
		Tsukamurellaceae Rainey et al. 1997 emend. Zhi et al. 2009	Tsukamurella Collins et al. 1988
	Cryptosporangiales Nouioui et al. 2018	Cryptosporangiaceae Zhi et al. 2009	Cryptosporangium Tamura et al. 1998, Fodinicola Carlsohn et al. 2008
	Demequinales	Demequinaceae Ue et al. 2011 emend. Nouioui et al. 2018	Demequina Yi et al. 2007 emend. Nouioui et al. 2018

续表

纲	目	科	属
Actinomycetia	Dermabacterales	Dermabacteraceae Stackebrandt et al. 1997 emend. Zhi et al. 2009	*Dermabacter* Jones and Collins 1989, *Brachybacterium* Collins et al. 1988, *Devriesea* Martel et al. 2008, *Helcobacillus* Renvoise et al. 2009
	Dermatophilales	Dermatophilaceae Austwick 1958 (Approved Lists 1980) emend. Nouioui et al. 2018	*Dermatophilus* (van Saceghem 1915) Gordon 1964 (Approved Lists 1980) emend. Hamada et al. 2010, *Austwickia* Hamada et al. 2011, *Kineosphaera* Liu et al. 2002, *Mobilicoccus* Hamada et al. 2011, *Piscicoccus* Hamada et al. 2011, *Tonsilliphilus* Azuma et al. 2013
		Arsenicicoccaceae	*Arsenicicoccus* Collins et al. 2004
		Dermacoccaceae Schumann and Stackebrandt 2000 emend. Nouioui et al. 2018	*Dermacoccus* Stackebrandt et al. 1995, *Allobranchiibius* Ai et al. 2017, *Barrientosiimonas* Lee et al. 2013 emend. Parag et al. 2015, *Branchiibius* Sugimoto et al. 2011, *Calidifontibacter* Ruckmani et al. 2011, *Demetria* Groth et al. 1997, *Flexivirga* Anzai et al. 2012 emend. Hyeon et al. 2017, *Luteipulveratus* Ara et al. 2010, *Rudaeicoccus* Kim et al. 2013, *Yimella* Tang et al. 2010
		Intrasporangiaceae Rainey et al. 1997 emend. Nouioui et al. 2018	*Intrasporangium* Kalakoutskii et al. 1967 (Approved Lists 1980) emend. Nouioui et al. 2018, *Fodinibacter* Wang et al. 2009, *Humibacillus* Kageyama et al. 2008, *Janibacter* Martin et al. 1997, *Knoellia* Groth et al. 2002 emend. Nouioui et al. 2018, *Kribbia* Jung et al. 2006, *Lapillicoccus* Lee and Lee 2007, *Marihabitans* Kageyama et al. 2008, *Ornithinibacter* Xiao et al. 2011, *Oryzihumus* Kageyama et al. 2005 emend. Lim et al. 2014, *Oryzobacter* Kim et al. 2015, *Pedococcus* Nouioui et al. 2018, *Phycicoccus* Lee 2006 emend. Nouioui et al. 2018, *Rudaibacter* Kim et al. 2013, *Terrabacter* Collins et al. 1989, *Terracoccus* Prauser et al. 1997, *Tetrasphaera* Maszenan et al. 2000 emend. Ishikawa and Yokota 2006.
		Kytococcaceae Nouioui et al. 2018	*Kytococcus* Stackebrandt et al. 1995
		Ornithinimicrobiaceae Nouioui et al. 2018	*Ornithinimicrobium* Groth et al. 2001, *Ornithinicoccus* Groth et al. 1999 emend. Zhang et al. 2016, *Serinicoccus* Yi et al. 2004 emend. Traiwan et al. 2011
	Frankiales Sen et al. 2014	Frankiaceae Becking 1970 (Approved Lists 1980) emend. Zhi et al. 2009	*Frankia* Brunchorst 1886 (Approved Lists 1980)

纲	目	科	属
Actinomycetia	Geodermatophilales Sen et al. 2014	Geodermatophilaceae Normand et al. 1996 emend. Zhi et al. 2009	*Geodermatophilus* Luedemann 1968 (Approved Lists 1980)、*Blastococcus* Ahrens and Moll 1970 (Approved Lists 1980) emend. Hezbri et al. 2016、*Klenkia* Montero-Calasanz et al. 2018、*Modestobacter* Mevs et al. 2000 emend. Montero-Calasanz et al. 2019
	Glycomycetales Labeda 2015	Glycomycetaceae Rainey et al. 1997 emend. Zhi et al. 2009	*Glycomyces* Labeda et al. 1985 emend. Labeda and Kroppenstedt 2004、*Haloglycomyces* Guan et al. 2009、*Salilacibacter* Li et al. 2016、*Salininema* Nikou et al. 2015 emend. Li et al. 2016、*Stackebrandtia* Labeda and Kroppenstedt 2005 emend. Wang et al. 2009
	Jatrophihabitantales	Jatrophihabitantaceae Nouioui et al. 2018	*Jatrophihabitans* Madhaiyan et al. 2013 emend. Lee et al. 2018
	Jiangellales Tang et al. 2015	Jiangellaceae Tang et al. 2011	*Jiangella* Song et al. 2005、*Haloactinopolyspora* Tang et al. 2011 emend. Zhang et al. 2014、*Phytoactinopolyspora* Li et al. 2015
	Kineosporiales Kämpfer 2015	Kineosporiaceae Zhi et al. 2009	*Kineosporia* Pagani and Parenti 1978 (Approved Lists 1980) emend. Kudo et al. 1998、*Angustibacter* Tamura et al. 2010 emend. Ko and Lee 2017、*Kineococcus* Yokota et al. 1993、*Pseudokineococcus* Jurado et al. 2011、*Quadrisphaera* Maszenan et al. 2005、*Thalassiella* Lee et al. 2017
	Microbacteriales	Microbacteriaceae Park et al. 1995 emend. Zhi et al. 2009	*Microbacterium* Orla-Jensen 1919 (Approved Lists 1980) emend. Fidalgo et al. 2016、*Agreia* Evtushenko et al. 2001、*Agrococcus* Groth et al. 1996、*Agromyces* Gledhill and Casida 1969 (Approved Lists 1980) emend. Zgurskaya et al. 1992、*Allohumibacter* Kim et al. 2016、*Alpinimonas* Schumann et al. 2012、*Amnibacterium* Kim and Lee 2011、*Aurantimicrobium* Nakai et al. 2015、*Arenivirga* Hamada et al. 2017、*Chryseoglobus* Baik et al. 2010、*Clavibacter* Davis et al. 1984、*Canibacter* Aravena-Romá et al. 2014、*Cnuibacter* Zhou et al. 2016、*Compostimonas* Kim et al. 2012、*Conyzicola* Kim et al. 2014 emend. Gu et al. 2017、*Cryobacterium* Suzuki et al. 1997 emend. Dastager et al. 2008、*Curtobacterium* Yamada and Komagata 1972 (Approved Lists 1980)、*Diaminobutyricimonas* Kim et al. 2014、*Diaminobutyricimonas* Jang et al. 2013、*Frigoribacterium* Kämpfer et al. 2000、*Frondihabitans* Greene et al. 2009 emend. Cardinale et al. 2011、*Galbitalea* Kim et al. 2014、*Glaciibacter* Katayama et al. 2009、*Glaciihabitans* Li et al. 2014、*Gryllotalpicola* Kim et al. 2012、*Gulosibacter* Manaia et al. 2004 emend. Nouioui et al. 2018、*Herbiconiux* Behrendt et al. 2011 emend. Hamada et al. 2012、*Homoserinimonas* Kim et al. 2014、*Homoserinibacter* Kim et al. 2014、*Huakuichenia* Zhang et al.

纲	目	科	属
Actinomycetia	Microbacteriales	Microbacteriaceae Park et al. 1995 emend. Zhi et al. 2009	2016, *Humibacter* Vaz-Moreira et al. 2008, *Klugiella* Cook et al. 2008, *Labedella* Lee 2007, *Leifsonia* Evtushenko et al. 2000 emend. Dastager et al. 2009, *Leucobacter* Takeuchi et al. 1996 emend. Schumann and Pukall 2017, *Lysinibacter* Tuo et al. 2015, *Lysinimonas* Jang et al. 2013 emend. Heo et al. 2019, *Marisediminicola* Li et al. 2010, *Microcella* Tiago et al. 2005 emend. Tiago et al. 2006, *Microterricola* Matsumoto et al. 2008, *Mycetocola* Tsukamoto et al. 2001, *Naasia* Weon et al. 2013, *Okibacterium* Evtushenko et al. 2002, *Parafrigoribacterium* Kong et al. 2016, *Plantibacter* Behrendt et al. 2002, *Planctomonas* Liu et al. 2019, *Pontimonas* Jang et al. 2013, *Protaetiibacter* Heo et al. 2019, *Pseudoclavibacter* Manaia et al. 2004, *Pseudolysinimonas* Heo et al. 2019, *Puzihella* Sheu et al. 2017, *Rathayibacter* Zgurskaya et al. 1993, *Rhodoglobus* Sheridan et al. 2003, *Rhodoluna* Hahn et al. 2014, *Salinibacterium* Han et al. 2003, *Schumannella* An et al. 2009, *Subtercola* Männistö et al. 2000, *Yonghaparkia* Yoon et al. 2006
		Tropherymataceae Nouioui et al. 2018	'*Tropheryma*' La Scola et al. 2001
	Micrococcales Prévot 1940 (Approved Lists 1980) emend. Nouioui et al. 2018	Micrococcaceae Pribram 1929 (Approved Lists 1980) emend. Zhi et al. 2009	*Micrococcus* Cohn 1872 (Approved List 1980) emend. Wieser et al. 2002, *Acaricomes* Pukall et al. 2006, *Arthrobacter* Conn and Dimmick 1947 (Approved Lists 1980) emend. Koch et al. 1995, *Auritidibacter* Yassin et al. 2011, *Citricoccus* Altenburger et al. 2002 emend. Nielsen et al. 2011, *Enteractinococcus* Cao et al. 2012, *Falsarthrobacter* Busse and Moore 2018, *Galactobacter* Hahne et al. 2019, *Garicola* Lo et al. 2015, *Glutamicibacter* Busse 2016, *Haematomicrobium* Schumann et al. 2017, *Kocuria* Stackebrandt et al. 1995, *Micrococcoides* Toth et al. 2017, *Neomicrococcus* Prakash et al. 2015, *Nesterenkonia* Stackebrandt et al. 1995 emend. Machin et al. 2019, *Paenarthrobacter* Busse 2016, *Paeniglutamicibacter* Busse 2016, *Pseudarthrobacter* Busse 2016, *Pseudoglutamicibacter* Busse 2016, *Psychromicrobium* Schumann et al. 2017, *Renibacterium* Sanders and Fryer 1980, *Rothia* Georg and Brown 1967 (Approved Lists 1980) emend. Nouioui et al. 2018, *Sinomonas* Zhou et al. 2009 emend. Zhou et al. 2012, *Specibacter* Lee and Schumann 2019, *Tersicoccus* Vaishampayan et al. 2013, *Yaniella* Li et al. 2008, *Zhihengliuella* Zhang et al. 2007 emend. Hamada et al. 2013

纲	目	科	属
Actinomycetia	Micromonosporales Genilloud 2015	Micromonosporaceae Krasil'nikov 1938 (Approved Lists 1980) emend. Nouioui et al. 2018	*Micromonospora* Ørskov 1923 (Approved Lists 1980) emend. Nouioui et al. 2018、*Actinoplanes* Couch 1950 (Approved Lists 1980) emend. Nouioui et al. 2018、*Allocatelliglobosispora* Lee and Lee 2011、*Allorhizocola* Sun et al. 2019、*Asanoa* Lee and Hah 2002 emend. Xu et al. 2011、*Catellatospora* Asano and Kawamoto 1986 emend. Ara et al. 2008、*Catelliglobosispora* Ara et al. 2008、*Catenuloplanes* Yokota et al. 1993 emend. Kudo et al. 1999、*Couchioplanes* Tamura et al. 1994、*Dactylosporangium* Thiemann et al. 1967 (Approved Lists 1980)、*Hamadaea* (Asano et al. 1989) Ara et al. 2008 emend. Chu et al. 2016、*Jishengella* Xie et al. 2011、*Krasilnikovia* Ara and Kudo 2007、*Longispora* Matsumoto et al. 2003 emend. Piao et al. 2017、*Luedemannella* Ara and Kudo 2007、*Mangrovihabitans* Liu et al. 2017、*Phytohabitans* Inahashi et al. 2010 emend. Inahashi et al. 2012、*Pilimelia* Kane 1966 (Approved Lists 1980)、*Planosporangium* Wiese et al. 2008、*Plantactinospora* Qin et al. 2009 emend. Zhu et al. 2012、*Polymorphospora* Tamura et al. 2006、*Pseudosporangium* Ara et al. 2008、*Rhizocola* Matsumoto et al. 2014、*Rugosimonospora* Monciardini et al. 2009、*Salinispora* Maldonado et al. 2005、*Spirilliplanes* Tamura et al. 1997、*Virgisporangium* Tamura et al. 2001 emend. Otogura et al. 2010、*Xiangella* Wang et al. 2013
	Motilibacterales Lee 2013	Motilibacteraceae Lee 2013	*Motilibacter* Lee 2012 emend. Lee 2013
	Nakamurellales Sen et al. 2014	Nakamurellaceae Tao et al. 2004 emend. Zhi et al. 2009	*Nakamurella* Tao et al. 2004 emend. Kim et al. 2012
	Phytomonosporales	Phytomonosporaceae	*Phytomonospora* Li et al. 2011、*Actinorhabdospora* Mingma et al. 2016
	Propionibacteriales Patrick and McDowell 2015 emend. Nouioui et al. 2018	Propionibacteriaceae Delwiche 1957 (Approved Lists 1980) emend. Zhi et al. 2009	*Propionibacterium* Orla-Jensen 1909 (Approved Lists 1980) emend. Charfreitag et al. 1988、*Acidipropionibacterium* Scholz and Kilian 2016、*Aestuariimicrobium* Jung et al. 2007 emend. Chen et al. 2018、*Auraticoccus* Alonso-Vega et al. 2011、*Brooklawnia* Rainey et al. 2006、*Cutibacterium* Scholz and Kilian 2016 emend. Dekio et al. 2019、*Desertihabitans* Sun et al. 2019、*Granulicoccus* Maszenan et al. 2007、*Luteococcus* Tamura et al. 1994 emend. Collins et al. 2000、*Mariniluteicoccus* Zhang et al. 2014、*Microlunatus* Nakamura et al. 1995 emend. Nouioui et al. 2018、*Micropruina* Shintani et al. 2000、*Naumannella* Rieser et al. 2012 emend. Tian et al. 2017、*Propionicicella* Bae et al.

纲	目	科	属
Actinomycetia	Propionibacteriales Patrick and McDowell 2015 emend. Nouioui et al. 2018	Propionibacteriaceae Delwiche 1957 (Approved Lists 1980) emend. Zhi et al. 2009	2006, *Propioniciclava* Sugawara et al. 2011, *Propioniferax* Yokota et al. 1994, *Propionimicrobium* Stackebrandt et al. 2002, *Pseudopropionibacterium* Scholz and Kilian 2016, *Raineyella* Pikuta et al. 2016, *Tessaracoccus* Maszenan et al. 1999
		Actinopolymorphaceae Nouioui et al. 2018	*Actinopolymorpha* Wang et al. 2001, *Flindersiella* Kaewkla and Franco 2011, *Tenggerimyces* Sun et al. 2015 emend. Li et al. 2016, *Thermasporomyces* Yabe et al. 2011
		Kribbellaceae Nouioui et al. 2018	*Kribbella* Park et al. 1999 emend. Everest et al. 2013
		Nocardioidaceae Nesterenko et al. 1990 emend. Nouioui et al. 2018	*Nocardioides* Prauser 1976 (Approved Lists 1980), *Aeromicrobium* Miller et al. 1991 emend. Yoon et al. 2005, *Marmoricola* Urzi et al. 2000 emend. Lee and Lee 2010. *Mumia* Lee et al. 2014
	Pseudonocardiales Labeda and Goodfellow 2015	Pseudonocardiaceae Embley et al. 1980 emend. Nouioui et al. 2018	*Pseudonocardia* Henssen 1957 (Approved Lists 1980) emend. Park et al. 2008, *Actinoalloteichus* Tamura et al. 2000, *Actinocrispum* Hatano et al. 2016, *Actinokineospora* Hasegawa 1988 emend. Nouioui et al. 2018, *Actinomycetospora* Jiang et al. 2008 emend. Zhang et al. 2014, *Actinophytocola* Indananda et al. 2010, *Actinopolyspora* Gochnauer et al. 1975 (Approved Lists 1980) emend. Tang et al. 2011, *Actinorectispora* Quadri et al. 2016 emend. Cao et al. 2018, *Actinosynnema* Hasegawa et al. 1978 (Approved Lists 1980), *Alloactinosynnema* Yuan et al. 2010, *Allokutzneria* Labeda and Kroppenstedt 2008, *Amycolatopsis* Lechevalier et al. 1986 emend. Nouioui et al. 2018, *Bounagaea* Meklat et al. 2015, *Crossiella* Labeda 2001, *Goodfellowiella* Labeda et al. 2008, *Haloactinomyces* Lai et al. 2017, *Haloechinothrix* Tang et al. 2010 emend. Nouioui et al. 2018, *Halopolyspora* Lai et al. 2014, *Herbihabitans* Zhang et al. 2016, *Kibdelosporangium* Shearer et al. 1986, *Kutzneria* Stackebrandt et al. 1994 emend. Suriyachadkun et al. 2013, *Labedaea* Lee 2012, *Lentzea* Yassin et al. 1995 emend. Nouioui et al. 2018, *Longimycelium* Xia et al. 2013, *Prauserella* Kim and Goodfellow 1999 emend. Li et al. 2003, *Saccharomonospora* Nonomura and Ohara 1971 (Approved Lists 1980), *Saccharopolyspora* Lacey and Goodfellow 1975 (Approved Lists 1980) emend. Korn-Wendisch et al. 1989, *Saccharothrix* Labeda et al. 1984 emend. Labeda and Lechevalier 1989, *Salinifilum* Moshtaghi et al. 2017, *Sciscionella* Tian et al. 2009, *Streptoalloteichus* (ex Tomita et al. 1978) Tomita et al. 1987 emend. Tamura et al. 2008, *Tamaricihabitans* Qin et al. 2015, *Thermocrispum* Korn-Wendisch et al. 1995, *Thermotunica* Wu et al. 2014, *Umezawaea* Labeda and Kroppenstedt 2007, *Yuhushiella* Mao et al. 2011

続表

纲	目	科	属
Actinomycetia	Ruaniales	Ruaniaceae Tang et al. 2010	Ruania Gu et al. 2007, Haloactinobacterium Tang et al. 2010
	Sporichthyales Nouioui et al. 2018	Sporichthyaceae Rainey et al. 1997 emend. Zhi et al. 2009	Sporichthya Lechevalier et al. 1968 (Approved Lists 1980), Longivirga Qu et al. 2018
	Streptomycineae[#] Stackebrandt et al. 1997 emend. Zhi et al. 2009	Streptomycetaceae Waksman and Henrici 1943 (Approved Lists 1980) emend. Nouioui et al. 2018	Streptomyces Waksman and Henrici 1943 (Approved Lists 1980) emend. Witt and Stackebrandt 1991, Embleya Nouioui et al. 2018, Kitasatospora Ōmura et al. 1983 emend. Nouioui et al. 2018, Streptacidiphilus Kim et al. 2003 emend. Nouioui et al. 2019, Yinghuangia Nouioui et al. 2018
		Allostreptomycetaceae	Allostreptomyces Huang et al. 2017
	Streptosporangiales Goodfellow 2015 emend. Nouioui et al. 2018	Streptosporangiaceae Goodfellow et al. 1990 emend. Nouioui et al. 2018	Streptosporangium Couch 1955 (Approved Lists 1980) emend. Intra et al. 2014, Acrocarpospora Tamura et al. 2000, Bailinhaomella Feng et al. 2019, Desertiactinospora Saygin et al. 2019, Herbidospora Kudo et al. 1993, Microbispora Nonomura and Ohara 1957 (Approved Lists 1980) emend. Zhang et al. 1998, Microtetraspora Thiemann et al. 1968 (Approved Lists 1980) emend. Zhang et al. 1998, Nonomuraea Zhang et al. 1998 emend. Nakaew et al. 2012, Planobispora Thiemann and Beretta 1968 (Approved Lists 1980), Planomonospora Thiemann et al. 1967 (Approved Lists 1980), Planotetraspora Runmao et al. 1993 emend. Suriyachadkun et al. 2009, Sinosporangium Zhang et al. 2011 emend. Suriyachadkun et al. 2015, Sphaerimonospora Mingma et al. 2016, Sphaerisporangium Ara and Kudo 2007 emend. Mingma et al. 2014, Spongiactinospora Li et al. 2019, Thermoactinospora Zhou et al. 2012, Thermobispora Wang et al. 1996, Thermocatellispora Zhou et al. 2012, Thermopolyspora (ex Krasilnikov and Agre 1964) Goodfellow et al. 2005, Thermostaphylospora Wu et al. 2018
		Nocardiopsaceae Rainey et al. 1996 emend. Zhi et al. 2009	Nocardiopsis (Brocq-Rosseau 1904) Meyer 1976 (Approved Lists 1980), Actinorugispora Liu et al. 2015, Allonocardiopsis Du et al. 2013, Allosalinactinospora Guo et al. 2015, Haloactinospora Tang et al. 2008, Lipingzhangella Zhang et al. 2016, Marinactinospora Tian et al. 2009, Murinocardiopsis Kämpfer et al. 2010, Salinactinospora Chang et al. 2012, Spinactinospora Chang et al. 2011, Streptomonospora Cui et al. 2001 emend. Zhang et al. 2013, Thermobifida Zhang et al. 1998 emend. Yang et al. 2008

纲	目	科	属
Actinomycetia		Thermomonosporaceae Rainey et al. 1997 emend. Zhi et al. 2009	*Thermomonospora* Henssen 1957 (Approved Lists 1980) emend. Nouioui et al. 2018, *Actinoallomurus* Tamura et al. 2009, *Actinocorallia* Iinuma et al. 1994 emend. Zhang et al. 2001, *Actinomadura* Lechevalier and Lechevalier 1968 (Approved Lists 1980) emend. Zhao et al. 2016, *Spirillospora* Couch 1963 (Approved Lists 1980)
Coriobacteriia König 2013 emend. Gupta et al. 2013	Coriobacteriales Stackebrandt et al. 1997 emend. Zhi et al. 2009	Coriobacteriaceae Stackebrandt et al. 1997 emend. Zhi et al. 2009	*Coriobacterium* Haas and König 1988, *Collinsella* Kageyama et al. 1999 emend. Kageyama and Benno 2000, *Enorma* Mishra et al. 2016
		Atopobiaceae Gupta et al. 2013 emend. Nouioui et al. 2018	*Atopobium* Collins and Wallbanks 1993 emend. Cools et al. 2014, *Fannyhessea* Nouioui et al. 2018, *Lancefieldella* Nouioui et al. 2018, *Olsenella* Dewhirst et al. 2001 emend. Kraatz et al. 2011, *Parolsenella* Sakamoto et al. 2018
	Eggerthellales Gupta et al. 2013	Eggerthellaceae Gupta et al. 2013 emend. Nouioui et al. 2018	*Eggerthella* Wade et al. 1999 emend. Würdemann et al. 2009, *Adlercreutzia* Maruo et al. 2008 emend. Nouioui et al. 2018, *Asaccharobacter* Minamida et al. 2008, *Cryptobacterium* Nakazawa et al. 1999, *Denitrobacterium* Anderson et al. 2000, *Ellagibacter* Beltrán et al. 2018, *Enterorhabdus* Clavel et al. 2009 emend. Clavel el at. 2010, *Enteroscipio* Danylec et al. 2018, *Gordonibacter* Würdemann et al. 2009, *Paraeggerthella* Würdemann et al. 2009, *Rubneribacter* Danylec et al. 2018, *Senegalimassilia* Lagier et al. 2014, *Slackia* Wade et al. 1999 emend. Nagai et al. 2010
Nitriliruptoria Ludwig et al. 2013	Nitriliruptorales Sorokin et al. 2009	Nitriliruptoraceae Sorokin et al. 2009	*Nitriliruptor* Sorokin et al. 2009
	Egibacterales Zhang et al. 2016	Egibacteraceae Zhang et al. 2016	*Egibacter* Zhang et al. 2016
	Egicoccales Zhang et al. 2016	Egicoccaceae Zhang et al. 2016	*Egicoccus* Zhang et al. 2016
	Euzebyales Kurahashi et al. 2010	Euzebyaceae Kurahashi et al. 2010	*Euzebya* Kurahashi et al. 2010

续表

纲	目	科	属
Rubrobacteria Suzuki 2013 emend. Foesel et al. 2016	Rubrobacterales Rainey et al. 1997 emend. Foesel et al. 2016	Rubrobacteraceae Rainey et al. 1997 emend. Foesel et al. 2016	*Rubrobacter* Suzuki et al. 1989
Thermoleophilia Suzuki and Whitman 2013 emend. Foesel et al. 2016	Thermoleophilales Reddy and Garcia-Pichel 2009 emend. Foesel et al. 2016	Thermoleophilaceae Stackebrandt 2005 emend. Foesel et al. 2016	*Thermoleophilum* Zarilla and Perry 1986
	Gaiellales Albuquerque et al. 2012 emend. Foesel et al. 2016	Gaiellaceae Albuquerque et al. 2012 emend. Foesel et al. 2016	*Gaiella* Albuquerque et al. 2012
	Solirubrobacterales Reddy and Garcia-Pichel 2009	Solirubrobacteraceae Stackebrandt 2005 emend. Foesel et al. 2016	*Solirubrobacter* Singleton et al. 2003
		Baekduiaceae An et al. 2019	*Baekduia* An et al. 2019
		Conexibacteraceae Stackebrandt 2005 emend. Foesel et al. 2016	*Conexibacter* Monciardini et al. 2003 emend. Lee 2017
		Parviterribacteraceae Foesel et al. 2016	*Parviterribacter* Foesel et al. 2016
		Patulibacteraceae Takahashi et al. 2006 emend. Foesel et al. 2016	*Patulibacter* Takahashi et al. 2006 emend. Kim et al. 2012, *Bactoderma* (Winogradsky and Winogradsky 1933) Tepper and Korshunova 1973

当然，放线菌类群的多样性并不仅限于对纯培养放线菌的探索。基因组学发展至今，测序技术已经从早期的一代测序技术 Sanger 测序，步入到新一代测序技术的时代：第二代测序技术（Next- Generation Sequencing，NGS），以及目前已投入使用的基于单细胞测序为特点的第三代 DNA 测序技术。新一代测序技术的发展，已将人们带到了真正高通量、低成本的测序时代。这些技术的发展，从根本上改变了人类对于生命蓝图的认识方式，并且推动了基因组学的分支学科及其他相关学科的兴起。随着宏基因组和单细胞测序的普及，越来越多的未培养微生物类群被发现。2016 年，Jilian F. Banfield 课题组通过现有数据库的基因组以及宏基因组分箱得到的基因组数据，通过 16 个核糖体蛋白质序列，构建生命之树，极大地扩展了我们对物种多样性的认知。之后，Parks 等人通过将 1500 多个宏基因组进行分析，获得了 8000 多个 UBA（Uncultivated Bacteria and Archaea）基因组草图，并以此为基础，重新构建系统进化树，从基因组层面上扩展了生命之树（Parks et al.，2018）。这些研究，在刷新我们对生命之树认知的同时，同样也扩展了放线菌物种多样性。近年来，越来越多的科研工作者提议针对未培养微生物类群重新构建一个新的分类系统，以此对其基因组进行更加深入的了解（Konstantinidis et al.，2017）。随着组学时代的到来，越来越多的未培养类群基因组从环境样品直接获得，基因组数量大量增加，放线菌类群的基因组序列个数也在急剧上升。Jiao 等人（2021）结合热泉宏基因组分箱得到的基因组序列和公共数据库的基因组序列，依照命名法以层级命名的方式命名了放线菌三个未培养新纲（Candidatus Geothermincolia、Candidatus Humimicrobiia 和 Candidatus Aquicultoria），并且揭示了其伍德-永达尔（Wood-Ljungdahl）通路的功能与进化，提出放线菌类群可能存在同型产乙酸功能（见图 3-2）。目前，根据

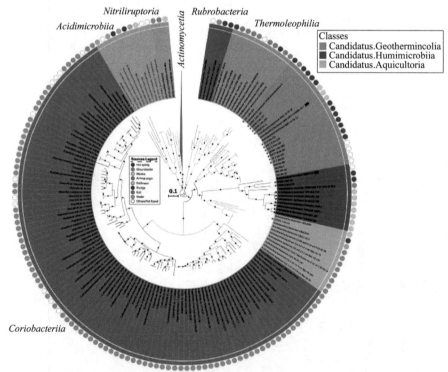

图 3-2　结合公共数据库已有放线菌基因组和宏基因组构建的
包括三个未培养放线菌新纲的系统进化关系图（见彩图）

GTDB 的分类结果，放线菌门下仍然存在部分未获得纯培养的放线菌纲，对于放线菌生命暗物质的挖掘目前仍然是充满挑战与机遇的课题（Jiao et al.，2021）。

3.2 放线菌的生理特征

3.2.1 放线菌的生活习性

放线菌门下物种广泛分布于包括土壤、淡水、沙漠、盐湖、海洋、热泉等在内的各种生态环境，是微生物群落的重要组成部分。大多数放线菌类群（特别是链霉菌）可以进行腐生生存，其生命周期中可以形成孢子，尤其是在营养有限的条件下。放线菌的种群密度与栖息地环境特征以及气候条件等因素息息相关。有研究表明，通常每克土壤中放线菌的细胞丰度在 $10^6 \sim 10^9$ 之间，且土壤中放线菌类群以链霉菌属为主，甚至能够占到分离的放线菌菌株的 95% 以上。此外，其他因素例如温度、pH 值和土壤湿度等，也会影响放线菌的生长。目前已知的放线菌大多是在 25℃ 至 30℃ 的温度下生长最佳。当然放线菌中也存在嗜热类群，如红色杆形菌纲的微生物物种，能够在 50℃ 至 60℃ 的温度下生长，广泛存在于热泉等高温生境。大多数放线菌生长在中性 pH 的土壤中，生长的 pH 范围通常在 6～9 之间，并且在 pH 接近中性时生长较好。土壤的低湿度也有利于放线菌在土壤中的生长，但在水分较少的干燥土壤中，生长非常有限，并可能停止生长。

3.2.2 放线菌的形态结构

放线菌形态各异，除细菌形态外，典型的放线菌具有菌丝形态。放线菌的菌丝根据形态和功能的不同，可分为基内菌丝、气生菌丝和孢子丝（如图 3-3）。放线菌的生命周期始于孢子的萌发，孢子萌发后，经过营养生长于基质表面或进入基质，形成了基内菌丝，其主要功能是吸收水分和营养，故又称营养菌丝或一级菌丝。部分类群的基内菌丝还可以通过产生各种各样的色素，将培养基染成不同的颜色。除了放线菌门下的游鱼孢菌属（*Sporichthya*），是通过固着物在培养基表面直立起菌只有气生菌丝的，其他的放线菌在液体和固体培养物中均形成基内菌丝。部分类群的基内菌丝还会进一步的伸长和分支，菌丝之间纵横交错，形成复杂网状的基内菌丝体。此外，在基质表面上，许多的菌丝会分化成气生菌丝（又称二级菌丝）。放线菌的气生菌丝在发育到一定程度时，会进一步分化出形态各异的孢子丝（图 3-4），且能够形成孢子。当然一些放线菌类群（如小单孢菌属，*Micromonospora*；小多孢菌属，*Micropolyspora*）并不形成气生菌丝体，其孢子的形成直接发生在基内菌丝体上。孢子可以作为单个细胞或者不同长度的链形成在气生菌丝体上。在部分情况下，孢子可能藏在特殊的囊泡（孢子囊）中，并带有鞭毛。放线菌的孢子丝特征在不同的属之间变化很大。如图 3-4 所示，小双孢菌属（*Microbispora*）产生纵向的成对孢子，而小单孢菌属（*Micromonospora*）和盐孢菌属（*Salinispora*）产生分离的单个孢子。弗兰克氏菌属（*Frankia*）可以形成孢子囊，囊内装着满满当当的孢子，而链霉菌属（*Streptomyces*）可以形成直条或螺旋卷曲的两种孢子丝。除了孢子丝的形态差异，内部的孢子也是千奇百怪，孢子的外观可能光滑、有疣、多刺、有毛或有皱纹等，因此孢子本身的形态在放线菌分类中也是一项重要的分类指标。

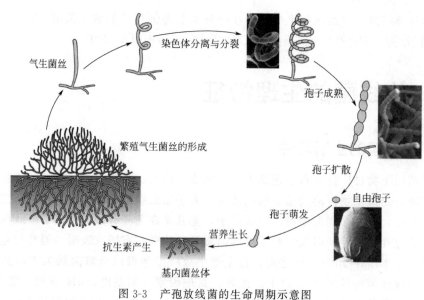

图 3-3 产孢放线菌的生命周期示意图
（源自 Barka et al.，2016）

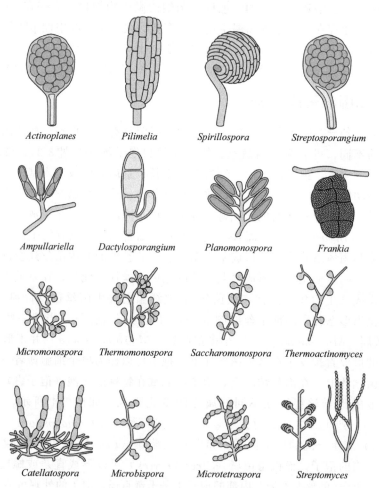

图 3-4 放线菌产生的不同类型孢子丝的示意图
（源自 Barka et al.，2016）

3.2.3 链霉菌的生命周期

放线菌门下的放线菌种类丰富，而且在生命周期过程中存在着许多细节上的差异，但基本都经历了孢子萌发形成基内菌丝和气生菌丝、基内菌丝或气生菌丝分化形成孢子的过程。链霉菌属作为放线菌门下的非常重要的一大类群，因其优秀的产抗生素能力，相比于其他放线菌类，链霉菌的生命周期被研究得更为透彻。以下将以链霉菌为代表，探讨放线菌的生命周期。

链霉菌的生命周期始于芽孢的萌发，芽孢长出形成基内菌丝，此后菌丝的生长和分支过程导致了复杂的分枝基内菌丝体。基内菌丝的指数生长通过顶端生长和分枝的结合来共同实现。如图 3-5 所示，基内菌丝的生长过程中细胞分裂不会导致菌丝分裂出新的个体，而只会产生将菌丝分隔的横壁，因此每一个隔室内都含有多份染色体拷贝。基内菌丝中横壁的间距变化通常很大，即便在同一个菌丝体内也有分别，这与链霉菌种类、生长条件以及菌丝体的年龄等因素有关。在营养缺乏等不利条件下，基内菌丝会分化形成直立的造孢结构，称为气生菌丝。这也是生命周期中生产大多数抗生素的时期。当营养消耗殆尽时，基内菌丝会通过类似细胞编程性死亡（Programmed Cell Death，PCD）的方式进行自溶性降解，从而获得产生气生菌丝体所需的基础构件。气生菌丝和基内菌丝有着很大的区别，其中最为明显的是，气生菌丝通常不会产生大量分枝，但覆盖范围却比基内菌丝大得多，并且能够快速生长。气生菌丝的周围有一层鞘状层，之后发育成

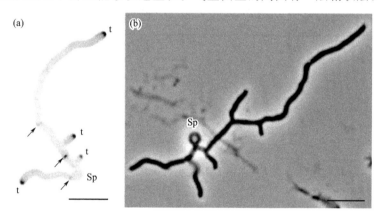

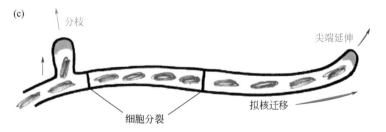

图 3-5　链霉菌菌丝中极化生长的简化图示（见彩图）
顶端细胞仅在顶端（绿色）延伸其细胞壁。一旦此细胞通过形成新的菌丝横壁而分裂，那么根尖下的子细胞将无法生长，并最终转换其极性以产生具有新的延伸末端的侧枝。尖端生长的结果是，沿着大部分菌丝长度复制的 DNA 必须朝尖端移动并进入新的分枝

为孢子被膜的一部分。鞘状层面向空气的一面是疏水性的，在气生菌丝突破潮湿的土壤-空气表面时，这一特性发挥着重要作用。同时还有研究指出，鞘状层的重要功能还可能是沿着菌丝外壁形成一条通道，该通道可能能够促进营养物质的运输（图 3-6）。类似于基内菌丝的生长，气生菌丝同样通过顶端伸长的方式进行生长。当气生菌丝生长到一定生物量时，就会受到相应的信号调控，而停止生长，随后便开始形成孢子。孢子开始形成的标志性事件是孢子特异性细胞分裂，值得注意的是，气生菌丝与基内菌丝的细胞分裂过程完全不同。在细胞分裂过程中，基内菌丝内不断形成了横隔，分隔形成的区室内含有随机的多个染色体拷贝。相反，在气生菌丝的孢子形成的特异性细胞分裂过程中，几乎同时并以高度对称的方式形成了许多隔膜，后形成了孢子区室，导致每条孢子链上的区室均为单个染色体拷贝（如图 3-7）。

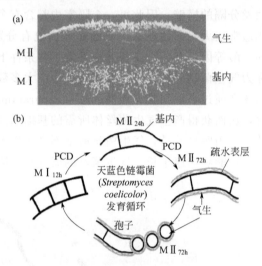

图 3-6　链霉菌发育的细胞周期特征（见彩图）

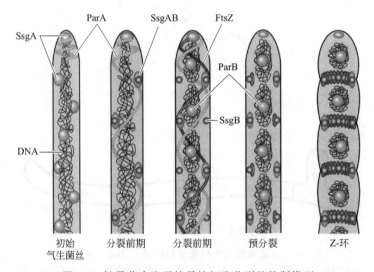

图 3-7　链霉菌中孢子特异性细胞分裂的控制模型
（源自 Barka et al.，2016）

3.3 放线菌生物技术的发展

3.3.1 分离培养与纯化技术

放线菌作为一类重要的微生物资源，通过新的和稀有放线菌的分离，寻找和发现新的生物活性物质和代谢产物，其潜力仍然是其他生物无法比拟的。迄今许多已知具有商业意义的代谢产物的发现，几乎均是依靠新的筛选系统和新的微生物分离和鉴定技术的使用。然而，长期在天然产物的筛选过程中使用传统的菌种分离和鉴定技术，结果导致大量缺乏明确鉴定菌株被重复分离和使用，因此从中发现新化合物的概率在逐渐降低，严重地影响着新的生物活性物质的筛选效率。近年来，国内外科学家为提高放线菌天然产物的筛选效率，在利用人功能基因组和微生物基因组研究的成果改进或设计新的筛选系统的同时，正在开展从自然生态环境中选择性分离放线菌的分离技术的研究。Atalan等（2000）报道使用一种分散差速离心方法（Dispersion and Differential Centrifugation，DDC）从土壤样品中分离链霉菌比常规的稀释平板法提高效率 3～12 倍。这一方法主要是打破了土壤团粒，将颗粒内与之交联的菌丝体释放出来。使用这一方法发现了产生无内切木聚糖酶活性的纤维素（Cellulase-free endo-xylanase）的链霉菌新种 *Streptomyces thermocoprophilus*。有学者根据放线菌的营养特性和对抗生素的敏感性，设计出分离假诺卡氏菌的选择培养基，结合土样的物理处理，显著提高了分离假诺卡氏放线菌的阳性检出率，并发现了 *Saccharopolyspora*、*Amycolatopsis*、*Nocardia* 等属的新种。新近的研究还表明，链霉菌生态学对于寻找和发现天然产物有相当大的意义。寻找存在于土壤颗粒间隙和植物根际弱酸性环境（pH3.5～6.5）中的放线菌，有可能发现产生抗真菌活性物质和在低 pH 下有高活性的酶类。

放线菌是抗生素、酶和酶抑制剂的重要来源，放线菌的分离和分类研究是伴随着抗生素工业的兴起而发展起来的。过去的菌种筛选工作主要集中在链霉菌属，但自从 20 世纪 50 年代发现有价值的抗生素，如紫色小单孢菌及其他小单孢菌产生的庆大霉素（Gentamicin），诺卡氏菌属产生的利福霉素（Rifamycin），马杜拉放线菌属产生的马杜拉霉素（Maduramycin）、洋红霉素（Carminomycin）等以后，表明稀有放线菌更具有产生新抗生素的潜力。非链霉菌或稀有放线菌作为新的生理活性物质的重要来源成为关注的热点。稀有放线菌（Rare Actinomycetes）不是一个分类单元（Taxa），而是指用常规的分离程序和分离手段进行样品分离时，一些出现频率要比常见的链霉菌低得多的类群。也有学者笼统地把所有的非链霉菌（No-streptomycetes Group）归为稀有放线菌。放线菌的最主要分离源是土壤，链霉菌是其优势菌群，而非链霉菌的分布密度相对来说非常低。有学者曾用 3 种培养基及常规的稀释平板涂布法对 16 种不同来源的土样进行放线菌的分离，其结果是 95% 的放线菌属于链霉菌属，游动放线菌及小单孢放线菌等十多个属的稀有放线菌仅占 5% 左右。

20 世纪的微生物学，其研究对象基本上是在人工合成培养基上研究可以培养的微生物。过去常用的分离方法如平板分离法，通常只能分离到一些在普通的实验室条件下能够生长和分离的微生物。活的非可培养状态（VBNC）的微生物不会被发现。VBNC

类微生物系指现有培养条件下无法分离和培养的微生物类群。由于人们的知识和能力有限，用现有的分离方法无法将其从各种生存环境（如土壤、活性污泥、海水等）中完全分离出来。用分子生物学方法研究的结果表明，我们研究、定名过的微生物不到微生物总物种量的1%。之所以绝大多数包括放线菌在内的微生物未被发现，其主要原因还是受分离条件和技术的限制。因此放线菌尤其是稀有放线菌的选择分离技术仍然是放线菌生物学研究和资源开发中的重大课题，同时这也是应用微生物工作者在大规模菌种筛选过程中，为扩大菌种来源所必须解决的现实问题。

如何分离包括 VBNC 在内的自然界中存在的绝大多数微生物是目前微生物学工作者研究的热点之一。现在国外有些实验室，例如日本北里研究所的生物机能研究室对VBNC 类微生物的分离进行了广泛的探索。他们认为，一类土壤依存微生物，即所谓Soil Extract 需求菌，在培养基中必须有土壤营养物质存在的情况下才能生长的。因此，在分离培养基中添加土壤提取液有利于这类微生物的分离。还有一些菌为互营养微生物，一种微生物的代谢产物为另一种微生物提供生长必需的营养，如链霉菌产生的土臭味素（Geosmin）就为其他许多土壤放线菌生长所需。因此在分离培养基里添加土臭味素也可以分离到更多的稀有放线菌。研究还发现，一类微小菌落（Microcolony），在固体培养基平板上分裂几代后就停止分裂生长，因此在平板上还不足以形成可见菌落，但是转接到液体培养基后则可以检测到菌体的生长。我国学者在日本北里研究所利用土壤提取物、土臭味素产生菌共培养技术分离到了常规方法难以培养的 VBNC 类链霉菌。有学者利用复合盐培养基，从新疆盐土分离到大量未知放线菌。总之，这些难培养微生物对生长条件的要求比较苛刻，因而分离难度较大。但是，一旦分离到这类微生物，得到新菌种的可能性就很大。

3.3.2 基因工程技术

随着基因工程技术的飞速发展，新的抗生素的发现和对已知抗生素的改造及菌种选育工作中越来越多地采用了基因工程的方法和技术。如利用基因工程方法改造抗生素生物合成基因簇特异性调节基因来提高抗生素产量。通过增加基因的剂量来克服代谢的瓶颈是一种简便的提高抗生素产量的途径，但有时并不奏效。因为抗生素的产生主要是通过前体路线而不是通过增强本身生物合成的能力。对于某些抗生素的生物合成来说，合成基因序列的多拷贝实际上会导致减产，其原因可能是毒性中间产物的过量积累或者是竞争结合必需的正调节因子。目前基因工程技术在放线菌产生抗生素方面的应用主要有以下途径。

（1）抗生素生物合成基因簇有关基因的克隆。目前常用的抗生素生物合成基因的克隆方法和策略主要有以下几种：①将目的基因克隆到标准宿主菌中，通过检测基因产物检出阳性克隆；②利用阻断突变株进行基因克隆；③通过克隆某种抗生素的抗性基因来分析和检出与其连锁的抗生素生物合成基因；④利用鸟枪法将抗生素产生菌的 DNA 大片段克隆到非产生菌中；⑤以已克隆的生物合成基因为探针克隆同源的抗生素生物合成基因。

（2）利用组合生物技术产生新的抗生素。大环内酯类、蒽环类和聚醚抗生素等均属于聚酮类化合物，负责这类抗生素合成的Ⅰ型聚酮类化合物生物合成酶（Polyketide Biosynthases，简称Ⅰ型 PKS）成模块方式组装的合成机理已经被深入研究过。除了合成大环内酯类抗生素的 PKS 外，其他 PKS 的酶活性、专一性都不很高，而且在生物合成过程中被重复使用。据此，美国斯坦福大学的 Khosla 教授提出了组合生物合成（Combinatorial Biosynthesis）的理论。利用组合生物技术产生新的抗生素已经成为新药研究的一个重要领域。以Ⅰ型 PKS 为研究对象的组合生物合成已经取得了很大的进展。Khosla 通过将不同来源的 PKS 进行重组、添加或删除的方式产生了非天然的天然化合物。随着对放线菌次生代谢产物生物合成研究的逐步深入，组合生物合成的设计和操作会更有逻辑性和针对性。此外与液相质谱联用和核磁共振结合的高通量筛选也会加速具有新结构和新活性的"非天然"天然产物的分离鉴定工作。

（3）通过激活抗生素的沉默基因来获得新的抗生素。大多数放线菌具有比其表观性状更多的产生抗生素的潜力。在自然条件下存在于菌体中的不表达或以极低水平表达，可在特定的条件下被激活而表达活性产物的基因被称作沉默基因。通过基因克隆、诱变处理、菌株或种间自然接合、原生质体融合等技术激活处于休眠状态的沉默基因有可能发现新的抗生素。

（4）利用基因重组技术改良抗生素的生产菌。采用的主要方法有以下几种：①通过解除抗生素生物合成中的限速步骤来提高抗生素的产量；②通过引入抗性基因和调节基因来提高抗生素的产量；③通过引入氧结合蛋白来提高抗生素的产量；④通过增加促使中间产物转化为有效组分的酶基因，通过敲除或破坏次要组分的生物合成基因，和通过不同抗生素生物合成基因之间的重组提高抗生素产生菌的有效组分的含量。

3.3.3　功能基因组学技术

DNA 测序技术的革命性突破，使得生物全基因组序列测定已缩短到只需数天的时间，目前公共数据库中已存在了数十万个微生物基因组序列。2002 年 5 月由英国 Well-come 基金会 Sanger 研究所和 John Innes Centre 研究所合作完成了天蓝色链霉菌 A3（2）的全序列测定，天蓝色链霉菌 A3（2）的基因组成为第一个对公众开放的链霉菌基因组。我们知道生物体作为一个复杂的有机体系统，对局部代谢活动的阐明并不一定导致对整体的了解，因此需要引入具有"整体性"的研究方法。功能基因组学技术就是在此需要下发展起来的。各种功能基因组学研究手段在 20 世纪 90 年代后期得到了迅速的发展，使得科学家们能够同时分析数千个基因，产生和某一细胞状态相关的大量完备和定量化的数据。目前所应用的功能基因组学研究技术可分为以下 4 类：

（1）系统地改变基因结构，并通过进一步的表型分析研究基因的功能和调控特性。主要有两种改变基因结构的方法：第一是采用转座子（Transposon）进行随机引发突变，并进而对突变株进行表型分析；第二是突变基因组的每一个基因，产生一个完整的突变株文库，进而进行表型研究。最近，哈佛大学的 Losick 研究组首次构建了一个可用于天蓝色链霉菌中大规模产生基因突变株的方法。该方法使用 Tn5 转座子进行 DNA 体外诱变。他们的研究发现了许多先前未知的功能基因，涉及色素形成、气生菌丝和分生孢子的形成等。

（2）系统监测基因转录过程。目前已经发展了几种可以同时高效率地监测数千个基因转录的方法。其中较为普遍使用的是微矩阵技术。一个芯片上可以包括数千个 DNA 样品斑点，每一个样品斑点，可以代表基因组中的某一特点基因（基因转录子，Tran-scriptomic），每个样品斑点都可以参与异源杂交实验。使用微矩阵技术可以系统地获取和某一特定生理状态相关的全面的细胞信息。可以预见，随着天蓝色链霉菌基因组序列的公布，在今后几年将会见到更多的对天蓝色链霉菌所进行的功能基因组学研究，这些信息的积累和准确诠释将会有助于我们对次生代谢活动的系统认识，增加次生代谢产物的合成。

（3）对基因编译的蛋白质的系统监测，例如各种蛋白质组学（Proteomics）技术。蛋白质组学是一种可以大规模分析细胞内蛋白质合成的方法，这一方法来源于 20 世纪 70 年代发明的双向蛋白质电泳技术，在 20 世纪 90 年代后期，基因组信息数据库的建立以及质谱仪的引入，使这一技术得以完善成熟。瑞士巴塞尔大学 Thompson 研究组使用双向凝胶蛋白质电泳技术研究了天蓝色链霉菌对各种外部压力刺激的效应，他们发现不同的细胞发育阶段有着特殊的蛋白质表达模式，每一种不同的外界环境刺激也会诱发一组特定的蛋白质表达。这表明可能存在着多种调控系统独立控制着不同的压力反应。如果应用蛋白质组学技术对放线菌各种代谢活动中发生变化的蛋白质进行分析定名，将会对功能细胞代谢有进一步了解。

（4）系统监测细胞代谢过程中各种代谢中间或终产物，例如代谢组学（Metabolomics）技术。它是用来全面系统测定细胞内各种代谢分子的新兴技术，尚未用于放线菌的研究。鉴于代谢组学技术可以帮助了解细胞代谢途径中的流量变化（Flux Change），这对于放线菌代谢工程和优化次生代谢产物的合成过程将会有重要的意义。

3.3.4　体外分子定向进化与分子育种

体外分子定向进化（Directed Molecular Evolution）是近几年发展起来的一种对生物活性分子进行改造的新策略，可以在对目标蛋白质的三维结构信息和作用机制尚未了解的情况下，通过对编码基因的随机突变、重组和定向筛选，获得具有改进或全新功能的生物活性分子，大大缩短育种进程，使在自然条件下需要几百万年的进化过程在短时间内得以实现。以 DNA 改组技术（DNA Shuffling）为代表的体外分子定向进化与分子育种技术近几年在实际应用中已经取得了令人瞩目的成就。

DNA 改组技术是由美国学者 Stemmer（1994）首次提出，也被称作分子育种（Molecular Breeding）。它是基于 PCR 技术对一组基因群体（进化上相关的 DNA 序列或筛选出的性能改进序列）进行重组、创造新基因的方法。使用单基因 DNA 改组技术，已经有了若干成功的例子，使有些酶的活性得到了不同程度的提高。当 DNA 改组用来重组一套进化上相关的基因时，又被称为族系改组（Family Shuffling）。该技术一个典型的成功例子是对四种头孢菌素酶的基因进行体外分子定向进化与分子育种，使酶的活力增加了 270～540 倍，而使用单基因 DNA 改组技术酶的活力只增加了 8 倍。

体外分子定向进化大大加快了人类改造和开发包括酶分子在内的生物活性分子新功能的步伐。截止到 2000 年底，已有几十种药用蛋白质分子经定向进化得到了改进。目前，利用体外分子定向进化与分子育种所取得的成就主要有以下几个方面：生物分子活性的提高和稳定性的改善、抗体亲和力的提高、新型疫苗和其他药物分子的发现、新的代谢途径的开发等，甚至可以用来预测自然进化中新突变的出现。总之，以 DNA 改组技术为代表的体外分子定向进化与分子育种技术是目前应用最方便、有效，可将有利突变迅速积累的体外分子进化工程技术，该技术广泛适用于单一基因、家族性基因，单一代谢途径，甚至整个基因组等各个层面的体外分子进化。

3.4　放线菌资源的开发及应用

放线菌是一类具有强大代谢潜能的原核生物，为抗生素工业的建立和发展发挥着巨大作用。同时，放线菌也广泛分布于多种自然生态环境中，其多样化的表型和生物学特性是研究生物形态发育和分化的良好材料。医药工业的发展使人们认识到微生物多样性是发展健康保护和疾病控制新药的重要因素，50%以上的先导化合物均源于微生物；市场最低估计，微生物药物大约为 500 亿美元，占整个药物市场值的一半。随着大数据组学时代的来临，放线菌向我们展示了其蕴藏的巨大代谢潜能，我们有理由相信，结合化学、药学以及合成生物学的方法和技术的使用，可以使得放线菌为人类福祉做出更大贡献。

3.4.1　放线菌资源概况及分布

放线菌是极其重要的环境微生物类群之一，具有广泛的分布和生态位。已有数据表明，放线菌可分布于土壤、海洋、荒漠、盐湖、热泉等几乎所有已知生境。从 20 世纪 40 年代开始，科学家们开始了轰轰烈烈的从土壤分离放线菌的研究，在历次出版的伯杰氏手册（BMDB、BMSB 和 BMSAB）中，放线菌的种类不断增加，由最初的 3 个属增加到了 425 个属，尤其是近十年来，放线菌属的数量成倍增加（表 3-2）。迄今为止，被 ICNP 认证的放线菌物种名称接近 3900 个，其中链霉菌属在 LPSN 上的有效发表物种高达 600 多个，占了很大比例。链霉菌也被称为常见放线菌，常规土壤样品中常规检出率占放线菌的 95%左右，而其他种类放线菌的常规检出率仅占 5%左右，被统称为稀有放线菌。

表 3-2　放线菌属的数目

年份	属/个
1935	3
1948	5
1957	7
1974	28
1989	52
2005	170
2012	221
2019	425

注：主要参考 BMDB、BMSB 和 BMSAB。

对于极端环境放线菌的研究，目前欧盟成员国、日本、韩国及中国基本上处于同一起跑线上。早在 20 世纪 80 年代初期，我国姜成林、徐丽华等学者先后对云南、新疆、青海部分地区的高温、低温、嗜酸、嗜碱及嗜盐环境的放线菌资源进行了广泛的研究。极端环境的生态驱动力塑造了极端微生物独特的生理代谢特征，使得它们成为新结构天然产物的重要来源。就整个极端环境微生物的研究而言，对放线菌的研究远不如细菌。最重要的原因是放线菌生长相对缓慢，分离困难。所以，发现的物种少，对它们的分类学、生理学、遗传学、生态学、适应机制的研究都不多，对其开发及应用更是远远不够。从这些极端环境中分离获得放线菌纯培养物依然是不可忽视的难点，缺乏行之有效的分离方法，只有分离方法取得突破，极端环境放线菌的研究才会有新局面。

目前，极端环境中的放线菌资源研究与开发还处在起步阶段，相信随着放线菌生态学、分类学以及方法学的发展，极端生境放线菌这一巨大宝库必将进一步绽放光彩。

3.4.2　放线菌在生物医药领域的应用

放线菌在生物医药领域有广泛应用，是新颖抗生素的可靠来源，目前已有 16000 种活性天然产物来源于放线菌，包括 14500 种抗生素，而其中 12400 种活性天然产物（11000 种抗生素）均来自于放线菌门类下的链霉菌属，占比高达 75% 以上。依据抗生素的药效类型，可将其分为抗细菌药物、抗真菌药物、抗肿瘤药物、酶抑制剂、免疫抑制剂、降血脂醇药、杀虫剂、除草剂、杀寄生虫药以及胃肠道运动促进剂等。

3.4.2.1　抗细菌药物

（1）"黄金时代"

20 世纪 40 年代，美国著名微生物学家瓦克斯曼（Selman A. Waksman，图 3-8）及同事从放线菌中陆续发现放线菌素（Actinomycin）等 20 余种抗生素，他提出"Antibiotic"这一名词以代表抗生素，并带领学生们创建了从放线菌的分离、培养到其代谢物的纯化的一整套实验方法，从而推动抗生素的发现及应用进入"黄金时代"。1943 年其博士生沙茨（Albert Schatz）成功从灰色链霉菌中分离得到链霉素（Streptomycin，图 3-9），并与碧尤吉（Elizabeth Bugie）于 1944 年共同验证了链霉素的功效。赛尔曼 A. 瓦克斯曼也因链霉素的发现，于 1952 年获诺贝尔生理学或医学奖，被人们誉为"抗生素之父"。

图 3-8　链霉素的发现者：沙茨（左）与瓦克斯曼（右）　　图 3-9　链霉素的化学结构式

迄今为止，我们知道大约 50000 种天然来源的具有抗生素活性的代谢物，大约 30000 种来自微生物（Bérdy，2015）。在这个庞大的活性代谢物库中，大约有 190 种已用于临床治疗，而其中 130 种来自微生物，主要是放线菌类群的发酵产生，其他分别有 55 种来源于化学半合成，5 种来自于全合成。常用的抗细菌药物包括氨基糖苷类抗生素、四环素类抗生素、大环内酯类抗生素、糖肽类化合物以及 β-内酰胺类抗生素。

氨基糖苷类抗生素，例如链霉素（图 3-10 中 1），是第一个发现并仍在市场上销售的抗生素，也是第一种用于治疗结核病的抗生素，由瓦克斯曼实验室的 Schat 等人分离

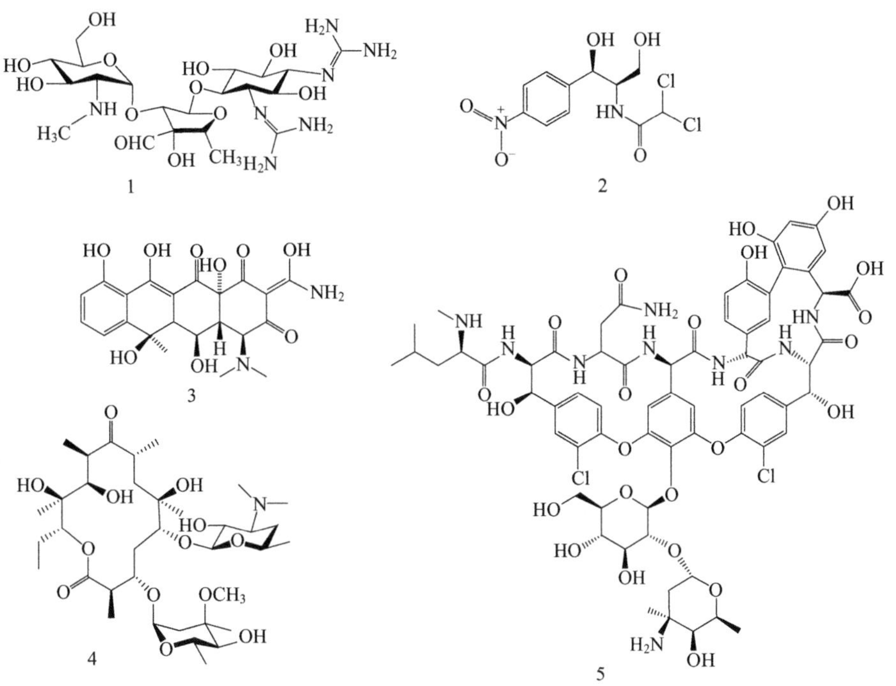

图 3-10　放线菌来源的抗细菌药物

1—链霉素；2—氯霉素；3—氧四环素；4—红霉素；5—万古霉素

自灰色环圈链霉菌（*Streptomyces anulatus* subsp. *griseus*，1944）。氨基糖苷类抗生素是活性突出的广谱类抗生素，该类抗生素可与细菌核糖体 30S 亚基上的 S12 蛋白结合，影响甲硫氨酸 tRNA 与核糖体的结合，从而抑制细菌蛋白质生物合成的正确起始。

氯霉素类抗生素，例如氯霉素（Chloramphenicol）（图 3-10 中 2），是 20 世纪 40 年代 Ehrlich 等人从委内瑞拉链霉菌（*S. venezuelae*）的培养物中分离得到的，其对革兰氏阳性菌和革兰氏阴性菌以及厌氧菌、螺旋体、立克次体、衣原体和支原体具有广谱活性。氯霉素可逆地结合到细菌核糖体的 50S 亚基上，从而抑制肽基转移酶的活性，使得氨基酸无法转移到肽链上继续延伸。1949 年第一种氯霉素类抗生素氯胺苯醇进入市场，它也是第一种人工合成的抗生素。

氯四环素（俗称金霉素）和氧四环素（俗称土霉素，图 3-10 中 3）是最早发现的四环素类抗生素，分别由生金色链霉菌（*Streptomyces aureofaciens*）和龟裂链霉菌（*Streptomycesrimosus*）产生。四环素结合在核糖体的 30S 亚基受体上，抑制了 tRNA 与核糖体复合物的结合。四环素是抑菌剂，高剂量时也可作为杀菌剂。大多数四环素抗性基因被发现与质粒、转座子、接合转座子或整合子相关，这导致该抗性在细菌之间转移的可能性增加。即使已存在许多耐药病原体，四环素仍然有治疗价值，特别是在结合多种半合成方法衍生化后可产生多种新型抗生素，可继续用于临床药物筛选。

红霉素（Erythromycin）（图 3-10 中 4）由红色糖多孢菌（*Saccharopolyspora erythraea*）产生，是第一个用于临床市场的大环内酯类化合物。大环内酯是一种大环聚酮化合物，通常由一个 12 至 16 元的大环内酯和一个糖苷连接的氨基糖组成。大环内酯通常与核糖体 50S 亚基上的 23S 小亚基结合，从而抑制蛋白质生物合成的易位。

糖肽是指非核糖体编码的糖基化的环肽化合物，在某些情况下也可被卤化。糖肽类化合物中第一例被报道的抗生素万古霉素（Vancomycin）（图3-10中5），于1954年礼来公司从东方拟无分枝酸菌属（*Amycolatopsis orientalis*）的培养物中分离得到的，并于1958年投入临床使用。但由于万古霉素具有一定的副作用，直到1980年万古霉素才被用作治疗多重耐药葡萄球菌的替代抗生素，作为三线药物，只有在其他抗生素无效时才可使用。糖肽类抗生素通过与细胞壁胞壁质的L-赖氨酸-D-丙氨酰基-D-丙氨酸尾端基团形成复合物，从而抑制细菌细胞壁的正常生物合成。

β-内酰胺类抗生素，是目前临床中最为常用的抗感染药物，主要包括头孢菌素类（Cephalosporins）与青霉素类（Penicillins）。β-内酰胺类抗生素最初多是从真菌中分离得到的，1971年，美国礼来制药公司的Higgins和Kästner分别报道了用带小棒链霉菌（*Streptomyces clavuligerus*）生产青霉素N，以及利波曼链霉菌（*Streptomyces lipmanii*）生产头孢菌素C的3个衍生物（图3-11中1）。头孢菌素通过结合青霉素结合蛋白（Penicillin-Binding Proteins，PBPs），从而抑制细胞壁的形成。放线菌还能产生多种其他类别的β-内酰胺化合物，如1976年报道的碳青霉烯类抗生素硫霉素（Tthienamycin，图3-11中2），它对革兰氏阳性细菌和革兰氏阴性细菌均表现出很高的活性，特别是对那些通过分泌内酰胺酶产生耐药性的细菌也有很好的抗菌活性。

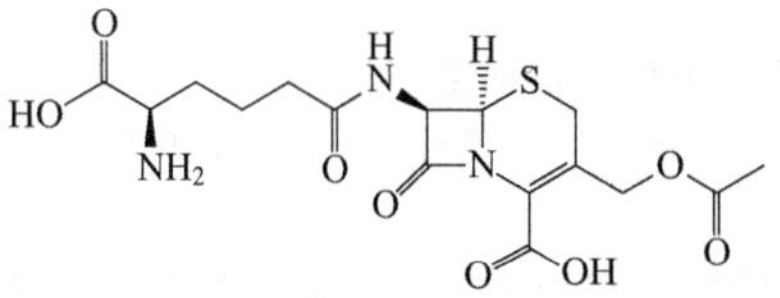

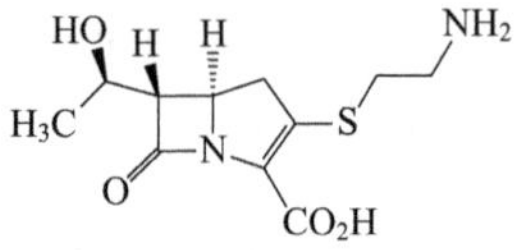

图3-11　代表性β-内酰胺类抗生素结构式
1—头孢菌素C（Cephalosporin C）；2—硫霉素（Thienamycin）

（2）"抗生素耐药危机"

凡事都有其两面性，抗生素杀灭致病菌的同时，也促进了多种耐药菌的定向进化，甚至出现了多重耐药菌，如耐甲氧西林金黄色葡萄球菌（Methicillin-resistant Staphylococcus aureus，MRSA）、万古霉素耐药肠球菌（Vancomycin-resistant Enterococcus，VRE）等，它们对大多数广谱抗生素都已不再具有敏感性。有部分抗生素，例如青霉素，在发现之初就已经有抗药性菌株的出现。由于当时人们对于抗生素及其应用知之甚少，对于抗生素的滥用就是耐药菌传播最直接的"矛"，而控制耐药性的传播，限制抗生素的滥用又是最好的"盾"。

更为严峻的是，药物开发周期长，通过安全性评价和耐药性评价的新药越来越少，这也导致越来越多的大型制药企业，如葛兰素史克、礼来等放弃对新抗菌药物的研发。从20世纪90年代开始，美国食品药品监督管理局（FDA）通过的新抗菌药物申报项目逐年降低，从最初的19项已经逐渐下降到近年来的仅有1项（图3-12），而这一数字还在继续下降。缺乏新药的源头供给，很多高级抗生素却都开始出现耐药菌，抗生素耐药问题已经成为"全球共疫"，不容忽视。

为了应对全球抗生素耐药危机，亟须"复苏"抗菌药物研发领域，不仅要从源头上进行原始创新，更需要各国政府和公众共同携手面对，有以下几点值得探索：

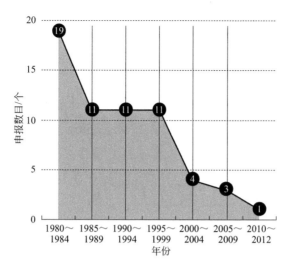

图 3-12　1980～2012 年 FDA 新抗菌药物申报数目变化趋势图

20 世纪 80 年代初，每年平均有 19 个新抗菌药物进入研发申报，
2005～2009 年降低到只有 3 个，这一数值还在继续降低

① 国家组织间达成共识，形成"同盟"共同解决抗生素耐药危机，制定法规、标准控制抗生素在医药、农业和食品等行业的合理应用；

② 有关机构及监管部门颁发鼓励性政策，支持相关制药企业进行新抗菌药物研发，支持企业与学校、研发机构进行联合开发；

③ 拓展新筛选化合物的菌株源头，从以土壤微生物为主转向海洋、沙漠等极端生境，包括人体皮肤、肠道等来源；

④ 结合化学，制药工程与生物"智"造，将新理论和新技术运用到大规模的药物靶点筛选中，既开发新药，也让"老药"焕发新生机。

3.4.2.2　抗真菌药物

放线菌来源的抗真菌药物非常局限，目前只有多烯大环内酯类药物在临床应用比较广泛（图 3-13），例如：两性霉素 B（Amphotericin B）以及制霉菌素（Nystatin）。两性霉素由 Trejo 和 Bennett 于 1963 年从结节链霉菌（*Streptomyces nodosus*）中分离得到，用于治疗因隐球菌、接合菌以及芽生菌引起的感染。多烯类化合物可以与真菌细胞膜的"骨架"麦角固醇相结合，从而增加真菌细胞膜的通透性并导致真菌细胞破裂，但由于两性霉素也可与人源硬脂酸相结合，限制了两性霉素 B 的应用，目前仅将其用于皮肤感染局部治疗。制霉菌素的作用机制与两性霉素类似，目前多用于具有免疫缺陷症的患者预防真菌的侵袭，制霉菌素也是微生物实验中最常用的真菌抑制剂。

3.4.2.3　抗病毒药物

一些放线菌产生的抗生素同样对病毒也有一定的抑制活性，例如卡那霉素（Kanamycin）和潮霉素（Hygromycin）可用于对抗正黏液病毒，新生霉素（Novobiocin）和道诺霉素（Daunomycin）可用于治疗疱疹病毒感染，两性霉素、多柔比星（Doxorubicin，如图 3-14 中 1）可用于逆转录病毒（HIV）的治疗。如今化学合成抗病毒药物阿昔洛韦（Acyclovir，如图 3-14 中 2）以及一些双多糖核苷酸类似物是使用最为广泛的抗病毒药物。

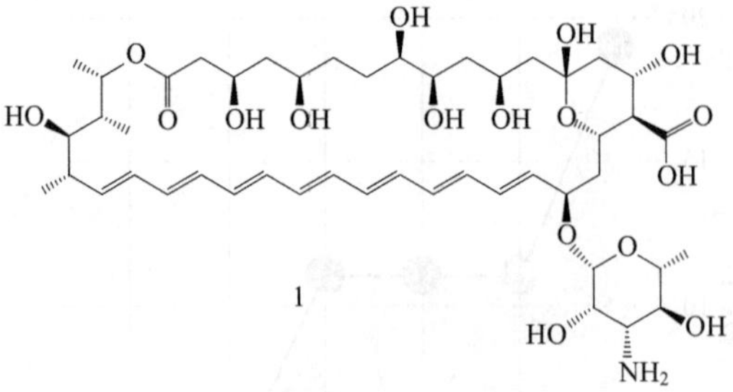

图 3-13　用于真菌的多烯类大环内酯类化合物
1—两性霉素 B；2—制霉菌素

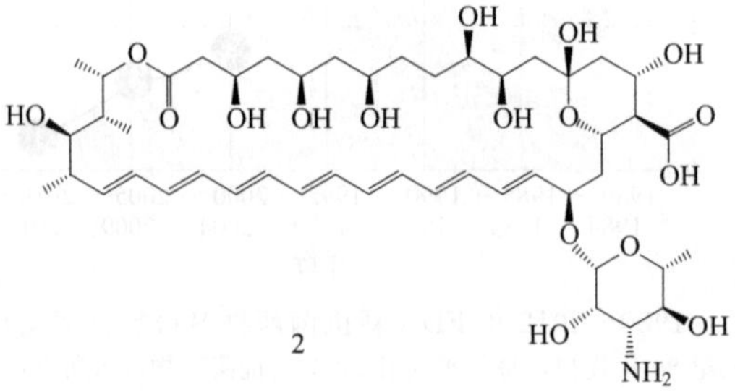

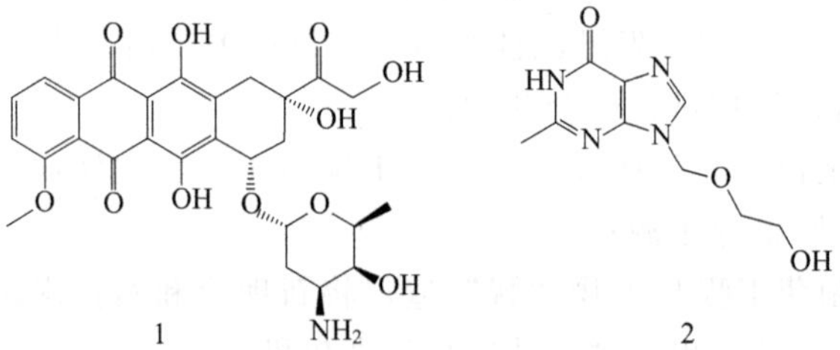

图 3-14　用于抗病毒的药物
1—多柔比星；2—阿昔洛韦

3.4.2.4　抗肿瘤药物

　　放线菌次级代谢产物也是抗肿瘤药物的重要来源，放线菌素 D（Actinomycin D），又名更生霉素，是第一个且至今仍用于临床治疗的抗肿瘤内酯类药物，1940 年由瓦克斯曼发现并报道，其结构由发色团（Chromophore）以酰胺键与两个环五肽内酯连接（α 环和 β 环）组成（图 3-15 中 1）。其作用机制是通过吩噁嗪酮母核与 DNA 双螺旋的鸟嘌呤结合，同时环五肽内酯插入 DNA 的小沟以增加结合的稳定性，从而抑制 DNA 的复制和转录达到抗菌、抗肿瘤和抗病毒的作用。活性研究显示，芳香聚酮化合物往往也具有非常优异的抗肿瘤活性，如蒽环类抗生素多柔比星（图 3-15 中 2），可以治疗白血病、黑色素瘤、乳腺癌、子宫癌等，超过了其他任何类型的化疗药物。

3.4.2.5　免疫抑制剂

　　大环内酯类化合物在免疫抑制治疗中具有重要作用，最为知名的就是雷帕霉素（Rapamycin，如图 3-16 中 1）以及同系物 FK 506（如图 3-16 中 2），它们均来源于链霉菌的次生代谢产物。雷帕霉素，别名西罗莫司，于 1975 年由 Vezina 等人从吸水链霉菌（*Streptomyces hygroscopicus*）中分离得到。雷帕霉素可抑制 T 细胞从 G1 期过渡到

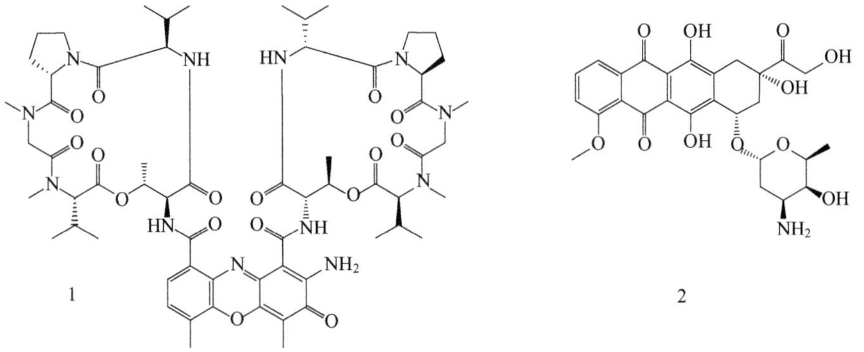

图 3-15　放线菌来源的抗肿瘤药物
1—放线菌素 D；2—多柔比星

S 期，从而达到免疫抑制的作用，临床上还通常与环孢菌素（cyclosporin）以及皮质类固醇共同使用，用于器官移植后抑制排异反应。

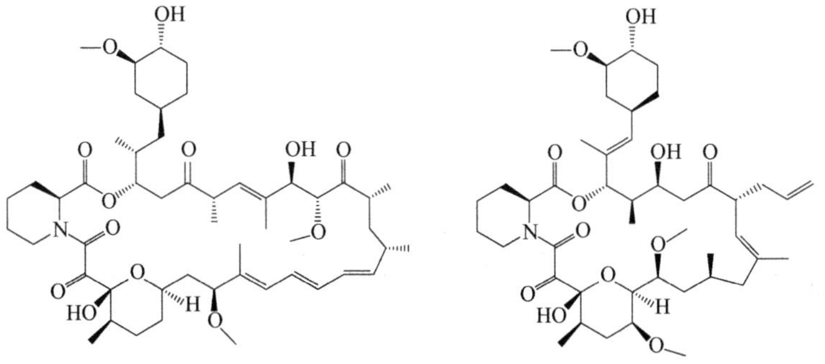

图 3-16　放线菌来源的免疫抑制剂
1—雷帕霉素；2—FK 506

　　FK 506 别名他克莫司，1987 年由 Kino 从筑波链霉菌（*Streptomyces tsukubaensis*）中分离发现，他克莫司属于钙调磷酸酶抑制剂家族，可以特异性地阻断 T 细胞信号通路的转导和激活，其作用机制与环孢菌素类似。

3.4.2.6　抗寄生虫药物

　　阿维菌素（Avermectins，如图 3-17 中 1）是十六元大环内酯类化合物，它们都来源于链霉菌，同时都具有显著的驱虫和杀虫作用。阿维菌素最早于 1978 年由大村智（Satoshi Ōmura）在阿维链霉菌（*Streptomyces avermitilis*）中发现报道，1979 年默沙东公司 Burg 等人发现该类化合物具有很好的驱虫效果，阿维菌素特异性作用于无脊椎动物的谷氨酸门控氯离子通道，可增加该通道对谷氨酸盐的敏感性，使得该通道闭锁，而阿维菌素对于没有该通道蛋白质的哺乳动物来说是无害的。随后，William C. Campbell 团队继续对阿维菌素进行结构修饰，Jack Chabala 博士将阿维菌素 B_{1a} 和 B_{1b} 的 C-22,23 双键进行了还原，得到还原后的产物即 22,23-双氢阿维菌素 B_1 混合物（22，23-Ivermectin $B_{1a,b}$，其中 $B_{1a} \geqslant 80\%$，$B_{1b} \leqslant 20\%$）。实验发现，还原产物具有更为广谱的抗虫活性与更高安全性。Campbell 将 22,23-双氢阿维菌素命名为伊佛霉素（Ivermectin，图 3-17 中 2），又名伊维菌素。1981 年，阿维菌素与伊佛霉素被默沙东公司商品化并广泛应用于农业、畜牧业和医药行业，取得了巨大成功。大村智（Satoshi

Ōmura）与 William C. Campbell 因为发现阿维菌素而共同获得了 2015 年诺贝尔生理学或医学奖。值得一提的是，我国科学家屠呦呦也因发现抗疟疾药物青蒿素而获此殊荣（图 3-18）。

阿维菌素
B₁ₐ：R=CH₂CH₃
B₁ᵦ：R=CH₃

伊佛霉素
22, 23-Ivermection B₁ₐ, ᵦ
B₁ₐ≥80%，B₁ᵦ≤20%

图 3-17　阿维菌素和伊佛霉素的化学结构式

William C.Campbell
坎贝尔

Satoshi Ōmura
大村智

屠呦呦

图 3-18　诺贝尔生理学或医学奖获得者
坎贝尔与大村智因共同发现阿维菌素获得该奖，屠呦呦因发现青蒿素获得该奖，
她也是我国第一位诺贝尔生理学或医学奖获得者

还有数十万放线菌来源的代谢产物，由于细胞毒性太强或成药成本太高，至今停留在Ⅰ期临床或Ⅱ期临床阶段。随着科学技术的进步和发展，结合有机化学、合成生物学和药学的交叉学科可以让更多新药面世，提高人类的健康福祉。

3.4.3　放线菌在农业上的应用

人类很早就发现生长在贫瘠土壤上的某些植物不但生长良好，而且还能增强土壤肥力，促进其他植物的生长。1866 年 Waranin 首先发现和报道了一些非豆科植物结瘤固氮的存在，并使用显微镜观察了赤杨（*Alnus*）根瘤的切片，认为是微生物刺激植物根部形成根瘤。后来由 Brunchorst（1886）把这类微生物命名为弗兰克氏菌（*Frankia*）。但人们真正了解这类植物内生菌是在 Prommer（1959）使用电子显微镜进行研究以后，经 Callaham（1978）从异地香蕨木（*Comptonia peregina*）根瘤中成功地分离到弗兰克氏放线菌纯培养。除了 *Frankia* 之外，*Slackia* 和 *Gordonibacter* 等一些放线菌类群基因组中也包含固氮相关基因（图 3-19）。

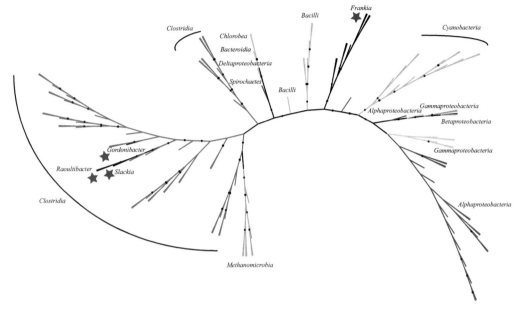

图 3-19　根据 *nifK* 基因构建的系统发育树

弗兰克氏根瘤放线菌是能够诱导大范围的放线菌根瘤植物（Actinorhizal Plants）结瘤共生固氮的放线菌。放线菌根瘤植物是植物受弗兰克氏菌的侵染后能够形成根瘤的植物。由于植物间关系的不确定性，以及对共生在放线菌根瘤植物的 *Frankia* 的多样性缺乏了解，共生物（Symbiont）的进化到目前为止仍是模糊的。近来对菌株和植物的系统进化的研究，以及对共生在根瘤中 *Frankia* 多样性的研究，为建立共生物进化的假设提供了基础。

弗兰克氏菌是原核生物，越来越多的证据表明：它们在生理代谢、进化分支和遗传背景几个方面存在丰富的多样性。在 20 世纪 80 年代，对 *Frankia* 结瘤植物及其分布、共生放线菌分离纯化和保存技术、*Frankia* 某些菌株的形态、生理特性、化学分类和固氮效率评估做了大量的研究。目前世界上已经报道了大约 8 个科 24 个属约 200 个种具有与弗兰克氏菌共生结瘤固氮的能力。我国弗兰克氏放线菌结瘤植物约 6 科 8 属 88 个种。这 8 个属是：桤木属（*Alnus*）、木麻黄属（*Casuarina*）、杨梅属（*Morella*）、胡颓子属（*Elaeagnus*）、沙棘属（*Hippophae*）、马桑属（*Coriaria*）、悬钩子属（*Rubus*）和仙女木属（*Dryas*）。与弗兰克氏菌共生结瘤固氮的非豆科植物是一种重要的固氮资源。弗兰克氏菌与非豆科植物结瘤固氮的活性较强（见表 3-3）。这些树种是陆地生态系统中有机氮输入的主要贡献者之一，在自然界氮素循环和生态平衡中起着重要作用。这类植物为多年生，分布广，适应性强，如沙棘耐旱，木麻黄耐湿、耐盐碱，杨梅耐酸等，被称为贫瘠土壤上的先锋树种。人们根据实践经验自发利用这一生物资源已经有很长的历史了。如人们早已知道应用沙棘、沙枣、胡颓子等植物在其他植物不宜生长的贫瘠土地上造林，防风和治沙。近年来正在广泛开展弗兰克氏菌的应用研究。芬兰、荷兰、印度等国已应用根瘤固氮先锋树种营造防风林。加拿大和我国也都在一定规模上成功地应用弗兰克氏菌进行防风治沙，茶林混作等农林环境工程。已有的成果已向人们展示了应用根瘤放线菌植物改造人类生态环境，发展持续生态农业的美好前景。我国云南省使用桤木、木麻黄、杨梅、胡颓子等树木作为先锋树种已被用于开荒造林，与经济植物混作套种，如桤木与茶树套种增加茶叶产量。这些树种不但起到了防风治沙、保持水土、增加土壤肥力、改良土壤和生态环境的作用，而且这些植物本身也向人们提供着具有极高经济价值的产品，如维生素含量较高的杨梅果、木材优质的高大木麻黄树、营养丰富的沙棘和沙枣等。

表 3-3　非豆科根瘤放线菌植物的固氮量

树种	固氮量/[kg/(hm² · a)]
木麻黄（*Casuarina deplancheana*）	58.3
木麻黄（*Casuarina equisetifolia*）	229.0
美洲茶（*Ceanothus america*）	60.0
高沙棘（*Hippophae rhamnoides*）0-3a	27.0
13-16a	179.0
欧洲赤杨（*Alnus glutinosa*）	56.0
欧洲赤杨（*Alnus crispa*）	157.0
红赤杨（*Alnus rubra*）	300.0
香杨梅（*Myrica gale*）	30.0
马桑（*Coriaria arborea*）	150.0

3.4.4　放线菌生命暗物质的挖掘

微生物暗物质主要用来形容那些尚未培养的微生物类群，目前对可培养放线菌资源和次生代谢产物等相关领域的研究较多，但对放线菌生命暗物质的研究相对匮乏。Jiao等（2021）通过宏基因组技术，分析并命名了三个放线菌新纲，且揭示了其可能存在的同型产乙酸功能。此外，多组学结合异源表达等方式，也在放线菌次生代谢产物挖掘的研究工作中崭露头角。当然，放线菌生命暗物质的挖掘作为前沿领域，仍然具有很多挑战：①放线菌生命暗物质没有统一的命名规则，使得科研圈交流混乱；②很难仅从基因组信息中对放线菌生命暗物质进行全面的功能研究；③如何对放线菌生命暗物质进行培养至今仍是十分具有挑战的任务。面对这些挑战：①应当坚持对各个生境以包括宏基因组、宏转录等多组学的方式进行放线菌生命暗物质研究，将有助于拓展我们对放线菌物种和功能多样性的认知；②原位实验结合组学分析，以及采用包括荧光原位杂交（FISH）、纳米二次离子质谱技术（NanoSIMS）、拉曼光谱（Raman Spectroscopy）和异源表达等技术对放线菌生命暗物质功能进行探索；③结合多组学和功能网络信息等指导富集培养策略。对于放线菌生命暗物质研究需要多学科、多维度的交叉合作，因此构建放线菌生命暗物质研究中心将有助于解决目前所面临的挑战。对于放线菌生命暗物质的研究，将为人们打开另一扇放线菌知识的大门，帮助人们揭开放线菌生命暗物质的神秘面纱，同时对积累放线菌遗传信息资源具有重要意义。

参考文献

刘志恒，2002. 现代微生物学. 北京：科学出版社.

刘志恒，姜成林，2004. 放线菌现代生物学与生物技术. 北京：科学出版社.

Atalan E，Manfio G P，Ward A C，et al.，2000. Biosystematic studies on novel streptomycetes from soil. Antonie van Leeuwenhoek，77（4）：337-353.

Bérdy J，2015. Microorganisms producing antibiotics. In：Antibiotics：current innovations and future trends. Caister academic press，Norfolk：49-64.

Barka E A，Vatsa P，Sanchez L，et al.，2015. Taxonomy，physiology，and natural products of actinobacteria. Microbiol Mol Biol Rev，80（1）：1-43.

Chun J，Oren A，Ventosa A，et al.，2018. Proposed minimal standards for the use of genome data for the taxonomy of prokaryotes. Int J Syst Evol Microbiol，68（1）：461-466.

Jiao J Y，Liu L，Hua Z S，et.，2021. Microbial dark matter coming to light：challenges and opportunities. Natl Sci Rev，8（3）：5.

Jovetic S，Zhu Y，Marcone G L，et al.，2010. β-Lactam and glycopeptide antibiotics：first and last line of defense? Trends Biotechnol，28（12）：596-604.

Konstantinidis K T，Rosselló-Móra R，Amann R，2017. Uncultivated microbes in need of their own taxonomy. ISME J，11（11）：2399-2406.

Ludwig W，Euzéby J，Schumann P，et al.，2012. Road map of the phylum *Actinobacteria*. In Bergey's manual® of systematic bacteriology. Springer，New York，NY，5：1-28.

Parks D H，Chuvochina M，Waite D W，et al.，2018. A standardized bacterial taxonomy based on genome phylogeny substantially revises the tree of life. Nat Biotechnol，36（10）：996-1004.

Salam N，Jiao J Y，Zhang X T，et al.，2020. Update on the classification of higher ranks in the phylum Actinobacteria. Int J Syst Evol Microbiol，70（2）：1331-1355.

Woese C R，1987. Bacterial evolution. Microbiological Reviews，51（2）：221-271.

Zhi X Y，Li W J，Stackebrandt E，2009. An update of the structure and 16S rRNA gene sequence-based definition of higher ranks of the class *Actinobacteria*，with the proposal of two new suborders and four new families and emended descriptions of the existing higher taxa. Int J Syst Evol Microbiol，59（3）：589-608.

（李文均　焦建宇　董雷）

第 4 章

细　菌

摘要：在最近出版的《伯杰氏古菌与细菌系统学手册》中共记载了已培养的细菌27个门；而最近建立的细菌基因组数据的分类系统中，共包括已培养和未培养的细菌99个门，并将无纯培养物的候选门辐射群（*Candidate* Phyla Radiation，CPR）混合归于一个超门。本章以《伯杰氏古菌与细菌系统学手册》的细菌系统发育分支为主线，介绍具有生物学意义和生产重要性的细菌类群的生物学特征以及部分其他重要门类的系统发育学地位。本章的最后一节简要介绍近几年根据宏基因组手段揭示的主要未培养细菌类群及其代谢潜力。

4.1　概述

细菌属于单细胞生物，无性繁殖，具有无分化的简单形态，很难根据表型鉴别和鉴定。细菌又是功能多样性丰富的生物类群，一些物种和功能在医药、工业和环境生物技术等领域被广泛应用并已形成多种产业，在工业发酵、环境整治、再生能源生产和医药生产及保障人类健康等方面发挥着不可替代的作用。但有些物种则是人和动物的病原菌或会导致食物腐败。

由于细菌的上述特征，自达尔文进化论提出至20世纪70年代，科学家们一直为细菌进化这个"黑洞"所困惑；缺少这个生物学多样性极为丰富的群体，使得生命进化研究不能成为一门完整的学科。直到1977年Carl Woese建立的16S rRNA生命进化树才使细菌进化研究看到曙光，尤其是第三生命域古菌的发现首次在进化研究中包括了所有的细胞生物，即地球上的细胞生物由细菌、古菌和真核生物三域组成。基于16S rRNA基因序列同源性，截至2017年10月3日，《伯杰氏古菌与细菌系统学手册》记载的已培养细菌共有27个门；并且根据新发现的物种及对已有物种的系统发育关系研究，该手册将一些低分类阶元提升为门，并调整了一些物种的系统分类地位。

对环境中16S rRNA基因的多样性调查，发现已培养的微生物物种只是地球微生物的很小部分。近年来，宏基因组技术所揭示的环境中大量尚未培养微生物基因组的信息，不仅大大拓展了它们的物种多样性，还可预测未培养物种的代谢功能。在宏基因组数据基础上重构的未培养微生物的基因组，甚至催生了"两域生命树"学说的诞生，即真核生物位于古菌域。但通过宏基因组重构对未培养物种代谢能力的预测，是基于一个物种的70%基因组信息，同时宏基因组中可能含有污染的其他物种基因组。因此，人们还发展了单细胞基因组序列分析手段，分析环境中优势未培养物种的基因组及代谢能力。根据目前的宏基因组数据，可能从环境中发现的细菌与古菌门水平的分支很快就会饱和，但在低的分类阶元上会有更多发现。

系统发育学研究发现，基于 16S rRNA 基因同源性的细菌分类标准具有一定的局限性，如对最高和最低分类阶元只有低的系统发育分辨率、PCR 引物错配及其 PCR 过程产生的嵌合序列导致的多样性分析错误，均可能将不相关的类群形成聚群而导致错误的系统树拓扑型。因此蛋白质串的系统发育分析最近被广泛应用，该技术提供了目前最好的细菌系统树的参考基础。当然该方法本身也有缺陷，如基因横向转移及不同蛋白质的进化速率差异也可能导致错误的物种聚类。最近，Parks 等（2018）提出了基于细菌基因组数据的分类系统（Genome Taxonomy Data Base，GTDB），即以 120 个广泛分布且为单拷贝的蛋白质作蛋白质串的系统发育分析为基础的细菌分类方法。采用该方法，他们审慎地去除多元系统发育群后，在相关进化趋异的基础上规范分类级别，对数据库中 94759 个基因组，包括 13636（14.4%）个未培养细菌的宏基因组或单细胞基因组的分析，导致 58% 的物种改变了它们现有的分类地位。在 GTDB 的分类系统中将培养和未培养的细菌分为 99 个门，将候选门辐射群（Candidate Phyla Radiation，CPR）混合归于一个超门；在该系统中共有 436 个属、152 个科和 67 个目被鉴定为多元系统发育分支，说明现行分类系统的缺陷。尽管依据 16S rRNA 基因序列构建的系统发育树中变形菌门也是多元系统发育分支，但它们仍被审慎地保留为单系系统分支。而在 GTDB 的分类系统中变形细菌的各个亚门是 6 个主要单系进化分支；厚壁菌门则是多元系统发育分支，柔膜菌纲（Tenericutes）和梭杆菌（Fusobacteria）分别成立新门；最突出的是目前分类系统中的梭菌属（Clostridium），在 GTDB 分类系统中代表 121 属，分布于 29 个科；芽孢杆菌属（Bacillus）在 GTDB 分类系统中代表 81 个属，分布于 25 个科；真杆菌属（Eubacterium）代表了 30 属，分布于 8 个科。这表明新的分类系统的建立将改变目前对细菌系统发育多样性的认识。

本章介绍具有生物学意义和生产重要性的细菌类群的生物学特征以及其他部分重要门类的系统发育学地位；并简要介绍根据宏基因组揭示的主要的未培养细菌的代谢潜力。

4.2 厚壁菌门

根据 Carl Woese 的 16S rRNA 基因系统发育树，厚壁菌门包括低 G＋C 摩尔分数（通常摩尔分数<50%）的革兰氏阳性细菌。在 2017 年版的《伯杰氏古菌与细菌系统学手册》中，厚壁菌门包括三个纲，分别是梭菌纲（Clostridia）、芽孢杆菌纲（Bacilli）和丹毒丝菌纲（Erysipelotrichia）。梭菌纲包括革兰氏染色阳性和阴性的厌氧细菌，在表型、化学分类特征、生理及生态分布方面的多样性均很高，但 16S rRNA 同源性却显示该纲的细菌形成了系统发育相关的簇群。梭菌纲具有三个目，分别是梭菌目（Clostridiales）、盐厌氧菌目（Halanaerobiales）和嗜热厌氧菌目（Thermoanaerobacterales）。芽孢杆菌纲包括革兰氏染色阳性或阳性细胞壁结构的好氧或微好氧细菌，有些是兼性厌氧菌，可能产生芽孢。该纲包括了芽孢杆菌目（Bacillales）和乳杆菌目（Lactobacillales）。丹毒丝菌纲只包括丹毒丝菌目（Erysipelotrichales），该纲的细菌不运动，细长杆，具有革兰氏阳性细胞壁结构，不产生芽孢，好氧或兼性厌氧，化能有机营养，

呼吸代谢或弱发酵，无细胞色素和异戊二烯醌。

4.2.1 好氧产芽孢细菌——芽孢杆菌属

4.2.1.1 生物学特性

芽孢杆菌是人类发现最早的细菌之一，1835 年 Ehrenberg 所描述的"*Vibrio subtilis*"即是今日人们所熟悉的"枯草芽孢杆菌"（*Bacillus subtilis*），1872 年 Cohn 将其正式命名，并作为芽孢杆菌科（Bacillaceae）的模式种。芽孢杆菌科的特征是细胞内产生圆、椭圆或柱状的，高光学反射性的内生孢子。之后，Koch 又描述了炭疽芽孢杆菌（*B. anthracis*）这一烈性致病细菌，并证明了芽孢的抗热性和营养体-芽孢-营养体的生活周期史。芽孢杆菌独特的性状引起了研究者的关注。

芽孢杆菌在自然界广泛存在，主要的生活场所是土壤、水体、污染的食品，从病体上常可分离到其致病的菌株。由于芽孢的抗热性，只要将样品加热到 80℃，20～30min 预处理就很易分离到芽孢杆菌，因为在此温度下营养细胞和其他休眠体如孢囊或外生孢子都会被杀死。

芽孢杆菌的不同种具有多样的生理学特征，包括：①降解多种大分子复杂化合物的种群，可降解动植物来源的纤维素、淀粉、蛋白质、琼脂等；②产生抗生素或细菌素，已记载的就有 169 种，仅枯草芽孢杆菌就产生 68 种抗菌/细菌素，短芽孢杆菌产生 23 种抗生素，这些抗生素主要是肽类，多作用于革兰氏阳性细菌；③多种营养型的硝化细菌；④反硝化细菌；⑤固氮细菌；⑥铁离子沉淀细菌；⑦硒和镁离子氧化还原细菌；⑧兼性化能自养细菌；⑨嗜酸、嗜碱、嗜冷及嗜热细菌等。

根据 16S rRNA 基因序列同源性，在最近出版的《伯杰氏古菌与细菌系统学手册》中，芽孢杆菌属与另外 18 个属组成芽孢杆菌科，分别是嗜碱芽孢杆菌属（*Alkalibacillus*）、双芽孢杆菌属（*Ampibacillus*）、厌氧芽孢杆菌属（*Anoxybacillus*）、樱桃样芽孢杆菌属（*Cerasibacillus*）、线状芽孢杆菌属（*Filobacillus*）、地芽孢杆菌属（*Geobacillus*）、细长芽孢杆菌属（*Gracilibacillus*）、盐芽孢杆菌属（*Halobacillus*）、盐乳酸芽孢杆菌属（*Halolactibacillus*）、慢生长芽孢杆菌属（*Lentibacillus*）、海球菌属（*Marinococcus*）、海洋芽孢杆菌属（*Oceanobacillus*）、海滨芽孢杆菌属（*Paraliobacillus*）、海水芽孢杆菌属（*Pothbacillus*）、糖球菌属（*Saccharococcus*）、纤芽孢杆菌属（*Tenuibacillus*）、海源芽孢杆菌属（*Thalassobacillus*）、旁系芽孢杆菌属（*Virogibacillus*）。其中盐杆菌属、海单胞菌属和糖球菌属三个属不产芽孢。芽孢杆菌属与同科的产芽孢属的鉴别特征见表 4-1。

4.2.1.2 芽孢杆菌属

早期关于芽孢杆菌属的定义主要依据两个特征：一是好气性，二是产芽孢。这个简单的定义使得这个菌群囊括了许多生理和生态及遗传学特征迥异的细菌，给其分类和编目造成了很大的困难。1981 年 Gorden 记载了芽孢杆菌属的分类状况，尽管此分类体系的依据主要是表观特征，但为芽孢杆菌属的现代分类系统的建立奠定了良好基础。在《伯杰氏古菌与细菌系统学手册》（2017）中，根据 16S rRNA 基因序列同源性和细胞及生理学特征此属保留 141 个有效发表的种。

表 4-1 产芽孢的芽孢杆菌科的细菌属的鉴别特征

特征	芽孢杆菌属	嗜碱芽孢杆菌属	双芽孢杆菌属	厌氧芽孢杆菌属	樱桃芽孢杆菌属	线状芽孢杆菌属	地芽孢杆菌属	细长芽孢杆菌属	盐芽孢杆菌属	盐乳酸芽孢杆菌属	慢生长芽孢杆菌属	海球菌属	海洋芽孢杆菌属	海滨芽孢杆菌属	海水芽孢杆菌属	糖球菌属	纤细芽孢杆菌属	海源芽孢杆菌属	劳系芽孢杆菌属
含有的种数	141	4	3	10	1	1	17	4	4	2	4	3	3	1	2	1	1	1	9
主要细胞形态	杆状	杆状	杆状	杆状	杆状	杆状	杆状	杆状	杆状/球状	杆状	杆状	球状	杆状	杆状	杆状	球状	杆状	杆状	杆状
平均细胞宽度/μm	0.5~1.0, ≥1	0.5~1.0, ≥1	<0.5	0.5~1.0, ≥1	0.5~1.0	<0.5	0.5~1.0, ≥1	<0.5	0.5~1.0, ≥1	0.5~1.0	<0.5	≥1	0.5~1.0		0.5~1.0		<0.5, ≥1		<0.5, ≥1
运动性	+/−	+	+	+/−	−		+/−	+	+/−	+	+/−	+	+	+	+	−	+	+	+
芽孢形状	椭圆、柱、球	球	椭圆	椭圆、柱、球	球	球	椭圆、柱	椭圆、球	椭圆、球		椭圆、球	−	椭圆	椭圆、球	球	−	球		椭圆、球
严格好氧	+	+	+	+/−	+	+	+	+	+	+	+	+	+	+	+	+	+	+	+
兼性厌氧	+	−	+	+	−		+	+	+	+	−	−	+	+	−	+	+	−	+
严格厌氧	+			+/−															
氧化酶	+/−	−	−	+/−	+	−	v	+	+	−	v	−	v	+	+/−	+	+	−+	+
触酶	+/−	+	−	+/−	+	+	+/−	+	+	+	+	+	+	+	+	+	+	+	+
生长需要 NaCl/%	0~20	5~20	5	0~5	0~5	5~20	0~10	0~20	0~20	0~20	5~20	5~20	0~20	0~20	5~10	0	5~20	5~20	0~20
生长温度/℃	10~60	20~50	20~50	30~60	30~60	30	40~60	10~50	10~40	10~40	10~40	30	10~40	30	20~40	50~60	20~40	20~40	10~50
生长 pH	5~10	7~10	7~10	5~10	8~10	6~8	6~8	5~10	6~9	5~10	5~9	7	7~10	6~9	5~6	6	6~9	6~9	6~10

注：+表示相应性状为阳性；—表示相应性状为阴性；v表示相应性状可变或不确定。

该属的特征是细胞杆状、直的或稍弯，单生或成对，有时呈链状，偶尔呈长丝状（图 4-1）。产生芽孢但每个细胞只产生一个，可抗多种不利环境因子。革兰氏阳性或在生长早期呈阴性。以周生鞭毛运动或不运动。好氧或兼性厌氧生长，但个别种被描述为严格厌氧。O_2 是最终的电子受体，但有些种可用其他电子受体。多数种可在普通营养培养基上生长。不同的种具有多样化的生理学特征，从嗜冷到嗜热，从嗜酸到嗜碱，从耐盐到嗜盐。大多数种产生触酶，但不是所有种都产氧化酶。化能有机营养型，原养型到营养缺陷型，需要数种生长因子。大多数菌株分离自土壤或被土壤污染的环境，也有的分离于水、食物和临床样本。芽孢比营养细胞对热的抗性高 105 倍或更高，对紫外线和离子辐射的抗性高 100 多倍，对干燥、抗生素及其他化学药品的抗性也都高。对各种胁迫因子抗性高的原因是芽孢壁中有一层叫作"皮质"的物质，尽管其主要成分也是肽聚糖，但交联的程度要高得多。由于芽孢的抗性，人们常用芽孢杆菌作为生物学的指标检测杀菌效果，如枯草芽孢杆菌的氧化乙烯（600mg/L、50% 相对湿度和 54℃）对枯草芽孢杆菌的 D 值（10 倍减菌的时间或杀死 90% 细菌所需的时间）应为 3min；湿热灭菌时，嗜热脂肪芽孢杆菌的 D 值应是 1.5min。

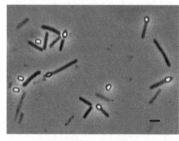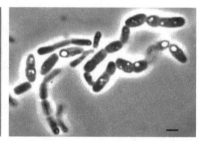

图 4-1　芽孢杆菌的光学显微镜（左图）和电子显微镜照片（右图）

芽孢杆菌的多数种不致病，除炭疽芽孢杆菌（B. anthracis）引起炭疽病和食物中毒，以及无脊椎动物的病原菌苏云金芽孢杆菌（B. thuringiensis）外。属的 DNA G＋C 摩尔分数是 32%～66%（T_m）。

大多数芽孢杆菌的种在常用的营养琼脂或胰酶解大豆琼脂上生长良好，多数种在血平板上生长。然而分离自贫营养环境的菌株可能需要低的营养，如分离自南极土壤的苏云金芽孢杆菌需要营养降低一半的培养基，而在大豆胰酶解大豆琼脂上不生长。它们通过数种途径摄取糖类，包括 ATP-结合盒转运体和磷酸转移酶系统（PTS）。枯草芽孢杆菌的基因组中有 77 个推测的 ABC 转运系统和至少 16 个 PTS 糖转运系统。在耐盐芽孢杆菌（B. halodurans）基因组中有 75 个 ABC 转运系统/ATP-结合蛋白。ABC 转运系统在革兰氏阳性细菌中较为重要，由于它们只有单层细胞膜，该系统也帮助它们回避许多化合物的毒性反应。炭疽芽孢杆菌具有少数 PTS 和其他类型的糖转运系统，并缺少枯草芽孢杆菌所具有的数种糖代谢途径。

芽孢杆菌的许多种并非在日常培养或传代中均产生芽孢，当产孢条件不适宜时，菌株也会死亡。大多数菌株在常规培养数天后，在固体培养基中加入 5mg/L 硫酸锰促进芽孢产生。如果在此培养基上仍不产芽孢，可尝试在低营养培养基加锰诱导芽孢产生。有时反复传代将导致细菌失去产芽孢能力。但有些菌株即使不产芽孢，似乎也能在冰箱中存活很久。最好先将细菌培养于含锰的培养基中，并镜检看到芽孢后再冷冻保存。对于多数菌株，将产芽孢的培养物封存后可在冰箱中保存多年。

4.2.1.3　芽孢杆菌的生活周期

芽孢杆菌的休眠细胞的形成和再萌发成营养细胞是目前研究原核生物分化的理想模式，因为它们易于操作、细胞生长快且同步，及群体中存在突变体。关于芽孢形成周期的研究主要集中于枯草芽孢杆菌，其生活周期（图 4-2）如下：

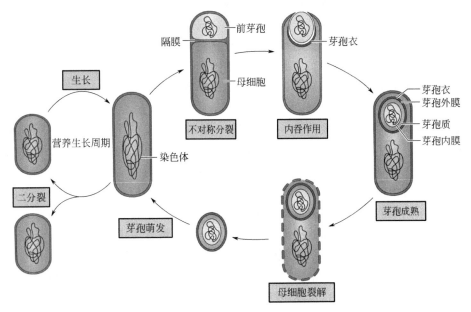

图 4-2　芽孢杆菌的生活周期

① 芽孢的萌发和生长起始

游离的芽孢须经激活（如加热）才能萌发。芽孢的激活过程包括包被蛋白的脱落、二甲吡啶酸（DPA）和 Zn^{2+} 随着膜流动性的增加而丢失，随之芽孢萌发。除此之外，一些简单化合物，如氨基酸、核糖苷或某些非营养物质均可通过未知的模式激发芽孢萌发。芽孢萌发后的 2min 内测不到代谢活性，也没有已知产生 ATP 的物质。研究发现糖酵解途径的基因突变株的芽孢也能萌发，说明尽管芽孢萌发需要葡萄糖，但此过程并无糖酵解发生。人们根据一些不能代谢的葡萄糖类似物也能激发芽孢萌发的现象提出如下假说：萌发物可能作用于膜内侧的蛋白质，使其改变构象加大膜的通透性，而导致芽孢自我代谢的功能丧失并开始营养代谢；另一个假说则根据抑制电子传递系统会影响芽孢萌发的现象，认为呼吸和 ATP 产生了质子动力，从而导致了质子从芽孢的核转移到皮质层去中和其他离子。

萌发不仅使芽孢失去了对热、射线和有害物质的抗性，同时引起芽孢膨胀，从包被中破壳而出及 30％干物质的渗漏。渗漏物中约一半是芽孢特有的螯合钙的二甲吡啶酸（DPA），其余是肽聚糖片段和氨基酸。萌发早期的代谢活动利用芽孢中储存的能量，而萌发后 2min 内很快开始 RNA 的合成。因为休眠的芽孢没有合成氨基酸的能力，萌发后 1min 内 20％的芽孢蛋白被降解以提供生长开始时新蛋白质合成所必要的氨基酸和小分子物质，但芽孢的酶不被降解。另外一组小分子的酸溶性蛋白（SASP）也是生长时氨基酸的来源。这些独特的蛋白质位于芽孢核内，占芽孢蛋白的 8％～20％，它们的分子质量低（5～11kDa）。尽管 SASP 不是组蛋白但却结合芽孢的 DNA，它们在芽孢形成的晚期合成，可被一个特异的蛋白酶降解。已有 5 个 SASP 的基因（*ssp*）被克隆表达，这些蛋白质具有抗紫外线的功能。

从萌发突变体的研究中得知萌发基因 *ger* 是生孢基因 *spo* 簇中的一个亚簇，并由几簇基因构成，包括萌发物质的结构基因、结构基因的调控基因、翻译后加工和装配基因和萌发所需要的芽孢结构（皮质层）合成基因。

生长开始是芽孢逐渐成为营养细胞和开始合成新大分子的过程，参与该过程的基因叫作 *out* 基因。在此期的相对晚期和恰在细胞分裂前开始 DNA 复制，之后营养细胞进行各种形态变化和生化反应。当营养丰富时细胞进行对称分裂，而营养贫瘠时芽孢可不经间歇性的细胞分裂而再度形成，后者叫作微循环生孢过程。

② 芽孢生成

电镜观察认为芽孢的生成分为 7 个阶段：0 期即营养细胞；Ⅰ期，核物质形成轴型丝状体；Ⅱ期，染色质向细胞两极，同时原生质体膜在细胞的不对称处反折并融合为完整的芽孢分隔；Ⅲ期，细胞不均等分裂，大细胞的增殖使其原生质体膜完全"吞食"了前芽孢，并将由双层膜包被的未成熟芽孢释放到大细胞的原生质中；Ⅳ期，形成的大小细胞执行不同功能，这是芽孢形成的关键步骤，小细胞最终形成芽孢的芯，大细胞则形成芽孢的外保护层，然后释放芽孢，皮质（Cortex）物质与营养细胞的肽聚糖相似但交联的程度不同，皮质位于两个膜单位之间，随着 DPA 和钙离子在芽孢芯中的积累而沉淀，皮质是芽孢脱水过程的基础；Ⅴ期，母细胞形成芽孢的包被蛋白，枯草芽孢杆菌的包被有 10 层，包被蛋白由 *cot* 基因编码，它可能在保护芽孢和芽孢萌发时起重要作用；Ⅵ期，芽孢成熟期，水解酶分解母细胞释放出游离的芽孢。已知枯草芽孢杆菌在 37℃时的生孢过程需要 6～8h。

生孢过程还伴随着多种生理生化过程的发生，如营养体酶活的丢失、有的酶活被保留、有的酶被修饰及新的与生孢有关的酶的合成。已知位于 40 到 50 个操纵子中的 200 个基因与生孢有关。目前包括与生孢、萌发和营养体相关的遗传图中有 700 个基因位点被定位，其中 300 多个已被克隆，180 个已测序。

生孢的起始信号还未知，但已知与细胞内的 GTP 减少有关。Decoynine 是一种被认为可降低 GTP 的药物，即使是营养丰富时，它也可促进细胞生孢。普遍认为 RNA 聚合酶的不同形式在生孢时起重要作用。RNA 聚合酶的全酶由核心酶和 σ 因子组成，核心酶由 $\beta\beta'$ 和 α 亚基构成，它们分别由 *rpoB*、*rpoC* 和 *rpoA* 基因编码；不同的 σ 因子决定启动子特异性的调节蛋白。目前已有 10 个 σ 因子被描述，其中 5 个与营养生长有关，5 个参与生孢过程。σ^H 因子在生孢过程中发挥作用，是生孢起始所必需的 σ 因子，参与后期基因 *spoVG* 的转录。生孢过程的关键点是Ⅱ期，相关基因产物是：SpoⅡAA（σ^E 因子加工）、ⅡAG（σ^E 因子）、ⅡE（proσ^E）、ⅡGAσ^E 因子加工蛋白、ⅡGB（p^{31}，σ^E）、ⅡN（Fts 同源物）和ⅡJ（ntr 蛋白激酶）。之后，σ 因子的分布出现区域化，如 σ^E 在母细胞和前芽孢中活跃，而 σ^G 只在前芽孢中发挥作用，σ^K（基因 *sig*K 的产物）只在母细胞中起作用。σ^K 指导芽孢衣蛋白基因 *cotA* 和 *cotD* 的转录。

4.2.1.4　人的病原芽孢杆菌

芽孢杆菌属中两个最重要的人的病原菌是炭疽芽孢杆菌（*B. anthracis*）和蜡状芽

孢杆菌（*B. cereus*），前者是炭疽病的病原，后者常引起食物中毒。

① 炭疽芽孢杆菌

炭疽病发现的历史很长，早在公元 500 年前埃及人和美索不达米亚人就有记载牛、羊、马及加工羊毛的人出现炭疽病。中世纪时，炭疽病造成了英国和欧洲国家的巨大损失，14 世纪中叶，欧洲黑死病就是由这个细菌引起的，1613 年该病的流行造成 60000 人的死亡。1876 年，Robert Koch 在死于炭疽病的动物血液和组织中发现了炭疽芽孢杆菌，并证实芽孢能在不利环境中长期存活，可能是炭疽病的病因。1877 年 Pasteur 分离到炭疽芽孢杆菌的纯培养物，繁殖后在实验动物上复制出了炭疽病，因而证实了 Koch 的假设。疫苗的使用和饲养技术的改良，近年来动物的炭疽病很少发生，但在伊朗、土耳其、巴基斯坦和苏丹炭疽病仍是家畜的常见病。19 世纪 80 年代在津巴布韦、土耳其、泰国、孟加拉国、阿富汗、坦桑尼亚、埃塞俄比亚和乌干达都有人群中炭疽病暴发的报道。

由于炭疽芽孢杆菌超常的稳定性和被吞食后的烈性毒力，它们曾被考虑用来制造生物化学武器。炭疽芽孢杆菌的生态学十分复杂，已知其营养阶段对动物的感染是很必要的。在适宜的碱性土壤中，当 pH 高于 6.0 和温度高于 15.5℃ 时，它的芽孢萌发为营养细胞，并再从营养细胞到芽孢形成的循环会无休止地进行下去。炭疽芽孢杆菌的主要生境是土壤，酸性 pH 可抑制其生长。已知芽孢是致病因子，营养细胞在流行中不起作用。人的炭疽病主要经动物和动物产品传染，人的炭疽病流行似乎总是发生在牛病暴发之后，原因是在处理病死的牲口或吃了病牲口肉所致。

炭疽病是食草动物的常见病，尤其是牛、羊、马和野生的食草动物，而食肉动物如狗具有高的炭疽病天然免疫力。炭疽病有三种形式，急急性主要发生在反刍动物，染病的动物会发生大脑缺氧和肺水肿很快死亡；急性/亚急性的病症是发烧、痉挛、呼吸困难、口鼻及肛门出血，24 h 内死亡；慢性病症常见于猪，典型的临床症状是舌头水肿和咽组织痉挛，最后窒息死亡。治疗炭疽病要及时，一般抗革兰氏阳性细菌的药物如青霉素是良药之一。

炭疽芽孢杆菌的致病因子有两个：一是含聚 D-谷氨酸的荚膜，可阻止细胞吞噬作用；二是三元毒素，由保护抗原（PA）、水肿因子（EF）和致死因子（LF）组成。口服单个毒素因子时无生物学效果，但当 EF 和 PA 一同注入豚鼠或兔子皮下时会引起局部水肿；当 PA 和 LF 一同注入时会在 60min 内导致动物死亡。EF 和 LF 相互抑制说明二者竞争 PA 上同一个结合部位。保护抗原（PA）可结合到细胞表面受体以产生摄取系统为 EF 和 LF 进入细胞创造通道。

水肿因子（EF）是一个钙调蛋白依赖型的腺苷酸环化酶，能提高 cAMP 水平约 200 倍。因而推测 EF＋PA 可能通过抑制多核白细胞的功能而提高了寄主对炭疽杆菌的敏感性。LF 的致病机理和作用靶位点还未知。炭疽芽孢杆菌毒株含有两个质粒，pX01 和 pX02，pX01 编码炭疽毒素的三个成分，pX02 编码聚 D-谷氨酸荚膜。非毒性的 sterne 疫苗菌株是 PX01$^+$/PX02$^-$ 型，它产生毒素但无荚膜。此疫苗已有效地用于动物。经热减毒的 Pasteur 疫苗菌株形成荚膜但无毒素。

基因组序列分析显示，炭疽芽孢杆菌和枯草芽孢杆菌编码相似的产孢机器、代谢和转运基因，二者编码大量的药物外排泵基因。特别是炭疽芽孢杆菌具有更多的氨基酸和肽利用基因，如更多的肽结合蛋白、分泌性蛋白酶和肽酶，及氨基酸外排系统，与蜡状芽孢杆菌相似。这可能与它们适应于蛋白质丰富的环境相关，而枯草芽孢杆菌更适应于糖类丰富的环境。与之相关的是，枯草芽孢杆菌具有 41 个编码糖类多聚物的基因，而炭疽芽孢杆菌只有 15 个，蜡状芽孢杆菌只有 14 个。比较炭疽芽孢杆菌与亲缘关系相近、有时引起食物中毒的蜡状芽孢杆菌及昆虫病原苏云金芽孢杆菌的基因组，发现许多重要的致病基因位于质粒上，但染色体编码的溶血素、磷酸脂肪酶和铁获得蛋白可能对致病性也有贡献。这些蛋白质和各种细胞表面蛋白可作为疫苗和药物的候选者。

② 引起食物中毒的蜡状芽孢杆菌

过去的几十年中发现引起食物中毒的细菌包括蜡状芽孢杆菌。美国疾病控制中心（CDC）报道在 1972～1986 年间的 52 起食物中毒事件中有 1.9% 与蜡状芽孢杆菌有关。蜡状芽孢杆菌引起的食物中毒症状有两种：一是恶心呕吐（100%）和胃肠痉挛，1～6h 后出现症状，叫作"催吐综合征"或短期孵育形式；二是胃肠痉挛（75%）和痢疾（96%），发病时间为 8～16h，叫作"痢疾综合征"或长期孵育形式，症状常持续 24h。

基因组分析得知，炭疽芽孢杆菌编码的溶血素、磷酸脂肪酶、铁捕获蛋白及表面蛋白，在蜡状芽孢杆菌中均有同源蛋白。具有致病性的蜡状芽孢杆菌和苏云金芽孢杆菌编码三个非溶血的肠毒素复合体及两个通道形成的溶血素也与炭疽芽孢杆菌的同源。炭疽芽孢杆菌还携带两个（蜡状芽孢杆菌具有三个）苏云金芽孢杆菌的免疫抑制 A 蛋白酶（对昆虫有毒力）的同源蛋白。因此推测蜡状芽孢杆菌群具有共同的昆虫侵染祖先，因它们具有几丁质酶。

4.2.1.5　昆虫病原芽孢杆菌

芽孢杆菌中常见的昆虫病原有日本甲虫芽孢杆菌（*B. popilliae*）、缓病芽孢杆菌（*B. lentimorbus*）、幼虫芽孢杆菌（*B. larvae*）、苏云金芽孢杆菌（*B. thuringiensis*）和球状芽孢杆菌（*B. sphaericus*）的一些菌株。

① 日本甲虫芽孢杆菌和缓病芽孢杆菌

这两种芽孢菌是 1940 年由 Dutky 命名的，它们引起日本金龟子的"牛奶病"，原因是患病幼虫的正常血淋巴中出现大量的细菌芽孢而变成奶白色，每个病虫体中可含 $2 \times 10^9 \sim 5 \times 10^9$ 个芽孢。日本甲虫芽孢杆菌和缓病芽孢杆菌是专性病原菌，它们只能在与特异昆虫病有关的环境中发现或以芽孢的形式存在于周围的土壤中。二者的寄主范围很窄，都是鞘翅目和金龟子科的成员，并且只能生长在寄主体内。这两个芽孢杆菌已被用于日本甲虫的生物防治中。

② 幼虫芽孢杆菌

幼虫芽孢杆菌是 1906 年 White 命名的，现在已转入类芽孢杆菌属（*Peanibacillus*）重命名为幼虫类芽孢杆菌（*P. larvae*）。它引起美国污仔病而使蜜蜂的幼虫致死，唯一已知的寄主是蜜蜂。污仔病是一种很严重的蜜蜂病害，每个幼虫病体内的芽孢可达 10^9 个，可延续多年后侵染其他幼虫。因而当一个群落被感染时，政府规定要毁掉整个群落。

③ 苏云金芽孢杆菌

苏云金芽孢杆菌（*Bt*）的独特之处是在芽孢形成的 Ⅲ 到 Ⅳ 期产生一个或几个伴孢晶体，该晶体蛋白对一些昆虫目的幼虫有毒，因而被用作环境安全型的生物杀虫剂，受到广泛关注。尽管苏云金芽孢杆菌在土壤中营腐生生活，但以侵染昆虫为主要生活方式。20 世纪初人们就发现了此菌的杀虫活力，Berliner 首先建议用 *Bt* 去控制虫害，并以德国 Thurngia 州的名字命名 *Bt*，但直到 20 世纪 50 年代才开展了对 *Bt* 的大规模研究。*Bt* 产生的晶体蛋白可引起昆虫中肠的瘫痪及停止进食，而芽孢可引起昆虫的败血症。

Bt 与蜡状芽孢杆菌的表观特征和亲缘关系都非常密切，唯一区别是前者产生晶体蛋白。但编码晶体蛋白的 *cry* 基因一般位于质粒上，质粒丢失的 *Bt* 与蜡状芽孢杆菌基本无法区分。通常根据鞭毛和晶体蛋白抗原免疫反应对 *Bt* 分型，但编码晶体蛋白的基因在质粒或转座子附近易丢失，因而多用鞭毛抗原（H）进行分型，但晶体蛋白抗原的检测有助于杀虫活力的测定，和在杀虫剂注册时的鉴别，并可作为检测产品的活力指数。1994 年法国巴斯德研究所"国际病原芽孢杆菌保藏中心"公布了 55 个 *Bt* H 血清型。

Bt 只限于对幼虫致病，其杀虫的晶体毒素蛋白又叫作 δ 毒素。对 δ 毒素最敏感的是昆虫碱性的中肠（pH 10～12），在此 pH 时晶体被溶解和激活。幼虫在吞食 δ 毒素的一分钟内中肠和嘴部发生麻痹，并伴随肠道 pH 的降低和血淋巴 pH 的升高。解剖学研究表明毒素作用于肠道的表皮细胞和周膜，严重限制了 K^+ 的转运并提高膜的通透性，作用方式与霍乱细菌相似。研究认为 δ 毒素可能识别一个特异的膜结合糖受体上的 N-乙酰半乳糖胺末端，因而推测 *Bt* 的毒素结合在位于昆虫中肠表皮细胞的刷状缘膜上的结合糖受体上，诱导膜孔形成而引起细胞渗漏。

三种类型的 *Bt* 晶体毒素的主要肽的分子大小相似，一条 120～140kDa，一条 60～70kDa。不同的是 Ⅱ 型毒素具有第三条肽链，而 Ⅲ 型毒素只有一条肽。毒素的合成均受转录水平调控，它们的转录合成需要特异的 RNA 聚合酶。除 δ 毒素外，*Bt* 还产生其他致病因子，如 β-外毒素，这是个热稳定的核苷酸类似物，是 RNA 聚合酶潜在的抑制因子，对幼虫和成虫都有毒。

由于 *Bt* 对昆虫的特异毒性和对人的安全性，它们已被制成商品杀虫剂广泛使用，但存在的问题是大田中的稳定期短（1～2 天）、毒素晶体的稳定性低。因而人们通过生物技术手段提高其稳定性，如将几种杀虫活力的基因克隆到一种 *Bt* 中，拓宽杀虫剂的杀虫谱；将毒素基因置入其他存活时间长的细菌中；或将 *Bt* 的毒素基因转入植物中。值得注意的是 1997 年 Assano 从 *Bt* 中鉴定出肠毒素基因 *entS*，并测得其与引起食物中毒的蜡状芽孢杆菌的 *entFM* 的同源性高达 97%；我国学者对肠毒素基因 *hblA* 和 *bceT* 在 *Bt* 中的分布做了调查，结果发现它们在 *Bt* 和 *Bc* 中均有分布。因而提醒人们在应用 *Bt* 杀虫剂时应选用无肠毒素基因的菌株。

4.2.2　厌氧产芽孢细菌——梭菌属及有关细菌

梭菌属最早由 Prazmowski 在 1880 年提出，至今已有 168 个种归入此属中，使之成为细菌成员最多的一个属。造成这种现象的原因是此属的定义过于简单，即产生芽孢的细菌、严格厌氧的能量代谢方式、不能进行分解代谢的硫酸盐还原作用，革兰氏染色阳性细胞壁。值得指出的是有些梭菌的种在培养时并不产芽孢，因此很易与不产芽孢的厌氧细菌，如拟杆菌及真杆菌相混淆，毛发状拟杆菌（*Bacteroides trichoides*）与梭菌间具有很高的同源性；另外，曾被定名为梭形拟杆菌梭形亚种的菌株已被 Cato 和 Salmon 在 1976 年重新归入梭形梭菌属。

在《伯杰氏古菌与细菌系统学手册》（2017）中，梭菌属的描述为：通常在生长早期细胞革兰氏染色呈阳性，尽管有些种染色阴性；杆状，以周生鞭毛运动或不运动，多数种的芽孢呈卵圆或柱状，通常比营养体大而形成膨大的孢囊，使菌体呈"鼓槌"状；

通常化能异养，有些种可化能自养或化能无机营养；发酵糖类或蛋白胨产生有机酸如丁酸和醇类化合物；可能分解糖、蛋白质两类有机物，或都不分解，还可代谢醇、氨基酸、嘌呤、甾类物质或其他有机物；有些种可固定 N_2，但不具有异化的硫酸盐还原能力；通常不产生触酶；大多数种严格厌氧，尽管有些耐氧，但生孢过程只发生在厌氧环境中；梭菌属的成员生理范围广，但大多数种在 pH6.5～7 和 30～37℃ 生长最快；DNA 的 G+C 摩尔分数范围是 22%～53%。

梭菌或多或少对氧敏感，原因是细胞缺少对氧代谢副产物的抵御机制，或中央代谢酶系统对氧敏感。已知氧代谢的副产物——超氧阴离子可被过氧化氢酶或过氧化物酶分解，但多数梭菌不产这两种酶。直到 1978 年 Gregory 等才报道了在产气荚膜梭菌（*C. perfringens*）和多枝梭菌（*C. ramosum*）的某些菌株中测到过氧化物歧化酶的活力，当氧压增加时酶活可提高 60 倍之多。有学者认为分子氧可能影响 NADH 氧化酶的活力，因此氧存在时导致 NADH 的缺乏而影响生物的合成代谢。不同种可耐受的最大氧浓度不同，如溶血梭菌（*C. heamolyticum*）可耐受 0.5% 氧，而诺氏梭菌（*C. novyi*）A 耐受的最大氧量是 3%。许多梭菌在有氧时停止生长，但回到厌氧环境中又恢复生长。丙酮丁醇梭菌（*C. acetobutylicum*）、丁酸梭菌（*C. butyricum*）、梭形梭菌（*C. clostridiforme*）和多枝梭菌的营养细胞在有氧时可存活几个小时，而溶血梭菌和诺氏梭菌 B 型只能存活几分钟。梭菌通常生长在氧化还原电势（Eh）为 −400mV 到 −200mV 之间，当环境中的 Eh≥+150mV 时梭菌便无法生长。尽管芽孢对氧的抵抗力很强，并能以干燥状态在空气中存活几年，但它们的萌发要求厌氧或低氧压的环境。因而在空气饱和的湖面、水表及有机物表面都不会有梭菌的营养细胞，可能存在芽孢。一旦环境中的氧被耗尽芽孢便可萌发为营养体。

4.2.2.1 营养类型

梭菌属的营养谱很宽，许多梭菌分泌胞外酶因而能分解大分子物质。根据对不同大分子物质的要求可将其分为以下 4 群。

① 分解糖的梭菌：多数是非致病菌，利用糖类为碳源和能源，如木糖、葡萄糖、果糖、乳糖和棉子糖，有的种可分解淀粉（如丁酸梭菌）、纤维素（如产纤维二糖梭菌）、果胶（如费地尼亚梭菌）和几丁质（如生孢梭菌）。

② 分解蛋白质的梭菌：这些种分泌蛋白酶，分解蛋白质并由相应的氨基酸产生带分支的有机酸。它们多是烈性致病菌，如肉毒梭菌和破伤风梭菌。

③ 既分解糖又分解蛋白质的梭菌：多数种产毒素，如产荚膜梭菌和索氏梭菌，唯一不产毒素的种是海梭菌（*C. oceanicum*）。

④ 既不分解糖又不分解蛋白质的梭菌：这些种专一地利用一种或几种特殊的底物，如尿酸梭菌（*C. aciduric*）和解嘌呤梭菌（*C. purinolyticum*）只利用尿酸和嘌呤为底物；克氏梭菌（*C. kluyveri*）只发酵乙醇、乙酸和碳酸氢钠到丁酸、己酸和 H_2；丙酸梭菌（*C. propionicum*）只发酵苏氨酸和三碳化合物如丙氨酸、乳酸、丙烯酸和丝氨酸，匙形梭菌（*C. cochlearium*）只发酵谷氨酸、谷酰胺和组氨酸。

4.2.2.2 分类和系统发育学

在《伯杰氏古菌与细菌系统学手册》（2017）中，根据 16S rRNA 基因序列同源性，梭菌属包括了 168 个有效发表的种，其中 77 个种属于 Collins 等（1994）定义的 16S rRNA 群Ⅰ，是狭义的梭菌；其余 81 个不属于群Ⅰ的种，尽管也划入梭菌属，但它们的归属未确定，多数位于其他属的亲缘关系辐射范围。根据 16S rRNA 基因序列同源性分析，梭菌属与其他 14 个厌氧的革兰氏阳性细菌属组成了梭菌科（Clostridiaceae），它们是嗜碱杆菌属（*Alkaliphilus*）、厌氧杆菌属（*Anaerobacter*）、厌氧碱细菌属（*Anoxynatronum*）、嗜热细菌属（*Caloramator*）、嗜热厌氧杆菌属（*Caloranaerobacter*）、热液烟囱菌属（*Caminicella*）、碱居菌属（*Natronincola*）、产醋杆菌属（*Oxobacter*）、八叠球菌属（*Sarcina*）、产醋生孢细菌属（*Sporacetigenium*）、中度嗜盐生孢杆菌属（*Sporosalibacterium*）、嗜热分枝细菌属（*Thermobrachium*）、嗜热嗜盐杆菌属（*Thermohalobacter*）和廷德尔氏菌属（*Tindallia*）。

4.2.2.3　工业上重要的梭菌

丙酮丁醇梭菌（*C. acetobutylicum*）是重要的产溶剂丙酮、丁醇的工业用细菌，细胞大小（0.6～0.9）μm×（2.4～4.7）μm，常产生细菌淀粉粒。该菌发酵糖类，发酵产物包括乙酸、丁酸、乳酸、丁醇、丙酮、CO_2 和大量的 H_2，并产生少量的琥珀酸和乙醇。对数生长期，发酵产生乙酸和丁酸，而当生长 18h 进入稳定期时，丁醇和丙酮的产量最高，并伴随着细胞形态的变化。丙酮丁醇梭菌还可转化丙酮酸产生乙酸、丁酸和丁醇，但不利用乳酸和苏氨酸。模式菌株还能在肉汤培养液中产生赖氨酸、精氨酸、天冬氨酸、苏氨酸、丝氨酸、谷氨酸、丙氨酸、缬氨酸、异亮氨酸、亮氨酸和酪氨酸。

作为燃料或燃料添加剂，丁醇比乙醇更具有优势，因为它具有与汽油相似的性质，因此丙酮丁醇梭菌备受学术界和工业界的关注。尽管研究人员对生产菌株进行了大量的代谢工程改造，但在传统的序批式发酵中丙酮丁醇梭菌的丁醇质量浓度仍难超过 0.02g/mL。而且生产上需用低成本的发酵原料，要求工业菌株能够利用低廉物质中含有的各种糖类。因此近年许多研究是对丙酮丁醇梭菌摄取糖类及其转运系统的改造。已知的细菌糖转运过程涉及质子共转运系统、Na^+ 共转运系统、ABC 系统和磷酸烯醇式丙酮酸（PEP）-依赖的磷酸转运系统（PTS），其中 PTS 系统因在糖及其糖衍生物的转运中发挥作用而被更多研究。典型的 PTS 系统含有酶Ⅰ（EⅠ）、酶Ⅱ（EⅡ）和一个含组氨酸的蛋白质（HPr），在多种细菌中发挥转运糖的作用。丙酮丁醇梭菌具有 13 个完整的 PTS 系统，发挥转运葡萄糖、果糖、甘露醇、甘露糖、山梨糖、半乳糖、双糖和葡萄糖苷的作用。相应的其他可利用的廉价原料有洋姜、糖蜜及木质纤维素中的多种糖，包括 D-葡萄糖、果糖、D-木糖和 L-阿拉伯糖。

4.2.2.4　临床上重要的梭菌

致病梭菌均产生毒素使机体坏死或干扰神经传导。这些梭菌对氧的敏感程度不同，从能够在空气中生长的解组织梭菌到对氧高度敏感的溶血梭菌（*C. haemolyticum*）。它们在疱肉培养基上都产毒素。按照传统习惯梭菌的毒素以希腊字母定义，一般将同一个种产生的不同毒素按其毒性强弱从 α 开始命名。因而不同种的梭菌产生的 α 毒素的作用模式和机理可能差异很大。新近发现的毒素可能根据其性质而定义。产气梭菌的"内毒素"只是根据它的特性缩写定义，如致死毒素 LT 和索氏梭菌（*C. sordellii*）的溶血毒素 HT；也有用字母顺序去定义一个种产生的毒素，如艰难梭菌的 A、B、C 毒素。

（1）肉毒梭菌（*C. botulinum*）

肉毒梭菌主要生活在土壤中，根据培养特征、最适生长温度和产生的毒素种类将这个种分为 4 群，它们的鉴别特征见表 4-2。肉毒梭菌产生的神经毒素为胞外毒素，分子质量为 140~150kDa，而这些毒素在食品和培养液中的分子质量是 300kDa，原因是毒素分子和一个大小相似的非毒素蛋白结合在一起形成中介毒素。A、B 和 Ab 型毒素和另一个凝血蛋白形成分子质量为 450kDa 的 L 毒素。神经毒素只有被蛋白酶降解一个肽键后才能释放出全部毒力。

表 4-2 4 群肉毒梭菌的生物学特征

群	毒素类型	最适生长温度/℃	生理群	敏感的抗生素
Ⅰ	A，B/F	37	分解蛋白质，葡萄糖产酸	红霉素、青霉素、利福霉素
Ⅱ	B，E，F	30	不分解蛋白质	氯霉素、红霉素、青霉素、四环素、头孢霉素、万古霉素
Ⅲ	C1，C2，D	37~40	不分解蛋白质	头孢金素、氯霉素、林肯霉素、红霉素、青霉素、利福霉素、四环素、万古霉素
Ⅳ	G	37	不分解蛋白质，不发酵糖类	头孢金素、氯霉素、林肯霉素、红霉素、青霉素、利福霉素、四环素、万古霉素

肉毒梭菌的神经毒素的作用方式很复杂，它阻止神经肌肉结处乙酰胆碱的释放，整个过程分三步，首先毒素分子结合到神经组织受体上，然后毒素易位到神经细胞内部，最后毒素抑制乙酰胆碱的释放，因而阻止了神经接触肌肉。随着身体肌肉的瘫痪进程，呼吸系统肌肉失效，失去基本的收缩功能后导致机体死亡。C1 和 D 型毒素是由特异的噬菌体诱导产生的，当用紫外线照射或吖啶黄消除病毒后这些菌株则成为无毒株。C2 毒素是二元毒素，当两个亚基结合时其毒力比单一时高 2000 倍，其作用方式是重亚基先结合在受伤的细胞上，然后轻亚基使细胞坏死。

（2）破伤风梭菌（C. tetani）

破伤风梭菌是个土生细菌，在地球上 1/3 的土壤中都存在。它的最适生长温度是 37℃，产生端生芽孢，DNA 的 G＋C 摩尔分数是 25%，不发酵葡萄糖，分解蛋白质，通常要求生长因子，包括生物素、叶酸、尼克酸、泛酸、维生素 B_6 和尿酸。

破伤风梭菌产生两种毒素——痉挛神经毒素和氧敏感的溶血素（破伤风毒素）。神经毒素的分子质量是 150kDa，对小鼠的致死量是 10^8/mgN。此毒素由两个肽链组成，分离后形成重链（100kDa）和轻链（50kDa）。重链负责集合到神经细胞膜内的神经节，轻链具有毒性作用。神经毒素作用的机理是在抑制纺锤索神经系统时阻止神经介质如甘氨酸或 γ-氨基丁酸的释放。正是这种抑制系统阻碍了肌肉的收缩。

不同动物对破伤风毒素的敏感度不同，如果使人和马致死的破伤风毒素为 1 当量，而使老鼠的致死量是 12 当量，猴子的是 48 当量，猫为 7200 当量，鸽子为 12000 当量，母鸡则为 300000 当量。对破伤风毒素最敏感的身体部位是头和颈，其次是上半身。人中毒后的症状首先是神经痉挛，无法张口。氧敏感的溶血性破伤风毒素在血清学上与链球菌素 O 相似，此毒素对红细胞的作用明显地受到胆固醇的抑制。人的红细胞对破伤风毒素最敏感，其次是鸽子、牛、猪、鼠、羊和鸡。

（3）产气荚膜梭菌（C. perfringens）

产气荚膜梭菌是临床样品中最常见的梭菌种，尽管它很少引起严重的感染。产气荚膜梭菌分为 A、B、C、D 和 E 5 个型。A 型主要出现在土壤和人、动物的肠道中，其他 4 型只出现在动物肠道。A、D 和 E 型的最适生长温度是 44～45℃，B 和 C 型的最适生长温度是 37～44℃，DNA 的 G＋C 摩尔分数含量为 25%～27%。

产气荚膜梭菌产生的毒素是磷酸酯酶 C，它能将卵磷脂分解为磷脂胆碱和甘油二酯；也可分解鞘磷脂为乙醇胺和丝氨酸的磷酸甘油醛。α 毒素为热不稳定毒素，在 55～57℃时的失活速率比 100℃时更快；α 毒素还可被还原剂失活，分子量约 30000，pI 值为 5.49。α 毒素对人和多数动物的红细胞有强烈的溶血作用，可引起血管内大面积溶血，破坏血小板，减少了凝血时间。

产气荚膜梭菌还产生 β 毒素，可引起肠道黏液大量丢失，抑制了肠道运动。Δ 毒素溶偶蹄类动物的红细胞，但不溶人血；ε 毒素是轻微的致死毒素原；θ 毒素为氧敏感的溶血素，易被甾类物质尤其是胆固醇失活。Iotal 毒素由两个亚基组成，二者结合时毒力可增加 60 倍；Kappak 毒素是凝血酶，引起肺部网状组织的大面积出血。

产气荚膜梭菌是人的气坏疽病最常见的病原菌。其致病机理可能是因血量低和病菌消耗了循环血中的氧造成了供氧不足而导致了感染者死亡。产气荚膜梭菌的肠毒素可引起血液中毒，但很少引起食物中毒状的痢疾、呕吐和发烧。

除上述菌种外，下面一些梭菌种也可对人和动物致病：肉梭菌，可使动物红细胞溶血；肖氏梭菌，引起动物尤其是牛的肌肉坏死，但对人不侵染；鹌鹑梭菌，引起山地捕捉鸟的腐烂性肠炎；艰难梭菌，引起人的假膜状结肠炎、慢性痢疾和坏死性肠炎；溶血梭菌，产生致死因子，只侵染牛；溶组织梭菌，主要出现在战争时的伤口感染；败毒梭菌：引起人和动物（不包括狗、马、豚鼠和鸡）溶血，但它很少侵染正常人，而主要侵染恶性病变者尤其是白血病患者；索氏梭菌，产生致死毒素，引起人的水肿性伤口及牛和羊的肝感染。

4.2.2.5 其他的厌氧产芽孢细菌

除梭菌外，还有另外 5 个厌氧的产芽孢细菌属，它们是鼠孢菌属（*Sporomusa*）、脱硫肠状菌属（*Desulfotomaculum*）、互营生孢菌属（*Syntrophospora*）、生孢盐杆菌属（*Sporohalobacter*）和芽孢肠状菌属（*Sporomaculum*）。它们的鉴别特征见表 4-3。

表 4-3　厌氧产芽孢细菌属间的特征

特征	梭菌属	脱硫肠状菌属	互营生孢菌属	芽孢肠状杆菌属	生孢盐杆菌属	鼠孢菌属
幼龄培养物呈杆状	＋	＋	＋	＋		＋
杆菌直径＞2.5μm	－	－	－	－		
芽孢形状	椭圆，圆	卵圆，圆	卵圆	卵圆		
孢囊膨大	＋	＋	＋	＋		
丝状	v	－	－	－	－	－
球状呈四联、成堆	－	－	－	－		－
幼龄培养物呈 G⁺	＋	－	＋	＋		
胞壁超微结构	G⁺	G⁺	G⁺		G⁻	G⁻
还原硫酸盐到亚硫酸盐	－	＋	－	－		
从 H₂＋CO₂ 合成乙酸	－	－	－			＋
生长需要 2%NaCl	ND	ND		ND	＋	－
DNA 的 G＋C 摩尔分数	22%～54%	37%～50%	38%	48%	29%～32%	41%～49%

注：＋表示相应性状为阳性；－表示相应性状为阴性；v 表示相应性状可变或不确定；ND，未检测。

脱硫肠状菌属包括还原硫酸盐和亚硫酸盐为 H_2S 的革兰氏阳性产芽孢细菌。细胞壁组分和 16S rRNA 同源性都表明它们与革兰氏阴性的硫酸盐还原菌亲缘关系甚远，而与"梭菌"分支的关系更密切。1984 年分别报道了两种细胞壁为革兰氏阴性的厌氧生孢细菌，定名为鼠孢菌属和生孢盐杆菌属。鼠孢菌属是产乙酸细菌，能代谢多种底物包括 C_1 化合物（H_2+CO_2、甲醇、CO 和甲酸盐），生成的唯一或主要产物是乙酸。此属的细菌利用各种有机酸和醇类、糖类及甲氧化的芳香化合物。但 16S rRNA 基因序列同源性分析表明鼠孢菌属与任何革兰氏阴性细菌的亲缘关系都很远，而与革兰氏阳性的"梭菌"分支相对近缘，而被归于梭菌科。生孢盐杆菌属是另一个革兰氏阴性的厌氧生孢细菌，生长要求 6%～12%的盐，16S rRNA 基因序列同源性表明它属于真细菌，并与盐厌氧菌属（*Haloanaerobium*）和拟盐杆菌属形成一个簇群，1986 年 Oren 建议建立盐厌氧杆菌科（Haloanaerobiaceae），包括了上述几个嗜盐的厌氧菌。

原定名为布氏梭菌（Clostridium bryantii）实际是一个产氢产乙酸的厌氧生孢细菌，当它与甲烷古菌共培养时可将丁酸降解为乙酸和 H_2；尽管它不能单独生长于丁酸，但在巴豆酸上可得到其纯培养物。1990 年根据 16S rRNA 基因序列同源性分析发现布氏梭菌同其他梭菌的亲缘关系甚远，因而将其归入新属——互营生孢菌属，定名为布氏互营生孢菌。

芽孢肠状菌属是 Müller 等人提出的新属，它的细胞呈革兰氏阳性杆状，产芽孢，十分像脱硫肠状菌，但不能分解硫酸盐、亚硫酸盐、硫代硫酸盐、硝酸盐和富马酸盐等，却能分解 3-羟基苯甲酸盐产生丁酸、乙酸和 CO_2，严格厌氧，运动不活跃，DNA 的 G+C 摩尔分数为 48%。

4.2.3 产乳酸细菌

4.2.3.1 乳杆菌科

在 2017 年版的《伯杰氏古菌与细菌系统学手册》中，根据 16S rRNA 基因序列同源性将乳杆菌科（Lactobacillaceae）置于芽孢杆菌纲，乳杆菌目下，乳杆菌科仅包括乳杆菌属、副乳杆菌属（*Paralactobacillus*）及片球菌属（*Pediococcus*）3 个属。该科细菌的细胞是长的和纤细状，有时呈弯曲的杆状及棒状或球状。细胞常呈链状排列，除了片球菌成对或四联体。它们不产生芽孢，革兰氏阴性，发酵代谢，专性嗜糖型。至少一半的终产物是乳酸，另一半产物可能是乙酸、乙醇、CO_2、甲酸或琥珀酸。乳杆菌科的细菌多不产生氧化酶和细胞色素及触酶。生长要求复杂的营养物质，如氨基酸、肽、核酸衍生物、维生素、有机酸或脂肪酸、脂类和可发酵的糖类。

早在 1898 年 Leichmann 就描述了乳杆菌，它们是不产芽孢的革兰氏阳性杆菌，发酵代谢葡萄糖主要产生乳酸；同型乳酸发酵产生 85%以上的乳酸，异型发酵产生等物质的量比例的乳酸、CO_2、乙醇和/或乙酸。在无血时不产触酶，通常不运动，不还原硝酸盐。目前的乳杆菌属包括 96 个种和 16 个亚种。根据它们的代谢产物及可发酵的糖类，有学者将乳杆菌属的成员分为三个群：同型发酵群——发酵葡萄糖产生 85%以上的乳酸，不发酵戊糖或葡萄糖酸盐；兼性异型发酵群——发酵葡萄糖产生 85%以上的乳酸，并发酵某些戊糖或葡萄糖酸盐；专性异型发酵群——发酵葡萄糖产生等物质的量的乳酸、CO_2 及乙酸/乙醇。

除了符合科的描述外，乳杆菌属的特征还包括兼性厌氧，厌氧或降低 O_2 分压或补充 5%～10% CO_2 可促进其在固体表面生长，而绝对好氧条件抑制乳杆菌的生长。耐酸，最适 pH 通常在 5.5～6.2，一般生长在 pH 5.0 或更低的环境下，而中性或碱性 pH 抑制其生长。主要生活在奶制品、谷物制品、肉和鱼肉制品、啤酒、红酒、果汁、腌制蔬菜、麦芽汁及污水中。乳杆菌也是人和动物口腔、肠道及阴道正常菌群。通常无致病性。

1987 年 Collins 等根据乳杆菌一些成员的表观特征尤其是致病性及 16S rRNA 序列，将独立于上述三群的一些乳杆菌的种建立了新属，肉杆菌属（*Carnobacterium*）归于乳杆菌目的肉杆菌科，奇异杆菌属（*Atopobium*）归于放线细菌门的小杆菌科（Coriobacteriaceae）。引起食品腐败的歧异乳杆菌（*L. divergens*）和鲑鱼的病原菌——食鱼乳杆菌（*L. piscicola*）被归入新属——肉杆菌属；细胞为短杆近球形并营严格厌氧生活的原名为微小乳杆菌（*L. mimutus*）、牙缝乳杆菌（*L. rimae*）同短小链球菌（*S. parulus*）置于新属——奇异杆菌属。因而使得乳杆菌属成为一个无致病性的纯菌群，可作为人和动物的益生剂，用于食品发酵和食品添加剂。而肉杆菌属成员主要是引起食物中毒或使鱼发病的菌株。

在代谢方面，乳杆菌是介于厌氧到好氧的初期生命形式。它们具有高效的偶联底物水平磷酸化的糖类代谢途径，第二个底物水平磷酸化发生在将氨甲酰磷酸转化为 CO_2 和 NH_3 的精氨酸发酵的最后一步。除了底物水平磷酸化，也有电子水平磷酸化发生，由次级转运系统，包括同向转运、质子-溶质共转运和逆向转运系统完成，它们产生质子动力。这些系统在细菌处于胁迫如乳酸的积累和响应 pH 下降时，发挥作用。

乳杆菌还可降解一些有机酸，如柠檬酸、酒石酸、琥珀酸和苹果酸，这些物质是发酵饮品（如红酒和苹果汁）中植物原料中的成分。牛奶中也含有柠檬酸。这些物质的转化对产品的味觉特征具有重要作用。许多乳杆菌可通过多功能的苹果乳酸酶将苹果酸分解为 CO_2 和 L(＋)-乳酸，并将所有的中间产物仅仅结合在酶复合体上。而植物乳杆菌（*L. fermentum*）既不具有苹果酸也不具有苹果乳酸酶，所以将苹果酸通过延胡索酸转化为琥珀酸。

乳酸菌可抑制其他细菌，因此防止食物腐败及其他与人和动物相关的微生物生长。抑制其他微生物生长的主要拮抗物首先是通过代谢产物乳酸降低微环境的 pH，另外通过黄素蛋白催化产生 H_2O_2。如在牛奶中，乳过氧化物酶催化一个利用 H_2O_2 和硫氰酸形成次硫氰酸根，可抑制细胞膜功能和糖酵解。H_2O_2 抑制革兰氏阳性细菌繁殖，然而对革兰氏阴性细菌则具有杀菌作用。除此之外，乳杆菌还产生许多小分子的抗菌物质——细菌素。

4.2.3.2 链球菌科

链球菌科属于芽孢杆菌纲，乳杆菌目，包括链球菌属（*Streptococcus*）、乳球菌属（*Lactococcus*）和乳卵形菌属（*Lactovum*）。该科的细菌为革兰氏阳性，卵圆形或球形，细胞壁含有二氨基赖氨酸，不产生芽孢，兼性厌氧，生长可能需要 CO_2，且不产生触酶。DNA G＋C 摩尔分数为 33%～46%。

16S rRNA 基因序列同源性分析和化学分类的应用使得链球菌属的成员发生了大的变化。原来的肠球菌群即 Lancefield D 群成为一个新属——肠球菌属（*Enterococcus*），乳酸链球菌群成为新属乳球菌属；原来的厌氧链球菌群的成员如汉氏链球菌

（*S. hansenii*）和多态链球菌（*S. pleomorphus*）与一些梭菌关系密切，而麻疹链球菌（*S. morbillorum*）与孪生球菌（*Gemella*）的关系密切，短小链球菌（*S. parvulus*）现已划入奇异菌属（*Atopobium*）；另外原来的 NVS 链球菌，即那些营养要求变异的菌株，也根据 16S rRNA 同源性和细胞壁组分将它们划入一新属——营养缺陷菌属（*Abiotrophia*），包括毗邻链球菌和软弱链球菌。这些菌株有的要求维生素 B_6，有的要求吡哆醛，或是营养缺陷型，它们是人咽部、尿殖道的正常菌群，属于难培养细菌。因此，现在保留在链球菌属的成员只包括原来的口腔链球菌和 Sherman 描述的草绿菌群和医学链球菌（发热溶血链球菌）。

属于链球菌属的细菌是不产芽孢的革兰氏阳性菌，细胞形态为球形或球杆状，直径 $0.5\sim2.0\mu m$，细胞成对或成链排列，有些种产生荚膜。化能异养，生长要求复杂。发酵葡萄糖的主要产物是乳酸，但不产气。兼性厌氧，有的种生长需要 CO_2；不产生触酶，因此常积累 H_2O_2；通常溶血。生长温度范围在 $25\sim45℃$ 之间，最适温度 37℃。DNA 的 G+C 摩尔分数为 36%～46%。鼠李糖是链球菌细胞壁中常见的糖。目前已有效发表 56 个种。

链球菌主要生活在脊椎动物的口腔和上呼吸道、尿殖道和肠道中，除了构成那里的正常菌群外，也包括人的条件致病菌。这些细菌的溶血类型包括 β 溶血型（完全溶血）、α 溶血型（部分溶血）和 γ 溶血型（不溶血）。根据 DNA 杂交和 16S rRNA 同源性，口腔链球菌又分为三个类群即口腔、变形和唾液链球菌群。变形链球菌群是引起人类龋齿、口腔脓肿及牙周炎的主要病原菌；口腔链球菌群中的 *S. milleri* 亚群与人体化脓性感染及心膜炎关系密切。口腔中的酿脓型感染常常是链球菌伴随其他厌氧菌的感染，并且可沿血流或淋巴扩散到身体的其他部位。这种感染可能是致命的，尤其是侵染到大脑时。目前已报道的口腔链球菌群的种有 20 个。

医学链球菌是指从人体上分离到的临床上重要的菌株，大多是 β 溶血型。它们生活于人的皮肤、呼吸道、消化道以及尿殖道的黏膜上，能够引起皮肤、呼吸道及软组织等感染，如肺炎、菌血症、心内膜炎、脑膜炎、泌尿道炎症及关节炎等疾病。酿脓链球菌可引起人的风湿热和肾小球肾病，在 5%～70% 的健康成人的上呼吸道中都有肺炎链球菌存在，它们可引起肺炎、菌血症和脑膜炎。医学链球菌的鉴定可根据溶血反应、血清学反应以及生化反应。

一般认为口腔链球菌群的菌株对青霉素都敏感，尽管多年来已知有抗药菌株的存在。从引起心内膜炎的链球菌菌株中已知 91% 的菌株对苯基青霉素敏感。抗青霉素的菌株有血链球菌Ⅰ、Ⅱ和缓症链球菌；16% 的菌株抗红霉素。

链球菌的分子生物学研究也有进展，除了核酸技术在其分类上的应用外，分子探针也被用于这类菌群的鉴定中。在流行病学研究中，DNA 指纹图谱分析提供了又一个具有前景的工具，它已被用于变形链球菌的转染中。对变形链球菌的遗传学研究较多，主要是关于蔗糖代谢、表面抗原、质粒的分子生物学和疫苗制备。近年来关于变形链球菌的生物膜形成以及其双组分信号传递系统的研究，使人们对其致病机理性有了深入的了解。

链球菌的有些种产生细菌素抑制近缘菌株。变形链球菌（*S. mutans*）的细菌素分型系统被用于研究特异型的分布及是否是从父母传给孩子的菌株。变形链球菌利用细菌素抑制其他细菌被认为是它们成功传播和在新的宿主定植的原因。

肺炎链球菌（*S. pneumoniae*）是人类重要的机会致病菌。它定植于鼻咽部，在人体免疫力下降时，侵入下呼吸道及其他组织器官，引起肺炎、菌血症及脑膜炎等疾病。肺炎链球菌感染每年导致大约一百万人死亡，主要累及 5 岁以下及 65 岁以上人群，是 5 岁以下儿童感染性死亡的首要病原因子。目前报道肺炎链球菌有 97 个荚膜多糖血清型，每个血清型都可以定植、侵染宿主细胞。目前对肺炎链球菌感染的预防主要采用 23 价肺炎球菌多糖疫苗，但它不能对所有血清型提供保护；且随着疫苗的广泛使用，肺炎链球菌非疫苗血清型及无荚膜型菌株所致感染反而增加。因此亟须寻找新的各血清型共有的毒力相关的、具有免疫原性的蛋白质作为抗原，以防治肺炎链球菌感染。

肺炎链球菌编码众多的毒力因子，使其具有极强的定植及适应宿主的能力。这些毒力相关蛋白质帮助肺炎链球菌黏附、侵染宿主细胞，抵御吞噬细胞的氧化杀伤，干扰宿主的免疫防御系统，造成肺炎链球菌的免疫逃逸。如荚膜多糖，帮助细菌黏附到宿主细胞，并可使其免于被巨噬细胞吞噬；肺炎链球菌溶血素（Pneumolysin，Ply）结合到胆固醇上并形成多聚体而使细胞穿孔，从而导致巨噬细胞及肺上皮细胞死亡。它还引发细胞的炎症反应而使上皮细胞脱落，促进肺炎链球菌的个体间传播。PspA、CbpA 等细胞表面蛋白，帮助其黏附到宿主细胞表面并抑制宿主的免疫系统，尤其是补体系统的激活。自溶酶（Lytic Amidase，LytA）降解肽聚糖而导致细胞裂解，释放 Ply、磷壁酸及其他细胞内组分，帮助其定植及侵染宿主。最近研究发现，脂肪酶抑制 *lytA* 基因表达，从而抑制肺炎链球菌毒力。另外，病原体入侵宿主时，固有免疫系统的吞噬细胞产生大量的活性氧（Reactive Oxygen Species，ROS）杀灭细菌，是清除细菌感染的重要环节。不同于其他病原菌，肺炎链球菌因无触酶而代谢积累大量 H_2O_2。同时它也耐受高浓度的 H_2O_2，可有效抵御宿主吞噬细胞的清除，因此，耐 H_2O_2 是其成功诱发感染的重要原因。研究表明肺炎链球菌的抗氧化能力与其致病性呈正相关，如清除 H_2O_2 的巯基过氧化物酶及清除超氧阴离子的超氧化物歧化酶等基因失活，均会显著降低肺炎链球菌的抗氧化能力并减弱对宿主的侵染。研究表明，链球菌属的多数细菌主要利用过氧化物响应的调控蛋白 PerR 负调控铁螯合蛋白 dpr、锌转运蛋白 zosA 及锰转运蛋白 mntABC 的表达。Dpr 蛋白螯合细胞内游离 Fe^{2+} 避免触发芬顿（Fenton）反应产生的强氧化物——羟自由基的产生，而 mntABC 摄取 Mn^{2+} 从而抵御 H_2O_2 胁迫。但肺炎链球菌无 PerR 同源蛋白，并且 ROS 的损伤与 Fenton 反应无关，这说明肺炎链球菌具有独特的抗氧胁迫机制。

4.3 支原体——柔膜菌门

柔膜菌门被认为是由亲缘关系甚远的厚壁菌门祖先、经基因组反复减小而进化形成的一群细胞很小的细菌组成的。因为它们均无细胞壁而呈革兰氏染色阴性，且能够穿过孔径 100nm 的滤膜，尽管一些种具有柔性的细胞骨架成分使得细胞呈瓶状或螺旋丝状。该门的模式纲即通常说的支原体，具有非常小的基因组（通常 0.5～1.5Mb）和低的 G＋C 摩尔分数（通常 25％～30％）。所有柔膜菌纲的成员均是人、动物或植物的共生体或寄生者。只有一些至今尚未培养的"候选"物种属于自由生活方式。

柔膜菌门的模式纲——柔膜菌纲直到 2014 年仍被归在厚壁菌门中，细菌学柔膜菌纲分委会认为它的分类学地位不符合其系统发育分析。在《伯杰氏古菌与细菌系统学手册》(2017) 中将其建立为独立的门，包括 4 个目：支原体目 (Mycoplasmatales)、虫原体目 (Entomoplasmatales)、无甾原体目 (Acholeplasmatales) 和厌氧支原体目 (Anaeroplasmatales)。对柔膜菌纲的描述，可以看到它们与低 G+C 摩尔分数的革兰氏阳性细菌区别很大。尤其是它们无细胞壁，以及基于多个系统发育分子标识（包括 RNA 聚合酶 B 亚基，分子伴侣 GroEL，几种氨酰 tRNA 合成酶及 F0F1-ATPase 的亚基）的同源性分析，均支持柔膜菌纲应独立于厚壁菌门。在 2014 年释放的核糖体数据项目中，柔膜菌门仅包括柔膜菌纲一个纲。

4.3.1 支原体的生物学特征

俗称的"支原体 (Mycoplasma)"是指那些无细胞壁，细胞又很小的一群原核生物。支原体的形态多种多样，有杆状或梨状（直径 $0.3\sim0.8\mu m$）到分枝或螺旋状长丝。支原体的基因组复制不总是和细胞的分裂同步，因而出现了芽状、丝状和串珠状结构（图 4-3）。由于支原体无细胞壁而赋予它们许多独特的性状，如对渗透压和去污剂的高度敏感，但抗青霉素，并形成特殊的"煎蛋状"的小菌落（<1mm）。电镜切片分析表明，支原体具有生物三种必要的结构：细胞膜、核糖体和特征性的原核生物基因组。在这点上，支原体最符合"最小的自我复制细胞"的定义。分类学上根据支原体无细胞壁而将其归入柔膜菌纲，各成员的特征和分类状况列于表 4-4。

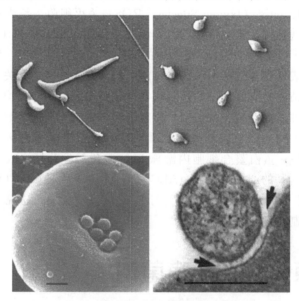

图 4-3　支原体菌体的细胞特征

表 4-4　支原体各成员的分类和特征

分类	基因组大小/kb	G+C 摩尔分数/%	要求胆固醇	鉴别特征	生境
目Ⅰ Mycoplasmatales					
科Ⅰ Mycoplasmataceae					

分类	基因组大小/kb	G+C摩尔分数/%	要求胆固醇	鉴别特征	生境
属 I *Mycoplasma*	400~500	23~41	+	—	人、动物、植物、昆虫
属 II *Ureaplasma*	500~700	27~30	+	产脲酶	人、动物
科 II Spiroplasmataceae					
属 I Spiroplasma	1000	25~31	+	螺旋状长丝	节肢动物（包括昆虫）和植物
目 II Acholeplasmatales					
科 Acholeplasmataceae					
属 I *Acholeplasma*	1000	27~36	—	—	动物、植物、昆虫
目 III Anaeroplasmatales					
科 Anaeroplasmataceae					
属 I Anaeroplasma	1000	29~33	+	严格厌氧	牛、羊的瘤胃
属 II Asteroleplasma	1000	40	—	对氧敏感	牛、羊的瘤胃
目 IV Entomoplasmatales					
科 I Entomoplasmataceae					
属 I Entomoplasma		27~34	+	发酵葡萄糖	植物
属 II Mesoplasma	825~930	26~32	—	发酵葡萄糖	
科 II Spiroplasmataceae					
属 I Spiroplasma	780~2220	23~41		螺旋丝状	花，昆虫肠道、淋巴

它们的基因组很小（通常 0.5~1.5Mb），只编码有限的中间代谢的酶，营养要求苛刻，需要外加糖或精氨酸、胆固醇或其他固醇类物质，肽和游离的核酸用于无氧生长。它们特异地利用 UGA 密码子编码色氨酸。在天然生境中，支原体所有的种都是严格的，具有一定脊椎动物寄主范围的生态共生者或寄生者。

由于无细胞壁，支原体革兰氏染色阴性，绝大多数菌株无鞭毛而不运动。但有些支原体的成员包括人和动物的病原 *M. pneumoniae*、*M. genitalium*、*M. gallisepticum* 和 *M. pulmonis* 可在潮湿的固体表面上滑动。分离于鱼鳃的 *M. mobile* 是滑动最快的支原体（2.0~4.5μm/s）。滑动时 *M. mobile* 具有趋化性和趋液性。滑动需要能量，并和支原体的细胞骨架结构因子有关。滑动的支原体通常具有一个特殊的尖端结构，对支原体黏着到细胞表面起重要作用。尖端结构也与滑动有关，因为支原体在固体表面滑动时，尖端结构总是引导着运动的方向。螺旋状的螺旋支原体总是以屈伸和扭动方式运动，并常以旋转方式运动。DNA 的 G+C 摩尔分数为 23%~40%。该属目前包括 124 个有效发表的种及 24 个候选种。

4.3.1.1　支原体的生境

迄今能分离培养和已鉴定的支原体都是人、动物和植物的寄生者。寄生于人和动物的支原体的重要栖息地是呼吸道、尿殖道和眼睛的黏液表面，以及一些动物的消化道、乳腺和关节。严格厌氧的支原体迄今只在牛、羊的瘤胃中发现。螺旋状支原体广泛存在于节肢动物的消化道、血腔和唾腺。通过虹吸昆虫的传播，螺旋支原体可能被传入植物的韧皮部并诱发疾病。

大量的植物病原并由昆虫或其他载体传播的支原体仍是研究甚微的支原体样生物（MLOs），这群生物皆无法培养，但单克隆抗体和核酸探针应用表明它们的遗传多样性十分丰富多彩。

4.3.1.2　支原体的培养

支原体有限的生物合成能力，使得它们必须依靠寄主提供营养。在实验室条件下支原体很难培养，尤其是 MLOs，尽管使用了多种方法仍未成功离体培养。有些病原支原体，尽管可离体培养但生长很慢，一般在 37℃需培养 2～3 星期。支原体的复合培养基需要含牛心浸液、蛋白胨、酵母粉和血清及其他补加成分，血清除提供其他营养还提供脂肪酸、磷酸酯和胆固醇。合成培养基只适用于少数发酵型支原体。

4.3.1.3　支原体的鉴定

支原体的鉴定一直是根据传统的细菌学方法，包括形态、培养特征、生理及抗原特征。但近年来也采用一些分子生物学和化学分类手段，如基因组 DNA 分析、rRNA 分析、细胞蛋白质电泳图谱分析、脂类分析等。柔膜菌纲分类委员会曾在 1979 年推荐了支原体鉴定及新种描述所需的实验指标，其中 GC 含量是必须测定的项目；DNA-DNA 或 DNA-RNA 杂交可代替整个基因组的同源性比较。限制性酶切片段长度多态性（RFLP）分析是种内株间同源性或异源性分析的有效工具，它已被成功地用于 *Ureaplasma urealyticum* 不同血清型的分型。将 RFLP 方法和保守基因探针的杂交结合也可有效地鉴定支原体，第一个被采用的是克隆于质粒 pMC5 的 *M.capricolum* 的 rRNA 探针，此方法可用于支原体种或株的鉴定，尤其对感染组织培养的支原体很有效。特别引人注意的是此项技术可鉴别 *M.gallisepticum* 的活体（菌）疫苗 F 和烈性的野生菌株，说明杂交带谱可作为研究流行病学的有力工具。

1987 年，Christiansen 等采用 *E.coli* 的 ATPase（atp）操纵子的部分克隆作为探针，通过与基因组 DNA 的限制性酶切片段的杂交揭示了 *M.hominis* 的遗传背景异源性。DNA 探针杂交方法对营养苛求和难培养的微生物，如支原体，是最有前景的方法。已知一些种特异性的探针已用于下列支原体种的鉴定，*M.pneumoniae*、*M.genitalium*、*M.galiisepticum* 和 *M.synoviae*。用 ^{32}P 标记的这些 DNA 探针灵敏度很高，可检测低至 1ng 的 DNA 或 10^4～10^5 CFU。除了 16S rRNA 基因外，编码延伸因子 Tu 的 *tuf* 基因被证明也是个序列保守的大分子，也可用于支原体的鉴定。

4.3.1.4　支原体的系统发育学

作为最小的可复制的原核生物，支原体的系统发育学和分类地位引起了人们的关注和兴趣：它们是出现在肽聚糖之前的原始细菌的后代，还是失去细胞壁的细菌的蜕化形式？根据保守大分子 5S rRNA 或 16S rRNA 基因序列同源性认为支原体属于后者，即细菌的蜕化形式。Woese 及同事的研究表明支原体是低 GC 含量革兰氏阳性细菌中的一个进化分支，与梭菌 *C. innocun* 和 *C. ramosum* 最近缘。然而表观和遗传特征的差异说明各种支原体是从多种具细胞壁的真细菌分支进化而来的。如果根据 Woese 的支原体单一进化分支理论，即从低 GC 含量革兰氏阳性细菌的"祖先"而来，那么支原体的多样性只能用"快速进化"来解释。50 种支原体的 16S rRNA 同源性分析表明柔膜菌纲具有 5 个进化分支，但 5 个进化分支与其表观特征也不是一一对应的。

4.3.1.5　支原体的致病性

尽管有些支原体属于共栖类或正常菌群，但许多人和动物的种都是致病菌，可引起各种慢性病。模式种真菌样支原体真菌亚种（*M. mycoides* subsp. *mycoides*）和母山羊支原体羊肺炎亚种（*M. capricolum* subsp. *capripneumoniae*）是动物的病原，在国际上被严格控制。在人种中 *M. pneumoniae* 已被确定是主要的非典型肺炎病原，此病是小孩和青年人的常见病，有些病在肺炎的后感染综合征中主要感染神经系统。*Ureaplasma urealyticum* 被认为是男性非淋病尿道炎、尿道结石和婴儿在子宫内感染的可能病因。另一个生殖道支原体 *M. hominis* 是人类生殖道的常见菌，可引起女性的输卵管炎。

许多 *Mycoplasma* 的种引起牲口病害，包括牛、羊的胸膜肺炎、乳腺炎和结膜炎及猪、鸡和试验动物的慢性呼吸道疾病和关节炎。支原体是细胞培养中最麻烦的感染病原，而且感染是顽固的、难治愈的，并且很难检测和诊断。这种感染对研究室和应用组织培养的生物技术工业造成的损失是无法估量的，其支原体的污染源或来源主要是培养基成分特别是血清或技术人员口腔中的支原体菌群。

4.4　革兰氏阴性细菌——变形菌门

变形菌门包括了大部分的革兰氏阴性细菌。16S rRNA 基因序列同源性分析显示，这群细菌的表型和基因型都十分异源，表现为连续的树状图谱和密切的进化关系，生理功能上包括了有光合作用和非光合作用的类群、自养和异养的类群、好氧呼吸和厌氧呼吸的类群等。因此 1988 年 Stackebrandt 等将这群细菌命名为"变形菌"（Proteobacteria），由 Woese 等命名的 α、β、γ、δ 和 ε 群组成，并根据 16S rRNA 基因序列系统发育学关系，建立了 α、β、γ、δ 和 ε 变形菌纲。

4.4.1　α-变形菌纲

α-变形菌纲（Alphaproteobacteria）是一个大群表观特征十分异源的细菌，包括光能自养型、化能无机营养和化能有机营养类群，包括柄杆菌目（Caulobacterales）、短小核菌目（Parvularculales）、根瘤菌目（Rhizobiales）、红杆菌目（Rhodobacterales）、红螺菌目（Rhodospirillales）、立克次氏体目（Rickettsiales）和鞘氨醇单胞菌目（Sphingomonadales）。

4.4.1.1　根瘤菌属

根瘤菌是一群能够在豆科植物的根部形成复杂的共生结构并能够固定大气 N_2 的革

兰氏阴性细菌。它们以高效的共生机制侵染植物的根部并诱导形成叫作根瘤的特殊结构，因而被称作根瘤菌。根瘤菌在根瘤中形成"类细菌"，后者可将 N_2 转化为 NH_4^+。植物通过光合作用提供细菌固氮所需的能量，而固氮所产生的 NH_4^+ 可作为植物的氮源，这就是豆科植物种植不需施用氮肥的原因。

Fred 等在 1932 年就提出根瘤菌能使豆科植物结瘤，因而将具有此功能的细菌统称为根瘤菌，但随着更多的菌株和信息的积累，这个命名在分类学上显然不准确。已描述的根瘤菌有 6 个属 29 个种，其中根瘤菌属（*Rhizobium*）和慢生根瘤菌属（*Bradyrhizobium*）在《伯杰氏系统细菌学手册》（1984）中就有记载；固氮根瘤菌属（*Azorhizobium*）和中华根瘤菌属（*Sinorhizobium*）是 1988 年分别由 Dreyfus 等和我国学者陈文新等提出的。

豆科植物（Leguminosae）是植物最大的科之一，约有 750 个属，16000 到 19000 个种，传统上将它们分为三个亚科：Minosoideae、Caesalpinoideae 和 Papionoideae。其中 Minosoideae 和 Papionoideae 亚科的所有种都能结瘤，而 Caesalpinoideae 亚科中约 70％的种不结瘤。应当注意的是豇豆型的慢生根瘤菌能与非豆科植物 *Parasponis* 形成有效的共生结构，这是目前唯一一个被证实了的根瘤菌与非豆科的固氮联合体。

（1）根瘤菌的分类

早期，研究人员认为根瘤菌是一个单一种，并能够接种所有的豆科植物。1932 年，Fred 等经过在豆科植物上进行广泛交叉实验，将根瘤菌按照细菌-植物的交叉接种组分类，这就是有关根瘤菌早期的分类基础。然而这个寄主型分类概念在后来被证明是不科学的。2017 年出版的《伯杰氏古菌与细菌系统学手册》中有关根瘤菌科（Rhizobiaceae）的描述是：细胞为革兰氏阴性杆状，不产芽孢，运动，生有一根极生或亚极生鞭毛或 2～6 根周生鞭毛（图 4-4）；好氧生长，可利用多种糖类，并产生大量的胞外黏液物质，DNA 的 G＋C 摩尔分数为 57％～65％。除放射性土壤杆菌外，所有的种都刺激植物皮层高度膨大并激发豆科植物根部结瘤，或在有些植物的叶面结瘤。

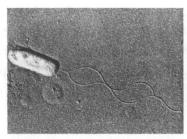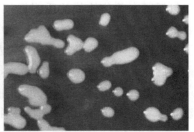

图 4-4　根瘤菌属的细胞（左）及菌落（右）

传统上，根据细菌的生长速度将根瘤菌分为快生型和慢生型两大类。快生型根瘤菌多与苜蓿、三叶草、蚕豆及豌豆生成根瘤，代时一般＜1.5h；而慢生型根瘤菌和大豆及豇豆结瘤，通常代时＞6h。1985 年，Hennecke 等通过 16S rRNA 编目法分析了快生型和慢生型根瘤菌的亲缘关系，表明它们确实代表了不同的系统发育分支。Elkan 和 Bunn 根据 Jordan 对慢生型根瘤菌的数值分类、糖类代谢、DNA 杂交、RNA 分析等特征将二群根瘤菌的主要特征列于表 4-5。

表 4-5　快生型和慢生型根瘤菌的特征鉴别

特征	根瘤菌类型	
	快生型	慢生型
代时	<1.5h	>6h
糖类	利用戊糖、己糖、单糖、双糖和三碳糖	只利用戊糖和己糖
代谢途径	EMP-活力低，菌株特异性； ED-主要途径，TCA-活性完全 PP 途径存在	EMP-活力低， ED-主要途径，TCA-活性完全 己糖循环存在
鞭毛着生方式	周生	亚极生
共生基因定位	质粒和染色体	仅在染色体上
固氮基因定位	*nifD*、*nifK*、*nijH* 在同一操纵子上	*nifH*、*nifD*、*nifK* 位于不同的操纵子上
天然抗生素抗性	高	低

除了快生型和慢生型两类根瘤菌外，还有另一种根瘤菌——固氮根瘤菌属，是由 Dreyfus 等于 1988 年提出的。*Azorhizobium* 最先从 *Sesbania rostrata* 的茎瘤中分离到，它们形成的共生瘤多位于豆科植物茎的下部，表型特征和遗传型特征也都区别于根瘤菌属和慢生根瘤菌属。

Woese 等在细菌的系统发育学研究中指出根瘤菌起源于紫色硫细菌；Young 和 Johnston 的研究证明根瘤菌属和慢生根瘤菌属之间的关系似乎不太密切，前者同土壤杆菌的关系密切，后者与沼泽红色假单胞菌（*Rhodopseudomonas palustris*）的关系更近。

（2）固氮作用

固氮作用是指将 N_2 转化为 NH_4^+ 的过程，由固氮酶催化完成。固氮酶复合体由两种组分构成，一是钼-铁蛋白（Mo-Fe 蛋白），还原 N_2；一个是铁蛋白，可结合 MgATP 并将电子传递给钼-铁蛋白。钼-铁蛋白的亚基由 *nifD* 和 *nifK* 编码，而铁蛋白由 *nifH* 编码。

目前发现具有固氮作用的生物只限于原核生物。固氮酶是个高度保守的蛋白质，根瘤菌的固氮酶同其他生物的固氮酶具有共性，但研究表明固氮酶的基因在快生型和慢生型两类根瘤菌的基因组定位却有差异（表 4-5），如快生型根瘤菌属的 *nifD*、*nifK* 和 *nifH* 位于质粒上，而慢生型大豆根瘤菌（*Bradyrhizobium japonicum*）的质粒不携带 *nif* 基因。另外，*nif* 基因的组织形式在两种根瘤菌中也不同，如大豆根瘤菌的 *nifD*、*nifK* 和 *nifH* 位于两个不同的操纵子上，而在根瘤菌属中所有的 *nif* 基因都位于同一个操纵子上。

（3）根瘤形成

根瘤形成是一系列复杂的生物学过程，而根瘤的形成和成熟是包括真核寄主——豆类作物和原核的根瘤菌之间的相互作用。这个复杂的过程在两个共生者中都产生了形态和生化上的变化，并使之具有还原 N_2 的能力。

根瘤形成开始时，首先是一种单一的根瘤菌在豆科植物的根际繁殖并附着在温带豆科植物的根毛上，之后改变在根毛表面的生长以使它们变形。Dazzo 和 Hubbell 总结了整个根瘤形成的过程（图 4-5）：根瘤菌识别豆科植物，根瘤菌附着于根毛上，使根毛卷曲，根瘤菌侵染根毛，形成侵染线，结瘤开始，在根瘤中，细菌的营养细胞转化为类细菌的增大的多型形态，能够固氮。

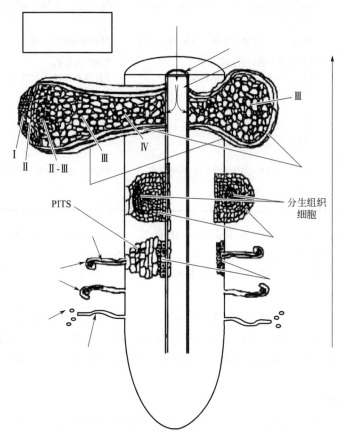

图 4-5　豆科植物根瘤的形成示意图

　　豆科植物根瘤的形成是多个植物和细菌的基因互作、建立和发展的结果。有关结瘤基因（nod）的研究近年来进展得十分快，这缘于分子生物学和基因工程手段的建立。许多结瘤基因已被鉴定和定位。不同种的根瘤菌只能使一定的植物种群结瘤，因而植物的基因在这种共生关系的建立上也有决定性的作用，说明了根瘤菌和植物间存在识别作用。因而应该有两类结瘤基因，一类是共同的 nod 区域，由结构和功能相同的基因簇构成；另一类是寄主特异性的结瘤基因，决定寄主范围。已知在快生型根瘤菌中 nodD 和 nodABC 分别位于两个操纵子上，nodABC 在所有的根瘤菌中行使相同的功能，当这些基因突变时会导致结瘤的彻底流产。而寄主特异性的结瘤基因在各种根瘤菌中各不相同，相互之间不能替代，这些基因突变时只会引起不正常的根毛反应。已在各种根瘤菌中鉴定了多个结瘤基因的遗传位点，根据发现和鉴定的时间顺序排列，如 nod、nol 和 noe，最早发现的 nod 又分为 nodA、nodB、nodC、nodD 等。迄今已鉴定的结瘤基因达 64 个，并已知它们多数成簇存在（图 4-6）。不少结瘤基因已被克隆和序列分析，nodD 基因簇的氨基酸序列分析表明它们可能是正向调节基因。

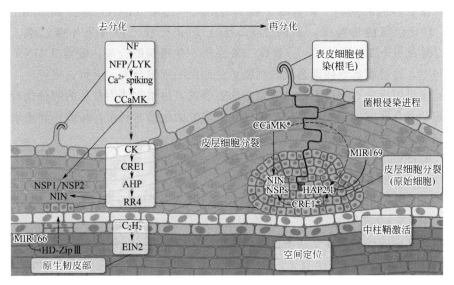

图 4-6　根瘤形成的调节

4.4.1.2　土壤杆菌属

　　土壤杆菌属（*Agrobacterium*）是根瘤菌科的成员。细胞为单个的革兰氏阴性杆状，无芽孢，$(0.6\sim1.0)\mu m\times(1.5\sim3.0)\mu m$，生有少数周生鞭毛。所有的菌株都能氧化代谢葡萄糖，但也有些菌株可进行厌氧硝酸盐呼吸。所有的菌株具有氧化酶和过氧化氢酶活性，并能利用许多糖类产酸。但不产生吲哚，不水解淀粉、几丁质、吐温 80 和明胶，并且不产生可溶性色素。它们的最适生长温度是 $25\sim28℃$。DNA 的 G＋C 摩尔分数是 $57\%\sim63\%$。染色体的大小为 5~6Mb，1982 年 Hooykaas 等构建了土壤杆菌的染色体连锁图。

　　土壤杆菌属的多数菌株是植物病原菌，它们的自然生境是敏感植物的根表、根围和茎的地下部分。1975 年后，在土壤杆菌的致病机理研究方面出现了质的飞跃，使得人们对它的生态学也有了新的认识。

　　（1）冠瘿病

　　冠瘿病是根癌土壤杆菌（*Agrobacterium tumefaciens*）引起的一种重要的经济病害。大多数双子叶植物和少数裸子植物对人工接种的土壤杆菌都敏感，甚至有些单子叶植物也有一定的敏感性，但它们都是无经济价值的禾本科植物。在自然界中，根癌土壤杆菌的寄主范围有限，主要是引起核果和梨果果树、坚果树、葡萄藤和少数观赏植物的经济损失。根癌土壤杆菌病害的特点是：在靠近地表的植物的冠部引起大的瘿，其寄主如葡萄藤也产生气瘿。

　　1975 年 van Larebeke 等和 Watson 等分别证明，根癌土壤杆菌的致病性由一个大质粒——瘤诱导性质粒（pTi）决定。目前已有几种 pTi 质粒被研究描述。研究得知 pTi 中的一段区域叫作转移 DNA（T-DNA），长度为 8~22kbp 不等，并且每个 pTi 上可能存在 1~2 个 T-DNA。细菌的 T-DNA 从植物的伤口转移到植物体内，并随机地整合到植物的细胞核中。整合的 T-DNA 可以是一个拷贝或几个拷贝，Willmitzer 等发现了 7~13 个 T-DNA 基因在植物中能够转录。已知至少在 8 个 T-DNA 的基因中有 3 个编码植物激素合成的基因，如基因 1 和 2 编码吲哚乙酸（IAA）的合成，其中基因 1（*iaaM*）转化色氨酸为吲哚，基因 2（*iaaH*）转化吲哚乙酰胺为吲哚乙酸。基因 4（*ipt*）控制着一个细胞激动素——异戊二烯腺苷-5-单磷酸的合成。随着 T-DNA 转移到植物细胞中，这些激素也随即合成并刺激不受调控的细胞分裂，导致冠瘿发生。

在冠瘿组织中含有一种不常见的化合物冠瘿碱，由植物体内常见的两种化合物以不正常的途径缩合而成。冠瘿碱不能被植物和大多数微生物所利用，却能特异地被根癌土壤杆菌利用，因而特异地激发了它的生长。

（2）T-DNA 从细菌转移到植物体及冠瘿病的诱发

T-DNA 不是 pTi 质粒上决定致病性的唯一部分，另一段长 3.5kb 的 vir 区域对致病力也起决定性作用，它的突变会使致病力完全丧失或明显下降。vir 区域并不转移到植物细胞中，Stachel 等的研究在一定的程度上阐明了 vir 区域的 6 个基因将 T-DNA 转移到植物细胞内的机制，即受伤的植物细胞会渗漏出低分子量的酚类物质，它们可诱导 vir 区域基因的表达。第一个被研究明了的酚类物质是乙酰丁香酮（Acetosyringone，AS）和羟基乙酰丁香酮（Hydroxy-acetosyringone，OH-AS）。

T-DNA 在两端具有长约 25bp 的重要的正向重复序列，叫作左（LB）、右边界序列（RB）。1985 年，Peralta 和 Ream 证明只有右边界序列对诱发冠瘿病是必需的。*virD1* 和 *virD2* 的表达产物可识别 LB 和 RB，并在 T-DNA 的边界序列处切开 T-DNA 的双链之一以产生单链 T-DNA。当然其他的酶对单链 T-DNA 的产生也很重要。*virC* 的产物似乎对 *virD* 核酸内切酶有增强作用；*virE2* 产生的多肽可结合在单链 DNA 上，形成的蛋白质-DNA 复合物会部分进入植物体。已知至少有三种 *virB* 的基因产物与细菌的细胞膜有关，可能指导 T-DNA 链穿过细胞膜。但有些 *vir* 区域基因的功能尚不明了，因而 T-DNA 转移和整合到植物基因组的全过程还未彻底阐明。

植物受伤不仅对诱导 Vir 活力的酚类物质产生，而且可能对刺激细胞分裂也有重要的影响。因此一般而言，植物只是在 DNA 合成期才有可能患冠瘿病。

根癌土壤杆菌诱发冠瘿病的整个过程总结如下：根癌土壤杆菌对植物受伤组织分泌的酚类物质发生趋化反应；根癌土壤杆菌附着并定植在植物细胞上；植物的酚类物质诱导 *vir* 基因；T-DNA 加工形成进入植物体的 T-DNA 链；T-DNA 整合到植物基因组上；合成 T-DNA 编码的植物激素；植物细胞快速分裂形成冠瘿；合成冠瘿碱（Opines）；由于冠瘿碱的营养，根癌土壤杆菌呈优势生长；冠瘿碱诱导 pTi 质粒转到其他细菌细胞中。

4.4.1.3　红螺菌属

红螺菌属（*Rhodospirillum*）是红螺菌目，红螺菌科的模式属。红螺菌科的菌株也叫作紫色非硫细菌，是一群多样性丰富、不产氧的光合细菌，并且不利用单质硫作为电子供体进行自养生长。在厌氧条件下，它们进行光合自养或异养代谢，含有细菌叶绿素 a 或 b 和 1～4 群的类胡萝卜素，光合色素位于不同的内膜系统上。内膜系统与细胞质相连。《伯杰氏古菌与细菌系统学手册》（2017）中，红螺菌科包括 10 个有效发表的属：固氮螺菌属（*Azospirillum*）、磁螺菌属（*Magnetospirillum*）、褐螺菌属（*Phaeospirillum*）、红婆菌属（*Rhodocista*）、红螺细菌属（*Rhodospira*）、红螺菌属（*Rhodospirillum*）、红弧菌属（*Rhodovibrio*）、玫瑰螺菌属（*Roseospira*）、左旋螺菌属

（*Levispirillum*）和斯克尔曼氏菌属（*Skermanella*）。

不产氧的光合细菌主要生活在缺氧的水域和沉积物中，在那里它们可得到足够的光照以进行光合作用。而紫色非硫细菌的代表菌群广泛分布于自然界的各种静止水体中，包括湖水、废水池、沿海盐水湖和其他水环境，也出现在沉积物、湿土和水稻田中。它们更多的生活在富含大量的可溶性有机物和低氧环境中，但同紫色硫细菌不同的是它们很少形成带颜色的"花"。紫色非硫细菌很容易从传统的垃圾处理场中富集到，尤其在活性污泥中的数量可达 10^6 个/mL。厌氧污泥在进行光照培养时会自发变成红褐色，原因是光合细菌的存在。

红螺菌属的特征是：细胞弧形或螺旋形，$0.8\sim1.5\mu m$ 宽，极生鞭毛运动，细胞行二分裂，革兰氏阴性；属变形菌纲的 α-亚纲；光合内膜囊泡状或片层状，光合色素为细菌叶绿素 a 和螺菌黄素类类胡萝卜素；醌类以 Q 或 RQ 为主；淡水菌种的生长不需氯化钠；细胞喜在光照厌氧条件下光异养生长，但可在黑暗条件下微好氧或好氧生长；需生长因子；DNA 的 G+C 摩尔分数是 63％～66％。红螺菌属与其他有关菌属的形态和生理学特征在鉴定上是十分重要的。

在厌氧条件下有些菌株也可利用硝酸盐、亚硝酸盐、NO、DSMO 或氧化三甲氨（TMAO）作为电子受体进行厌氧呼吸。在缺乏外源电子受体时，紫色非硫细菌也可通过发酵代谢获得能量。发酵产生各种有机酸、CO_2、H_2。有机碳源在红螺菌光合和呼吸生长时具有不同的功能，光照生长时有机碳只是细胞的碳源，而呼吸生长时，它们大部分被彻底氧化。大部分菌株可利用三羧酸循环的中间产物及直链饱和脂肪酸（5～18碳），可同化葡萄糖、果糖和乙酸。CO_2 是重要的碳源，各种紫色非硫细菌通过卡尔文（Calvin）循环自养固定 CO_2，即使混养条件下，如在几种还原的有机物同化过程中，CO_2 也是必需的。

紫色非硫细菌一般不利用还原的硫化物，即使氧化它们也不在细胞内积累单质硫颗粒。其中有三个种在氧化硫化物时在细胞外积累单质硫。氨、N_2 和一些有机氮是大多数紫色非硫细菌的氮源，只有少数种能利用硝酸盐。固氮作用是多数光合紫色细菌的特征；多数菌株具有光合产氢的能力，它们可将许多碳源，如乳酸、乙酸、丁酸、苹果酸等彻底降解为 CO_2 和 H_2，这些产物反过来又是自养生长的底物。光合产氢是固氮酶催化的副产物，H_2 的摄取由一个膜蛋白——氢化酶催化。

鉴于紫色光合细菌的生理特征，它们的应用包括三方面：垃圾处理、蛋白质的生产和分子氢的制备。另外也被用于无细胞体系的光合作用和 ATP 合成及维生素和其他有机分子的生产。

4.4.1.4　立克次氏体

立克次氏体目（Rickettsiales）由与各种真核细胞建立了寄生或互生关系的原核生物组成。它们多数是小的革兰氏阴性杆状细胞，只能在寄主细胞内繁殖。由于它们的多样性，而无法用简单的描述去概括。另外，还有一些立克次氏体样的内共生体，它们或根本就没被进行分类研究或研究不完全。这类内共生体通常与原核生物、昆虫、其他无脊椎动物或真菌共生，由于无法分离培养，对它们的研究比自由生活的原核生物困难得多，加上它们的生境多样性，因而对它们的分类学研究是不完整的。

在《伯杰氏古菌与细菌系统学手册》（2017）中，立克次氏体目包括了三个科：立克次氏体科（Rickettsiaceae）、无定型体科（Anaplasmataceae）和全孢体科（Holosporaceae）。在立克次氏体科中包括立克次氏体属（*Rickettsia*）和奥力安属（*Orientia*）两个属。

立克次氏体属特征是短的、常成对的杆状，(0.3～0.5)μm×(0.8～2.0)μm，具有典型的革兰氏阴性细胞壁结构和双层内膜、肽聚糖层和双层外膜。细胞常被一个蛋白质微荚膜层和黏液层包裹。当 Giménez 染色时，立克次氏体保留品红。它们是严格的胞内寄居生物，生活在真核寄主细胞的细胞质中，并以二分裂方式繁殖。立克次氏体的种被分为三群：斑疹伤寒（Typhus）、斑疹热（Spotted fever）和 Scrub thphus 立克次氏体群。斑疹伤寒立克次氏体群包括了流行性斑疹伤寒的病原，如 *Rickettsia prowazekii*；地方性斑疹伤寒病原，如 *R. typhi* 和未知致病性的蚤生种 *R. cxanada*。斑疹热立克次氏体群包括了 6 种人病的病原、5 个低致病性的种和 11 个其他未分群的蚤病原。*R. tsutsugamushi* 属于 Scrub thphus 立克次氏体群，引起人的 Scrub thphus 立克次氏体病。立克次氏体属的种关系密切，形成了变形菌纲 α-亚纲中一个独立的分支。

立克次氏体与节肢动物关系密切，如扁虱、螨虫、跳蚤、虱子及其他昆虫是它们的自然栖息地。它们的繁殖循环常借助脊椎和无脊椎动物寄主，一些节肢动物既储存又传播它们。许多种经被感染的雌性经卵传给下一代。离开寄主的立克次氏体细胞不稳定，蛋白质、蔗糖及维持外膜完整、渗透压及 ATP 水平的物质可提高它们的稳定性。保存立克次氏体的最好方法是快速冷冻并在－50℃保存，56℃可快速失活细胞。立克次氏体从三羧酸循环的谷氨酸代谢获得能量，但不利用葡萄糖，可转运并代谢磷酸化的化合物但不合成或降解单磷酸核苷酸，它们的 G＋C 摩尔分数为 29%～33%。目前该属包括 21 个种。

由于立克次氏体无法分离，必须依赖于寄主，培养困难，在研究中一般不分离，而是在光学显微镜或电子显微镜下直接观察（图 4-7）。

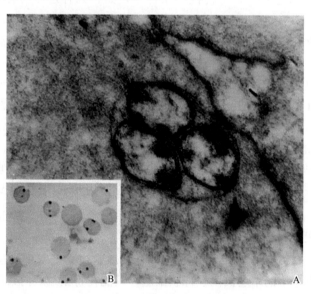

图 4-7　寄生于胞内的立克次氏体

4.4.2　β-变形菌纲

β-变形菌纲（Betaproteobacteria）是 1984 年 Woese 等根据 16S rRNA 系统发育关

系分析提出的，在 2017 年出版的《伯杰氏古菌与细菌系统学手册》中 β-变形菌纲包括了伯克霍尔德氏菌目（Burkholderiales）、嗜氢菌目（Hydrogenophilales）、嗜甲基菌目（Methylophilales）、奈瑟氏菌目（Neisseriales）、亚硝化单胞菌目（Nitro-somonadales）、普洛卡氏菌目（Procabacteriales）和红环菌目（Rhodocyclales）。

4.4.2.1 伯克霍尔德氏菌属

伯克霍尔德氏菌属（Burkholderia）是伯克霍尔德氏菌目伯克霍尔德氏菌科（Burkholderiaceae）的模式属，包括了 100 多个种，有超常的代谢能力，因此它们广泛分布于各种生境中。这些种主要分离于土壤，与各种植物和真菌互作。该属具有两个三级病原，即鼻疽伯克霍尔德氏菌（B. mallei）和假鼻疽伯克霍尔德氏菌（B. pseudomallei），但越来越多关于伯克霍尔德氏菌是人的条件致病菌的报道。伯克霍尔德氏菌似乎偏好浸染患囊泡纤维症或慢性肉芽肿和需呼吸机病人的呼吸道而引起危及生命的肺部感染。伯克霍尔德氏菌既可成为人类的朋友又可是敌人。当第一个伯克霍尔德氏菌的种被认为是植物、人和动物的病原，之后的研究发现它们在植物生物技术方面具有重要的作用，如促进植物生长、用于生物防治多种植物害虫及生物修复，并引发了人们广泛的兴趣。大量的菌株基因组被测序，但从基因组数据仍无法区分好坏菌株或哪些种或菌株具有生物技术的安全性。由于物种的系统发育学多样性，最近有学者提出重新分类，将大多数种归为狭义的伯克霍尔德氏菌属，其他被报道侵染人的物种归为新属 Caballeronia 和 Paraburkholderia 及 Robbsia。

伯克霍尔德氏菌属的细菌细胞为直或弯杆，单生或成对，细胞大小通常（0.5～1）μm×（1.5～4）μm。有的种以单根但更常见以数根极生鞭毛运动，但鼻疽伯克霍尔德氏菌属无鞭毛不运动。细胞无鞘或菌柄，也未发现休眠期。革兰氏染色阴性，多数种积累聚 β-羟基丁酸（PHB）作为储存碳。化能有机营养，以分子氧为终电子受体的严格呼吸代谢方式；有些种能以硝酸盐为电子受体进行厌氧呼吸。含有触酶。所有的种好氧氧化葡萄糖，中温生长。有些种的菌株能够固氮。可利用多种有机物作为碳源和能源生长。典型的细胞脂肪酸是 C14、C16 和 C18 的羟基脂肪酸，即 $C_{14:0}$-3OH、$C_{16:0}$、$C_{16:0}$-2OH、$C_{16:1}$ 和 $C_{18:1}$，最主要的是 $C_{16:0}$-3OH，含量最高的是 $C_{18:1}\omega7c$；主要的醌是 Q-8。

伯克霍尔德氏菌属的 DNA 的 G＋C 摩尔分数高达 64％～69％。洋葱伯克霍尔德氏菌（Burkholderia cepacia）是该属的模式种。

4.4.2.2 螺菌属

螺菌属（Spirillum）是 Ehrenberg（1832）建立的，1973 年 Hyleman 等提出将螺菌属分为三个属：螺菌属、水螺菌属（Aquaspirillum）和海洋螺菌属（Oceanospiril-lum）。其中细胞个体大、具有两极大束鞭毛的微好氧螺菌（图 4-8）及 DNA 的 G＋C 摩尔分数为 38％者仍保留在修订过的螺菌属内，目前只有一个种——迂回螺菌（S. volutans）。所有海洋来源的螺菌，根据其需求海水及 DNA 的 G＋C 摩尔分数为 42％～48％，而被转入新属——海洋螺菌属。那些好氧的淡水螺菌，因其耐盐性低及 DNA 的 G＋C 摩尔分数高（50％～65％），而被转入新属——水螺菌属。根据 16S rRNA 同源性，在《伯杰氏古菌与细菌系统学手册》（2017）中螺菌属归属于亚硝化单胞菌目（Nitrosomonadales），螺菌科（Spirillaceae），水螺菌属归属于奈瑟氏菌目，奈瑟氏菌科；而海洋螺菌属归属于 γ-变形菌纲，与海螺菌属（*Marinospirillum*）和海单胞菌属（*Marinomonas*）组成海洋螺菌科。

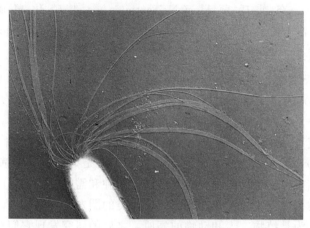

图 4-8　螺菌属的形态特征

螺菌属的菌株为微好氧细菌，细胞个体很大，呈"逆时针"式螺旋状，每个细胞具有 $1 \sim 5$ 圈，波长为 $16 \sim 28 \mu m$，螺旋直径为 $5 \sim 8 \mu m$，长度为 $14 \sim 60 \mu m$。细胞内含有数个 PHB 颗粒，两端生有大束的无鞘鞭毛。螺菌营严格好氧生长和呼吸代谢，但常用的液体培养基，如营养肉汤中营微好氧代谢，很低浓度的 H_2O_2（$0.29 \mu mol/L$ 或更高）就可抑制它的生长；它们只能在微好氧（12% O_2 或更少）条件下在固体培养基上形成菌落。螺菌在生化反应上相对惰性，但它的氧化酶和磷酸酶都为阳性，并能从半胱氨酸产生 H_2S。它们不能代谢糖类，无触酶、DNase、RNase、脲酶酶活，及不液化明胶，不水解酪素、淀粉和七叶灵，不还原硝酸盐和不能利用厌氧硝酸盐生长。它们的碳源和能源包括各种有机酸，其中琥珀酸、苹果酸、草酸和丙酮酸是最适底物，生长不要求维生素，主要生活在各种淡水环境中。

4.4.2.3　奈瑟氏菌属

奈瑟氏菌属（*Neisseria*）是 1885 年 Trevisan 为了纪念 Albert Neisser 医生而命名的，他在病人脓液中发现了这种淋病病原细菌。在《伯杰氏古菌与细菌系统学手册》（2017）中归属于奈瑟氏菌目，奈瑟氏菌科。

奈瑟氏菌的细胞为革兰氏阴性球菌，直径 $0.6 \sim 1.0 \mu m$，成对出现，并且两个细胞的相邻面为平面，呈特征性的"肾豆"状双球排列（图 4-9）。细胞向两个垂直的平面分裂，常形成立体状四联体。细胞不运动，好氧生长。有些菌株产生黄绿色的类胡萝卜素，有些菌株营养要求苛刻并溶血。最适生长温度为 $35 \sim 37{}^{\circ}C$。化能有机营养，有些种分解糖。几乎所有的菌株产生氧化酶、触酶、碳酸酐酶和亚硝酸盐还原酶，但不产生胸腺嘧啶磷酸化酶、脱氧核糖转移酶和胸腺嘧啶激酶。有些种是人的病原菌。DNA 的 G＋C 摩尔分数是 $46.5\% \sim 53.5\%$。

目前奈瑟氏菌属包括 12 个分离于人的种和生物型，另有 4 个可能分离于动物。这些种可分为两大群，第一群包括淋病奈瑟氏菌（*N. gonorrhoeae*）、脑膜炎奈瑟氏菌（*N. meningitidis*）、乳糖奈瑟氏菌（*N. lactamica*）、灰色奈瑟氏菌（*N. cinerea*）、多糖奈瑟氏菌（*N. polysaccharea*）和淋病奈瑟氏菌克氏亚种（*N. gonorrhoeae* subsp. *kochii*），这些种不产色素，菌落半透明；第二群包括浅黄奈瑟氏菌（*N. subflava*）、干燥奈瑟氏菌（*N. sicca*）和黏液奈瑟氏菌（*N. mucosa*），它们是分解糖的种，菌落通常不透明并产黄色素。只有两个种 *N. gonorrhoeae* 和 *N. meningitidis* 被认为是致病菌。

奈瑟氏菌属的菌株寄居在哺乳动物的黏膜上，所有的菌株都定植在口咽和鼻咽，但只有淋病奈瑟氏菌是真正的致病菌。淋病常表现为黏膜表面柱上皮细胞的局部感染，如尿道、子宫颈、直肠、咽部和眼；鳞状上皮细胞对淋球菌的感染不敏感。淋球菌引起的局部感染的主要症状是流脓，当然有些菌株的感染无症状除非做临床检查才可发现。淋球菌在咽部存在时常常无症状，因为细菌只是在那里定植而不感染。淋球菌感染后如不及时治愈可能会发展到复合症，约 0.5% 的感染者可能发展到传播性（或败血病）的淋球菌感染，约 15% 感染妇女可能发展到骨盆发炎（PID）。

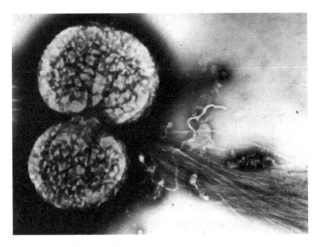

图 4-9　脑膜炎奈瑟氏菌的细胞特征

4.4.2.4　产碱菌属和无色杆菌属

产碱菌属（*Alcaligenes*）和无色杆菌属（*Achromobacter*）同属于伯克霍尔德氏菌目，产碱菌科。它们的成员均为严格好氧，产生氧化酶，革兰氏阴性，具有周生鞭毛的杆菌或球菌，过去区别二者的关键特征是产碱菌属不利用糖类。正如 Kersters 和 De Ley 所说"这两个属定义的不严格性，使得它们常成为那些特征不明确或研究较少的细菌种群的归宿"。无色杆菌属在 1980 年"批准的细菌名称"和《伯杰氏系统细菌学手册》（1984）中都未被接受，但临床微生物学家仍在沿用它。也有的学者将无色杆菌放在产碱菌属中考虑，如将氧化木糖的 *Achromobacter xylosoxidans* 作为 *Alcaligenes denitrificans* 的一个亚种，但这样又与产碱菌属不利用糖类的定义相悖。对这群菌的生化特征和遗传背景研究较少，才造成了分类学上的混乱，在细菌系统发育树的变形菌纲的不同分支中均有产碱菌属的成员，随着分子遗传学和分子系统学研究在细菌分类中的应用使得这群菌的分类体系不断完善。

16S rRNA 基因序列同源性研究表明产碱菌属属于 β-变形菌纲，根据 rRNA-DNA 杂交的研究，1986 年，De Ley 等提出了产碱菌科，包括产碱菌属和博德特氏菌属。在《伯杰氏古菌与细菌系统学手册》（2017）中，产碱菌科包括了 9 个属：无色杆菌属、产碱菌属、博德特氏菌属（*Bordetella*）、德克斯氏菌属（*Derxia*）、寡养菌属（*Oligella*）、居鸽菌属（*Pelistega*）、噬色素菌属（*Pigmentiphage*）、萨特氏菌属（*Sutterella*）和泰勒氏菌属（*Taylorella*）。从系统发育学角度看，产碱菌属的模式种——粪产碱菌同其他种的关系甚远，如果仍将它保留在这个属内，那么其他种则不再属于这个属的范畴，而属于 α 或 γ-亚纲。一些海洋种（*A. aestus* 和 *A. pacificus* 等）现已转入 γ-亚纲的新属 *Deleya*，另外被错误命名为产碱菌的种也被转入不动杆菌属或假单胞菌属中。

多种化学分类方法的应用使得产碱菌属的准确鉴定和分类逐渐完善，目前属的独特特征是细胞含有带 8 个类异戊二烯（Isoprenoid）单位侧链的泛醌和羟基腐胺。该属的特征是：细胞杆状、球杆状或球状，$(0.5\sim1.2)\mu m \times (0.5\sim2.6)\mu m$，通常单个出现；革兰氏染色阴性；以 $1\sim8$ 根（偶尔可达 12 根）周生鞭毛运动；专性好氧，具严格代谢呼吸型，以分子氧为电子最终受体；有些菌株在硝酸盐或亚硝酸盐存在时可进行厌氧呼吸；生长温度为 $20\sim37$℃；在营养琼脂上的菌落不产生色素；氧化酶、触酶阳性，不产生吲哚，通常不水解纤维素、七叶灵、明胶及 DNA；化能有机营养型，利用不同的有机酸和氨基酸为碳源，从几种有机酸盐和酰胺产碱；通常不利用糖类，但有些菌株可利用 D-葡萄糖、D-木糖为碳源产酸；分布于水和土壤中，一些菌株是脊椎动物肠道中常见的寄生菌。

产碱菌属的菌株广泛存在于土壤、水体、医院环境和人的临床标本。被错误命名的粪产碱菌造成了禽类养殖业的严重损失，并常从尿道中分离到，1984 年 Kersters 等将这些菌株转入博德特氏菌属；而真正的粪产碱菌却很少从临床标本中分离到，但 1986 年 Kiredjian 等命名的皮氏产碱菌（*A. piechaudii*）则主要分离于人的临床标本，因而仍将产碱菌作为条件致病菌。

许多分解难降解化合物的土壤细菌属于产碱菌，它们降解这类化合物的效率可与假单胞菌相比。难降解化合物的酶的基因均位于质粒上，这些质粒的获得或许是抗污染物菌株的特征，显示了它们在环保中的重要性。产碱菌 BR60 菌株含有一个不稳定的分解质粒 BR60，当将它的分解基因用于菌落杂交时，发现在每克河水沉积物中含有 1×10^4 个 3-氯苯甲酸降解菌；Tomita 等发现在产生二甲基二硫化合物（DMDS）的活性污泥中，一半的分离菌株属于假单胞菌或产碱菌。这些菌株可从 DL-甲硫氨酸和 δ-甲基-L-半胱氨酸形成 DMDS；反硝化产碱菌（*A. denitrificans*）的纯菌株也具有此功能，它们的这些功能备受人们的关注。

4.4.2.5 自养氨氧化细菌

自养氨氧化细菌代表了生理上十分特别的一群微生物。它们均是革兰氏阴性细菌，能够从氧化氨为亚硝酸盐的反应中获得能量，并将 CO_2 同化为细胞碳。然而在系统发育上它们至少代表了两个进化分支，根据 16S rRNA 基因序列同源性分析可知，亚硝化球菌属（*Nitrosococcus*）属于 α-变形菌纲，而亚硝化单胞菌属（*Nitrosomonas*）、亚硝化螺菌属（*Nitrosospira*）及亚硝化弧菌属（*Nitrosovibrio*）构成了 β-变形菌纲的亚硝化单胞菌科。

氨氧化细菌具有生态学重要性，它们和自养亚硝酸氧化细菌共同作用对无机氮化合物的生物氧化有着重要的作用。以往这两群细菌都被归入硝化细菌科（Nitrobacteraceae），但系统发育学上二者的关系并不密切。

自养氨氧化细菌存在于各种自然环境中，它们广泛分布于土壤、淡水和海洋环境中，然而许多种主要或只出现在一些特定环境，如垃圾丢弃系统、盐水或公海，有些种倾向于富营养化的环境，而有些种则喜于寡营养化的系统。除了对盐的要求外，所有的菌株的最适生长条件相似，最适 pH7.8，温度 30℃左右。因而在大量培养氨氧化细菌时，通气和 pH 控制十分重要，而终产物亚硝酸盐的积累似乎是影响生长的另一个重要因素。

根据细胞形态和胞内细胞膜的排列（图 4-10），目前已描述的氨氧化细菌共有 5 个属，它们的特征如下：

① 亚硝化单胞菌属：细胞直杆，胞内原生质体膜在细胞间质中呈扁平的泡囊排列；有的菌株呈球杆状。

② 亚硝化球菌属：细胞球杆状，胞内原生质体膜在细胞间质中呈扁平的泡囊排列或呈向心堆积的泡囊。

③ 亚硝化螺菌属：细胞呈紧密围绕的螺旋体，无发达的胞内原生质体膜系统。

④ 亚硝化弧菌属：细胞为纤细弯曲杆，无发达的胞内原生质体膜系统。

⑤ 亚硝化叶菌属（*Nitrosolobu*）：多形态的叶状细胞，并被细胞质膜分隔开来。

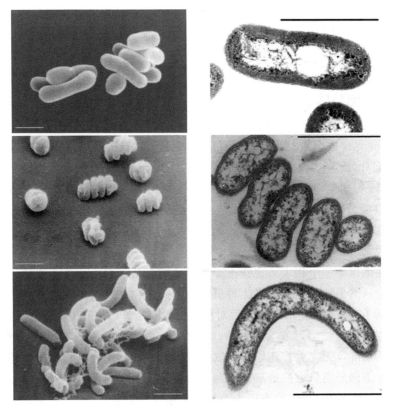

图 4-10 自养氨氧化细菌多种细胞特征

所有已知的自养氨氧化细菌都是专性自养型，不能营混合营养方式，原因是它们缺少 NADH 氧化酶与 ATP 合成的偶联系统。尽管它们不能利用有机碳源，但有些菌株能够利用脲作为主要的氨源。CO_2 是自养氨氧化细菌主要的碳源，它们通过卡尔文

(Calvin）循环同化 CO_2。它们也或多或少地利用一些简单的有机物，如甲酸、乙酸和丙酮酸。

自养氨氧化细菌都是严格好氧细菌，但在低浓度的氧中也可生长。低氧压时，无论是海洋种还是陆地种都可产生 NO 或 N_2O，其摩尔分数可达 20%，这种现象可用反硝化作用来解释。自养氨氧化细菌对紫外线和蓝光都敏感。

生物氨氧化作用是环境除氮的一个重要过程，也是废水处理中一种特殊的硝化过程。然而氨氧化细菌对天然石建筑物的腐蚀也起一定的作用，这主要是酸化反应的结果。

4.4.3　γ-变形菌纲

γ-变形菌纲（Gammaproteobacteria）是 Carl Woese 等根据 16S rRNA 系统发育学分析在 1985 年提出的，该纲的细菌生理学特征和代谢类型多样性十分丰富，并包括了多种致病细菌。在《伯杰氏古菌与细菌系统学手册》（2017）中，γ-变形菌纲共有 14 个目，它们是酸硫杆菌目（*Acidithiobacillales*）、气单胞菌目（*Aeromonadales*）、交替单胞菌目（*Alteromonadales*）、心杆菌目（*Cardiobacteriales*）、着色菌目（*Chromatiales*）、肠杆菌目（*Enterobacteriales*）、军团菌目（*Legionellales*）、甲基球菌目（*Methylococcales*）、海洋螺菌目（*Oceanospirillales*）、巴斯德氏菌目（*Pasteurellales*）、假单胞菌目（*Pseudomonadales*）、硫发菌目（*Thiotrichales*）、弧菌目（*Vibrionales*）和黄单胞菌目（*Xanthomonadales*）。

4.4.3.1　假单胞菌属

直到 20 世纪 60 年代前假单胞菌属的分类和命名十分混乱，之后 Stanier、Doudoroff 和 Pallleroi 对这群菌进行了系统研究，发现这是个十分异源的种群，1973 年 Pallleroi 等将它们分为 5 个 RNA 群，其中只有群 I 是严格定义的假单胞菌属。其余成员在近 10 年中被转入其他 10 个属中，有的是新成立的属，如伯克霍尔德氏菌属（*Burkholderia*）、食酸菌属（*Acidovorax*），它们都属于 β-亚纲，而寡养单胞菌属（*Stenotrophomonas*）是黄单胞菌科（Xanthomonadaece）的一个新属。

假单胞菌属（*Pseudomonas*）是假单胞菌科（Pseudomonadaceae）的模式属，该科是革兰氏阴性细菌中一个很大，也很重要的科，它包括了自由生活于土壤、水、海洋环境及许多其他自然生境的大部分腐生种群，有的与植物和动物的病害有关。假单胞菌科是 Winslow 等在 1917 年提出的，之后对科的定义有所修改。假单胞菌科的特征：细胞杆状、直或弯，极生鞭毛，革兰氏阴性，不产芽孢；细胞无鞘和突柄；化能有机营养，呼吸代谢从不发酵，无光合作用，有的属可以固氮；能利用一碳化合物之外的所有有机物生长。随着细菌分类研究的进展和新菌种的发现，假单胞菌科不仅在数量上而且在成员上都发生了很大的变化。《伯杰氏古菌与细菌系统学手册》（2017）中，假单胞菌科包括 8 个属，它们是假单胞菌属（*Pseudomonas*）、固氮单胞菌属（*Azomonas*）、固氮菌属（*Azotobacter*）、纤维弧菌属（*Cellvibrio*）、嗜中温杆菌属（*Mesophilobacter*）、根瘤杆菌属（*Rhizobacter*）、皱纹单胞菌属（*Rugamonas*）和蛇型菌属（*Serpens*）。

假单胞菌属的形态学特征：直或微弯的杆菌，不呈螺旋状（图 4-11），（0.5～1.0）μm×（1.5～5.0）μm；许多种积累聚-β-羟丁酸盐为储藏物质；没有菌柄也没有鞘，不产芽孢；革兰氏阴性，以单极毛或数根极毛运动，很少有不运动者；有的种还具短波长的侧毛；好氧生长，严格的呼吸代谢类型，以氧为最终的电子受体，有些菌株能以硝酸盐为电子受体进行厌氧呼吸；它们不产生黄单胞色素，几乎所有的种都不能在酸性条件下生长；大多数种不需要有机生长因子，但属于化能营养异养菌，有的种是兼性化能自养，可利用 H_2 或 CO 为能源；氧化酶阳性或阴性，但触酶皆阳性；DNA 的 G＋C 摩尔分数为 58％～70％。

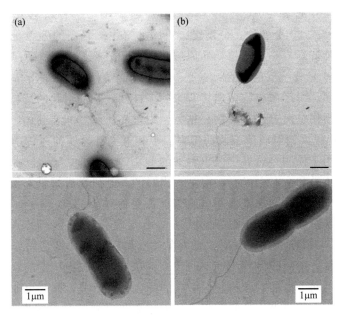

图 4-11　假单胞菌属的细胞特征

假单胞菌属的成员具有重要的生态功能，它们参与各种有机物的碳循环，因此人们对它们的生化特征和分解代谢途径进行了广泛研究。这群菌已被用来解决环境问题，降解天然的或人工合成的化合物。但有的种对人、动物或植物有致病性。

（1）人和动物的病原假单胞菌

假单胞菌在自然界分布广泛，尤其在土壤和水中十分丰富，但有些种也定植在动植物体上，并引起宿主发病。然而引起动物发病的菌株并不多，而且不是在任何条件下都致病，所以它们被归入条件致病菌类。

铜绿假单胞菌（*P. aeruginosa*），俗称绿脓杆菌是这个属的模式种，也是迄今发现的人和动物的主要病原假单胞菌，它的一些菌株也是重要的植物病原。动物病原假单胞菌均是腐生型，毒力较低，属于条件致病菌，主要引起抵抗力低下的人群发病。它们可能分布于人体的任何部位，最常见于尿道、呼吸道、伤口和血液，与动物的肺炎、肠炎、阴道炎、乳腺炎及子宫内膜炎有关。它侵染组织的能力有限，因而它常利用偶然机会如烧伤、伤口、静脉注射和尿道导流及手术过程侵染人体。铜绿假单胞菌产生的几种胞外产物（如蛋白酶、弹性酶）有助于它的侵染。大多数菌株产生外毒素 A，而且常在缺铁时诱导产生，现在已知这个毒素的作用对象是蛋白质翻译中的延伸因子。

铜绿假单胞菌受到了微生物学家、遗传学家和生化学家的广泛关注，有关它的研究报告可能超过了所有其他种的总和。它分布于几乎任何环境中，除了具有属的共同特征外，其独特的表观特征如下：能在 41℃ 生长，尤其产生脓青素和荧光色素是其唯有的特征，可利用硝酸盐厌氧呼吸，可水解明胶，含有脂肪酶，分解吐温 80，但不产卵磷脂酶；DNA 的 G+C 摩尔分数为 67%，是所有假单胞菌的最高值；它们的菌落带有灰色并有典型的臭味，产生水溶性的荧光绿色素使培养基变绿。

（2）植物病原及与植物有关的假单胞菌

植物病原假单胞菌是一群多样性丰富的细菌种群，表现在遗传学、生态学和引起的病害种类方面。引起植物病害的假单胞菌至少有 25 种，其中丁香假单胞菌（*P. syringe*）含有约 50 个变种，分别侵染不同的寄主。它们的分布是世界性的，侵染几乎所有的植物种群。当然有些植物病原假单胞菌已转入约 10 个已存在的或新成立的属中，如引起世界上最严重的细菌病害——青枯假单胞菌（*P. solanacearum*）已转入伯克霍尔德氏菌属。由于假单胞菌遗传背景的多样性，它们引起的植物病害也是多种多样的，包括坏死损伤、斑点病、溃疡、枯萎、冠瘿病、腐烂和萎蔫病。

20 世纪 80 年代人们对假单胞菌的毒力因子和寄主特异性的遗传学和生理学基础进行了广泛研究。用于检测自然界中假单胞菌的 DNA 探针和免疫学技术也进展甚快，只是在这群菌的系统学和命名上尚存在混乱。当时的基础研究成果也未很好地用于病害问题的解决，除了少数菌株，如丁香假单胞菌丁香变种（*P. syringae* pv. *syringae*）引起的病害外，其他的至今尚未得到很好的控制。

1968 年 Crosse 根据细菌病原的主要生存环境和存活模式将它们分为 4 类：①无土壤期的病原；②具有瞬间或短暂土壤期的病原；③具有较长土壤期的病原；④具有长期土壤期的病原。不同类群的病原与它们引起的病害种类有关，同时也非常符合这个划分标准。植物病原假单胞菌多数是叶病原，它们主要生活在植物的根圈，偶尔引发病害。这些假单胞菌虽都是腐生的，但是植物上具有强竞争力的生物，属于第 4 类病原，它们的生境分述如下。

① 叶病原：多数叶病原属于 Crosse 的第 1 和 2 类，它们中的大多数是 *P. syringae* 的病理变种。1978 年，Schroth 等报道大多数叶病原可在植物残留体上存活一年，即使植物体已被收获割倒。当然存活时间取决于环境的温度和湿度，严格的叶病原在土壤中离体后不能长期生存。

② 人病原：铜绿假单胞菌和洋葱假单胞菌（已转入 *Burkholderia* 属）既是人的病原，也是植物病原。它们最常见于烧伤病人和癌症患者，也是植物的准病原，当植物处于不利条件下时，如高温高湿，才诱发病。

③ 寄主的特异性：许多植物病原假单胞菌只有很窄的寄主范围，如多数 *P. syringae* 病原变种只侵染有关的植物种。然而寄主特异性并未得到深入研究，*P. viridiflava*、*P. cichorii* 和 *P. marginalis* 似乎具有广泛的寄主范围，它们引起多种蔬菜相似的病害；*P. viridiflava* 引起多种植物如西红柿、桃、南瓜、十字花等叶部的水腐；*P. cichorii* 是莴苣的常见病原；*P. solanacearum* 是一个主要的病原，种群 1 侵染塘莴和其他植物，种群 2 侵染香蕉和海里康，种群 3 侵染土豆。而且每群中都有许多已知和未知的病理变种。

4.4.3.2　固氮菌属和氮单胞菌属

固氮菌属（*Azotobacter*）和氮单胞菌属（*Azomonas*）的成员均具有非共生固氮的

能力，其生物学特点是非共生、好氧，在无氮或氮贫乏的培养基上能够利用有机碳源（倾向于糖、醇或有机酸）作为能源固定大气氮。当然一些其他的细菌也有这个特征，如拜叶林克氏菌、德克斯氏菌（*Derxia*），但固氮菌属和氮单胞菌属与它们的亲缘关系并不密切，相反它们与荧光假单胞菌关系更近，因而固氮菌属和氮单胞菌属归入假单胞菌科。

固氮菌属的细菌具有大的椭圆状细胞，直径为 $1.5\sim2.0\mu m$，从杆状到类球状的多形态。单个、成对或不规则的堆状，有时形成长度不等的链状。不形成芽孢，但有孢囊（图 4-12）。革兰氏染色阴性。以周生鞭毛运动或不运动。好氧但能在低氧压下生长。有些菌株产生水溶性和非水溶性色素。化能异养，能利用糖、醇、有机酸和盐类。可固定大气氮；每消耗 1g 糖类（通常葡萄糖）至少可非共生固氮 10mg。钼是固氮作用的必需金属离子，但钒可代替其作用。它们不分解酪朊，但可利用硝酸盐和氨盐（一个种除外）和一些氨基酸作为氮源。触酶阳性。在有结合氮时，最适生长 pH 4.8～8.5；生长和固氮的最适 pH 7.0～7.5。出现在土壤和水体，其中一个种与植物根有关。

氮单胞菌属的特征是：细胞直径 $2.0\mu m$，长度不同，形状由杆状、椭圆到类球状；单个成对或成堆出现，常有多形态；革兰氏染色通常为阴性，有时可变，不形成芽孢和孢囊；以周生鞭毛或极生鞭毛运动（图 4-12），好氧，但能在低氧压下生长；几乎所有菌株产生水溶性或荧光色素，化能异养菌，能利用糖、醇、有机酸及盐类生长；通常非共生固氮，每消耗 1g 糖类（通常葡萄糖）至少可固氮 10mg，钼为固氮作用的必需因子；不分解酪素，但能利用氨盐和一些氨基酸作为氮源，触酶阳性，固氮的最适 pH 接近中性，但有些菌株能在 pH 4.6～4.8 时固氮。

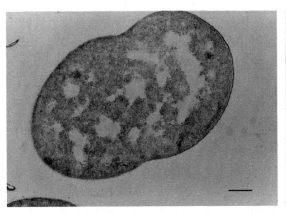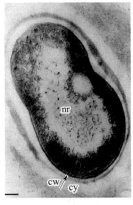

图 4-12　固氮菌属（左）与氮单胞菌属（右）的细胞特征

固氮细菌是土壤中的正常菌群，包括空气传播的尘埃，也是水环境和植物表面如根和叶面的正常菌群。有的种如圆褐固氮菌（*A. chrococcum*）也在海洋环境出现；有的种在植物根际的数量比在土壤中的要高，表明了与植物间的互惠关系。对于 *Azotobacter paspali* 与植物 *Paspalum notatum* 间的关系似乎具有种的特异性。

4.4.3.3　黄单胞菌属

在《伯杰氏古菌与细菌系统学手册》（2017）中，成立了黄单胞菌目和黄单胞菌科，科中包括三个属：黄单胞菌属（*Xanthomonas*）；寡养单胞菌属（*Stenotrophomonas*），其中嗜麦芽糖寡养单胞菌（*S. maltophilia*）由嗜麦芽糖假单胞菌转来；木杆菌属

（*Xylella*）。

黄单胞菌属所有的成员都是植物的病原。属的特征是：直杆菌，通常为（0.4～0.7）μm×（0.7～1.8）μm；多数单生，不产生聚β-羟基丁酸盐内含物；没有鞘或附属物；细胞染色革兰氏阴性；以单极毛运动，除嗜麦芽糖黄单胞菌有多根鞭毛；严格好氧，以分子氧为末端电子受体；不能进行反硝化或硝酸盐还原反应，但嗜麦芽糖黄单胞菌能将硝酸盐还原为亚硝酸盐；最适生长温度 25～30℃；菌落通常是黄色，光滑酪状或有黏性；色素是极具特征的溴化芳基多烯黄单胞菌素；氧化酶阴性或弱阳性，触酶阳性；有机化能营养，能利用不同的糖和有机酸盐作为唯一的碳源，可利用多种糖产生少量酸，石蕊牛奶中不能产酸，可利用乳酸钙而不能利用谷氨酰胺生长，不能利用天冬酰胺作为唯一的碳源和氮源；0.1%（通常为 0.02%）氯化三苯四唑能抑制生长；通常必需的生长因子包括甲硫氨酸、谷氨酸、核酸或其混合物；为植物致病菌（嗜麦芽糖黄单胞菌除外，该菌是人类条件致病菌）。

黄单胞菌属内种的划分一直不能令人满意，许多种的定义多是根据它们的分离来源。如野油菜黄单胞菌（*X.campestris*）引起多种植物的病害，并根据它们的寄主差异被分为 125 个病理变种；*X.fragariae* 是草莓的病原；*X.albilineans* 和 *X.axonopodis* 是草本植物的病原；*X.ampelina* 是葡萄的病原；第 6 个种 *X.populi* 分离于杨树的坏死病。

4.4.3.4 肠杆菌科

E.coli 被认为是研究得最透彻的细菌种，而肠杆菌科（Enterobacteriaceae）作为整体也是被研究最多的微生物种群。原因是它们不仅具有医药和经济价值，又易于分离和培养，繁殖速度快并易于进行遗传操作。肠杆菌科的物种分布是世界性的，它们分布于土壤、水及作为正常菌群生活在人和动物的肠道中。它们可以以腐生、共生、附生或寄生的生活方式生活，寄主范围包括了人、动物到昆虫及水果、蔬菜、谷物、开花植物和树木。

目前肠杆菌科已有 40 个属 100 多个种，其中一些尚未命名。40 个属分别是 *Arsenophonus*、*Brenneria*、*Buclmera*、*Budvicia*、*Buttiauxella*、*Calymmatabacterium*、*Cedecea*、*Citrobacter*、*Edwardsiella*、*Enterobacter*、*Erwinia*、*Escherichia*、*Ewingella*、*Hafinia*、*Klebsiella*、*Kluyvera*、*Leclercia*、*Leminorella*、*Moellerella*、*Morganella*、*Obesumbacterium*、*Pantoea*、*Pectobacterium*、*Photorhabdus*、*Plesiomonas*、*Pragia*、*Proteus*、*Providencia*、*Rahnella*、*Saccharobacter*、*Salmonella*、*Serratia*、*Shigella*、*Sodalis*、*Tatumella*、*Trabulsiella*、*Wigglesworhia*、*Xenorhabdus*、*Yersinia*、*Yokenella*。肠杆菌科的共同特征是，革兰氏阴性直杆状细胞，宽 0.3～1.0μm，长 1.0～6.0μm。不产芽孢，氧化酶阴性但触酶阳性。抗酸染色阴性。除塔特姆氏菌（*Tatumella*）外，其他成员以周生鞭毛运动或不运动。不嗜盐。在蛋白胨、肉膏和麦氏培养基上生长。最适温度 22～37℃。多数菌株能利用 D-葡萄糖为唯一碳源生长，但有些要求维生素和/或氨基酸。它们为化能有机营养型，兼呼吸和发酵两种代谢方式，并常发酵葡萄糖和其他糖类产酸并产气，还原硝酸盐。除 *Erwinia chrysanthemi* 外，所有的菌株都产生肠杆菌科的共同抗原。肠杆菌科的细菌与相近细菌的鉴别特征见表 4-6。

表 4-6　肠杆菌科与其他革兰氏阴性兼性厌氧细菌的鉴别特征

特征	肠杆菌科 （Enterobacteriaceae）	弧菌科 （Vibrionaceae）	巴斯德氏菌科 （Pasteurellaceae）
细胞形态	直杆	弯杆或直杆	直杆
运动性	V	＋	－
鞭毛排列	侧或周生	极生	无
氧化酶	－	＋	＋
要求 Na^+ 或 Na^+ 促进生长	－	V	－
产生肠杆菌共同抗原	＋	－	－

注：V，可变。

（1）埃希氏菌属（*Escherichia*）

大肠埃希氏菌（*E.coli*）是 Theodor Escherich 首先描述的分离于新生儿粪便的一种细菌，并命名为 *Bacterium coli*，现在被普遍认为是最常见的、研究最透彻的模式细菌。尽管在发现的早期偶见有报道 *E.coli* 是一种病原，但直到 1907 年和 1935 年 Massini，Dulaney 和 Michelson 才分别证明某些菌株能引起新生儿腹泻的暴发。

Rahn 在 1937 年原本采用肠杆菌属（*Enterobacter*）的名称去命名肠杆菌科，但科的特征却是以 *Escherichia* 而描述的，因而 *Escherichia* 被定为肠杆菌科的模式属。rRNA-DNA 杂交的结果证明 *Escherichia* 是一个独立的属。1984 年，Brenner 根据 DNA-DNA 相关性将肠杆菌科划分为不同的类群，如埃希氏菌和志贺氏菌（*Shigella*）为亲缘关系密切的簇群，柠檬酸杆菌属（*Citrobacter*）、肠杆菌属、克莱伯氏菌属（*Klebsiella*）和沙门氏菌属（*Salmonella*）形成了另一个簇群。

埃希氏菌属的特征是：细胞直杆状，$(1.1\sim1.5)\mu m \times (2.0\sim6.0)\mu m$，单个或成对排列；许多菌株有荚膜和微荚膜；革兰氏阴性，以周生鞭毛运动或不运动（图 4-13）；兼性厌氧，具有呼吸和发酵两种代谢类型。实际上，目前属的描述仍局限于大肠埃希氏菌，因为对蟑螂埃希氏菌（*E.blattae*）没有深入研究，而且也仅有少数菌株。它们的最适生长温度为 37℃，在营养琼脂上的菌落可能是光滑、低凸、湿润、灰色、表面有光泽、规则圆形，在生理盐水中容易分散；菌落也可能是粗糙、干燥，在生理盐水中难以分散。在这两种极端菌落类型之间也有中间型，或出现产黏液的类型。化能有机营养，氧化酶阴性。可利用乙酸盐作为唯一碳源，但不利用柠檬酸盐。能发酵葡萄糖和其他糖类产生丙酮酸，并进一步转化为乳酸、乙酸和甲酸，产生的甲酸可被甲酸脱氢酶分解为等物质的量的 CO_2 和 H_2。有的菌株是厌氧的。绝大多数菌株发酵乳糖，但也可以延迟或不发酵。DNA 的 G＋C 摩尔分数是 $48\%\sim52\%$（T_m）。模式种是大肠埃希氏菌（*Escherichia coli*）。这个属包括 5 个种，分别是大肠埃希氏菌（*E.coli*）、蟑螂埃希氏菌（*E.blattae*）、弗格森埃希氏菌（*E.fergusonii*）、赫氏埃希氏菌（*E.hermanii*）和伤口埃希氏菌（*E.vulneris*）。

① *E.coli* 的分离和鉴定

早期对 *E.coli* 和肠杆菌科其他成员的鉴别主要是根据致病性，因为当时认为 *E.coli* 为非致病菌。常用的生化鉴别方法是菌株对乳糖的发酵，具体方法是 IMViC 试验。IMViC 是下列生化反应的缩写：吲哚（Indole）试验、甲基红（Methyl Red）试验、伏-波（VP）试验、柠檬酸（Citric Acid）试验。*E.coli* 的 IMViC 试验的前二项为阳性，后二项为阴性。

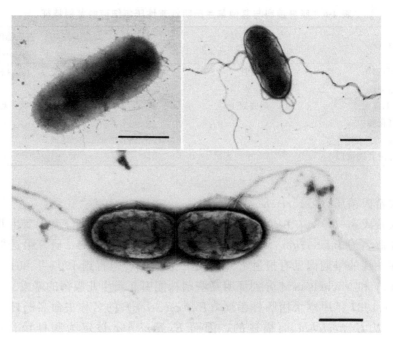

图 4-13　埃希氏菌属的细胞特征

　　E. coli 生活在人和温血动物的大肠中，占大肠细菌的 1％，而且菌群的含量是恒定的。研究表明定植于女性大肠中的是单一的 *E. coli* 的血清型，部分人群含两种血清型。新的血清型的获得途径是口腔。新生儿的 *E. coli* 菌群（血清型）一旦建立后将伴随人的一生，新血清型的进入往往会使宿主发病，如禽类的 *E. coli* 菌血症和慢性呼吸病。垃圾中也有大量的 *E. coli*，它们来自人和动物的粪便，并常伴有肠杆菌科的致病菌——沙门氏菌和志贺氏菌。*E. coli* 被认为是正常菌群，因而被作为供水中粪便污染的指示菌。目前，我国规定饮水中 *E. coli* 样的任意菌群不得检出。*E. coli* 不仅能在水中存活，而且还能在其中繁殖。

　　20 世纪 40 年代早期 Kauffmann 等建立了 *E. coli* 的血清型谱。美国疾病控制中心（CDC）经过广泛研究编写了《*E. coli* 群血清型研究工作者使用手册》，本项研究采用实验菌株的定义提供了详尽的方法学和各种抗原的分类。这个血清谱分型根据的是三类抗原，它们的定义如下：

　　O 抗原：体细胞抗原，加热到 100℃或 121℃时不会失活。

　　K 抗原：包被、鞘或荚膜形成的体抗原或表面抗原，可遮蔽 O 抗原，抑制活菌在 O 抗血清中凝结。

　　2a. K 抗原 L 型：抗原性能、凝结性能和 L-抗原与抗体的结合力在 100℃加热 1h 时失活。出现在包被、鞘和荚膜上。

　　2b. K 抗原 A 型：凝结性能和 A 抗原的抗原性在 121℃，2.5h 失活，但在 100℃加热 2.5h 或 121℃加热 2h 与抗体结合力不失活。A 抗原以荚膜形式出现。

　　2c. K 抗原 B 型：凝结性能在 121℃加热 2.5h 失活，在 100℃加热 2.5h 或 121℃加热 2h 与抗体结合力不失活。但抗原性在 100℃加热 2h 失活。B 抗原以包被或鞘的形式出现。

H 抗原：鞭毛抗原，在 100℃ 失活。

② E. coli 的生理生化特征

E. coli 在好氧和厌氧环境中均能生长良好，这与它的呼吸代谢途径有关。研究表明当从好氧转变到厌氧条件时总伴随着某些细胞成分的改变，其中细胞色素成分的变化尤为明显，如当细胞生活在高浓度氧的条件下时，细胞色素含量低且主要是细胞色素 b；而在低浓度氧的条件下生活时主要成分是细胞色素 o。据估计它在肠道中的代时约为 12h。

E. coli 在进化过程中形成了高效的存活能力，并已成为多种生物的研究模式。如第一个代谢调控机制——操纵子模式就是首先在 E. coli 中发现和研究成功的。除此之外，E. coli 还有多种其他的调节机制，如核糖体的合成调控。同其他原核生物相同，E. coli 的核糖体有 3 种 rRNA 分子和 52 种不同的蛋白质分子组成 30S 和 50S 两个亚基，因此至少有 55 个基因编码核糖体，而且它们的表达应保持平衡。rRNA 分子仅需转录，而核糖体蛋白（γ蛋白）却需翻译，而且分子的产生应在化学计量上平衡。因而核糖体合成调控是一个复杂的过程。E. coli 的生长速度与细胞的核糖体浓度成正比。已知与核糖体组装偶联的 γ 蛋白合成受翻译过程的反馈抑制调节，当 γ 蛋白的量超过了核糖体组装的需要时，多余的自由 γ 蛋白就成为它翻译合成的抑制物，抑制进一步的翻译。γ 蛋白的合成依赖于生长速度。由于 γ 蛋白占全部细胞蛋白的 1/4，这个调节作用显然是个重要机制。

③ E. coli 的致病性

E. coli 不同的血清型均可引起人和动物的病害，根据发病类型分为下列几种病原：

a. 尿道病原：1921 年就发现了 E. coli 可引起尿道感染（UTI），感染源可能是粪便中的 E. coli 经一个上升路径所致。研究发现只有一定的血清型引起 UTI，按感染概率排序的前 9 个血清型是 O6、O75、O4、O1、O2、O7、O18、O9、O11。1975 年 Nicholson 和 Glynn 证明 K 抗原是尿道 E. coli 的致病因子。K 抗原与细胞表面的负电荷有关，可提高抗吞噬作用。

b. 肠道致病 E. coli（EPEC）：20 世纪 40 年代 Bray 和 Kauffmann 发现 E. coli 的一些血清型同婴儿的胃肠道炎（IGE）有关，这些血清型被称为 EPEC 型，包括 O25、O26、O44 和 O86。在早期 EPEC 的鉴定只是采用荧光标记的抗血清，但结果不十分可靠；20 世纪 80 年代后期发现了一个 EPEC 黏着因子（EAF），其作用是将 EPEC 定植在海拉（Hela）细胞和 HEp-2 上。EAF 的存在与否与典型的 EPEC 血清型关系密切，因而现在也采用 DNA 探针检测 E. coli 是否为 EAF＋，而确定是否为 EPEC。已知 EAF 基因由一个 65MDa 的质粒编码。

c. 产肠道外毒素的 E. coli（ETEC）：20 世纪 70 年代 Rowe 等发现 E. coli 血清型 O148：H28 与"旅行者腹泻"有关，后又发现与 O6：H16 也有关。这些菌株均产生霍乱毒素样的肠毒素，与叫作"非霍乱弧菌的霍乱样腹泻"有关。兔子回肠环实验证明这些菌株产生两类肠毒素：热稳定性肠毒素（ST），在沸水中 30min 仍不失活，对酸性 pH 不敏感；热不稳定性肠毒素（LT），在沸水中 30min 失活，对酸性 pH 敏感。已知 LT 和霍乱弧菌的肠毒素抗原——霍乱抗原相关。LT 的分子质量为 73000Da，它通过将 5 个完全相同的亚基与神经节苷脂上的半乳糖基结合而吸附于小肠的绒毛边缘，在肠细胞膜上形成洞，造成细胞电解质包括 Na^+、Cl^-、HCO_3^- 的流失。ST 是个只有 18 个氨基酸的小肽，但由于有 6 个半胱氨酸而形成了十分稳定的结构，其作用形式是 ST 结合到一个特异的绒毛边缘膜受体上，阻碍 Na^+ 和 Cl^- 流的偶联并激发 Cl^- 分泌，结果阻断了中性 NaCl 的吸收。

d. 肠出血 $E.coli$（EHEC）：$E.coli$ 的某些菌株产生对绿猴肾细胞（Verocell）有毒性的细胞毒素 VT，引起溶血性尿毒症（HUS），如引起出血性肠炎的 O157：H7 就产生 VT，但不产生 LT 或 ST。VT 血清型之一在抗原性上与志贺毒素相关，因而能被志贺毒素中和的 VT 叫作类志贺毒素（Shiga like Toxins）SLT Ⅰ；而 O157：H7 产生的细胞毒素叫作类志贺毒素 SLT Ⅱ。SLT 和志贺毒素均作用于真核细胞的核糖体，引起 28S rRNA 上一个长 400 碱基片段的解离，从而阻止蛋白质的合成。

$E.coli$ 不仅引起人的病害，它也是动物的病原，产生的毒素和其他致病因子同人类致病株的相关。

（2）志贺氏菌属（$Shigella$）

志贺氏菌属是日本微生物学家 Shiga 首先发现和描述的细菌，它符合肠杆菌的一般特征，但可能是肠杆菌科中生理上最不活跃的属。志贺氏菌在只含盐和简单糖类的合成培养基上不生长，除非加入葡萄糖和尼克酸。它只发酵少数几种糖类但不产气。在《伯杰氏系统细菌学手册》中志贺氏菌属的特征描述是（图 4-14）：直杆菌，革兰氏阴性，不运动；兼性厌氧，具有呼吸和发酵两种类型的代谢；触酶阳性（一个种例外），氧化酶阴性；有机化能营养型，发酵糖类不产气（除了少数种产气外）；不利用柠檬酸盐或丙二酸盐作为唯一碳源；KCN 中不生长，不产 H_2S；是人和灵长类的肠道致病菌，引起细菌性痢疾；DNA 的 G＋C 摩尔分数为 49％～53％（T_m）。模式种：痢疾志贺氏菌（$Shigella\ dysenteriae$）。

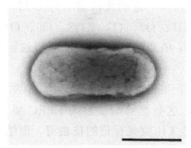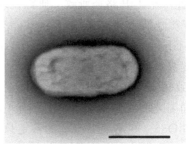

图 4-14　志贺氏菌属的细胞特征
（左，$S.dysenteriae$；右，$S.flexneri$）

志贺氏菌的菌株引起人和灵长类动物的细菌性痢疾，特征是大肠发炎、粪便带血和黏液。志贺氏菌是专性病原菌，因而在自然界的生境范围很窄，仅局限于肠道。尽管它们也引起灵长类动物的病害，但至今无一例外是与人类接触所致。

细菌性痢疾或志贺氏菌只是局部感染（主要是大肠），典型的症状是急性炎症带有上皮细胞溃疡，细菌也只是局限于肠道黏膜和肠系膜淋巴结。患过志贺氏菌病或隐性感染者似乎可获得免疫力，但这个自然免疫力是短暂的。细菌性痢疾的传播途径是口-粪便，因而保持个人卫生是预防的关键，具体措施包括洗手、人粪便的恰当处理和防止苍蝇传播。一些口服疫苗也可用于痢疾的预防，如用于口服疫苗的志贺氏菌菌株有一个链霉素依赖型的突变体，及一个自发减毒的突变体和携带Ⅰ型质粒的 $S.typhi$ Ty21a。

志贺氏菌在遗传背景上同 $E.coli$ 的亲缘关系十分密切，甚至曾被考虑归入埃希氏菌属，但由于它的独特的致病性——引起痢疾和历史原因，而一直作为一个独立的属存在。尽管志贺氏菌很容易同肠杆菌科的其他成员区别，但与非典型的 *E.coli* 却不易区分。二者的区别是志贺氏菌对下述生化反应皆为阴性：利用克里斯滕森柠檬酸、发酵黏液酸和乙酸盐，及赖氨酸脱羧反应。20 世纪 80 年代后期，研究人员已克隆表达了与志贺氏菌侵染有关的质粒 DNA，并将一个与侵染有关的 17kb DNA 片段用于志贺氏菌和 EIEC 菌株的鉴定，还设计了特异性 DNA 探针，如编码外膜免疫原多肽的基因片段 *ipaB*、*ipaC* 和 *ipaD* 用于志贺氏菌的鉴定。志贺氏菌属有 4 个种或 4 个亚群：痢疾志贺氏菌（*S.dysenteriae*，亚群 A）、福氏志贺氏菌（*S.flexneri*，亚群 B）、鲍氏志贺氏菌（*S.boydii*，亚群 C）和宋氏志贺氏菌（*S.sonnei*，亚群 D）。它们的生化特征见表 4-7。

表 4-7　志贺氏菌属 4 个亚群的鉴别特征

实验	亚群			
	A	B	C	D
ONPG（β-半乳糖苷酶试验）	V	—	V	+
鸟氨酸脱羧酶	—	—	—	+
葡萄糖产气	—	—	—	—
发酵：				
甘露糖	—	+	+	+
乳糖	—	—	—	（+）
蔗糖	—	—	—	（+）
棉子糖	—	V	—	（+）
木糖	—	—	V	—
产生吲哚	V	V	V	—

注：＋，阳性；（＋），迟缓阳性；－，阴性；V，可变。

（3）沙门氏菌属（*Salmonella*）

早在细菌学纪元开始之前，第一个沙门氏菌病——伤寒就已在临床上被鉴定和记载。伤寒杆菌，也就是伤寒沙门氏菌是 Eberth（1880）首先在死于伤寒病病人的脾和肠系膜淋巴结中发现的，1881 年 Koch 肯定了这个发现，1884 年 Gaffky 成功地培养了这种细菌。到 1896 年 Gruber 等发现患伤寒杆菌感染的动物血清可以和这类细菌发生凝结反应，因而就有了伤寒的血清型诊断方法。

1902 年 Costellani 开始了细菌的抗原分析，并分别将体细胞抗原和鞭毛抗原定义为 O 抗原和 H 抗原。到 1926 年 White 建立了沙门氏菌的抗原谱，之后 Kauffmann 又作了扩大补充，到 1992 年沙门氏菌的抗原谱中已记载的有 2324 个血清型。

① 沙门氏菌的抗原结构

与肠杆菌科的其他成员一样，沙门氏菌有三种主要的抗原：体细胞、表面和鞭毛抗原。

a.O 抗原或细胞壁抗原：O 抗原为热稳定性抗原并抗乙醇。大量的抗原因子研究证明，其中 67 个 O 抗原（或因子）可用于血清型鉴定。按照与诊断的相关性又将 O 因子分为：主要 O 抗原——用于鉴定 O 抗原群，由 *rfb* 基因位点编码；次要 O 抗原——对于 O 抗原群的鉴别意义不大。O 抗原的特异性由脂多糖决定，脂多糖分为三部分：

脂 A；中心部分，在所有的沙门氏菌血清型中都相同；特异的多糖链。O 抗原的特异性与多糖链中的重复单位有关。

b. 表面（包被）抗原：沙门氏菌也存在表面抗原，它可能掩盖 O 抗原，使细菌不能和 O 抗血清发生凝结反应。一种特异的表面抗原是 Vi 抗原，通常加热到 100℃ 时可将其溶解下来。经过热处理的沙门氏菌便可与合适的 O 抗血清发生凝结反应。Vi 抗原只存在于 3 种沙门氏菌血清型中：Typhi、Parathyphic 和 Dublin。Vi 抗原由 *viaA* 和 *viaB* 两个基因编码。

c. 鞭毛（H）抗原：H 抗原是热不稳定蛋白。鞭毛特异性的试管凝结反应具有特征性的现象：凝结物为薄片状，易形成但摇动后易分散。H 抗原由位于染色体 23～40 的片段编码。多数沙门氏菌的血清型能交替产生两种不同的抗原特异性，因而这样的 H 抗原叫作双相抗原。

② 沙门氏菌属的特征

直杆菌，$(0.7～1.5)\mu m \times (2.0～5.0)\mu m$，符合肠杆菌科的定义。革兰氏阴性，通常运动（周生鞭毛），兼性厌氧，菌落直径一般 2～4mm。能还原硝酸盐到亚硝酸盐。通常从葡萄糖产气，常在三糖铁琼脂上产生硫化氢，不产生吲哚，利用柠檬酸盐作为唯一碳源。通常赖氨酸和鸟氨酸脱羧酶反应阳性，脲酶阴性。不能使苯丙氨酸和色氨酸氧化脱氨。通常不发酵蔗糖、水杨苷、肌醇和扁桃苷。不产生脂肪酶和脱氧核糖核酸酶。对人致病，引起肠伤寒、肠胃炎和败血症，也可能感染人类以外的其他多种动物。某些血清变型是严格的寄主适应型。DNA 的 G+C 摩尔分数是 50%～53%（HPLC，T_m，Bd）。

肠杆菌科中与沙门氏菌相近的成员有埃希氏菌属、志贺氏菌属和柠檬酸菌属（*Citrobacter*）。沙门氏菌属中种的命名十分不准确，早期的命名是根据临床症状，如 *S. typhi*、*S. cholera-suis* 等；1926 年 White 等分析了它们的血清型，之后 Kauffmann 又将每个血清型考虑为一个种。由于有些新分离种与寄主无关，它们的命名只好以分离地而命名。然而 DNA 相关性分析表明沙门氏菌不同的血清型或亚种实际是亲缘关系密切的一群菌，因而被定义为一个种和七个亚种（表 4-8）。为了避免和已熟悉的血清型名称混淆，Le Minor 和 Popoff 提出了 *Salmonella enterica* 的种名和如下的亚种名：

enterica，亚种 I；*salamae*，亚种 II；*arizonae*，亚种 IIIa；

diarizonae，亚种 IIIb，*houtenae*，亚种 IV；*bongori*，亚种 V；

indica，亚种 VI。

由于临床医师对血清型更熟悉，因而对包含了 99.5% 的分离于人和温血动物的沙门氏菌菌株的亚种 I 仍保留其血清型的名称，即沙门氏菌鼠伤寒血清型（*Salmonella* ser. typhimurium）。在进行沙门氏菌的血清分型之前，必须首先测定其生化特征，然后再做血清型反应，原因是肠杆菌科的成员之间存在着交叉反应。沙门氏菌 7 个亚种的生化特征列于表 4-8 中。

表 4-8　沙门氏菌 7 个亚种的鉴别特征

	亚种						
	I	II	IIIa	IIIb	IV	V	VI
β-半乳糖苷酶（ONPG）试验	−	−/迟缓+	+	+	−	+	d
由下列物质产酸：							

	亚种						
	Ⅰ	Ⅱ	Ⅲa	Ⅲb	Ⅳ	Ⅴ	Ⅵ
乳糖	－	－	＋/迟缓＋	＋/迟缓＋	－	－	－/迟缓＋
卫矛醇	＋	＋	－	－	－	＋	d
黏液酸	＋	＋	＋	d	－	＋	＋
半乳糖醛酸	－	＋	－	＋	＋	＋	＋
水杨苷	－	－	－	－	＋	－	－
山梨醇	＋	＋	＋	＋	＋	－	＋
γ-谷氨酰转移酶	＋	＋	－	＋	＋	＋	－
β-葡萄糖醛酸酶	d	d	－	＋	－	－	d
利用：丙二酸	－	＋	＋	＋	－	－	－
D-酒石酸	＋	－	－	－	－	－	－
明胶水解（膜法）	－	＋	＋	＋	＋	－	＋
在 KCN 中能生长	－	－	－	－	＋	＋	－
多数菌株的栖息地：							
温血动物	＋	－	－	－	－	－	－
冷血动物和环境	－	＋	＋	＋	＋	＋	＋
噬菌体 O1（裂解）	＋	＋	－	＋	＋	＋	＋

注：d，11％～89％菌株阳性。

血清分型应采用全血清，并用单一的特异性抗血清进行分型。首先鉴定 O 组抗原，之后是次要抗原；血清分型还需要测定Ⅰ相和Ⅱ相的鞭毛（H）抗原。Kauffmann-White 谱列出了沙门氏菌的抗原式，其顺序是 O 因子、Vi（如果存在）、HⅠ相和 HⅡ相。例如，*S. typhi* 的抗原公式是 9，12，［Vi］：d：－。表示：*S. typhi* 具有 O 因子 9（重要抗原）和 12（次要抗原），可能有或没有 Vi（括号表示有或没有），具有Ⅰ相鞭毛抗原 d，没有Ⅱ相抗原。又如 *S. paratyphi* B 的抗原公式是 1，4，［5］，12：b：1，2。下线 O 因子 1 表示它起源于噬菌体反转，O 因子 5 处于括弧中表示可变状态，H 抗原是双相的（b 和 1，2）。

沙门氏菌的主要生境是人和动物的肠道，与人有关的血清型可引起人的严重疾病，并常在血液中发现。伤寒、副伤寒 A 和仙台沙门氏菌都是专性的人血清型，而且这种沙门氏菌病可通过粪便传播到食物。Gallinarum、Abortusovis 和猪伤寒分别是马、牛和猪沙门氏菌血清型，这些寄主适应的血清型在无机培养基上不生长，除非加入生长因子。

广泛型沙门氏菌血清型（即非寄主适应型）如鼠伤寒（Typhimurium）引起各种临床症状，包括无症状的侵染到婴儿或高敏感动物（鼠）的严重的伤寒样综合征。一定的血清型对人类的致病性很强，尚未见到无致病力的血清型。伤寒细胞达到 10^5 个时就可致病。1935 年 Reilly 等揭示了其致病过程：伤寒沙门氏菌首先进入消化道，穿过肠黏液（不引起坏死），并停在肠黏膜淋巴结中，在那里繁殖，之后细菌和内毒素可能释放到血流中。细菌的释放造成了伤寒的菌血症期和感染的转移；内毒素的释放引起心血管的虚脱和木僵——伤寒的由来。

食物中的沙门氏菌毒素感染也是广泛型的沙门氏菌血清型引起的，它可感染各种食物。沙门氏菌的侵染或污染的频率和流行的严重性与卫生条件、营养条件和广泛应用抗生素有关。沙门氏菌对动物养殖业也造成了严重的损失，如 *S. abortusovis* 和 *S. dublin* 引起的羊和牛流产比 *Brucella* 引起的事件要多。屠宰场中也常发生肉的沙门氏菌感染。自然界中（如水、土壤和食用植物）也存在沙门氏菌，主要来源于动物和人的分泌物。虽然它们在离开消化道的环境不能繁殖，但在适宜的温度、湿度和 pH 下也可生存几周以上。

（4）克莱伯氏菌属

克莱伯氏菌属（*Klebsiella*）是 Trevisan（1885）为纪念德国微生物学家 Edwin Klebs 而命名的，它的模式种分离于死于肺炎的病人，因而命名为肺炎克莱伯氏菌（*K. pneumonia*）。属的特征是：直杆菌，直径 $0.3 \sim 1.0 \mu m$，长 $0.6 \sim 6.0 \mu m$，单个、成对或短链状排列，有荚膜，革兰氏阴性；不运动；兼性厌氧，兼呼吸和发酵两种类型的代谢；氧化酶阴性；生长在肉汁培养基上产生黏韧度不等的稍呈圆形有闪光的菌落，这些与菌株和培养基成分有关；不需要特殊的生长因子，大多数菌株能利用柠檬酸盐和葡萄糖作为唯一碳源；发酵葡萄糖产酸产气（主要是 CO_2 和少量 H_2），但也有不产气的菌株；大多数菌株产生 2,3-丁二醇作为葡萄糖发酵的主要末端产物，VP 试验通常阳性，发酵产物中乙醇较多，而形成的乳酸、乙酸和甲酸较少；发酵肌醇，水解尿素，不产生鸟氨酸脱羧酶或 H_2S；有些菌株能够固氮；DNA 的 G+C 摩尔分数是 53%～58%（T_m）。本属目前有 4 个种：肺炎克莱伯氏菌（*K. pneumonia*）、产酸克莱伯氏菌（*K. oxytoca*）、土生克莱伯氏菌（*K. terrigena*）和植生克莱伯氏菌（*K. plantica*）。

肺炎克莱伯氏菌被认为是革兰氏阴性菌群体中获得性肺炎的最常见的病原菌。其他种也可引起人的疾病，包括无症状的肠道、尿道或呼吸道定植的致死菌血症。因而克莱伯氏菌被认为是医院病人重要的条件致病菌。肺炎克莱伯氏菌也是母马乳腺炎的重要病原，只是不同的荚膜型是不同地区的重要病原。

克莱伯氏菌属的几个种，肺炎克莱伯氏菌、产酸克莱伯氏菌和植生克莱伯氏菌均可固定 N_2，它们生长在非豆科植物的根际并固氮，因而被划入联合固氮细菌类群。兼性厌氧的克莱伯氏菌的固氮作用只在厌氧或微好氧条件下发生。低浓度的氧有利于固氮酶的合成，Mo 离子是固氮酶活力所必需的。有两种含 Mo 的固氮酶辅因子，一种是 FeMo 辅因子，另一种是 MoCo 辅因子。体外实验发现 Fe、Mo-Co 可激活 *nif*-突变体的固氮酶，因而认为 FeMo-Co 位于 N_2 还原的活性中心。固氮酶由两个蛋白质——组分 I 和组分 II 组成。已知组分 I 的两个亚基分别由 *nifK* 和 *nifD* 编码，它们与组分 II 的基因 *nifH* 组成同一个操纵子。20 世纪 90 年代的研究发现染色体上至少有 21 个连续的固氮基因（*nif*）连锁成簇，并组成 8 个操纵子，这些基因产物组装成有活性的生物固氮系统。

（5）欧文氏菌属

欧文氏菌是一群重要的植物病原菌，因此备受关注。1882 年 Burchill 首先证明了植物的"火烧病"（枯萎病）是由噬淀粉微球菌（*Micrococcus amylovorus*）引起的，这个菌后来被转入新属欧文氏菌属中。欧文氏菌属的命名是为了纪念美国植物病理学家 Erwinia F. Smith。尽管已有 15 个种的欧文氏菌被描述，但仅有 1/3 被深入研究，这些种都是引起经济作物病害的种。

欧文氏菌属（*Erwinia*）的细菌细胞直杆状，$(0.5 \sim 1.0) \mu m \times (1.0 \sim 3.0) \mu m$，单

生，成对，有时成链。革兰氏阴性，周生鞭毛运动，兼性厌氧，但有些菌种微弱厌氧生长。最适生长温度 $27 \sim 30 ℃$。氧化酶阴性，触酶阳性，从果糖、半乳糖、D-葡萄糖、β-甲基葡萄糖苷和蔗糖产酸。可利用丙二酸盐、延胡索酸盐。利用葡萄糖酸盐、苹果酸盐作为唯一的碳源和能源，但不能利用苯甲酸盐、草酸盐或丙酸盐。作为植物的病原菌、腐生菌或附于植物的菌群成员。至少有一个种分离自人和动物宿主。DNA 的 G+C 摩尔分数为 $50\% \sim 58\%$（T_m 和 Bd）。解淀粉欧文氏菌（*Erwinia amylovora*）是模式种。

近年来，该属与肠杆菌属间的关系研究甚多。1972 年 Ewing 和 Fife 提出把草生欧文氏菌群（包括草生欧文氏菌、鸡血藤欧文氏菌、噬夏孢欧文氏菌、斯氏欧文氏菌）归入成团肠杆菌，两套菌名并用，常易发生混淆。因此，Dye、Gardner 和 Young 等建议用草生欧文氏菌属/成团肠杆菌复合菌群命名。尽管欧文氏菌属作为肠杆菌科的成员是无可置疑的，但这群菌内部的成员在分类和命名上却存在着许多问题。欧文氏菌属是 1917 年由 Winslow 等根据它们对植物的致病性而建立的，因而对它的分类学地位和命名在植物病理学家和动物细菌学家之间一直存有分歧。20 世纪 60 年代 Dye 根据生化和对植物的致病性建议将这个属划分为 3 群，即食淀粉群、草生群和胡萝卜软腐群。但有些种是中间型，因而这种分群并不具有分类学意义，而仅为了使用方便。显而易见胡萝卜软腐群包括"软腐的欧文氏菌"，可浸软植物组织；草生群是最杂的一群，包括附生的和植物病原菌，但也存在于土壤、空气、水、动物和人，如果这些菌株分离自动物和人则被命名为肠杆菌（*Enterobacter*），因而这群菌目前被称为成团肠杆菌-草生欧文氏菌复合菌群，但也没有得到普遍承认。1989 年 Gavini 等通过 DNA-DNA 杂交试验后将草生欧文氏菌（*E. herbicola*）、鸡血藤欧文氏菌（*E. milletiae*）和一部分成团肠杆菌组成一个新属——泛菌属（*Pantoea*）；食淀粉群是最不活跃的欧文氏菌群，它们生长要求有机氮源，是明确的植物病原，引起斑枯或枯萎病。在《伯杰氏系统细菌学手册》中，欧文氏菌属已描述的种共 15 个，它们的划分是根据生化反应、DNA 相关性、数值分类和植物病原性等特征。

欧文氏菌的致病性。食淀粉群和草生群的植物病原欧文氏菌具有高度的寄主特异性，解淀粉欧文氏菌对蔷薇科的植物，特别是对苹果亚科（Pomoideae）的种具致病性；斯氏欧文氏菌（*E. stewarlii*）对玉米和少数有关植物致病；柳树欧文氏菌（*E. salicis*）对柳树、生红欧文氏菌（*E. rubrifaciens*）和流黑欧文氏菌（*E. nigerifluens*）对波斯胡桃树、噬锈菌欧文氏菌（*E. uredovora*）对锈菌 Uredia 致病；相反，胡萝卜软腐群的欧文氏菌的寄主特异性不明显，它们引起热带和温带多种植物的病害。同其他植物细菌病原相同，欧文氏菌通常通过寄主植物的天然口或伤口侵染植物，解淀粉欧文氏菌经多种途径侵染寄主，如通过柱头、花药、花萼裂片和花蜜组织侵染梨和苹果的花，产生枯萎病，或侵染幼芽的叶孔和伤口造成细枝的枯萎。柳树欧文氏菌通过伤口和叶斑进入柳树的木质导管，造成柳树组织褐色；斯氏欧文氏菌引起玉米 Stewart 病害使植物枯萎和死亡。软腐的欧文氏菌引起植物储藏器官的薄柔组织的腐烂和浸渍，但导致植物的症状却是多样化的，如茎的软腐、叶子的矮化、叶枯、叶萎、土豆的脱水等，其症状的变化因环境而异。总之，软腐病易发生在潮湿环境，而枯萎和脱水易发生在干燥环境，特别是土豆。欧文氏菌能够通过植物的防御系统侵染植物，那么致病力的内在因素是什么呢？早期的研究集中在果胶物质和酚类物质的代谢，近年来借助于 *E. coli* 等的分子生物学研究对欧文氏菌的研究也有大的进展，认识到：①软腐欧文氏菌的果胶酶是重要的致病因子，它分解植物的果胶物质，通过渗透压作用使细胞死亡，并吸取植物的营养。研究表明只有那些能通过果胶裂解酶裂解 α-1,4-糖苷键、分解脱甲基聚半乳糖醛（果胶）酸和聚半乳糖醛酸酶（果胶酶）催化分解果胶的菌株致病。已知 $E. chrysanthemi$ 产生的 5 种 PL 异构酶由 5 个 pel 基因编码，它们组成二个基因簇，每个基因都有自己的启动子。1990 年，Reverchont 等分离到了影响 $E. chrysanthemi$ 菌株 3937 的果胶酶合成基因，这 6 个正和负调节基因位于 3 个不同的位点，分别控制所有的果胶降解基因或特异性地控制 pel 和 pem（果胶甲酯酶）的表达。另外两个可能的致病决定因素是寄主病原的识别系统——尤其与外膜脂多糖和铁代谢有关，然而尚未发现哪个致病因子是软腐欧文氏菌特有的。②非软腐欧文氏菌的致病性受多个因素控制。解淀粉欧文氏菌的致病基因可分为两大类：一个是从根本上决定致病性的有无（定性），一个是控制毒力的大小（定量）。已知一个 30kb 的广泛型质粒似乎是毒力因子，因为去除这个质粒的菌株虽然毒力降低，但仍可致病。染色体的随机突变表明决定致病性的基因位于染色体上。仅由欧文氏菌引起的软腐病和枯萎病，在全世界造成的食品、观赏植物、木材树木的经济损失每年达 $50\times10^6\sim100\times10^6$ 美元。

（6）不动杆菌属

不动杆菌属（Acinetobacter）是 Brisou 和 Prevot 于 1954 年首先提出的，它们是一群不运动的革兰氏阴性的腐生细菌，不产色素，氧化酶阴性。不动杆菌广泛存在于土壤、水和垃圾中，据估计它们在土壤和水中的数量可能占那里全部异养好气菌群的 0.001%。在严重污染的水体中可以分离到它们，当然它们主要位于水表。不动杆菌也存在于各种食品中，包括奶制品和鲜肉，常常从已去除了内脏的鸡尸体和其他禽类肉中分离到，甚至在经 γ 射线照射后仍可分离到。许多食品的腐败与不动杆菌有关，甚至是冷藏的食品。不动杆菌也是人皮肤的正常菌群，尤其在皮肤的潮湿处，有可能引起感染，但致病力通常较低，偶尔引起严重的机会感染，如脑膜炎、菌血症和肺炎，特别是在抵抗力低下的人群中。

不动杆菌属的细菌为杆状，$(0.9\sim1.6)\mu m\times(1.5\sim2.5)\mu m$。静止期呈球形，常成对，也可呈不同长度的链状。无芽孢。革兰氏染色阴性，但偶尔脱色困难。无泳动但可表现为"抽动"，推测可能因为极生纤毛所致。严格好氧，氧为最终电子受体。在 20～30℃生长，大部分菌株的最适生长温度为 33～45℃。它们在所有普通综合培养基上均能生长。不产生氧化酶，但产生触酶。多种菌株能在含有单一碳源的铵盐无机盐培养基上生长良好，利用酒石酸盐或硝酸盐为氮源，不需要生长因子。D-葡萄糖是一些菌株可以利用的唯一六碳糖。五碳糖如 D-核糖、D-木糖和 L-阿拉伯糖亦可成为某些菌株的碳源。广泛存在于自然界的土壤、水和污物中。

尽管不动杆菌利用糖类的能力差，但许多菌株能够代谢多种化合物，其中包括脂肪族的酸类、一些氨基酸、脂肪酸、不分支的烃、糖和许多难降解的芳香族化合物，如苯甲酸、杏仁酸、正六烷、环己醇和 2,3-丁二醇。因而它们常被用在污染物和工业废物的处理中，并被作为不常见的生化途径研究的对象。它们的应用方面如下：

① 生物降解工业上相关的芳香族化合物。

② 乳化剂的生产和利用：不动杆菌 RAG-1 能利用各种疏水化合物生长，包括原油、汽油、几种三甘油醛和中度长链烷。乳化剂是 RAG-1 产生的胞外聚阴离子的并且

与细胞相关的异质多糖。这种生物多聚体具有稳定烃在水中乳化的特征。纯化的乳化剂在石油工业的应用上具有一定的潜力，包括降低石油在管道运输中黏度等。

③ 生物分散剂（Biodispersan）的产生和利用：许多微生物表面剂可以降低油和水之间的表面张力或稳定烃/水的乳化。不动杆菌的两株菌产生细胞外多聚体，它能够使石灰分散在水中，这种多聚体是一种阴离子多糖，平均分子质量是 51400Da。

4.4.3.5 弧菌科

弧菌科（Vibrionaceae）是 Véron 在 1965 年建立的，包括具有氧化酶活力、生有极生鞭毛的发酵型革兰氏阴性细菌。弧菌科的模式属弧菌属的模式种——霍乱弧菌（*Vibrio cholerae*）曾在多次灾难性的霍乱流行中杀死了成千上万的生命，威胁着世界许多地区。除此之外，此科还有侵染人和动物肠道及肠道外的种。弧菌科的成员有：弧菌属（*Vibrio*）、气单胞菌属（*Aeromonas*）、邻单胞菌属（*Plesiomonas*）、发光杆菌属（*Photobacterium*）和水栖菌属（*Enhydrobacter*）。它们的鉴别特征列于表 4-9。

表 4-9　弧菌科各属的鉴别

特征	弧菌属	发光杆菌属	气单胞菌属	邻单胞菌属	水栖菌属
带鞘的极生鞭毛	＋	－	－	－	－
运动性	＋	＋	[＋]③	＋	－
PHB 积累，不利用 PHB	－	＋			
Na⁺ 促进生长	＋	＋	－	－	－
脂肪酶	[＋]①	D	[＋]	－	＋
利用 D-甘露醇	[＋]②		[＋]		
对 O/129 敏感③	＋	＋	－	＋	－
DNA 的 G＋C 摩尔分数/%	36～51	40～44	57～63	51	66

注：＋，所有的种皆阳性；[＋]，多数种阳性；－，所有的种皆阴性；D，有的种阳性，有的种阴性。
①海蛹弧菌（*V. nereis*）、鳗弧菌生物变种Ⅱ（*V. anguilarum* biovar.Ⅱ）和肋生弧菌（*V. costicola*）是阴性。
②海蛹弧菌（*V. nereis*）、鳗弧菌生物变种Ⅱ（*V. anguilarum* biovar.Ⅱ）和海产弧菌（*V. marinus*）是阴性。
③除了中间气单胞菌（*A. media*）和杀鲑气单胞菌（*A. salmonicida*）之外。鳗弧菌现已归入新属利斯顿氏菌属（*Listonella*）。

近年来，根据 16S rRNA 基因序列同源性分析表明，弧菌科、肠杆菌科及巴斯德氏菌科同属于革兰氏阴性细菌中的 γ-变形菌亚纲，其中发光杆菌属和弧菌属的关系最密切，而气单胞菌属和巴斯德氏菌科各自位于独立的分支。因而 1985 年 Colwell 等提出将气单胞菌属和邻单胞菌属转入新科——气单胞菌科（Aeromonadaceae），在《伯杰氏系统细菌学手册》第二版中采纳了这个科，包括气单胞菌属、瘤杆菌属（*Ruminobacter*）和产甲苯单胞菌属（*Tolumonas*）。

（1）弧菌属

弧菌属细菌为直杆菌或弯杆菌，(0.5～0.8)μm×(1.4～2.6)μm，革兰氏阴性。以一根或几根极生鞭毛运动，鞭毛由细胞壁外膜延伸的鞘所包被（图 4-15）。兼性厌氧，具有呼吸和发酵两种代谢类型。最适生长温度范围宽，所有的种可在 25℃生长，大多数种在 30℃生长。可代谢 D-葡萄糖和其他糖类产酸但不产气。还原硝酸盐（产气弧菌、梅氏弧菌和病海鱼弧菌除外）。大多数种发酵麦芽糖、甘露糖和海藻糖。绝大多数种对弧菌抑制剂 O/129 敏感。钠离子刺激所有种的生长，并且是大多数种所必需的。弧菌属的菌株生活在各种盐度的水生生境，最常见于海、海岸、海面和海生动物的消化道，有的种也分布于淡水。有的种是人的病原菌，有的种对海洋脊椎和无脊椎动物致病。最重要的人的病原菌——霍乱弧菌（*V. cholerea*），污染的鱼和贝类引起食物中毒的副溶血弧菌（*V. parahaemolyticus*），创伤弧菌（*V. vulnificus*）引起高致死力的败血症。这些菌与伤口感染、腹泻和各种消化道感染有关。模式种是霍乱弧菌。

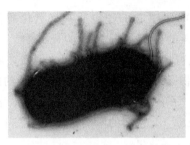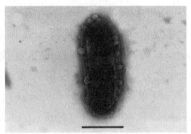

图 4-15　弧菌属的细胞（左：*V. campbellii*；右：*V. rumoiensis*）

　　弧菌属所包括的是一个十分异源的种群，DNA-DNA 杂交分析表明各种之间的关系并不密切，模式种霍乱弧菌除了与 *V. minicus* 关系较近外，同其他种的关系都较远，其余种之间的关系也都不密切。弧菌属的种广泛分布于海洋环境中，少数种感染海洋动物。已描述的弧菌的种有 33 个，有的种还含有亚种及不同的血清型。在这些种中除了 12 个与人的病原有关外，其余的 21 个都分离于海洋生境，未在人的临床标本中发现，对这些海洋种的研究相对较少。已知 5 种弧菌可引起人的腹泻，其中霍乱弧菌是众所周知的霍乱病原；副溶血弧菌（*V. parahaemolyticus*）是急性肠胃炎的病原；最近，*V. fluvialis*、*V. hollisae* 和 *V. mimicus* 也被报道是腹泻的病原。弧菌的种也常分离于血液、臂和腿的伤口、感染的眼耳及手术去除的胆囊。

　　（2）气单胞菌属

　　气单胞菌属在很久前就被微生物学家研究和描述，早期的研究报道主要是关于它所引起的青蛙、鱼类和动物的病害，现在已明确它们也是人类重要的条件致病菌。气单胞菌的发现可追溯到 19 世纪 90 年代，但直到 1936 年从各种来源和病害样品中分离的菌株的命名仍十分混乱。1936 年 Kluyver 和 Niel 提出了气单胞菌属的命名并为细菌学家所接受，在《伯杰氏细菌鉴定手册》第 7 版（1957）中正式以属出现。1979 年后 DNA 同源性分析认为此属是一群界限明确的属，关于属的定义是：具有圆端的直杆菌到近球状，直径 0.3～1.0μm，单个、成对或短链，通常以一根极生鞭毛运动（在固体幼龄时具有周生鞭毛）；兼性厌氧，具有呼吸和发酵代谢类型，化能异养菌；最适生长温度 22～28℃，大多数种可在 37℃ 生长，但有的种不能生长；发酵葡萄糖和其他糖类产酸，并常产气；氧化酶阳性，触酶阳性；精氨酸双水解酶通常阳性，而鸟氨酸脱羧酶阴性，脲酶和苯丙氨酸脱氨酶阴性，明胶酶和 DNA 酶皆阳性；还原硝酸盐；绝大多数种能发酵麦芽糖、D-半乳糖和海藻糖；抗弧菌抑制剂 2,4-二氨基-6,7-异丙基喋啶（O/129）。目前此属包括 8 个种和 4 个亚种。

　　气单胞菌的菌株在自然界分布广泛，常发现于淡水和污水中。有的种是蛙、鱼和人的致病菌。引起的人类疾病通常是腹泻和菌血症。能运动的气单胞菌群可引起人的肠道感染（可能腹泻）及冷血和温血动物的多种疾病；它们也分布于水体及环境中；相反杀鲑群的菌株仅在特定的生境引起淡水鱼生疖和菌血症，特别是鳟鱼和鲑鱼。

气单胞菌引起的人的肠外感染有气坏疽和转移性肌炎（Metastatic Myositis），偶尔也引起乳腺炎和菌血症，后者削弱了寄主的防御功能，可能导致白血病、其他癌症或肝病。有关气单胞菌是否是人腹泻的致病菌还存在争论，有人认为它们像沙门氏菌和志贺氏菌一样，是天然的肠道致病菌；而有人则认为它们像大肠杆菌那样，只有一些菌株是致病的。有些气单胞菌的菌株产生类似霍乱毒素的蛋白质，并与霍乱毒素的抗血清有交叉反应。

无论嗜水气单胞菌群还是杀鲑气单胞菌群的菌株，都是动物的重要病原，前者引起鱼、蛙和其他动物发病，后者是众所周知的鱼病病原。杀鲑气单胞菌引起的"疖子病"是一种十分重要的鱼病，造成鲑鱼和鳟鱼养殖业很大的经济损失。"疖子病"是一种可传播的败血病，病症分为急性和亚急性。急性病几乎无前兆，突然发病，致死率极高；亚急性具有明显的中点肌肉坏死或疖子，这种病主要发生在鲑鱼科。与杀鲑气单胞菌相反，嗜水气单胞菌群引起各种动物病，包括蛙类的红腿病等流行病。豚鼠气单胞菌（$A.caviae$）曾引起豚鼠致命的菌血症的大暴发，从死亡的动物肝、脾、肺和心脏中均能分离到这个细菌。

（3）嗜血杆菌属（$Haemophilus$）

传统上认为嗜血杆菌是小的、多形态的革兰氏阴性杆状（常为球杆状）细菌，它们的生长均要求血中有一种或多种生长因子（NAD 和/或血红素），因此被叫作嗜血杆菌。嗜血杆菌属的成员多种多样，包括了动物和人的病原，也有栖息于黏膜上的正常菌群，但所有的成员都不能自由生活，须依赖于宿主。

嗜血杆菌的模式种——流感嗜血杆菌（$H.influenzae$）早在 1892 年就由 Pfeiffer 提出，它的命名缘于被错误地认为是流感的病因。尽管它不是流感的病原，但嗜血杆菌在患流感的病人的上呼吸道中数量很高。而流感嗜血杆菌也确实引起其他的感染，在美国它是脑膜炎的主要病原，另外它也引起其他的感染病，如咽喉部的会厌炎、关节炎、肺炎、蜂窝组织炎和菌血症。其感染主要发生在儿童人群。

嗜血杆菌属的分类学地位也一直在变化，直到 1984 年出版的《伯杰氏系统细菌学手册》第一版和之后出版的第二版中，才将它置于巴斯德氏菌科中。嗜血杆菌属的特征是：小到中等大小的球形、卵圆或杆状细胞，宽度一般≤1.0μm，有时为丝状体，明显的多形态，革兰氏阴性，不运动；兼性厌氧；几乎所有的种需要血中的生长因子，特别是 X 因子（原卟啉Ⅸ或正铁血红素）和/或 V 因子（烟酰胺腺嘌呤二核苷酸，也称为辅酶Ⅰ，简写 NAD）或烟酰胺腺嘌呤二核苷酸磷酸（也称为辅酶Ⅱ，简写 NADP）；即使提供生长因子也需要复杂的培养基才能使嗜血杆菌良好生长；化能异养菌，具有呼吸和发酵代谢类型；最适生长温度 35～37℃；从 D-葡萄糖和其他糖类产酸，少数种产气；还原硝酸盐到亚硝酸盐或进一步还原；氧化酶和触酶的有无因种而异。它们是人和动物黏膜上的专性寄生菌。流感嗜血杆菌是引起儿童脑膜炎的病原菌，也引起其他败血症，如中耳炎、窦炎、慢性支气管炎。流感嗜血杆菌埃及生物变种主要引起结膜炎，它的一些菌株也引起一种新发生的病——巴西紫癜热。杜氏嗜血杆菌（$H.ducreyi$）是性病软下疳的病因。DNA 的 G＋C 摩尔分数为 37％～44％（T_m）。

在《伯杰氏细菌系统学手册》（1984）中嗜血杆菌属的种的命名发生了很大的变化，

如埃及嗜血杆菌（*H. aegyptius*）归入流感嗜血杆菌埃及生物变种；马生殖道嗜血杆菌（*H. equigenitalis*）转入新属——泰勒氏菌属（*Taylorella*）；大叶性肺炎嗜血杆菌（*H. pleuropneumoniae*）转入放线杆菌属（*Actinobacillus*）。除了睡眠嗜血杆菌（*H. agni*）和兰羊嗜血杆菌（*H. somnus*）两个未定位的种外，嗜血杆菌属包括13个种。

嗜血杆菌的菌株寄生于人和动物体，并引起各种病害。从人体分离到的嗜血杆菌主要寄居于口腔和咽的黏膜上，流感嗜血杆菌和副流感嗜血杆菌偶尔也定植在生殖道。如果用适当的选择性培养基甚至可从粪便中分离到它们，从许多动物体上也能分离到嗜血杆菌。不同种的嗜血杆菌引起的病害和生境列于表 4-10。

表 4-10　嗜血杆菌的特性、生境和引起的人和动物病害

种	生境	病害	特性
溶血嗜血杆菌 (*H. haemolyticus*)	咽部正常菌群	偶尔发烧	NAD-依赖型、Hemin-依赖型
流感嗜血杆菌 (*H. influenzae*)	人的上呼吸道	脑膜炎、会厌炎、蜂织炎、肺炎、菌血症、败血性关节炎	NAD-依赖型、Hemin-依赖型
埃及嗜血杆菌 (*H. aegyptius*)	人眼	急性结膜炎	NAD-依赖型、Hemin-依赖型
副流感嗜血杆菌 (*H. parainfluenzae*)	口腔龋齿和咽部	一半不致病，偶尔引起心内膜炎	NAD-依赖型
副溶血嗜血杆菌 (*H. parahaemolyticus*)	咽部和口腔	急性咽炎，化脓性口腔感染	NAD-依赖型、Hemin-依赖型
副溶血嗜沫嗜血杆菌 (*H. paraphrohaemolyticus*)	人的上呼吸道	条件致病菌	嗜 CO_2
惰性嗜血杆菌 (*H. segnis*)	人的牙菌斑	条件致病菌	不依赖 NAD
副嗜沫嗜血杆菌 (*H. paraphrophilus*)	人口腔和咽部	条件致病菌	不依赖 NAD
杜氏嗜血杆菌 (*H. ducreyi*)	人的上呼吸道	软下疳（生殖道溃疡）	Hemin-依赖型
嗜沫嗜血杆菌 (*H. aphrophilus*)	人口腔龋齿和牙菌斑	偶尔引起心内膜炎、脑脓肿及其他感染	不依赖于 Hemin
副鸡嗜血杆菌 (*H. paragallinarum*)	鸟类	禽类鼻炎	NAD-依赖型
副猪嗜血杆菌 (*H. parasuis*)	猪	猪病综合征、多发型浆膜炎关节炎和/或脑膜炎	NAD-依赖型
大叶性肺炎嗜血杆菌 (*H. pleuropneumoniae*)	猪	猪坏死大叶性肺炎	未知
副兔嗜血杆菌 (*H. paracuniculus*)	兔的胃肠道	黏膜状肠炎	NAD-依赖型
嗜血红素嗜血杆菌 (*H. haemoglobinophilus*)	狗的阴茎包皮袋	狗的阴茎化脓发炎	Hemin-依赖型

嗜血杆菌属于难培养微生物，因而需要用丰富的培养基分离和培养。通常使用的是"巧克力琼脂"，它可提供高铁血红素和 NAD。"巧克力琼脂"的制作方法是向灭菌的血琼脂基础培养基中加入 5%～10% 的去纤维血，然后在 80℃ 放置 15～20min 直到培养基变成巧克力褐色。加热处理可将 NAD 从红细胞中释放出来，同时钝化或失活 NAD 降解酶。应当注意的是 NAD 本身热不稳定，加热过程也会使 NAD 受到部分破坏。也有的使用人工"富化"的巧克力平板分离嗜血杆菌，这种培养基的制备是在高压灭菌的基础培养基中补加"血红素"和补充营养物 B（Difco）或增菌液（BBL）。这里所说的"血红素"不是纯化的"血红素"，而是一种干制品，含有洗过和溶血的血红细胞。

尽管流感嗜血杆菌属于可自然转化的微生物，但它并不像 E. coli 那样容易进行遗传学分析，主要原因是它要求的营养复杂，使得很难获得营养缺陷突变体。到目前通过转化而定位的自养型标记和抗生素抗性基因也十分有限；同时也尚未见到有关可转导嗜血杆菌的噬菌体报道。然而直到最近转化仍是这个属遗传分析的主要手段，并且只限于流感嗜血杆菌和副流感嗜血杆菌。它们的感受态不是发生在对数生长期，而是在延滞期。1985 年 Barany 和 Kalm 及 1979 年 Gromkova 和 Goodgal 报道了诱导嗜血杆菌感受态的方法。与 E. coli 不同的是，嗜血杆菌吸取外源 DNA 是通过一个转化体（Transformant），因而它们在接受 DNA 时具有相对的特异性，更倾向于嗜血杆菌的 DNA。Danmer 和 Pifer，McCarthy 和 Tomb 分别构建了嗜血杆菌-大肠杆菌的穿梭载体，使得不少嗜血杆菌的基因在大肠杆菌中得以表达。1989 年 Kauc 和 Goodgal 报道了嗜血杆菌的转座子系统，它是利用来源于链球菌的 Tn916 构建的，这是个长 16.4kb 的、具有四环素抗性的 DNA 片段。

4.4.4　δ-变形菌纲

δ-变形菌纲（Deltaproteobacteria）包括了先前根据表型被划分为不同类群的细菌，而 16S rRNA 基因序列同源性分析不仅定义了该纲中的目，还定义了科的界限。尽管 16S rRNA 基因序列同源性通常用于划分属和种，但表型如营养特征和化学分类特征对种属的划分同等重要，在确定种的界限时还应结合 DNA-DNA 杂交的数据。δ-变形菌纲包括了细胞形态多样的细菌，但它们均为革兰氏染色阴性，不产生芽孢，厌氧或好氧生长，尚无报道兼性厌氧或好氧的物种。大多数厌氧的物种能够利用无机物为电子受体进行厌氧呼吸，这些细菌通过厌氧代谢在全球元素循环中发挥主要的作用。然而，一些物种还原这些电子受体（如硫、铁离子）并不与生长相偶联（如利用氧为电子受体），因此它们（尤其是硫酸盐还原细菌）在利用这些电子受体时需通过传代确定它们是否利用这些物质作为生长的底物。有些厌氧物种能够发酵代谢，或通过质子还原通过种间电子转移实现互营生长。而该纲中好氧细菌的一个显著特点是能够分解其他细菌，它们中的一些成员是土壤和水环境中微菌落的重要组成成员。

δ-变形菌纲包括了 7 个目，分别是硫还原菌目（Desulfurellales）、脱硫杆菌目（Desulfobacterales）、脱硫弓状菌目（Desulfarcales）、脱硫单胞菌目（Desulfuromonales）、互营杆菌目（Syntrophobacterales）、黏球菌目（Myxococcales）和蛭弧菌目（Bdellovibrionales）。后两个目的成员均是好氧细菌。

4.4.4.1　中温硫酸盐还原细菌

中温硫酸盐还原细菌是一群还原硫酸盐产生 H_2S 的严格厌氧细菌，它们的引人之处是其代谢的终产物 H_2S，这种具有明显刺激味的气体在所形成的水环境中产生 FeS 使沉积物变黑，并对植物、动物和人有害。

最早发现的硫酸盐还原细菌是 1895 年 Beijerinck 描述的脱硫弧菌（*Desulfovibrio*），一个世纪的研究表明这群细菌具有丰富的多样性，从细胞形态上，有球、椭圆、杆、弯曲或螺旋状细胞聚集体，具有气囊的细胞及可滑动的多细胞丝状体；从营养类型上，用于还原硫酸盐的电子供体包括 H_2、醇类、有机酸、其他一元羧酸和二元酸、一些氨基酸、少数糖类、苯基酸和其他的芳香族化合物。

根据 16S rRNA 基因序列的系统发育分析，在《伯杰氏古菌与细菌系统学手册》（2017）中，中温的硫酸盐还原细菌分别归属于革兰氏阴性细菌的 δ-变形菌纲和新成立的门——硫酸盐还原杆状菌门（Desulfobacterota）。硫酸盐还原杆状菌门中包括了硫酸盐还原杆状菌纲（Desulfobacteria）、硫酸盐还原盒菌纲（Desulfobulbia）和脱硫弧菌纲（Desulfovibrionia）。

（1）脱硫弧菌科（Desulfovibrionaceae）

脱硫弧菌属（*Desulfovibrio*）是该科的模式属，它们的细胞或多或少弯曲，并运动。最常利用的有机底物是乳酸、丙酮酸、乙醇，在多数情况下也利用苹果酸和延胡索酸。这些电子供体只能被不完全氧化为乙酸。常用的电子受体是 H_2，但自养生长时除了 CO_2 还要求乙酸作为碳源。它们不氧化长链的脂肪酸。在无外源电子受体时可通过发酵丙酮酸而生长，有时也利用苹果酸和延胡索酸；当无 SO_4^{2-} 时，代谢乳酸产生 H_2，但这个反应只能在 H_2 很低时才能进行，如与产甲烷菌的共培养。但只有脱硫弧菌属的菌株存在这种互营生长形式。脱硫弧菌属所有的成员都含有双亚硫酸还原酶脱硫弧菌素，它们的重要萘醌是 MK-6，典型的细胞脂肪酸均含奇数 C 原子（主要是 C_{15} 和 C_{17}），并带有异或反异分支。

（2）脱硫菌科（Desulfobacteriaceae）

脱硫菌科的模式属脱硫菌属（*Desulfobacter*）的多数种为卵圆状、运动或不运动的细胞，少数种的细胞弯曲似脱硫弧菌（图 4-16）。最常见的和特征性的电子供体是乙酸。脱硫菌属是完全氧化型的硫酸盐还原细菌中唯一一个具有三羧酸循环（TCA）的属，它们含有 TCA 环中关键的酶 α-酮戊二酸：铁氧还蛋白氧化还原酶。脱硫菌属的种似乎是典型的高盐或海水微生物，生长要求＞100mmol/L 的 NaCl 和＞5mmol/L 的 $MgCl_2$。其主要的脂肪酸是棕榈酸、10-甲基棕榈酸和环丙基脂肪酸。

中温硫酸盐还原细菌的生境及分离培养。无芽孢的中温硫酸盐还原细菌是自然界中分布最广泛的硫酸盐还原细菌，而硫酸盐还原是水环境中硫循环的主要过程，并主要依靠这群细菌完成。硫酸盐还原细菌典型的生境是水体的下部，如水底和沉积物，那里的环境无氧。从海水沉积中分离到的硫酸盐还原细菌的种类丰富多彩，这是因为海水中的 SO_4^{2-} 含量很高（28mmol/L），可维持它们良好的生长。除此之外，在水稻田和垃圾工厂的厌氧消化器以及在动物和人的肠道中也分离到了硫酸盐还原细菌。

当 H_2 作为电子供体时，脱硫弧菌及有关的硫酸盐还原细菌对 H_2 的亲和力高于其他耗氢微生物，如产甲烷菌。因而在产甲烷的生境中，即使无硫酸盐也常有硫酸盐还原细菌存在，它们的作用是降解乳酸和其他有机酸，产生的 H_2 和乙酸可供产甲烷菌利用。

硫酸盐还原细菌是严格的厌氧细菌，因而培养基和培养环境都必须是无氧的，通常

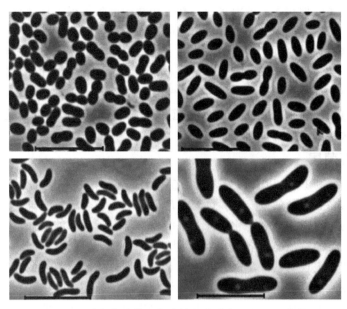

图 4-16   脱硫菌属典型物种的细胞形态（相差显微镜）

除氧的方法是用 N_2 置换空气，并加入还原剂（维生素C、巯基乙醇、硫化物及连二亚硫酸）。应当注意的是硫化物对细菌具有一定的毒性，使用量不宜过高。培养基的成分基本是硫酸盐和其他无机物，不需加酵母粉或蛋白胨。许多硫酸盐还原细菌需要生长因子，如对氨基苯甲酸、生物素和/或其他维生素。

4.4.4.2   脱硫单胞菌属和相关的单质硫还原细菌

脱硫单胞菌属（*Desulfuromonas*）是 Dfennig 和 Biebl 于 1976 年描述的一群还原单质硫的中温细菌，它们以严格厌氧方式生活，当然也有兼性微好氧的螺旋状菌株。

在细菌和古菌中都有一些成员能够经分解代谢还原单质硫，并以此作为一种呼吸代谢而获得生长的能量。它们通常以 H_2 或有机物（主要是简单有机酸）作为电子供体。还原单质硫的成员有硫还原菌属（*Desulfurella*）、弯曲杆菌属（*Campylobacter*）及产琥珀酸沃林氏菌（*Wolinella succinogenes*）。这些硫还原菌都不能还原硫酸盐。另外少数硫酸盐还原细菌也能还原单质硫，如巨大脱硫弧菌（*Desulfovibrio gigas*）。

脱硫单胞菌属的细菌的细胞卵圆或直到微弯的杆状，运动。多数菌株具有一根侧生或亚极生的鞭毛，菌落和细胞沉淀呈粉红或带黄-褐色到红色，原因是细胞含有大量的细胞色素和其他色素。严格厌氧，中温生长。乙酸是最重要的电子供体和碳源，通过三羧酸循环完成氧化作用。有的种也利用乙醇、丙醇、丙酮酸、琥珀酸或一些其他简单的有机酸，但不氧化 H_2 和甲酸。在无单质硫时，有些菌株也可以乙酸为电子供体、苹果酸或延胡索酸作为电子受体生长。经过一定的适应期后，特别是在低浓度的 HCO_3^- 和 CO_2 的培养基上，脱硫单胞菌属的成员可在无单质硫的情况下以苹果酸或延胡索酸生长，实际上只有少数种是绝对依赖于单质硫作为电子受体。脱硫单胞菌属的成员从不还原硫酸盐、亚硫酸盐或硫代硫酸盐，但利用单质硫生长十分快，氧化乙酸脱硫单胞菌（*D. acetoxidans*）在乙酸加单质硫上的生长代时是 2.5h，而利用乙酸加苹果酸的代时是 7h。

脱硫单胞菌属的种在无氧的海水或含盐沉积物中的数量很大且分布广泛，但几乎不分布于淡水中。海洋种要求一定浓度 NaCl 和 Mg^{2+}。在沉积物中它们与绿色硫细菌形成很和谐的共培养物，尤其是在有乙酸或另一个有机电子供体存在时，海洋中的绿色硫细菌可将 H_2S 氧化为单质硫，而当有一个无机电子供体和 CO_2 时它只能同化有机物（乙酸），因此只能依赖于由单质硫还原菌产生的 H_2S。在这个互营作用中，单质硫是这两种细菌间电子传递的载体。有学者报道只要有 0.25mmol/L 的硫化物或单质硫就足以维持这对伙伴的良好生长。

4.4.4.3 蛭弧菌属

1962 年 Stolp 和 Petzold 首次分离到了在其他革兰氏阴性细菌的菌苔上产生噬菌斑的细菌，并将其命名为新属——蛭弧菌属（*Bdellovibrio*）。随后的研究对这群能裂解其他细菌的菌群的生态、生理和生化特征及系统发育学有了深入的了解。

蛭弧菌最主要的特征是在各种革兰氏阴性细菌的细胞周质间隙有一个显著的生长期。这种生长适应表现有两种不同方式的形态和生理分化的细胞类型的生活周期。至今已分离到的蛭弧菌均要求另一种细菌为其提供细胞内生长环境，尽管一些蛭弧菌在有细胞抽提液时能在体外生活，也有一些突变株能够生长于营养简单的培养基。

（1）蛭弧菌的特征

在很大程度上蛭弧菌的定义是根据生活方式，即利用其他革兰氏阴性细菌作为唯一营养来源，因而蛭弧菌被叫作"寄生者"或"猎食者"，因为对这两种定义它都符合。它们可以利用多种革兰氏阴性细菌生长，任何一种蛭弧菌都可至少利用几个属，如噬细菌蛭弧菌（*Bdellovibrio bacteriovorus*）109J 能够利用埃希氏菌、假单胞菌、根瘤菌、色杆菌、螺菌及其他细菌。

蛭弧菌在生活史中有两种形态，既有细胞内，又有胞外生长阶段，或叫作生长阶段和侵染阶段（图 4-17）。处于侵染期的蛭弧菌为小的类弧状到杆状，大小（0.25～0.4）$\mu m \times (1 \sim 2) \mu m$，具有一根极生鞭毛（图 4-18），并被一个由细胞外膜外延形成的鞘所包被，但它的鞭毛在攻击其他细胞时完全丢失，无染色体复制或细胞增殖。而生长期（或增殖期）的细胞无细胞附属器，能够起始染色体复制，细胞增大为单个的、伸长的螺旋状，其细胞质为一体。当蛭弧菌进入"底物"细胞后，便在被侵染细菌的细胞外膜上和肽聚糖上进行多种降解和生物合成，经修饰形成的螺旋状细胞由无侵染力的细胞组成并将形成蛭弧菌，被称为蛭弧菌球体（Bdelloplast）。尽管这种蛭弧菌仍留在被侵染的细胞周质间隙，但此时细胞周质中的大分子组分的类型和量都已改变，有些被丢失在

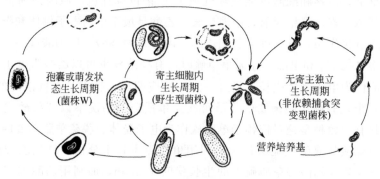

图 4-17　蛭弧菌的生活周期

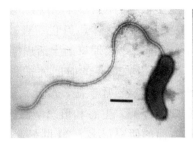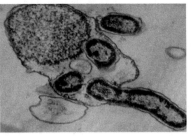

图 4-18   食菌蛭弧菌（*B.bacteriovorus*）的细胞特征

外面，而保留下来的对蛭弧菌的生存是必需的。因此，此时的周质间隙与原生质体或细胞外部在大分子组分上已无明显的差别。

已描述的蛭弧菌有 3 个种：食菌蛭弧菌（*B.bacteriovorus*）、斯托氏蛭弧菌（*B.stolpii*）和斯氏蛭弧菌（*B.starrii*）。另有两群未命名，一群是产孢囊的菌株 W 及有关菌株，另一群是来自海洋的菌株。

（2）蛭弧菌的生境

蛭弧菌广泛分布于自然界，如土壤、垃圾、淡水和海水，然而，关于这群菌的生态学研究却很少，尤其是影响它们分布的环境因子。Willams 等对蛭弧菌在海湾水域中的分布做了较为完整的调查。结果表明副溶血弧菌是多数蛭弧菌的寄生菌（或"牺牲品"）。在夏季裂解弧菌的蛭弧菌数量比冬季要高，因而证明温水、低盐及高浓度其他可作为"底物"的革兰氏阴性细菌是维持蛭弧菌生活的重要因素。

细胞内环境不仅为蛭弧菌提供了充分的和完全的营养，而且还提供了一个保护环境。因而蛭弧菌质体球是一个相对安全的环境，可避免致死的辐射、噬菌体侵染和环境污染物。

蛭弧菌的细胞内生活方式的特异性显然限制了它们可复制的环境类型，然而关于这个特异性的机理还不清楚。有 2 个途径可能帮助这个问题找到答案：一是研究能够在细胞外培养的蛭弧菌突变株的遗传特征；二是鉴定底物细胞中能够促进蛭弧菌生长的特异因子。

（3）蛭弧菌的应用

蛭弧菌目前的应用表现在三方面：①作为污染物的指示菌，Varon 和 Shilo 利用蛭弧菌进攻其他细胞能力的降低作为一些污染物存在的指示，如在发光细菌悬液中蛭弧菌的进攻率同细胞悬液发光量的降低成正比；②水质控制，研究认为蛭弧菌可能在自我纯化自然水体中发挥重要作用；③从蛭弧菌的生理生化研究中可发现细胞内生活的、新的生化和生理能力（如物质运输、生物合成、分化调控等）。最近的研究证明蛭弧菌的生活周期模式是原核生物发育生物学的一种重要模式。

4.4.4.4   黏细菌

黏细菌（*Myxobacteria*）是革兰氏阴性的单细胞滑动细菌，营养细胞为杆状。由于滑动，它们的菌落为薄膜状的扩散性积聚体，特别当在有机物贫乏的培养基上。在饥饿状态下，黏细菌会形成相互合作的形态，即营养细胞聚集并堆积产生细胞群体并进一步分化成子实体。黏细菌的子实体在形态和结构上具有不同程度的复杂性。典型的子实体的大小是 $50\sim500\mu m$，因此用肉眼很易看到。成熟的子实体的细胞会发生分化，其中营养细胞变成短粗状，具有高折光性的黏细菌孢子，它们抗干燥等不利环境。

早在 19 世纪植物学家就观察到并记载了黏细菌的子实体，但它一直被错误地描述为真菌达一个世纪之久。Thaxter 第一个阐明了黏细菌令人惊讶的生活周期，他从 1892 年到 1904 年间发表了一系列重要的论文，但却花了约 20 年的时间才被科学界普遍接受。在 20 世纪的第一个 10 年中有关黏细菌研究的文章异常丰富，涉及黏细菌的分离和研究方法及许多重要的问题。之后又有许多黏细菌分类、生态和形态学的研究论文，并发现黏细菌能够降解纤维素，其中俄国人在这方面的研究最多。20 世纪 50 年代后对黏细菌的研究开始转向发育生物学，并以黄色黏球菌（*Myxococcus xanthus*）为研究对象。1964 年 Dworking 和 Gibson 的一个重要发现是发育生物学的一个突破，他们在黄色黏球菌的悬液中加入 0.5mol/L 的甘油便可诱导产黏细菌孢子；另一个重要成就是在 Dale Kraiser 的实验室中，在应用 *E. coli* 噬菌体和黏细菌噬菌体的基础上，建立了在黄色黏球菌菌株间的质粒、转座子及基因转化系统。从此建起了用于这种细菌各种生命过程的遗传分析手段，包括滑动和发育过程，使得黄色黏球菌成为研究原核生物形态发生的模式生物。当然黏细菌的发育模式绝不是单一的，各种质粒和转座子的转化及大肠杆菌的接合也用于黄色黏球菌之外的黏细菌的形态发育研究。

遗传研究方法的建立使黏细菌的研究取得了很大的进展，如 Dhundale 等在黏细菌中发现了一个连锁于 DNA 的多拷贝的单链 RNA；Inouye 等发现了在黄色黏球菌中存在两个反转录酶，还发现许多黏细菌产生次生代谢产物，而且大多数是新的化合物。

黏细菌的主要生境是土壤、牲畜粪便、正在分解的植物体和活着或死了的树皮。由于它们的子实体的抗逆性，它们也分布于不能生长繁殖的环境中，如海岸沉积物。表 4-11 列出了各种黏细菌常见的生境。

表 4-11　各种黏细菌的常见生境

底物	发现的典型的黏细菌种群
土壤	*Nannocystis exedens*,[⑤] *Sorangium cellulosum*,[④] *Archangium serpens*,[④] *Corallococcus coralloides*,[④]*Cystobacter* spp.,[③] *Melittangium* spp.,[③] *Myxococcus fulvus*,[②]*Mx. virescens*,[②] *Mx. stipitatus*[②]
食草动物的粪便	*Myxococcus fulvus*,[⑤] *Corallococcus coralloides*,[⑤]*Mx. virescens*,[④] *Cystobacter fuscus*,[④] *Cb. ferrugineus*,[④] *Archangium serpens*,[④] *Nannocystis exedens*,[③] *Cb. violaceus*,[③] *Polyangium* spp.,[③] *Stigmatella erecta*,[②] *Mx. xanthus*,[②] *Melittangiunm spp*.,[②] *Cb. velatus*[①]
树皮和腐烂的木头	*Stigmatella aurantiaca*,[④] *Chondromyces apiculatus*,[④] *Sorangium cellulosum*,[④] *Corallococcus coralloides*,[④] *Myxococcus fulvus*,[③]*Cm. pediculatus*,[②] *Haplognagium spp*.[②]

注：表中数字为菌株出现频率。
⑤，广泛；④，很经常；③，中度；②，相对少；①，少。

黏细菌的分类和特征：黏细菌的分类仍然主要依靠形态特征，原因是人们对其生理特征了解仍较少，更主要的是它们较为复杂的形态结构在分类上比生理特征研究更为容易。

所有的黏细菌组成了单一的目——黏球菌目（Myxococcales），在 2017 年出版的《伯杰氏古菌与细菌系统学手册》中，黏球菌目共包括 5 个科，分别是黏球菌科（Myxococcaceae)、成囊菌科（Cystobacteraceae）、科夫勒氏菌科（Kofleriaceae）、小囊菌科（Nannosytaceae）和多囊菌科（Polyangiaceae）。

（1）黏球菌科细菌的特征

黏细菌孢子为规则的球状或卵圆状，表面光滑并有一个厚的荚膜，直径 1.2～2.5μm。营养细胞长 3～5μm，呈船状或雪茄形状。群体常形成相对柔软的黏液层，尽管偶尔产生硬的和有弹力的黏液层（图 4-19）。群体的表面结构常不完整，但形成特征性的迂回的辐射状"脉流"。子实体呈简单的、立体球状、软黏液式或"软骨"柱状或脊状，子实体有时有分枝，但无明显的外壁。

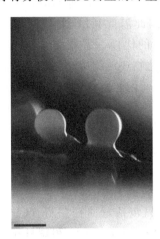

图 4-19　黏细菌的子实体

（2）成囊菌科的特征

子实体由带有明显外壁的小孢子构成，常有柄。黏细菌孢子为短粗的杆状。营养细胞为纤细的杆状，细胞平端，为船状或针状。

（3）科夫勒氏菌科的特征

目前该科只有一个属一个种，*Kofleria flava*。营养细胞呈长的纤细柱状。涌动的菌落呈薄层且扩散状，和浓密的、长的、辐射状"脉流"和硬的黏液层及大量球状出现，不吸收刚果红，不蚀刻琼脂。未观察到成熟的子实体，但似乎有孢囊。在柄中的细胞是长的柱形杆，具有光折射。具有分解蛋白质-裂解细菌的营养方式。降解几丁质，分布于土壤和类似的底物上。

（4）小囊菌科的特征

目前该科只有一个属一个种，*Nannocystis exedens*。具有所有黏细菌最常见的特征。可能从土壤中分离到，但常因为它们小的孢囊而被漏掉。最有效的分离方法是在水琼脂培养的大肠杆菌上划线。小囊菌的涌动菌落不吸收刚果红。它们的表型变化很大因此很难鉴别种。

（5）多囊菌科的特征

其中 *Chandromyces* 属的子实体由一个明显的分枝或不分枝的载有一束橘黄色的小孢囊的黏液柄组成；*Nannocystis* 属的大量子实体由埋在基质中的小孢子束组成，它们是小的、卵圆或球状并独立存在。黏细菌孢子为球状或卵圆状。营养细胞通常很粗短，几乎是棒状。它们的群体或多或少噬入琼脂中，琼脂平板可能会被彻底破坏。而多囊菌属的子实体由数个小孢囊束共同组成，小孢囊可以是球状，也可为黄色、褐色或灰色的并且几个小孢囊被包被在同一个半透明的黏液膜中。

4.4.4.5 互营杆菌目

互营杆菌目（Syntrophobacterales）中的互营杆菌科（Syntrophobacteraceae）及相关细菌的细胞是卵圆形或杆状，通常运动，属于严格厌氧的化能有机营养或化能无机自养生长，通过发酵或呼吸代谢。其中几个种可利用硫酸盐为电子受体氧化短链脂肪酸，并将硫酸盐还原为硫化物（如硫化氢）。但已描述的互营杆菌属（*Syntrophobacter*）、互营菌属（*Syntrophus*）、和斯密斯菌属（*Smithella*）的种不能利用硫酸盐作为电子受体，而是通过氢的还原（或形成甲酸盐），因此需要利用 H_2（或利用甲酸盐）的生物（甲烷古菌或硫酸盐还原细菌）作为互营代谢的伙伴，另外，也可利用亚硫酸盐或硫代硫酸盐，有些物种可能还可将单质硫或聚硫化物还原为硫化物。互营杆菌可利用简单的有机物作为电子供体和碳源，将它们不完全氧化为乙酸或完全氧化为 CO_2。多数物种属于中温菌，有些属于中度高温菌，在 60℃ 最适生长。含有各种细胞色素和其他氧化还原蛋白。中温的物种可从各种厌氧水环境中分离到，包括海洋和淡水环境及污水处理厂的污泥。从地热的海洋环境中分离到一些高温物种。但所有的物种均在中性 pH 生长。

4.4.5　ε-变形菌纲

ε-变形菌纲（Epsilonproteobacteria）目前只包括弯曲杆菌目（Campylobacterales）一个目，两个科，分别是弯曲杆菌科（Campylobacteraceae）和螺杆菌科（Helicobacteraceae）。

4.4.5.1　弯曲杆菌属（*Campylobacter*）

弯曲杆菌包括了一群多样性丰富的细菌，它们多是人和动物的共同病原。早在1911 年就发现了弯曲杆菌，当时被认为是弧菌的成员。它们引起母羊的流产，后又发现也可引起牛的流产和痢疾。1946 年在患胃肠道疾病人的血液中发现了这类细菌，由此被定为动物和人的共同病原。1963 年 Sebald 和 Véron 根据生化特征和 DNA 碱基组成认为这是一个新的细菌群，因而成立了弯曲杆菌属。

《伯杰氏古菌与细菌系统学手册》（2017）中建立的弯曲杆菌科中包括了 3 个属，分别是弯曲杆菌属（*Campylobacter*）、弓形菌属（*Arcobacter*）和硫螺菌属（*Sulfurospirillum*），仅弯曲杆菌属就包括了 28 个种。

弯曲杆菌科（Campylobacteraceae）的细菌呈弯曲或 S 型或螺杆状，大小（0.2～0.8）μm×（0.5～5）μm。革兰氏阴性，不产芽孢。老龄细胞可能形成球状或类球体。多数种以典型的螺旋状运动，具有一端或两端的极生、无鞘单鞭毛。微好氧，呼吸代谢，有些种也能在有氧或厌氧条件下生长，最适生长温度 30～37℃。它们属于化能有机营养型，既不发酵也不氧化糖类，但可将延胡索酸还原为琥珀酸。菌落通常无色，血清或血可促进生长但不是必需的。从氨基酸或三羧酸循环的中间产物获得能量，但不能从糖类获得能量。多数种产生氧化酶，还原硝酸盐但不水解马脲酸盐。甲基萘醌是目前唯一检测到的呼吸链成分，以甲基萘醌-6 和甲基萘醌-5 为主。多数种在人或动物的生殖器官、尿道或口腔中被发现，有些种被认为是病原，可引起严重的腹泻，有些种与牙周病有关。

弯曲杆菌属除符合科的描述外，其特征是具有纤细的类弧菌状细胞，大小（0.2～

0.5)μm×(0.5～5.0)μm，杆状细胞可能具有一个或多个螺旋，它们也以 S 状或海鸥肢状出现。不生成芽孢，老龄培养物可能形成球状，革兰氏阴性，运动。典型的微好氧代谢，具有呼吸代谢类型，要求氧浓度在 3％～15％、CO_2 浓度在 3％～5％。少数菌株在好氧（21％ O_2）条件下可微弱生长，有些种在微好氧生长时要求 H_2/甲酸；有些种能在厌氧条件下生长，但要求延胡索酸、甲酸加延胡索酸，或 H_2 加延胡索酸。它们营化能有机营养，不利用糖类。生长不要求血清或血。能量来源于氨基酸或三羧酸循环的中间代谢产物。不分解明胶，甲基红（MR）和伏-波（VP）反应皆阴性，不产脂肪酶。氧化酶阳性但脲酶阴性。细胞的主要醌类是萘醌-6 和甲基萘醌-6。细胞的主要脂肪酸是棕榈酸。有些种是人和动物的病原，生活在人和动物的生殖器官、肠道和口腔龋齿中。动物的弯曲杆菌病的防治主要依赖于疫苗，尤其是由胎儿弯曲杆菌性病亚种（*C. fetus* subsp. *venerealis*）引起的牛的不育症。在美国至少有 10 种这样的疫苗得到了应用许可证。但至今未见到预防人的弯曲杆菌病的疫苗。

4.4.5.2 螺杆菌科

螺杆菌科（Helicobacteraceae）中有三个属，分别是螺杆菌属（*Helicobacter*）、沃林氏菌属（*Wolinella*）和卵硫菌属（*Thiovulum*），其中螺杆菌属包括了 18 个种。螺杆菌科的细菌呈螺旋状、弯曲或直杆，（0.5～1.0）μm×（1.0～5.0）μm，细胞端圆（图 4-20）。摇培时产生多糖蛋白复合物——糖萼（Glycocalyx）。运动快，以多根带鞘的鞭毛呈"箭状"运动，鞭毛可生于一端或两端或侧生。微好氧，生长于富含 CO_2（10％）的气体中，在含心脑浸汁（BHI）肉汤和其他液体培养基中生长缓慢，在 BHI 琼脂和巧克力琼脂上生长 2～5 天可看到菌落。菌落为无色、半透明，直径达 1～2mm。最适生长温度 37℃，30℃时仍能生长，但 25℃时不生长。当 0.5％甘氨酸和 0.04％的氯化三苯基四氮唑存在时能生长，但 3.5％NaCl 抑制生长。触酶和氧化酶皆阳性，可快速分解脲。细胞醌类主要的异戊二烯醌是 MK-6。在三糖铁培养基上不产 H_2S。分解马脲酸和还原硝酸盐的能力因菌株而异，可产生碱性磷酸酶和 γ-谷氨酸转肽酶。对青

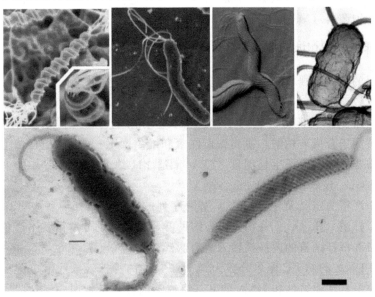

图 4-20　螺杆菌属细菌的细胞特征

霉素、氨苄青霉素、阿莫西林、红霉素、庆大霉素、利福平和四环素敏感；抗万古霉素、磺胺和三甲氧苄二氨嘧啶。分离于灵长类和白鼬的胃黏膜。有些菌株可能与胃炎和胃溃疡有关。

4.5 拟杆菌门

拟杆菌是一群革兰氏阴性的严格厌氧细菌，但系统发育关系同多数革兰氏阴性菌（变形菌纲）相距甚远，位于一个独立于其他革兰氏阳性及阴性细菌的进化分支，叫作噬纤维菌-黄杆菌-拟杆菌分支（CFB）。在 2017 年版的《伯杰氏古菌与细菌系统学手册》中，拟杆菌门（Bacteroidetes）是一个表型多样的革兰氏染色阴性的杆状细菌群，不产生芽孢。该门有四个纲，分别是拟杆菌纲（Bacteroidia）、噬纤维菌纲（Cytophagia）、黄杆菌纲（Flavobacteriia）和鞘氨醇细菌纲（Sphingobacteria）。另外三个属，红色嗜热菌属（*Rhodothermus*）、盐场杆菌属（*Salinibacter*）和嗜热线菌属（*Thermonema*）属于该门中深的分支类群而无法归于这四个纲中。

拟杆菌早在 19 世纪末就被发现和描述，后来许多菌株被置于这个属中，原因是拟杆菌属的定义不严格，即只要是不符合纤毛菌属（*Leptotrichia*）或梭杆菌属（*Fusobacterium*）的革兰氏阴性厌氧细菌都被认为属于拟杆菌属。纤毛菌属主要产乳酸，梭杆菌属主要产生丁酸。仅从 DNA 的 G+C 摩尔分数范围（28%～61%）就看出这种分类造成了拟杆菌高度的异源性。修订后的拟杆菌科细菌的共同特征是直杆，革兰氏染色阴性，厌氧，不产芽孢。

根据 16S rRNA 基因序列的系统发育分析确立了拟杆菌科（Bacteroidaceae），包括有 5 个属，分别是乙酸丝状菌属（*Acetofilamentum*）、乙酸微菌属（*Acetomicrobium*）、乙酸热菌属（*Acetothermus*）、棍状厌氧菌属（*Anaerorhabdus*）和拟杆菌属（*Bacteroides*）。并将厌氧噬菌属（*Anaerophaga*）和巨单胞菌属（*Megamonas*）两个属分别转到海洋滑动细菌科（Marinilabiliaceae）和厚壁菌门。

4.5.1 拟杆菌属的特征

拟杆菌属的特征是严格厌氧、革兰氏阴性、不产芽孢的杆菌；在血平板上培养的细胞形态比较一致，不运动，不溶血。化能异养，分解糖，主要代谢产物是乙酸和琥珀酸；很多种能耐受 20% 胆酸，但并不促进生长。分解七叶灵，但不还原硝酸盐。CO_2 或被利用或被用于合成琥珀酸。氯高铁血红素和维生素 K_1 可促进拟杆菌生长，因此在日常培养时需要加入。最适生长温度 37℃，最适 pH 约为 7.0。DNA 的 G+C 摩尔分数为 39%～49%。该属目前包括 25 个种。

根据这个严格的定义及 16S rRNA 基因序列的差异，拟杆菌属中只保留了以模式种——脆弱拟杆菌（*B. fragilis*）为核心的种群，它们均是分解糖及不产色素的种。而产黑色素的口腔拟杆菌群的菌株被转入普雷沃氏菌属，它们产黑色素，主要代谢产物是丁酸和乙酸。DNA 的 G+C 摩尔分数为 45%～48% 的种被转入卟啉单胞菌属中；还有一些菌株也根据其代谢特性和 DNA 的碱基组成等被转入其他属中。这些属的鉴别特征见表 4-12。

表 4-12 拟杆菌群各属的鉴别特征

特征	棍状厌氧菌属 (Anaerorhabdus)	拟杆菌属 (Bacteroides)	纤维杆菌属 (Fibrobacter)	巨单胞菌属 (Megamonas)	光岗菌属 (Mitsuokella)	卟啉单胞菌属 (Porphyromonas)	文肯菌属 (Rikenella)	瘤胃杆菌属 (Ruminobacter)	塞巴鲁德氏菌属 (Sebaldella)	泰氏菌属 (Tissoerella)	普雷沃氏菌属 (Prevotella)
主要形态	多形短杆	可变	短杆或球杆	大杆	直杆	短杆	小杆,端尖	短杆	杆,中间膨大	直杆	可变
细胞大小/μm	$(0.3\sim1.5)\times$ $(1.0\sim3.0)$	可变	$(0.4\sim0.8)\times$ $(0.8\sim2.0)$	$(0.8\sim3.0)\times$ $(3.0\sim20.0)$	$(0.7\sim1.5)\times$ $(1.2\sim1.5)$	$(0.5\sim0.8)\times$ $(1.0\sim3.5)$	$(0.15\sim0.3)\times$ $(0.3\sim5.0)$	$(0.9\sim1.2)\times$ $(1.0\sim3.0)$	$(0.3\sim0.5)\times$ $(2.0\sim12.0)$	$(0.6\sim0.9)\times$ $(0.6\sim0.9)$	可变
运动性	-	-	-	-	-	-	-	-	-	+	-
色素产生	-	-	-	-	-	血红素,卟啉	-	-	-	-	血红素,卟啉
发酵代谢主要终产物	A,L	A,S,F,L,P,S⁰	A,S,f	A,L,P	A,L,S	A,B,pA,S,N	a,P,S,	A,F,S	A,L,(f)	A,B,iV	A,S,ib,l
DNA G+C 摩尔分数	34%	40%~48%	45%~51%	32%~33%	56%~58%	46%~54%	60%~61%	40%~42%	32%~36%	26%~27%	40%~52%
致病性	+	+/-	-	+	+	+	-	-	-	+	+/-
主要生境	脓肿病,粪	厌氧	瘤胃,盲肠	人和动物肠道	肠道	口腔感染,根管,牙根管脓肿	鸟粪和动物粪	瘤胃	白蚁肠道	粪便,临床标本	瘤胃,口腔

注：A 和 a，乙酸；B，丁酸；ib，异丁酸；L 和 l，乳酸；F 和 f，甲酸；P，丙酸；S，琥珀酸；S⁰，单质硫；iV，已戊酸。大写字母表示产物>1meq/100mL，小写字母表示产物<1meq/100mL。

4.5.2　普雷沃氏菌属和卟啉单胞菌属的特征

普雷沃氏菌属分解糖的能力中等，发酵葡萄糖培养基主要产生乙酸和琥珀酸，在20%的胆盐中不能生长，有的菌株产生色素，为血红素和卟啉，在紫外线（365nm）下产生荧光。有些种的深色菌落是因为积累了较多的血红素，在菌落完全变黑之前，位于菌落中心的无色细胞仍产荧光，这个特征有助于产黑-口腔拟杆菌的鉴别。这个属的成员都不含己糖单磷酸支路/磷酸戊糖途径的关键酶葡萄糖-6-磷酸脱氢酶（G6PDH）和6-磷酸葡萄糖酸脱氢酶（6PGDH）。

卟啉单胞菌属（*Porphyromonas*）的特征是产生卟啉色素，即深褐色/黑色素和浅褐色的紫外荧光色素。菌株在血平板上生长 3～10 天后可产生上述色素。液体培养基中的细胞为球杆状到杆状，$(0.4\sim0.8)\mu m\times(1.0\sim3.5)\mu m$。所有的菌株产生吲哚和触酶，但不水解七叶灵或淀粉。所有的菌株不发酵糖类，而利用含氮化合物，如胰胨或示胨作为能源。产生苹果酸脱氢酶（MDH）和谷氨酸脱氢酶（GDH），但不含己糖单磷酸支路/戊糖磷酸途径的关键酶葡萄糖-6-磷酸脱氢酶（G6PDH）和 6-磷酸葡糖脱氢酶（6PGDHD）。DNA 的 G+C 摩尔分数范围是 46%～54%。

4.5.3　拟杆菌群细菌的耐药性

拟杆菌属于抗多种抗生素的厌氧菌类群，通常抗青霉素、广谱的头孢菌素（包括 β-内酰胺类药物，如头孢西丁）和克林霉素。对 >99% 的拟杆菌临床菌株有效的抗生素包括甲硝唑、氯霉素和碳烯青霉类，但脆弱拟杆菌群的有些菌株对亚胺培南和甲硝唑有抗性。而 β-内酰胺/β-内酰胺酶抑制剂的组合使用对 95%～99% 脆弱拟杆菌有效，但对脆弱拟杆菌之外的拟杆菌群的物种似乎有抗性。它们对氯霉素的敏感性相当高，但均抗氨基糖苷类药物，如喹诺酮。而且在几个国家分离到多重耐药的脆弱拟杆菌群的物种，它们有些可传播抗性基因。它们抗 β-内酰胺的机制属于经典途径：①产生 β-内酰胺酶，②改变青霉素结合蛋白，③改变外膜的 β-内酰胺透性。抗克林霉素的机制是修饰核糖体；抗四环素是通过外排作用和核糖体保护；对 5-硝基咪唑的抗性似乎是降低抗生素摄入和硝酸盐还原酶活力；对喹诺酮的抗性是通过基因突变改变其靶向酶——促旋酶，及通过药物外排。

4.5.4　拟杆菌的自然生境与致病性

脆弱拟杆菌群的物种是正常人体结肠的群落，也有少量分布于女性生殖道中，但很少在口腔和上呼吸道。1/3 的临床厌氧分离株属于脆弱拟杆菌群的物种，其中脆弱拟杆菌最常见，多枝拟杆菌（*B. thetaiotaomicron*）为第二。它们是腹腔感染中分离到的最多物种，有时也出现在其他部位的感染。已发现产生依赖高浓度锌离子的金属蛋白酶或对肠道黏膜细胞有多种毒性的肠毒素的脆弱拟杆菌的菌株。曾从患痢疾和腹外感染的小孩和家畜肠道中分离到产肠毒素的脆弱拟杆菌菌株，当然在健康孩子和大人的粪便中也有这类菌株。迄今，已鉴定脆弱拟杆菌群的三种肠毒素，每种具有不同的毒力和地理分布。但脆弱拟杆菌群的其他成员侵染性低。

拟杆菌属及相关细菌常定植于人和动物的上呼吸道、肠道和雌性生殖道中。正常人和动物的粪便中所含的"脆弱拟杆菌"群的细菌达 10^{11} 个/g；普雷沃氏菌的成员主要与导致龋齿有关，而卟啉单胞菌的菌株可定植在人体的各个部位。尽管认为它们是人和动物黏膜系统的正常菌群，但也是与人类感染相关的最重要的厌氧菌。它们引起的感染部位多是分离的原始部位。据统计，"脆弱拟杆菌"群的菌株引起的腹内感染占厌氧细菌的15%～54%，引起的直肠周脓肿占26%～50%，而对头部和颈部的感染仅占3%。相反普雷沃氏菌主要引起头部和颈部的感染，占全部厌氧菌群的72%，在胸膜液中占50%，而它们引起的腰部以下的感染仅占全部的10%。卟啉单胞菌的菌株尤其是模式种不解糖卟啉单胞菌（*P. asaccharolytica*）可从颈部、耳、肠道、生殖系统和各种感染部位中分离到，也能从血液、羊水流、脐带、积脓、腹膜和骨盆脓肿、子宫内膜炎和伤口感染中分离到。尽管从各种动物的感染中也分离到了表观上类似于卟啉单胞菌的菌株，但需要测定其遗传物质的相关性之后方能确定。动物模型实验表明，牙龈卟啉单胞菌（*P. gingivalis*）能造成动物体大面积坏死，几乎总是引起动物死亡；而不解糖卟啉单胞菌和牙髓卟啉单胞菌（*P. endodontalis*）只是引起局部坏死，不造成死亡。

4.6　螺旋体

螺旋体包括了厌氧和兼性厌氧的物种，它们生活在有水的环境中，如泥、水塘和沼泽，自由生活于环境中，不依赖（或附生）于其他生物。

钩端螺旋体的成员常与大多数哺乳动物、有袋目及一些两栖类动物生活在一起，但也可自由生活在土壤和地表水中。有些菌株引起动物的急性感染，如发烧和出血，造成了家畜养殖业的重大损失。

16S rRNA 基因序列同源性分析表明螺旋体和钩端螺旋体具有较近的亲缘关系，在《伯杰氏古菌与细菌系统学手册》(2017) 中，二者均归属于螺旋体目（Spirochaetales），分别属于螺旋体科（Spirochaeataceae）和钩端螺旋体科（Leptospiraceae）。

4.6.1　螺旋体属

螺旋体属（*Spirochaeta*）的细胞呈螺旋状，具有典型的螺旋体超微结构，细胞最外面的结构是"外膜"或"外鞘"，包被着由细胞质、核区和肽聚糖-细胞质膜复合物组成的细胞体（原生质体柱）；鞭毛位于外膜和原生质体柱之间，被称为周质鞭毛，只着生于细胞的一端，但可延伸到细胞的另一端。与其他细菌的鞭毛不同的是，螺旋体的周质鞭毛总是缠绕着细胞体，并且完全位于细胞内部，因而运动机制也不同。所有螺旋体的种都具有两根鞭毛，分别位于细胞的两端。只有折叠螺旋体（*S. plicatilis*）具有18～20 根鞭毛。螺旋体的运动形式有 3 种：①平移（移动）；②绕长轴转动；③桡动。有些菌株除了能在液体中游动外，还能在固体表面上爬行或蠕动。

表 4-13 列出了螺旋体的一些种的初步鉴别特征，但对于厌氧的种，糖类降解的终产物对种的鉴别也有重要意义，如紧卷螺旋体（*S. stenostrepta*）、海滨螺旋体（*S. litoralis*）和异戊酸螺旋体（*S. isovalerica*）发酵葡萄糖的主要产物是乙酸、乙醇、CO_2 和 H_2，而朱氏螺旋体（*S. zuelzerae*）则产生乙酸、乳酸、CO_2、H_2 和少量的琥珀酸。另外对盐的要求是兼性厌氧种鉴别的重要依据。

表 4-13　螺旋体属的一些种的鉴别特征

种	大小/μm	与氧的关系	最适生长温度/℃	生境	G+C摩尔分数/%
S. stenostrepta	(0.2～0.3)×(15～45)	严格厌氧	30～37	淡水	60.2
S. litoralis	(0.4～0.5)×(5～7)	严格厌氧	30	海水	50.5
S. zuelzerae	(0.2～0.4)×(8～16)	严格厌氧	37～39	淡水	56.1
S. isovalerica	0.4×(10～15)	严格厌氧	15～35	海水	63.6～65.6
S. aurantia subsp. *aurantia*	0.3×(10～20)	兼性厌氧	25～30	淡水	62.2～65.3
S. aurantia subsp. *stricta*	0.3×(10～20)	兼性厌氧	25～30	淡水	61.2
S. halophila	0.4×(15～30)	兼性厌氧	35～40	高盐	62

4.6.2　钩端螺旋体属

钩端螺旋体属（*Leptospira*）的细胞异常细和卷曲，用一般光学显微镜很难观察到它们，通常需用黑视野显微镜观察其活体；电镜观察对它们的鉴定很重要，也有的用免疫电镜观察，特别是用免疫金。钩端螺旋体营好氧或微好氧生活，在常用的培养基上不形成表面菌落。

钩端螺旋体的细胞是典型的纤细、亮的球体，运动，具有杆状结构，直径约 0.2μm，长 8～25μm。当高倍放大时可看到螺旋状，杆状为僵硬状，只在无鞭毛着生的一端较柔软。它们运动很快，但有时为不规则和无规律地向任意方向移动。绕着长轴的快速转动使得细胞末端向垂直于移动的方向弯曲，在一端或两端有"钩子"形成。在光学显微镜下看不到鞭毛、外膜和其他结构，但有时用特异选择的抗体作免疫染色可看到。用光学显微镜暗视野和相差可看到颗粒状的内部结构，电子显微镜看到它们位于同一个膜内的、卷起来的原生质体柱。

包裹整个螺旋体的外膜由蛋白质、脂和脂多糖组成，加热或加入乙醇、溶菌酶、脱氧胆酸钠、去污剂和 NaCl 均能去除外膜而产生球状的囊，其直径 1.5～2μm。在老龄培养物中可能成为颗粒状。外膜对钩端螺旋体的完整性十分重要，在未经处理的钩端螺旋体细胞中抗体只与外膜的表面抗原起反应，因而外膜可被用于制备疫苗。

鞭毛被认为是钩端螺旋体的运动器官，它们在细胞上的着生方式与革兰氏阴性细菌的相同，即包括一个着生的突起、两对盘状物与杆状细胞相连和一个"钩子"区。每个细胞具有两根鞭毛，它们位于细胞壁的凹处和细胞端处。

钩端螺旋体具有多种代谢的酶活性，如过氧化氢酶、氧化酶、脂肪酸不饱和化酶、β-氧化酶、酯酶、磷酸酯酶、氨基肽酶、TCA 环的酶、乙二醛酸循环和异亮氨酸脱氨酶、糖苷酶、脂肪酶和各种芳香氨化酶。

钩端螺旋体的 DNA 的 G+C 摩尔分数范围是 33.5%～40.7%，根据 DNA 同源性分析、血清学和其他生理特征，目前共有 11 个种被描述。

钩端螺旋体在最适生长条件下，无论是液体或固体培养基，在 28～30℃培养时或在体内的代时是 6～8h，≥(41～42)℃时不能存活。新分离的病原菌株可能会需要较长的时间去适应实验室的培养条件；在含血清的培养基中细胞数可达 10^8 个/mL，在含吐温-白蛋白的培养基中可达到 $10^8 \sim 10^9$ 个/mL。在通气条件下生长会更好，培养物在室温下及黑暗条件下可能会存活数年。

钩端螺旋体基本的营养要求是氨态氮、长链脂肪酸（$C_{15} \sim C_{18}$）、硫胺素、维生素 B_{12} 和氧。氨态氮常来自天冬氨酸的脱氨作用，血清中的天冬氨酸脱氨酶催化这个反应。丙酮酸可促进一些菌株的生长。钩端螺旋体一般不代谢糖，也不代谢短链脂肪酸，除非长链脂肪酸不存在时。当然腐生菌株和寄生菌株对营养的要求不尽相同。

钩端螺旋体生长的最适 pH 7.2～7.4，微酸如 pH 6.8～6.9 对它们可能是致死的，而可耐受碱性环境，如 pH 7.8～7.9。它们属于水生生物，干燥对它们也是致死的，但在 $-20℃$ 速冻到 $-70℃$ 的条件下保持活力。钩端螺旋体在厌氧条件下和被巨噬细胞吞噬后不能存活并且对去污剂包括 SDS 和肥皂也十分敏感。大多数菌株在体外对多种抗菌剂敏感，即使是低浓度时，但抗新霉素。

钩端螺旋体具有经济上的重要性，主要表现在它们能引起动物和人的感染，如动物的流产、死亡、无产奶能力及造成肉质下降等。

4.7　梭杆菌

梭杆菌属（*Fusobacterium*）的细菌是革兰氏阴性的严格厌氧杆菌，不产芽孢，生长于蛋白胨-酵母粉-葡萄糖时代谢蛋白胨或糖产生丁酸，并常伴随乙酸和少量的乳酸、丙酸、琥珀酸和甲酸。DNA 的 G＋C 摩尔分数是 26%～34%。该属目前包括 14 个有效发表的种，巨核梭杆菌（*Fusobacterium nucleatum*）是模式种。在《伯杰氏古菌与细菌系统学手册》（2017）中将梭杆菌置于新建的门——梭杆菌门，梭杆菌纲，梭杆菌目中，该目包括两个科，即梭杆菌科（Fusobacteriaceae）和纤毛菌科（Leptotrichiaceae）。

4.7.1　梭杆菌的形态

梭杆菌的细胞具有多型性，有些形成丝状，少数种形成梭状细胞具有尖的两端，有的是球杆状。细胞宽度不同。细胞可能单生、以端端相连成对或形成盘绕的丝状。染色可能不正常，有些种很易形成原生质体球。巨核梭杆菌的细胞是细长的梭子状、两端尖或平，宽 0.4～0.7μm，长 4～10μm，单生、串联成对或以平行的杆菌成束排列。牙周梭杆菌（*F. periodonticum*）和猴梭杆菌（*F. simiae*）的老龄细胞常形成丝状，与巨核梭杆菌的形态相似。而坏死梭杆菌（*F. necrophorum*）的细胞多形态，常弯曲，具有圆的两端有时平端，它们可能形成变大的球状，常形成游离的类球状，特别是丝状。细胞长度可能从球杆状到临床样品中的长线状。舟型梭杆菌（*F. naviforme*）的细胞似船型；微生子梭杆菌（*F. gonidiaformans*）的老龄培养物可能出现分生孢子状形态；多型梭杆菌（*F. varium*）是小杆状不形成丝状；死亡梭杆菌（*F. mortiferum*）的菌株具有特别多形态，球状、膨大和线形；马梭杆菌（*F. equinum*）以短杆状为主；其他的种是多形多丝状细胞。

4.7.2　梭杆菌的生理特征

梭杆菌属的细菌不发酵核糖醇、卫矛醇、阿拉伯糖、甘油、糖原、菊粉、甘露醇、松三糖、鼠李糖、核糖、山梨醇或山梨糖。除死亡梭杆菌和坏疽梭杆菌 (*F. necrogenes*) 两个种外，其他种不发酵纤维二糖，也不水解七叶灵，不还原硝酸盐，并且不产触酶、卵磷脂酶或乙偶姻。在 PY（蛋白胨-酵母粉）培养基生长时，除产丁酸、丙酸和乙酸外，有些种也产不同量的丁醇，也可能产少量的甲酸、乳酸、琥珀酸和乙醇。有些种可将苏氨酸或乳酸转化为丙酸，转化丙酮酸为乙酸和丁酸，有时也转化为甲酸、琥珀酸和乳酸。产生 H_2S。除舟型梭杆菌和俄罗斯梭杆菌 (*F. russii*) 外，所有的种从苏氨酸产丙酸。坏死梭杆菌和马梭杆菌可将乳酸转化为丙酸。梭杆菌能从半胱氨酸和甲硫氨酸产生挥发性的硫化物，除死亡梭杆菌、坏疽梭杆菌、俄罗斯梭杆菌、溃疡梭杆菌 (*F. ulcerans*) 及多型梭杆菌的有些菌株外，其他种均产生吲哚。只有马梭杆菌产生微弱的酯酶，狗猫梭杆菌 (*F. canifelinum*) 抗弗喹诺酮。

巨核梭杆菌的代谢特征与梭菌属、乳球菌属和肠球菌属相似，并具有 137 种转运蛋白，摄取的物质包括肽、糖、金属离子和辅因子。氨基酸和小肽是梭杆菌的主要能源，肽影响氨基酸的摄取，但提高组氨酸和谷氨酸的利用，可抑制苏氨酸、甲硫氨酸和天冬氨酸的利用。主要吸收酸性和阳离子氨基酸。谷氨酸、组氨酸、赖氨酸和丝氨酸可能是巨核梭杆菌的必需氨基酸。巨核梭杆菌具有谷氨酸、天冬氨酸和谷氨酰基谷氨酸合成途径。谷氨酸是所有梭杆菌种的关键代谢底物，通过 2-酮戊二酸途径被代谢，以乙酸和丁酸为代谢终产物。多型梭杆菌可能通过甲基天冬氨酸途径代谢谷氨酸，在多型梭杆菌、死亡梭杆菌和溃疡梭杆菌中检测到代谢谷氨酸的中康酸途径的特征酶系。多型梭杆菌和死亡梭杆菌也具有 4-氨基丁酸途径的酶。氨基酸以单体、二体或寡肽形式被转入细胞中，在巨核梭杆菌中检测到一个转运二肽 L-半胱氨酸杆氨酸的主动转运系统。

梭杆菌的种利用可发酵糖类作为能源生长的能力各不相同，如巨核梭杆菌和其他种利用葡萄糖生物合成胞内糖的多聚物，它们在氨基酸缺乏时可被降解产生能量。多糖的积累取决于氨基酸发酵产生的能量。死亡梭杆菌是个例外，它可代谢各种糖作为能源生长，可利用的糖包括 α-和 β-糖苷，通过磷酸烯醇式丙酮酸依赖的糖-磷酸转运酶转入细胞中。因此死亡梭杆菌可利用蔗糖及其异构体 α-D-葡萄糖酰-D-果糖为能源生长。

4.7.3　梭杆菌的生态分布

梭杆菌的成员是人和动物黏膜系统的正常菌群，如巨核梭杆菌和牙周梭杆菌的生境是人的口腔及牙龈缝。梭杆菌的菌株可从成人、儿童甚至无齿的婴儿口腔微生物群落中分离到。牙龈可能是舟型梭杆菌和微生子梭杆菌的主要生活场所。而胃肠道是死亡梭杆菌和多型梭杆菌的栖息地。坏疽梭杆菌最初分离于一个鸡的脓肿和鸭的粪便，很少在人的样品中发现。溃疡梭杆菌分离自热带地区人的溃疡病，但栖息地尚未知。坏死梭杆菌是牛、马、羊和猪的肠道正常的寄居者，也常从猫和狗的肠道分离到。20 世纪初的研究指出梭杆菌广泛分布于各种动物包括爬行动物。然而，从软组织感染和上呼吸道分离到坏疽梭杆菌的概率比从其他部位更大，说明这些部位是该细菌的主要栖息地。尤其常在犬类和猫科的口腔菌群中发现俄罗斯梭杆菌，但是从人的粪便中也分离到这个种。马和短尾狝猴口腔分别是马梭杆菌和猴梭杆菌的栖息地。狗猫梭杆菌分离自被感染猫和被狗咬的人的伤口的微生物菌落。

4.7.4　梭杆菌的基因组特征

巨核梭杆菌巨核亚种（ATCC 25586^T）的基因组是单一环状、长 2.17Mb、编码 2067 开放阅读框（ORF），约 2.3% ORF 是巨核梭杆菌所特有。基因组分析揭示了其参与有机酸、氨基酸、糖类及脂代谢的几个关键代谢基因，预测到 9 个分子量非常高的外膜蛋白，无一是已报道的基因。基因组中含有 137 个摄取各种底物的转运蛋白，如肽、糖、金属离子和辅因子，并预测到 3 个氨基酸（谷氨酸、天冬氨酸和天冬酰胺）的生物合成途径。其他氨基酸从外部摄取，二肽或寡肽摄取后在细胞质中被降解。谷氨酸发酵成丁酸似是巨核梭杆菌巨核亚种能量的主要来源。另外，半胱氨酸和甲硫氨酸脱硫产生氨、H_2S，甲硫醇和丁酸可阻止纤维母细胞的生长，因此阻碍伤口愈合并帮助渗透进牙龈上皮细胞。对巨核梭杆菌文森特亚种（ATCC 49256）的基因组草图分析及与巨核亚种 ATCC 25586 的基因组比较，揭示了巨核亚种没有的 441 个 ORF 其中 118 ORF 无法预测功能。在 ATCC 49256 特异的 ORF 中还预测到与真核生物的丝氨酸/苏氨酸激酶和磷酸酶、转肽酶 Pbp1A 同源的基因，分别属于特异的 ABC 转运蛋白、隐秘噬菌体和三种限制性修饰系统。但在该基因组中无已知的醇胺利用基因、热稳定的羧甲基肽酶、谷氨酸基-转肽酶和解块氨基肽酶的编码基因。两个菌株都缺少触酶-过氧化物酶系统，但具有铁氧化蛋白/谷胱甘肽酶的基因，并具有编码抗生素抗性，如抗吖啶黄、细菌素、博来霉素、道诺霉素、氟苯尼考及其他常用的多种抗性基因。

4.8　蓝细菌门

蓝细菌，即蓝藻，是一群能够进行产氧光合作用的微生物。它们的核糖体 RNA 是 16S rRNA，系统发育学上属于细菌。除了具有细菌的基本细胞特征外，蓝细菌的鉴别特征是：细胞壁为革兰氏阴性类型；大多数单细胞和定植的及一些丝状蓝细菌采用二分裂方式分裂；许多蓝细菌采用菌毛运动，运动方式多样。尽管并非所有的蓝细菌的类囊体是细胞膜内陷形成的，但在细胞质或质膜上存在规则的"黏附点"或"类囊体核心"。透射电镜还观察到细胞质中许多其他的组分和"内含物"，包括糖原颗粒、藻青素颗粒、羧酶体（多面体）、多聚磷酸颗粒（异染质）和气泡。异形胞、厚壁孢子（Akinetes）和藻殖段（Hormogonium）是一些蓝细菌特异的和分化的细胞。蓝细菌主要区别于其他原核生物的生理生化特征是具有双光合系统，赋予它们利用水作为光化学还原剂释放氧气。

4.8.1　细胞壁和细胞膜

蓝细菌的细胞壁属于革兰氏阴性类型，但肽聚糖层比革兰氏阴性的变形菌的要厚，通常 1～10nm，颤蓝细菌（*Oscillatoria princeps*）的可达 200nm。许多单细胞、成群落的和丝状的蓝细菌在外膜的外面还有一个包膜，称为鞘、糖萼或荚膜，根据黏稠度也可称为胶、黏滞物或黏液。蓝细菌的鞘主要由多糖组成，但在一些种中，大约 20% 的鞘组分由多肽构成，许多鞘呈微纤丝状结构。在许多成群落和丝状的蓝细菌的硬鞘中可能积累黄色、红色或蓝色色素，并遮蔽细胞的颜色。典型的黄褐色色素被鉴定为具有紫外吸收的保护性色素（伪枝藻素，Scytonemin）。在地木耳（*Nostoc commune*）和其他蓝细菌的鞘中也有 UV-A/B-吸收的类菌胞素（Mycosporine）氨基酸。

4.8.2　细胞分裂方式

许多单细胞、成群落和一些丝状的蓝细菌采用束紧型的二分裂方式进行细胞分裂，所有的细胞包被层（常包括鞘）向内生长直到细胞完全分离。其他类型，特别是颤藻，它们在细胞连接的壁上无严格的限制，外部的包被（如鞘）呈连续不分离状。相反，细胞膜内陷和肽聚糖层在两个膜间直接合成。而管胞藻（*Chamaesiphon*）通过类似出芽繁殖方式。其他繁殖方式还包括非对称的、受控的极性分化的单细胞或外孢子形式分裂。许多单细胞和假丝状蓝细菌的繁殖，除了一些营养细胞的二分裂，常常还在内部发生多重分裂过程。多重分裂产生的小细胞（内生孢子）在某些情况下从母细胞释放缓慢滑动。

4.8.3　功能专化的细胞与分化

有些蓝细菌的类群产生具有固氮功能的异形胞。蓝细菌亚群 4 和 5 在毛状体（Trichome，形成丝状细胞的前体）之间或末端通过营养细胞分化形成异形胞，它们的产生通常仅在环境中无机氮（特别是氨）显著减少时发生。异形胞是蓝细菌所特有，对异形胞的结构、形成过程和功能已有深入的研究。简言之，异形胞是营养细胞分化为具有额外细胞壁层并改变了类囊体的较小的颗粒状细胞，它们无功能性的光合系统Ⅱ。由于不产氧的光合系统Ⅰ功能细胞形成无氧的细胞内环境，因此有利于固氮酶的合成和固氮反应，尤其在由电子传递的光合系统Ⅰ提供丰富 ATP 的情况下。研究发现鱼腥藻（*Anabaena* PCC 7120）通过在细胞间传递一个 17 氨基酸的小肽而调控异形胞的间隔和异形胞相对于产氧光合细胞的数量。无异形胞的蓝细菌也发生固氮作用，它们主要在无光无氧时，在不同物种紧密形成的群体（如菌席）中固氮。

4.8.4　生理生化特征

蓝细菌区别于其他原核生物的主要生理生化特征，在于它们的双重光合系统所赋予的、以水作为光化学还原剂还原 CO_2 为糖，并伴随着氧气的释放。叶绿素 a 是所有蓝细菌的光反应中心的色素，参与捕光，也是真核藻和植物叶绿素的色素。叶绿素 a 和 b（或乙烯基叶绿素 a/b）是原绿藻（*Prochlorophytes*）的色素，在一株原绿藻中也曾报道有叶绿素 d。除了在胁迫条件下，如暴露在高阳光辐射下，藻胆蛋白形成的藻胆体包括了几乎所有的蓝细菌的主要的捕光色素。蓝细菌主要通过还原的戊糖磷酸循环还原 CO_2。在自由的硫化物存在时，一些蓝细菌转变产氧光合作用，此时光合系统Ⅱ或完全或部分被抑制，而来自于硫化物的电子进入与光合系统Ⅰ更近的光合电子传递系统并还原 CO_2，转变为不产氧的光合作用。但也并非所有的蓝细菌能够以此种途径耐受或适应硫化物，有些通过结合产氧与不产氧的光合作用或只是简单地保护光合系统Ⅱ免受硫化物的抑制。大多数蓝细菌是严格的光自养生物，因为外源物质一般不能提高暗分解代谢的速率，或可能是因为物质摄取速率很低，或可能是固有的 NADP 还原，或呼吸速率并不因外源物质而提高。少数蓝细菌能够进行好氧暗生长，代谢葡萄糖、蔗糖或果糖进行异养生活，但比光合自养的生长速率低得多。在光合作用的光条件下呼吸作用一般会极大降低，因为呼吸作用也利用类囊体的部分光合作用的电子链。暗反应的厌氧代谢只限于发酵作用，并主要用于代谢维持。蓝细菌在指数生长期的代时常＞12h，通常为24h或更长，即使是在营养充足和饱和持续的光照条件下。只有个别单细胞和颤藻菌株的代时＜6h。尽管蓝细菌的生长和繁殖主要以细胞二分裂方式进行，但有些种具有复杂的形态发生的生活周期，包括非生长的藻殖段消失时期（Hormogonium Dispersal Phases）、非丝状体时期（Aseriate Stage）和一定数量的丝状体差异生长时期。有些循环周期通过一个或多个光可逆的光敏色素而被光照控制。蓝细菌的光生物学，除了光合作用和光形态发生，还包括藻胆色素合成（色适应），也是通过可逆的光受体色素调控。如，当红光波长而不是绿光光谱增强时，许多蓝细菌则停止合成藻红蛋白。也有记载蓝细菌的趋光（阳性和阴性）和避光反应（递增和递减），许多蓝细菌向光运动（趋光阳性）是因为毛状体终止了与光梯度平行排列过程的逆转，而其他形式的细胞保持了对单方向光的转向运动。在具有趋光作用的蓝细菌中也有避光反应，而报道的递减响应更普遍，可将丝状的蓝细菌滞留在有光的生境中。

4.8.5 生态分布

蓝细菌在各种环境中的大量分布与它们的生物学特征有关，许多种属于"通才型"，能够耐受各种环境条件，包括不适于真核藻生存的极端环境。曾推测蓝细菌实际起源于前寒武纪（Precambrian），比古生界时期（Paleozoic boundary）早许多。中晚古生界期的微化石可证实蓝细菌存在于地球的早期，这些微化石具有与一些活着的蓝细菌完全一样的形态。有些丝状蓝细菌主要呈浮游状态，这可能与它们的气泡及调节浮力或只是保持有浮力的能力有关。在富营养湖中其他藻类和蓝细菌水华造成氮耗尽的情况下，能够固氮或能够高效利用低的光密度的能力被认为赋予提高一些蓝细菌的存活力，高效利用低浓度的 CO_2 或在高 pH 下利用 HCO_3^- 决定蓝细菌在一些环境中成为优势的因子。在寡营养的海水或淡水中，固氮能力可能也最重要（如对于束毛藻的种）。聚球藻（Synechococcus）和原绿球藻（Prochlorococcus）微小的微浮游单细胞可能因为它们能够高效吸收低光强的光子，而在深的寡营养水系中繁茂生长。应当注意的是一些含藻红蛋白的蓝细菌可在湖的变温层或上部均温层高密度生长，那里只有微弱的绿光或光合有效辐射光。推测在贫铁水中的蓝细菌通过分泌铁色素（三羟化物）可能有助于铁的捕获。分泌到胞外的这些物质可能抑制竞争物种的生长，因此也帮助蓝细菌生存。此外，一些浮游蓝细菌产生两类强毒素：生物碱神经毒素和肽类肝毒素。蓝细菌素，一种对其他蓝细菌和有些真核藻有效的抑制剂，是一种二芳基内酯并在一个苯环上带有氯原子的物质，是由一种非浮游的蓝细菌-霍氏双枝藻产生的。有时特异的噬藻体、裂解性黏细菌或水生真菌可控制蓝细菌种群的大小。许多蓝细菌的最适生长温度比真核藻的至少高数摄氏度，这个特征可能对蓝细菌在温和纬度地区的夏季、热泉（至少一个种可在高至74℃存活）、陆地岩石表面和热的沙漠土壤中占优势发挥了重要作用，而真核的光营养生物在这些地区不能存活。在南极广泛的淡水域和陆地菌席中也是以蓝细菌为主，可能是蓝细菌耐受冰冻-融化或缓慢的冰冻干燥能力使得它们在这些地区占优势。蓝细菌耐受高盐的能力也使得它们在高盐的海水池和盐湖中占优势，尽管许多种在盐水中比在它们正常的生境中生长慢。

蓝细菌也特别耐受高浓度的特殊物质，如比真核藻耐受高许多的自由硫化物。有些蓝细菌特别耐受干燥，因此在超高盐水体、沙漠、热带土壤、石头、冷和热的沙漠砂岩上及在各种热带陆地或地面而广泛存在着蓝细菌席。蓝细菌地衣联合体在许多气候区很常见，固氮的蓝细菌可能是真菌唯一的光合作用伙伴，或在由绿藻提供光合产物的三联体中发挥固氮功能。蓝细菌共生体的特异性可变，其他形式的共生体，包括蓝细菌在各种真核寄主中作为功能的叶绿体或在几种无关类型的绿色植物中仅作为固氮"工厂"，大多数此类蓝细菌与其寄主是细胞间的关系，能够在寄主外独立生长。蓝色小体（Cyanelle）是胞内功能叶绿体，仅限于几种单细胞寄主真核生物中，它们被认为是起源于单细胞的蓝细菌，在寄主细胞中长期共生并失去独立生活的能力。蓝色小体几乎完全丢失了蓝细菌的细胞壁，但仍保留了肽聚糖的残留物。然而，系统发育分析认为，蓝色小体与叶绿体的亲缘关系比与自由生活的蓝细菌更近。

4.8.6　非光合作用的蓝细菌

近年来，在人体微生物组中，如在人的粪便样品中检测到蓝细菌，显然它们不可能具有光合作用的功能。从肠道宏基因组重构的基因组中，也发现有蓝细菌。另外，还从乙酸富集沉积物的宏基因组获得了另一个蓝细菌群的基因组。对这些基因组的代谢功能预测显示它们是无光合作用的蛋白质机器，因此说明这些蓝细菌通过发酵代谢获得能量。基于系统发育分析，这些细菌被归于蓝细菌的候选门——暗细菌门（Melainabacteria）。之后有学者提议将暗细菌候选门和 Sericytochromatia 作为蓝细菌门的一个纲。根据蓝细菌的姊妹分支无光合作用的蛋白质机器，一些学者确信光合作用起源于蓝细菌分歧进化之后，并且认为好氧呼吸起源于光合作用进化之后。

4.9　异常球菌与栖热菌

4.9.1　异常球菌科

异常球菌最独特的是抗辐射能力很强，属营养细胞抗辐射能力之最。它们在高达 5 Mrad（50kGy）的 γ 射线照射下仍能生存。异常球菌最初分离于经 5 Mrad 级射线灭菌过的罐头肉。细胞为特别抗辐射的四联状革兰氏阳性球菌，菌落产生粉红到带红色调，因而，Anderson 等将其命名为耐辐射微球菌。1981 年 Brooks 和 Murry 将它转入新科——异常球菌科，耐辐射异常球菌（Deinococcus radiodurans）是模式种，之后分离到的不少球菌都抗紫外线和 γ 射线（1～2Mrad）。

人们可能会问异常球菌的大部分菌株是否已不是野生株，因为它们抗辐射。但那些从未接受过射线辐照的菌株如 Anderon U1 和 Sark 菌株的抗性与耐辐射异常球菌相似，在接受 5 kGy 剂量照射后，存活率并未下降，10% 存活率（D10）的剂量均是 1.5～3kGy。亚硝酸胍可导致异常球菌的基因突变，同时抗辐射的特性也会丧失，因而这些菌的未知功能的抗性很可能是偶然获得的。这群菌还具有抗干燥特性，可以从房间的灰尘、空气、纺织品和射线照过的医疗器械上分离到它们。尽管异常球菌与产红色素的微球菌具有相似之处，但后者不耐辐射。两者的鉴别见表 4-14。

表 4-14　异常球菌和微球菌的主要鉴别特征

特征	异常球菌	红色微球菌
分解蛋白质（酪素或明胶）	通常＋	－
电镜切片的细胞壁结构	复杂、分层、厚 具有外膜	厚的、均质的单层
高剂量的 UV（约 600J/m²） 和 γ 射线（约 10kGy）	通常＋	－
肽聚糖中的氨基酸	L-Orn	L-Lys
主要脂肪酸	直链单一、不饱和	饱和支链
膜磷酸酯中存在磷酸酰 甘油（PG）或 2-PG	－	＋
具有脂磷壁酸	－	＋

异常球菌的细胞壁中含有革兰氏阳性细胞壁中常见的磷壁酸和 L-Orn-Gly$_{2-3}$ 的肽聚糖结构；细胞膜无磷酰甘油，但含磷酸甘油酯。

16S rRNA 基因序列同源性分析表明，异常球菌同微球菌及大多数细菌具有较远的亲缘关系，因而形成了一个独立的进化分支，并且代表了一个古老的细菌分支。在《伯杰氏古菌与细菌系统学手册》（2017）中，新建了异常球菌纲（Deinococci），包括异常球菌目和栖热菌目（Thermales）。异常球菌目包括了异常球菌科（Deinococcaceae）和特氏菌科（Trueperaceae）。

异常球菌科的特征是杆状细胞，以两个平面分裂，成对或四联体，或以一个平面分裂，只形成对生细胞。不运动、无休眠期。细胞可能从两边形成分隔，并形成幕状，而不像可变光阑。细胞壁的显微结构为革兰氏阴性，但染色可能为革兰氏阳性，细胞壁有一个厚的肽聚糖层、一个与肽聚糖远离的外膜，有时还有一个外面的类结晶蛋白 S-层。大多数菌株产生粉红或橘黄到砖红色素。好氧生长，触酶阳性，中温生长，大多数菌株的最适生长温度为 25～30℃，生长温度范围可能是 4～42℃。化能有机营养，呼吸代谢。生长可能要求维生素，通常不利用糖，即使利用也只产少量的酸。但多数菌株具有蛋白酶活性，能够利用或需要特殊氨基酸。

细胞脂肪酸以单一不饱和直链脂肪酸为主，几乎没有分支的，无羟基脂肪酸。它们含有多种不常见的极性脂，主要含磷酸甘油酯，但不含磷酸酰甘油酯和其衍生物。甲基萘醌以 MK-8 为主，肽聚糖为 L-Orn-Gly$_{2-3}$ 型。

大部分菌株抗 γ 射线、UV 射线和脱水干燥。DNA 的 G＋C 摩尔分数范围为 60％～70％。

基因组测序表明，耐辐射异常球菌抗辐射能力还可能得益于其遗传冗余性，每个细胞中有多个拷贝的长 3.2Mb 的基因组，因此多拷贝间的重组也可能是辐射修复重要机制之一。

异常球菌为微生物学家、放射生物学家、生物化学家及普通生物学家、分类和生态学家提供了各种研究课题和素材，相信对其生物学现象的深入研究将会发现许多未知的生命过程。

4.9.2 栖热菌及相关细菌

栖热菌属（*Thermus*）的细菌分离于世界各地多种天然和人造的热环境，它们的最适生长温度均在 60℃以上。栖热菌属属于革兰氏阴性的非芽孢菌群，其模式种水生栖热菌（*T. aquaticus*）代表了细菌进化中一个"古老"的、独立的分支，与其亲缘关系最近者是异常球菌。在《伯杰氏古菌与细菌系统学手册》（2017）中，二者分别以纲的高分类阶元出现。在栖热菌科中包括栖热菌属、海热菌属（*Marinithermus*）和中等栖热菌属（*Meiothermus*）三个属。

大多数高温的栖热菌菌株都形成黄色或灰色到无色的菌落，只有与红栖热菌（*T. ruber*）近缘的"低温"菌株产生红色素，这些色素均属类胡萝卜素。所有的菌株含有细胞色素氧化酶，在液体中不运动，无鞭毛。所有的菌株对 β-内酰胺类抗生素敏感。所含的主要的醌类是 MK-8，肽聚糖中含有鸟氨酸是这个属的特征。DNA 的 G+C 摩尔分数范围是 57%～65%。

模式种水生栖热菌（*T. aquaticus*）最初分离于美国黄石公园一个碱性热泉的泉水和藻席中，那里的温度为 53～85℃，pH 8～9。在其他的采样点也分离到了这种菌，但都限于 55～80℃和 pH 6.0～10.5 的环境。

栖热菌属的细菌均属于异养型，只生长于水中含有少量有机酸的环境。栖热菌的菌株在初分离时为长的丝状体，但在实验室反复传代后大多数呈多形态的杆或短丝状体（图 4-21）。所有菌株的细胞壁肽聚糖中均含有鸟氨酸，这在其他常见的单兰氏阴性细菌中是比较少见的，而与栖热菌相对密切的异常球菌的肽聚糖中也含 L-鸟氨酸。

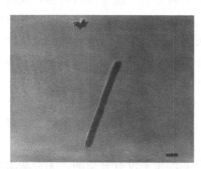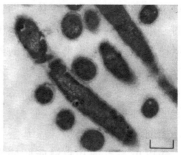

图 4-21　栖热菌属的细胞特征
（左：*T. aquaticus*；右：*T. thermophilus*）

栖热菌的最适生长温度为 70～75℃，最低温度 37～45℃，最高温度约为 79℃，少数菌株可在高达 85℃时生长，只有产红色素的 *T. ruber* 的最适生长温度为 60℃，最低生长温度为 35～40℃，最高接近 70℃。栖热菌的最适生长 pH 7.5～8.0，多数菌株在 pH 9.5 时还能生长，少数菌株在 pH 5.1 时能生长。

栖热菌近年来在生物技术上得到了广泛应用，主要表现在如下几方面：

① 广泛用于 PCR 的 *Taq* DNA 聚合酶来自于栖热菌。*Taq* DNA 聚合酶的应用，使得 PCR 技术得以改进并成为实验室的常规手段。而且 *Taq* DNA 聚合酶的基因已在 *E. coli* 中得到表达，目前市售的 *Taq* DNA 聚合酶均是克隆产品。

② 限制性内切酶和修饰酶：栖热菌属的菌株是几种内切酶的来源。这些酶比其他

来源的酶具有热稳定性。

③ 有些酶具有序列特异性，特别是 *Taq* Ⅰ被广泛应用于分子生物学中，它的相应的修饰酶 M *Taq* Ⅰ可修饰 *Taq* Ⅰ酶切位点的 A 使之甲基化。

另外栖热菌的一些蛋白酶和糖类分解酶如 β-葡糖苷酶也被广泛研究和应用，它们均具有热稳定性，有些已被克隆并在 *E.coli* 中得到表达。

4.10　硝化螺菌门和铁还原杆菌门

4.10.1　硝化螺菌门

硝化螺菌门（Nitrospirae）是基于 16S rRNA 基因序列的系统发育分析新建立的门，构成了一个深的细菌分支。在《伯杰氏古菌与细菌系统学手册》（2017）中只描述了一个纲、一个目和一个科，即硝化螺菌科（Nitrospiraeceae），包括革兰氏阴性的弯状、弧型或螺旋状的细胞形态的细菌。代谢类型多样，大多数属好氧化能自养代谢，包括了硝化、异化的硫酸盐还原细菌及趋磁细菌，只有嗜热脱硫弧菌属是嗜热嗜酸的严格厌氧细菌。

（1）硝化螺菌属

硝化螺菌属（*Nitrospira*）是硝化螺菌门，硝化螺菌目，硝化螺菌科的模式属。细胞呈弧状到螺旋状的杆菌（图 4-22），$(0.2\sim0.4)\mu m\times(0.9\sim2.2)\mu m$。细胞以二分裂方式分裂，无内吞的细胞质膜，革兰氏阴性，通常不运动，好氧生长，主要的能量和还原当量来源于氧化亚硝酸盐为硝酸盐。无机营养型但也可混合型营养生长，混合营养的种可利用丙酮酸或甘油作为碳源，酵母粉或蛋白胨作为氮源。生活在海洋和高温环境，也出现在土壤、淡水和活性污泥中。DNA 的 G+C 摩尔分数为 $50\%\sim56.9\%$。该属目前只有 2 个种，模式种是海洋硝化螺菌（*Nitrospira marina*）。

硝化螺菌的细胞或松或紧密地绕成 $1\sim12$ 圈，一个重要的特征是其大的、高电子密度的周质间隙达

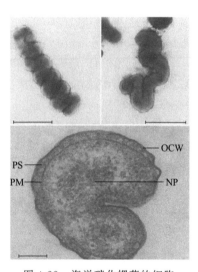

图 4-22　海洋硝化螺菌的细胞

$30\sim40nm$ 宽。细胞膜的电子密度不对称，在周质间隙一侧密度高。莫斯科硝化螺菌的膜结合的亚硝酸盐氧化系统（NOS）分离自热处理的细胞膜，该系统具有 4 个酶蛋白，表观分子质量分别是 130kDa、62kDa、46kDa、和 29kDa。推测其中的 130 kDa 的蛋白质是 α-亚基，而 46 kDa 的蛋白质被鉴定为 β-NOS。通过免疫电镜观察到 46 kDa 的蛋白质位于细胞周质间隙，并发现膜结合的 $13\sim15nm$ 的颗粒呈周期性排列，形成六边形格子。它们的中间电子密度较低，由较小的颗粒组成。推测这些颗粒代表了硝化螺菌的亚硝酸盐氧化系统（NOS）。电镜观察发现分离的这个酶系统是均匀的 $7nm\times9nm$ 的颗粒。而海洋硝化螺菌的细胞膜上具有 6 个主要的蛋白质，分子质量分别为 130kDa、85kDa、75kDa、62kDa、55kDa 和 46kDa。硝化螺菌含有 b 型和 c 型的细胞色素，但无

a 型细胞色素。细胞含有糖原样的沉积物，在含 2～3mmol/L 亚硝酸盐的无机培养基中生长最好，高浓度的亚硝酸盐对其有毒。最适生长的 pH 范围是 7.6～8.0。无机生长时的最小代时是 12～90h。

海洋硝化螺菌和莫斯科硝化螺菌（*Nitrospira moscoviensis*）只有 88.9％的 16S rRNA 基因序列相似性，它们与铁氧化螺菌（*Leptospirillum ferrooxidans*）、黄石公园嗜热脱硫弧菌（*Thermodesulfovibrio yellowstonii*）及 *Candidatus* Magnetobacterium bavaricum 具有中度同源的系统发育关系，代表了细菌域的一个新分支。硝化螺菌属是目前唯一一个非变形菌门的硝化细菌，与变形菌门的硝化杆菌属（*Nitrobacter*）、硝化球菌属（*Nitrococcus*）及硝化刺菌属（*Nitrospina*）亲缘关系甚远，表观特征的差别在于硝化螺菌的细胞弧状到螺旋状，及含有的细胞色素为 b 型和 c 型，而变形菌门的硝化细菌主要含 a 型细胞色素，不含 b 型。

4.10.2　铁还原杆菌门

铁还原杆菌门（Deferribacteres）目前只有一个科，即铁还原杆菌科（Deferribacteraceae），包括三个属。模式属铁还原杆菌属（*Deferribacter*）属于革兰氏阴性的杆菌，不产芽孢，不运动，厌氧生长。三价铁（Fe^{3+}）、四价锰（Mn^{4+}）及硝酸盐为电子受体，接受有机物和有机酸氧化释放的电子，即可偶联有机物的氧化到 Fe^{3+}、Mn^{4+} 及硝酸盐的还原。不能发酵代谢。模式种也是唯一种是嗜热铁还原杆菌（*Deferribacter thermophilus*）。

可通过在 MR 培养基上 60℃培养 3～5 天获得铁还原菌的富集物，纯培养物需通过琼脂摇动稀释技术获得。富集分离过程包括用 20mmol/L $NaNO_3$ 代替 MR 培养基中的 MnO_2，经系列稀释后再加 2％ 纯的琼脂。然后挑取单菌落测定还原 Mn^{4+} 和 Fe^{3+} 的能力。液体培养物可在室温下存活几个月。

铁还原杆菌与柔杆菌属（*Flexistipes*）和地颤菌属（*Geovibrio*）位于同一个系统发育分支，它们的区别是，嗜热铁还原杆菌具有高的生长温度和比另两个菌低的 G＋C 摩尔分数；另外，它的细胞形态与地颤菌的不同，生长盐度低于柔杆菌。地颤菌和柔杆菌均不能还原 Mn^{4+}，而且柔杆菌也不还原 Fe^{3+}。铁还原杆菌和地颤菌进行厌氧呼吸，而柔杆菌具有发酵代谢能力。

4.11　浮霉状菌

浮霉状菌（*Planctomycetes*）属于水生细菌。Gimesi 在 1924 年最初发现浮霉状菌时将其定义为特殊的水生"真菌"，直到 1979 年 Schmidt 和 Starr 才将其更正为细菌。因细胞壁不含肽聚糖，浮霉状菌的细胞呈多种形态，如球状、卵状、椭圆状或泪珠状，通常细胞较大，不考虑附肢及聚集体，单个营养细胞的最大直径可达 $3.5\mu m$，未成熟的芽体较小。细胞具有至少一个无柄的多纤毛的附肢，叫作"长钉"、"尖"、"束"、"刚毛"或"柄"，但这些附肢并不总是具有柄的功能将细胞连成层状。出芽分裂，在附肢的远端或细胞的一端常有一个并不易看到的附着器。

浮霉状菌常形成同种的细胞聚集体，呈花结状或花束状，由附着器黏附于物体上，

产生典型的漏斗状的表面结构（表面点直径
12nm，由一个外直径为 30～36nm 的索环围
绕）和纤毛（图 4-23）。革兰氏染色阴性，无
肽聚糖，所以抗 β-内酰胺类抗生素。芽殖，
有些种具有双态式生活周期：一个固着的母
细胞发芽，芽发育为由具有内鞘的鞭毛运动
的游动细胞；芽细胞成熟后游动细胞丢掉鞭
毛而发育成基座芽殖的母细胞。

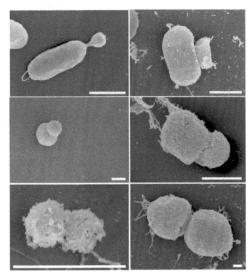

图 4-23　浮霉状菌的细胞

所有获得培养的浮霉状菌的物种为好氧
或兼性厌氧。在世界范围的富营养和寡营养
淡水及海湾和海洋生境均发现有浮霉状菌。
有时它们被氧化铁和氧化锰形成硬壳，并常
与藻类和蓝细菌生活在一起。尽管有些种已
被纯培养，但模式种和形成花瓣状的种尚未
被纯培养。糖类是它们主要的碳源，尽管长
得很慢。DNA 的 G＋C 摩尔分数在 50.5%～57.7%。

糖类是这个属主要的碳源，但滴状浮霉状菌（$P.\,guttaeformis$）利用明胶和淀粉。
1994 年，Schlesner 用选择性的碳源和氮源，如 N-乙酰葡糖胺成功分离并保存了一些
浮霉状菌。有的种严格厌氧，但嗜湖浮霉状菌（$P.\,limnophilus$）和巴西浮霉状菌
（$P.\,brasiliensis$）兼性厌氧。浮霉状菌整体生长慢，最快纪录的代时是海浮霉状菌
（$P.\,maris$）13h。

浮霉状菌的富集和分离：在分离的初期，Schmidt 和 Starr 共同描述了 5 种浮霉状
菌的细胞形态，但只有第Ⅲ和第Ⅳ种形态的菌无其他污染菌的培养物。在淡水样品中加
少量的蛋白胨（0.001%～0.005%），用塑料膜覆盖培养瓶并在室温（24～28℃）放置
数天或数周可获得形态类型Ⅲ和Ⅳ的培养物。这些出芽繁殖和有附肢的细菌在固体表面
成膜状，常与藻类和蓝细菌紧密附生。因此富集时不应暗培养。每周用相差显微镜检查
椭圆、卵状或球状的芽生细菌，细胞的附肢用光镜可能不能观察到，需要用电镜观察。
水琼脂-盖玻片技术是另一个富集分离形态类型Ⅲ和Ⅳ浮霉状菌的有效方法。在营养较
低的水样品中加 1.8%～2.0%琼脂，在直径为 20cm 的培养皿中铺一层 0.5～0.75cm
厚的水琼脂；盖玻片也用同样的水琼脂包裹。几个被包裹和未包裹的盖玻片垂直插入培
养皿的水琼脂中，然后加入拟分离的水样品填满培养皿，仅留下 2～3mm 盖玻片不被
水样覆盖，用于细菌观察取样。然后置室温下有光培养，每周检查细胞形态。待出现浮
霉状菌样的细胞形态，将盖玻片作为接种物继续传代。

在《伯杰氏古菌与细菌系统学手册》（2017）中，成立了浮霉状菌门（Planctomy-
cetes）。浮霉状菌属（$Planctomyces$）是该门的模式属，目前只有 6 个种被有效描述。
分别是模式种贝氏浮霉状菌（$P.\,bekefii$）、巴西浮霉状菌（$P.\,brasiliensis$）、滴状浮霉
状菌（$P.\,guttaeformis$）、嗜湖浮霉状菌（$P.\,limnophilus$）、海浮霉状菌（$P.\,maris$）
和斯氏浮霉状菌（$P.\,stranskae$）。6 个浮霉状菌物种的主要特征见表 4-15。

表 4-15　浮霉状菌属种的鉴别特征

特征	贝氏浮霉状菌	巴西浮霉状菌	滴状浮霉状菌	嗜湖浮霉状菌	海浮霉状菌	斯氏浮霉状菌
细胞直径/μm	1.4～1.7	0.7～1.8	0.6～1.3	1.1～1.5	0.4～1.5	1.3～1.7
细胞形态	球状	球状到卵状	球茎状	球状到卵状	球状到卵状	球茎状
特征性细胞附肢	管状柄、平的多纤毛顶端	松散扭曲纤毛柄	无柄，多纤毛顶端位于球状端	辫子状或扭曲的多纤毛柄（束）	辫子状的多纤毛柄（束）	无柄，多纤毛鬃位于球状端
附肢长度	<0.2μm至数微米	未报道	5～10μm	未报道	长度可变，至 5μm	1～2μm
附肢宽度	0.25～0.35μm	未报道	未报道	未报道	0.05～0.10μm	未报道
纤毛簇直径	12～13μm	未报道	未报道	未报道	5μm	未报道
漏斗结构分布	一致	一致	球状底部的细胞	一致	一致	球状底部的细胞
纤毛/菌毛分布	一致	一致（成熟细胞）	球状底部的细胞	一致	一致	不确定
Schmidt 和 Starr 描述的形态分型	Ⅰa	Ⅲa	Ⅴa	Ⅲa	Ⅲb	Ⅴb
形成花瓣状	+	未报道	+	未报道	未报道	+
运动	—	未报道	—	+	+	—
鞭毛	未报道	+	—	+	+	—
分离源/生境	富营养，水，轻度碱	盐矿	富营养，水	淡水湖	海洋	富营养，水
与藻/蓝细菌附生	+	未报道	+	未报道	未报道	+
沉淀氧化锰或铁	+	未报道	未报道	未报道	未报道	+
获得纯培养	—	+	—	+	+	—
菌落表面	未报道	粗糙，干	未报道	光滑，闪光	光滑，闪光	未报道
菌落颜色	未报道	黄到赭色	未报道	红色	白色/奶油色/无色	未报道
人工海水耐受浓度	未报道	20%～300%	未报道	<52%	25%～150%	未报道
人工海水最适浓度	未报道	40%～180%	未报道	未报道	未报道	未报道
NaCl 生长范围	未报道	100～170mmol/L	未报道	未报道	100mmol/L 到 >300mmol/L	未报道

4.12　疣微菌

疣微菌（*Verrucomicrobium*）是一群具有菌柄的杆状细菌，菌柄的顶端具有长度和数量不同的菌毛，革兰氏阴性，不运动，无芽孢，无气泡。中温生长，兼性厌氧，发酵葡萄糖，厌氧条件下不还原硝酸盐。产生氧化酶和触酶。细胞壁主要含 m-二氨基庚二酸。呼吸链醌的成分是 MK10、MK9 和 MK10（H_2）。主要的脂肪酸是 $C_{14:0}$、$C_{14:0}$ iso、$C_{15:0}$ anteiso、$C_{15:0}$、$C_{16:1}\omega 5$、$C_{16:0}$ 和 $C_{17:1}\omega 12$。主要的磷脂是磷脂酰甘油和磷脂酰甲基乙醇胺。DNA G＋C 摩尔分数为 58%～59%。

多刺疣微菌（*V. spinosum*）是目前唯一描述的疣微菌的种，它分离自德国一个浅的富营养湖。可用七叶苷、苦杏仁苷、纤维二糖、果糖、半乳糖、葡萄糖等糖类分离疣微菌。可在 Erlenmeyer 三角瓶中用 50mL 富集培养基，从下面的 $CaCO_3$ 沉淀中富集疣微菌，富集培养基成分为：N-乙酰葡萄糖胺，1.0g；Hutner's 基础盐，20mL；6 号维生素溶液，10mL。将混合液稀释到 1L 蒸馏水中，调 pH 9.7，高压灭菌冷却后加 $NaH_2PO_4 \cdot H_2O$ 至终浓度 0.65mmol/L。

根据已培养菌株和各种环境中的疣微菌的 16S rRNA 序列同源性，在 2017 年出版的《伯杰氏古菌与细菌系统学手册》将其定义为门。疣微菌门属于一个大的超门 PVC，该超门包括浮霉状菌门（Planctomycetes）、衣原体门（Chlamydiae）和黏胶球形菌门（Lentisphaerae），及候选菌门海绵杆菌门（*Candidate* phyla Poribacteria）未培养的 OP3。疣微菌门的许多菌株具有内膜形成的胞内分区。甲基萘醌是其主要的呼吸链醌组分，未检测到泛醌。多数成员属于化能营养型，偏好糖类包括自然界中的多糖。最近分离到嗜酸嗜热的甲基营养型菌株。迄今，该门包括了七个纲水平的类群，有效描述了 3 个纲，分别是疣微菌纲（Verrucomicrobiae）、播种小杆菌纲（Spartobacteria）和奥皮斯神菌纲（Opitutae），其他的候选"纲"只是根据环境 16S rRNA 序列同源性而描述。

疣微菌门的细菌在自然界中分布特别广泛，在饮用水、淡水湖、海水及其沉积物、水稻田、酸性岩排水、填埋物渗漏液、污泥、数种动物的肠道、人肠道、海绵、藻类及热泉均发现了它们的 16S rRNA 基因序列（Birkeland et al. 2009）。它们平均占土壤 16S rRNA 基因克隆文库的 7%（0～21%），但目前只描述了 12 个属。这些属的细菌多数好氧，嗜酸及化能有机营养。

Pol 等（2007）、Islam 等（2008）、Sharp 等（2012）分别报道了首个非变形菌的甲烷氧化细菌——疣微菌，它们分离自相距甚远的 3 个地热区：意大利喷硫火山泥浆（分离株 SolV）、俄罗斯一个酸性热泉（菌株 Kam1）和新西兰的喷热气土壤（菌株 V4）。3 株菌的 16S rRNA 基因序列同源性为 98.4%，说明它们代表了同一个属。这个属的细菌最显著的特征是极端嗜酸，无变形细菌的甲烷氧化菌典型的内膜系统，它们的系统发育学地位均属于疣微菌门。

这 3 株疣微菌能够在低于 pH 1 时生长，最高生长温度达 65℃。它们具有相似的细胞形态、G＋C 摩尔分数及温度耐受和 pH 响应，但在生长速率、甲醇耐受和在无固定的氮素生长能力方面有差异。电镜观察发现它们具有普通细菌的细胞，为短杆状，具有革兰氏阴性细胞壁，并观察到多个高电子密度的内涵体，推测是膜囊泡或羧酶体样蛋白结构。3 株菌均依赖甲烷生长并以 NH_4^+ 为氮源，说明它们是专一的甲烷营养型而不是氨氧化者。菌株 V4 不能利用酪蛋白氨基酸、葡萄糖、阿拉伯糖、半乳糖、甘油、果胶、H_2、酵母粉、蔗糖、木糖、木聚糖、色氨酸、羧甲基纤维素、丙醇、营养肉汤、胰酶解大豆肉汤和各种有机酸包括草酸、苯甲酸、甲酸、柠檬酸、苹果酸和乙酸。尽管其基因组含有一个假定的甲胺脱氢酶基因，但甲胺和三甲胺（0.5% 或 0.05%）不支持其生长。菌株 SolV 能氧化 H_2 但不能以 H_2 为唯一底物生长。因为它们在酸性条件下生长，有机酸可作为膜的解偶联物质抑制它们的生长。可是它们具有完整的三羧酸循环，低浓度的有机酸可能也可作为能源。

4.13　酸杆菌

酸杆菌属（*Acidobacterium*）的细菌是杆状细胞，$(0.3\sim0.8)\mu m\times(1.1\sim2.3)$ μm。革兰氏染色阴性，无光合作用，不产芽孢。细胞单生、成对或成短链状。产生荚膜，通过印度墨水染色即可在显微镜下看到。以周生鞭毛运动。好氧生长，严格有氧代谢。嗜酸，生长 pH 范围为 $3.0\sim6.0$，高于 6.5 不生长。在 3.5% NaCl 中不能生长，无反硝化作用。产生触酶。化能有机营养型，可以各种糖作为碳源生长，包括葡萄糖，但不能以醇类物质生长，包括甲醇。0.25mmol/L 乙酸或 2mmol/L 乳酸和 4mmol/L 琥珀酸可抑制其生长。生长的温度范围在 $25\sim37℃$，但 $42℃$ 不生长。主要的醌成分是具有 8 个异戊二烯的甲基萘醌（MK-8），目前唯一的有效种荚膜酸杆菌（*Acidobacterium capsulatum*）是用葡萄糖酵母膏（GYE）平板从日本 Yanahaya 的酸矿流出液分离到的，其 DNA G＋C 摩尔分数为 $59.7\%\sim60.8\%$。但通过培养和非培养手段，在各种生境中，包括酸矿水、矿泥河土壤及其他酸性土壤中发现了酸杆菌的同源物种。酸杆菌含有的主要脂肪酸如下：$C_{14:0}$、$C_{15:1}$、$C_{16:1}$、$C_{16:0}$、$C_{17:1}$、$C_{17:0}$、$C_{18:1}$、$C_{18:0}$、$C_{15:0}$ iso、$C_{17:1}$ iso、$C_{17:0}$ iso 和 $C_{19:0}$ cyclo。但以 $C_{15:0}$ 为主，无 2-羟基脂肪酸和 3-羟基脂肪酸，除了微量的 $C_{12:0}$。

荚膜酸杆菌在 GYE 胶平板上的菌落呈暗橘色到橘色，产生 β-半乳糖苷酶、β-葡萄糖醛酸酶、α-岩藻糖苷酶、N-乙酰-β-葡萄糖氨酰胺酶和 α-葡萄糖苷酶，并产生分泌型的 β-葡萄糖苷酶。除此之外，还产生纤维素酶、木聚糖酶和海藻糖酶。

在《伯杰氏古菌与细菌系统学手册》（2017）中建立了酸杆菌门，酸杆菌纲，酸杆菌目，酸杆菌科。酸杆菌科共描述了 10 个属，分别是酸杆菌属、苔生菌属（*Bryocella*）、荚膜需酸菌属（*Acidicapsa*）、土壤杆菌属（*Edaphobacter*）、颗粒状菌属（*Granulicella*）、厚被膜杆菌属（*Occallatibacter*）、森林细菌属（*Silvibacterium*）、沼泽杆菌属（*Telmatobacter*）、土壤酸杆菌属（*Terracidiphilus*）及土块菌属（*Terriglobus*）。

酸杆菌与相关属的鉴别特征是，酸杆菌是严格好氧菌，而地发菌属（*Geothrix*）和全噬菌属（*Holophaga*）是严格厌氧菌。酸杆菌嗜酸，而地发菌属和全噬菌属更喜欢生长于中性 pH 环境中。另外，酸杆菌与地发菌属及全噬菌属只有 79% 16S rRNA 基因序列同源性，与土壤杆菌属和土块菌属分别具有的 91% 和 92% 的同源性。另外，土块菌属脂肪酸中不具有 $C_{18:1}$ $\omega9c$。

4.14　嗜热袍菌

嗜热袍菌包括了一群独特的极端嗜热细菌，在系统发育上与已描述的细菌的亲缘关系都很远。16S rRNA 基因序列同源性分析认为嗜热袍菌代表了细菌域中最"古老"的和进化最慢的一个分支，而且根据细菌域中延伸因子 Tu 的 DNA 序列同源性分析结果也支持上述结论。在《伯杰氏古菌与细菌系统学手册》（2017）中，建立了嗜热袍菌门，嗜热袍菌纲，嗜热袍菌目，嗜热袍菌科。

嗜热袍菌目的特征是：极端嗜热，杆状细胞，严格厌氧的发酵型细菌；具有外鞘样的包被（袍），不产芽孢，革兰氏阴性，但在肽聚糖中无 *meso*-DAP；对溶菌酶敏感，生长会被 H_2 抑制，脂中含有不常见的二羧基脂肪酸。

目前嗜热袍菌目包括 1 个科和 5 个属，它们是嗜热袍菌属（*Thermotoga*）、嗜热腔菌属（*Thermosipho*）、闪烁菌属（*Fervidobacterium*）、地袍菌属（*Geotoga*）和石袍菌属（*Petrotoga*）。

嗜热袍菌目的成员广泛分布于各种活动的地热区域，主要分为两种不同的群落生境：浅海和深海的海水热环境；陆地低盐的硫黄热泉。目前为止，它们只从高温（55～100℃）和微酸到碱性（pH 5.0～9.0）的环境中分离到。

（1）嗜热袍菌属

杆状细胞，平均长度 5μm，宽 0.6μm。它们的细胞由一个鞘状的外部结构——"袍"包被，在两端呈气球状结构，在相差显微镜下可看到。"袍"是由外膜蛋白规则排列组成的。这个属的菌株有的运动，有的不运动。在固体培养基上形成白色的圆菌落，最适 pH 7 左右，生长的 pH 范围是 5.5～9.0。

（2）嗜热腔菌属

这个属的细菌分离于非洲 Djibouti 一个海湾的热沙质沉积物和海洋水热泉。细胞杆状，平均长 3～4μm，宽 0.5μm，在两端被"气球"状的鞘包被。与嗜热袍菌属不同的是嗜热腔菌属可生长成为长达 12 个细胞的长链，另外可生长于更低的温度（35～77℃），G＋C 摩尔分数为 30%。*Thermosipho africanus* 生长的 pH 6.0～8.0，最适 pH 7.2 左右，在 75℃生长时最短的代时为 35min。在 32℃和 80℃时不生长，生长的 NaCl 浓度为 0.11%～3.6%。

嗜热腔菌属的成员是专性的化能异养细菌，在单一碳源无机盐培养基上不生长，生长要求复杂的有机物，如酵母粉、蛋白胨或胰胨及半胱氨酸。它们能够还原单质硫到 H_2S。

（3）闪烁菌属

闪烁菌属的菌株分离于冰岛一个陆地的硫气孔土地，16S rRNA 同源性分析表明它是嗜热袍菌目的成员。它们的细胞是杆状，平均大小 0.6～1.8μm，运动。用相差显微镜观察时很容易和上述两个属区分。它们的细胞无鞘状结构，但产生一个另外的球状体，位于细胞顶端，每个细胞只产生一个球状体。另外细胞易形成聚集体，但很少成链。DNA 的 G＋C 摩尔分数是 33.7%。

闪烁菌的最适生长温度是 65～70℃，范围是 40～80℃，最适 pH 7.0～7.5，范围是 pH 6.0～8.0，在最适生长条件下分裂的代时是 105～150min。闪烁杆菌发酵多种糖类，主要产物是 D（＋）-乳酸、乙酸、乙醇、CO_2 和 H_2，另外也产生少量的正丁酸、正己酸、异丁酸和异己酸。

（4）地袍菌属

地袍菌属的细胞为杆状（3～20)μm×(0.5～0.7)μm，相差显微镜下可观察到细胞被外鞘状结构包被，细胞通常单生或在鞘中成对，也可在一个鞘中包被 5 个细胞。革兰氏阴性，发酵代谢，严格厌氧。稳定期产生大的球状体。培养物在 4℃储存可存活 6 个月，即使培养基被氧化。可运动，对利福平敏感，在 pH 5.5～9.0 和 0.5%～10.0% NaCl 生长，最适 NaCl 为 3.5%。不产芽孢。中度嗜热，生长温度范围是 30～60℃，最适温度 50℃。生长需要酵母粉。H_2 抑制一些菌株的生长，还原单质 S 为 H_2S。G＋C 摩尔分数是 30%。

（5）石袍菌属

石袍菌属的细胞为杆状，$(1～50)\mu m \times (0.5～1.5)\mu m$，相差显微镜下可观察细胞被外鞘状结构包被。细胞通常单生或在鞘中成对甚至成链。革兰氏阴性，发酵代谢，严格厌氧。培养物在 4℃储存可存活 6 个月，即使培养基被氧化。对利福平敏感，在 pH 5.5～9.0 和 0.5%～10.0% NaCl 生长，最适 NaCl 为 2.0%～4.0%。中度嗜热，生长温度范围是 35～65℃，最适温度 55～60℃。不产芽孢。生长需要酵母粉。还原单质 S 为 H_2S。G＋C 摩尔分数是 32.0%～34.2%。

4.15 未培养细菌新分支

最近，Hug 等（2016）在环境宏基因组分析基础上，展示了更新的生命树的拓扑结构图。该生命树包括了重构的未培养细菌的基因组草图，并且认为细菌域的"根"可能位于已知的主要的细菌分支（包括变形细菌门、放线菌门、厚壁菌门和蓝细菌）和最近发现的似乎是单系统发育分支、被称为候选门辐射分支（*Candidate* Phyla Radiation，CPR）之间，尽管那些深的进化分支不支持宏基因组解析的细菌"树根"的位置。关于 CPR 细菌的多样性目前仍有争议。基于 16S rRNA 基因序列和核糖体蛋白序列串联分析，认为 CPR 包括的物种范围可能与其他所有细菌的相当。然而，仍然不清楚是否是因为源于早期分歧进化还是快速进化而造成 CPR 与其他细菌分支的远缘关系。其他关于 CPR 的分支多样性范围的分析，预测它们可能构成了 26% 或 25% 的细菌多样性。因而需要根据已有的基因组数据重新分析细菌的进化。

新门水平的分支应是独特的单系统发育分支并与最近缘的分支具有＜(75%～80%) 的 16S rRNA 基因序列同源性（Woyke 和 Rubin，2014）。最终定义一个门或超门还需要有支持设置深分支的有力证据，然而这对定义 CPR 尚不具备。对 2012～2016 年间通过非培养手段获得的基因组分析，鉴定了 44 个假定的门，和另有 3 个潜在的其他古菌门和 17 个可能的细菌门。总结目前的数据，已有 62 个非 CPR 的细菌门水平的类群获得了宏基因组重构的基因组代表。

随着基因组序列多样性的拓展，发现 OP11 辐射群包括多个潜在的门水平的细菌类群，如 OD1 超门现在叫作 Parcubacteria，OP11 超门被叫作 Microgenomates。2012 年报道了第一个 CPR 的基因组（Wrightonet al.，2012），迄今已测定了上千个 CPR 的基因组。基于早期测定的 800 个基因组，Brown 等（2015）提出至少有 35 个候选门。CPR 的细菌均具有小的基因组，推测它们可能营寄生生活方式，并且预测它们的许多成员不能从头合成核苷酸，只有最低的氨基酸和辅因子合成能力。至今所测定的 CPR 基因组均无合成细胞膜脂的必需成分。CPR 细菌具有特殊的核糖体组分，而且所有的分支（假定的候选门）均无被认为是普遍存在核糖体蛋白。值得注意的是，在环境

rRNA 基因调查中并没有被检测到一些环境中的 CPR 群的细菌，这可能是因为引物错配或具有内含子，或两个原因都有。目前估计已鉴定的 CPR 有 73 群。同时，冷冻透射电镜成像技术对透过 $0.2\mu m$ 滤膜的样品的观察，证明这些细菌具有小的细胞。

电镜观察认为多数 CPR 细菌外寄生于细菌或古菌，少数 CPR 细菌和 DPANN 古菌超门的种与真核生物互作，而大多数 CPR 更像是细菌或古菌的共生体。冷冻透射电镜观察到 CPR 细胞表面有纤毛样的结构。类异戊二烯是所有生物所必需的代谢中间质，支持合成醌、叶绿素、细菌叶绿素、视紫红质及类胡萝卜素等。古菌细胞膜的类异戊二烯前体通过甲羟戊酸（MVA）途径，细菌通过甲基赤藓醇磷酸（MEP）途径。而有些CPR 细菌（多数是 Microgenomates，少数是 Peregrinibacteria）具有 MVA 途径而不是MEP 途径，而且 CPR 细菌的 MVA 途径属于真核生物的类型。

共生生活方式偶伴随基因丢失和很多的内共生体的突变积累，真核生物共生体的早期基因组减小的特征是移动元件的繁殖、形成假基因、多重基因组重排、丢失基因组片段等，但至今这些现象未在 CPR 细菌和 DPANN 古菌中报道。CPR 细菌和 DPANN 古菌似乎均是厌氧生物，因为它们的基因组中无完整的三羧酸循环和好氧生长所需的电子传递链，无分解代谢硝酸盐和硫酸盐还原基因。具有核苷酸代谢和中央碳代谢的二磷酸核酮糖羧化酶（RuBisCO），可能对 CPR 和 DPANN 祖先的生理功能很关键。基于一个细菌或古菌细胞中平均含 20% RNA，而 RNA 中 40% 是核糖，一个细胞质量约 8%是核糖，推测核糖是早期地球可利用的丰富的糖；因此，基于Ⅲ-型和Ⅱ/Ⅲ型 RuBisCO途径的单磷酸核苷酸转化为 3-磷酸甘油酸的途径可能是古老的异养代谢的遗迹。

值得注意的是那些昆虫共生细菌，及具有小的基因组人的病原（如衣原体）并不属于 CPR 的簇群。这表明 CPR 独特的系统发育学地位并非是基因组"裁剪"的人为行为所造成的。这就是说，预测的 CPR 和 DPANN 超门古菌的代谢能力完全不同，即有些具有充分的代谢能力，因而推测它们可能自由生活；而其他的缺乏多数生物合成能力。因此预测基因组减小可能是一些进化分支的重要现象。非 CPR 细菌在生物地球化学循环中具有潜在的作用，如从水环境宏基因组重构的一个水沉积物中优势的、未知的细菌分支叫作 Zixibacteria。值得注意的是该基因组编码广泛组合的氧化还原酶系，显示了它们在铁、砷氧化还原，含氮化合物转化、氢代谢及发酵中发挥作用。

Hug 等（2016）提出的另一个细菌分支是候选门 Rokubacteria，它们的第一个基因组是从获得 Zixibacteria 和一些 Melainabacteria 的同一地点的沉积物的宏基因组获得的。在过去对土壤的 16S rRNA 基因调查中曾看到这些细菌。根据代谢途径预测，Rokubacteria 门的细菌可能是分解乙酸的异养菌，可能通过脂肪酸的 β 氧化获得能量并产生丁酸。推测这些 Rokubacteria 对硫循环也有贡献，通过硫代硫酸盐氧化和还原为H_2S，以及亚硝酸盐氧化参与氮循环，并可能氧化 CO。根据 Rokubacteria 在草地土壤中含量丰富，推测它们通过甲醇氧化介导碳循环。最近在根际、火山泥、油井、水环境和地下深部均检测到 Rokubacteria 细菌，因此被描述为"基因组的巨人"。

另一个候选的细菌门是 Tectobacteria。它们的第一个基因组被认为属于候选属*Entotheonella*，是通过单细胞基因组测序从海绵（*Theonella swinhoei*）微生物群落中获得的。推测 *Entotheonella* 产生大量的各种生物活性物质，可能介导生态上的物种互作。已知海绵是多种天然产物的来源，可能这些微生物是真正的生产者。因此通过环境宏基因组揭示候选细菌分支的生物合成途径，将为次生代谢产物的发现提供资源。

参考文献

Bergey's Manual of Systematics of Archaea and Bacteria. 2017. Online ISBN: 9781118960608 | DOI: 10. 1002/9781118960608.

Birkeland N K, Pol A, Dunfield P F, 2009. Environmental, genomic and taxonomic perspectives on methanotrophic Verrucomicrobia. Environ Microbiol Rep, 1: 293-306.

Brown C T, Hug L A, Thomas B C, et al., 2015. Unusual biology across a group comprising more than 15% of domain Bacteria. Nature, 523 (7559): 208-211.

Hug L A, Baker B J, Anantharaman K, et al., 2016. A new view of the tree of life. Nat Microbiol. 1: 16048.

Islam T, Jensen S, Reigstad L J, et al., 2008. Methane oxidation at 55 degrees C and pH 2 by a thermoacidophilic bacterium belonging to the Verrucomicrobia phylum. Proc Natl Acad Sci U S A, 105 (1): 300-304.

Parks D H, Chuvochina M, Waite D W, et al., 2018. A standardized bacterial taxonomy based on genome phylogeny substantially revises the tree of life. Nat Biotechnol, 36 (10): 996-1004.

Pol A, Heijmans K, Harhangi H R, et al., 2007. Methanotrophy below pH 1 by a new Verrucomicrobia species. Nature, 450 (7171): 874-878.

Sharp C E, Stott M B, Dunfield P F, 2012. Detection of autotrophic verrucomicrobial methanotrophs in a geothermal environment using stable isotope probing. Front Microbiol, 3: 303.

Watson S W, Bock E, Valois F W, et al., 1986. Nitrospira marina gen. nov. sp. nov.: a chemolithotrophic nitrite-oxidizing bacterium. Arch Microbiol, 144 (1): 1-7.

Wiegand S, Jogler M, Boedeker C, et al., 2020. Cultivation and functional characterization of 79 planctomycetes uncovers their unique biology. Nat Microbiol, 5 (1): 126-140.

Woyke T, Rubin E M, 2014. Searching for new branches on the tree of life. Science, 346: 698.

Wrighton K C, Thomas B C, Sharon I, et al., 2012. Fermentation, hydrogen, and sulfur metabolism in multiple uncultivated bacterial phyla. Science, 337 (6102): 1661-1665.

（东秀珠）

第 5 章

古 菌

摘要：古菌是 1977 年由美国学者 Carl Woese 及其同事定义的一类原核生物。古菌具有与细菌相似的细胞形态但不同的细胞结构组分，以及与真核生物同源的遗传信息传递系统。已培养的古菌物种许多是极端微生物。宏基因组技术的应用发现环境中尤其在大洋和地下深部存在大量未培养的古菌，目前古菌系统发育分支已拓展到 4 个超门，新的门还在不断增加。本章以 4 个超门的古菌为主线，主要介绍已培养古菌类群的多样性、生理学特征和适应极端环境的生物学机理，以及在古菌中发现的新代谢途径和能量途径，包括厌氧的产甲烷古菌及其电子歧化机制驱动的逆向电子流极端嗜热古菌、极端嗜盐古菌以及氨氧化古菌等。在本章的最后介绍未培养古菌超门的代表物种的基因组信息，及其潜在的代谢功能。

5.1 概论

20 世纪 70 年代末，美国学者 Carl Woese 及其同事基于小亚基核糖体 rRNA 基因序列的同源性，提出了著名的"生命三域学说"，即地球上的生物分为三大亲缘类群（也称为域）：细菌域、古菌域及真核域。Carl Woese 等根据核糖体 RNA 基因序列同源性及细胞结构组分，认为尽管古菌和细菌均是单细胞、无细胞核膜的原核生物，但二者在系统进化，尤其遗传信息传递规则方面区别甚大。并根据已培养的古菌生理学特征将古菌划分为泉古菌（多数物种为极端嗜热）与广古菌（主要是产甲烷和嗜盐物种）两个门。

最早发现并定义为古菌的微生物源于极端生命的多样性，因此早期关于古菌的概念几乎等同于极端微生物。目前发现的 80 多个超嗜热菌中只有 8 个是细菌，其余全是古菌。已获得纯培养的古菌包括极端嗜热古菌、极端嗜盐古菌、极端厌氧产甲烷古菌等三大类群。Woese 的 RNA 系统学研究方法还为生物，尤其未培养生物的进化研究提供了"可量化"的手段。Pace 研究组首先用非培养手段展开美国黄石公园的热泉微生物群落的调查，之后展开了对各种环境微生物多样性大量的调查。目前已发现原核微生物有 64 个分支（门水平），其中细菌的 45 个分支中有 13 个无已培养的物种；而古菌的 19 个分支中有 11 个无已培养的物种，这些无培养物种的分支多数分布于极端环境。仅在黄石公园的 Octopus 热泉微生物群体调查中就发现了一个新的古菌界（初古菌界）的 16S rRNA 序列，但至今没有得到这个界的培养物。在黄石公园 Obsidian Pool 中发现的分支（OP 分支系列），如果以属的水平计算，是已知分支数目的 7 倍。在 2006 年和 2008 年，陆续报道了从地热环境分离获得 OP5 和 OP10 分支的培养物。与它们的生存环境相同，这些菌株也都是嗜热菌。随后还发现了另外 2 个大的进化分支，TM 和 WS。TM 分支广泛分布于地球的不同环境，其中 TM7 常与人的黏膜炎症相关。最近 He 等（2015）从人的口腔中分离培养到了一株 TM7，这是个细胞十分小的球菌，而且寄生于龋齿放线菌，因此被称为"候选分支"。近年来环境宏基因组（Metagenome）的分析揭示了先前未知的古菌代谢特征，并提供了对古菌进化乃至它们与真核生物进化关系的新见解。环境宏基因组揭示了先前远未了解的古菌系统多样性，改变了我们先前认为古菌均是极端微生物的概念。目前已知的主要古菌类群如图 5-1 所示。

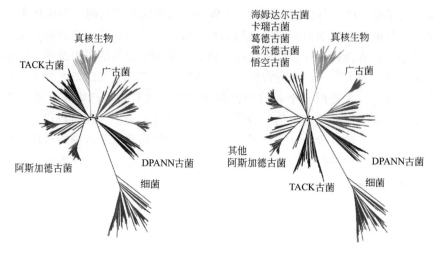

图 5-1　古菌主要类群
（修改自 Liu et al.，2021）

5.2　古菌的生物学特征

古菌是一群具有独特的系统发育生物大分子序列的单细胞生物，其细胞形态和细胞器的结构与细菌的相似。古菌多数生活在地球的极端环境或生命出现初期的自然环境中，如超高温、高酸碱度、高盐及无氧状态，因而被称为古菌。大多数古菌营专性或兼性自养生活方式并具有特殊的生理功能。不少研究发现，尽管古菌在细胞形态、大小及基因组结构方面与细菌相似，但在系统发育学上却是独立于细菌的进化分支，和细菌的亲缘关系比和真核生物还要远。另外它们还具有独特的细胞结构，如细胞壁为蛋白质或假肽聚糖，细胞膜含甘油醚键，DNA 复制和转录的机器、调控机制以及代谢的酶作用方式既不同于细菌又不同于真核生物，因而是地球上的第三种生命形式。表 5-1 列出了古菌在细胞和基因组结构等方面与另外两域生物的异同。

表 5-1　细菌域、古菌域及真核生物域的主要生物学特征比较

特征	细菌	古菌	真核生物
细胞壁	肽聚糖	蛋白质或假肽聚糖	多糖（植物）；动物无；几丁质（真菌）

特征	细菌	古菌	真核生物
细胞膜	直链脂肪酸和甘油分子通过酯键相连	枝链烃和甘油分子通过醚键相连	直链脂肪酸和甘油分子通过酯键相连
膜包裹的核及核仁	无	无	有
核糖体	70S	70S	80S（胞质）
延伸因子 2	不与白喉毒素反应	反应	反应
氯霉素及卡那霉素反应	敏感	不敏感	不敏感
茴香霉素反应	不敏感	敏感	敏感
多顺反子 mRNA	存在	存在	不存在
mRNA 内含子	不存在	不存在	存在
mRNA 剪切、加帽及多聚 A 尾	不存在	不存在	存在
DNA 依赖的 RNA 聚合酶			
酶的种类	一种	几种	三种
结构	简单亚基模式（4 个亚基）	复杂亚基模式（8～12 个亚基）	复杂亚基模式（12～14 个亚基）
对利福平敏感	敏感	不敏感	不敏感

　　DNA 测序技术的发展促进了不依赖培养方法调查环境中代表微生物多样性的分子标识，而基因组测序与生物信息分析技术的发展则揭示了环境微生物宏基因组的内涵，这些研究技术使得我们对古菌系统多样性的认识发生了巨大变化。1999～2002 年，根据已培养古菌的分子系统学与生理学特征建立了泉古菌和广古菌两个系统分支；2002～2011 年，在广古菌分支中增加了纳古菌门（Nanoarchaeota），新发现的、多数未培养古菌分支与泉古菌形成一个超群 TACK（变形古菌门），包括奇古菌门（Thaumarchaeota）、曙古菌门（Aigarchaeota）、泉古菌门（Crenarchaeota）和初古菌门（Korarchaeota）。至 2017 年已发现的古菌至少有 4 个主要的超门：具有系统多样性的广古菌门（Euryarchaeota）、具有新的代谢功能的 TACK 群、寄生型古菌的 DPANN 超门（Diapherotrites，Parvarchaeota，Aenigmarchaeota，Nanohaloarchaeota 和 Nanoarchaeota），以及可能是真核生物核起源的祖先古菌阿斯加德（Asgard）超门。每个超门至少由数个不同的"门"级别的分支组成。而且这些古菌分支不只限于极端环境，而是广泛分布于地球所有的环境中，并为那些环境贡献了相当量的生物质。然而，目前根据基因组的分类系统在各个古菌类群中并不统一，原因是尚无基于基因组的分类标准。

　　未培养古菌的基因组数据揭示了古菌具有未知的代谢多样性和不同的生活方式，包括中温型和超嗜热型，厌氧和好氧，自养与异养，多样性丰富的内共生古菌，及先前未知的产乙酸菌和不同类群的产甲烷菌。特别是古菌在全球氮循环（奇古菌）和碳循环（产甲烷和甲烷氧化古菌）中的作用。实际上，在不属于广古菌门、新发现的古菌超群的基因组中发现了利用古老的 Wood-Ljungdahl（还原的乙酰辅酶 A）碳固定途径。尽管对这些古菌在原位环境中的生理代谢过程及与其他生物间可能的互营关系知之甚少，但最近的发现提示所有现存的古菌可能从厌氧的自养祖先进化而来，该祖先利用 Wood-Ljungdahl 途径并且可能通过产甲烷获得能量。

5.3　古菌展示了地球早期生命的特征

古菌的生理特征符合地球刚出现生命时的环境。在约 24 亿年前（2.4Ga）地球从一个古老的缺氧大气层进化为有氧的大气层，地质学称作大氧化事件（Great Oxidation Event）。而产甲烷过程发生在大约 34 亿年前，恰好在大气中 O_2 升高之前。该地球时期，产甲烷过程导致大气甲烷水平比今天的 1.8mg/L（parts per millions）高 100～1500 倍。利用 H_2 为主的能量代谢被认为是古生命特征，因为推测地球无氧期大气中 H_2 的浓度在 1000mg/L。而氢营养型的产甲烷古菌（除了甲烷胞菌 Methanocellales）均不具有细胞色素和有氧呼吸链的其他蛋白质。甲烷古菌具有大量的含铁硫簇（Fe-S）的蛋白质，而无氧的地球时期铁和硫化物大量存在，此种条件下铁硫簇可以自发组装。许多氢营养型产甲烷古菌可以利用 CO_2 作为唯一碳源自养生长，它们通过改良的还原的乙酰辅酶 A 途径（WLP）固定 CO_2。该途径产生乙酰辅酶 A，后者可被转化为乙酸并产生 ATP，因此乙酰辅酶 A 将碳固定与能量产生紧密偶联在一起。因此透过还原的乙酰辅酶 A 途径可能窥视地球原始的代谢过程。重新构建的祖先基因进化树显示，古菌的共同祖先（LACA）可能是厌氧的化能自养生物，利用 WLP 途径固定 CO_2，并通过产甲烷获得能量。现在发现在所有古菌超门，包括 TACK、Asgard、Euryarchaeota 和推测的 DPANN 超门的深的分支（Altiarchaeales）中均发现存在 WLP，说明该途径是早期生命的特征。

Sousa 等（2016）通过调查原核生物的全部基因去推测原核生物共同祖先所拥有的核心基因。通过系统发育分析，他们在 134 个古菌和 1847 个细菌基因组发现所有 8779 个蛋白质家族树中，只有 1045 个序列至少来自两个细菌和两个古菌群，并且保持了祖先古菌-细菌的分支。如果将其中厌氧菌共有的基因确定为原核生物共同祖先基因，则发现这些基因分布于甲烷古菌和梭菌，即依赖于低于热力学极限的自由能变的严格厌氧菌中。这些厌氧家族的基因包括双功能的乙酰辅酶 A 合成酶/CO 脱氢酶（Acetyl-CoA-Synthetase/CO-Dehydrogenase）、异二硫化物还原酶（Heterodisulfide Reductase）C/A 亚基、铁氧还蛋白（Ferredoxin）、Mrp-逆向转运蛋白/氢酶（Antiporter/Hydrogenase）家族的几个亚基，及多个 S-腺苷甲硫氨酸（SAM）依赖的甲基转移酶。这些分析揭示了甲基物质在原核生物代谢中的主要作用，并指出原核生物的祖先具有转子-定子型 ATP 合成酶，无细胞色素、醌及氧化还原依赖的离子泵，但它们具有 Mrp-型的 H^+/Na^+ 逆向转运蛋白，能够将生物地球化学的 pH 梯度转换为生物学上更稳定的细胞膜内外的 Na^+ 梯度。该分析推演出一个高温自养型的和甲基依赖的生命起源。根据最适生长温度推测古菌共同祖先（LACA）属于嗜热或超嗜热，并编码超嗜热生物特有的基因标识——逆旋转酶（Reverse Gyrase）。而推测不同古菌分支中的成员进化为中温或好氧生长是由细菌基因横向转移所导致。

5.4　广古菌门

广古菌门（Euryarchaeota）的成员无论在细胞形态、代谢类型和系统发育分支方面都具有丰富的多样性。它们的形态包括球状、杆状、叶片状、螺旋状、盘状、三角状或方状的细胞。基于细胞壁是否含假肽聚糖，革兰氏染色呈阳性或阴性。一些纲的成员的细胞壁完全由蛋白质组成，或无细胞壁，如热原体纲（Thermoplasmata）。广古菌门共包括5个生理类群的古菌：产甲烷古菌、极端嗜盐古菌、无细胞壁古菌、还原硫酸盐古菌和极端嗜热的硫代谢古菌。分属于7个纲：甲烷杆菌纲（Methanobacteria）、甲烷球菌纲（Methanococci）、盐杆菌纲（Halobacteria）、热原体纲（Thermoplasmata）、热球菌纲（Thermococci）、古球菌纲（Archaeoglobi）和甲烷火菌纲（Methanopyri）。除甲烷球菌纲被分为3个目外，其余的6个纲都只有1个目。

5.4.1 产甲烷古菌

迄今为止，已知的产生大量甲烷的生物只限于产甲烷古菌，产生甲烷是它们唯一的能量代谢途径。产甲烷古菌的代谢类型十分简单，只能利用一碳或二碳化合物（CO_2、甲醇、甲胺及乙酸等）作为碳源和能源。产甲烷古菌是迄今已知的要求氧化还原电势最低的生物，只能生活在无氧环境中。

根据产甲烷底物，甲烷产生途径分为：①CO_2还原产甲烷途径，是氢营养型甲烷古菌的代谢途径；②乙酸裂解产甲烷途径，是乙酸营养型甲烷古菌的途径；③甲基产甲烷途径，由甲基营养型甲烷古菌完成；④H_2还原甲基物质产甲烷途径。

目前已培养或获得全基因组的甲烷古菌属于7个目：

① 甲烷杆菌目（Methanobacteriales）：细胞杆状；氢营养型，利用H_2、甲酸或二元醇为电子供体还原CO_2或甲酸盐产CH_4。

② 甲烷球菌目（Methanococcales）：细胞球状；氢营养型，利用H_2、甲酸或二元醇为电子供体还原CO_2或甲酸盐产CH_4。

③ 甲烷微菌目（Methanomicrobiales）：细胞杆状、螺旋丝状及不规则状；氢营养型产甲烷菌，利用H_2、甲酸为电子供体还原CO_2或甲酸盐产CH_4。

④ 甲烷火菌目（Methanopyrales）：极端嗜热，最适生长温度100℃；利用H_2/CO_2产CH_4。

⑤ 甲烷八叠球菌目（Methanosarcinales）：假八叠状、类球状或有壳的杆状；利用甲基类化合物或乙酸产CH_4，有的利用H_2/CO_2，但不利用甲酸产甲烷。

⑥ 甲烷胞菌目（Methanocellales）：不规则杆菌，有的在生长后期会变成拟球菌；利用H_2/CO_2产CH_4，有的还利用甲酸盐产CH_4。目前分离的3株甲烷胞菌均分离自水稻土，是水稻根际甲烷排放的主要贡献者。

⑦ 甲烷马赛球菌目（Methanomassilicoccales）：细胞球状，只利用H_2还原甲醇和甲胺产CH_4，分离于人肠道。

以H_2和CO_2产甲烷的产甲烷古菌，即氢营养型，它们的底物不仅限于H_2/CO_2，许多种也可从甲醇和甲酸产生甲烷而获取能量。甲烷古菌属于化能无机自养菌，但它们的CO_2固定并不是通常自养菌的卡尔文循环，而是还原的乙酰CoA途径（WLP），这就是乙酸盐刺激氢营养型甲烷古菌及所有产甲烷菌生长的原因。另外，一些氨基酸也可促进一些产甲烷菌的生长。一些产甲烷菌的生长需要酵母提取物或酪素水解物等复合添加物，某些瘤胃产甲烷菌还需要支链脂肪酸。所有产甲烷菌都利用NH_4^+作为氮源，少数菌种可固定分子氮（N_2）。产甲烷古菌的生长还需要微量金属元素镍（Ni），是产甲

烷辅酶 F_{430} 的组分，也是氢酶和 CO 脱氢酶必要的金属离子。铁和钴也是产甲烷古菌的重要微量金属元素。与细菌和其他生物不同，产甲烷菌使用特异的一碳载体和辅酶包括：甲烷呋喃（Methanofuran，MFR），四氢甲烷蝶呤（H_4MPT），辅酶 M（2-Mercaptoethanesulfonate），F_{420}（7, 8-Didemethyl-8-Hydroxy-5-Deazariboflavin Chromophore）在 420nm 紫外线激发下产生荧光，甲烷吩嗪（Methanophenazine）是膜结合的电子载体，似细菌的辅酶 Q 以及辅酶 B（HS-CoB，7-Mercaptoheptanoyl Theronine Phosphate）。

尽管产甲烷菌代谢方式简单，但它们广泛地分布于各种厌氧环境中，包括沼泽地、水稻田、淡水和海水沉积物、动物肠道等，与动、植物及其他微生物构成了厌氧食物链。在有机质含量丰富、氧化还原电位低于 -200mV 的厌氧环境中都有大量的产甲烷菌活动。从水稻田、天然湿地及动物释放甲烷气到大气中就是产甲烷菌的代谢所为。甲烷古菌产生的甲烷量超过了气井和其他非生物来源的量。在哺乳动物的肠道中，尤其是反刍动物的瘤胃中存在着大量的产甲烷菌。产甲烷菌还可作为某些原生动物的内共生菌，如在自由生活的水生阿米巴、昆虫肠道的鞭毛虫、白蚁后肠中都发现有产甲烷菌。白蚁后肠中内共生的产甲烷菌被认为消耗原生动物降解纤维素所产生的氢而使宿主细胞获益。甲烷生成过程在淡水和陆地中比在海洋中更普遍，原因是海水及沉积物含有高浓度的硫酸盐以及硫酸盐还原菌，它们与产甲烷菌竞争乙酸盐和 H_2。所以海洋环境中甲烷的主要前体物是甲基类的物质，如硫酸盐还原菌很少利用的甲胺和甲醇。三甲胺是一种海洋动物的主要分泌物，很容易被产甲烷菌（*Methanosarcina* 和 *Methanococcus*）转化成甲烷。

5.4.1.1 CH_4 生成的生物化学

（1）H_2 还原 CO_2 生成 CH_4 的生化反应和途径

$$4H_2 + CO_2 \longrightarrow CH_4 + 2H_2O \qquad \Delta G' = -131\text{kJ/mol}$$

CO_2 还原生成 CH_4 通常以 H_2 作为电子供体，但甲酸、CO 甚至铁也能作为甲烷生成过程的电子供体。在少数产甲烷菌中，一些简单的醇类有机物也可提供 CO_2 还原的电子。整个反应步骤如图 5-2 所示：CO_2 被甲烷呋喃活化，然后还原成甲酰基；甲酰基从甲烷呋喃转移到四氢甲烷蝶呤，其后脱水、通过两个单独的步骤还原成亚甲基和甲基；甲基从甲烷蝶呤（MPT）转移到辅酶 M（CoM）；甲基辅酶 M 通过甲基还原酶系统还原成甲烷；辅酶 F_{430} 和 HS-HTP（7-Mercaptoheptanoyl Threonine Phosphate）参与此过程，电子供体是 HS-HTP，反应产物除了甲烷外还有 CoM 和 HS-HTP 的二硫化物（CoM-S-S-HTP）。游离的 CoM 和 HS-HTP 又通过氢使其还原而重新产生。

产甲烷古菌采用还原的乙酰 CoA 途径将 CO_2 转化为乙酰 CoA，后者进入糖异生途径合成细胞物质。同型产乙酸细菌和硫酸盐还原菌也采用该途径。然而与其他厌氧菌不同，氢营养型的产甲烷古菌通过共同中间产物，将其合成与产甲烷，即能量产生途径偶联，因为还原的乙酰 CoA 途径和甲烷生成途径都产生 CH_3 基团。如图 5-2 所示，利用 H_2/CO_2 自养生长的产甲烷菌无乙酰 CoA 途径中四氢叶酸中间产物产生甲基，相反从甲烷合成途径获得用于生物合成产生乙酸的甲基。特别是甲基四氢甲烷蝶呤将甲基提供给含类咕啉的酶从而产生 CH_3-类咕啉；CH_3 再转移给 CO 脱氢酶，最后产生乙酰 CoA。因为只有少量与甲烷生成过程有关的 CO_2 掺入到细胞物质中，所以对甲烷生成途径的少量消耗并没有大的影响，同时，由于 CH_3 基团的形成不需要其他的酶，所以这两个途径的合并还会节省能量。

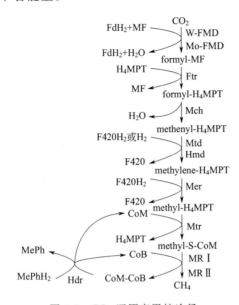

图 5-2 CO_2 还原产甲烷途径

MF：甲烷呋喃；MPT：甲烷蝶呤；CoM：辅酶 M；F420：辅酶 F420

（2）甲基化合物和乙酸形成甲烷的生化途径

由甲基化合物和乙酸产生甲烷的生化反应式如下：

4 甲醇 $\longrightarrow 3CH_4 + HCO_3^- + H^+ + 2H_2O$ $\Delta G' = -119\text{kJ/mol}$

4 甲胺 $\longrightarrow 3CH_4 + HCO^3 - + 4NH_4 + H^+$ $\Delta G' = -76\text{kJ/mol}$

乙酸 $+ H_2O \longrightarrow HCO_3^- + CH_4$ $\Delta G' = -36\text{kJ/mol}$

甲醇首先将甲基转到甲醇特异的类咕啉蛋白形成甲基类咕啉。类咕啉是维生素 B_{12} 类化合物的母体结构，含有一个似卟啉的咕啉环，中心有一个钴原子。甲基类咕啉复合体将甲基提供给 CoM 形成 CH_3-CoM，并利用另外甲醇分子氧化成 CO_2 所产生的电子还原形成甲烷 ［图 5-3（a）］。在乙酸营养型产甲烷菌中，乙酸被直接用于生物合成。同时乙酸也作为产甲烷的底物，首先被活化成乙酰 CoA。乙酸的甲基转到乙酰 CoA 途径的类咕啉酶产生甲基类咕啉，再转到四氢甲烷蝶呤，然后到辅酶 M 上产生 CH_3-CoM，后者利用 CO 脱氢酶氧化 CO 为 CO_2 时产生的电子还原成甲烷 ［图 5-3（b）］。由于在甲基还原酶步骤期间形成的质子动力也存在于乙酸营养过程中，正如依赖 H_2/CO_2 或甲基营养型生长的产甲烷菌那样获得能量。

5.4.1.2　甲烷生成的能量学

在标准热力学条件下，H_2 还原 CO_2 产生 CH_4 的自由能变为 -131kJ/mol。但通常产甲烷环境中 H_2 的浓度非常低（$<10\mu\text{mol/L}$），再加上还原剂浓度对自由能变化的影响，因而产甲烷菌在其自然环境中由 H_2 和 CO_2 形成 CH_4 产生的自由能非常低（只有约 -30kJ）。因此，CO_2 还原产 CH_4 过程只有约一个 ATP 形成，这与依赖 H_2/CO_2 生长的产甲烷菌的低物质的量生长率一致。甲烷生成过程的末端步骤（甲基还原酶复合体使 CH_3-CoM 还原成 CH_4）是能量守恒的步骤。在这一步，HS-HTP 与 CH_3-CoM 相互

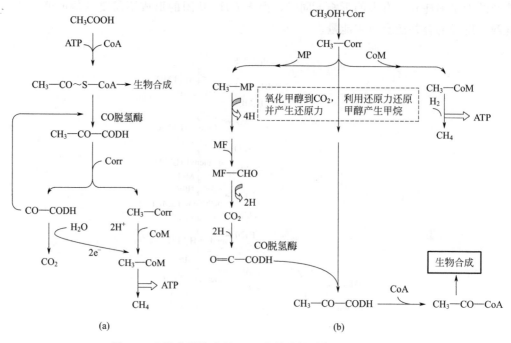

图 5-3 乙酸产甲烷途径（a）和甲基物质产甲烷途径（b）

作用形成 CH_4 和 CoM-S-S-HTP，后者通过来自还原型 F420 的电子还原成 CoM-SH 和 HS-HTP。这个由异二硫化物（Heterodisufide）还原酶催化的还原反应是一个吸能反应，与质子的膜外排出（产生质子动力）过程偶联。在甲烷生成过程中，膜结合的质子传递给 ATP 酶消耗质子梯度驱动 ATP 的合成，这一过程与其他形式的呼吸代谢反应类型相同。在甲基化合物上生长的产甲烷菌也与异二硫化物还原酶质子泵相偶联，但需要其他因子参与。在缺少 H_2 时，甲基化合物产甲烷过程需要一些底物氧化来产生所需的电子。这一过程需要消耗膜结合的钠泵，即由钠泵建立穿膜钠梯度来驱动甲基的氧化。钠泵与甲烷生成过程中甲基四氢甲烷蝶呤和 CH_3-CoM 的相互转换相关联；CH_3-CoM 的形成建立起钠梯度，而甲基四氢蝶呤从 CH_3-CoM 的形成（一个吸能反应）则消耗这一梯度。在甲基转换成 CO_2 同时产生用于甲基还原成甲烷的电子的过程中，进一步的氧化过程实际上是 CO_2 形成甲烷这一酶促过程的逆反应，并且不需要任何能量。但驱动甲烷生成过程的甲烷呋喃羧基化需要来自钠离子梯度的能量。因为这一过程非常耗能，所以需要一个驱动该反应的产能动力（钠梯度）。因此，在甲烷生成过程中，有两种类型的离子泵在起作用：一种就是典型的驱动 ATP 合成的质子泵，另一种就是驱动甲基氧化和甲烷呋喃羧基化的可逆性钠泵。

5.4.1.3 逆向电子流能量获得机制——黄素蛋白介导的电子歧化反应

根据电子传递链组分，甲烷古菌分为含细胞色素和无细胞色素两大类。乙酸和甲基营养型的甲烷古菌含有细胞色素，而氢营养型的物种不含细胞色素。

与其他生物的电子传递链相同，具有细胞色素的甲烷古菌的电子传递链组分位于细胞膜上。通过甲烷八叠球菌内翻的细胞膜分析鉴定了其电子传递链组分；结合解电子偶联剂（消除膜电势）和 ATP 合成抑制剂，证明甲烷古菌的 ATP 合成来源于膜内外离子（H^+或Na^+）梯度产生的膜势能。ATP 合成抑制剂包括 N,N'-二环己基碳化亚胺（DCCD）和二环己基碳二亚胺解电子偶联剂（Ionophore）；万古霉素促进 K^+ 摄取，尼日利亚霉素消散质子或阳离子梯度。甲烷吩嗪（Methanophenazine，MPH），作为电子传递链的电子载体将电子导入 ATP 合成，甲烷吩嗪分子中间的环可被氧化还原；H_2 的电子还原 F420 并将电子传递给甲烷吩嗪；还原的甲烷吩嗪通过细胞色素 b 还原异二硫化物还原酶（Hdr），并排出 H^+。异二硫化物还原酶还原 CoM-S-S-CoB 产生 HS-CoM 和 HS-CoB，自由的 HS-CoM 参与下一轮的甲烷产生。

直到 2008 年，Thauer 实验室提出电子歧化实现电子逆向流动的假说，无细胞色素的甲烷古菌如何克服还原的铁氧还蛋白（Fd）还原 CO_2 为甲基呋喃这一高度吸能的机制一直未知。Thauer 等（2008）首先揭示了厌氧细菌梭菌通过电子歧化机制实现电子逆向流动，即黄素蛋白存在氧化还原电势级/两个接受电子的能级（FAD/FADH，$-60mV$；FADH/FADH$_2$，$-430mV$），将电子从高电势化合物流向低电势——产生逆向电子流。他们根据加入 CH_3-CoM 或 CoM-S-S-CoB，甲烷菌的无细胞抽提液即可从 CO_2 产 CH_4，及甲烷菌的无细胞抽提液催化 CoM-S-S-CoB 依赖的 H_2+CO_2+MFR ⟶ formyl-MFR$+H_2O$，并从甲烷菌中分离到以铁氧还蛋白为辅基的氢酶 Mvh 与以 FAD 为辅酶的异二硫化物还原酶（Hdr）酶复合体，证明该复合体催化 FAD 依赖的电子歧化偶联反应，催化的化学计量比符合菌株细胞量（3g/mol CH_4），从而提出了无细胞色素甲烷古菌通过电子歧化实现电子逆向流动，驱动如下吸能反应：

$$H_2+CO_2+MFR \longrightarrow formyl-MFR+H_2O \qquad \Delta G'=+20kJ/mol \qquad (1)$$
$$H_2+CoM\text{-}S\text{-}S\text{-}CoB \longrightarrow CoM\text{-}SH+CoB\text{-}SH \qquad \Delta G'=-55kJ/mol \qquad (2)$$

反应（1）+（2）：$2H_2+Fd_{ox}+CoM\text{-}S\text{-}S\text{-}CoB \longrightarrow Fd_{red}{}^{2-}+CoM\text{-}SH+CoB\text{-}SH+2H^+$，$\Delta G'=-55kJ/mol$。即溶液态蛋白复合体电子传递链——原始的电子传递链，以蛋白复合体形式实现高效的电子传递及其能量储存。这种溶液态蛋白复合体的电子传递及能量储存低于膜电子传递系统，因此解释了氢营养型甲烷菌（复合体电子链）产生每分子甲烷获得的细胞量（$Y_{CH_4}=1.5\sim3g$）远低于甲基营养甲烷菌（膜电子链）的原因。

5.4.1.4 甲烷厌氧氧化

海洋沉积物中的天然气水合物含有超过十万亿吨甲烷，不仅是重要的潜在能源，同时也会对气候造成重要的影响。预计海底可燃冰的储量 2×10^{15} m^3，是全球化石燃料储量的 2 倍；全球有 77 个地区探测到了可燃冰，但大气中甲烷仅 1% 来自甲烷水合物。

好氧甲烷氧化已被发现 110 年，而厌氧甲烷氧化仅在本世纪交替时才被证明。CO_2 的热辐射力比甲烷低许多，而且 CO_2 可被同化为生物质或以碳酸盐形式沉淀，因此将甲烷碳转化为 CO_2 可降低全球变暖的风险。在 20 世纪末，环境微生物家们证明了海水环境中一些未培养甲烷古菌可进行偶联于硫酸盐厌氧甲烷氧化（AOM）过程。厌氧甲烷氧化过程每年固定了 $70\sim300$Tg（1Tg=10^6t）的甲烷，该过程可防止大气甲烷升高 10%~60%。AOM 尤其有效地阻止了甲烷释放到海水和大气中，尤其在扩散作用主导的沉积物环境中，该过程基本上消耗了海洋向大气扩散的甲烷。自从 20 世纪 90 年代以来，厌氧甲烷氧化成为生物地球化学研究的焦点之一。DeLong 的实验室发现在厌氧条件下，一类新发现的海洋甲烷古菌可与硫酸盐还原细菌共代谢，将甲烷氧化成 CO_2，之后大量的研究表明厌氧甲烷氧化的古菌类群主要包括 ANME-1、ANME-2、ANME-3，主要分布在天然气水合物沉积物中的微生物群落中，但一直未能得到微生物纯培养物。

分子生态学分析推测甲烷古菌和硫酸盐还原细菌将甲烷厌氧氧化为碳酸盐，化学反应如公式所示 $CH_4 + SO_4^{2-} \longrightarrow HCO_3^- + HS^- + H_2O$。有学者通过 $^{13}CH_4$ 示踪结合荧光原位杂交（FISH）及二级离子色谱（SIMS）证明一类目前尚未培养的甲烷古菌 ANME-2 与硫酸盐还原细菌 *Desulfosarcina* 的聚集物可完成甲烷的厌氧氧化。Delong 实验室通过宏基因组分析，推测海洋中的甲烷古菌通过甲烷合成的逆向途径催化甲烷厌氧氧化。

碳稳定同位素指征表明在泥炭土壤（如湿地）中，厌氧甲烷氧化是重要的"甲烷库"，但电子受体、酶及生物目前尚未知。一群新的未培养甲烷八叠球菌 4（也被称为 ANME-2d）被认为可将厌氧甲烷氧化偶联于硝酸盐还原。在淡水环境中已发现偶联于 NO_3^-、NO_2^- 及 Fe^{3+} 和 Mn^{4+} 还原的甲烷厌氧氧化过程。这些物质均比硫酸盐在热力学更易接受电子，应在淡水环境的厌氧甲烷氧化中发挥作用。研究人员证明 NC10 门的细菌 *Methylomirabilis oxyfera* 可从 NO_2^- 产生 O_2，并利用该 O_2 氧化甲烷。

Laso-Pérez 等（2016）通过富集物的宏基因组分析发现了一个与 ANME1 古菌近缘的类群，因其与硫酸盐还原细菌协同氧化丁烷，被命名为互营古菌（Syntrophoarchaea）。*Candidatus* Syntrophoarchaeum 属的古菌的基因组编码 CO_2 还原产甲烷途径的所有基因，并使用 F420 作为电子受体，因此细胞在 420nm 下自发荧光。但其丁酰辅酶 M 还原酶与甲烷古菌的甲基辅酶 M 序列同源性低。它们厌氧氧化丁烷及丙烷而不是甲烷。互营古菌且通过关键酶——丁酰辅酶 M 还原酶激活丁烷形成丁酰辅酶 M。*Candidatus* Syntrophoarchaeum 具有并表达脂肪酸 β 氧化的基因、CO 脱氢酶/乙酰辅酶 A 合成酶，因此推测它们首先将丁烷氧化为乙酰辅酶 A，然后进入逆向的 CO_2 还原产甲烷途径将其氧化为 CO_2；将电子传递给硫酸盐还原伙伴细菌。这个反应的发现说明辅酶 M 还原酶（Mcr）可能具有广泛的底物谱，而未培养微生物中存在 Mcr 编码基因不意味着它们一定限于甲烷代谢。

5.4.2 热原体目（Thermoplasmatales）相关的分支

热原体（*Thermoplasma*）无细胞壁，似细菌中的支原体，但系统发育学上是古菌的成员。热原体是一类嗜酸热的化能有机营养菌，在复合培养基中最适生长在 55℃ 和 pH2 环境中。除了少数菌株外，所有热原体菌株都曾从自热废煤堆分离到。废煤堆含有煤、黄铁矿和其他从煤中提取的有机物，当在采煤时堆积起来，就会通过自燃而产热，这为热原体的生长提供了合适的场所，而热原体则代谢从热煤堆中浸出的有机化合物。因为废煤堆只是一个暂时的环境，所以人们也在寻找其他热原体的生境。如火山热原体（*Thermoplasma volcanium*），曾从世界许多硫黄温泉中分离到。在遗传背景方面，火山热原体不同于嗜酸热原体（*Thermoplasma acidophilum*），但许多表型性质却与后者相似。火山热原体可以游动，为多鞭毛细胞。为了能在没有细胞壁的情况下耐受渗透压力生存，并抵抗低 pH 和高温的双因子极端环境，热原体形成了一种独特化学结构的细胞膜。这种细胞膜含有由四醚脂和甘露糖、葡萄糖构成的脂多糖，这一分子构成了热原体总脂成分的主要部分。细胞膜还含有糖蛋白但不含有固醇。这些和其他分子一起使热原体的细胞膜对酸热环境非常稳定。

与支原体相似，热原体也具有非常小的基因组，只有 1.1Mb；基因组 DNA 的 G＋C 摩尔分数为 46％，由一类高碱性 DNA 结合蛋白所包围，将 DNA 装配成类似真核细胞核小体的球形颗粒。这类蛋白质非常类似于真核细胞的碱性组蛋白，二者氨基酸序列的比较说明了序列的相似性。在系统发育学上，热原体属于广域古菌界。

热原体的特征是嗜酸嗜热及化能无机或有机营养生长，但分子生态学调查发现各种古菌分支与热原体只是远缘相关。热原体古菌分支分布于各种环境，包括酸矿排水、无氧的海洋沉积物、黑烟囱和热液，但也在动物肠道和海水柱中。它们具有多样的代谢和生活方式，包括厌氧的异养代谢、好氧的呼吸代谢及最近发现的先前未知的产甲烷古菌。最近还发现了（光合）异养的海古菌（*Thalassoarchaea*）和海水中的 MG-Ⅲ古菌及人肠道中的甲烷马赛球菌目（Methanomassiliicoccales）。

甲烷马赛球菌目是近年来发现的一个甲烷古菌新目，目前这个目中只有 1 个纯培养物 *M. luminyensis* B10T，是从人粪便中分离到的一个产甲烷古菌新种，只能利用 H_2 还原甲醇、甲胺及二甲基亚砜产甲烷，不利用甲酸盐、乙酸盐、三甲胺、乙醇和二元醇。甲烷马赛球菌目与热原体中的 *Candidatus* Aciduliprofundum boonei 的 16S rRNA 基因相似性最高，但也只有 83％，与另一个人肠道甲烷古菌 *Methanobrevibacter smithii* 的 16S rRNA 基因相似性也只有 76％。之后在动物的瘤胃中也检测到了甲烷马赛球菌的序列。

5.4.3 嗜盐古菌

极端嗜盐古菌是一群生活在高盐环境（如盐湖、盐碱湖、晒盐场以及含盐浓度高的土壤）中的微生物。极端嗜盐古菌的一般定义是最低生长 NaCl 浓度为 1.5mol/L（大约 9％），最适生长 NaCl 浓度为 2～4mol/L（大约 12％～23％），最高生长 NaCl 浓度为 5.5mol/L（大约 32％，NaCl 饱和浓度）的一类古菌。极端嗜盐古菌经常被称为 *Halobacteria*，取自第一个被描述以及研究最透彻的极端嗜盐古菌——嗜盐杆菌属（*Halobacterium*）的名称。极端嗜盐古菌的细胞壁缺乏肽聚糖，细胞膜含有醚脂键以及典型的古菌 RNA 聚合酶结构，它们对大多数抑制细菌的抗生素不敏感，具有典型的古菌特性。所有极端嗜盐古菌以二分裂的形式繁殖，不形成休眠态或孢子。多数嗜盐古菌不运动，少数以鞭毛运动。嗜盐古菌基因组的组成非常特别，含有一些可占细胞总DNA 25％～30％的大型质粒，这些质粒的 G＋C 摩尔分数为 57％～60％，而染色体DNA 的 G＋C 摩尔分数为 66％～68％。除了这些大型质粒外，极端嗜盐古菌的基因组还含有大量的高度重复序列，但其功能不清楚。

表型上极端嗜盐古菌和产甲烷古菌的表型无任何相似之处，如大多数嗜盐古菌为专性好氧菌，而产甲烷古菌则为专性厌氧菌，但在系统发育学上二者的亲缘关系最近。极端嗜盐古菌由于其本身和环境特点，与其他古菌（如产甲烷古菌、依赖硫的嗜热古菌等）相比其多样性较低。可是从高盐环境中分离到的新的嗜盐古菌，如两个来自西班牙Alicante 晶体池塘样品的克隆子（HAC1 和 HAC4）分析表明与其他所有嗜盐古菌的16S rRNA 基因序列差别很大（22 个核苷酸的差别）。与产甲烷古菌（包括一些极端嗜盐产甲烷古菌）同源序列差异也说明这两个分离物也不是产甲烷古菌，可能代表了极端嗜盐古菌目中的一个新科。这些嗜盐古菌表明广域古菌界（Euryarchaeota）中极端嗜盐古菌和产甲烷古菌之间的进化关系。

5.4.3.1 嗜盐古菌的主要类群

根据 16S rRNA 基因序列同源性，在《伯杰氏古菌与细菌系统学手册》（2017）中，极端嗜盐古菌属于盐杆菌纲（Halobacteria）的 3 个目：盐杆菌目（Halobacteriales）、富盐菌目（Haloferaceles）和无色盐菌目（Natrialbaes）。

主要属的鉴别特征如下：

① 盐杆菌属（Halobacterium）：在最适生长条件下的幼龄液体培养物的细胞呈杆状，在老龄培养物和固体培养基上可能出现多形态和球杆状的细胞；细胞在蒸馏水中裂解；细胞运动，革兰氏染色为阴性；要求中等浓度的 Mg^{2+}（5～50mmol/L），生长要求氨基酸，最适生长的盐浓度为 3.5～4.5mol/L NaCl，生长的 pH 范围为 5～8；含有典型的硫酸三糖基和四糖基二醚。

② 盐盒菌属（Haloarcula）：细胞形态特别多样化，最适生长条件下的幼龄液体培养物的细胞呈平坦的三角形、四边形和不规则的盘状；细胞在蒸馏水中裂解，细胞运动或不运动，革兰氏染色为阴性；要求中等浓度的 Mg^{2+}（5～50mmol/L），生长不需要氨基酸，最适生长的盐浓度为 2～3mol/L NaCl，生长的 pH 范围为 5～8；含有典型的三糖基二醚脂肪。

③ 盐棒杆菌属（Halobaculum）：在最适生长条件下的幼龄液体培养物的细胞呈长度不同的杆状，在老龄培养物和固体培养基上可能出现多形态和球杆状的细胞；细胞在蒸馏水中裂解；细胞运动，革兰氏染色为阴性，要求中等浓度的 Mg^{2+}（5～50mmol/L），生长要求氨基酸，最适生长的盐浓度为 3.5～4.5mol/L NaCl，生长的 pH 范围为 5～8；含有典型的硫酸二糖基二醚，但无磷酸基甘油硫酸。

④ 盐球菌属（Halococcus）：在最适生长条件下细胞呈球杆状，成对、四联、八叠状或不规则聚集排列；细胞不运动，在蒸馏水中不裂解，至少有些细胞革兰氏染色阳性，最适生长的盐浓度为 3.5～4.5mol/L NaCl，生长的 pH 范围为 5～8；具有 $C_{20}C_{20}$ 和 $C_{20}C_{50}$ 的二醚核心脂和硫酸二糖基甘油硫酸。

⑤ 富盐菌属（Haloferax）：在最适生长条件下的幼龄液体培养物的细胞特别多样化，最常见的是多形态的杆状和平盘状的细胞；细胞在蒸馏水中裂解，细胞运动或不运动，革兰氏染色为阴性；要求高浓度的 Mg^{2+}（20～50mmol/L），生长不要求氨基酸，最适生长的盐浓度为 2～3mol/L NaCl，生长的 pH 范围为 5～8；含有特征性的硫酸二糖基二醚和磷酸基甘油硫酸。

⑥ 盐几何型菌属（Halogeometricum）：细胞形态特别多样化，包括短和长的杆状、四边形、三角形和卵圆状；细胞在蒸馏水中裂解，细胞运动或不运动，革兰氏染色为阴性，要求高浓度的 Mg^{2+}（40～80mmol/L），生长不需要氨基酸，最适生长的盐浓度为 3.5～4mol/L NaCl，生长的 pH 范围为 6～8；含有尚未鉴定的非硫酸甘油脂和磷酸基甘油硫酸。

⑦ 无色嗜盐菌属（Natrialba）：在最适生长条件下的幼龄液体培养物的细胞呈长度不同的杆状，在老龄培养物和固体培养基上可能出现多形态和球杆状的细胞；细胞在蒸馏水中裂解，有些菌株运动，革兰氏染色为阴性，生长需要氨基酸，要求中等浓度的 Mg^{2+}（5～50mmol/L），只有一个种要求低浓度的 Mg^{2+}（＜1mmol/L），最适生长的盐浓度为 3.5～4.5mol/L NaCl。生长的 pH 范围为 5～10 或 6～8；具有 $C_{20}C_{20}$ 和

$C_{20}C_{50}$ 的二醚核心脂，一个种含有二硫酸二糖基二醚脂，嗜碱的种中含有未鉴定的磷脂，但无甘油酯。

⑧ 嗜盐线菌属（*Hatrinema*）：在最适生长条件下细胞呈长度不同的杆状，在老龄培养物和固体培养基上可能出现多形态和球杆状的细胞；细胞在蒸馏水中裂解，革兰氏染色为阴性，生长需要氨基酸，要求中等浓度的 Mg^{2+}（$5\sim50mmol/L$），最适生长的盐浓度为 $3.4\sim4.3mol/L$ NaCl，生长的 pH 范围为 $5\sim8.5$；具有 $C_{20}C_{20}$ 和 $C_{20}C_{50}$ 的二醚核心脂和几种未鉴定的甘油酯。

⑨ 嗜盐碱杆菌属（*Natronobacterium*）：在最适生长条件下细胞呈长度不同的杆状，但随着细胞的老化在固体培养基上成球杆状；细胞在蒸馏水中裂解，革兰氏染色为阴性，运动或不运动，生长需要氨基酸，最适生长的盐浓度为 $3.5\sim4.5mol/L$ NaCl，生长的 pH 范围为 $8.5\sim11.0$ 和低浓度的 Mg^{2+}（$<1mmol/L$）；具有 $C_{20}C_{20}$ 和 $C_{20}C_{50}$ 的二醚核心脂，和未鉴定的磷脂，但无甘油酯和磷酸基甘油硫酸。

⑩ 嗜盐碱球菌属（*Natronococcus*）：在所有生长条件下，细胞呈球杆状，成对、四联、八叠状或不规则聚集排列；细胞悬浮在蒸馏水中出现一些程度的裂解，悬液黏度增加，但显微镜观察时细胞似乎未受到破坏；细胞不运动，至少部分细胞革兰氏染色阳性，最适生长的盐浓度为 $3.0\sim4.0mol/L$ NaCl，生长的 pH 范围为 $8\sim11.0$，要求很低浓度的 Mg^{2+}（$<1mmol/L$）；具有 $C_{20}C_{20}$ 和 $C_{20}C_{50}$ 的二醚核心脂和未鉴定的磷脂，但无甘油酯和磷酸基甘油硫酸。

⑪ 嗜盐碱单胞菌属（*Natronomonas*）：在最适生长条件下细胞呈长度不同的杆状，在老龄培养物和固体培养基上可能出现多形态和球杆状的细胞；细胞在蒸馏水中裂解，细胞运动，革兰氏染色为阴性，生长需要氨基酸，最适生长的盐浓度为 $3.5\sim4.5mol/L$ NaCl，生长的 pH 范围为 $8.5\sim11.0$，要求很低浓度的 Mg^{2+}（$<1mmol/L$）；具有 $C_{20}C_{20}$ 和 $C_{20}C_{50}$ 的二醚核心脂，和未鉴定的磷脂，但无甘油酯和磷酸基甘油硫酸。

⑫ 嗜盐碱红菌属（*Natronorubrum*）：细胞呈多形态的杆状，在蒸馏水中裂解；细胞不运动，革兰氏染色为阴性，生长需要氨基酸，最适生长的盐浓度为 $3.8\sim4.8mol/L$ NaCl，生长的 pH 范围为 $8.0\sim11.0$，要求很低浓度的 Mg^{2+}；具有 $C_{20}C_{20}$ 和 $C_{20}C_{50}$ 的二醚核心脂，和未鉴定的磷脂，但无甘油酯和磷酸基甘油硫酸。

5.4.3.2 嗜盐古菌的生理学

所有的嗜盐古菌都是化能有机营养菌，大多数种为专性好氧菌。多数嗜盐古菌利用氨基酸和有机酸作为能源和碳源，有一些种还可氧化糖类，最适生长需要若干生长因子（主要是维生素）。嗜盐古菌的电子传递链系统含有 a、b 和 c 型细胞色素，通过由细胞膜驱动的化学渗透机制形成的质子动力而获得能量。有些嗜盐古菌可厌氧生长，以糖类的发酵以及与硝酸盐或延胡索酸盐还原而获得能量。我们已知极端嗜盐古菌的生长需要高浓度的钠离子，而钠离子主要分布在细胞的外部环境；为了抵御钠离子所产生的外部渗透压，嗜盐古菌细胞内部往往积累大量（$4\sim5mol/L$）的钾离子以维持渗透压的平衡。

嗜盐古菌细胞壁的完整性和稳定性也是由钠离子维持的，在低浓度的钠离子环境中，细胞壁将破裂。它们的细胞壁中不含有肽聚糖成分，而是由糖蛋白组成。这种糖蛋白富含酸性（负电荷）氨基酸（天冬氨酸和谷氨酸）。这些氨基酸羧基上的负电荷在正常生理条件下被钠离子所遮盖；钠离子被稀释掉时，糖蛋白上的负电荷就会互相排斥，从而导致细胞裂解。嗜盐古菌细胞质蛋白质也富含酸性氨基酸，但对若干嗜盐古菌酶的研究表明，这些酶的活性依赖钾离子而不是钠离子，这可能是因为钾离子是细胞质中的主要阳离子。除了高含量的酸性氨基酸组成外，嗜盐古菌细胞质蛋白质含有非常低比例的疏水氨基酸。这一现象可能表明了嗜盐古菌细胞质对高离子浓度内环境的进化适应性；在高离子浓度环境中，高极性蛋白质倾向活动于溶液中，而非极性蛋白质则倾向聚集并可能失去活性。嗜盐古菌核糖体的稳定性需要高浓度钾离子维持，而非嗜盐细菌核糖体的稳定性则不需要钾离子。看起来，嗜盐古菌对高离子浓度环境中的生活是高度适应的。暴露在外部环境的细胞组分需要高浓度钠离子来维持稳定性，而细胞内部的组分需要高浓度钾离子来维持其稳定性。在其他生物中还未发现需要如此高浓度专性阳离子的例子。

某些嗜盐古菌具有光驱动 ATP 合成的性质，但它们不含叶绿素。极端嗜盐古菌具有高色素化的性质，色素的形成是由于红色和橙色的类胡萝卜素（主要是 C_{50} 类胡萝卜素，称为菌红素），以及一些参与能量代谢的可诱导色素。在低氧条件下，嗜盐杆菌（*Halobacterium salinarum*）和某些极端嗜盐古菌虽然缺少叶绿素或细菌叶绿素，但却能合成和将一个叫作细菌视紫红质的蛋白质嵌入细胞膜中。这一蛋白质之所以叫作细菌视紫红质是因为它在结构和功能上类似于人眼的视紫质（Rhodopsin）。细菌视紫红质与一个在结构上类似类胡萝卜素的视黄醛分子结合，该分子能够吸收光并催化质子跨膜转移。由于其视黄醛的成分，所以细菌视紫红质为紫色。当嗜盐杆菌从高通气量的生长条件下转移到限氧条件时，细胞颜色就会因为细菌视紫红质嵌入细胞膜内而从橙红色变为紫红色（紫膜）。嗜盐杆菌的紫膜含有 25% 的脂类和 75% 的蛋白质，并随机嵌入细胞质膜的表面。细菌视紫红质在光谱 570nm 的绿色区域对光有强吸收。细菌视紫红质的视黄醛发色团（通常为全反式构型）吸收光以后，被激发并暂时转化成顺式构型。这一转化将导致质子转移到细胞膜外表面。然后，视黄醛分子松弛，在暗处吸收细胞质内的质子后返回到更稳定的全反式异构体，从而完成光循环。随着质子在细胞膜外表面的积累，质子动力增加，一直到细胞膜被充满足够的电荷，从而能够通过膜结合 ATP 酶的作用来驱动 ATP 的合成。嗜盐杆菌中光驱动 ATP 的合成表明可支持该菌在其他产能反应不发生的营养条件下厌氧缓慢生长，并且光也可维持嗜盐杆菌在缺乏有机能源的无氧培养物中的生存力。嗜盐杆菌光驱动的质子泵还可以通过 Na^+/H^+ 逆向运输系统将钠离子泵出细胞同时驱动多种营养物和离子（包括钾离子）的摄取。嗜盐杆菌的氨基酸摄取可间接被光所驱动，因为氨基酸的运输可通过一个氨基酸/Na^+ 同向运输系统与钠离子共同被摄取。连续摄取依赖 Na^+/H^+ 逆向运输系统将钠离子泵出。嗜盐古菌中还存在另一个叫作嗜盐菌视紫红质的光驱动泵，可将氯离子作为 K^+ 的阴离子泵入细胞内。与细菌视紫红质相同，嗜盐菌视紫红质也含有视黄醛，氯离子与视黄醛结合后从膜外运送到膜内。

5.4.3.3　盐古菌的高盐适应性

高盐环境中的生活者面临的主要问题是盐通过渗透压而捕获环境中所有的水分子，包括细胞内的水分。因此生长在高盐环境中的微生物必须具有一些避免因渗透作用而丢失水分的机制。嗜盐和耐盐微生物具有两个水平的防渗透机制，一是在细胞水平，二是分子水平。细胞水平有两个机制可达到防渗透的作用：①嗜盐古菌和少数几种嗜盐细菌是采取"以毒攻毒"的策略，即为了维持细胞内的水含量，它们在细胞内积累大量盐离子（主要是钾离子，约为 4mol/L 浓度），同时排出钠离子。钾离子以逆氯离子梯度的方式被动进入细胞，但也有主动运输机制参与钾离子的转运。由于嗜盐古菌也能在暗环境中生长，所以不依赖光的系统来维持离子平衡。到目前为止，只有二类细菌发现积累高浓度的钾离子，分别是嗜盐硫酸盐还原菌和盐厌氧菌科（Haloanaerobiaceae）的细菌。这类积累钾离子的原核生物的细胞组成已具有了专一适应的高浓度离子，这也解释了为什么这类微生物极端嗜盐，并对高盐环境具有相对窄的适应范围。②耐盐细菌和耐盐藻类通过在细胞内产生或积累大量的小分子有机物质（也叫相容性溶质），抵消高盐环境的外部渗透压。每升培养物可积累高达 1mol 以上的此类相容性溶质。甘油在藻类、酵母和丝状真菌的渗透调节中起了一个特别重要的作用，但在原核生物中只起了一个有限的作用。许多原核生物的渗压剂包括蔗糖、海藻糖、甜菜碱、脯氨酸、四氢嘧啶、羟嘧啶、葡萄糖基甘油、二甲基硫黄丙酸、乙酰赖氨酸、乙酰鸟氨酸、N-羧基谷氨酰胺和 N-乙基谷氨酰胺。它们都是高度极性、不带电荷或兼性离子化合物。这类化合物以某种方式避免细胞内低水活度的潜在破坏作用，起到了渗压剂的稳定效应。所有渗压剂的共性就是它们的极性和相对疏水基团的组合。积累或合成渗压剂的细胞必须具有快速的反应系统以应付环境的突然变化。有些渗压剂（如糖类）可能会被迅速降解或聚合成一种渗透压的惰性态；其他渗压剂（如甜菜碱和四氢嘧啶）则被快速分泌掉。渗透压变化试验已用作产生甜菜碱的一种方法。

以上这两种机制均是在细胞水平到分子水平。那么细胞成分，特别是蛋白质是如何应对细胞内高盐浓度？盐离子对蛋白质都有直接的影响，除非这些菌特别适应高盐浓度，否则它们将通过排水、增强疏水键，从而导致大分子构象的崩溃。对那些积累钾离子的嗜盐菌来说，所有细胞成分为了行使功能都必须适应高盐浓度。嗜盐古菌（除了嗜盐球菌外）需要高离子浓度来维持细胞形态和完整性，这类原核生物（细菌和古菌）细胞质膜之外具有一层六角形亚基排列的蛋白质，也称为 S-层蛋白。S-层蛋白由硫酸化的糖蛋白所构成，硫酸基带负电荷，可以在细胞壁外表面束缚 Na^+，维持细胞完整性。细胞表面的负电荷量和嗜盐菌的嗜盐度间有一定的关系。细胞质膜的稳定性以及细胞质膜脂类的组成也受盐浓度变化的影响。嗜盐古菌的酶和其他蛋白质已被纯化多年并已通过生物化学和生物物理方法进行了研究。除了脂肪酸合成酶以及个别酶之外，细胞质酶以及核糖体一般都需要高盐浓度来维持其活性和稳定性，通常表现出对钾离子的专一依赖性。有学者对嗜盐古菌（Haloarcula marismortui）的苹果酸脱氢酶细致的物理学研究已揭示出一些在高盐浓度环境中决定结构稳定的特性。嗜盐菌蛋白似乎比其他非嗜盐菌蛋白与水分子有更强的相互作用。这种水合作用被认为是由蛋白质中负电荷密集域促成的，如苹果酸脱氢酶的氨基酸组成分析显示了大量的带负电荷氨基酸（谷氨酸和天冬氨酸的含量大大超过赖氨酸和精氨酸）。嗜盐菌蛋白的稳定化机制主要由蛋白质和水化盐离子之间形成的协同水合键所构成，在某一位点上将一个非酸性氨基酸诱变成一个酸性氨基酸将会进一步增强蛋白质的盐稳定性。其他嗜盐菌蛋白与非嗜盐菌同源蛋白比较的统计学分析说明嗜盐机制比预期的要复杂得多，某些酶的研究表明负电荷的增加可能还不如其他氨基酸的替换更有意义。另外，嗜盐古菌的二磷酸核酮糖羧化酶（Ribulose Bisphosphate Carboxylase）并没有过量的酸性氨基酸。因此稳定化的标准规则并不一定总是根据细胞蛋白质氨基酸组成的变化来推断。到目前为止尚不能解决的主要问题就是对蛋白质与核酸在高盐浓度环境中相互作用的了解。

5.5 TACK 超门

有人根据一群古菌具有真核的特征基因及系统发育的近缘关系而提出了 TACK 超门，包括奇古菌门（Thaumarchaeota）、曙古菌门（Aigarchaeota）、泉古菌门（Crenarchaeota）及初古菌门（Korarchaeota），TACK 是 4 个门的字首缩写。2013 年又有一个新的地古菌门（Geoarchaeota）加入 TACK 超门，但后来的研究认为它是泉古菌门的一个深的分支。基于大规模的基因组系统学分析，认为 TACK 超门代表了一个"域"水平的古菌分支，提名为变形古菌域（Proteoarchaeota）。近年来 TACK 超门的古菌基因组数据大幅增加，提供了认识该门古菌的多样性和进化的窗口。甚至有研究，根据 TACK 超门的进化地位，提出"二域生命域"，即真核生物与 TACK 古菌为姊妹群，起源于广古菌。

5.5.1 泉古菌门

由 Carl Woese 最早定义的泉古菌包括大多数嗜酸嗜热的厌氧古菌，尽管也有好氧（Sulfolobales）和微好氧（如 *Pyrobaculum aerophilum*）的分支。泉古菌的细胞具有各种形态，从类球状到杆状和丝状。它们大多数以呼吸代谢获得能量，一些物种能最近鉴定到 3-羟基丙酸/4-羟基丁酸途径固定 CO_2 自养生长。泉古菌的硫化叶菌目（Sulfolobales）和硫还原球菌目（Desulfurococcales）利用独特的 Cdv 细胞分裂机制分裂，该系统与真核的细胞膜重构系统有关。系统发育学上泉古菌代表了奇古菌门（Thaumarchaeota，曾被认为是低温泉古菌）和曙古菌候选门（*Candidate* phylum Aigarchaeota）的一个姊妹分支。

已培养的泉古菌门物种主要包括极端嗜热和嗜酸嗜热的古菌，多数生活在陆地硫黄热泉或海底热溢口中，能代谢单质硫；泉古菌门只包括一个纲，热变形菌纲（Thermoprotei）。这个门的古菌形态多样，包括杆、球、丝状和盘状细胞。革兰氏染色阴性。专性嗜热，生长温度范围为 70～113℃，是目前已知的生物生长的最高温度。所有的泉古菌嗜酸，最低生长 pH 达 2。好氧、兼性厌氧或严格厌氧的化能无机自养或化能异氧。化能异氧性的菌可能进行 S 呼吸。在《伯杰氏古菌与细菌系统学手册》（2017）中，泉古菌门共有 3 个目 5 个科，分别是热变形菌目（Thermoproteals）（热变形菌科和热丝菌科）、硫还原球菌目（Desulfurococcales）（硫还原球菌科和热网菌科）和硫化叶菌目（Sulfolobales）。

5.5.1.1 泉古菌门的古菌类群

在《伯杰氏古菌与细菌系统学手册》（2017）中，泉古菌门只有一个纲——热变形菌纲（Thermoprotei），5 个目 7 个科，分别是热变形菌目（Thermoproteales）、硫还原球菌目（Desulfurococcales）、硫化叶菌目（Sulfolobales）、酸叶菌目（Acidilobales）和热球菌目（Fervidicoccales）。几个目的鉴别特征如下：

① 热变形菌目：细胞杆或丝状，细胞直径 0.15～0.6μm，长度可达 100μm；细胞末端通常形成膨大的球状体，最适生长温度 75～100℃，中度嗜酸，生长 pH 范围为 4.5～7。

② 硫还原球菌目：细胞呈不规则的盘状、类球状，直径 0.3～2.5μm，超嗜热，最适生长温度均高于 85℃；中度嗜酸，生长 pH 范围为 4.5～7。

③ 硫化叶菌目：细胞不规则的类球状，直径为 0.8～2.0μm，专性或兼性化能无机自养，好氧或兼性或专性厌氧，生长温度范围 65～85℃，嗜酸，最适生长 pH 2～4.5。

④ 酸叶菌目：该目目前已有一个属酸叶菌属（Acidilobus），细胞成规则的球状，有或无鞭毛；生活在陆地酸性热泉，具有嗜热嗜酸特征；严格厌氧，化能有机营养型，利用糖（如多糖）和肽生长，利用或不利用单质 S 为电子受体，乙酸是主要的代谢产物但未检测到产生 H_2，与嗜糖酸叶菌（Acidilobus saccharovorans）的基因组数据一致。

⑤ 热球菌目：热球菌目的成员均极端嗜热，严格厌氧，化能异养；16S rRNA 同源性最近的成员生活在温度在 55～84℃的各种陆地热泉；目前仅一个属的物种获得培养，分离自勘察加半岛 Uzon 火山的一个热泉；该种在 20～50mg/L 酵母粉，65～70℃ 和 pH 6.0 生长最好，还原单质 S 产生 H_2S，但不是严格依赖 S 还原生长；H_2 会在一定程度抑制生长，因此热球菌常与泉古菌和广古菌门的厌氧古菌形成群落，如硫还原球菌和嗜热球菌。热球菌的基因组分析确定了它们独特的系统学地位。

（1）硫化叶菌目

硫化叶菌目成员的细胞都呈"叶"状，并且极端嗜热嗜酸，最适 pH 在 2 左右，最适温度在 60～90℃，均能进行化能无机自养的硫代谢。目前只有 1 个科硫化叶菌科，5 个属：硫化叶菌属（Sulfolobus）、金属球菌属（Metallosphaera）、地狱叶菌属（Stygiolobus）、硫球菌属（Sulfurisphaera）和硫氧化球菌属（Sulfurococcus）。

模式属硫化叶菌属（Sulfolobus）的细胞高度不规则，直径 0.7～2μm，不运动或以一到数根鞭毛运动。细胞表面由呈晶格样排列的 S-层蛋白构成。严格好养，兼性化能无机自养。无机营养时氧化硫化物、S^0 或连四硫酸盐产生硫酸。有些种可进行好氧的 H_2 氧化。能够在复杂有机物上生长，最适生长温度 65～85℃，最适 pH 1～5.5。硫化叶菌最早由 Tome Brock 从美国黄石公园的酸性热泉中分离到，之后人们从世界各地分离到这些菌株，包括意大利、冰岛、日本及我国的云南腾冲和台湾等。目前这个属已描述的种有 8 个。

硫化叶菌被生物学家作为古菌的模式物种，用于研究其环境适应性、细胞的基本生物学过程，包括 DNA 复制、修复、转录等遗传过程。原因是和其他古菌相比，硫化叶菌好氧生长，生长温度在 80℃左右，易在实验室培养；而且硫化叶菌能够形成菌落；此外，硫化叶菌中含有许多质粒和病毒，为建立古菌的遗传操作系统提供了可能。

对硫化叶菌的基因组也首先开展研究，如硫黄矿硫化叶菌 P2 菌株的基因组全长 2.992Mb，编码 3032 个 ORF。基因组中约 105 为可移动因子。743 个 ORF 是硫化叶菌所特有的，193 个是古菌所特有的，357 个只与细菌的同源，而另外 67 个和真核生物同源。基因注释结果表明，在硫矿硫化叶菌的基因组中，参与能量代谢的蛋白质与细菌的同源，而参与 DNA 复制、修复、重组、细胞周期控制、转录和翻译的蛋白质与真核生物的同源。因此研究硫化叶菌的遗传过程将有助于了解复杂的真核生物的这一过程，同时还可探讨真核生物的起源和进化过程。

（2）热变形菌目

该目目前包括热变形菌科和热丝菌科 2 个科，5 个属。各属间的区别主要是对氧的需求、生长温度和 pH。模式属热变形菌属（Thermoproteus）的细胞直杆，直径约 $0.4\mu m$，长度可达 $100\mu m$。细胞末端有球状结构——"高尔夫"球杆。胞壁 S 层：蛋白质/糖。厌氧到兼性厌氧生长，超嗜热生长（75～100℃），化能无机营养时以 CO_2 为唯一碳源，从反应 $H_2+S^0 \longrightarrow H_2S$ 中获得能量；化能有机营养时从反应有机物（碳源）$+S^0 \longrightarrow H_2S+CO_2$ 获得能量，生活于硫黄热泉和海底热泉。该属目前描述的种有 3 个，其模式种 Thermoproteus tenax 由 Zillig 和 Stetter 于 1982 年分离于冰岛的 Krafla 热泉；它的 RNA 聚合酶在 95℃仍不变性，并含有 4 种未知的 dsDNA 病毒。

（3）硫还原球菌目

该目含有 2 个科，其中硫还原球菌科的细胞球状到盘状，细胞表面具有黏的丝状体，最适生长温度为 85～95℃，最高生长温度可达 102℃。其模式属硫还原球菌属严格厌氧生长，或通过硫呼吸，或通过发酵利用蛋白质、肽或糖类。模式种分离于 pH 2.2～6.5 的硫黄热泉中。

硫还原球菌科各属的鉴别特点如下。硫还原球菌属：细胞规则球形，严格厌氧，以复杂有机物进行 S 呼吸，发酵肽，最适（高）温度为 85～90℃（97℃），DNA G+C 摩尔分数为 42%～51%、生活在陆地的硫黄热泉中。气热火菌属（Aeropyrum）：细胞不规则球状，严格好氧，以复杂有机物进行 O_2 呼吸，发酵肽，最适（高）温度为 90～95℃（100℃），DNA G+C 摩尔分数为 41%～45%，生活在海洋中。火球菌属（Ignicoccus）：细胞规则球形，严格厌氧，只通过 S^0/H_2 自养型进行化能无机营养；最适（高）温度为 90℃（100℃），DNA G+C 摩尔分数为 41%～45%，生活在海洋中。葡萄嗜热菌属（Staphylothermus）：细胞球状，聚集；严格厌氧，发酵肽进行化能有机营养；最适（高）温度为 92℃（98℃），DNA G+C 摩尔分数为 35%，生活在海洋中。斯提特氏菌属（Stetteria）：细胞不规则球状到盘状；严格厌氧，以复杂有机物进行 S 呼吸，要求 H_2；最适（高）温度为 95℃（102℃），DNA G+C 摩尔分数为 65%，生活在海洋中。恐硫球菌属（Sulfophotbococcus）：细胞不规则球状，单生或聚集，严格厌氧，以复杂有机物发酵生长，S^0 抑制其生长，最适（高）温度为 85℃（95℃），DNA G+C 摩尔分数为 55%，生活在陆地。热盘菌属（Thermodiscus）：细胞盘状，严格厌氧，以复杂有机物进行 S 呼吸；最适（高）温度为 88℃（98℃）；DNA G+C 摩尔分数为 49%，生活在海洋中。耐热球菌属（Thermosphaera）：细胞球状，单生、成对、短链或葡萄状聚集；厌氧，发酵复杂有机物生长，S^0 或 H_2 抑制其生长；最适（高）温度为 85℃（90℃），DNA G+C 摩尔分数为 46%，生活在硫黄热泉中。

热网菌科的特点是超高温生长，最高生长温度在 108～113℃。目前这个科共有 3 个属：热网菌属（Pyrodictium）、超热菌属（Hyperthermus）和火叶菌属（Pyrolobus）。热网菌属的细胞呈盘状，位于一个"插管"形成的网络中。严格厌氧，利用 H_2/S^0 自养或用复杂有机物进行硫呼吸。最适生长温度 105℃，最高生长温度 110℃；"插管"粗 25nm，使细胞连接成网状结构。生活于海底热环境中：意大利火山岛海岸的热海床沉积、大西洋和东太平洋的黑烟囱。在 110℃时，热网菌产生"热体"的分子伴侣蛋白质，含量占总蛋白质的 80%，但 100℃时无此蛋白质产生。当"热体"被完全诱导产生时，热网菌可在 121℃下存活 1h。超热菌属的细胞成不规则球状。严格厌氧，发酵复杂有机物获得能量。最适生长温度 95～106℃，最高生长温度 108℃。火叶菌属的细胞成不规则球状，革兰氏阴性。兼性厌氧，专性化能无机自养生长，通过用硫代硫酸盐、硝酸盐或低浓度的氧氧化 H_2 而获取能量。最适生长温度 106℃，最高生长温度 113℃，是目前已知的最高生长温度，处于对数生长期的细胞可耐受 121℃高温 1h。S^0 抑制生长。其模式种烟囱火叶菌（*Pyrolobus fumarii*）分离自大西洋底黑烟囱。

5.5.1.2　泉古菌的嗜热嗜酸机理

就目前所知，地球上古菌、细菌和真核微生物能生存的最高温度极限分别为 121℃、95℃和 62℃。古菌中一些成员保持着最高生命温度的记录，因此关于生命嗜热的机理也多是以这群菌为材料开展研究的。一个细胞的嗜热能力不是由单一的结构或单一的大分子决定的，而是涉及参与整个生命过程的生物大分子。目前的研究主要集中在细胞膜、DNA 大分子结构、蛋白质和细胞质等。

传统的观点认为，所有生命的细胞膜结构均为磷脂双分子层，其中甘油与脂肪酸间以酯键连接。然而嗜热古菌的细胞膜是单分子层脂结构（甚至不含磷），而且其中甘油与古菌脂（植烯醇）间以醚键连接。已经证明，这种膜结构具有热稳定性。所有古菌细胞膜都含有二植烷甘油二醚酯或它的二聚体，或四醚酯，从而也大大加强了细胞膜在高温下的抗水解性。近年来的研究还揭示了嗜高温古菌的细胞壁 S-层蛋白的糖基化对环境的适应作用。与非嗜热的古菌相比，嗜热古菌 S-层蛋白带有更多电荷，极性氨基酸含量增加。

嗜热微生物 DNA、蛋白质等生物大分子对高温环境的适应是其得以进行正常生理代谢的基础。在超嗜热菌中 DNA 如何被保护而不被解链呢？尤其是低 G＋C 摩尔分数的超嗜热菌的 DNA 热稳定性仍令人费解，如 G＋C 摩尔分数为 38％的 *Pyrococcus* 如何在最适生长温度 100℃时保持 DNA 不解链。研究发现，DNA 稳定性程度的提高通常依赖于高的镁离子浓度，和大量保护性 DNA 结合蛋白。所有已知的超嗜热菌都具有逆旋转酶（Reverse Gyrase），这是一种独特的 I-型 DNA 拓扑异构酶（Topoisomerase），能够在 DNA 双螺旋中引入正超螺旋，从而进一步提高 DNA 的稳定性。超嗜热古菌具有碱性组蛋白，当在普通温度的 DNA 中加入硫化叶菌的组蛋白后，会大大提高其解链温度。

比较了 22 种常温微生物及 7 种嗜热微生物的蛋白质结构发现，嗜热蛋白质表面的离子强度有所增加，通过氨基酸上的负电荷与环境中的钠离子等阳离子之间形成的盐桥数目的增加而提高热稳定性。另外减少蛋白质与环境接触的表面积、增加蛋白质的堆积密度从而减少疏水核心的空腔、增加蛋白质核心的疏水性、减少蛋白质表面环的长度，多亚基的蛋白质也有利于热稳定结构的维持。分子生理学分析还发现，高温微生物中有大量的小分子热休克蛋白存在，如当最适生长温度为 100℃的极端嗜热古菌 *Pyrodictium occultum* 在 108℃生长时，其细胞干重的 80％是一种特殊热休克蛋白，该种蛋白质可保护其他蛋白质耐受 120℃高温达 1h 以上，这种蛋白质的主要功能是在上限生长温度时通过保护和重新折叠的方式来稳定其他细胞蛋白质。嗜热古菌蛋白质结构及适应机理的研究对目前的蛋白质工程将有重要的启示。

超嗜热菌蛋白质的稳定性还可通过积累某些小分子的相容性溶质而得到加强。例如，*Methanopyrus* 和其他一些甲烷古菌在高温环境中细胞内会积累大量的环 2,3-二磷酸甘油酸。最近在嗜热和超嗜热细菌以及古菌中发现了若干种新的小分子量相容性溶质（如，二肌醇-1,1′-磷酸盐、二甘露糖酰基-二肌醇-1,1′-磷酸盐），这些相容性溶质对 *Pyrococcus woesei* 的三磷酸甘油醛脱氢酶具有热保护作用。

　　一般来讲，极端微生物对酸碱环境的适应性不像对高温、高盐环境那样范围广或全细胞的适应，因为这种环境影响只涉及细胞外部成分，即细胞只需要通过膜蛋白和离子泵通道即可达到适应的目的。当然，像鞭毛这样的外部细胞器也必须能抵抗外来的压力因素。大量研究表明，虽然嗜酸微生物生长的外部环境呈酸性，但细胞内部的 pH 值接近中性，细胞内的酶系和代谢过程通常与中性菌很相似。目前有关嗜酸菌维持细胞内中性 pH 的机制有三个：其一，"质子泵学说（Proton Pump Theory）"即细胞内的质子通过电子传递链泵到细胞外，形成 pH 梯度和化学电位，它们统称为质子动力；质子动力反过来又可驱动 ATP 的合成、离子运输、鞭毛运动等，最终达到细胞内近中性的 pH 值。其二，"屏蔽学说（Barrier Theory）"即在电子传递过程中，O_2 还原成 H_2O 的反应需要细胞内 H^+ 的参与，而质子又通过 H_2O 的分解而形成，最终导致 OH^- 在细胞内的积累和 H^+ 在细胞外的积累。由于它们都带有电荷，所以都不能自由通过细胞质膜。从目前的研究结果看，屏蔽学说似乎更加合理，更被学者们所接受。其三，在中温嗜酸细菌（如 *T. ferrooxidans* 等）的细胞壁与质膜之间存在一个壁膜间隙，酶蛋白的含量较高，这些酶蛋白的定位方式对于酸性环境的适应有着重要作用。如 *T. ferrooxidans* 等的铁氧化酶和单质硫氧化酶均定位在细胞壁膜间隙内，其最高酶活性均在酸性范围。这些特点使其能更好地适应胞外酸性环境同时又能维持细胞内近中性 pH 值。然而人们对这些最高活性在酸性环境的酶蛋白的适应机理了解却很少。从嗜酸硫杆菌中分离纯化的硫代硫酸盐脱氢酶的最适 pH 值为 3.0，这与它在细胞壁膜间隙的定位是一致的。亚铁氧化嗜酸菌转移亚铁的电子是从酸性环境开始的，系统发育学不同的嗜酸菌具有不同的嗜酸酶蛋白组成。但人们只对氧化亚铁硫杆菌的嗜酸酶蛋白的组成进行了广泛研究，并且也是近年来通过使用分子生物学技术所取得的结果。氧化亚铁硫杆菌编码铁硫蛋白（Iron-Sulfur Protein）和铁硫菌蓝蛋白（Rusticyanin，一个壁膜间隙、酸稳定的电子载体）的基因功能已被研究。铁硫蛋白位于壁膜间隙，参与铁硫菌蓝蛋白和各种细胞色素之间的电子运输。铁硫菌蓝蛋白是嗜酸菌中深入研究的少数几个蛋白质之一，具有酸稳定性。它的氨基酸组成和可滴定基团的分布与其他来自非嗜酸菌和酸敏感的蓝铜蛋白相比没有什么特别之处。铁硫菌蓝蛋白活性位点的酸稳定性归因于它的局部疏水环境。嗜酸热脂环酸杆菌（*Alicyclobacillus acidocaldarius*）的 α-淀粉酶（最适 pH 3）与非嗜酸细菌的同源酶比较表明，相对低的电荷密度导致了在酸性 pH 环境的稳定性。有人提出在低 pH 环境下，静电排斥和解折叠过程降至最低水平或完全不存在。同样的现象也在嗜酸热硫化叶菌（*Sulfolobus acidocaldarius*）的黄华碱（Thermopsine）和蛋白酶中看到。黄华碱的最适活性在 pH 2，并且只含有 2.6% 的正电荷残基。专性嗜酸的关键因子可能是细胞质膜。当 pH 值升至中性时，专性嗜酸菌的细胞质膜就会裂解，并导致细胞破裂。由此有人提出，高浓度的氢离子实际上对膜的稳定性是必需的。*Picrophilus oshimae* 是一株极端嗜酸热的古菌，其最适生长 pH 值 0.7，最适生长温度 60℃。在 pH 值 4.0 以上不生长，是目前为止最嗜酸的嗜热菌。当外部环境 pH 值为 0.7～4.0 时，细胞可维持内部 pH 值在 4.6 左右；而当外部环境 pH 值高于

4.0时，细胞会很快破裂丧失生存能力。细胞质膜是抵御酸性环境的唯一物理屏障。用该菌的细胞脂制备的脂质体获得的试验数据表明，细胞质膜在酸性环境中比在中性环境中对氢质子的渗透性更小，因而有利于维持一个高跨度的 pH 梯度，同时产生一个反向电位差（ΔΨ）来抵消质子的流入。这也是维持细胞内接近中性 pH 值的措施之一。通过这一物理屏障，嗜酸菌不仅适应了酸性环境，甚至还需要酸性 pH 环境来维持细胞膜的稳定性和细胞的完整性。最近，对于嗜热酸古菌维持其跨膜质子梯度和电位差的研究已有重要进展。研究表明，细胞质膜对质子的通透性间接地取决于膜上的脂类四聚体。这种跨膜四聚体能形成一层坚固的单层膜，使得在其生长 pH 范围内，质子几乎不能透过。但是在中性 pH 条件下，这种膜脂不能聚集成规则的泡囊结构，使细胞失去完整性，破坏了其屏蔽功能，从而失去生活力。因此，这种膜脂的形成是细胞为适应酸性环境而产生的，是其内在固有的特性之一。

5.5.2　奇古菌门

Fuhrman（1992）和 DeLong（1992）研究团队在对海洋表面水的古菌 16S rRNA 基因序列多样性调查中发现了一个新的古菌系统发育分支，它们构成与超嗜热泉古菌相近的中温姊妹群，因此也被认为是中温泉古菌。之后发现这个群中含有氨氧化古菌（AOA），但当获得了首个 AOA-海绵共生古菌-候选的共生餐古菌（*Candidatus Cenarchaeum symbiosum*）的基因组后，并基于 53 个普遍存在于古菌和真核生物的核糖体蛋白的系统发育学分析，Brochier-Armanet 和他的同事（2008）发现共生餐古菌形成独立于泉古菌和广古菌的进化分支，因此在 2008 年提出了奇古菌门。之后对氨氧化古菌海洋群 I.1 的代表菌株——候选海短小亚硝化菌（*Candidatus Nitrosopumilus maritimus*），和一个从热泉中分离的氨氧化古菌土壤群 I.1b 的代表菌株 *Candidatus Nitrososphaera gargensis* 的核糖体蛋白系统发育进行分析，分析结果及其他几个遗传信息传递标识基因的存在与否，也支持将 AOA 划入奇古菌门。另外，所有研究过的 AOA 具有特异的膜脂——泉古菌醇（Lipid Crenarchaeol），该类成分在细菌和其他古菌中均不存在，因此叫作奇古菌醇（Thaumarchaeol）更合适。

亚硝化球菌纲（Nitrososphaeria）囊括了奇古菌门所有可培养的物种，包括亚硝化球菌目（Nitrososphaerales）、亚硝化侏儒菌候选目（*Candidatus* Nitrosopumilales）、亚硝酸纤杆菌候选目（*Candidatus* Nitrosotaleales）和亚硝化暖菌候选目（*Candidatus* Nitrosocaldales），它们分离于土壤、海洋、海湾、淡水及地热环境及水处理工厂。所有被培养的亚硝化球菌纲的菌株营化能自养代谢方式，从好氧氧化氨中获得能量，而且它们具有一套区别于其他古菌的、特殊的遗传信息传递基因。与泉古菌及广古菌不同，亚硝化球菌的 RNA 聚合酶 A 亚基由单一基因编码；与广古菌及初古菌相似，它们编码 DNA 聚合酶 B 和 D 家族及单拷贝的增殖细胞核抗体（PCNA）；编码真核样的组蛋白，但无古菌特异的核糖体蛋白 LXa 家族；并具有在古菌中首次看到的拓扑异构酶 IB，并同时具有两套古菌分裂系统：细菌样的 FtsZ 和真核生物样的 Cdv 系统。

所有的亚硝化球菌具有编码氨单加氧酶（AMO）的基因，该酶催化氨氧化的第一步，即利用分子氧将氨氧化为亚硝酸盐，并从该反应中获得能量。此种能量产生方式过去只在细菌中发现。反应式如下：

$$2NH_4^+ + 3.5O_2 \longrightarrow 2NO_2^- + 3H_2O + 4H^+$$

古菌的 AMO 属于含铜的膜结合单加氧酶超家族（CuMMOs），该家族包括细菌的 AMO、嗜甲基细菌的微粒状甲烷单加氧酶（pMMOs）及碳氢化合物单加氧酶新分支，后者广泛分布，有些似乎氧化 C2～C4 烷烃。氨氧化途径的第二步即亚硝酸盐氧化的酶尚未知。尽管在其培养物中能够检测到羟胺中间产物，但在亚硝化球菌的基因组中无细菌的羟胺脱氢酶（HAO）同源基因。与氨氧化细菌不同，NO 也是氨氧化途径中重要的因子或中间产物。NO 可能由呼吸型的亚硝酸盐还原酶产生，除了共生餐古菌和黄石公园亚硝化暖菌，该基因存在于所有已知的 AOA，并且在土壤和海洋宏转录组分析中高表达。硝化球菌的基因组中存在细菌没有的第 4 个 AMO 亚基的基因，该基因与其他的 amo 基因成簇，但这个 "AMOX" 在氨氧化中的功能尚未知。奇古菌中存在多个含铜的蛋白质，如多铜氧化酶和蓝色铜蛋白，说明它的电子传递系统基于铜。

奇古菌中的海短小亚硝化菌（N. maritimus）具有极低的底物浓度阈值（<10nmol/L 总 NH_4^++NH_3，代表了测定方法的底限），和与寡营养海洋的原位硝化测定值具有相似的表观 K_m 值（133nmol/L）。氨氧化细菌（AOB）具有高 100 倍的 K_m 值（>1mmol/L 中性 pH），为 46～1780mmol/L 的全氨。因此，认为 AOA 在寡营养的海洋中发挥主要的氨氧化功能；而氨氧化细菌（AOB）主要在有机物丰富的沿海等地区发挥作用；AOA 似乎优先利用有机物分解产生的氨，而 AOB 更嗜好无机化肥的氨。通过环境基因序列同源性推测氨氧化古菌 AOA 具有氨氧化功能，但由于获得培养菌株很少，它们对地球氮循环的贡献还未知。AOA 对氨的氧化，不同于细菌通过羟氨（NH_2OH）到硝酰基（HNO）再到亚硝酸，此过程只需要 $0.5O_2$ 氧化一个 NH_3。AOA 基因组中无 AOB 的细菌同源的羟胺氧化还原酶，说明它们采用不同于细菌的氨氧化机制。这也解释了氨氧化古菌不仅分布于有氧环境，而且也在有水的缺氧环境。至今仍不清楚 AOA 是否是严格自养型或也同化有机底物，但可以确定海短小亚硝化菌营自养生活方式，并实验证明 N. gargensis 能够固定 CO_2。同位素标记的碳酸氢盐被这些古菌摄入奇古菌的脂肪、蛋白质和细胞中，这与所有已知的 AOA 基因组携带改良的 3-羟基丙酸/ 4-羟基丁酸（HP/HB）循环固定 CO_2 一致。通过 $^{13}CO_2$-稳定同位素探针（SIP）检测到奇古菌群 I.1a 和 I.1b 具有自养（固定 CO_2）或混养活力。稳定同位素探针还检测到 ^{13}C 标记入 4-羟基丁酰 CoA 脱水酶或乙酰 CoA-丙酰 CoA 羧化酶的基因或 mRNA 中。这两个酶是固定 CO_2 的 HP/HB 循环中的关键酶。

5.5.3　深古菌门

海洋地表下常有丰富的深古菌门（Bathyarchaeota，先前叫作 MCG）的古菌，它们拥有非常多样的亚分支（>17），并与奇古菌和曙古菌形成姊妹簇（TACK 超门）。对该门不同分支的单细胞基因组和宏基因组分箱（Bins）分析展示了它们多样性的代谢潜力，尤其引人关注的是多数成员编码利用古菌型的还原的乙酰辅酶 A 途径（WLP）产生乙酸的酶，有些亚群似乎能够发酵有机物进行同型产乙酸代谢，而该过程过去只在细菌中发现。基因组分析还显示 TACK 超门的一些成员能够异养代谢肽、纤维素、几丁质、芳香族物质及脂肪酸。因此这些古菌的代谢潜力与难养甲烷菌（Methanofasti-diosa）和甲烷马赛球菌的相似，与它们属于 McrAB 单系群一致。

深古菌门是由我国学者命名的古菌。Meng 等（2014）在地下深部生物圈发现的一大类未培养古菌门——"深古菌"（Bathyarchaeota），推测是海洋沉积物碳循环和生态系统的核心驱动者。Evans 等（2015）报道从深层油井地下水的元基因组中获得了几乎完整的深古菌 BA1 和 BA2 的基因组，发现它们编码甲基物质（甲醇/三甲胺）产甲烷的基因，但无 H_2 还原 CO_2 产甲烷的必需基因 MTR；同时编码乙酰 CoA 合成酶/CO 脱氢酶（CODH）基因，推测它们可能行使甲基产甲烷功能。并发现它们可利用氨基酸和麦芽糖发酵产生的还原型铁氧化蛋白（Fdred）还原甲基产甲烷，即 H_2 还原甲醇产甲烷。

5.5.4 氟斯特拉氏菌门

氟斯特拉氏菌门（Verstraetearchaeota）是 Vanwonterghem 等（2016）发现的、广泛分布于缺氧的排放大量甲烷的环境（包括淡水湿地、湖底沉积、油田、热泉等）中的另一个未培养的古菌新门，以比利时微生物生态学家 Willy Verstraete 的名字命名。根据它们的环境基因组均编码甲基物质产甲烷的途径，Verstraetearchaeota 门的几个物种被命名为"候选新属：中温分解甲基产甲烷菌属"。氟斯特拉氏菌门的基因组也编码甲基产甲烷基因，并具有糖酵解途径的全部基因，提示它们具有与深古菌相同的代谢能力。与广古菌门的产甲烷菌不同，深古菌和氟斯特拉氏菌门均利用糖发酵产生的还原当量还原甲基物质产甲烷，属于"兼性甲烷代谢"类型。根据两个新古菌门的未培养古菌在环境中的广泛存在，也说明甲基产甲烷途径在各种甲烷排放环境中的重要性。

5.5.5 曙古菌门

最近提出的曙古菌门包含了高温水域中的泉古菌群Ⅰ（HWCGⅠ）。目前已获得 *Candidatus Caldiarchaeum subterraneum* 的组装的基因组，该古菌富集于一个地下金矿水流菌席。*Caldiarchaeum* 的基因组携带一些真核生物的特征基因，如泛素修饰系统的基因。曙古菌可能代表了奇古菌的一个深的姊妹分支，推测该门是热起源的一个重要证据。它们广泛分布于高温生境，是一类严格厌氧或兼性厌氧化能自养型微生物。其代谢功能多样化，可利用热泉生境中丰富的 CO、H_2、H_2S 气体作为电子供体获得代谢能量。而其遗传多样性主要由水平基因转移获得，Aigarchaeota 似乎从系统发育更近缘的广古菌和泉古菌获得基因，此外，细菌对曙古菌遗传多样性也具有不可或缺的贡献，如曙古菌的硫酸盐还原功能、CO 的氧化以及 CO_2 的固定均从细菌通过基因横向转移获得，大大提升同生境中曙古菌的功能多样性及其生态位分化，从而使其适应并生存于寡营养的热泉生境。

另外，曙古菌门和奇古菌门的系统发育关系一直饱受争议。某课题组通过比较基因组和进化基因组学分析，发现曙古菌门和奇古菌门由共同祖先分歧进化形成。其共同祖先生存于高温环境中，共享 1154 个基因家族，甚至超过现存曙古菌门基因家族数目，这也是当今生存于高温热泉中的曙古菌门和奇古菌门仍具有功能相似性的原因。奇古菌的祖先并无氨氧化能力，而似是在高温生境中进化所得，并扩散至海洋。海洋生境中氮源匮乏，因此奇古菌能够利用低浓度氨的能力赋予其竞争优势，而被保留于海洋生境中，实现了高温氨氧化古菌转移到中温环境（Hua et al.，2018）。

5.5.6 初古菌门

候选初古菌门的古菌具有超细的、长度可达 $100\mu m/mm$ 的针状细胞，生活在陆地和海洋热环境。根据目前该门的唯一的 *Candidatus Korarchaeum cryptofilum* 的基因组数据，推测它们以发酵肽的简单生活方式产生能量和细胞物质。

5.7　DPANN 超门

DPANN 超门是 Rinke 等（2013）提出的具有纳米大小的古菌，且形成一个深的单系进化的古菌分支。DPANN 超门包括了大多尚未获得纯培养且系统发育多样的古菌门。之后，又有 4 个门加入 DPANN 群，即 Micrarchaeota、DHVE-6、Pacearchaeota 和 Woesearchaeota。除了纳古菌，DPANN 超门的古菌分布于各种生境中，从高盐的湖、海洋、淡水湖、沉积物、酸矿水到热泉，它们的细胞一般都很小，因此用常用的研究方法很容易忽视它们。已获得培养的代表仅限于纳古菌门（Nanoarchaeota），它们在寄主古菌——燃球菌细胞上生长。Parvarchaeota 和 Micrarchaeota 是通过基因组序列而最早定义的两个 DPANN 超门的分支。尽管这些古菌可能依赖寄主生长，但其基因组数据显示它们具有碳代谢、脂降解和氧化磷酸化的关键步骤。Woesearchaeota、Pacearchaeota、Aenigmarchaeota 及 Diapherotrites 古菌接近完整的基因组也显示它们具有减小的基因组，并缺少关键的同化和分解代谢途径。这些发现说明有些 DPANN 超门的古菌营寄生和/或依赖寄主的生活方式，而另外的类群可能具有独立生活，通过分解糖或发酵生长。纳盐古菌（Nanohaloarchaeota）的成员生活在高盐湖中，似乎也可以自由生活且可能营好氧异养或光合异养生活方式，或厌氧发酵生长。最后，对形成生物膜的 Altiarchaea 古菌的基因组的研究认为它们能够固定 CO_2 自养生长，并具有利用乙酸、甲酸或 CO 的潜力。尽管 Altiarchaea 不能产甲烷，但它们的基因组编码古菌样的 WLP 途径（还原的乙酰辅酶 A 固定 CO_2 途径）。与多数古菌不同，这些小古菌具有外膜及独特的表面黏附锚定的钩子叫作 hami，通常形成生物膜并似乎自养生长于 CO、乙酸和甲酸。

2002 年报道的从海底热泉中分离到的纳古菌（*Nanoarchaeum*）是目前已知最小的古菌，细胞直径只有 400nm，而且基因组（0.5Mb）也是古菌中目前已知最小的，但在进化上代表了一个最古老的生物分支，与已描述的 3 个古菌界的 16S rRNA 序列同源性只有 69%～81%。另外，这也是迄今发现的第一个寄生的古菌，寄生在自养 S 还原的极端嗜热厌氧的古菌——燃球菌上。极端生命形式的发现将是 21 世纪生命科学的亮点之一，任何一种极端生命的突破性发现，其科学与应用价值就立即引起全球关注。纳古菌一经报道就引起全球的关注，这种目前最古老的和具有最小基因组的古菌是研究早期生命重要模式；同时，其商业开发权已被美国 Diversa Corporation 全部买断。

5.7　阿斯加德古菌超门

阿斯加德古菌超门是 Zaremba-Niedzwiedzka 等（2017）根据环境基因组组装而提出的新的未培养古菌的候选超门，以挪威神王宫的命名。该古菌门包括了一群未培养的古菌 Lokiarchaeota、Thorarchaeota、Odinarchaeota 及 Heimdallarchaeota（图 5-4）。Spang 等（2015）在北极洋中脊深 3283m 的海底活跃热液位置 Loki 城堡 29 获得一群未培养古菌的宏基因组，16S rRNA 基因序列同源性分析认为它们属于深海古菌群/海底 B 群的 γ 分支，命名为 Lokiarchaeota。Lokiarchaeota 基因组中含有多个真核特征的蛋白质，包括数个细胞骨架组分，如肌动蛋白同源物和溶胶蛋白-功能域蛋白，转运需要的胞内分选复合体（Endosomal Sorting Complexes Required for Transport，ESCRT-Ⅰ、-Ⅱ和-Ⅲ成分），及各种小 GTPases，包括 Gtr/Rag 家族 GTPase 直系同源蛋白。它们在真核中参与各种调控过程，如细胞骨架重装、信号转导、核质转运及液泡运输。

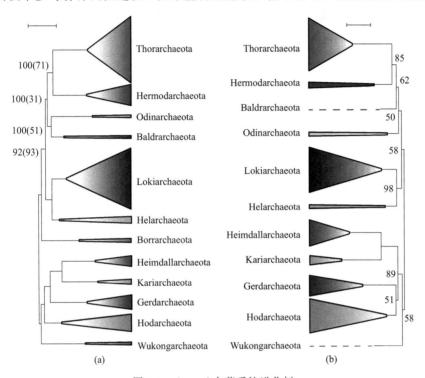

图 5-4　Asgard 古菌系统进化树
（a）基于 209 个 Asgard 核心基因构建的系统发育树；
（b）基于 16S rRNA 基因构建的系统进化树（Liu et al.，2021）

　　之后，Zaremba-Niedzwiedzka 等又在 Loki 城堡、黄石国家公园、奥尔胡斯湾、科罗拉多河、Radiata 水塘、竹富岛热液和白栎木河湾，获得与 Lokiarchaeota 近缘的其他古菌的宏基因组，提出了新的候选古菌门 Thorarchaeota、Odinarchaeota 及 Heimdallarchaeota。它们的共同特征是基因组中富含过去认为只有真核生物才具有的蛋白质家族，尤其是 Thorarchaeota 的基因组编码数个真核膜运输组分，如液泡运输蛋白（真核的 TRAPP 复合体），该复合体是多亚基液泡粘连因子，参与包括从内质网到高尔基体及穿过高尔基体的转运。Sec23/24 家族蛋白是 COPⅡ的必需成分，COPⅡ蛋白复合体负责液泡介导的蛋白质从内质网到高尔基体的运输。还发现 Thorarchaeota 形成与真核泡囊的外鞘蛋白特征相似的蛋白质。在 Odinarchaeota 基因组中鉴定到真正的微管蛋白（Tubulin）的同系物，而且比先前报道的奇古菌的 Artubulins 与真核的微管蛋白更近缘。这些细胞骨架蛋白同保守的 Lokiactins-凝溶胶蛋白（Gelsolin）、抑制蛋白（Profilin）域蛋白及 ARP2/3 Complex Subunit 4 同源蛋白，说明 Asgard 古菌已具有复杂的细胞骨架机器，是真核关键骨架组分的同系物。另外，在阿斯加德超门的基因组中还发现有真核特征的遗传信息加工蛋白质，如推测的 DNA 聚合酶 ε 亚基同源物、核糖体蛋白 L28e/Mak16，二者均在 Heimdallarchaeote LC_3 基因组中检测到，其 ε 亚基代表了真核相关蛋白的最近同源蛋白，含有其中两个特征性 C 端锌指中的之一。

真核生物细胞的复杂性及其起源是生命科学的一个未解之谜。先前的研究数据支持"古菌作为宿主细胞、α 变形细菌（线粒体起源）作为内共生体融合而产生了首个真核细胞"的观点，而宿主是与 Lokiarchaeota 相关的古菌。最近的研究发现，Lokiarchaeota 及其所属的阿斯加德超门的古菌拥有多个真核生物的特征，因此提出了阿斯加德古菌是真核生物起源的古菌祖先，也因此提出了地球生命的两域学说，即地球生命由古菌和细菌两种生命形式组成，真核是古菌的一个进化分支。

参考文献

Adam P S，Borrel G，Brochier-Armanet C，et al.，2017. The growing tree of Archaea：new perspectives on their diversity，evolution and ecology. ISME J，11：2407-2425.

Akıl C，Robinson R C，2018. Genomes of Asgard archaea encode profilins that regulate actin. Nature，562：439.

Bergey's Manual of Systematics of Archaea and Bacteria，2017. Online ISBN：9781118960608 | DOI：10.1002/9781118960608.

Borrel G，Adam P S，Gribaldo S，2016. Methanogenesis and the Wood-Ljungdahl pathway：an ancient，versatile，and fragile association. Genome Biol Evol，8：1706-1711.

Brochier-Armanet C，Boussau B，Gribaldo S，et al.，2008. Mesophilic Crenarchaeota：proposal for a third archaeal phylum，the Thaumarchaeota. Nat Rev Microbiol，6（3）：245-252.

Camp H J M O，Islam T，Stott M B，et al.，2011. The archaeal 'TACK' superphylum and the origin of eukaryotes. Trends Microbiol，19：580-587.

DeLong E F，1992. Archaea in coastal marine environments. Proc Natl Acad Sci USA，89（12）：5685-5689.

Evans P N，Parks D H，Chadwick G L，et al.，2015. Methane metabolism in the archaeal phylum Bathyarchaeota revealed by genome-centric metagenomics. Science，350（6259）：434-438.

Fuhrman J A，McCallum K，Alison A，et al.，1992. Novel major archaebacterial group from marine plankton. Nature，356：148-149.

He X，McLean J S，Edlund A，et al.，2015. Cultivation of a human-associated TM7 phylotype reveals a reduced genome and epibiotic parasitic lifestyle. Proc Natl Acad Sci USA，112：244-249.

Hua Z S，Qu Y N，Zhu Q Y，et al.，2018. Genomic inference of the metabolism and evolution of the archaeal phylum Aigarchaeota. Nat Commun，9：2832.

Huber H，Hohn M J，Rachel R，et al.，2002. A new phylum of Archaea represented by a nanosized hyperthermophilic symbiont. Nature，417（6884）：63-67.

Laso-Pérez R，Wegener G，Knittel K，et al.，2016. Thermophilic archaea activate butane via alkyl-coenzyme M formation. Nature，539（7629）：396-401.

Liu Y，Beer L L，Whitman W B，2012. Methanogens：a window into ancient sulfur metabolism. Trends Microbiol，20：251-258.

Liu Y，Makarova K S，Huang W C，et al.，2021. Expanded diversity of Asgard archaea and their relationships with eukaryotes. Nature，593（7860）：553-557.

Martin W F，2012. Hydrogen，metals，bifurcating electrons，and proton gradients：The early evolution of biological energy conservation. FEBS Letters，586：485-493.

Meng J，Xu J，Qin D，et al.，2014. Genetic and functional properties of uncultivated MCG archaea assessed by metagenome and gene expression analyses. ISME J，8：650-659.

Raymanna K，Brochier-Armanet C，Gribaldo S，2015. The two-domain tree of life is linked to a new root for the Archaea. Proc Natl Acad Sci USA，112：6670-6675.

Rinke C，Schwientek P，Sczyrba A，et al.，2013. Insights into the phylogeny and coding potential of microbial dark matter. Nature，449：431-437.

Pester M，Schleper C，Wagner M，2011. The Thaumarchaeota：an emerging view of their phylogeny and ecophysiology. Cur Opin Microbiol，14：300-306.

Sousa F L，Nelson-Sathi S，Martin W F，2016. One step beyond a ribosome：The ancient anaerobic core. Biochim Biophys Acta，1857（8）：1027-1038.

Spang A，Saw J H，Jørgensen S L，et al.，2015. Complex archaea that bridge the gap between prokaryotes and eukaryotes. Nature，521：173.

Spang A，Caceres E F，Ettema T J G，2017. Genomic exploration of the diversity，ecology，and evolution of the archaeal domain of life. Science，357：563.

Stott M，Crowe M A，Mountain B W，et al.，2008. Isolation of novel bacteria，including a candidate division，from geothermal soils in New Zealand. Environ Microbiol，10：2030-2041.

Thauer R K，Kaster A K，Seedorf H，et al.，2008. Methanogenic archaea：ecologically relevant differences in energy conservation. Nat Rev Microbiol，6（8）：579-91.

Vanwonterghem I，Evans P N，Parks D H，et al.，2016. Methylotrophic methanogenesis discovered in the archaeal phylum Verstraetearchaeota. Nat Microbiol，1：16170.

Williams T A，Foster P G，Cox C J，et al.，2013. An archaeal origin of eukaryotes supports only two primary domains of life. Nature，504：231-236.

Zaremba-Niedzwiedzka K，Caceres E F，Saw J H，et al.，2017. Asgard archaea illuminate the origin of eukaryotic cellular complexity. Nature，541：353-358.

（东秀珠）

第6章

真 菌

摘要： 真菌属于真核微生物，构成了与高等生物植物界和动物界平行的一个独立的界。本章首先对真菌做一简要描述，使读者了解真菌的一般特性及其对生态系统和人类生活的重要性。然后在真菌的形态与结构、生长与繁殖、遗传与基因组特性等方面进行介绍。最后描述真菌的起源、生物多样性及与其他真核生物类群间的演化关系，并根据最新的分类系统，介绍真菌的主要类群。此外，还介绍了在菌体、营养方式和生态上类似于真菌，并具有重要经济意义的卵菌类群。

6.1 真菌的特征和重要性

6.1.1 真菌的一般特性

真菌（Fungi，单数 Fungus）是一类种群繁多，分布广泛的真核微生物。不同类型的真菌在形态上具有很大的差异：有些是单细胞的，如酿酒和焙制面包用的酵母菌；有些是丝状、絮状或粉状物，如长在各种变质食物上的霉菌；而有些则是具有组织分化且个体很大的多细胞生物，如经常食用的各种蘑菇。传统上真菌被归入植物界，但真菌与植物在营养方式上具有本质的区别，真菌体内缺乏叶绿素，不能像植物那样能进行光合作用以合成糖类，而是要靠吸收现成的来自植物或动物的有机物质来维持生活，是异养的。靠消化吸收无生命的有机物来获取营养的真菌称为腐生菌（Saprophytes），而生活在活的动植物或其他真菌组织上的真菌称为寄生菌（Parasites）。大部分寄生真菌，也可以营腐生生活，而许多腐生真菌，一定条件下也可以生长在活的动植物体上。无论何种生活方式，真菌细胞都可分泌消化酶类来降解周围的有机物，通过细胞内外的渗透压差来吸收营养物质。

细菌是原核生物，而真菌与高等动植物一样，是真核生物，具有被核膜包围的细胞核。真菌与动物的区别主要在于后者通过摄取或吞噬的方式获得营养，而且动物细胞也不具有细胞壁。植物、真菌和动物各自不同的营养方式，即光合自养、吸收和摄取，与三者在自然界中的主要生态功能相对应，即植物——生产者，真菌——分解者，动物——消费者。这三类生物不同的营养方式反映了它们不同的进化方向，故现在系统分类学者已普遍认为，真菌应从植物界中独立出来，成为与植物界和动物界平行的真菌界。

由于真菌的形态结构和生活方式的多样性，要对这一生物类群给予一个明确的界定很困难，我们可以用下列基本特征来描述真菌。①真菌属于真核（Eukaryon）生物，即具有膜包围的含有多条染色体的细胞核，细胞质内含有细胞器（如线粒体、液泡等），基因含有称为内含子（Intron）的非编码区域，细胞膜中含有甾醇（Sterol），核糖体为80S（区别于细菌的70S）；②菌体除少数以单细胞（酵母）状态存在外，通常由丝状、分枝的体细胞（称为菌丝 Hypha）构成，菌丝以顶端生长（Apical Growth）方式生长，并连续分枝形成网状菌丝体（Mycelium）；③细胞具有细胞壁，细胞壁通常含有一种或多种多糖；④营养方式为异养（Heterotrophy），即需要现成的有机物作为能源和碳源；⑤细胞分泌消化酶类来降解周围的有机物，以吸收（Absorption）的方式获取营养；⑥以有性和无性两种方式进行繁殖，产生形态多样并适于传播或在逆境生存中的称为孢子（Spore）的繁殖体。简单地说，真菌是真核的、能产生孢子的、无叶绿素的有机体，以吸收的方式获取营养，多数以有性和无性两种方式进行繁殖，菌体通常由丝状、分枝的体细胞构成，细胞典型地被含几丁质的细胞壁所包裹。

研究这类生物的科学，真菌学（Mycology），已从早期作为植物学分支的描述性学科发展成为具有众多试验科学分支的独立学科。虽然最早发展起来的真菌分类学或真菌系统学已有两个多世纪的历史，但迄今所描述的真菌只有大约 12 万种，只占全球真菌总数（220 万至 380 万种，见第 6.5 节）的很小部分。随着人们对生物多样性的保护及研究愈来愈重视，以及新的分子生物学技术的引入，传统的真菌分类学已被注入新的活力。Albert Blakeslee 于 1904 年发现的真菌自体不亲和性，即异宗配合（Heterothallism）现象，激发了真菌遗传学的研究，随后发现真菌的有性生殖遵循孟德尔遗传定律，使真菌在遗传分析上成为很好的材料。主要以粗糙脉孢霉（*Neurospora crassa*）为材料的遗传变异及其生化特性的研究，导致了"一个基因一个酶"假说的提出，George Beadle 和 Edward Tatum 于 1958 年因此荣获诺贝尔奖。英国微生物学家 Alexander Fleming 在 1928 年从产黄青霉（*Penicillium chrysogenum*）中发现青霉素并于 1945 年荣获诺贝尔奖，使人们对真菌的生理生化研究进入了一个新阶段。从 20 世纪 60 年代开始，其他真菌，尤其是酿酒酵母（*Saccharomyces cerevisiae*），在真核生物的生物化学、遗传学、分子生物学、基因组学和合成生物学等研究领域也成为不可替代的模式生物。

6.1.2　真菌的重要性

真菌与人类的生活具有非常密切的关系，虽然人类对真菌的系统研究只有约 250 年的历史，但对这类生物自觉或不自觉的利用却要早得多。早在数千年前，古人就已开始酿酒和发酵食品，但直到 1866 年，Pasteur 才发现酵母菌在发酵过程中的功能。真菌在酿造、食品及医药等方面给人类带来了巨大利益，但同时，也因可引起人和动植物疾病等直接或间接地给人类带来很大危害。

（1）真菌的益处

真菌对人类的益处体现在以下方面：

① 食药用真菌。许多真菌可直接被食用，味道鲜美，营养价值高。许多蘑菇或从中提取的多糖等成分具有抗肿瘤、降血脂、抗衰老等广泛的药用价值。

② 酿造及食品发酵。酿酒和面包焙制工业的发展依赖于酿酒酵母把葡萄糖转变为酒精和二氧化碳的能力。除酵母菌外，在黄酒和多数白酒的酿造过程中也有其他真菌，如根霉、毛霉、红曲霉和青霉等的参与。在豆制品如腐乳等的发酵过程中，根霉和毛霉等丝状真菌也是主要功能微生物。

③ 有用代谢物。迄今从真菌中发现的最著名的化合物当然是青霉素。青霉素的发现，使肺炎等传染病不再是不治之症，大幅度提高了人类的平均寿命。青霉素主要是用产黄青霉来进行商业化生产的。另一类与青霉素相似的重要抗生素是由顶头孢霉（*Cephalosporium acremonium*）产生的头孢霉素（Cephalosporins）。头孢霉素与青霉素一样，通过抑制细胞壁生物合成过程中的酶来杀死细菌。一种用于治疗真菌感染的抗生素，灰黄霉素（Griseofulvin），最初是从灰黄青霉（*Penicillium griseofulvum*）中分离出来的。从土壤真菌亮柱孢（*Cylindrocarpon lucidum*）和囊状球芽孢（*Tolypocladium inflatum*）中发现的环孢素（Cyclosporin）是一种极为有效的免疫抑制剂，可显著提高器官移植的存活率。安德烈亚紫杉霉（*Taxomyces andreanae*）、枝状枝孢霉（*Cladosporium cladosporioides*）等内生真菌可以产生抗癌药物紫杉醇（Taxol），有望取代从紫杉、红豆杉等树皮中提取的生产工艺。

④ 酶制剂。真菌可以分泌许多胞外水解酶类，包括淀粉酶、纤维素酶和半纤维素酶、木质素酶、脂肪酶、果胶酶和蛋白酶等，以降解外围环境中的有机物，将大分子的有机物降解为小分子，将不溶解的有机物降解为可溶物，以便于真菌吸收和利用。许多由真菌产生的酶已被制成酶制剂，应用于食品、制药、纺织和制革等工业生产中。

⑤ 生物防治。在真菌界中存在大量致死性寄生菌，常见的如白僵菌、绿僵菌、虫霉类和各种捕食线虫真菌等，可寄生于昆虫和其他节肢动物，已广泛用于森林和农作物病虫害的生物防治，具有很大潜力。植物病原真菌在杂草的生物防治方面也愈来愈受到重视。已发现盘长孢状刺盘孢（*Colletotrichum gloeosporioides*）的一个株系可用作"真菌除草剂"（Mycoherbicide）来控制稻田里的一种杂草（Strobel，1991）。除了使用整个活菌体直接作为生物防治剂外，利用真菌毒素进行除草的尝试也正在进行，一些植物病原真菌产生的化学物质能够导致寄主细胞和组织的死亡。

⑥ 林业。真菌作为地球上最重要的分解者，在森林生态系统里表现得特别明显。真菌是森林里分解纤维素和木头原始成分木质素的主要力量。森林生态系的生物产量实际上在很大程度上是由木腐真菌来控制的，因为这类生物决定了树木枯死之后营养物释放回到该生态系统中，并得到循环利用的速率。

⑦ 植物从共生和内生真菌获益。大多数高等植物都能够与在土壤里存在的特定的真菌伙伴结合形成特殊的共生器官，称为菌根（Mycorrhiza）。这种结构对真菌和植物两者都有很大的好处。菌根可以增强植物吸收水分和养料的能力，促进植物生长，同时真菌又可以从植物体中获取碳源和其他有机营养物，以满足自身生长发育的需要。针叶树到禾草各类植物健康的叶片和茎秆里也含有真菌，叫作内生菌（Endophytes）。许多内生菌被认为能保护宿主免受其他病原真菌以及昆虫和食草动物的侵害和取食。有些具有内生菌的植物品系在抗虫和抗旱的能力上强于无内生菌的品系。

（2）真菌的害处

真菌对人类的重要性，不仅表现在可为我们带来如上所述的巨大利益，而且也表现在会给人类的生活和健康带来严重的危害。真菌的害处主要体现在：

① 植物病害。真菌是植物病害的主要病原菌。绝大多数种类的植物都会被不同类型的真菌侵染，并遭受不同程度的损害，严重时可引起特定植物种群的毁灭。农作物的真菌病害更是给农业生产造成了严重损失，并给人类带来过巨大灾难。如马铃薯晚疫病在十九世纪中叶曾摧毁了欧洲的绝大部分马铃薯，并因此而引起饥荒。葡萄霜霉病、玉

米黑粉病、小麦茎秆黑锈病、水稻恶苗病等也给农业生产造成过严重危害。

② 人类和动物真菌病害。许多真菌感染能直接引起人类和动物的真菌病（Mycosis）。由各种原因导致免疫机能受损或服用免疫抑制剂的人最易成为病原真菌侵袭的对象，如艾滋病（AIDS）患者普遍受到真菌的侵害，癌症病人、烧伤病人和器官移植病人等也经常遭受真菌感染的威胁。真菌病的类型很多，从表皮感染如各类癣症，到涉及肌肉、骨头、内部器官和血液等的深部感染。除最常见的癣病外，其他重要的真菌病有念珠菌病（Candidiasis）、隐球菌病（Cryptococcosis）、曲霉病（Aspergillosis）、芽生菌病（Blastomycosis）、球孢子菌病（Coccidiodomycosis）和组织胞浆菌病（Histoplasmosis）等。其中任何一种在某些条件下都可能是致命的。隐球菌是对艾滋病病人有生命威胁的最常见的侵染源之一。念珠菌病是由白念珠菌（白假丝酵母，*Candida albicans*）引起的，这种菌是人体微生物区系中的正常成分，但许多诱发因素会使它转变成致病菌。白念珠菌感染经常发生在皮肤、头发、指甲和黏膜上，不过也可侵染人体的其他部位，包括食道、肝、尿道、肠道、心脏、眼睛、关节，甚至中枢神经系统等。

③ 真菌毒素。除了直接感染而引起人类和动物疾病外，有些真菌还可以通过侵染食物或饲料而在其中产生称为真菌毒素（Mycotoxins）的有毒物质。特别值得注意的是由赭曲霉（*Aspergillus ochraceus*）和鲜绿青霉（*Penicillium viridicatum*）在谷物上产生的赭曲霉毒素（Ochratoxins）、由黄曲霉（*A. flavus*）和寄生曲霉（*A. parasiticus*）在各种坚果和谷物（尤其是花生、大胡桃、玉米和粟黍等）上产生的黄曲霉毒素（Aflatoxins），以及由串珠镰孢（*Fusarium moniliforme*，也称稻恶苗病菌）在玉米上产生的毒镰孢菌素（Moniliformin）。研究表明赭曲霉毒素与在欧洲某些地方发生的肾萎缩地方病有关，黄曲霉毒素在测试过的所有动物种类身上都能引起癌症，并且被认为是致癌能力最强的化合物之一（Ames et al.，1987）。串珠镰孢菌素只是在最近才引起注意，有资料显示这种毒素与人食道癌、马的致命神经系统病害，以及猪的致命呼吸系统病症有牵连。所有这些病症都被认为是取食被串珠镰孢污染的玉米而导致的后果。镰孢霉属（*Fusarium*）的其他一些种类还产生另外的一些烈性毒素。

④ 腐败。真菌作为自然界中的主要分解者，在生态系统中发挥着积极作用。但同时也对人类生活带来许多负面影响，即引起腐败。我们的各种食品是最易被真菌侵染的。由于真菌可以利用多种多样不同的基质来作为食物，它们还能够损害我们使用的许多物品，包括木材、棉布、革质制品和石油产品等。真菌对各种各样的木材产品，包括木料、铁道枕木等会造成直接的破坏。人们为保护木材产品免遭腐烂往往要做出很大的努力并付出高昂代价。伏果干腐菌（*Serpula lacrymans*）是最著名的木腐真菌种类，它所造成的木材腐烂称为干腐。干腐会对住房和其他建筑里的楼板和其他木质构件造成巨大损害。

6.2 真菌的形态与结构

6.2.1 真菌的一般形态特征

真菌的形态是多种多样的。最简单的真菌是单细胞的，一个细胞代表一个个体，从营养到繁殖的所有功能和过程都由单个细胞来完成。单细胞真菌或菌体（Thallus）由少数几个细胞组成的真菌可发现于壶菌类（Chytrids）、酵母菌及相关类群中。但是大多数真菌是多细胞的，由称为菌丝（Hypha，复数 Hyphae）的丝状细胞构成形态各异的营养体，并可分化出执行不同功能的不同结构，部分菌体埋藏于生长基质中，从中获取营养并输送到菌体的其他部分。丝状真菌的菌体可分化出特殊的结构进行有性或无性繁殖，这些繁殖结构通常被称为子实体（Fruiting Body）。不同类群真菌的繁殖结构大小和形态具有很大差异，将在后面的有关章节中详述。

6.2.2 酵母细胞

一些真菌只以或主要以单细胞的形式存在，以细胞出芽或二分裂的方式进行繁殖，这类真菌被统称为酵母菌。有些真菌是两型真菌，又称双态真菌（Dimorphic），随着环境条件的变化，可以在菌丝和酵母两种生长形式间转换。因此，酵母菌只代表真菌的一种生长形式，与丝状真菌没有本质的区别。

下面以酿酒酵母为例阐述酵母细胞的结构。如图 6-1 所示，每个细胞含有一个细胞核和一套典型的细胞器，包括一个醒目的大液泡（在普通光学显微镜下唯一可见的结构）。细胞以出芽的方式进行分裂，在此过程中，细胞核在母细胞中分裂，其中一个子核移向芽细胞，芽细胞长大后在子母细胞结合处形成分隔与母细胞脱离。分隔开始时在子母细胞之间形成一几丁质组成的盘，然后其他细胞壁成分在这个盘的两侧积聚，芽细胞和几丁质盘间的壁被酶切割而使子细胞与母细胞分开。这一过程在母细胞上留下一个芽痕（Bud Scar）（图 6-2），在子细胞上留下一个诞生痕（Birth Bar）。这些疤痕不显著，但若用专与几丁质结合的荧光染料标记，芽痕则能被清楚地看见。这时可发现酿酒酵母细胞是多极芽殖的（Multipolar Budding），即芽细胞每次出生于细胞表面的不同部位。有些酵母是二极芽殖的（Bipolar Budding），芽细胞只产生于母细胞的相对的两端。个别酵母是单极芽殖的（Monopolar Budding），芽细胞只产生于母细胞固定的一端。酿酒酵母的细胞壁含有很少的几丁质（约 1%），而且大部分或全部局限于芽痕内。由于酿酒酵母是多极芽殖的，意味着这种酵母菌必须具有在细胞表面上的任何部位合成几丁质的能力。

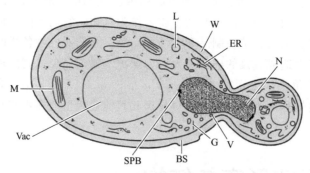

图 6-1 正在芽殖的酿酒酵母细胞结构示意图

BS，芽痕；ER，内质网；G，高尔基；L，脂肪体；M，线粒体；N，细胞核；
SPB，纺锤体；V，泡囊；Vac，中央大液泡；W，细胞壁（摘自 Deacon，1997）

用酿酒酵母菌为模型进行的细胞学研究，为探讨真核细胞的起源作出了巨大贡献。酿酒酵母偶尔会发生一种称为弱小变异的自然变异，这种变异株在琼脂培养基上形成很

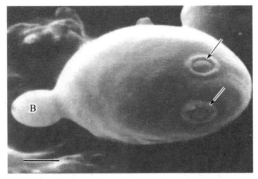

图 6-2 酿酒酵母细胞的扫描电镜图像

发育中的芽孢（B）和芽痕（箭头所指），标尺＝1μm（M.W. Miller 摄，摘自 Alexopoulos et al.，1996）

小的、生长缓慢的菌落。弱小变异株细胞内不含线粒体，因此不能进行呼吸。这方面的研究提供了一个清楚的证据，即线粒体不能被重新合成，在芽殖过程中子细胞必须从母细胞中继承至少一个线粒体。现在已知线粒体内含有一环状 DNA，编码一些线粒体结构蛋白和呼吸作用电子传递链中的一些组分。线粒体中还含有核糖体，与细菌的 70S 核糖体和真核细胞的 80S 核糖体相比，线粒体中的核糖体与前者更相似。这些证据导致了内共生假说（Endosymbiotic Theory）的提出，该假说认为真核细胞的线粒体来源于曾作为共生体生活于其他原核生物内的细菌，日久天长失去了其作为自由生物独立生存的能力。现在核酸序列的比较研究有力地显示线粒体起源于与今天的紫细菌近缘的细菌祖先。与此类似，可进行光合作用的真核细胞的叶绿体被认为起源于内共生的蓝细菌（Cyanobacteria）。

6.2.3 菌丝形态和超微结构

除少数单细胞真菌外，大多数真菌的菌体由单核或多核的菌丝构成。菌丝是由长形细胞组成的管状结构，在刚性的外壁内充满流动的原生质。在光学显微镜下可见菌丝中的原生质由横隔分为规则或不规则的间隔，每一间隔成为一个细胞，内含一个、两个或多个细胞核，细胞间的分隔称为隔膜（Septum）。在子囊菌和担子菌中，菌丝均被有规则地分隔开，这种菌丝叫作有隔菌丝（图 6-3）。而在壶菌和接合菌中，间隔只出现于繁殖结构基部或老化菌丝中，生长活跃的营养菌丝没有隔膜，称为无隔菌丝。有隔菌丝和无隔菌丝并无功能上的区别，因为前者的隔膜通常是有孔的，可允许细胞质甚至细胞核通过，从一个细胞流向另一个细胞。所以严格地讲，有隔菌丝的每个间隔并不是一个细胞，而是彼此相连的腔室。

由菌丝组成的菌体结构被称为菌丝体（Mycelium）。许多真菌在生活史的某些阶段，菌丝以不同方式组织起来形成疏松的或紧密交织起来的结构，所有这些组织化的结构称为密丝组织（Plectenchyma）。若聚合在一起的菌丝平行排列，单个菌丝仍保持容易分辨的丝状结构，这类组织称为疏丝组织或长轴组织（Prosenchyma）。而有些菌丝组织类似于植物的薄壁组织（Parenchyma），由不易分为单个菌丝的卵形或直径相近的圆形细胞组成，称为拟薄壁组织（Pseudoparenchyma）（图 6-4）。这些组织构成了真菌各种不同类型的营养和繁殖结构。营养结构主要有子座（Stroma）和菌核（Sclerotium），子座是一个紧密的垫状结构，其上或其中常常产生繁殖结构子实体；菌核是一个坚硬的抵抗不良环境的休眠体，它可以休眠很长时间，并在适宜条件恢复后重新萌发。

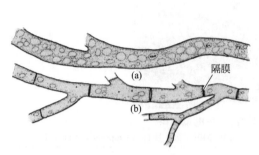

图 6-3　真菌的营养菌丝
(a) 无隔菌丝；
(b) 有隔菌丝 (摘自 Alexopoulos 和 Mims，1979)

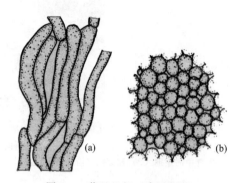

图 6-4　菌丝组织 (密丝组织)
(a) 疏丝组织 (长轴组织)；
(b) 拟薄壁组织 (摘自 Alexopoulos 和 Mims，1979)

有些真菌的菌丝结合在一起形成各种各样的绳索状结构，其中有些粗壮的类型称为菌索 (Rhizomorphs) (图 6-5)。菌索中单个菌丝失去了它们的独立性而构成了具有功能分化的复杂组织。这种索状物有一个厚而硬的外壳和一个生长的顶端，类似植物的根尖。菌索能抵抗不良环境，保持休眠状态直到条件好转，然后恢复生长。菌索能延伸很长，到达很远的距离去发现并开发新的营养源，然后把吸收到的营养输送到菌体的其他部分。

生长在寄主组织内的植物病原真菌的菌丝生长方式可分为不同类型：致死营养型 (Perthotrophs，Necrotrophs)，通过酶或毒素杀死菌丝前的寄主细胞，然后生长于已死或正在死亡的寄主细胞之间或之内；活体营养型 (Biotrophs)，专性寄生，只从活的寄主细胞中获取营养。大多数活体营养型真菌的菌丝主要生长于寄主细胞之间，长出特殊的分枝穿过细胞壁，然后套进原生质膜内而不杀死细胞。这类菌丝分枝称为吸器 (Haustorium)，用以从寄主细胞中吸取营养。不同植物病原菌的吸器形态会有很大差异，可以是球形的，长形的，或分枝状 (图 6-6)。还有少数植物病原菌属于半活体营养型 (Hemibiotrophs)，开始时需要活的寄主细胞，但马上像致死营养真菌一样杀死菌丝前的寄主细胞。

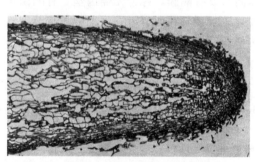

图 6-5　菌索中部纵剖面的光学显微图
(摘自 J. J. Motta, Am. J. Bot. 56; 610-619, 1969)

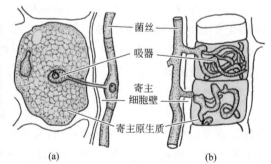

图 6-6　两种类型的吸器
(摘自 Alexopoulos 和 Mims，1979)

菌丝中含有各种由膜围隔的细胞器，如真核细胞通常都具有的细胞核、线粒体、液泡、内质网、高尔基体或类似结构以及脂肪体等 (图 6-7)。细胞核的分布在不同类群的真菌中是不同的。无隔真菌在细胞质中含有许多个细胞核，因此这类真菌又称为多核体（Polykaryon）真菌。有隔真菌在菌丝的顶端细胞中通常含有多个核，但在下面的细胞中一般只含有一个或两个细胞核。在有些真菌，如担子菌中，特殊的机制使每个细胞中有规律地分布两个核。真菌的细胞核很小，而且其光学性质与细胞质相似，因此在普通光学显微镜下难以看见，但若被一种荧光燃料 4′,6′-二脒基-2-苯基吲哚（4′,6′-dia-midino-2-phenylindole，DAPI）染色后，在荧光显微镜下则容易看到［图 6-8（a）］。

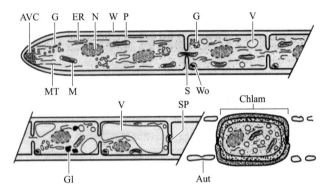

图 6-7　从顶端至逐渐老化部分的菌丝结构示意图

AVC，顶部泡囊簇；MT，微管；G，高尔基体；M，线粒体；ER，内质网；N，细胞核；W，细胞壁；
P，原生质膜；S，隔膜；Wo，沃鲁宁体；V，液泡；Gl，糖原；SP，隔膜塞；
Aut，自溶；Chlam，厚垣孢子（摘自 Deacon，1997）

真菌细胞核中的染色体太小，难以像动物和植物那样，用细胞学方法来显示并确定其数目，因此，文献中关于各种真菌染色体数目的报道充满矛盾。近年来发展起来的一种新的电泳技术，称为脉冲电场凝胶电泳（Pulsed-Field Gel Electrophoresis，PFGE），可以用于真菌的核型分析。这种电泳技术给凝胶中的完整染色体 DNA 分子施加呈一定角度和间隔不断变换方向的脉冲电场，可使不同大小的 DNA 分子以不同的速度向前泳动，从而使分子量不同的染色体 DNA 分子在凝胶中彼此分开，用溴化乙锭（Ethidium Bromide）染色后可根据在紫外线下显示的带谱估测染色体条数，并可通过与分子量标样比较计算每条 DNA 分子的大小［图 6-8（b）］。

在生长旺盛的真菌菌丝中含有大量线粒体，在透射电镜下线粒体为高电子密度结构，多为椭圆形或棒状，但分枝状、裂叶状或长线形线粒体在真菌中也常见。典型真菌线粒体的脊（Crista）为扁平的盘状结构，类似动植物而与原生动物和茸鞭生物（Stra-menopiles）的管状脊不同。广义真菌中的类群，如卵菌、黏菌及相关小类群具有管状脊。

真菌高尔基体的结构与其他真核细胞也不同，大多数真菌的高尔基体在形态上很简单。其他生物典型的高尔基体是由许多膜质的腔室堆叠而成，而大多数真菌的高尔基体则由单个的环状腔室构成，有人称其为类高尔基体。然而其功能却与结构复杂的典型高尔基体相同，即通过从其腔室分泌泡囊来包裹及运输物质。

真菌细胞骨架（Cytoskeleton）在菌丝生长和形态建成（Morphogenesis）过程中起着关键作用。与其他真核细胞一样，细胞骨架的主要组分是微管蛋白（Tubulin）和肌动蛋白（Actin），这两种蛋白质分别构成微管（Microtubules）和微丝（Microfila-ments）。应用冷冻替换（Freeze-Substitution）电子显微技术，可观察到菌丝顶端细胞

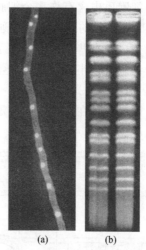

(a)　　　(b)

图 6-8　菌丝内规律分布的细胞核及酿酒酵母染色体 DNA 分子带型

（a）DAPI 染色的菌丝内细胞核的荧光显微图像（摘自 Alexopoulos et al.，1996）；（b）脉冲电泳分离的酿酒酵母 *Saccharomyces cerevisiae*（YNN295）的完整染色体 DNA 分子带型（溴化乙锭染色），可分辨出 15 条带，分子从大到小分别为：2.20Mb、1.60Mb、1.13Mb、1.02Mb、0.95Mb、0.83Mb、0.79Mb、0.75Mb、0.68Mb、0.61Mb、0.57Mb、0.45Mb、0.37Mb、0.29Mb 和 0.23Mb

的微管，它们单个存在或呈与菌丝长轴平行的队列，向菌丝顶尖延伸。微管蛋白用荧光抗体标记后在荧光显微镜下观察，发现菌丝中存在大量纵向排列的微管。微丝也可以通过荧光显微技术观察到，一种毒蕈肽（Phallotoxin）专一地与肌动蛋白结合，用与荧光燃料罗丹明（Rhodamine）偶联的毒肽标记肌动蛋白，在荧光显微镜下可见肌动蛋白在菌丝顶端组成一个网络，并沿菌丝成束地存在，或以斑块状存在于细胞周边或与细胞核相关联（图 6-9）。真菌的微管蛋白与动物和植物的可能存在微小的差异，表现在真菌微管蛋白可被灰黄霉素（Griseofulvin）和苯并咪唑（Benzimidazole）抑制，而动植物的微管蛋白对它们却不敏感。这也是灰黄霉素和苯并咪唑类药物常用于治疗植物和人的真菌感染的原因。相反，秋水仙素（Colchicine）可抑制动植物的细胞核分裂，却对真菌微管蛋白没有作用。

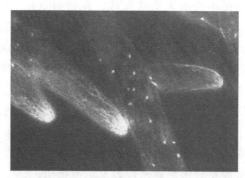

图 6-9　荧光显微图像示聚集于菌丝顶端的微管蛋白微丝和老菌丝内的微管蛋白斑块
（摘自 Heath，1987）

　　液泡（Vacuole）是真菌细胞质内的常见结构。在老的菌丝细胞中很显著，位于中央并几乎充满整个细胞，细胞核和其他细胞器被挤向位于周边紧贴原生质膜的很薄的一层原生质内。在生长活跃的菌丝顶端，液泡则很小，形状多样，内含细小的颗粒状物质。真菌的液泡系统具有物质的储存和细胞代谢产物的循环等功能。例如，包括菌根真菌在内的一些真菌，在液泡中以多磷酸盐的形式积存磷酸盐。液泡也可能是储存钙的主要部位，钙作为胞内信号系统的一部分从此处释放到细胞质中。液泡中还含有蛋白酶，以降解细胞蛋白质用于氨基酸的再循环，液泡还有调节细胞 pH 值的作用。

前面已经提到，多数真菌的菌丝具有间隔规则的分隔，超微结构研究表明，不同类群的真菌其隔膜结构也是不一样的。所有类型的隔膜似乎都是由菌丝壁向心生长形成的，一般具有穿孔，但结构有的简单，有的复杂。少数真菌的隔膜上具有多个小孔或胞间连丝状通道。在子囊菌中，发育完好的隔膜具有单个中心孔，通过该孔相邻细胞的原生质彼此连接 [图 6-10（a）]。孔口的大小不仅允许原生质在细胞间流动，还允许包括细胞核在内的各种细胞器通过 [图 6-10（c）]。这种隔膜孔有时被不同的结构所堵塞 [图 6-10（d）]。在许多种中，隔膜附近存在一个或多个膜包裹的晶状细胞器 [图 6-10（a）]。这种细胞器叫作沃鲁宁体（Woronin Bodies），直径约为 $0.1\mu m$。如果菌丝细胞被损坏导致原生质泄漏，邻近细胞的沃鲁宁体会移向隔膜孔并将其堵塞，阻止进一步的泄漏。随后一新的菌丝顶尖可通过隔膜长出来。

粗糙脉孢霉（Neurospora crassa）的沃鲁宁体已被纯化并已了解其特征。它含有一个主要的分子量为 19000 的 Hex1 蛋白（符号代表 Hexagonal crystal，六边形晶体）。Hex1 蛋白很容易自组装形成切面为六边形的晶体。HEX1 基因在酿酒酵母中表达可在细胞质中产生沃鲁宁体。Hex1 蛋白 C 末端具有一个三肽序列，标志其微体（Microbody）属性。所以沃鲁宁体与过氧化物酶体（Peroxisome）一样，是一种特殊的微体。将 HEX1 基因敲除对突变株的生长没有影响，但若被刀片割伤或用水给予低渗刺激，突变株不能控制其原生质泄漏，而野生型菌株则可以用沃鲁宁体封住未损伤的细胞隔膜孔，并很快恢复生长。

最复杂的隔膜存在于担子菌中，在靠近中心孔的部分，隔膜壁膨大成桶状，这种隔膜称为桶孔隔膜（Dolipore Septum）[图 6-10（b）]。在这种隔膜的两边，通常存在由膜形成的弧状结构，称为隔膜孔盖或桶孔覆垫（Parenthosome）。在隔膜孔盖上有穿孔，这种穿孔可使细胞质保持连续但阻止主要细胞器的移动，以确保担子菌菌丝中有规律的双核分布。菌丝被损伤后，隔膜孔通道也会被未知成分的物质迅速封闭，然后受损细胞的隔膜结构脱离，被一垫状物取代，与受损部分隔离。

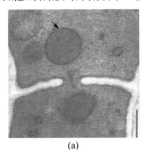 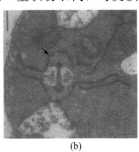 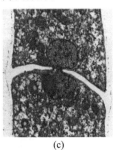 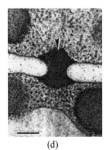

| (a) | (b) | (c) | (d) |

图 6-10　透射电镜图像示真菌隔膜

（a）具有单个中央孔的隔膜及伴随的沃鲁宁体（箭头所指）（R. T. Moor 摄）；（b）桶孔隔膜及其隔膜孔盖（箭头所指）（R. T. Moor 摄）；（c）正在穿过隔膜孔的细胞核（B. Richardson 摄）；（d）被隔膜孔细胞器堵塞的隔膜孔口（J. W. Kimbrough 摄）

对于隔膜的作用已争论了许多年，现在仍未完全了解。隔膜可能给菌丝提供结构上的支持，尤其在相对干燥的环境下。有隔真菌一般比无隔真菌对湿度有更大的耐受力。隔膜抵御损伤的作用前面已经提到。但隔膜的主要意义被认为是在分化上的作用。由于有隔菌丝的隔膜孔允许细胞质甚至细胞核从一个细胞流向另一个细胞，或从菌丝的一部分流向另一部分，所以一个细胞的表型不但受控于其自身的细胞核，而且也通过细胞质受临近细胞内细胞核的影响。当隔膜被堵塞后，两边的细胞就可以通过不同的基因表达或不同的生化活动而向不同的方向分化。当原生质相互连接时，这点就很难做到。与此相似，无隔菌丝也会产生横隔以将繁殖结构与营养结构分隔开。隔膜孔堵塞的实际作用就是将菌丝从相互贯通的整体分为独立的细胞或部分以执行不同的功能或进行不同的分化。

6.2.4　真菌细胞壁的功能、组成与结构

6.2.4.1　细胞壁的功能

真菌的细胞壁具有很多功能：决定细胞和菌体的形状，将细胞壁酶解去除后，细胞则变成球形的原生质体；无论单细胞的酵母菌还是丝状真菌，其生长方式取决于细胞壁的组分及各组分的装配和聚合方式；是真菌与环境的接触界面，保护细胞不会因渗透压的影响而破裂；作为分子筛调节大分子的通透；含有色素，如黑色素，以阻挡紫外线的辐射及其他生物的裂解酶的作用；具有酶结合位点，如转化酶（降解蔗糖为葡萄糖和果糖）和 β-葡萄糖苷酶（在纤维素降解的最后一步将纤维二糖降解为葡萄糖）；具有抗原性以调节与其他生物的相互作用。

6.2.4.2　细胞壁的组分

化学分析揭示真菌细胞壁的主要成分为多糖，其次为蛋白质，再次为脂肪。在不同类群的真菌中，细胞壁多糖的类型也不同（表 6-1）。壶菌、子囊菌和担子菌的细胞壁多糖典型地以几丁质（Chitin）和葡聚糖（Glucan）为主要组分。接合菌的胞壁多糖典型地含有几丁质、壳聚糖（Chitosan）以及由葡萄糖醛酸构成的聚合物。卵菌细胞壁则主要含有纤维素和 β-葡聚糖。

表 6-1　真菌细胞壁多糖的主要组分

类群（门）	纤维结构组分	基质组分
卵菌（Oomycota）	纤维素，β-(1,3)- β-(1,6)-葡聚糖	葡聚糖
壶菌（Chytridiomycota）	几丁质，葡聚糖	葡聚糖
接合菌（zygomycetes）	几丁质，壳聚糖	多聚葡糖醛酸，葡糖醛酸甘露糖蛋白
子囊菌（Ascomycota）	几丁质，β-(1,3)-β-(1,6)-葡聚糖	α-(1,3)-葡聚糖，半乳糖甘露糖蛋白
担子菌（Basidiomycota）	几丁质，β-(1,3)-β-(1,6)-葡聚糖	α-(1,3)-葡聚糖，木糖甘露糖蛋白

几丁质是 N-乙酰葡糖胺（N-Acetylglucosamine）单元以 β-键连接的长直链聚合物（图 6-11），链内和链间具有广泛的氢键结合，赋予几丁质极大的抗拉强度。在真菌细

胞壁中，相邻的几丁质链以反向平行的方式聚合而成所谓 α-几丁质。这种结晶化的几丁质链形成微纤维。几丁质微纤维随意分布于大部分菌丝壁中，但在萌发管中多以纵向分布，在某些蘑菇的柄中以弱螺旋状物横向分布，在隔膜中则呈切线状分布。几丁质微纤维直径可达 $10\sim25nm$，长度从 $30nm$ 到 $1\mu m$ 以上。它们分布于细胞壁最内层，镶嵌在一个无定形基质内形成一网状结构。接合菌细胞壁中除几丁质外含有的壳聚糖，是在几丁质合成时其乙酰基团被酶解去除后形成的一种 $\beta(1\to4)$ 葡糖胺（Glucosamine）聚合物。

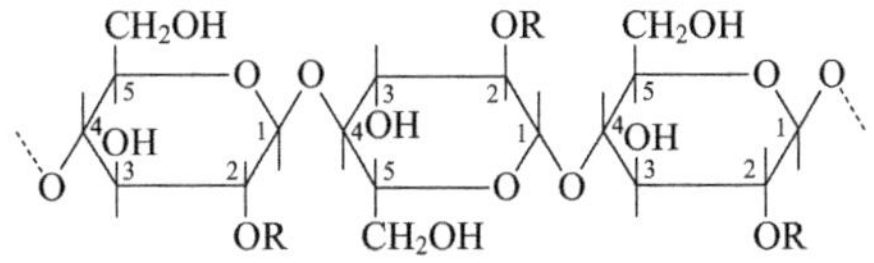

图 6-11 通过 β（1→4）糖苷键连接的葡萄糖聚合物结构
几丁质：R 为—NH—CO—CH$_3$；壳聚糖：R 为—NH$_2$；纤维素：R 为—H

除接合菌外，其他真菌细胞壁的另一种重要的纤维组分为 $\beta(1\to3)$ 葡聚糖，并常常是含量最多的一种组分。这种长链聚合物也形成纤丝。在酿酒酵母细胞壁中，平均 1500 个葡萄糖单元聚合为一个分子量为 240000 的大分子，长度达 $600nm$。其 $\beta(1\to3)$ 连接方式形成一螺旋结构，三条这样的螺旋通过氢键稳定地结合在一起形成一个三股螺旋结构。在成熟细胞壁中，$\beta(1\to6)$ 葡聚糖通常与 $\beta(1\to3)$ 葡聚糖联合在一起。在酿酒酵母细胞壁中，$\beta(1\to6)$ 葡聚糖为大约 350 个葡萄糖单元聚合而成的多分枝大分子。一些真菌细胞壁中还存在其他类型的葡聚糖，如 $\alpha(1\to3)$ 葡聚糖等。

甘露糖蛋白（Mannoproteins）是真菌细胞壁外层的主要组分。在酿酒酵母中，细胞壁约占细胞质量的 20%，而几乎一半细胞壁组分为甘露糖蛋白。这种大分子由内质网和高尔基体合成，通过正常分泌渠道分泌到细胞壁。甘露糖蛋白有两种类型：一种为 N-连接，另一种为 O-连接。在 N-连接甘露糖蛋白中，几条长 $\alpha(1\to6)$ 甘露糖链，通过两个 N-乙酰葡糖胺单元，连接到蛋白质中天冬酰胺残基上自由氨基的氮原子上，长 $\alpha(1\to6)$ 甘露糖链带有 $\alpha(1\to2)$ 和 $\alpha(1\to3)$ 侧链，其中某些侧链含有磷酸甘露糖（Phosphomannose）单元。在 O-连接甘露糖蛋白中，许多短 $\alpha(1\to2)$ 和 $\alpha(1\to3)$ 甘露寡糖连接到蛋白质中丝氨酸和苏氨酸残基上羟基的氧原子上。在不同种类中，糖蛋白的精细结构会有很大不同，有些还会含有其他糖类，包括葡萄糖、半乳糖、木糖和葡糖醛酸等。

在酵母和一些丝状真菌的细胞壁上，已发现两类与葡聚糖共价连接的特殊糖蛋白：聚糖磷脂酰肌醇（Glycan-phosphatidylinositol，GPI）胞壁蛋白和 Pir 胞壁蛋白。GPI 胞壁蛋白是一类在内质网中被修饰过的甘露糖蛋白，在 C-末端氨基酸上加上了一个肌醇磷脂（Lipositol），形成了一个 GPI 锚（GPI-anchor）。这类蛋白质被分泌出时，磷脂部分锚定在双层细胞膜的脂层，多肽链部分则伸入进细胞壁。其中一种 GPI 胞壁蛋白为 α-凝集素（Agglutinin），即酿酒酵母 α-交配型细胞表面的交配凝集素。GPI 甘露糖蛋白可以三种方式存在于细胞表面：通过 GPI 锚相连于细胞膜上、自由存在于细胞膜外围（即细胞壁基质内）、在细胞壁外层共价连接于 $\beta(1\to6)$ 葡聚糖上。另一类蛋白质，所谓 Pir 胞壁蛋白（Pir-CWP），与 $\beta(1\to3)$ 葡聚糖共价连接，这类蛋白质以含有内部氨基酸重复序列为特征。

除多糖和蛋白质组分外，一些真菌胞壁内还含有黑色素（Melanin）。黑色素是由酚类代谢物如酪氨酸（Tyrosine）、邻苯二酚（Catechol）和二羟基萘（Dihydroxynaphthalenes）等组成的分枝聚合物。可以降解黑色素的酶类还没有被发现。黑色素可能赋予真菌细胞壁强大的抗酶解能力，还可能具有光（如紫外线）防护功能和结构上的功能。

一种真菌的细胞壁组分并不是固定的，而是在生活史的不同阶段会发生很大变化。这也反映了细胞壁结构和组成与功能的密切关系。对接合菌鲁氏毛霉（*Mucor rouxii*）的研究清楚地揭示了细胞壁成分的变化（表 6-2）。该菌是一种多型真菌，既可以单细胞的酵母形式生长，也可以丝状形式生长。与丝状细胞相比，酵母细胞含有更多的甘露聚糖，可能以甘露糖蛋白的形式存在。无性孢子具有较高的葡聚糖和黑色素含量，但较低的几丁质、壳聚糖和多聚葡糖醛酸含量。孢囊梗细胞壁的组分也不同。许多子囊菌酵母，如酿酒酵母的细胞壁具有很高甘露聚糖含量，但很少含有几丁质。担子菌的酵母阶段也含有很多甘露聚糖，葡聚糖的含量就相应很低。

表 6-2　鲁氏毛霉在生长和分化的不同阶段细胞壁组分的变化

组分（相应聚合物）	酵母阶段/%	菌丝/%	孢囊梗/%	孢子/%
N-乙酰葡糖胺（几丁质）	8	9	26	2
葡糖胺（壳聚糖）	28	33	21	10
甘露糖（甘露聚糖）	9	2	1	5
葡糖醛酸（多聚葡糖醛酸）	12	12	25	2
葡萄糖（葡聚糖）	0	0	<1	5
其他糖类	4	5	3	5
蛋白质	10	6	9	16
黑色素	0	0	0	10

注：数值表示占细胞干重的比例。

6.2.4.3　细胞壁结构

我们对真菌细胞壁结构的了解主要来自 Hunsley 和 Burnett（1970）用酶学解剖的方法对真菌细胞壁进行超微结构研究的结果。他们用不同的酶对细胞壁进行处理后再在电子显微镜下观察其表面结构的变化，从外到内逐步了解各层的主要组分和结构。图6-12 表示粗糙脉孢霉的细胞壁结构。这种真菌成熟菌丝的细胞壁至少具有四层结构：最外面的一层是无定形的葡聚糖（a），下面是由嵌入在蛋白质基质中的糖蛋白构成的网状结构（b），第三层是呈不同程度离散的蛋白质层（c），最里面一层是嵌入在蛋白质中

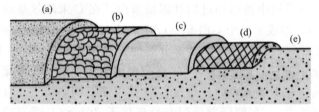

图 6-12　真菌细胞壁的结构示意图
（a）最外面的无定形葡聚糖层；（b）嵌入在蛋白质中的糖蛋白网络；（c）离散的蛋白质层；
（d）嵌入在蛋白质中的几丁质微纤维；（e）原生质膜（源于 Deacon，1997）

的几丁质微纤维（d）。必须指出，图示中各层看起来是分开的，但实际上它们是相互交织在一起的，并没有明显的分层界线。生长中的菌丝顶端细胞壁较薄和简单，只有一个嵌入在蛋白质中的几丁质内层和一个主要由蛋白质组成的外层。从伸长中的菌丝顶端往下，随着更多物质的添加和各组分间的结合，细胞壁变得愈来愈强壮和复杂。

脉孢霉的细胞壁可能是异常复杂的，因为在其他真菌的细胞壁中很少发现网状糖蛋白层。但所有真菌的细胞壁都有一个共同的结构特征，即以几丁质（卵菌中为纤维素）为主的微纤维构成细胞壁的内层，其上覆以由非纤维物质（如葡聚糖、蛋白质和甘露聚糖等）构成的外层。各种组分之间紧密地结合在一起以加强细胞壁强度，一些葡聚糖和几丁质之间有共价结合，葡聚糖之间也通过侧链结合在一起。在酿酒酵母细胞壁中，对各种组分的分布和关联已有更详细的了解（图 6-13）。

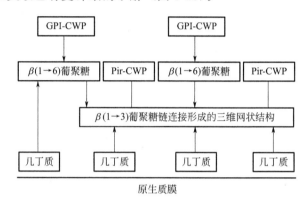

图 6-13　酿酒酵母细胞壁主要组分相互关系示意图
所有组分之间都有共价连接。几丁质微纤维邻接原生质膜，$\beta(1\rightarrow3)$ 和 $\beta(1\rightarrow6)$ 葡聚糖与几丁质相连，一些胞壁甘露聚糖蛋白（GPI-CWP）通过聚糖磷脂酰肌醇锚与 $\beta(1\rightarrow6)$ 葡聚糖相连，具有内部重复序列的胞壁蛋白（Pir-CWP）与 $\beta(1\rightarrow3)$ 葡聚糖相连

6.3　真菌的生长与繁殖

真菌菌丝通过顶端生长延长，但菌体的绝大部分都具有潜在的生长能力，来自菌体几乎任何部位的一微小的片段都可以形成一个新的生长点，并长出一个新的个体。前面已提到，真菌是异养的，从外部吸收营养。这意味着真菌不能固定碳，进入体内的营养必须通过细胞壁和原生质膜。与同是异养的先摄取食物再消化的动物不一样，真菌必须首先释放消化酶到外部环境，这些消化酶将难溶解的大分子有机物，如糖类、蛋白质和脂肪等降解为小分子的可溶物，然后才能将其吸收。因此，外部环境中自由水的存在是必需的，可溶性营养物需借助水介质渗入真菌细胞内。

6.3.1　真菌的一般生长环境

整体来说，真菌几乎可以利用任何碳源作为食物。但不同的种类对营养有不同的要求。有些种类是杂食的，可生存于几乎任何含有机物的东西上，如常见的绿霉（青霉属 *Penicillium*）和黑霉（曲霉属 *Aspergillus*）。有些种类可利用的食物则很局限，少数专性寄生菌，不仅需要从活的原生质中获取营养，而且需要寄生于特殊的种甚至变种上，如禾本科布氏白粉菌小麦专化型（*Blumeria graminis* f. sp. *tritici*）严格寄生于小麦。从根本上说，一种真菌可以利用什么基物，在很大程度上取决于它所能产生并分泌的消化酶的种类。

除营养因素之外，影响真菌生长的其他因素包括湿度、温度、pH 值和氧等。由于真菌类群的多样性和环境因子的复杂性，很难说哪个因素更重要。有些真菌只生活于水中，但大多数真菌若完全浸没于水中，由于氧气来源减少则不能很好生长。菌丝的细胞壁很薄，所以对干燥很敏感，为维持生长，需要或多或少不间断的水分供给。有些种类可在盐水中生长，个别嗜高渗真菌，可生长于溶质浓度极高的基物上，这类真菌有时可引起储存食品的腐败。嗜高渗或耐高渗真菌具有特殊的机制来保持水分，如产生甘露醇或其他化合物来调节细胞内渗透压。

大多数真菌的最适生长温度为 25℃ 至 30℃，最低和最高生长温度大约分别为 10℃ 和 40℃。一些耐高温或嗜高温真菌的最适生长温度高于 40℃，有些甚至可在高于 50℃ 的堆肥中生长。相反，有些真菌是耐冷或嗜冷的，可在水的结冰温度以下生长。大多数真菌在极端的温度或湿度条件下虽不能生长，但可产生专化的抵抗结构如菌核、厚垣孢子等以保存活力。真菌对低温具有很强的耐受力，施以适当的保护剂，可在 -196℃ 的液氮中长期保藏真菌培养物。

与多数细菌喜欢在碱性条件下生长不同，大多数真菌喜欢在酸性环境中生长。虽然不同类群真菌的最适 pH 差异很大，但一般来说，多数种类在 pH 4～7 时生长最好。真菌降解和消耗其周围的物质，并释放代谢产物至外部环境，因此有时会在很大程度上改变其所处微环境的酸碱度。

大多数真菌是需氧的，有些种类，如一些酵母菌，是兼性厌氧菌，而习居在草食动物瘤胃和盲肠内的厌氧壶菌则是专性厌氧真菌。真菌厌氧呼吸或发酵的终产物为乙醇或乳酸，个别种则产生这两种成分的混合物。

真菌的营养生长虽然不需要光，但光照可显著地促进或抑制某些真菌的生长速度，光也是诱导某些种类产生无性或有性生殖结构的必要因素。一些真菌产孢结构的生长方向受光线的影响，不少种类的真菌对着光将孢子强力放射出去。

许多真菌是腐生的，从无生命的有机物中获取营养；而相当数量的真菌寄生在植物、动物或其他真菌上，从这些活的有机体中获取营养。大多数寄生真菌也可以生活在无生命的有机物上，表现在它们可被培养于人工合成培养基上。那些一直不能在任何合成培养基上生长，或在自然界中总是以寄生的状态存在，我们称之为专性寄生或活体营养。既可以营寄生生活，也可以营腐生生活的真菌，根据具体情形，被称为兼性寄生菌或兼性腐生菌。

在寄生真菌中，除一些种可给寄主带来明显的危害外，不少类群可与植物或动物形成互利的共生关系。真菌和其他生物共生的明显例子包括地衣（Lichen）和菌根（Mycorrhiza）。地衣是真菌和藻类或蓝细菌形成的复合体，菌根是真菌和大多数植物的根形成的共生联合。新近的研究发现，健康植物的叶和茎内含有种类和数量惊人的内生真菌（Endomycete），它们对植物的益处在 6.1.2 小节已有论述。

真菌与动物，尤其是昆虫的关系也是多种多样的。有的真菌生长于昆虫体内或体上而不对昆虫造成明显的危害；而有的真菌则会捕捉并消化微小的动物，因此被称为捕食真菌。捕食真菌形成特殊的结构用以捕捉猎物。另一方面，有些昆虫维护或培养真菌，然后以真菌长出的结构为食。

6.3.2　真菌生长的营养和环境需求

经过长期演化，真菌的生命形式已经非常多样化，开发或适应了非常不同的生长环境，并可利用各种各样不同的基物。不同的类群需要不同的最适生长环境，物理、化学和营养等环境因子，均会对真菌生长产生影响。

6.3.2.1　营养需求

绝大多数真菌没有特殊的营养需求，可以利用自然界中的各类有机和无机化合物作为营养物质。真菌常用培养基一般是马铃薯葡萄糖琼脂（PDA）、麦芽汁或麦芽抽提物琼脂（Malt Extract Agar）等。与中性或弱碱性（pH 7~8）并富含有机氮的细菌常用培养基不同，真菌培养基一般为弱酸性（pH 5~6）并富含糖类。

（1）碳源

可能所有真菌均可利用葡萄糖，其他单糖和双糖类也是真菌的良好碳源。许多真菌可分泌胞外淀粉酶或纤维素酶，降解并利用淀粉和纤维素等多糖类物质。自然界中木材是纤维素的主要来源，但其中的纤维素往往与抗性很强的芳香类聚合物木质素交联在一起，一些木腐真菌可分泌降解木质素的氧化酶类，从而暴露出可以利用的纤维素。作为真菌细胞壁和节肢动物外壳的几丁质，也是自然界常见的一类多糖物质，一些真菌可以通过分泌几丁质酶将其降解利用，这类真菌包括一些虫生和菌寄生真菌等。

许多真菌可以利用有机酸，如柠檬酸、琥珀酸、乳酸、醋酸等以及长链脂肪酸。三羟基醇甘油是大多数真菌的良好碳源，一些真菌可以利用乙醇，个别酵母菌甚至可以利用甲醇。一些真菌可以通过产生胞外脂肪酶和磷脂酶，将脂肪和磷脂水解为甘油和脂肪酸，再作为碳源利用之。少数真菌可以利用碳氢化合物，一种丝孢真菌 *Hormoconis resinae* 可以利用液态烃类，它常在气温较高的地区生长于油罐底部积累的水和燃油之间的界面上，可引起金属腐蚀和飞机过滤器的堵塞。

（2）氮源

在真菌所需的所有矿物营养物质中，氮是需求量最大的一种元素，因此是自然生境中影响真菌生长的最重要的限制因子之一。蛋白质含大约 15% 的氮，氮也是合成其他重要的细胞组分如核酸和几丁质所必需的。真菌不能像某些细菌一样固定气态氮，但可以利用许多其他形式的氮源。真菌同化氮源的正常途径如下：

$$NO_3^- \xrightarrow{\text{硝酸盐还原酶}} NO_2^- \xrightarrow{\text{亚硝酸盐还原酶}} NH_4^+$$
$$\text{（硝酸盐）} \qquad \text{（亚硝酸盐）} \qquad \text{（氨）}$$

$$\xrightarrow{\text{谷氨酸盐脱氢酶}} \text{谷氨酸盐} \xrightarrow{\text{谷氨酰胺合成酶}} \text{谷氨酰胺}$$

一般来说，如果一种真菌可以利用硝酸盐作为氮源，那么它就可以利用上述途径中其他形式的氮源。氨基酸是所有真菌的良好氮源，真菌常常只需一种外源氨基酸，如谷氨酸或天冬酰胺，从这种氨基酸出发，通过转氨作用产生其他氨基酸。绝大多数真菌可利用氨作为单一氮源，氨被吸收后与有机酸结合，通常产生谷氨酸或天冬氨酸，然后通过转氨作用产生其他氨基酸。不能利用氨的真菌，如一些水霉和担子菌，只能从有机氮源中获取氮。真菌从外部吸收氨通常以排出 H^+ 为交换，因此可导致培养基 pH 很快降低至 4.0 以下，抑制其本身的生长。因此，氨并不是一种理想的氮源。一些真菌可利用硝酸盐，通过硝酸盐和亚硝酸盐还原酶产生氨。不能利用硝酸盐的真菌往往缺少这类酶或这类酶基因产生了突变。

（3）碳氮比

对真菌来说，一个平衡的外源营养物质供给应该是碳大约高于氮 10 倍。如果培养基的碳氮比为 10：1 或更低，可确保菌体的高蛋白质含量；如果显著超出这一比例（如 50：1），将有利于乙醇、乙酸来源的次生代谢产物、脂肪或胞外多糖的积累。因此碳氮比是发酵技术必须考虑的重要因素。

（4）水分

所有真菌的生长均需要水分，真菌需要水维持细胞质，借助水将外源营养物质吸收进细胞内，并将降解酶释放到细胞外。因此，生长中的细胞或菌丝的细胞膜和细胞壁必须保持对水的渗透性。但这也意味着细胞存在过度失去水分从而导致干枯和死亡的可能。细胞内外的水势（Water Potential）差异决定水分是进入还是流出细胞。水势一般用压力单位，如兆帕斯卡（MPa，国际单位）或巴（bar）来衡量（0.1MPa＝1bar＝0.987 大气压），其大小由数项成分之和决定，其中最重要项目包括渗透势（Osmotic Potential）、衬质势（Matric Potential）和膨胀势（Turgor Potential）等。

作为一个整体真菌已适应在不同的水势环境中生长，但大多数种类喜欢潮湿的环境，这类环境的水势一般为 $-1 \sim 0$MPa。常用真菌培养基，如含 2% 葡萄糖的培养基，其水势就在这一范围。随着外部水势的降低，真菌生长速率将变慢，直到停止生长。在土壤和其他陆地环境中生活的真菌，可在 -2MPa 的水势下生长良好。低于这一点后，接合菌和卵菌等无隔真菌将首先停止生长，许多有隔真菌，如木腐菌，在低于 -4MPa 的水势下将不能生长。真菌不能在低水势下生长正是在干燥或高糖、高盐浓度下进行食品保鲜的基础。少数真菌可以在非常低的水势下生长，这些种类常被称为好高渗（Osmophilic）或好干燥（Xerophilic）真菌，实际上其中大多数可能只是耐高渗的（Osmotolerant），在高水势下生长更好。一些耐高渗的酵母菌、青霉、曲霉是重要的致腐真菌。已知耐高渗能力最强的真菌可在 -69MPa 水势下生长。一些真菌的休眠结构，如菌核等，可形成抗渗透的细胞壁，在干燥的低水势环境中保持水分和活力，直到外部水势合适时再萌发。

（5）其他营养元素

除碳氮外，真菌还需要许多矿物营养元素，其中磷和硫是主要成分。磷用来合成核酸、膜磷脂和 ATP 等。在自然界，磷常以难溶性的有机或无机磷酸盐状态存在，但真菌具有很有效的磷吸收系统来获取即使是微量的磷：分泌磷酸酶从有机磷中释放磷酸盐；分泌有机酸降低外部 pH 值以溶解难溶性无机磷酸盐；菌丝具有很高的表面积体积比，并不断伸长至新的区域。真菌还可以在液泡中以多聚磷酸盐的形式积累和储存剩余的磷。硫是酶和其他蛋白质形成活性结构和发挥功能的必要元素，大多数真菌可利用硫酸盐，有机硫，如硫酸胆碱（Choline-O-Sulphate）和芳香硫酸酯等，也可被真菌利用。与其他类群的生物一样，真菌需要铁、铜、钙、镁、锌和钼等作为酶和其他功能蛋白的辅助因子，其需要量往往很低，所以被称为微量元素（Trace Elements）。在培养基中，提供浓度为 10^{-9}mol/L（如钼）到 10^{-6}mol/L（如铁）的微量元素，就可以满足真菌生长所需。

6.3.2.2 温度

根据对生长温度的要求，真菌可以分为三类：耐寒（Psychrotolerant）或嗜冷

（Psychrophilic）真菌、中温真菌（Mesophiles）以及耐热（Thermotolerant）或嗜热（Thermophilic）真菌。但是，这三类真菌的生长温度范围与细菌不同，能在37℃下生长的真菌相对较少，真菌的最高生长温度均不超过62～65℃。相反，一些细菌可在70～80℃下旺盛生长，而一些超嗜热古菌可在100℃以上的温度下生长。一些代表性真菌的生长温度范围见图6-14。绝大多数真菌是中温的，在10～35℃下生长，最适生长温度为20～30℃，因此可在室温下良好生长。

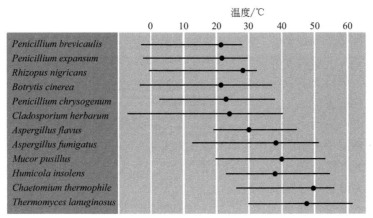

图6-14 一些代表真菌的大体生长温度范围和最适生长温度（黑点标示）
（根据 Deacon，1997 改编）

少数真菌是耐寒的，可在0℃或0℃以下生长，若在20℃以上不能生长，则被认为是嗜冷的。这类真菌包括一些生活于永久寒冷地区的酵母菌和丝状真菌，以及引起冷藏肉食腐败的真菌。这类真菌中有些可在被雪掩盖的草和未收获农作物上生长，引起草的死亡或产生真菌毒素，如镰孢霉属（*Fusarium*）中的种。在南极寒冷的干谷中，存在嗜冷酵母菌。

耐热或嗜热真菌数量也很少，可在50℃或以上温度下生长的真菌是耐热真菌，如果在20℃以下不能生长，则被称为嗜热真菌。这类真菌的最适生长温度接近40℃，个别种的最高生长温度可达60℃。这类真菌常见于堆肥、鸟巢和阳光曝晒的土壤中。*Mucor pusillus*、*Chaetomium thermophile* 和 *Thermoascus auranticus* 在堆肥发酵中起着重要作用。另一个重要例子是烟曲霉（*Aspergillus fumigatus*），它可在12～55℃下生长，覆盖了中温和嗜热真菌的生长范围。它常见于堆肥和发霉粮食中，但也可在航空煤油中的烃类化合物上生长。当其散布在空气中的孢子被吸入后，可定植于人的肺部，也可生长在伤口和器官移植病人的组织内。因此，这种真菌是一个常见的具有潜在危险性的机会性致病菌。

6.3.2.3　酸碱度

在具有缓冲能力的培养基中，多数真菌可在 pH 4.0～8.5，或有时 3.0～9.0 的范围内生长，最适生长 pH 值一般为 5.0～7.0。绝大多数真菌喜欢在偏酸性的环境中生长，有些真菌是耐酸的，如一些酵母菌可在动物的胃里生长，一些丝状真菌可在 pH 2.0 下生长，但其最适 pH 一般为 5.5～6.0。真正的嗜酸真菌很少见，只有一种真菌（*Acontium velatum*）据报道可在 1.25mol/L 的硫酸中生长，它可在 pH 7.0 下开始生长，但很快将培养基的 pH 值降低至其最适的 3.0 左右。自然界中存在许多酸性环境供耐酸或嗜酸真菌生长。相反，强碱性的自然环境却很少，尽管一些真菌可在 pH 10～

11 的培养条件下生长。研究显示，外部环境的 pH 值对真菌细胞质的 pH 影响很小，即使生长于极端酸碱度的环境中，其细胞质的 pH 一直维持中性。应当指出，真菌通过代谢，如选择性地吸收一种阴离子或阳离子，或者产生有机酸或氨，很容易改变培养基的 pH 值，因此，在培养条件下很难准确测定 pH 值对真菌生长的影响。在培养基中有效的缓冲系统很难实现，因为缓冲剂本身或者可能被真菌同化，或者达到有效缓冲所需的浓度时，可能对真菌生长有毒性。

6.3.2.4 氧气

大多数真菌是严格好氧的，至少在生活史循环中的某个阶段需要氧气。酿酒酵母虽然可以在厌氧条件下通过发酵糖类连续生长，但其有性生殖却需要氧气。根据氧气对营养生长的影响，可将真菌分为下列类型。

（1）严格好氧真菌

氧气对这类真菌的生长代谢是必需的，在严格无氧的环境中难以存活，但它们常可在通气很弱的环境中生长。属于这类真菌的包括接合菌中的须霉属（*Phycomyces*）和担子菌酵母中的红酵母属（*Rhodotorula*）。

（2）兼性发酵或兼性厌氧真菌

许多真菌的能量代谢属于这一类型，兼具呼吸（Respiratory）和发酵（Fermentation）两种途径。可进行乙醇发酵的种在接合菌和子囊菌中很常见，有些壶菌和卵菌可进行乙酸发酵。酿酒酵母是其中被研究最多的一个种，在有氧和无氧条件下其生长速率是相似的，但在无氧条件下其生物量产量降低。酿酒酵母的生长需要固醇和不饱和脂肪酸，这类物质只能在有氧条件下合成。因此，在严格无氧条件下，合适的固醇和不饱和脂肪酸类化合物，如麦角固醇（Ergosterol）和油酸（Oleic Acid），或含有这类化合物的物质，必须在培养基中提供。鲁氏毛霉（*Mucor rouxii*）是另一种典型的兼性厌氧真菌，无氧条件促使其以酵母状形式，而不是通常的丝状形式生长。

（3）严格发酵真菌

一些水生真菌可以在有氧和无氧条件下生长，但总是以发酵的方式获取能量。这类真菌包括卵菌 *Aqualinderella fermentans* 和壶菌 *Blastocladia* 属中的种。*Aqualinderella fermentans* 通常生活在温暖的静水中的落果上，富含可发酵糖类，以乳酸发酵的方式获取能量。*Blastocladia* 中的种也生活在类似环境中，同样以严格的乳酸发酵方式获取能量。这类水生真菌的线粒体或细胞色素或缺失，或含量很低，或只有残遗或未成熟线粒体。

（4）严格厌氧真菌

一些生长于反刍动物牛和羊瘤胃中的壶菌（*Neocallimastix*），属于严格厌氧真菌。其严格厌氧的游动孢子对植物糖分具有趋化性，在瘤胃内可以很快聚集在咀嚼过的饲草上，并优先定植在裸露的木质导管末端，然后长出假根穿入植物组织，并释放纤维素酶和其他聚合物降解酶，为自己提供营养。瘤胃壶菌的特殊性还在于它们可进行混合酸发酵（Mixed Acid Fermentation），其主要产物是甲酸、乙酸、乳酸、乙醇、CO_2 和 H_2。这些发酵产物的比例是不定的，因为其中的许多中间产物可相互转化。这类壶菌含有氢化酶体（Hydrogenosomes），其功能相当于好氧生物的线粒体，通过电子传递产生能量。瘤胃壶菌发酵的末端产物可被瘤胃内其他微生物利用，如产甲烷细菌。实验室培养发现这类细菌可促进瘤胃壶菌对纤维素的降解。真菌和细菌在瘤胃内形成了一个互利互惠的共生体。

6.3.2.5 光照

真菌的营养生长一般不需要光照，但许多报道显示光照可促进或更普遍地抑制菌丝的生长速度，一个常见现象是在琼脂培养基表面上生长的真菌菌落，会因光照强度的间隔改变（如昼夜变化）而形成环纹。类似的环纹也会因温度的起伏而形成。光照可显著影响一些真菌产生色素的多少，如粗糙脉孢霉和一些镰孢霉，在光下生长时呈橙色（产生类胡萝卜素），而在黑暗中则不产色素。

光照对许多真菌的繁殖结构形成或其他形态分化具有显著影响。一些真菌对应于昼夜光线变化，在琼脂培养基上形成无性繁殖环纹，在这一区域产生大量无性孢子。一些子囊菌也会形成有性生殖环纹，产生大量子囊壳。这类现象可被近紫外线（NUV，330～380nm）或蓝光（约450nm）诱导。许多担子菌因光的照射而形成子实体。一些接合菌的孢囊柄和子囊菌的子囊顶部具有趋光性。具有光反应的真菌一般产生气生孢子，因此，真菌对光照的反应似乎是一种生态反应。

6.3.3　菌丝的生长

丝状真菌的营养生长表现为菌丝在基质上或基质内向外扩展，可始于无性或有性孢子萌发，或其他繁殖体，如原菌体的部分菌丝和菌核等的萌发。孢子或其他繁殖体萌发长芽管或新的菌丝，然后连续伸长和重复分枝产生圆形菌落或菌丝体（图6-15）。随着菌丝的延伸，它们彼此分开，一级分枝形成二级分枝，依此类推，从而整个区域都被菌丝占据。菌丝之间的任何缝隙都会被新的分枝占据。在一个成熟的菌落中，有些菌丝暴露在表面上形成气生菌丝，其上可产生新的孢子等繁殖体，有些侵入到基物内部摄取养分，称为营养菌丝。在有些真菌中，菌丝分枝相互融合形成高度互连的网络，这一现象被称为菌丝吻合（Anastomoses）。菌

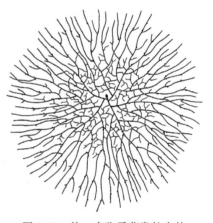

图6-15　从一个孢子萌发长出的新菌落示意图（A. H. R. Buller绘）

丝吻合为细胞质在菌丝间的大量流动和细胞骨架上细胞器的调控运动提供了途径。

真菌菌丝的生长点只局限于顶端，而不存在植物组织常见的节间生长或居间生长（Intercalary Growth）。顶端生长（Apical Growth）是真菌所特有的，并且与真菌在自然环境中的角色——分解者和寄生者具有很大关系。顶端生长使真菌向新的基物或营养源扩展；真菌菌丝在顶端不断延伸的同时，向外部环境中释放各种酶以降解有机大分子供其吸收，在酶向外渗透并使大分子降解的同时，菌丝顶端向前继续延伸，开辟新的营养源。因此，丝状真菌一般具有很强的降解能力，而以出芽或细胞分裂为主要繁殖方式的单细胞真菌如酵母菌，则对大分子聚合物的酶解能力很弱。顶端生长使真菌具有很强的穿透力，可穿透植物细胞、昆虫表皮等，使真菌成为植物和昆虫的主要寄生者，以及硬质有机物，如木材的主要降解者。

菌丝在顶部有一个锥形延长区，其下方为顶端提供生长所必需的能量、酶、原料和

膜。有充分的证据表明，顶端生长所需要的原材料多是通过由膜包围的囊状物来输送的。透射电镜研究表明，生长中的菌丝顶端聚集着很多囊状物，有人称之为顶部泡囊簇（Apical Vesicle Cluster，AVC），从大小上可以将这些泡囊分为两类：直径大于 100nm 的大泡囊（Macrovesicles）和直径小于 100nm 的小泡囊（Microvesicles）。单个的泡囊很小，在光学显微镜下不能分辨。早期的研究发现在子囊菌和半知菌的菌丝顶端有一个清楚的易染色区，在相差显微镜下呈黑色的结构，叫作顶体，常以其发现者（德国人）的名字"Spitzenkörper"命名，这种结构被认为是顶部泡囊簇的中心（图 6-16）。电镜下可见在顶体区大量顶部泡囊围绕一无泡囊核心。对一种壶菌（*Allomyces macrogynus*）菌丝顶端的荧光抗体染色显示在核心区内富含细胞骨架组分，肌动蛋白和 γ-微管蛋白，后者是与微管组织中心和中心体（Centrosome），即微管晶核形成部位相关的一种微管蛋白。对同一菌丝的 α-微管蛋白染色显示，大量纵向微管从亚顶部汇聚到顶体。菌丝顶端的电子显微观察也可见纵向微管（图 6-16）。

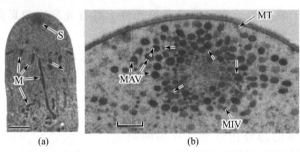

图 6-16 齐整小核菌（*Sclerotium rolfsii*）菌丝顶部的透射电镜图像

(a) 示顶体（S）的位置以及菌丝顶端富含的线粒体（M）和内质网（箭头所指），标尺＝2.5μm；(b) 菌丝顶端的高倍放大，示顶部泡囊簇（MAV，大泡囊；MIV，小泡囊），标尺＝0.5μm（源于 Roberson 和 Fuller，1988）

当菌丝沿同一方向生长时，顶体总是处于顶端中心位置，菌丝生长方向的改变发生于顶体往菌丝顶端这一侧转移之后，顶体在新的方向重新建立其中心位置。用激光束移动顶体会导致顶端生长方向的改变。一个新分枝的形成也需先在分枝长出的部位形成一个新的顶体。菌丝生长的停止伴随着顶体的消失。因此可以确定顶体对菌丝延长起着重要作用。顶体的作用被认为就是一个泡囊供给中心，为顶端延伸提供所需的泡囊。

组成顶体的泡囊被认为产自高尔基体，然后通过细胞骨架成分，可能包括微管、肌动蛋白微丝和驱动蛋白如肌球蛋白（Myosin）等，输送至菌丝顶部。这些泡囊与顶部原生质膜融合，并释放其内含物。不同类型泡囊的内含物是不同的，包括细胞壁合成和降解酶类、酶激活剂以及一些预先合成的胞壁聚合物组分如甘露糖蛋白等，但绝大部分细胞壁多聚物在顶端原位合成。在最顶端细胞壁很薄，在结构上应该较弱，能使新的胞壁物质插入。所以顶端结构的完整性依赖于一个肌动蛋白微丝构成的网络结构，即肌动蛋白帽（Actin Cap）。顶端下面细胞壁的强度通过各种聚合物的交联逐渐增加（图 6-17）。

对于顶端生长是否需要细胞壁的酶解有两种相反的观点。一种观点认为菌丝顶端细胞壁本质上是刚性的，为了插入新的胞壁组分，原来的细胞壁必须先软化，所以细胞壁的生长过程包括壁的降解和合成之间的平衡。有些证据支持这一观点，如几丁质酶、纤维素酶（卵菌）和 β-1,3-葡聚糖酶可发现于细胞壁破片中，尽管这些酶通常可能处于潜伏状态。从成熟细胞壁处长出新的菌丝分枝的过程，也可以肯定有细胞壁裂解酶的参与。菌丝可以

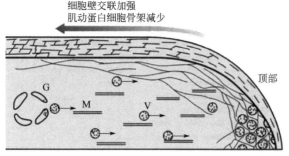

图 6-17　菌丝顶端（半个剖面）生长模型示意图

源自高尔基体（G）的泡囊（V）通过微管（M）系统被输送至顶端。肌动蛋白网络（Actin Meshwork）为壁最薄和聚合物交联很少或尚未形成的最顶部提供结构支持，后面的细胞壁通过聚合物的交联逐渐硬化（源自 Deacon，1997）

抵抗相当大的膨胀压力的事实表明顶端细胞壁必须是相当坚硬的，因此在生长过程中需要不断地被降解。然而在另一方面，最近的证据显示，生长中的菌丝顶端有一发育完好的细胞骨架为其提供结构上的支持，因此顶端壁具有充足的可塑性而不需要裂解酶的作用。

Wessels（1988）提出了一个顶端生长的稳态模型（Steady State Model），其中不需要细胞壁裂解酶的参与。根据这一模型，菌丝最顶端新形成的壁被看作是黏弹性的，可以随着新组分的加入向外和向后流动，由于额外交联的形成，顶端以下的细胞壁逐渐坚硬。这一模型需要解释流动性的壁如何抵御膨胀压力，答案可能是顶端肌动蛋白来提供结构支持。Jackson 和 Heath 用水霉（*Saprolegnia ferax*）（一种卵菌）为材料进行了这方面的研究。他们发现用细胞松弛素（Cytochalasin）E 处理菌丝，可以导致肌动蛋白帽的瓦解，起初引起顶端延长速率的增加，但随后顶部肿胀并破裂。菌丝顶端最弱最容易破裂的地方，不是肌动蛋白帽最密的最顶部，而是肩部，这里肌动蛋白帽的密度降低，但细胞壁还没有足够硬化。

6.3.4　酵母细胞的繁殖和生长周期

酵母菌一般以出芽的方式进行生长，与丝状真菌的菌丝生长方式没有本质上的区别，只是生长点局限于出芽部位，生长机制可能与菌丝顶端生长相同。电子显微分析研究发现，在芽细胞顶部或分割子细胞和母细胞的隔膜形成时，可见泡囊和细胞骨架成分存在。作为细胞生长和分裂调控的一个模式，酵母细胞的生长周期已被广泛研究，其整个周期被分为四个时期：G1、S、G2 和 M 期。S 和 M 期分别表示在细胞核发生两个主要事件：DNA 合成（Synthesis）和有丝分裂（Mitosis）。G1 和 G2 期表示 S 和 M 期之间的间隔期（Gap）。G2 期细胞 DNA 含量比 G1 期多一倍，因为 G2 期 DNA 复制已经完成而有丝分裂尚未开始。在每一轮生长周期中，一个芽蕾先长出，逐渐长大至接近成熟细胞大小，接收核分裂产生的一个子核，然后从母细胞上脱离，成为一新的个体（图 6-18）。

酿酒酵母的细胞生长最快可用 1.5h 完成，但这一时间可因营养等生长条件的不同而有很大差异。这种时间差异多因 G1 期引起，而 S、G2 和 M 期一般会在一个大体恒定的时间内完成。酿酒酵母细胞周期中一个重要的关键点称为"起始"（Start）点，发生在 G1 期。在该阶段细胞综合处理来自细胞内和外部环境的信号，决定是继续进行生长循环，还是进入静止期，抑或进行有性生殖。已获得几种细胞分裂循环（Cell Division Cycle，CDC）突变型，在高温（36℃）下其细胞循环在"起始"点被阻止，而在

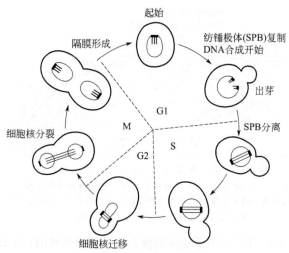

图 6-18　酿酒酵母细胞生长周期示意图

30℃下没有影响。因为这类突变型是温度敏感的，在不同温度下比较基因表达差异，就可以识别相关基因及其功能。已鉴定出 50 多个相关基因，其编码的产物包括 DNA 连接酶、腺苷酸环化酶（Adenylate Cyclase，产生环磷酸腺苷 cAMP）以及与 DNA 合成有关的酶。有意思的是，这些基因在演化上都非常保守。粟酒裂殖酵母（*Schizosac-charomyces pombe*）的一个 CDC 基因（称为 *CDC2*）与酿酒酵母的 *CDC28* 相似，都编码使蛋白质磷酸化的一种蛋白激酶。一个人类基因与 *CDC2* 具有 63％的碱基同源性，可以转化到 *cdc2* 突变体，掩盖酵母菌的基因突变而使细胞周期继续下去。因此，酵母细胞周期可以用来了解具有广泛重要性的细胞学问题，包括一些病毒诱导的人类癌症。

6.3.5　真菌的繁殖

真菌的繁殖方式同其他高等生物一样，可分为无性繁殖和有性生殖。无性繁殖又称为体细胞繁殖，不涉及细胞核的融合（核配）和减数分裂。有性生殖则以两个细胞核的融合以及随后的减数分裂为特征。有性生殖的意义在于可提供较高的遗传物质的重组概率，因此产生较多的具有新基因型的后代，使真菌更好地适应多种多样的自然环境。真菌的无性和有性繁殖一般均通过产生孢子来实现。真菌孢子可以说是无胚的、专用于传播或休眠生存的微小繁殖体。

在进行繁殖时，无论无性繁殖还是有性生殖，有的真菌将整个菌体转化为一个或几个繁殖结构，因此营养和繁殖阶段不能在同一个个体上同时发生，这类真菌为整体产果式（Holocarpic）。然而。大多数真菌的繁殖器官或结构只在部分菌体上形成，其他部分仍保持进行正常的营养生活，这类真菌的繁殖方式为分体产果式（Eucarpic）。

真菌典型地以无性和有性两种方式进行繁殖，虽不一定同时进行。一般来说，无性繁殖对一种真菌生长区域的扩张和定植更重要，因为无性繁殖可产生很大量的个体，并且在一个生长季节可重复进行很多次，而大多数真菌的有性生殖一年只进行一次。真菌的分类鉴定主要依靠繁殖结构，尤其是有性繁殖结构。但在实践中，往往只能发现真菌的某一无性繁殖阶段，给真菌的鉴定带来很大困难。如具有相似无性繁殖结构的两个真菌可能具有完全不同的有性生殖结构。由于真菌的多形性（Pleomorphism），用来描述真菌生活史的术语变得很混乱。为了使术语的应用标准化，Hennebert 和 Weresub

（1977）提出了一套命名系统，并已被广泛接受。在这一系统中，术语"有性型"（Teleomorph）用来描述真菌的有性阶段，"无性型"（Anamorph）用来描述无性阶段，"全型"（Holomorph）则包括一个种生活史中的所有阶段。

6.3.5.1　无性繁殖

真菌可用下列方法进行无性繁殖：①菌体断裂，每一片段长成一新的个体；②裂殖，体细胞横裂产生子细胞；③芽殖，体细胞或孢子出芽产生芽孢，每个芽细胞形成一个新个体；④通过有丝分裂产生孢子，每个孢子通常萌发产生芽管，芽管继续生长形成菌丝体，这种方法最典型。

有些真菌以菌丝断裂的方式作为正式的繁殖手段，这类真菌的菌丝可照例地在隔膜处断裂为单细胞菌丝段，每段相当于一个孢子，这类孢子称为节孢子（Arthrospores）或体生分生孢子（Thallic Conidium）（图 6-19）。菌丝有时在外力作用下断裂，一小部分从菌丝体上被撕裂下来，在适当的条件下，这部分裂块将长成一个新个体。在实验室中，我们就常用这种方法来保藏或扩增真菌培养物，从老的菌落上挑取一点菌丝转接到新鲜培养基上，就能得到一个新的菌落。

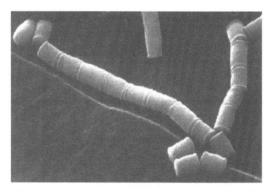

图 6-19　白地霉（*Geotrichum candidium*）节孢子的扫描电镜图像
单个孢子长度约为 13.5μm（源自 Cole，1975）

裂殖是一个细胞在中间缢缩并产生分隔，然后一分为二产生两个子细胞的增殖方法。酵母菌中的裂殖酵母属（*Schizosaccharomyces*）就以这种方法进行无性繁殖。芽殖是大多数酵母菌进行无性繁殖的方法，在描述酵母细胞特征时已提及，这里不再赘述。在芽殖过程中，有时芽细胞从母细胞分离前就开始出芽，形成一个类似菌丝的芽细胞链，称之为假菌丝体（Pseudomycelium）。

产生孢子是真菌中最典型、最常见的无性繁殖方式。根据产生方式可将无性孢子分为两种基本类型：在孢子囊（Sporangium）中产生的孢子为孢囊孢子（Sporangio-spore）；直接从菌丝或专化的菌丝细胞上产生的孢子为分生孢子（Conidium）。孢子囊为一袋状结构，在大多数情况下，其中的细胞核经过多次重复有丝分裂而产生大量子核，细胞质围绕每个核被膜分割包围形成孢子。在接合菌中，孢囊孢子外面形成细胞壁而成为不游动的静孢子（Aplanospore）。在壶菌和卵菌中，孢囊孢子则产生鞭毛而成为无壁的游动孢子（Zoospore）。

在孢囊孢子形成过程中，细胞质以不同的方式被分割。在桃吉尔霉（*Gilbertella persicaria*）（接合菌）和樟疫霉（*Phytophthora cinnamomi*）（卵菌）中，由高尔基体产生大量的分割泡囊，移动并排列在每个细胞核的周围，然后相互融合，这些泡囊的膜则成为每个孢囊孢子的原生质膜。然而在水霉属（*Saprolegnia*）和绵霉属（*Achlya*）（卵菌）中，孢子囊中先形成一个大的中央液泡，然后在细胞核之间向外辐射，并与孢子囊的原生质膜融合，完成对每个孢子的分割。游动孢子的形成和结构将在后面的相应章节中进一步讨论。

真菌的分生孢子在形态和发育上具有非常大的差异，细胞壁或薄或厚；在颜色上或无色透明，或呈绿、黄、橙、红、褐至黑色等各种颜色；大小相差巨大；形状各种各样，从球形、卵形、长椭圆形、针形、星形到螺旋状；组成一个孢子的细胞数量从一个到多个不等；分生孢子的产生方式也多种多样，有的直接从简单的菌丝上产生，有的则从精致的特殊结构上产生。真菌分生孢子的发育方式曾被赋予重要的分类学意义，在以后相应章节，特别是子囊菌门中将有详细介绍。

6.3.5.2 有性生殖

真菌的有性生殖与其他生物一样，包括三个主要阶段：①质配（Plasmogamy），两个单倍体细胞结合，细胞质的融合使两个细胞核处于同一个细胞中；②核配（Karyogamy），两个细胞核融合在一起形成一个二倍体核；③减数分裂（Meiosis），产生遗传物质经过重组的单倍体细胞核。

虽然所有真菌的有性生殖都要经过上述三个主要阶段，但具体过程却有很大差异。有些类群质配后紧接着进行核配，但有些类群质配与核配的发生在时间和空间上均可相隔甚远。由质配而组合到一个细胞中的两个核分别来自两个不同的亲本，这种双核细胞称为双核体（Dikaryon）。在有些子囊菌和担子菌中，随着菌丝生长和细胞分裂的继续，双核细胞中的两个核可同时分裂，两对子核分别进入两个子细胞中，这一过程可重复进行而使双核状态得以延续，并产生双核菌丝。

在绝大多数真菌中，由或早或晚发生的核配而产生的二倍体核，经减数分裂后均产生单倍体的有性孢子。在不同的真菌类群中，有性孢子被冠以不同的名称，分别是卵孢子（Oospore）、接合孢子（Zygospore）、子囊孢子（Ascospore）和担孢子（Basidiospore）。

在进行有性生殖时，有的真菌是雌雄同体的（Hermaphrodite，Monoecism），即在同一菌体上产生不同的雄性和雌性器官。因此，雌雄同体菌若是自体亲和的，单个菌株就可完成有性生殖。少数真菌是雌雄异体的（Dioecism），在同一个种内，有雌雄两类菌体，分别只产生雌性和雄性生殖器官，有性生殖的进行，需要雌雄菌体的共同参与。真菌的有性生殖器官一般称为配子囊（Gametangia），配子囊产生称为配子（Gamete）的性细胞，或包含具有配子功能的细胞核。一个种的雌雄配子囊和雌雄配子若在形态上无区别，称为同形配子囊（Isogametangium）和同形配子（Isogamete）；相反，若同一个种的雌雄配子囊和雌雄配子形态不同，则称为异形配子囊（Heterogametangium）和异形配子（Heterogamete）。若是后一种情况，雄性配子囊叫作雄器（Antheridium），雌性配子囊则根据类群的不同，叫作产囊体（Ascogonium）或藏卵器（Oogonium）。

然而，大部分真菌没有性的分化，在形态上没有雌雄菌株的区分，执行性功能的结构也难以分辨雌雄，有时简单地以菌丝和细胞核执行配子囊和配子的功能。

根据有性生殖时的性亲和性，可将真菌分为三种类型：①同宗配合（Homothallism）真菌，每个菌体均是自交可育的（Self-fertility），不需要其他菌体的参与就可进行并完成有性生殖，这类真菌没有交配型之分，也不可能进行异型杂交（Outcross）；②异宗配合（Heterothallism）真菌，每个菌体均是自交不育的（Self-sterility），要求有两个具亲和性和不同交配型的菌体进行结合才能进行有性生殖，因此为专性异型杂交类真菌；③次级同宗配合（Secondary Homothallism）真菌，一种表面上的同宗配合，一些异宗配合真菌在产生孢子时，将具有相对交配型的两个细胞核并入一个孢子内，这种孢子萌发产生的菌体是自交可育的，因此表现为同宗配合，这种情况也称为拟同宗异宗配合现象（Pseudohomothallism）。

交配型基因控制着异宗配合真菌的亲和性，在一些真菌中，交配型由一对基因位点决定，称为单因子异宗配合（Unifactorial Heterothallism）或双极性异宗配合（Bipolar Heterothallism）；在另一些真菌中，交配型由一对以上位于不同染色体上的基因位点决定，因为早期认为只涉及两对基因，所以称为双因子异宗配合（Bifactorial Heterothallism）或四极性异宗配合（Tetrapolar Heterothallism）。实际上，已发现有些真菌的交配型由多对基因位点控制。

6.3.5.3 异核现象与准性生殖

真菌是真核生物中唯一一类主要以单倍体状态存在的生物。与二倍体生物不同，单倍体生物将其全部基因都暴露于选择压力之下。一个基因的任何突变，如果引起适应力的丧失或降低，突变将会很快被消除；而如果引起适应力的增强（如对抗生物质的抗性），则突变将被保留并快速扩增。这会使真菌较快地适应环境的短期变化。但缺点是单倍体生物不能积累没有即时价值的突变，即不能储存变异。二倍体生物在这方面则具有明显的优势，其突变基因相对于野生型来说往往是隐性的，不会立即表达，因此会被积累下来，并在有性生殖时产生不同的组合，从而可产生更多携带不同突变基因的后代，其中某些可能获得具有优势的突变基因组合。

真核界中的生物大多数为二倍体，说明二倍体具有进化上的优势。但丝状真菌与其他生物不同的是在一个共同的或（通过隔膜孔）连续的细胞质中含有多个细胞核，这样在个别细胞核中发生的基因突变可以被其他核中的野生型基因所掩盖，从而使突变成为隐性的。当丝状真菌产生单核孢子或产生源于单个细胞核的菌丝分枝时，突变基因则被周期性或间歇性地暴露于选择压力之下。这样，丝状真菌在具有单倍体生物所拥有的进化优势的同时，也获得了二倍体生物的部分优势。这可能就是真菌在二倍体生物占优势的真核界中，一直保持单倍体的原因。酵母菌则与丝状真菌不同，因为酵母菌的个体是单核单细胞的，单倍体基因组不能掩盖突变的表达。但值得注意的是，一些酵母菌，如没有有性阶段的假丝酵母（Candida），多是永久的二倍体。甚至一些可进行有性生殖的酵母菌，如酿酒酵母等子囊菌酵母，也常以二倍体状态存在。

（1）异核现象

在真菌中，含有不同基因型的细胞核可以在同一菌丝体和同一菌丝细胞中并存。这种同一个体含有不同类型细胞核的现象叫作异核现象（Heterokaryosis），表现异核现象的个体叫作异核体（Heterokaryon）。与此对应，只含有同一基因型细胞核的个体叫作同核体（Homokaryon）。

异核体的产生主要通过下述两种方式：①在一个多核的同核体菌丝中，其中一个细胞核发生突变，突变核生存下来并与野生型核一起增殖。这种突变可能会经常发生，但只有当突变的细胞核在菌丝顶端增殖时，才会使新形成的菌丝含有不同类型的细胞核，从而形成稳定的异核体。②两个具有不同基因型的菌株间发生菌丝融合（anastomosis），使各自细胞核进入同一细胞质内。同样，不同基因型的细胞核需要在生长的菌丝顶端增殖以产生稳定的异核体。

异核状态也可以被打破，从而产生同核体。异核状态的结束主要也是通过两种方式：①产生只含有一种类型细胞核的菌丝分枝；②产生单核的孢子。异核菌丝体偶尔可产生只含同一种基因型细胞核的分枝［图6-20（a）］，该分枝进一步生长并产生更多的分枝，最终在菌落上形成一同核的扇形区域。如果分出的同核体更适合当时的环境，则这部分同核体的生长将占优势，否则其生长将被压抑。异核体在无性繁殖时若产生单核的孢子，则孢子萌发自动形成同核体［图6-20（b）］。产生瓶梗型分生孢子的种类，如青霉属和曲霉属，每个产孢瓶梗只含有一个细胞核，该细胞核分裂为产生于该瓶梗上的所有孢子提供细胞核，因此每个孢子萌发产生的菌丝体均是同核体。有些种类的瓶梗型分生孢子虽是多细胞的，如镰孢霉属，但在孢子的发育初期只有一个细胞核进入，然后再在孢子内进行分裂，因此每个细胞的细胞核均是相同的。然而在脉孢霉（*Neurospora*）等另外一些真菌中，情况则不同，其多核的孢子直接产生于多核的菌丝顶端细胞上。这类孢子或是同核的，或是异核的，取决于产生孢子的菌丝细胞是同核还是异核的。

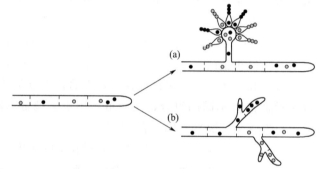

图6-20　异核体回复为同核体的示意图

（a）通过产生单核孢子；（b）通过产生菌丝分枝，其细胞核起源于一个母核

（2）准性生殖

许多常见的真菌，如青霉、曲霉、镰孢霉和木霉（*Trichoderma*）等，似乎已放弃了有性生殖，仅以无性繁殖状态存在。但实验发现在这类无性型真菌中，依靠一种称为准性生殖（Parasexuality）的机制，也可以发生基因重组。

自从Pontecorvo（1956）描述了丝状子囊菌在不进行有性生殖的情况下发生基因重组的过程，即准性生殖循环（Parasexual Cycle）后，关于无性型和有性型子囊菌以及其他生物在培养状态下的准性生殖研究已积累了许多资料。准性生殖循环进行的首要条件是先形成异核体，然后通过下述三个主要步骤实现基因重组（图6-21）。①形成二倍体。异核体中两个不同的细胞核偶尔发生融合，产生一个二倍体核。核融合的机制尚不清楚，发生的概率似乎也很小，然而二倍体核一旦形成，就会很稳定，并分裂产生更多的二倍体核。②形成有丝分裂交联。染色体交联在减数分裂中很常见，结果导致重组染色体的形成。在有丝分裂中，二倍体核中同源染色体间偶尔也会发生交联，尽管概率也很小，但结果同样会产生染色体重组。③单倍体化。在二倍体核的分裂过程中，偶尔发生染色体的非二等分分离，结果产生非整倍体（Aneuploid）子核，如一个子核含有

$2n+1$ 条染色体，另一个子核则只能含有 $2n-1$ 条染色体。这种非整倍体核是不稳定的，在随后的分裂过程中会丢失染色体直到回复到整倍体。含 $2n+1$ 条染色体的细胞核将丢失一条染色体而使染色体数目变为 $2n$ 条，而含 $2n-1$ 条染色体的核将逐渐回复为含 n 条染色体的单倍体核，从而实现单倍体化。与上述理论推测相一致的是，在构巢曲霉（*Aspergillus nidulans*）（$n=8$）中，发现其细胞核可含有 17($2n+1$)、16($2n$)、15($2n-1$)、12、11、10 和 9 条染色体。

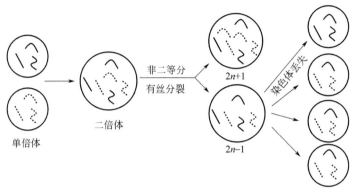

图 6-21　准性生殖过程中染色体数目变化示意图

　　需要指出的是，上述准性生殖过程中每一步骤的发生概率均很低，而且不像有性生殖那样有规则地进行。然而准性生殖的结果同样会导致基因重组，并产生与母本基因型不同的子代。准性生殖已成为工业真菌研究者手中很有价值的工具，用于将有用性状组合到生产菌株中。然而，准性生殖在自然界中的意义尚不清楚。这一过程首先依赖于异核体的形成，而对异核体的研究主要局限于实验室，其在真菌的自然群体中的形成情况尚未被了解。在自然界，还有一个不利于异核体形成的障碍，即营养不亲和性（Vegetative Incompatibility）。许多真菌具有控制同种内菌丝体融合的遗传系统，具有不同的控制基因，不亲和菌株间的菌丝融合将导致细胞质的死亡。一种真菌的自然种群内，存在不同的营养亲和群（Vegetative Compatibility Groups，VCGs），只有同一亲和群内菌株间的菌丝融合才能形成稳定的异核体。

6.3.6　真菌孢子的传播、休眠与萌发

　　真菌产生多样性惊人的孢子，其差异可表现在形状、大小、运动性和表面特征等各个方面。真菌孢子形态的多样性与其营养体（菌丝、酵母细胞）形态的单一性形成了鲜明对比。真菌孢子的多样性与其功能密切相关，即确保被传播到合适的地点或从不良环境中存活下来，以实现真菌种群的繁衍。通过有性生殖过程产生的孢子一般适于休眠生存，无性孢子则适于传播。许多真菌产生多种类型的孢子，分别用于传播和抗逆。但有些真菌，如担子菌，不产生或很少产生无性孢子，而主要以有性孢子担孢子作为传播体。有些真菌还可以产生其他类型的抗逆孢子，如厚垣孢子（Chlamydospore），这是一种在营养缺乏时由菌丝细胞（有时由孢子）产生的厚壁深色细胞。不同类型的孢子具有不同的特性，但与营养细胞相比，一般具有下列共性：①细胞壁常增厚，并含有黑色素等色素；②细胞质密集、浓厚，其中的一些细胞组分，如内质网、线粒体等欠发育；③含水量相当较低，代谢速率较低；④能量物质，如脂肪、糖原或海藻糖等含量较高。

6.3.6.1 孢子传播

尽管一些真菌可用弹射等方式主动释放其孢子，但孢子的传播一般是被动的，需要借助一定媒介，包括气流、水流、昆虫或大型动物。植物病原菌还可以通过附着在种子上与种子一起传播。

（1）气生孢子传播

绝大多数陆生真菌产生气生孢子，通过风或雨水传播。其中包括许多植物和人体病原菌的孢子和导致过敏的孢子。气生孢子的传播过程一般包括释放（起飞）、迁徙（飞行）和沉降（着陆）三个阶段。孢子的释放需要突破围绕在所有表面上的静止空气界面层，超越这一层后空气流动才逐渐加强，并可将孢子带到新的地点。在有风的时候，叶面的静止空气层厚度为 1mm，但在无风的天气中，森林地面的静止空气层厚度可达 1m。因此，生长在不同环境中的真菌需要不同的策略将孢子释放到空气中（图 6-22）。叶面上的真菌有时产生孢子链，在末端的成熟孢子被推出静止空气层（如一些白粉菌），然后被空气或雾气带走。有些种的孢子通过其支持结构（孢子梗）在干燥过程中的收湿性动作被摔出（如一些霜霉病菌）。有些真菌可以主动释放孢子。许多子囊菌的子囊可像枪一样将孢子射出 1～2cm，有些担子菌酵母（如掷孢酵母）通过孢子与产孢细胞结合处一个附胞结构的爆裂将孢子弹射出去。有些真菌特征性地产生适于通过雨滴飞溅传播的孢子，其形状常常是线状或弯曲（如镰孢霉）。担子菌中的伞菌常生长于林下和草地上，由于森林地面和草丛中较厚的静止空气层，伞菌发展出了另外一种释放孢子的策略。这类真菌常长出一个超越静止气层的高大子实体（菌伞），从菌孔或菌褶中将孢子弹射至扰动的空气中。

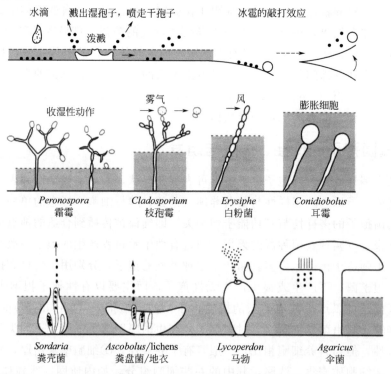

图 6-22　真菌孢子释放到静止空气界面层外的各种机制（源自 Deacon，1997）

气生孢子的至少两个特性，即由胞壁中的疏水蛋白提供的抗干燥能力和胞壁色素提供的抗紫外线能力，对其长距离传播有重要意义。透明的薄壁孢子（如白粉菌）或孢子囊（如疫霉）在晴好天气里只能存活很短的时间，而具有浓厚色素的孢子，如锈菌的夏孢子和枝孢霉的分生孢子，可以存活数天甚至数周时间。利用在航空器外安装孢子捕捉器，已发现真菌孢子洲际传播的证据。

飘浮在空气中的孢子一般通过三种途径着落：沉降（Sedimentation）、阻截（Impaction）和洗脱（Wash-out）。在平静条件下孢子可从空中沉下，重的孢子当然比轻的沉降速度快。被阻截是大型孢子脱离气流的主要途径之一，并且对植物病原菌具有特殊意义。在一定风速下，孢子越大越容易被阻截；随着风速的加大，较小的孢子被截获的可能性增加；阻截物越大，引起的气流偏转也越大，孢子被阻截的可能性则越小。侵染植物叶子或在叶表生长的真菌，一般都产生较大的孢子，如枝孢霉（*Cladosporium*）和链格孢霉（*Alternaria*）的孢子大小分别可达 $15\mu m$ 至 $30\mu m$。典型的土生真菌，如青霉和曲霉，孢子直径一般约为 $4\mu m$，对被阻截来说太小，但已达到在平静天气中沉降的大小。被雨水洗脱是孢子着落的最有效途径。下降的雨滴可以吸收空气中的孢子，并将其带到地面或植物上。孢子愈大愈容易被雨滴捕获，孢子的可湿性与其着落地点也有关系。可湿性孢子被包裹在雨滴内，最终着落在雨水到达的地点，可铺在亲水性表面，若遇到疏水性表面时，则会随雨水滚落。非亲水性孢子则浮在雨滴表面，当雨滴落在疏水性表面，如叶子表皮时，尽管雨滴会滚落，但孢子会留下。

（2）呼吸道中的孢子

人和其他动物的呼吸道是天然的真菌孢子捕获器，因此孢子会引起人的过敏反应，呼吸道也是机会性致病真菌侵入人体的主要途径之一。孢子在呼吸道中着落的机制与上述方式类似，包括阻截、沉降和界面交换（Boundary Layer Exchange）。每次吸气过程中，气流速度在鼻腔、气管和主支气管中最快，随着细支气管的逐级分枝而逐渐减小。所以，孢子的被阻截只会发生在上呼吸道。鼻毛窄细并附有黏液，可有效截获大的真菌孢子和花粉。这些气生颗粒可引起鼻炎等过敏症状。其他不能被阻截的 $5\mu m$ 以下的较小颗粒被带进肺部深处到达末端支气管和肺泡，其中许多会重新被排出来，但一些足够大（$2\sim4\mu m$）的颗粒，会在吸气和呼气的间隙肺泡中的空气静止时，沉降在黏膜上。更小的颗粒会通过界面交换被捕获。潜在的病原真菌，如曲霉（烟曲霉 *Aspergillus fumigatus*）、青霉、芽生菌（*Blastomyces*）和组织胞浆菌（*Histoplasma* spp.）等的孢子会通过这种方式沉降在肺泡内，导致急性过敏性肺泡炎。对免疫系统缺陷或被抑制的患者来说，则常会引起致命性肺泡感染。

（3）粪生真菌孢子的"自主传播"

许多真菌喜欢生长于食草动物的粪便上，并在放牧食物链中扮演主要角色。这类粪生真菌孢子的传播机制，已与其生活方式高度协调。它们需要将孢子从粪便上散播到周围的植物上，然后被动物摄取并通过其消化道，排出的孢子被激活，重复整个生活史循环。孢子的传播主要以弹射的方式实现。接合菌中的水玉霉属（*Pilobolus*）是其中的一个著名例子（图 6-23）。其产孢结构由一个大的长在膨胀泡囊上的黑色孢子囊构成。泡囊是孢囊梗的一部分，在成熟时孢囊梗产生很大的膨胀压力，包裹孢子囊和泡囊的外壁在酶的作用下局部分解，泡囊突然破裂，将其内容物向前喷出，从而将孢子囊推到2m 之外。在此过程中从孢子囊底部释放出的黏液将孢子囊粘在它碰到的植物表面，然后孢子被释放出来，并可被水或其他媒介传播。为更加适应这种传播，孢囊梗是趋光的，以保证孢子囊从粪便中的任何裂缝中释放出去。光信号被泡囊基部的一个类胡萝卜素色素带所感受，泡囊本身似乎类似一个透镜，将光线聚焦到色素上。单边光信号导致孢囊梗的非对等生长，将孢子囊对准光源。

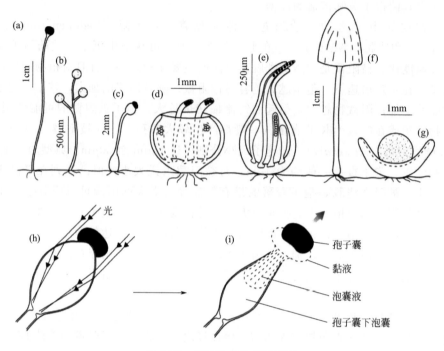

图 6-23　代表性粪生真菌图示

（a）*Pilaira anomala*（接合菌），成熟时孢囊梗伸长数厘米，孢子散落在周围植物上；（b）*Mucor racemosus*（接合菌）；（c）水玉霉（*Pilobolus* spp.，又见 h 和 i，接合菌）；（d）*Ascobolus* spp.（子囊菌），成熟的子囊顶部从子囊壳中突出并趋光；（e）*Sordaria* spp.（子囊菌），子囊壳颈部具趋光性，成熟子囊沿颈部伸长释放子囊孢子；（f）*Coprinus* spp.（担子菌）；（g）*Sphaerobolus* spp.（担子菌），成熟时杯状子实体内层分离并突然反卷将孢子团弹射出去；（h，i）示水玉霉孢囊梗泡囊聚焦光线的透镜作用、孢囊梗的趋光性，以及孢子囊的释放机制（源自 Deacon，1997）

其他粪生真菌中也不同程度存在类似水玉霉属的三类适应性孢子传播机制（图 6-23）：①具有趋光性孢子产生结构，一些粪生子囊菌（*Ascobolus* 和 *Sordaria*）的子囊顶端也是趋光的；②具有强力释放机制，上述子囊菌的子囊可将子囊孢子向空中喷射 1~2cm，粪生担子菌 *Sphaerobolus stellatus* 在位于杯状子实体上的球状结构中产生担孢子，成熟时，子实体内层与外层分离，并突然反卷，将孢子团弹向空中，高度可达 2m；③具有一大的弹出物，根据弹射原理，释放初始速度相同时，大（重）的物体要比小的物体飞行距离远。

（4）昆虫传播

昆虫在真菌孢子传播方面起着重要作用。荷兰榆的病原真菌 *Ophiostoma novoulmi* 在树皮甲虫（*Scolytus*）挖掘的腔室里产生孢梗束，在孢梗束的黏性头结构中产生孢子。与黏性孢子头接触的甲虫会携带大量孢子，当甲虫迁移到新的树木上时，也把真菌孢子带到了新的寄主。许多真菌在可吸引昆虫的含糖和有气味的分泌物中产生孢子，使孢子通过昆虫体表或肠道传播。产生这类分泌物的真菌有麦角菌（*Claviceps*）、鬼笔菌（担子菌）和锈菌（*Puccinia graminis*）等。

（5）水流传播

许多水生真菌产生带鞭毛的游动孢子，一些重要的植物病原菌，如疫霉（*Phytophthora*），在潮湿环境中也产生游动孢子。游动孢子不但可在池塘和河里，也可在植物表面的水膜和土壤里游动。在可产生游动孢子的条件下，疫霉病的传播更快。疫霉游动孢子的游动速度可达 $160\mu m/s$，在合适条件下可游动 10h 以上，理论上可达 6m 远。但由于游动孢子不断随机改变方向，实际上往往只能游离大约 6cm 远。因此，游动孢子还要其他作用，如保持孢子在水中悬浮，以便随水流传播；实现孢子的趋化反应，如游向营养或氧气源，避开有害的环境等。

生长于水流中落叶等植物残体上的腐生丝孢真菌，往往产生带有明显附属丝的孢子。最常见的孢子类型是四向放射状，从中间向四个方向长出四个臂，细长的 S 形孢子较常见。这类孢子的优势是其随水流传播时能容易和有效地附着在合适的基物上。

6.3.6.2 孢子休眠与萌发

从其低水平的代谢速率来说，几乎所有孢子均是休眠体。但根据其萌发能力，大体可归为两类：内在休眠（Constitutive Dormancy）和外因强制休眠（Exogenously Imposed Dormancy）。有性孢子一般为内在休眠，在合适生长的条件下，也不易萌发，有些在萌发前需要一个后熟期，有些则需要特殊的刺激，如热激或化学处理，才能萌发。外因强制休眠型孢子只是在外部环境不适合生长时保持休眠，否则很容易萌发。所有类型孢子的萌发过程基本相同，细胞吸收水分，代谢活性明显增强，蛋白质和核酸合成序列逐渐增加，一般首先产生一个生长凸起（萌发管），再逐渐生长成菌丝。在有些情况下，一个无性孢子萌发可产生另外的无性孢子，一些有性孢子萌发，进入无性孢子形成阶段。孢子萌发过程一般需要 3～8h，但游动孢子静体萌发较快（20～60min），一些有性孢子则需要更长时间（12～15h）。

（1）内在休眠

对于孢子内在休眠有关的因素已有一些了解，但还不是很清楚。卵菌中腐霉（*Pythium*）和疫霉的卵孢子萌发前似乎需要一个后熟期，其间原本很厚的壁逐渐变薄，内层壁被降解。若把卵孢子放在常温、潮湿的贫营养条件下，这一过程会加快。几周后，卵孢子会因营养或其他环境因子刺激而萌发。比如，普通营养物（糖和氨基酸）或萌发的种子释放的挥发性代谢物（如乙醛）可引发腐霉的卵孢子萌发。

子囊孢子经过后熟最终会具备萌发能力，但一些特异因素可刺激其随时萌发。刺激因素包括热激（如 60℃，20～30min）、冷激（-3℃）或脂溶性物质如醇和糠醛处理。一种脉孢霉（*Neurospora tetrasperma*）的子囊孢子热激活的过程被详细研究过。其孢子休眠不能用通常的透过性障碍来解释，因为它们对放射性标记的氧、葡萄糖和水是可通透的，这与它们不能利用其主要储存物海藻糖有关。在孢子休眠阶段，海藻糖不被代谢，但热激活后很快被代谢。在休眠孢子中，将海藻糖降解为葡萄糖的海藻糖酶与细胞壁相关联，与其基物相分离。激活因素可能使这种酶进入细胞内，这一现象是孢子萌发时检测到的最早变化之一。

其他一些孢子的内在休眠与内含抑制因子有关。如禾谷柄锈菌（*Puccinia*

graminis）的夏孢子（Uredospore）含有甲基阿魏酸（methyl-*cis*-ferulate），豆锈菌（*Uromyces phaseoli*）的夏孢子含有甲基二甲氧基肉桂酸（methyl-*cis*-3，4-dimethoxy-cinnamate）。长时间冲洗可去除这类抑制物而使孢子萌发。当夏孢子落在植物表面的水膜上时可能会发生类似的作用。实际上对锈菌来说夏孢子的主要功能是传播，其中内含萌发抑制因子似乎不合理。但是，这一作用可能用以防止夏孢子产生后在其产孢结构（孢子堆）中萌发，确保它们只有被传播到合适的地点后才萌发。

孢子内在休眠的生态功能在其他类群的真菌中也有明显表现。有一类特殊的真菌为粪生真菌，生长于食草动物的粪便上。这类真菌的孢子随草料被动物摄取，通过肠胃时被激活，在排出的粪便中萌发，开始一个新的生长周期。这类真菌的孢子可通过模拟肠胃环境，如 37℃ 和酸性条件，在实验室中被激活。加热至 60℃ 可激活一些堆肥中嗜热真菌的孢子，也可激活生长于过火土壤和烧焦木材上的真菌的子囊孢子。

（2）外因强制休眠

在实验室内，绝大多数真菌的无性孢子在合适的温度、水分、pH 和通气等条件下很容易萌发。大多数种的孢子萌发至少需要一种糖源，有些可在蒸馏水中萌发，少数需要多种营养。但在自然界，由于抑真菌作用，这些孢子可保持很长时期的休眠。这种现象在土壤中很常见，也可发生于叶子表面。抑真菌作用是一种微生物群落引起的现象。孢子在微生物含量高的表层土中常常不能萌发，但可在无菌土壤和微生物活动弱的下层土中萌发。无菌土壤重新被微生物定植后，可恢复对孢子萌发的抑制作用。不同种类的单一微生物群落，均可起到这种作用。这些现象显示抑真菌作用的原因是营养竞争或普通微生物代谢抑制物（或二者同时起作用），而不是专一的抗生素或特殊微生物产生的其他抑制因子。研究表明挥发性物质如乙烯、烯丙醇和氨等与某些土壤对真菌孢子萌发的抑制作用有关。但更强有力的证据表明，营养剥夺（Nutrient Deprivation）是抑真菌作用的关键因素。营养剥夺假说，即使在蒸馏水中萌发的孢子，在土壤中也会被抑制。因为，孢子在水化过程中会渗漏营养物质至其紧邻的环境中，这些营养物会很快并持续地被其他微生物代谢。孢子会得到环境不适宜萌发的反馈抑制信号，因而保持休眠。这一假说得到了营养滤取实验结果的支持。

抑真菌作用使孢子在土壤和其他环境中保持静止，直到可获取养分时。这样，腐生真菌可埋伏着等待有机物，根部病原真菌或菌根真菌可等待根的经过。在许多情况下这类反应不是专一性的，根部病原菌的孢子对寄主和非寄主的根渗出物均有萌发反应。这一特点对植病的控制是有利的，因为病原菌一般具有寄主专一性，被非寄主根诱导萌发的孢子难以侵入根内，感染失败的孢子萌芽很易死亡。这一被称为萌发溶菌（Germination-Lysis）的现象，在很大程度上可解释为什么传统的作物轮作可减少土传病害。

6.4　真菌的遗传与基因组

遗传学涉及变异（Variation）和遗传（Inheritance），是理解真菌特性和多样性的基础。真菌可以以纯培养物的形式在受控的实验条件下生长，从而将可能掩盖或混淆遗传差异的环境差异降至最低；许多真菌生活史的主要阶段是单倍体，因此较容易在表型上检测突变的等位基因；许多种具有生长速率高，生活周期短，每个杂合子可产生数量众多的后代，染色体数目少且基因组较小等，这些特性均有利于进行遗传学、基因组学和进化生物学等研究。因此，不少真菌，如酿酒酵母、粗糙脉孢霉和构巢曲霉（Aspergillus nidulans）等，已成为遗传学和相关学科，包括分子生物学、生物化学和基因组学等研究中常用的模式生物。

6.4.1 真菌的个体、群体和物种

个体（Individual）、群体（Population）和物种（Species）是三个在分类学、生态学、遗传学和进化生物学等研究中最基本的概念。个体的概念在单细胞真菌酵母菌中很容易界定，每一个细胞就是一个个体，但对丝状真菌来说就不那么简单。对丝状真菌个体的界定需要考虑两个因素，即遗传一致性（Gene Identity）和原生质或细胞壁的物理连续性（Physical Continuity）。因此，从单个孢子萌发而成的一个菌落就是一个个体。一般真菌菌落最终将会断裂（Fragmentation），所产生的片段或碎块也可以看作不同的个体。来自同一个母体而没有遗传变化的所有个体构成一个无性系或克隆（Clone）。也可以按照植物学家的术语，从两个方面定义个体：将一组遗传上完全相同的个体（克隆）定义为一个基株（Genet），而一个株系中每个无性起源的部分称为分株（Ramet）。对个体的实际定义常因具体情况而异，在遗传学研究中，个体通常被定义为株系。

群体是一个物种的个体集合，对这一集合的界定常因研究者和所要阐述的问题不同而异。对生态学者来说，群体由占据一定区域的同种个体的总和构成，可以包括一个资源环境、一片森林或一块地理区域中的所有个体。对遗传学者来说，群体由易于进行交配繁殖和基因交换的个体构成，这些个体具有近亲关系和遗传相似性。群体间基因转移较少发生，这种群体间的基因转移称为基因流（Gene Flow）。群体有时比较容易识别，如在一个小岛上的同一个种的成员，但常常并不容易清楚地界定。尽管如此，群体仍是遗传学和生态学研究中一个有用的概念。

物种是生物分类的一个基本单元，但种的定义和界定常常存在理论和实际上的困难。传统上种的概念一般是形态种（Morphological Species）概念，即只以形态特征为基础，以观测到的表型相似性来对个体进行分类，并以特征的不连续性来区分不同的类群。对遗传学研究者最有用，也是被普遍认可的一个物种的定义是以生殖隔离为基础的生物种（Biological Species）概念，即一个物种是由交互可育的自然群体构成的组群，这一组群与另外的组群在生殖上相互隔离。这一概念有三个要点：①群体，一个物种由群体而不是个体构成；②交互可育（Interbreeding），同一物种的群体间交互可育，或若提供邻近空间，至少具有交互可育的潜在能力；③生殖隔离（Reproductive Isolation），共存的不同种的群体间存在防止基因交换的机制。在具有有性生殖过程的真菌中，一个生物种由可以成功配合并产生可育后代的所有群体构成。

在真菌中常常以配合实验来识别可配合亲和群，并以此为依据界定生物种。但是，配合实验不能应用于不进行有性生殖的真菌中，而已发现大约 20% 的真菌不具有或尚未发现有性生殖过程。有些真菌是同宗配合的，不需要与另一个体的配合来完成有性生殖过程。一些异宗配合的真菌，在人工培养条件下难以实现配合，还有许多真菌尚不能培养。这些因素限制了生物种概念在真菌中的应用。利用现代分子生物学方法，可检测和确定基因交换和遗传重组发生的界线，因此可替代配合实验来识别生物种。常用方法为基因谱系相合性（Gene Genealogical Concordance，Congruence of Gene Genealogies）

分析。这种方法通常应用多基因谱系进行系统发育分析，若根据不同的基因所得出的系统发育树具有相同的拓扑结构（是相合的），则说明因遗传隔离而防止了基因交换，或遗传隔离后曾经具有多态性的位点已固定下来。不同基因树之间的不一致（不相合），可能是个体间基因交换引起的。因此，多基因系统树间从相合到不相合的转变，可显示生物种的界线。

6.4.2　菌丝融合和营养体不亲和性

丝状真菌通过菌丝顶端延伸和分枝而生长，生长过程中，菌丝之间发生融合或吻合，形成菌丝体网络（图 6-24）。由融合而形成的菌丝网络具有很多优势，可使水分、养分和信号等在菌落内进行横向传输，而不是只能进行辐射状纵向传输。菌落间的菌丝融合可以汇集不同区域的资源，利于菌落之间的协作。当同一个物种的两个遗传上不同的菌丝融合后可形成异核体，这种异核体可提供类似于二倍体的益处，并可在缺乏有性生殖的情况下，通过准性生殖循环（Parasexual Cycle）实现遗传重组和基因交换（见6.3.5 小节真菌的繁殖）。

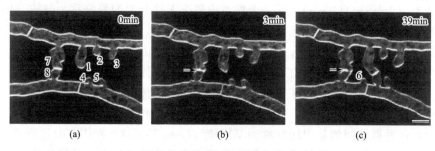

图 6-24　真菌的菌丝融合过程
（a）两个菌丝形成向对方生长的分枝（1～8），其中两个分枝（7 和 8）已经开始融合；
（b）在两个菌丝的融合处开始形成融合孔（箭头所示）；
（c）融合孔打通（箭头所示），细胞质相连，另两个分枝（1 和 4）开始融合。
比例尺长度为 10μm（引自 Boddy，2016）

然而，与其他个体的融合也可能会使一个个体及其基因组面临潜在的危害，诸如有害的细胞核、线粒体、质粒、病毒、逆转座子和其他自私遗传元素等带来的风险。例如，在粗糙脉孢霉中存在一种基因，该基因能够使包含该基因的细胞核替代其他细胞核；在脉孢霉和其他真菌中，某些线粒体的基因组可使其呼吸功能出现缺陷，但能够正常复制；柄孢霉（*Podospora anserina*）等菌株含有可导致衰老的质粒；有些病毒会影响生长和子实体的发育。营养体或体细胞不亲和性则为这些有害因素的扩散提供了防御机制。

6.4.3　营养不亲和性

区分自我和非自我的能力在所有生物中普遍存在，并且是区分一个个体与另一个个体的基础。丝状真菌通过不亲和系统，被称为营养不亲和（Vegetative Incompatibility）或体细胞不亲和（Somatic Incompatibility），进行个体之间的识别。真菌菌丝通常在融合后发生对非自我的识别，若不相容或不亲和通常会导致融合细胞死亡。这一机制有利于维持群体间的遗传分化，也可限制上述有害细胞质元件横向传播的风险。丝状真菌通

过 *het*（也称为 *vic*）基因控制营养亲和性或不亲和性。已发现在子囊菌中约有 10 个不同的 *het* 基因座，而在担子菌中则少于 5 个（表 6-3）。已经发现了两种形式的控制方式，即"等位基因互作"和"非等位基因互作"，分别由属于单个基因的不兼容等位基因的共表达以及属于不同基因的不兼容等位基因的共表达导致营养不亲和。营养不亲和的个体发生菌丝融合后，可引发程序性细胞死亡反应，导致异核细胞的死亡。

可通过营养亲和性而形成稳定异核体的个体属于同一个营养亲和群（Vegetative Compatibility Group，VCG）。在一些丝状真菌中，VCG 可通过对峙培养来识别。亲和的个体菌落间则不形成对峙线，菌丝可融入对方区域［图 6-25（a）］。不亲和的个体在菌落接触区域形成明显对峙线，即菌丝不能长入对方的菌落［图 6-25（b）］。在基本培养基上，营养亲和性的检测还可以通过对峙培养互补营养缺陷型突变体，观察是否可形成正常生长的异核体。或通过将一个个体的 *het* 等位基因转化到另一个个体的受体细胞中，通过观察受体菌株的表型判断它们之间的亲和性。VCG 的测试或识别有助于真菌种群结构分析，研究侵入性致病群体的快速进化和揭示作用于营养不亲和性的选择性限制因素等，也有助于研发和制订植物病原真菌（如栗疫病菌 *Cryphonectria parasitica*）和毒素产生菌（如黄曲霉）等的生物防治策略。

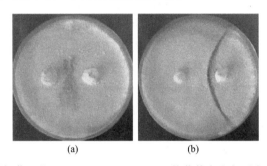

(a)　　　　　　(b)

图 6-25　木材降解菌云芝（*Trametes versicolor*）的营养亲和与不亲和现象（见彩图）
对峙培养的菌株若是亲和的，发生菌丝融合，彼此融合在一起（a），
若不亲和，则形成互斥的分界线（b）（引自 Boddy，2016）

表 6-3　粗糙脉孢霉和柄孢霉中与营养不亲和及相关过程有关的基因及其特征

基因	特征或功能
粗糙脉孢霉	
matA-1	交配基因转录调控子
mata-1	交配基因转录调控子
het-c	*het* 等位基因，富含甘氨酸重复片段的信号肽
het-6	*het* 等位基因，具有与 *tol* 和柄孢霉的 *het-e* 基因相似的区域
un-24	*het* 等位基因，核糖核酸还原酶大亚基
tol	抑制子，具一卷曲螺旋，具有富含亮氨酸的重复序列，有些序列类似于 *het-6* 和柄孢霉的 *het-e* 基因
vib-1	抑制子，核定位序列
柄孢霉	
het-c	对应于 *het-d* 的非等位 *het* 基因，糖脂转移蛋白（糖脂参与细胞之间的相互作用）
het-d	对应于 *het-c* 的非等位 *het* 基因，GTP 结合域，与 *het-e* 和粗糙脉孢霉的 *tol* 和 *het-6* 相似

基因	特征或功能
het-e	对应于 het-c 的非等位 het 基因，GTP 结合域，与 het-d 和粗糙脉孢霉的 tol 和 het-6 相似
het-s	het 等位基因；朊病毒样蛋白
idi-1，idi-3	营养不亲和性（Ⅵ）相关基因，非等位基因（het-c/e 和 het-r/v）不亲和性诱导的信号肽
idi-2	营养不亲和性（Ⅵ）相关基因，het-r/v 诱导的信号肽
mod-A	营养不亲和性相关基因；修饰 het-c/e、c/d 和 r/v 不亲和性；SH3 结合域，参与信号转导、细胞骨架蛋白和蛋白质间相互作用
mod-D	营养不亲和性相关基因；修饰 het-c/e 不亲和性；G 蛋白亚基，参与信号转导
mod-E	营养不亲和性相关基因；修饰 het-r/v 不亲和性；热激蛋白
pspA	营养不亲和性相关基因；液泡丝氨酸蛋白酶；由非等位基因（het-c/e 和 het-r/v）不亲和诱导

6.4.4　真菌的有性生殖基本过程和生活周期

有性生殖的作用通常被认为是通过异源杂交促进遗传变异，具有高遗传变异性的物种比低变异性的物种更有可能产生应对环境变化的基因型，从而增强环境适应能力和生存能力。绝大多数突变是有害而不是有益的，不同的个体或谱系会积累不同的不利突变。有性生殖过程中的异源杂交将产生双核或二倍体，不利突变的作用（如果是隐性的）将被互补的功能正常的等位基因所掩盖，这一现象被称为互补效应。同时，减数分裂恢复单倍体状态时发生的重组，将导致某些后代携带比两个单倍体亲本菌株更少的有害等位基因，从而抵消了逐渐积累不利突变的趋势。异源杂交可导致杂交优势，即杂合子比其任何一个纯合子亲本表现更好。这在动植物中是众所周知的，在酵母中也有这种现象。有性生殖也将产生新的变异，其中一些变异可能比亲本更不易受到病原的侵害。在真菌中，最常见的病原是病毒，通常通过营养菌丝融合传播。有性生殖过程通过异源杂交和重组产生具有新的营养亲和性（VC）基因型的后代，该子代不会与亲本 VC 基因型个体融合，从而阻断病毒的传播。有性生殖的另一个可能的作用是修复同时发生在 DNA 分子两条链上的损伤，修复这样的损伤需要同源染色体提供模板。减数分裂过程中将发生染色体交联，这一阶段将使模板中的 DNA 片段或基因被拷贝到受损的区域（基因转换）。因此，即使不会导致异源杂交，有性生殖在真菌中也具有重要作用。

尽管异源杂交有很多好处，而且大多数真菌都可以进行有性生殖，但有些类群似乎缺少这一过程，至少很少发生交配。限制有性生殖的发生有时也有益处，比如，限制异源杂交可使具有较强适应性的基因组合保持在一起，而不会在重组期间被分离。在二倍体中，异源杂交的缺失可以清除基因组中的一些可能是有害的隐性突变，也会使隐性但有利的表型表现出来。对于规模较小、群体的扩散被限制以及只有很少的个体移居至新的栖息地的情况下，自交可育更具优势，因为这种方式可在没有异性交配型的情况下进行生殖，以保证群体的繁殖。

但从长期效应来说，有性生殖、异源杂交和基因重组的益处是可观的。分子系统学研究表明，只通过产生有丝分裂孢子（无性孢子）进行无性繁殖的无性型真菌，与进行有性生殖的类群间的分化相当有限，表明无性型真菌没有悠久的进化历史。丧失有性生殖能力似乎通常会导致短期利益，但最终可能会导致灭绝。尽管有些种类似乎缺少有性生殖过程，但分子生物学研究表明其中发生了一些遗传重组，说明可能存在潜在的有性生殖过程，或者其他异源杂交机制。例如，一直被认为属于无性型真菌的烟曲霉，其有性生殖阶段最近被发现。另一个可能使无性型真菌产生重组的机制是准性生殖循环（见 6.3.5 小节真菌的繁殖）。

似乎完全缺失有性生殖过程的球囊菌对于认为失去有性阶段可能最终导致灭绝的观点是一个例外。这些真菌与植物的根系共生形成丛枝菌根，出现在最早的陆地植物化石材料中，在 4 亿年前就与其他真菌类群分化开来，至今仍很繁盛。这些真菌的特性是产生多核孢子，其中含有一群遗传上不同的细胞核。这也许为有性生殖的自然选择提供了一个替代方案，即如果一个球囊菌个体所含的遗传上不同的细胞核达到一个最佳平衡，可能更有利于生存。同时，这些真菌作为植物宿主的重要伙伴，可能会从宿主中受到一些应对不利环境的保护，从而削弱了自然选择对于有性生殖的青睐。

如同其他真核生物一样，真菌的有性过程包括三个关键步骤：①两个单倍体细胞之间的细胞融合（质配），单倍体通常是单核的，并具有遗传差异，从而导致融合后的细胞具有两个不同的单倍体核；②两个单倍体核的融合（核配），形成具有单个二倍体核的细胞；③减数分裂，形成四个单倍体细胞。但不同类群的真菌在质配时发生融合的结构和发生核配与减数分裂的结构方面，具有很大差异。在不同真菌的生活周期中这些事件发生时间以及事件之间的间隔也相差很大，从而导致生活周期的多样性。

在大多数真菌中，发生质配的细胞在形态上没有差异，称为同配生殖和同型配子结合。在有些种类中，质配时发生融合的细胞大小不同，称为异配生殖或异型配子结合。例如在卵菌中就是这种情况，较大的细胞被称为雌性，较小的被称为雄性。在真菌中质配主要有下述五种类型。

（1）配子囊配合（Gametangial Copulation）

发生在真菌样卵菌中，其中小的雄器（Antheridium）产生授精管，朝向较大的藏卵器生长，形成分支，然后与藏卵器融合，使细胞核通过一个精巧的穿透结构与卵球融合。在一些子囊菌中也采用这种质配方式，一个细管（称为受精丝 Trichogyne）从配子囊（称为产囊体 Ascogonium）生长到精子器或藏精器，细胞核沿着授精管到达产囊体。

（2）配子融合（Gametogamy）

配子是单细胞的，其中至少一个（通常两个）是可游动的。通常它们具有相同的大小（同配游动孢子），但偶尔一个大于另一个（异型配子）。

（3）配子囊融合

发生在接合菌中，通常形态相同的接合子梗或配囊柄共同生长，膨胀形成前配子囊，再分化为配子囊，然后融合形成合子，最后发育成厚壁的接合孢子。

（4）受精作用（Spermatiation）

涉及单核非游动细胞与"雌性"配子囊的融合。例如，在 Neurospora 中，雌性受精丝缠绕在分生孢子周围，孢子中的细胞核沿着受精丝进入产囊体。在担子菌门的锈菌中，性孢子被转移到接受菌丝。

（5）体细胞配合（Somatogamy）

在形态上与其他营养体部分没有区别的结构，包括菌丝和酵母细胞之间发生融合。

所有类型的质配都受到严格的激素控制。

真菌的生活周期主要有五种类型：单倍体，二倍体，单/二倍体，双核体和无性型。其中的区别在于细胞核的数目、染色体倍性以及是否发生交配。

单倍体生活周期：在生活周期的大部分时间内，营养菌丝体是单倍体。质配发生后很快发生核配，并通常很快发生减数分裂（例如在接合菌中）。在接合菌中，减数分裂发生在接合孢子中，如果它们处于休眠状态，则孢子仍然是二倍体，但是发芽后产生的菌丝体是单倍体。

二倍体生活周期：营养体主要以二倍体的形式存在。减数分裂之后，很快发生质配和核配。例如，酿酒酵母可以以单倍体、二倍体或多倍体的形式存在，但在自然界中大多数为二倍体。最常见的人类病原菌白念珠菌通常也处于二倍体状态。

单/二倍体生活周期：营养生长过程既有单倍体阶段，也有二倍体阶段。通过质配从单倍体转变到二倍体，通过减数分裂从二倍体转变到单倍体。单倍体和二倍体细胞在形态上相似，但是二倍体细胞通常大于单倍体细胞（例如在酿酒酵母中）。

双核体生活周期：一个细胞内存在两个单倍体核。这主要是担子菌门（Basidiomycota）的特征，从某种意义上说，也是许多子囊菌的特征。继质配之后，两个核不立即融合，而是保持两个单倍体核同处于一个细胞的状态。在大多数担子菌中，体细胞在整个生活周期的大部分时间内都是双核的（见 6.5.12 小节担子菌门）。当担孢子（单倍体）萌发时，菌丝体每个细胞隔室通常只有一个核。这种状态一直持续到性亲和菌丝体发生质配，然后每个隔室都有两个核。在一些子囊菌中，只有产囊丝和产囊丝钩细胞是双核的（见 6.5.11 小节子囊菌门），但存在的时间较短。

对担子菌同核菌丝体会存在多长时间的研究尚少。在成功交配/质配后转化为双核体之前，某些担子菌的单核体可能仅能存在数小时或数天。少数担子菌可能在数周或数年内不会遇到可亲和的交配菌丝体，甚至可能一生都生活在单核体状态。个别常见的担子菌，例如云芝，有时也可以以同核体状态在自然界中存在数年。

当双核体形成后，该双核状态通过形成锁状联合的机制在细胞分裂时得以维持。最终，双核菌丝体可能形成有性子实体，两个细胞核在原担子细胞中发生融合形成二倍体，原担子细胞会迅速转化为担子。因此，二倍体在生活周期中仅限于一个细胞类型。然后，担子中二倍体核发生减数分裂，产生含有一个单倍体核的担孢子，担孢子随后萌发形成单倍体菌丝体。

担子菌中的锈菌和黑粉菌是专性的、活体营养寄生性（寄生在活的寄主上）植物病原菌，其生活周期复杂，涉及数种孢子类型（见 6.5.12 小节担子菌门）。其有性生殖阶段才具有致病性，交配的发生通常与宿主相关联。不少黑粉菌，例如玉米黑粉菌（Ustilago maydis），可以以非致病性的芽殖酵母状态存在。当两个具有亲和交配型的细胞相遇并融合后，就会产生能够感染宿主植物玉米的双核菌丝。

无性型生活周期：在某些真菌中，未观察到有性生殖过程。在子囊菌和担子菌门中，似乎只进行无性繁殖的物种被称为有丝分裂孢子真菌，或丝孢真菌（Mitosporic Fungi）。但是，实验室中观察不到有性生殖并不一定意味着在自然界中不会发生。例如，很长一段时间以来，人们一直认为烟曲霉是无性的，但现在已知它具有有性生殖周期。对于迄今被认为只进行无性繁殖的几种曲霉属物种进行的全基因组序列分析发现，其中存在与其他子囊菌的有性生殖周期相关的一系列基因，包括交配、信息素、减数分裂和子实体发育相关基因。群体遗传学研究还显示在这些物种中存在遗传重组，表明其过去可能发生过，或具有尚未被发现的有性生殖过程。许多植物和动物病原真菌被认为是无性型的，例如，稻瘟病菌（*Magnaporthe oryzae*）被认为只具有无性生活周期，但其在印度似乎存在有性生殖种群；直到最近，人类病原菌白念珠菌被认为是完全无性的，总是二倍体。但是，已发现具有相反交配型的细胞之间确实可发生交配。

6.4.5 真菌的交配系统

真菌具有决定相同物种的个体是否可以交配的交配系统或繁殖系统。一些真菌具有自育性，但许多真菌具有阻止遗传相似个体间交配的遗传机制，从而增加遗传多样性。亲和交配取决于交配型（MAT）因子。MAT 基因座往往具有复杂的遗传结构和不同的等位基因。通常在交配型基因座中具有不同等位基因的个体才可以成功交配。交配发生在遗传上不同的菌株之间，因此采用这种交配系统的真菌称为异宗配合，而其控制系统则称为同源不亲和性或异源亲和性。如果菌株的交配型相同，则交配失败；只有当交配型不同的两个菌株交配时，有性生殖过程才会发生。

在真菌中已识别出多种类型的交配系统。许多真菌有两种交配型，相当于两种性别。具有不同交配型的个体在形态上的差异并不明显，通常分别被称为＋和－，A 和 a，或 a 和 α 交配型。一些真菌的交配系统更加复杂，性别更多，通常用字母和数字下标来指代。动植物研究者常使用诸如父母、后代、远缘杂交或远交（Outbreeding）、自体受精等术语，但当这些术语应用于真菌时其含义略有不同，因为绝大部分真菌的营养体是单倍体的。真菌的单倍体营养体可以被视为"自体"而不是配子。这里需要明确异系交配或异交（Outcrossing）、远缘杂交或远交和近亲交配或近交（Inbreeding）的概念。采用异交策略的真菌促进遗传交换，采用非异交策略的真菌限制发生遗传交换。异交涵盖不同单倍体基因型之间的交配，而不论单倍体是源自相同的孢子源（例如，同一个担子果或子囊果），还是来自不同的孢子源。另一个层面，近交一词表示来自同一孢子源的单倍体菌株（姊妹菌株）交配，而远交一词表示来自不同孢子源的单倍体菌株（非姊妹株）之间的交配（图 6-26）。

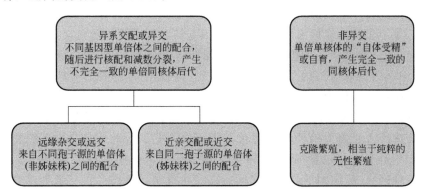

图 6-26　用于描述具有单倍体阶段的真菌的交配方式术语和概念

具有两种交配型的交配系统。具有这类交配系统的真菌个体只有一个交配型位点（基因座），在交配型位点上具有一个等位基因，形成两种交配型，即＋和－，A 和 a，或 a 和 α。只有交配型不同的单倍体细胞或菌丝体之间才能成功交配。该系统确保遗传上完全相同的单倍体细胞的后代之间不会发生交配。由交配产生的二倍体细胞将携带两种交配型，减数分裂发生后所产生的单倍体后代将有一半具有一种交配型，另一半具有另一种交配型。因此，由同一个二倍体产生的两个个体之间成功交配的概率（近交潜势 Inbreeding Potential）为 50%。具有这种交配系统的物种在整个种群中仅有两种交配型，因此两个不相关个体之间相遇并成功交配的可能性（远交潜势 Outbreeding Potential）也是 50%（表 6-4）。因此，这种交配系统尽管防止了自交，但是没有降低近亲之间交配的可能性。

具有多种交配型的交配系统。具有这类交配系统的真菌个体在每个交配型位点上具有两个或两个以上不同的等位基因。一些担子菌个体只有一个交配型位点（因此是"单因子"的），称为单因子（二极）不亲和系统，但在整个群体中有大量不同的交配型等位基因（A_1、…、A_n）。交配型不同（即交配型位点的等位基因不同）的任何单倍体菌丝体之间可发生交配，所形成的二倍体担子菌细胞核在交配型上是杂合的（如 A_1A_2）。因此，从一个担子上产生的四个单倍体孢子中的两个具有一种交配型（如 A_1），而两个具有另一种交配型（如 A_2）。这就是为什么将这种类型的交配系统称为二极（Bipolar）系统的原因。任何二倍体菌株都产生两种交配型，因此与仅有两种交配型的交配系统一样，近交潜势为 50%。也就是说，如果来自同一子实体的担孢子萌发产生的单倍菌丝体以所有可能的组合方式进行配对，则 50% 的配对将可以成功交配。但是，群体中可能含有大量不同的交配型，因此几乎所有非姊妹菌株间的交配都可能是亲和的，远交潜势可以达到 100%（表 6-4），因此这种交配系统向远交倾斜。

许多担子菌的交配系统具有两个不连锁的交配型位点，通常被标记为 AB，因此被称为双因子（四极）不亲和系统，在每个交配型位点上又具有多个不同的等位基因。A 和 B 基因控制交配过程的不同部分，在 A 和 B 两个位点上的等位基因必须都不同（如 A_1B_1，A_2B_2）才能成功交配。在灰盖鬼伞（*Coprinopsis cinerea*）和裂褶菌（*Schizophyllum commne*）中，A 基因控制锁状联合的发育，该结构用以维持在每个细胞隔室中含有两个来自不同亲本的核。B 基因调控两个亲本之间的核交换以及核在两个菌丝体之间的迁移，并编码信息素和受体系统。在两个基因座上的等位基因都有差异是成功交配所必需的，仅一个基因座上的差异将导致半亲和。

如果一个担子菌的双核菌丝体中的一个细胞核具有交配因子 A_1B_1，另一个核具有交配因子 A_2B_2，则其产生的担子孢子可以拥有与两个亲本相同的交配因子（即 A_1B_1 或 A_2B_2）和另外两种交配因子组合，即 A_1B_2 和 A_2B_1。这种具有四种可能的交配因子组合的系统因此被称为四极（Tetrapolar）系统。当来自同一子实体的担孢子产生的单倍菌丝体进行随机配对时，只有 25% 的配对可以成功交配，因为只可能有 25% 的配对在两个交配位点上都具有不同的等位基因（表 6-4）。因此，与二极系统相比，四极系统更倾向于远交。在包含很多 A 和 B 交配因子的群体中，远交潜势将接近 100%。在减数分裂期间 A 或 B 因子的亚基之间可能发生重组，从而产生与亲本兼容的新的交配型。交配因子之间这种重组的频率在物种和菌株之间差异很大，并且还受环境条件的影响。在重组频率高的地方，新的交配类型将以高频率出现，将导致近交潜势大大增加。

某些担子菌，如玉米黑粉菌的四极不亲和系统有所变更。这种菌同样具有两个交配型基因座 A 和 B，也有许多 B 因子，但有两个 A 因子。其近交潜势为 25%，与典型的四极不亲和性系统一样；但远交潜势为 50%，类似于二极不亲和交配系统（表 6-4）。

表 6-4　促进异交的真菌交配系统特征和示例

交配系统	真菌种类举例	交配型基因座数量	每个交配型基因座中的等位基因数	交配型标识	近交潜势/%	远交潜势/%
两种交配型	大部分接合菌；粗糙脉孢霉；酿酒酵母和粟酒裂殖酵母（子囊菌门）	1	1	$\pm$，Aa，$a\alpha$	50	50
单因子（二极）不亲和	簇生鬼伞和烟色韧革菌（担子菌门）	1	多个	A_1、…、A_n	50	接近 100
双因子（四极）不亲和	灰盖鬼伞和裂褶菌（担子菌门）	2	多个	A_1B_1、…、A_nB_n	25	接近 100
变更的四极不亲和	玉米黑粉菌（担子菌门）	2	A 上两个，B 上多个	A_1B_1、…、A_2B_n	25	50

6.4.6　交配型基因的进化与功能

交配型基因对于真菌生活周期至关重要。传统上一直将重点放在不同的真菌门之间交配系统的差异上，但是最近对接合菌、子囊菌和担子菌基因组中性别决定区域的分析显示，所涉及的基因具有潜在的同源性。与更复杂的真核生物中性染色体一样，真菌的交配型基因座控制不同性别个体之间的性亲和性，使具有性亲和性的单倍体细胞相互识别和吸引，并为受精后细胞的性发育做好准备。

受遗传控制的真菌自体不亲和性，即异宗配合现象，最早发现于真菌的早期谱系接合菌的一个种布莱克斯利须霉（*Phycomyces blakesleeanus*）中，该种以首先发现异宗配合的美国学者阿尔伯特·布莱克斯利（Albert Blakeslee）的名字命名。这种真菌的交配型基因座编码一种属于高迁移率组（High Mobility Group，HMG）的转录因子。须霉的'＋'和'－'菌株各自携带不同的 HMG 因子。在交配菌株的后代中这两个HMG 因子随交配型发生分离，其中一个的 DNA 序列比另一个长。基因组测序表明其中长的 HMG 因子是其中的 DNA 重复元件扩增而造成的，而此类扩增可抑制它们所在的 DNA 区域的重组。这解释了为什么在向更为复杂的交配系统进化的过程中，这种交配型区域得以完整保留。交配型基因座中 DNA 重复元件对重组的抑制功能，可能不仅在真菌中而且也在其他真核生物谱系中，驱动了性别决定区域的扩展，甚至可能导致了像我们人类一样的性染色体的进化。

在异宗配合的子囊菌中，通常具有一个基因座，两种交配型。对模式生物酿酒酵母的交配型基因已进行了较透彻的解析。酿酒酵母通过 *MAT* 交配型基因座决定单倍体和二倍体细胞的身份特征，其功能是通过控制交配所需的许多基因的性别特异性表达来确保远交。酿酒酵母单倍体细胞有 *MATa* 和 *MATα* 两种交配型，性信息素及其受体在*MAT* 基因座编码的转录因子的控制下表达。*MATa* 细胞表达 *MATa1* 基因，*MATα* 细胞表达 *MATα1* 和 *MATα2* 基因，二倍体 *MATa/α* 细胞表达所有三个 *MAT* 基因。*MATa1* 和 *MATα2* 编码转录因子（或称"同源域"HD1 和 HD2），分别编码 a1 和 α2 同源域（Homeodomain）蛋白。*MATα1* 编码一种 DNA 结合蛋白 α1（α-Domain Protein），该蛋白质激活其 α-信息素和 *a*-信息素受体的转录，以感知由亲和的 *MATa* 交配型细胞分泌的性信息素。*MATa1* 编码的转录因子 *a*1 可激活 *a*-信息素和 α-信息素受体的转录，从而使相邻的可亲和单倍体细胞之间相互吸引。交配时信息素的结合通过细胞内丝裂原活化蛋白激酶［Mitogen Activated Protein（MAP）-Kinase］级联反应触发所有与交配有关的基因的表达。交配后，交配型基因帮助建立和维持二倍体细胞的特性。在二倍体 *MATa/α* 细胞中，*a* 和 α 特异性基因的表达被关闭，因为 *a*1 和 α2 蛋白形成二聚体抑制 *MATα1* 的表达，由此抑制了 α 特异性基因的表达；而 α2 与另一蛋白质 Mcm1 一起抑制 *a* 特异性基因的表达。更重要的是，*a*1/α2 复合体也抑制单倍体特异性基因的表达，而单倍体特异基因中包括减数分裂抑制子，因此，*a*1/α2 复合体的重要功能是确保只有二倍体 *MATa/α* 细胞可以启动减数分裂。

在担子菌中，交配型系统中一些基因也是保守的。*A* 位点包含 HD1 和 HD2 同源域转录因子基因，*B* 位点包含信息素和信息素受体基因。HD1 和 HD2 蛋白异二聚体（相当于酿酒酵母中的 *a*1/α2 蛋白二聚体）可以由任何一对不同的等位基因的蛋白质产物形成。在 *B* 位点，信息素和受体基因聚集在一起。担子菌是已知进化出四极远交系统的唯一谱系。在担子菌门内，从四极系统祖先衍生出了各种各样不同的性交配系统。在某些担子菌中，通过 *A* 和 *B* 基因座的融合或 *B* 交配型功能的丧失，而产生了二极系统。其实 *B* 基因并未丢失，只是其作为交配型基因的功能丧失了，它们仍然在发育调控中起作用。在生活周期中未发现有性生殖阶段的一些子囊菌和担子菌的基因组中，含有有性生殖基因编码区，表明其演化史中曾经具有有性生殖阶段。简化交配系统以减少或消除对交配的需求，可能源于对生态位的适应。

6.4.7　自交生育

一些真菌可进行自交生育或自育，也就是说，遗传上完全相同的细胞之间可以交配而发生有性生殖过程。自育也被称为同宗配合。有些种类的同宗配合被认为是原发性的，因为没有证据显示其祖先存在异宗配合。有些种类很明显则是规避了早期的异宗配合，所发生的同宗配合被称为次级同宗配合。例如，四孢脉孢霉（*Neurospora tetrasperma*）与粗糙脉孢霉类似有两个交配型等位基因，但前者的子囊不是产生八个单核子囊孢子，而是只产生四个，每个子囊孢子中含有两个核，每个核各含一个不同的交配型。由单个子囊孢子萌发所产生的营养菌丝体和原子囊，也含有两个携带不同交配型的细胞核。因此，核配和子囊的产生不需要来自不同菌株的分生孢子的受精作用。与典型的担子菌在每个担子上产生 4 个单核担孢子不同，双孢蘑菇（*Agaricus bisporus*）的每个担子产生两个担孢子，每个担孢子中含有两个细胞核。该种蘑菇具有单因子（二极）不亲和交配系统，但是其担孢子中的两个核通常具有不同的交配型，因此，由单个担孢子萌发产生的菌丝体通常能够产生可育的子实体，而不需要单倍同核菌丝体的配合。在难以遇到亲和性交配型的情况下，例如在其中一种交配型菌株长距离传播到新栖息地之后，这种自交方式可能是一个优势。双孢蘑菇的担孢子有时也只有一个核，在可可病原菌 *Moniliophthora perniciosa* 中，每个担子上的每个担孢子通常都只有一个核，但有时大约 8% 的孢子含有两个核，有时三个核。因此，在子囊菌和担子菌中，从完全异交到次级同宗配合之间，可能存在连续性。

如上所述，酿酒酵母的有性生殖通过两种交配型 *MATa* 和 *MATα* 细胞的交配而发生。但一些菌株似乎是同宗配合的，同一个单倍体菌株的子代细胞之间可发生交配。这种表面上的同宗配合是在细胞分裂时发生的细胞从 *a* 到 *α* 或从 *α* 到 *a* 交配型转换的结果［图 6-27（a）］。交配型转换（Mating Type Switching）的分子基础是 *MAT* 位点的遗传因子被位于沉默位点（即该位点上的基因不表达）上的备用遗传因子所替换。每个交配型各有一个沉默位点 *HML* 和 *HMR*，*HML* 与 *MATα* 同源，*HMR* 与 *MATa* 同源。*MATα* 与 *HMR*（*a*）之间或 *MATa* 与 *HML*（*α*）之间的重组导致交配型的转换。在酿酒酵母中启动交配型转换的基因为 *HO* 基因。*HO* 编码一个核酸内切酶，可导致 *MAT* 基因座内 DNA 双链断裂，从而启动与同源的携带相反交配型的沉默基因座的重组。在单倍体酵母细胞的每个有丝分裂过程中，*HO* 诱导的交配型转换都发生在原始母细胞内，从而可与相邻的遗传上完全相同的子细胞交配［图 6-27（b）］。例如，单倍体 *MATα* 细胞通过无性繁殖方式芽殖产生同样的 *MATα* 子细胞，母细胞可通过交配型转换机制变为 *MATa* 细胞，然后与 *MATα* 子细胞交配，形成二倍体的 *MATa/α* 细胞。即使由单个单倍体子细胞建立的群体，也通常会通过交配型转换机制发生同宗配合而成为二倍体细胞群体。因此，酿酒酵母在自然界通常以二倍体状态存在。只有 *HO* 基因失活的单倍体菌株（*ho* 基因型菌株）在不存在相反交配型细胞的环境中才可保持稳定的单倍体状态，*ho* 基因型细胞只能通过异宗配合进行有性生殖。但 *HO* 基因型细胞不但可以通过交配型转换进行同宗配合，也可进行异宗配合。通过减数分裂过程产生的具有相反交配型的 *HO* 基因型孢子或细胞间，以及 *HO* 基因型细胞在环境中遇到具有不同交配型的细胞时，均可以进行交配。

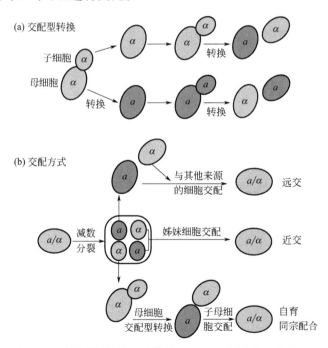

图 6-27　酿酒酵母的交配型转换（a）和不同的交配方式（b）

粟酒裂殖酵母（*Schizosaccharomyces pombe*）也可通过交配型转换发生同宗配合，该种与酿酒酵母亲缘关系很远，交配型转换机制在这两个物种中显然是独立进化的。同宗配合的丝状真菌也可能采用这一机制，但不易检测。

自育不能防止异交，但可以减小异交发生的可能性，因为显然遇到近亲细胞的概率比遇到远缘细胞的概率更大。不需要遇到具有互补交配类型的菌丝体或细胞就可以进行有性生殖的系统可能具有短期优势，特别是在不产生其他类型的孢子，或者减数分裂孢子（Meiospore）具有某种特殊作用的情况下。目前尚不清楚同宗配合在多大程度上限制了重组，因为对自然界中发生的分子变异研究得很少。已发现在采取次级同宗配合的种类和克隆繁殖的群体（例如粗糙脉孢霉）中有遗传重组的发生。

6.4.8　生育障碍

如上所述，许多真菌是自交不育的，并且具有促进异交的系统，但生育障碍会限制发生异交的程度。限制异交的主要机制是遗传不协调（Genetic Disharmony）和异源不亲和（Heterogenic Incompatibility）。两个群体之间如果因地理隔离而长期缺乏基因流，则可能会出现因遗传分化增加而导致的遗传不协调。交配涉及复杂的步骤和互作过程，交配个体间的差异大到一定程度后可造成某些步骤的效率低下或失败，从而导致交配完全失败或者只能产生少数可存活的后代。此外，有效的代谢和正常发育不仅取决于单个基因的作用，还取决于整个基因组的和谐互作。因此，即使交配成功，如果来自不同亲本的基因之间不能很好地相互作用，则可能导致杂合种的活力降低或不育，因而难以与亲本竞争。当一种或几种遗传差异导致不能交配时，则成为异源不亲和。前面已经介绍了异源不亲和导致营养丝体融合失败。在子囊菌柄孢霉中，某些阻止营养细胞融合的机制也起到了防止交配的作用。而在其他一些真菌中，异源不亲和的机制可能仅在有性阶段起作用。这些阻碍交配的机制有利于维持群体间的遗传分化，促进物种形成，因而对生物多样性的产生和维持具有重要作用。

6.4.9　准性生殖

准性生殖的基本过程见"6.3.5 真菌的繁殖"一节和图 6-21。需要补充的是，在生活周期的大部分阶段都是二倍体的真菌中也存在准性生殖。例如，白念珠菌，二倍体细胞可偶尔融合形成四倍体，在有丝分裂过程中发生染色体的随机丢失，在不进行减数分裂的情况下最后恢复为二倍体。

6.4.10　真菌基因组的特性与演化

从进化的角度看，真菌的基因组有一个从小到大的变化趋势。最原始的真菌类群，如微孢子菌类（Microsporidia），具有最小的基因组（图 6-28）。真菌的基因组大小与生活方式也具有明显的相关性，并随菌体复杂性的增加而增加。单细胞真菌或酵母样真菌的基因组一般较小，多为 9～20Mb，而具有多细胞菌丝体的真菌通常具有较大的基因组，多为 20～125Mb，并具有更多的基因数量。在子囊菌和担子菌门中具有类似的演化趋势。然而，具有特殊生活方式的真菌，如寄生或形成共生菌根，则会偏离这一总体趋势（图 6-28）。

在子囊菌门中，古老或原始的类群一般具有较小的基因组（大约 12Mb）。这一大小的基因组在单细胞子囊菌（酵母菌）的演化过程中总体上保持稳定，高等丝状子囊菌如盘菌亚门（Pezizomycotina）的基因组增大为 40Mb 左右（图 6-29）。在担子菌亚门中

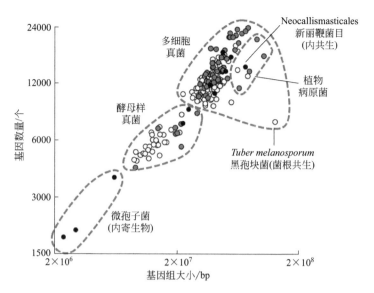

图 6-28　真菌基因组大小的分布及与生活方式的相关性

白圆圈代表子囊菌门，灰圆圈代表担子菌门，黑圆圈代表其他真菌类群（Leducq，2014）

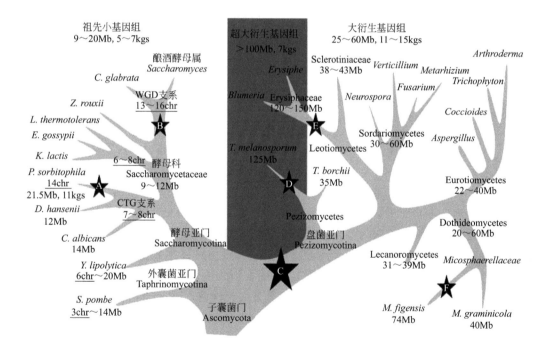

图 6-29　子囊菌门基因组大小的演化

仅包括了代表类群，染色体（chr）数目、基因组大小（Mb）和基因数量（千个基因 kgs）数据根据基因组测序结果估测。A. *Pichia sorbitophila* 是个杂交种，所以其基因组和染色体数目与典型的 CTG 支系相比倍增。B. WGD 支系的酵母菌（包括酿酒酵母）经历了一个全基因组倍增事件，导致其染色体数目与酵母科的原倍体种类相比倍增。C. 盘菌亚门演化早期的基因组大小和基因数量扩增，随后发生的数次独立的因可移动元件在共生菌（D）和病原菌（E~F）中的激增而导致的基因组扩增，以及基因的大规模丢失（D~E）（Leducq，2014）

也有类似趋势，单细胞或酵母样锈菌的基因组大小为 15～20Mb，伞菌亚门的基因组则增大到 40Mb 左右或更大（图 6-30）。基因组的增大一般伴随着基因数量的增加，从 5000～7000 个基因增加到 10000～20000 个基因。至少在盘菌亚门中，也伴随着内含子和移动元件的扩增。在盘菌亚门的一些支系中，基因组增加到了 75～150Mb，但只保留了大约 7000 个基因。基因组的增加主要是移动元件的大量扩增造成的。这些移动元件大幅扩增的原因及其功能尚有待揭示。

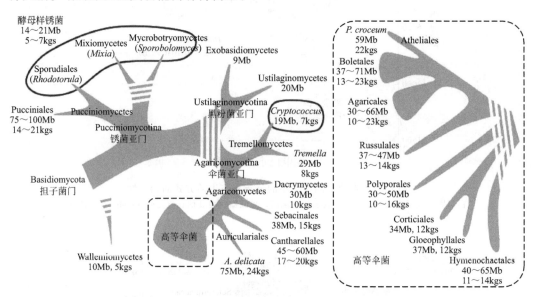

图 6-30 担子菌门基因组大小的演化

仅包括主要代表类群，斑马线表示系统演化位置不确定。根据已有的基因组数据给出了基因组大小（Mb）和基因数量（千个基因 kgs）范围。用灰线条圈出的酵母样种类具有较小的基因组。用虚线圈出的高等伞菌包括的详细类群和基因组数据在右边给出（Leducq，2014）

子囊菌酵母类群的基因组大小总体保持稳定，但在酵母科（Saccharomycetaceae）的演化过程中却发生了一个全基因组倍增（Whole-Gene Duplication，WGD）事件，表现为存在大量重复基因和染色体数量的倍增。这一进化事件导致了所谓"全基因组倍增支系（WGD Clade）"的诞生，其中包括酿酒酵母（图 6-29）。全基因组倍增事件之后发生了基因的大量丢失，因为倍增前的原倍体（Protoloid）种类和倍增后的 WGD 支系种类的基因数量并没有表现为成倍的差异，而是大致相同。在子囊菌酵母基因组进化史中发生的另一个有意思的事件是对标准遗传密码的微小修改，产生了所谓"CTG 支系"（CTG Clade），其中包括最常见的人类病原真菌白念珠菌，这一进化事件在真核生物中也是独特的。在这一支系的酵母菌中，97% 的 CUG 密码子被翻译为丝氨酸，3% 被翻译为亮氨酸。但在绝大多数其他真核生物中，CUG 密码子 100% 被翻译为亮氨酸。研究表明，这种对密码子的灵活性翻译可能有助于增强酵母菌对环境变化的适应。

最原始的真菌微孢子菌，也具有已知最小的真核基因组。其中的单细胞专性动物细胞内寄生菌（Encephalitozoon intestinalis）的基因组为 2.3Mb，含有 1833 个基因（图 6-28）。其这么小的基因组可能是从一个大的基因组演化而来，去除非编码序列和缩短蛋白质编码而使基因组变得异常紧密。这种基因组压缩可能是丢失与蛋白质相互作用相关的区域，因为所涉及的相关功能对寄生物来说已成为非必需的。大幅度的基因组扩增常常发生在植物病原子囊菌中，但其中的基因密度却很低。这类扩增由非必要元件如小染色体的扩增引起，如在 *Mycosphaerella* 中；或者由非编码序列，如内含子和移动元件的扩增引起，如在 *Erysiphe* 和 *Blumeria* 属中。与致病性相关的基因组扩增也在基部真菌（早期演化真菌）类群如 *Mucoromycotina* 中观察到，其基因组中含有 20％ 的可移动元件。在大多数情况下，这种重复序列和移动元件的积累一般发生在编码毒力因子，如蛋白酶基因的周围，说明这些元件可能与致病性有关。

在很多真菌的基因组中，发生了大量与环境适应相关的基因家族扩增。真菌与其他生物一样，对新生态位的适应往往是特殊功能的丧失和获得的结果，这些特殊功能常常与基因家族有关。基因家族通常由功能相似或相关的基因构成，这些基因往往源于一个祖先基因的重复倍增，然后在功能上发生分化。生活于反刍动物消化道内具游动孢子的新丽鞭毛菌（壶菌门），虽然在演化上属于早期真菌类群，却拥有很大的基因组，如 *Orpinomyces* 属的基因组达 101Mb。其特点是含有大量重复序列和很低的 GC 含量（低至 17％）。这类严格厌氧真菌的基因组中富含多种类型的糖类降解酶基因，其中许多通过基因横向转移从细菌中获得，并被大幅扩增。与植物根系共生的菌根真菌块菌（子囊菌）具有较大的基因组，如黑孢块菌（*Tuber melanosporum*）的基因组大小为 125Mb，但其基因数量却相对较少，只有大约 7500 个。这种块菌基因组中缺少一些与典型的子囊菌次生代谢相关的基因家族。在这种菌根真菌中，这些与次生代谢相关的基因已变得不必要，因为可从植物宿主中获取次生代谢产物。但编码宿主细胞壁降解酶的基因家族却得到扩增，这可能与其侵染植物根系并在根系中定植有关。具有相同功能的基因也出现在了其他与植物共生的菌根真菌，如双色蜡蘑（*Laccaria bicolor*）的基因组中，但起源于不同的进化事件。木材降解真菌可高效降解木质素。在伞菌中（*Basidiomycota*），发现了与木质素降解相关的基因家族，如编码过氧化物酶（peroxidases）基因的早期扩增，但在有的谱系中这些基因发生了丢失，导致对木材降解能力的丧失。例如，多孔菌（*Phanerochaete chrysosporium*）具有一系列复杂的木质纤维素降解基因家族，包括纤维素酶和吡喃糖氧化酶，可有效降解木材。但在与其近缘的种绵腐卧孔菌（*Postia placenta*）中，这一基因家族中的很多基因丢失了，导致该种不能有效降解木质素。

病原真菌与宿主间长期的互作或类似军备竞赛的侵染和反侵染，也导致与致病性相关的基因和代谢通路的多样化。在病原真菌中，与致病力相关的基因，如编码外泌蛋白酶、毒素或细胞壁降解酶的基因往往大幅扩增。在皮肤感染真菌如节丝皮菌属（*Arthroderma*）和毛癣菌属（*Trichophyton*），昆虫病原菌绿僵菌属（*Metarhizium*），CTG 支系中的人类病原酵母菌，两栖动物病原菌壶菌蛙壶菌（*Batrachochytrium dendrobatidis*）和植物病原菌镰刀菌属（*Fusarium*）的基因组中，都独立发生了这类基因的拷贝数扩增。蛙壶菌的基因组进化研究显示，该种起源于附生类群，在其基因组中发生了多个蛋白酶基因家族的特异性扩增，使其获得了侵染两栖动物的能力。

6.4.11　重复序列诱导的点突变

重复序列诱导的点突变（Repeat-Induced Point Mutation）是真菌特有的一个有效检查重复序列并使之发生突变的机制，简称 RIP。这一机制首先是在粗糙脉孢菌中发现的。RIP 特异性地发生在受精或质配后的异核体状态下继续进行有丝分裂而为核配和减数分裂做准备的单倍体细胞核内。这一机制通常检测染色体 DNA 中超过一定长度（0.4kb）的重复序列，而与这些重复序列的转录状态、起源、在基因组中的相对和绝对位置无关，尽管邻近的重复序列比分散远离的更容易被检测到。RIP 会引起 DNA 双链中每一链中重复序列上的 CG 碱基对突变成 TA 碱基对，偶然也可引起与重复序列邻近的非重复序列区域发生突变。在重复序列中最容易发生 RIP 的二核苷酸为 CpA，RIP 将其转换成为 TpA，使这些重复序列突变成富含 AT 的 DNA 片段，从而在基因开放阅读框（ORF）中增加终止密码子 TAA 和 TAG 出现的频率。通过 RIP，就很有可能将具有重复序列的基因或转座子突变成不能表达完整蛋白质的基因。基因组分析显示，在粗糙脉孢菌中几乎没有有活性的转座子存在。脉孢菌可以通过 RIP 来控制转座子跳跃引起的基因组不稳定，因此被认为是一种基因组防御机制。研究发现，RIP 需要一个 RIP 缺陷型（RIP Defective）基因（*rid*），该基因被预测为编码一个甲基转移酶，其首先将 C 甲基化，随后在某种酶促作用下脱氨基生成 T。全基因组分析表明，粗糙脉孢菌基因组的甲基化绝大多数与 RIP 有关，在发生 RIP 的序列中，80% 以上的胞嘧啶被甲基化。

除粗糙脉孢菌外，已通过实验验证在其他子囊菌中也存在 RIP 现象，包括稻瘟病菌、柄孢霉菌、油菜茎基溃疡病菌斑点小球腔菌（*Leptosphaeria maculans*）和禾谷镰刀菌（*Fusarium graminearum*）等。已测序的丝状真菌基因组生物信息学分析显示，类似 RIP 的突变现象可能存在于更多的真菌中。在几种担子菌的重复序列中也发现了高频的 C 至 T 突变，说明 RIP 机制可能出现于子囊菌和担子菌分化之前。然而，RIP 的保守性似乎并不强，比如，虽然 RIP 在粗糙脉孢菌中表现得很强，但在其近缘种大孢粪壳菌（*Sordaria macrospora*）中却没有被检测到。

6.5 真菌的生物多样性和主要类群

6.5.1 真菌的起源及与其他真核生物的关系

根据化石和分子系统学研究结果，推测真菌是起源于前寒武纪的一类独特的单细胞真核生物。与其他高等生物一样，真菌起源时间的确定需要化石作为参考。已发现的最古老而清晰的真菌化石来自距今 4 亿年的下泥盆纪莱尼燧石（Rhynie Chert）。这些保存完好的化石里面包含了壶菌的孢子囊与游动孢子、接合菌的孢囊孢子和子囊菌的子实体（图 6-31）。在莱尼燧石中的植物根化石内还发现了球囊霉门（Glomeromycota）的孢子和丛枝结构，甚至在 4.6 亿年前的岩石中也发现了这些真菌更古老的孢子。这些结构的发现为早期真菌与植物的共生提供了证据，而这种共生是陆生植物进化的必要条件。最古老的担子菌化石是 3.3 亿年前的菌丝，菌丝上有锁状联合，但担子菌的出现似乎远早于这一时期。

根据化石证据和分子钟分析估算，真菌界可能起源于 7.6 亿年至 10.6 亿年前。依据分子钟估算真菌起源时间的可靠性依赖于从化石记录中获得的校准点，但已有的化石记录远远不能满足这一需要。因此，关于现有真菌各个门祖先物种起源的确切时间尚难以准确估算。壶菌是原始的真菌类群，结构简单，孢子尾部具有鞭毛，而其他真菌没有

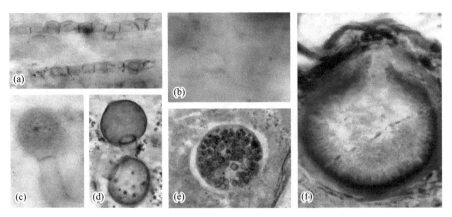

图 6-31　下泥盆纪莱尼燧石中的化石真菌（见彩图）

（a）寄主细胞内一种壶菌的游动孢子囊，孢子囊上可见出口管，由此释放出游动孢子；（b）壶菌的游动孢子，推断其具有单根鞭毛；（c）*Palaeoblastocladia milleri*（芽枝霉门 Blastocladiomycota）的游动孢子囊；（d）一种接合菌的孢子囊；（e）一种丛枝菌根真菌的产孢果，内含大量孢子；（f）*Palaeopyrenomycites devonicus*（子囊菌门 Ascomycota）的子囊壳（源自 Money，2016）

鞭毛，由此推断最早的真菌很可能是简单的单细胞生物，借助于固定在细胞尾部的鞭毛在水中游动。尾鞭这一特征普遍存在于真菌和动物中，而其他能游动的真核生物类群的细胞所拥有的鞭毛则位于细胞前端，因此真菌与动物比与植物的亲缘关系更近。领鞭虫（Choanoflagellates）是与动物近缘的真核生物早期演化谱系的一个类群，它们与壶菌在鞭毛和细胞结构上很相似，这是二者具有共同祖先众多证据之一。真菌与动物的近缘关系也得到了分子系统学和系统发育基因组学研究结果的支持，有学者将真菌与动物这两个生物类群归在一起称为尾鞭生物超群（Opisthokonta）。

6.5.2　真菌的物种多样性

目前全世界已知的真菌种数大约为 120000 种，在过去的几十年内，每年发现和描述的真菌新物种数为 1000～2000 种。然而，已知的真菌种数只是地球上存在的真菌种数的很小部分，据保守估计，90％以上的真菌物种有待被发现。至于到底有多少种真菌存在于地球上目前尚无定论，不同的学者采用不同的估测方法所得出的结论存在巨大差异：从 50 万种到 1000 万种。真菌学者一般认为真菌总种数可能在 150 万到 500 万种之间。已被用来估测地球真菌物种总数的方法包括发现和发表真菌新种的速率，植物种数和真菌种数之间的比例，基于大生态样方的定量分析，结合植物/真菌比例的环境 DNA 序列分析，以及生态学比例法则（Ecological Scaling Laws）。

在对真菌和植物多样性研究得都已较为清楚的国家和地区内，如英国内真菌与植物种数之间的比例约为 6∶1，应用这一比例并结合寄主专一性真菌在特异植物宿主上的物种数量、新种发现的比例以及全球植物总种数的保守估计等综合分析，估计全球真菌物种总数为 150 万种。这一数字被广泛认可和引用，但可能偏于保守，因为没有考虑生活在昆虫体上和体内的真菌，而全球昆虫数量估计达数百万种。根据最近对生物多样性热点地区真菌多样性更全面的调查结果，应用环境 DNA 或宏基因组研究所发现的真菌新谱系和新物种的比例，以及最近数十年来每年发现和描述的真菌新物种的数量和未来趋势，估测全球真菌物种总数可能在 220 万至 380 万种之间。

6.5.3 真菌分类的主要依据

在目前全世界已知的大约为 120000 种真菌物种中，大多数是以形态种概念进行鉴别和描述的。不同的形态性状往往被赋予不同的分类学意义，如有的用来区分种，有的用来区分属或更高的分类单元，这种分类往往是经验性的和人为的。自从达尔文的《物种起源》(1859) 发表后，进化论已被生物学研究者广为接受，分类学研究者也将反映进化关系的分类作为理想的自然分类。进化的观念对分类性状的选择产生了很大影响，并促进了对形态性状遗传背景的了解。一般认为，只可能来源于单次演化事件的复杂形态特征适于界定高等级分类单元，而可能来源于一个或几个突变步骤，并在不同类群中存在的简单特征，适用于低等级分类单元，如种或变种的划分。

(1) 形态特征

形态特征是真菌，尤其是大型真菌分类的基础。这些特征包括肉眼可辨的宏观结构，如菌落和子实体等的形态、光学显微镜下的菌丝和孢子等的显微形态以及电子显微镜下的菌丝隔膜、孢子表面文饰等超微结构。真菌有性生殖过程中的形态特征是优先考虑的分类依据。在缺少有性生殖循环的真菌中，无性繁殖结构则成为主要分类依据。

(2) 营养和生理学特征

单细胞的酵母菌形态结构简单，难以提供足够的形态信息用于其分类鉴定，因此需要借助营养和生理特征。这些特征包括对不同糖类化合物的发酵能力、对不同碳氮源化合物的利用能力、最高生长温度、对外源维生素的依赖性等。少数丝状真菌的分类，也辅助于一些生理特征，如最高生长温度等。

(3) 化学分类特征

化学分类 (Chemotaxonomy) 通常指以小分子量化合物为依据的分类鉴定。这些化合物包括次生和初生代谢产物。与藻类和蓝细菌共生形成地衣的真菌类群的分类常辅以次生代谢产物的鉴定。辅酶 Q (Coenzyme Q，CoQ) 的结构类型在酵母菌分类上具有应用价值。CoQ 是生物代谢过程中电子传递链中的一个辅酶，其分子结构中包含一条由多个（酵母菌为 6~10 个）异戊二烯单元共价相连而成的侧链，不同 CoQ 类型间的差异表现在侧链中所含异戊二烯单元的多少。脂肪酸是一类结构多样并分布广泛的化合物，其差异表现为碳链的长度、不饱和键的多少和分布位置等。不同真菌种类在所含脂肪酸类型及各类型之间的比例方面有所差异。

(4) 细胞壁化学组分

真菌细胞壁具有复杂的结构和化学组成，不同的真菌类群在所含多糖方面具有特征性的区别，如卵菌细胞壁多糖主要是纤维素，而其他真菌类群则主要含几丁质。真菌细胞壁多糖成分方面的差异还常以其水解液中单糖组分的不同来衡量。如在已研究过的酵母菌中，细胞壁水解液中含有大量葡萄糖和甘露糖，但不同的类群在果糖、半乳糖、鼠李糖和木糖的有无和含量方面具有差异，这些差异具有重要的分类学意义。

(5) 蛋白质

细胞或菌体蛋白质组成上的差异常用以群体水平的研究，但也应用于探讨种间关系。蛋白质组成差异常用全蛋白质提取物的凝胶电泳图谱或同工酶 (Isozyme) 电泳图谱来显示。

（6）核酸

分子生物学的发展，尤其是核酸分子生物学技术的应用，使分类学者可以直接从遗传物质（DNA）中寻找分类依据。由此而发展起来的分子分类学或分子系统学研究方法，对真菌的分类产生了重大影响。早期应用的特征主要是 DNA 碱基组成（DNA Base Composition），通常被表述为鸟嘌呤（G）与胞嘧啶（C）之和的摩尔分数（简称 GC 含量或 GC 值）。若不同真菌菌株或类群间的 DNA GC 含量差异显著，表明二者间不可能具有相似的 DNA 序列，因而不会有相近的亲缘关系。DNA 相似性（DNA Similarity）或 DNA 相关性（DNA Relavance）在酵母菌分类中应用较多，通过不同菌株间核 DNA 的杂交亲和率来表示个体间 DNA 碱基序列的相似程度，尤其适用于 GC 值相近的菌种间的分类。目前酵母菌分类学者一般认为，DNA 相似率在 80% 以上的菌株可以确认为属于同一种，在 65%～80% 之间的代表同一种内分化较远的菌株，在 20% 以下则被视为代表不同的种。

核糖体 RNA（rRNA）基因序列分析正被广泛地运用于真菌的系统学研究中。这是因为：①核糖体存在于所有细胞生物中并具有相同的起源与功能，因而可以反映所有物种间具有可比性的进化史；②在真核生物细胞中，rRNA 基因常以串联重复的多拷贝方式存在，容易从微量 DNA 样品中获得扩增；③在 rRNA 基因中有些序列具有高度的同源性或保守性，适于高等级分类单元的研究，并可为不同物种类群间的系统学比较研究提供参考点和设计通用扩增引物，而有的片段则具有较大的变异性，适用于低等级分类单元的研究。rRNA 重复单元中较保守的区域，如小亚基（18S）rRNA 基因，常用于高等级分类单元演化关系的探讨。而其中变异性较大的区域，如转录间隔区（Internally Transcribed Spacer，ITS）或大亚基（25～28S）rRNA 基因的 5′端区段（D1/D2 domain），则常用于种间区分或种间亲缘关系的探讨，ITS 序列已被推荐用于真菌物种鉴定的通用 DNA 条形码。但在部分类群中，如常见的青霉、曲霉和镰刀菌属等，ITS 序列的差异程度不足以将不同种清楚区分开，一些单拷贝蛋白质编码基因，包括翻译因子 1-α（EF1-α）、β-微管蛋白、肌动蛋白、RNA 聚合酶Ⅱ亚基（RPB1 和 RPB2）、微小染色体维持蛋白（MCM7）和钙调蛋白（Calmodulin）等中的一或两个基因，常被作为补充 DNA 条形码用于物种鉴定。线粒体的 rRNA 基因和部分蛋白质，也被应用于真菌的分类和系统发育研究中。

核酸数据的广泛应用主要归功于聚合酶链反应（Polymerase Chain Reaction，PCR）技术的发明。这一技术可从单个孢子或长期保存的干标本提取的 DNA 中扩增出大量目的 DNA 分子或片段。除序列分析外，基于 PCR 技术发展起来的限制性片段长度多态性（RFLP，Restriction Fragment Length Polymorphism）和随机扩增多态性 DNA（RAPD，Random Amplified Polymorphic DNA）等方法，也常用于真菌分类和群体分化研究中。

细胞染色体数目在动物和植物等高等生物的系统学研究中是一重要性状，但因真菌染色体小得多，难以用细胞学等方法确定，因此很少应用于真菌中。利用一个新发展起来的电泳技术，即脉冲电场凝胶电泳（Pulsed Field Gel Electrophoresis），简称脉冲电泳（PFGE）技术，可以在琼脂糖凝胶中用电泳方法分离完整的酵母染色体 DNA 分子，从而估测真菌细胞染色体条数及其大小（见图 6-8）。这一被称为脉冲电泳核型分析（Electrophoretic Karyotyping）的技术也被应用于真菌的分类和遗传变异等研究中。

6.5.4　真菌界及其主要类群

如前所述，传统上生物被分为两界，植物界（Kingdom Plantae）和动物界（Kingdom Animalia），真菌归在植物界内。Whittaker（1969）在 Copeland（1956）四界系统的基础上，建立了对生物的分类产生重大影响的五界系统。Whittaker 主要根据生物体的组织水平和营养方式将原核生物归入原核生物界（Kingdom Monera），将单细胞真核生物归入原生生物界（Kingdom Protista），将多细胞真核生物分为三个界，除光合自养的植物界和摄食营养的动物界之外，将以吸收方式获取营养的真菌从植物界中分离出来，成为一独立的真菌界（Kingdom Fungi）。Whittaker 的五界系统是试图建立单元类群（Monophyletic Group，包括一个祖先和其所有后裔的类群）和构建能反映这些类群间相互关系的等级分类系统的重要开端。然而，这一系统与理想的分类系统尚相距甚远，如单细胞生物和多细胞生物的划分很不自然，包括高等多细胞生物的三个界均是多元类群（Polyphyletic Group，起源于一个以上的祖先）。因此，新的分类系统此后不断地被提出，但是，需要建立多少个界来对所有生物进行分类才合理，仍是一个需要进一步探讨的问题。

传统上所有生物被归入两个域（Domain）：包括所有原核生物的原核生物域（the Prokaryote Domain）和包括所有真核生物的真核生物域（the Eukaryote Domain）。近来 rRNA 基因序列分析和生化特性的比较研究发现那些原来被称为古细菌（Archaebacteria）的生物与其他细菌明显不同，因此 CarlWoess 等于 20 世纪 90 年代将它们独立出来，建立了三域系统，包括细菌域（Bacteria）、古菌域（Archaea）和真核生物域（Eucarya）（见第 2 章）。最近基于物种全基因组序列分析，对生命树进行了重大修订，但真菌代表真核生物域内的一个独立分支，即真菌界，得到了支持。真菌界在演化上与植物界和动物界具有近缘关系，且与动物界的亲缘关系更近。

真菌界作为一个分类单元的概念，近年来也发生了巨大变化。在分子生物学手段应用之前，已发现原来被称为真菌的一些生物，如卵菌和黏菌（Slimemoulds）等，在生物化学和细胞壁组分等方面与其他真菌类群存在根本差异。近来主要基于 DNA 序列的分子系统学研究进一步证实，这类生物与其他真菌没有近缘关系，因此已被排除在真菌界之外。卵菌、丝壶菌和网黏菌被发现与硅藻类（Diatoms）和褐藻类（Brown Algae）具有近缘关系，并构成一个单元类群，被称为茸鞭生物界（Kingdom Stramenopila）或藻物界（Kingdom Chromista）。上述原来被作为真菌的三类生物分别代表这一界中的三个门，即卵菌门（Oomycota）、丝壶菌门（Hyphochytriomycota）和网黏菌门（Labyrinthulomycota）。其他黏菌现在被认为属于原生动物（Protozoa），分别属于黏菌门（Myxomycota）、网柄菌门（Dictyosteliomycota）、集孢菌门（Acrasiomycota）和根肿菌门（Plasmodiophoromycota）。虽然这些类群都被叫作"黏菌"，但它们相互之间看来并不存在什么密切的关系，它们各自的近缘类群现在也还不清楚。虽然原来作为真菌的这些生物不再被包括在真菌界内，但由于它们在形态学、营养方式和生态学等方面与真菌核心类群的相似性，仍然被作为广义上的真菌由真菌学家来研究。壶菌（Chytridiomycetes）、接合菌（Zygomycetes）、子囊菌（Ascomycetes）和担子菌（Basidiomycetes）构成一个单元类群，成为真菌界的核心成员。

近年来，由于真菌和相关类群的基因组，包括环境宏基因组的研究结果，真菌界得到了扩展。专性寄生于动物细胞内的微孢子菌，也被称为微孢子虫，原来被认为属于原生动物，现在一般认为属于真菌界。得益于环境 DNA 测序技术的应用，最近发现了一类未被分离培养，但具有很高生物多样性且普遍存在于土壤、淡水和水体沉积物中的单细胞真核生物。它们与被认为属于真菌界的最原始支系、寄生于壶菌等细胞内的罗兹壶菌（*Rozella*）具有近缘关系，但独立于其他真菌类群形成了一个独特的谱系。这类真菌的发现者为该谱系建立了一个新的门，即隐菌门（Cryptomycota）。

　　基于全基因组序列进行的系统发育基因组学分析，也导致了真菌界分类系统的重大变化，从传统上的四个门，即壶菌门（Chytridiomycota）、接合菌门（Zygomycota）、子囊菌门（Ascomycota）和担子菌门（Basidiomycota），增加到了八个门。由于观点不同，有的分类系统包括 9 个、12 个甚至 18 个门，尚未达到统一。本章采纳相对保守、被广泛认可的八个门分类系统。在上述传统的四个门中，壶菌门、子囊菌门和担子菌门依然保留；从壶菌门中分出了一个门，即芽枝霉门（Blastocladiomycota）；接合菌门分为了两个门，即捕虫霉门（Zoopagomycota）和毛霉门（Mucoromycota）；新增了两个门，即隐菌门（Cryptomycota）和微孢子菌（Microsporidia）。之间的系统发育关系见图 6-32。这里强调了鞭毛的有无在真菌演化上的重要性，认为早期的真菌具有鞭毛，鞭毛的丢失在真菌的演化史中只发生过一次，无鞭毛的真菌类群由具鞭毛的早期真菌类群演化而来，而所有无鞭毛类群起源于一个共同的祖先。

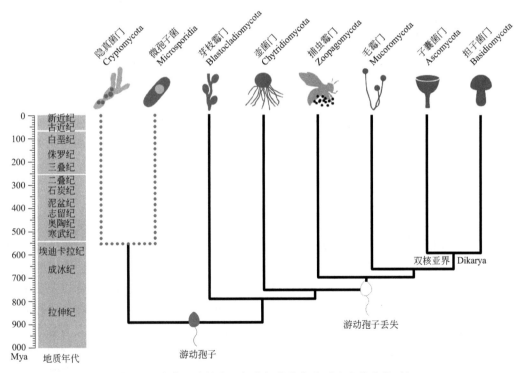

图 6-32　真菌界中的主要门之间的演化关系和大体分化时间
虚线表示系统演化位置尚有疑问（根据 Willis，2018 改编）

　　分子系统学研究表明子囊菌门和担子菌门起源于共同的祖先，形成一个单元类群，并且在其生活史中都具有一个双核阶段，因此为这两个门建立了一个亚界，即双核亚界

（Dikarya）。双核菌丝是由携带不同基因型细胞核的单倍体单核菌丝间的融合和质配形成的，双核状态可持续存在或长或短的一段时间。除这一特征外，该亚界的大多数类群共有的其他特征包括菌丝具有规则的分隔，细胞膜中的固醇是麦角固醇，很多类群可形成多细胞的，甚至表现出初步组织分化的有性或无性繁殖结构。

6.5.5　微孢子菌

　　所有已被描述的大约 1300 种微孢子菌都寄生于动物，特别是昆虫、甲壳类动物和鱼类，有些还会对人体造成机会性感染。微孢子菌是专性寄生的，只在寄主细胞内生长和繁殖；它们缺乏功能性线粒体，需要依赖寄主给它们提供能量。一些微孢子菌的基因组很小，甚至比一些原核生物的基因组还要小，但另一些微孢子菌的基因组则和其他真菌一样大。所有微孢子菌编码蛋白质的基因都相对较少，每个微孢子菌有 2000～3000 个基因。较大的微孢子菌基因组中充满了非编码序列。一些种缺失了许多在其他真核生物中控制基础代谢的基因。有一种微孢子菌（*Enterocytozoon bieneusi*）甚至缺失了糖酵解酶基因，表明这个种完全依赖于它的哺乳动物寄主来获得 ATP 和 NADPH。在动物体内，一些微孢子菌被寄主的线粒体包围，结合在一起的宿主-寄生菌细胞转变成一个巨大的产孢结构，称之为共生瘤。微孢子菌的孢子有一个鱼叉状的感染器官，它由旋卷的极性菌丝组成，这些菌丝展开并穿透寄主的质膜。这些孢子具有很强的抗逆性，并且可以维持侵染性数年。菌丝也为将孢子的细胞质快速转移进寄主细胞提供了导管。

　　关于微孢子菌的系统发育地位尚有争论，而且由于曾经被当作原生动物的历史原因，其命名一直遵循《国际动物命名法规》（*International Code of Zoological Nomenclature*，ICZN），而不是《国际藻类、真菌和植物命名法规》（*International Code of Nomenclature for algae，fungi，and plants*，ICNafp），所以尚未像其他门一样给出一个含有共同后缀（-mycota）的拉丁学名。基因组学研究显示，微孢子菌和真菌的基因具有一些共性，有人认为这些专性寄生菌属于真菌界，它们可能与接合菌有着共同的祖先。但另一些学者认为，它们是真菌的近缘姊妹群。无论微孢子菌的确切进化关系如何，它们与真菌的关系足够密切，因此被作为真菌生物学的一部分。

6.5.6　隐菌门

　　隐菌门由少量已被描述的分类单元和仅在环境样品中检测到的分类单元组成。一个被描述的分类群是罗兹壶菌属（*Rozella*）（图 6-33），该属的种是壶菌门和芽枝霉门内水生游动真菌和卵菌的活体营养（Biotrophic）细胞内寄生菌。隐菌门内已描述的其他属和种很少，但环境样品的分子标记检测显示，在土壤、海洋、淡水沉积物以及贫氧的环境中，均存在这类真菌，并且在系统发育上具有很丰富的多样性。一些在环境样品中检测到的隐菌门真菌产生带有单个平滑鞭毛的游动孢子，但几丁质这种在大多数真菌细胞壁内含有的典型化合物，最初并未在首次观察到的隐菌门真菌中发现。最近的一项研究在这类真菌中发现了几丁质，但仅存在于其附着于异水霉（*Allomyces*）菌丝体上的孢囊期和静止孢子囊的内壁中。目前关于隐菌门的生态学信息仅是推测，因为它们尚未被培养，而不能被培养往往被用来推断属于严格或专性活体营养寄生。由于命名法规的问题，有的学者将这一门的名称改为罗兹壶菌门（Rozellomycota）

　　异水霉罗兹壶菌（*Rozella allomycis*）是隐菌门内少数被描述的种之一，它是异水霉（芽枝霉门）的专性寄生菌，可侵染异水霉生活史的单倍体和二倍体阶段（图6-33）。罗兹壶菌属的其他种侵染卵菌。异水霉罗兹壶菌的侵染过程包括产生有感染性的游动孢子，附着在寄主菌落上，形成孢囊，再通过芽管穿透细胞壁。孢囊的内容物通过芽管进入寄主细胞。在寄主体内，罗兹壶菌产生球形菌体，从寄主细胞质中吸收营养。这些菌体转变为游动孢子囊或厚壁且表面带刺的休眠孢子。

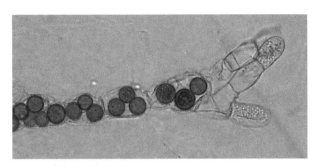

图6-33　异水霉罗兹壶菌在宿主异水霉细胞内形成的休眠孢子囊
（摘自 Spatafora et al.，2017）

6.5.7　芽枝霉门

芽枝霉门和壶菌门中的种类一样都是产游动孢子的水生真菌，以前被归入壶菌门，主要依据分子系统学和系统发育基因组学的研究结果将其独立出来。芽枝霉门真菌生活在淡水、泥和土壤中，营腐生生活，分解植物和动物的残体，或是寄生于节肢动物。这个门内已描述的种不到200个。异水霉属（*Allomyces*）是该门内最常见的一个属，该属广泛分布于全球，以腐生菌的形式存在于水和土壤中。在水样或加入土样的水中加入消毒过的大麻或芝麻种子，可诱集分离这类菌，接着就可在营养培养基上将这些分离物进行继代纯培养。

异水霉属菌体为丝状体，属于外生多中心式发育。菌体具有一组发达、分枝的假根，一个类似树干的基部，其上产生许多侧分枝，通常为二叉式分枝，在分枝上形成繁殖器官（图6-34A）。除了繁殖器官基部和老化的菌丝以外，菌体一般无隔膜。已经发现异水霉属有三种类型的生活史，下面以大雌异水霉（*Allomyces macrogynus*）为例讨论其中的一个类型。大雌异水霉所代表的一个类群（真异水霉 *Euallomyces* 亚属）的生活史表现出明显的世代交替，单倍的配子体（图6-34A，B）与双倍的孢子体（图6-34I）交替。世代交替是陆生植物所具有的特征，对真菌而言这种生活史是很特殊的，仅罕见于这一组真菌中。某些酵母菌，如酿酒酵母的单倍体和二倍体状态均能独立存在并通过芽殖而进行增殖，但它们的生活史所包括的形态学复杂性远不及真异水霉亚属。

真异水霉亚属的孢子体和配子体的形态在繁殖器官形成前是难以分辨的，都具有发达的二叉分支菌丝。同一菌株的配子体和孢子体对一般营养的要求相同，当它们成熟到一定程度，配子体产生无色雌性配子囊和橙色雄性配子囊，它们彼此相隔很近（图6-34B），比例常为1∶1。雄性配子囊的橙色色素存在于细胞质内，是这类真菌合成的 γ-胡萝卜素造成的，细胞质最终分化为雄配子。雄性配子囊明显地小于雌性配子囊，前者可以生在后者上面，如大雌异水霉，也可以长在后者下面，如树状异水霉（*A. arbuscula*）。两种配子囊都把能动的配子（游动配子）释放到水里（图6-34C，D）。

配子为后生单鞭毛，雌雄配子都有一明显的核帽（Nuclear Cap）。核帽是由核糖体聚集在一起形成的聚合体，并被一层膜包裹，这种结构是芽枝霉门的一个识别特征。橙色雄配子的大小约是雌配子的一半，大雌异水霉雌配子的细胞核很大，几乎与整个雄配子一样大。

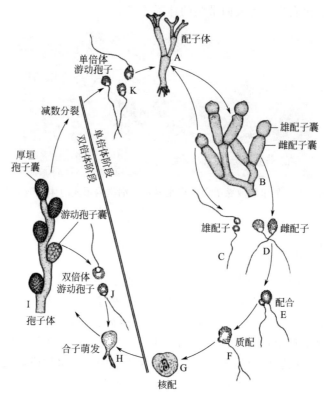

图 6-34　大雌异水霉的生活史
（摘自 Alexopoulos et al，1996）

异水霉属的雌配子囊和雌配子产生一种吸引雄配子的信息素，称为诱雄激素。产生诱雄激素的雌配子游动缓慢，释放后趋向于停留在配子囊边上。结果导致信息素浓度梯度的建立，从而极大地增加雄配子找到雌配子的机会。雄配子也产生一种吸引雌性配子的信息素，称为诱雌激素。这一系统可使受精效率几乎达到100％。配子一旦互相接触，细胞膜很快融合，形成一个双核的融合细胞。每个核有一个明显的核仁。很快开始核的融合，完成核配。核配后，两个核仁随即融合。两个配子的核帽可以融合或不融合。

异水霉属的成熟合子起初是双鞭毛的，最终脱掉鞭毛，静止，不久萌发。首先产生一个芽管，芽管发育成假根（图6-34H）。然后合子的主体增大，长出第一根菌丝，菌丝伸长，二叉分支，发育成二倍体的孢子体（图6-34I）。成熟时，孢子体形成两种不同类型的孢子囊，薄壁、长形、无色的游动孢子囊（有丝分裂孢子囊 Mitosporangium）（图6-34I）和卵形、厚壁的厚垣孢子囊（减数分裂孢子囊 Meiosporangium）（图6-34I），后者含有黑色素，并呈红褐色。薄壁的游动孢子囊形成不久便萌发，释放二倍体游动孢子（有丝分裂孢子），游动一段时间后（图6-34J），静止，长出孢子体，于是重复二倍体世代。厚垣孢子囊在萌发前需要 2~8 周或更长的休眠期。厚垣孢子囊在萌发时进行减数分裂，结果形成单倍体的游动孢子（减数分裂孢子）（图 6-34K），它略小于二倍体游动孢子。单倍体减数分裂孢子萌发则产生配子体，其上再产生配子囊。

细胞学研究证实了减数分裂发生在厚垣孢子囊内，同时也发现真异水霉亚属菌株的两个系列。一类单倍染色体的基本数目是 8，也发现过有 16、24、32 条染色体的菌株，说明出现了多倍体，这是树状异水霉系，其雄配子囊是下位的（位于雌配子囊下方）。在另一系中，基本染色体数是 14，也发现有 28 和 56 条染色体的多倍体，这是大雌异水霉系，其雄配子囊是上位的（顶生，在雌配子囊上面）。还发现过具有其他染色体数的自然杂种。遗传学实验结果证明，最初在爪哇，以后在其他几个相距甚远的地区都发现的爪哇异水霉（A. javanicus），该种是树状异水霉和大雌异水霉的天然杂种。

6.5.8 壶菌门

壶菌门是一类在生活史的某些阶段产生能动细胞的真菌，除少数种产生多鞭毛细胞外，壶菌的每个能动细胞（游动孢子和游动配子）后端均有一根尾鞭式的鞭毛。壶菌门可能是最早的陆生真菌，包括 3 个纲，即壶菌纲（Chytridiomycetes）、单毛壶菌纲（Monoblepharidomycetes）和新丽鞭毛菌纲（Neocallimastigomycetes）。在有的分类系统中将后二者升级为独立的门，但在基于全基因组序列进行的系统发育分析中，这三个类群形成一个高支持度的单系群，只是三者之间确切的演化关系尚不明确。

6.5.8.1 壶菌纲

壶菌常生活于水和潮湿的土壤中，在沟渠、小河和池塘边的土壤中最常见。也常寄生在藻类和卵菌上，少数寄生在维管植物、动物和原生动物上。已有约 1000 种壶菌被描述。壶菌是一类微小和难以被发现的真菌，很容易被忽视，但它们却是一个有重大生态经济意义的类群。壶菌中的植物病原菌可引起马铃薯癌肿病等，最近引起广泛关注的一种壶菌是蛙壶菌，它可感染两栖动物，在世界范围内引起两栖动物种群数量的严重下降。

6.5.8.2 营养体形态与结构

不同种类的壶菌营养体在形态上差异很大，有些种是单细胞的，呈球形或卵形 [图 6-35（a）]，有的为伸长的单菌丝状，有些种无假根（Rhzoids），有些种则具有简单或复杂的假根 [图 6-35（b）]。假根是由渐尖的含原生质的无核丝状体组成的，因种而异，假根可以是简单不分枝的，或是发育完好的，具有简单至复杂的二叉分支，后期可形成隔膜与菌体分开。假根起着固定菌体于基质上的作用，并从基物中吸收营养。大多数形态结构简单的壶菌是内生的（endogenous），完全生活于其寄主细胞内或死的基物内 [图 6-35（a）]，菌体在初期可能是无壁的，但成熟后被细胞壁所包被。其他种类是外生菌，部分菌体生长于寄主体表上或死体有机质碎片上，另一部分菌体（营养吸收结构）插入其生活的活体或死体组织。有些内生壶菌是整体产果的，在进行繁殖时，整个菌体转变为一个或多个繁殖结构，整体产果壶菌均无假根；其他一些种类是分体产果的，菌体只有一部分转化为繁殖器官，这类壶菌多为具假根的外生菌。大多数壶菌在一个菌体上只产生一个繁殖结构，称为单中心式（Monocentric）；有些壶菌在菌体的不同部位产生多个繁殖结构，则称为多中心式（Polycentric）。壶菌菌体无论简单还是复杂，典型的均为无隔多核结构，称为多核体（Polykargon）。但具有繁杂菌丝体的形态复杂的壶菌，尽管其菌丝体是无隔多核的，但每一繁殖器官的基部还是有规律地形成一个分隔，隔膜也可散见于菌丝的老化部分。此外，最复杂的种类其菌丝体还会产生假隔膜，这些隔膜状隔断或栓塞出现于菌丝间隔处，其化学组成却与菌丝细胞壁不同。

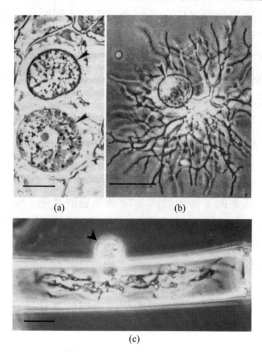

图 6-35 壶菌营养体（箭头处）

(a) 生长于马铃薯寄主细胞内的内生集壶菌（*Synchytrium endobioticum*），标尺 ＝10μm；（b）生长于营养液中的 *Spizellomyces* sp.，示其发达的假根，标尺＝5μm；（c）生长在死的藻细胞上的绿藻壶菌（*Chytridium lagenaria*），标尺＝10μm。(a，源于 Lange，1987；b，c，源于 Barr，1990)

6.5.8.3　无性繁殖

　　壶菌的无性繁殖方式为在孢子囊中产生游动孢子。在整体产果的壶菌中，整个菌体转化为一个孢子囊（图 6-36）。当孢子囊释放时，游动孢子通过一个或多个乳突逸出［图 6-36（a）］。释放游动孢子的乳突在孢子囊壁上形成或在孢子囊长出的小管顶端形成。有些种类的孢子囊形成一个十分规则的圆帽，称为囊盖（Operculum），游动孢子通过此结构而释放。形成囊盖的种称为有囊盖壶菌。多数壶菌不形成囊盖，而是通过孢子囊壁上的小孔或乳突融解时形成的释放管释放其游动孢子，我们称这些种为无囊盖壶菌。游动孢子从孢子囊中逸出后经过一段时间的游动，静止，缩回或脱掉鞭毛，通常经过一个短时间的休止期后便开始萌发。

　　壶菌游动孢子的后生鞭毛为尾鞭型，其中是由微管形成的 9＋2 结构轴纤丝，其基部连在称为动体（Kinetosome）或基体（Basal Body）的中心粒（Centriole）上（图 6-37），动体通过各种丝状物和微管将鞭毛固定在游动孢子细胞质内。绝大多数壶菌的游动孢子还具有一个次生基体，位于与鞭毛相连的基体附近。壶菌的每个游动孢子均含有单个细胞核，核的形状和位置因种而异。游动孢子中的细胞器包括至少一个线粒体、许多微体、内质网和一个大的脂肪体，或者多个位于游动孢子内特定区域的小脂肪体。在所有需氧壶菌的游动孢子中，脂肪体与微体、线粒体及具膜囊腔紧密相连，形成所谓的微体-脂质小球状复合体（Microbody-Lipid Globule Complex，MLC）。复合体可能与游动孢子游动过程中利用贮存的脂肪和调节钙的水平有关。另一种似乎是壶菌游动孢子所专有的细胞器，即 γ 粒，它是一种膜包被的微小细胞器，有一电镜下不透明的帽状内含物。据报道，γ 粒贮存蛋白质。

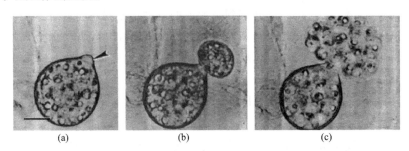

图 6-36　雅致小诺壶菌（*Nowakowskiella elegans*）的游动孢子囊（a）和游动孢子的释放（b，c）箭头示乳突。标尺＝10μm（摘自 Lucarotti 和 Wilson，1987）

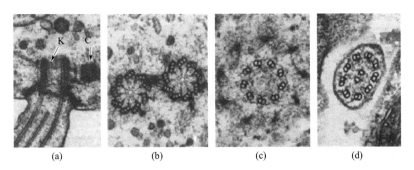

图 6-37　游动孢子基部及其鞭毛的透射电镜图像
（a）鞭毛基部的动体（K）及其旁边的无功能中心粒（C）；（b）动体及无功能中心粒的横切面；（c）临近动体的鞭毛横切面；（d）游动孢子体外的鞭毛横切面（摘自 Barr DJS 和 Hadland-Hartmann VE，1978，Can. J. Bot. 56：887-900）

6.5.8.4　有性生殖

只有很少的壶菌被发现可进行有性生殖，很多壶菌可能不进行有性生殖或其有性阶段尚未被认识。已报道的壶菌有性生殖是以各种不同方式来完成的，概述如下。

（1）游动配子配合

一般是同型游动配子配合，两个形态相似但生理不同的游动配子在水里结合形成一个能动合子，在某些种里，来自同一配子囊的配子不能结合。

（2）配子囊配合

两个配子囊结合后，其中一个配子囊把它的全部原生质体输送到另一个配子囊中去。

（3）体细胞结合

营养体结构的简单融合，在某些壶菌中，假根丝状体融合，然后形成休眠孢子，例如晶壶丝菌（*Chytriomyces hyalinus*），两个菌体的假根相互接触并融合，在结合点形成合子，两个菌体的内含物通过假根流向发育中的合子。

在壶菌的有性生殖过程中，合子形成后，往往转化为休眠孢子（Resting Spore）。

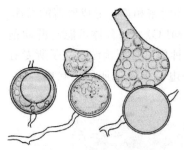

图 6-38 大孢小诺壶菌
（*Nowakowskiella macrospora*）
休眠孢子的萌发过程
（摘自 Karling JS，1954，
Am. J. Bot. 32：29-35）

休眠孢子的特征为具有油滴状内含物和增厚的光滑或具有各种纹饰的细胞壁，可以是无色的，或呈浅至深的黄色或褐色。萌发时，休眠孢子裂开或形成一个孔口露出内含物。在有些壶菌中，一个薄壁的游动孢子囊通过休眠孢子壁上的开口突出来，然后休眠孢子中的原生质全部转移到新形成的游动孢子囊内，并在其中形成游动孢子（图 6-38）。在少数壶菌中，游动孢子在休眠孢子中直接形成并释放出来。每个游动孢子可长出一个新的菌体。

6.5.8.5 单毛壶菌纲

该类真菌多为淡水环境中的腐生菌，生活于浸水枝条和水果上，已描述了大约 30 个种，可用大麻或芝麻种子作为诱饵从水里的土壤样品中分离。在已建立的 6 个属中，三个属的菌体是单细胞的，另三个属是丝状的。丝状单毛壶菌是在已描述的壶菌类真菌中仅有的拥有真菌丝的类群，并同时具有一些独特的细胞学特性，包括具有中心粒，但缺少顶体（Spitzenkörper），有人据此认为这类真菌可能是独立起源。单毛壶菌纲的有性生殖方式也是独特的，一个不动的雌性配子囊和一个具鞭毛的游动雄配子交配，类似于受精作用。其中一个典型的种是多形单毛菌（*Monoblepharis polymorpha*）（图 6-39），具有发达的多分枝的菌体，菌丝中的原生质因高度液泡化而呈泡沫状。菌丝顶端产生单个游动孢子囊，用一隔膜与菌丝分开。游动孢子从孢子囊顶端释放，短暂游动后变成球形，通过一个萌发管萌发，产生一个新的菌体。产生游动孢子囊的菌体在高温下也可产生配子囊，长形的雄性配子囊生于较大的圆形卵状雌性配子囊上［图 6-39（a）］。在配子囊中形成的单鞭毛配子成熟并释放，单个雄配子使膨大的雌配子受精，形成二倍体的合子。合子相当于一个休眠孢子，萌发时产生菌丝，形成新的菌体。减数分裂的部位尚未确定，但可能发生于合作细胞核的早期分裂阶段。

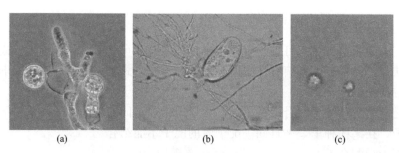

图 6-39 单毛菌纲和新丽鞭毛菌纲的代表种
（a）多形单毛菌（Marilyn M. N. Mollicone 摄）；（b）一种新丽鞭毛菌（*Neocallimastix* sp.）的单中心菌体和其假根（Gary Easton 摄）；（c）一种新丽鞭毛菌的多鞭毛游动孢子（Gary Easton 摄）

6.5.8.6 新丽鞭毛菌纲

在这个高度特化的类群中有约 20 个种，它们均是严格厌氧真菌，生活在食草动物的消化道中。它们产生纤维素酶和木聚糖酶，以降解宿主所食饲料纤维中的多糖物质产

生单糖。基因组学研究表明，这些厌氧真菌的植物纤维降解酶基因中的许多成员是通过横向转移从草食动物消化道内的细菌中获得。因其植物纤维物质的降解能力，这类真菌的工业应用潜力受到关注。这个门的一些种产单鞭毛的游动孢子，另一些种产多鞭毛的孢子。它们都缺少真正的线粒体，而含有源自线粒体的氢化酶小体。由于生活于动物体内，这类真菌具有高于其他真菌类群的最适生长温度。

新丽鞭毛菌纲的系统发育地位或分类学地位尚在争论之中，有学者认为其代表一个独立的门，即新丽鞭毛菌门，是壶菌门的姊妹群。应用分子钟进行的起源时间推测表明这一类群的起源时间较晚，其分化可能与禾本科草类植物和食草动物的出现有关联。据此推测，这一高度特化的谱系可能起源于另一个具有游动孢子的真菌类群，但其具体的祖先尚有待揭示。

6.5.9 捕虫霉门

传统上接合菌类真菌被归入一个门，即接合菌门。这类真菌是失去鞭毛，开始适应陆地环境的早期丝状真菌类群。近年来的分子系统学和系统发育基因组学研究显示，这类真菌并不属于一个单系群。不同的学者对其进行了不同的分类学处理，这里采纳将其分为两个门，即捕虫霉门和毛霉门的分类系统。

捕虫霉门是非鞭毛真菌中一个最早分化出的陆生真菌类群，可形成真菌丝，大多数成员是腐生的，也可寄生于后生动物（Metazoan）、变形虫或其他真菌上。该门分为三个亚门，即捕虫霉亚门（Zoopagomycotina）、梳霉亚门（Kickxellomycotina）和虫霉亚门（Entomophthoromycotina）。三者之间并没有共同的形态学特征，而是因其系统发育关系的相关性而组合在一起。

捕虫霉亚门中的种可捕食线虫线、线虫卵或变形虫［图6-40（a）］，有的种可寄生在毛霉上。其菌丝较细，为多核体（多个细胞核共处于未被分隔开的细胞质内），在其寄主上或寄主内产生吸器（Haustorium）。通过形成分生孢子或孢囊孢子进行无性繁殖。与梳霉亚门的种一样，在柱孢子囊内产生孢囊孢子［图6-40（b）］。若有有性生殖阶段，则通过形成接合孢子进行。

梳霉亚门的种一个共有的特征是菌丝被形态独特的隔膜规则地分隔开，隔膜孔具有一个双凸透镜状隔膜塞。有些种生活于节肢动物水生阶段的消化道内，以前曾被归在毛菌纲（Trichomycetes）内；有些种是其他真菌的寄生菌；还有些种是腐生菌，常见于土壤和粪便中。节肢动物寄生或共生类群往往具有分枝的丝状菌体，通过菌体的断裂形成节孢子进行无性繁殖；或者通过产生具有发状附属物，被称为毛孢子（Trichospore）的无性孢子进行无性繁殖［图6-40（c）］。寄生于其他真菌的种和腐生种往往产生独特的孢子囊，称为柱孢子囊（Merosporangium）。这种柱状的孢子囊常成簇地产生于一个鳞茎状的结构上，其中产生一个或多个串珠状排列的孢囊孢子［图6-40（d）］。

虫霉亚门也与动物有关，可从动物粪便中分离出来，或者是昆虫的病原体和寄生物。许多物种具有腐生阶段，常从土壤中分离出，并可以纯培养的方式进行保存。有些种类产生初生分生孢子，由其产生并强力弹射单个孢子，如果孢子落在合适的基质上，将发芽形成菌丝体，否则将反复发芽，形成次生分生孢子［图6-40（e）］。在某些情况下，强力弹出的分生孢子会产生非强力弹射的具毛梗分生孢子（Capilliconidium），这些分生孢子可附着在昆虫的外表面。当昆虫被食虫动物吞噬，其上的真菌通过肠道随粪

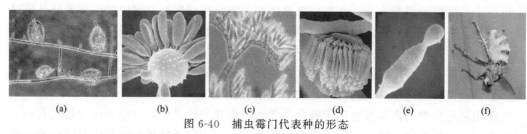

图 6-40　捕虫霉门代表种的形态

捕虫霉亚门：（a）侵染几个轮虫的 *Zoophagus insidians* 的菌丝，（b）*Rhopalomyces* 属一个种的孢子囊。梳霉亚门：（c）*Zygopolaris* 属一个种的菌体和毛孢子，（d）*Linderina* 属一个种的柱孢子囊。虫霉亚门：（e）*Basidiobolus* 属一个种的次生分生孢子，（f）侵染苍蝇的苍蝇虫霉（*Entomophthora muscae*）（摘自 Spatafora et al.，2017）

便排出体外，由此得以扩散。典型的虫霉亚门真菌是昆虫病原菌［图 6-40（f）］，它们通过孢子感染宿主，并在宿主内繁殖，形成一到两个细胞的菌丝体，菌丝体也可以成为配子囊。宿主死亡后，菌体穿透角质层节段并破裂，产生强力弹射的初生分生孢子。被感染的宿主通常会移到高的位置，这种现象被称为高峰病（Summit Disease）。这种行为可能是被病原菌诱导的，以便有利于病原菌孢子的扩散。

6.5.10　毛霉门

毛霉门是接合菌中包含种类最多、形态最多样化的一个门。与捕虫霉门不同，毛霉门中的真菌多与植物相关或生活于与植物相关的生态环境中，如形成菌根菌、根内生菌和植物物质降解菌等。有些种类可感染人、动物和其他类群的真菌，但一般是条件致病菌。该门包括三个亚门，即球囊霉亚门（Glomeromycotina）、被孢霉亚门（Mortierellomycotina）和毛霉亚门（Mucoromycotina）。

6.5.10.1　球囊霉亚门

包括与植物共生形成内生菌根（Endomycorrhizae）的接合菌。这一类真菌有时被称为"VAM 真菌"，因为其形成的菌根常被称为泡囊丛枝菌根（Vesicular-Arbuscular Mycorrhizae）（图 6-41）。据估计，在植物中，70% 的科可形成泡囊丛枝菌根。球囊霉可与大多数具有重要农业经济意义的被子植物、一些裸子植物、部分苔藓和羊齿类植物甚至个别藻类形成菌根关系。与外生菌根（Ectomycorrhizae）不同，VAM 真菌不明显改变其伴生植物根的外部形态，也不形成外罩或哈蒂氏网（Hartig Network）。这类菌根真菌菌丝既在皮层细胞间生长，也可穿过细胞壁在细胞内生长，导致寄主细胞原生质膜向内凹入。它们产生高度分枝的吸器状结构，称为丛枝（Arbuscule）［图 6-41（b）］，有时菌丝末端膨大形成泡囊［图 6-41（a）］。泡囊可形成于寄主细胞壁间或壁内，里面富含脂肪类物质，被认为是用来储存能量的结构，以备植物代谢物供应不足时取用。但并不是所有的种都产生泡囊，因此现在有人倾向于将这类菌根称为丛枝菌根（Arbuscular Mycorrhizae），将所涉及的真菌简称为"AM 真菌"。丛枝为高度分枝的特化菌丝，穿过细胞壁向细胞内延伸，使寄主细胞原生质膜充分内凹，但不破裂，使真菌菌丝与植物细胞原生质保持隔离。这种专化的菌丝分枝在真菌和植物细胞原生质膜之间制造了一个很大的接触面，有利于促进真菌和植物之间代谢物和营养成分的双向转移。然而，丛枝的寿命很短，只可存活两周左右的时间，然后自溶，或被植物细胞消化，在其所生活过的寄主细胞中可见树桩样残迹。

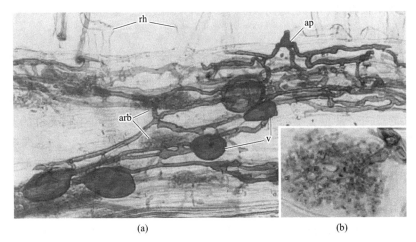

图 6-41　与苜蓿根共生的泡囊丛枝菌根真菌
（a）表示侵入点（ap）及在根皮层细胞内增殖的菌丝、泡囊（v）和丛枝（arb）；
（b）一个丛枝的放大图像（摘自 Deacon，1997）

　　AM 真菌和其寄主之间通过丛枝交换营养，真菌从植物细胞中获得糖类，而植物也从真菌处得到矿物质营养成分及其他好处。从根内向外面的土壤中伸出的菌丝极大地增加了植物吸收水分和营养物能力，主要可能是磷的潜力。电子显微研究发现菌丝中存在多聚磷酸盐颗粒，但丛枝中不存在。在植物对接种 AM 真菌产生明显的生长反应之前，可观测到真菌菌丝中碱性磷酸酶活性的显著提高。也有研究表明真菌菌丝可以从根际土壤中的其他真菌、细菌、放线菌、藻类和蓝细菌中吸收代谢产物并传送给其寄主植物。有证据表明内生菌根可产生抗生物质，有助于植物抵抗根际病原，包括各种致病真菌和线虫等。

　　球囊霉亚门传统上被认为属于接合菌，但其是否可通过形成接合孢子的方式进行有性生殖尚未被证实。它们可在土壤中产生孢子、厚垣孢子等无性繁殖结构，大多数产生单生的孢子，少数形成孢子果（Sporocarp），有些种还产生被称为拟接合孢子（Azygospores，又称单性接合孢子）的结构，但其属性尚不确定。AM 真菌在土壤中普遍存在，但由于它们在地表下产生的孢子或孢子果很小，而且是专性活体营养寄生菌，不能被人工培养，所以只有用特殊的技术才能检测到。常用对土样进行湿筛和滗析的方法来收集小的孢子果和自由孢子。由于这些真菌不能被培养，与其寄主一起进行盆栽（Pot Culture）是目前实践中唯一一种供养这类真菌以对其进行研究的方法。

　　AM 真菌虽是专性活体营养寄生菌，但同一个种的寄主却惊人的广泛，在实验室条件下，一株生长于番茄上的 AM 真菌，也可生长于美国梧桐或几乎其他任何植物上。尽管在自然界中 AM 真菌可能存在对一些寄主或生境的偏好，其寄主的非专一性，仍与其他活体营养专性寄生真菌明显不同。

　　主要基于小亚基 rRNA 基因序列的研究发现这类真菌具有很古老的起源，可追溯到早期的陆地生植物，据此认为这类真菌对早期陆地植物的演化和陆地生态系统的建立做出了重要贡献。早期基于小亚基 rRNA 基因序列构建的真菌系统演化树显示，AM 真菌形成一独立于接合菌和其他真菌类群的分支，因此有学者为这类真菌建立了一个独立的门，即球囊菌门（Glomeromycota）。但基因组规模的系统发育分析和基因组内容分析支持丛枝菌根真菌属于毛霉门。

6.5.10.2 被孢霉亚门

该亚门的真菌属于常见的土壤真菌，在形态和生态上与毛霉亚门类似。它们产生的接合孢子和孢子囊类似于毛霉亚门中的一些种类，因此被认为属于典型的接合菌，曾被归入毛霉亚门。但是分子系统发育和基因组规模的系统发育分析都明确支持该类真菌代表一个独立的亚门。甚至更早的生化研究也发现了被孢霉类群和毛霉类群的差异，因为前者在细胞膜中含有固醇（Sterol）而不是麦角固醇（Ergosterol）。被孢霉亚门中的真菌已被证明是植物的根内生菌，但它们对宿主适应性的影响仍然未知。被孢霉也是脂肪酸，尤其是花生四烯酸的高产者，并被用于花生四烯酸的工业生产。

6.5.10.3 毛霉亚门

该亚门中的种具有发育良好的菌丝体，一般无隔。大部分为腐生菌，生长于粪便、土壤、腐殖质及其他有机物残体上。少数种，如瓜笋霉（*Choanephora cucurbitarum*），是植物病原菌，侵染葫芦及许多其他重要经济植物的花和果实，导致相当严重的损失。不少种还是水果和蔬菜在储藏和运输过程中的严重致腐菌。有些种可寄生在蘑菇上，还有些种，包括毛霉属（*Mucor*）、根霉属（*Rhizopus*）和梨头霉属（*Absidia*）等中的种，是人类的致病菌。一些毛霉菌被用于化工产品和食品的生产中，许多种可生产重要的工业产品如淀粉酶、凝乳酶、有机酸和多种次生代谢产物。匍枝根霉（*Rhizopus stolonifer*）被用来进行反丁烯二酸的生产和可的松的制造过程中，有些毛霉也可产生柠檬酸、琥珀酸和酢浆草酸等。根霉和毛霉属的一些种可以糖化稻米，并将产生的糖转化为乙醇。还有些种，特别是在亚洲，被用于许多大众食品的制作过程中。

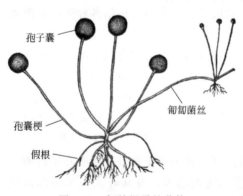

孢子囊

孢囊梗

假根

匍匐菌丝

图 6-42 匍枝根霉的菌体

毛霉亚门真菌具有发育良好的菌丝体，菌丝体在初期典型的为无隔的多核体。在后期则产生分隔用以隔离孢子囊或配子囊，或隔离老化菌丝。毛霉亚门的菌丝间很少发生菌丝融合，因此不像大多数其他丝状真菌那样形成相互交联的菌丝网。有些种在菌丝体与基物的接触处或遇到硬的表面时产生假根，以使菌丝体牢固地附着，两组假根之间通过菌丝相互连接，这种连接菌丝叫作匍匐菌丝（Stolon）（图 6-42）。

有些毛霉亚门真菌是二型性的，除以丝状菌丝体的形式存在外，在一定条件下，也以单细胞的酵母菌形式存在。这种二型性现象在蒲头霉属（*Mycotypha*）和 *Benjaminiella* 属中较普遍，当将其孢子接种到高营养培养基上时，就会形成酵母样细胞。在实验室中也可以观察到鲁氏毛霉（*Mucor rouxii*）的二型性现象，用穿刺接种方法将其接种到盛有琼脂培养基的三角瓶的深处时，可发现在接近琼脂表面处，菌丝生长占优势，但在琼脂深处的高 CO_2 和低 O_2 环境下，只有酵母样细胞生长。

6.5.10.4 无性繁殖

典型地通过在孢子囊中形成不动孢子进行无性繁殖。孢子囊生于称为孢囊梗（Sporangiophore）的专化菌丝顶端。大多数种的孢子囊为较大的球形结构（图 6-43），内含

大量孢子。典型的毛霉亚门真菌的孢子囊内还含有一称
为囊轴（Columella）的圆顶状结构（图 6-43），这种结
构通常为孢囊梗的延伸物。孢子囊成熟后其外壁往往消
失或溶解，但有的种保持完整。孢子囊和孢囊梗的形态
是鉴定毛霉亚门真菌的重要依据。多数种的孢囊梗为一
简单菌丝，在连接孢子囊处缢缩。有些种的孢囊梗紧挨
孢子囊下面的一段变宽而形成囊托（Apophysis），囊托
的存在常使孢子囊呈卵形或倒梨形。还有些种的孢囊梗
在孢子囊下面膨大形成孢囊下泡囊（Sub-Sporangium
Vesicle）。

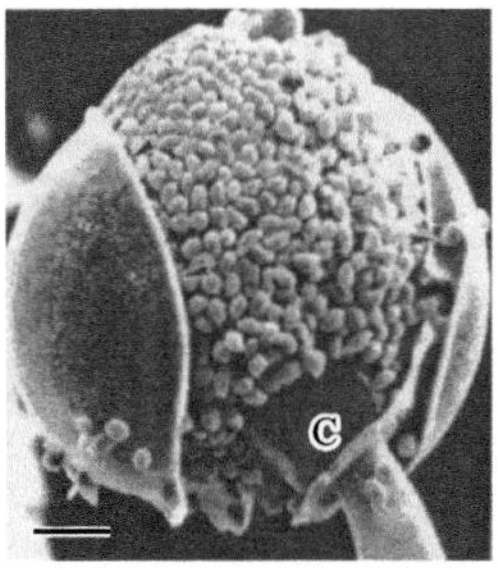

图 6-43　开裂的桃吉尔霉
（*Gilbertella persicaria*）的孢子囊
表示内含的大量孢子和囊轴（C），
标尺＝10μm（K. L. McDonald 摄，
摘自 Alexopoulos et al.，1996）

6.5.10.5　有性生殖

如上所述，接合菌的典型特征就是以形成接合孢子的方式进行有性生殖。毛霉亚门
中的种有些为同宗配合，有的为异宗配合。接合孢子的产生起始于两个多核配子囊的融
合，配子囊在结构上相似，但大小上可能不同。配子囊的产生方式因种而异，有的产生
于普通的营养菌丝上，有的则产生于专化的称为接合孢子梗（Zygophore）菌丝分枝
上。接合孢子梗常产生于旺盛生长的菌丝近顶端，一旦形成，则表现出很强的接合趋性
（Zygotrophic），具有相对交配型的两个接合孢子梗朝对方所在方向定向生长以相互靠
近。当可亲和的接合孢子梗相互接触后，其顶端肿大形成原配子囊（Progametanium），
两个原配子囊顶端壁融合为一个共同的隔膜，称为融合膜（Nexus）［图 6-44（a）］。
每个原配子囊在靠近顶端处形成隔膜，分隔出配子囊，后面剩余的部分则成为配囊柄
（Suspensor）［图 6-44（b）］。融合膜然后在酶的作用下从中间开始消解，两个配子囊
的原生质混合完成质配，最终进行核配。两个配子囊融合后产生的细胞即合子，开始是
薄壁的，随着合子发育为接合孢子囊，在原来薄细胞壁的里面形成一层厚壁。新细胞壁
物质不均匀沉积而使接合孢子囊壁产生各种各样的纹饰，并使接合孢子囊的颜色加深
［图 6-44（c）］。随着接合孢子囊的增大，原来的外壁将散落。

接合孢子囊的壁可以是黑褐色（碳质）的，也可以是浅色（非碳质）的。成熟的孢
子囊一般是球形或近球形的，内含一个透明的接合孢子。接合孢子特征性地具有一单个
的偏圆心球状液滴，在有的种也可能存在较小的液滴。在有的毛霉中，可产生一种与接
合孢子囊外表相似的结构，称为单性接合孢子，它们由单性生殖发育而来，没有质配和
核配过程，往往只有一个发育完好的配囊柄。

配囊柄的形态多种多样，有的还可产生各种各样的附属物。接合孢子的配囊柄可以
是相对的，也可以是并列的（图 6-45）。具有相对配囊柄的接合孢子常形成于基物表面
之上，而具有并列配囊柄的则常形成于基物之内。对大多数接合菌来说，同一对配囊柄
在形态和大小上是相似的，而在少数种内，配对的两个配囊柄在形态和大小上具有很大
差异。在有些属中，配囊柄上长出附属丝将接合孢子囊包裹起来（图 6-45）。

毛霉亚门接合孢子的萌发往往很困难，其所需要的必要生理条件还不是完全清楚，
似乎不同的种具有不同的要求。有的种接合孢子成熟后休眠一周左右可萌发，有的则需
要 6～7 个月。有时干燥、划破或挤压可刺激萌发。接合孢子的萌发方式因种而异，或
产生一萌发菌丝，或产生一芽孢子囊或小型孢子囊。减数分裂发生于接合孢子内或萌发

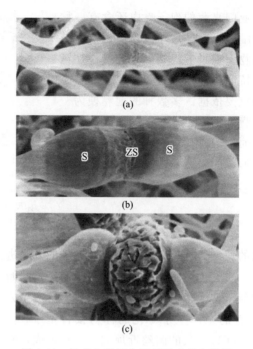

图 6-44　桃吉尔霉接合孢子形成的各阶段

（a）相对菌丝上的两个原配子囊已结合；（b）接合孢子（ZS）已形成，随着接合孢子的发育
外壁开始断裂，注意配囊柄（S）；（c）接近成熟的接合孢子（K. L. O'Donnell 摄）

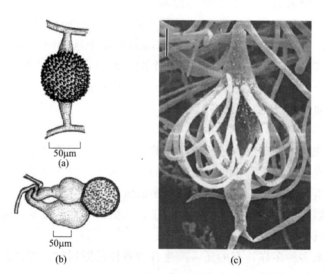

图 6-45　毛霉的配囊柄类型

相对配囊柄（a）和并列配囊柄（b）示意图，以及具其附属丝的配囊柄
（c）形成的幼接合孢子囊（K. L. O'Donnell 绘和摄）

时。同一芽孢子囊内产生的孢子具有相同或不同的交配型，同宗配合的种所产生的孢子萌发为同宗配合菌丝体。以 *Mucor mucedo* 为代表的一些异宗配合的种在芽孢子囊内只产生一种交配型的孢子，要么为"＋"，要么为"－"；以 *Phycomyces nitens* 为代表的另外一类异宗配合的种，每个芽孢子囊内含有至少三种类型的孢子，"＋"、"－"和"＋－"。*Rhizopus stolonifer* 的情况较特殊，其芽孢子囊内或含有一种交配型的孢子，

或含有"＋""－"两种交配型的孢子。在有性生殖过程中,减数分裂理论上应发生在芽孢子囊产生孢子之前,因此在所产生的孢囊孢子中,两种交配型的比例应接近 1:1,但这一比例不是总能观察到。由于诱导接合孢子萌发很困难,阻碍了对交配型因子分离机制的透彻了解。

6.5.10.6 生活史

下面介绍常见的毛霉亚门中的种匍枝根霉的生活史(见图 6-46),并借此作为对上述讨论的总结。当孢子囊壁消解后,球形至卵形、多核的孢囊孢子释放出来(图 6-46C),在适宜条件下萌发,产生芽管(图 6-46D),然后发育为蓬松的、高度分枝的白色气生菌丝体(图 6-46A),从菌丝体长出很多气生匍匐菌丝,匍匐菌丝在一定位点产生假根,在假根正上方产生一至数个孢囊梗(图 6-46B),每个孢囊梗成熟后顶端膨大,发育为孢子囊,随着孢子囊的发育,大量细胞质带着许多细胞核流向年幼的孢子囊,并主要集中在周边。孢子囊中央部分开始高度液泡化,最终被一个壁包围将其与周边部分隔离开,被包围的中央部分发育为囊轴,周边部分为生孢子区域,被分隔为大量多核的小区域,每一小区域最终被壁包围,成熟为孢囊孢子。孢子囊壁破裂后释放出孢囊孢子,完成一个无性循环。

匍枝根霉为异宗配合真菌,需要两个可亲和的个体,"＋"菌株和"－"菌株的配合进行有性生殖。当两个可亲和的配囊柄接触后形成原配子囊(图 6-46E),接着分隔出配子囊,配子囊融合形成原接合孢子囊,质配后一个"＋"核与一个"－"核配对,形成数个细胞核对,每对中的两个核融合产生二倍体核,同时幼嫩的接合孢子囊显著增大,细胞壁加厚,表面变成黑色并产生疣的纹饰,成为成熟的接合孢子囊,内含一单个的接合孢子。匍枝根霉的接合孢子在活化前显然需要一个休眠期,在 21℃ 的实验室条件下,1～3 个月后才可萌发。萌发时,接合孢子囊裂开,从接合孢子长出一个孢囊梗,在其顶端产生一个芽孢子囊。减数分裂发生于接合孢子萌发过程中,前面已提到,匍枝根霉的芽孢子囊内产生的孢子可以全部是"＋"孢子,或全部是"－"孢子,或两种类型的孢子都有。

6.5.11 子囊菌门

子囊菌门是真菌中最大的一个类群,包括从单细胞的酵母菌到各种丝状的霉菌、白粉菌、盘菌以及美味的羊肚菌和块菌等。子囊菌门与其他类群的真菌最基本的区别为有性生殖时产生子囊(Ascus),子囊为一袋状结构,内含子囊孢子。丝状子囊菌具有规则分隔的菌丝体,隔膜具有简单隔孔,并伴生有沃鲁宁体,细胞壁主要组分为几丁质和葡聚糖,但酵母状子囊菌的细胞壁组分主要为葡聚糖和甘露聚糖。还有一个与担子菌共有的重要特征为生活史中经历双核期。

6.5.11.1 生境与重要性

子囊菌在地球上具有非常广泛的分布,在一年中的大部分时间里和各种各样的生境中,都可发现子囊菌。大部分为陆生,但也有相当数量的种类生长于淡水或海水中。许多种为腐生菌,多生长于植物残体或碎片上,或动物粪便上。很多腐生子囊菌具有基物或生境专化性,在自然界,有些种只生长于一定植物种类的枯死部分,甚至局限于特殊的部位,如叶柄上。生长于树皮、木材和叶片上的子囊菌分别被称为树皮生、木生和叶

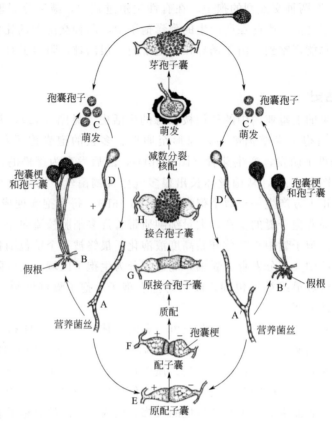

图 6-46　匍枝根霉的生活史

（摘自 Alexopoulos et al.，1996）

生子囊菌。有些种常见于粪便上，称为粪生子囊菌，有的种甚至只局限于一定种类的草食动物粪便上。还有的子囊菌只在刚过火不久的地方产生子囊果。

寄生子囊菌可引起严重的动植物病害，此外，一些子囊菌还与植物建立长期的共生关系，包括形成菌根和内生菌等。相当多的子囊菌于绿藻或蓝绿藻建立共生复合体，形成地衣（Lichen）。子囊菌也与动物，特别是昆虫共生，有的子囊菌还专门捕食线虫。

子囊菌与人类生活具有密切关系。可降解纤维素的子囊菌，如毛壳菌和木霉等，会导致纤维织物的损坏。有些子囊菌可引起破坏性的植物病害，如栗树疫病、苹果疮痂病、白粉病、玫瑰黑斑病、榆树病、桃叶卷曲病等。一些子囊菌可直接引起人类疾病，如常见的皮肤癣病和脚气病等。一种感染免疫系统受到抑制者而引起恶性肺炎的病原菌——卡林肺炎囊菌（*Pneumocystis carinii*），最近被确认属于子囊菌。许多以前从未被怀疑为致病菌的种，近来发现可感染免疫系统被抑制或削弱的病人，这些种类包括我们呼吸的空气中广泛存在的普通分生孢子产生菌。

子囊菌与昆虫也具有密切的关系，有些种为昆虫提供食物，虫囊菌目（Laboulbeniales）中的种是昆虫的活体营养寄生菌，而白僵菌属（*Beauveria*）、绿僵菌属（*Metarrhizium*）和镰刀菌属（*Fusarium*）中的一些种在适当的环境条件下可杀死昆虫，已被用作或正被研究用作生物杀虫剂。另一方面，一些土居动物，包括蚂蚁，可分泌抑制菌丝生长的化合物。

酵母菌的发酵能力是酿酒业和面包焙制业发展的基础，其他子囊菌也给我们提供了大量有用代谢产物，如青霉素、头孢霉素和灰黄霉素等抗生素。一些子囊菌，如酿酒酵母、粗糙脉孢霉和构巢曲霉等作为模式生物在科学研究中发挥了重要作用。

6.5.11.2 营养体结构

子囊菌的营养体结构形态多样，有些是单细胞酵母菌，但多数具有丝状菌丝体，还有少数种是二型性的。丝状子囊菌的细胞壁主要由几丁质构成。在以酿酒酵母为代表的子囊菌酵母中，细胞壁多糖的主要组分为甘露聚糖和 β-1,3-葡聚糖，只在芽痕处存在很少量的几丁质。

酵母状和丝状子囊菌在营养体阶段已具有一些区别于酵母状和丝状担子菌的特征性结构。在透射电镜下，子囊菌的细胞壁为双层结构，包括一个厚的透明的内层和一个薄的密集的外层；而担子菌的细胞壁多为多层结构，电子透明层和密集层交替出现。子囊菌酵母与担子菌酵母在进行芽殖时新细胞壁的形成方式上也不同，前者芽细胞与母细胞的细胞壁是连续的（全壁芽殖），而后者在芽殖时母细胞的细胞壁在出芽部位破裂，新形成的芽细胞的细胞壁与母细胞的细胞壁是不连续的（内壁芽殖）。

子囊菌的菌丝具有规则的分隔，隔膜从菌丝细胞周边向内生长而成，导致原生质膜内凹。在大多数子囊菌中，隔膜的中心留有一个孔口，临近细胞的原生质膜和细胞质通过此隔膜孔彼此相连。隔膜孔可被存在于附近的不同类型的膜质结构所堵塞或阻碍。沃鲁宁体是与隔膜相关联的常见结构，这是一种由膜包裹的球形、六角形或矩形结构，其基质为结晶性蛋白质［图6-10（a）］。沃鲁宁体经常堵塞隔膜孔，其作用被认为是将老化或损伤菌丝部分与其他部分分隔开。

在一些丝状子囊菌中，除沃鲁宁体外，还有一个更复杂的结构与隔膜有关。这种也是由膜包裹的结构被称为隔膜孔细胞器（Septal Pore Organelle），通常为滑轮状，阻塞在隔膜孔上，以将参与有性生殖的结构与菌丝体的其他部分隔离［图6-10（d）］。隔膜孔细胞器常发现于子囊基部和子囊果子实层的不育部分，但在营养菌丝中也存在。

菌丝细胞常是单核的，但也存在由多核细胞组成的菌丝。隔膜穿孔允许细胞核从一个细胞迁移到另一个细胞［见图6-10（c）］，细胞核沿菌丝迁移的能力对异核现象的发生很重要，后面将有详述。

子囊菌可产生专化的菌丝结构，如病原菌侵染寄主时产生的压力胞和吸器。此外，有些子囊菌产生一种称为附着枝（Hyphopodium）的特殊附属菌丝。某些植物致病菌产生头状附着枝（Capitate Hyphopodium），被认为是一种特化的吸器，它们是一种具柄、厚壁、裂叶状的细胞，吸附在寄主表面。

捕食线虫的子囊菌会产生套索、盘绕、黏枝等专化菌丝结构以捕捉线虫（图6-47，图6-48）。在节丛孢属（Arthrobotrys）中，线虫的存在或往其培养物中加入蛋白质类物质，可诱发菌丝圈套的形成，而圈套的存在可使菌丝体对线虫具有更大的吸引力。特化的菌丝圈套产生外源凝集素（Lectins，糖结合蛋白），可结合在线虫体表的特殊位点上。

子囊菌的菌丝体可分化为不同的真菌组织，即前面已提到的密丝组织（Plectenchyma）（图6-4），包括疏丝组织（Prosenchyma）和拟薄壁组织（Pseudoparenchyma）。这类菌丝组织主要参与繁殖结构和休眠结构的形成。

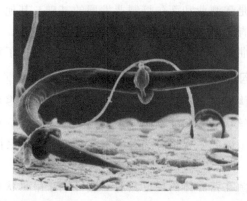

图 6-47 扫描电镜图像示被 *Arthrobotrys anchonia* 的收缩圈套捕捉的线虫
(G. L. Barron 摄)

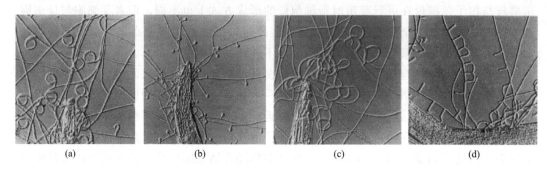

图 6-48 线虫捕食真菌从被其寄生的线虫上生长出的菌丝

（a）*Arthrobotrys dactyloides* 形成的收缩圈套；（b）*Monacrosporium ellipsosporum* 形成的球状黏枝；
（c）*Arthrobotrys oligospora* 形成的三维黏网；（d）*Monacrosporium cionopagum* 形成的黏枝和黏网

（摘自 Jaffee et al.，1992，Phytopathology，82：615-620）

6.5.11.3　无性繁殖

单细胞子囊菌即酵母菌和二型性子囊菌的酵母阶段，主要以芽殖和裂殖的方式进行无性繁殖。子囊菌菌丝体任何活的部分，都具有生长出新个体的潜力，因此，实验室中常用挑取菌体或菌落片段并将其转接到新培养基上的方法进行子囊菌培养物的无性繁殖。

产生各种各样的分生孢子，是子囊菌中最常见的无性繁殖方式，对真菌在自然界的增殖和传播非常重要。在一个生长季节，一种子囊菌可通过产生并散播分生孢子而繁殖数代。相当数量的子囊菌只进行无性繁殖，一些真菌已经完全失去了有性生殖的能力，而另外一些只在特殊条件下进行有性生殖。因此，我们所熟知的很多子囊菌通常只能看到它们的无性阶段。由于以前真菌的系统学研究主要以形态特征，特别是有性生殖阶段的形态特征为依据，所以，只具有无性阶段或难以发现有性阶段的子囊菌和担子菌以前被称作半知菌（Deuteromycetes）或不完全菌（Imperfect Fungi）。由于丝孢真菌种类繁多，几乎占全部已描述的真菌总种数的 20%，其中很多种因在工业、农业、医学和科学研究等领域具有重要意义而为人们所熟知，实践中需要一个鉴定和命名这类真菌的简便易用的系统。因此，以前真菌分类所遵循的《国际植物命名法规》（*International Code of Botanical Nomenclature*）允许子囊菌和担子菌的无性型和有性型分别被命名。

全型真菌（Holomorph）是用来描述一种真菌生活史的各个阶段，包括有性阶段和无性阶段（如果存在的话）；有性型（Teleomorph）是包含减数分裂过程的有性形态，产生子囊孢子或担孢子；无性型（Anamorph）是只进行有丝分裂的无性形态，不产生子囊孢子或担孢子。这一做法造成了一种真菌可能有两个或多个种名的现象，造成了不少混乱或误解。随着真菌系统学研究手段的进步，特别是以DNA序列分析为主的分子系统学研究方法的应用，确定真菌的无性型与有性型的关联已不是一件难事，很容易将所谓半知菌整合到子囊菌门和担子菌门内。目前将这类无性型真菌称为有丝分裂孢子真菌（mitosporic fungi），或丝孢真菌。真菌所遵循的命名法规也因此发生了重大变革，法规的名称变为《国际藻类、真菌和植物命名法规》，针对真菌建立了一种真菌一个种名（One Fungus One Name）的原则。不再允许为同一种真菌的有性和无性阶段分别命名不同的种名，以前具有两个或以上合法种名的真菌主要根据优先权原则确定一个合法种名。

（1）分生孢子果（Conidioma，又称载孢体）

分生孢子的产生方式因种而异，有的直接从菌丝上产生，有的则产生于专化的称为分生孢子梗（Conidiophore）的菌丝细胞上，分生孢子梗可以单独着生，也可以生长在一起，形成特殊的结构，通称为载孢体（图6-49）。载孢体的主要类型包括孢梗束（Synnema）、分生孢子座（Sporodochium）、分生孢子器（Pycnidium）和分生孢子盘（Acervulus）。

孢梗束由一组分生孢子梗组成，通常基部及以上部分结合而顶部分开（图6-49D）。分生孢子可以沿着孢梗束的周边产生，或仅产生于其顶部。组成孢梗束的分生孢子梗常在顶部分枝，分生孢子产生于无数分枝顶端的产孢细胞。有些孢梗束的"柄状"部分比顶部分枝的部分更长，整个结构就像一个有长柄的羽毛尘拂。

分生孢子座是一个垫状的由拟薄壁组织构成的子座，分生孢子梗从其上生出（图6-49C）并聚集在一起，一般比形成孢梗束的分生孢子梗短。

分生孢子器是由拟薄壁组织形成的球形或烧瓶形的结构，内部着生分生孢子梗（图6-49A）。从外表来看，有些分生孢子器与子囊壳很相像，若要判定究竟是子囊壳还是分生孢子器，则需要将其压破，在显微镜下观察是否有小的分生孢子，而不是子囊和子囊孢子。分生孢子器具有各种各样的变异类型，可以是完全封闭的，或有一个孔口（Ostiole），或有一个伸向孔口的长颈，可以表生或埋生于基质中。

分生孢子盘（图6-49b）呈扁平或浅盘状，其基部成排着生短的分生孢子梗，分生孢子梗是由多少呈子座状的菌丝垫生出的。在自然界中，分生孢子盘产生于植物表皮下或角质层下组织，最终突破植物表皮而外露。这一点在界定分生孢子盘时值得注意。分生孢子盘可能同分生孢子座相混淆，尤其是在人工培养基上产生的分生孢子盘。一般来说，如果子实体扁平或浅碟状，可以认为是分生孢子盘；如果呈垫状，则是分生孢子座。很多真菌在自然条件下能产生分生孢子盘，但在人工培养时则不能。

（2）产孢细胞

直接形成分生孢子的菌丝细胞称为产孢细胞（Conidiogenous Cell），产孢细胞与营养菌丝细胞在形态上相似或不同。分生孢子梗这一名词有时可以与产孢细胞互换使用，但通常分生孢子梗应该指一个简单的或分枝的特化菌丝，上面生有直接产生分生孢子的一个或多个产孢细胞。图6-50所示的青霉属是个很好的例子来说明分生孢子梗与产孢细胞的不同。

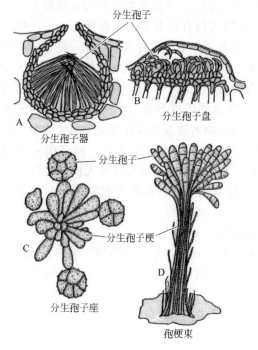

图 6-49　四种类型的载孢体
A—壳针孢属（*Septoria*），B—盘二孢菌属（*Marssonina*），
C—附球菌属（*Epicoccum*），
D—笔束霉属（*Arthrobotryum*），无比例尺
（摘自 Alexopoulos et al.，1996）

图 6-50　青霉属的分枝的分生
孢子梗支撑着一组正在产生链生
分生孢子的产孢细胞（箭头所指）
比例尺＝5μm
（摘自 Alexopoulos et al.，1996）

　　根据产孢方式的不同，产孢细胞有时被赋予不同的名称，如瓶梗（Phialide）和环痕梗（Annellophore）等。瓶梗（图 6-51）是顶端开口的多少有点呈瓶状的产孢细胞，分生孢子通过开口向基式产生，其长度并不随孢子的产生而增加。瓶梗的顶端有时具有一张开的围领，这是第一个孢子产生时产孢细胞外壁破裂形成的。环痕梗（图 6-52）是一种通过重复的向顶层产生分生孢子的产孢细胞，因而其长度不断延伸，顶部留下一系列环状孢痕。

　　（3）分生孢子

　　分生孢子是不能游动的无性孢子，形成于产孢细胞的顶端或侧面，而不是像孢囊孢子那样由细胞质逐渐割裂而产生于孢子囊内。分生孢子常具有很强的传播能力，但存活时间比有性孢子短。多数分生孢子通过萌发形成芽管，并扩展形成菌丝体，最终又形成分生孢子，这一过程被称为长周期产孢（Macrocyclic Conidiation）。另外，有些真菌的子囊孢子或分生孢子萌发直接产生分生孢子，也可能直接产生酵母状的芽孢子或形态不同于生活史中其他孢子的小型分生孢子，这就是短周期产孢（Microcyclic Conidiation）。

　　有些种的分生孢子在形成后聚集在小液滴中，借助水或动物来传播；其他的则形成干孢子，随风传播。分生孢子的传播类似于有性孢子的传播，分生孢子的释放则不同于子囊菌和担子菌有性孢子的主动过程，因为它们常以被动的方式释放。

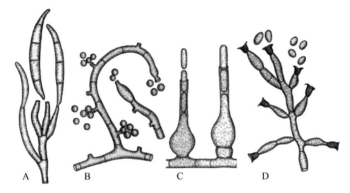

图 6-51　各种类型的瓶梗

A—镰刀菌属（*Fusarium*），B—*Cladorrhinum foecundissimum*，C—*Chalara fusidoides*，
D—疣状瓶霉（*Phialophora verrucosa*）（摘自 Alexopoulos et al.，1996）

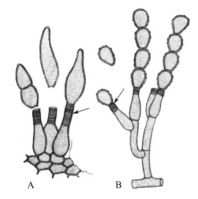

图 6-52　*Spilocaea pomi*（A）和短柄帚霉（*Scopulariopsis brevicaulis*）（B）的环痕梗
注意图中的环痕（箭头所指）（摘自 Alexopoulos et al.，1996）

　　分生孢子形态有很多不同的类型。有球形、卵圆形、长形、圆柱状、线形、卷旋状或有分枝。分生孢子单胞至多胞，有纵横隔膜或仅有横隔膜。分生孢子无色或暗黄色、桃红色、绿色、褐色或黑色。分生孢子在产孢位点上的着生方式也不同，可以单生，可相互连接而呈串珠状，或聚集于产孢点形成孢子头。链生的分生孢子可以有两种发育方式。如果孢子链中最老的分生孢子在顶端而最幼嫩的在基部，这种方式是向基生。如果最幼嫩的分生孢子位于顶端，而老分生孢子在链的基部，那么就称为向顶生。

　　许多子囊菌产生称为"厚垣孢子"的厚壁细胞，可形成于菌丝末端（顶生）或中间（间生），可单个、成串或成簇出现。厚垣孢子的形成主要不是为了繁殖和传播，而是一种抗性结构，可帮助真菌在不良环境下保存活力。

6.5.11.4　有性生殖

　　子囊菌有性生殖过程中的共有特征为其有性孢子（子囊孢子）产生于一袋状子囊中。两个可亲和的细胞核通过质配进入同一个细胞中，或立即发生核配形成合子，或典型地保持密切关联并连续分裂而形成许多双核细胞，维持一定时间的双核期，然后发生核配形成合子，合子发育为子囊，其中二倍体核经过减数分裂形成四个单倍体核，单倍体核典型地再进行一次有丝分裂而形成八个单核的子囊孢子。

（1）质配

有性生殖起始于可亲和的细胞核通过质配而聚合在一起，质配可主要通过下列方式实现：①两个形态上相似的细胞（配子囊）在一端接触或相互缠绕并融合，融合在一起的细胞发育为子囊。质配发生后很快发生核配，因此不存在长时间持续的双核期。在单细胞酵母菌中，营养细胞本身可作为配子囊而融合形成合子，合子直接转化为子囊。②形态上不同的配子囊间的配合。有些子囊菌产生形态上分化的单核或多核配子囊，称为雄器和产囊体。二者在接触点融合，来自雄器的雄性细胞核通过融合点进入作为雌配子囊的产囊体内。产囊体上有时产生一专化的菌丝，即受精丝，雄性细胞核通过受精丝进入产囊体（图6-53A）。③受精作用，一个游离的雄性细胞（雄配子）附着在受精丝或者营养菌丝等雌性接受器官上，将其细胞核转入接受细胞，再迁移至产囊体内。性孢子、小型分生孢子（Microconidium）或分生孢子可作为雄配子，被昆虫、风或水等媒介传播到雌性接受器官。性孢子为一微小的球形或长形雄性细胞，可产生于菌丝或称为性孢子器（Spermogonium）的专化结构上，不能通过产生芽管而萌发。小型分生孢子为微小的分生孢子，既具有性孢子的功能，也可萌发长出菌丝体。有些种的分生孢子也可直接作为性孢子而附着在雌性接受器官上，并将其细胞核转给后者。④有些子囊菌没有特化的性器官，质配通过两个亲和性菌丝体的营养菌丝融合来实现，有时称为体细胞配合（Somatogamy）。细胞核通过隔膜穿孔迁移至产囊体。

（2）产囊丝、子囊和子囊孢子的形成

在质配完成之后，产囊体上产生一些乳状突起，随着这些突起的增大，细胞核从产囊体开始进入其中，乳状突起进一步生长成为产囊丝（Ascogenous Hypha）（图6-53D），内含成对的细胞核，产囊丝不断分枝并伸长，直到每个分枝的顶端到达将要形成子囊的位置。

双核的产囊丝细胞顶端向后弯曲成钩状，形成一个产囊丝钩（Crozier）（图6-53E，F）。其中的两个细胞核沿着与产囊丝钩的长轴平行的方向同步分裂，然后横跨两对姊妹核形成两个隔膜，将产囊丝钩分为三个细胞。末端和基部细胞各含一个细胞核，分别来源于雄器和产囊体。中间的圆顶状细胞含有双核，这个细胞将发育为子囊。

圆顶状细胞所含的两个核，一个来源于雄器，一个来源于产囊体，在产囊丝钩形成分隔后很快进行核配，结束双核状态而形成二倍体，圆顶状细胞即成为幼子囊。幼子囊伸长，二倍体核进行减数分裂，产生四个单倍体核。在大多数丝状子囊菌中，减数分裂后将再进行一次有丝分裂，产生八个细胞核，分别被组合进八个子囊孢子中。

在很多丝状子囊菌中，每个产囊丝可通过重复分枝而产生一簇子囊，大致过程如下：圆顶状细胞在前期不发育为子囊，而是伸长形成一个新的产囊丝钩，原产囊丝钩的末端细胞和基部细胞融合，并发育形成一个新的双核钩状细胞。这一过程可重复许多次，形成一簇产囊丝钩，最终产生一簇子囊（图6-53 H～J）。

大多数丝状子囊菌的有性生殖过程大体上与上面的描述一致，但不同的种类在细节上可能存在差异。

（3）子囊孢子发育（Ascosporogenesis）

子囊孢子在子囊中的形成过程被称为自由细胞形成（Free-Cell Formation）过程，这一过程包括两个基本步骤：①包含单个细胞核的一份细胞质被两层紧贴在一起的膜结构分割包裹；②子囊孢子壁在两层膜之间沉积，随着子囊孢子的成熟，两层膜被分开。

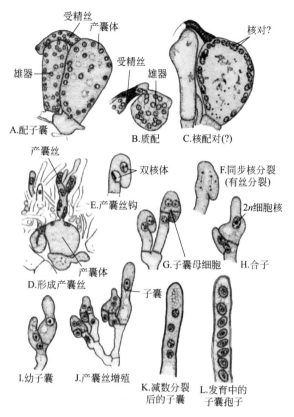

受精丝
产囊体
受精丝
核对?
雄器
雄器

A.配子囊
B.质配
C.核配对(?)

产囊丝
双核体
F.同步核分裂
(有丝分裂)

E.产囊丝钩
2n细胞核

产囊体
G.子囊母细胞
H.合子

D.形成产囊丝
子囊

I.幼子囊
J.产囊丝增殖
K.减数分裂
后的子囊
L.发育中的
子囊孢子

图 6-53　以烧土火丝菌（*Pyronema omphalodes*）为例图解子囊菌的有性生殖和子囊发育过程
（摘自 Alexopoulos et al.，1996）问号表示尚需进一步证实的现象

在大多数丝状子囊菌中，子囊孢子发育的初始阶段，一个不连续的包被膜在子囊周边靠近原生质膜处形成，把子囊内的所有细胞核包围起来［图 6-54（a）］，这一传统上被称为子囊泡囊（Ascus Vesicle）的结构由两层贴近的膜构成［图 6-54（b）］，现在被称为包被膜系统（Enveloping Membrane System，EMS）。冷冻置换电子显微技术表明，丝状子囊菌的 EMS 起源于子囊的原生质膜。包被膜系统形成后向里凹入并分成几段，围绕每个细胞核分割出幼子囊孢子［图 6-54（c）］。在酵母菌中，包被膜系统以略微不同的形式出现，一开始每个细胞核就被一独立的包被膜包围，而不形成包围所有细胞核的公共包被膜系统。无论在何种情况下，并不是所有的子囊细胞质都被分割包裹，留在子囊孢子原体外的部分被称为造孢剩质（Epiplasm）［图 6-54（d）］。这部分细胞质可能用来为发育中的孢子提供营养，并在孢子外表沉积为纹饰。

一旦子囊孢子原体被 EMS 分割围成后，EMS 的内层膜成为子囊孢子的原生质膜，而外层膜则成为所谓子囊孢子笼罩膜［图 6-54（e）］。子囊孢子壁在这两层膜之间形成，使笼罩膜逐渐与原生质膜分开。孢子壁的内层似乎是由孢子本身形成的，在有些种中，至少部分孢子壁外层和纹饰，是由造孢剩质形成的。如前所述，每个子囊内所产生的子囊孢子数目最常见的是八个。但有些种每个子囊只产生 1～4 个孢子，个别种则可产生上千个孢子。不同类群的子囊孢子在形状和大小上可具有很大差异，表面可存在各种各样的纹饰或附属物。

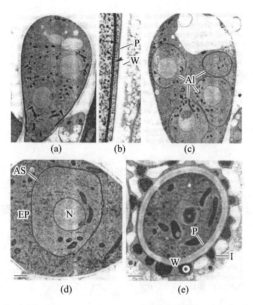

图 6-54　瓶束霉（*Ascodesmis nigricans*）子囊孢子发育的不同阶段

(a) 围绕幼子囊周边的 EMS（箭头所指）；(b) 高倍放大，示 EMS 的双层膜（箭头所指）以及子囊的原生质膜（P）和细胞壁（W）；(c) EMS 分段内折分割出子囊孢子原体（AI）；(d) 包含一个细胞核（N）的完全界定的幼子囊孢子（AS）及其外围的造孢剩质（EP）；(e) 成熟中的子囊孢子，在孢子原生质膜（P）和笼罩膜（I）之间已形成细胞壁（W）和纹饰（ * ）（摘自 Mims et al.，1990，Protoplasma，156：94-102）

（4）子囊

子囊也具有各种不同的形状，从球形到卵形、棒形、圆柱形等。酵母菌常产生球形子囊，一些丝状子囊菌也可直接在菌丝上或在子囊果中产生球形子囊，这类子囊一般是散生的。长形子囊常产生于子囊果内的子实层中（图 6-55）。可以是具柄或无柄的，可产生于子囊果中的不同层面，或集中产生于一层。一个明确的子囊层，无论是裸露的或包裹在子囊果内，均称为子实层（Hymenium）。

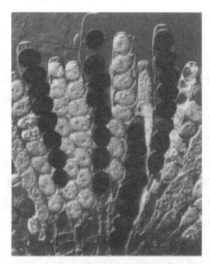

图 6-55　大孢粪壳的子囊壳中的含有子囊孢子的子囊

（摘自 Read 和 Lord，1991）

根据子囊壁的结构，可将子囊分为三种类型：原囊壁的（Prototunicate）、单囊壁的（Unitunicate）和双囊壁的（Bitunicate）。原囊壁子囊具有一个薄的、脆弱的壁，通过子囊壁的消解来释放其中的孢子。在单囊壁和双囊壁子囊中，子囊壁均有两层，外壁层（Exotunica）和内壁层（Endotunica）。在所谓单囊壁子囊中，两层壁始终连在一起，子囊通过顶部的开口、裂缝或囊盖（Operculum）释放孢子。在双囊壁子囊中，当释放孢子时，内壁通常膨大为原来的两倍或更大，与破裂的外壁分离开，孢子通过内壁上的孔口释放出去。双囊壁子囊也被人称为裂囊壁（Fissitunicate）子囊。

（5）子囊果

酵母菌和少数丝状子囊菌不形成具有一定形状的子实体，所产生的子囊是裸露在外的［图6-56（a）］。但绝大多数丝状子囊菌在叫作子囊果（Ascocarp）的子实体内产生子囊。子囊果主要有三种类型，①闭囊壳（Cleistothecium），是一种完全封闭的子囊果［图6-56（b）］；②子囊壳（Perithecium），一种在成熟后顶端有孔口的封闭子囊果［图6-56（c）］；③子囊盘（Apothecium），一种杯状或盘状的敞口子囊果［图6-56（d）］。还有的子囊菌在子座（Stroma）内的腔中产生子囊，这种被称为子囊座（Ascostroma）或假囊壳（Pseudothecium）的子座是由紧密交织在一起的营养菌丝形成的垫状结构。

在许多异宗配合的子囊菌中，子囊果的发育是对性刺激的反应。当质配完成后，产囊体基部细胞和周围的营养菌丝被激活，进行分裂并交织形成疏丝组织或拟薄壁组织。

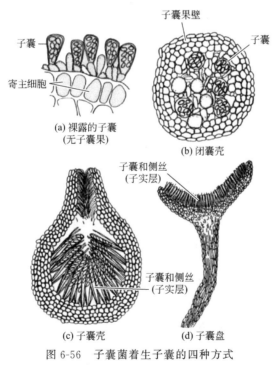

(a) 裸露的子囊（无子囊果）
子囊
寄主细胞

(b) 闭囊壳
子囊果壁
子囊

(c) 子囊壳
子囊和侧丝（子实层）

(d) 子囊盘
子囊和侧丝（子实层）

图 6-56　子囊菌着生子囊的四种方式

（摘自 Alexopoulos et al.，1996）

6.5.11.5　地衣

地衣是真菌与藻类或蓝细菌形成的共生复合体，其中的不同生物组分交织在一起形成单一的原植体（Thallus）。地衣中的真菌组分称为真菌共生体（Mycobiont），可进行光合作用的藻类或蓝细菌组分称为光合共生体（Photobiont）。在地衣复合体中，不同生物组分之间互利共生，形成了自我维持的生命系统。其中光合共生体通过光合作用生产糖类，为复合体提供能量来源；真菌共生体为藻类或蓝细菌提供保护结构、水分和其他营养物质。这一系统具有强大的生命力，可生活在几乎所有陆地环境中，包括荒漠和两极等极端环境中（图6-57）。在大城市虽然很少见到地衣，但它其实并不陌生，我们最熟悉的酸碱指示剂石蕊试液（或石蕊试纸）就是从地衣中提取的。地衣还应用于许多方面：①药用，如松萝能疗痰、催吐，石蕊能生津润咽、解热化痰；②食用，如石耳、石蕊、冰岛衣等，许多地衣还作动物饲料，提取淀粉、蔗糖等，还可作茶饮；③作香料、染料等，如扁枝衣属、树花属、石蕊属、梅花衣属、肺衣属等含有芳香油，可配制化妆品、香水、香皂等，也可用于卷烟，有的可作染料、指示剂等。

不过地衣也有害处，它能寄生在经济树木特别是柑橘、茶树上，森林中的云杉、冷杉也挂满地衣，为地衣所覆盖，影响光照和呼吸，还是害虫的藏身地。某些壳状地衣能生长在古老的玻璃窗上，侵蚀玻璃。因此，在利用地衣的同时，还要防止它的危害。

图 6-57　北极地衣（左）和南极地衣（右）（见彩图）
（刘志恒提供照片，2015）

已描述的地衣大约有2000种，其中大部分是真菌与绿藻共生，只有10%左右是真菌与蓝细菌共生，另外2%～4%的地衣为真菌与绿藻和蓝细菌两类光合共生体共生。在绝大多数地衣中，真菌构成了地衣原植体的主要部分。只在少数地衣中，如绒衣属（Coenogonium）中，藻类为主要组分。大约只有25个属的绿藻和15个属的蓝细菌，共120种左右可以与真菌共生形成地衣。这意味着一种光合共生体可与多个真菌物种形成地衣。同时，地衣原植体的形态基本是由真菌共生体决定的，因此地衣的分类系统被整合在真菌的分类系统中，并遵循真菌的命名法规。地衣的名称取决于真菌共生体的名称。在形成地衣的真菌中，绝大多数属于子囊菌。在已知的子囊菌门的种中，大约40%属于地衣形成真菌，其中大多数又属于盘菌类（Pezizomycetes）。

地衣原植体作为一个完整的结构，不同于单独存在的真菌或藻类，根据藻类细胞在真菌菌丝间的分布可分为两个基本类型。一种为藻类细胞或多或少地均匀分布在整个原植体中；第二种为藻类细胞在地衣体中形成一个明确的分布层面。绝大多数地衣属于第二种类型，这种类型的地衣体可分为3层，包括①皮层（Cortex），由覆盖在地衣体外表的真菌组织构成；②光合共生体层（Photobiont Layer），位于皮层下，由绿藻或蓝细菌组成；③髓层（Medulla），位于光合共生体层下面，由疏松的真菌菌丝组成（图6-58）。地衣体具有丰富多样的形态和生长类型，主要包括壳状（Crustose）、叶状（Foliose）、枝状（Fruticose）和鳞片状（Squamulose）等。壳状地衣一般生长在岩石上，菌体的整个下表面直接贴附在基物上。

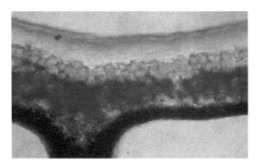

图 6-58　一种叶状地衣石梅衣（*Parmelia saxatilis*）原植体的纵切面（见彩图）
一个明显的由绿藻细胞构成的光合共生体层位于由真菌组织构成的皮层之下，
绿藻细胞之下是由真菌菌丝构成的髓层（Einar Timdal 摄）

地衣可通过不同的方式进行繁殖，其中一条重要途径是依靠其个体片段的分散传播。多数散播的地衣体片段需要同时包括两类共生组分。可确保两类共生组分得以同时传播的结构包括裂芽（Isidium）和粉芽（Soredium）。裂芽很小，具皮层，柱状结构内同时含有真菌菌丝体及藻类细胞。风力、动物携带甚至是雨点的溅落都可能导致裂芽脱落，使之得以传播。然而，裂芽具有一定分量，不适于长距离传播。粉芽更为微小，不具皮层，粉状结构中是被菌丝包裹的数个藻细胞。粉芽散生于地衣体的表面或由地衣体上一些特殊的碎屑样结构产生，这些结构通常被称为粉芽堆（Soralium）。粉芽的传播机制和裂芽基本类似，但可传播更长的距离。

很多地衣并不产生菌体传播片段，尤其是叶状地衣和绝大多数壳状地衣，而是通过其中的真菌共生体产生繁殖细胞进行传播和繁衍。地衣型真菌按不同的分类群可分别产生子囊孢子、分生孢子或担孢子，这些孢子萌发产生菌丝体结构，在合适的条件下，这些菌丝体与自由生活的绿藻或蓝细菌细胞结合并形成新的地衣原植体。然而，虽然在实验室条件下可单独培养地衣中的真菌和光合共生体，但将其共同培养人工重建地衣原植体却很难成功。地衣共生体的形成机制和条件目前尚有待揭示。最近的宏基因学研究发现，在很多地衣原植体中，还存在细菌和担子菌门中的酵母菌。这些生物组分是否是地衣共生体的必要组分，以及它们在地衣体的构建和维持方面具有什么样的作用尚有待揭示。

6.5.12　担子菌门

担子菌门包括一类与子囊菌关系密切，但区别明显的真菌，这类真菌通称为担子菌（Basidiomycetes）。绝大多数大型真菌，如常见的蘑菇、牛肝菌、马勃、地星、鬼笔、鸟巢菌、胶质菌、多孔菌等属于担子菌，锈菌和黑粉菌这两类重要的植物寄生菌，也属于担子菌。还有一些担子菌以酵母菌状态存在。担子菌的首要特征是在称为担子（Basidium）的专化产孢结构上产生外生的称为担孢子（Basidiospore）的有性孢子。其他特征包括规则分隔的菌丝体常具有桶孔隔膜，有时还具有锁状联合，营养菌丝体的主要阶段为双核体。细胞壁的主要成分为几丁质和葡聚糖，担子菌酵母中为几丁质和甘露聚糖。

6.5.12.1　生境和重要性

担子菌是一类重要的真菌，既包括有益菌，也包括有害菌。蘑菇栽培业已发展成具有相当规模的产业，而且逐年增长。栽培蘑菇的种类也在不断增加。野生和栽培蘑菇为我们提供了大量味道鲜美、营养丰富的健康食品。然而，有些蘑菇是有毒的，因食用野生蘑菇中毒甚至死亡的事故时有发生，所以在采集和食用野生蘑菇时应小心。

黑粉菌和锈菌这两类担子菌是常见的植物寄生菌，可引起严重的植物病害，例如腥黑穗病和小麦黑秆锈病，每年都会给农林业生产带来相当大的损失。这两类真菌还可侵害多种其他作物和观赏植物。一些担子菌，如蜜环菌属（*Armillaria*）内的种，可引起森林和行道树木的病害。许多担子菌可直接损害多种木质产品，如木质建筑、枕木等，为防止这些木材腐烂所消耗的人力、物力和财力是巨大的。但另一方面，侵染木质植物残体的担子菌在分解纤维质和木质素中发挥着重要的作用，因而是森林生态系统中不可或缺的组成成分。这类真菌还被用来制作用于造纸业的生物制浆和漂白制剂，也可被应用于环境中有毒物的净化中。有的担子菌与树木的根系共生形成菌根菌，在天然和人工林生态系统中起着重要作用。一种担子菌酵母，*Filobasidiella neoformans*（新型隐球酵母 *Cryptococcus neoformans* 的有性型）则是人类的重要病原菌，尤其是艾滋病患者最易被其感染。

6.5.12.2　菌体结构及有性生殖

有些担子菌以单细胞的酵母状态生活，但大多数担子菌具有由分隔菌丝组成的发育完善的菌丝体。这些菌丝在基物内生长并吸收养分。单个的菌丝需要用显微镜观察，它们常形成肉眼可见的菌丝集合体，即菌丝体，尤其在林内潮湿处腐朽木材上或其树皮下、潮湿枯叶或其他有机质上。菌丝体通常白色、淡黄色或橙黄色，常具有以扇面状向外扩展的生长前沿。某些种的菌丝体则形成菌索（图 6-5）。菌索由一束平行排列并紧密聚集在一起的菌丝构成，外面常包有鞘或外皮层。发育完好的菌索形态上常类似细绳带。许多外生菌根菌和木材腐朽菌形成菌索，其重要性不仅在于扩增种群，更在于寻找新的环境和积累养分。菌索的特殊功能，使蜜环菌属菌索的伸长速率比单个菌丝大得多。大多数种的菌索直径为 0.5～2mm，有些菌索可达 4～5mm 粗。菌索常出现于土壤的有机质层和落叶层。

担子菌的菌丝均具有规则的分隔，超微结构研究表明，在大多数已研究过的担子菌中，菌丝隔膜均具有一单个的中央穿孔。在有些种中，隔膜壁由周边向中央穿孔处逐渐变薄，而在另外一些种中，隔膜壁在中央穿孔周围增厚，形成一特征性的桶状膨大。后一种隔膜称为桶孔隔膜 [图 6-10（b）]，在这种隔膜两侧有时被称为隔孔盖或桶孔覆垫的圆丘状膜质结构覆盖。此膜质结构似乎由专化的内质网组成，是隔膜的功能性有机组成部分。在担子菌中已发现不同类型的隔孔盖，有的是一连续的无孔结构，但大多数种的隔孔盖是有孔的。有的孔大，间距不等；有的孔小，间距规则。

虽然关于桶孔隔膜的意义报道很多，但它的确切功能尚不完全清楚。隔孔盖似乎具有屏障或筛网的功能，即允许某些细胞成分在细胞间移动，而阻碍另外一些细胞成分的移动。有研究表明，有些担子菌双核化期间，隔膜结构降解而使细胞核得以通过。隔膜孔的超微结构特征在担子菌的系统学研究中被赋予重要意义，被认为在进化上呈保守状态。有意思的是，在担子菌的系统学研究上，当前的分子生物学数据支持根据隔膜的超微结构所得出的结论。

多数异宗配合的担子菌的菌丝体在其整个生活史中，要经历三个明显的发育阶段：

初生、次生和三生菌丝体。初生菌丝体（Primary Mycelium）是直接由担孢子萌发而形成的，这种菌丝体也称同核体，以强调其所有的细胞核都是相同的。担孢子芽管形成时，细胞核经过多次分裂，因而初期的菌丝体可以是多核的。但多数种多核状态持续时间短暂，随着隔膜的迅速形成，将菌丝分隔成多细胞的单核菌丝体。有些种在核分裂时即形成隔膜，所以初生菌丝在形成时就是单核体。也有少数种的初生菌丝保持多核状态。

尽管多数担子菌的初生菌丝体具有无限生长的可能，但通常初生菌丝体特征性地发育成次生菌丝体（Secondary Mycelium），或称异核体（Heterokaryon）。由于大多数担子菌属异宗配合，所以次生菌丝体的形成通常需要两个亲和性的同核体的配合。由于受精作用（通过粉孢子），或由于更常见的两个亲和性同核菌丝体细胞的融合，形成一个双核的异核细胞。这一双核细胞通过下面两种方式之一生长成异核菌丝体，或称为双核体（Dikaryon）。在第一种方式中，双核细胞产生一分枝，两个核移入分枝，同时进行核分裂，然后形成一隔膜，将姊妹核分开在两个细胞中。这样重复地进行细胞核的成对分裂和随后隔膜的产生，最终形成的菌丝体每个细胞都是双核的。在第二种方式中，双核细胞先行核分裂，然后子核移至交配型相反的初生菌丝体里，即 a 核移至 b 菌丝体里，同时 b 核移至 a 菌丝体里。菌丝体内的外来核迅速分裂，所产生的子核在细胞间迁移分布，直到两个母菌丝体的细胞全部双核化。

许多担子菌具有一种特殊的机制来保证次生菌丝体每个新生的细胞维持双核特性。这种机制靠一种称为锁状联合（Clamp Connection）的特殊结构来实现（图 6-59，图 6-60）。锁状联合在生长中的次生菌丝顶端细胞的一对核同时分裂的过程中形成。当菌丝顶端的双核细胞即将分裂时，一短枝在 a 核和 b 核之间形成，并弯曲成钩状（图 6-59），两核同时分裂。其中一个核分裂是倾斜式的，一子核 a′在母细胞内形成，另一子核 a″则在钩状分枝内形成。另外一个核分裂是平行式的，一子核 b′在靠近子核 a′的一端形成，另一子核 b″则在细胞另一端形成。一隔膜产生，形成一包含子核 a′和 b′的新的双核顶细胞。同时，锁状分枝弯曲，与次顶端细胞融合，形成一桥状结构。a″核通过此桥状结构向次顶端菌丝细胞移动，与 b″核配对，形成另一个双核细胞。锁状结构分枝基部形成一隔膜，并永久存留在菌丝上。因此，锁状联合的存在通常显示菌丝体的双核特征。

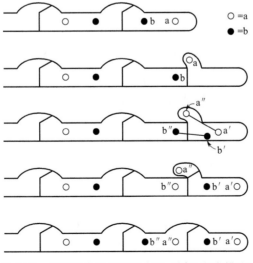

图 6-59　锁状联合形成的示意图（详见文中描述）

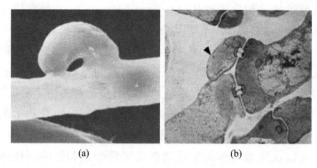

(a)   (b)

图 6-60　锁状联合结构

（a）锁状联合的扫描电镜图像；（b）锁状联合（箭头所指）的透射电镜图像（摘自 Alexopoulos 和 Mims，1979）

当担子菌的次生菌丝体形成组织化的子实体时，则成为三生菌丝体（Tertiary Mycelium）。也就是说，三生菌丝体是在复杂担子菌种类中，构成组织化和专化的担子果的菌丝体。在一些种中，构成子实体的菌丝可在形态上分化成不同的类型。例如，在非褶菌目（Aphyllophorales）中，至少有三种菌丝类型存在：生殖（Generative）菌丝、骨架（Skeletal）菌丝和束缚（Binding）菌丝。

（1）担子果

大多数担子菌在形态各异的子实体里产生担子，这类子实体称为担子果。担子果与子囊菌中的子囊果相对应。植物病原担子菌锈菌和黑粉菌以及担子菌酵母则不产生担子果。不同种类担子菌的担子果大小差异巨大，有的非常微小，有的直径可达数英尺，质量可达数千克。担子果的质地也多种多样，如薄膜质、壳质、胶质、脆骨质、纸质、肉质、海绵质、木栓质、木质等。有的担子果开始形成时就是开口的，使担子早期裸露于外，有的担子果在后期展开，有的则始终封闭，孢子只有在担子果分解或遭受外力如动物取食而破裂时才释放出来。

在大多数担子菌中，担子典型地在担子果中形成明显的担子层，称为子实层（hymenium）。子实层内除担子外，还有不育结构，如拟担丝和囊状体（Cystidium）等。拟担丝为类似担子的普通细胞或者尚未产生孢子的担子。这些拟担丝似乎为可育的担子提供支撑作用。囊状体则容易与担子区分开，因为它们较大并高出子实层中的其他组分。尽管有人认为囊状体的功能是调节空气和水分等，但其确切功能尚不清楚。

在大多数产生裸露担子的担子菌中，子实层可以覆盖整个担子果表面，或部分表面，或局限于担子果内特化的区域。传统上，担子菌产生子实层的方式被认为具有重要的分类学意义，常被用来作为分科和目的依据。

（2）担子

在担子菌中，经过核配和减数分裂后在其表面形成一定数目（通常四个）担孢子的结构称为担子。形态较复杂的高等担子菌所产生的棍棒状担子（图 6-61），是这种结构的典型代表，下面首先以此为例进行讨论。

形态简单、棍棒状的担子源于双核菌丝的顶端细胞［图 6-62（a）］。这个顶端细胞与菌丝的其他部分被一个隔膜分开，隔膜处常有锁状联合。担子开始狭长，然后增大变宽。在外部形态发生变化的同时，幼担子内的两个核进行核配［图 6-62（b）］，合子核迅速进行减数分裂，产生四个单倍体细胞核［图 6-62（c），（d）］。同时，在担子顶

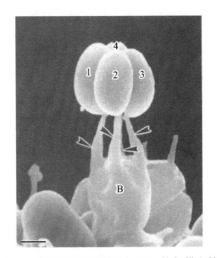

图 6-61　一个典型的无隔担子（B）的扫描电镜图像

在四个担孢子梗（箭头所指）上产生四个担孢子（1~4），标尺＝ 5μm（摘自 Alexopoulos et al.，1996）

端形成四个担孢子梗，其顶端膨大，形成担孢子的雏形 ［图 6-62（e）］。担子基部形成一液泡，似乎随着液泡的膨大，担子的内容物被推入幼担孢子内，一个细胞核进入一个幼担孢子 ［图 6-62（f）］。但这个液泡是否真正起到推动担子内容物至发育中的担孢子的作用，抑或只是简单地由于担子内容物外移而形成的尚不清楚。有研究认为，担子中细胞核及其他细胞器的迁移可能是在细胞质微管的作用下进行的。

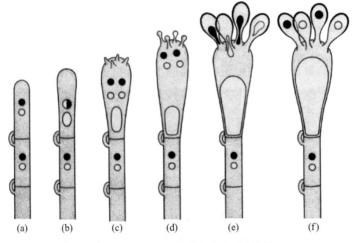

图 6-62　担子和担孢子的发育步骤图解

（a）双核的菌丝顶端；（b）核配后的单核二倍体担子；（c）减数分裂后含四个子核的担子，担孢子梗开始长出；
（d）担孢子梗上产生担孢子原基，细胞核准备移入其中；（e）细胞核移入担孢子原基中；
（f）高度液泡化的成熟的担子，其上着生四个单核的担孢子（摘自 Alexopoulos et al.，1996）

　　在发育中的担子内细胞核的分裂方式因种而异。在大多数担子菌中，担子内只进行一次减数分裂，产生四个单核的担孢子。但在有些种中，减数分裂完成后接着进行一次有丝分裂。有丝分裂的位置和所产生的细胞核的去向也有所不同。在有的种中，有丝分裂发生在核迁移至幼担孢子之前，四个核进入幼担孢子，另外四个核则留在担子内，由此产生的担孢子往往也是单核的。在另外一些种中，有丝分裂发生在核迁移至幼担孢子之后，因此所产生的担孢子是双核的，或者在担孢子释放之前，一个子核从每个幼担孢子返回到担子内。并不是所有的担子都产生四个担孢子，有时产生两个或多达八个担孢子。

在担子菌中，除典型的棒状担子之外，还有许多变异类型，如图 6-63 所示。这些变异可表现在担子的形态结构上，也可表现在核配和减数分裂所发生的部位上。依据细胞核行为的不同可将担子分成三个部分：原担子（probasidium）、间担子（metabasidium）和担孢子梗（sterigma）。原担子是核配发生的部位，间担子是减数分裂发生的部位，担孢子梗则是间担子和担孢子之间的任何部分。

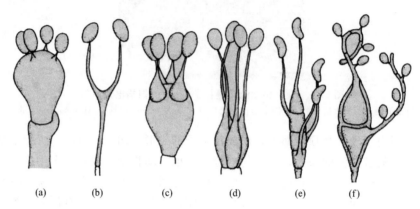

图 6-63 不同担子类型图示
（a）典型的无隔担子；（b）花耳属（*Dacrymyces*）的音叉状担子；（c）胶膜菌属（*Tulasnella*）担子；
（d）银耳属（*Tremellla*）担子；（e）木耳属（*Auricularia*）担子；（f）柄锈菌属（*Puccinia*）担子
（摘自 Alexopoulose et al.，1996）

常见的情况是，核配和减数分裂实际上发生在同一部位，只在时间上不同，这种情形发生在上面所述的典型的棒状担子中。功能上，幼担子开始相当于原担子，核配在其中发生。当减数分裂发生时，幼担子则整个转变为间担子，形态上没有任何原担子阶段的痕迹留下来，其上产生担孢子梗。

在有些担子菌中，核配和减数分裂则在不同的时间和空间进行。在最早期，担子整个只由一个原担子组成，它可以是一个厚壁的休眠孢子，核配在其中发生，原担子萌发产生一个薄壁的萌发管，二倍体核迁移到其中。萌发管则是一个间担子，减数分裂在其中进行。在有些种中，减数分裂完成后间担子被纵或横隔膜分隔。

根据结构，担子被分为两大类型：无隔担子（Holobasidium）和有隔担子（Phragmobasidium）。无隔担子是单细胞的，常呈棒状，有时呈球状或具有很深的裂缝。有隔担子则被横向或纵向隔膜分成四个细胞，将在间担子内完成减数分裂后产生的四个细胞核分开。另外一个名词，异担子（Heterobasidium），在真菌学文献中也很常见。许多人用这个名词称除单细胞、棍棒状的无隔担子之外任何其他类型的担子。

（3）担孢子

典型的担孢子为单细胞、单倍体的。一个担孢子通常从担子中接受一个细胞核，个别情况下两个核会进入同一个担子中。开始为单核的孢子也可以通过有丝分裂变成双核的。大多数的担孢子萌发形成初生菌丝体，这种方式称为直接萌发。在有的类群中，担孢子萌发形成次生担孢子或芽殖形成大量的分生孢子或小分生孢子，再由此萌发形成初生菌丝体，这种方式称间接萌发。

担孢子通常为球形、卵形、长形、腊肠形，无色或有色。有色的担孢子颜色一般很淡，只有大量的担孢子聚集在一起时才可分辨出，可为绿色、黄色、橙色、赭色、粉红色、褐色、紫褐色或黑色。色素含量少的孢子通常需要孢子印来识别其颜色。担孢子的形状、大小、颜色及表面纹饰是重要的分类特征。

着生于担孢子梗顶端的担孢子常呈一定的倾斜度，成熟时被强力弹射出去。在非常靠近担孢子与担孢子梗的接触点处有一个微小的膝盖状发射结构，称脐侧附胞（Hilar Appendix）[图 6-64（a）]。在担孢子弹射之前，一个小水滴在脐侧附胞处形成[图 6-64（b）]，并不断增大，直到担孢子被突然弹射出去。然而，并不是所有的担孢子都被强力弹射，在封闭担子果里产生担子的类群，如腹菌类，其担孢子就失去了这种功能。

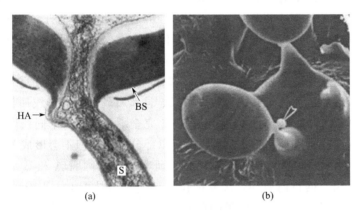

图 6-64 担孢子电镜图像
（a）透射电镜图像示担孢子（BS）与担孢子梗（S）接合处的脐侧附胞（HA）；
（b）扫描电镜图像示担孢子基部脐侧附胞处正在形成的水滴（箭头所指）（摘自 Alexopoulos et al.，1996）

6.5.12.3 性亲和性

虽然有些担子菌是同宗配合的，但大多数是异宗配合的。在异宗配合的种中，$20\%\sim25\%$ 的种的交配型是由位于一个基因位点的等位基因决定的。这种异宗配合称为单因子或二极性异宗配合，存在于锈菌、大多数黑粉菌、某些非褶菌和担子菌酵母中。大多数异宗配合种的交配型较为复杂，涉及位于不同染色体上的一对以上的等位基因。由于起初以为这种异宗配合只涉及两对基因，所以被称为双因子或四极性异宗配合。后来发现，在许多种中，如大多数产生无隔担子的种，其交配型实际上是由两对以上的基因决定的。因此"双因子"的称谓易引起误解。对这些复杂的异宗配合类型的了解主要基于对玉米黑粉菌（*Ustilago maydis*）、灰盖鬼伞菌（*Coprinus cinereus*）和木腐菌裂褶菌（*Schizophyllum commune*）的研究。在此以 *S. commune* 为例进行讨论。

据目前所知，*S. commune* 的交配和成功的有性发育由位于两个染色体上的四个交配型基因位点所决定。这四个不同的基因位点，Aα、Aβ、Bα 和 Bβ，参与调控从不育的同核菌丝体，到可育的双核菌丝体，并产生高度分化的担子果的发育过程。这些基因位点配对排列，Aα 和 Aβ 在一个染色体上紧密相连，Bα 和 Bβ 在另一个染色体上紧密相连。*S. commune* 的任何两个同核菌丝体都有可能配合，但只有在 Aα 和/或 Aβ 以及 Bα 和/或 Bβ 位点不同时，所产生的双核菌丝体或次生菌丝体才是完全亲和的。表 6-5 列举了 6 种可能的双核体基因型。

表 6-5　裂褶菌的六种可能的双核体基因型

	同核体基因型组合	反应
1	$A\alpha_1 A\beta_1 B\alpha_1 B\beta_2 + A\alpha_1 A\beta_1 B\alpha_1 B\beta_2$	不亲和
2	$A\alpha_1 A\beta_1 B\alpha_1 B\beta_2 + A\alpha_2 A\beta_1 B\alpha_2 B\beta_2$	亲和
3	$A\alpha_1 A\beta_1 B\alpha_1 B\beta_2 + A\alpha_1 A\beta_2 B\alpha_1 B\beta_1$	亲和
4	$A\alpha_1 A\beta_1 B\alpha_1 B\beta_2 + A\alpha_2 A\beta_2 B\alpha_2 B\beta_1$	亲和
5	$A\alpha_1 A\beta_1 B\alpha_1 B\beta_2 + A\alpha_2 A\beta_1 B\alpha_1 B\beta_2$	部分亲和
6	$A\alpha_1 A\beta_1 B\alpha_1 B\beta_2 + A\alpha_1 A\beta_1 B\alpha_2 B\beta_2$	部分亲和

表 6-5 中下标 1 和 2 标志着每个交配型基因位点的不同等位基因（Allele），大多数担子菌在每个基因位点上有一对以上的等位基因，称复等位基因（Multiple Allele）。根据 Novotny 等（1991）对全世界 *S. commune* 种群的统计分析表明，有 9 个 Aα 等位基因，32 个 Aβ 等位基因，9 个 Bα 和 9 个 Bβ 等位基因。在表 6-5 所列的双核体基因型中，只有三个（2~4）是在 A 和 B 两位点完全性亲和的，可以成功地进行有性生殖。两个完全亲和的同核菌丝体融合后可通过核迁移和有丝分裂、隔膜融解和重新形成、核配对等全过程，形成双核菌丝体，并通过顶端伸长、同步有丝分裂和形成锁状联合等进一步发育。表 6-5 中所列可能形成的双核体基因型 1 完全不亲和，两个同核体配合后不会进一步发育。表 6-5 中 5 和 6 仅部分性亲和，可以部分发育，但不会形成可胜任有性生殖的双核菌丝体。通过研究部分亲和的基因型，研究者可以阐明 A 和 B 基因位点在交配过程中所起的作用。据目前所知，A 基因位点似乎参与核配对、引发锁状联合细胞的形成、二核同时分裂和锁状联合隔膜的形成。B 基因位点则参与核迁移和锁状联合顶端与菌丝的融合。

除了上面重点介绍的以形成双核菌丝体为特征的异宗配合担子菌的生活史外，也存在其他类型。例如在蜜环菌属的种中，菌丝体可以是遗传上稳定的二倍体而不是双核体。此外，有的担子菌是同宗配合的，有的可形成多核菌丝体。

6.5.12.4　无性繁殖

担子菌类的无性繁殖方式包括芽殖，菌丝断裂，产生分生孢子、节孢子或粉孢子（Oidium）。在黑粉菌中，常由担孢子和菌丝芽殖产生分生孢子。锈菌的夏孢子在形成和功能上属于分生孢子。其他担子菌也产生分生孢子，有时与担子果的形成有关。有些担子菌的菌丝可断裂成单细胞的片段，形成节孢子，这些菌丝片段可能是单核的，也可能是双核或多核的。粉孢子常由初生菌丝体的专化菌丝短枝（粉孢子梗）从顶端开始连续断裂形成。粉孢子萌发产生单倍体菌丝，可与另一个由粉孢子或担孢子萌发形成的单倍体菌丝配合形成双核的次生菌丝体。粉孢子有时也可直接与体细胞菌丝融合产生异核菌丝，这些粉孢子通常被包裹在黏液里，由昆虫或水滴带到作为受体的体细胞菌丝，在接触点融解成孔，使粉孢子的原生质体进入菌丝内，形成双核菌丝。因此，粉孢子更重要的意义似乎是增加异核菌丝体的形成概率。

同许多子囊菌一样，有些担子菌的有性生殖尚未观察到，这些无性型担子菌包括许多酵母菌和一些丝状菌。例如重要的植物病原菌丝核菌类（*Rhizoctonia*）和包括数种人类致病菌的隐球酵母属（*Cryptococcus*），就以其无性阶段为人们所熟知。这些菌被鉴定为担子菌的依据是具有桶孔隔膜，或细胞壁在电镜下为多层结构，并呈重氮蓝 B

（Diazonium Blue B）染色阳性反应等特性。

6.5.12.5 担子菌的主要类群

（1）蘑菇类

伞菌目（Agaricales）包括我们常见的蘑菇类大型担子菌。其特征为产生肉质的伞状子实体，在从伞盖下表面垂下的菌褶表面或在位于伞盖下表面的菌管里产生子实层，子实层内产生无隔担子。在菌管内产生子实层的种类通常称为牛肝菌（Bolete）。大多数伞菌目的成员为腐生菌，有些为植物寄生菌，还有些与植物共生形成菌根。

整体来说，伞菌类在自然界广泛存在，从北极到热带均有分布，但不同的种类，往往偏好不同的生境。例如，有些种类主要生长于山林中，有些常见于沼泽地，还有些则多分布于开阔的草地或牧场。许多种，尤其是形成菌根的类群，常与一定类型的植物相关联。在一定的生境下，许多种对基物也有不同的选择，如有些种的子实体典型地生于土壤上，称为陆地生类型，其他主要生于枯叶上、木材上或粪便上的伞菌分别称为叶生（Folicolous）、木生（Lignicolous）或粪生（Coprophilous）类型。少数伞菌为菌生型，在其他蘑菇上产生子实体。

不同的伞菌在不同的季节形成子实体。有些在早春产生蘑菇，夏季来临时消失。但有的蘑菇直到秋季才出现。在北方的温带地区，大多数蘑菇从春天到秋天都会出现。有些蘑菇不定期地产生，每当湿度足够时，就会出现。一般来说，在夏、秋季的雨后，是采蘑菇的最佳时机。许多在特定时间形成子实体的种类，很可能为菌根真菌。

许多蘑菇是可食的，有不少已被选育进行人工栽培，并形成大规模的商业化生产。这些种类包括金针菇（*Flammulina velutipes*）、香菇（*Lentinula edodes*）、草菇（*Volvariella volvacea*）、侧耳（*Pleurotus ostreatus*）、双孢蘑菇（*Agaricus bisporus*）和大肥菇（*Agaricus bitorquis*）等。然而，有些蘑菇却是有毒的，可引起腹泻、呕吐、内脏器官及神经系统损伤，严重者可导致死亡。因此，在食用野生蘑菇之前，最好请专家或有经验者确认其无毒性。

伞菌担子果由致密的双核菌丝构成，典型地可分为三部分：菌盖（Pileus）、菌褶（Gill）和菌柄（Stipe）（图6-65）。解剖上构成担子果的菌丝组织包括子实层、子实下层、菌褶髓、菌盖髓、菌柄髓和表皮等。表皮由1～3层细胞组成，像皮肤一样覆盖担子果的不育部分，有时可被轻易揭下。部分表皮细胞的胶化，可使担子果表面变得光滑或胶黏。而在有的种中，某些表皮细胞彼此分离而使担子果表面呈粉末状。

菌盖髓和菌柄髓主要由生殖菌丝或来源于生殖菌丝的薄壁菌丝或细胞构成。有些种的髓中还含有生乳液菌丝或其他专化菌丝。菌褶髓由从菌盖髓向下辐射延伸的菌丝组成，这些菌丝可彼此平行或相互交织。

除了菌盖、菌褶和菌柄外，有的担子果还有其他附属结构，包括菌柄上的裙状环，称菌环（Annulus），菌盖边缘的幕状物，包裹菌柄基部的膜状物，称菌托（Volva），以及附着在菌盖或菌柄上的鳞片。有些种的子实层或整个担子果在早期发育阶段被不同的结构遮蔽，随着担子果的发育和增大，早期遮蔽物被撕裂，从而留下上述附属结构。

（2）腹菌类

腹菌类（Gasteromycetes）的担孢子成熟于担子果内部，释放时不从担子上强力弹射出去。常见的腹菌有马勃、地星、鬼笔以及鸟巢菌等，虽然它们的形态差异较大，但

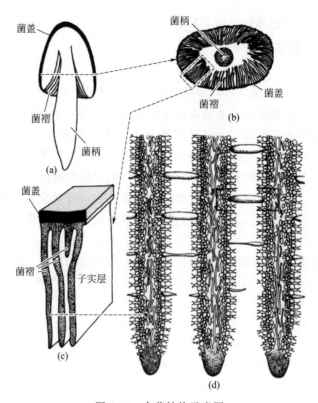

图 6-65　伞菌结构示意图

（a）一种鬼伞菌担子果的纵切面；（b）经过菌盖的横切面；（c）一组菌褶的三维放大结构；

（d）菌褶横切面的显微结构（摘自 Moore-Landecker，1982）

这些真菌却都有一共同特征，即具有一明显的外部覆盖层或壁，该结构称为包被（Peridium）。包被的结构变化较大，典型的包被具有一至三层，若有两层，外层称外包被（Exoperidium），内层称内包被（Endoperidium），若有三层，则分别称为外包被、中层包被（Mesoperidium）和内包被。包被在某些类群中细薄如纸，而在有些类群中则如橡胶一般厚而坚韧。担子果包被可在担孢子成熟后以多种方式自然开裂，也可能长期保持封闭，只有在外力作用下使包被层破裂时，担孢子才能够得以释放。

包裹在担子果包被内部的可育部分称为产孢体（Gleba）。有些种的产孢体可能是单系菌丝型，即只具有薄壁的生殖菌丝；或者是两系菌丝型，即具有生殖菌丝和骨架菌丝。在腹菌中，厚壁的骨架菌丝通常被称为孢丝（Capillitium）。腹菌担子果的发育具有多种类型（图 6-66），不论哪种腹菌，只有在担子果发育的早期才可观察到子实层，通常在担孢子释放时子实层则变得不明显。

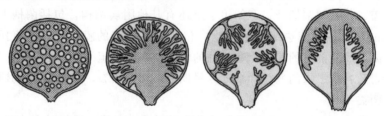

图 6-66　腹菌担子果的纵切面，示产孢体在不同发育类型担子果中的分布

（摘自 Moore-Landecker，1982）

腹菌的担子为单细胞、无隔担子，形态因种而异，变化较大。某些种的担子为未分化的、菌丝状结构，而有些种则是卵圆形或近球形的细胞结构。在有些腹菌中，担子产生于产孢体中的小腔室内；有些种的担子则均匀分布于整个产孢体中；在鬼笔中，担子产生于担子果上的特定区域，而在鸟巢菌中，担子则集中产生于小球状至凸透镜状的小包（Peridiole）内。

如前所述，腹菌的担孢子释放时不强力弹射，它们对称地生于或长或短的担孢子梗上（图6-67），成熟后直接脱落，有时还有一部分或整个担孢子梗。

大多数腹菌的担子果生于地上（称地表生的），但是也有许多种的担子果部分或全部地生于土壤表面之下（称地下生的）。地表生的担子果其孢子的扩散主要是靠风或水。但鬼笔的担子果则以特殊的方式吸引昆虫，其孢子有黏液层包裹，便于黏附于昆虫体上，由昆虫来帮助其完成孢子的传播。而一些地下生腹菌的担子果可产生气味，吸引某些无脊椎动物和哺乳动物来摄食，从而帮助这类腹菌完成其孢子的释放与传播。一些腹菌的孢子在通过哺乳动物的消化系统后仍可存活，一旦孢子随动物粪便排泄出去，则萌发并开始其新一轮的生活史。

大多数腹菌是腐生菌或是菌根菌。著名的菌根菌彩色豆马勃，是松树的重要外生菌根菌，已经商品化生产用于植树造林。一种鬼笔类腹菌——短裙竹荪（*Dictyophora duplicata*）（图6-68）也具有商业价值，在亚洲部分地区有栽培，其担子果被认为是珍贵的食品。另外，一些腹菌，例如杯形秃马勃（*Calvatia cyathiformis*）和大秃马勃（*Calvatia gigantea*），虽然尚未进行商业化栽培，其担子果也是可供选择的食用菌。

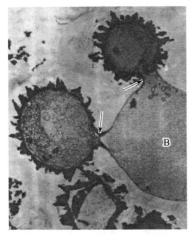

图 6-67　透射电镜图像示
彩色豆马勃（*Pisolithus tinctorius*）
担子（B）上的两个担孢子着生于
短担孢子梗（箭头所指）上
（摘自 Alexopoulos et al.，1996）

图 6-68　人工栽培的短裙竹荪

（3）多孔菌及相关类群

非褶菌目（Aphyllophorales）是担子菌门中重要的一类，根据子实体形态这类真菌被称为多孔菌、鸡油菌、齿菌、珊瑚菌及伏革菌等。笼统地讲，非褶菌目包括在明显的子实层中形成无隔担子，但一般不形成菌褶的一类真菌。子实层完全裸露地着生在担子果上，可生于担子果的一侧（单侧型），或生于担子果的全部外表面上（两侧型）。

整体而言，非褶菌目种类的重要性主要表现在它们作为分解者的腐生活动，特别是降解纤维素和木质素的作用。大多数种类腐生于土壤、落叶、树皮、死树或活树无输导作用的木质部（心材）中，但有些种类也可完全寄生于观赏和森林树木、非木质作物或非维管束植物上而成为致病菌。非褶菌目中也包括一些与森林树木形成菌根的种类。

一些非褶菌目真菌的子实体被大量地作为药材使用，一个著名的例子就是灵芝（*Ganoderma lucidium*），此菌在中国是一种富有传奇色彩的中药。有几种非褶菌目真菌是可食用的，包括猴头菌（*Hericium erinaceum*）和硫黄菌（*Laetiporus sulphureus*）。茯苓是指茯苓菌（*Wolfiporia cocos*）的地下块状菌核，在中国被作为一味珍贵的中药。块根多孔菌（*Polyporus tuberaster*）等其他种类的菌核也叫加拿大茯苓，也被用作食品。

非褶菌目种类产生各种类型的担子果。许多担子果较大，容易发现，但有些却很小且非常不明显。有些种类的担子果只在树枝或倒木上形成一薄层，稍厚的担子果则像贴生在基质上的鞘皮层，这类担子果称为平伏型。有些担子果从基质向上生长，其边缘形成一瞻状结构，这种类型的担子果称为平展反卷类型。还有的担子果呈漏斗状、棒状、齿状或珊瑚状。许多大型担子果为伞状或层架状，无柄或有柄。菌盖表面的颜色、质地、厚度或结构因种而异。子实层生长在子实体表面，可呈平滑状、崤状、疣状、齿状、孔状或褶状。最常见的是具有管状子实层的种类，它们通常称为多孔菌，因为其子实层的表面看上去呈孔状（如图 6-69，图 6-70）。组成菌管壁的不育组织叫菌髓，担子生长在菌髓上［图 6-70（c）］。有的管口较大且明显，但有的很小，以至肉眼不易观察到。管口的形状可以是圆形、多角形、不规则形或迷宫形。与具有管状子实层的伞菌类（牛肝菌）不同，多孔菌的担子果很少是松软且易腐烂的。

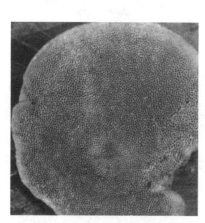

图 6-69　一种多孔菌子实体的
下表面，示管状子实层
（摘自 Alexopoulos et al.，1996）

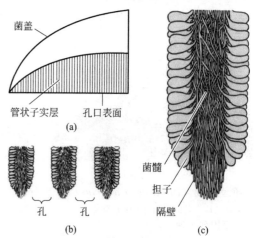

图 6-70　（a）具菌盖的多孔菌担子果切面示意图；
（b）管状子实层的部分放大图，示担子在孔内的分布位置；
（c）进一步放大的子实层纵切面
（摘自 Alexopoulos et al.，1996）

与其他担子菌一样，非褶菌目的每个担子一般产生 4 个单核的担孢子，但是有些种产生 2 个至 6 个或 8 个担孢子。担孢子几乎全被强力弹射而释放。非褶菌目的很多种类，特别是木生的种类，其担孢子能够在麦芽琼脂之类的简单培养基上萌发。将一小片子实层粘在培养皿上盖上，孢子就会落在铺在下面的琼脂培养基表面上，从而得到纯培养物。

（4）锈菌

锈菌（Rust）传统上被归入一个独立的目，锈菌目（Uredinales）。这是一类专性植物寄生菌，可寄生在蕨类、裸子和被子植物上。锈菌具有寄主专一性，一种锈菌或某一菌系只能寄生在属于一定的属、种或品系的寄主上。例如，禾谷柄锈菌小麦专化型（*Puccinia graminis* f. sp. *tritici*）只寄生在小麦上，而禾谷柄锈菌黑麦专化型（*Puccinia graminis* f. sp. *secalis*）则只寄生在黑麦上。尽管一些锈菌生活史中的某个阶段可在人工培养基上生长，在自然界，锈菌则是专性活体营养寄生菌，不能营腐生生活。锈菌是非常常见的植物病原菌，给世界范围的农作物造成巨大损失。锈菌寄生会给寄主带来生理上的严重损害，常导致蒸发速率的增加，以及光合作用和呼吸作用效率的降低，有时引起不正常的组织增生。

锈菌菌丝体生长于寄主植物的细胞间，通过吸器进入细胞内吸收营养。菌丝上不形成锁状联合，孢子通常成堆产生，形成孢子堆（Sorus）。孢子堆常暴露于寄主表皮细胞外，有些为橙色或红色，因而使被锈菌侵染的部分呈现特征性的铁锈状。

尽管锈菌的菌体形态简单，有些类群却具有真菌中最复杂的生活史，可出现多达五个阶段，根据先后顺序分别描述如下：

① 阶段 0。性孢子器（Pycnium）产生性孢子（Pycniospore）。性孢子器是同核的单倍体结构，产生单倍体单核的性孢子。性孢子器是一种两性（Hermaphroditic）器官，除产生雄性的性孢子外，还含有具有雌性受精丝功能的受体菌丝。大多数锈菌是异宗配合的，同一个性孢子器产生的性孢子和受体菌丝不亲和。一个性孢子器上产生的性孢子传播到另一个性孢子器产生的受体菌丝上时，二者可发生融合，性孢子的细胞核转移给受体菌丝，从而形成双核阶段。性孢子器形态多样，通常为烧瓶状，有的为球状或扁平的垫状，可产生于寄主胶质层下，表皮下或表皮内，也可产生于皮层内。

② 阶段 I。锈孢子器（Aecium）产生锈孢子（Aeciospore）。锈孢子器由一组双核菌丝细胞组成，通常于完成质配并建立双核阶段的性孢子器相关联。锈孢子器产生生活史中的第一批双核孢子，即锈孢子。锈孢子萌发形成双核菌丝体。锈孢子器在形态上可分为多种类型，典型的锈孢子器类似开口的杯子，内生成串的双核锈孢子。锈孢子器外围具有一层包被，这层包被早期将锈孢子器包裹起来，将其与寄主组织分开。晚期包被破裂，并向后弯曲形成各种各样的领围。如果锈孢子器形成于叶片上，则一般位于下表面，突破下表皮形成开口。

③ 阶段 II。夏孢子堆（Uredinium）产生夏孢子（Urediniospore）。双核的夏孢子代表锈菌的重复阶段，因为在一个生长季节，锈菌可产生数代夏孢子。夏孢子侵染寄主植物，萌发产生双核菌丝体，然后在双核菌丝体上再形成夏孢子堆，产生新一代的夏孢子。在生长季节这一循环重复进行。因此，锈菌实际上是借助夏孢子进行无性繁殖，夏孢子阶段相当于锈菌的无性阶段。

夏孢子堆产生于由锈孢子或夏孢子萌发形成的双核菌丝体，在寄主表皮下首先形成一层栅状排列的产孢细胞，产孢细胞顶端产生芽孢，芽孢增大，中间产生一横分隔将其分为两个细胞，上面的细胞继续增大发育为夏孢子，下面的细胞发育为一柄状结构。夏孢子形成后突破表皮被暴露出来。成熟的夏孢子一般具有尖刺，并常具有明显的萌发孔。

④ 阶段Ⅲ。冬孢子堆（Telium）产生冬孢子（Teliospore）。冬孢子堆由一群双核细胞组成，产生专化的厚壁孢子，称为冬孢子。在许多锈菌中，老的夏孢子堆将转化为冬孢子堆。冬孢子可以为单胞、双胞或多胞的，无柄或具柄。冬孢子的每个细胞开始是双核的，但最终发生核配，成为单核的二倍体细胞。因此，冬孢子的每个细胞相当于一个原担子。

⑤ 阶段Ⅳ。担子（Basidium）产生担孢子（Basidiospore）。如上所述，发生核配后的冬孢子成为原担子，当条件合适时，冬孢子的每个细胞萌发形成原菌丝，二倍体细胞核迁移到原菌丝进行减数分裂，所产生的四个单倍体子核以大约相等的距离分布于原菌丝内，子核之间形成隔膜，将原菌丝分为四个单核细胞。每个细胞产生一个担孢子梗，在其顶端产生一个梨形或肾形担孢子，细胞核通过担孢子梗移入担孢子内。有时担孢子内的细胞核进行一次有丝分裂，使担孢子含有双核（图 6-71）。成熟的担孢子最终被强力弹射脱离担孢子梗。担孢子为薄壁，并且没有任何表面纹饰。担孢子可直接萌发产生芽管，或产生一个小梗，在其顶端形成一个次生孢子。担孢子或其次生孢子感染寄主后形成同核菌丝体，然后产生性孢子器和性孢子，开始一轮新的生活史循环。

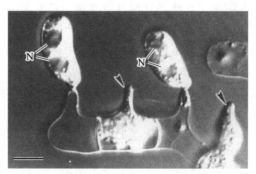

图 6-71　一种锈菌的正在萌发的担子
已产生两个担孢子，每个担孢子内含有两个细胞核（N），另两个担孢子梗（箭头所指）尚未产生担孢子。
标尺＝5μm（摘自 Mims & Richardson，1990，Mycologia，82：236-242）

然而，需要指出的是，并不是所有的锈菌在其生活史中都经过上述五个阶段。锈菌的生活史类型可分为三类：长周期型、半周期型和短周期型。长周期型锈菌的生活史经历全部五个阶段，半周期型锈菌的生活史缺少夏孢子阶段，而短周期型锈菌的生活史则不经历锈孢子和夏孢子阶段。

有些锈菌在一种寄主上完成其整个生活史，称为单主寄生（Autoecism）。而多数锈菌需要两种不同的寄主来完成其整个生活史循环，称为转主寄生（Heteroecism）。转主寄生的锈菌在一种寄主上产生阶段 0 和阶段Ⅰ，而在第二种寄主上产生阶段Ⅱ和阶段Ⅲ。阶段Ⅳ，即担子和担孢子阶段，则不是在特定的寄主组织上直接形成的。在其上产生冬孢子（阶段Ⅲ）的寄主一般称为主要寄主（Primary Host），另一种寄主称为转生寄主（Alternate Host）。

同一种锈菌的两个寄主往往在亲缘关系上相距甚远。例如，小麦黑秆病和其他重要禾谷类作物病害的病原禾谷柄锈菌（Puccinia graminis），在小檗属（berberis）灌木上产生性孢子器和锈孢子器，而在禾谷类植物上产生夏孢子堆和冬孢子堆，前一种寄主为双子叶植物，后一种则为单子叶植物。美国五针松疱锈病的病原菌 *Cronartium ribicola*，在裸子植物美国五针松上产生性孢子和锈孢子阶段，而在有花植物醋栗树上产生夏孢子和冬孢子。

（5）黑粉菌

属于黑粉菌目（Ustilaginales）的黑粉菌也是一类非常重要的植物病原菌，因其在染病植物器官上产生类似煤烟的黑色粉状冬孢子团而得名。在自然界，几乎所有的黑粉菌都是活体营养植物寄生菌，但具有或长或短的腐生阶段。

黑粉菌主要侵染显花植物的繁殖结构，导致子房或花粉囊畸变，也可侵染发育中的种胚。花药黑粉菌（*Ustilago violacea*）侵染雌雄异株的石竹科（Caryophyllaceae）植物，如石竹和繁缕等。被感染的雄性植株花粉囊中的花粉被冬孢子所替代，并诱导形成子房，被感染的雌性植株则诱导产生不育的花粉囊。被冬孢子填充的花粉囊与包含花粉的花粉囊在外表上很相似，可吸引昆虫正常来访，借此将冬孢子传播到其他的花上。这种现象被称为诱导性雌雄同体（Induced Hermaphroditism）或寄生性去雄（Parasitic Castration）。玉米黑粉菌（*Ustilago maydis*）引起常见的玉米黑粉病（图 6-72），最显著的症状为在发育中的玉米穗上形成很大的肉质、灰色菌瘿，由寄主组织和菌丝组成，成熟后充满煤尘状的冬孢子。黑粉菌也可感染茎和叶，个别种甚至感染根。如引起小麦矮化病的小麦矮腥黑粉菌（*Tilletia contraversa*），其土壤中的孢子侵染幼苗，导致茎秆显著矮化，并在叶片上产生斑纹。

图 6-72　被玉米黑粉菌感染的玉米穗

（摘自 Alexopoulos et al.，1996）

尽管黑粉菌与锈菌有一些相似的特性，但前者的生活史比后者简单得多。引发侵染的黑粉菌菌丝体多为双核体，或侵染后很快通过菌丝融合建立双核体。菌丝体生长于寄主组织的细胞间，具隔膜，有时形成锁状联合和吸器。生长于寄主组织内的菌丝体在一定部位大量增殖，最终以多种方式形成孢子堆［图 6-73（a）］。孢子堆中的双核菌丝细胞壁胶质化，每个细胞的原生质体聚拢并分泌出一层厚壁，最终转化为冬孢子。成熟的冬孢子具有黑色的厚壁，外表光滑、具刺或网状纹饰［图 6-73（b）］。有时，数个冬孢子以一定的方式结合在一起形成孢子球。

黑粉菌的冬孢子与锈菌的冬孢子相似，早期是双核的，随着冬孢子的成熟，最终发生核配，变成二倍体的单核原担子。冬孢子萌发产生原菌丝（中担子），二倍体核移入其中进行减数分裂。黑粉菌的原菌丝不像锈菌那样被规则地分为四个细胞，前者可以是无隔的，也可以具有任何数目的分隔。具隔膜的原菌丝大多数被分隔为三至四个细胞（图 6-74）。单核单倍体的担孢子直接产生在原菌丝上，而不是像锈菌那样产生于担孢

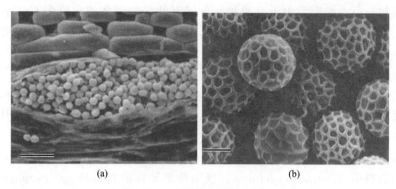

图 6-73　黑粉菌扫描电镜图像

（a）香草黑粉菌（*Ustilago striiformis*）在一种早熟禾的叶上产生的冬孢子堆，标尺＝100μm；

（b）小麦矮腥黑粉菌的冬孢子表面的网状纹饰，标尺＝5μm

（摘自 Alexopoulos et al.，1996）

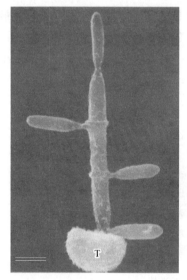

图 6-74　燕麦散黑粉菌（*Ustilago avenae*）的
冬孢子（T）萌发的原菌丝产生四个担孢子
标尺＝5μm。（摘自 O′Donnell，1992，
Can. J. Bot. 70：629-683）

子梗上。如果原菌丝是有隔的，担孢子可产生于每一细胞上，如果原菌丝是无隔的，担孢子则典型地产生于其顶端。黑粉菌的原菌丝可产生无限多的担孢子。

黑粉菌的担孢子可产生次生孢子，在培养基上可产生酵母菌落。由黑粉菌的担孢子产生的单核单倍体（同核体）阶段是不致病的，可在人工培养基上以酵母菌状态生长，并以芽殖的方式进行繁殖。大多数黑粉菌是异宗配合的，双核菌丝体的形成需要具有不同交配型的同核体的配合。不同的种，双核菌丝体的形成方式不同，主要包括：①未产生或已产生担孢子的原菌丝间的配合；②担孢子间或担孢子产生的次生孢子间的配合；③在侵染的早期阶段单倍同核菌丝体间的配合；④上述任何结构间的配合。质配后形成的双核菌丝体具有侵染力，可穿入寄主组织而始发寄生阶段。

6.5.13　卵菌门

卵菌门生物曾被作为真菌的一个纲（Oomycetes），但这类生物与其他真菌类群的明显区别，如营养体为二倍体、细胞壁含纤维素以及不同的赖氨酸合成途径等，早已为研究者所注意。越来越多的来自结构、生理生化等方面的研究结果表明卵菌不属于真正的真菌，而可能与包括金藻（Chrysophyte）、褐藻（Brown Algae）以及硅藻（Diatoms）在内的一些类群有近缘关系。最近分子系统学方面的研究进一步表明，卵菌在系统演化上与真菌相距甚远，而与上述那些具有叶绿素 a 和 c 的异鞭毛藻类亲缘关系相近。根据鞭毛特征和 DNA 序列分析的结果，卵菌门与原来也作为真菌的丝壶菌门和网黏菌门一起，被包括在茸鞭生物界中。然而，由于这些生物在菌体形态、吸收性营养方式和生态上类似于真菌，以及由于其作为植物致病菌的经济重要性，真菌学家们将继续把卵菌作为自己的研究对象。

卵菌门的主要特征为：营养菌丝体为二倍体，典型无隔，细胞壁主要由 β-葡聚糖和纤维素组成；通过在孢子囊内产生双鞭毛的二倍体游动孢子进行无性繁殖；有性生殖通过雄性器官（雄器）和雌性器官（藏卵器）之间的配合进行，并产生不动的厚壁有性孢子，即卵孢子。此外，卵菌还具有一些特殊的与真正的真菌界生物不同的细胞学和生物化学特性。

6.5.13.1 生境与重要性

卵菌是一类常见的生活于淡水、海水和陆地上的生物。其中常被称为水霉的水生类群主要生长于通气良好的溪流、江河、池塘和湖泊等淡水中。在这些生境中，最常见于近岸边或河边浅水处。有时在积滞水中也有独特的卵菌群落，少数种为兼性厌氧菌。多数水生的种类都腐生于动植物残体上，作为水生生态系中一个类群，它们在有机物的降解和养分的再循环上扮演着重要角色。有些种类为寄生菌，可侵染藻类或各类水生动物，如轮虫、线虫、蚊子幼虫或龙虾等。少数种是鱼卵和鱼的重要寄生菌。

多数陆生卵菌为维管束植物的兼性或高度专化的寄生菌，引起一些重要农作物的严重病害，如马铃薯晚疫病，柑橘根腐和果腐病，瓜类、葡萄、葱和莴苣霜霉病，甘蓝白锈病和多种植物幼苗的猝倒。其中一种植物病原菌，即致病疫霉（*Phytophthora infestans*），因引起马铃薯晚疫病最为著名。此病直接导致了 1845～1846 年的爱尔兰大饥荒，致使约一百万爱尔兰人死亡和高达一百五十万人流落他乡，主要是到北美洲。一土居种类，*Pythium insidiosum*，可引起哺乳动物的所谓腐霉病，该病常见于热带和亚热带地区，曾报道发生于马、狗、牛，甚至人体上。

6.5.13.2 营养体结构

卵菌门包括整体产果的单细胞种类和分体产果的丝状种类，后者一般由分枝繁茂且粗大的多核菌丝体构成。菌丝一般无隔膜，但在繁殖器官的基部，有些种偶尔在老化的高度液泡化的菌丝段上会产生隔膜。水生卵菌有时在自然基质上生长出茂盛的菌丝，以至肉眼可见。侵染高等植物的卵菌菌丝生长在植物细胞间或细胞内。植物兼性寄生菌的菌丝多会穿入或穿透已死亡和将要死亡的寄主细胞；而那些专性寄生菌则生长于寄主细胞间，产生特化的菌丝分枝即吸器，从寄主细胞内吸收营养。吸器伸入寄主细胞壁，并使寄主细胞原生质膜凹陷。视种类的不同，植物寄生卵菌产生的吸器可为钉状、球状或裂叶状。

相当多的卵菌，包括腐生的水生种类、土居和高等植物的兼性寄生菌，都可以在实验室进行纯培养。典型的分离方法是在土样或水样中，加入各种种子，如大麻或蓖麻的种子，或一小块蛇皮碎片进行诱集。一旦在诱饵上见到有菌丝生长，通常需要以逐步纯化的方式获得纯培养物。

同其他真菌一样，卵菌的菌丝也是顶端生长的。虽然没能见到可辨认的顶体，但是每根菌丝均含有大量的顶端泡囊。在生长活跃的菌丝近顶端处，还有由微管和肌动蛋白纤丝组成的细胞骨架系统。在菌丝顶端以下，有典型的细胞器，如大量的线粒体和高尔基体。卵菌的线粒体和高尔基体与其他真菌的不同。卵菌的线粒体具管状脊突，高尔基体有多个扁平的囊腔。真正的真菌的线粒体脊是碟状的，高尔基体的结构很简单，常常只有单个囊体。

典型的卵菌菌丝含有大量的细胞核。由于没有固定的分隔，卵菌的每个单一菌丝段或细胞所含有的细胞核数目是不定的。细胞核和其他细胞器常被离菌丝顶端一段距离后产生的中央液泡排挤至菌丝的周边。

细胞壁的化学成分一直是将卵菌门和其他真菌区分开来的一个重要特征。卵菌的细胞壁主要含有 β-1,3 和 β-1,6 葡聚糖以及纤维素，而真正的真菌细胞壁含有几丁质。因此，卵菌又被称为纤维素真菌。细胞壁的组成成分被有的研究者作为真菌分类及其亲缘关系分析的基础。

从已了解较清楚的卵菌种类中所得到的证据表明，这些生物的体细胞阶段是二倍体，而不是像其他大多数真菌的营养体那样是单倍体或双核体。光学和电子显微镜下的细胞学研究，测量生活史各阶段 DNA 水平变化的显微分光光度分析和遗传分析等证明了卵菌的减数分裂发生在配子囊中。

6.5.13.3　无性繁殖

大多数卵菌的无性繁殖主要是借助于双鞭毛的游动孢子，这些游动孢子多在孢子囊中发育形成，在少数种类中则在从孢子囊生出的易消解的泡囊内发育而成。陆生卵菌的孢子囊有些由一段菌丝稍膨大而成，有些则为专化的球形、卵形或柠檬形结构。游动孢子释放后，另一个游动孢子囊往往在前一个孢子囊的基部隔膜处发育，并在前一个孢子囊内长大，于其中或超出其外发育成熟。植物专性寄生菌的孢子囊类似分生孢子，它们并不割裂形成孢子，而是单生于专化的分枝孢囊梗顶端，或成串地产生在短棒状孢囊梗顶端。水生种类的游动孢子囊典型地由菌丝顶端分化而成，成熟后呈长形、圆柱状的结构（图 6-75），在基部形成一隔膜将其与相连的菌丝隔开。

许多卵菌能产生两种形态截然不同的双鞭毛游动孢子。一种称为初生游动孢子（Primary Zoospore），呈梨形，在孢子前端着生鞭毛［图 6-76 (a)］，其游动孢子游动能力较差。另一种类型的游动孢子称为次生游动孢子（Secondary Zoospore），实际上所有产生游动孢子的卵菌均产生次生游动孢子，呈肾形，鞭毛着生于孢子侧面凹陷部［图 6-76 (b)］。两根鞭毛朝不同方向分开，朝前的为茸鞭（Tinsel Flagellum），较长，其上有许多茸毛；朝后的为尾鞭（Whiplash Flagellum），较短。

无论初生型还是次生型游动孢子，均含有一个梨形的细胞核。在核的近尖端有一对毛基体（Kinetosome），其上产生鞭毛。毛基体辐射出许多微管和纤丝到细胞质中，起着将鞭毛器官固定于细胞内的作用。靠近细胞核表面典型地分布着一个或两个高尔基体；许多线粒体、脂肪体、核糖体和指纹状液泡，则分散在整个细胞质中。卵菌的游动孢子还含有各种各样具有高度结构化基质的微体状细胞器。在有些种类中，这些细胞器与毛基体相连，称之为"K-体（K-Bodies）"。而存在于壶菌门游动孢子中的尾体（Rumposome）和微体-脂质小球状复合体（MLC）在卵菌的游动孢子中均未发现。

游动孢子在卵菌生活史中的作用是在水中进行短距离游动，以找到潜在的基质和寄主，然后休止，最后形成芽管以产生新的菌体。不同种类卵菌的游动孢子具有不同的游动和休止方式，许多卵菌游动孢子对它们的基物显示出趋向性，即所谓归巢反应（Homing Responses）。应该提到，并不是所有的卵菌都产生游动孢子。有些种的游动孢子似乎已经从生活史中消失了。再者，专性寄生于裸子植物的一些种趋向于产生外形

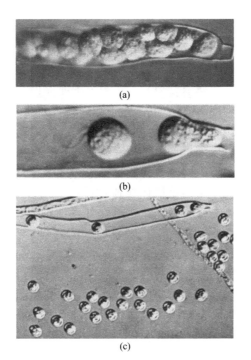

图 6-75　多产水霉（*Saprolegnia ferax*）的游动孢子囊和游动孢子释放的不同阶段
（a）准备释放的游动孢子；（b）一个游动孢子正在通过释放乳突；
（c）休止的第一型游动孢子，有些仍在孢子囊内（I. B. Heath 摄，摘自 Alexopoulos et al.，1996）

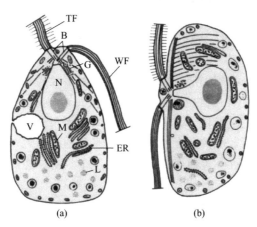

图 6-76　水霉（*Saprolegnia*）的初生游动孢子
（a）和次生游动孢子（b）的结构示意图

TF，茸鞭；WF，尾鞭；N，细胞核；B，基体或动体；M，线粒体；ER，内质网；L，脂肪滴；
G，高尔基体；V，收缩（排水）泡（摘自 Holloway，Heath，1977，Can. J. Bot. 54：900-912）

上类似分生孢子的游动孢子囊，并趋向于萌发产生芽管，而不是产生游动孢子。这些孢子囊的萌发方式，即经芽管直接萌发还是经游动孢子间接萌发，经常受环境因素如温度和水分所控制。

6.5.13.4　有性生殖

卵菌的有性生殖几乎都是通过异形配子囊配合。在结构最简单的卵菌中，整个菌体转化为一个配子囊。然而，在大多数卵菌中，配子囊典型地分化为较小的菌丝状雄性结构，即雄器，和较大的球状雌性结构，即藏卵器（图 6-77）。雄器和藏卵器可以在同一个菌体或两个不同的菌体上发育而成。产生于同一菌体的配子囊可能是亲和的，也可能是不亲和的。

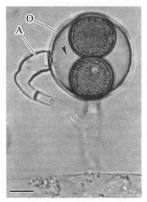

图 6-77　总状棉霉（*Achlya racemosa*）的藏卵器（O）和雄器（A）可见藏卵器内的两个卵孢子和授精管（箭头所指）（摘自 Dick，1990）

减数分裂后，在每个藏卵器内产生一个或多个不动的卵，即卵球（Oosphere）。成熟后，每个卵球都含有单个或多个细胞核，并有一个明显的贮存液泡，称为卵质体（Ooplast）。发育中的雄器由于激素的作用向藏卵器靠近，当它们非常接近藏卵器表面时才会产生授精管（图 6-77）。在雄器中经减数分裂而产生的单倍体核通过授精管引入卵球内，并与卵球的核融合。受精后，卵球则发育成卵孢子，并于藏卵器内发育成熟（图 6-77）。卵孢子是厚壁的抗逆性结构，能在不良环境条件下存活。成熟卵孢子的壁有三层，包括内孢子层（Endospore Layer）、表孢子层（Epispore Layer）和由残留的卵周质发育而成的外孢子层（Exospore Layer）。内孢子层至少部分地起到贮存糖类的作用，用于卵孢子的萌发。一旦萌发，卵孢子则产生二倍体的菌体。

6.5.13.5　生化特征

如前所述，卵菌门生物具有许多与真菌界生物不同的生化特征，其中两个最引人注意的生化差异是赖氨酸合成和甾醇代谢。真正的真菌通过 α-氨基己二酸途径（α-Aminoadipic Acid Pathway，AAA Pathway）合成赖氨酸，而卵菌与植物一样经二氨基庚二酸途径（Diaminopimelic Acid Pathway，DAP Pathway）合成这种氨基酸。卵菌的甾醇（Sterol）代谢也不同于真菌。根据甾醇代谢，可将卵菌分为两个类群，一类可以从甲羟戊酸合成甾醇，而另一类则不能合成甾醇。后一类多数为霜霉目的植物病原菌。在能够合成甾醇的卵菌中，优势甾醇为墨角藻甾醇（Fucosterol），而真菌的特征性甾醇为麦角甾醇（Ergosterol）。一般认为，卵菌门生物缺乏麦角甾醇。

卵菌与真正的真菌所贮藏的化合物也不同。真菌的主要贮存化合物是糖原（Glycogen），而卵菌是水溶性的 β-1,3-葡聚糖，即真菌昆布多糖，这似乎与某些藻类中发现的亮藻多糖（Leucosin）和昆布多糖（Laminarin）等贮存化合物有关。另一个卵菌与真菌不同的生化特征是非环多元醇（Acyclic Polyols），即所谓的糖醇（Sugar Alcohol）。这些化合物在真正的真菌中广泛分布，而在卵菌中却似乎没有。

参考文献

Alexopoulos C J，Mims C W，Blackwell M，1996. Introductory Mycology，4th edn. New York：John Wiley & Sons.

Alexopoulos C J，Mims C W，1979. Introductory Mycology，3rd ed. New York：John Wiley & Sons.

Ames B N，Magaw R，Gold L S，1987. Ranking possible carcinogenic hazards. Science，230：271-280.

Barr D J S，1990. Phylum Chytridiomycota. In：Margulis L，Corliss JO，Melkonian M，Chapman DJ（eds），Handbook of Protoctista. Boston：Jones and Bartlett：454-466.

Barr D J S，1992. Evolution and kingdoms of organisms from the perspective of a mycologist. Mycologia，84：1-11.

Bartnicki-Garcia S，1987. The cell wall：a crucial structure in fungal evolution. In：Rayner ADM，Brasier

CM，Moor D（eds），Evolutionary Biology of the Fungi，Cambridge：Cambridge University Press. 389-403.

Beckett A，1981. Ascospore formation. In：Hohl HR（ed），The Fungal Spore：Morphogenic controls，New York：Academic：107-129.

Benhamou N，Chamberland H，Noel S，et al.，1990. Ultrastructural localization of β-1，4-glucan-containing molecules in cell walls of some fungi：a comparative study between spore and mycelium. Can J Microbiol，36：149-158.

Boddy L. Genetics——Variation，Sexuality，and Evolution，2016. In：Watkinson SC，Boddy L，Money NP（eds），The Fungi. London：Academic Press：99-139.

Cole G T，1975. A preparatory technique for examination of imperfect fungi with the SEM. Cytobios，12：115-121.

Copeland H F，1956. Classification of the Lower Organisms. Palo alta，CA：Pacific Books.

Deacon J W，1997. Modern Mycology，3rd ed. Edinburgh：Blackwell Science.

Dick M W，1990. Oomycota. In：Margulis L，Corliss JO，Melkonian M，Chapman DJ（eds），Handbook of Protoctista，Boston：Jones and Bartlett：661-685.

Gladyshev E，2017. Repeat-induced point mutation and other genome defense mechanisms in fungi. Microbiology Spectrum，5（4）：1-21.

Hawksworth D L，Lücking R，2017. Fungal diversity revisited：2.2 to 3.8 million species. Microbiol Spectrum，5（4）：1-17.

Heath I B，1987. Preservation of labile cortical array of actin filaments in growing hyphal tips of the fungus *Saprolegnia ferax*. Eur J Cell Biol，44：10-16.

Heitman J，Howlett B J，Crous P W，et al.，2018. The Fungal Kingdom. Washington，DC：ASM Press.

Hennebert G L，Weresub L K，1977. Terms for states and forms of fungi，their names and types. Mycotaxon，6：207-211.

Hibbett D S，Binder M，Bischoff J F，et al.，2007. A higher-level phylogenetic classification of the Fungi. Mycol Res，111：509-547.

Hunsley D，Burnett J H，1970. The ultrastructural architecture of the walls of some hyphal fungi. J Gen Microbiol，62：203-218.

James T Y，Kauff F，Schoch C L，2006. Reconstructing the early evolution of fungi using a six-gene phylogeny. Nature，443：818-822.

Johnson A D，1995. Molecular mechanisms of cell-type determination in budding yeast. Curr Opin Genet Dev，5：552-558.

Jones M D M，Forn I，Gadelha C，et al.，2011. Discovery of novel intermediate forms redefines the fungal tree of life. Nature，474：200-203.

Kwon-Chung K J，Bennett J E，1992. Medical Mycology. Philadelphia，PA：Lea and Febiger.

Lange L，1987. Synchytrium endobioticum. In Fuller MS，Jaworski A（eds），Zoosporic Fungi in Teaching and Research. Athens，GA：Southeastern：24-25.

Leducq J B，2014. Ecological genomics of adaptation and speciation in fungi. In：Landry CR，Aubin-Horth N（eds），Ecological Genomics：Ecology and the Evolution of Genes and Genomes，Advances in Experimental Medicine and Biology 781，Amsterdam：Springer：49-72.

Leslie J，1993. Fungal vegetative incompatibility. Annu Rev Phytopath，31：127-151.

Lucarotti C J，Wilson C M，1987. Nowakowskiella elegans. In：Fuller MS，Jaworski A（eds），Zoosporic Fungi in Teaching and Research. Athens，GA：Southeastern：22-23.

Money N P. Fungal diversity，2016. In：Watkinson SC，Boddy L，Money NP（eds），The Fungi. London：Academic Press：1-36.

Moore-Landecker E，1982. Fundamentals of the Fungi，2nd edn. New Jersey：Prentice-Hall.

Novotny C P，Stankis M M，Specht C A，et al.，1991. The Aα mating type locus of Schizophyllum commune. In：Bennett JW，Lasure LL（eds），More Gene Manipulations in Fungi，San Diego：Academic Press：234-257.

Pommerville J, 1990. Pheromone interactions and ionic communication in gametes of aquatic fungus Allomyces macrogynus. J Chem Ecol, 16: 121-131.

Pontecorvo G, 1956. The parasexual cycle in fungi. Annu Rev Microbiol, 128: 162-171.

Read N D, Lord K M, 1991. Low-temperature scanning electron microscopy of fungi and fungus-plant interactions. In: Mendgen K, Lesemann DE (eds). Electron Microscopy of Plant Pathogens. Berlin Springer-Verlag: 17-29.

Roberson R W, Fuller M S, 1988. Ultrastructural aspects of the hyphal tip of Sclerotium rolfsii preserved by freeze substitution. Protoplasma, 146: 143-149.

Ruiz-Herrera J, 1992. Fungal Cell Wall: Structure, Synthesis and Assembly. Boca Raton, FL: CRC.

Schüßler A, Schwarzott D, Walker C, 2001. A new fungal phylum, the Glomeromycota: phylogeny and evolution. Mycol Res, 105: 1413-1421.

Spatafora J W, Aime M C, Grigoriev I V, et al., 2017. The fungal tree of life: from molecular systematics to genome-scale phylogenies. Microbiol Spectrum, 5 (5): 1-32.

Strobel G A, 1991. Biological control of weeds. Sci Am, July: 72-78.

Taylor J W, 1995. Making the Deuteromycota redundant: a practical integration of mitosporic and meiosporic fungi. Can J Bot, 73 (Suppl): S754-S759.

Watkinson S C, Boddy L, Money N P, 2015. 3rd ed. The Fungi. London: Academic Press.

Wessels J G H, 1988. A steady state model for apical wall growth. Acta Bot Neerl, 37: 3-16.

Whittaker R H. New concept of kingdoms of organisms. Science, 1969, 163: 150-160.

Willis K J, 2018. State of the World's Fungi 2018. Report. Royal Botanic Gardens, Kew.

Woess C R, Kandler O, Wheelis M L, 1990. Towards a natural system of organisms: proposal for the domains archaea, bacteria, and eucarya. Proc Natl Acad Sci USA, 87: 4576-4579.

Woess C R, 1994. There must be a prokaryote somewhere: microbiology's search for itself. Microbiol Rev, 58: 1-9.

（白逢彦）

第7章

病　毒

摘要：病毒是最为微小、结构最为简单的微生物。它们没有细胞结构，只有一条或数条核酸链作为遗传物质以闪烁其生命的火花，外加一个蛋白质组成的衣壳，最多再有一层部分窃取自宿主细胞的包膜。病毒不能独立完成自己的生命周期，一些病毒样感染因子甚至是生物和非生物间的过渡态。然而，这样简单的存在却是最晚为人类发现的一类生物。1892 年烟草花叶病致病因子的发现被认为是病毒研究的开端，距今仅仅 100 多年。历史上，病毒曾经是"魔鬼"，给人类带来了无数病痛和灾难，直到现在仍威胁着人类的健康。但过去的一个世纪，病毒也是"天使"，带领人类叩开生命秘密的大门，从细胞外泌到逆转录，从细胞癌变到基因编辑，这些对生命最深入的研究无不闪现着病毒的身影。在这一章，我们就要一览这"天使"与"魔鬼"的风采。

7.1　病毒研究的历史

虽然病毒作为特定的生物实体为人们所认知仅一个多世纪，但是对病毒感染疾病的描述和治疗方法探索几乎伴随了整个人类文明史。根据对病毒认识的程度，整个病毒学的发展被人为地分为了四个时期，即经验时期、病毒概念的形成时期、病毒本质的定义时期及现代病毒学时期。

病毒学研究的经验时期可上溯至古埃及时代，延续至 19 世纪中叶。在这几千年的漫长时期中，受认知和技术水平的限制，系统性的病毒学研究尚未起步，相关资料多是对病毒性疾病的记录及其治疗方法的早期探索。古希腊学者亚里士多德（公元前 384 年～公元前 322 年）在他的著作《动物历史》（*The History of Animals*）中描述了狂犬病的症状，指出狂犬病会让犬类发疯，也会使所有被狗咬的其他动物发疯或致死；我国对狂犬病的认知也很早，在公元 4 世纪初，我国东晋葛洪《肘后备急方》卷七就记有"治卒为犬所咬毒方"，指出人被患了狂犬病的狗咬了以后，要把咬人的疯狗杀掉，将狗脑敷贴在被咬的伤口上，以防治狂犬病，这可能是历史上记载最早的对病毒感染的人工免疫。在近古时期，天花是流行最广的病毒感染疾病，起先天花只在亚洲、欧洲、非洲流行，后于 15 世纪末至 16 世纪初由欧洲殖民者带到美洲，造成美洲原住民从原有的约 3000 万锐减至 16 世纪末的约 100 万，并造成了玛雅和印加文明的毁灭。天花的巨大威胁促成了病毒疫苗的产生，迟至明朝隆庆年间（1567～1572 年），中国人已懂得用天花患者痂制浆，接种于健康儿童，使之免疫天花，即"人痘接种术"，可以认为是世界上最早的减毒疫苗；1796 年，英国医师爱德华·詹纳（Edward Jenner）发现挤牛奶的妇女感染牛痘后不再感染天花，遂用牛痘感染组织接种一个 8 岁儿童，发现儿童不再感染天花，之后人痘接种在世界范围内推广，为全世界消灭天花起到了决定性作用。除人类病毒疾病之外，历史上对动物和植物病毒引起的疾病也有记载，比如我国陈旉在其著作《农书》中记载家蚕"高节""脚肿"等疾病，后被证明是家蚕核多角体病毒引起的疾病；16世纪荷兰郁金香的多彩变异是由郁金香碎色病毒引起的，这也是人类发现的第一种病毒引起的植物疾病。

　　病毒学研究的第二个时期是病毒概念的形成时期，由18世纪中叶持续到20世纪初。在这个阶段，研究者们不再局限于对病毒感染疾病的描述，而是积极地通过各种手段探究病毒本身。1840年，德国哥廷根大学（Georg-August-Universität-Göttingen）的病理学家雅各伯·亨勒（Jacob Henle）提出亚显微感染因子的假说，但因没有直接证据，所以不为学术界所广泛接受。此后亨勒的学生科赫（Robert Koch）和著名微生物学家巴斯德（Louis Pasteur）于19世纪60年代共同提出疾病的生源说（Germ Theory），指出所有传染性疾病都是由病原生物引起的，奠定了寻找致病病毒的理论基础。最先发现的病毒是烟草花叶病毒，1886年，德国农业化学家阿道夫·迈耶（Adolf Mayer）通过实验发现了烟草花叶病的传染性，这也是关于植物病毒传播的第一个实验；1892年，俄罗斯植物学家伊万诺夫斯基（Dmitri Iwanowski）发现烟草花叶病的致病因子可以透过细菌滤膜，证明了该致病因子的滤过性，这一重要发现被认为是病毒学的开端；1898年，德国土壤微生物学家贝杰林克（Martinus Beijerinck）第一次用病毒命名了烟草花叶病的致病因子，并发现了烟草花叶病毒可以在活体组织中增殖而不能在无细胞体系中增殖，进一步明确了病毒的特性，即比细菌小、不能为光学显微镜所观察且只能在活细胞中繁殖，奠定了人类对病毒的基本认知。此后，在各种细胞生物中都发现了病毒。1898年，第一种动物病毒口蹄疫病毒被发现；1901年，第一种人类病毒黄热病毒被发现；1915和1917年，噬菌体被发现。从此，病毒作为一种广泛存在的病原微生物为人们所接受，但人们对病毒的理解还仅仅停留在宏观实验特性上。

　　病毒学研究的第三个时期是病毒本质的定义时期，在这一时期，由于技术的发展，人们得以直接获知病毒的结构和组成。这一时期的代表性成果是烟草花叶病毒的结构和组成的发现，确证了病毒的实体存在，由此学界将病毒严格定义为小的有感染性的严格细胞内寄生的寄生生物。

　　之后，病毒学研究进入现代病毒学时期，着眼于研究病毒与宿主的相互作用。现代病毒学研究起始于对噬菌体的遗传及繁殖的研究。1940年前后，物理学家德尔布吕克（Max Delbrück）、外科医生鲁里亚（Salvador E. Luria）和生物化学家侯喜（Alfred D. Hershey）在冷泉港实验室建立了噬菌体研究组，该组首先阐述了噬菌体的生活周期，开创了病毒与宿主互作研究的先河，这也被认为是分子生物学研究的开端。20世纪50年代，得益于细胞培养技术的成熟，非噬菌体的病毒的实验室培养成为可能，极大地推动了病毒学的研究，相关成果成就了多位诺贝尔奖获得者。

　　我国病毒学研究起步相对较晚，汤飞凡院士被认为是第一个投身病毒学研究的华人。1925年，汤飞凡被推荐去美国哈佛大学医学院细菌学系进修，师从著名细菌学家秦瑟（Hans Zinsser）。进修期间，汤飞凡和秦瑟用物理方法证明了病毒的可过滤性和胞内寄生性，并研发出测定病毒颗粒大小的方法。回国后，汤院士在病毒学领域取得了丰硕的成果，特别是领衔研发并生产了国产狂犬病疫苗、牛痘疫苗和黄热病减毒活疫苗，其中牛痘疫苗是1960年天花在中国绝迹的关键；此外，汤院士还指导分离了中国第一株麻疹病毒，并建立了病毒分离关键的组织细胞培养技术，为我国病毒学研究奠定了早期的技术基础。

开创我国病毒学研究的另一位科学家是高尚荫院士，高院士早期赴美从事烟草花叶病毒的研究，后辗转中美之间，在病毒学特别是病毒分离培养领域开展了多项开创性研究，包括建立用于病毒繁殖的组织培养、在国际上首次进行了流感病毒的鸭胚组织培养和开创昆虫病毒的理论与应用研究等。特别是，高院士创办了中国最早的病毒学实验室和病毒学专业，为我国病毒学研究体系的建立奠定了基础。

当代病毒学是研究病毒的感染性、传染性和致病性的学科，病毒学的研究成果有着多方面的应用：①指导病毒性疾病的防控；②揭示某些细胞生物学过程的分子机制，如囊泡运输、RNA 干扰等；③推动生命起源和进化的相关研究，因为病毒是介于非生命物质和细胞生物之间的过渡态生物并与细胞生物长期共生和共进化；④为生物学和医学研究提供工具，如介导生物体内外源基因表达的病毒载体、用于肿瘤治疗的溶瘤病毒等。

7.2　病毒的性质

7.2.1　病毒的基本特点

病毒是一种无细胞结构的遗传实体。一般说来，在病毒颗粒中只含有脱氧核糖核酸（DNA）或核糖核酸（RNA），外部包以蛋白质外壳。但近年来有人报道，在人类巨细胞病毒（HCMV）颗粒中既有 DNA 又含有少量 RNA（Bresnahan 和 Shenk，2000）。因为结构简单，所以病毒都是寄生性的，依赖寄主细胞的酶系统进行复制，随着细胞的繁殖而复制并传给新的一代细胞。但病毒并不是可以感染任何种类的细胞，它侵染细胞需要有专一的受体。受体存在于寄主细胞表面，而病毒外壳蛋白质上要有一定的区域可与受体发生相互作用才能使病毒进入细胞。

病毒形态微小，一般直径在 200～300nm 之间。例如：天花病毒的直径是 $0.02\mu m$，脊髓灰质炎病毒（小儿麻痹病毒）直径是 $0.028\mu m$。大多数病毒可以通过细菌滤器。病毒在光学显微镜下不易看到，要借助电子显微镜才能观察到它的形态结构。因为病毒无细胞结构，其组成成分简单，所以许多抗生素像抑制细胞壁合成的青霉素、抑制蛋白质合成的氯霉素等都对病毒不起作用。科学家们不得不寻找新的抗病毒药物。

7.2.2　病毒的结构

病毒的结构简单，不像细胞那样有细胞壁、细胞膜、细胞器等。几乎所有病毒的遗传物质不是 DNA 就是 RNA，而且这些 DNA 或 RNA 不是单链，就是双链，或为线性，或为环状。有少数病毒在复制过程中同时出现 DNA 或 RNA，但这其中之一只是遗传物质复制过程的中间体。如反转录病毒，在它的病毒颗粒中只含有 RNA，但在其复制过程的不同阶段出现双链 DNA。这双链 DNA 从不被组装进病毒颗粒。另如乙型肝炎病毒（HBV），它的基因组是开环部分双链 DNA，但在它的复制过程中出现 RNA 中间体。

病毒的遗传物质在病毒颗粒内折叠或盘旋，外面包以蛋白质外壳。不同种类的病毒由不同类别和数量的蛋白质亚基组成外壳，因为其内包以核酸，所以也叫核壳。核壳和核酸形成核壳体或核衣壳。如科萨奇病毒的外壳是由四种蛋白质亚基（核壳蛋白）组成：VP1、VP2、VP3 和 VP4。它们相互作用形成一个三角形的立体结构，而 VP4 在内侧。这个结构称为壳微体、壳粒或壳粒体。许多壳微体重复出现排列形成多面体外壳（图 7-1）。再如烟草花叶病毒，其外壳是由一种蛋白质亚基多次重复盘旋叠加形成杆状的外形，里面包有单链螺旋状的 RNA（图 7-2）。有的病毒除了核酸和外壳蛋白质外，最外面还有一层由磷脂双分子组成的外膜，膜中常包有糖蛋白，这种膜结构叫包膜。这种结构常出现在动物病毒中，例如引起人类艾滋病（AIDS）的人类免疫缺陷病毒（HIV）（图 7-3）。不过有些噬菌体也有这种结构。糖蛋白是病毒基因的产物，但膜结构是从寄主的细胞膜、核膜或内膜系统（内质网、高尔基体）中得来的。一般寄主的膜蛋白不参与病毒的膜结构组成。因为膜结构是在病毒的颗粒外面，它直接与寄主细胞相互作用，所以它的功能与病毒感染的专一性有关。

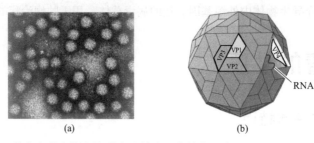

图 7-1　科萨奇病毒的电镜形态及其多面体结构示意图（Flint et al.，2000）

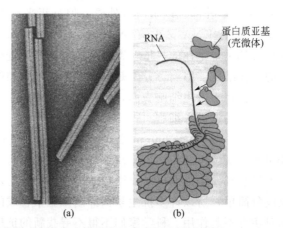

图 7-2　烟草花叶病毒的电镜形态及外壳蛋白质示意图（Brock et al.，2005）

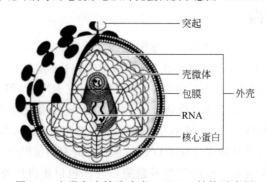

图 7-3　人类免疫缺陷病毒（HIV）结构示意图

7.2.3　病毒的形状

病毒的形状大致分为三大类：杆状、线状和多面体（或球形）。这种形状的不同是组成外壳蛋白质的亚基种类不同所致。病毒颗粒的外壳由蛋白质亚基构成，这些亚基以高度对称的排列方式形成了病毒的颗粒。所谓对称是指当病毒颗粒绕一个轴旋转一定角度时，会看到相同的病毒外形。

一般说来，病毒颗粒有两种基本对称性：螺旋对称和多面体对称。前者出现在杆状或线状病毒，后者出现在多面体病毒。另外有些噬菌体同时具有两种对称性，称为复合型对称（图7-4）。有些病毒不具有任何对称性。下面分别介绍三种对称结构。

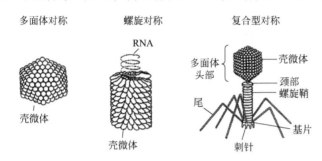

图 7-4　病毒外壳结构的对称性

（1）螺旋对称性

蛋白质亚基以螺旋方式叠加上升形成杆状外壳，里面的核酸以旋梯式绕中心轴上升，并与蛋白质亚基相互作用，从而形成杆状病毒颗粒。典型的杆状病毒例子是烟草花叶病毒（TMV）（图7-2）。这种 RNA 病毒的外壳由 2130 个相同的蛋白质亚基以螺旋状堆砌而成。每个螺旋圈需 16.5 个蛋白质亚基。杆状病毒具有类似的结构，如：黏病毒、副黏病毒、弹状病毒等。这些病毒除了内部的核酸和外部的蛋白质外壳外通常还有一层膜包在最外面。

（2）多面体对称性

多数外形像球状的病毒颗粒大都具有多面体对称性，如腺病毒（图7-5）和小 RNA 病毒（图7-1）。一般说来，病毒颗粒外壳可由 20 个相同的壳微体组成。这 20 个平面组成了一个封闭的球状外壳，使病毒能最大限度地利用蛋白质亚基去包裹遗传物质。多面体的一个平面最少由 3 个亚基组成，所以二十面体至少需要 60 个亚基。组成壳微体的三个蛋白质亚基可以相同也可以不同。对多数病毒来说，它们是不同的。多数病毒具有较多的核酸。因此由 60 个壳微体亚基组成的多面体不能包容病毒的全部核酸，所以实际上多数病毒的外壳是由 60 个以上的蛋白质亚基组成的。例如由 180 个、240 个或 420 个蛋白质亚基构成。

小 RNA 病毒的外壳就是由 180 个蛋白质亚基组成的。为了更好地理解多面体病毒的对称性，我们可以折叠一个二十面体的病毒颗粒模型。多面体含有三个轴心，其中一个轴心与三角形平面的一边垂直，另一个轴与三角平面中心垂直，还有一个轴心位于五个三角平面相交处的顶点。二十面体共有 12 个顶点。如果分别绕这三个轴心旋转，第一个轴心需转 180°才能看到相同的构型，要转两圈才回到原来位置，这叫二重对称。第二个轴心需转 120°才能看到相同的构型，可转三次，这叫三重对称。第三个轴心则

图 7-5 腺病毒的电镜形态

需转 72°，可转五次，每次都能看到相同的构型，这叫五重对称。总括起来称 5：3：2 对称（图 7-6）。

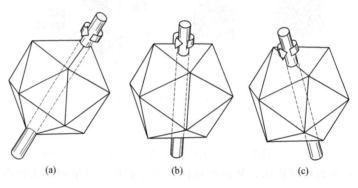

(a)　　　　　　　(b)　　　　　　　(c)

图 7-6 多面体病毒的三种螺旋对称性

（3）复合型对称性

某些病毒具有复合型的结构，例如噬菌体，它的头部是多面体型而尾部是杆状。这种复合型结构具有两种对称性，即头部是多面体对称而尾部是螺旋体对称。又如大肠杆菌噬菌体 T4，它的头部由 20 种蛋白质构成，而尾部也由 20 种蛋白质组成。其头部和尾部的组装是分别进行的，杆状尾部接到头部，其尾丝是另一种蛋白质，则接到杆状尾部的末端，形成成熟的病毒颗粒（图 7-7）。再如 HIV，它的外壳是多面体对称，而它内部的核壳体则是核心蛋白质以螺旋状叠加而形成的（图 7-3）。除上述三种对称性外，也有些病毒不具有任何对称性，它们的外壳组成是不规则的，如果冠状病毒和风疹病毒等。

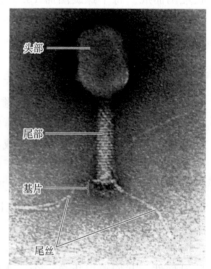

头部

尾部

基片

尾丝

图 7-7 T4 噬菌体的电镜形态
（Brock et al.，2005）

7.2.4 病毒的寄主

病毒的寄主多种多样，包括动物、植物和微生物。因此自然界存在形形色色的病毒，包括动物病毒（图 7-8）、植物病毒（图 7-9）和细菌噬菌体（图 7-10）。许多病毒感染人和动植物而引起疾病。噬菌体可以裂解细菌，在发酵工业上引起减产，但有的噬菌体或许可用来抑制有害细菌的繁殖，用于防治感染。

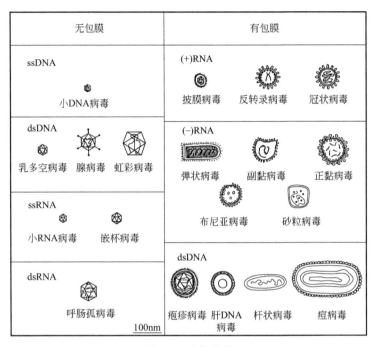

图 7-8　动物病毒

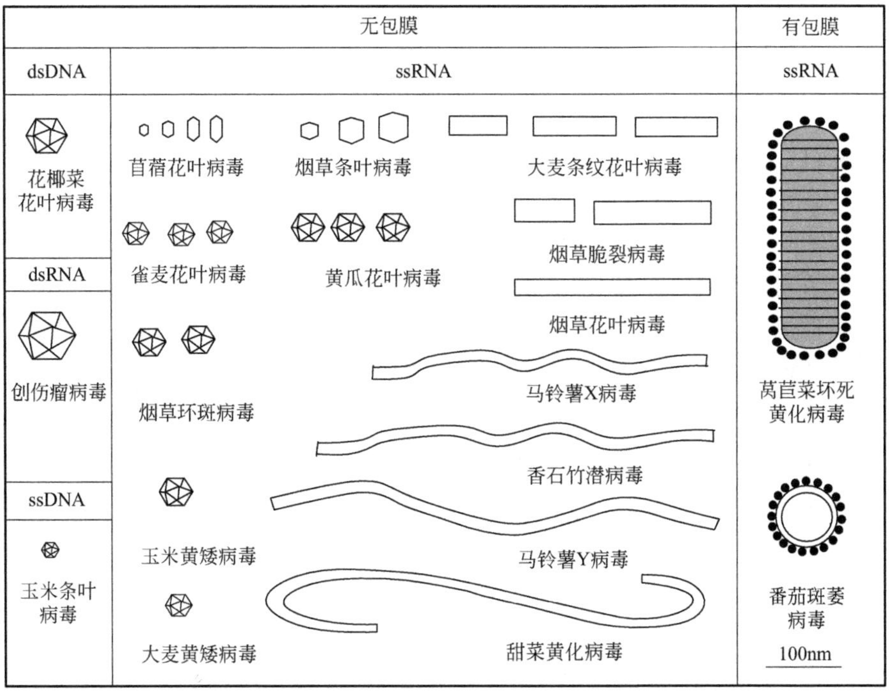

图 7-9　植物病毒

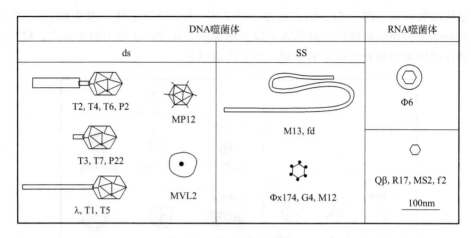

DNA噬菌体			RNA噬菌体
ds		SS	
T2, T4, T6, P2	MP12	M13, fd	Φ6
T3, T7, P22	MVL2	Φx174, G4, M12	Qβ, R17, MS2, f2 100nm
λ, T1, T5			

图 7-10　细菌噬菌体

另外，近年来有些病毒如反转录病毒、腺病毒、疱疹病毒等被用于开发构建基因工程载体，这在科研中已广泛应用，并有很大的潜力用于基因治疗。病毒的寄生是专一性的，换言之，病毒并不是可以感染任何种类的细胞，这多半是由寄主细胞的表面受体决定的。受体可以与病毒颗粒表面的特定蛋白质结构（病毒吸附蛋白，有时称反受体）或配体相互作用，从而使病毒进入寄主细胞。例如，脊髓灰质炎病毒的反受体是其外壳蛋白VP1分子中的一段氨基酸序列，这段序列位于外壳表面一个峡谷状结构的底部（图 7-11）。这段氨基酸序列已被视为抗病毒药物的作用位点。

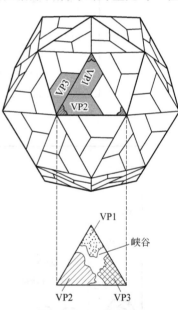

图 7-11　小 RNA 病毒反受体结构示意图

除了受体以外，寄主细胞的其他蛋白质、因子或酶类也对病毒的寄主专一性或致病性有决定作用，如科萨奇病毒可以感染 C57 小鼠的心肌细胞，但病毒的复制受到一定程度的限制，并且不能引起心肌炎。反而这种病毒可以感染另一种比较敏感的 A/J 小鼠心肌细胞，并能大量繁殖引起严重的心肌炎。这主要是由于寄主细胞的基因型不同，后者含有适于病毒复制的蛋白质因子（转录因子、翻译因子等），可使病毒得到较快复制，从而引起疾病。

另外还有一种很有趣的现象就是有些所谓的卫星病毒，其依赖于其他病毒才能复制。如腺病毒相关病毒、δ病毒（HDV）等。它们不能独立感染寄主细胞，依赖于其他病毒的共同感染，这些病毒的起源及复制机制有待进一步研究。

7.2.5　病毒的酶类

本节所介绍的酶类是病毒颗粒中固有的成分，而不是病毒基因组编码但不组装到病毒颗粒中的酶类。尽管病毒主要利用寄主细胞的酶系统进行复制，但病毒增殖过程中的某些环节是利用它们自己的酶类，如反转录病毒有反转录酶，病毒感染细胞后它可以以细胞的 RNA 为模板合成双链 DNA。许多病毒含有核酸聚合酶，在此酶的催化下可以将它们的遗传物质转录为 mRNA。例如，弹状病毒、正黏病毒和副黏病毒的转录酶存在于其螺旋形的核壳内；呼肠孤病毒和痘病毒的转录酶存在于病毒颗粒的核中心。从这些具有转录酶的病毒颗粒中提取出的核酸，大都没有感染活性；相反，从一些不含转录酶的病毒中提取的核酸是具有感染性的。如小 RNA 病毒、风疹病毒、腺病毒等。这说明转录酶在某些病毒的感染和复制上起了重要的作用。在痘病毒中还发现了一组比较齐全的修饰 RNA 5′端的酶，称为 RNA 5′端修饰酶。

病毒颗粒中的酶可按其功能的不同分为两类。一类是能使宿主细胞膜或细胞壁成分降解的酶类，例如流感病毒的神经氨酸酶（Neuraminidase）能将动物细胞结缔组织中的糖蛋白以及糖脂分子中的糖苷键分解，T4 噬菌体的溶菌酶可以降解宿主细胞壁的肽聚糖。因此这类酶有助于病毒进入寄主细胞或在复制末期病毒颗粒的释放。另一类酶则是刚刚提到的与病毒核酸合成或降解有关的酶类、如依赖 DNA 的 RNA 聚合酶、依赖 RNA 的 RNA 聚合酶、依赖 RNA 的 DNA 聚合酶（反转录酶）等。

此外，在已提纯的某些病毒颗粒中，包括一些反转录病毒、某些流感病毒或副流感病毒、痘病毒和某些疱疹病毒，还发现有蛋白质激酶的存在。白血病病毒和痘病毒颗粒中含 8～10 种甚至 10 种以上的酶类。在这些酶中，有些（如 ATP 酶等）位于病毒颗粒的包膜上，但多数酶则位于病毒的核中心，因此必须使病毒颗粒破损才能发现它们。

另外，感染细菌的噬菌体含有一种溶菌酶。这种酶能把细胞壁水解成许多小洞，以便让噬菌体的核酸注入细菌细胞内。在感染的后期，此酶大量合成以裂解细胞，释放噬菌体到细胞外面。

7.3 病毒的分类和命名

7.3.1 病毒的分类

随着病毒种类的逐渐增多，必须对已发现记载的病毒进行分类，以免在科研和应用上发生混乱。最早的分类系统是以引起疾病的症状和病理特点为标准，将引起相同症状的病毒归为一类。如引起肝炎病的病毒有甲型肝炎病毒、乙型肝炎病毒和黄热病毒等。引起呼吸道系统疾病的病毒有流感病毒、腺病毒等。随着现代实验技术特别是分子生物学的发展，病毒分类在原有的基础上得以补充和加强，如高分辨率的电子显微镜可揭示病毒的细微形态结构，分子生物学技术可以鉴定病毒所含遗传物质的种类和数量，概括起来，用于病毒分类的指标可分为以下几种。

① 病毒的形态学：病毒颗粒的大小和形状；有无包膜；外壳的对称性；多面体病毒的壳微体的数目和螺旋对称病毒的外壳的直径。

② 理化性质：病毒颗粒的分子量、浮力密度、沉降系数、对酸碱热的稳定性等。

③ 基因组结构特点：核酸类型（DNA 或 RNA），核酸链的数目，是单链或是双链；线性或环状，线性结构是否断裂成较短的片段，以及片段的数目和大小；环状结构是否有缺口；有些 RNA 病毒的核酸有极性，即是正链还是负链或正负皆有；在核酸序列上是否有重复序列；G＋C 的含量，5′端帽状结构或病毒蛋白质的存在与否，3′端多

A 尾的存在与否。

④ 基因组的组成及复制方式：结构基因和非结构基因的数目、位置及排列顺序、转录方式、翻译特征、翻译后加工等。

⑤ 病毒的蛋白质：除结构蛋白外非结构蛋白的数目，它们的功能更为重要；比如，转录酶、反转录酶、血凝素和神经氨酸酶的存在与否，氨基酸序列的同源性，蛋白质的糖基化和磷酸化等。

⑥ 寄主范围：对寄主的专一性、对细胞种类的特异性、生长特性。

⑦ 抗原性：血清学反应的特点、与相关病毒的交叉反应程度。

⑧致病性：是否引起疾病、传播方式、病理学特点等。

由于病毒学本身的发展时间较短，历史上针对病毒的分类系统曾经较为混乱。20世纪 70 年代之后，一个广泛为学界认同的病毒分类系统是由 1975 年诺贝尔生理学或医学奖得主大卫·巴尔的摩（David Baltimore）于 1971 年提出来的，一般被称为巴尔的摩病毒分类系统。该分类系统以病毒粒子包裹的核酸类型作为分类的主要依据，同时考虑病毒遗传物质的表达路径并以此作为进一步分类的依据，把病毒分为了七组（Group）（图 7-12）。对于巴尔的摩病毒分类系统中每一组病毒的特点介绍如下。

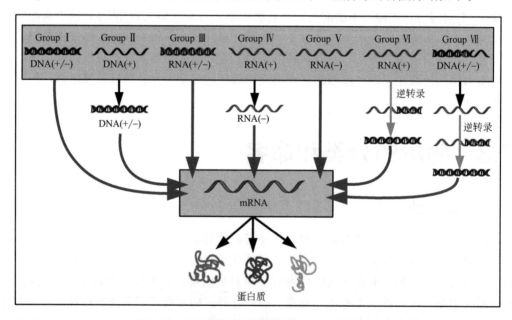

图 7-12　巴尔的摩病毒分类系统（Aryal，2019）

第一组（Group Ⅰ）：该组病毒以双链 DNA 作为遗传物质，其遗传物质表达与细胞生物类似，即利用宿主细胞的 RNA 聚合酶转录出 mRNA，再通过宿主细胞的翻译机器翻译出病毒复制所需要的蛋白质，该组典型的病毒有腺病毒（Adenovirus）、痘病毒（Poxvirus）和疱疹病毒（Herpesvirus）。

第二组（Group Ⅱ）：该组病毒以单链 DNA 作为遗传物质，该单链可以为正义链也可以为反义链，在病毒复制过程中此单链 DNA 会先生成双链 DNA，然后利用宿主细胞的转录翻译系统表达蛋白质，该组典型的病毒有细小病毒（Parvovirus）和环状病毒（Orbivirus）。

第三组（Group Ⅲ）：该组病毒以双链 RNA 作为遗传物质，其中一条 RNA 链可以直接翻译生成各种病毒生存所需的各种蛋白质，包括非逆转录 RNA 病毒复制必需的 RNA 依赖的 RNA 聚合酶（RNA-Dependent RNA Polymerase，RdRp），该组典型的病毒有轮状病毒（Rotavirus）和呼肠孤病毒（Reovirus）。

第四组（Group Ⅳ）：该组病毒以正义单链 RNA 作为遗传物质，其基因组可以直接充当 mRNA 翻译形成病毒蛋白质，而后用生成的 RdRp 通过负链 RNA 中间体进行复制，该组典型的病毒有冠状病毒（Coronavirus）和肠病毒（Enterovirus）。

第五组（Group Ⅴ）：该组病毒以反义单链 RNA 作为遗传物质，该组病毒颗粒中带有 RdRp 用于病毒感染初期生成正义 RNA 链，并以此正链作为 mRNA 翻译产生病毒蛋白质，该组典型的病毒是丝状病毒（Filovirus），包括埃博拉病毒（Ebola Virus）和马尔堡病毒（Marburg Virus）等。

第六组（Group Ⅵ）：该组病毒以正义单链 RNA 作为遗传物质，与第四组不同，该组病毒都会表达生成逆转录酶，将病毒的 RNA 逆转录生成单链 DNA，再补成双链 DNA，多数情况下该双链 DNA 会整合进宿主基因组并随宿主细胞的分裂进行增殖，因此也被称为逆转录病毒，该组典型的病毒有人类免疫缺陷病毒（Human Immunodeficiency Virus，HIV）。

第七组（Group Ⅶ）：该组病毒以双链 DNA 作为遗传物质，但该双链 DNA 通常不完整，即一条链的长度要短于另一条，感染过程中此基因组 DNA 先会补全成完整双链，并转录生成 mRNA，并进行翻译，但病毒基因组 DNA 并不直接复制，而是对生成的 mRNA 进行逆转录，从而生成子代病毒的基因组，该组典型的病毒有乙型肝炎病毒（Hepatitis B Virus）。

巴尔的摩病毒分类系统判断标准简明扼要，区分度强，一直在不涉及严格分类的病毒学研究领域广泛使用。但是"组（Group）"并非是生物学分类中的一个等级，根据巴尔的摩分类系统将病毒分成七组让病毒的分类与其他生物的分类存在极大的差异，会造成跨学科的交流障碍。为了使病毒分类系统与其他生物的八层（域～种）分类系统兼容，国际病毒分类委员会（The International Committee on Taxonomy of Viruses，ICTV）做了多次尝试。1996 年 ICTV 经过讨论决定，所有病毒不论它的寄主是动物、植物，还是微生物，都应归为一个界，然后依据它们的核酸结构、复制方式、核壳蛋白质亚基组成的对称性、有无包膜以及核壳的细微结构等进一步分类，形成 ICTV 1996 分类系统。依据该分类系统，病毒可分为科、亚科、属和种，种内可根据研究具体内容再分为株、亚株、血清型等，但 ICTV 不负责种以下的分类和命名。科名以 viridae 结尾，代表了一组具有共同起源和进化关系的病毒；属名以 virus 结尾，同属的病毒具有更相似的进化关系，多以生理、生化、血清学特点来划分；不同科内划分属的标准不同。相较巴尔的摩分类系统，ICTV 1996 分类系统考虑了更多的病毒特征，且在一定程度上和其他生物的分类系统兼容，在涉及病毒分类的教学和科研中发挥了极大的作用。

ICTV 1996 分类系统不高于科，且没有强调病毒之间的遗传进化关系。随着核酸测序技术和基因组学的快速发展，新鉴定出的病毒种类呈指数级增长，原先无法通过其他特征区分的病毒也得以通过基因组序列区分，系统发生分析也使不同病毒之间的进化关系更为明确，因此需要更完善的分类系统和更高的分类等级对病毒进行分类。2019

年，ICTV 提出了一套新的病毒分类系统，使病毒分类的最高等级延到域（realm），与其他生物的分类系统相同。ICTV 2019 分类系统主要基于几个在病毒中广泛存在的关键基因的系统发生关系对病毒进行分类，这些基因被称为病毒标志基因（Virus Hallmark Gene，VHG），常见的 VHG 有 RNA 依赖的 RNA 聚合酶（RdRp）、逆转录酶（RT）、超家族 3 型解旋酶（S3H）、滚环复制起始内切酶（RCRE）以及一些主要的衣壳蛋白如 SJR-MCP 和 DJR-MCP 等（Fokine et al.，2005；Iranzo et al.，2016）。需要指出的是，这些 VHG 并不一定存在于所有病毒中，ICTV 2019 分类系统也是根据不同病毒群体选取不同的 VHG 进行分类。根据 ICTV 2019 分类系统，现在已知的病毒可以分为 4 个域，即 Duplodnaviria、Monodnaviria、Riboviria 和 Varidnaviria。

Duplodnaviria 域是含有 HK97 型主衣壳蛋白的双链 DNA 病毒，HK97 型主衣壳蛋白的名称来源于 HK97 大肠杆菌噬菌体，广泛存在于各类带尾噬菌体和疱疹病毒衣壳上，该域下只有一个界，即 Heunggongvirae（"Heunggong" 即 "香港" 的粤语音译），在门的位置分为两支，Peploviricota 门包含所有的疱疹病毒，Uroviricota 门包含以 HK97 噬菌体为代表的带尾双链 DNA 噬菌体。Duplodnaviria 域病毒均属于巴尔的摩分类中的 Group Ⅰ。与 Duplodnaviria 域相比，其他三域的特征更为基础和直观。Monodnaviria 域包含所有的单链 DNA 病毒，相当于巴尔的摩分类中的 Group Ⅱ，下分三界；Riboviria 域包含所有的 RNA 病毒，相当于巴尔的摩分类中的 Group Ⅲ ～ Ⅵ，下分两界，但更低级的分类非常繁多；Varidnaviria 包含所有除 Duplodnaviria 域病毒外的双链 DNA 病毒，涵盖巴尔的摩分类中的 Group Ⅰ 和Ⅶ中的病毒，下分两界。

尽管 ICTV 2019 四域分类系统统一了病毒与其他生物的分类层级，并利用充分考虑了病毒间的进化关系，但对 DNA 病毒有倾向性（DNA 病毒三域，RNA 病毒仅有一域），且域是一个非常大的分类单位，如所有真核生物都被归为一个域（真核域），因此含有 HK97 型主衣壳蛋白的双链 DNA 病毒是否值得单独分为一个域也有待商榷。所以该分类系统是否会为学术界所普遍接受需要进一步的观察。

7.3.2　病毒的命名

病毒的命名没有明确的规定，但基本都要遵循以下三个原则：①稳定性，即病毒名确定后，要尽量长期保留；②有益性，病毒名要促进和帮助病毒学研究；③易用性，病毒名应该为病毒学研究者乐于接受和使用。与其他生物不同，病毒命名不采用林奈创立的双名法，而是用类似俗名的方式进行命名。常用的病毒命名方式有以下几种。

① 采用地名命名，一般为对应病毒最初发现的地方，如埃博拉病毒（伊波拉病毒）、柯萨奇病毒等，其中的伊波拉是刚果河的支流，而科萨奇是美国纽约州的一个小镇。

② 采用人名命名，一般是发现者的名字，如 Epstein-Barr 病毒。

③ 采用症状和病理形态特征进行分类，如烟草花叶病毒、狂犬病毒、脊髓灰质炎病毒。

④ 采用病毒粒子形态进行分类，如冠状病毒［图 7-13（a）］和弹状病毒［图 7-13（b）］。

⑤采用宿主名加编号的形式，如 T7 噬菌体。

需要强调的是，病毒名描述的多是 ICTV 分类系统中种以下的分类层级，如亚种、毒株、血清型等，多不是根据基因组序列进行区别，加之 ICTV 本身不负责种以下病毒的分类和命名，病毒命名存在一定的混乱，如不同血清型的柯萨奇病毒可能属于 enterovirus A 种也可能属于 enterovirus B 种。因此，一般学术论文写作时，会优先明确所描述病毒的正式分类（一般到科），以避免误解。

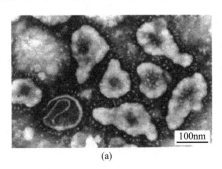
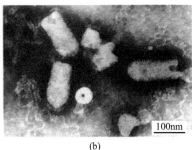

图 7-13　冠状病毒电镜形态（a）与弹状病毒电镜形态（b）

7.4　病毒的复制

7.4.1　病毒基因组的多样性

病毒的增殖主要是病毒基因组的复制，其机制多样，主要取决于病毒所含核酸的类型、基因的结构、排列顺序等（Roizman 和 Palese，1996）。

RNA 病毒所含的 RNA 分子大都为线性的，但在 RNA 链的类型上却有单链和双链之分，数量也不同。一部分单链 RNA 病毒，如脊髓灰质炎病毒、科萨奇病毒、丙型肝炎病毒，这些都是一个病毒颗粒只含一条单链 RNA，HIV 却含有两条相同的单链 RNA；而像风疹病毒，在病毒颗粒中除含一条全长的单链 RNA 外，还有一条较短的 RNA，这条较短的 RNA 只含有结构基因的编码序列；另外，像甲型和乙型流感病毒，其病毒颗粒含有八条长短不一的单链 RNA，它们具有共同的 5′ 和 3′ 末端序列，这可能与病毒 RNA 的复制有关。RNA 病毒除了 RNA 链的数目不同外，还有链的极性不同。比如，甲型肝炎病毒基因组是正链的 RNA，而呼吸道合胞体病毒、流感病毒却是负链的 RNA。RNA 病毒中也有含双链 RNA 的，如呼肠孤病毒，它不仅是双链的，而且它的基因组由 10 个长短不一的片段组成。

目前已知的 DNA 病毒都只含有一个 DNA 分子。DNA 病毒基因组多数是双链 DNA，如疱疹病毒、腺病毒、痘病毒，少数是单链 DNA。小 DNA 病毒科是典型的线性单链 DNA 病毒，这一科分为两组，一组能独立感染和复制，另一组也能独立复制，但只有当在腺病毒或疱疹病毒感染后或细胞受伤以后它才能复制，所以被叫作腺相关病毒，其正链和负链 DNA 被分别包装在不同的病毒颗粒中。噬菌体如 M13 含单链环状 DNA，DNA 是环状超螺旋的。乙型肝炎病毒的 DNA 则较特殊，它的 DNA 是环状双链的，但不同的部位含有一大一小两个缺口。

病毒的基因组结构形形色色，这就决定了病毒的复制方式也多种多样。下面就以不同的病毒为例，介绍复制机理。

7.4.2　RNA 病毒的复制

7.4.2.1　正链 RNA 病毒

小 RNA 病毒科和披膜病毒科的病毒是这一群病毒的代表。它们的基因组都是单正链 RNA，可行使两个功能。第一，可被直接作为 mRNA，利用寄主的核糖体去合成蛋白质或酶类。第二，可用作模板进行转录，即在病毒依赖 RNA 的 RNA 聚合酶的催化下合成互补的负链 RNA。新合成的负链 RNA 则被用作模板再去合成互补的正链 RNA。由此合成的正链 RNA 再进一步重复上述的过程。最终，正链 RNA 和新合成的病毒结构蛋白组装成新的病毒颗粒。披膜病毒与小 RNA 病毒有所不同，它们的基因组在感染的初期，只有部分编码序列即非结构基因被直接用作 mRNA 去合成蛋白质或酶类。这些新合成的产物有的用以催化转录反应而合成互补的负链 RNA，负链 RNA 则被用作模板去合成两类分子量大小不等的正链 RNA。一类是分子量较小的结构基因序列，它们在第一轮蛋白质合成中未被翻译；另一类是全长的 RNA 分子。第一类 RNA 可被翻译成结构蛋白，然后与全序列正链 RNA 组装成病毒颗粒。在冠状病毒感染的细胞中，除了全长的 RNA 外，还含有多条较短的 mRNA 分子。概括起来，正链 RNA 病毒复制的共同之处就是正链 RNA 在感染的初期可直接用作 mRNA，以合成蛋白质或酶类。随即新合成的酶类催化 RNA 的转录以合成大量的病毒 RNA。它们的复制过程可以概括在图 7-14 和图 7-15。

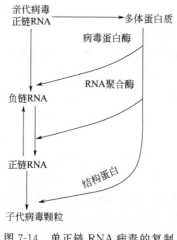

图 7-14　单正链 RNA 病毒的复制

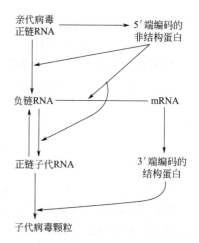

图 7-15　单正链具包膜的 RNA 病毒的复制

7.4.2.2　负链 RNA 病毒

这一组的病毒代表主要来自正黏病毒科、副黏病毒科、布尼亚病毒科、砂粒病毒科以及弹状病毒科，这组病毒有以下几个特点。第一，病毒的 RNA 不可直接用作模板以合成病毒的蛋白质或酶类。第二，病毒颗粒中除了负链 RNA 外，还有 RNA 依赖的转录酶。亲代负链 RNA 在转录酶催化下，先被转录成正链 RNA，然后正链 RNA 进一步被加工成为单个的较短的 mRNA。这些 mRNA 在酶催化下可用作模板合成病毒的结构和非结构蛋白。另外，全序列长的正链 RNA 在新合成的转录酶催化下合成子代负链 RNA 分子。与正链 RNA 病毒的复制相比，负链 RNA 病毒的复制有如下三个特点：

① 病毒本身必须将现成的病毒 RNA 转录酶带进被感染的寄主细胞。

② 由于负链 RNA 不能直接用作 mRNA 模板，所以被提纯的全序列长病毒 RNA 不具感染性。

③ 它们的 mRNA 不是全长的，而是以单个基因为长度的多条 mRNA 存在，换言之，全长正链 mRNA 被进一步切割成多条短链 mRNA。一个 mRNA 只编码一个蛋白质。负链 RNA 病毒的复制过程见图（图 7-16）。

7.4.2.3 反转录病毒

这组病毒的代表是人类免疫缺陷病毒，也称艾滋病毒（HIV）。反转录病毒含两条完全相同的正链 RNA。这两条链或以局部序列形成氢键相连，或以未知的机理进行碱基配对。其病毒颗粒内含有反转录酶及多种 tRNA，其中一种被用作链延长引物。病毒 RNA 分子的主要作用是作为模板，在反转录酶的催化下合成 DNA。病毒复制的主要步骤如下：

① 反转录酶和 tRNA 复合物结合到病毒 RNA 分子上。

② 在反转录酶的催化下，以 RNA 分子为模板，合成一个单链 DNA，这个 DNA 分子以氢键与 RNA 形成 DNA 和 RNA 的杂交体。

③ 核糖核酸水解酶 H（RNase H）水解 DNA：RNA 杂交体的 RNA 链。

④ 合成 DNA 的互补链以形成双链 DNA，这个新合成的双链 DNA 通过核膜进入细胞核中，并插入寄主细胞的基因组。病毒的基因组将随寄主的基因组一起转录成全长或较短的 RNA 分子，多个蛋白质通常被一同翻译成多体蛋白质然后被切割成单个蛋白质，只有全长的 RNA 分子被组装进病毒颗粒。关于反转录病毒的复制还将在反转录病毒一节中加以讨论，现将复制过程概括如图（图 7-17）。

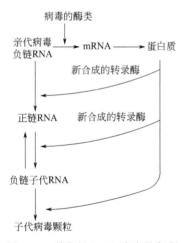

图 7-16 单负链 RNA 病毒的复制

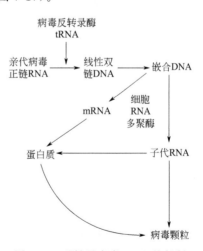

图 7-17 反转录病毒 RNA 的复制

7.4.2.4 双链 RNA 病毒

双链 RNA 病毒的代表是呼肠孤病毒，这种病毒颗粒含有 RNA 依赖的 RNA 聚合酶和 10 个分子量大小不同的双链 RNA。与双链 DNA 通过半保留复制形成亲本-子代杂合链不同，呼肠孤病毒的双链 RNA 复制采取的是全保留机制，即在复制过程中亲本 RNA 双链始终保持互补配对，仅有复制点处的几个碱基对暂时解除配对，以其中一条链为模板在 RNA 聚合酶作用下合成出一条正义子代 RNA 链，总体来看这个过程类似于双链 DNA 的转录。合成的子代 RNA 链有两个功能，一是作为 mRNA 直接翻译合成病毒的蛋白质，二是作为模板合成新的双链 RNA，其复制过程如图 7-18 所示。

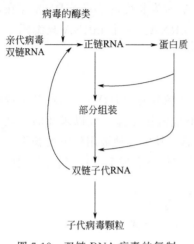

图 7-18　双链 RNA 病毒的复制

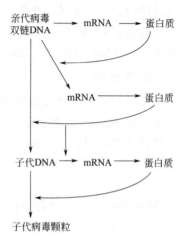

图 7-19　双链 DNA 病毒的复制

7.4.3　DNA 病毒的复制

DNA 病毒的复制方式可分为四类：

第一类包括乳多空病毒、腺病毒和疱疹病毒。这些病毒的转录和 DNA 复制发生在寄主细胞核中，当病毒 DNA 进入细胞后，不经过修饰，可直接进入细胞核。以疱疹病毒为例，病毒利用寄主细胞的转录酶以其 DNA 为模板合成 mRNA，转录过程至少有三个环节，如图 7-19 所示，最终一个环节形成的 RNA 被用作模板而合成病毒的大部分蛋白质。当然，前两个循环合成的 mRNA 也能用来合成部分病毒蛋白质。由于转录是在核中进行的，病毒 DNA 的许多位点要与细胞的转录因子相互作用。另外还有一些位点要与病毒自己的调控蛋白质相互结合，起到正或负的调控作用。病毒 DNA 的复制是在疱疹病毒自己的酶或蛋白质因子的催化下进行的。这些蛋白质共有 7 种，它们参与催化 DNA 从起始位点开始复制。合成病毒子代的 DNA 与病毒蛋白质，组装成子代病毒颗粒。

第二类是痘病毒。虽然痘病毒的 DNA 已在寄主细胞核中被检出，但它的转录及其复制过程似乎是在细胞质中进行的，这种病毒的基因组含有自己的 RNA 和 DNA 聚合酶基因，所以它可以用自己的 RNA 聚合酶合成 mRNA。这种 RNA 聚合酶通常在病毒组装时被包裹在病毒颗粒中，当病毒在感染寄主细胞的初期，它被用来合成 mRNA。这种酶对病毒的感染性是非常必要的，正因为如此，提纯的痘病毒 DNA 是不具感染性的。这种病毒的复制过程还不十分清楚，有待进一步研究。

第三类是小 DNA 病毒。迄今所知小 DNA 病毒科包括三个属，但唯一引起人类疾病的小 DNA 病毒是腺病毒相关病毒。这种病毒结构简单，只含有三种蛋白质和一条线性单链 DNA，所以叫它缺陷病毒。它自己不能感染寄主细胞，需要腺病毒或疱疹病毒的同时感染才能复制。由于这种病毒的基因组是单链 DNA，复制时需要合成另一条互补的 DNA 链，DNA 复制在细胞核中进行，所需的 DNA 聚合酶来自寄主细胞。虽然也有报道说腺病毒或疱疹病毒感染的细胞中有可能为腺病毒相关病毒提供 DNA 聚合酶，但这种说法目前缺乏遗传学的证据。

mRNA 合成是先于 DNA 的合成还是与 DNA 的复制同步进行还不甚清楚，这方面各有报道，说法不一。但有一点是肯定的，即从病毒 DNA 中转录出来的三条 mRNA 其长度是不一样的。这三条 mRNA 有相同的 3' 末端和不相同的 5' 末端，它们都在一个固定的位置上（碱基 1907～2227）含有一个内含子。经修饰成熟后的 mRNA 进入细胞质中，用于合成蛋白质。

小 DNA 病毒还有一组是不依赖于腺病毒感染而能自我独立复制的病毒，叫自主小 DNA 病毒。它们可用寄主的酶类先合成 mRNA，再合成病毒蛋白质或酶类。这些酶类又可参与病毒双链或单链 DNA 的合成。其机制是病毒的一种蛋白质可与病毒的 DNA 合成起始位点相结合，以刺激细胞的 DNA 聚合酶复合物催化病毒 DNA 的合成。因此，病毒的这种蛋白质起到了解旋酶的作用。最终，新合成的子代单链 DNA 与病毒的蛋白质组装成病毒颗粒。其过程详见图 7-20。

第四类是乙型肝炎病毒。这种病毒含双链环状 DNA，在局部地区，两条链上都存在着大小不等的缺口，在复制时首先进行修补，以形成封闭的环状 DNA。修补所用的 DNA 聚合酶来自病毒本身的酶。在乙型肝炎病毒感染的人肝细胞中，DNA 以多种形式存在，但环状封闭的（大约 3.2kB）的双链 DNA 占主要成分，并都存在于细胞核中。其他的 DNA 则存在于细胞质中，这包括松散的、环状的或线性的 DNA，但也有单链的，还有 RNA-DNA 杂交型的。这些结构多样的 DNA 都不是游离的，而是被包裹在病毒的颗粒中，出现在细胞质中。

病毒 DNA 可以被转录成两类 RNA。一类 RNA 可以作为 mRNA，合成病毒蛋白质和酶类；另一类 RNA 作为模板，在病毒的反转录酶的催化下去合成病毒的 DNA。这些新合成的 DNA 单链再被用作模板合成互补链。新合成的双链 DNA 与病毒结构蛋白及非结构蛋白组装成病毒颗粒，其复制过程如图 7-21。

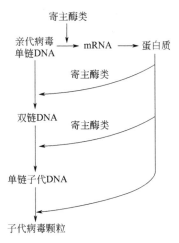

图 7-20　单链 DNA 病毒的复制

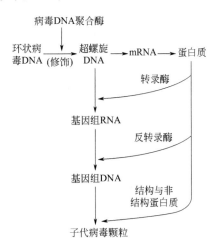

图 7-21　乙肝病毒 DNA 的复制

7.4.4　病毒的复制周期

由于病毒无细胞结构，它的增殖与细菌不同，不是细胞分裂而是复制，是以原有的基因组（DNA 或 RNA）为模板产生子代的拷贝。病毒是否引起寄主细胞疾病主要取决于这种病毒是否能在细胞中复制。病毒的复制涉及病毒基因的表达，病毒的基因产物通常对寄主细胞有毒性，能直接影响细胞的代谢过程。有些病毒的蛋白质（酶类）可直接水解细胞的重要酶类以干扰寄主的基因表达。

例如近年来已发现有许多病毒，如脊髓灰质炎病毒、科萨奇病毒等的蛋白酶 2A 可以水解细胞的翻译起始因子 eIF4G 和多 A 尾结合蛋白等（Joachims et al.，1999）以关闭寄主细胞的蛋白质合成。另外还有报告指出，脊髓灰质炎的蛋白酶 2A 或 3C 能通过水解作用激活细胞的凋亡酶-3（caspase-3）（Goldstaub et al.，2000；Barco et al.，2000）。这种酶是一种半胱氨酸蛋白酶，能水解蛋白质，其专一切割位点是天冬氨酸（Aspartic Acid），因此，以半胱氨酸和天冬氨酸的字首拼成 caspase。凋亡酶已被发现有十几种之多，其中凋亡酶-3 在引发细胞凋亡中起关键作用。在被病毒感染的细胞中病毒完全寄生。细胞为了自卫引发自我毁坏过程，以防止病毒的复制和扩散。所以细胞凋亡是一种抗病毒的自卫机制，对寄主有积极的意义。关于细胞凋亡的机制已超出了本章的范围，故不再赘述。

另外，寄主为了自卫，要对病毒的感染产生免疫反应，这就是病毒和寄主的相互作用，也是病毒感染引起疾病的原因。

病毒复制的多样性主要取决于它所含的遗传物质的种类。但无论它们是 RNA 或 DNA 病毒，它们的复制周期都包括以下五个环节。

（1）吸附

病毒感染寄主细胞进行复制的第一步是吸附。吸附过程一般可分为两个阶段。

第一阶段中，病毒由于分子运动和细胞相互碰撞而与敏感细胞接触，继而因细胞与病毒颗粒之间的静电吸引作用或范德瓦耳斯力（Von den Waals）吸附作用相互吸引，这种吸附一般不依赖于温度，在细胞表面上也没有一定的位置。这个阶段是可逆的，也就是说，这时还可以从细胞回收完整的仍具感染性的病毒颗粒。

第二阶段是不可逆阶段。病毒的吸附是通过病毒表面的反受体（Counter Receptor）与细胞表面的受体相互作用而成。有的还需配体协同作用。这种相互作用是非常专一的。这样的例子有流感病毒，这种病毒含有包膜，病毒表面的糖蛋白（血细胞凝集素）专一地结合到细胞膜糖蛋白的唾液酸残基上。血细胞凝集素在病毒包膜中的排列以及它的氨基酸序列已经了解清楚，它的三维结构也已分析出来。受体在病毒表面的结合位点（反受体）多半是凹陷状的，并含有许多的氨基酸侧链。尽管流感病毒有许多株，它们的反受体的氨基酸序列是很相似的。后面将对流感病毒作专门介绍。

另一个被详细研究的例子是艾滋病毒。这种病毒也含有包膜，它的反受体是露在表面的一种糖蛋白 Gp120。它的受体是 T 淋巴细胞表面的一种 CD4（60kDa）的糖蛋白）。受体与反受体的结合位点是在 Gp120 糖蛋白羧基一侧二分之一的区域内。对于不含包膜的病毒来说，对其反受体的研究是相对困难的。尤其是基因组较大的 DNA 病毒，迄今所知甚少。一般说来，多面体对称的病毒颗粒，其反受体多半是在多面体相交的顶点。反受体的结构有的很易辨认，有的则不然，例如腺病毒外壳上的纤丝（Fibre）就是比较易见的结构。相反，像呼肠孤病毒的一条多肽就是一种不易观察到的结构。只能用生化和分子生物学的技术才能认定它是反受体。

另外，X 射线晶体结构已揭示，人类脊髓灰质炎病毒及鼻病毒的反受体位于多面体的顶点位置。在病毒多面体的 12 个顶点处，都有一个凹陷的深沟，深 2～4nm，宽 1.2～1.3nm ，像一个"峡谷"，受体与峡谷内壁和底部的氨基酸侧链相互作用，以使病毒吸附在细胞表面的受体上。噬菌体的吸附多半也是通过受体。这些细菌细胞的受体是鞭毛、纤毛（Pilus）或细胞外膜（Cell-Envelope）的组成成分。噬菌体的尾丝与细菌细胞表面的受体相互作用以使其吸附于细胞上。有些病毒对受体的要求非常严格，而另一些病毒则不然。例如脊髓灰质炎病毒只能被灵长类动物的细胞吸附，而不能被啮齿类的动物细胞所吸附；流感病毒和副流感病毒则不然，它们能吸附于多种鸟类及多种哺乳类动物的细胞上。有些病毒可与一些亲缘关系不太近的病毒共用一种受体，如科萨奇病毒和腺病毒就是在感染人或动物的细胞时共用同一种受体。

（2）侵入

一旦病毒吸附于寄主细胞表面，紧接着就是侵入细胞。侵入的方式可分为五种。

① 病毒颗粒可直接穿过细胞膜，进入细胞质中，其机制还不清楚。

② 通过细胞吞噬侵入。这种方式比较常见。病毒粒子吸附后，细胞膜先局部凹陷，在凹陷处逐步包裹病毒颗粒，然后形成封闭的孢囊并与细胞膜分离进入细胞形成内体。在内体中，无包膜病毒（如小 RNA 病毒科）可以通过衣壳构象的变化穿透内体膜将基因组核酸导入细胞质，而有包膜病毒则利用病毒包膜和内体膜的融合将病毒核酸和衣壳导入细胞质，这两种方式均依赖于内体内 pH 值的降低或在内体与溶酶体融合后利用溶酶体的酸性环境。

③ 通过膜融合侵入。这种方式见于副黏病毒科的病毒，该科病毒为有包膜病毒，在侵入中病毒颗粒的包膜直接与细胞膜融合。这种融合与细胞膜蛋白酶的作用有关。仙台病毒的 F 蛋白是被研究得最广的一种病毒膜融合蛋白。这种蛋白质在新合成时是一种无活性的蛋白质前体 F，当它被细胞膜蛋白酶水解切割为 F1 和 F2 两部分时就具有了活性，这是因为水解产物的构型发生了变化，其疏水性增加，于是导致病毒包膜与细胞膜的融合。这种融合无需以细胞的吞噬作用为先导，融合发生在细胞膜表面。

④ 脱壳式侵入。这种方式的特点是病毒衣壳留在细胞外，只有核酸进入细胞，即侵入和脱壳同时完成。比如，有尾噬菌体通过噬菌体尾部穿透细菌细胞壁、细胞膜将衣壳内的核酸注射进细菌细胞；此外，一些无包膜病毒在与细胞表面受体结合后，经过细胞表面酶类的作用可以释放核酸进入细胞质而将衣壳留在细胞膜外。

⑤ 植物病毒侵入。植物细胞被纤维素组成的细胞壁包裹，病毒无法通过细胞壁。因此，植物病毒的侵入点一般是植物细胞上不被细胞壁覆盖的部分，如细胞壁小伤口或胞间连丝。此外，媒介昆虫在植物上取食时也会把一些植物病毒直接注入植物细胞。

（3）脱壳

脱壳是指病毒颗粒脱去包裹其核糖核酸或核蛋白外面的外壳蛋白，以使病毒的遗传物质能在细胞质中裸露并进行复制。病毒的脱壳过程在某些病毒中是与侵入的后期同时发生的。对于脱壳的机理所知不多，比较公认的说法是寄主细胞的蛋白水解酶分解外壳蛋白，以使病毒的核酸裸露，而溶酶体则是这种蛋白水解酶的主要来源。有人用呼肠孤病毒做试验，发现在溶酶体中，两种病毒蛋白质被脱去，其中一种被水解掉，紧接着病毒的转录系统被激活。这显然是病毒无需完全脱壳就开始转录，而另一些单负链 RNA 病毒，如正黏病毒、副黏病毒等在完全脱去核壳之后，才开始复制。

噬菌体的脱壳与动物病毒的脱壳截然不同。噬菌体借助它的尾丝附着于细菌的细胞壁表面，然后尾针与细胞壁接触，由于溶菌酶的作用，细胞壁局部水解形成空洞，噬菌体的尾壳收缩以排注核酸进入细胞内，噬菌体的外壳则留在细胞外。

（4）病毒的转录和翻译

前面我们简单叙述了各种类型病毒的转录及翻译过程，在此，我们主要补充几点：

第一，病毒的转录后修饰。有些病毒无论是 DNA 或 RNA 病毒，转录形成的 mRNA 需在 5′端加一个帽状结构，即 7-甲基鸟嘌呤核苷三磷酸，这个结构与蛋白质合成起始有关，后面将进一步加以讨论。而有些病毒，如小 RNA 病毒，它们的 mRNA 则不需要这个帽状结构。

另外，无论是 DNA 或 RNA 病毒，其转录形成的 mRNA 都需在 3′末端加一个多聚腺嘌呤尾巴，这个尾巴的作用可能与稳定 mRNA 有关。近来有报道指出，这个多聚腺嘌呤尾巴可与细胞的特定蛋白质相互作用，起到调节蛋白质合成的作用。其次是切出不翻译区——内含子。有些分子量较大的 DNA 病毒，其基因是不连续的，即含有内含子。它们多在细胞核中转录，转录后其内含子序列被切除掉，然后将可翻译的序列连接起来，以形成完整的具有生物活性的 mRNA。

第二，蛋白质合成的起始。一般说来，病毒蛋白质合成的起始有两种机制，对于绝大多数 DNA 和 RNA 病毒来说，它们的 mRNA 含有一个较短的 5′非编码区，而且在其 5′末端有一个帽状结构，即 7-甲基鸟嘌呤核苷三磷酸。这种病毒的 mRNA 与绝大多数细胞的 mRNA 一样，以一种所谓依赖帽状结构的核糖体滑动起始机制来起始蛋白质合成。也就是说，核糖体亚基依靠其他转译起始因子、起始 tRNA 以及帽状结构的相互作用形成起始复合物，然后向 3′端滑动，当到达起始密码子时，核糖体大亚基结合到复合物上，形成完整的核糖体，从而开始合成蛋白质。

与此不同，某些病毒，如小 RNA 病毒科的病毒和丙型肝炎病毒，它们则利用一种完全不同的机制来起始蛋白质合成，即所谓不依赖帽状结构的核糖体内部起始机制。这些病毒的 mRNA 有一个共同特点，即含有一个较长的 5′端非编码区。一般是几百个至一千多个核苷酸长。它们的 5′端不含有所谓的帽状结构，而是与一个病毒多肽共价相连。如小 RNA 病毒科的科萨奇病毒，它们起始蛋白质合成时，核糖体不是结合到 5′末端而是直接结合到离起始密码子很近的地方，这个结合位点叫核糖体内部结合位点（IRES 位点），然后靠稍稍滑动或以其他不详的机制与起始密码子相互作用开始蛋白质的翻译。这种起始机制最近也在某些植物 RNA 病毒中发现。

第三，蛋白质合成后的修饰。许多病毒如小 RNA 病毒科的病毒，它们的 RNA 可被直接翻译成一条很长的多体蛋白质。这种多体蛋白质则在病毒本身蛋白酶 2A 和 3C 的催化下切割成单个的结构蛋白（外壳蛋白）和非结构蛋白（酶类）。蛋白酶 2A 的切点是在酪氨酸和甘氨酸之间。蛋白酶 3C 的切点是在谷氨酰胺和甘氨酸之间。切割位点并不是只取决于这两个氨基酸的结构而且也与其上下游的氨基酸序列有关，所以并不是凡具有这两个氨基酸的地方都可以被蛋白酶 2A 或 3C 切割。这两个蛋白酶在多体蛋白质中是有活性的。它们可以先把自己切割下来，然后再把其余的蛋白质逐一切割下来。另外，蛋白酶 3C 的前体蛋白 3CD 也具有像 3C 一样的活性。但 3CD 主要参与外壳蛋白的切割和加工。

另外，在有些病毒的多体蛋白质合成后加工过程中还需要细胞的蛋白酶。例如，黄病毒和披膜病毒属等，它们的基因组 RNA 在被感染的细胞内被转录成两条 RNA：一条是全长的基因组 RNA，另一条是较短的亚基因组 RNA 分子。病毒的非结构蛋白以多体蛋白质的形式从全长的基因组 RNA 翻译出来，然后被病毒的蛋白酶切割加工成单个的蛋白质或酶类。而病毒的结构蛋白也以多体的结构从亚基因组 RNA 翻译产生。这种多体蛋白质则被细胞的蛋白酶即信号肽酶加工切割成外壳蛋白和包膜蛋白。这种切割是在内质网中进行的。包膜蛋白在细胞组装以前还需进行糖基化，这主要是在寄主糖基化酶的催化下进行的。

包膜蛋白所含糖基化的位点随不同病毒的蛋白质而不同。例如风疹病毒的包膜蛋白 E1 和 E2 都含有三个糖基化位点。糖蛋白所含的寡糖对蛋白质的构型、生物活性以及保护蛋白质不被酶类水解起重要作用。另外，糖基的作用还在于与糖蛋白的抗原性和免疫原性有密切关系。

（5）组装、成熟和释放

病毒的蛋白质及 DNA 或 RNA 合成以后，紧接着就是组装。新组装成的病毒颗粒有时并无感染性，需进一步加工才能成熟变成具有感染能力的活性病毒。最后一步即释放到细胞外，继续感染其他细胞。一般说来，病毒的组装、成熟和释放有三种形式：

第一，以小 RNA 病毒组、呼肠孤病毒组、肿瘤病毒组、小球病毒组、腺病毒以及痘病毒为例，它们的组装及成熟过程是在细胞内进行的。例如小 RNA 病毒，它的外壳由三种结构蛋白（VP0、VP1 和 VP3）组成。每种蛋白质需要 60 个拷贝。这些蛋白质在细胞质中先组成一个多面体状的前外壳，里面包以病毒 RNA。这时的病毒颗粒并不具感染性。以后，VP0 被蛋白酶 3CD 水解为 VP2 和 VP4 两部分，此时，外壳的结构发生重组，变得更稳定；VP4 在壳的内侧，其他三种蛋白质排在外侧。这时外壳能很好地保护内部的 RNA 不被外界核酸酶水解，最后成熟的病毒颗粒通过裂解寄主细胞而被释放到细胞外。除上述小 RNA 病毒组外，痘病毒和呼肠孤病毒也是在细胞质中组装的。与此相反，腺病毒、乳多泡病毒以及小球病毒组是在细胞核中组装的。作为一个规律，凡是不具有包膜的病毒，它们在组装和成熟后多半是通过裂解细胞而释放到细胞外。它们的结构蛋白具有抑制寄主细胞大分子代谢并裂解细胞的功能。

第二，以所有负链 RNA 病毒、正链披膜病毒以及反转录病毒为例，它们都是具有包膜的病毒。它们的组装过程的最后一步与释放紧密相连。病毒的某些蛋白质会插入到细胞的原生质膜或细胞质膜的内外表层。这些蛋白质大都是糖蛋白，它们暴露在膜外面的胞液中，这类病毒的释放不是裂解细胞而是通过"出芽"或在细胞膜上形成突起，并逐渐脱离细胞，在此过程中病毒获得细胞的磷脂双分子层膜。在某种情况下，如正黏病毒和副黏病毒在出芽或释放过程或释放后伴随着有膜蛋白的水解和重新排列。所以说，这些病毒颗粒的成熟可能是在释放以后完成的。这类病毒的释放过程对细胞代谢所造成的影响的严重程度是不同的。有的是溶细胞性的，如披膜病毒组、副黏病毒组和弹状病毒组；有的是非溶细胞性的，如反转录病毒组。然而无论是哪一种病毒，它们的蛋白质在细胞膜中的插入将授予细胞一个新的专一的抗原性。

第三，这种方式是以疱疹病毒为例。这类病毒也是在细胞核中组装的。但不像其他具有包膜的病毒，这种病毒是在核的内膜形成的褶中成熟和释放的。当病毒颗粒在两层核膜之间积累越来越多时就由核膜形成泡囊，泡囊携带病毒颗粒移动到细胞表面进行释放。疱疹病毒是溶细胞性的，它的复制和释放可把整个细胞毁掉。和其他具包膜的病毒一样疱疹病毒可赋予细胞新的抗原专一性。

7.5　肝炎病毒

肝炎病毒通常是指引起人与动物肝脏炎症的一类病毒。它包括 A、B、C、D、E、F、G 七型（国内通常相应称为甲、乙、丙、丁、戊、己、庚型）。所以这些病毒，分类学上属于不同的科。在结构组成、复制周期、致病性等方面有显然不同的特点。唯一共同之处，即肝脏是它们的主要感染器官，并能在其中复制。其他病毒也能引起肝炎，如巨细胞病毒和人类疱疹病毒 4 型（EB 病毒），但这些病毒引起的肝炎通常有其他症状发生。所以不在本节讨论之列。

7.5.1　甲型肝炎病毒

在肝炎病毒群中，甲型肝炎病毒（HAV）是最常见的。但它在临床上的重要性比不上乙型肝炎病毒。甲型肝炎病毒的感染在 5～14 岁的儿童中常见，但引起的症状是轻微的，而且可以自愈。在成人中少见，成人一般具有免疫抵抗力，但一旦感染症状较严重，而且持续时间较长。甲型肝炎病毒在 20 世纪 60 年代被分离出来，但直到 1973 年，才在免疫电镜下看到。1979 年，人工细胞培养获得成功，为进一步研究这种病毒打下了良好的基础。

甲型肝炎病毒属于小 RNA 病毒科。它的外形是多面体，基因组是 RNA，其直径在 27～28nm 之间，无包膜。病毒颗粒呈多面体对称性。除成熟的病毒颗粒外，不成熟的和高密度颗粒也可从病人排泄物中或细胞培养液中分离出来。

成熟的病毒颗粒中含有四种外壳蛋白，即 VP1～VP4。每个蛋白质有 60 个拷贝。不成熟的病毒颗粒中 VP2 和 VP4 没有形成，而是以 VP0 的形式出现。当 VP0 被病毒本身的蛋白水解酶切割成 VP2 和 VP4 两部分时，病毒趋于成熟，这时 VP1 和 VP3 部分暴露在表面，而 VP2 和 VP4 却位于壳的内侧。与其他小 RNA 病毒相比，不同的是，成熟的甲型肝炎病毒含有一个由 VP1 和 VP2 的 2A 区域所组成的蛋白质。

甲型肝炎病毒具有一个线性、单正链的 RNA 分子，含 7478 个核苷酸。其 5′和 3′端含有较长的非编码区（图 7-22），编码区可以翻译成一个很长的多聚蛋白质，然后被病毒的蛋白酶水解成结构蛋白和非结构蛋白。其中一个小分子多肽 Vpg 以共价键与 5′末端相连，其作用可能与病毒复制有关。与小 RNA 病毒科的其他 4 个属相比，甲型肝炎病毒的碱基组成的 GC 含量是比较低的。核酸序列比较分析已经证实它与其他 4 个属的同源性也较低。

甲型肝炎病毒可通过人与人的接触、污染的食物、排泄物和血液等多种途径传播。发病潜伏期一般在 4 周左右。在发病初期，最先出现的抗体是 IgM，一般是 8～16 天达到高峰，在 3～6 个月后就很难测出。而 IgG 在发病初期很难查出，增长也比较缓慢，到 6～12 个月时达到高峰。所以临床上监测甲型肝炎的方法主要是测 IgM。另外也可测甲型肝炎病毒的抗原（HAAg），因为在感染肝炎病毒的早期，一般在发病 10 天前，HAAg 就可出现在排泄物中。试验室中常用放射免疫分析和酶联免疫吸附分析来鉴定这种病毒的抗原。

其次，也可用分子生物学的方法来监测病毒的 RNA，包括分子杂交、反转录聚合

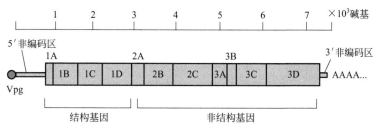

图 7-22　甲肝病毒的基因图

1A~1D：外壳蛋白质 VP1~VP4；2C：抗胍基因；3B 和 Vpg：病毒多肽；
3C：蛋白酶；3D：RNA 聚合酶。其他基因的功能不详

酶链反应（RT-PCR）等。后一种方法一般比较敏感，比上述其他方法提高 4~10 倍的阳性率。甲型肝炎病毒的疫苗已有两个，一个是完全灭活的，另一个是减毒的。随着疫苗的应用和检测技术的提高，这种病毒的发病率将会大幅度下降。

7.5.2　乙型肝炎病毒

乙型肝炎病毒（HBV）是一种 DNA 病毒，属于嗜肝 DNA 病毒科。这个科有两个属，包括哺乳动物嗜 DNA 病毒属和禽类嗜肝 DNA 病毒属。这组病毒感染的主要器官是肝脏，但禽类肝炎病毒也感染胰脏。HBV 引起乙型肝炎，发病在世界各地，主要感染儿童和青少年。其中少数患者可以转化为肝硬化和肝癌。HBV 多为血液传播，尤其通过输血、器官移植等，也可通过性接触而传播。早在 1883 年德国医师就记载了用含有人血浆的疫苗预防天花而引起肝炎暴发流行的事例，这次意外传染使 10% 的种痘人数周后发生黄疸。1964 年美国医师 Blumberg 在一名澳大利亚人的血液中发现了澳大利亚抗原。1970 年 Dane 在病人的血液中发现了比较大的 HBV 颗粒，直径是 42nm 左右。1976 年世界卫生组织开会定名乙型肝炎抗原，从而明确了乙型肝炎的病因。HBV 的电镜形态有三种，如图 7-23 所示。

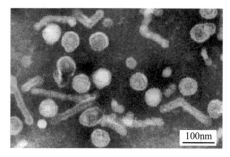

图 7-23　乙肝病毒的电镜形态

第一种是直径大约 20nm 的球状颗粒，在血液中的数量大，无核酸，无感染性，氯化铯浮力密度 $1.20~1.22g/mL$，属表面抗原（HBsAg），能产生具中和能力的表面抗体。

第二种是长短不一的丝状体，长 70~200nm，沿纵轴有横裂缝，可用去污剂使其断裂，故可为第一种形态结构的聚合体，属于表面抗原系统。

第三种是由 Dane 于 1970 年首先发现的，故称 Dane 氏颗粒。其结构复杂，外面有一层磷脂双分子包膜，里面包有二十面体的颗粒，直径大约 27nm，包膜是表面抗原。二十面体的外壳是核蛋白，由 180 个核微体组成，即核心，称核心抗原（HBcAg）。核心内包着一个部分双链环状的 DNA、DNA 聚合酶、蛋白激酶和 e 抗原（HBeAg），其 DNA 聚合酶具有反转录酶及核糖核酸酶 H 的活性。Dane 颗粒是完整的有感染能力的 HBV，在血液中的数量因人而异，在无症状的 HBsAg 携带者中，血浆有 $10^8~10^{10}$ 个/mL，

其中，携带 DNA 者仅有 1%～2%。

HBV 的 DNA 是环状双链的，但局部区域是单链或有缺口。单链部分的长短在不同的分子中也不同，变化范围在 15%～60%。实际上，其 DNA 含有一个长链（大约3220 个碱基长）和一个短链（1700～2800 个碱基长）（图 7-24）。长链是负链，它的 5′和 3′末端的位置是固定不变的，并且有一端多出 9 个碱基，以至在接头处形成三链DNA 结构，其 5′端与一个蛋白质共价相连。短链是正链，它含有一个固定不变的 5′末端，但 3′末端的位置是因不同分子而变化的。正链的 5′末端与一个 19 个碱基长的寡核苷酸相接，这个寡核苷酸的 5′末端含有一个像 mRNA 5′端的帽状结构。病毒的 DNA聚合酶与正链的 3′端相互作用，从而催化延伸正链以形成完整的双链结构。

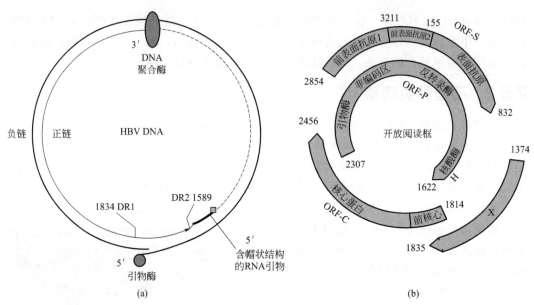

图 7-24　乙肝病毒的基因结构图
（a）物理结构图，DR1 和 DR2 是碱基直接重复序列，虚线代表正链的缺失部分；
（b）基因组 A 型的 HBV 开放阅读框结构

HBV 的 DNA 含有两个 10～11 个碱基长的直接重复序列，称为 DR1 和 DR2，这个结构在嗜肝 DNA 病毒科中是普遍存在的，但是在禽类 B 型肝炎病毒中 DR1 和 DR2之间的距离是很短的。HBV 的 DNA 已被克隆到大肠杆菌中，其全部 DNA 序列编码情况已清楚，其负链编码四个病毒的蛋白质，最长的开放阅读框（ORF-P）编码 DNA 聚合酶，ORF-S 完全包括在 ORF-P 中，ORF-C 和 ORF-X 与 ORF-P 部分重叠（图 7-24）。另外，通过利用内部的 AUG 密码作为起始密码子，HBV 从一个阅读框能合成一个以上的蛋白质，因此，几个具有相同羧基和不同氨基端的分子量大小不等的蛋白质可以从一个阅读框中转译出来。例如：ORF-S 就可以合成三个具有相同羧基的分子量不同的表面抗原蛋白质；ORF-C 可以合成 e 抗原的核心抗原；ORF-X 也许能编码一个以上的蛋白质。另外 HBV 的基因组中还有许多调控 DNA 合成、转录、mRNA 后加工以及转译的序列。

HBV 的复制除了修复单链 DNA 缺口，形成双链超螺旋结构外，还包括转录以合成两类 RNA：一是 mRNA，用以合成蛋白质；二是前基因组 RNA（pgRNA）。后者可作为模板在病毒的反转录酶的催化下合成病毒的 DNA。病毒的复制是在细胞核中进行的，但表面抗原却在细胞质中合成，然后组成表面抗原颗粒进入血流。HBV 的 DNA 可以插入细胞的基因组中。这种插入虽不是复制过程中所必需的，但可能与 HBV 的致癌机理有关，这将在后面癌症病毒一节中谈到。

HBV 对物理化学因素抵抗力较强。60℃，10h 不完全灭活；100℃，1min 可以消除其感染性，但仍保持抗原性；在室温下可以保持其毒力至少两周；对过氧乙酸、环氧乙烷等氧化剂较敏感。上面已经提到 HBV 含有三种抗原，现对其结构和性质作进一步的介绍。

（1）表面抗原

这种抗原的化学结构比较复杂，蛋白质和脂质的含量大约各半（30%～60%），糖类占 10%。聚丙烯酰胺凝胶电泳可以分辨出八个多肽。只有两个多肽（P25 和 P22 分子质量分别为 25kDa 及 22kDa）为特异性表面抗原，约占多肽总量的 55%。其余机体蛋白成分主要是白蛋白。

根据抗原结构的不同，HBV 表面抗原可分为四个基本亚型：adw、ayw、adr、ayr。a 为亚型抗原共同决定簇或称组抗原决定簇。d 与 y、w 与 r 为两组相互排斥的决定簇。根据 w 亚型决定簇的不同，可组成以下的亚型：ayw1、ayw2、ayw3、ayw4、adw2、adw4、adr、ayr、adyw、adyr 等。亚型决定簇是由 HBV 的基因所决定的，是相当稳定的。各亚型理化性质并不完全相同，有一定的交叉免疫保护作用。这是因为共同决定簇 a 亚型有一定的地域分布。如 ayw1 和 ayr 主要在越南出现；中国系 d 亚型区，以 adr 占优势，adw 次之。粗略地讲，长江以南包括西南各省，adw 的发生比长江以北为多；黄河以北包括东北西北诸省，以 adr 占绝对优势；新疆维吾尔族、哈萨克族，西藏的藏族，内蒙古的蒙古族均以 ayw 为主。

（2）核心抗原

核心抗原（HBcAg）主要在被感染的肝细胞核中发现，血浆中只有完整的 Dane 颗粒，没有游离的核心抗原。核心抗原从基因 C 中转译而来，分子质量为 $8.5 \times 10^6 \sim 9 \times 10^6$ Da，等电点为 3.7，沉降系数为 124S。其蛋白质中有三个多肽，分子质量分别为 19000Da、70000Da 和 80000Da。其中，19000Da 分子为特异蛋白。核心抗原的羧基端 34 个氨基酸区域内含有许多精氨酸残基，这段碱性序列可能是 DNA 结合区。在感染过程中，机体很快产生免疫反应。核心抗体在 10～20 周后达到高峰。核心抗体达高峰后下降缓慢，至少可持续 3～5 年。几乎所有乙肝病人的血中都可查到核心抗体，因而核心抗体是很好的流行病学指征。因为早期核心抗体是 IgM，晚期是 IgG，区别这两种性质的抗体，对治疗诊断有意义。核心抗体不是中和抗体，我国正常人群中核心抗体阳性率占 20%～30%。

（3）e 抗原

HBeAg 抗原的首次发现是在 1972 年。它是被感染病人中一种可溶性蛋白质，分子质量大约在 17000Da。同时也发现它有三种多聚体状态，分子质量分别为 27000Da、62000Da 和 80000Da。e 抗原是 HBV 的蛋白质，它的存在就意味着 Dane 颗粒的存在。e 抗原是酸性蛋白质，是从基因 C 转译而来的。其羧基末端区不富含精氨酸，本身呈酸性，等电点为 5.0 左右，沉降系数为 12S，不稳定。在 37℃放置 10 天即失去活性。60℃，10min 迅速灭活。

目前，已知 e 抗原有三种亚型 e1、e2、e3。e 抗原可刺激机体产生 e 抗体。不过 e 抗体在 e 抗原消失后才出现，通常表示疾病的恢复。我国乙肝表面抗原携带者中平均 e 抗原的阳性率为 27％，高峰率处在 5～10 岁年龄组。而 e 抗体约为 7％。现时已有预防乙型肝炎的疫苗。一种是用表面抗原阳性的血液作为抗原产生的甲醛灭活疫苗，经使用效果很好。基因工程发酵生产的 HBV 表面抗原效果好，安全性好，有广阔的前景。

7.5.3 丙型肝炎病毒

丙型肝炎病毒（HCV）是 1989 年正式鉴定出来的。在此之前，它叫非甲非乙型肝炎病毒。HCV 的形态学和生物化学特点至今还没有彻底弄清。

通过免疫电镜技术已证实，HCV 是带包膜的球状颗粒，其直径在 55～65nm 之间。用去污剂去除磷脂膜后，内部核心的直径大约在 33nm。在蔗糖密度梯度中是 1.09～1.25g/mL。HCV 主要通过血液或血液制品进行传播。性接触传播也有报道。另外母亲传给婴儿也很常见，这主要是出生前在母体中传染的或在出生后几周内被传染。HCV 可以引起急性感染，一周左右可以在血液中查出病毒。持续感染可达几个月，可以完全恢复，也可发展成慢性感染。临床症状与甲型和乙型肝炎相似，也有报道说引起肝癌，这需进一步研究证实。因为发病需要很长时间，一般是 20 年，而且多与肝硬化有关。另外，在 HCV 的 RNA 复制过程中无 DNA 合成阶段，不像 HBV 那样可以插入细胞的基因组。所以，HCV 不会直接引起癌症。

HCV 的基因组是单股、正链、线型 RNA，大约 9500 碱基长，其基因组结构如图 7-25 所示。其 5′端和 3′端含非编码区，其余部分的序列组成一个很长的开放阅读框，可合成一个多体蛋白质。这个多体蛋白质合成后被切割和加工成结构蛋白和非结构蛋白。蛋白质序列分析指出，HCV 的蛋白质与瘟病毒群有较高的同源性，且与黄病毒群在基因排列顺序上也很相似。综合上述特点，HCV 应与瘟病毒群和黄病毒群归为一个科——黄病毒科。

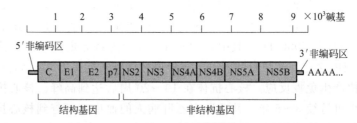

图 7-25　丙肝病毒的基因图
C：核心蛋白质；E1 和 E2：包膜蛋白质；NS2 和 NS3：蛋白酶；NS4A：蛋白酶辅助因子；
NS4B：NS5A 的磷酸化酶；NS5B：RNA 聚合酶；其余基因功能不详

从 HCV 的 RNA 序列，尤其是 5′非编码区二级结构来看，它既像瘟病毒和黄病毒，又与小 RNA 病毒相似。其 5′非编码区的序列（341 个碱基长）是很保守的。在 81 个不同的株中，它们具有 90％以上的相似性。与其他 RNA 病毒，如瘟病毒和牛痢疾病毒相比，也有 40％以上的相似性。这些相似序列并不是均匀分布的，而是集中在几个主要的区域。这些比较保守的区域已被证实与病毒的复制和组装有关。例如，其中一段序列就与转译和起始有关。这段序列是核糖体与病毒 RNA 相结合的位点，也叫 IRES 位点。IRES 区域并不在病毒 RNA 的 5′端，而是在内部靠近起始密码子的位置。所以 HCV 的蛋白质合成的起始是用一种核糖体内部起始机制，这种机制在小RNA病毒科中研究得比较详细（见7.4.4节）。

与病毒RNA 5′非编码区相比，HCV的3′非编码区比较短，只含27～66个碱基。在这个区域之后，紧接着是一个多聚尿苷酸序列。迄今也有一例报道，其3′非编码区后含多聚腺苷酸序列。3′非编码区的碱基成分及其二级结构因株而异。它们的功能可能与病毒的复制有关。尤其是3′端的二级结构与寄主细胞的许多蛋白质因子相互作用，在病毒负链RNA的合成起始中起主要作用。

基于病毒RNA的序列分析，尤其是对非结构基因NS5B中212碱基（7975～8186）的比较，将分离自世界各地的74个样品分为6个型和11个亚型。另外基于对结构基因，E1序列（碱基1023～1053）的分析比较，有人将分离自世界各地的51个样品分为12个亚型。HCV的多样性为制造有效的普遍使用的疫苗带来了很大的困难。但通过统计比较发现，Ⅰ、Ⅱ、Ⅲ各型普遍存在于世界各地，而Ⅰa和Ⅰb最普遍，占全球感染总数的60%。尤其是Ⅰb存在于所有被研究的国家中，Ⅳ型主要分布在中东地区和扎伊尔。迄今，Ⅴ和Ⅵ在很大程度上分布在南非和我国。不过随着科研的进展，更多的类型会被发现。

目前诊断HCV的方法是使用酶联免疫吸附分析（ELISA）试剂盒去检测病人血液中的抗体。试剂盒中的抗原是基因重组生产的HCV外壳蛋白和非结构蛋白（NS3、NS4和NS5）。另外的方法是查病毒的RNA。最常用的比较敏感的方法是RT-PCR。所用的引物是5′非编码区序列。近来，有一种新的诊断方法，原位分子杂交也被广泛应用于HCV检测。

7.5.4 其他类型肝炎病毒

7.5.4.1 丁型肝炎病毒

丁型肝炎病毒（HDV）是在20世纪70年代末至80年代初首次在乙型肝炎病人血液中发现的。当时叫它δ抗原（HDAg）。这是因为当时认为它是乙型肝炎病毒的一种抗原。后来发现它是一种可以传播的含RNA分子的病毒。HDAg是肝炎丁型病毒的一种结构蛋白，它所产生的抗体可以在病人血清中检测出来。由HDV引起的感染已在全世界各地发现，特别是地中海沿岸国家、南非、中东地区、西非以及一些南太平洋岛国。HDV的传播需要HBV的同时侵染，或者被感染者必须是以前的HBV携带者。因为HDV是一种缺陷病毒，它自身不能复制，需要HBV的帮助。HDV的分类地位至今还不十分清楚。由于它结构简单和在感染上的依赖性，常把它与植物卫星病毒、腺病毒相关病毒以及类病毒放在一起介绍，这在前面已经提到。它的分类地位尚待进一步确定。

HDV是迄今最小的RNA病毒之一。形态似球状，直径在36nm左右。浮力密度为1.25g/mL。它的外膜是由HBV的表面抗原蛋白和磷脂组成的。包膜蛋白由大、中、小三个多肽组成。膜内是一个直径为19nm的核壳，内含RNA分子和δ抗原。δ抗原由两个蛋白质组成，分子质量分别为27000Da和24000Da。平均每一个RNA分子就有70个δ抗原分子。HDV的精细结构目前还不十分清楚。

HDV的RNA分子含1700个碱基，它是单股、负链、环状形态，G+C含量是

60%，形成二级结构的区域占总长的 70% 左右。在电镜下，变性前呈杆状，变性后呈单链环状结构。由于它的高度二级结构，在一般情况下是很稳定的。许多株已被序列分析。其长度在 1670～1685 碱基之间。基于序列的比较分析，这群病毒可分为三种基因型。第一型包括几乎所有迄今序列分析过的株，这些株几乎是从世界各地分离到的；第二型主要是从我国台湾省和日本分离到的，引起的病症比较轻；第三型代表是来自南美洲，可引起突发性肝炎。序列分析比较研究已经指出，HDV 与其他类病毒和卫星病毒在基因组组成上有相似性。例如，在它的序列中，有一段长 335 个碱基的序列与植物的类病毒或卫星病毒的相应序列比较相似。这段所谓的"类病毒"序列具有核酶的活性，即可以催化自身的切割，无需其他蛋白质的参与，但需二价镁离子。HDV 的核酶与已知的槌头状和发卡状的核酶不同，是一种新的核酶。HDV 的 RNA 互补链上也有核酶结构。无论是正链还是负链上的核酶结构，都在 HDV 复制过程中起重要作用。有报道指出 HDV 的核酶还具有 RNA 连接酶的活性，其特点有待进一步研究。

因为 HDV 是负链 RNA，所以它的互补链（正链）RNA 能编码一个阅读框。从这个阅读框可合成 δ 抗原。这个阅读框有两种大小不同的形式，分别出现在不同的 RNA 分子中。一个长 195 个氨基酸，另一个长 214 个氨基酸。这两个框的不同在于点突变产生了一个新的终止密码子。两种 RNA 分子都存在于一个 HDV 颗粒中。HDV 的 RNA 可分为两个功能区，一个区是核酶区，这在负链以及其互补链中都有。这一点与类病毒相似，所以也叫类病毒状区。另一个区域是编码区，它为抗原蛋白编码。第二个区域在类病毒和拟病毒中不存在，所以 HDV 很可能是由类病毒和细胞 RNA 重组而成。近来一个与抗原有关的细胞蛋白质已被鉴定出来。这就为上述假说提供了证据。

HDV 在细胞核中复制，它只能感染肝细胞，但是在用 HDV 的 cDNA 转染的肝细胞、成纤维细胞和猴肾细胞中也能进行 RNA 的复制。HDV 的 RNA 是以滚环机制进行复制的，这和类病毒相似。当病毒颗粒穿入细胞和脱壳后，RNA 和抗原进入核中。负链 RNA 在寄主细胞 RNA 聚合酶的催化下先合成互补的正链，这一点是非常特殊的。因为一般说来，寄主的 RNA 聚合酶是以 DNA 为模板合成 RNA 的，而现在是以 RNA 为模板合成 RNA。新合成的正链 RNA 是病毒 RNA 的聚合体。在其本身核酶活性的催化下，切割成单体的 RNA，再在其核酸 RNA 连接酶活性的催化下形成环状 RNA 结构，然后这个正链环状 RNA 可用作模板合成负链单体 RNA。这叫双滚环复制。HDV 的转录还产生一个较短的 RNA，大约 800 碱基长。在 5′末端有一个帽状结构，在 3′端有一串多聚腺苷酸，这与 mRNA 的结构相似。这一 RNA 可作为模板合成抗原蛋白质。

HDV 的诊断要参考是否有感染 HBV 的历史。任何乙型肝炎表面抗原阳性的人都可能是 HDV 的感染者。诊断 HDV 的方法是用免疫反应检查抗 HDAg 的抗体（IgM）或 HDAg 抗原。抗 HDAg 的抗体一般在感染后的 2～3 周才出现，而 HDAg 的抗原则在感染后的第一周就出现在血液中，把握这个时间是很重要的。另外也可用分子生物学的方法查病毒的 RNA。

7.5.4.2 戊型肝炎病毒

戊型肝炎病毒（HEV）也被称作非甲非乙型肝炎病毒源。到 1989 年 HEV 才被认为是一种特定的肝炎病毒。这主要是当时有了比较敏感的抗甲型肝炎的抗体，从而将它与甲型肝炎区分开来。但当时仍然不知道它为何种病毒。直到 1990 年这个病毒的 cDNA

被克隆，并分析了它的部分序列，才定名为 HEV。HEV 可引起突发性肝炎，尤其在青少年、怀孕妇女中死亡率高达 20%。这种病毒是通过排泄物污染的水源传播，1955年在印度造成大量流行就是这个缘故。

HEV 的分类地位还不十分清楚，基于最早的基因序列分析，HEV 的 RNA 含三个开放阅读框。其中一个非结构基因位于 5' 区，其余两个结构基因位于 3' 区。另外，在感染的肝细胞中还发现一个较短的 mRNA 分子。根据这些特点暂时把它归为嵌杯病毒属。然而 HEV 的基因结构排列顺序与嵌杯病毒的基因排列顺序并不完全相同；嵌杯病毒的开放阅读框 3（ORF3）位于 3' 端，但 HEV 的 ORF3 却在中部与 ORF1 和 ORF2 的末端相重叠。RNA 序列比较分析证实，HEV 与风疹病毒和甜菜坏死黄脉病毒相似，所以应将它们三个归为一个科的三个不同属。

HEV 颗粒呈球形，多面体对称，无包膜。表面有刺突，直径在 27～35nm 之间，依毒株的分离地点不同而异。HEV 是单正链 RNA 病毒，其基因组长 7500 个核苷酸。以一株从泰国分离到的 HEV 为例，它的 5' 非编码区是 27 个核苷酸长，紧接着就是一个开放阅读框 ORF1，含 5079 个核苷酸。第二个开放阅读框 ORF2 是从 ORF1 的倒数第 38 个核苷酸开始，有 1980 个核苷酸长，紧接其后的是非编码区的 65 个核苷酸加上一个多聚腺嘌呤核苷的尾部（150～200 个核苷酸长）。第三个开放阅读框 ORF3 含 369 个核苷酸，它的 5' 端与 ORF1 的 3' 端有一个核苷酸的重叠，而与 ORF2 有 328 个核苷酸重叠。因此 HEV 利用三个相互重叠的开放阅读框。

HEV 蛋白质的功能还未通过实验加以证实，但是通过与已知的其他相似病毒的基因型比较可以推测 ORF1 是非结构蛋白基因区。由它编码的蛋白质包括依赖 RNA 的 RNA 聚合酶、解旋酶、木瓜蛋白酶、甲基化酶等。ORF2 是结构蛋白基因，编码核壳蛋白。在它的 5' 端有一个典型的信号区域，紧接其后的是一个富含精氨酸的碱性区域。这很可能是病毒组装过程中与 RNA 相互作用的位点。除此之外，ORF2 的 3' 端含有一个主要的抗原决定基。ORF3 在它的 5' 端含有一个信号肽，在其 3' 端含有抗原决定基。

7.5.4.3 己型肝炎病毒

有关己型肝炎病毒（HFV）的报道至今很少。这种病毒是用电镜检查突发性肝炎死者肝组织时发现的。病毒颗粒直径有 60nm 大，与披盖病毒（Togavirus）相似。它引起恶性肝炎，在肝脏移植中引起排斥性坏死。HFV 为双链 DNA 病毒，目前正对此病毒进行分子生物学的研究。

7.5.4.4 庚型肝炎病毒

庚型肝炎病毒（HGV）是一种 RNA 病毒，序列比较分析发现它与 HCV 较相近，故把它归入黄病毒科。1967 年在美国芝加哥一个患急性肝炎的外科医生血液中发现了这种病毒。当把这个病人血清注入 Tamarin 猴子身上时可以引起猴子肝炎病。这个病毒当时以这个病人的名字的缩写 GB 命名。这种病毒后来被大量研究，其 cDNA 已被克隆，经序列分析证实有三种不同的毒株，分别叫 GBVA、GBVB、GBVC。前两种引起猴子肝炎，而 GBVC 引起人类肝炎。

另一个毒株是一种与 GBVC 相似的病毒，在 1996 年从一个患慢性肝炎病的病人身上发现。当其血液注射到 Tamarin 猴子身上时，也引起猴子肝炎。这种病毒被叫作肝炎 G 病毒（HGV）。对 HGV 序列分析比较发现，HGV 和 GBVC 有 95% 以上的同源性，它们被认为是同种病毒的不同株。

HGV 与其他单股、正链 RNA 病毒的亲缘关系也已被详细研究过。通过序列分析比较发现 HGV 和 GBV 的不同株都和黄病毒科的几个属有比较相近的关系。这主要表现在以下方面。

第一，基因在其基因组中的排列顺序相同，即结构基因在 5′ 端区域，而非结构基因在 3′ 端区域。基因排列顺序自左向右为 E1、E2、NS2a、NS2b、NS3、NS4a、NS4b、NS5a 和 NS5b。其中 E1 和 E2 是包膜蛋白基因，其余的是非结构基因。在这些基因产物中，NS2b 是蛋白酶，NS3 既具有蛋白酶活性，又具有解旋酶的活性。NS5b 是依赖 RNA 的 RNA 聚合酶。

第二，主要基因中存在着相同保守序列。这些基因的产物有丝氨酸蛋白酶、解旋酶和依赖 RNA 的 RNA 聚合酶等。然而 HGV 也有与黄病毒科的病毒不同的特点，即它的基因组中没有碱性的核壳蛋白基因的序列。那么 HGV 是如何进行组装形成病毒颗粒的呢？目前有几种假说。一种假说是：目前的发现只是一种假象，所分析的核酸序列只是来自一种缺陷病毒，真正的全序列病毒还没有分离到。另一种假说是：HGV 的核壳蛋白或许由另一株病毒提供，也或许是从寄主细胞蛋白质中获得。

HGV 感染在临床上的意义还不十分清楚。它主要靠血液和血液制品传播。在美国，献血者中有 1%～2% 是 HGV 阳性。将 HGV 传播给猩猩，并不引起肝炎。在被输血者中，只有少数人被感染肝炎，绝大多数转氨酶正常，没有肝炎发生。HGV 阳性经常与其他肝炎病毒阳性同时出现，所以 HGV 能否自己引发肝炎还并不十分清楚。与其他病毒性肝炎相比，HGV 是最近被发现的，但我们相信它并不是最后一种肝炎病毒。随着科研的发展，在不久的将来，新的一类肝炎病毒还会被发现。

7.6 冠状病毒

7.6.1 冠状病毒概述

冠状病毒属于巢病毒目冠状病毒科（*Coronaviridae*）中的冠状病毒亚科。根据病毒系统发生关系和基因组结构，冠状病毒亚科可分为四个属，即 α、β、γ 和 δ 冠状病毒属。

冠状病毒是一种含包膜、外形呈近圆形或不规则形的病毒，其直径在 60～200nm 之间。冠状病毒的基因组是一个正链的 RNA，大约包含 30000 核苷酸，是迄今所知最大的 RNA 病毒。迄今所知所有的冠状病毒的基因组结构是很相似的。在其 5′ 端大约 20kb 区域内，有基因序列编码病毒的聚合酶或叫复制酶类。实际上，复制酶类是由两个较长的开放阅读框 1a 和 1b 通过框架错位机制翻译而成。在复制酶的催化下，正链 RNA 可转录成一个全长的负链 RNA。以这个新合成的负链 RNA 为模板合成一个全长的正链 RNA 及一系列的长短不同的正链 RNA。虽然合成这组长短不同的 RNA 的机制还不太清楚，但合成的这组 RNA（一般 6 条）的结构是比较清楚的。即这些正链 RNA 都含有一个共同的长 75～78 核苷酸的 5′ 非编码区。3′ 非编码区后与多聚嘌呤尾部相连。每一条 RNA 是一个单一的顺反子，可翻译成一种特定的蛋白质。冠状病毒的结构基因分布在其基因组的最后三分之一的区域内。这包括 HE 基因、刺突基因（S）、包膜蛋白的基因（E）、膜蛋白的基因（M）和核壳蛋白的基因（NP）。另外，在这些结构基因之间，有时也可发现辅助蛋白（Accessory Protein）基因。这些基因的数目和具体位置依不同的冠状病毒而不同，对它们的功能也知之甚少。

冠状病毒的 RNA 基因组与一个碱性的核壳相结合形成螺旋状结构而包在包膜中。冠状病毒的包膜含至少三种糖蛋白。第一种是刺突蛋白（S）。这种糖蛋白在病毒颗粒的表面形成突起结构，以至于使病毒颗粒在电镜下呈皇冠状［图 7-26（a）、（b）］，因此而得名冠状病毒。冠状病毒的刺突蛋白可与宿主细胞表面受体结合，以使病毒吸附进而入侵寄主细胞。刺突蛋白还在病毒和细胞融合以及病毒抗原性方面起主要作用。第二种糖蛋白是膜蛋白（M）。这种蛋白质分子量较大，可以穿越包膜三次，其氨基端只有 8 个氨基酸残基留在包膜外，而在膜内则有一个较长的羧基多肽尾端。膜蛋白的功能与包膜形成和病毒颗粒的出芽释放有关。第三种糖蛋白是分子量较小的包膜蛋白（E）。它具有较高的疏水性。由于分子量较小，这种蛋白质在某些病毒包膜中穿越一次或二次，如禽类传染性气管炎病毒（Infectious Bronchitis Virus，IBV）和鼠肝炎病毒（MHV）就是如此。另外，有些冠状病毒还含有第四种膜蛋白，即血凝素-酯酶（Hemagglutinin-Esterase，HE）。虽然这种蛋白质的功能还不清楚，但它可能与病毒的入侵细胞和致病性有关。

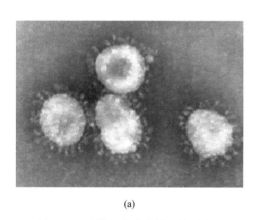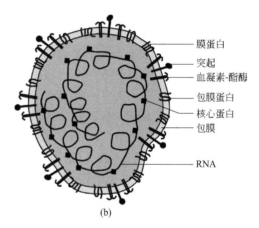

膜蛋白
突起
血凝素-酯酶
包膜蛋白
核心蛋白
包膜
RNA

(a)　　　　　　　　　　　　　(b)

图 7-26　人类冠状病毒的电镜形态（a）（US CDC，2005）与冠状病毒的结构示意图（b）

不同的冠状病毒的宿主有所差异，α 和 β 冠状病毒只感染哺乳动物，对人致病的冠状病毒都属于这两个属；γ 和 δ 冠状病毒主要感染鸟类但有时也感染哺乳动物，感染部位主要是呼吸道和肠道。冠状病毒在人群中主要通过呼吸道分泌物、粪便污染的食物或直接接触而传播。病毒主要侵染寄生表皮细胞，偶尔也感染肝脏、肾脏、心脏或眼睛，有时也感染巨噬细胞。在一般伤风感冒型感染中，冠状病毒侵染上呼吸道表皮细胞并在其中复制。冠状病毒感染人时引起的临床症状，通常比较轻微，如感冒或胃肠不适等，因此长期以来医学界并不认为它对人有强致病性，直到由 β 冠状病毒属的严重急性呼吸综合征病毒（SARS-CoV）引起的非典型性急性肺炎（简称非典，SARS）于 2002～2003 年在我国广东省暴发并迅速在世界范围传播，造成大量病人死亡，自此冠状病毒的致病性和传播途径得到了医学界的重视。在非典暴发 10 年后，另一种 β 冠状病毒属的高致病性冠状病毒——中东呼吸综合征病毒（MERS-CoV）在中东国家暴发疫情，又一次造成了大量死亡；2020 年，与 SARS-CoV 同属一个病毒种的 SARS-CoV-2 再次造成全球传播的冠状病毒疫情，其疫情规模远超 SARS 和中东呼吸道综合征（MERS），成为百年来最为严重的疫情。除感染人的冠状病毒外，一些冠状病毒也感染多种家禽和家畜，如禽类传染性气管炎病毒和火鸡冠状病毒（Turkey Coronavirus，TuCoV）等，感染猪的流行性腹泻病毒（PorciNe Epidemic Diarrhea Virus，PEDV）、猪肠胃炎病毒（TrAnsmissible Gastroenteritis Virus，TGEV）、猪新型 delta 冠状病毒（Porcine Deltacoronavirus）和新型类 HKU2 腹泻病毒（HKU2-like CoV）等，这些病毒的流行均对养殖业造成了巨大的经济损失。

野生动物是冠状病毒的天然宿主，已知所有感染人的冠状病毒均源自野生动物，而家养的动物被认为在病毒从天然宿主到人的传播过程中扮演了中间宿主的角色。研究表明，天然状态下，在全部 11 种 α 冠状病毒中有 7 种只在蝙蝠中发现，而 9 种 β 冠状病毒种中也有 4 种只在蝙蝠种发现，因此蝙蝠是 α 和 β 冠状病毒的主要天然宿主（Woo P C et al.，2012）。

7.6.2 SARS 冠状病毒

非典是由 SARS 冠状病毒（SARS-CoV）引起的急性呼吸道疾病，其临床症状是发烧、干咳、气短、头疼、低血氧、淋巴细胞数目降低、转氨酶中度升高并伴有肝损伤。如果症状继续发展，引起肺泡损坏，可进而引起肺衰竭，最终导致死亡。非典的典型发病过程是在第一周病情有所缓解，但在第二周则病情加剧。研究指出，这种加剧是病人免疫系统的反应导致的，而不是由于大量病毒复制。非典最早发生在 2002 年 11 月在我国广东省佛山，后来传到我国广州和香港以及包括越南、加拿大在内的 30 多个国家和地区，此次暴发至少有 8098 例感染，774 人死亡（Chan et al.，2006）。

非典暴发后，SARS 病毒的来源成为学界关心的热点。因为早期病患在出现症状前都与动物有过接触，而 SARS-CoV 及其抗体最早于果子狸（*Paguma larvata*）中发现，所以早期人们认为 SARS 病毒的天然宿主是果子狸（Guan et al.，2003）。但后续对饲养和野生的果子狸的大规模调查表明果子狸中的 SARS-CoV 来自于其他动物。2005年，两个独立的研究团队在马蹄蝙蝠中发现与 SARS-CoV 高度同源的新型 SARS 样冠状病毒（SARSr-CoV），表明蝙蝠可能是 SARS-CoV 的天然宿主而果子狸只是中间宿主（Li et al.，2005）。之后，在我国云南省的一个山洞里的蝙蝠体内发现了包含高度遗传多样性的 SARSr-CoV，基因组序列分析表明这些 SARSr-CoV 含有组成 SARS-CoV 的所有遗传元件，并支持 SARS-CoV 是通过两株不同的 SARSr-CoV——WIV16和 Rf4092——通过基因重组而来，由此揭开了 SARS-CoV 的来源之谜（Hu et al.，2017）。现在普遍认为不同的 SARSr-CoV 在蝙蝠体内完成重组然后传播至果子狸，通过果子狸进入市场最后传播给人。

根据 ICTV 分类系统，SARS-CoV 属于 β 冠状病毒属，*Sarbecovirus* 亚属中的 SARS 样冠状病毒种，引起早期非典疫情的 SARS-CoV 的基因组结构如图 7-27 所示（Wang et al.，2020）。SARS-CoV 的受体是血管紧张素转换酶 2（ACE2），病毒刺突蛋白 S1 亚基上的 C 端受体结合区可以结合 ACE2 并进而引发病毒的入胞（Ge et al.，2013），这种病毒蛋白质和受体的特异性结合直接决定了病毒的宿主特异性。特别地，SARS-CoV 刺突蛋白受体结合区的 479 位氨基酸对病毒从动物传播到人这一过程起到了关键性作用，如果这一位点是天冬酰胺或者精氨酸，则病毒可利用人的 ACE2，但如果是赖氨酸，则病毒不能利用人的 ACE2 入胞；研究表明，动物和人体内的 SARS-CoV 确实在这个位点上存在差异，因此可以推测是因为该位点的突变造成了病毒从动物到人的急速传播。

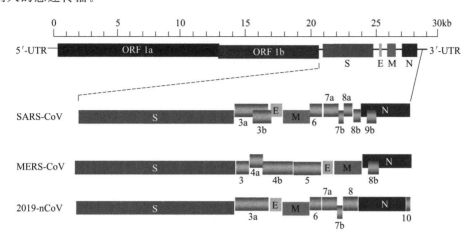

图 7-27　SARS-CoV、MERS-CoV 和新冠病毒的基因组结构示意图（Wang et al.，2020）

　　SARS-CoV 的致病机制虽不十分清楚，但大致可分为两种机制：直接损伤寄主细胞和引起寄主免疫反应。病毒大量复制可引起寄主细胞的坏死、裂解或凋亡。如在肺部感染中引起肺泡扩散性损坏以及巨噬细胞和巨细胞的浸润。有些病例报道了肝炎的发生，这可能与寄主强烈的免疫反应有关。另外红细胞生成可能是直接组织细胞损伤和寄主免疫反应共同导致。在非典病毒的致病性中，虽然其他蛋白质也起一定作用，但其刺突蛋白起主要的作用。这主要是由于这种蛋白质的功能与病毒入侵以及刺激免疫反应有关。如上所述，刺突蛋白与细胞的受体相互作用以使病毒附着并进入寄主细胞，因此刺突蛋白与病毒的入侵、细胞间扩散和寄主专一性有关。刺突蛋白的致病作用还在于它含有病毒的抗原决定簇，刺激寄主细胞的免疫反应，产生大量相应的抗体。另外还需要提及的是病毒的感染能刺激多种细胞活素类（Cytokines）的大量合成，例如 IL-6、IL-8 等，这些细胞调节因子的产生一定与非典发生有关。然而，这些细胞调节因子是如何在病毒致病中发挥作用尚需进一步研究。

7.6.3　MERS 冠状病毒

　　与非典类似，中东呼吸道综合征（MERS）是由 MERS 冠状病毒（MERS-CoV）引起的病毒性呼吸道疾病，该病于 2012 年在沙特阿拉伯首次被发现。尽管相比 SARS 暴发人们对 MERS 已经有了更成熟的应对方案，但 MERS 还是在中东地区广泛传播，并通过到中东工作或旅游的人传播至世界 24 个国家和地区，共造成了 2374 例感染，其中 823 例死亡，患病死亡率高达 34.6%。MERS 典型的临床症状为发热、咳嗽和气短，可能引发肺炎，病情严重时可以导致呼吸衰竭。但 MERS-CoV 感染并不一定引起严重的 MERS 症状，部分被感染者的临床表现为无症状或轻度呼吸道症状。此外，与 SARS-CoV 相比，MERS-CoV 在人与人之间的传播能力较弱，甚至有证据表明 MERS-CoV 不会在人与人之间持续传播。

MERS-CoV 被认为是从骆驼传播到人，因为通过基因组序列比对发现人和骆驼中的 MERS-CoV 毒株几乎一模一样（Haagmans et al.，2014）。血清分析发现 1983 年的骆驼血清中已有 MERS-CoV 的特异性抗体，说明 MERS-CoV 在骆驼中已存在了超过 30 年，远远早于 MERS 疫情暴发的 2012 年。为了解释这个问题，人们对人和骆驼体内的 MERS-CoV 进行了进一步的宏基因组分析，发现骆驼体内存在两个系统发生分支的 MERS-CoV——L1 和 L2，其中 L1 支病毒也存在于人中并导致疾病，但 L2 支病毒仅存在于骆驼体内而不感染人，说明很可能是骆驼体内的 MERS-CoV 突变造成了病毒向人的跨物种传播，从而造成了 MERS 疫情。与 SARS-CoV 类似，在当地蝙蝠中也发现了 MERS 样冠状病毒（MERSr-CoV），但所有蝙蝠中的 MERSr-CoV 的刺突蛋白与 MERS-CoV 亲缘性较低，不可能是 MERS-CoV 的直接祖先，MERS-CoV 的起源究竟是不是蝙蝠还需要进一步的研究。

MERS-CoV 属于 β 冠状病毒属，*Merbecovirus* 亚属中的 MERS 样冠状病毒种，其基因组结构如图 7-27 所示（Wang et al.，2020）。与 SARS-CoV 不同，MERS-CoV 利用二肽基肽酶-4（DPP4）作为它的受体介导入胞。两种冠状病毒利用不同受体主要是因为刺突蛋白上受体结合区的结构差异，SARS-CoV 的受体结合区含有环结构，而 MERS-CoV 的相应区域是 4 条 β 折叠。MERS-CoV 的受体特异性可能也决定了该病毒的特殊细胞相性，MERS-CoV 主要感染支气管上的无纤毛上皮细胞，而不是如其他呼吸系统病毒那样感染纤毛上皮细胞。

关于 MERS-CoV 感染的病理学机制研究较少，有报道指出 MERS-CoV 能避开宿主体内的起始免疫反应，并阻止免疫细胞分泌干扰素，这可能是 MERS-CoV 持续感染并引起疾病的一个原因（Raj et al.，2013）。

7.6.4 新冠病毒

新冠病毒（SARS-CoV-2）最早于 2019 年 12 月在武汉被发现，最早被命名为 2019 新型冠状病毒（2019-nCoV），后被 ICTV 正式命名为 SARS-CoV-2。新冠病毒感染主要引起非典型肺炎症状，但其病程与 SARS 相比存在明显不同（Huang et al.，2020），因此世界卫生组织并没有用 SARS 命名新冠病毒引起的疾病，而是用 COVID-19（2019 冠状病毒疾病）这个新词来描述。可能因为全球化进程下人员跨境交流日益频繁，新冠疫情以惊人的速度在全球蔓延并持续，截至 2021 年 5 月 6 日，疫情已持续近 18 个月，全球有超过 1 亿 5000 万人感染新冠病毒，造成 320 多万人死亡，并且这两个数字还在迅速增长，疫情的严重性和持续时间均为历史罕见。新冠疫情对全球各国的经济发展和社会稳定都造成了巨大的影响。

COVID-19 病人的症状主要为高烧、干咳和呼吸困难，胸部 CT 显示肺两侧碎玻璃状浑浊形态，与 SARS 症状类似（Huang et al.，2020；Chan et al.，2020；Chen et al.，2020）。但是，COVID-19 很少呈现上呼吸道感染症状，如流涕、打喷嚏和咽喉痛等，说明新冠病毒主要感染下呼吸道（Huang et al.，2020；Chan et al.，2020）。除了肺部感染症状外，20%～25% 的患者存在腹泻等肠道感染症状。重症患者会呈现系统性症状，包括呼吸衰竭、败血性休克、代谢性酸中毒和凝血障碍等，从而危及生命，但有相当一部分重症患者仅有低烧症状，甚至没有明显的体温上升，其原因尚待研究（Chan et al.，2020）。与 SARS-CoV 相比，新冠病毒感染有更长的潜伏期，其平均潜伏期约为 10 天，最长超过 20 天，也不乏全程无症状的感染者。然而，无论是潜伏期还是无症状感染者，均具有传染性，这种无症状传播对新冠疫情防控造成了极大的困难。新冠病毒感染的致死率约为 2%，显著低于 SARS 和 MERS，但显著高于流感（约0.2%）（中国疾控中心数据，http：//2019ncov.chinacdc.cn/2019-ncov/）。新冠病毒有非常高的传染力，其基本传染数（R_0）估计为 3.3～5.5，高于 SARS-CoV（2～5）（Lipsitch et al.，2003）和 MERS-CoV（2.7～3.9）（Lin et al.，2018）。

得益于测序技术的发展和 SARS、MERS 疫情积累的经验，在疫情暴发后一周之内新冠病毒的基因组就得到解析。新冠病毒的基因组是一条含有 29891 个核苷酸的有义单链 RNA，其基因组结构为 5′-先导序列-非翻译区-复制酶-S（刺突蛋白）-E（囊膜蛋白）-M（膜蛋白）-N（核衣壳蛋白）-3′非翻译区-多聚（A）尾并在结构蛋白区和 3′夹杂辅助蛋白，与 SARS-CoV 类似（图 7-27）（Wang et al.，2020；Lu et al.，2020）。新冠病毒与 SARS-CoV 和 MERS-CoV 基因组核苷酸序列的同一性分别 79.5% 和 50%，核苷酸同源性并不高，但新冠病毒 ORF1ab 基因表达的七个复制酶结构域和 SARS-CoV 的同一性高达 94.4%，而这些结构域又是 β 冠状病毒属下分种的 VHG，因此新冠病毒和 SARS-CoV 被归为同一个种，即 β 冠状病毒属，*Sarbecovirus* 亚属中的 SARS 样冠状病毒种（Zhouet al.，2020）。病毒溯源研究发现新冠病毒基因组与蝙蝠冠状病毒 bat-CoV-RaTG13 基因组存在高达 96% 的同源性，有力支持新冠病毒的天然宿主为蝙蝠的猜测，这与 SARS-CoV 和 MERS-CoV 相似。但人与蝙蝠较少接触，病毒难以从蝙蝠直接传染给人，所以一般认为蝙蝠源的冠状病毒都是通过某个中间宿主传染给人。新冠疫情暴发后不久，一株在穿山甲中发现的冠状病毒与新冠病毒的基因组同源性高达 99%，表示穿山甲很有可能是新冠病毒的中间宿主，但这一点还需要进一步的证据支持（Lam et al.，2020）。

新冠病毒存在普遍的跨种传播现象，可感染狗、猫、水貂等多种哺乳动物（Segales et al.，2020；Thomas et al.，2020），显示出新冠病毒宿主的广泛性，也被认为是新冠病毒高传播力的一大原因。病毒的宿主范围主要由病毒对各物种中细胞受体的利用能力决定。与 SARS-CoV 相同，新冠病毒以 ACE2 为其入胞受体，序列比对和蛋白质结构分析表明新冠病毒可以有效利用大多数哺乳动物的 ACE2（Damas et al.，2020），进一步支持新冠病毒宿主广泛的论断。但因此断言新冠病毒具有比其他冠状病毒更广泛的宿主范围是有失偏颇的，活体感染和假病毒入胞实验都表明，在与常见哺乳动物中，新冠病毒不能利用小鼠的 ACE2，对果子狸 ACE2 的利用效率也非常低，而这两种 ACE2 却能被 SARS-CoV 高效利用，果子狸还被认为是 SARS-CoV 的主要中间宿主，证明至少在这些与人密切接触的动物中，新冠病毒的宿主范围要小于 SARS-CoV 的宿主范围（Wang et al.，2020）。这一发现似乎与新冠病毒传播力高于 SARS-CoV 的现象矛盾，但其实不然。虽然新冠病毒不能利用少数动物作为宿主，但剩下的宿主范围已足够能支撑其广泛传播。更重要的是，新冠病毒有几个重要的特点增强其对细胞的感染力，一是新冠病毒的刺突蛋白（S）含有一个弗林蛋白酶切割位点，而刺突蛋白的切割是病毒入胞的关键步骤，该弗林蛋白酶位点已被证明能有效增强新冠病毒对细胞的感染力和致病力（Cheng et al.，2020）；此新冠病毒还能利用辅助受体 HDL-清道夫受体B1 增强其对细胞的黏附，从而提高病毒对细胞的感染效率（Wei et al.，2020）。

目前，有关新冠病毒的基因组序列、疫苗研发、抗病毒药物筛选的研究较多，而关于新冠病毒感染的分子机制和感染后细胞命运的研究较少，新冠病毒的"神秘面纱"还有待进一步揭开。

7.7 正黏病毒

7.7.1 正黏病毒概述

正黏病毒属于正黏病毒科（*Orthomyxoviridae*），均为有包膜的负链 RNA 病毒，也就是其基因组 RNA 不能直接用作蛋白质翻译的模板。该科病毒形态多样，其包膜可以是椭球状也可以是丝状，椭球状病毒颗粒直径一般在 80~120nm，丝状病毒颗粒直径为 80~120nm，长度最长可达 20μm，病毒颗粒表面有约 500 个长约 10~14nm 钉状突起。正黏病毒的基因组一般由 6~8 条反义 RNA 单链组成，基因组长度为 12000~15000 个核苷酸，基因组 RNA 两端有末端重复序列。正黏病毒的基因表达较其他病毒更为复杂，如有些病毒结构蛋白基因可以通过不同的开放阅读框翻译成不同的结构蛋白，从而组成有缺陷的病毒颗粒；此外，病毒的膜蛋白和非结构蛋白还和真核生物一样存在可变剪切（Bouvier et al.，2008）。正黏病毒基因组和基因表达的复杂性造成了正黏病毒的遗传多样性和高突变率，从而让正黏病毒成为长期在世界范围内持续传播的病毒。

正黏病毒科由 7 个属组成，其中四个属均为流感病毒，即甲型、乙型、丙型和丁型流感病毒，这四个属的流感病毒可感染鸟类、人类和其他哺乳类并造成流感症状，也是最为人们所熟知的正黏病毒，下面我们主要对流感病毒进行详细介绍。

7.7.2 流感病毒

引起人与动物呼吸道传染病的另一个元凶病毒就是流感病毒。自 20 世纪以来，流感病毒在世界上大规模流行已有三次。这就是 1918 年的"西班牙流感"，引起全球四千万到一亿人死亡，1957 年的"亚洲流感"引起两百万人死亡和 1968 年的"中国香港流感"引起一百万人死亡。由此看来，流感病毒是对人类威胁很大的一种病毒。

流感病毒的基因组含 8 条线性、单链、长短不一的 RNA，其长度在 890~2341 核苷酸之间不等［图 7-28（a）］。这些 RNAs 基因组分别编码不同的蛋白质。这些蛋白质包括血凝素（HA 或 H）、神经氨酸酶（NA 或 N）、核壳蛋白（NP）、聚合酶 A（PA）、聚合酶 B1（PB1）、聚合酶 B2（PB2）、基质蛋白（M）以及非结构蛋白（NS）。流感病毒的外形是不规则的，其直径是 6~9nm，长大约 60nm，外壳蛋白以螺旋对称排列，外面包以包膜［图 7-28（b）］。在包膜内含有两种蛋白质，即血凝素和神经氨酸酶。血凝素因能凝聚红细胞而得名。红细胞并不是流感病毒的寄主细胞，但它的表面含有流感病毒的细胞受体唾液酸，因此红细胞常被用来测定血凝素的活性。唾液酸在呼吸道黏膜细胞表面大量存在，因此，呼吸道黏膜非常易被流感病毒感染。血凝素的一个重要性质是它的抗体可以中和病毒，阻止病毒感染。这种中和反应就是寄主对病毒感染的免疫机制。流感病毒以其 NA 和 M 蛋白的抗原性的不同分为甲、乙、丙、丁四个类型，也就是正黏病毒科的四个属（Kumar et al.，2018）。乙型和丙型引起局部流行，而甲型可引起全球性流行，其对人类的威胁是最大的。在此，我们主要介绍甲型流感病毒。甲型流感病毒以 HA 和 NA 的血清学性质分为不同的亚型，HA 有 16 个亚型，NA分为 9 个亚型，分别以 H1~16 和 N1~9 来表示，对于特定的甲型流感病毒株来说常以H 和 N 的组合并附带数码来表示，如 H5N1、H2N2 等。甲型流感病毒感染人、鸟、猪、马和其他动物，但有些野生鸟类是甲型流感病毒的天然宿主，一般不引起疾病。然而，一旦该病毒感染家禽如鸡、鹅等可引起致命的瘟病。甲型流感病毒中的 H1N1、H1N2 和 H3N2 毒株能感染人，它们已在世界各种病例中被发现；H7N7 和 H3N8 可引起马发病；也有报道说 H3N8 可引起狗发病。目前所知，甲型流感病毒中有三个新的亚型可感染鸟类和人，即 H5、H7 和 H9。H5 中的 H5N1 是高致病性病毒，在亚洲和欧洲普遍流行。H7 中的九个亚型也被鉴定，它们一般很少感染人类，但当人接触被感染的鸟类时常被感染；H7N2、H7N7 是低致病性的，而 H7N3 是高致病性的，常引起死亡。H9 是低致病性的，偶尔也感染人类。乙型流感病毒只感染人类，不像甲型流感病毒那样被分为不同亚型。乙型流感病毒虽然引起致命的感染，但只在地区范围内流行，从未引起全球性流行。丙型流感病毒与乙型相似，不被分为亚型，也不引起全球性流行，只引起人的非致命的轻微感染。丁型流感病毒发现并分离于 2011 年，并于 2016年被归于一个新属，丁型流感病毒与丙型亲缘度较高，进化上两型分离可能发生在几百年前，丁型流感病毒主要感染牛，但也有感染猪的报道。

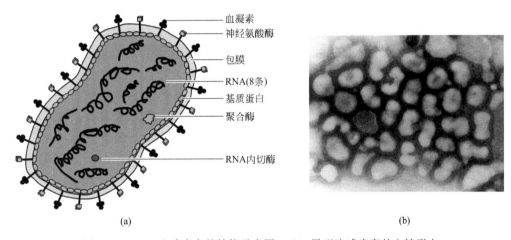

图 7-28　（a）流感病毒的结构示意图；（b）甲型流感病毒的电镜形态
（Dr. Erskine Palmer，US CDC Library）

　　前面提到的 20 世纪的三次大流行都是甲型流感病毒的不同亚型所致。1918 年西班牙流感是由 H1N1 引起的，1957 年的亚洲流感是由 H2N2 引起的，1968 的中国香港流感是由 H3N2 引起的。这些病毒都是感染鸟类的病毒。那么，是通过什么机制使这种病毒能由鸟传给人，进而在人群中传染呢？这可能主要与病毒基因组发生变异有关。变异的基因产物改变了病毒的抗原性。引起这种变异的机制有两种可能。第一种是长期直接接触而使病毒适应新的寄主环境，在这些过程中可能引起 *HA* 或 *NA* 基因的点突变，这种抗原的变化叫抗原漂移（Antigenic Drift）。第二种可能是两种病毒同时感染一个寄主，在这两种病毒中，一种是鸟类流感病毒，而另一种是人流感病毒，当病毒组装时，两种病毒各自的 8 条 RNA 重配（Reassortment）。这样，两种病毒的基因可能发生交换以使新生成的病毒具有两种病毒的基因，从而发生抗原变化，这种变化叫抗原转换（Antigenic Shift）。尤其当 RNA 交换发生在 *HA* 和 *NA* 时，新生成的病毒或许能与新的寄主细胞发生相互作用，以感染新的寄主，人缺乏对新的病毒的免疫力，这就造成大规模的致命性流感大流行。研究指出，1957 和 1968 的两次大流行可能是由于遗传物质的重新组合（Fauci，2006；Dowdle，2006），然而 1918 年的流行可能与抗原漂移有关（Taubenberger，2005）。这些假说有待进一步证明。

流感病毒颗粒中除了 HA 和 NA 蛋白以外，还有两个重要的酶蛋白，一个是依赖 RNA 的聚合酶，另一个是 RNA 内切酶。前者负责病毒 RNA 的转录，而后者的作用在于它能切下病毒 5′端含帽状结构的核酸序列以作为转录时的引物。当病毒入侵细胞后，外壳蛋白与包膜脱离而进入细胞核。在细胞核中，外壳蛋白与 RNA 分离，随后在 RNA 复制酶的催化下以含帽状结构的 5′RNA 序列作引物开始转录，合成正链 RNA。因此病毒 RNA 都含有 5′帽状结构。当正链 RNA 合成后，一个多聚腺嘌呤尾部即被加到了其 3′端，此时，合成的 8 条病毒 RNA 进入细胞质，在此合成所有的病毒蛋白质。

流感病毒共有 10 个蛋白质，6 个是分别从 6 个相应的 RNA 翻译而成，而另外两个 RNA 每个可合成两个蛋白质。但这两条 RNA 并不是以多顺反子的结构合成两个蛋白质的，而是在寄主的切割和连接酶的催化下加工成两个单顺反子。每个单顺反子可合成一个蛋白质。这 10 个蛋白质中，有些是结构蛋白，有些是非结构蛋白，如复制酶类。在此酶的催化下，可用合成的正链 RNA 为模板合成相应的负链 RNA。这些负链 RNA 可与结构蛋白质组装成病毒颗粒，成熟的病毒可以出芽的方式从细胞中释放出来。

流感病毒在人群中传播主要靠空气作介质。流感的发生多伴随引起后继的肺炎球菌感染。通常每年有 300 万～500 万人发病，25 万～50 万人死亡。由于上述抗原性的变化，每 2～3 年有一个局部地区的流行，每 10～40 年有一全球性的大流行。1957 年的流行就是禽流感病毒和人流感病毒同时感染了猪以后发生了抗原转换导致。较近期的地区性流行是 1997 年发生在我国香港，此次流行显然是病原直接从鸟类传给人，其亚型是 H5N1。这种病毒已引起全球多个国家禽大量死亡，造成不可估量的经济损失。同时，更危险的是这些病毒可从家禽传染给人。到 2006 年 6 月为止，已有 228 人被 H5N1 感染，这些人都是经常接触家禽的人，其中 130 人死亡（Juckett，2006）。由于 H5N1 的天然宿主是水鸟，它们季节性的迁移成为 H5N1 在全球传播的传播者。如今已知，H5N1 可以感染多种动物，其中包括鸡、鸭、鹅、猪、猫等（Liu et al，2005；Allen et al.，2006），这就为病毒的抗原转换提供了多种寄主，再加上鸟类的全球性迁移，一个全球性流感暴发是迟早的事。因此我们必须严阵以待，做好预防工作，争取把损失降到最低的水平。

7.8 黄病毒

7.8.1 黄病毒概述

所有黄病毒组成了黄病毒科（*Flaviviridae*），下分 4 个属，100 多个种。黄病毒科得名于第一种被发现的人类病毒——黄热病毒。黄病毒的天然宿主是人和其他一些哺乳动物,但其传播主要依靠虱子和蚊虫等中间宿主。

黄病毒的外壳是一个带包膜的二十面体球状颗粒,直径 40～60nm。外壳内含有一条正义、单链、线性的基因组 RNA 分子,长 9.6～12.3kb,黄病毒属 5′端有一个甲基化鸟苷酸帽子用于起始翻译,而其他属的病毒,如丙型肝炎病毒属的 HCV 则没有 5′端帽子,它们依靠 5′非编码区的 IRES 位点结合核糖体起始转录。黄病毒的基因组只有一个开放阅读框,进入宿主细胞后先翻译形成一条长的多肽,然后经由宿主和病毒蛋白酶的切割形成成熟的病毒结构蛋白和非结构蛋白。黄病毒的重要非结构蛋白包括 NS3 和 NS5,它们与病毒多肽的切割和病毒 RNA 的复制密切相关,在各个属中保守性也较高。

感染中,黄病毒通过其包膜蛋白 E 与宿主细胞上的特定受体结合完成病毒的吸附,后由网格蛋白(Clathrin)介导入胞。进入细胞后,病毒基因组先在内质网上通过翻译和蛋白酶加工产生有功能的病毒蛋白,后遵循单链正义 RNA 病毒的复制模式进行基因组的复制。复制产生的子代基因组会与病毒核衣壳蛋白形成子代病毒粒子,但这个阶段的子代病毒尚未成熟,需要进一步被运输到高尔基体进行一些必要的糖基化修饰。最后成熟子代病毒的出胞采用出芽胞吐的方式,即通过细胞膜的凸起和分离包裹病毒离开宿主细胞,并不造成宿主细胞的裂解。

7.8.2　登革热病毒

登革热病毒属于黄病毒属,其在赤道区域通过蚊虫广泛传播,引起登革热。登革热的症状通常在病毒感染后 3～14 天出现,临床表现为高烧、头痛、呕吐、肌肉关节疼痛和皮疹。多数病患在症状出现后 2～7 天痊愈,但少数会进一步发展成出血性登革热,临床表现为出血、低血小板、血浆渗出,严重者因为血压过低导致休克。

登革热病例于 1779 年被首次报道,从二战开始就在世界范围内流行,患者遍布110 多个国家,主要集中在亚洲和南美洲,流行病学调查显示每年有五千万至五亿人受到登革热病毒感染,造成 1 万～2 万人的死亡。登革热疫苗已经研发完成并在多个国家被批准商业化,但该疫苗一般只建议被登革热病毒感染过的患者使用。登革热的主要防控手段还是依靠控制蚊子种群和防止蚊虫叮咬。目前尚没有针对登革热的特效药,登革热的治疗主要依靠输液,严重患者需要进行输血。

登革热病毒的基因组 RNA 约有 11000 个核苷酸,编码 3 个结构蛋白(C、prM 和 E)用于组成病毒外壳和 7 个非结构蛋白(NS1、NS2a、NS2b、NS3、NS4a、NS4b 和 NS5)用于完成病毒基因组的复制。登革热病毒共有五种血清型,受到一种血清型病毒的感染会产生对同血清型病毒的终生免疫,但对其他血清型病毒只有短期免疫效果。

典型的感染中,登革热病毒通过蚊虫叮咬随蚊虫唾液进入血管,最先感染的细胞被认为是朗格汉斯细胞,该细胞是一种识别抗原的树突状细胞。病毒主要利用细胞上的 C型凝集素 DC-SIGN 作为受体吸附并进入细胞,也有报道指出甘露糖受体和 CLEC5A 也可作为登革热病毒的受体(Rodenhuis-Zybert et al.,2010)。进入细胞后病毒即进行复制并随血液循环到达身体各处。免疫细胞会对病毒感染作出响应,分泌多种细胞因子和干扰素以抑制病毒复制,但同时也造成了登革热的多个症状,包括高烧、流感症状和疼痛。在多数情况下,病毒能在短期内为免疫系统所清除,但如果感染严重,病毒在体内过量增殖,会引发多器官(如肝、骨髓等)的继发性感染,造成器官衰竭。同时,严重病毒感染也会导致体内多处内出血，这主要是因为两个原因：一是病毒感染加大血管壁渗透性，使血液渗漏至体腔；二是病毒感染骨髓，导致骨髓功能障碍，使血小板减少，造成凝血能力下降。内出血最终会导致血压降低，器官供血不足，也会引起器官衰竭。

7.8.3 寨卡病毒

寨卡病毒也属于黄病毒属，利用蚊虫作为中间宿主进行传播，与同属的登革热病毒有很大的相似性。寨卡病毒感染引起寨卡热，该病通常没有任何症状或者只有与轻度登革热类似的症状，包括发热、红眼、关节痛、头痛和斑状丘疹等。一般来说寨卡病毒对成年人基本无害，但如果寨卡病毒感染的是孕期的妇女，病毒就会通过母体传染给胎儿，造成新生儿的头小畸形、重度脑畸形和流产。

寨卡病毒最早于 1947 年在乌干达寨卡森林的猴子中被发现和分离，这也是寨卡病毒名称的由来。1952 年，在乌干达首次发现人血清中的寨卡病毒抗体，证明寨卡病毒可以感染人。20 世纪 50 年代，寨卡病毒疫情在非洲和亚洲的赤道地区暴发，从而为人们所熟知。2007 年到 2016 年，寨卡病毒进一步向东传播，跨过太平洋进入美洲，造成了 2015-16 寨卡疫情。寨卡病毒的传播主要依赖于雌性白纹伊蚊作为中间宿主，寨卡疫情风险也基本可用当地白纹伊蚊种群数量来预测，正是全球贸易和旅行的普及导致了白纹伊蚊在世界范围内传播，进而造成了全球性的寨卡病毒疫情。寨卡病毒也可以通过性行为进行传播，而且多是由有寨卡热症状的男性传染给女性，因此疾控中心建议去过寨卡疫区的男性在离开疫区六个月之内不要有性行为或佩戴安全套。此外，寨卡病毒的传播途径还包括上述的母婴垂直传播和由输血造成的血液传播。

目前尚没有针对寨卡病毒的特效药和疫苗。预防寨卡病毒感染的主要手段还是防止蚊虫叮咬，同时对于去过寨卡疫区的女性建议要推迟怀孕。

寨卡病毒的基因组 RNA 约有 11000 个核苷酸，与登革热病毒类似，寨卡病毒也编码 3 个结构蛋白和 7 个非结构蛋白。寨卡病毒的生活周期与登革热病毒大体类似，但寨卡病毒主要利用细胞膜蛋白 AXL 作为受体并在 AXL 天然配体 Gas6 的辅助下完成入胞，跨膜蛋白 IFITM3 能抑制病毒吸附，从而保护细胞免受寨卡病毒感染（Meertens et al.，2017）。寨卡病毒的易感细胞为皮肤角质细胞、皮肤成纤维细胞和朗格汉斯细胞，并进而通过血液循环到达身体各处。寨卡病毒在细胞内的复制会造成线粒体和胞内一些囊泡结构的膨胀裂解，最终引起细胞凋亡（Monel et al.，2017）。与其他黄病毒只在细胞质中复制不同，细胞核中也发现了寨卡病毒的蛋白质。

7.9　癌症病毒

很久以来，科学家们怀疑病毒是引起癌症的病因。但直到近年来，这种说法才被逐渐接受。这主要是因为与其他病毒性传染病不同，癌症的发病比较复杂，或许包括病毒以外的因素同时存在才能引起癌症的发生。现在有大量实验证据指出，至少有五类病毒与癌症发病有关。它们是乳头瘤病毒、反转录病毒、疱疹病毒、嗜肝 DNA 病毒和黄病毒。另外，腺病毒也常被认为与癌症有关。

7.9.1 疱疹病毒与癌症

第一个被发现可引起人肿瘤的病毒是 Epstein-Barr 病毒（EB 病毒，EBV）。它是由 Epstein 在 1964 年从 Burkitt 分离的淋巴瘤细胞中发现的，并因此以二人的姓而命名。在 1962 年，Dennis Burkitt 报道了他们所发现的高度恶性的淋巴细胞瘤，这种病主要分布在非洲，并与疟疾相伴分布。Burkitt 注意到这种病发生在一个生活在非洲的印度儿童身上，但这种病在印度并不多见。因此他认为可能与环境因素有关。当时他认为可能与蚊子传播病毒有关，但事实上是错误的。至于 EB 病毒与淋巴细胞瘤的关系至今还没有完全弄清楚，这主要是因为以下几种事实还不能圆满地加以解释：

第一，EBV 分布在世界各地，但 Burkitt 的淋巴瘤并不多见。

第二，EBV 并不是只在淋巴瘤细胞中发现，在患淋巴细胞瘤的病人的其他细胞中也可分离到。

第三，在一些国家已发现了 EBV 阴性的淋巴细胞瘤病人，但在这些国家疟疾并不存在。这说明淋巴细胞瘤病的病因可能有多种。

EBV 主要感染两种细胞：一类是人的 B 淋巴细胞，但病毒不在其中复制；另一类是上皮细胞，病毒可在其中复制。EBV 感染通常激活多克隆 B 细胞，导致适度的增殖分化。一般没有明显的症状，但有的也可引起相对轻微的症状，如感染性单核细胞增多症，或腺体发热。另外 EBV 已被发现可在体外转化人淋巴 B 细胞，虽然机理尚不十分清楚，但已显示 EBV 可能诱发瘤细胞发生。目前已有分子生物学的证据说明 EBV 与四种人的瘤细胞发生有关。第一，Burkitt 淋巴瘤。第二，鼻咽癌（Nasopharyngeal Carcinoma，NPC）。这是一种高度恶性的癌症。在我国南方多地尤其台湾、香港等地最为常见。它不像 Burkitt 淋巴瘤，NPC 与 EBV 密切相关。在所有研究过的癌细胞中都发现了 EBV 的存在。据报道，环境因素也与这些病有关，如熏鱼中的亚硝胺与 NPC 有关系，但它们之间的关系还不清楚。第三，免疫缺陷病人，如艾滋病人中 B 淋巴细胞瘤。第四，一些霍奇森病，即在主动脉起端部位动脉瘤样扩张。

Burkitt 淋巴 B 细胞瘤在成人中发现较少，然而在世界各地的青年和儿童中有较高的发病率。在儿童的淋巴瘤中，几乎所有病例都能查出 EBV 的存在。然而在成人淋巴细胞瘤中则很少查出。遗传分析指出儿童和成人的淋巴细胞瘤的共同之处是它们都在第 8 号染色体上发生错位。这样导致了在第 8 号染色体上的癌基因 $c\text{-}myc$ 处于免疫球蛋白的重链基因操纵子的控制之下。据统计在 20% 的病例中，$c\text{-}myc$ 基因错位到第 2 号或 22 染色体上与免疫球蛋白的轻链基因相邻。人们认为这种染色体错位可能是发生在癌变过程的后期，也就是说可能是在 EBV 感染之后。用组织培养的实验手段已证实 EBV 可以引起 B 细胞无休止的分化，即所谓的无限增殖化（Immortalisation）。有种现象耐人寻味，即 80% 的人被 EBV 感染，但 Burkitt 淋巴细胞瘤只发生多次患疟疾的儿童中。人们认为这可能与疟原虫感染引起免疫缺陷有关。这种免疫缺陷促使了 B 细胞的分化，这样进一步使 EBV 有更多的感染目标，以使更多的 B 细胞发生癌变。

7.9.2 肝癌与肝炎病毒

自 20 世纪 40 年代以来，人们已开始怀疑肝炎病毒与肝癌有关。直到后来 Beaseley 在我国台湾省病例中发现了乙型肝炎病毒后才确认肝癌与乙型肝炎病毒有密切关系。最近几年科学家又发现了丙型肝炎病毒（HCV）也可能与肝癌有关。这两种病毒已在前面介绍过，在此只作简单介绍。

肝癌病在西方国家不多见，但在非洲和亚洲则常见。HBV 和 HCV 都分别被发现与肝癌病有联系。虽然慢性乙型肝炎病发展成肝癌的可能性是存在的，但一般发病率也不太高。可是在乙型肝炎病流行的地区，这种可能性比一般地区要高出 20 倍。这可能是与另外的致癌因素相互作用有关。例如黄曲霉毒素，这种毒素多半由落地的果子或储存不当的粮食上的霉菌产生的。动物实验已证实用这样的食物喂养大白鼠可引起肝癌。经常吃含黄曲霉毒素的食物的人比不吃这种食物的人的发病率高出四倍；而吃这种毒素污染的食物而又感染 HBV 的人比一般人发病率要高 80 倍。病毒和致癌毒素相互作用似乎增加了它们的致癌作用。

7.9.3 皮肤癌和乳头瘤病毒

疣状表皮发育不良（Epidermodysplasia Verruciformis，EV）是一种非常罕见的单基因隐性错乱而导致的全身皮肤瘤状突起症。这种病人当其皮肤暴露于阳光之下时，恶性的鳞片状癌症常常随之出现。阳光中的紫外线起到致癌剂的作用。由于这种病人有遗传性的着色性干皮病（Xeroderma Pigmentosum，XP），他们对紫外线特别敏感。EV

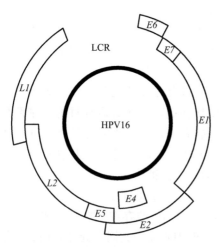

病人与 XP 病人不同的是，在前者的瘤细胞中发现了乳头瘤病毒。人乳头瘤病毒（HPV）是一种微小的双链环状 DNA 病毒。它的基因组长 6.7～8.0kb。这组病毒有 70 多个型。它们与相应的动物乳头瘤病毒在基因结构上很相似。以 HPV-16 为例（图 7-29），其基因组含有很长的调控序列（LCR），功能是与病毒复制和基因表达有关。它的基因按表达的早晚分成 E 基因和 L 基因。E1 和 E2 与复制和转录有关，E6 和 E7 基因产物可抑制细胞周期的负调控子的活性。L1 和 L2 是结构蛋白基因。E4 的功能与病毒释放有关。E5 在细胞转化上起主要的作用。

图 7-29　人乳头瘤病毒（HPV-16）的基因图
E：早期基因；L：晚期基因；LCR：长调控序列

与反转录病毒的细胞转化基因不同，HPV 以及其他动物瘤病毒的细胞转化基因大多是核蛋白基因，功能是控制 DNA 的复制。换言之，直接控制细胞分裂周期。它们发挥作用是通过与细胞中起负调控作用的蛋白质相互作用而调节细胞的增殖。这些蛋白质中最重要的两个是 P53 和 P105-RB，这两种蛋白质在正常情况下都对癌细胞发生起抑制作用。P53 最初被发现它可与 SV40 病毒的 T 抗原形成复合物，它们的相互作用可能降低了 P53 的活性，从而也增加了病毒的致癌效应。

SV40 病毒是多瘤病毒（Polyomaviruses）的一种，与其他病毒一样，它依赖寄主细胞的酶系统进行复制，它的复制需要寄主细胞进入分裂周期的 S 期，使得细胞 DNA 和病毒基因组同时进行复制。SV40 的 T 抗原蛋白质能与 DNA 聚合酶相互作用，以刺激病毒 DNA 的合成。但如前所述，SV4 还可以与 P53 相互结合以使 P53 的活性失去，使被 P53 停留在 G1 期的细胞周期不能再继续 DNA 的修复，从而进入 S 期，使细胞无休止地分裂导致癌变。

现在已知，P53 也可与其他 DNA 病毒的致癌基因相互结合，其中包括腺病毒和乳头瘤病毒。实际上 *P53* 基因在多数瘤细胞中已发生了变异，这就导致了细胞的恶性转化。转基因动物实验证明，当动物的 *P53* 基因被修饰或损伤时，动物对致癌因子非常敏感。*P105-RB* 基因也是如此。由此看来，*P53* 和 *P105-RB* 基因产物是癌变的抑制因子，它们在控制细胞周期发生中起关键的作用。虽然它们的抗癌机制还不十分清楚，但似乎是它们能在细胞周期的关键时刻，如 DNA 复制出现错误时，使细胞周期停止在 G1 期，以便进行修复。

在腺病毒中，早期表达基因（*E1A*）与 SV40 T 抗原基因在功能上有许多相似之处。*E1A* 是腺病毒中一种对早期基因的转录起调控作用的基因。它起反式激活的作用，像 T 抗原一样，E1A 蛋白与 P105-RB 结合，以使 P105-RB 的调节活性失去，从而刺激细胞 DNA 的复制，引起细胞的转化。这种概率虽然是很低的（1×10^{-5}），但它却是引起细胞转化的原因。腺病毒的另一个早期基因（*E1B*）可与 P53 结合，它的结合可以加强 *E1A* 的作用。这一点已在动物实验中加以证实。

乳头瘤病毒也能转化细胞，但其机制不如在其他病毒中那样清楚。人被乳头瘤病毒感染的概率很高，但通常无明显症状。某些血清型（如 HPV-6、HPV-1）毒株引起细胞转化进而发生癌变的概率不大，但 HPV-16、HPV-18 则较常引起癌症。迄今在所报道的 63 个 HPV 血清型毒株中，有 25 个与癌症发病有关。如 HPV-16、18、31、33等，它们所引起的细胞转化的机制与早期基因产物有关，但具体到某一毒株时，又都有不同的特点。目前对这些早期基因产物的正常功能以及其在细胞转化中的作用理解甚浅，有时还有混乱。早期癌基因蛋白 E6 可与 P53 结合以加快它在细胞中的分解。近来有报道称，干扰素 γ 诱导的蛋白 10（IP10）是一种趋化因子（Chemokine），它可诱导 P53 的大量表达，从而抑制癌基因 *E6* 和 *E7* 的功能（Zhang et al.，2005）。*E7* 在结构与功能上与腺病毒的 *E1A* 相似，可与 P105-RB 相结合。当 *E6* 和 *E7* 同时作用时，可引起细胞转化并引起表型的变化。即它们共同的转化作用大于单独的转化作用。有些动物的乳头瘤病毒（如牛的 BPV-1），可以单独转化细胞；其他的病毒（如 HPV-16）则需要细胞的癌基因（*ras*）同时起作用才能引起转化。显然不同的毒株转化细胞的机制不尽相同。目前还没有确凿的证据说明腺病毒或多瘤病毒能引起人的癌症。与其相反，对乳头瘤病毒而言却有比较多的证据指出它可能与人的外阴部或颈部的恶性皮肤瘤有关。由此看来，两个因素对皮肤癌症的发生起了重要的作用，即人乳头瘤病毒和紫外线。

7.9.4 白血病病毒

1980 年，Gallo 首次发现了人类嗜 T 细胞病毒（HTLV），不久人们进一步发现了它是成人白血病的病因。HTLV 是一种反转录病毒，包括 I 型和 II 型，其基因组大约9kb 长，在病毒颗粒中，两条相同的单链 RNA 被一个磷脂的外膜所包围，与其他反转录病毒一样，含有反转录酶。在复制过程中经过形成双链 DNA 的阶段。它的基因组除了为三个主要蛋白质（核心蛋白、聚合酶和膜蛋白）编码以外还含有另外四个基因。其中两个基因产物是调控蛋白质，即 Tax 和 Rex。尤其是 Tax，它是一个反式作用的转录因子。它在细胞转化发生癌症的过程中起了很重要的作用。

在反转录病毒中，并不是每一种都可以转化细胞，例如艾滋病毒（HIV）。在能够转化细胞的反转录病毒中，依据它们的基因作用方式可分为三组：转导、正向作用（激活）、反式作用（激活）。病毒感染激活癌基因有两种途径：一是基因结构发生了复杂而微妙的变化，从而使其由原来的"不正常"的状态变成"正常"的状态；二是干扰基因表达的调控。病毒的转化基因与细胞的癌基因在序列上往往有某种程度的相似性，这说明细胞的癌基因可能经历了转导作用。实际上许多癌基因产物是融合蛋白质，包含有病毒蛋白质的序列。例如，病毒的 Gag 蛋白序列。蛋白质序列的变化必定对其功能以及在细胞中的分布产生很大影响，因此就会导致细胞的转化。

在 HTLV 病毒中，并不存在癌基因，所以它引起细胞转化的机制也不尽相同。如前所述，HTLV 含有一个 *tax* 基因，其产物是一种转录激活因子。它在病毒复制中能起反式激活作用，使病毒能从长末端重复序列开始转录。同样在细胞基因转录中，Tax 也起同样的作用。例如，T 细胞生长因子、白细胞介素 2 和它的受体基因都被 Tax 蛋白反式激活而进行转录。这样的激活作用形成正反馈作用，即被感染的细胞能自身产生大量的白细胞介素 2 和它的受体，从而刺激细胞自身的转化。

那么 HILV 是如何起反式作用而引起癌症的呢？一种可能性是病毒基因组插入到细胞基因组中引起变异。这种插入的位点可能与细胞的癌基因相邻，所以就激活了癌基因，使细胞发生无休止地分裂生长；另一种可能性是 Tax 诱发 DNA 大量合成，而且这种合成是非专一的和失控的。它能使细胞进入细胞分裂周期，但在 G1 期不能停止以进行 DNA 的修复。例如，我们所知，增殖细胞核抗原（PCNA）在细胞增殖中起着重要作用。当 Tax 引发 DNA 大量合成时，与其相应的是 *PCNA* 基因也得以大量转录，这原来是因为 Tax 可以激活 *PCNA* 基因的启动子。大量 *PCNA* 基因的表达，导致了 *PCNA* 基因与其抑制因子在细胞中的比例发生失调，这样细胞增殖周期也就失去控制。另外 Tax 还可以降低 β-聚合酶基因的表达，这个基因的产物能对 DNA 复制引发的错误进行修复。可想而知，缺乏修复的 DNA 复制必然引起变异。

除了 *PCNA* 外，Tax 还可以激活其他细胞基因的启动子。这些基因包括白细胞介素 2Rα、白细胞介素 3、转化生长因子 β-1、β-球蛋白等的基因，这些基因大多与细胞增殖有关。由此看来，Tax 在 HTLV 转化细胞中起着关键的作用。

7.9.5 病毒性癌症的发病机制

综上所述，病毒与人的癌症发病密切相关，但具体到某种病毒诱发癌症的机理又有不同的特点。一般说来，可有两种机制：一是直接诱发癌症细胞产生，病毒感染激活肿瘤干细胞（Cancer Stem Cell，CSC），造成肿瘤细胞的增殖和肿瘤组织的产生；二是间接致癌作用，在这种情况下，病毒不必感染肿瘤干细胞，但病毒或许对细胞或组织或免疫系统发生过度激活，以使其向生成瘤细胞方向发展。多数病毒学家对探讨病毒的直接致癌机理很感兴趣，往往忽略了对间接致癌病毒的研究。其实，病毒的间接致癌作用也是常见的，现举例如下：

第一例是前面曾提到过的艾滋病病人的 B 淋巴细胞瘤或卡波西肉瘤（多发性特发性出血性肉瘤）。这种病在免疫缺陷病人中是常见的。HIV 可引起免疫系统缺陷，但并不直接引起瘤细胞的发生。然而 EBV 和人疱疹病毒-8（HHV-8）则分别是 B 淋巴细胞瘤和卡波西肉瘤的直接病原。第二个间接致癌病毒的例子是丙型肝炎病毒（HCV），这种病毒是迄今所知除反转录病毒外唯一与癌症有关的 RNA 病毒。HCV 不经常在肝癌病人的肝细胞中发现，然而 HCV 确实引起肝细胞坏死和硬化，从而引起肝细胞从肝茎细胞的更新和增殖。在它们的增殖过程中，如果这些细胞暴露在像黄曲霉毒素这样的致癌物质中，很自然，它会发生癌变。也就是说，处于增殖中的肝细胞很可能发生变异，以引发瘤原细胞无休止地增殖。

在这种致癌过程中，病毒 HCV 像致癌化合物一样，只起到了一个启动子的作用。乙肝病毒 HBV 可能是直接致癌的病毒，因为在肝细胞中，经常发现有 HBV 的存在，而且 HBV 也会像 HCV 一样，起间接地致癌作用。因为 HBV 也引起肝细胞坏死和硬化，进而肝细胞更新和增殖。然而像酒精中毒所引起的肝脏损伤则不具有致癌的危险。

7.9.6 病毒引发癌症的分子机制

在过去的二十多年中，对病毒诱发癌症的分子机制已有详细的研究。针对具体的某一种病毒来说，其原理又有不同。这里只对一般共同的原理加以介绍。癌细胞是遗传学上已经变异的细胞。它的基因组或许已经包括插入的病毒基因序列。一般说来，有三种机制（图 7-30）。第一，启动癌基因的表达。在正常状态下，细胞的癌基因不进行表达。病毒的感染可使癌基因的表达启动。第二，瘤抑制基因的表达被关闭，不能再起抑制作用。第三，控制细胞进行凋亡（有程序的死亡）的基因发生变异，所以，本来要死亡的细胞都存活下来变成能分裂的恶性细胞。直接致癌病毒感染瘤原细胞后可使其最终变成恶性细胞，并且病毒 DNA 长期插入细胞染色体中。病毒的基因或基因产物能影响细胞中癌基因抑制因子以及细胞凋亡途径中的基因的表达。病毒复制的副产物导致了病毒致癌。病毒感染的大量细胞群体中只有少数发生癌变，这对病毒来说是有利的，它可以刺激细胞增殖，推迟细胞走向凋亡。这尤其是对那些在复制周期的晚期诱发细胞裂解的病毒来说是更重要的。因为细胞裂解后病毒就失去了寄主，只有当细胞继续增殖时病毒才能得以生存和复制子代。当然，死亡的细胞不能变成癌细胞，这也就是说细胞凋亡现象在正常生理和发育过程中是非常重要的。然而复制缺陷的烈性病毒不能诱发细胞进行凋亡，而它的早期基因产物则刺激细胞进行恶性细胞转化。这方面的例子有多瘤病毒、腺病毒和乳头瘤病毒等。这些 DNA 病毒一般只感染正在分裂增殖的细胞，它们的早期蛋白与 P53 和 P105-RB 相结合，使它们失去活性不能对 DNA 的复制进行调控，也不能诱发细胞凋亡，从而导致癌细胞产生。

反转录病毒的致癌机制与其他病毒不同，它们能将细胞的癌基因变成它们基因的一部分。早在 1911 年，Peyton Rous 在鸡中发现了诱导的肉瘤。其实当时他用的是一株鸟类的白血病病毒，这种病毒可以转导细胞的癌基因 src。在自然界中，这种能发生转导作用的反转录病毒是不多见的。转导病毒一般是缺陷的，在它们的基因组中部分序列与细胞的癌基因发生了交换。如前所述，多数反转录病毒所引起的癌症是由原病毒 DNA 插入到细胞原癌基因（Protooncogene）附近而形成的。因为这种 DNA 的插入激活原癌基因。原病毒的基因组含有长末端重复序列（LTR），这个序列中包含有很强的启动子和增强子。它们能将细胞的某些癌变基因表达启动，从而使细胞发生失控的分裂增殖。这和染色体错位引起癌变是相似的机制。

前面曾提到过 HTLV-1，这种病毒与其他相关的动物病毒有一个不同的致癌机制。

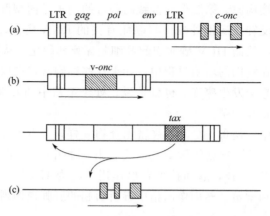

图 7-30　反转录病毒激活癌基因的三种示意图

(a) 原病毒插入细胞癌基因 (*c-onc*) 附近，其上游的长末端重复序列 (LTR) 所含的启动子激活癌基因；
(b) 癌基因插入病毒的基因组；(c) *tax* 基因激活癌基因的转录

除了反转录病毒所共有的基因外，它们还有一个基因叫 *tax*，这个基因的产物能启动病毒 RNA 从 LTR 处进行转录。换言之，它能对病毒的转录起正反馈调节作用。*Tax* 不与 LTR 直接结合，但与细胞转录因子相结合。*Tax* 不仅能激活病毒的 LTR，而且能激活细胞的某些基因表达，如白细胞介素 2(IL-2) 受体 α-链 （CD25） 的表达在 HTLV-1 诱发的白血病细胞中大大提高，这就导致了细胞的增殖。HBV 的 *X* 基因也有类似的转导性质。

　　另外，对于疱疹病毒来说，它的基因组较大，含大约 150 个基因。这种病毒的致癌机制与反转录病毒相似，它刺激细胞进行增殖，而阻止细胞进入凋亡的途径。像反转录病毒一样，疱疹病毒引起许多动物癌症，如鸡、青蛙和猴类。EBV 和 HHV-8 都是人的致癌疱疹病毒。EBV 能激活细胞基因促使细胞增长和存活。HHV-8 能将某些细胞的基因如 IL-6、Bcl-2 等变成自己基因组的一部分。正如我们所知，IL-6 是一种细胞生长因子，Bcl-2 是一种抗细胞凋亡的基因产物，这就不难理解 HHV-8 的致癌机理了。

7.10　反转录病毒

7.10.1　反转录病毒的特点

　　反转录病毒是 RNA 病毒。这组病毒不仅包括引起癌症的 HTLV，还包括艾滋病毒 HIV。反转录病毒在复制过程中要经过合成双链 DNA 的阶段。这一点与其他 RNA 病毒有所不同，这是因为反转录病毒含有一个反转录酶，能将其 RNA 分子反转录成双链 DNA 并插入寄主细胞的基因组。所以这种病毒近年来被用作构建传递基因的病毒载体，用于基因治疗。

　　反转录病毒既具有 RNA 病毒的性质，又具有 DNA 病毒的性质，在很大程度上被认为是可移动的 DNA 片段或移动的转座子。在这方面它又与细菌噬菌体 Mu 有相似之处。另外我们需注意，不仅是反转录病毒有反转录酶，前面提到的 HBV 以及某些植物病毒，如菜花花叶病毒也含有反转录酶，但它们是 DNA 病毒。另外，含有反转录酶基因的遗传实体还有真核细胞中的某些转座子，如逆转座子（Retrotransposon）。这种转座子也产生病毒状的颗粒，但它们不能释放到细胞以外。另外还发现在黏细菌和大肠杆菌中有一种反转录酶能以 RNA 为模板合成小片段的 DNA（MsDNA），这种酶是一种叫作反转录子（Retron）基因的产物。这些小片段 DNA 的功能尚不清楚。基于它们的致病性，可将所有的反转录病毒分为三大群：白血病病毒群（致癌 RNA 病毒）（Oncornavirus）、慢病毒群（Lentivriuses）和泡沫病毒群（Spumaviruses）。泡沫病毒群是因为它们感染后可诱导产生类似泡沫的大量空泡、多核细胞而得名，目前对这群病毒的研究还不够详细，它们引起的感染比较轻微。而白血病病毒群中有些感染后引起癌症，有些引起轻微的感染。

慢病毒群的特点是有一个较长的潜伏期，而且引起的感染非常严重。这个长的潜伏期可能与其较复杂的复制周期有关。人类免疫缺陷病毒（HIV）就是慢病毒群的代表。这种病毒引起艾滋病，可以破坏免疫系统。后面我们将详细介绍这种病毒。

前面已经提到，有些反转录病毒可能引起癌症。例如：肉瘤病毒或急性白血病病毒。这些病毒的感染可引起细胞的转化，以形成肉瘤。引起细胞发生转化的基因叫癌基因。例如 *src* 基因，它的产物是一个含磷的蛋白质，具有蛋白激酶的活性，能使蛋白质磷酸化，从而增加或降低蛋白质的酶活性。细胞转化基因与 *src* 基因一样在癌细胞中已经被查到，然而这些基因也在正常的细胞中存在，这种基因叫原癌基因。它不仅仅在哺乳动物中存在，也已在昆虫、酵母中发现，说明这些基因在控制细胞增长中起重要的作用。反转录病毒从细胞 DNA 中获得这些基因并使它们能发生变异，进而以不正常状态进行表达，这就是反转录病毒引起癌症的原因。关于这方面的机制已在癌症病毒一节中进行了讨论。

7.10.2 反转录病毒的结构

如图 7-30 和图 7-31 所示，病毒颗粒最外层是一层包膜。包膜含有包膜蛋白质，这种蛋白质与受体辨认有关，所以被反转录病毒感染的细胞都能表达一些包膜蛋白质并分泌到细胞表面。寄主能产生包膜蛋白质的抗体或发生 T 细胞免疫反应。这种免疫反应虽是对细胞有毒性的，但不能有效地清除病毒。

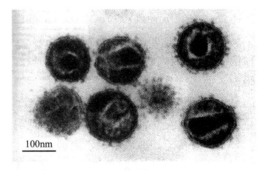

图 7-31 HIV 的电镜形态

病毒的外壳是由核壳蛋白（Gag）组成。Gag 的得名由英文"群体特异性抗原"（Group-Specific Antigen）的缩写而来。当时，不同组的反转录病毒是用外壳蛋白的抗原专一性来分开的。反转录病毒的外壳是多面体状的，但不同的种也有所不同。在外壳内部包含着三种非常重要的酶，每一种酶只有几个拷贝。这三种酶是：反转录酶、蛋白酶和插入酶。这些酶对病毒感染的早期是必需的，是在病毒颗粒组装、成熟并释放到细胞外后，由前体蛋白切割而成的。这些酶的前体蛋白是 Gag-pol 融合蛋白。融合蛋白形成有两种机制，主要依病毒的不同种类而不同。有些反转录病毒的 *Gag-pol* 基因之间含一个可抑制的终止密码子，但核糖体可忽略这个终止密码子继续翻译，这个融合蛋白就是通过这样的机制合成的。另一种机制就是某些反转录病毒的 *gag* 和 *pol* 基因是由两个开放阅读框编码。融合蛋白是通过核糖体在两个框架之间的一种非正常滑动而形成。对此将在下面加以说明。

反转录病毒的基因组含 7000～10000 个核苷酸，由两条相同的单正链 RNA 组成，它们通过与 tRNA 碱基配对而连在一起。其 5′端含一个帽状结构，而 3′端含多聚腺嘌呤核苷酸尾部。在病毒颗粒内含有两个完全相同的 RNA 分子。为什么基因组 RNA 是两个拷贝还不十分清楚。尽管反转录病毒中基因结构有很大不同，但它们都含有三个主要的结构基因，它们的 RNA 分子 5′端和 3′端都含有非编码区。有些非编码区的功能与 DNA 插入和病毒 mRNA 的表达有关。反转录病毒的序列结构排列顺序如下：帽状结构，5′非编码区，编码区，3′非编码区和多聚腺嘌呤尾部。其中帽状结构和多聚腺嘌呤尾部是在细胞酶类的催化下，在 RNA 转录后加上去的。现在对每一段序列作较详细的叙述。

5′非编码区包括 R、U5、PB 和 L 四个功能区。R 是重复序列，长 20～250 个碱基；在 3′非编码区也有相同的序列，它含有转录信号，其功能与 DNA 的插入和转录形成新病毒 RNA 有关。U5 是 5′端的独特序列，长 75～200 个碱基，含 RNA 转录调节信号序列。PB 是反转录反应中引物结合位点，引物一般是细胞中的一种 tRNA。这个 5′非编码区的最后一段是引导序列，即 L 区，它含 50～400 个碱基。这段序列中含有组装信号，其功能与 mRNA 的剪接有关。

编码区含 5 个基因，依次是 *gap-prot-pol-int-env*。*Gag* 基因产物是核壳蛋白。Gap 蛋白的转译是单独进行的，即核糖体在遇到终止密码子时终止翻译，合成单个完整的蛋白质。而对于 *prot-pol* 两个基因来说，它们有两种可能，一种是它们有自己的阅读框；另一种是它们与 *gag* 基因同在一个阅读框中。如果是后者的话，它们先被翻译成一个前体蛋白质，然后被切割加工成三个独立的蛋白质。但实际上许多反转录病毒的上述三个基因都有自己的阅读框，然而它们并不起始合成，而是先合成一种前体蛋白质。在这种情况下，前体蛋白质的形成是由于核糖体以一种特殊的滑动机制忽略所遇到的终止密码子，而连续地合成三个蛋白质，最后通过加工切割而形成三个独立的蛋白质。编码区的最后一个蛋白质是包膜蛋白。这个蛋白质的基因离 5′端起始密码子较远，核糖体不易滑动到达终点，所以这个蛋白质是从另一个剪切下来的小分子 mRNA 翻译出来的。

3′非编码区：长短不一，因种而异。其细微结构依次为：PP，U3，R。PP 是多聚核苷酸序列，其功能和反转录合成 DNA 有关；U3 是 3′端独特序列；R 是重复序列，其功能和 5′端重复序列相同。

绝大多数致癌反转录病毒含有一个癌基因。这个基因一般在包膜基因的后面。劳斯肉瘤病毒就是第一个被发现含癌基因的反转录病毒。另外鼠乳腺瘤病毒（MMTV）的癌基因却延伸到 3′端重复序列区内。人类嗜 T 细胞病毒（HTLV）不含癌基因，但它所含的 *tax* 基因起到转化细胞的作用。在慢病毒群，人类免疫缺陷病毒（HIV）有一系列的调节基因，例如 *vif*、*tat*、*rev*、*nef*、*vpr* 等。它们的基因序列相互重叠，它们的表达与包膜蛋白质基因相似，是由切割加工后的小片段 RNA 翻译而成的。这些基因起着调节和限制 HIV 复制的作用，尤其是在艾滋病发病前的潜伏阶段。它们限制 HIV 大量复制的机制可能是通过限制运送 HIV 基因组 RNA 到细胞质中，以阻断病毒颗粒组装。

7.10.3 反转录病毒的复制

虽然慢病毒与白血病病毒（致癌 RNA 病毒）入侵细胞的机理有所不同，但它们的复制过程是相似的。它们都是通过受体与细胞进行相互作用，接着就是通过膜融合而使核壳进入细胞质，这个过程导致了部分脱壳。其复制过程见图 7-32。

① 反转录以合成 cDNA。当病毒颗粒进入细胞质并部分脱壳以裸露 RNA 后，反转录反应即开始启动。这时病毒 RNA 作模板在反转录酶及其核糖核酸酶 H 的催化下，合成双链的 cDNA。cDNA 两端含有长末端重复序列（LTR），LTR 由 R、U5 和 U3 序列组成，内含 RNA 转录的调控序列。

② cDNA 进入细胞膜。cDNA 进入细胞膜的机制在致癌 RNA 病毒和慢病毒之间是有区别的。癌病毒只有在正在分裂的寄主细胞中才能进入细胞膜，因细胞分裂可使核膜破裂从而使 cDNA 进入核内。而对于慢病毒则不然，它无需细胞分裂，而依靠嵌合酶的催化就可以将 cDNA 整合到细胞基因组中去。

③ 病毒 mRNA 及 RNA 基因组的表达。cDNA 整合到细胞染色体中后，在 LTR 序列的调控下 cDNA 可以转录成全长的病毒 RNA，然后由核中进入细胞质。一方面可以被翻译成病毒蛋白质或被组装成病毒颗粒。另一方面也可以被剪接成小片段 mRNA 以表达其他调控蛋白。

④ 组装和成熟。包膜蛋白整合到细胞质膜中，同时随着核壳蛋白以及前体蛋白的合成，病毒基因组 RNA 和新合成的蛋白质相互作用，组装成未成熟的病毒颗粒并以出芽方式突破细胞原生质膜。病毒被释放后，其所含前体蛋白被蛋白酶切割加工，以使病毒颗粒成熟，具有感染能力。

反转录酶其实是一种 DNA 聚合酶，它在反转录病毒的复制中起关键的作用。这种酶有三种活性：第一，反转录活性，以 RNA 为模板合成 DNA；第二，DNA 聚合酶活性，以 DNA 为模板合成 DNA；第三，核糖核酸酶 H 活性，即水解 RNA-DNA 杂合体的 RNA 链。和其他 DNA 聚合酶一样，反转录酶起始 DNA 合成需要一个起始引子，这个引子就是细胞的 tRNA。至于 tRNA 的种类依不同反转录病毒而异。它是从前代寄主细胞中携带而来的，以 tRNA 为引物，病毒 RNA 的 5′端大约 100 个核苷酸长的序列即被反转录为 DNA。一旦反转录到达 RNA 的 5′末端，转录即被停止。剩余的大部分 RNA 区域则以不同的机制进行转录。首先病毒 5′末端的 RNA 相当一部分被核糖核酸酶 H 水解，这样便形成一小段单链 DNA，这段单链 DNA 可与 RNA 的 3′末端互补（这是由于末端重复序列的缘故）。于是病毒即以这小片段 DNA 为引物，从 RNA 3′端开始反转录。如图 7-32 所示，病毒继续重复上述反转录过程，最终合成双链 DNA，并在两端含有长重复序列。这个长重复序列含有转录启动子，并在病毒 DNA 插入细胞 DNA 过程中起重要作用。

反转录 DNA 插入寄主基因组的机制与噬菌体 Mu 以及细菌的转座子插入的机制相似。插入部位是随机的，一旦插入，就变成原病毒，而且处于稳定状态。

7.10.4 HIV 的致病性

HIV 是慢病毒的一种。它首次被报道是在 1983 年，当时是在法国一位患慢性淋巴结综合征的病人身上发现的。一年以后，类似的病毒在美国一个患艾滋病的患者身上也

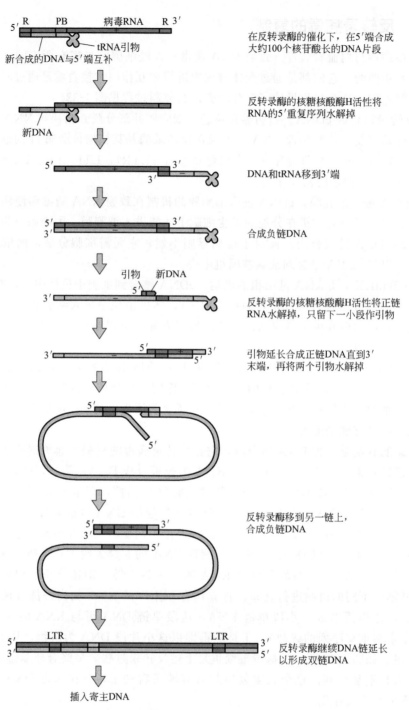

图 7-32 反转录病毒 RNA 的复制过程

R：直接重复序列；LTR：长末端重复序列；PB：引物 tRNA 结合位点

被查出。当初这种病毒被认为是一种癌病毒，与 HTLV-1 相近。因此命名为 HTLV-Ⅲ。后来发现它是慢病毒的一种，改为人类免疫缺陷病毒（HIV）。

这种病毒的致病性在于它能感染 T 淋巴细胞，损坏人的免疫系统，尤其是 CD4 淋巴细胞对 HIV 更敏感。这是因为 CD4 分子是 HIV 的受体。CD4 分子通常存在于细胞表面，能与抗原呈现细胞表面的第二类主要组织相容性复合体（MHC）相互作用，以使 HIV 能吸附到淋巴细胞上。当 CD4 与 HIV 的包膜蛋白 gp120 相互结合时，HIV 的包膜和细胞质膜发生融合，这样病毒的外壳以及内部的 RNA 和反转录酶等即被释放到细胞中。除了 T 淋巴细胞外，其他细胞凡含有 CD4 分子的都能被 HIV 感染，如单核细胞、巨噬细胞。这些细胞的感染只是起到了储藏病毒并传播到淋巴细胞的作用。一小部分 B 淋巴细胞也被 HIV 感染，另外某些人脑细胞和肠道细胞以及由这些组织的瘤细胞形成的组织培养细胞都能被 HIV 感染。这些细胞的表面一般只有非常微量的 CD4 蛋白存在。正是含 CD4 的 T 淋巴细胞被感染，才使人的免疫系统受到破坏。

HIV 病毒入侵细胞除了专一的细胞受体 CD4 外，还需要辅助受体（或配体）的存在。现在已知的配体是一种趋化细胞激活因子。这种趋化细胞激活因子可依据氨基端半胱氨酸的排列次序分为四组：CXC、CC、C 和 CX3C。在 HIV 感染的巨噬细胞中其配体是 Ccr5（Flint et al.，2000）；在感染的 T 细胞中，受体的配体是 CXCr4。目前有两种类型的 HIV，一种是偏向于感染巨噬细胞的叫 M 型，另一种是偏向于感染 T 细胞的叫 T 型。两种都能引起艾滋病。由于反转录酶催化多聚反应的不精确性，转录过程中很易发生错误而产生变异。

另外，如前所述，HIV 能感染不处于分裂期的细胞，并能将其 cDNA 整合到染色体中去。由于这种性质，被感染的巨噬细胞成了 HIV 的避难所，而终将病毒带进淋巴组织。同时病毒在反转录过程中，易发生变异产生偏向于感染 T 细胞的 T 型。正是这种 T 型变异株的产生，才使体内的 CD4 阳性并具有 CXCr4 配体的 T 淋巴细胞大量感染，从而使 HIV 在淋巴结及其他淋巴组织中大量复制，并造成细胞大量破坏。但这种复制并不引起免疫系统的破坏。经过一个长的潜伏期后，最终病毒的大量复制和基因的表达会引发细胞的凋亡。由于大量 T 细胞的死亡，免疫系统失灵，不能抵御外界的感染。

在正常人体中，CD4 细胞的含量是 T 细胞的 70%。在艾滋病病人中，CD4 阳性淋巴细胞含量逐渐降低。当发展到机会性感染（Opportunistic Infection）时，也就是由于免疫力低下，其他病原发生感染时，CD4 细胞几乎完全消失。由于 CD4 的丧失，相伴而出现的是免疫调节子也丧失，例如白细胞介素 2 以及其他 T 细胞和 B 细胞生长因子等。这就导致了各种淋巴细胞数目逐渐降低，最终关闭免疫系统。在机会性感染中，体液免疫和细胞免疫的丧失是很明显的。这也是艾滋病病人在感染的一定时期对其他病毒、细菌和真菌等的系统感染非常敏感的原因。

HIV 传播途径主要是通过性活动和血液传播。通过对特殊人群的流行病学研究分析发现，HIV 不通过人体接触而传染，也不通过空气、食物和水而传染。然而人的体液如血液、精液则是主要的传播介质。另外 HIV 也非常容易地从怀孕的被感染的母亲传染给婴儿，这是通过血液和乳汁传染的。还有共用针头注射毒品是 HIV 在用毒者中常见的传播途径。目前对艾滋病还没有有效的治疗药物，所以宣传教育杜绝不应有的传播途径对防止艾滋病是非常重要的。

7.11　噬菌体

感染原核细胞的病毒叫噬菌体（Phage）。研究最多的噬菌体是大肠杆菌和沙门菌噬菌体复合噬菌体。绝大部分噬菌体不含包膜，其结构是复合型，比较复杂，即含有一个多面体的头部和一个杆状的尾部。其尾部是用于将核酸注入寄主细胞。这一节主要介绍噬菌体的复制过程。

噬菌体的种类形形色色，这里我们主要介绍几种常见的。尤其是在分子生物学上经常提到和用作载体的细菌噬菌体。

7.11.1　RNA 噬菌体——MS2

许多噬菌体含 RNA 基因组。最常见的 RNA 噬菌体含单链 RNA 分子。非常有趣的是已知的肠道菌 RNA 噬菌体只感染在细菌接合过程中的基因供体菌，而不感染其受体菌。这是因为在噬菌体感染细菌的第一步需要吸附到供体菌的纤毛上，而这种纤毛只有基因供体菌上才有。

RNA 噬菌体都很小，直径在 26nm 左右。它们都是多面体状，外壳由 180 个外壳蛋白组成。目前有几个 RNA 噬菌体的序列已经被分析。例如大肠杆菌噬菌体 MS2 含 3569 个核苷酸。其 RNA 是正链，可直接作为 mRNA 进行蛋白质合成。

MS2 的基因图和它繁殖的大致过程如图 7-33。当 MS2 的 RNA 进入细胞后，利用寄主的核糖体合成四个蛋白质，即：成熟蛋白质（在成熟的病毒颗粒中只含一个拷贝）、外壳蛋白、溶菌蛋白（其功能与溶菌及释放病毒颗粒有关）和 RNA 复制酶。有趣的是这种 RNA 复制酶是一个复合蛋白质，由三个多肽组成，一个是病毒的多肽，另两个是寄主的核糖体蛋白 S1（核糖体小亚基的一种蛋白质）和转译延长因子。看来，MS2 似乎是利用寄主的具有完全不同功能的蛋白质组成它的具有活性的 RNA 复制酶。

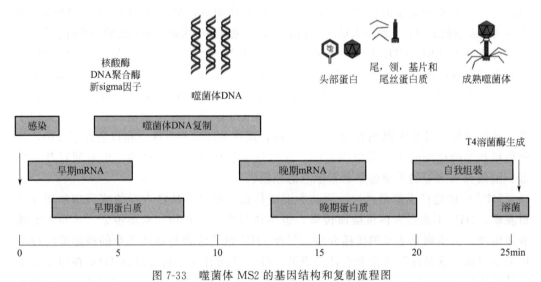

图 7-33　噬菌体 MS2 的基因结构和复制流程图

当 RNA 复制酶合成后，此酶可以正链 RNA 为模板合成负链。负链又可作为模板合成较多的正链，这些新合成的正链 RNA 又可作为 mRNA 来合成蛋白质。成熟蛋白质的基因在噬菌体 RNA 分子的 5′端区，成熟蛋白质的合成只能以新合成的正链 RNA 为模板，一个病毒颗粒只需要一个拷贝，所以它的合成量是有限的，它合成后，进行折叠再形成大量二级结构。在噬菌体 RNA 序列中，共有四个起始密码子。在这四个起始密码子中，外壳蛋白的起始密码子最易被核糖体接近。所以外壳蛋白的合成量是比较大的，每个病毒颗粒需 180 个拷贝。随着大量外壳蛋白的合成，它们与 RNA 相互结合进行组装，结合位点在 RNA 复制酶的起始密码子附近，从而终止 RNA 复制酶的合成。

MS2 噬菌体的另一个特点就是其溶菌酶基因位于外壳蛋白基因和 RNA 复制酶基因之间并与之相互重叠。由于二极结构的缘故，溶菌酶基因的起始密码子不易被核糖体接近，只有当核糖体完成外壳蛋白的合成后，才使这一区域的二级结构发生改变。核糖体于是能接近起始密码子开始合成溶菌酶。这种限制溶菌酶合成的机制，也阻止了噬菌体成熟前发生溶菌作用的可能，最终噬菌体组装成病毒颗粒，并在细胞裂解时释放到细胞外。

7.11.2 单链多面体状 DNA 噬菌体——ΦX174

许多噬菌体的基因组是单链环状 DNA。这些病毒颗粒微小，直径在 25nm 左右。其外壳是由 60 个相同的蛋白质组成，在多面体的顶点含有刺状结构。这种刺状结构则是由其他几个蛋白质构成的。与 RNA 噬菌体相比，DNA 噬菌体结构比较简单，它们主要利用寄主细胞的酶类进行复制，因为这些酶类已在细胞中存在。现以噬菌体ΦX174 为例介绍这类 DNA 噬菌体。

7.11.2.1 噬菌体 ΦX174 和重叠基因

在单链噬菌体中，研究得最详细的是噬菌体 ΦX174。它的寄主是大肠杆菌。这种噬菌体之所以有名，是因为在它的基因组中首次发现了重叠基因。一般说来，基因组的排列是连续的，一个接着一个，基因之间相互隔开。但在 ΦX174 的 DNA 中发现有些基因是相互重叠的，也就是说同一段序列可被核糖体读译多次，这样一来噬菌体就充分利用它有限的 DNA 序列编码更多的蛋白质。但这样的结构也有其不利的一面，也就是说，即使仅仅发生了一个突变，也可能会同时影响两个基因。

正如 ΦX174 的基因图中所示（图 7-34），基因 D 和 E 相互重叠，基因 D 包含整个基因 E。但基因 E 是应用错位后的起始密码子。另外，基因 D 的终止密码子与基因 J 的起始密码子重叠一个核苷酸。图 7-34 中还显示了其他的重叠基因结构。另外基因 A 中也包括了一个较小的基因 A'。基因 A' 与基因 A 共用一个相同的阅读框，在相同的位点终止，但却在不同的位点起始。

7.11.2.2 DNA 复制机制

噬菌体 ΦX174 的基因是单链环状 DNA 分子，含 5386 个核苷酸残基。它是第一个被全部序列分析的 DNA。1980 年，Sanger 与其同事发明 DNA 序列分析的技术而获得诺贝尔化学奖。

ΦX174 噬菌体 DNA 是通过滚环机制来复制的。它的单链 DNA 是正链，即信息链。当它感染细菌细胞时，DNA 即与外壳蛋白质分开并进入细胞，开始 DNA 复制，即单链 DNA 变为双链 DNA，也叫复制型 DNA。在双链 DNA 合成过程中全部依靠细菌的酶类，如引物酶、DNA 聚合酶、连接酶以及旋转酶。新合成的复制型 DNA 具有高度的超螺旋结构。

在细胞的双链 DNA 复制过程中，前导链和后随链之间是有区别的。在后随链的复制中引物酶催化合成 RNA 引物。引物在 DNA 聚合酶的催化下进行链延伸合成互补的DNA 单链，最终 RNA 引物被 DNA 替换。然而在 ΦX174 的复制中，是以单链环状DNA 开始的。在这种情况下，引物酶在单链 DNA 的不同位点催化合成 RNA 引物，然

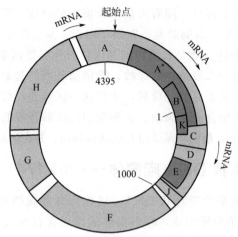

图 7-34 噬菌体 ΦX174 基因图

图中各基因的功能如下：A，复制 DNA；A*，关闭寄主 DNA 的合成；B，合成外壳蛋白前体；
C，DNA 的成熟；D，外壳的组装；E，溶菌；F，主要外壳蛋白；G，主要突起蛋白；
H，次要突起蛋白（噬菌体吸附）；J，核心蛋白（DNA 组装）；K，功能不详

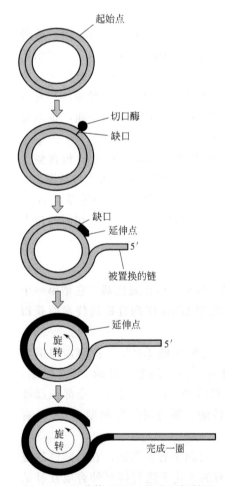

图 7-35　噬菌体 ΦX174 的滚环复制图
复制在正链开始，A 蛋白在起始点
切出缺口，然后在 3′端开始延伸

后 RNA 引物在 DNA 聚合酶Ⅲ的催化下进行链延伸。当链延长到与下一个 RNA 引物接触时，这个 RNA 引物即被 DNA 聚合酶Ⅰ切除并以 DNA 置换。这和在双链 DNA 复制中的后随链一样，以相似的机制形成双链复制型。

一旦双链 DNA 形成，随后的复制过程与传统的 DNA 半保留复制一样，包括 θ 型中间体的形成和最终形成新的复制型。然而噬菌体的 DNA 是环状单链的，复制过程则包括了一个滚环复制，如图 7-35。这是因为双链复制型的正链有缺口。缺口的 3′端可用作引物合成新的单链。单链的释放需要不断地旋转环状结构以放松超螺旋构型。这里需要注意的是，复制是不对称的，只有信息链才能作为模板进行复制。复制的起始是由于 ΦX174 的基因 A 产物——A 蛋白质切割正链产生缺口而开始的。当单链延伸到 ΦX174 基因组的全长时（5386 个核苷酸残基），A 蛋白则切割并连接单链形成环状结构。许多其他病毒以及有些质粒 DNA 也以滚环机制复制合成双链 DNA。

7.11.2.3　ΦX174 的转录和翻译

病毒 mRNA 的合成是以双链复制型作模板进行的。先是在复制型的几个主要的启动子处开始的，而后在几个不同的位点停止。这样可以转录成不同长度的多顺反子 mRNA。这些 mRNA 再翻译成不同的蛋白质。

如上所述，A蛋白质和A′蛋白质是从一个mRNA转译出来的。但A′蛋白质是从一个稍后的起始密码子开始转译的。另外，前面也已提到，ΦX174含有重叠基因，即同一段DNA序列可以转录成不同的mRNA，因而合成不同的噬菌体蛋白质。这里可以想象，微小的噬菌体是多么巧妙地精打细算，充分利用有限的遗传信息去最大限度地合成有用的蛋白质。当蛋白质合成以后，这些蛋白质可以与噬菌体基因组RNA组装成成熟的颗粒。这些颗粒可以在细菌裂解时释放到细胞外。在这个过程中，基因E的产物起了很重要的作用。

7.11.3 单链丝状DNA噬菌体——M13

与ΦX174噬菌体不同，丝状DNA噬菌体的结构不是多面体对称的，而是螺旋对称的。这一组噬菌体中被研究得最多的是大肠杆菌的M13噬菌体。与它相关的还有f1和fd噬菌体，它们与RNA噬菌体相似，只感染DNA供体菌，吸附和进入大肠杆菌细胞是通过专一的性毛。有趣的是，虽然这组噬菌体的形状是丝状，但它们的DNA链却是环形。M13直径为6nm，长为860nm。它感染细菌后能抑制细菌生长，但不裂解细菌细胞，所以由它形成的噬菌斑比较混浊。

M13的复制机制与ΦX174相似，但不同的是M13的释放是通过"出芽"而不是裂解。M13释放是连续的，经常的，通常是含A蛋白的一端先突出细胞外。在它感染细胞时，也是含A蛋白的一端先进去。M13的组装是在细胞质膜的内表面，边组装边释放，从不在细胞内积累。

7.11.4 双链DNA噬菌体——T7

双链DNA噬菌体包括T7、T4和T3等。它们都是较小的DNA噬菌体，能感染大肠杆菌、沙门菌等。这种病毒颗粒有一个多面体的头部和一个较短的尾部。T7结构比较复杂。其头部含5个不同的蛋白质，尾部含3~6个不同的蛋白质。在尾部蛋白质中有一个纤维状蛋白质，它的功能与噬菌体附着细菌细胞有关。

7.11.4.1 噬菌体——T7的基因组和遗传图

噬菌体T7的基因组是一线性双链DNA分子，典型长度为39936bp。它的全序列已被分析，所以它的基因结构及调控机制比较清楚。它的DNA中92％的序列为蛋白质编码，至少有25个基因已被确定，但并不是所有的基因序列都是分开的，而是以重复基因的结构存在的。有的基因是横跨不同的阅读框来合成蛋白质，有的是在同一框中重新起始不同的蛋白质翻译。另外还有通过在阅读框内错位而合成较长的蛋白质。

T7的基因排列顺序直接影响着它们表达的调节。当噬菌体附着在细胞表面时，其DNA以线性状态被注入细菌细胞。位于5′端的早期基因先注入细胞，并且立即在细菌RNA聚合酶的催化下转录为一系列重叠的多聚顺反子mRNA。我们叫这些mRNA为早期mRNA。这些mRNA分子被细胞的特异RNA水解酶在五个位点上切割，产生分子量大小不等的小分子mRNA。这些小片段mRNA可分别作为模板翻译成四个蛋白质。在这些蛋白质中，有一个能抑制细菌的限制性内切酶系统，这个蛋白质是在T7的全部基因组进入细胞前合成的。另外一个蛋白质是病毒的RNA聚合酶。其余的两个蛋白质能终止细菌RNA聚合酶反应，因此这两个蛋白质的合成不仅终止了T7早期

mRNA 的合成，也抑制了细菌本身的 RNA 的合成。实际上 T7 噬菌体只在感染的初期利用细菌的 RNA 聚合酶转录其早期 mRNA，以合成自身的 RNA 聚合酶，一旦本身的 RNA 聚合酶合成后，就催化噬菌体 T7 RNA 的合成。T7 RNA 聚合酶只辨认自身 DNA 中的启动子，它既起负调控作用，又起正调控作用。负调控作用即它能终止细菌 RNA 聚合酶的作用，从而关闭对其早期 mRNA 的转录。正调控作用即能辨认其余晚期启动子，起始其余基因的转录。另外 T7 也是一个能严重影响寄主细胞基因转录和翻译的噬菌体，它编码蛋白质能分解细菌的 DNA，造成对细菌细胞代谢的严重干扰和破坏。

T7 的基因排列顺序分为三个区域，由它们合成的蛋白质可分为三类。第一类是在感染后 4～8min 内合成的，这一组基因是利用细菌的 RNA 聚合酶来转录的。第二类是在感染后 6～15min 合成的。它们的 RNA 是在 T7 RNA 聚合酶的催化下转录的。这类蛋白质的功能与 DNA 代谢有关。第三类是感染后 6min 至溶菌发生的期间合成的。它们的 RNA 是在 T7 RNA 聚合酶催化下合成的。这类蛋白质与噬菌体的外壳形成及颗粒组装有关。

7.11.4.2　T7 DNA 复制

噬菌体 T7 的 DNA 复制是从单一起始点上开始的，而且向两个方向延伸（图 7-36）。在向两个方向延伸处都有一个 RNA 引物。但是这两个 RNA 引物则是在不同的酶催化下合成的。向右边延伸的 RNA 引物是在 T7 RNA 聚合酶催化下合成的，而向左延伸的 RNA 引物则是在 T7 引物酶的催化下合成的。两个引物的延伸都是在 T7 DNA 聚合酶的催化下进行的。正在复制中的 T7 DNA 结构可以在电镜下看到。因为复制起始点靠近左端，在复制早期通常能看到泡状结构，随后可看到 Y 状结构。

T7 DNA 的结构特点是在其两端含有 160bp 的直接重复序列。这在 DNA 复制过程中是非常重要的。DNA 的链延伸是自 5′ 向 3′。5′ 端的引物是 RNA，那么在 DNA 复制完成前如何将 RNA 引物换成 DNA 呢？在线性 DNA 复制过程中是有许多技巧被用来解决这个难题的。在 T7 DNA 中，它的末端重复序列就是针对这个问题的。如图 7-36 所示，新合成的两个双链 DNA 分子在其一端都含有一个 3′ 单链结构。这两个 3′ 单链结构正是在直接重复序列区内，所以它们是互补的，可以碱基配对，并在连接酶的催化下将两个双链 DNA 分子连接起来，形成两倍长的 T7 DNA 分子，这样连续下去可形成更长的多聚体。最终它被切割成单体长的 T7 DNA 分子。每个单体长的 DNA 分子都含有末端直接重复序列。

7.11.5　双链 DNA 噬菌体——T4

7.11.5.1　T4 的形态和结构

另一类被研究得比较详细的双链 DNA 噬菌体是 T 偶数噬菌体，即 T2、T4 和 T6。这些噬菌体的基因组比较大，结构及复制机制比较复杂。在此，我们主要介绍 T4 噬菌体。

T4 噬菌体的颗粒是复合型的，它含有一个多面体的头部和一个比较复杂的尾部。这个头部比一般的多面体多含几个蛋白质，所以呈延长型（图 7-7）。其大小为 85nm× 110nm，其尾部结构比较复杂，包括螺旋状尾管、尾鞘、"脖子"、领圈、基片和尾丝。总括起来，噬菌体颗粒至少由 25 种蛋白质组成。

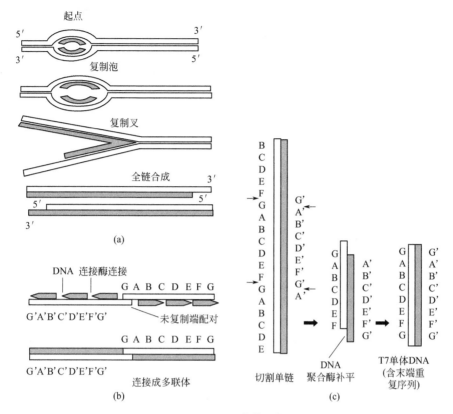

图 7-36　T7 噬菌体的复制

（a）复制叉；（b）未复制末端相接形成多联体；

（c）内切酶切割多体 DNA，箭头指出了切点，DNA 聚合酶补平末端，形成成熟的 T7 RNA

T4 的 DNA 很长，大约含 1.7×10^5 bp。它以非常紧密的折叠方式储藏在头部，其碱基的化学结构也有独特性，即在它的 DNA 中胞嘧啶被羟甲基胞嘧啶所取代。5′-羟甲基胞嘧啶的羟基是糖基化的位点，糖基化的 DNA 对细菌的限制性内切酶是有抗性的。因此 T4 DNA 在寄主细胞内是很稳定的。

7.11.5.2　T4 噬菌体的基因图和 DNA 复制

虽然 T4 噬菌体 DNA 是线性的，但它的基因图一般以环状结构表示。这是因为它的 DNA 易成环状排列。在不同的 T4 噬菌体颗粒中，它们的末端序列是不同的。但对于每一个特定的 T4 噬菌体来说，它的 DNA 分子两端却有相同的序列，即末端重复序列。这和 T7 噬菌体是一样的。这种结构使它在复制过程中易连接成环状结构。T4 DNA 的复制过程与 T7 相似。但在 T4 中，切割联体 DNA 以形成病毒单体 DNA 的酶与 T7 噬菌体的不同，它不能辨认特定的位点，而只是随机将联体 DNA 切割成相同长度的单体 DNA。每一个单体 DNA 分子的两端都含有末端直接重复序列，但不同的 DNA 分子含有不同的末端序列。

7.11.5.3　T4 的转录和翻译

T4 噬菌体复制的调节比 T7 要复杂得多。T4 的基因组比 T7 要大得多，因此基因数目及其功能比 T7 要多。前面已提到过，T4 的 DNA 含有独特的 5′-羟甲基胞嘧啶，这个甲基有时被糖基化，因此合成这个独特碱基的酶以及进行糖基化的酶必须在噬菌体感染后合成。由于这个独特碱基替代了 DNA 中正常的胞嘧啶，所以在 T4 感染细胞后，切除正常胞嘧啶的酶也必须合成。此外，T4 所具有的 DNA 复制酶类与细菌的相似，但其含量较细菌的要高，因此 T4 可以很快地合成它的特定 DNA。T4 感染细菌的早期可以合成 20 多个蛋白质以及几种新的 tRNA，这样以保证它能比较准确地读译它的特定 mRNA 而合成所需的酶类。

概括起来，T4 基因可以分为两组，即早期基因和晚期基因。早期基因可合成与 DNA 复制和转录有关的早期酶类。早期基因又进一步分为前早期和后早期。前早期的基因在噬菌体感染细菌后立即进行转录。后早期基因在噬菌体侵染细菌 1～2min 后进行转录。晚期基因所编码的蛋白质是组成其头部和尾部的结构蛋白质以及与噬菌体释放有关的酶类。

T4 不像 T7 含有新的特定的 RNA 聚合酶，但 T4 可以合成一种蛋白质，这种蛋白质能修饰细菌的 RNA 聚合酶以便使它辨认噬菌体的不同启动子。早期启动子位于 T4 DNA 的起始末端，它直接被细菌 RNA 聚合酶辨认结合。这其中包括细菌 RNA 聚合酶的 δ 因子参与细菌 RNA 聚合酶，随后沿 DNA 3′方向移动，一直到终止信号时停止。其中一个新合成的早期蛋白质能阻止细菌 δ 因子的作用。这个早期蛋白质与 RNA 聚合酶的核心酶结合，当早期蛋白质积累越来越多时，早期基因的转录就停止。这时 RNA 聚合酶的核心酶就游离出来与新的 δ 因子结合，以使后早期基因和晚期基因进行转录。

7.11.5.4　T4 的组装和释放

对 T4 噬菌体来讲，从感染寄主到溶菌释放新合成的噬菌体，共需 25min，如图 7-37 所示。T4 的头部和尾部是分别进行组装的。DNA 先被包装在头部，然后尾部和尾丝再接上去。新合成的噬菌体通过溶菌而释放到细胞外。溶菌是在 T4 的溶菌酶催化下水解肽聚糖而致。在溶菌时每个细胞内的噬菌体平均数目依赖于溶菌发生的早晚而不同。如：溶菌较早则噬菌体平均数目较少。野生型 T4 具有溶菌抑制现象，因此溶菌时含噬菌体数目较大。然而一些变异株则呈现早期溶菌现象，所以其噬菌体含量较少。

7.11.6　温和噬菌体：溶原性噬菌体和 λ 噬菌体

7.11.6.1　温和噬菌体的特性

上述噬菌体绝大多数是烈性（或称为毒性）噬菌体，因为它们大都最终将细菌裂解。然而许多其他的噬菌体虽然它们也将细菌杀死，但对寄主细胞的影响是比较缓慢和轻微的。这些噬菌体通常叫温和噬菌体。它们感染细菌后呈现一个溶原状态所以叫溶原性噬菌体。即绝大多数噬菌体基因不被表达，其基因组与寄主染色体同时复制，因此当细菌分裂时，它可以复制加倍并随之传给子代细菌，这个过程叫溶原化。在某些情况下，这些细菌叫作溶原菌，它可以自发地产生温和噬菌体颗粒。这些噬菌体可以感染亲缘关系较近的细菌。这种溶原性在生态学上是很重要的，因为从自然界分离到的细菌都含有一种以上的温和噬菌体。

假如寄主细胞只是合成一条病毒 DNA，溶菌则不会发生，因为溶菌所需的噬菌体蛋白质一个也还没合成；但是一旦完整的噬菌体颗粒合成了，则溶菌即发生。在一个

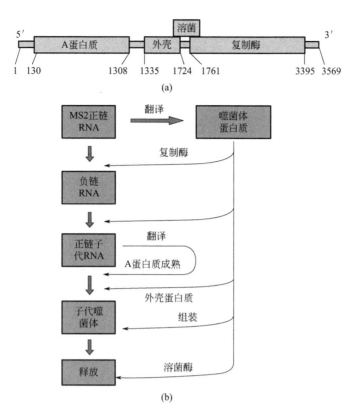

图 7-37　噬菌体 T4 的感染

T4 进入寄主细胞后，早期和中期 mRNA 被转录。这些 mRNA 可作为模板合成核酸酶、DNA
聚合酶、新的 δ 因子和其他与 DNA 复制有关的蛋白质因子。晚期 mRNA 可合成结构蛋白和
溶菌酶，最后引起溶菌以释放噬菌体

溶原菌的培养皿上仅有极少数（0.0001%～0.1%）细菌产生完整的噬菌体而被裂解，
而绝大多数细菌不产生噬菌体而不被裂解。虽然如此，但每一个细菌细胞都具有产生噬
菌体的潜力。因此溶原性可被认为是一种细菌的遗传特点。

温和噬菌体的生活史见图 7-38。温和噬菌体不以成熟和感染状态存在于细胞内，
而是以潜伏状态出现，这被称为前病毒或前噬菌体状态。如图 7-38 所示，前噬菌体
DNA 被插入到细菌的染色体中，在毒性噬菌体（裂解性）中，噬菌体的 DNA 所含的
基因可以合成许多与其繁殖有关的酶类和蛋白质。但是在前噬菌体中，它虽含有相似的
遗传信息，但在溶原性细菌中这些信息处于休眠状态，因为噬菌体基因的表达被噬菌体
的一个特定阻遏物阻断了。但在某些特定的环境中，这个阻遏因子可以被失活，因此噬
菌体复制开始，细胞裂解，噬菌体颗粒被释放。

实际上，溶原菌可以通过某种处理使其产生噬菌体而被裂解。这种处理过程叫溶原
的诱导。诱导剂通常包括引起 DNA 损伤和激活急救酶系统的紫外线、氮芥质、X 射线
等。然而并不是所有的前噬菌体都是可诱导的，在某些温和噬菌体中，前噬菌体的基因
表达只能在天然因素的诱导下才能发生。

虽然溶原菌可以被其他的噬菌体感染，但它却不能被已溶原的噬菌体再感染。这种
免疫性是已被溶原化的细菌的一种特性。温和噬菌体是通过用高剂量辐射或氮芥质处理
来去除的。处理以后，少数存活下来的细菌不再含温和噬菌体，这可能是在处理过程中

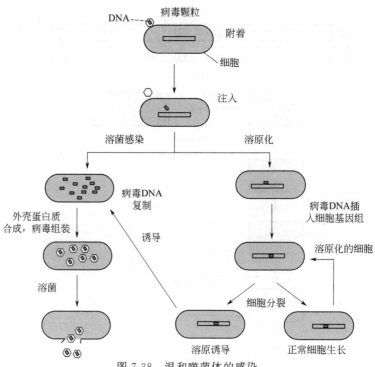

图 7-38　温和噬菌体的感染

噬菌体感染细菌细胞后，一种可能是导致噬菌体 DNA 插入细胞 DNA 中去，即溶原化；另一种可能是噬菌体复制成熟，直至裂解细菌以释放噬菌体。溶原化的细胞也可诱导发生溶菌

将前噬菌体从细菌染色体中切除了，在以后的细菌分裂中被丢掉了。这些丢掉原噬菌体的细菌不再具有对这种噬菌体的免疫力。

7.11.6.2　温和噬菌体的感染

温和噬菌体感染一个非溶原化的细菌后将会发生什么结果呢？有两种情况可以发生。第一，噬菌体可以注射其 DNA 进入细胞，从而起始一个复制循环。随后伴有被感染细菌的裂解和噬菌体的释放。这和毒性裂解型噬菌体的繁殖相似。第二，当 DNA 被注入细菌后，溶原化发生。噬菌体的 DNA 变成前噬菌体而细菌变成溶原菌（图 7-38）。在溶原化的过程中，被感染细胞的遗传特性发生变化，敏感细胞或许被裂解或许被溶原化，因此温和噬菌体有两种存在的形式。在某些情况下，它能独立地控制自己的复制，但是一旦其 DNA 插入寄主细胞的基因组，它的复制就要受寄主的控制。

7.11.6.3　λ 噬菌体复制的调控

λ 噬菌体是一种研究得比较详细的温和噬菌体。它的寄主是大肠杆菌。形态学上 λ 噬菌体像许多其他噬菌体一样，具有一个多面体的头部，直径在 64nm；一个尾部，长 150nm。尾部是螺旋对称性，其尾丝长约 23nm，除了主要的外壳蛋白质外，还具有几个次要的蛋白质。

噬菌体的 DNA 是线性、双链分子。但在每一条链的 5′ 端却是一个长 12 个核苷酸的单链。这些单链是互补的。因此在细胞内，两端可以连接起来形成环状 DNA。环状 DNA 含 48502bp，它的序列已被全部测定。

7.11.6.4 溶菌作用和溶原化

正如上面提到的，λ噬菌体感染大肠杆菌后，有两种情况可以发生。一是溶原化，二是溶菌。当溶原化发生时，噬菌体的基因处于溶原的状态。只有当外界条件发生变化时，才诱导其从溶原状态转变成溶菌性生长状态。那么什么样的因素能决定侵染的噬菌体所处的状态呢？

噬菌体有两套基因，一套控制溶菌生长，一套控制溶原化生长。当它感染细菌时两套基因都表达，至于噬菌体能进入哪一种生长状态取决于早期基因产物的作用和寄主蛋白质因子的影响。

为了弄清两种生长状态发生转换的机制，我们也有必要参考λ噬菌体的基因图（图7-39）。在这个基因图中可以看到，λ噬菌体的 DNA 有几个操纵子，每一个控制着一系列相关基因的功能。当感染细菌时，其基因开始转录和翻译。基因 cI 的产物是早期基因表达的阻遏物，假如阻遏物于溶菌作用发生之前在细胞中积累的话，溶菌作用就会被阻断，阻遏蛋白质阻断噬菌体后期基因的转录，因此阻止了与溶菌作用发生相关的基因的表达。

在感染的早期，有两个噬菌体蛋白对 cI 基因的表达起正调控作用。溶菌作用并不总是被阻遏物所阻断。原因是起正调控作用的噬菌体蛋白的表达能被寄主和其他λ噬菌体蛋白（Cro）所调控。假如正调控蛋白不在细胞中积累，阻遏蛋白不会被合成，于是溶菌周期即完成。λ噬菌体蛋白 Cro 的相应基因叫 Cro。这个基因几乎与阻遏蛋白基因 cI 相邻（图 7-39）。

早期基因表达的启动和关闭受调节基因和 Cro 基因的控制。这两个基因靠得很近，它们的转录在不同的位点开始，但方向相反。在两个基因之间是它们的启动子和操纵子。控制基因启动和关闭表达的蛋白质分别与这些启动子和操纵子相结合。

当λ噬菌体阻遏蛋白质结合到它的操纵子时，即与 Cro 启动子相互作用。然而当 Cro 蛋白质结合到上面时，它即与其中的一个 cI 启动子相互作用。正如我们所知，双链 DNA 转录方向取决于启动子，启动子实际上为 RNA 聚合酶指出了转录的方向。在噬菌体中，cI 启动子指向左方（逆时针方向），而 Cro 的启动子指向右方（顺时针方向）。

在一个溶原化的细胞中，只有一个λ噬菌体基因连续表达，这个基因就是λ噬菌体阻遏蛋白基因。它在λ噬菌体 DNA 上与两个操纵子结合，因此它关闭所有其他基因的转录。这就是λ噬菌体阻遏蛋白的负调控作用。另外，λ噬菌体阻遏蛋白启动它自身的表达，这就是正调控作用。如此通过启动自身的合成，阻遏蛋白能确保只有自己合成。在溶原化细胞中，通常只有一个λ噬菌体的基因组，但是却有大约 100 个具有活性的阻遏蛋白，因此总是有过量的阻遏蛋白与 DNA 相结合。这样就可以防止其他与λ噬菌体生长和复制有关的基因的转录。

7.11.6.5 诱导后的 λ 溶菌现象

λ噬菌体是如何进行繁殖的呢？何时进行繁殖？下面就回答这些问题。在溶原化细胞中，λ噬菌体只有在阻遏蛋白失活后才进行繁殖。正如我们所知，凡能引起 DNA 损伤的物质都能诱导溶原化的细胞产生噬菌体。这些物质包括紫外线、X 射线及引起 DNA 损伤的化学物质，如氮芥质。一旦 DNA 损伤，一个急救反应开始在细胞中启动。

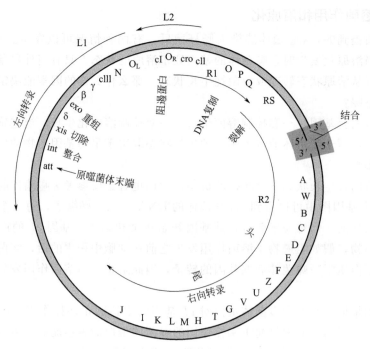

图 7-39　λ噬菌体的基因图

att：λ噬菌体在寄主 DNA 上的附着点；cI：阻遏蛋白；O_R：右操纵子；O_L：左操纵子；
cro：第二个阻遏蛋白；N：正调控子；J 至 U：尾部蛋白；Z 至 A：头部蛋白；cos 是黏性末
端连接点；反时针（向左）转录从 O_L 开始。主要的左向转录产物是 L1；主要的右向转录产
物是 R1。较晚的右向转录产物是 R2，以它为模板可合成头部和尾部蛋白以及与溶菌有关的
蛋白质。L2 是以正向调控而合成的 RNA，它可以用来合成阻遏蛋白质

此时，一组（10～20 个）相关的基因开始表达。其中一些基因能帮助细菌在辐射中存活下来。然而 DNA 损伤的结果也可导致细菌的蛋白质 RecA（通常在基因重组中起作用）变成一种特殊的蛋白质。这种蛋白质参与破坏 λ 噬菌体阻遏蛋白。由于阻遏蛋白被破坏，它就不能再抑制 λ 噬菌体基因的表达。我们应该注意到，RecA 蛋白酶活性因 DNA 受损而被激活，通常在细胞对 DNA 损伤的反应中起重要的作用，一般参与水解寄主蛋白 LexA。LexA 的作用是阻遏一系列与 DNA 修复有关的基因的表达，因此对噬菌体的诱导是一个急救反应的间接结果。一旦 λ 噬菌体阻遏蛋白失活，由它所引起的正调控和负调控即告终结，新的转录即开始。这就不可避免地导致溶菌发生，因为即使阻遏蛋白被合成，它也是无活性的。

λ 噬菌体系统提供了一个非常好的研究基因表达的开启和关闭的系统。在这个系统中，两个相互竞争的基因中，只有一个启动。至于哪一个启动表达，取决于启动处在什么状态。但是一旦两种功能之一已经确立，它将防止另一种功能的启动。仅仅在诱导发生时，占优势的基因功能才被取代。

7.11.6.6　DNA 整合

λ 噬菌体可在大肠杆菌基因组的特定位置插入，使细菌的 DNA 延长。如图 7-40 所示，当 λ 噬菌体将其 DNA 注入大肠杆菌的细胞后，线性化的具有黏性末端的 DNA 即首尾相接形成环状分子。这个环状分子能整合到细菌基因组中。当黏性末端相连接时所产生的位点叫 cos 位点。λ 噬菌体溶原化的发生需要 cI 和 int 基因的表达。如前所述，

cI 基因的产物可以抑制早期基因的转录，因此关闭所有晚期基因的转录。整合过程需要 *int* 基因产物参与。Int 蛋白质是立体异构酶，可催化噬菌体 DNA 和细菌 DNA 上的附着位点的重组。

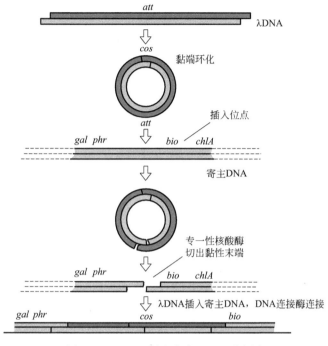

图 7-40　λDNA 插入寄主 DNA 示意图

att：附着点；cos：黏端连接处

在细胞生长过程中，λ 噬菌体的阻遏系统阻止所插入的 λ 基因的表达。但基因 *cI* 除外，因为这个基因是 λ 噬菌体的阻遏基因。在寄主 DNA 复制过程中，整合的 DNA 与寄主的基因组一同复制，并传给子代细胞。当阻遏停止时，λ 噬菌体即开始产生，λDNA 从细菌基因组中释放出来，这个过程需切除酶（Excisionase）和整合酶（Integrase）的参与。

7.11.6.7　复制

在 λ 噬菌体的生活周期中，其 DNA 以两种截然不同的方式进行复制。在起始阶段，即感染初期或 λ 噬菌体从细胞基因组中释放后，λDNA 以环状形式复制。但是随后以另一种方式复制形成线性的首尾相连的多联体。复制在一个接近基因 O 的位点开始（图 7-39）向两个相反方向对称性延伸，当这两个复制叉相遇时即终止。在第二个阶段，是以一个不对称的滚环方式进行复制，形成很长的线性多联体。在后一种机制中，复制是向一个方向延伸产生很长的复制链。不像 ΦX174 噬菌体的复制（图 7-35），λ 噬菌体的滚环复制包括合成双链 DNA（图 7-41）。这种机制比较快速，大

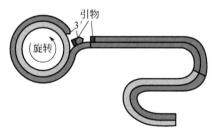

图 7-41　λ 噬菌体的滚环复制晚期图

DNA 的两个链在复制叉处同时复制。两个基因组 DNA 已被合成。复制是不对称的，因为其中一条链继续被复制，而另一条链只被复制一次

量地合成 DNA，不易控制。因此这种机制在 λ 噬菌体复制周期的后期是非常重要的。因为在此阶段 λ 噬菌体需要大量 DNA 以形成成熟的 λ 噬菌体。此时所形成的很长的多联体被 DNA 水解酶切割成单体。这种切割不是随机的，而是在特定位点将双链 DNA 切割成具有黏性末端的单体。黏性末端的单链含有 12 个核苷酸，这个黏性末端利于 DNA 的环化。

    λ 噬菌体已被构建成很好的克隆载体，广泛应用于基因工程中。这主要是在 λ 噬菌体的 DNA 中有一段 DNA，即基因 J 和 att 之间，对它的复制是不必要的。因而可以用外来基因取代。正是这个原因，它被构建成载体用于克隆外来基因。

7.11.7　可易位的噬菌体——Mu 噬菌体

    可易位的噬菌体的一个主要特点是它可以像转座子（Transposon）一样插入寄主基因组的某个位点，以使细菌的基因发生变异。所以它也被叫作致突变噬菌体，简称 Mu 噬菌体。由于这种性质，Mu 噬菌体常被用来生产各种各样的细菌变异株，也常被用作基因工程的工具。所谓易位因子，即是一片可易位的 DNA。它可以在寄主 DNA 上从一个位点转移到另一个位点。这种易位因子在原核和真核细胞中都有发现。现今所知一共有三种易位因子：插入子（插入片段）、转座子和病毒易位子。Mu 噬菌体是一种很大的易位子，它含有几个与其复制有关的基因。

7.11.7.1　Mu 噬菌体的结构

    Mu 噬菌体含双链 DNA，其头部是多面体状，尾部是螺旋状并含有 6 根尾丝。其基因图见图 7-42。它的主要基因用来合成头部和尾部的蛋白质。那些位于两端的基因则负责噬菌体的复制和免疫性。Mu 噬菌体内所含 DNA 大约 39kb 长，但是只有 37.2kb 是噬菌体本身的基因组，其余部分来自寄主 DNA 两端，左端含 50～150bp，而右端含 1～2000bp。这些 DNA 的序列不是独特的，而是与 Mu 噬菌体插入寄主 DNA 的位点有关。当 Mu 噬菌体颗粒形成时，一条全长的 Mu 噬菌体 DNA 自左端从寄主 DNA 中切出，然后卷曲进入噬菌体头部内；当头部外壳充满 DNA 后，自右端从寄主 DNA 中切断。这个切割点依不同的颗粒而异。正因为如此，从同一个细胞中复制出的不同的 Mu 噬菌体颗粒可在基因右端含有不同长度的寄主 DNA（图 7-42），并且这段 DNA 的序列也不相同。有时，整个 Mu 噬菌体的头部充满寄主 DNA，这样的噬菌体颗粒可以在寄主之间传递基因，这个过程叫传导。

    如图 7-42 所示，Mu 噬菌体的基因组中有一个被叫作 G 的 DNA 片段（有别于 G 基因）。它可以两种方向排列，分别以 SU 或 U'S' 表示。G 片段的方向决定噬菌体尾丝的种类。由于 Mu 噬菌体吸附到寄主细胞表面是由尾丝的专一性决定的，所以 G 的方向决定了 Mu 噬菌体的寄主范围。假如，G 以正向排列，Mu 噬菌体则能感染大肠杆菌 K-12；假如 G 以反向排列，则噬菌体感染大肠杆菌 G 或其他的肠杆菌。G DNA 片段的正负两链分别为两个不同的尾丝蛋白编码。G 片段的左端是一个启动子，它指导 G 片段的转录。G 以正向排列时，启动子可以指导 S 和 U 的转录。然而，G 以负向排列时，另一个不同的启动子指导另一条链的转录以合成 S' 和 U'RNA。

7.11.7.2　Mu 噬菌体的复制

    Mu 噬菌体感染寄主细胞后，其 DNA 则被注入细胞内。为防止寄主细胞 DNA 酶

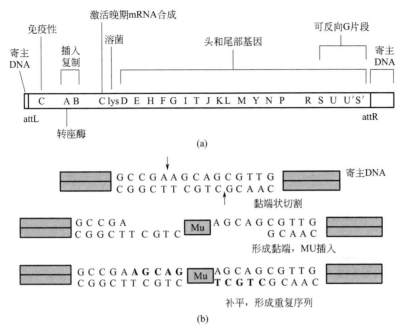

图 7-42 Mu 噬菌体的基因图以及它的 DNA 插入寄主 DNA

G 基因序列可以两种方向出现，分别以 SU 和 U′S′ 表示。Mu 的插入产生了重复序列，见黑体部分

的水解，其 DNA 碱基中约 15％ 的腺嘌呤被乙酰胺化。与 λ 噬菌体相反，Mu 噬菌体 DNA 插入寄主基因组对它的溶菌和溶原化生长是必要的。DNA 的插入需要异位酶的催化，这个异位酶是基因 A 的产物，在 DNA 插入的位点处，寄主 DNA 有 5 个碱基对出现重复序列。如图 7-42 所示，这个重复序列的出现是由于黏端状切割而产生的单链，这个单链再被互补填平形成双链。

Mu 噬菌体的复制过程中既发生溶菌生长又可以发生溶原化。溶菌现象是在 C 基因阻遏物没有形成的情况下发生的。无论发生哪种情况，Mu 噬菌体的复制都包括在寄主 DNA 上重复易位。起初，只有早期基因发生转录，但是在 C 基因转录表达后，Mu 的头部和尾丝蛋白开始合成，因为这些后期基因是在 C 蛋白的激活下开始表达的，最终是发生溶菌现象并释放成熟的噬菌体颗粒。

7.11.7.3　Mu 噬菌体的变异和修饰

由于 Mu 噬菌体可以在寄主 DNA 中的多处插入，它可以用来诱导产生变异，也可以用作基因工程的工具携带外来的 DNA 进入寄主细胞。另外，经修饰可把 Mu 噬菌体的一些溶菌基因去掉，这种 Mu 噬菌体叫作微-Mu 噬菌体。它们虽然被切除相当一部分，但其两端还是处于原来正常状态。

微-Mu 噬菌体通常是有缺陷的，不能形成噬菌斑，它们的存在是通过查明它所携带的其他基因的存在。例如有一种缺陷微-Mu 噬菌体（mud-lac），它携带 β-半乳糖苷基因。如果 β-半乳糖苷酶基因的插入方向与寄主启动子相一致，这种缺陷 Mu 噬菌体的存在可以被检测出来。在这种情况下，寄主细胞将合成 β-半乳糖苷酶，在含 X-Gal 的平板上这种酶可催化特定的颜色反应呈现蓝色而使这种缺陷型噬菌体被检测出来。例如，大肠杆菌菌落出现蓝色，说明寄主细胞已被缺陷 Mu 噬菌体感染。

7.11.8　古菌噬菌体

现已发现，古菌（Archaea）也有相应的噬菌体。多数产甲烷和嗜盐古菌的噬菌体是复合型的，其形态像 T4 噬菌体，其双链 DNA 像 T4 一样被包裹在头部。嗜高温高酸古菌硫黄矿硫化叶菌（*Sulfolobus solfataricus*）的噬菌体（SSV）是纺锤形的，含双链环形 DNA，大约 15kb 长，体积为 40nm×50nm。另一个嗜高温高酸古菌冰岛硫化叶菌（*Sulfolobus islandicus*）的噬菌体（SIFV）含线性双链 DNA，大约 35kb 长，其形态多样，有的似线性，有的呈纺锤形，但两端带附属物，大小为 50nm×（900～1500）nm。另一个嗜高温古菌深海热火球古菌（*Pyrococcus abyssi*）噬菌体（PAV1）形态与 SSV 相似，但体积较大（80nm×120nm），含一环形双链 DNA，大约 18kb 长。这种噬菌体以出芽方式从细胞中释放，这一点与 M13 噬菌体相似。

7.12　病毒状感染因子

随着分子生物学的发展和其他现代实验技术的应用，越来越多的比病毒更小的不明致病因子被发现。它们的结构比病毒更简单，有的只有一段核酸而无蛋白质外壳，有的甚至无任何遗传物质存在。这在过去看来是不可思议的，但是这种具有感染性的致病因子确实是存在的。

7.12.1　卫星病毒

所谓卫星病毒（Satellite Virus）即一个小片段的 RNA 或 DNA。它们完全依赖于另一种病毒的同时感染才能完成它的复制过程。大多数卫星病毒是与植物病毒同时发现的。少数是与细菌噬菌体或动物病毒有关，例如小 DNA 病毒科的病毒即是依赖于腺病毒的卫星病毒，所以也叫它腺病毒相关病毒。绝大多数被发现的卫星病毒是依赖于植物病毒的卫星病毒。例如，烟草花叶病卫星病毒、烟草坏死病卫星病毒等。严格说来，卫星大分子可分为两类：一类能编码自身的外壳蛋白质，被称为卫星病毒；另一类不能编码自己的外壳蛋白质，而是应用相关的病毒的外壳蛋白质，这类 RNA 被称为卫星 RNA 或拟病毒（Virusoid）。后一类的例子有黄瓜花叶病卫星 RNA、烟草环斑病卫星 RNA 等。无论是哪一类，它们都具有以下几种共同的性质：

　① 卫星病毒的基因组一般是比较短，只有 500～2000 个核苷酸长。

　② 它们与相关病毒的基因组在序列上无相似性。

　③ 它们引起植物病的症状与其相关病毒单独所引起的完全不同。

　④ 它们的复制通常干扰相关病毒的复制，这一点与绝大多数缺陷病毒不同。

　另外，它们所不同的是，卫星 RNA 的稳定性比卫星病毒 RNA 的稳定性要高得多。

7.12.2　类病毒

类病毒（Viroid）是一种小片段的 RNA 分子，通常只有 200～400 个核苷酸长，具有高度的二级结构（图 7-43）。它们不但没有外壳包裹，更无包膜。迄今所知类病毒都与植物病相关。不像上述卫星病毒，它不依赖于任何病毒的帮助而是独立引起感染。类病毒不编码任何的多肽，它的复制是借助寄主的 RNA 聚合酶 II 的催化，在细胞核中进行的。而绝大多数卫星大分子的复制是在细胞质中完成。第一个被发现的类病毒是马铃薯纺锤形块茎病类病毒，也是至今研究得最多的一种类病毒（图 7-43）。这个类病毒的英文缩写 PSTVd，Vd 用来表示类病毒以与病毒加以区别。

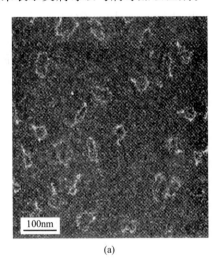

(a)

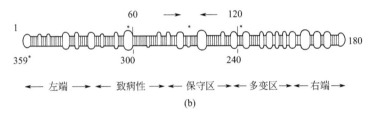

(b)

图 7-43　类病毒 RNA 结构图
（a）变性 RNA 的电镜形态；（b）RNA 的二级结构（Sanger et al.，1976）

　　当比较不同的类病毒核酸序列时可以发现，它们之间有相当明显的不同，这就被用来将类病毒划分为不同的种。但是也发现，这些类病毒也有共同的核酸序列，而且这个区域是很保守的。有一组类病毒的序列可以形成锥头状二级结构。这种 RNA 的高级结构具有核酶的酶活性（一种催化切割自身或其他 RNA 分子的酶活性）。这种酶活性在 RNA 转录后加工中起着切割多体的作用，近年来各国学者在努力寻找和人工合成具有专一切割病毒或致病基因的 mRNA 的核酶，以用于基因治疗。其他的类病毒则利用寄主细胞的酶来切割加工多体结构以形成单体，完成复制过程。

　　类病毒对寄主的致病性强弱不同，如 cadang-cadang 椰子类病毒（CCCVd）能引起寄主致命性疾病，而其他的类病毒则引起不同程度的病害，如蛇麻草潜伏类病毒（HLVd）几乎不引起疾病，而苹果疤皮类病毒（ASSVd）引起中度的症状。类病毒的致病机制多样，一些类病毒会引起植物基因序列的甲基化，引起转录的失败（Dalak-ouras et al.，2013）；核酸序列比较显示类病毒与细胞中的一些 RNA 序列有相似性，尤其是与 5.8S 和 28S 的核糖体 RNA 基因的内含子序列有相似性，还发现它们与 U3 小片段细胞核 RNA（SnRNA）有序列相似性，这个 U3 SnRNA 在 RNA 转录后加工中，具有切割和连接 RNA 分子的功能，因此类病毒的致病机制可能与影响细胞中 mRNA

转录后加工过程有关；此外，当类病毒环状 RNA 在复制形成双链中间体的时候，会被类似于核糖核酸酶Ⅲ的 Dicer 酶切割成大小为 21～23bp 的双链小干扰 RNA（Small- Interfring RNA，siRNA），并与其他因子结合形成 RNA 诱导沉默复合体（RNA Induced Silencing Complex，RISC），激活的 RISC 通过碱基配对定位到同源 mRNA 上，阻断特定基因的表达（Adkar-Purushothama et al.，2018）。

丁型肝炎病毒（HDV）是一种比植物卫星 RNA 还要小的 RNA 分子。它在某些方面既像卫星病毒又像类病毒。与卫星病毒相似的方面包括它的大小（1640 核苷酸）、基因组的碱基组成、单链环型 RNA 结构，依赖于乙型肝炎病毒的感染性，以及能编码一个多肽——δ 抗原。与类病毒相似的地方是它的 RNA 序列中有比较保守的中心区域。这个区域像类病毒的核酶一样，与其自身 RNA 复制有关。HDV 编码的 δ 抗原蛋白质是一种磷酸化的核蛋白，它的功能目前还不清楚，但相信是与病毒的复制有关。

绝大多数类病毒的传播是通过被感染植物的无性繁殖，少数是通过昆虫体做媒介，或者借助于机械性接触而传播。由于类病毒没有蛋白质外壳的保护，其 RNA 直接暴露在外界环境中，按理说它非常容易被核酸酶水解掉，但由于它的体积微小，又含高度的二级结构，这就提高了它的稳定性和抗核酸酶水解的能力。HDV 以肝炎 B 病毒传播的方式进行传播，但与类病毒所不同的是 HDV 具有一个由磷脂和病毒表面抗原蛋白（HBSAg）所组成的外壳。这个外壳可以保护 HDV 不被核酸酶水解。

类病毒的起源至今还不清楚，其中一种假说认为类病毒是最原始的 RNA 分子，在生物进化以前地球上所形成的"RNA 的世界"中遗留下来的幸存者。另一种说法是它们是近代进化的结果。

7.12.3　朊病毒

朊病毒（Prion）是一种比类病毒还小的病原物。它不含任何种类的核酸，只是一种具有致病能力的蛋白质。虽然它不具有病毒的结构特点，严格地说来它不是病毒，但它能引起像病毒性中枢神经系统疾病，故将此列入病毒学一章进行介绍。朊病毒的形态如图 7-44 所示。

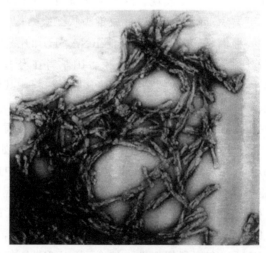

图 7-44　朊病毒的电镜形态

由朊病毒引起的动物及人的中枢神经系统疾病几百年以前就有记载，例如，羊瘙痒病（Scrapie）、牛海绵状脑病（BSE）、人库鲁症（Kuru）和克-雅脑病（CJD），但当时不知病因是什么，只是对引起此病的病原进行了多种推测。直到二十世纪八十年代初期才证实，羊瘙痒病是一种由具有感染性的蛋白质引起的，并定名为朊病毒。近年来英国疯牛病的暴发，把对朊病毒的科学研究推向了一个新的热点。

目前各国学者都公认，上述中枢神经系统退化病是由朊病毒引起的。朊病毒是一种可传播的具感染能力的蛋白质。它不含有任何遗传物质，是迄今所知的最小的病原物（Harris et al.，1999）。朊病毒的感染能力是当它原来的正常构型发生转变时才获得的。这个结论是经过一个长期的分析研究的过程而获得的。起初它被认为是一种普通的病毒，因为它的体积微小，可以通过细菌膜，具有感染性，可以在寄主之间进行传播。再因为它需要一至几年的潜伏期才能使寄主发病，人们认为它是一种慢病毒。但随着对这种病原的进一步研究，人们发现它具有与病毒截然不同的性质。

第一，具有很强的热稳定性。一般说来，微生物可在高温下失活，但朊病毒在90℃下可保持30min不失活。近来还有报道说，某些朊病毒可在360℃中保持1h不失活。

第二，抗辐射。紫外线辐射和电离辐射都不能使它灭活。

第三，抗水解。DNA及RNA水解酶、补骨脂素（Psoralens）以及锌离子所催化的水解反应都不能使其水解。

第四，对蛋白质变性剂很敏感。如尿素、十二磺酸酯钠、苯酚等可使蛋白质变性的化合物都可使其失活。

以上这些特点都说明了朊病毒是蛋白质而不是核酸。实际上还发现它是细胞基因组编码的一种蛋白质，含有254个氨基酸。在健康脑组织中以正常构型 PrP^c 出现，主要分布在神经元的表面。这种正常构型对蛋白酶很敏感，能被完全水解。而它的异构型 PrP^{sc} 则只被部分水解，产生一个含有141个氨基酸的小分子蛋白质。这个小分子蛋白质具有高度抗蛋白酶的活性，以线性状态在感染细胞中积累。PrP^{sc} 型蛋白质已被提纯，当接种到试验动物时，可以引起感染。朊病毒所引起的动物和人的中枢神经衰退症包括偶发型、遗传型及传染型。偶发型的代表包括绝大多数的早老痴呆症和个别的格斯特曼-施特劳斯勒-沙因克综合征（GSS）等，在这些病例中，没有发现在 PrP^c 中有变异出现，其 PrP^{sc} 发生的机制还不清楚。遗传型的代表包括家族性的克-雅脑病（fCJD）和多数GSS症。现已发现在GSS病人的朊病毒蛋白 PrP^c 中第102号脯氨酸已变成异亮氨酸（Prusiner，1997）。这是第一个在GSS病人中被鉴定出的与中枢神经衰退有关的遗传变异。这种变异已在许多家族中发现，之后又相继发现了四个其他氨基酸的变异。应用转基因动物技术也证实了基因突变可以引起中枢神经系统衰退症。如将GSS病人的 PrP 基因转到小鼠中，可引起小鼠同样的症状。GSS病人身体中的朊病毒可以传播到猿类或猴子身上，引起疾病。这些实例说明朊病毒是由于 PrP 的变异产生的。

传染型的朊病毒病包括库鲁病，引起这种病的朊病毒是由于同类相食而传播。

克-雅脑病的传播是由于医疗器械消毒不彻底、器官移植和生物制品药物等感染，如角膜、人生长素、促性腺激素或硬脑膜嫁接等。迄今已报道了90个年轻成人由于使用带朊病毒的人生长激素而导致克-雅脑病。他们的潜伏期一般是3～20年之间。更有60例是由于硬脑膜嫁接而感染，其潜伏期从1～14年不等。现在看来朊病毒蛋白质的构型转变是一个关键。那么 PrP^{sc} 的构型是如何形成的呢？PrP^{sc} 的形成是通过一个转译后的修饰过程。这个过程只包括构型的转变。分子模型的研究已预测出 PrP^c 含有四个 α 型螺旋折叠区，被定名为 H1～H4。这些 α 螺旋区占总结构区的 40%，而 β-折叠区则很少。构型的转变主要是氨基末端两个 α 螺旋区（H1 和 H2）的重新折叠变成 β-折叠，而在羧基末端的二硫键仍连接其他两个 α 螺旋（H3 和 H4），以保持 PrP^c 的稳定性。应用免疫学方法已确定构型的改变主要发生在氨基酸残基 90～112 的区域。虽然已证明 PrP^{sc} 的形成主要是由于氨基末端的构型发生了变化，但引起遗传性朊病毒的变异却遍布整个蛋白质分子，有趣的是所有已知的点突变不是发生在二级结构区域内，就是离二级结构很近。这似乎是为了破坏 PrP^c 的稳定性，以促使它转变构型。

参考文献

Adkar-Purushothama C，Sano T，Perreault J，2018. Viroid-derived small RNA induces early flowering in tomato plants by RNA silencing. Mol Plant Pathol，19（11）：2446-2458.

Allen P J，2006. The world awaits the next pandemic：will it be H5N1, the bird flu? J Child Health Care，(10)：178-187.

Aryal S，2019. Classification of virus. Microbe Notes.

Barco A，Feduchi E，Carrasco L，2000. Poliovirus protease 3Cpro kills cells by apoptosis. Virology，(26)：352-360.

Bouvier N M，Palese P，2008. "The biology of influenza viruses". Vaccine，26（Suppl 4）：D49-53.

Bresnahan W A，Shenk T，2000. A subset of viral transcripts packaged within human cytomegalovirus particles. Science，288（5475）：2373-2376.

Brock T D，Madigan M T，Martinko J，2005. 11th ed. Biology of Mcroorganisms：183-234.

Chan J F，Yuan S F，Kok K H，et al.，2020. A familial cluster of pneumonia associated with the 2019 novel coronavirus indicating person-to-person transmission：a study of a family cluster. Lancet，395（10223）：514-523.

Chan P K S，Tang J W，Hui D S C，2006. SARS：clinical presentation，transmission，pathogenesis and treatment options. Clin Sci（Lond），110（2）：193-204.

Chen N，Zhou M，Dong X，et al.，2020. Epidemiological and clinical characteristics of 99 cases of 2019 novel coronavirus pneumonia in Wuhan，China：a descriptive study. Lancet，395（10223）：507-513.

Cheng Y W，Chao T L，Li C L，et al.，2020. Furin Inhibitors Block SARS-CoV-2 Spike Protein Cleavage to Suppress Virus Production and Cytopathic Effects. Cell Rep，33（2）：108254.

Dalakouras A，Dadami E，Wassenegger M，2013. Viroid-induced DNA methylation in plants. Biomol Concepts，4（6）：557-565.

Damas J，Hughes G M，Keough K C，et al.，2020. Broad host range of SARS-CoV-2 predicted by comparative and structural analysis of ACE2 in vertebrates. Proc Natl Acad Sci U S A，117（36）：22311-22322.

Dowdle W R，2006. Inflenza pandemic periodicity，virus recycling and the art of risk assessment. Emerg Infect Dis，12（1）：34-39.

Fauci A S，2006. Emerging and re-emerging infectious diseases：influenza as a protype of the host-pathogen balancing act. Cell，124（4）：665-670.

Flint S，EnquistL，Racaniello V，et al.，2000. Principles of Virology：Molecular Biology，Pathogenesis，and Control of Animal Viruses（second ed）. ASM Press，Washington，DC.

Fokine A，Leiman P G，Shneider M M，et al.，2005. Structural and functional similarities between the capsid proteins of bacteriophages T4 and HK97 point to a common ancestry. Proc Natl Acad Sci U S A，102（20）：7163-7168.

Ge X Y，Li J L，Yang X L，et al.，2013. Isolation and characterization of a bat SARS-like coronavirus that uses the ACE2 receptor. Nature，503（7477）：535-538.

Goldstaub D，Gradi A，Bercovitch Z，et al.，2000. Poliovirus 2A protease induces apoptotic cell death. Mol Cell Biol，20（4）：1271-1277.

Guan Y，Zheng B J，He Y Q，et al.，2003. Isolation and characterization of viruses related to the SARS coronavirus from animals in southern China. Science，302（5643）：276-278.

Haagmans B L，Al Dhahiry S H，Reusken C B，et al.，2014. Middle East respiratory syndrome coronavirus in dromedary camels：an outbreak investigation. Lancet Infect Dis，14（2）：140-145.

Harris D A，1999. Cellular biology of prion diseases. Clin Microbiol Rev，12（3）：429-444.

Hu B，Zeng L P，Yang X L，et al.，2017. Discovery of a rich gene pool of bat SARS-related coronaviruses provides new insights into the origin of SARS coronavirus. PLoS Pathog，13（11）：e1006698.

Huang C，Wang Y，Li X，et al.，2020. Clinical features of patients infected with 2019 novel coronavirus in Wuhan，China. Lancet，395（10223）：497-506.

Iranzo J，Koonin E V，Prangishvili D，et al.，2016. Bipartite network analysis of the archaeal virosphere：evolutionary connections between viruses and capsidless mobile elements. J Virol，90（24）：11043-11055.

Joachims M，Van Breugel P C，Lloyd R E，1999. Cleavage of poly（A）-binding protein by enterovirus proteases concurrent with inhibition of translation in vitro. J Virol，73（1）：718-727.

Juckett G，2006. Avian influenza：preparing for a pandemic. Am Fam Physician，74（5）：783-790.

Kumar B，Asha K，Khanna M，et al.，2018. The emerging influenza virus threat：status and new prospects for its therapy and control. Arch Virol，163（4）：831-844.

Lam T T，Jia N，Zhang Y W，et al.，2020. Identifying SARS-CoV-2-related coronaviruses in Malayan pangolins. Nature，583（7815）：282-285.

Li W，Shi Z，Yu M，Ren W，et al.，2005. Bats are natural reservoirs of SARS-like coronaviruses. Science，310（5748）：676-679.

Lin Q，Chiu A P，Zhao S，et al.，2018. Modeling the spread of Middle East respiratory syndrome coronavirus in Saudi Arabia. Stat Methods Med Res，27：1968-1978.

Lipsitch M，Cohen T，Cooper B，et al.，2003. Transmission dynamics and control of severe acute respiratory syndrome. Science，300（5627）：1966-1970.

Liu J，Xiao H，Lei F，et al.，2005. Highly pathogenic H5N1 influenza virus infection in migratory birds. Science，309（5738）：1206.

Lu R，Zhao X，Li J，et al.，2020. Genomic characterisation and epidemiology of 2019 novel coronavirus：implications for virus origins and receptor binding. Lancet，395（10224）：565-574.

Meertens L，Labeau A，Dejarnac O，et al.，2017. Axl Mediates ZIKA Virus Entry in Human Glial Cells and Modulates Innate Immune Responses. Cell Rep，18（2）：324-333.

Monel B，Compton A A，Bruel T，et al.，2017. Zika virus induces massive cytoplasmic vacuolization and paraptosis-like death in infected cells. EMBO J，36（12）：1653-1668.

Prusiner S B，1997. Prion diseases and the BSE crisis. Science，278（5336）：245-251.

Raj V S，Mou H，Smits S L，et al.，2013. Dipeptidyl peptidase 4 is a functional receptor for the emerging human coronavirus-EMC. Nature，495（7440）：251-254.

Rodenhuis-Zybert I A，Wilschut J，Smit J M，2010. Dengue virus life cycle：viral and host factors modulating infectivity. Cell Mol Life Sci，67（16）：2773-2786.

Roizman B，Palese P，1996. Multiplication of viruses：An overview. In：Fields B. N.，Knipe D. M.，Howley PM. ed. Virology. 3rd ed. Lippincott-Raven Publishers，Philadelphia：101-112.

Segalés J，Puig M，RodonJ，et al.，2020. Detection of SARS-CoV-2 in a cat owned by a COVID-19-affected patient in Spain. Proc Natl Acad Sci U S A. 117（40）：24790-24793.

Sanger H L，Klotz G，Riesner D，et al.，1976. Viroids are single-stranded covalently closed circular RNA molecules existing as highly base-paired rod-like structures. Proc Natl Acad Sci U S A，73（11）：3852-3856.

Taubenberger J K，Reid A H，Lourens R M，et al.，2005. Characterization of the 1918 influenza virus polymerase genes. Nature，437（7060）：889-893.

Sit T H C，Brackman C J，Ip S M，et al.，2020. Infection of dogs with SARS-CoV-2. Nature，586（7831）：776-778.

Wang N，Shang J，Jiang S，2020. Subunit Vaccines Against Emerging Pathogenic Human Coronaviruses. Front Microbiol，11：298.

Wang Q，Qiu Y，Li J Y，et al.，2021. Receptor utilization of angiotensin-converting enzyme 2（ACE2）indicates a narrower host range of SARS-CoV-2 than that of SARS-CoV. Transbound Emerg Dis，68（3）：1046-1053.

Wei C，Wan L，Yan Q，et al.，2020. HDL-scavenger receptor B type 1 facilitates SARS-CoV-2 entry. Nat Metab，2（12）：1391-1400.

Woo P C，Lau S K，Lam C S，et al.，2012. Discovery of seven novel Mammalian and avian coronaviruses in the genus deltacoronavirus supports bat coronaviruses as the gene source of alphacoronavirus and betacoronavirus and avian coronaviruses as the gene source of gammacoronavirus and deltacoronavirus. J Virol，86（7）：3995-4008.

Zhang H M，Yuan J，Cheung P，et al.，2005. Gamma interferon-inducible protein 10 induces HeLa cell apoptosis through a p53-dependent pathway initiated by suppression of human papillomavirus type 18 E6 and E7 expression. Mol Cell Biol，25（14）：6247-6258.

Zhou P，Yang X L，Wang X G，et al.，2020. A pneumonia outbreak associated with a new coronavirus of probable bat origin. Nature，579（7798）：270-273.

（邱烨　杨德成）

第8章

人感染性病毒与分子免疫

摘要：进入 21 世纪以来，人类经历了数次病毒引起的重大疫情，包括三次人冠状病毒疫情（SARS、MERS 和 COVID-19）、2009 年 H1N1 流感疫情、2015 年寨卡病毒疫情等，对世界民生和社会稳定造成了重大影响。病毒性传染病疫情已经日益成为影响人类生存和社会稳定的巨大威胁，人感染性病毒引起人类疾病和疫情的病原学和病理学机制亟待理清。考虑到跨种传播至人类是病毒引发大规模疫情的重要原因，而病毒性疾病一般与人体的免疫系统和炎症反应密切相关，本章将从这两方面对几种重要的人感染性病毒展开讨论。

8.1　禽流感病毒跨种传播的分子机制

流感病毒（Influenza Virus）是引起流行性感冒（Influenza）的人畜共患传染病病原，在分类学上属于正黏病毒科（Orthomyxoviridae），为有囊膜、多形态、病毒基因为分节段的单股负链 RNA 病毒。根据病毒核蛋白（Nucleoprotein，NP）和基质蛋白（Matrix Protein，M1）抗原性的不同，流感病毒可分为 A、B、C、D 四型。其中 A 型流感病毒可以感染人和禽、猪、马等多种动物。根据病毒粒子表面血凝素蛋白（HA）和神经氨酸酶（NA）的不同，A 型流感病毒可分为 18 个 HA 亚型和 11 个 NA 亚型。除 H17N10 和 H18N11（发现于蝙蝠）外，其余亚型均可在水禽中发现。目前已有多种亚型（H5、H6、H7、H9、H10）禽流感病毒感染人类的报道。

8.1.1　宿主细胞的受体类型

A 型流感病毒的细胞受体是细胞膜上的唾液酸糖脂或唾液酸糖蛋白。该种受体最末端通常为固定的三个糖：唾液酸（SA1）、半乳糖（Gal2）和 N-乙酰氨基葡萄糖（GlcNAc3）。唾液酸的 C2 位碳原子可以与次末端半乳糖的 C3 或 C6 位碳原子结合，形成 α-2,3 或 α-2,6 连接糖苷键，不同的连接方式使得受体糖链的空间构象差异很大。

流感病毒对唾液酸受体的识别和结合具有偏好性，禽流感病毒偏好性结合 α-2,3 连接的唾液酸受体，人流感病毒则倾向于结合 α-2,6 连接的唾液酸受体。一般认为禽类的肠道上皮细胞主要分布着 α-2,3 受体，而人类的上呼吸道上皮细胞主要分布有 α-2,6 受体，下呼吸道上皮细胞、肺泡和肺巨噬细胞也存在一定数量的 α-2,3 受体。禽流感病毒在一定条件下才能进入下呼吸道，因此，HA 蛋白通过受体结合位点的突变获得结合 α-2,6 受体的能力仍被认为是禽流感病毒感染人的先决条件。

8.1.2　流感病毒的 HA 蛋白

HA 是流感病毒粒子表面含量最丰富的蛋白质，负责识别和结合宿主细胞表面特异性的唾液酸受体，并且可以介导膜融合；HA 前体蛋白（HA0）属于 I 型跨膜糖蛋白，约含 550 个氨基酸。HA0 可以被宿主细胞的蛋白酶裂解成 HA1 和 HA2，HA1 和 HA2 以二硫键相连。

晶体结构显示 HA 三聚体分子的胞外区长约 135Å（$1Å=10^{-10}m$），由远膜端的球形头部和近膜端的纤维状茎部组成。流感病毒的受体结合位点由 190-螺旋（HA1 188-190）、130-环（HA1 134-138）、220-环（HA1 221-228）及基部的保守氨基酸（Y98、W153、H183 和 Y19）组成。α-2,3 唾液酸受体通常采取伸展构象与 HA 结合；而 α-2, 6 受体则常常采取折叠构象（图 8-1）。

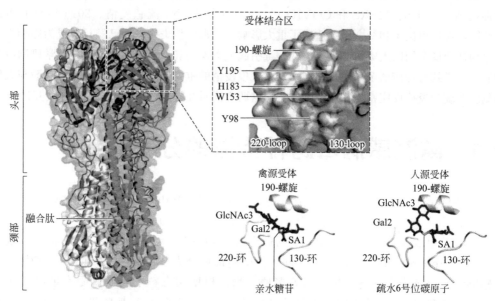

图 8-1　流感病毒受体结合部位及其受体（见彩图）
(Shi et al., 2014)

8.1.3　影响流感病毒受体结合特异性的结构因素

α-2,3 唾液酸受体和 α-2,6 唾液酸受体构象不同，因此相对应的受体结合位点中的氨基酸也有所不同。HA 蛋白结合 α-2,3 唾液酸受体需要受体结合部位处的亲水残基，而结合 α-2,6 唾液酸受体需要疏水残基。因此，HA 蛋白的受体结合位点氨基酸的改变是禽流感病毒跨宿主传播所必需的，也就是说氨基酸的改变导致了受体结合特性的转变。

（1）H1/H2/H3 亚型流感病毒跨种传播的分子机制

迄今为止，A 型流感病毒中仅有 H1N1、H2N2 和 H3N2 亚型的流感病毒能够引起流感大流行或季节性流感。

对于 H1 亚型病毒来说，190 和 225 位氨基酸在受体结合特异性的决定中起关键作用。H1 亚型禽流感病毒的 HA 主要为 E190 和 G225，能够结合 α-2,3 和 α-2,6 两种受体，而 H1 亚型人流感病毒的 HA 为 D190 和 D225，仅能结合 α-2,6 受体。从结构上看，H1 HA 蛋白通过 D190 和 D225 氨基酸残基与 α-2,6 受体的糖环形成氢键相互作用，并且 D225 和 K222 之间的盐桥相互作用可以降低 220-环的柔性，不利于 α-2,3 受体的结合；而 G225 由于不能和 K222 形成盐桥，不能降低 220-环的柔性，从而使得

Q226 能够向前移动并与 α-2,3 受体的 Gal2 形成三个氢键；另有人报道 E190 能够通过两个水分子抬高 Q226 的侧链，使得 Q226 能与 α-2,3 受体的 Gal2 糖环相互作用。

对于 H2 和 H3 亚型的禽流感病毒而言，HA 蛋白中 Q226L 和 G228S 突变是改变流感病毒受体特异性并实现跨种传播的关键。HA 蛋白含有 Q226 和 G228 的禽流感病毒偏好性结合 α-2,3 受体，而含有 L226 和 S228 的人流感病毒则特异性结合 α-2,6 受体。从结构上看，L226 提供的疏水环境有利于 α-2,6 受体的结合，而不利于 α-2,3 受体的结合，同时 S228 与 SA1 之间形成一个氢键，增加了 HA 蛋白对 α-2,6 受体的亲和力。此外，H2 HA 的 N186 能够与 Gal2 形成氢键，这可能是 H2 亚型禽流感病毒初步获得 α-2,6 受体结合能力的关键（具有 S186 的 H3 亚型禽流感的 HA 则不能形成这个氢键，与 α-2,6 受体的结合能力也较弱）。

（2）高致病性 H5N1 亚型禽流感病毒跨种传播机制

近年来，H5N1 亚型高致病性禽流感常在家禽中暴发，造成了巨大的经济损失，并且可以偶发性感染人类。人感染 H5N1 流感病毒后的典型症状为肺炎和高细胞因子血症，死亡率较高。值得庆幸的是，目前尚没有证据表明 H5 亚型禽流感病毒可以在人群中传播，但是已有多项研究表明 H5 亚型禽流感病毒已经具备结合人源受体的能力，因此值得我们持续关注。

近几年来也有一些研究表明，H5 亚型禽流感病毒在特定条件下也能结合 α-2,6 受体并能在雪貂模型中通过呼吸道飞沫传播。有报道称含有 H5 HA（含 N158D、N224K、Q226L 和 T318I 突变）和 2009 大流行 H1N1 流感病毒的其余 7 个片段组合而成的重排病毒可以在雪貂中通过呼吸道飞沫传播。同年，有报道称含有 HA Q226L 和 G228S 及 PB2 E627K 突变的 H5N1 病毒经雪貂中连续传代后可得到在雪貂中通过呼吸道飞沫传播的突变体病毒（其中 HA 具有 H110Y、T160A、Q226L 和 G228S 突变）。晶体结构表明，L226 残基产生的疏水环境能够有利于突变体 H5 HA 结合 α-2,6 受体，而不利于结合 α-2,3 受体。此外，N158D 或 T160A 突变均可以使 HA 缺失 N158 糖基化，从而增加对 α-2,6 受体的亲和力；T318I 突变能够稳定 HA 蛋白的融合肽在 HA 单体中的位置，而 H110Y 突变则是通过与相邻 HA 单体形成氢键来提高 HA 三聚体的稳定性。

（3）H7N9 亚型禽流感病毒跨种传播的分子机制

2013 年 2 月，我国安徽和上海等地出现了人感染 H7N9 禽流感病例，截至 2015 年 9 月，已确诊 656 例 H7N9 亚型禽流感病毒的感染病例。动物传播实验表明，H7N9 病毒能够在雪貂间进行接触传播，但是不能进行有效地呼吸道飞沫传播。受体结合实验表明，H7N9 病毒仍然保留较强的 α-2,3 受体的结合能力，但大多数毒株已经获得了结合 α-2,6 受体的能力。晶体结构表明，流行毒株安徽株（A/Anhui/1/2013，AH1）具有双受体结合特性，早期分离的上海株（A/Shanghai/1/2013，SH1）则偏好性地结合 α-2,3 受体。序列分析发现 SH1 株和 AH1 株的 HA 有 8 个氨基酸的差异，其中 S138A、G186V、T221P、Q226L 位于受体结合位点部位。结构研究表明，AH1 株结合位点区域的 4 个突变（S138A、G186V、T221P、Q226L）共同创造了一个疏水性环境，使得 AH1 株的受体结合位点 220-环的附近区域的疏水性比 SH1 株更强，从而更易于结合 α-2,6 受体。

另外，与 AH1 株突变体 HA 结合时，α-2,3 受体呈现出经典的反式构象，而在与

SH1 株 HA 的复合物结构中，α-2,3 受体却呈现出反常的顺式构象。这表明在流感病毒跨种传播的机制研究中，α-2,3 受体和 α-2,6 受体的不同构象也是影响受体结合特性的重要因素之一。

8.1.4　影响跨种传播的其他重要蛋白质

除 HA 蛋白外，NA 蛋白以及聚合酶蛋白等也对流感病毒的跨种传播至关重要。NA 的主要功能是帮助新生病毒粒子从细胞表面释放，避免病毒粒子的相互聚集，它在细胞内的表达量和酶活力甚至某些结合特性都会影响病毒的释放和扩大感染；NA 蛋白茎部区的长度影响其对不同底物的酶解效率，从而影响流感病毒的宿主范围。

PB2 是病毒聚合酶复合物的重要组成成分，直接调控 vRNA 的复制水平。PB2 的 E627K 突变被广泛证明与禽流感病毒对哺乳动物的适应性相关：通常禽流感病毒 PB2 为 E627，而人流感病毒为 K627，可在雪貂中传播的 H5N1 突变型病毒以及 2013 年流行的 H7N9 病毒也具有 E627K 突变。研究表明，人的上呼吸道温度通常是 33℃，远远低于禽类的肠道温度（约 41℃），而 PB2 的 E627K 突变可以增强禽流感病毒在低温下的复制能力从而有利于禽流感病毒在哺乳动物体内的复制，进而更有利于病毒在哺乳动物中的传播。627 位于 PB2 蛋白 C 末端区同名的"627 结构域"，该区域被认为与输入蛋白-α（Importin-α）结合相关。晶体结构显示，E627K 突变改变了"627 结构域"表面的电荷特性（从带正电荷变成带负电荷），可能通过阻碍 PB2 与哺乳动物细胞中的抑制性因子的结合，而使病毒能有效地在哺乳动物细胞中复制。另外，研究发现 2009 年大流行 H1N1 病毒的 PB2 627 为 E，但是在结构上与 627 位相邻的 G590S/Q591R 双突变能起到 E627K 的代偿作用，为"627 结构域"的表面提供足够的负电荷，从而有利于该病毒在哺乳动物细胞中的复制。PB2 的 D701N 突变也被证明与禽流感病毒对哺乳动物的适应性有关，该位点可能影响了 PB2 对不同亚型的输入蛋白-α 的选择。此外，PB2 的 271、526、588、636 位的氨基酸突变，以及 PB1 的 375 位氨基酸和 PA 的 85、186、336、552 等氨基酸位点也被认为与跨种传播相关。

另外，研究也发现 NP 蛋白也会影响 H3N2 流感病毒的宿主特异性。有人利用反向遗传学技术将一株 H5N1 高致病性禽流感病毒与 2009 甲型流感大流行 H1N1 病毒的 8 个基因片段互换，组合出一百多株重配病毒，结果发现人 H1N1 病毒的 *PA* 和 *NS* 基因能使禽源 H5N1 病毒通过呼吸道飞沫在豚鼠中传播，且人源的 *NP*、*NA* 和 *M* 基因也能增强禽流感病毒在哺乳动物间传播的能力。

8.2　埃博拉病毒入侵宿主细胞的机制

埃博拉病毒（Ebola Virus）是一类囊膜病毒（图 8-2），能够感染人和灵长类动物，并能引起病死率极高的埃博拉出血热，因而被世界卫生组织列为对人类危害最严重的烈性病毒之一。埃博拉病毒属于单股负链病毒目（Mononegavirales）丝状病毒科（Filoviridae），为单股负链 RNA 病毒，其在显微镜下呈现为多态性的长丝状体。埃博拉病毒可以分为 6 个种：扎伊尔型（Zaire ebolavirus，EBOV）、苏丹型（Sudan ebolavirus，SUDV）、雷斯顿型（Reston ebolavirus，RESTV）、塔伊森林型（Taï Forest ebolavirus，TAFV)、本迪布焦型（Bundibugyo ebolavirus，BDBV）和邦巴利型（Bombali eb-olavius，BOMV）埃博拉病毒。除 RESTV 和 BOMV 外，其他的 4 种埃博拉病毒均能感染人类并致病。自 1976 年扎伊尔型和苏丹型首次暴发至今，埃博拉病毒已经在非洲肆虐了近 40 年，共引起了 24 次大规模暴发，死亡率为 25%～90%。2014 年 3 月开始，一场以几内亚、利比里亚和塞拉利昂为中心的扎伊尔型埃博拉病毒疫情迅速在整个西非蔓延开来，截至 2016 年 3 月 27 日，此次疫情共导致 28646 人感染，11323 人死亡。

埃博拉病毒的基因组为不分节段的负链 RNA，约 19kb，从 3' 端到 5' 端顺序编码七个基因：NP—VP35—VP40—GP—VP30—VP24—L。共编码 9 种蛋白：NP、VP30、L、VP35、GP、sGP、ssGP、VP40 和 VP24。

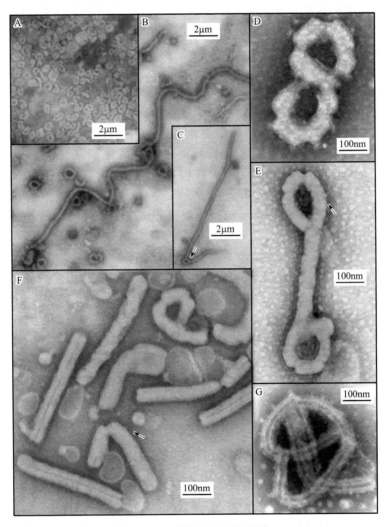

图 8-2　埃博拉病毒电镜图片

(David M. Knipe，Peter M. Howley. *Fields virology*. 6th ed. Lippincott Williams & Wilkins，2013)

8.2.1　埃博拉病毒的囊膜糖蛋白

埃博拉病毒的囊膜糖蛋白（GP）是囊膜表面唯一的病毒糖蛋白，为 I 型病毒融合蛋白，其主要功能是介导埃博拉病毒与宿主细胞的吸附并介导病毒膜与宿主细胞膜的膜融合过程。GP蛋白由676个氨基酸组成，可经细胞内的蛋白酶酶切成为GP1和GP2两个亚基，GP1和GP2通过二硫键相连。埃博拉病毒囊膜表面的GP蛋白为三聚体，型如"圣杯"状，由三个GP单体分子通过非共价连接的方式相互作用形成。其中GP1亚基形成"圣杯"的杯身部分，主要功能是介导宿主细胞的黏附以及与受体分子的结合，而GP2亚基则形成了"圣杯"的杯颈部分并向下插入到病毒囊膜中，主要功能是介导病毒膜与宿主细胞膜的膜融合过程。

8.2.2　与埃博拉病毒入侵相关的宿主蛋白

据研究报道细胞表面黏附分子如人 T 细胞免疫球蛋白黏蛋白 1（T-cell Immuno-globulin and Mucin，hTIM-1）和分布于各个组织细胞中的晚期内体和溶酶体（Late endosome/Lysosome，LE/LY）膜上的 C 型尼曼匹克蛋白 1（Niemann Pick C1，NPC1）与埃博拉病毒的入侵相关。

TIM 基因家族发现于 2001 年，该基因家族在调节移植耐受、自身免疫病等免疫反应，调节过敏和哮喘反应以及病毒应答方面发挥着重要作用。最近的研究表明，hTIM 分子能够促进包括埃博拉病毒在内的很多囊膜病毒的入侵。TIM 家族成员结构相似，由远膜区的 N-端免疫球蛋白 V 区结构域（IgV）、高度糖基化的黏蛋白样结构域（Mucin-Like Domain）、跨膜区以及胞内区构成。hTIM 介导的病毒入侵过程依赖于 hTIM 分子胞外区远膜端的免疫球蛋白 V 区结构域与病毒囊膜上的磷脂酰丝氨酸（Phosphatidylserine，PS）的特异性相互作用。人类 TIM 家族共有 3 个成员：hTIM-1、hTIM-3 和 hTIM-4。

NPC1 是一种 C 型尼曼匹克病相关蛋白，分布于各个组织细胞中的晚期内体和溶酶体（LE/LY）膜上。NPC1 基因上的功能缺失性突变可导致胆固醇等脂类分子在 LE/LY 中大量累积，引发一种致死性的常染色体隐性遗传病，C 型尼曼匹克病。最近的研究表明，NPC1 分子是埃博拉病毒在 LE/LY 中的受体。它通过自身的胞外 C 结构域（NPC1-C）结合埃博拉病毒的囊膜糖蛋白介导了埃博拉病毒囊膜与 LE/LY 膜的融合和病毒核酸物质的释放。NPC1-C 结构域的结构由两部分组成：一部分是位于 NPC1-C 中心的核心结构区，由 7 个 α 螺旋束（Helix-bundle）组成；另一部分是围绕着该核心结构区的 7 个 β 折叠片（Pleated Sheet）。除此之外，NPC1-C 结构中还带有两个突出于整体结构外的环结构，环 1 位于折叠片 β2 和 β3 之间，环 2 则位于螺旋束 α4 和 α5 之间。

8.2.3　埃博拉病毒与宿主细胞的相互作用

埃博拉病毒具有广谱性的感染能力，能够感染多种类型细胞。在感染的早期阶段，埃博拉病毒可发现于树突状细胞、单核细胞和巨噬细胞等免疫细胞中。在感染后期，其可以感染多数非淋巴细胞系。埃博拉病毒对多种细胞的感染能力预示着其可能存在一种在多种细胞上广泛分布的受体分子。据报道，NPC1 可作为丝状病毒的胞内受体与病毒的 GP 蛋白酶酶切后形态 GPcl 结合，在介导病毒膜与细胞膜的膜融合过程以及病毒遗传物质的释放过程中发挥重要作用。

（1）GP 蛋白与细胞表面黏附分子的相互作用

目前已知的丝状病毒细胞表面黏附分子主要通过与 GP 蛋白上的糖组分以非特异结

合的方式介导病毒吸附并增强病毒感染能力。这类分子主要包括整合素 β1、C-型凝集素（如 DC-SIGN 和 L-SIGN）和叶酸受体 α 等。除上述分子外，TIM 家族分子可以通过识别病毒囊膜上的磷脂酰丝氨酸分子非特异性地增强包括埃博拉病毒在内的多种囊膜病毒的入侵能力。通过类似的机制，其他能够识别 PS 的受体分子，如 Tyro3 家族受体 Gas6/Axl 等也能有效促进埃博拉病毒的感染。埃博拉病毒在吸附宿主细胞表面后，可通过大型胞饮作用进入宿主细胞。

hTIM 家族分子能够促进包括 EBOV 在内的很多囊膜病毒的入侵。而 hTIM 分子介导的病毒入侵过程高度依赖于位其胞外区远膜端的 IgV 结构域与病毒囊膜中 PS 分子的特异性相互作用。虽然 hTIM 家族的 3 个成员（hTIM-1、hTIM-3 和 hTIM-4）均呈现出与其小鼠同源分子 mTIM 相似的整体结构特征，但在局部结构细节上，hTIM 分子表现出各自的结构特点，即 hTIM-1 分子具有特殊的 FG 环，hTIM-3 分子具有特殊的金属离子结合位点，hTIM-4 分子具有特殊的 CC′ 环构象。这些结构细节上的特殊性，可能导致 hTIM 分子对于 PS 结合的特异性。hTIM-4/ PS 复合物结构显示 hTIM-4 分子在结合 PS 分子时采用了不同的取向，进一步证明了 hTIM 分子在结合 PS 时的特异性。总之，尽管 hTIM 分子与埃博拉病毒 GP 蛋白间不存在直接的相互作用，但是其仍能够影响埃博拉病毒的入侵。了解 hTIM 分子介导埃博拉病毒入侵的分子机制有助于我们全面地了解埃博拉病毒侵入宿主细胞的过程，为抗病毒治疗指明方向。

（2）GP 蛋白与 NPC1 的相互作用

埃博拉病毒进入宿主细胞后，可沿着从内吞体到早期核内体最终转运至晚期内体或者溶酶体的路径运输。在 LE/LY 内，随着内腔环境的酸化，病毒囊膜上的 GP 蛋白将经历一个"启动"过程，启动后的 GP 蛋白具有受体结合能力并能够介导膜融合过程，称为 GPcl。该启动过程由 LE/LY 中的组织蛋白酶 L 和组织蛋白酶 B 执行，酶切位点位于 GP1 亚基的 β13 折叠片和 β14 折叠片之间。该酶切过程酶切掉包括 MLD、糖帽区和头部区最外侧的 β14 折叠片在内的 GP1 亚基上 60% 的氨基酸序列，将位于 GP1 亚基基部区和头部区的受体结合位点完全暴露出来。酶切以后的 GPcl 由 GP1 亚基上的 33 位到 190 位氨基酸和全部的 GP2 亚基构成，可以通过其 GP1 上暴露的受体结合区域与丝状病毒的胞内受体 NPC1 分子结合（图 8-3）。

GPcl 与 NPC1 的复合物结构显示二者的结合位点位于 GPcl 蛋白远膜端的疏水凹槽中，主要通过与 NPC1 的两个突起的环结构形成疏水相互作用而结合。GPcl 结构中的疏水凹槽由螺旋束 α1、折叠片 β4/β7/β9/β10 以及位于折叠片 β9～β10 和 β12～β13 间的两个环结构组成。而 NPC1 结构中的环 1 与 GPcl 疏水凹槽的一端相互作用，环 2 则完全插入到该疏水凹槽中。突变试验证明环 1 上的双突变（Y423G/P424G）能够大幅度地降低 NPC1 与 GPcl 的亲和力，而环 2 上的双突变（F503A/F504A 和 F503G/F504G）则能够直接破坏掉二者的结合。

综上所述，埃博拉病毒入侵细胞过程涉及 GP 蛋白与细胞表面黏附分子以及与 NPC1 分子的结合。对埃博拉病毒入侵机制的研究，有助于我们开发小分子、多肽类药物和疫苗，更好地控制埃博拉病毒。

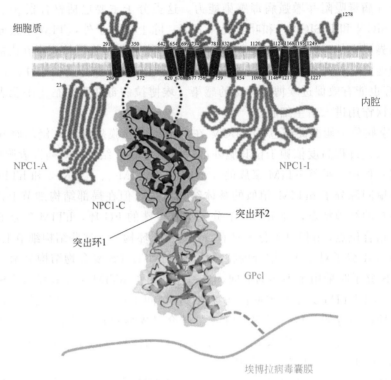

图 8-3　埃博拉病毒 GP 蛋白与受体的结合（见彩图）

(Wang et al.，2016)

8.3　冠状病毒跨种传播的分子机制

　　冠状病毒属于巢状病毒目（Nidovirales）冠状病毒科（Coronaviridae），为一类具有囊膜的 RNA 病毒。在电镜下，冠状病毒呈现为球形或卵圆形；粒子内部为单正链的 RNA 基因组，大小可达 26～32kb；粒子外部的囊膜中含有 S 蛋白，因其覆盖表面而使得整个病毒粒子在电镜下如日冕一般，因而得名冠状病毒。依据目前的分类原则，冠状病毒又被进一步分为四个属（Coronavirus），即 α-、β-、γ- 和 δ-冠状病毒属。除了少数的 α-冠状病毒（如人类冠状病毒 229E 和 NL63）可造成人类疾病外，目前已鉴定的能够感染人类的冠状病毒主要集中在 β-冠状病毒属。曾在 2002～2003 年引起世界性"非典"疫情的 SARS-CoV 和 2012 年在中东地区造成集中感染的 MERS-CoV 均属于 β-冠状病毒属。依据序列特征，人们又将 β-冠状病毒进一步分为四个进化上的亚群 A～D，SARS-CoV 和 MERS-CoV 分属于亚群 B 和亚群 C。

　　现有研究表明，冠状病毒一旦跨越种间屏障，获得人际传播的能力，即可造成严重的感染和流行。2002～2003 年的"非典型肺炎"（SARS）疫情，造成近 30 个国家超过8000 人感染，800 多人死亡；2012 年中东地区首次报道 MERS-CoV 感染疫情，截至 2016 年 5 月 15 日，全球共向 WHO 通报 1728 例实验室确诊病例，包括 624 例死亡病例。目前 MERS 疫情仍在中东地区持续发生。据推测，这两种病毒均起源于蝙蝠，并通过中间宿主传染给人类。

8.3.1　冠状病毒的受体

据报道，SARS-CoV 的功能性受体为血管紧张素转换酶 2 （Angiotensin-Converting Enzyme 2，ACE2）。研究发现 ACE2 可以有效地结合 SARS-CoV S 蛋白的 S1 区域，并且转染 ACE2 的 293T 细胞可与表达 S 蛋白的细胞形成多核合胞体。SARS-CoV 也能够在转染 ACE2 的 293T 细胞中有效地复制，并且抗 ACE2 的抗体可抑制 SARS-CoV 的复制。这些结果均表明 ACE2 是 SARS-CoV 的功能性受体，具有介导 SARS-CoV 入侵和细胞融合等作用。

MERS-CoV 的功能受体是二肽基肽酶-4 （Dipeptidyl Peptidase-4，DPP4），亦称为 CD26，是一个含有 766 个氨基酸的 Ⅱ 型跨膜糖蛋白，在细胞表面以二聚体形式存在。CD26 可以和 MERS-CoV 的受体结合区域结合从而介导病毒侵染细胞。

8.3.2　冠状病毒的 S 蛋白

刺突蛋白（S 蛋白）是冠状病毒表面主要的胞外蛋白，构成冠状病毒科特征性的冠状样结构。S 蛋白单体形式以非共价键结合形成三聚体，是 Ⅰ 型膜糖蛋白，也是结构蛋白中最大的蛋白质，形态学上刺突蛋白为鼓槌状。S 蛋白在功能上可分为两部分（S1 和 S2），结构分析表明，N 端为 S1 亚基，构成成熟刺突蛋白球部分，负责识别和结合受体；C 端为 S2 亚基，形成突起的柄部分，负责膜融合。尽管 SARS-CoV 的 S 蛋白经生物信息学分析找不到保守的碱性氨基酸酶切位点，不能被感染的细胞或病毒自身表达的酶酶切，但其仍具有 S1 和 S2 相应功能。S1 亚基中的受体结合区（RBD）是目前 S 蛋白结构研究中的焦点。

SARS-RBD 位于 S1 的 C 端，其结构呈现两个明显的亚结构域，核心亚结构域与外部亚结构域。SARS-RBD 利用后者结合其受体 ACE2。SARS-RBD 中与受体结合的部位集中于 424~494 位，因此该区域也被称为受体结合基序（RBM）。MERS-RBD 也位于 S1 的 C 端，其 RBD 与 SARS-RBD 存在着明显的相似性：表现在 RBD 的"核心"亚结构域高度同源，用以呈递"外部"亚结构域；而"外部"亚结构域差异显著，用以识别不同的受体分子。

8.3.3　影响冠状病毒入侵的因素

病毒侵入宿主的第一步是病毒表面蛋白与宿主细胞表面特异性受体之间的相互作用。病毒实现跨种传播的过程中，必然经历一个病毒囊膜蛋白的变异过程，导致病毒受体结合特征的改变。因此病毒特异性受体的鉴定及病毒与受体相互作用模式的解析对于阐明病毒的分子进化及跨种感染和传播机制具有重要的作用。

（1）S 蛋白 RBD 与受体的结合

冠状病毒的感染起始于其 S 蛋白 RBD 与受体的结合。因此在研究冠状病毒的跨种间传播时需要评估其 RBD 与受体的结合。

① SARS-CoV

SARS-RBD 中 RBM 以延展的，稍微凹陷的外表面结合人 ACE2 N 端的 α-螺旋。同时，RBM 两端突起的部分也参与人 ACE2 的结合，RBM 的一端结合连接 α2/α3 的柔性区域，另一端结合 β-发夹和一段螺旋。在形成的 SARS-RBD/人 ACE2 的复合物中，分别有 927.8Å² 的 RBD 以及 884.7 Å² 的人 ACE2 被包埋在复合物中。复合物的接触面由 14 个 SARS-RBD 的残基与 18 个人 ACE2 的残基构成。

SARS-CoV 与不同宿主的 ACE2 结合的结果显示，SARS-CoV 可以与人、蝙蝠、果子狸的 ACE2 结合，这与其能够在该物种体内复制相一致。此外，小鼠的 ACE2（含 K353H 突变）也是 SARS-CoV 的功能性受体，但 K353H 突变使其缺失 353 残基与 SARS-RBM 的 G488 形成重要的氢键，因此其作为 SARS-CoV 的受体的能力比人 ACE2 弱。大鼠的 ACE2 也存在 K353H 点突变，此外，大鼠的 ACE2 还存在 N82 位的糖基化修饰，该糖基化可能对 SARS-RBD 的结合造成空间位阻效应。突变试验证明缺失 N82 糖基化及 H353K 突变可以使大鼠 ACE2 获得结合 SARS-RBD 的能力。

另一方面，众多证据也表明在传播过程中 SARS-CoV 的 S 蛋白也在发生着变化。人与果子狸分离株的 SARS-RBD 存在 6 个位点的差异，其中 3 个位点位于 RBM 区域（分别为 472、479 和 487）。含有 K479 和 S487 的果子狸分离株可以高效地结合果子狸 ACE2，然而其结合人 ACE2 的能力较弱。但是当其发生 K479N 和/或 S487T 突变时，其结合人 ACE2 的能力显著增强。据推测这两个位点的突变可以降低结合面上多余的电荷作用，同时 T487 的甲基可以增加 SARS-RBD 与 ACE2 的相互作用。此外，小鼠实验也表明，436 位的突变可以增强 SARS-CoV 对小鼠的感染能力和致病力。

② MERS-CoV

MERS-RBD 外部亚结构域的 4 个 β-折叠片形成了一个相对平坦的平面可以与 CD26 的第 Ⅳ 和 Ⅴ 桨叶片结合。在形成的 MERS-RBD/人 CD26 的复合物中，分别有 1113.4Å² 的 RBD 以及 1204.4 Å² 的人 CD26 被包埋在复合物中。同时 18 个 MERS-RBD 的残基与 13 个人 CD26 的残基形成众多的氢键和盐桥以及范德瓦耳斯作用力。在接触面上，亲水作用主要由残基的侧链形成，疏水作用集中在 MERS-RBD 与桨叶片上突起的螺旋，同时，MERS-RBD 还与 N229 位的糖链有相互作用（图 8-4）。

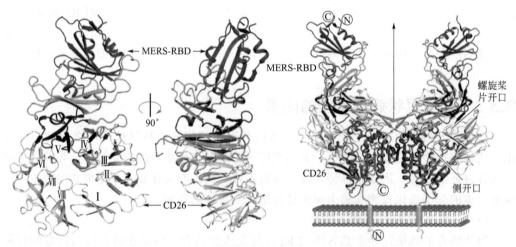

图 8-4　MERS S 蛋白 RBD 与受体的结合（见彩图）
(Lu et al., 2013)

目前，越来越多的证据表明 MERS-CoV 同样起源于蝙蝠，然后经过某些中间宿主如单峰驼再传染人类。进化分析也发现，MERS-CoV 与之前在蝙蝠中鉴定的 β-冠状病毒 HKU-4 和 HKU-5 亲缘关系明显。HKU4 假病毒颗粒可以利用 MERS-CoV 的受体人 CD26 分子感染细胞。结构生物学数据显示 HKU4-RBD 不但具有与 MERS-RBD 相似的结构，同时也利用与 MERS-RBD 相似的模式结合人 CD26。

除了蝙蝠和单峰驼，MERS-CoV 也可以感染不同物种的细胞系，包括恒河猴、绒猴、山羊、马、兔、猪、果子狸等，但是不能感染小鼠、仓鼠和雪貂的细胞。与人 CD26 相比，参与 MERS-RBD 结合的 13 个关键氨基酸中，易感细胞的 CD26 差异较小（≤2），而非易感细胞的差异较大（≥5），由此推断非易感物种的 CD26 不能与 MERS-RBD 结合而导致其对 MERS-CoV 病毒的抗性。与此推断一致的是，将仓鼠 CD26 中差异氨基酸替换成人相应的残基可以使抗性细胞 BHK 获得感染 MERS-CoV 的能力。

目前，对 MERS-CoV 跨种传播过程中 S 蛋白的变化尚不完全清楚。序列分析发现绝大部分 MERS-RBD 序列并没有发生改变，在较强的选择压力下仅在 S2 的位置发生突变。但是仍需我们密切监测 S 蛋白的演化。

（2）S 蛋白的剪切

除了病毒配体与宿主受体的相互作用以外，决定冠状病毒感染能力的还有 S 蛋白的剪切过程。目前研究表明 S 蛋白的剪切是冠状病毒与宿主融合的先决条件之一。SARS-CoV 的 S 蛋白缺乏弗林蛋白酶的剪切位点，因此其在合成时绝大部分是以未剪切状态存在。细胞外，S 蛋白可以被胞外蛋白酶（如胰酶、嗜热菌蛋白酶和弹性蛋白酶）剪切。细胞膜表面的蛋白酶，如 TMPRSS2、TMPRSS11a 和 HAT 等也可增强 SARS-CoV 的感染能力，并且证据表明细胞膜表面的 TMPRSS2 可以与 ACE2 形成受体-蛋白酶复合物，进而介导 SARS-CoV 高效的入侵。除细胞外和细胞膜表面的蛋白酶外，S 蛋白还可以在内吞的过程中被内吞体内的组织蛋白酶 L 剪切，进而导致病毒囊膜与内吞体膜融合。引人注意的是，除了 S1/S2 发生剪切外，位于 S2 内融合肽上游的 S2′的剪切也是 SARS-CoV 感染所必需的。因此，不同物种，不同组织表达的蛋白酶情况也决定 SARS-CoV 的感染能力，从而决定其物种特异性与组织噬性。

与 SARS-CoV 的 S 蛋白不同的是，MERS-CoV 的 S 蛋白在 HEK-293T 细胞内合成时绝大部分已经发生剪切，剪切位点处于 R751/S752，由弗林蛋白酶识别。除此之外，MERS-CoV 的 S 蛋白也发生 S2′的剪切（R887/S888），而且这一位点的剪切对感染的发生至关重要。另外值得指出的是，绵羊与牛 CD26 能够结合 MERS-RBD，过表达绵羊与牛 CD26 的 BHK 细胞可以被 MERS-CoV 感染。然而绵羊和牛的细胞却不能感染 MERS-CoV，并且疫情暴发地区的牛与绵羊体内也没有检测到抗病毒的血清。这可能是不同宿主特异性蛋白表达的差异造成的。尽管 MERS-CoV 可以识别两物种的 CD26 分子，但是相关蛋白酶的缺乏使得 S 蛋白不能被有效剪切，进而抑制了病毒的进一步入侵。

综上所述，冠状病毒的受体结合部位与受体的结合以及冠状病毒的 S 蛋白的剪切限制着冠状病毒的跨种间传播。

8.4　寨卡病毒感染的分子机制

寨卡病毒（Zika Virus，ZIKV）属于黄病毒科（Flaviviridae）黄病毒属（*Flavivirus*），是一种虫媒病毒，与同属黄病毒属的登革病毒、日本乙脑病毒、西尼罗病毒一样，主要通过蚊媒传播，但目前研究表明其也可以通过性传播。寨卡病毒感染会引起流产、新生儿小头症（图 8-5）、吉兰-巴雷综合征以及睾丸损伤等重大疾病，对人类健康的影响不可低估。目前还没有有效的临床抗病毒药物。

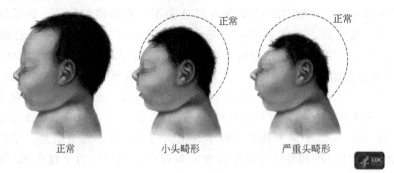

图 8-5　寨卡病毒感染引起小头症

　　黄病毒属病毒基因组是长度为 9.2～11.0kb 的单正链 RNA，黄病毒属基因组先翻译生成一条多聚蛋白质，再被酶切成 10 个蛋白质，即 3 个结构蛋白（衣壳蛋白、囊膜蛋白和膜蛋白）和 7 个非结构蛋白（Non-Structure Protein，NS1、NS2A、NS2B、NS3、NS4A、NS4B 和 NS5）。E 蛋白是病毒表面最主要的囊膜糖蛋白，在病毒黏附、膜融合和新生病毒组装中均发挥了重要作用，针对 E 蛋白的中和抗体是研制抗寨卡病毒生物药物的重要方向。prM 是 M 蛋白的前体形式，主要位于未成熟的病毒粒子表面，在病毒粒子的包装和成熟过程中发挥了重要作用。成熟的 C 蛋白分子质量约为 12 kDa，以同源二聚体形式存在。C 蛋白主要作用是结合基因组 RNA，除了形成核衣壳结构，还参与感染过程中 RNA 的释放和病毒组装过程中 RNA 的招募。

　　寨卡病毒基因组结构见图 8-6。

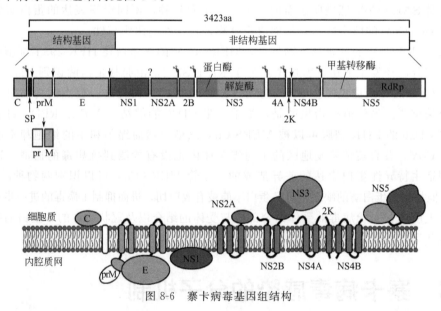

图 8-6　寨卡病毒基因组结构

　　寨卡病毒的 7 个非结构蛋白（NS1、NS2A、NS2B、NS3、NS4A、NS4B 和 NS5）中，NS1 是病毒唯一分泌并与宿主相互作用的重要蛋白质，在病毒感染、复制、病理及免疫逃逸过程中起着重要作用。NS1 在细胞内形成同源二聚体，与胞内膜系统的脂类结合，参与病毒复制，同时 NS1 还可形成由 3 个二聚体组成的同源六聚体，以可溶性形式分泌于胞外，通过与宿主免疫系统及其他宿主因子的相互作用帮助病毒免疫逃逸及加强致病性，同时 NS1 可诱导机体产生抗体，是病毒感染的主要抗原，也是病毒早期诊断的重要标志物。

寨卡病毒非结构蛋白 NS1 的 C 端三维结构显示，NS1 形成棒状同源二聚体结构，一面由 20 个反平行的 β 折叠形成梯形结构，另一面由复杂的环状结构组成。与同属的西尼罗病毒（West Nile Virus，WNV）和登革病毒（Dengue Virus，DENV）的 NS1 蛋白结构相比，寨卡病毒 NS1 的整体结构很相似，但是在环状结构表面却存在不同的表面电荷分布特征。DENV Ⅰ型和Ⅱ型的 NS1 在环状结构表面的中心区域呈现正电荷分布，WNV 的 NS1 则呈现负电荷分布，而寨卡病毒的 NS1 则既有正电荷又有负电荷。此区域正是位于 NS1 六聚体桶状结构的外侧，完全暴露在外面，为 NS1 与宿主相互作用的主要界面，也是抗体靶向的关键区域。

寨卡病毒 NS1 全长蛋白的晶体结构显示 NS1 存在结构不同的两个面，内表面和外表面，分别面对病毒的复制系统和宿主的免疫系统，以此实现蛋白质的两个主要功能。寨卡病毒 NS1 结构的内表面有一个长的缠绕环可以形成疏水的纤突，可以插入细胞膜中，参与膜结合。在不同的黄病毒中纤突氨基酸虽然是不一样的，但是存在普遍的特征，即都为疏水或正电荷氨基酸，有利于结合脂类双分子层。

不同于 E 蛋白，NS1 蛋白并不展示在病毒的表面，而是表达在细胞膜上（二聚体）或者分泌到细胞外环境（六聚体）。针对 NS1 的抗体并不能抑制病毒的入侵，但能够起到保护作用。针对细胞膜上 NS1 的保护性抗体主要通过 Fcγ 受体和补体系统来清除病毒。此外，通过结合分泌型的 NS1 六聚体，抗体能够阻碍 NS1 蛋白引起的血管破漏。西尼罗病毒 NS1 特异性抗体 22NS1 与 E 蛋白的复合物结构揭示了抗体的结合表位。结构显示抗体结合在六聚体的外侧，从而可能阻止 NS1 与靶细胞的结合。

NS2B/NS3 蛋白酶是一种与糜蛋白酶类似的蛋白酶，由 NS2B 和 NS3 的 N 端组成。鉴于 NS2B/NS3 蛋白酶在病毒生命周期的重要作用，其成为抑制剂开发的热门靶点。德国吕贝克大学由 Rolf Hilgenfeld 教授领导的研究小组首次解析了寨卡病毒蛋白酶与一种硼酸盐（Borate）抑制剂的复合物三维结构，此结果为加速抗寨卡病毒的药物研发奠定了基础。该研究团队发现在该复合物结构中，最初的硼酸抑制剂与甘油形成了环状的二酯结构，从而生成的硼酸盐抑制剂更易跨膜转运，这种更具有疏水性的抑制剂很可能成为药物前体（Prodrug）。该团队进一步发现一个非保守的天冬氨酸（Aspartic Acid）是促使寨卡病毒蛋白酶具有更高酶活性的原因之一。最后，研究小组还观察到一种特殊的蛋白酶二聚体，该二聚体结构此前从未在同类的病毒蛋白酶中被发现，其提供了一种在病毒复制过程中蛋白酶可能具有的新组装模型。已有测试显示肽硼酸可作为临床药物，而且蛋白酶体抑制剂硼替佐米（万珂）也已经被批准用于治疗多发性骨髓瘤。该团队认为新的研究结果可为药物研发提供依据和启发，可用于设计一种切断蚊子传播链的药物以保护孕妇免受感染。

非结构蛋白 NS5 是其中分子量最大和最保守的蛋白质，也是复制复合体的核心组成成分。NS5 分成 N 端的甲基转移酶（Methyltransferase，MTase）结构域和 C 端的 RNA 依赖的 RNA 聚合酶（RNA-dependent RNA polymerase，RdRp）结构域两部分。MTase 结构域具有鸟苷酰基转移酶（Guanyltransferase，GTase）活性和甲基转移酶活性，RdRp 结构域具有 RNA 依赖的 RNA 聚合酶活性，在病毒的生命周期中发挥了重要的作用，是一个潜在的抑制剂靶点。寨卡病毒 NS5 晶体结构显示 NS5 的 MTase 和 RdRp 结构都较为保守，提示我们当前基于登革病毒和西尼罗病毒等其他黄病毒 NS5 开发设计的抗病毒药物可能对寨卡病毒依旧有效。同时，寨卡病毒 NS5 的结构解析也为基于结构的抗寨卡病毒药物设计和优化提供了基础。

8.5 蝙蝠抗高致病性病毒的免疫特征

蝙蝠携带许多人畜共患病相关病毒，包括对人类和其他哺乳动物的高致病性病毒。这些病毒的感染通常不会使蝙蝠产生症状，引发了广大研究者对于蝙蝠和其他哺乳动物之间可能存在免疫差异的思考。

8.5.1 蝙蝠与病毒

（1）蝙蝠的生物学特征

蝙蝠是哺乳动物中的第二大目，物种丰富度仅次于啮齿类动物。蝙蝠遍布于世界各地，是除人类外分布范围最广的哺乳动物类群，除了南北极外，包括在高纬度地区、荒凉的沙漠和孤立的岛屿上，甚至在撒哈拉大沙漠都有蝙蝠的活动，大多数蝙蝠种类生活在热带和亚热带地区。蝙蝠隶属于哺乳动物纲真兽亚纲翼手目，包括大蝙蝠亚目和小蝙蝠亚目，大蝙蝠目由一个旧时期果蝠家族构成，而小蝙蝠目包括了可利用回声定位的17 个蝙蝠家族。回声定位使蝙蝠夜间捕食活动占据主导地位，大多数蝙蝠在喉中产生回声进行定位，回声定位系统由于不同的信号强度、信号持续时长和频率随时间变化有多种组合模式。同时，蝙蝠具有可变的体温调节，部分蝙蝠有冬眠期，这使得食虫蝙蝠可以适应南北温度带的异质性，扩大其生存范围，有人发现蝙蝠可能会通过冬眠限制热量散失从而延长寿命。而病毒的持续感染通常发生在长寿的蝙蝠中，加上它们经常合群的栖息行为，可以大大增加病毒在种内和种间传播的可能性。蝙蝠在其繁殖中具有独特的特征，其中最重要的是蝙蝠可以储存可育精子延迟受精，温带所有蝙蝠的繁殖都是季节性的，每年只有一个繁殖期——盛夏。同时蝙蝠也是唯一具有飞行能力的哺乳动物，一种较为合理的假设是，蝙蝠从类似于现代树駒的物种演化而来，其中四肢和肚通过皮肤褶皱连接起来，并且前肢变形成翼型，从一个树枝跳跃到另一树枝导致滑翔，最终导致飞行。作为唯一会飞行的哺乳动物，由于代谢率和体温的波动，以及飞行能力的演变，蝙蝠已经为免疫系统和病毒本身提供了选择性压力。科学家已经在分化的蝙蝠物种的全基因组中鉴定了与适应飞行相一致的遗传基因，为蝙蝠免疫系统与病毒的协同进化理论提供了强有力的支持。有人推测在飞行期间蝙蝠新陈代谢的增加和体温的升高可以作为其免疫系统的进化佐剂，提高抗病毒的选择压力并促进感染蝙蝠种群的病毒多样性。同时科学家们也推测较高的体温能够增强蝙蝠的免疫应答，并且可以帮助解释为什么共同进化的蝙蝠病毒在宿主外的较低体温下繁殖。

（2）蝙蝠相关病毒

蝙蝠虽然已被深入研究了数十年，但早期研究主要集中于蝙蝠的行为、回声定位、摄食与迁移模式、冬眠以及其多样化的生物学特征，造成这种情况的原因主要是某些蝙蝠种群受到人类活动的威胁，蝙蝠的研究被认为是侵入性的，可能会对种群造成损害。近年来的研究发现，蝙蝠是多种高致病性人畜共患病病毒的天然宿主，包括引起严重急性呼吸综合征的冠状病毒、埃博拉病毒和引起出血症的马尔堡丝状病毒、狂犬病和狂犬病相关的狂犬病病毒，以及许多副黏病毒，包括尼帕病毒和亨德拉病毒。感染这些病毒的蝙蝠似乎没有明显的疾病迹象，并且在某些情况下能够持续感染。世界各地的 12 个蝙蝠家族中至少有 200 种蝙蝠鉴定出大于 15 个病毒科的人畜共患病病毒（见表 8-1）。比较分析表明，蝙蝠比啮齿类动物更容易感染人畜共患病病毒，从而在某种程度上增加了蝙蝠是独特的新兴的人畜共患病病毒宿主的可能性。然而至目前为止，蝙蝠体内病毒复制的机制尚不清楚，关于蝙蝠的抗病毒免疫方面研究还不完善。

① 蝙蝠相关狂犬病病毒

狂犬病病毒的发现史就是蝙蝠相关病毒的发现史，正是狂犬病病毒感染后引发的高致死率才引起了人们对于蝙蝠这一病毒宿主的高度重视。狂犬病病毒是弹状病毒科的反义 RNA 病毒，即单股负链病毒（Mononegavirus）。狂犬病病毒（RABV）有 12 种：狂犬病病毒（RABV）、Aravan 病毒（ARAV）、澳大利亚蝙蝠病毒（ABLV）、杜文哈根病毒（DUVV）、欧洲蝙蝠狂犬病毒 1 型（EBLV-1）、欧洲蝙蝠狂犬病毒 2 型（EBLV-2）、伊尔库特病毒（IRKV）、北塔吉克斯坦病毒（KHUV）、拉各斯蝙蝠病毒（LBV）、蒙哥拉病毒（MOKV）、希莫尼蝙蝠病（SHIBV）和西高加索蝙蝠病毒（WCBV）。该病毒引起急性进行性脑炎（狂犬病），一旦哺乳动物出现临床症状，就不可避免地死亡。吸血蝙蝠咬伤与狂犬病之间的相关研究始于 20 世纪初，当时，美国、加拿大、澳大利亚、拉丁美洲、西欧和中国的一些确诊或疑似狂犬病病例与蝙蝠有关。在全球范围内，由狂犬病病毒引起的每年大约 55000 人死亡的一小部分案例是由与蝙蝠相关病毒变异引起的，有证据表明，影响陆地食肉动物的所有狂犬病病毒变种起源于与蝙蝠相关的狂犬病病毒变种的跨物种传播。

表 8-1　世界各地的蝙蝠家族鉴定出的人畜共患病病毒基本信息

病毒（科）	中文名称	种类
dsDNA 病毒，没有 RNA 阶段		715
Adenoviridae	腺病毒科	355
Herpesviridae	疱疹病毒科	232
Papillomaviridae	乳头瘤病毒科	57
Polyomaviridae	多瘤病毒科	66
Poxviridae	痘病毒科	5
dsRNA 病毒		273
Picobirnaviridae	小 RNA 病毒科	2
Reoviridae	呼肠孤病毒科	271
Retro-transcribing 病毒		95
Hepadnaviridae	嗜肝 DNA 病毒科	77
Retroviridae	逆转录病毒科	18
ssDNA 病毒		403
Anelloviridae	指环病毒科	1
Circoviridae	圆环病毒科	242

病毒（科）	中文名称	种类
Parvoviridae	细小病毒科	159
unclassified ssDNA 病毒	未分类的 ssDNA 病毒	1
ssRNA 负链病毒		4015
Bornaviridae	博尔纳病毒科	2
Filoviridae	丝状病毒科	110
Hantaviridae	汉坦病毒科	48
Nairoviridae	内罗病毒科	22
Orthomyxoviridae	正黏病毒科	8
Paramyxoviridae	副黏病毒科	954
Peribunyaviridae	泛布尼亚病毒科	31
Phenuiviridae	白细病毒科	8
Rhabdoviridae	弹状病毒科	2830
Bunyavirales	布尼亚病毒目	1
unclassified Bunyavirales	未分类的布尼亚病毒	1
ssRNA 正链病毒，无 DNA 阶段		4734
Astroviridae	星状病毒科	690
Caliciviridae	杯状病毒科	40
Coronaviridae	冠状病毒科	3606
Flaviviridae	黄病毒科	209
Hepeviridae	肝炎病毒科	14
Picornaviridae	小 RNA 病毒科	172
Togaviridae	披膜病毒科	3

注：数据来源于 http：//www.mgc.ac.cn/DBatVir/ （DBatVir）。

② 蝙蝠相关副黏病毒

过去十年来，狐蝠身上已经出现一些人畜共患病病毒，这些病毒被证明会在人类和牲畜中引起严重的疾病暴发。亨德拉病毒（Hendra Virus，HeV）在 1994 年被确定为澳大利亚布里斯班马匹急性呼吸系统疾病的致病因子，并与人类单一致死性疾病有关。HeV 选择果蝠（*Pleropus* sp.）作为自然宿主，对澳大利亚的牲畜造成严重的威胁，几乎每年都有零星案例传播给人类并导致死亡。

另一种副黏病毒，尼帕病毒（NiV）1998 年在马来西亚被发现可以感染猪和人类，并且导致 40％案例因脑炎而死亡。除了急性感染外，这些病毒也可以造成无症状感染，最初感染的几年后可能导致迟发性或复发性脑炎。NiV 和 HeV 的一些生物学特性相似，导致它们被分类于副黏病毒科的 *Henipavirus* 属。由于它们致病力强、寄主范围广、种间传播效应强，HeV 和 NiV 被归类为生物安全 4 级病原体。虽然这些病原体能够在不同的陆地哺乳动物宿主中诱发严重的全身性疾病，但它们在蝙蝠中相对无害。

③ 蝙蝠相关冠状病毒

冠状病毒科是带包膜的正链 RNA 病毒，主要包括感染哺乳动物的 α-冠状病毒和β-冠状病毒，感染禽类和哺乳动物的 γ-冠状病毒和 δ-冠状病毒。SARS 冠状病毒（SARS-CoV）在 2002～2003 年引起严重急性呼吸综合征（SARS）。2005 年，两个独立的小组报告了蝙蝠中发现类 SARS 病毒（SL-CoVs），并提出蝙蝠是 SARS-CoV 的自然宿主。近期石正丽在云南省一个偏远的洞穴里，发现了一个菊头蝠种群，在它们体内所含的病毒毒株中找到了 2002 年传播至人类身上并在全球范围内造成约 800 人死亡的 SARS 病毒的全部基因组组分。

2012 年，沙特阿拉伯出现了一例急性肺炎并随后出现肾功能衰竭的症状，这与 SARS 的临床症状相似。一种新型人类冠状病毒（MERS-CoV，中东呼吸综合征人类冠状病毒）被怀疑是造成这种疾病致命的原因。2013 年 6 月 17 日，全球共有 64 例人类病例确诊，导致 38 人死亡。系统发育分析显示 MERS-CoV 属于 *Betacoronavirus* 属中的 *Merbecovirus* 亚属，它与蝙蝠冠状病毒 HKU-4 和 HKU-5 最相似，它们感染较少的冠状病毒竹蝙蝠（*Tylonycteris pachypus*）和伏翼蝠（*Pipistrellus*）。黄灿平等人发现了一种新型蝙蝠冠状病毒，它具有不同的功能性 *p10* 基因，该基因可能起源于无包膜的正呼肠孤病毒，代表异源重组的结果。

④ 蝙蝠相关丝状病毒

丝状病毒的关注是因为它们在人类和其他灵长类动物中引起严重的致命性出血性疾病。丝状病毒科包括两个属：马尔堡病毒（MARV）和埃博拉病毒（EBOV）。EBOV 和 MARV 在 60%～90% 有症状的个体中在几天内诱发急性出血热和死亡。EBOV 比人类免疫缺陷病毒（HIV）更具传染性和致命性。EBOV 在 1976 年首次在赤道西部苏丹确定，MARV 在 1967 年首次在德国和南斯拉夫的出血性流行期间从乌干达输入感染的猴子中被发现。五种已知的 MARV 谱系被归类为由两种病毒 Ravn 病毒和 MARV 组成。

2014 年在西非暴发的一次 EBOV 疫情引起了恐慌，并且埃博拉疫情可能蔓延到其他大洲，包括欧洲和北美洲。2014 年 8 月 8 日，世界卫生组织宣布埃博拉病毒为国际关注的最高警戒级别突发公共卫生事件。为什么 EBOV 显示出如此极端的致病力和致病性？EBOV 基因组覆盖促进病毒进入宿主细胞的脂质包膜，大多数病毒对特定组织具有亲和力。更重要的是，与人类病毒的组织特异性/趋向性相反，动物传染病病毒 EBOV 能够在广泛的人类细胞（包括免疫细胞、内皮细胞、成纤维细胞、肝细胞和肾上腺细胞）中复制，病毒囊膜糖蛋白（GP）负责受体结合和病毒包膜与宿主膜的融合。此外，据估计，埃博拉病毒主要靶向巨噬细胞和树突状细胞，并随后通过 GP 的黏蛋白样结构域靶向内皮细胞。在 2001 年至 2003 年期间，有人在蝙蝠中检测到埃博拉病毒的 RNA，其核苷酸序列与扎伊尔 1976 年暴发期间从人类分离出的埃博拉病毒非常相似，蝙蝠种类包括锤头果蝠（*Hypsignathus monstrosus*）、富氏前肩头果蝠（*Epomops franqueti*）和小领果蝠（*Myonycteris torquata*）。这表明蝙蝠与埃博拉病毒有相关性，并证实了他们对非洲中部埃博拉病毒循环传播的猜测。

⑤ 蝙蝠相关流感病毒

在鉴定出蝙蝠流感病毒（Bat Influenza Virus，BIV）之前，已有 16 种 HA 亚型和 9 种 NA 亚型流感病毒被发现，主要存在于鸟类、水禽体内。在这些病毒中，只有 H1N1、H2N2 和 H3N2 可感染人类并引起大流行。流感病毒可通过病毒基因突变和整段基因重排机制实现病毒变异，并有效传播给新的宿主，产生适应性变异。进化分析表明，H17N10 和 H18N11 系谱非常古老，最初猜测 H17 和 H18 的 HA 有密切联系，特别是与蝙蝠流感病毒其他基因相比，暗示蝙蝠流感与禽流感 HA 基因发生重排。

2012 年有人从危地马拉的两个地方捕获了一些黄色的小蝙蝠，发现了一种甲型流感病毒，它与已知的甲型流感病毒显著不同。在这些动物中鉴定出了第一种类似流感病毒（H17N10），它是以 RNA 形式存在，而不是可复制的病毒颗粒。2013 年又发现了另一种流感病毒 H18N11，来自秘鲁的扁平脸果蝠（*Artibeus planirostris*），并且通过重组 H18 蛋白质进行的血清学研究表明，几种秘鲁蝙蝠种均可被这种病毒感染。

到目前为止，关于蝙蝠种群大规模死亡的报道极少，也没有病毒感染为蝙蝠死亡主要原因的报道。在北美的微生物中引起白鼻综合征（WNS）的真菌是唯一在一些蝙蝠种群中导致大量死亡的病原体（Blehert et al.，2009）。虽然蝙蝠可以作为多种烈性病毒的宿主，但是自身却没有出现相应的临床症状，蝙蝠和病毒的长期共同进化有可能导致其处于一种平衡状态，使病毒和宿主共同保持在一种无病状态。有人曾提出过这种进化有可能对宿主产生有益的后果，例如针对其他病原体甚至针对掠食者形成的自我保护。这使得我们希望了解蝙蝠异于其他哺乳动物的免疫防御机制特点，蝙蝠到底是如何博弈病毒而正常生存下来的，这对于烈性病毒的防控以及免疫防御系统的建立具有重要意义。

（3）蝙蝠感染病毒的生理特征

目前，大量研究证明蝙蝠可以携带高致病性病毒并不产生明显的临床症状。1952 年，Reagen 等用登革病毒（DENV）感染了穴居蝙蝠（*Myotis lucifigus*）。蝙蝠表现出中枢神经系统缺陷，产生的病毒具有感染性，并能够被 DENV 抗体中和。埃及 *Rousette* 蝙蝠（ERB）是唯一已知的马尔堡病毒（MARV）的自然宿主，ERB 在 MARV 感染后虽然表现出较低的病毒血症和病毒排出，但没有明显的疾病特征，表明该病毒被 ERB 抗病毒反应有效控制。有人将西尼罗病毒感染大棕蝠（*Eptesicus fuscus*）和墨西哥无尾蝠（*Tadarida brasiliensis*）后，虽然可以分离到病毒和测到滴度，但是两个物种的蝙蝠都没有显示出与暴露于病毒有关的临床症状。Balkema 等为果蝠（*Rousettus aegyptiacus*）接种裂谷热病毒（RVFV），我们能够在每只蝙蝠脾脏中检测到 RVFV 基因组，此外能够在暴露后 7 天处死的蝙蝠肝脏病变中鉴定到 RVFV 表面抗原。因此，蝙蝠这种携带高致病性病毒却不发病的状态引发了国内外抗病毒免疫研究者的广泛兴趣。

8.5.2 蝙蝠相关的免疫学研究

（1）蝙蝠的基因组研究

准确的组装和注释的基因组是进一步进行遗传变异功能研究的关键。到目前为止，已经有 14 个蝙蝠基因组发表并存放在国家生物技术信息中心（NCBI）（*Eidolon helvum*、*Eptesicus fuscus*、*Hipposideros armiger*、*Megaderma lyra*、*Miniopterus natalensis*、*Myotis brandtii*、*Myotis davidii*、*Myotis lucifugus*、*Pteropus alecto*、*Pteronotus parnellii*、*Pteropus vampyrus*、*Rhinolophus ferrumequinum*、*Rhinolophus sinicus*、*Rousettus aegyptiacus*）。对蝙蝠基因组的研究提供了大量信息，如针对小蝙蝠（*Miniopterus natalensis*）的基因组分析发现了有助于蝙蝠翼形成的多种遗传成分；自然选择可以对三种回声定位谱系（鲸类和两种不同的蝙蝠谱系）起作用；有人描述了 ABC 转运蛋白 ABCB1 在蝙蝠的 DNA 损伤抗性中的作用，有助于降低蝙蝠中的癌症发病率。生长激素/1 型胰岛素样生长因子的改变有助于勃兰特蝙蝠（*Myotis brandtill*）的寿命延长等。除了在表观遗传学方面，基因组学的研究对于推动蝙蝠抗病毒免疫的探索也起到了至关重要的作用，如通过基因组比较分析发现了蝙蝠飞行和免疫进化的关系；Pavlovich 等（2018）对埃及果蝠（*Rousettus aegyptiacus*）的基因组进行了测序、组装和分析，发现了 KLRC/KLRD 家族基因、MHC Ⅰ类和Ⅰ型干扰素基因的扩展和多样化，这些基因的功能结果提示蝙蝠无症状地携带人类病毒可能是通过增加免疫耐受，而不是增强抗病毒免疫反应。有人对蝙蝠中 181 个具有阳性选择特征的基因进行了基因组分析，基因富集分析结果显示这些正向选择的基因主要与免疫反应有关，接下来将详细介绍蝙蝠的相关免疫分子。

（2）蝙蝠的先天性免疫博弈烈性病毒

蝙蝠感染烈性病毒后呈现出无感染状态，其中一个重要的假设是它们能够通过先天性的抗病毒机制在免疫应答的早期控制病毒复制。

① 模式识别受体

模式识别受体（PRR）是主要由先天性免疫系统的细胞表达的蛋白质，可识别一种或多种与病毒、细菌、真菌和寄生虫相关的进化上保守的病原体相关分子模式（PAMP）。PRR 包括 Toll 样受体（TLR）、RIG 样受体（RLR）和 NOD 样受体（NLR），它们为宿主防御感染提供了第一道防线。

目前已经分析了在两种果蝠中存在的 PRR，在果蝠（*Pteropus alecto*）中存在对应于 TLR1-10 和 TLR13 的转录物，在 *Rousettus leschenaultii* 中存在对应于 TLR37 和 TLR9 的转录物，这表明蝙蝠能够识别一系列病原体。负责病毒核酸感应的 TLR 是 TLR3、TLR7、TLR8 和 TLR9，所有的这些 TLR 在蝙蝠中几乎是保守的，这使得蝙蝠能够具有类似于其他物种识别病毒的模式。*P. alecto* 组织中 TLR 的 mRNA 表达模式表明它们主要由专职性免疫细胞表达，并且与其他哺乳动物相似。尽管其配体仍不清楚，但小鼠中 TLR13 的敲低可以提高水疱性口炎病毒（VSV）的易感性，表明其在病毒识别中的重要性。*P. alecto* 中的 TLR13 在其开放阅读框（ORF）内含有终止密码子，并且可能代表转录的假基因，TLR13 的存在可能赋予蝙蝠另外的病毒感应能力。RLR 包括视黄酸诱导型基因 Ⅰ（*RIG-I*，也称为 *DDX58*）、黑色素瘤分化相关蛋白 5（MDA5）和 LGP2。RLR 在大多数细胞的细胞质中广泛表达，并能够识别细胞质的病毒 RNA。*P. alecto* 含有所有三种 RLR，它们在其预测的结构域和组织表达模式中与人类和其他哺乳动物具有相似性。有趣的是，基因组分析表明 *RIG-I* 在蝙蝠中发生了更快的进化，这可能反过来改变其功能。NLR 是细胞内 PRR 的大家族，从细菌、病毒和应激或受损细胞识别各种 PAMP 而调节先天免疫。NLR 的激活诱导炎性细胞因子的产生或激活炎性复合体，尽管没有在蝙蝠中详细查见 NLR，但是在来自 *P. alecto* 的转录组数据中鉴定了两个 NLR 家族成员：含有 NLRP3 的 pyrin 结构域和含有 NLRP5 的 NLR 家族 CARD 结构域。在实验模型的建立上，Sarkis 等人（2017）为了表征Ⅰ型干扰素作用途径，建立了来自称为 FLuDero 的 *Desmodus rotundus* 胎儿肺永生化细胞系。在 FluDero 细胞中可以观察到高基础水平的 TLR3 和 RLR 的 mRNA，赋予它们快速感受内体或胞质 dsRNA 的能力。

② 干扰素和信号分子

干扰素（IFN）应答是针对病毒感染强有力的第一道防线，可以使细胞处于"抗病毒状态"并防止病毒感染的传播。有三种类型的 IFN，分别命名为Ⅰ、Ⅱ和Ⅲ，在这三种类型中Ⅰ型和Ⅲ型 IFN 是直接针对病毒感染而诱导的。

Ⅰ型 IFN 是一种多基因家族，其包括已经显示出抗病毒活性的 IFNα 和 IFNβ，以及其他较不明确的 IFN，包括 IFNω、IFNε、IFNκ 和 IFNτ。通过蝙蝠细胞产生的 IFN 经检测可以响应于用病毒合成的 TLR 配体 [包括 poly I：C 和脂多糖（LPS）] 刺激蝙蝠细胞分泌 IFN，表明 IFN 的产生途径在蝙蝠细胞中是工作的。蝙蝠 I 型 IFN 的抗病毒活性仅在 *Eptesicus serotinus* 中查见于 IFNω 和 IFNκ，IFNω 和 IFNκ 都显示出抗蝙蝠狂犬病病毒的抗病毒活性，有证据表明 IFNκ 的抗病毒活性与 IFNω 相比较弱。尽管 IFNδ 主要以促进细胞增殖为主，但在猪细胞中证明了其具有较高的抗病毒活性。蝙蝠中大量的 IFNδ 家族表明，与 IFNω 类似，IFNδ 在蝙蝠的宿主防御中是重要的，IFNω 和 IFNδ 可以补偿 IFNα 家族的功能。III 型干扰素也可直接应答病毒感染而诱导，并且使用与 I 型 IFN 类似的应答途径，但通过不同的 IFN 受体复合物发出信号。用蝙蝠副黏病毒 Tioman 病毒感染 *P. alecto* 脾细胞，导致 I 型 IFN 的下调和 III 型 IFN 的上调，表明 III 型 IFN 可能在蝙蝠与病毒共存中起重要作用。然而尼帕病毒的感染拮抗了 *P. alecto* 细胞中的 I 型和 III 型 IFN 产生和信号转导，从而抑制了细胞中的 IFN 产生。蝙蝠 IFN 对 Tioman 和尼帕病毒感染行为的差异可能反映了脾细胞中不同的 IFN 产生机制，这些脾细胞是免疫细胞和成纤维样细胞的蝙蝠细胞克隆。

IFN 的产生受结合 IFN 启动子区域并诱导 IFN 基因转录的转录因子控制。在人和其他物种中，IFN 调节因子（IRF）和核因子-κB（NF-κB）的转录因子结合位点位于 I 型和 III 型 IFN 启动子中。IRF 家族由 IRF1 至 IRF9 组成，然而只有 IRF1、IRF3、IRF5 和 IRF7 正调节 I 型和 III 型 IFN 转录。NF-κB 是一种蛋白质复合物，包括 5 个成员：NF-κB1、NF-κB2、RelA、RelB 和 cRel。在最近的一项研究中，有人鉴定了 *P. alecto* 基因组中的所有 IRF 家族成员，并报道了 *P. alecto* IFNβ 启动子区含有典型的 IRF3 和 IRF7 结合位点。有人也鉴定出 *E. serotinus* 的 IFNω 和 IFNκ 启动子中的 IRF 和 NF-κB 结合位点。这些研究提供了第一个有力证据，即蝙蝠可能通过与人和其他哺乳动物相似的机制诱导干扰素产生。此外，*P. alecto* 中 IRF7 似乎在所有组织中具有广泛的表达模式，这与人类中免疫细胞的限制性表达形成对比。蝙蝠 IRF7 的异常表达模式可能有助于提高蝙蝠与广泛分布的病毒共存的能力，使蝙蝠在更广泛的组织和细胞中激活 IFN 应答。

I 型 IFN 通过由 IFNαR1 和 IFNαR2 组成的异二聚体受体发挥作用，IFNαR1 和 IFNαR2 似乎在人类和其他哺乳动物中广泛表达。相比之下，III 型 IFN 以 IFNλR1（也称为 IL28Rα）和 IL10R2 的受体复合物形式引起与 I 型 IFN 等效的反应。与 IFNαR 不同，IFNλR1 具有有限的组织分布模式，并主要由上皮细胞表达，因此限制了 III 型 IFN 的功能。*P. alecto* 中只有 III 型受体复合物（IFNλR1 和 IL10R2）表现出来，而 IFNλR1 似乎是一种功能性受体。IFNλR 复合物具有广泛的组织分布，并且在细胞水平上，上皮细胞和免疫细胞对 IFNλ 处理都有反应，这与 III 型 IFN 在蝙蝠抗病毒免疫中更重要的定论一致。虽然它们通过信号传递的受体复合体不同，但是 I 型和 III 型 IFN 导致诱导了一组重叠的 IFN 刺激基因（ISG），其负责 IFN 的抗病毒活性。有研究结果表明，蝙蝠 III 型干扰素具有类似其他哺乳动物 I 型和 III 型干扰素的抗病毒活性，用蝙蝠副黏病毒（Tioman 病毒）感染后导致蝙蝠脾细胞中 I 型 IFN 下调和 III 型 IFN 的活化。而在 *P. alecto* 的蝙蝠细胞中的 IFN 信号由保守独特的 ISG 表达谱组成。在 IFN 刺激的细胞中，蝙蝠 ISG 包含两个独特的时间亚群，具有与人类相似的早期诱导动力学，但同时可以引起晚期衰退。相比之下，人类 ISG 缺乏这一衰退阶段，并保持较长时间诱导活化，这有助于病毒感染细胞。实验技术层面上，Zhang 等人（2017）成功应用 CRISPR 技术敲除 IFNAR2 的蝙蝠细胞系并进一步证实 IFNAR2 在 IFN-α3 介导的抗病毒免疫中功能的丧失。有人对 30 种蝙蝠的 *STING* 基因（DNA 诱导的干扰素产生通路中一个关键分子）进行分析，发现其他哺乳动物中高度保守的磷酸化位点 358Ser 在所有的蝙蝠种类中均发生了突变，进一步的研究发现，这个位点的突变不影响 TBK1 的磷酸化，但会导致下游 IRF3 磷酸化的减少，进而弱化干扰素的激活效应避免免疫损伤。

（3）蝙蝠的获得性免疫博弈烈性病毒

① 抗体介导的免疫反应

由抗体介导的效应功能包括中和、沉淀、凝集、调理作用、抗体依赖性细胞毒性和经典补体途径的激活。在哺乳动物中发现了五大类免疫球蛋白，IgM、IgG、IgA、IgE 和 IgD，同时蝙蝠的体内也有这些抗体的存在。大蝙蝠和小蝙蝠中抗体重链的抗原结合可变区（V）是高度多样化的，蝙蝠的抗体特异性可能更多地依赖于组合多样性而不是体细胞高频突变，这表明蝙蝠中抗体库的特异性是由于它们与病毒长期共同进化的结果。在野生捕获的蝙蝠中能够检测到包括 HeV、Ebola 和 SARS-CoV 的中和抗体，表明它们能够产生相应的抗体应答。蝙蝠中抗体的出现似乎与其他哺乳动物相似，早期表现出 IgM，随后是 IgG。

具有提供持久保护能力的抗体是适应性免疫应答的标志之一。一些烈性病毒已经用于蝙蝠物种的实验性感染，以了解这些病毒的天然宿主中病毒感染的性质。通过皮下注射 NiV，*P. poliocephalus* 因为感染导致在全部 11 个测试的蝙蝠个体中产生中和抗体，但是在单独的研究中，通过鼻内/口服途径感染的 8 个 *P. vampyrus* 蝙蝠中仅 4 个产生中和抗体应答。在用马尔堡病毒腹膜接种和皮下接种的蝙蝠中，所有蝙蝠出现血清转化，但中和抗体滴度低，并且在所有实验动物中均未检测到。尽管个体差异使得难以得出关于抗体在蝙蝠中作用的结论，但应该考虑到在每个实验中都使用的是野生捕捉的个体，具体蝙蝠的既往感染史是未知的。接种狂犬病病毒的蝙蝠与没有接种的蝙蝠相比，似乎具有更高的抗病毒能力，然而，一些研究表明，接种蝙蝠即使在不存在可检测的中和抗体的情况下也能清除病毒。同时，与人和小鼠（≥15%～30%）相比，在 *P. giganteus* 中也观察到了表达表面免疫球蛋白（sIg）的细胞数量的差异，外周血中 sIg 阳性细胞数量更多（82%）。Amy J. Schuh 等人（2017）用 MARV 感染埃及果蝠（Egyptian Rousette Bat，ERB）之后，诱导病毒特异性的 IgG 抗体，但是感染 3 个月后抗体减少呈血清阴性，但是在再次接种 MARV 后所有的蝙蝠都产生病毒特异性的二次免疫应答。这表明 MARV 感染 ERB 可以诱导长期保护免疫力，以防止再次感染。以上研究成果表现出蝙蝠之所以能够与烈性病毒无症状共存，并且长时间处于免疫防御的状态与天然免疫的作用并不是直接的。

② T 细胞介导的免疫反应

针对蝙蝠先天性免疫和体液免疫的研究使我们将关注点转移至细胞免疫中，细胞介导的免疫应答（CMI）由 CD8 细胞产生细胞毒素和 CD4 辅助性 T 淋巴细胞群体控制，并引起杀死病毒感染的细胞、激活抗体和细胞因子的免疫应答。蝙蝠中不同种群的 T 细胞迄今尚未被鉴定，只有一种 T 细胞共同受体 CD4 被鉴定出来。

有人使用 PHA 皮肤试验证实，与非生殖期和哺乳期雌性相比，小鼠耳蝠（*Myotis myotis*）在妊娠期间削弱了 T 细胞介导的免疫应答，孕早期的免疫活性也低于妊娠晚期。这个结果与在其他哺乳动物中报道的免疫活性的变化是一致的，其他哺乳动物的免疫应答向体液免疫应答转移，并且降低怀孕期间细胞介导的免疫力。有人推测怀孕期间免疫功能的改变有利于蝙蝠中埃博拉病毒在内的病毒的复制，在分娩液、血液和胎盘组织中存在的高滴度病毒可能成为包括猿在内的陆生哺乳动物的感染源。许多研究还进行了实验来试图了解蝙蝠体内细胞介导的免疫应答（CMI），虽然已经进行了大量的蝙蝠实验感染，但多数实验没有收集关于 CMI 反应的信息，部分原因是缺乏用于鉴定蝙蝠细胞类型的试剂。仅使用 PHA 皮肤试验或对 2-4 二硝基氟苯（DNFB）的皮肤敏感性的迟发型超敏试验（DTH）来测量蝙蝠体内 CMI 应答。但有研究表明有丝分裂剂刺激诱导了蝙蝠免疫细胞的增殖和效应分子的产生。对 DTH 测试的反应是可变的，只有 12 个 *P. giganteus* 对 DNFB 有反应，表明蝙蝠可能不像其他物种那样对这种处理敏感。

通过使用交叉反应抗体，有人分析了果蝠 *P. alecto* T 细胞亚群、B 细胞和自然杀伤细胞（NK 细胞）的表型和功能表征。研究结果表明在野生捕捉的蝙蝠的脾中 CD8[+] T 细胞占据优势，可以反映出该器官中病毒存在或稳定状态下该细胞亚群的优势，然而循环血液中的大部分 T 细胞、淋巴结和骨髓（BM）都是 CD4[+] 亚群。同时，40% 的脾 T 细胞组成型地表达 IL-17、IL-22 和 TGF-β mRNA，这可能表明对 Th17 和调节性 T 细胞亚群的强烈偏好。尽管体内和体外的细胞介导的反应已经提供了关于蝙蝠的 T 细胞免疫应答的重要信息，但目前还没有试剂用于鉴定蝙蝠中不同的 T 细胞群体，鉴定和分选不同种类 T 细胞对研究 T 细胞在蝙蝠中的抗病毒免疫作用具有重要意义。

③ 主要组织相容性复合物（MHC）

MHC 是哺乳动物基因组中基因最密集和多态性最多的区域之一，在传染性疾病的抗性、自身免疫和移植中起到重要作用。在最近完成的 *P. alecto* 基因组中鉴定了部分 MHC Ⅰ 类（MHC-Ⅰ）区和完整的 Ⅱ 类和 Ⅲ 类区。所有三个蝙蝠 MHC 区域都高度保守，尽管与其他物种有很高的同源性，但与其他哺乳动物相比，蝙蝠 MHC 也包含一些不寻常的特征。关于蝙蝠 MHC 多态性程度的最早证据来自 MLR 分析。Ng 等人（2016）对 MHC-Ⅰ 区域和基因的比较分析了 *P. alecto* MHC-Ⅰ 区域，蝙蝠 MHC-Ⅰ 区域是高度简并的，但是在组织上相对保守，并且较少见的是 MHC-Ⅰ 基因仅存在于三个高度保守的 Ⅰ 类重复区块中。此外，MHC Ⅰ 类基因在它们的肽结合沟中含有独特的插入，这可能在其结合能力和呈现更高多样性的肽抗原方面发挥作用。Ng 等人假设 MHC-Ⅰ 基因首先起源于 β 复制域，随后在哺乳动物进化过程中跨越 MHC-Ⅰ 区以分步的方式复制。此外，蝙蝠 MHC-Ⅰ 基因在它们的肽结合沟内含有独特的插入，潜在地影响呈递给 T 细胞的肽库，这可能具有影响蝙蝠控制感染而没有明显疾病的能力。同时，含有独特 PBG 的 *P. alecto* MHC Ⅰ 类分子的鉴定可以潜在地增加蝙蝠免疫系统的病毒抗原呈递的效率和多样性。Lu 等人（2019）解析了一系列蝙蝠 MHC Ⅰ 类分子 Ptal-N*01:01（*P. alecto*）呈递的蝙蝠来源的高致病性病毒衍生肽复合物结构，其 α1 螺旋的 3 个氨基酸的插入和 59/65 位氨基酸的正负电荷匹配组合使得多肽第一位氨基酸 Asp 紧密地锚定在蝙蝠 MHC Ⅰ 类分子的 A 口袋中，同时 F 口袋显示出对于 Pro 的偏好性。蝙蝠 MHC Ⅰ 类分子呈递抗原肽的这些特点可能使其在活化 CD8[+] T 细胞过程中产生与人不一样的免疫应答，可能这是一些烈性传染病对人能够产生致死性损伤而能与蝙蝠和谐共处的机制之一。

淋巴细胞反应测试来自不同个体的 T 细胞的识别和增殖，并且该反应高度依赖于

MHCⅡ类多态性。由于 MLR 中的细胞增殖与个体之间 MHC 基因座的遗传差异程度相关，所以蝙蝠中 MLR 反应的延迟和较弱可能是低 MHC 多态性的证据。目前，MHCⅡ类分子 DRB 是研究最广泛的 MHC 基因座。比较两种墨西哥蝙蝠物种 *Myotis velifer* 与 *Myotis vivesi* 多态性，在 *Myotis velifer* 蝙蝠中的 DRB 具有广泛的多态性，*Myotis velifer* 是一种地理上广泛分布的大陆物种，而 *Myotis vivesi* 是一种分布狭窄，濒危的岛屿特有种。*Myotis vivesi* 的较低种群大小可能已经放宽了用于维持群体中许多候选等位基因的选择，从而降低了 MHC 多态性。总体而言，蝙蝠中 DRB 多态性的研究提供了诸如种群大小和病原体压力等因素对Ⅱ类基因多样化的影响的证据。上述 DRB 多态性的变化程度可能与蝙蝠 MHC 变异性的广泛变化一致，这可能反过来影响不同种群的蝙蝠响应感染的能力。在蝙蝠基因组中还鉴定了 12 个与其他哺乳动物的Ⅱ类基因正交的 MHCⅡ类基因，包括位于Ⅱ类区域之外的Ⅱ类基因。

8.6 新发和再发病毒的细胞免疫

8.6.1 新发病毒与细胞免疫

在过去的几十年中，新发和再发病毒频繁暴发。近年来出现的禽流感病毒、中东呼吸综合征冠状病毒、寨卡病毒和埃博拉病毒等对全球健康构成了巨大的威胁。大多数新发病毒的感染是人类接触野生或驯养动物引发的，常诱发致死率高的严重疾病，给人类的免疫系统带来了新的挑战。

不同的新发病毒感染的发病特征各异。感染 MERS-CoV 和禽流感病毒（如 H7N9）的患者的临床特征通常表现为重症肺炎，但其各自死亡率不同。ZIKV 感染通常是轻微的，从无症状感染到发热性疾病，其特征为头痛、关节痛、肌痛、斑丘疹、结膜炎、呕吐和疲劳。然而，最近的流行病症出现了与 ZIKV 感染相关的严重神经系统并发症，例如吉兰-巴雷综合征（Guillain-Barré Syndrome，GBS）和先天性缺陷，包括发育中的胎儿的小头畸形，这使得 ZIKV 感染成为新的公共卫生紧急情况。而第四级病毒 EBOV 于 1976 年首次在中非发现，于 2013 年底在西非重新出现，死亡率高达 40%。

尽管这些传染病会产生不同的临床表现，但是重症患者的免疫特征具有一些共性，比如高水平的促炎细胞因子和趋化因子，即感染早期的高细胞病、淋巴细胞减少和血小板减少症，以及免疫细胞的广泛组织浸润。然而，病毒特异性血清学和 T 细胞应答水平，时间段和持续时间不同，针对这些新出现的病毒的获得性免疫应答数据仍然有限。这些病毒免疫特征的研究将为临床干预和针对这些疾病的疫苗开发提供有益的建议。

尽管健康群体对新病毒较为敏感，若群体感染过与新发病毒遗传学背景相似的病毒，则可能引发预存免疫产生交叉免疫应答。先前相似病毒感染建立的预存的 T 细胞免疫能够识别保守的表位，有时甚至交叉识别突变的表位，从而帮助宿主清除新的病毒，发挥其通用特性。然而，这种预先存在的细胞免疫也可能是一把双刃剑。有时，宿主可能会产生大量针对先前病原非关键保守表位的细胞毒性 T 淋巴细胞（CTL），而对新发病毒的突变表位产生较弱反应，阻碍 T 细胞有效识别杀伤新病原，造成 T 细胞的"原罪"。这种"原罪"可能导致对病毒感染的无反应性或是过度免疫损伤。在 HLA-A * 24 个体中，登革热特异性的交叉反应性 T 细胞颗粒化减弱并产生高水平细胞因子，从而导致免疫病理损伤。因此，及时总结和分析患者对新发和再发病毒的 T 细胞免疫特征以及人群中潜在的交叉免疫应答将是这些新兴病毒的临床和基础研究的重要参考。

8.6.2　重要新发病毒的 T 细胞免疫特征

（1）禽流感病毒 H7N9 的 T 细胞免疫

在 H7N9 禽流感病毒感染后，大多数患者会出现严重的呼吸道疾病，如急性呼吸窘迫综合征和肺炎，肺部和外周血中出现较强 T 细胞反应和高水平炎性细胞因子。H7N9 病毒感染引起疾病的严重程度与患者的细胞免疫水平密切相关。T 细胞免疫在 H7N9 感染的急性期和恢复期特征不同，其功能变化与疾病严重程度及预后存在密切相关性。痊愈的病人的 T 细胞数量在 H7N9 感染早期较少，通常在发病五至七天后开始增多并维持高水平状态。急性期重症 H7N9 感染患者的 T 细胞应答出现延迟。感染后 1 个月的重症患者的 T 细胞状态与轻症患者相比较差。在具有不同住院时长以及预后的 H7N9 患者中，早期较强的 CD8$^+$ T 细胞应答与其快速恢复相关。2～3 周内出院的患者在感染早期表现出较高的特异性 CD8$^+$ T 细胞效应水平，出院较晚的患者的特异性 T 细胞及抗体水平上升时间则相对较为迟缓，未存活的患者的 T 细胞功能水平及整体免疫水平均较低。在康复后的个体中，CD38$^+$ HLA-DR$^+$ CD8$^+$ T 细胞亚群在感染早期出现一过性的升高，而在死亡患者中该亚群则持续保持在较高水平。存活个体体内 B 细胞受体（BCR）库呈现出多样性，而 T 细胞受体（TCR）库中所包含的类型则较少。约康复半年的个体中，年龄大于 60 岁以及住院时接受过机械通气治疗的个体表现出 T 细胞免疫的延迟恢复。这些观察性研究表明，T 细胞特别是 CD8$^+$ T 细胞，可能在预防 H7N9 导致的重症疾病中发挥关键作用。

H7N9 病毒的囊膜蛋白，如血凝素（HA）和神经氨酸酶（NA），经常发生突变，而内部蛋白质则高度保守。其与 pH1N1 病毒的基质蛋白 1（M1）、核蛋白（NP）和聚合酶碱基 1（PB1）分别具有 92%、93% 和 96% 的相似性。在内部蛋白质中，M1 和 NP 在 T 细胞免疫中具有显著的免疫原性。尽管 H7N9 的突变导致 T 细胞表位免疫原性降低，但季节性流感病毒和 H7N9 之间仍存在一定水平的交叉反应性 T 细胞应答。在 H7N9 流行之前的健康人群外周血中的 CD8$^+$ T 细胞可与 H7N9 病毒交叉反应。NP418-426 表位的 H7N9 变体可以被来源于 HLA-B∗35 受试者的 sH3N2 特异性 CD8$^+$ T 细胞识别。H7N9 的保守多肽表位可以被之前流感感染产生的记忆性 CD8$^+$ T 细胞识别，但在不同种族中，识别能力不同。不同流感病毒之间的这种交叉反应性可以由免疫优势 T 细胞表位贡献。免疫信息学分析显示，来自内部蛋白质的预测保守表位的近一半可诱导 CD4$^+$ T 细胞免疫。此外，小鼠实验中，交叉反应记忆 T 细胞可以提供针对 H7N9 的异质型保护，其程度可能取决于记忆 T 细胞库的大小。因此，在群体中由季节性流感病毒感染建立的预先存在的交叉反应性 T 细胞免疫可以有助于病毒清除和患者的症状缓解。

尽管流感病毒之间广泛存在交叉 T 细胞免疫，但 H7N9 的 T 细胞表位突变仍会产生免疫逃逸。与季节性流感病毒相比，来自 H7N9 病毒的 HLA-A∗0101 限制性 T 细胞表位 NP44-52 使得多肽- MHC 不太稳定并且不易被细胞毒性 T 细胞识别。HLA-A∗1101 限制性 NP188-198 中的两个氨基酸突变导致 H7N9 免疫原性降低。基于结构和功能研究表明，免疫逃逸主要受抗原表位突变调节，进而影响多肽与 HLA 结合或其复合物与 TCR 的识别。

（2）寨卡病毒的 T 细胞免疫

ZIKV 是一种由蚊子为媒介进行传播的黄病毒，于 1947 年在乌干达首次从发热的恒河猴中分离出来，最近由于其在美洲和东南亚国家迅速传播而飙升为公共卫生事件。中国出现了几例 ZIKV 的输入病例，来自第一个输入病例的病毒已被分离和分析。尽管已知 ZIKV 感染会导致轻度疾病，但有证据表明 ZIKV 感染可导致严重的先天性缺陷，包括小头畸形和神经系统并发症，可能发展为吉兰-巴雷综合征。除节肢动物传播外，患者精液中的感染性 ZIKV 表明该病毒可以通过性传播。除此之外，ZIKV 感染在小鼠模型中可以诱导雄性不育。种种公共卫生危机敦促了研究者对该病毒发病机制和诱导保护性免疫应答的研究。

与对病毒中和抗体的研究不同，对 ZIKV 中 T 细胞免疫研究有限。CD8$^+$ T 细胞在黄病毒感染中起到一定的保护作用。缺乏 CD8$^+$ T 细胞或 MHC I 的动物会表现出较差的病毒清除能力。Elong Ngono 等人（2017）通过感染 LysMCre＋IFNARfl/fl C57BL/6（H-2b）小鼠鉴定了几个抗原新表位，并证明感染期间 CD8$^+$ T 细胞起到了保护作用。Wen 等人（2017）在 ZIKV 感染的干扰素（IFN）-α/β 受体缺陷型 HLA 转基因小鼠中鉴定了 25 个 HLA-B＊0702 限制性表位和一个 HLA-A＊0101 限制性表位。通常，活性 CD8$^+$ T 细胞在第 7 天达到峰值并在第 10 天降低。病毒特异性记忆 CD8$^+$ T 细胞可在 ZIKV 感染后存活 140 天，表明 T 细胞对 ZIKV 的反应可持续很长时间。ZIKV 特异性 CD8$^+$ T 细胞可以保护中枢神经系统（CNS）免受 ZIKV 感染，并对小鼠抵抗登革病毒（DENV）感染产生交叉保护。在 ZIKV 感染的 CNS 中存在 E4-12 特异性 CD8$^+$ T 细胞，这对于 ZIKV 疫苗的设计和开发具有重要意义。表达 M／E 糖蛋白的腺病毒载体的 ZIKV 疫苗可以在免疫小鼠中诱导特异性 CD8$^+$ T 细胞。同时，CD4$^+$ T 细胞通过其产生促炎细胞因子和支持抗体反应的能力显示出有助于免疫保护。在 ZIKV 患者中，CD4$^+$ T 细胞在用 ZIKV C、prM、E 和 NS5 蛋白衍生肽刺激后被适度激活并产生抗病毒细胞因子。

另外，不同黄病毒之间存在潜在 T 细胞交叉反应。研究表明 ZIKV 与其他黄病毒之间存在相似程度的 T 细胞交叉反应性，因为它们具有较高的同源性；登革热病毒（DENV）为 55.15%，黄热病病毒（YFV）为 46.13%，西尼罗病毒（WNV）为 56.83%，流行性乙型脑炎病毒（JEV）为 55.92%。ZIKV／DENV 交叉表位引发 CD8$^+$ T 细胞反应，降低 ZIKV 感染，并改变 DENV 免疫环境中免疫优势模式。类似地，DENV 感染产生的病毒特异性 CD8$^+$ T 细胞可介导小鼠对 ZIKV 的交叉免疫保护。最近的一项研究表明，ZIKV NS1-和 E-特异性记忆 CD4$^+$ T 细胞与 DENV 的交叉水平较低。然而，在体液免疫中，DENV 抗体与 ZIKV 的交叉反应可以增强由抗体依赖性增强（ADE）介导的 ZIKV 感染。尽管一些研究已经探索了 DENV 和 ZIKV 在体液和细胞免疫中的交叉反应，T 细胞的交叉免疫在保护和致病性中对黄病毒的双重作用仍然未知。另外，ZIKV 中的交叉反应性 T 细胞也可能导致对其他黄病毒的免疫应答失败，即 T 细胞的"原罪"。确定黄病毒中 T 细胞的"原罪"的机制可能有益于未来有效的疫苗制剂和抗病毒疗法的研究。

（3）埃博拉病毒的 T 细胞免疫

自刚果民主共和国首次确定埃博拉病毒（EBOV）为出血热综合征的致病因素以

来，EBOV 已经感染了数千人，病死率为 40%至 90%。2014～2016 年，西非的埃博拉疫情暴发有超过 28000 例确诊和可能的病例。2019 年 7 月，世界卫生组织宣布刚果民主共和国的疫情成为国际关注的突发公共卫生事件。对于 EBOV 病毒特异性免疫以及病毒的预防治疗研究迫在眉睫。基于来自 EBOV 患者血液标本的研究表明，高细胞因子血症常出现在人类感染的急性期。使用 Luminex 技术，1996 年至 2003 年间从加蓬和刚果共和国获得的埃博拉病人血液样本的 T 细胞相关免疫介质分析显示出一种异常的先天免疫反应，促炎细胞因子、趋化因子和生长因子较高。特别是在 21 岁以下的患者中，幸存者具有较高的趋化因子水平，正常的 T 细胞表达和分泌标记物（RANTES），以及较低水平的纤溶酶原激活物抑制剂 1（PAI1），可溶性细胞内黏附分子和可溶性血管细胞黏附分子（VCAM）。

因 EBOV 死亡的儿科患者的 T 细胞产生极低水平的细胞因子，外周 $CD4^+$ 和 $CD8^+$ T 细胞大量缺失。一项基于 1996 年加蓬 EBOV 暴发的研究表明，尽管在死亡病例的早期疾病阶段可以观察到血浆中 IFN-γ 的大量释放，表明 T 细胞发生活化，但在死亡前几天，T 细胞活化相关 mRNA（包括 IFN-γ）的水平极低，表明 T 细胞免疫应答在病毒清除中的重要作用。在 2016 年西非的 EBOV 暴发期间，死亡病例的 $CD4^+$ 和 $CD8^+$ T 细胞表达抑制分子 CTL 相关抗原 4（CTLA-4）和程序性死亡 1（PD-1）较多，与炎症标志物升高和高病毒载量相关。相反，存活的个体显示出显著较低的 CTLA-4 和 PD-1 表达量。EBOV 特异性 T 细胞反应可能在病毒清除中起重要作用，从而有助于患者的存活。

EBOV 免疫应答的另一个非常规特征是感染后的持续激活和长期免疫记忆。2014 年，埃默里大学四名埃博拉患者的 T 细胞检测数据显示，埃博拉特异性 $CD8^+$ T 细胞在患者恢复后一个月仍然可以活化，并且在发病后 144 天时仍可检测到。$CD8^+$ T 细胞反应水平随时间而变化，激活的 $CD8^+$ T 细胞应答（HLA-DR$^+$ CD38$^+$ CD3$^+$ CD8$^+$）在感染后约一个月内下降，但最终上升。幸存者体液中病毒 RNA 会长期持续存在，检测 EBOV 感染后的免疫反应可能有助于鉴定持续病毒 RNA 的有用免疫生物标志物。

（4）冠状病毒的 T 细胞免疫

2012 年，中东国家首次报道了一种名为 MERS-CoV 的新型人类感染性冠状病毒，很快输入病例在欧洲、非洲、美洲和亚洲国家被诊断出来。2015 年，韩国发生了以当地人与人之间传播为特征的 MERS-CoV 暴发。感染 MERS-CoV 的患者的临床特征与感染严重急性呼吸综合征（SARS-CoV）的患者非常相似，即严重肺炎和急性呼吸窘迫综合征（ARDS）。此外，严重的 MERS-CoV 感染也以肾功能障碍为特征，在 SARS-CoV 感染中较少见。病毒相关的大量炎性细胞浸润和高细胞因子血症的促炎细胞因子/趋化因子反应升高，会导致 MERS 和 SARS 患者出现致命性肺炎。免疫病理学相关因素，如白细胞介素 10（IL-10），在第一例中国人的输入病例中急性感染阶段升高。在致死病例中，抗病毒适应性 Th1 免疫应答相关细胞因子 IL-12 和 IFN-γ 的水平低于存活的患者。这些数据表明，在 MERS-CoV 感染的患者中，失调的免疫应答相关的肺免疫病理可能导致有害的临床表现。MERS-CoV S 蛋白捕获人 CD26 通过 CD26 介导的 Toll 样受体（TLR）信号转导的诱导抑制巨噬细胞反应。MERS-CoV 和 SARS-CoV 通过与其受体相互作用对宿主免疫应答产生潜在影响。

SARS-CoV M 和 N 蛋白特异性 T 细胞可长期存在于外周血中。SARS-CoV S 蛋白特异性 T 细胞可在 12 年前感染 SARS-CoV 的医护人员中检测到，并且可以对 MERS-

CoV S 蛋白产生低水平的 T 细胞反应。在病毒感染或疫苗免疫后的动物模型中，MERS-CoV 特异性 T 细胞应答较强，具有对 SARS-CoV 的交叉反应性，在抗病毒保护中发挥了重要作用。SARS-CoV 和 MERS-CoV 之间具有有限突变的相对保守的 T 细胞表位，具有交叉免疫原性。保守 CD4$^+$ T 细胞表位可被 SARS-CoV 或 MERS-CoV 感染的 HLA-DR2 和-DR3 转基因小鼠识别。来自与 HLA-A＊0201 复合的 SARS-CoV 的多肽 M88-96 的晶体结构和与 HLA-A＊0201 复合的 MERS-CoV 的突变肽的模型显示出非常相似的构象，可能具有潜在的交叉反应性。然而，高致病性 SARS-CoV 和 MERS-CoV 之间免疫原性关系需要投入更多的研究。

与 SARS-CoV 及禽流感病毒感染的天然免疫特征类似，新型冠状病毒（SARS-CoV-2）可在部分重症患者中导致炎症因子风暴。与健康个体相比，新冠患者血浆中多种细胞因子显著升高，且与病毒载量、肺损伤 Murray 评分和疾病严重程度相关。单细胞测序结果提示，XAF1-，TNF 和 FAS 等凋亡通路相关基因在新冠患者的外周血中特异性表达上调。与流感患者相比，新冠患者免疫反应激活的信号通路以 STAT1 和 IRF3 上调为主，而流感患者则是 STAT3 和 NFκB。此外，单细胞测序和血浆游离 RNA（cfRNA）谱均表明，新冠重症患者血液中的 IL6R/IL-6 这一对受体/配体可以是抑制细胞因子风暴的靶点，而 miR-451a 水平降低和相应 lncRNA 水平升高可能通过促进 IL-6R 在新冠患者中的表达，加剧 IL-6 诱导的细胞因子风暴。此外，通过蛋白质组学数据与临床数据的整合分析，发现新冠患者免疫功能存在无症状期激活，患病早期抑制，后期异常激活的"多阶段"过程，中性粒细胞的功能改变可能是免疫功能紊乱的转折点。在获得性免疫方面，新冠患者免疫球蛋白重链（IGH）库动态在症状出现后，IGH 发生了巨大变化，发病后 2～3 周，B 细胞克隆的克隆型重叠和大量谱系扩增，IGHV3-74、-34 和-39 相对较为丰富。针对新冠康复者的队列研究发现，新冠特异性 T 细胞和抗体免疫在 90％以上的康复者中至少持续 1 年以上，其免疫记忆水平与急性期的不同疾病严重程度相关。

8.6.3　新发病毒的 T 细胞检测技术进展

新发和再发病毒的 T 细胞免疫表征为临床干预或疫苗开发提供了有益的参考。对病毒感染者进行特异性细胞免疫水平的检测，疫苗所激发的 T 细胞免疫的评价以及新的抗原表位的筛选发现都需要相应的技术手段。检测抗原特异性 T 细胞的技术包括细胞增殖检测、细胞毒性检测、细胞表面活化分子检测、细胞因子分泌检测等。

（1）细胞增殖检测

检测细胞增殖的方法主要有 MTT 法、^{3}H-TdR 掺入法、溴脱氧尿嘧啶核苷（BrdU）法、CFSE 标记法等。MTT 法是利用活细胞线粒体中的琥珀酸脱氢酶能使黄色的 MTT（噻唑蓝）还原为水不溶性的蓝紫色结晶甲䐶（Formazan）并沉积在细胞中，用二甲基亚砜（DMSO）溶解细胞中的甲䐶，用酶联免疫检测仪在 540nm 或 720nm 波长处测定其光吸收值，间接反映活细胞数量的方法。其特点为灵敏度高，较经济。

^{3}H-TdR 掺入法原理是利用细胞增殖伴随着 DNA 合成，将氚-胸腺嘧啶核苷（^{3}H-TdR）掺入培养体系中，从而插入正在增殖的细胞 DNA 中。通过检测掺入到细胞内 DNA 的 ^{3}H-TdR 的放射性强度，可以反映 T 细胞的增殖情况。该方法简单方便，灵敏度高。但高灵敏度也会引起高变异性，且具有放射性污染，使用时需要严格防护以避免

放射性伤害。

类似于 ^{3}H-TdR 掺入法，BrdU 标记法利用其为胸腺嘧啶脱氧核苷类似物，可在细胞周期的合成期掺入细胞 DNA 中。通过使用荧光标记的抗 BrdU 单克隆抗体，进行流式检测荧光强度，从而反映细胞的增殖。该方法简单快捷，且无放射性污染。如果与标记 T 细胞亚群的荧光抗体联用，可以同时比较不同细胞亚群的增殖情况。

CFSE 标记法的原理是无色无荧光的 CFSE 可以通过细胞膜进入细胞，被细胞内酯酶催化分解成高荧光强度的物质，并与细胞内胺稳定结合，使细胞标记上高荧光强度的 CFSE。当细胞进行分裂增殖时，CFSE 被平均分配到第二代细胞中，与第一代细胞相比，其荧光强度减弱一半。通过流式检测细胞荧光强度，从而分析出细胞分裂增殖情况。该方法适用于体内外检测 T 淋巴细胞的增殖，并可用于追踪 T 淋巴细胞的体内迁移与定位等。

（2）细胞毒性检测

细胞毒性的检测方法主要包括 ^{51}Cr 释放法、乳酸脱氢酶（LDH）释放法、膜联蛋白-V 凋亡实验等。^{51}Cr 释放法需要将待检细胞与铬酸钠（Na^{51}CrO^4）标记的靶细胞一起培养，使得 Na^{51}CrO^4 进入细胞后与细胞质蛋白质结合。如果待检效应细胞可以杀伤靶细胞，则 ^{51}Cr 会从靶细胞内释放至培养液中。通过液闪仪读取的上清中 ^{51}Cr 放射性脉冲数可以反映效应细胞的杀伤活性。该方法结果准确、重复性好，但敏感性较低，并且 ^{51}Cr 具有放射性，需特殊测定仪器。

乳酸脱氢酶（LDH）在活细胞胞质内含量丰富，在正常情况下不能通过细胞膜。当细胞受损或死亡时，细胞膜通透性改变，LDH 则释放到细胞外，释放的 LDH 活性与细胞死亡数目成正比。LDH 能够通过吩嗪二甲酯硫酸盐（PMS）还原碘硝基氯化氮唑蓝（INT）或硝基蓝四氮唑（NBT）形成有色的甲簪类化合物。通过对其在 570nm 波长处的吸光值的检测，即可计算效应细胞对靶细胞的杀伤率。该方法需要的细胞数量少，经济快捷，无放射性危害。但 LDH 分子较大，当靶细胞膜严重破损时才能被释放出来。

膜联蛋白-V 凋亡实验的原理为活细胞的磷脂酰丝氨酸（PS）位于细胞膜内表面，当细胞凋亡时翻转露于膜外侧，可与血管蛋白膜联蛋白-V 高亲和力结合。7-AAD（放线菌素 D）或 PI（碘化丙啶）是核酸染料，不能通过正常的细胞膜，但是在细胞凋亡、死亡过程中，细胞膜对染料的通透性逐渐增加，在细胞内结合 DNA 而显色。通过流式检测分析培养体系中靶细胞的膜联蛋白-V 和 7-AAD/PI 的染色情况判断其凋亡、死亡情况，可以计算出 CTL 的杀伤活性。该方法简单快捷，无需预标记，且能够标记出早期死亡细胞，比 ^{51}Cr 释放法、LDH 释放法更为灵敏。

（3）细胞表面活化分子检测

T 细胞的活化水平可以通过检测其表面活化分子的表达量以及结合特异性多肽-MHC 复合物抗原情况进行评估。T 细胞活化后，其表面分子如 CD107a、CD38/HLA-DR、CD69、CD25/OX40 表达量增多，通过流式检测活化相关分子可以对效应 T 细胞进行分析。

特异性 T 细胞检测-四聚体染色（或五聚体/多聚体染色）。借助生物素（Biotin）-亲和素（Avidin）级联反应放大原理构建 MHC I 类分子四聚体（Tetramer），使 4 个带生物素标签的多肽-MHC 复合物与带荧光的链酶亲和素结合，与 T 细胞表面多个 TCR 结合，从而减慢其解离速度，增大亲和力和稳定性。MHC 四聚体与 T 细胞上的 TCR

结合，通过流式分析定量检出抗原特异性的 CTL，以及可以进一步用于其他功能分析。该方法较高效、特异。

（4）细胞因子分泌检测

细胞因子的检测是对特异性 T 细胞功能评价的重要手段之一。对于细胞因子的检测方法主要包括酶联免疫斑点实验（ELISPOT）以及细胞内细胞因子染色实验（ICS）。在特异性抗原或非特异性有丝分裂原的刺激下，T 细胞会分泌各种细胞因子（如 IFN-γ）。细胞因子被预先包被在培养板的特异性单克隆抗体所捕获。将细胞和过量的细胞因子去除后，加入生物素标记的二抗结合被捕获的细胞因子。后用酶标亲和素和生物素结合，经化学酶联显色，在膜的局部形成一个个不溶的颜色产物即斑点。每一个斑点对应一个活性淋巴细胞。通过统计膜上的斑点数目，除以培养细胞时加入每孔的细胞总数，便可计算出阳性细胞即抗原特异性细胞的比例。该方法灵敏度比传统的 ELISA 方法高，并且操作简便，可以应用于 T 细胞表位等的高通量筛选。

细胞内细胞因子染色实验（ICS）是在细胞内检测其分泌的细胞因子。在特异性抗原的刺激下，将 T 细胞培养数小时，利用布雷菲德菌素 A 或莫能霉素阻断高尔基体的分泌，使得其产生的细胞因子留在细胞内部。之后需要将细胞通透固定，进行细胞内细胞因子的特异性抗体染色，通过流式进行分析。该方法可以获得多重数据，结合表面染色可以对特异性 T 细胞的表型和功能进行综合分析。

（5）高通量检测技术

随着技术的发展，越来越多的高通量高效率的实验方法被开发出来，如微阵列技术（Microarray）、质谱流式技术（Mass Cytometry，cyTOF）等。微阵列技术，通过将多肽-MHC 复合物、共刺激分子和细胞因子抗体固定在微孔板中，作为人造 APC 来检测特异性 T 细胞反应进行高通量 T 细胞表位筛选和 T 细胞功能验证。

质谱流式技术是采用稳定的贵金属或稀土金属元素标记的特异性抗体来标记细胞表面和内部的信号分子，代替传统荧光标记的高通量流式细胞技术，是最先进的单细胞多参数分析技术之一。它结合了飞行时间质谱和流式细胞技术的优势，分别采集单个细胞的原子质量谱，最后将原子质量谱转换为细胞表面和内部信号分子数据，实现单细胞水平超过几十到上百个分子的同步检测，能够更加深入地进行细胞表型和功能的研究。

8.7　mRNA 疫苗

mRNA 疫苗是近年来兴起的新型疫苗技术，其原理是将编码抗原蛋白的 mRNA 直接导入宿主细胞，利用宿主细胞蛋白质合成机制产生相应的抗原蛋白，从而触发机体针对该抗原的免疫应答。其高效、安全、快速、低成本等优点使其很快成为研究热点。但 mRNA 疫苗的不稳定性和低递送效率限制了疫苗的应用。通过研究者持续对 mRNA 进行稳定性改进、完善疫苗递送系统，mRNA 疫苗的短板逐渐被弥补。mRNA 疫苗作为一种新型疫苗种类，相比传统的灭活、减毒、蛋白质亚单位疫苗以及 DNA 疫苗等具有较大的优势。具体表现在以下几方面：①高效性。mRNA 无需进入细胞核，进入细胞质即可启动蛋白质表达，相比 DNA 疫苗需要进细胞核转录，再出核进行蛋白质表达，具有更高的表达效率；相比蛋白质亚单位疫苗，避免了蛋白质体外表达带来的不稳定、糖基化不完全等问题。②安全性高。相比减毒和灭活疫苗，mRNA 疫苗的生产过程不涉及病原体的培养，因此没有感染风险。相比 DNA 疫苗和病毒载体疫苗，mRNA 不会插入基因组，可避免外源 DNA 插入基因组导致诱发疾病的风险。③快速，低成本。mRNA 疫苗具有通用的平台和标准化的制备流程，可快速响应突发新发传染病，研发周期短。其次，mRNA 制备过程简单，标准化程度高，易量产，因此生产成本低廉。新冠疫情暴发后，新冠 mRNA 疫苗的快速研发与上市更使人们意识到了 mRNA 疫苗在传染病疫情防控中的巨大潜力。本节将介绍 mRNA 疫苗的构建以及 mRNA 疫苗在传染病防控中的应用。

8.7.1　mRNA 疫苗的构建

1990 年，Wolff 等人将体外表达的 mRNA 注射入小鼠骨骼肌中并成功表达出相应蛋白质，使 mRNA 疫苗技术成为可能。在随后的十多年间，科学家逐渐攻克了包括 mRNA 不稳定性、免疫原性等很多技术问题，并提高了 mRNA 递送效率，使 mRNA 疫苗成为一种应用广泛且具有较高安全性的新型疫苗。目前，mRNA 疫苗的构建主要包含以下几个步骤：mRNA 的体外合成、修饰与递送系统的构建（图 8-7）。

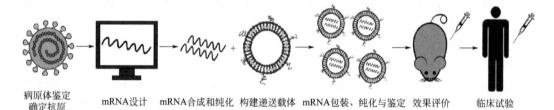

病原体鉴定　　mRNA设计　mRNA合成和纯化　构建递送载体　mRNA包装、纯化与鉴定　效果评价　　临床试验
确定抗原

图 8-7　mRNA 疫苗生产流程示意图

8.7.1.1　mRNA 的体外合成与修饰

基于 mRNA 的疫苗通常分为传统非复制性和自我复制性两类。传统的 mRNA 疫苗结构与真核生物 mRNA 结构类似，包括 5′端帽子结构 m^7GpppN（N：任意核苷酸）、非翻译区（5′UTR）、目标抗原开放阅读框（ORF）、3′端非翻译区（3′UTR）和 Poly（A）序列［图 8-8（a）］。其中，5′端帽子、UTRs 以及 3′端 Poly（A）结构元件对 mRNA 的翻译效率和稳定性至关重要。mRNA 合成一般以含有特定的噬菌体 RNA 聚合酶启动子（比如 T7、T3 或 SP6）、目的基因开放阅读框和转录终止子的线性化质粒或 DNA 片段作为模板，利用相应的 RNA 聚合酶通过体外转录获得。Poly（A）尾部结构可以从 DNA 模板并入，或者使用 Poly（A）聚合酶在体外转录完成后延伸 mRNA 进行加尾。但利用重组 Poly（A）聚合酶制备出的 Poly（A）尾长度不一。相比之下，利用 DNA 模板生成的 Poly（A）尾部具有确定的长度。mRNA 的加帽反应可以使用两种不同的方法来进行。第一种方法是使用牛痘病毒加帽酶对转录后的 RNA 进行加帽反应，产生与最常见的内源性真核生物结构相同的帽子，即 7-甲基鸟苷（m^7G）帽。使用该方法为 mRNA 加帽非常简单有效，缺点是在生产上会增加额外的加工步骤。第二种方法可以在体外转录反应过程中添加合成的帽子类似物，这种方法称为共转录加帽反应。这种方法的主要缺点是帽子类似物与体外转录所需的 GTP 核苷酸之间存在竞争，最终导致部分 mRNA 未成功加上帽子进而在体内不能正常翻译。mRNA 的稳定性

和翻译效率是保障 mRNA 疫苗成功的关键，除此之外，另外一个挑战性问题是外源 mRNA 具有免疫原性，会激活细胞的先天免疫反应，从而使 mRNA 被快速清除，蛋白质表达效率低。通过对 mRNA 各个结构元件进行设计升级或化学修饰，可有效提高 mRNA 的稳定性和翻译效率，并降低 mRNA 分子的过高的免疫原性。比如早期产生加帽子的 mRNA 的方法会导致反方向也结合 cap 类似物，导致两个方向包含 cap 类似物，从而产生 $m^7GpppGN$ 或 $Gpppm^7GN$。开发抗反向帽子类似物（ARCA）解决了这个方向性问题，相对传统的帽子结构，ARCA 的加帽具有更高的翻译效率，半衰期也更长。另外，mRNA UTR 中包含顺式调控序列可以改善 mRNA 的翻译和半衰期。研究者从天然序列中已经鉴定出许多促进 mRNA 翻译的 UTR 序列，比如来自 α- 和 β- 球蛋白的 UTR 序列已被广泛用于设计 mRNA 疫苗。Poly（A）尾巴在 mRNA 稳定性和翻译效率方面也起着重要作用，对 Poly（A）尾巴序列进行改造也可以提高 mRNA 的稳定性，比如研究者发现增加 Poly（A）尾的长度到 100 个核苷酸可以显著提高抗原表达水平。对 mRNA 序列进行密码子优化和修饰也可以提高蛋白质的表达水平和结构稳定性，降低机体炎症反应。通过优化抗原编码序列和去除容易引起炎症反应的序列，可以实现蛋白质的高表达，降低炎症反应的概率。也有研究表明优化 GC 含量有助于提高体外 mRNA 稳定性和体内蛋白质的表达量。在降低 mRNA 免疫原性方面，使用天然的核苷类似物如假尿苷和 5- 甲基胞苷可以避免先天免疫系统识别 mRNA，从而提升 mRNA 表达效率。除此之外，mRNA 生产工艺也是影响 mRNA 稳定性、翻译效率以及免疫原性的因素，比如严格的 mRNA 纯化工艺可以降低污染 dsRNA 带来的导致翻译抑制、mRNA 降解和免疫原性的风险。

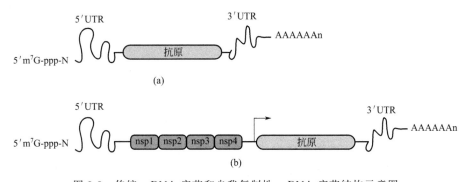

图 8-8　传统 mRNA 疫苗和自我复制性 mRNA 疫苗结构示意图

尽管应用化学修饰的核苷酸，对目的基因进行序列优化以及不同的纯化策略等可以提高 mRNA 的翻译效率，但是抗原的表达水平与 mRNA 进入细胞的数量是成比例的，因此低剂量的疫苗难以表达足量的抗原诱导足够的免疫水平，实现足够的免疫效果往往需要大剂量或者重复给药。自我复制性 mRNA 疫苗是利用来源于自扩增单链 RNA 病毒的工程化复制子来实现的，该过程导致高水平和持续的抗原表达，与传统 mRNA 疫苗相比，需要更低的疫苗剂量。自我复制性 mRNA 疫苗与传统型 mRNA 构建具有相同的基本结构，但自扩增性 mRNA 疫苗还包括了可以自扩增单链 RNA 病毒的复制子序列，使疫苗具备进入细胞后自身进行复制和扩增的能力［图 8-8（b）］。已报道的用于自我复制性 mRNA 疫苗的复制子通常来源于正链 RNA 病毒甲病毒（Alphavirus），如委内瑞拉马脑炎病毒（Venezuelan Equine Encephalitis Virus，VEE）、辛德比斯病毒

(Sindbis Virus，SINV) 和塞姆利基森林病毒 (Semliki Forest Virus，SFV)。如图 8-8 (b)，自我复制性 mRNA 疫苗包含甲病毒复制子 (编码了 RNA 依赖的 RNA 聚合酶 RdRp 复合物的基因以及 26S 亚基因组启动子)，表达抗原蛋白的 RNA 序列置于亚基因组启动子的下游。mRNA 进入细胞后，复制子表达 RNA 依赖的 RNA 聚合酶对 mRNA 疫苗本身进行复制和扩增，该过程导致高水平和持续的抗原表达，与传统 mRNA 相比，自扩增 RNA 在较低剂量下显示出增强的抗原表达，可达到提高免疫效果的目的。除此以外，mRNA 的自我扩增还会导致细胞衰竭，产生的 dsRNA 中间体可以刺激免疫反应和宿主细胞的抗病毒反应，这个过程模拟了病毒的感染过程，因此可以增强抗原性特异的 B 细胞和 T 细胞反应。

8.7.1.2 递送系统

mRNA 易被广泛存在的 RNA 酶降解，且 mRNA 是带负电荷的大分子，很难通过细胞膜进入细胞。因此，为保护 mRNA 不被降解，将 mRNA 完整、高效地递送至细胞质中表达相应抗原，需要构建 mRNA 递送系统。目前，常见的 mRNA 递送系统主要包括以下几种：

(1) 鱼精蛋白

鱼精蛋白 (Protamine) 是一种碱性阳离子蛋白质，可以与 mRNA 结合形成稳定的复合物。mRNA-鱼精蛋白复合物可以很好地保护 mRNA 不被 RNA 酶降解，并刺激免疫应答，增强 DC 细胞、单核细胞、B 细胞等免疫细胞的反应。但是，鱼精蛋白与 mRNA 的过于紧密结合影响了蛋白质表达效率。RNActive® 疫苗技术通过丰富 mRNA ORF 中鸟嘌呤和胞嘧啶的含量，引入非翻译区和 Poly (A) 尾对 mRNA 进行修饰，提高蛋白质表达效率，同时利用鱼精蛋白与部分 mRNA 形成复合物以保护 mRNA 并促进免疫应答。

(2) 脂质纳米颗粒

脂质纳米颗粒 (Lipid Nanoparticles，LNP) 是最常用的 mRNA 递送系统，Moderna 公司和 BioNTech 公司所生产的新冠 mRNA 疫苗均采用 LNP 递送系统。带正电荷的脂质和带负电荷的 mRNA 形成复合物，与其他制剂 (胆固醇、聚乙二醇和天然磷脂) 共同形成 80~200nm 的纳米颗粒，被称为脂质纳米颗粒，通过胞吞作用进入胞质。胆固醇是 LNP 复合物的稳定剂，聚乙二醇延长 LNP 复合物的半衰期，天然磷脂支持脂质双层结构的形成，mRNA 位于 LNP 中心，防止被 RNA 酶降解。LNP 进入胞质后，mRNA 从复合物中逃逸，成为游离状态，此过程的机制尚未完全清楚，目前普遍认为可能是胞内的 pH 导致的复合物电离状态发生改变导致的。LNP 作为 mRNA 疫苗递送系统具有诸多优势，例如：LNP 对 mRNA 起到很好的保护作用，易通过胞吞作用进入细胞，在细胞中 mRNA 会发生逃逸，变成游离 mRNA 以发挥功能；LNP 可以复合佐剂以增强免疫反应；通过在表面添加特异性配体，LNP 可靶向特定细胞类型。当然，LNP 也存在缺陷，LNP 中带正电荷的脂质可能存在细胞毒性和聚乙二醇的反复使用可能引起的免疫反应的问题不容忽视。

(3) 聚合物

常见的聚合物 mRNA 疫苗递送载体有聚乙烯亚胺 (PEI)、聚-β 氨基酯 (PBAEs)、聚乳酸羟基乙酸 (PLGA) 和带阳离子的聚天冬酰胺等。PEI 是带有正电荷的水溶性聚合物，具有树枝状或线性结构，具有一定的细胞毒性。为了降低 PEI 的细胞毒性，研究者经常利用脂肪链对低分子量的 PEI 进行修饰。PBAEs 是生物降解聚合物，可以高效递送 mRNA，但血清的存在会降低其效率，为解决这个问题，研究者尝试了多种化学修饰方法。经过修饰的 PLGA 也成功将 mRNA 递送入细胞中并表达了相应蛋白质。与阳离子脂质体类似，聚合物的细胞毒性在很大程度上限制了其应用。除了与其他材料复合，优化分子量及形态结构也是提高聚合物载体性能的主要途径。

8.7.2 mRNA 疫苗在传染病防控中的应用

mRNA 因具有研发周期短、安全性高等优势，在传染病防控中拥有巨大的应用潜力。下面将以流感病毒 mRNA 疫苗、寨卡病毒 mRNA 疫苗和 Moderna 公司新冠病毒 mRNA 疫苗的研发为例，对 mRNA 疫苗的研发和应用进行简介。

8.7.2.1 流感病毒 mRNA 疫苗

流感病毒流行株变异频繁，每年的疫苗生产需要根据上季度的优势毒株及时更换，但传统灭活疫苗和减毒活疫苗的研发和制造又存在一定的滞后性，因此快速研发疫苗非常有必要，mRNA 疫苗平台为流感疫苗的快速研发和制备提供了新的策略。早在 1993 年有研究发现编码流感病毒核蛋白 NP 的 mRNA 能在小鼠体内表达流感病毒的 NP 蛋白，并诱导机体产生细胞毒性 T 细胞应答。在 2012 年，mRNA 疫苗首次展现了在抗传染病领域中的潜力，研究证实编码流感病毒 HA 的 mRNA 疫苗可诱导小鼠、雪貂和家猪产生保护性免疫。在雪貂中使用 $80\sim250\mu g$ 剂量的 mRNA 疫苗在免疫原性方面与灭活病毒疫苗相当。2016 年，研究发现编码 HA1 抗原的自我复制性 mRNA 疫苗在小鼠和雪貂中均诱导了保护性免疫反应，并且在雪貂中展现出了比灭活疫苗更高的血凝效价和病毒中和能力。2017 年，研究发现编码 H10N8 或 H7N9 的 HA 抗原的核苷修饰 mRNA-LNPs 疫苗，可诱导小鼠、雪貂和非人类灵长类动物的免疫反应。进一步的临床试验研究表明，HA10 和 HA7 mRNA 疫苗均显示出了良好的安全性和免疫原性，并且没有报告与疫苗相关的严重不良反应。HA 蛋白是流感病毒疫苗开发的主要抗原，但 HA 头部区域高度可变，病毒很容易从保护性免疫反应中逃逸。更保守的 HA 蛋白茎部、NA 蛋白、M2 蛋白以及 NP 蛋白是开发具有广泛保护性的通用疫苗的潜在靶点，有研究者利用脂质纳米颗粒包裹的核苷酸修饰的 mRNA 疫苗（HA 茎、NA、M2 和 NP 抗原组合）在小鼠体内诱导了强烈的免疫反应，并展现了广泛的交叉保护能力。

8.7.2.2 新冠病毒 mRNA 疫苗

β 冠状病毒属病毒 S 蛋白与宿主细胞表面受体结合并发生构象改变，介导病毒进入宿主细胞。稳定的 S 蛋白融合前构象具有较高的免疫原性，而 S 蛋白 S2 亚基上 986 和 987 两个连续位点上发生脯氨酸替代形成稳定的 S 蛋白融合前构象（S-2P）。据此，研究者设计了表达新冠病毒 S（2P）蛋白的 mRNA。利用优化的 T7 RNA 聚合酶介导的转录反应，并将尿嘧啶全部替换为 N1-甲基-假尿嘧啶，体外合成了 mRNA（mRNA-1273）。将 mRNA-1273 用改进后的乙醇液滴纳米沉淀法包裹于液体纳米颗粒中，形成包含 4 种脂质的 LNP。合成的 mRNA 制剂经过理化性质、纯度、杂质等一系列检测后用于在体研究。研究者将 mRNA 制剂通过肌肉注射入小鼠体内，并用 SARS-CoV-2 MA 感染小鼠，进行疫苗免疫评价实验。

Ⅰ期临床试验将 45 名 18～55 岁健康成年人分为 3 组，分别接种了两针剂量为 25μg、100μg 和 250μg 的 mRNA-1273 疫苗，间隔时间为 28 天。接种后常见的不良反应为疲劳、发烧、肌肉痛和头痛等，严重程度为轻度至中度，所有受试者均未发生严重不良反应。所有受试者均有抗体产生。Ⅲ期临床试验有 30000 名成人参与，进一步验证了疫苗的安全性和有效性，根据 Moderna 公司公布的数据，疫苗的有效率为 94.5％。

8.7.2.3　寨卡病毒 mRNA 疫苗

开发疫苗对寨卡病毒的防控具有重要意义。研究者设计了包含编码人 IgE 或 JEV prM 以及病毒包膜蛋白（E 蛋白）和前体膜蛋白（prM 蛋白）的 mRNA，利用 T7 RNA 聚合酶介导的 RNA 转录反应，并将三磷酸尿苷替换为 1-甲基假三磷酸尿苷，得到 mRNA。可电离的脂质、DSPC、胆固醇和 PEG 脂混合形成的混合物与 mRNA 按比例混合后形成 LNP。动物实验表明，将 LNP 经肌肉注射入小鼠体内后可以表达病毒样粒子并产生高滴度的中和抗体。另外，为避免寨卡病毒抗体和登革病毒抗体发生抗体交叉反应而导致的抗体依赖性增强效应（ADE），研究者还设计了编码破坏 E 蛋白保守性融合环表位突变体的 prM mRNA，并通过细胞和小鼠实验验证了这种改进确实可以有效降低 ADE 发生的可能性。

参考文献

王寒，齐建勋，刘宁宁，李燕，等，2015. 埃博拉病毒入侵：人 TIM 分子的结构与结合 PS 的分子基础. 科学通报，60（35）：3438-3453.

Al-Qahtani A A，Lyroni K，Aznaourova M，et al.，2017. Middle east respiratory syndrome corona virus spike glycoprotein suppresses macrophage responses via DPP4-mediated induction of IRAK-M and PPARγ. Oncotarget，8（6）：9053-9066.

Arnold C E，Guito J C，Altamura L A，et al.，2018. Transcriptomics Reveal Antiviral Gene Induction in the Egyptian Rousette Bat Is Antagonized In Vitro by Marburg Virus Infection. Viruses，10（11）：607.

Balkema-Buschmann A，Rissmann M，Kley N，et al.，2018. Productive Propagation of Rift Valley Fever Phlebovirus Vaccine Strain MP-12 in Rousettus aegyptiacus Fruit Bats. Viruses，10（12）：681.

Bardina S V，Bunduc P，Tripathi S，et al.，2017. Enhancement of Zika virus pathogenesis by preexisting antiflavivirus immunity. Science，356（6334）：175-180.

Blehert D S，Hicks A C，Behr M，et al.，2009. Bat white-nose syndrome：an emerging fungal pathogen? Science，323（5911）：227.

Brasil P，Calvet G A，Siqueira A M，et al.，2016，Brazil：Clinical Characterization，Epidemiological and Virological Aspects. PLoS Negl Trop Dis，10（4）：e0004636.

Cao-Lormeau V M，Blake A，Mons S，et al.，2016. Guillain-Barré Syndrome outbreak associated with Zika virus infection in French Polynesia：a case-control study. Lancet，387（10027）：1531-1539.

Channappanavar R，Perlman S，2017. Pathogenic human coronavirus infections：causes and consequences of cytokine storm and immunopathology. Semin Immunopathol，39（5）：529-539.

Chen J，Cui G，Lu C，Ding Y，et al.，2016. Severe Infection With Avian Influenza A Virus is Associated With Delayed Immune Recovery in Survivors. Medicine（Baltimore）. Feb，95（5）：e2606.

Chen Y，Zhang N，Zhang J，et al.，2022. Immune response pattern across the asymptomatic，symptomatic and convalescent periods of COVID-19. Biochim Biophys Acta Proteins Proteom，1870（2）：140736.

Cobey S，Hensley S E，2017. Immune history and influenza virus susceptibility. Curr Opin Virol，22：105-111.

De La Cruz-Rivera P C，Kanchwala M，Liang H，et al.，2018. The IFN Response in Bats Displays Distinctive IFN-Stimulated Gene Expression Kinetics with Atypical RNASEL Induction. J Immunol，200（1）：209-217.

Deng Y Q, Zhao H, Li X F, et al., 2016. Isolation, identification and genomic characterization of the Asian lineage Zika virus imported to China. Sci China Life Sci, 59 (4): 428-430.

D'Ortenzio E, Matheron S, Yazdanpanah Y, et al., 2016. Evidence of Sexual Transmission of Zika Virus. N Engl J Med, 374 (22): 2195-2198.

Eckalbar W L, Schlebusch S A, Mason M K, et al., 2016. Transcriptomic and epigenomic characterization of the developing bat wing. Nat Genet, 48 (5): 528-36.

Elong Ngono A, Vizcarra E A, Tang W W, et al., 2017. Mapping and Role of the CD8+T Cell Response During Primary Zika Virus Infection in Mice. Cell Host Microbe, 21 (1): 35-46.

Govero J, Esakky P, Scheaffer S M, et al., 2016. Zika virus infection damages the testes in mice. Nature, 540 (7633): 438-442.

Grant E J, Quiñones-Parra S M, Clemens E B, et al., 2016. Human influenza viruses and CD8 (+) T cell responses. Curr Opin Virol, 16: 132-142.

Hawkins J A, Kaczmarek M E, Müller M A, et al., 2019. A metaanalysis of bat phylogenetics and positive selection based on genomes and transcriptomes from 18 species. Proc Natl Acad Sci USA, 116 (23): 11351-11360.

Hong K H, Choi J P, Hong S H, et al., 2018. Predictors of mortality in Middle East respiratory syndrome (MERS). Thorax, 73 (3): 286-289.

Hu B, Zeng L P, Yang X L, et al., 2017. Discovery of a rich gene pool of bat SARS-related coronaviruses provides new insights into the origin of SARS coronavirus. PLoS Pathog, 13 (11): e1006698.

Huang C, Liu W J, Xu W, et al., 2016. A Bat-Derived Putative Cross-Family Recombinant Coronavirus with a Reovirus Gene. PLoS Pathog, 12 (9): e1005883.

Huang H, Li S, Zhang Y, et al., 2017. CD8+T Cell Immune Response in Immunocompetent Mice during Zika Virus Infection. J Virol, 91 (22): e00900-17.

Koh J, Itahana Y, Mendenhall I H, et al., 2019. ABCB1 protects bat cells from DNA damage induced by genotoxic compounds. Nat Commun, 10 (1): 2820.

Lai L, Rouphael N, Xu Y, et al., 2018. Innate, T-, and B-Cell Responses in Acute Human Zika Patients. Clin Infect Dis, 66 (1): 1-10.

Liu W J, 2016. On the ground in Western Africa: from the outbreak to the elapse of Ebola. Protein Cell, 7 (9): 621-3.

Liu W J, Lan J, Liu K, et al., 2017. Protective T Cell Responses Featured by Concordant Recognition of Middle East Respiratory Syndrome Coronavirus-Derived CD8+T Cell Epitopes and Host MHC. J Immunol, 198 (2): 873-882.

Liu W J, Tan S, Zhao M, et al., 2016. Cross-immunity Against Avian Influenza A (H7N9) Virus in the Healthy Population Is Affected by Antigenicity-Dependent Substitutions. J Infect Dis, 214 (12): 1937-1946.

Liu W J, Zhao M, Liu K, Xu K, et al., 2016. T-cell immunity of SARS-CoV: Implications for vaccine development against MERS-CoV. Antiviral Res, 137: 82-92.

Lu D, Liu K, Zhang D, et al., 2019. Peptide presentation by bat MHC class I provides new insight into the antiviral immunity of bats. PLoS Biol, 17 (9): e3000436.

Martínez Gómez J M, Periasamy P, Dutertre C A, et al., 2016. Phenotypic and functional characterization of the major lymphocyte populations in the fruit-eating bat Pteropus alecto. Sci Rep, 6: 37796.

Ng J H, Tachedjian M, Deakin J, et al., 2016. Evolution and comparative analysis of the bat MHC-I region. Sci Rep, 6: 21256.

Ng O W, Chia A, Tan A T, et al., 2016. Memory T cell responses targeting the SARS coronavirus persist up to 11 years post-infection. Vaccine, 34 (17): 2008-2014.

Olival K J, Hosseini P R, Zambrana-Torrelio C, et al., 2017. Host and viral traits predict zoonotic spillover from mammals. Nature, 546 (7660): 646-650.

Pavlovich S S, Lovett S P, Koroleva G, et al., 2018. The Egyptian Rousette Genome Reveals Unexpected Features of Bat Antiviral Immunity. Cell, 173 (5): 1098-1110. e18.

Ruibal P，Oestereich L，Lüdtke A，et al.，2016. Unique human immune signature of Ebola virus disease in Guinea. Nature，533 (7601)：100-104.

Sarkis S，Lise M C，Darcissac E，et al.，2018. Development of molecular and cellular tools to decipher the type I IFN pathway of the common vampire bat. Dev Comp Immunol，81：1-7.

Schuh A J，Amman B R，Sealy T K，et al.，2017. Egyptian rousette bats maintain long-term protective immunity against Marburg virus infection despite diminished antibody levels. Sci Rep，7 (1)：8763.

Shi Y，Wu Y，Zhang W，Qi J，et al.，2014. Enabling the 'host jump': structural determinants of receptor-binding specificity in influenza A viruses. Nat Rev Microbiol，12 (12)：822-831.

Stettler K，Beltramello M，Espinosa D A，et al.，2016. Specificity，cross-reactivity，and function of antibodies elicited by Zika virus infection. Science，353 (6301)：823-826.

Tan S，Zhang S，Wu B，et al.，2017. Hemagglutinin-specific CD4＋T-cell responses following 2009-pH1N1 inactivated split-vaccine inoculation in humans. Vaccine，35 (42)：5644-5652.

Wang H，Shi Y，Song J，et al.，2016. Ebola Viral Glycoprotein Bound to Its Endosomal Receptor Niemann-Pick C1. Cell，164 (1-2)：258-268.

Wang Z，Zhu L，Nguyen T H O，et al.，2018. Clonally diverse CD38＋HLA-DR＋CD8＋T cells persist during fatal H7N9 disease. Nat Commun，9 (1)：824.

Wen J，Elong Ngono A，Regla-Nava J A，et al.，2017. Dengue virus-reactive CD8＋T cells mediate cross-protection against subsequent Zika virus challenge. Nat Commun，8 (1)：1459.

Wen J，Tang W W，Sheets N，et al.，2017. Identification of Zika virus epitopes reveals immunodominant and protective roles for dengue virus cross-reactive CD8＋T cells. Nat Microbiol，2：17036.

Wong G，Gao G F，Qiu X，2016. Can Ebola virus become endemic in the human population? Protein Cell，7 (1)：4-6.

Xiang H，Zhao Y，Li X，et al.，2022. Landscapes and dynamic diversifications of B-cell receptor repertoires in COVID-19 patients. Hum Immunol，83 (2)：119-129.

Xie J，Li Y，Shen X，et al.，2018. Dampened STING-Dependent Interferon Activation in Bats. Cell Host Microbe，23 (3)：297-301. e4.

Xu K，Song Y，Dai L，et al.，2018. Recombinant Chimpanzee Adenovirus Vaccine AdC7-M/E Protects against Zika Virus Infection and Testis Damage. J Virol，92 (6)：e01722-17.

Xu K，Song Y，Dai L，et al.，2018. Recombinant Chimpanzee Adenovirus Vaccine AdC7-M/E Protects against Zika Virus Infection and Testis Damage. J Virol，92 (6)：e01722-17.

Yang P，Zhao Y，Li J，et al.，2021. Downregulated miR-451a as a feature of the plasma cfRNA landscape reveals regulatory networks of IL-6/IL-6R-associated cytokine storms in COVID-19 patients. Cell Mol Immunol，18 (4)：1064-1066.

Zeng X，Blancett C D，Koistinen K A，et al.，2017. Identification and pathological characterization of persistent asymptomatic Ebola virus infection in rhesus monkeys. Nat Microbiol，2：17113.

Zhang J，Lin H，Ye B，et al.，2021. One-year sustained cellular and humoral immunities of COVID-19 convalescents. Clin Infect Dis，ciab884. doi：10.1093/cid/ciab884.

Zhang J，Lu D，Li M，et al.，2022. A COVID-19 T-Cell Response Detection Method Based on a Newly Identified Human CD8＋T Cell Epitope from SARS-CoV-2 — Hubei Province，China，2021. China CDC Weekly，4 (5)：83-87.

Zhang Q，Zeng L P，Zhou P，et al.，2017. IFNAR2-dependent gene expression profile induced by IFN-α in Pteropus alecto bat cells and impact of IFNAR2 knockout on virus infection. PLoS One，12 (8)：e0182866.

Zhao J，Zhao J，Mangalam A K，et al.，2016. Airway Memory CD4 (＋) T Cells Mediate Protective Immunity against Emerging Respiratory Coronaviruses. Immunity，44 (6)：1379-91.

Zhao M，Chen J，Tan S，et al.，2018. Prolonged Evolution of Virus-Specific Memory T Cell Immunity after Severe Avian Influenza A (H7N9) Virus Infection. J Virol，92 (17)：e01024-18.

Zhu L，Yang P，Zhao Y，et al.，2020. Single-Cell Sequencing of Peripheral Mononuclear Cells Reveals Distinct Immune Response Landscapes of COVID-19 and Influenza Patients. Immunity，53 (3)：685-696. e3.

（高福　施一　刘军　王寒　王敏　赵敏）

第9章

分子微生物学

摘要：分子微生物学是一门正处于蓬勃发展期的学科，不仅受到了广大科学工作者的重视，也是很多国家重点支持的发展领域。这一学科是当代分子生物学和微生物学融合交叉的产物，有广阔的发展前景。本章内容结合分子微生物学的理论基础，重点介绍该领域的关键技术及其发展，其内容涵盖基因组学、宏基因组学和基因工程等领域，希望为致力于分子微生物学研究的科研工作者们提供有益参考。

9.1 概述

9.1.1 基本概念

分子微生物学是从分子水平上研究微生物生命现象的一门科学。微生物的生存、繁殖及各种代谢均受控于一种法则——"中心法则"。而中心法则的物质基础则是包含各种遗传信息的单元——基因。基因（Gene）一词源于希腊语，意为"给予生命"，由丹麦遗传学家 W. L. Johannson 于 1909 年在《遗传要素》（*Elements of Heredity*）一书中首次提出，用以替代孟德尔假定的"遗传因子"并被沿用至今。100 多年来，随着人们对基因认识的深化，基因的概念不断得到修正、补充和发展，目前通用的基因定义为：基因（遗传因子）是产生一条多肽链或功能 RNA 所需的全部核苷酸序列。从化学上来说，基因指的是一段 DNA 或 RNA 序列，可以产生或影响某种表型；从遗传上来说，基因带有遗传信息，代表一个遗传单位，是遗传物质的最小功能单位。

基因组（Genome）一词由基因（Gene）和染色体（Chromosome）两个词组合而成，由德国植物学家 H. Winkles 于 1920 年首次引入学术界，代表细胞或生物体中，一套完整的单倍体遗传物质的总和。1986 年，美国学者 T. Roderick 提议用"基因组学（Genomics）"来命名研究全基因组序列及与之相关高通量技术的新兴学科；次年，随着《基因组学》（*Genomics*）期刊的创办，"基因组学"一词在科学界得到广泛认可和应用。

微生物基因组学（Microbial Genomics）是在运用微生物全基因组测序等技术的基础上，研究微生物基因组中单个或多个基因的结构、功能以及基因之间的关系的一门学科，研究范围涵盖了从微生物 DNA 序列分析到微生物与环境相互作用等广阔科研领域。

宏基因组（也称微生物环境基因组、元基因组，Metagenome）定义为"the genomes of the total microbiota found in nature"，即环境当中所有微生物遗传物质的总和。它包含可培养和不可培养微生物的基因，目前主要指环境样品中细菌、真菌和病毒的基因组总和。随着高通量测序技术的不断发展，基于宏基因组测序的微生物生态学研究逐渐增多。宏基因组测序可以绕开"大部分环境微生物不可培养"的壁垒，不仅可以获得微生物群落的多样性和功能信息，还可以此为依据发掘环境中新的功能基因，将微生物物种分类、功能、应用开发结合起来，因此其在目前宏基因组学研究中占据主导地位。

基因工程技术又称基因操作技术、DNA 重组技术，是以分子遗传学为理论基础，以分子生物学和微生物学的现代方法为手段，将不同来源的基因按照预先设计的蓝图，在体外进行拼接重组，然后导入另一种生物体，有目的地改变生物原有的遗传特性、获得新品种、生产新产品的操作程序。基因工程技术为基因结构和功能的研究提供了有力的手段。

9.1.2 理论上的重大发现

9.1.2.1 核酸是遗传物质的基础

1928 年，英国细菌学家 Griffith 首次发现了肺炎链球菌（*Streptococcus pneumoniae*）的转化现象，当时虽不清楚转化因子的本质为何，但他的工作为确立 DNA 为遗传物质奠定了基础。美国科学家 Avery 自 1928 年起围绕肺炎链球菌的转化进行了长达 16 年的研究，1944 年他与纽约洛克菲勒研究所的同事证明，细菌转化实验中的遗传物质为 DNA。Avery 等从Ⅲ型（光滑型）肺炎链球菌 SA66 菌株中提纯了 DNA，转化Ⅱ型（粗糙型）的 R36A 菌株，结果明确地显示提纯的 DNA 能转化肺炎链球菌，而 RNA 和蛋白质不能。用结晶的胰蛋白酶（Trypsin）、结晶的糜蛋白酶（Chymotrypsin）和结晶的核糖核酸酶（Ribonuclease）处理所提纯的 DNA 样品都不影响样品的转化活性；但如果用几种能降解脱氧核糖核酸的酶处理就能使样品失活，说明 DNA 是导致肺炎链球菌转化的物质，即 DNA 是肺炎链球菌的遗传物质。

此外，病毒作为一种特殊的微生物，不具备细胞结构，个体大小从 $0.02\sim0.3\mu m$ 不等，仅含一种类型的核酸（DNA 或 RNA），不能自行进行能量代谢，因此必须依赖特定宿主进行生长繁殖，是专性胞内寄生物。1952 年，冷泉港实验室的 A. Hershey 和 M. Chase 进行 T_2 噬菌体侵染实验（Hershey-Chase 实验），分别通过同位素[35]S 和[32]P 标记蛋白质与 DNA，跟踪噬菌体组分参与其复制、繁殖的情况。结果发现只有[32]P 进入到被侵染的大肠杆菌细胞中，进一步证实了 DNA 是遗传物质。1956 年，美国学者 Fraemkel-Courat 进行烟草花叶病毒（TMV）的拆分重建实验发现杂种病毒的感染特性和蛋白质特性是由病毒 RNA 决定的，证明了 RNA 是 RNA 病毒的遗传物质。

9.1.2.2 遗传信息传递的方式为复制

1953 年，Watson 和 Crick 根据 X 射线衍射图谱推断出 DNA 的双螺旋结构模型并发表于 4 月 25 日的《自然》（*Nature*）杂志，一个月之后，5 月 30 日在《自然》上发表的第二篇文章中，两位科学家解释了 DNA 双螺旋结构的遗传学意义，并进一步预测 DNA 半保留的自我复制方式。

1958 年，Meselson 和 Stahl 通过一系列实验，为 Watson 和 Crick 的科学预测提供了科学证据，首次从分子水平上证明了 DNA 的半保留复制方式。1963 年，Carins 用同位素氚标记大肠杆菌（*Escherichia coli*）基因组 DNA 的胸腺嘧啶（T），通过放射自显

影技术获得了 $E.coli$ 基因组 DNA 的"θ"复制过程，再次证明了 DNA 半保留复制的正确性，并提出了"从一个起点开始，按双方向复制"模式的推论。

9.1.2.3 遗传信息的流向和表达

1958 年 Crick 提出中心法则（Central Dogma），并于 1970 年在《自然》重申，是指遗传信息从 DNA 传递给 RNA，再从 RNA 传递给蛋白质，即完成遗传信息的转录和翻译的过程。也可以从 DNA 传递给 DNA，即完成 DNA 的复制过程。这是所有有细胞结构的生物所遵循的法则。它指出遗传信息不能由蛋白质转移到蛋白质或核酸之中。在某些病毒中的 RNA 自我复制（如 TMV 等）和在某些病毒中能以 RNA 为模板逆转录成 DNA 的过程（某些致癌病毒）是对中心法则的补充。朊病毒是中心法则目前已知的唯一例外。

1961 年 Monod 和 Jacob 发现了大肠杆菌乳糖操纵子，提出操纵子学说（Operon Therory）。操纵子模型的提出使基因概念又向前迈出了一大步，表明人们已认识到基因的功能并不是固定不变的，而是可以根据环境的变化进行调节，开创了基因调控研究时代。随之人们发现无论是真核还是原核生物转录调节都是涉及编码蛋白质的基因和 DNA 上的元件。

遗传密码的发现和破译是 20 世纪 50～60 年代多位科学家的一项奇妙想象和严密论证的伟大结晶，先后经历了 20 世纪 50 年代的数学推理阶段和 1961～1965 年的实验研究阶段。遗传密码是活细胞用于将 DNA 或 mRNA 序列中编码的遗传物质信息翻译为蛋白质的一整套规则。遗传密码决定蛋白质中氨基酸顺序的核苷酸顺序，由 3 个连续的核苷酸组成的密码子所构成。遗传密码在所有生物体中高度相似，几乎所有的生物都使用同样的遗传密码，可以在一个包含 64 个条目的密码子表中表达 。即使是非细胞结构的病毒，它们也是使用标准遗传密码，但是也有少数生物使用一些稍微不同的遗传密码。

中心法则、操纵子学说和遗传密码的破译阐明了遗传信息的流向和表达问题。

上述三方面的重大理论发现为分子微生物学的研究提供了基本的理论知识。

9.1.3 技术上的重要进步

9.1.3.1 DNA 重组技术

DNA 重组技术是 20 世纪 70 年代初伴随着限制性核酸内切酶、载体、DNA 连接酶、质粒转化技术等的发现、研究和应用应运而生的一门新技术。PCR 技术与反转录技术的发明与发展，使得 DNA 重组技术的应用得到了空前发展。人类已经利用 DNA 重组技术成功地改造和创建生命形态、生产食品药品、诊断与治疗遗传疾病。这一技术自出现以来获得了显著的进步，带动了基因组学研究技术的更新，使微生物基因组学的研究上升到新的层次。

9.1.3.2 基因组测序技术

微生物基因组学是以微生物的基因组为研究对象，它的产生始自微生物遗传图谱和限制性酶切图谱的产生。尽管到 1990 年大肠杆菌、枯草芽孢杆菌（*Bacillus subtilis*）等微生物的遗传图谱已经非常详细，包括数百个定位基因，但要达到获悉基因组所包含的全部遗传信息并通过比较基因组学研究基因功能的层次，凭 DNA 重组技术构建遗传图谱收集信息与数据的效率和精确度是远远不够的。20世纪90年代中期对微生物进行的基因组全序列测序，在很大程度上替代了之前几十年的遗传图谱绘制工作。只有通过DNA测序，获得微生物基因组全部的遗传信息，微生物基因组学才名副其实，符合其"研究微生物全基因组序列及与之相关高通量技术的学科"这一定义。

（1）Sanger双脱氧末端终止法测序

1975年，Sanger报道了双脱氧链终止法测定DNA序列，该方法为八泳道酶法测序，即所谓的加减法。1977年，Sanger课题组改进了加减法，使用四种ddNTP进行链终止反应，在一块四泳道超薄胶上可读出数百个碱基序列。同年，Sanger课题组完成了ΦX174噬菌体基因组的测序，长度为5386bp，是人类完成的第一个全基因组测序。1982年，该课题组又完成了λ噬菌体基因组（48502bp）的测序。因为涉及同位素标记核酸、放射自显影、大量读胶等繁琐步骤而易于出错，测序工作需要耗费巨大的人力和时间，但不久之后自动化测序的出现将大大改观测序效率低下这一现象。

（2）DNA自动测序仪的发展

1985年，Hood和Smith对Sanger测序法进行改进，分别用四种荧光染料标记四种ddNTP，使用激光仪激发荧光并自动识别碱基。1986年6月，第一台DNA自动测序仪在加州理工学院诞生。1987年，美国应用生物系统公司基于上述技术生产出第一台商品化的平板电泳自动测序仪ABI 370A，将测序效率提高至每天检测1万～2万个碱基原始序列。

20世纪90年代，毛细管微阵列电泳技术（Capillary Array Electrophoresis，CAE）取代传统的聚丙烯凝胶电泳应用于DNA测序，随着技术的快速革新，陆续推出ABI Prism 310、Mega BACE 1000等测序仪，1998年问世的ABI Prism 3700测序仪最大读长1000bp以上，每天可测原始序列500Mb。

9.1.3.3　生物信息学的发展

生物信息学是基因组学的重要研究工具，在扫描基因组、分析序列和进行全基因组比较等基因组分析的计算过程中起到至关重要的作用。现代生物信息学软件对微生物基因组的序列分析产生大量丰富、准确的注释信息，为研究基因功能奠定基础。随着近年来微生物全基因组测序完成数量的不断增加，应用生物信息学软件对多个完整基因组进行比较，除了能够揭示亲缘关系相近微生物的相似性与同源性，还可发现微生物进化历程中出现的新基因。因此，生物信息学软硬件设施的发展能够推动微生物基因组研究的进步。

9.1.4　微生物基因组计划

微生物基因组计划（Microbial Genome Project，MGP）与人类基因组计划（Human Genome Project，HGP）二者相互交融，有着不可分割的联系。首先，人类基因组计划本身就包含对大肠杆菌和酿酒酵母（*Saccharomyces cerevisiae*）两种模式微生物进行测序的建议，这是因为微生物基因组相对较小，易于操作，为HGP的完成起到"先驱"作用，在此过程中历经的技术革新与累积的经验能够为HGP提供借鉴，为研究人类未知基因提供宝贵的线索。另一方面，HGP巨大的资金投入为微生物基因组研究提供了经费，在HGP中日益完善的生物信息学技术也极大促进了MGP的飞速发展，部分经典微生物基因组信息详见表 9-1。

1994 年，美国能源部（DOE）启动了微生物基因组计划（MGP），主要计划对病毒、模式微生物、病原原核微生物以及能源环境相关、系统发生相关和具备潜在商业应用性的微生物进行全基因组测序，是生命科学领域的一项重大工程。MGP 是 HGP 的延续，旨在充分了解与利用微生物资源，通过研究完整的微生物基因信息，找到微生物重要的功能基因，加深对微生物的致病机制、重要代谢和调控机制的认识，在此基础上开发出药物、疫苗、工业菌株等一系列与生活密切相关的产品。美国能源部联合基因组研究所（DOE JGI）于 2007 年 5 月提出"细菌与古菌基因组百科全书（GEBA）"项目，计划对数量庞大的细菌与古菌进行全基因组测序。2017 年 6 月《自然生物技术》（*Nature Biotechnology*）在线发表文章报道了 Kyrpides 研究小组发布的 1003 个（含 974 个细菌和 29 个古菌）系统发育多样化细菌和古菌的参考基因，是迄今为止规模最大的一次微生物基因组数据发布。此文的工作属于 GEBA 项目的一部分，1003 个基因组的发布用了近 10 年时间，其中最早的 56 个 GEBA 基因组数据公布于 2009 年。随着上千个高质量的参考基因组信息的发布，DOE JGI 向发现地球微生物多样性和填补生命进化之树空白更加迈进一步，也使全球对此感兴趣的科学家们可运用这些数据开展微生物基因功能的研究。

表 9-1　已完成全基因组测序的代表性微生物基因组

时间	名称	基因组大小	备注
1977 年	ΦX174 噬菌体	5.3kb	第一个被测序的全基因组
1990 年	人巨细胞病毒	230kb	疱疹病毒家族中基因组最大的成员，以人类为宿主
1995 年	流感嗜血杆菌	1.83Mb	第一个完成测序的细菌基因组
1996 年	酿酒酵母	12.07Mb	第一个完成测序的真核生物基因组
1996 年	詹氏甲烷球菌	1.66Mb	第一个完成测序的古菌和自养型生物基因组序列
1996 年	集胞藻 PCC6803	3.57Mb	日本完成的蓝细菌基因组序列
1997 年	大肠杆菌 K12	4.1Mb	F. Blattner 历时 14 年完成测序的模式生物基因组序列
1997 年	枯草芽孢杆菌	4.2Mb	革兰氏阳性细菌的基因组序列
1998 年	普氏立克次氏体	1.11Mb	严格寄生的流行性斑疹伤寒病原体
2000 年	铜绿假单胞菌 PAOI	6.3Mb	重要的环境细菌和条件致病菌

2017 年 10 月"第七届世界微生物数据中心学术研讨会"在北京召开，会议宣布全球微生物模式菌株基因组和微生物组测序合作计划正式启动，该计划由世界微生物数据中心和中国科学院微生物研究所牵头，联合美国、德国、荷兰、日本等 12 个国家的微生物资源保藏中心共同发起。这项计划的目标是，5 年内完成超过 10000 种的微生物模式菌株基因组测序，覆盖超过目前已知 90% 的细菌模式菌株。

迄今为止，GenBank 数据库显示已经完成了 30230 株原核基因组的全序列测定，GOLD 数据库（Genomes Online Database）中含有超过 16000 株微生物的全基因组序列，实际上完成各类微生物基因全基因组测序的数量要远高于此，由于微生物的种类数量远超其他生物，上述数据必将持续高速增加。

9.1.5　微生物与宏基因组

宏基因组学（Metagenomics）这一概念最早是在 1998 年由威斯康星大学植物病理学部门的 J. Handelsman 等提出的，是源于来自环境中的基因集可以在某种程度上当成一个单个基因组研究分析的想法，具有更高层组织结构和动态变化的含义。后来加州大学伯克利分校的研究人员将宏基因组学定义为"应用现代基因组学的技术直接研究自然状态下微生物的有机群落，而不需要在实验室中分离单一菌株"的科学。

宏基因组学是将环境中全部微生物的遗传信息看作一个整体，研究微生物与环境或生物体之间的关系。宏基因组学不仅克服了微生物难以培养的困难，而且还可以结合生物信息学的方法，揭示微生物之间和微生物与环境之间相互作用的规律，大大拓展了微生物学的研究思路与方法，为从群落结构水平上全面认识微生物的生态特征和功能开辟了新的途径。目前，宏基因组学已经成为微生物研究的热点与前沿，广泛应用于人体肠道、水处理工程系统、极端环境、气候变化、生物冶金等领域，取得了一系列引人瞩目的重要成果。

宏基因组学建立在微生物基因组学的迅速发展和聚合酶链式反应广泛应用的基础之上，是一种不依赖于人工培养的微生物基因组分析技术，涵盖了基因组学和生物信息学两方面的研究内容。

功能宏基因组学的策略是从特定环境中直接分离所有微生物 DNA，将大片段的 DNA 克隆到受体菌中表达，然后根据某些生物活性筛选有应用价值的克隆。基本程序包括：环境样品中宏基因组的提取，将 DNA 克隆到载体中，载体转化宿主细菌建立环境基因组文库，文库的分析和筛选。

近年来，随着二代和三代高通量测序仪的问世，宏基因组的研究可对特定生境中的基因组片段直接进行测序而不用构建文库，从而避免了在文库构建过程中利用细菌对样品进行克隆以及克隆中引起的偏差，简化了宏基因组研究的基本操作，提高了测序效率，极大地促进了宏基因组学发展。

9.1.6　微生物基因工程

基因工程是以分子遗传学为理论基础，以 DNA 重组技术等分子生物学方法为主要手段，在基因水平上对生命体进行改造，改变其原有的遗传性状，从而获得人们预期新品种、新产品等。微生物基因工程是基因工程研究的核心内容，不仅为基因工程技术的建立和发展提供了有力的工具和模型，同时也是基因工程研究最为广泛的应用方向。基因工程的发展是建立在现代分子生物学及分子遗传学基础上的。从 20 世纪中期开始，一系列里程碑式的研究和发现，形成了现代分子生物学体系，也促进了基因工程的建立和发展。

1961 年，Jacob 和 Monod 提出了"信使核糖核酸"（mRNA）和"操纵子"概念。他们以大肠杆菌的乳糖操纵子为模型，揭示了基因表达调控的基本过程。操纵子模型表明，细菌相关功能的结构基因常连在一起，形成一个基因簇，并统一受调控蛋白的调节。该工作阐明了蛋白质在生物合成中的调节控制机制，成为未来基因工程改造的最基本的依据。

随后，分子生物学的相关酶学研究直接推动了基因工程的研究进程。1957 年，美国科学家 Kornberg 发现 DNA 聚合酶。1967 年，科学家发现 DNA 连接酶。同年，Kornberg 利用 DNA 聚合酶、DNA 连接酶、噬菌体 DNA 模板首次实现了 DNA 重组。1970 年，美国科学家 Smith 从流感嗜血杆菌中首次分离出了 II 型限制性内切酶。利用限制性内切酶能够获得具有特异性黏性末端的 DNA 分子。1971 年，美国科学家 Nathans 利用 II 型限制性内切酶，实现了在特定部位对基因的切割。1972 年，美国科学家 Berg 利用限制性内切酶 *Eco*R I 切割病毒 SV40 DNA 和 λ 噬菌体 DNA，通过连接获得重组 DNA 分子，并因此获得 1980 年诺贝尔化学奖。1973 年，美国科学家 Cohen 和 Boyer 第一次完成了真正意义的基因重组。他们将抗卡那霉素质粒 R6-5 与抗四环素质粒 pSC101 体外拼接，获得了重组质粒，并在大肠杆菌中表达，从而揭开基因工程的序幕。Cohen 和 Boyer 进而申报了第一个基因重组技术专利。Boyer 在 1976 年与合伙人创立基因泰克生物技术公司，拉开了生物技术产业的序幕，先后实现了利用大肠杆菌重组表达生长激素释放因子、胰岛素等。

与此同时，其他开创性的分子生物学技术进一步加速了基因工程的发展。1975 年，英国科学家 Sanger 发明了 DNA 序列的测定方法，使大规模基因研究成为可能。1985 年，美国科学家 Mullis 建立了聚合酶链式反应（Polymerase Chain Reaction，PCR）技术，该技术的建立，实现了快速的基因克隆、目的片段的制备、基因序列分析、DNA 重组与表达、基因功能定位和检测，成为应用最为广泛的现代分子遗传学实验技术。PCR 技术按 "高温使模板 DNA 变性→低温使引物与模板 DNA 复性→中温使引物按模板 DNA 互补延伸" 这样 3 个步骤循环，多轮次扩增后，使一个 DNA 分子扩增至几十万甚至几百万份拷贝。进入 20 世纪 90 年代，人类基因组计划实行，开创了分子生物学的基因组学水平研究。各种微生物的基因组序列的大规模测定已经实现。至今，基因工程已经广泛应用在工业、农业、医学等诸多领域。微生物不仅作为最常用的基因工程工具，而且已经成为生物制造、生物炼制、生物医药等各种生物技术应用的主要细胞工厂。

9.2 微生物基因组学

9.2.1 微生物基因组的特点

9.2.1.1 微生物基因组的大小

微生物的基因组较小，大小从 0.16～13Mb 不等，绝大多数在 2～6Mb 之间，一般真核微生物的基因组大于原核生物，一些常见的微生物基因组大小如表 9-2 所示。

目前，自然界中已知基因组最小的原核生物为生殖支原体（*Mycoplasma genitalium*），它的全基因组测序由美国基因组研究所（The Institute for Genomic Research，TIGR）的 Fraster 等人运用鸟枪测序法于 1995 年 10 月完成，成为继流感嗜血杆菌后第二个被测序的原核生物全基因组，是第一个完成序列测定的支原体基因组。生殖支原体 G37 基因组全长 580074bp，含有 480 个基因，主要负责 DNA 复制、转录和表达，仅具有少量 DNA 修复基因、脂肪酸及磷脂代谢基因和极少量的氨基酸生物合成相关基因和调控基因，甚至能量代谢途径中许多重要基因也是缺失的。

维持细胞生命最少的基因数量是多少呢？能够在 480 个基因的基础上进一步减少吗？比较基因组学回答了上述问题，美国国家生物技术信息中心（NCBI）的科学家 Mushegian 和 Koonin 通过对流感嗜血杆菌和生殖支原体基因组的比较分析，发现二者之间有 262 个同源基因（含 240 个种间同源基因和 22 个非种间同源基因），排除其中 6 个功能重复或专营寄生的基因，得出 256 个基因可能是细菌最小基因组所必需的数量。

表 9-2 常见微生物基因组大小与其他生物基因组大小的比较

微生物（菌株）或参考生物名称	染色体	基因组/Mb	ORF
λ 噬菌体（λ phage）	1	0.05	50
生殖支原体（Mycoplasma genitalium）	1	0.58	480
布氏疏螺旋体（Borrelia burgdorferi）	1	0.91	853
沙眼衣原体（Chlamydia trachomatis）	1	1.04	894
普氏立克次氏体（Rickettsia prowazekii）	1	1.11	834
詹氏甲烷球菌（Methanococcus jannaschii）	1	1.66	1738
流感嗜血杆菌（Haemophilus influenzae）	1	1.83	1760
枯草芽孢杆菌（Bacillus subtilis）	1	4.2	4100
野油菜黄单胞菌（Xanthomonas campestris）	1	5.08	4182
地毯草黄单胞菌（Xanthomonas axonopodis）	1	5.27	4386
大肠杆菌（Escherichia coli）O157	1	5.99	5448
铜绿假单胞菌（Pseudomona aeruginosa）PAO1 B6	1	6.26	5570
苜蓿中华根瘤菌（Sinorhizobium meliloti）	1	6.69	6205
天蓝色链霉菌（Streptomyces coelicolor）	1	8.67	7825
酿酒酵母（Saccharomyces cerevisiae）	16	12.07	6294
秀丽隐杆线虫（Caenorhabditis elegans）	6	97	19099
拟南芥（Arabidopsis thaliana）	5	115.4	25498
黑腹果蝇（Drosophila melanogaster）	6	137	14100
水稻（Oryza sativa L. ssp. indica）	12	420	50000
人（Homo sapiens）	24	3000	30000

基因插入失活是分析基因功能的遗传学经典手段，也能够被用来确定微生物必需基因和最小基因组。有学者对生殖支原体基因组进行基因随机插入失活分析推断其必需基因数目为 265～350 个。2003 年，有学者对枯草芽孢杆菌基因组进行系统的单基因敲除实验，确定只有 271 个基因是其在 LB 培养基上生长所必需的。有学者用 PCR 介导基因终止策略推测出酿酒酵母最小基因组将不超过 1000 个基因。

9.2.1.2 微生物基因组的染色体结构及组成

典型的原核生物染色体是一条闭合环状双链 DNA，在细胞中紧密缠绕成较致密的无包膜不规则小体，称为拟核（Nucliod），其上结合蛋白质和少量 RNA 分子。有些细菌具备特殊形式的染色体结构，如霍乱弧菌（Vibrio cholera）含有大小分别为 2.91Mb（染色体Ⅰ）和 1.07Mb（染色体Ⅱ）的两条闭合环状 DNA，而布氏疏螺旋体（Borrelia burgdorferi）具有 0.91Mb 的线状染色体。

原核生物基因组的 G+C 含量通常在 25.5%～67.9% 之间,嗜温菌基因组 G+C 含量与 rRNA、tRNA 的 G+C 含量呈正比,嗜热菌基因组 G+C 含量与 rRNA、tRNA 的 G+C 含量不相关,其 rRNA 与其最适生长温度(OGT)成正比,tRNA 的 G+C 含量总是高于 rRNA(表 9-3、表 9-4)。

表 9-3　嗜温菌基因组 G+C 含量(%)

名称	基因组	rRNA	tRNA
解脲支原体(*Ureaplasma urealyticum*)	25.5	45.4	52.9
肺支原体(*Mycoplasma pulmonis*)	26.6	46.2	54.8
布氏疏螺旋体(*Borrelia burgdorferi*)	28.6	46.7	54.5
空肠弯曲菌(*Campylobacter jejuni*)	30.5	48.1	56.4
丙酮丁醇梭菌(*Clostridium acetobutylicum*)	30.9	50.5	55.1
金黄色葡萄球菌(*Staphylococcus aureus*)	32.8	50.5	57.6
木质部难养菌(*Xylella fastidiosa*)	52.7	53.1	59.8
麻风分枝杆菌(*Mycobacterium leprae*)	57.8	55.7	61.6
根癌农杆菌(*Agrobacterium tumefaciens*)	59.4	54.6	58.4
结核分枝杆菌(*Mycobacterium tuberculosis*)	65.6	58.0	62.0
铜绿假单胞菌(*Pseudomonas aeruginosa*)	66.6	53.1	60.1

表 9-4　嗜热菌基因组 G+C 含量(%)与最适生长温度的关系

名称	基因组	rRNA	tRNA	OGT/℃
甲烷热菌(*Methanothermus*)	50	57	62	65
腾冲嗜热厌氧杆菌(*Thermoanaerobacter tengchongensis*)	38	59	60	75
海栖热袍菌(*Thermotoga maritima*)	46	63	65	80
风产液菌(*Aquifex aeolicus*)	43	65	68	85
深海热球菌(*Pyrococcus abyssi*)	45	67	70	103

9.2.1.3　微生物基因组的编码序列

原核生物基因组中的编码序列(Coding Sequence,CDS)比例较高,ORF 可达基因组总序列的 90%,基因的平均大小在 1kb 左右。真核微生物的编码序列远低于此,但仍然明显高于其他类型的真核细胞型生物(表 9-5)。

表 9-5　不同生物编码序列占基因组总序列的比例

名称	基因组/Mb	ORF	平均大小/kb	编码序列比例/%
布赫纳氏菌(*Buchnera* sp.)	0.64	583	0.988	90
风产液菌(*Aquifex aeolicus*)	1.551	1512	0.956	93
酿酒酵母(*Saccharomyces cerevisiae*)	12.069	6294	1.092	57
粟酒裂殖酵母(*Schizosaccharomyces pombe*)	14	4820	2.033	70
秀丽隐杆线虫(*Caenorhabditis elegans*)	97	19099	1.311	27
拟南芥(*Arabidopsis thaliana*)	115.428	25498	0.46	29
人(*Homo sapiens*)	3000	3100	1.34	<2

9.2.1.4 微生物基因组的重复序列

微生物基因组中的重复序列结构较为简单，分为非编码重复序列、编码重复序列和基因家族三类。例如，海栖热袍菌的基因组中含有编码 α-葡萄糖苷酶、甲基趋化受体蛋白、解旋酶及其他假定蛋白质或酶的长重复序列；腾冲嗜热厌氧菌中长度为 3565bp 的编码重复序列有 5 个拷贝，其中 4 个为完全重复序列，1 个为部分重复序列。

脑膜炎奈瑟菌（*Neisseria meningitidis*）中的非编码重复序列为可变数目的串联重复序列（VNTR），因此可利用基于 PCR 的多位点可变数目串联重复序列分析法（MLVA）对该微生物进行分型。

9.2.1.5 大肠杆菌基因组

大肠杆菌基因组为一闭合环状双链 DNA 分子，以拟核形式存在于细胞中并执行复制、转录和翻译等遗传信息的传递任务以及其他复杂的调节过程。大肠杆菌是生命科学研究领域最重要的模式微生物，其全基因序列测定是 HGP 的前期项目。事实上，早在 1983 年威斯康星大学麦迪逊分校的 Blattner 教授首先提出测定大肠杆菌基因组，历经更改测序策略、申请经费的激烈竞争，终于在 1997 年 9 月，Blattner 及其同事发表了大肠杆菌基因组全序列。这一期待已久的研究成果对全世界成千上万使用该菌作为分子遗传工具研究生命基本过程的实验室和科学家具有十分重大的意义。大肠杆菌基因组有如下结构特点：

（1）遗传信息是连续的

大肠杆菌基因组大小为 4.7Mb，含有 4288 个基因，编码序列（CDS）占整个基因组的 93%，非编码序列包括复制起点、启动子、终止子和一些由调节蛋白识别和结合的位点等信号序列，不含内含子，遗传信息是连续而非中断的。

（2）重复序列少而短

原核生物基因组存在一定数量的重复序列，但比真核生物少得多，其重复序列较短，长度在 4～40 个碱基之间，重复的次数由 10 余次至上千次不等，例如，流感嗜血杆菌基因组中有 1465 个重复序列（5′AGTGCGGTCA3′）。

（3）基因的拷贝数

绝大多数结构基因在基因组中是单拷贝的，但编码核糖体 RNA（rRNA）的基因往往是多拷贝的，大肠杆菌有 7 个 *rrn* 操纵子且多数分布于大肠杆菌 DNA 复制起点 *ori*C 附近，有利于 rRNA 基因的大量表达和核糖体的快速组装。大肠杆菌的单拷贝结构基因和多拷贝 rRNA 基因，反映了原核生物基因组经济而有效的原则。

（4）功能相关的结构基因组成操纵子

大肠杆菌共有 2584 个操纵子，以共转录的方式调控原核基因的表达。有些功能相关的 RNA 基因也串联在一起，如构成核糖体蛋白的 5S rRNA、16S rRNA 和 23S rRNA 基因转录在同一个多顺反子转录子中。

9.2.1.6 流感嗜血杆菌基因组

流感嗜血杆菌是对人类有致病性的常见病原细菌，该菌是波兰细菌学家 R. Pfeiffer 在 1892 年流感世界大流行时从患者鼻咽部分离发现的，当时认为该菌是流感的病原体，因此而得名。直到 1933 年，英国科学家 W. Smith 将流感病毒分离成功，才确定了流感的真正病原体，而流感嗜血杆菌的命名仍然沿用至今。

1995 年《科学》(*Science*) 杂志发表了流感嗜血杆菌 Rd 型 KW20 菌株的全基因组序列，此项工作是由美国基因组研究所（TIGR）的 Fleischmann 课题组采用鸟枪法的测序策略完成的。因具备基因组较小的优势，非模式生物的流感嗜血杆菌成为第一个完成全基因组测序的微生物（能够独立生活的）。它的基因组序列是人类看到的第一张细胞生命蓝图，对之后的微生物鉴定、基因功能注释、比较基因组分析、宿主与致病菌互作及疫苗研发等工作具有重大意义和深远影响。

流感嗜血杆菌 Rd 型 KW20 菌株的基因组大小为 1830140bp（1.83Mb），G＋C 含量为 38%，含有 1740 个基因，除去假基因和预测的编码基因，TIGR 确认了 1473 个具有重要功能的基因。流感嗜血杆菌的基因组测序结果和注释见图 9-1。图中最外一周显示限制性内切酶 *Nat* Ⅰ、*Rsr* Ⅱ 和 *Sma* Ⅲ 的酶切位点，数字表示碱基数；外圈用不同颜色代表不同功能的编码区；第二圈显示高 G＋C 含量和高 A＋T 含量区；第三圈包含 300 多个 λ 克隆片段，用于全基因组的组装；第四圈显示 6 个 rRNA 启动子、tRNA 和 Mu 样原噬菌体的位点；最内圈显示简单的串联重复序列、公认的复制起点（603000bp 处）、复制方向和 2 个潜在的终止序列。

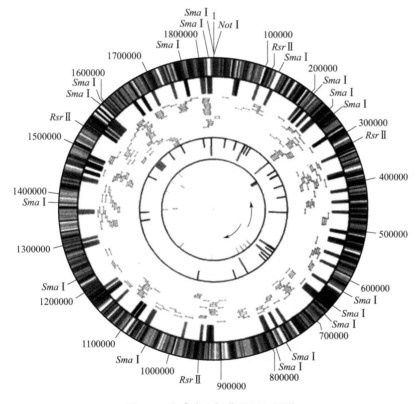

图 9-1　流感嗜血杆菌基因组图谱

9.2.1.7　詹氏甲烷球菌基因组

詹氏甲烷球菌属于古菌域广古菌门甲烷球菌属，于 1982 年在东太平洋海隆 2600m 深、260 个标准大气压（2.6×10^7 Pa）、94℃的海底火山口附近发现。1996 年《科学》发表了该菌的全基因组序列。此项工作是由美国基因组研究所联合其他 5 个单位共 40 人合作完成的，是第一个进行测序的古菌和自养型生物的基因组序列。该菌全基因组序列的分析结果为 Woese 等人提出的三界域学说提供了充分的科学证据，被称为里程碑式的研究成果。

对古菌基因组全序列分析的结果显示，50％以上的古菌基因通过同源搜索不能找到同源序列，詹氏甲烷球菌只有 40％左右的基因与细菌域和真核生物域的生物有同源性，其中有的类似于细菌，有的类似于真核生物，还有的类似二者融合。

古菌的基因组结构与细菌相似，例如，詹氏甲烷球菌的染色体为一条闭合环状双链 DNA，大小为 1.66Mb，具有 1738 个编码蛋白质的 ORF；具有操纵子结构，转录产生 1 条多顺反子 mRNA；无核膜，无内含子。

古菌的复制、转录和翻译过程则类似于真核生物，其转录起始系统基本上与真核生物一致，而与细菌截然不同；古菌的 RNA 聚合酶的亚基组成和亚基序列与真核生物 RNA 聚合酶 II 和 III 类似，而不同于细菌 RNA 聚合酶；古菌启动子的 TATA 框位于转录起点上游 25～30bp 处，不符合典型的细菌启动子结构；古菌的翻译延伸因子、氨酰 tRNA 合成酶基因均与真核生物相似；此外，古菌还含有 5 个组蛋白基因。

9.2.1.8 酿酒酵母基因组

酿酒酵母是单细胞真核生物，它的基因组大小为 12Mb 左右，含有 6200 多个基因，分布于 16 条染色体上。酿酒酵母是 HGP 前期项目中的一个模式微生物，其全基因组测序工作起始于 20 世纪 80 年代末，完成于 1996 年。该项工作是现代分子生物学中最大最分散的项目，通过来自欧洲、美国、加拿大和日本等国家和地区 96 个实验室的 633 位科学家的艰苦努力得以完成。酿酒酵母基因组测序的完成是微生物基因组研究国际合作的成功典范，这种合作一直延续到测序后阶段，多个实验室共同揭示酵母基因的功能和表达模式。

同其他真核生物一样，酿酒酵母的 DNA 以核小体的形式组织，其染色体 DNA 具有着丝粒（Centromere）和端粒（Telomere）结构，没有明显的操纵子结构，有间隔区和内含子序列。对酵母菌基因组全序列分析发现，其最显著的特点是高度重复，其含有多达 250 个 tRNA 基因拷贝和 100～200 个 rRNA 基因拷贝，酵母基因组中具有同源性较高的 DNA 重复序列，称为遗传丰余（genetic redundancy）。

酵母基因组的高度重复体现了真核生物为了适应复杂多变的环境而采取的进化策略，较之原核生物更显"进步"和"富有"；而细菌和病毒采用重叠基因等方式体现了原核生物有效地利用有限的遗传资源，更显"聪明"和"节约"。

综上所述，原核微生物基因组的基本特点：多为环状双链 DNA、遗传信息具有连续性（一般不含内含子）、相关基因组成操纵子、一般情况下结构基因为单拷贝而 rRNA 基因为多拷贝、基因重复序列少而短。

真核微生物基因组的基本特点：没有明显的操纵子结构，基因序列为断裂形式，存在内含子和外显子，重复序列较多。

9.2.2 微生物基因组学的研究内容与方法

微生物基因组学主要研究工作的内容包含结构基因组学、功能基因组学和比较基因组学等，就工作顺序而言包括微生物基因组序列的测定、注释与功能研究，其分析流程如图 9-2。

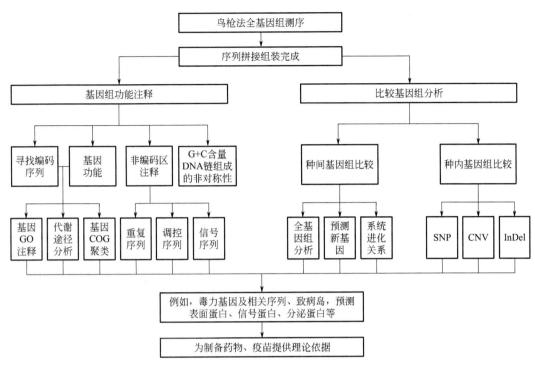

图 9-2　微生物基因组序列测定与分析流程图

随着基因组学的蓬勃发展，一系列新的术语被创造出来，每个新的研究领域都冠以"……组学"（-omics）的名称，其研究对象被称为"……组"（-ome），例如蛋白质组学和蛋白质组，其他类似的还有转录组、代谢组、糖组等，这些新兴的研究领域能否归到"基因组学"之下，尚存在较大争议。

9.2.2.1　结构基因组学

结构基因组学（Structural Genomics）是基因组学的一个研究分支，是以全基因组测序为目标确定基因结构、组成和定位的学科，其研究策略如图9-3。

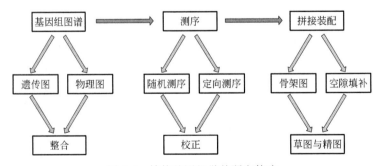

图 9-3　结构基因组学的研究策略

（1）微生物的基因组图谱

微生物的基因组图谱（Genomic Map）主要包括遗传图谱和物理图谱两种。

① 遗传图谱

遗传图谱是结构基因组学研究的第一步，是研究基因定位、基因组遗传与变异的重要手段。遗传图谱（Genetic Map）又称遗传连锁图谱（Genetic Linkage Map），是通过杂交实验等遗传学分析方法排列出基因或其他 DNA 标记在基因组中的顺序并进行定位而作出的一系列基因图。遗传图谱显示基因组中基因或标记的相对位置，而非物理位置。基因或标记之间的相对距离（遗传图距）用重组频率表示，单位为厘摩（Centimorgan，cM），每厘摩定义为 1% 的交换率。

遗传图谱的构建即遗传作图（Genetic Mapping）是利用经典遗传学原理和方法，构建能反映基因组中基因或其他 DNA 标记之间相对位置的图谱，例如，通过中断杂交法、噬菌体转导实验等方法绘制遗传图谱。

② 物理图谱

物理图谱（Physical Map）是反映基因组中限制性内切酶的酶切位点或特定基因等可识别标记在 DNA 上物理位置的图谱，是 DNA 分子结构的特征之一。物理图谱表示的是基因或标记之间的物理距离，图距的单位为长度单位，如 μm 等，或以碱基对数目（bp、kb）和染色体的带区等衡量。

微生物的基因组物理图谱除了解决遗传图谱分辨率低、精确度低的问题和被用于指导克隆、Southern 杂交和进行限制性片段长度多态性（RFLP）分析等分子生物学实验之外，其对微生物基因组学的研究具有重大意义。物理图谱是 DNA 序列测定的基础，被称为指导全基因组测序的蓝图。广义地说，DNA 测序是从物理图谱的绘制开始的，物理图谱作图是基因组测序工作的第一步。

构建物理图谱的方法有很多，常见的包括：限制性作图（Restriction Mapping）、基于克隆的基因组作图（Clone-Based Mapping）、荧光原位杂交作图（Fluorescence *in situ* Hybridization Mapping，FISH mapping）和序列标签位点作图（Sequence-Tagged Sites Mapping，STS mapping）。

限制性作图就是将限制性内切酶的酶切位点标定在 DNA 分子的相对位置上。该法简便快捷，适用于 50kb 以下小片段的精确作图，具体可采用限制性内切酶部分消化法、双酶消化法、内外切酶混合消化等方法。切点过多时可用末端同位素标记结合部分酶切进行绘图。该法不适用于大基因组的作图，某些情况下，对大于 50kb 的片段可选用稀有切点限制酶进行作图。

基于克隆的基因组作图是根据克隆的 DNA 片段之间的重叠顺序构建重叠群（Contig），绘制物理连锁图谱。克隆重叠群的构建方法有染色体步查法（Chromosome Walking）和克隆指纹法（Clone Fingerprintting）。该作图法能够绘制连续的文库图谱，但操作费时费力，指纹作图有时会出现错误。

荧光原位杂交（FISH）是指在染色体上进行 DNA 杂交，以识别荧光标记探针在染色体上位置的方法，通过原位杂交绘制的显示基因或 DNA 标记所在染色体位置的物理图谱又称为细胞遗传学图谱（Cytogenetics Map）。FISH 作图法具有较高的灵敏度和分辨率，可用于大基因组作图，但该方法操作复杂，一次实验仅能定位 3~4 个基因或标记。

序列标签位点（STS）作图通过 PCR 或分子杂交技术将小段 DNA 序列定位在基因组的 DNA 上，该方法是构建详细的大基因组物理图谱的主流技术。STS 是指一段长度为 100~500bp，易于识别，在待研究染色体或基因组中仅存在一个拷贝的 DNA 短序列，因此当两个片段含有同一 STS 序列时，可以确认这两个片段彼此重叠。STS 作图法的原理是：将染色体 DNA 片段随机打断，两个标记所处的物理位置越近，位于同一片段的概率越高（图 9-4）。

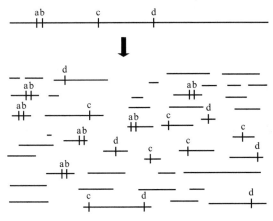

图 9-4　序列标签位点作图原理

③ 序列图谱与基因图谱

序列图谱（Sequence Map）和基因图谱（Gene Map）是随着人类基因组计划的展开而产生的两个新概念。

HGP 最初的目标是要在 15 年内完成测定总长度为 30 亿个核苷酸的人类基因组，序列图谱就是指这 30 亿个碱基的排列顺序，其本质为人类基因组最为精细的物理图谱。基因图谱指在人类基因中鉴别出占据基因组 2%～5% 的全部基因的位置、结构和功能。其意义在于能够有效反映出正常条件与受控条件下全基因表达的时空图，即通过此图谱能够了解某一基因在不同时间、不同组织的表达水平，抑或是某一特定时间，不同组织中不同基因的表达水平等。

（2）微生物基因组的测序策略

测序是进行微生物基因组学研究的前提和基础，测序策略是根据待测序列的长度、要求测序的精确度及现有的技术条件来制订的，在大肠杆菌全基因组测序工作中，涉及了一次重要的测序策略更改。

1983 年，Blattner 教授首先提出对重要模式微生物大肠杆菌进行基因组测序。在 1988 年之前他就为大肠杆菌基因组测序构建了一套至少 15～20kb 交叠的 λ 噬菌体克隆。Blattner 从 1990 年开始测序，此时他的测序策略是测定那些覆盖几百个 kb 的交叠克隆，1992～1995 年间，课题组采用放射性标记，测定了长达 1.92Mb 的序列（基因组全长 4.7Mb）。1995 年，流感嗜血杆菌全基因组的发表证明了全基因组鸟枪法测序更加有效，此后，Blattner 制订了能够在 1 年内完成测序的新策略，新策略放弃了噬菌体克隆，改用一种位点罕见的限制性内切酶将大部分剩余基因切成约 250kb 长的片段，然后将这些片段用鸟枪法由自动测序仪测序，Blattner 如期完成任务，并于 1997 年 9 月发布大肠杆菌的全基因组序列。

① 从头测序与重测序

全基因组测序分为从头测序（De novo Sequencing）和重测序（Resequencing）。从头测序是指不需要任何已知基因组序列信息做参考，直接对某物种的基因组进行测序（该物种的全基因组序列之前未被测定过），然后运用生物信息学手段将测序得到的序列进行拼接和组装，最终获得该物种的基因组图谱。重测序是指对有参考基因组序列的物种的不同个体进行基因组测序，并在此基础上对个体或群体进行差异性分析。该方法主要用于发现单核苷酸多态性（SNP）位点、拷贝数变异（CNV）、插入/缺失（Indel）等变异类型，在人类疾病和动植物育种研究领域中有广泛应用。

② 随机测序法与定向测序法

随机测序法与定向测序法是从头测定长片段 DNA 的两种常用方法。

随机测序法（Random Sequencing）包括鸟枪法与人工转座子法，不考虑方向性，随机对靶 DNA 进行测序，最后通过计算机拼装而得到完整的序列信息。鸟枪法是将待测 DNA 用酶切或机械方法随机切割成 2kb 左右的片段，将这些片段转入适当载体，建立克隆文库，通过克隆片段的重叠组装确定长片段 DNA 序列。多路测序法（Multiplex Method）是鸟枪法的一种发展策略，能够通过多个随机克隆同时进行电泳及阅读，快速分析 DNA 序列。

定向测序法（Directed Sequencing）包括嵌套缺失法和引物步移法，指特定从靶 DNA 的某一端开始按顺序进行测序，直至将待测序列全部测完。嵌套缺失法（Nested Deletion）的原理是将 DNA 一端固定在载体上，另一端用核酸外切酶处理，通过控制酶切时间，得到一组长度不等的从一端缺失的片段，从缺失端开始测序，通过互相重叠部分拼接相邻片段，如此重叠互套，获得待测 DNA 的全部序列。引物步移法（Primer Walking）利用载体上的序列设计第一次反应的引物，测定一段 DNA 序列，根据前一次测序结果设计下一次反应的引物，以此类推，直至得到全部靶 DNA 序列。

③ 全基因组鸟枪法与逐步克隆法

全基因组鸟枪法（Whole Genome Shotgun）与逐步克隆法（Clone by Clone）是大规模基因组测序常用的两种策略。二者最大的区别在于前者为先测序后定位的随机测序策略。后者是先作图后测序，以物理图谱为基础、以大插入片段克隆为单位的定向测序策略，两种策略的比较见表 9-6。

表 9-6　两种大规模基因组测序策略的比较

项目	全基因组鸟枪法	逐步克隆法
遗传背景	不需要	需要构建精确的物理图谱
测序时间	短	长
测序费用	低	高
计算机性能	高（以全基因组为单位拼接）	低（以大插入片段克隆为单位）
适用范围	工作框架图	精细图
代表测序物种	果蝇、水稻、多数微生物	人、线虫

④ 测序技术的发展

自 1975 年 DNA 测序技术建立至今，测序技术的变革推动了测序规模的极速增长，从几千个碱基对到第一个微生物基因组、第一个人类基因组，乃至当今数以万计的各种生物基因组。2017 年 10 月，美国华盛顿大学基因组科学学院在《自然》杂志上发表综述文章以纪念 DNA 测序 40 周年，文中回顾了整个测序技术的发展历程。

第一代测序技术指的是 Sanger 和 Coulson 发明的双脱氧核苷酸末端终止法、Maxam 和 Gilbert 等发明的化学降解法，测序读长可达 1000bp，准确性高达 99.999%。20

世纪 90 年代初出现的荧光自动测序技术，使 DNA 测序技术步入了自动化时代，尽管如此，第一代测序技术高成本、低通量的缺点仍然限制了其大规模应用。

随着人类基因组计划的完成，第一代测序方法已不能满足基因组学研究深度测序、重复测序等大规模测序的需求，以高通量为显著特征的第二代测序技术（Second-Generation Sequencing，NGS）应运而生，其核心思想为边合成边测序。目前，二代测序主要技术平台有：基于焦磷酸测序法的 Roche/454 FLX 超高通量基因组测序系统及 2012 年以来占据主导优势的 Illumina 测序平台（原 Solexa）。

Helicos 公司的 Heliscope 单分子测序仪、Pacific Biosciences 公司的 SMRT 技术和 Oxford Nanopore Technologies 公司的纳米孔单分子技术，被认为是第三代测序技术。第三代测序技术又称单分子 DNA 测序，即通过现代光学、高分子、纳米技术等手段来区分碱基信号差异，以达到直接读取序列信息的目的，三代测序设备在片段读长（达到 10kb）、测序速度上优于第二代测序，但存在成本偏高、准确率低的缺点。相信不久的将来，第三代测序技术将更为稳定和成熟。

在未来，质谱法（MS）、杂交测序法（SBH）、原子探针显微镜测序法（ATomic Probe Microscope Sequencing）及超薄水平凝胶电泳技术（HUGE）等方法有望成为新的 DNA 测序技术。

（3）序列拼接与组装

所有的测序技术均有一定的读长限制，而微生物基因组计划的目标是获得微生物全基因组序列，这样一个长的 DNA 分子只能通过将基因组测序得到的成千上万的小片段进行比对再正确拼接起来，这就是序列拼接与组装要解决的问题，是基因组研究中生物信息学要解决的重要问题。Sanger 测序常用的序列拼接与组装软件有 Phred/Phrap/Consed、CAP3 等，二代高通量测序常用的序列拼接与组装软件有 Velvet、SOAPdeno-vo、AbySS 等。

9.2.2.2　功能基因组学

功能基因组学（Functional Genomics）是以基因功能鉴定为目标的基因组学研究分支，它利用结构基因组学所提供的信息和产物，在基因组或系统水平上全面分析基因的功能，使生物学研究从对单一基因或蛋白质的研究转向对多个基因或蛋白质同时进行的系统研究，因此也被称为后基因组学（Postgenomics）。

对基因组序列进行注释，弄清楚基因组序列所包含的遗传信息以及基因组作为一个整体如何发挥功能是功能基因组学的主要研究内容。

微生物基因组的注释包含基因组序列的注释与基因功能的注释两个方面：

（1）基因组序列的注释

基因组序列的注释即对核酸序列的分析，主要包含如下内容。①碱基组成分析：G+C 含量分析，该参数是物种的重要特征之一，在微生物分类上具有重要意义。②DNA 链组成的非对称性分析：比较前导链与后随链之间碱基（GC、AT）分布不对称、基因方向性偏好（Gene Orientation Bias）、密码子偏嗜使用（Codon Usage Bias）等差异。③编码序列鉴定或 ORF 鉴定：编码序列（Coding Sequence，CDS）是编码一段蛋白质产物的序列，包含一个或多个 ORF，可采用基本局部比对搜索工具（BLAST）等序列同源性比较方法和基于隐马尔可夫模型的 GENSCAN 等概率型方法进行鉴定。④特殊功能序列鉴定：利用计算机软件及相关网络资源分析复制起点、启动子、复制及转录终止区等特殊功能序列的结构特征、特殊序列等。⑤非编码区的注释：各类重复序列、基因表达调控序列和信号序列的鉴定与分析。

（2）基因功能的注释

通过 BLAST 同源性检索、结构域分析等生物信息学方法可对微生物基因组中的 ORF 进行大致的功能定位，将其分为已知蛋白质功能的基因序列、有同源序列的未知基因和无同源序列的疑似基因。例如，对产气荚膜梭菌（*Clostridium perfringens*）的 ORF 注释显示上述三类基因序列占基因组全部 CDS 的比例分别为 56％、19％和 25％。

还可进一步对基因进行基因本体（GO）注释、京都基因和基因组数据库（KEGG）注释和直系同源聚类（COG）分析。GO（Gene Ontology）注释能够全面描述生物体中基因和基因产物的属性；KEGG 注释是对基因产物在细胞中的代谢途径及其功能进行系统分析的工具；COG 分析能够对基因蛋白质产物进行同源分类，其工作原理是通过对多种生物全基因组中的蛋白质序列进行比对。

基因功能分析的具体流程：①根据基因组的性状推测可能的功能，例如，致病性岛的 G＋C 含量与微生物基因组 G＋C 含量常有明显差异；②运用计算机扫描搜寻序列中的 ORF，可快速获得结果；③利用美国 NIH 的 GenBank、欧洲的分子生物学实验数据库（EMBL）、日本的 DNA 数据库（DDBJ）等已知的数据库进行同源性检索，将待查序列与数据库中已知的基因序列进行比对；④运用计算机预测基因功能，其依据仍然是同源性比对；⑤进行基因克隆、基因敲除、基因超表达、反义 RNA 技术、RNAi 或转座子插入突变等实验确认基因功能。

9.2.2.3　比较基因组学

测序规模的爆炸式增长和序列数据的大量累积导致比较基因组学的产生。比较基因组学（Comparative Genomic）是基于测序获得的基因组序列和基因注释信息，对已知的基因组之间进行不同层面的比较分析，来揭示基因和基因组结构、功能与物种进化关系的学科，是后基因组学的重要组成部分。

种间基因组比较通过分析比较不同亲缘关系物种的基因组序列，得到生物系统发生进化关系和进行新基因的预测等信息；种内基因组比较通过分析同种群体基因组的大量变异和多态性，例如单核苷酸多态性（SNP）、基因拷贝数多态性（CNV）和片段的插入/缺失（Indel），揭示同种生物不同个体对环境因子敏感性差异的遗传基础。

9.2.3　微生物基因组研究的重要意义与应用

9.2.3.1　致病基因的预测与鉴定

研究病原体基因组，能够加速致病基因的发现，为洞悉病因和感染性疾病的治疗提供参考。例如，在流感嗜血杆菌基因组全序列公布之前，人们花费很长时间找到了 7 个与其内毒素（脂多糖）合成有关的基因，序列公布后，25 个与内毒素合成相关的新基因很快被发现。比较同种的致病菌株与非致病菌株的基因组，能够发现病原菌所特有的致病基因。例如，比较大肠杆菌 K12 MG1655 菌株与 O157：H7 EDL933 菌株的基因组序列，发现后者比前者基因组大 20％左右，发现 1387 个新基因，其中至少有 130 个基因是致病相关基因。

9.2.3.2　寻找特异的病原分子标记

通过病原微生物基因组信息的分析，找出灵敏而特异的病原分子标记并用于基因诊断，采用 DNA 芯片、PCR 等技术可对病原的种类进行临床诊断，提高了疾病诊断的效率和效果。此外，还可用于病原分型的流行病学研究和预测疾病进展及临床疗效。

9.2.3.3　新型抗生素的开发

病原菌全基因测序能够揭示细菌的耐药机制，发现其生存所必需的基因和感染过程中起重要作用的基因，上述基因及相应的产物蛋白质能够成为抗生素药物靶点，为新型抗生素的开发提供了依据。

9.2.3.4　反向疫苗学的出现

反向疫苗学（Reverse Vaccinology）是通过全基因组序列的同源性比较，寻找出具有保护性免疫反应的候选抗原基因进行高通量克隆、表达和纯化，对纯化后的抗原蛋白进行评价，筛选出合适候选抗原的一种新型疫苗开发策略。该策略不仅能够提高疫苗研制的效率，还可应用于研制传统方法无法制备的疫苗。

B 群脑膜炎奈瑟菌疫苗是基于微生物基因组序列开发疫苗的首个实例。Pizza 等用计算机分析 B 群脑膜炎奈瑟菌的基因组，找到 600 个潜在的保护性抗原并将其中 350 个在大肠杆菌中表达，纯化后的蛋白质中有 29 个能够诱导小鼠产生抗体，达到预防免疫作用。

2020 年新型冠状病毒 SARS CoV-2 在全球范围传播扩散，形成流行趋势。第一个新冠病毒毒株的完整基因组序列发表于 2020 年 1 月，此后越来越多的基因组完成测序，使得人类对该病毒的了解不断深入，为疫苗和药物的开发也提供了重要的指导意义。F. Balloux 教授团队分析了 GISAID 平台截至 2020 年 4 月 19 日来自全球的 7666 名新冠患者的全基因组序列信息，通过系统发育分析说明了病毒传播与时间的关系，并通过序列比对发现产生突变的基因位点。为了描述 SARS CoV-2 冠状病毒自大流行开始以来的多样性，M. Rolland 和 K. Modjarrad 对来自 84 个国家 18514 个独立的病毒基因组序列进行变异比对，分析结果显示不同地域 SARS CoV-2 毒株之间的遗传差异很小，基因变异水平较低。相对稳定的基因组使得研制一种对全世界安全有效的 COVID-19 疫苗成为可能，也表明疫苗可能提供持久的免疫力。

除上述之外，研究微生物基因组能够提高人类对疾病相关基因功能的认识，例如，某些细菌中存在与人类遗传疾病结肠癌、肝豆状核变性和肾上腺脑白质营养不良等相类似的基因；能够从基因水平揭示人类疾病与病原微生物之间的关系，例如，宿主与微生物之间相互作用的基因机理等。

9.2.3.5　微生物基因组与生物技术

通过对微生物全基因组序列的分析，能够发现大量在生物技术领域具有应用潜力的、功能特殊的新基因及其蛋白质产物。例如，在臭假单胞菌（*Pseudomonas putida*）中发现降解苯酚、萘等多种有机污染物的基因，为生物降解技术的应用提供理论依据；海栖热袍菌（*Thermotoga maritima*）中发现的耐热酶有可观的工业应用前景；苏云金芽孢杆菌（*Bacillus thuringiensis*）中的抗虫基因用于构建抗虫转基因作物；对乳酸乳球菌（*Lactococcus lactis*）基因组进行研究和改造，使其在发酵工业中得到广泛应用。

9.3 宏基因组学

随着生命科学技术的不断更新，研究对象也从个体范围扩展到群体范围。1998年，Handelaman等人首次提出了宏基因组学的概念。宏基因组学是一种以环境样品中微生物群体的基因组为研究对象，包括可分离培养和不可分离培养的微生物、已知微生物与未知微生物，以功能基因筛选和测序分析为研究手段，以微生物多样性、种群结构、进化关系、功能活性、相互协作关系及与环境之间的关系为研究目的的新的微生物研究方法。

宏基因组学是利用现代基因组技术直接研究所有微生物有机群体，不需要经过分离培养单一种类的微生物，克服了原有技术在微生物研究方面所存在的缺点，为人们提供了研究微生物的有效方法。

9.3.1 宏基因组测序

宏基因组测序（Metagenome Sequencing）是对环境样品中全部微生物总DNA进行高通量测序，主要研究微生物种群结构、微生物之间的相互协作关系以及微生物与环境之间的关系。

宏基因组测序研究摆脱了微生物分离纯培养的限制，扩展了微生物资源的利用空间，为环境微生物群落的研究提供了有效工具。宏基因组测序主要包括16S rDNA扩增子测序（16S rDNA Amplicon Sequencing）和鸟枪法宏基因组测序（Whole-Metagenome Shotgun Sequencing）。扩增子测序是指富含特征信息序列经过PCR扩增并测序。鸟枪法测序是指DNA在测序前被提取出来并随机剪切成较小的片段。两种不同的方法为研究人员提供了不同类型的序列信息，各有其独特的优缺点（如表9-7）。

表 9-7   宏基因组测序两种方法比较

项目	16S rRNA 基因扩增子测序	鸟枪法宏基因组测序
所产生的信息类型	微生物群落的分类组成和系统发育结构，以 OTU 表示	从整体上对微生物群落进行功能和过程水平的鉴定，并重建单个物种的基因组
应用	监控种群	监测新物种、新基因，并解决复杂的分类
检测群落中稀有成员的能力（敏感度）	高度灵敏，rRNA 占细菌总 RNA 的 80%	要实现相同水平的灵敏度，需要更深度的测序
偏向性	探针和 PCR 本身会产生偏向性。由于平行移位或突变等现象，所扩增的区域未必能准确代表整个基因组	序列组分偏向
基因组成	大多数微生物物种的基因组成和编码的功能在很大程度上是未知的，不同菌株之间也可能有很大差别	产生全面的基因组成和部分基因组。探索新的基因和生物学通路

9.3.2　16S rRNA 扩增子测序

近年来，随着高通量测序技术的发展，16S rRNA 基因测序技术在细菌的鉴定与分类研究中发挥着越来越重要的作用。

16S rRNA 基因作为细菌核糖体小亚基，其编码基因在细菌中广泛存在，该区域兼顾保守性和高变性，含有 10 个保守区域和 9 个高变区域（如图 9-5 所示）。保守区可用于设计引物进行目的片段的扩增，而通过对高变区的分析可以辨别细菌种类。因此，16S rRNA 基因被认为最适于细菌系统发育学研究和物种分类鉴定。目前用于 16S rRNA 基因深度测序的区域主要有 V4 区、V3～V4 区和 V4～V5 区等。

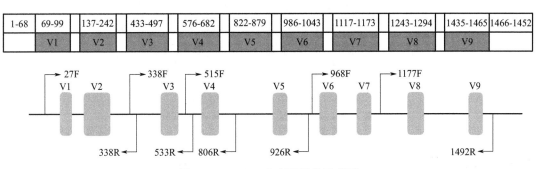

图 9-5　16S rRNA 基因结构示意图

9.3.2.1　测序实验流程

将检测合格的环境微生物 DNA 样本对其指定区域进行 PCR 扩增、文库制备、文库质检、定量，使用设定的 Index 序列进行样本区分（如图 9-6）。采用 Illumina miseq 高通量测序平台对检测合格的文库进行测序。

9.3.2.2　数据质控与分析

16S 扩增测序分析流程主要包括：Hiseq/Miseq 测序获得的 Paired-end（PE）reads 拼接成一条序列，对目标序列进行质控过滤，过滤后的序列与参考数据库作比对，去除嵌合体序列得到最终的优化序列。基于优化序列进行 OTU 聚类分析和物种分类注释，基于 OTU 聚类结果进行多样性指数分析，基于分类学信息进行物种结构分析和物种差异分析。

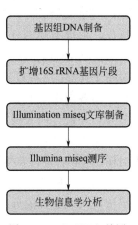

图 9-6　16S rRNA 基因测序实验流程示意图

根据 Fastq 文件对测序样品进行数据质量评估。单个样品的碱基质量分布如图 9-7 所示。

样品质量评估之后，根据 PE reads 之间的 overlap 采用 Flash 软件对数据进行拼接。测序过程中会引入错误或者不可靠碱基，严重影响后续分析结果准确性。因此，采用 fastx-toolkit 工具过滤数据，只保留高质量（Q 值≥25）的碱基比例≥90％的 reads。

在数据分析过程中往往存在嵌合体，嵌合体在遗传学上用以指不同遗传性状嵌合或混杂表现的个体。嵌合体序列的出现会导致测序结果中产生一些实际并不存在的核酸序列，影响结果的可靠性。因此，可以用 Usearch 64-bit 软件进行嵌合体序列的检测及过滤。Usearch 64-bit 主要优势是支持大内存处理海量数据，它是超快的序列分析软件，在序列比对、聚类、操作等多领域广泛应用。

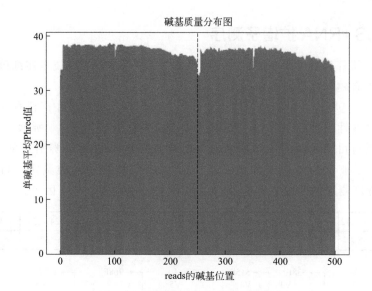

图 9-7   测序样品碱基质量分布图

横坐标为 reads 的碱基位置，纵坐标为单碱基平均 Phred 值。

前 250bp 为双端测序序列的 read1 的碱基质量值分布情况，后 250bp 为 read2 的碱基质量值分布情况

OTU（Operational Taxonomic Units，运行分类单元）是在系统发生分析或群体遗传研究中的一个假定的分类单元，通过一定的距离度量方法计算两两不同序列之间的距离度量或相似性，继而设置特定的分类阈值，获得同一阈值下的距离矩阵，进行聚类操作，形成不同的分类单元。根据 97% 的序列相似性水平，利用 QIIME 软件包中的 Uclust 方法进行 OTU 聚类分析。然后基于 SILVA（例如 Release132）参考数据库，对每个样品的 OTU 进行物种分类学（Taxonomy）注释。统计所有样本在门、纲、目、科、属各层次上的分类结果。丰度前十五的物种采用累积柱状图比较样本间的物种组成差异，并进行列表展示。全样本在门层次的群落结构分析结果如图 9-8 所示。

基于属水平上每个样品的物种丰度信息，选取丰度前 50 的属，根据各样品的丰度信息对样品和物种进行聚类，绘制热图，便于观察样品对应物种含量的高低。结果如图 9-9 所示。

利用 KRONA 软件对物种注释结果进行可视化展示（如图 9-10 所示），圆圈图的各层依次代表物种的分类级别，扇形的大小代表注释物种的比例。

9.3.2.3 Alpha 多样性分析

Alpha 多样性是指一个特定区域或生态系统内的多样性。其本质是反映样本中微生物丰富度和均匀度的综合指标，包括一系列统计学分析指数估计环境群落的物种丰度和多样性。Alpha 多样性指数主要包括计算菌群丰度的指数 Chao1，计算菌群多样性的指数 Shannon 指数及测序深度指数 Coverage。

（1）Chao1 指数

科学研究中通常用 Chao1 算法估计群落中含 OTU 数目的指数，在生态学中常用来估计物种总数，由 Chao 在 1984 年最早提出。计算公式如下：

$$Chao1 = S_{obs} + \frac{F_1(F_1-1)}{2(F_2+1)}$$

式中，Chao1 是估计的 OTU 数；S_{obs} 是实际观察的 OTU 数；F_1 是只有一条序列

的 OTU 数目（如"singletons"）；F_2 是只有两条序列的 OTU 数目（如"double tons"）。绘制各样本稀释曲线如图 9-11 所示。

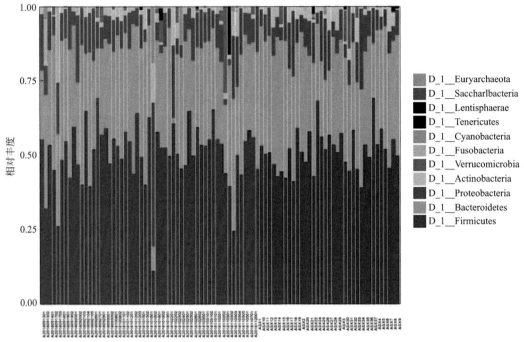

图 9-8　OTU 分类注释结果示意图（见彩图）

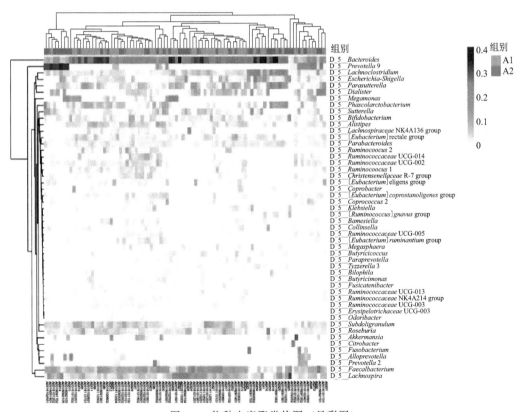

图 9-9　物种丰度聚类热图（见彩图）

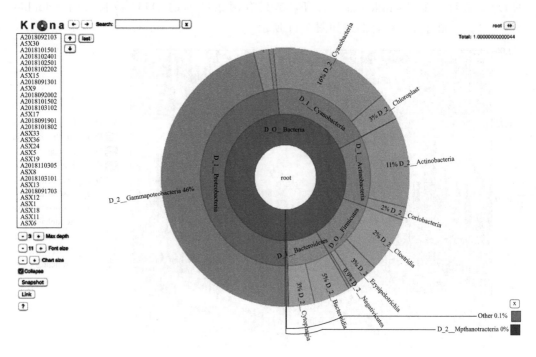

图 9-10　KRONA 可视化结果展示

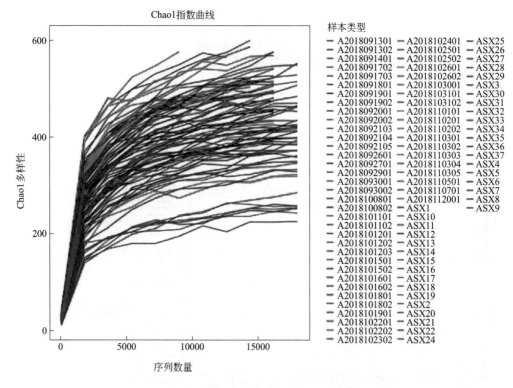

图 9-11　样本稀释曲线示意图（见彩图）

利用 Chao1 指数评估一个样本中 OTU 数目多少，Chao1 指数越大，OTU 数目越多，说明该样本物种数比较多。

（2）Shannon 指数

Shannon 指数是由 C. E. Shannon 和 W. Weaver 在 1948 年提出的。反映样品中微生物多样性的指数，Shannon 指数数值越大，表示多样性越高。Shannon 指数的计算公式如下：

$$H_{\text{shannon}} = -\sum_{i=1}^{S_{\text{obs}}} \frac{n_i}{N} \ln \frac{n_i}{N}$$

式中，S_{obs} 为观测到的 OTU 数目；n_i 为含有 i 条序列的 OTU 数；N 为所有序列数。

（3）Coverage 指数

Coverage 指数是指各样品（克隆）文库的覆盖率，其数值越高，则样品中序列被测出的概率越高，而没有被测出的概率越低。该指数反映本次测序结果是否代表了样品中微生物的真实情况。Coverage 指数的计算公式如下：

$$C = 1 - \frac{n_1}{N}$$

式中，n_1 表示只有一条序列的 OTU 数量；N 表示抽样中出现的总的序列数目。

9.3.2.4　Beta 多样性分析

Beta 多样性是指沿环境梯度不同生境群落之间物种组成的相异性或物种沿环境梯度的更替速率，也被称为生境间的多样性（Between-Habitat Diversity）。控制 Beta 多样性的主要生态因子有土壤、地貌及干扰等。

（1）PCoA 分析

主坐标分析（Principal Coordinate Analysis，PCoA）将多维数据进行降维，是一种研究数据相似性或差异性的可视化方法。基于距离矩阵来寻找主坐标，通过一系列的特征值和特征向量进行排序后，选择主要排在前几位的特征值，有效地找出数据中最"主要"的元素和结构，对样本之间的关系进行描述。首先随机取样计算各样本之间的 unifrac 距离，再根据距离矩阵绘制二维 PCoA 图（图 9-12），如果样本的距离越接近（即物种的丰度和构成越相似），则它们在 PCoA 图中的距离越近。

（2）NMDS 分析

NMDS（Non-metric Multidimensional Scaling，非度量多维尺度分析）是一种将多维空间的研究对象（样本或变量）简化到低维空间进行定位、分析和归类，同时又保留对象间原始关系的数据分析方法。适用于无法获得研究对象间精确的相似性或相异性数据，仅能得到它们之间等级关系数据的情形。其基本特征是将对象间的相似性或相异性数据看成点间距离的单调函数，在保持原始数据次序关系的基础上，用新的相同次序的数据列替换原始数据进行度量型多维尺度分析。其特点是根据样品中包含的物种信息，以点的形式反映在多维空间上，而对不同样品间的差异程度，则是通过点与点间的距离体现的，最终获得样品的空间定位点图（图 9-13）。

Beta 多样性不仅可以指示生境被物种隔离的程度，其测定值也可以用来比较不同地段的生境多样性，由此可见，Beta 多样性与 Alpha 多样性一起构成了总体多样性或一定地段的生物异质性。

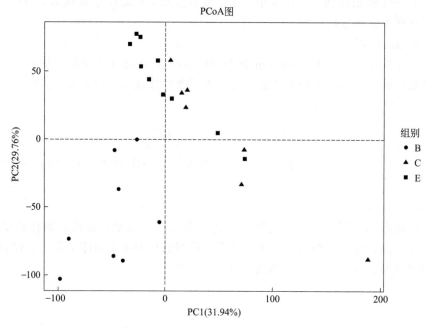

图 9-12　PCoA 分析示意图

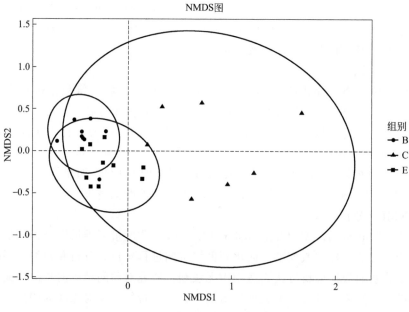

图 9-13　NMDS 分析示意图

9.3.2.5　差异分析

（1）LEfSe 分析

LEfSe 分析即 LDA Effect Size 分析，是一种用于发现高维生物标识和揭示基因组特征的分析，使用 Non-parametric Factorial Kruskal-Wallis（KW）sum rank test（非参数因子克鲁斯卡尔-沃利斯秩和检验）检测具有显著丰度差异特征，并找到与丰度有显著性差异的类群。最后，LEfSe 采用线性判别分析（LDA）来估算每个组分（物种）丰度对差异效果影响的大小，能够在组与组之间寻找具有统计学差异的生物标志（Bio-marker），即组间差异显著的物种。

（2）LDA 值分布

通过线性回归分析 LDA，统计不同组别中有显著作用微生物类群的 LDA 分值，展示了 LDA 分值大于设定阈值的物种，即具有统计学差异的生物标志。柱状图的长度代表显著差异物种的影响大小。

9.3.3 鸟枪法宏基因组测序

9.3.3.1 鸟枪法宏基因组测序与 16S RNA 扩增子测序的主要区别

（1）测序原理不同

与前述扩增子测序不同，鸟枪法宏基因组测序是将微生物基因组 DNA 随机打断成 500bp 的小片段，然后在片段两端加入通用引物进行 PCR 扩增测序，再通过组装的方式，将小片段拼接成较长的序列。

（2）研究目的不同

16S RNA 扩增子测序主要研究群落的物种组成、物种间的进化关系以及群落的多样性。鸟枪法宏基因组测序在 16S RNA 扩增子测序分析的基础上还可以进行基因和功能层面的深入研究，可以回答这样的问题"谁在这里？"和"它们能做什么？"。

（3）物种鉴定分辨率不同

16S RNA 扩增子测序得到的序列很多注释不到种水平，而鸟枪法宏基因组测序则能鉴定微生物到种水平甚至菌株水平。

对于 16S RNA 扩增子测序而言，任何一个高变区或几个高变区，尽管具有很高的特异性，但是某些物种（尤其是分类水平较低的种水平）在这些高变区可能非常相近，能够区分它们的特异性片段可能不在扩增区域内。鸟枪法宏基因组测序通过对微生物基因组随机打断，并通过组装将小片段拼接成较长的序列，因此，在物种鉴定过程中，宏基因组测序具有较高的优势。

通常情况下，建议同时结合鸟枪法宏基因组测序和 16S RNA 扩增子测序两种技术手段，可以更高效、更准确地研究微生物群落组成结构、多样性以及功能情况。如果样本污染宿主 DNA 比较严重，例如肠道黏膜样本，直接采用鸟枪法宏基因组测序会产生大量的宿主污染，为了降低实验成本，可以使用 16S RNA 扩增子测序。如果想快速鉴定未知病原感染，直接通过宏基因组测序可以鉴定是细菌、真菌或者是病毒感染。

9.3.3.2 测序实验流程

从环境（如肠道、土壤、海洋、淡水等）中采集样本，将原始采样样本或已提取的 DNA 样本低温运输（0℃以下），对样品进行检测。检测合格的 DNA 样品，进行文库构建以及文库检测，检测合格的文库将采用 Illumina 高通量测序平台进行测序，测序得到的下机数据（Raw Data）将用于后期信息分析。

为保证测序数据的准确性、可靠性，对样品检测、建库、测序每一个生产步骤都严格把控，从根本上确保高质量数据的产出，具体的实验流程（图 9-14）如下：

（1）DNA 样品检测

对 DNA 样品的检测主要包括 3 种方法：①琼脂糖凝胶电泳（AGE）分析 DNA 的

DNA提取　DNA检测　文库构建　文库质检　上机测序　下机质控　信息分析

图 9-14　测序实验流程图

纯度和完整性；②Nanodrop 检测 DNA 的纯度（OD260/280 比值）；③Qubit 对 DNA 浓度进行精确定量。

（2）文库构建及质检

检测合格的 DNA 样品用超声波破碎仪随机打断成长度约为 350bp 的片段，经末端修复、3′-端加 A、加测序接头、纯化、片段选择、PCR 扩增等步骤完成整个文库制备。

文库构建完成后，先用电泳及 Nanodrop 进行初步定量，对浓度≥15ng/μL 的文库进行 Qubit 定量，用毛细管电泳对文库的插入片段大小进行检测，插入片段大小符合预期后，使用 qPCR 方法对文库的有效浓度进行准确定量（文库有效浓度＞3nmol/L），以保证文库上机质量。

（3）上机测序

建库质检合格后，把不同文库按照有效浓度及目标下机数据量的需求混合后进行 Illumina 测序。

（4）测序数据预处理

采用 Illumina 测序平台测序获得的原始数据（Raw Data）存在一定比例低质量数据，里面含有带接头的、重复的以及测序质量很低的 reads，这些 reads 会影响组装和后续分析。为了保证后续分析的结果准确可靠，需要对原始的测序数据进行预处理，获取用于后续分析的有效数据（Clean Data）。

① 常规数据质控工具有：FASTX-Toolkit（http://hannonlab. cshl. edu/fastx_toolkit/commandline. html）、 Cutadapt（https://github. com/marcelm/cutadapt）、Trimmomatic（http://www. usadellab. org/cms/? page ＝ trimmomatic）、 Sickle（ht-tps://github. com/najoshi/sickle）。

② 去除宿主污染工具有：SoapAligner（http://soap. genomics. org. cn/soapaligner. html）、Bowtie(http://sourceforge. net/projects/bowtie-bio/files/)。

9.3.3.3　宏基因组组装

宏基因组组装的两种常见策略：①基于序列 overlap 关系进行拼接；②基于 de Bruijn 图进行组装。

由于现阶段的主流测序方法是二代短片段测序，序列短而且数目庞大，如果利用 overlap 关系直接进行组装，这要求每对 reads 之间都进行一次序列比较，这会很耗费时间，而且结果并不可靠。为迎合二代测序的特点，一种基于 k-mer 的 de Bruijn 组装策略则成为更有效的解决方法。

能用于宏基因组组装的软件有很多，如 SOAPdenovo、MEGAHIT、IDBA-UD、metaSPAdes 等。目前 MEGAHIT 在现有组装软件中，资源消耗基本上是最低的，因此很适合宏基因组中的复杂环境样品。meta SPAdes 软件在单菌、宏基因组及宏病毒组的组装中都表现较好，组装效果也大大优于 MEGAHIT、IDBA-UD 等，但是没有 MEGAHIT 资源消耗低。

9.3.3.4　基因预测及丰度分析

基因预测及丰度分析基本步骤如下：

① 从各样品及混合组装的 Scaftigs（≥500bp）出发，采用 MetaGeneMark 进行 ORF 预测，并从预测结果出发，过滤掉长度小于 100nt 的信息。

② 对各样品的 ORF 预测结果，采用 CD-HIT 软件进行去冗余，以获得非冗余的初始基因集（gene catalogue），默认以同一性值（identity）95％、覆盖度（coverage）90％进行聚类，并选取最长的序列为代表性序列；采用参数：-c 0.95，-G 0，-aS 0.9，-g 1，-d 0。

③ 采用 SOAP，将各样品的有效数据比对至初始基因集，计算得到基因在各样品中比对上的 reads 数目；比对参数：-m 200，-x 400，同一性值≥95％。

④ 过滤掉在各个样品中支持 reads 数目≤2 的基因，获得最终用于后续分析的 gene catalogue（Unigenes）。

⑤ 从比对上的 reads 数目及基因长度出发，计算得到各基因在各样品中的丰度信息。

⑥基于 gene catalogue 中各基因在各样品中的丰度信息，进行基本信息统计、core-pan 基因分析、样品间相关性分析及基因数目维恩图分析。

9.3.3.5　core-pan 基因分析

从基因在各样品中的丰度表出发，可以获得各样品的基因数目信息，通过随机抽取不同数目的样品，可以获得不同数目样品组合间的基因数目，由此我们构建和绘制了 core 和 pan 基因的稀释曲线，如图 9-15：

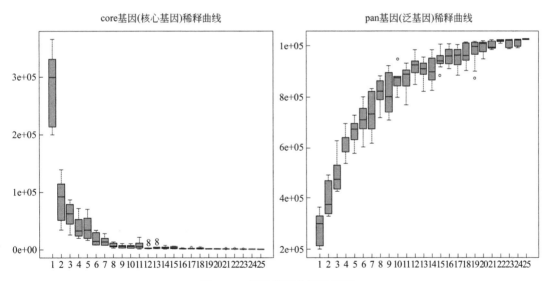

图 9-15　基因稀释曲线示意图

9.3.3.6　组间基因数目差异分析

为了考察组与组间的基因数目差异情况，绘制了组间基因数目差异图，结果如图 9-16 所示：

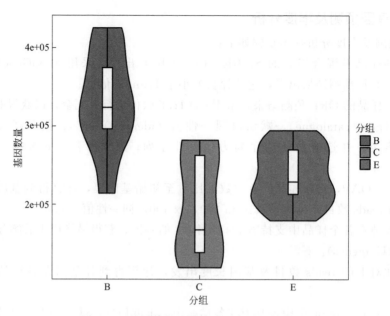

图 9-16　基因数目差异情况示意图（见彩图）

图中，横坐标为各个分组信息；纵坐标为基因数目

　　为了考察指定样品（组）间的基因数目分布情况，分析不同样品（组）之间的基因共有、特有信息，绘制了维恩图（Venn Graph）或花瓣图，结果如图 9-17：

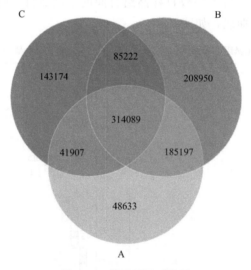

图 9-17　维恩图展示结果

图中，每个圈代表一个样品；圈和圈重叠部分的数字代表样品之间共有的基因个数；
没有重叠部分的数字代表样品的特有基因个数

9.3.4　组学数据功能注释

　　功能注释主要是基于功能同源的序列往往具有序列相似性的原理，将去冗余后的基因蛋白质序列与不同的蛋白质功能数据库进行序列比对，然后用比对到的序列的功能作为目标序列的功能。

从 gene catalogue 出发，进行代谢通路（KEGG）、同源基因簇（eggNOG）、糖类酶（CAZy）的功能注释和丰度分析。基于物种丰度表和功能丰度表，可以进行丰度聚类分析、PCoA 和 NMDS 降维分析、Anosim 分析、样品聚类分析；当有分组信息时，可以进行 Metastats 和 LEfSe 多元统计分析以及代谢通路比较分析，挖掘样品之间的物种组成和功能组成差异。

9.3.4.1　常用数据库

目前常用的功能数据库主要有：

（1）KEGG

全称 Kyoto Encyclopedia of Genes and Genomes，是一个关于基因功能注释方面的综合性数据库，包括基因的功能、分类、代谢通路（KEGG PATHWAY 数据库，是 KEGG 最核心的数据库）等诸多方面的信息（如图 9-18 所示）。

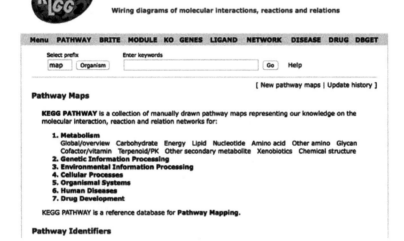

图 9-18　KEGG 数据库网站简介

KEGG 数据库于 1995 年由 Kanehisa Laboratories 推出 0.1 版，目前发展为一个综合性数据库，其中最核心的为 KEGG PATHWAY 和 KEGG ORTHOLOGY 数据库。在 KEGG ORTHOLOGY 数据库中，将行使相同功能的基因聚在一起，称为 Ortholog Groups（KO entries），每个 KO 包含多个基因信息，并在一至多个代谢通路中发挥作用。

KEGG PATHWAY 数据库将生物代谢通路划分为 6 大类（A 级分类），分别为：新陈代谢（Metabolism）、遗传信息处理（Genetic Information Processing）、环境信息处理（Environmental Information Processing）、细胞过程（Cellular Processes）、生物体系统（Organismal Systems）、人类疾病（Human Diseases）。其中每大类又被系统分类为 B、C、D 三个级别。其中 B 级分类目前包括有 43 种子功能，C 级分类即为代谢通路图，D 级分类为每个代谢通路图的具体注释信息。

（2）eggNOG 数据库

它是利用 Smith-Waterman 比对算法对构建的基因直系同源簇（Orthologous Groups）进行功能注释，eggNOG（v4.5）目前涵盖了 2031 个物种，构建了包含 25 个大类，约 19 万个直系同源簇。

（3）CAZy 数据库

其是研究糖类酶的专业级数据库，主要涵盖 6 大功能类：糖苷水解酶（Glycoside Hydrolases，GHs）、糖基转移酶（Glycosyl Transferases，GTs）、多糖裂合酶（Polysaccharide Lyases，PLs）、糖酯酶（Carbohydrate Esterases，CEs）、辅助氧化还原酶（Auxiliary Activities，AAs）和糖类结合模块（Carbohydrate-Binding Modules，CBMs）。其中每一个大类又可以分类为很多小的家族，比如 CE1、CE2 等等，注释结果中的 CE0 表示没有小家族分类的结果。

9.3.4.2 功能注释基本步骤

① 使用 DIAMOND 软件将 Unigenes 与各功能数据库进行比对（blastp，E value≤ $1e^{-5}$）。

② 比对结果过滤：对于每一条序列的比对结果，选取得分最高的比对结果（one HSP＞60bits）进行后续分析。

③ 从比对结果出发，统计不同功能层级的相对丰度（各功能层级的相对丰度等于注释为该功能层级的基因的相对丰度之和），其中，KEGG 数据库划分为 5 个层级，eggNOG 数据库划分为 3 个层级，CAZy 数据库划分为 3 个层级，各数据库的详细划分层级如表 9-8 所示。

④ 从功能注释结果及基因丰度表出发，获得各个样品在各个分类层级上的基因数目表，对于某个功能在某个样品中的基因数目，等于在注释为该功能的基因中，丰度不为 0 的基因数目。

⑤ 从各个分类层级上的丰度表出发，进行注释基因数目统计、相对丰度概况展示、丰度聚类热图展示、PCoA 和 NMDS 降维分析、基于功能丰度的 Anosim 组间（内）差异分析、代谢通路比较分析、组间功能差异的 Metastats 和 LEfSe 分析。

表 9-8　数据库及分级描述

数据库名称	划分层级	该层级的描述
KEGG	等级 1	KEGG 代谢通路第一层级 6 大代谢通路
KEGG	等级 2	KEGG 代谢通路第二层级 43 种子代谢通路
KEGG	等级 3	KEGG PATHWAY ID（例：KO00010）
KEGG	KO	KEGG ORTHOLOG group（例：K00010）
KEGG	EC	
eggNOG	等级 1	KEGG EC 数字（例 EC3.4.1.1）
eggNOG	等级 2	ORTHOLOG group description
eggNOG	og	ORTHOLOG group ID
CAZy	等级 1	6 大功能类
CAZy	等级 2	CAZy family
CAZy	等级 3	EC number

9.3.4.3 抗生素抗性基因注释

抗生素的滥用导致人体和环境中微生物群落发生不可逆的变化，对人体健康和生态环境造成风险，因此抗性基因的相关研究受到了研究者的广泛关注。

目前，抗生素抗性基因的研究主要利用数据库ARDB（Antibiotic Resistance Genes Database）和CARD（the Comprehensive Antibiotic Resistance Database）来注释抗生素抗性基因。通过该数据库的注释，可以找到抗生素抗性基因（Antibiotic Resistance Genes）及其抗性类型（Antibiotic Resistance Class）以及这些基因所耐受的抗生素种类（Antibiotic）等信息。

9.3.5 宏基因组学的应用

宏基因组测序技术能够对环境DNA进行直接测定，为研究和利用绝大多数的不可培养微生物提供了新的途径。近年来，宏基因组学研究已渗透到各个研究领域，包括人体微生态、污水、海洋、热泉，并在医药、替代能源、环境修复、生物技术、农业、生物防御及伦理学等各方面显示出重要价值。

采用宏基因组技术及基因组测序等手段，来发现难培养或不可培养微生物中的天然产物以及处于"沉默"状态的天然产物。宏基因组不依赖于微生物的分离与培养，因而减少了由此带来的瓶颈问题。在酶学发展方面宏基因组学显示出强大的生命力，在发现新型酶以及有新型功能的已知酶方面已经取得一些进展。

宏基因组学研究将大大扩展我们对生命的了解，包括了解生命如何耐受极端环境、新的生物能源、生命进化以及微生物与环境之间的相互作用。随着新方法的不断发展，宏基因组的应用范围将会越来越广泛。

9.3.5.1 宏基因组学的常规应用

（1）发现新基因

由于自然界中大多数微生物是未知的，其中存在大量不可培养的微生物，不能通过培养的方法来进行研究，而宏基因组学则突破了这一限制。通过构建宏基因组文库，从中鉴定出的大多数基因将都是新的基因。对宏基因组文库进行功能筛选的重要目标是筛选在医药业中具有重要应用价值的产物。已发现的新基因主要有：抗生素抗性基因、生物催化剂基因以及编码转运蛋白基因等。

（2）开发新的微生物活性物质

近年来，由于极高的重复发现率，利用纯培养技术从环境微生物中筛选到新活性物质的概率显著下降。宏基因组学则克服了这一限制，通过直接从环境中提取DNA样品，为后面的筛选提供更加全面和多样的基因资源。

以生物酶为例，传统生物酶的发现一般是通过提取动植物组织细胞中的生物酶，研究其理化特点，批量生产后应用于各种生产活动。但该方法存在研究周期长、成本较高等缺陷，限制了生物酶的研究效率。宏基因组学为新型生物酶的挖掘提供了新的研究方法。通过构建宏基因组文库，经过不同的筛选依据，如基于功能的筛选、基于序列的筛选等，可发现可能存在的生物酶。现已发现多种酶类，如新型几丁质酶、淀粉酶、脂肪酶、亚硝酸盐还原酶等。

（3）研究微生物群落多样性及其功能

宏基因组学为认识由可培养和不可培养微生物所构成的复杂生境及其功能提供了可能，且必将在研究生物多样性中发挥重要作用。运用宏基因组技术对海洋病毒已有较深入的研究，为探寻复杂微生物群落中的感应信号分子及其基因调节机制，探知微生物物种在群落中的功能打下基础。

（4）环境保护和污染修复

宏基因组学能够系统、全面地认识环境生态系统中的微生物类群及其生态学功能，这给环境保护和污染修复带来了福音。目前，宏基因组在环境保护领域的主要工作集中在以下几个方面：①挖掘降解基因和功能菌株，进行生物修复；②从环境中分离出新的基因、化合物和生物催化剂；③发掘极端环境微生物的新物种，了解其耐受机制，帮助极端环境的污染修复；④基于宏基因组指导降解酶系基因筛选，并以此构建的工程菌可用于处理各种复杂污染物；⑤分析微生物种群多样性，检测评价环境健康。

9.3.5.2 病原微生物的检测

基于高通量测序的宏基因组学可以得到样本中全部物种的基因组，从而识别所有致病病原体，极大减少所耗费的时间及人力物力，并可对未知病原或已知变异较大病原进行识别。在调查传染病疫情时，可以对样本进行宏基因组学测序并构建系统发生树等对病原进行追溯，找到潜在传播途径，及时切断感染源，进而为制订公共卫生策略提供依据。

有学者于 2009 年首次利用病毒宏基因组学对湖泊中病原微生物进行系统研究，获得了 30 多科的病毒信息，发现了流行于东南亚地区的 Banna 病毒新病原。2012 年有学者利用病毒宏基因组学技术获得了疱疹病毒、乳头瘤病毒、圆环病毒和博卡病毒等多种新型哺乳动物病毒的完整或部分基因组序列，发现我国的某些省份中星状病毒和冠状病毒在蝙蝠群体中的流行程度较高并具有丰富的遗传多样性。2013 年我国东部地区出现了严重呼吸道感染病例，经相关研究发现引起该病的病原为甲型 H7N9 禽流感病毒。为探究活禽市场在甲型 H7N9 禽流感病毒的起源中所扮演的角色，有学者通过对人呼吸道标本及禽粪便、禽咽拭子等样品进行高通量测序，发现在禽样本中存在 H7N9 和 H9N2 两种亚型的混合感染，人呼吸道样本只检测出 H7N9 病毒，提示新型禽流感病毒的出现可能与原有禽流感病毒有关。2019 年武汉出现不明原因肺炎，中国科学家依托宏基因组测序平台，数天内快速鉴定并分析出新冠病毒的基因组，率先于 2020 年 1 月 11 日向全球公布了新冠病毒基因组序列。这一重要研究结果为该病的病原核酸检测、抗体检测等检测方法的建立提供了最重要信息，为早期发现病原提供了技术支持，在控制疫情传播方面给予很大程度帮助，为战胜疫情提供了保障。

9.3.5.3 人体肠道微生物组

（1）人类肠道微生物组的组成

肠道微生物从功能上可以分为共生、益生和病原微生物三大类，其中主要是细菌，也包括真菌、病毒和噬菌体，它们在人体肠道中保持着一种动态的平衡。如此庞大的肠道微生物群体通过与宿主的长期协同进化，已经成为一个与人体密不可分的后天获得的重要"器官"。肠道微生物这一"器官"发挥的功能多种多样，包括物质代谢、生物屏障、免疫调控及宿主防御等。肠道微生物不仅帮助人体从食物中吸收营养，还能够合成氨基酸、有机酸、维生素、抗生素等供人体利用，并可以将产生的毒素加以代谢，减少对人体的毒害。不同的饮食习惯和生活方式对人体肠道微生物种类有很大的影响，例如高脂肪的饮食可以导致有益的双歧杆菌减少甚至消失。因此，肠道微生物和人体存在着互利共生的关系，对于维持人的健康发挥着重要的作用。

（2）肠道微生物组与人体健康

肠道复杂的微生物生态系统与机体免疫系统之间的关系也极为密切。肠道微生物不仅可以作为天然屏障维持肠上皮的完整性，防止病原微生物入侵，还通过调节肠道黏膜分泌抗体作用于肠道免疫系统，并进一步影响天然免疫和获得性免疫，因此肠道微生物又被认为是人体最大的"免疫器官"。肠道微生物维持的免疫平衡在机体自身免疫疾病的预防过程中起着重要作用，当某些因素导致肠道菌群发生改变时，会进一步影响到人的其他免疫系统，这种免疫平衡一旦被打破，就容易导致各种疾病的产生。越来越多的实验证据表明，肠道微生物不仅影响人体肠道本身的功能，还通过调控人的免疫系统，从不同角度和层面影响人的健康。人体内微生物群组成的变化与许多疾病如糖尿病、肥胖、高血压、冠心病、炎症性肠病、肿瘤等相关。

① 肠道微生物与糖尿病

深圳华大基因的一项研究是对 345 位国人的肠道微生物进行测序，结果显示 2 型糖尿病患者中肠道微生物菌群失调，肠道微生态平衡被打破，一些有益菌消失。具体表现为一些常见的产丁酸盐细菌的丰度下降，而各种条件致病菌有所增加，其他一些诸如具有还原硫酸盐和抗氧化胁迫能力功能的微生物丰度也有一定程度的增加。2018 年 3 月，上海交通大学赵立平团队在《科学》上发文报道，高膳食纤维营养干预可以调节 2 型糖尿病患者肠道菌群，富集特定的短链脂肪酸产生菌，在 3 个月的饮食干预下，有 89% 的患者的糖化血红蛋白（糖尿病患者血糖控制情况的重要指标）达标，此外，无论是空腹血糖还是餐后血糖也都明显下降。这类菌的丰度和多样性越高，通过增加胰高血糖素样肽-1 分泌，使受试者糖化血红蛋白改善得也越好。

② 肠道微生物与肥胖

肥胖是否是一种疾病虽然有不少争议，但肥胖引起各种疾病却是不争的事实。2012年，上海交通大学赵立平教授实验室的一项研究发现，条件致病菌阴沟肠杆菌（*Enterobacter cloacae*）是造成肥胖的直接元凶之一，这也是国际上首次证明肠道细菌与肥胖之间具有直接因果关系。此后，德国科学家揪出了导致肥胖的另一种微生物——多枝梭菌（*Clostridium ramosum*）。他们连续 4 周分别给小鼠喂食高脂肪和低脂肪食物，结果饲喂高脂肪食物的小鼠盲肠中多枝梭菌的比例比饲喂低脂肪食物的高约 4 倍，他们猜测这种菌导致肥胖的原因是可以提高对食物营养的吸收，但小鼠的结果是否适用于人还值得进一步研究。

③ 肠道微生物与高血压

研究发现肠道微生物产生的短链脂肪酸（Short-Chain Fatty Acids，SCFA）与血压调控相关。科学家通过对两个主要的 SCFA 受体敲除小鼠的研究发现，抗生素处理受体敲除导致肠道微生物减少，小鼠血压升高。丙酸盐是 SCFA 的一种，当给小鼠提供丙酸盐时，它们的血压会出现快速且剂量依赖的下降，而敲除丙酸盐受体的小鼠对这种效应特别敏感。除短链脂肪酸外，肠道益生菌产生的一些物质如 γ-氨基丁酸也具有降低血压的功效。

④ 肠道微生物与肿瘤发生

高脂肪饮食会改变肠道微生物，刺激肠道肿瘤的生长。这里以肝癌为例来说明肠道微生物与肿瘤形成的关系。日本科学家发现肝癌的形成与肥胖和肠道微生物之间关系密切。他们给肥胖和正常鼠饲喂能致肝癌的化学物质，结果所有的肥胖鼠都患上了肝癌，仅有 5% 的正常鼠患上肝癌。采用抗生素清除肠道微生物后，肥胖鼠肝癌的发病率大幅降低。进一步研究发现一些属于硬壁菌门的肠道细菌产生脂多糖，其中一部分脂多糖被细菌转化为有毒的脱氧胆酸（Deoxycholic Acid，DCA）。肥胖鼠血液中 DCA 浓度较高，这些脂多糖和 DCA 到达肝脏后积累，引起炎症和 DNA 损伤，最终导致肝癌。与正常鼠相比，肥胖鼠产生 DCA 的肠道微生物更多，因此导致肥胖鼠更容易患肝癌，人为提高 DCA 浓度后肝癌发病率也会相应升高。

⑤ 肠道微生物与生物节律

以色列科学家进行过有趣的实验：首先他们对保持正常昼夜节律的小鼠粪便菌群分析，发现高达 60% 的肠道细菌绝对和相对比例都存在昼夜节律波动；他们进一步又通过对正常生活节律和经常来往美国和以色列长途旅行的人群的粪便进行分析，发现在倒时差前、中和后期，这些人肠道菌群的变化特征非常类似于小鼠实验的结果，倒时差的人肠道菌群发生类似肥胖和糖尿病患者特征的改变。更有趣的是，将倒时差过程中受试者的粪便移植给健康小鼠，这些小鼠体重会增加，血糖和体脂肪都高于对照组。这也从一个侧面说明经常熬夜的生活习惯对健康是有影响的，保持良好的生活方式对健康有益也在这里找到了科学的答案。

9.3.5.4 人体肠道病毒组

人体肠道病毒组是指人体肠道中所有病毒及其所携带遗传信息的总称，包括真核病毒和噬菌体，是人体微生物组的重要组成部分。

目前，病毒宏基因组的研究迎来了一个新的阶段，随着高通量测序技术和生物信息学的快速发展，这为研究人体肠道病毒组的组成和功能等提供了必要的支持，使得从系统水平上研究复杂微生物群落成为可能。

（1）人类肠道病毒组的组成

人体肠道病毒组组成复杂并且个体间差异显著。人体肠道病毒组的 90% 以上为噬菌体，以 DNA 病毒为主，伴有少量 RNA 病毒。人体肠道内病毒含量丰富，其中噬菌体在数量上远超过真核病毒，主要为长尾噬菌体目、微小噬菌体科、短尾病毒科和长尾病毒科等。肠道病毒是肠道微生态系统的重要组成部分，病毒组的多样性模式由噬菌体驱动，而非真核病毒。

人体肠道微生物在婴儿阶段变化较大，在 3 岁内形成类似于成人肠道微生物组的组成结构。在这段时间里，病毒组包括噬菌体组不断变化，噬菌体和细菌的关系呈现为捕食者和被捕食者的持续变化关系。

在一项对初生健康婴儿肠道 DNA 病毒组的研究中，研究者对比了产后 1 周和 2 周婴儿粪便微生物群落中病毒的丰度。结果表明在生命的初期阶段病毒群落组成变化剧烈，超过半数的在第 1 周出现的病毒在第 2 周检测不到。这种婴儿时期肠道病毒组的不稳定性与婴儿肠道微生物组构成的快速变化相一致。与婴儿时期肠道病毒组变化剧烈的特征不同，成人肠道病毒组稳定性较强。有研究表明噬菌体 crAssphage 广泛分布在人群中，说明人体肠道噬菌体可能在群体性水平存在一定的特征。

（2）肠道病毒组与人体健康

人们长久以来对病毒的认识局限于病毒会感染人体并引起疾病。实际上，有些病毒对人体是无害的，甚至是有益的；有些病毒对人体的作用是类似于条件致病菌，有害或者有益会随着环境的变化而改变。最新的研究显示，多种噬菌体在健康人胃肠道内非常普遍，但在克罗恩病和结肠炎患者中明显减少。HIV 的感染可以导致病人肠道微生物组的显著变化。总体来说，病毒与宿主间的关系是动态的共同进化关系。

（3）病毒组的优势与不足

病毒宏基因组学，突破了传统技术方法的局限，是一种新兴的病毒组学研究技术。它直接以环境中所有病毒为研究对象，可以快速地鉴定出环境中所有的病毒组成，是分子流行病毒学研究的有力手段。

目前，病毒组研究仍然面临着很多挑战。第一，大部分的病毒无法成功地进行离体培养或者会在培养过程中失去致病性；第二，病毒基因组变异率高，病毒之间没有类似于细菌 16S rRNA 基因的保守序列作为标记基因，且不同病毒序列之间差异性极大；第三，病毒参考数据库不全，检测到的病毒序列与已知病毒库的一致性偏低，存在未知病毒不能检测出的问题；第四，在宏基因组测序中，来自病毒基因组的 DNA 在微生物群落的总 DNA 中所占比例非常小，这是因为大多数病毒的基因组较细菌基因组小很多，使得很难获得低丰度的完整的病毒序列；第五，菌群失调和肠道病毒变化的因果关系尚不明确；第六，特定的噬菌体病毒与细菌宿主和疾病的对应关系不明确。

9.4　微生物基因工程

在基因工程发展过程中，微生物具有不可替代的作用，不仅提供了基因工程所使用的工具酶、载体、标记基因等，由于其遗传背景清楚、结构简单、操作相对容易、容易工业化发酵生产，微生物也是进行基因工程研究和产品生产的首选。

9.4.1　微生物基因重组表达系统

在基因工程改造过程中，核心目的是实现异源基因的高效可控制的表达。因此，通常需要通过引入与宿主细胞适应的表达调控元件，以优化外源基因在特定宿主菌的表达。同时，不同的微生物菌株性状对最终的异源基因表达具有重要影响。微生物重组表达系统主要包括原核微生物基因重组表达系统和真核微生物重组表达系统。微生物表达系统具有遗传背景清晰、易于培养和大规模生产、基因操作手段成熟等特点。目前，在生命科学研究和生物产业中广泛应用的微生物表达系统包括大肠杆菌表达系统、酵母表达系统、芽孢杆菌表达系统、丝状真菌表达系统等。

9.4.1.1　大肠杆菌表达系统

大肠杆菌表达系统是最常见的微生物表达系统，其遗传背景清楚，技术操作方法成熟，能够在比较廉价的培养基中高密度生长。目前该系统已被应用在酶制剂、蛋白质药物等多种重组蛋白的生产中。现在已经开发出多种成熟的商业化大肠杆菌表达系统，并在科学研究等方面进行了广泛的应用。

但大肠杆菌表达系统自身的一系列缺陷限制了其进一步应用。主要表现在部分蛋白质表达水平低、容易形成错误折叠并导致包涵体的聚集、产生内毒素、高密度发酵时菌体生长受抑制、缺乏糖基化修饰等。为了提高大肠杆菌表达系统中目的蛋白的表达水平，通常的手段包括：

① 采用可控制（通常为可诱导）的强启动子、高拷贝数复制起始位点的载体以提高蛋白质表达水平，如基于 T7 启动子的 pET 载体系统、基于 araBAD 启动子的 pBAD 系统。

② 通过补充稀有密码子的 tRNA 以提高翻译强度，如 Novagen 公司的 Rosetta 菌株。

③ 针对含有二硫键的蛋白质，Origami（trxB-gor）菌株可以通过改变细胞质中的氧化还原环境解决一些含有二硫键蛋白质的可溶性表达。另外，带二硫键的重组蛋白也可以通过在细胞周质中表达而完成二硫键的形成。

④ 可以通过共表达分子伴侣基因（如 DnaK/DnaJ/GrpE、GroEL/GroES）以增加大肠杆菌的蛋白质组装和折叠的能力。大肠杆菌含有 40 种以上的具有分子伴侣功能的蛋白质。共表达分子伴侣是提高大肠杆菌异源蛋白质可溶性的有效手段。除已经商业化应用的 DnaK/DnaJ/GrpE、GroEL/GroES 以及 Trigger Factor 等分子伴侣系统外，IbpA/IbpB、ClpB 等其他分子伴侣也能够有效提高特定蛋白质的可溶性水平。

⑤ 此外，商业化表达系统中通常采用融合标签的办法提高重组蛋白的可溶性，如 GST 标签等。

在表达及发酵条件上，通常可以采用降低诱导物浓度、诱导温度等策略减少包涵体的积累。但由于蛋白质的体内折叠是一个复杂的过程，上述提高蛋白质可溶性、减少包涵体的手段虽然在一定程度上对特定蛋白质起作用，但并不具有普遍性的规律。对特定目的蛋白质只能进行尝试性研究，仍然有大量的重要工业蛋白质无法实现可溶性表达。

9.4.1.2 芽孢杆菌表达系统

枯草芽孢杆菌是另外一种常用的原核基因工程宿主菌，属于好氧、产芽孢的革兰氏阳性细菌，广泛存在于土壤等自然环境中。枯草芽孢杆菌除了具有生长迅速、培养条件简单等优点外，其菌株基因组测序及必需基因解析较为清晰，因此枯草芽孢杆菌常被用作细菌遗传学及细胞代谢研究的模式菌株。除此之外，枯草芽孢杆菌菌株安全性强，被美国食品药品监督管理局（US Food and Drug Administration，FDA）认定是公认的安全菌株（Generally Recognized as Safe，GRAS）。因为拥有生理生化特征清晰、遗传操作较为简单、分泌及表达能力强、培养发酵较为方便等优点，枯草芽孢杆菌还作为优良的底盘细胞，被改造为微生物细胞工厂，用于生产工业酶、维生素、功能糖、保健品及药物前体等目标产物，表现出了强大的工业生产应用能力。

以枯草芽孢杆菌为宿主菌进行基因工程研究和生产已经取得了许多优秀的成果，在未来的发展与研究中，有望通过进一步优化枯草芽孢杆菌表达系统，推动其成为工业菌种中有力的竞争者。

（1）依赖于基因组信息解析的生化合成新途径的设计和新酶的挖掘

不再依赖传统解析合成途径，而是选用更精简、热力学倾向性更高的新挖掘途径来进行目标产物的生产合成，辅加以筛选催化效率更高的途径酶进行应用，实现产物生产和转化率更优的优化。

（2）构建高效遗传操作系统

虽然目前在枯草芽孢杆菌中已经可以初步实现多位点同时基因编辑及调控，但是针对较长且复杂的合成途径，遗传操作系统仍需继续开发与优化，实现多位点基因编辑效率的提高，同时结合高通量基因克隆组装与高通量筛选技术，从而实现自动化、高通量的表达系统改造流程，以加速底盘细胞的进化效率，得到更优的生产菌株。

（3）构建胞内自调节系统

基于胞内传感器的自调节系统仍然将会是枯草芽孢杆菌表达系统改造中的一项关键技术。旨在自主、动态调节底盘细胞自身生长和对目标产物的生产之间的平衡，一些关键中间产物的生物传感相应蛋白质被不断地应用于菌株代谢动态调节中。基于实际工业生产发酵成本和操作的优化需求，摒除人工进行发酵条件的转化与调控，以菌株自身感应动态调节来取代发酵中复杂的调控操作，是未来的发展趋势与方向。

9.4.1.3 酵母表达系统

酵母表达系统是最常见的真核微生物表达系统。作为最简单的真核生物，酵母菌遗传可操作性强、生物安全性高、生长速度快、能够进行高密度发酵。酵母表达系统具有适宜的翻译后加工修饰能力和外分泌能力。目前，研究最成熟的酵母重组表达系统来源于甲醇酵母，包括汉逊酵母表达系统和毕赤酵母表达系统。甲醇酵母具有成熟的启动子系统和很好的遗传稳定性。

毕赤酵母表达系统因为拥有很多的可选择的启动子、可选择的标记、分泌信号，还有研究人员对蛋白酶处理和糖基化模式的深入了解等特点而被科学家们频繁应用，所以毕赤酵母的核表达系统也为很关键的可以商用的蛋白质表达系统。尤其是那些分泌到胞外的可溶性蛋白，毕赤酵母表达系统是非常理想的选择。为进一步发挥酵母表达系统的优秀性能，提升其应用潜力，还有许多工作亟待开展。

（1）拓展系统兼容性

毕赤酵母表达系统的表达情况和外源基因的结构是密切相关的。尽管现在不少的蛋白质在毕赤酵母中获得了表达，可是还有个别的蛋白质表达不足或未表达。不同目的基因的种属性质在基因表达的过程中造成了不同的结果，这种情况属于种属的特异性。因此，提升酵母表达系统对异源基因的表达能力，拓展表达体系兼容性，对今后的科研和生产具有重要意义。

（2）降低外源蛋白质降解

由于在蛋白质的分泌过程中常常会有一定数量的蛋白质酶在蛋白质的分泌表达过程中一起出现，所以分泌的目的蛋白质有一部分也许会被一同分泌出的蛋白酶降解消耗掉，这种现象导致了外源蛋白质的表达水平的下降。所以需要找到办法来降低外源蛋白质因此导致的消耗。目前常用的方法是在表达体系中添加蛋白酶抑制剂，但对于工业生产而言，价格较为昂贵，需要开发更科学的方法降低外源蛋白质的降解。

（3）提升分泌能力

外源蛋白质在生产过程中还需要有下游分离加工的处理，所以外源蛋白质最好是选用采取分泌表达的方式来表达的蛋白质。通常来说，使用酵母特异性分泌信号来表达外源基因会更容易实现。最经常使用的信号肽是来自酿酒酵母的信号肽。为进一步提升酵母表达系统的分泌能力，需要对信号肽进行更为深入的研究。

（4）优化发酵条件

众所周知，许多因素条件都会影响毕赤酵母的表达系统内目的蛋白质的表达水平，这些条件有培养基的组成、温度、pH值、甲醇的浓度和发酵时间等。因为能够导致蛋白质表达水平发生变化的原因有很多，所以需要不断优化方案寻求最合适的发酵表达条件，并且根据表达产物的不同进行个性化定制。

9.4.1.4 丝状真菌表达系统

丝状真菌表达系统是目前所发现的微生物中最强大的基因表达系统之一。丝状真菌被广泛应用于各种工业酶制剂、抗生素、有机酸、食品酿造等行业，在工业和商业领域具有重要经济价值。随着生物学技术的日新月异，多种丝状真菌的基因组测序已完成，方便了对丝状真菌从分子水平进行深入研究，利用基因工程技术对目标菌株实施基因改造，从而获得性状优良，满足生产生活所需的目的产物。丝状真菌表达系统在蛋白质表达研究中具有独特的优势。首先丝状真菌表达系统能够高效表达和分泌胞外蛋白质，并且具备较完善的糖基化修饰、切割蛋白酶和形成二硫键等翻译后加工修饰机制，可以获得大量与高等真核细胞表达蛋白质性质最相似的胞外活性重组蛋白。如里氏木霉表达系统、黑曲霉表达系统、构巢曲霉表达系统和米曲霉达系统等多个丝状真菌表达系统已建立。

里氏木霉纤维素酶 CBH1、黑曲霉糖化酶等丝状真菌蛋白质的单基因表达量可达到 30～40g/L 发酵液，而且都为胞外分泌，可占胞外分泌蛋白质的 50% 以上。近年来，研究者正在寻找能够高效表达异源蛋白质的新型宿主菌株，例如一种腐生嗜热真菌 *Chrysosporium lucknowense*，具有转化效率高、黏度低和分泌能力强等特点，可以高水平生产异源蛋白质。因此，利用丝状真菌高效表达重组蛋白具有良好的工业应用前景。

为了使丝状真菌能够更高效地表达异源蛋白质，研究者从分子遗传学的角度出发，进行了多方面的研究，并提出了一些相应的策略，主要包括选择强启动子、基因融合、增加基因拷贝数、选择蛋白酶缺陷的宿主菌和糖基化作用等。

9.4.2 微生物基因重组表达的精细控制

在微生物代谢工程过程中，需要对代谢途径的多个酶的表达进行精细调控，从而提高目标代谢通量的水平。因此需要建立调控工具，实现对重组蛋白的表达水平的定量控制。但是蛋白质表达是一个复杂的过程，涉及转录、翻译、翻译后折叠等多个环节，蛋白质表达水平也受到诸多因素的影响。目前已经报道了多种研究手段，实现在基因工程改造过程中对蛋白质表达水平进行微调控。

9.4.2.1 启动子的精细调控

启动子是影响蛋白质表达水平最主要的因素之一。设计、改造不同强度的启动子，是改变蛋白质表达水平最便捷、最为有效的方法之一。启动子的强度与启动子的核心序列有关。改变启动子的 −10 区和 −35 区序列，以及 −10 区和 −35 区之间的序列及长度，均可以影响启动子的强度。目前，针对启动子改造的最常见手段是随机改变启动子核心区域的序列，形成一个具有不同表达强度的启动子文库。通过对不同序列的启动子的表达强度进行表征，然后有针对性地应用于不同基因的表达微调控中。启动子文库广泛应用于微生物代谢工程应用中。例如，有人通过易错 PCR 手段构建了具有不同强度的启动子文库。利用所获得的近 200 个不同强度的启动子，可以获得 mRNA 水平范围相差 325 倍的表达差异。在番茄红素代谢工程改造过程中，利用上述启动子文库对番茄红素前体供应的两个关键酶，即 Ppc 和 Dxs 的表达水平进行优化，结果显示采用强度适中的启动子能够显著提高目标产物番茄红素的合成水平。另有学者同样构建了以启动子为主要调控元件的基因表达调控文库。利用该文库对关键基因的表达进行改造，成功提高了大肠杆菌葡萄糖摄入速率，以及胡萝卜素的异源合成。

9.4.2.2　mRNA 稳定性调节

mRNA 是影响蛋白质表达水平的另一个关键因素。任何 mRNA 都有一定的半衰期，通过延长 mRNA 半衰期能够增强目的基因的翻译从而提高蛋白质的表达水平。mRNA 的半衰期与 mRNA 的结构稳定性有关。一些二级结构如颈环结构可以避免 mRNA 被细胞中的各种 RNA 酶（RNase）降解，从而能够提高 mRNA 稳定性，加强蛋白质的翻译。有学者利用 mRNA 中非编码位置的颈环结构设计了具有不同 mRNA 稳定性的调控元件，即可调控基因间隔区（Tunable Intergenic Regions，TIRS）。TIRS 利用 mRNA 稳定性的差异，使功能模块中各酶蛋白的表达得到微调控。有学者成功地将 mRNA 颈环结构控制蛋白质表达的策略应用在青蒿素的人工合成中。

9.4.2.3　RBS 的精细调控稳定性调节

利用不同强度的 RBS 对基因表达进行微调控：核糖体结合位点（RBS）是原核细胞中翻译起始的控制位点。RBS 序列对翻译的起始效率具有重要影响，而翻译起始效率的改变进而能够改变蛋白质的翻译及表达水平。因此，可以通过对 RBS 的序列进行人为改造，从而实现进行蛋白质表达水平的控制。目前已经报道的 RBS 人工设计包括两个方面：一是通过建立突变文库获得不同功能的 RBS 序列；另一种是通过理性设计获得具有不同翻译起始强度的 RBS。H. M. Salis 等以理论预测为基础，成功获得了一系列具有不同翻译起始强度的 RBS，并能够对蛋白质表达水平进行精确的控制。

9.4.3　微生物染色体合成与基因操作

9.4.3.1　病毒基因组的合成

病毒没有完整细胞结构，既可以被看作化学物质又可以被看作"活"的生物。科学家首先尝试对最小的基因组——病毒基因组进行全化学合成。2002 年，有学者报道了通过组装寡核苷酸对全长 Mahoney 脊髓灰质炎病毒的化学合成。在 2003 年，有学者报道了在 14 天内合成长度为 5368bp 的有侵染活力的噬菌体 ΦX174。2005 年，有学者对噬菌体 T7 进行了重新设计与合成，得到的半合成型基因组可以编码有活力的噬菌体，同时建立了一个更简单的模型并且使得每个功能元件的操作更容易。尽管作者并没有从头设计合成全部的噬菌体 T7 基因组，但是这项工作展现了天然生物系统的基因组区域可以系统地重新设计和重新构建的可行性。

2017 年 7 月，有学者报道了使用全自动化的数字到生物转换器 DBC（Digital to Biological Converter）合成有功能的生物元件，包括 DNA 分子、RNA 分子、蛋白质以及病毒颗粒。文章报道了使用 DBC 合成一种 RNA 疫苗（Venezuelan Equine Encephalitis Virus，VEEV），并且转染到 Vero 细胞中成功显示与抗 H7 抗体有免疫染色反应。文章还报道了使用 DBC 合成有感染活力的流感病毒颗粒（H1N1），将血凝素（HA）和神经氨酸酶（NA）的扩增子及剩余的六种流感基因一起转染到 Madin-Darbyn 犬肾上皮细胞（MDCK），在第六天病毒滴度高达 9.01×10^7 PFU/mL，证实产生了功能性的流感病毒颗粒。DBC 的开发使得从寡核苷酸设计和合成到生物聚合物生产的过程实现了集成化和自动化，未来便携式 DBC 的开发可以大大降低病毒类小基因组合成的成本和进入门槛。

9.4.3.2　原核微生物基因组的合成

有学者通过迭代整合的方法将长达 3.57Mb 的集胞藻（*Synechocystis* sp.）PCC 6803 基因组在枯草芽孢杆菌中合成。这项工作表明，使用体内组装的方法可以构建基因组级别的外源 DNA，但当时合成型基因组的保真性和激活异源基因组表达还有待突破。2008 年，Craig Venter 研究所（JCVI）完成了从头合成首个完整的细菌基因组。他们报告了历时十年在酿酒酵母体内合成一个长达 582970bp 的细菌基因组生殖支原体 G37。2010 年，JCVI 的研究团队报道了合成基因组学里程碑式成果：通过化学全合成长度为 1.08Mb 的蕈状支原体（*Mycoplasma mycoides*）基因组，并将其移植到近源的支原体受体细胞山羊支原体（*M. capricolum*）中形成仅由合成型基因组控制的新蕈状支原体细胞 JCVI-syn 1.0。该研究还显示，必需基因中的单个碱基对的缺失使合成型的类球形支原体（*M. cocoides*）基因组无活性，而基因组其他位置的插入或缺失对生存力没有可观察到的影响。虽然本工作几乎是单纯地拷贝野生型的基因组，但是这个基础性的大胆工作证实了从电脑设计的序列出发化学全合成的基因组可以执行完整的细胞功能，从某些角度讲，创造了人类第一个合成型细菌细胞，开创了"合成型细胞"（Synthetic Cell）甚至是"合成型生命"（Synthetic Life）研究的先河。

2016 年，JCVI 的研究团队设计并合成目前最小的细菌基因组——长度为 531490bp 的 *M. mycoides* 基因组（JVCI-syn 3.0）。最小基因组的研究一直是科学家追寻的基础问题，不论是对于流线型的生物底盘细胞工厂应用还是对于生物体核心组成的探究都有重要意义。之前有大量的工作利用比较基因组学的方式研究，有学者独辟蹊径通过设计再造的基因组的方式去定义一套最小细菌基因组。随后基于改进的转座子突变技术，他们意识到之前失败的原因是删除掉一些虽不是必需的基因但是对细胞生长影响比较大的基因。通过设计-合成-测试的经典循环，他们成功地合成了仅包含 473 个基因的长度为 531490bp 的 *M. mycoides* 基因组（JVCI-syn 3.0）。JVCI-syn 3.0 的倍增时间约为 180min，与 JVCI-syn 1.0 的 60min 相比长势明显变慢。虽然菌落形态与 JVCI-syn 1.0 相似，但是显微镜下观察时细胞形态是不稳定的。研究人员指出，最小化基因组的进程其实是在基因组大小和生长状态之间寻找平衡的过程，除了必需基因之外，大量的与健壮生长相关的基因也是最小基因组的重要组成部分。JCVI-syn 3.0 是一个研究生命核心功能的多功能研究平台，并且为进一步探索全基因的设计提供了更广阔的空间。

9.4.3.3　真核微生物基因组的合成

酿酒酵母是第一个被测序的真核生物，也是与人类生产生活紧密度最高的微生物。通过对酵母基因组的设计和合成，有助于提升人类对酵母的认知维度，同时还提供了一个酵母基础研究和应用拓展的全新平台。

世界上首个真核生物基因组合成项目——合成酵母基因组计划（Synthetic Yeast Genome Project，Sc 2.0）由 Boeke 院士（当时在约翰霍普金斯大学，现任纽约大学医学中心系统遗传学研究所主任）发起。在天津大学元英进教授的推动下，Sc 2.0 计划升级为国际合作的项目，形成包括美国（纽约大学、约翰霍普金斯大学）、中国（天津大学、清华大学、华大基因）、英国（爱丁堡大学、帝国理工大学）、澳大利亚（麦考瑞大学、澳大利亚葡萄酒研究所）、新加坡（新加坡国立大学）的国际合作团队。目前 Sc 2.0 是正在进行的最大的合成基因组学项目，各研究机构按照不同的染色体分工合作，旨在全化学合成酿酒酵母的完整基因组。目前，已经完成酿酒酵母 2 号、3 号、5 号、6 号、10 号和 12 号染色体的全化学合成，其中中国团队完成三分之二，天津大学单独完成两条染色体的合成。

为保证协作顺畅，Sc 2.0 项目制订了如下规则：①拥有合成型基因组的酵母表型和长势要与野生型酵母相同（或接近）；②提升合成型基因组的稳定性，比如删除不稳定的元件（tRNA 基因和转座元件）；③合成型基因组应该具有遗传灵活性，便于之后的研究。

2011 年，作为合成型酵母基因组的试点项目，有学者报道了化学合成酵母染色体臂（9 号染色体右臂 synIXR 和一部分 6 号染色体 semi-synVIL），并且合成型序列可以产生正常的酵母细胞。野生型 9 号染色体右臂的长度为 89299bp，synIXR 的长度91010bp，增长的序列是由于 43 个 loxPsym 位点的引入。占野生型染色体长度 15.7%（30kb）的 semi-synVIL 也被合成。synIXR 序列被克隆到环形的细菌人造染色体（BAC）载体上，通过酵母转化把 synIXR 引入二倍体酵母中，把染色体上的野生型IXR 删除，然后将这个二倍体酵母生孢，产生的单倍体中会产生同时包含 synIXR 的环形 BAC 和野生型 IXR 删除的酵母细胞。线性化的 semi-synVIL 则是利用酵母转化直接替换野生型染色体序列得到。作者通过在不同培养条件下检查菌落的大小和形态以及转录组分析，表明包含合成型的 synIXR 和 semi-synVIL 的酵母与野生型菌株 BY4741 相比生长状态没有显著差异。

2014 年，有学者报道了首条完整的合成型真核生物染色体——合成型 3 号染色体（synⅢ）。从野生型长度为 316617bp 酿酒酵母 3 号染色体出发，最终合成一条有功能的长度缩短为 272871bp 的 synⅢ。用于构建 synⅢ 的分层工作流程（图 9-19）包括三个主要步骤：①从重叠的 60 到 79 聚体寡核苷酸开始产生 750bp 的构建砖块（BB），并使用标准 PCR 方法组装。②使用尿嘧啶特异性切除反应或者通过酵母的同源重组将 BB 组装成 2～4kb 的有重叠序列的 DNA "minichunks"。③将相邻的 minichunks 设计为一个BB 作为同源序列，以促进在酵母体内通过同源重组进一步装配。在每次转化实验中使用平均 12 个 minichunks 和交替选择标记，经过 11 次连续的转化中，酿酒酵母Ⅲ号染色体的天然序列被其 synⅢ 对应序列逐步替换。PCRTag 分析和基因组测序证实了 synⅢ与设计序列的一致性。synⅢ 序列的众多设计改变对细胞生长适应性几乎没有影响，表明酵母基因组具有柔性的特性。

2017 年，Sc 2.0 项目取得重要的进展，《科学》以五篇独立研究长文的形式发表了另外五条染色体的化学全合成，包括 synⅡ、synⅤ、synⅥ、synⅩ 和 synⅫ，宣布合成型酵母基因组三分之一的工作完成。

2018 年，以中国科学院分子植物科学卓越创新中心/植物生理生态研究所合成生物学重点实验室覃重军研究组为主的研究团队完成了将单细胞真核生物——酿酒酵母天然的 16 条染色体人工创建为具有完整功能的单条染色体。这一研究成果是首次人工创建了单条染色体的真核细胞，是合成生物学具有里程碑意义的重大突破。该项工作表明，天然复杂的生命体系可以通过人工干预变简约，自然生命的界限可以被人为打破，甚至可以人工创造全新的自然界不存在的生命。

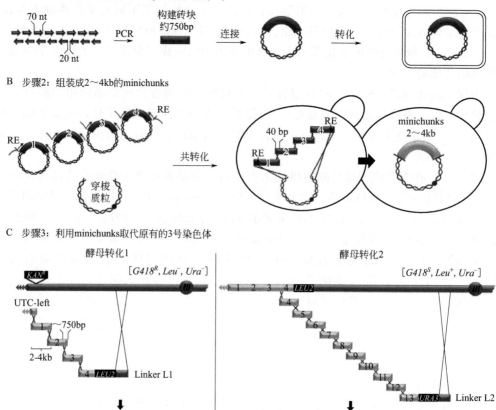

A 步骤1：利用寡核苷酸合成750bp的构建砖块(BB)

B 步骤2：组装成2~4kb的minichunks

C 步骤3：利用minichunks取代原有的3号染色体

图 9-19 酿酒酵母 synⅢ 构建流程图

引自：Annaluru N，Hélose Muller，Mitchell L A，et al.
Total Synthesis of a Functional Designer Eukaryotic Chromosome [J]. Science，2014，344（6179）：55-58.

9.4.3.4 微生物的基因操作

在以蛋白质制备为目标的重组表达过程中，通常采用质粒等高表达方式的表达系统。但随着代谢工程及基因组改造的发展，对微生物染色体进行敲除、插入、整合以及突变成为越来越重要的基因工程改造手段。微生物染色体编辑通常有同源重组、位点特异性重组、随机重组三种方式。在真核微生物细胞中，与染色体重组相关的蛋白质通常与 DNA 损伤修复有关。当 DNA 发生双链断裂时，真核细胞可以采用同源重组（Homologous Recombination，HR）和非同源末端连接（Nonhomologous End Joining，NHEJ）来进行 DNA 修复。HR 需要依赖同源模板的存在来进行高保真的修复，而NHEJ 则直接连接两个断裂的双链 DNA 末端，因此保真度不如 HR，同源重组是重组效率更高、更容易控制的一种染色体编辑手段。

在真核微生物中，染色体的同源重组效率会受到 NHEJ 启动因子 Ku70/80 的抑制。因此，在进行同源重组介导的真核微生物染色体编辑时，通常需要敲除 Ku70/80 的抑制。在原核微生物例如大肠杆菌中，缺乏类似于真核微生物的同源重组修复机制，因此同源重组效率很低，往往需要过表达外源的同源重组酶促进同源重组效率。提高原核微生物同源重组的体系有两类。一类是基于 λ 噬菌体 Red 操纵子的 λ-Red 重组体系，该体系主要由 Exo、Beta、Gam 三种蛋白质组成，这三种蛋白质分别由噬菌体 *exo*、*bet*、*gam* 基因编码。其中，Exo 具有 $5' {\rightarrow} 3'$ 双链核酸外切酶活性，能够形成末端 DNA 单链；Beta 是单链结合蛋白，能够促进 DNA 分子间退火；Gam 能够阻止单链 DNA 片段的降解，提高单链 DNA 分子的稳定性，从而提高同源重组的效率。另一类是基于 Rec 噬菌体 RecE/RecT 同源重组体系，与 λ-Red 重组体系一样，Rec 噬菌体的 RecE 和 RecT 蛋白能提高同源重组效率。目前利用 λ-Red 和 RecE/RecT 重组体系，已经能够实现大肠杆菌染色体的高效编辑。

近年来，随着 CRISPR/Cas9 技术的快速发展，极大提升了微生物染色体编辑与重组效率，实现对微生物染色体的精准编辑。

9.4.4 新型基因编辑工具

9.4.4.1 基因敲除技术概述

基因敲除（Gene Knockout），又称基因打靶（Gene Targeting，GT）或基因剔除，是自 1980 年开始发展起来的一种基因编辑生物学技术。它是将外源目的基因采用合理的方式导入到宿主细胞，通过外源 DNA 片段与宿主细胞同源 DNA 序列间的同源序列部分重组交换，可以将外源 DNA 片段定点整合到宿主细胞所需要的基因组位点，或者对实验设定的某一基因组位点进行定点突变，从而导致目标生物体内特定的基因失活或缺失的基因编辑技术。从分子操作水平上来说，基因敲除是用其他序列相近的核苷酸序列将其替代，或者将一个功能未知而结构已知的基因剔除进而研究基因功能的核苷酸突变技术。该技术不但可以引入定点突变，引起片段缺失，甚至还可以引入新基因。不但可以满足研究需要应用于目标基因敲除或定点基因突变，也可以根据研究需要应用于基因的靶向修饰。因此，这种技术对于通过反向遗传学的方式方法研究基因的功能以及新品种的培育与改良具有十分重要的应用价值。

从传统意义上来讲，基因靶向操作是指依据 DNA 同源重组这一主要原理，利用设计基因靶点区域的同源片段代替目标片段，从而实现基因在科学设计下的定点替换。然而基因敲除效率低严重限制了其在生物中的应用，这主要是由生物体内 DNA 片段的插入方式决定的。一般来说，生物体内的 DNA 插入方式有两种：一种是序列依赖性同源重组，另一种是非同源末端连接。目前，已成功地应用于基因打靶的位点特异性核酸酶（Site-Specific Nuclease，SSN）包括归巢核酸内切酶（Meganucleases）、锌指蛋白核酸酶（Zinc Finger Nuclease，ZFN）、类转录激活因子效应物核酸酶（Transcription Activator-like Effectors Nucleases，TALEN）以及最近兴起的 CRISPR/Cas 系统。

9.4.4.2 几种基因打靶核酸酶简介

（1）归巢核酸内切酶

用于基因组定点编辑最早的工具酶是归巢核酸内切酶，这种核酸内切酶类是由可移动内含子基因编码的，具有较长的位点识别序列，一般大于 14bp，能够在基因组的特定识别位点产生双链断裂（DSB），从而提高靶位点邻近序列同源重组的频率。目前常用的归巢核酸内切酶有 I-SceI、I-CreI、I-DmoI、I-CeuI 等，部分与 DNA 结合的归巢核酸内切酶示意图如图 9-20 所示。

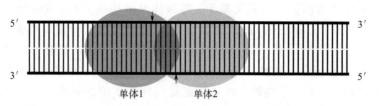

图 9-20　归巢核酸内切酶 DNA 识别区结合示意图

　　该种基因打靶的方式依赖于事先把归巢核酸内切酶的识别位点插入到基因组中，这种方式的缺点是无法对未经修饰的内源基因实施同源重组。通常，该类蛋白质的 DNA 结合功能域与剪切功能域发生部分重叠，这使得任何对现有归巢核酸内切酶的识别特异性改造都有可能破坏剪切功能域的活性，这两方面的不足极大限制了该类工具酶在基因打靶中的应用。

　　（2）锌指蛋白核酸酶

　　在基因组编辑操作中，长期以来一直缺乏一种高效的方法来提高打靶的效率（即提高外源 DNA 片段与目标基因组位点间的同源重组率）而使基因打靶的应用受到限制。虽然通过归巢核酸内切酶人工定点产生 DSB 能够提高基因打靶的效率，但其仅局限于事先引入的特定靶点，无法改造基因组内源基因的特定位点，应用极大受限。直到锌指蛋白核酸酶的出现才使通过引入定点 DSB 以提高基因打靶效率的设想成为现实。有学者首次将具有 DNA 识别功能域的锌指蛋白和具有 DNA 剪切功能域的 *Fok* I 核酸内切酶连接，产生人工锌指蛋白核酸酶（如图 9-21 所示），并且在体外优化的条件下验证人工锌指蛋白核酸酶可以定点剪切双链 DNA。自此，锌指蛋白核酸酶以其良好的识别特异性与可塑性成为代替稀有归巢核酸内切酶的最佳基因组 DNA 定点剪切的分子工具，并在基因组定点编辑中得到广泛的研究与应用。

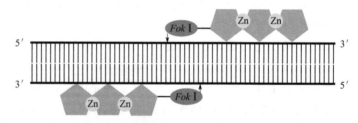

图 9-21　锌指蛋白核酸酶示意图

　　① 锌指蛋白

　　经典的 C2H2 型锌指蛋白是在研究非洲爪蟾的转录因子 TFIIIA 同 5S RNA 的相互作用中由诺贝尔奖获得者 Klug 及其同事发现的。随后对其结构研究表明，每个锌指结构单元大约由 30 个氨基酸组成，其中一对 Cys 和一对 His 与 Zn^{2+} 形成配位键，Zn^{2+} 被围绕处于中心位置，折叠形成稳定的 ββα 构型。锌指蛋白能与 DNA 分子大沟部位结合并将 DNA 分子环绕，相对于 DNA 的取向每个锌指蛋白是一致的，与 DNA 成反平行，其 N 末端靠近 DNA 的 3′端，C 末端靠近 DNA 的 5′端，从相对 α 螺旋起始位点和 6 位氨基酸识别并特异性结合三联体 DNA 碱基。此外，研究表明一个辅助位点也能与互补链的前一个 DNA 碱基识别结合。因此，让锌指蛋白识别并与特定 DNA 序列结合需要通过改变以上这些关键位点的氨基酸序列。正是锌指蛋白所拥有的特性，使其在一定范围内具有比较大的应用价值和发展潜力。因此，人们可以根据单个锌指蛋白能够结合三联体 DNA 碱基的特点，体外设计人工锌指蛋白分子，与其他蛋白结构域连接成嵌合蛋白，然后利用基因工程手段对生物内源基因进行调控。

② *Fok* I 限制性内切酶

Fok I 限制性内切酶是由科学工作者 Sugisaki 于 1981 年从海床黄杆菌（*Flavobacterium okeanokoites*）IF012536 菌株中分离得到的，属于 II s 型限制性内切酶，其在结构上包括功能相互独立的 C 末端 DNA 催化功能域和 N 末端 DNA 识别功能域。经科学研究表明，它能够特异识别并结合非回文 5′GGATG/CATCC 3′，在一条链的 9bp 处及另一条链的 13bp 处进行剪切，5′端形成四个碱基突出的黏性末端。有学者将 *Fok* I 内切酶 C-基末端的 196 氨基酸（DNA 底物剪切功能域）与果蝇的 *Ubx*（Ulirabithorax）同源异型基因连接构建嵌合体限制性内切酶，嵌合体内切酶表现出对 *Ubx* 基因相同的 DNA 底物识别结合位点，剪切位点同样远离识别 DNA 位点。有学者通过实验证明 *Fok* I 内切酶的催化剪切结构域必须形成二聚体相互作用域才能对 DNA 底物进行剪切。后来有人对 *Fok* I 单体进行了改造，使得采用改造后的 *Fok* I 只有在非同型单体形成的蛋白质二聚体状态时才会具有剪切活性，提高了 *Fok* I 内切酶对剪切 DNA 底物的特异性和准确性，为安全、高效利用 *Fok* I 内切酶的剪切功能域作用提供了保障。

（3）类转录激活因子效应物核酸酶

作为一种新兴的基因组定点修饰工具，ZFN 自发明以来就备受研究工作者的青睐。特别是在一些难以通过传统方法实现基因打靶的模式物种或经济物种中，ZFN 发挥了不可替代的作用。然而，在取得重大成就的同时，不容否认 ZFN 对非特异性 DNA 位点的识别与剪切，这使它的应用与发展受到了巨大的局限性。2009 年的《科学》封面故事中，由 Bogdanove 及 Boch 领导的研究小组同时揭示了一种源自植物病菌的"类转录激活因子"（Transcription Activator-like Effectors，TALE）蛋白质与 DNA 分子特异性结合的识别规律。利用该结合规律。科学家们提出了另一种人工基因打靶核酸酶——一类转录激活因子效应物核酸酶，为人工实施基因编辑提供了新的研究手段，具有非常重要的研究意义和科学价值。

TALE 是黄单胞菌（*Xanthomonas*）这一侵染植物的致病原核生物产生的一类分泌蛋白效应因子，能够通过 III 型分泌系统（Type III Secretion System，T3SS）进入细胞，并与细胞目标靶基因中所含有的启动子 DNA 序列进行特异性识别和结合，从而调控宿主的基因表达。在分子结构上所有 TALE 家族具有比较大的相似性：首先，N 末端区域高度保守，含有 T3SS 分泌信号，即转运结构域（Translocation Domain，TD）；其次，C 末端含核定位信号（Nuclear Localization Signal，NLS）和酸性转录激活域（Acidic Activation Domain，AAD）；再次，不同 TALE 蛋白质串联重复的基本单元多由 34 个氨基酸残基构成（也存在 33 或 35 个氨基酸残基构成的重复单元，最后 1 个重复单元由 20 个氨基酸构成），其中第 12、13 位的氨基酸残基在不同重复单元中为可变双氨基酸残基（Repeat-Variable Di-residue，RVD），不同 RVD 特异性地对应一个核苷酸。目前发现的 RVD 种类与碱基的对应模式为：HD 特异性识别碱基 C，NG 特异性识别碱基 T，NI 特异性识别碱基 A，NN 特异性识别碱基 G 或 A，NK 则可以识别碱基 A、T、C、T 中的任何一种。这种 RVD 与核苷酸的一一对应关系，提供了一种简单直接地针对特定 DNA 序列构建 DNA 结合蛋白的设计思路。2010 年，D. Voytas 实验室和 Bogdanove 合作，首次将 TALE 列为基因打靶的位点特异性核酸酶范畴。通过参考 ZFN 的构建策略，即将 TALE 的 DNA 结合功能域与 *Fok* Ⅰ核酸酶的剪切结构功能域融合，同时优化二者之间的连接氨基酸序列，最后获得了针对特定 DNA 序列具有特异切割活性的 SSN-TALEN（如图 9-22 所示）。与 ZFN 相比，在 DNA 识别性能上，TALEN 可以识别更长的 DNA 靶序列（通常 13～30 个核苷酸都可以设计具有识别活性的单个 TALEN），并且具有更为灵活的选择靶向作用位点（RVD 针对单一核苷酸识别是一一对应的模式）和跨度更大的位点间隔区域；在载体的构建上，TALEN 根据靶向 DNA 序列直接选择相对应的 RVD 单元，不需要繁琐的蛋白质与 DNA 结合活性的筛选过程，操作简单。

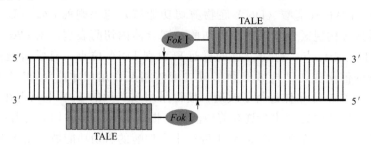

图 9-22　人工类转录激活效应因子核酸酶结合 DNA 示意图

9.4.4.3　CRISPR/Cas 系统的发现

自 20 世纪 80 年代，人们开始对 CRISPR/Cas 系统进行研究，有学者在研究大肠杆菌 K12 碱性磷酸酶基因时，发现在基因附近存在重复序列阵列，但当时并不清楚这些重复序列的功能故并未引起重视。随后在细菌和古菌中这种重复序列被不断发现并大量测序和注释，于是命名为 Clustered Regularly Interspaced Short Palindromic Repeats（CRISPR），即成簇的规律间隔性短回文重复序列。2005 年，有关实验室报道 CRISPR 中的间隔序列和质粒或噬菌体具有一定的同源性，并推测 CRISPR 及其与之相互作用的蛋白质与细菌的自身免疫相关，可以在一定程度上抵御外来核酸的侵扰。有学者通过比较基因组分析预测 CRISPR/Cas 系统以类似真核细胞 RNAi 的方式防御外界核酸的侵袭。随后，有学者发现噬菌体侵染细菌之后，噬菌体的一段核酸序列会整合到细菌的染色体基因组上。通过人为增减这段核酸序列观察细菌对噬菌体抗性的有无试验证实了这一观点，即 CRISPR/Cas 系统可以为细菌提供获得性免疫噬菌体的能力。这一功能的发现，激发了广大科研工作者对 CRISPR/Cas 系统的研究热情并推动了这一体系的发展和应用。

9.4.4.4　CRISPR/Cas 系统的组成和结构

CRISPR/Cas 系统广泛存在于一部分的细菌和绝大部分古菌的基因组中，在结构上通常由以下结构组成：前导序列（Leaded Sequence），这是一段富含 AT 的核苷酸序列，长度 300～500bp，位于 CRISPR 基因座上游发挥启动 CRISPR 序列转录的功能，转录产物为 CRISPR RNA（crRNA），是一种非编码 RNA；非连续的重复序列（Repeated Sequence），一般长度在 23～50bp，具有高度保守的 DNA 序列，存在短回文序列，据推测与 Cas 蛋白的识别与结合有关；间隔序列（Spacer Sequence），来源于侵入宿主的外源 DNA，所以序列是高度可变的，不具有相似性，通常长度在 21～70bp，平均长度在 36bp，并且研究发现不同的 CRISPR 基因座中间隔序列的数量差异很大，从几个到几百个不等；CRISPR 相关蛋白基因（CRISPR-Associated Genes，Cas genes），与 CRISPR 序列组件协同行使功能的一类蛋白质，其蛋白质结构域结构相对保守，含有核酸内切酶、核酸外切酶、与 RNA 或 DNA 结合等功能域。CRISPR/Cas 系统的整体结构及组成简图见图 9-23 所示。

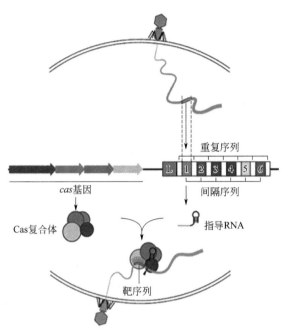

图 9-23　CRISPR/Cas 系统的整体结构及组成简图

9.4.4.5　CRISPR/Cas 系统的分类

CRISPR/Cas 系统的分类研究对于全面认识和理解 CRISPR 系统，把握各个亚型之间的进化关系非常重要，并且这一层面的研究对于 CRISPR/Cas 系统比较基因组学分析和系统功能鉴定具有重要的理论指导意义。

由于 CRISPR/Cas 系统存在着较高的多样性，对于该系统的分类和相关 Cas 蛋白的注释存在着一定的困难。目前对于 CRISPR/Cas 系统的分类主要基于系统发育、比较基因组和结构分析证据相结合的"多元"方法。在这一分类方法的指导下，CRISPR/Cas 系统的顶层构架按照 Cas 蛋白的组成情况分成两个大的单元（图 9-24）：Class1 和 Class2。Class1 系统由多个 Cas 蛋白组成效应复合物去执行免疫干扰（Interference）；Class2 系统与之相反，在干扰阶段只由单个效应蛋白行使功能。

Class1 CRISPR/Cas 系统主要包含三个类型（图 9-25），分别是 Type Ⅰ、Type Ⅲ 和 Type Ⅳ。其中，Type Ⅰ CRISPR/Cas 系统的特征蛋白是 Cas3（部分亚型是 Cas3 的变体 Cas3′）。该蛋白质含有解旋酶活性结构域和 HD-家族核酸内切酶活性结构域，前者负责 DNA 双链或 RNA-DNA 杂合链的解螺旋，后者用于靶 DNA 序列的切割。通常 Type Ⅰ CRISPR/Cas 系统由一个独立的操纵子编码。在这个独立的操纵子中，分布着 Cas1、Cas2、构成 Cascade 大小亚基的相关蛋白以及负责 crRNA 成熟的 Cas6 蛋白的编码基因，并且这些基因往往以单拷贝存在。Type Ⅰ系统分为七个亚型，I～A 亚型到

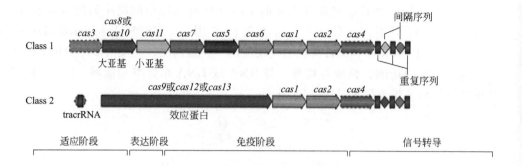

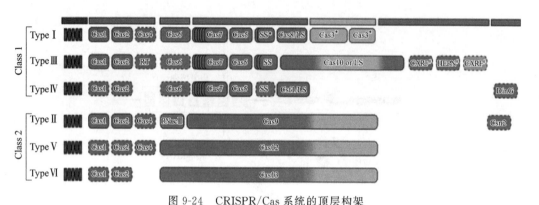

图 9-24　CRISPR/Cas 系统的顶层构架

参考 Makarova K S，Wolf Y I，Iranzo J，et al. Evolutionary classification of CRISPR-Cas systems：a burst of class 2 and derived variants［J］. Nature Reviews Microbiology，2019，18（2）：67-83. DOI：10. 1038/s41579-019-0299-x

Ⅰ~F 亚型及 Ⅰ~U 亚型，其中 Ⅰ~U 亚型是指不具代表特征的分类，在该类群中的 crRNA 加工机制及效应复合体结构目前还不清楚。Ⅰ~E 和 Ⅰ~F 亚型缺少 Cas4 的编码基因。

　　Type Ⅲ CRISPR/Cas 系统的特征蛋白为 Cas10，其蛋白质结构含有多个功能模块，包括环化酶活性位点、Palm 区域、HD 核酸内切酶功能域及构成 Type Ⅲ 效应复合体大亚基部分。尽管组成 Type Ⅰ 和 Type Ⅲ 效应复合体的氨基酸序列相似性较低，但是两者的高级结构却存在高度的相似。上述两种 CRISPR/Cas 系统的功能实现依赖于结构复杂且组成精密的复合体，该复合体的基本骨架由重复序列相关未知蛋白（Repeat-Associated Mysterious Proteins，RAMP）、RNA 识别基序（RNA Recognition Motif，RRM）和大、小亚基组成。RAMP 由多个 Cas7 蛋白和单一 Cas5 蛋白组成，空间组织形式为半螺旋构型，该特殊的构型便于容纳 crRNA。当 crRNA 进入后，Cas5 蛋白结合在其 5′-端的 stem 区域，同时与大亚基（Type Ⅰ 中的 Cas8 或 Type Ⅲ 中的 Cas10）相作用，随后骨架中 Cas7 蛋白与小亚基结合形成完整的效应蛋白复合体。结构完整的效应蛋白复合体在 crRNA 的引导下与靶 DNA 序列结合，实现对 Cas3 蛋白的招募从而完成对靶 DNA 的切割。

　　Type Ⅳ 系统的基因组构成与 Type Ⅲ-B 相似，缺少蛋白 Cas1 和 Cas2，并且经常缺失 CRISPR array 的信息。Type Ⅳ CRISPR/Cas 系统常存在于细菌的质粒元件上，来自于氧化亚铁嗜酸硫杆菌（*Acidithiobacillus ferrooxidans*）ATCC 23270 菌株的 CRISPR/Cas 基因座为其典型代表。Type Ⅳ CRISPR/Cas 系统的效应复合体中含有

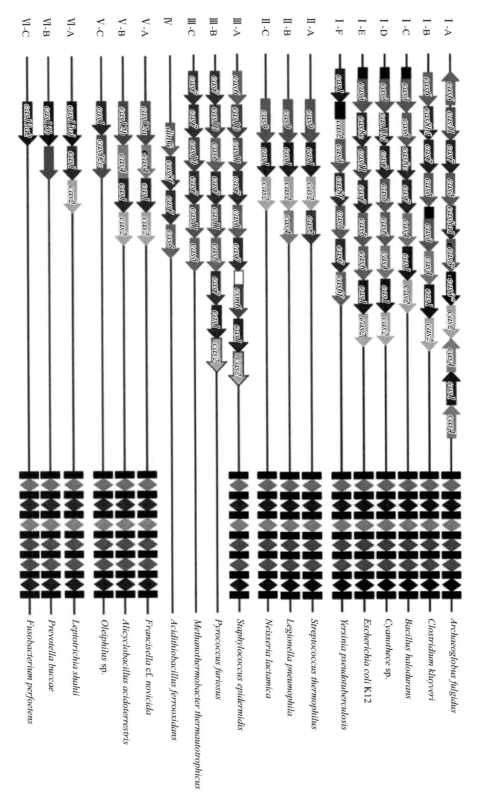

图 9-25 CRISPR/Cas 系统分型

Cas5、Cas7 和 Csf1 大亚基，Csf1 蛋白为该系统的标志蛋白。由于 Type Ⅳ 系统常存在于质粒上，在其穿梭的过程中，遇到合适的 CRISPR array 便可以发挥其免疫干扰功能。

与 Class 1 不同的是，Class 2 成员的效应模块只含有一个大分子量、多结构域的效应蛋白单体。基于效应蛋白的不同，Class 2 系统分为 Type Ⅱ、Type Ⅴ 和 Type Ⅵ，共计 9 个亚型，部分亚型包括一系列假定的系统，其负责免疫或免疫监视的功能还有待证明。从现有的 CRISPR/Cas 系统来看，Class 2 倾向于分布在细菌域中，其中经典的 Type Ⅱ 系统包含 3 个亚型，效应蛋白为 Cas9。该效应蛋白被广泛应用于基因组编辑领域，是 CRISPR/Cas 系统中的明星成员。与 Type Ⅱ 效应蛋白相似，Type Ⅴ 中效应蛋白是 Cpf1，整个系统的其他组成元件有 Cas 1、Cas 2 和 CRISPR array。Cpf1 是一种依赖于 RNA 介导的核酸内切酶，约由 1300 个氨基酸构成，包含 RuvC 样核酸酶结构域和 IS605 转座子家族的 TnpB 功能域。与 Cas9 不同的是，Cpf1 不需要附加的反式激活 crRNA（Trans-Activating RNA，tracrRNA）便可实现靶位点的切割，这意味着 Cpf1 的系统更简洁，用于基因编辑操作更方便。并且 Cpf1 切割靶 DNA 产生的是具 5′ 突出的黏性末端，更易于引入插入突变，因此 Cpf1 具有成为新一代基因编辑工具的潜力。此外，张锋在 2016 年发现沙氏纤毛菌（*Leptotrichia shahii*）中存在一种新型的 CRISPR/Cas 系统——Type Ⅵ，在该系统中的效应蛋白 Cas13a（C2c2）具有 RNA 介导的 RNA 酶活性。在 Cas13a 中含有两个 HEPN 结构域，其活性用于切割靶 RNA，这一发现为 RNA 编辑提供了一种新的工具。除效应蛋白质外，Class 2 中的大部分 CRISPR 基因位点编码适应模块蛋白如 Cas1、Cas2 及 Cas4。但仍有一些成员缺失此类蛋白质，如 Type Ⅵ，只由一个 CRISPR array 和一个效应蛋白组成。并且在 Type Ⅴ 中还存有一些功能未经证实的 CRISPR/Cas 成员，如 C2c4、C2c5、C2c8、C2c9、C2c10 等。这些潜在的成员往往含有分子量低的效应蛋白，小分子量效应蛋白可能在未来基因编辑工具的开发过程中更具优势。

9.4.4.6　CRISPR/Cas 系统的工作机制

CRISPR/Cas 系统行使功能可分为三个阶段：第一阶段，新的间隔序列的插入；第二阶段，CRISPR 相关基因的转录、加工和表达；第三阶段，CRISPR/Cas 系统实现对外源遗传物质的防御。

第一阶段，当细菌遭到噬菌体入侵后，CRISPR/Cas 系统扫描和识别入侵的核酸，找寻潜在的识别位点，主要通过 Cas1 和 Cas2 完成。不同物种识别位点各不相同，其中酿脓链球菌（*Streptococcus pyogenes*）中为 NGG，嗜热链球菌（*Streptococcus thermophilus*）中为 AGAAA/T，野油菜黄单胞菌（*Xanthomonas Campestris*）中为 TTC。确定识别位点后，通过核酸酶切割入侵 DNA 产生间隔序列，同时在间隔序列的两端加上重复序列，整合到 CRISPR 系统的基因座附近，不同的识别小片段序列整合到一起共同构成 CRISPR 基因座。

第二个阶段，当再次遭到同样噬菌体入侵时，基因座转录形成长的 RNA 前体（pre-crRNA），然后被不同的 Cas 蛋白酶加工为成熟的 crRNA（CRISPR RNA）。这个过程中与 crRNA 重复序列互补的反式激活 crRNA（tracrRNA）也被转录出来，参与 crRNA 的成熟，同时与 crRNA 形成复合体。

第三个阶段，成熟的 crRNA 与特异性的 Cas 形成复合物，这个复合物会在引导序列的指引下，通过碱基互补配对寻找靶点与之结合，最终利用 Cas 蛋白的核酸酶活性实现 DNA 的切割，摧毁外源 DNA。

由 CRISPR/Cas 切割 DNA 双链后会形成双链断裂（DSB），如果不进行修复会造成细胞的死亡，噬菌体没有相应的修复途径所以会被清除。DSB 如果发生在真核生物中会诱发两种修复途径，非同源末端连接（NHEJ）和同源重组介导 DNA 修复（Homology Directed Repair，HDR）。NHEJ 是一种不精确的修复方式，为了避免 DSB 对 DNA 的降解或者对生命的影响，强行将 DNA 断裂两端的序列连接在一起，这个过程会随机缺失一定数目的碱基，原核细胞中主要通过这种原理实现目的基因的敲除。另外一种 HDR 通过额外提供与损伤 DNA 同源的修复模板，利用胞内的同源重组系统，把同源修复模板整合到 DSB 处，实现 DNA 的修复。这种修复方式较精确，同时也可以通过这种方式实现基因的片段的插入。

9.4.4.7　CRISPR/Cas 系统的附属元件

（1）蛋白质元件

CRISPR/Cas 系统的基本分子机制由 cas 核心基因实现，已在上文介绍。核心基因通常伴随着具有附加或调节功能的各种辅助基因。在不断发掘新型 CRISPR 系统扩充基因编辑库的过程中，科研工作者发现 CRISPR 基因座邻近位置往往伴随着一些附加结构。尽管目前还没有实验证据证明其真实功能，但基于生物信息学的分析结果表明，这类基因往往和信号转导或膜转运相关。在现有的 CRISPR/Cas 系统家族成员中，以 Type Ⅲ 的基因组成复杂程度最高。

一些附加蛋白质，也和 CRISPR/Cas 系统的核心功能相关联。其中最明显的例子是 Type Ⅲ 中的 Csm6 蛋白，该蛋白质是一种含 HEPN 结构域的 RNA 酶，在 Type Ⅲ-A 系统中广泛存在。当 Cas10 所在的 Csm 复合体执行靶向切割 RNA 的功能时，会产生副产物环状寡聚腺苷酸，Csm6 受环腺苷酸激活后开启 RNA 酶活性，非特异地降解 RNA。通过对 CRISPR/Cas 系统附属蛋白的表征，进一步探索其生理功能，无疑是 CRISPR 研究领域的又一重要方向。

（2）RNA 元件

随着基因组学及分子生物学的不断发展，在人们不断解密基因功能的过程中发现，许多小 RNA 分子具有特殊的生理功能，如转录激活、转录抑制、沉默基因等。2021 年 4 月，中国科学家向华/李明团队在《科学》发表论文，揭示 Type Ⅰ CRISPR/Cas 系统中存在具有新功能的小 RNA 分子，RNA 毒素——抗毒素调控（CreTA），用以防止宿主丢失 CRISPR/Cas 系统。

这一新发现是在西班牙盐盒菌（*Haloarcula hispanica*）中进行的，早在 2014 年，向华/李明团队利用西班牙盐盒菌及其病毒在国际上建立了第一个 Ⅰ 型 CRISPR 系统的高效适应模型，在研究过程中发现 4 个成簇的编码 CRISPR 效应复合物 Cascade 的基因（*cas*6-*cas*8-*cas*7-*cas*5）无法单独敲除，但可以作为整体一起敲除，从而推测这个基因簇内部可能隐藏了一个未知的"细胞成瘾"元件。经过长达七年的不懈努力，终于解析了这个神秘元件——偶联 CRISPR-Cas 系统具有护卫功能的一对 RNA 的毒素——抗毒素（CreTA）系统。由于 CRISPR-Cas 系统可利用 RNA 抗毒素 CreA 控制 RNA 毒素 CreT 的表达，宿主菌无法丢失其 CRISPR/Cas 系统（对其"上瘾"）。因为一旦

CRISPR/Cas 组分被破坏，就会诱导 CreT 毒素的表达，从而抑制甚或杀死该宿主菌（图 9-26），从而保护了 CRISPR/Cas 系统在细胞群体中的稳定存在。这一小 RNA 参与保护 CRISPR/Cas 系统机制的发现为理解 CRISPR/Cas 系统的稳定性维持和广泛性分布提供了全新视角。

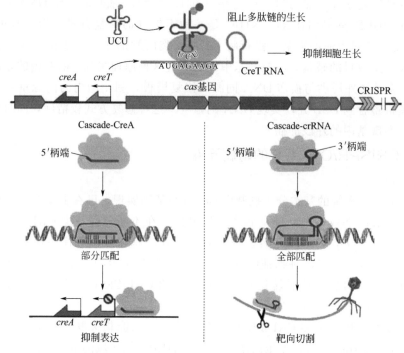

图 9-26 小 RNA 介导的 CreTA 维持 CRISPR/Cas 系统稳定机制

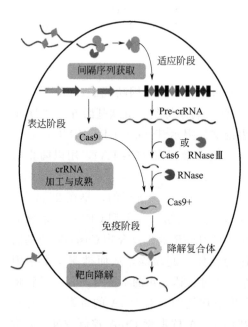

图 9-27 CRISPR/Cas9 系统工作机制

9.4.4.8 CRISPR/Cas9 系统

Type Ⅱ CRISPR/Cas 系统由于其简易性及可操作性，被科研工作者改造成有力的基因编程工具 CRISPR/Cas9。目前广泛使用的 CRISPR/Cas9 系统来源于酿脓链球菌 SF370。

CRISPR/Cas9 系统的基因座中会表达 tracrRNA，tracrRNA 会参与到 crRNA 的加工与成熟过程，在这个过程里亦需要 RNase Ⅲ 的参与（如图 9-27）；tracrRNA 与 crRNA 形成异源二聚体指导 Cas9 蛋白对双链 DNA 执行切割任务。Cas9 是一种内切酶，具有两个内切酶活性中心，分别是 RuvC 和 HNH。有学者发现 Cas9 蛋白无论在细胞内还是在无细胞体系中对双链 DNA 均具有高效的切割能力，而这种切割能力需要在 crRNA 和 tracrRNA 的介导下才能实现。tracrRNA 的 5′端序列和 crRNA 3′端的同源保守序列可以通过碱基互补配对形成一个杂交分子，进而与 Cas9 蛋白相互作用形成一个 Cas9-RNA 复合体，该复合体依赖 crRNA 5′端专一性的 20nt 碱基序列与目标 DNA 结合，复合体中的 Cas9 蛋白通过两个内切酶活性中心切断双链 DNA。其中，RuvC 内切酶活性中心切断与 crRNA 非互补链，HNH 内切酶活性中心切断互补链，形成双链断裂（DSB）。

（1）CRISPR/Cas9 系统的应用

CRISPR/Cas9 系统作为一种基因编辑技术，目前已经在酵母、斑马鱼、小鼠、人类细胞、果蝇、线虫及水稻等中进行研究并报道。现将具有代表性的应用列举如下：

① 在人类细胞中，艾滋病病毒（HIV-1）能以休眠的状态存在于宿主细胞中，称之为潜在的前病毒，随时可能致病。LTR-targeting CRISPR/Cas9 复合物导入 HIV 病毒或者已经诱导的 T 细胞中，可以有效地剪切或者突变 LTR 位点，从而导致 HIV 无法致病；更重要的是，LTR-targeting CRISPR/Cas9 甚至能够剪切已经插入宿主染色体上的病毒基因。为了抑制 HIV-1 前病毒表达，TAR 位点是最理想的靶基因，CRISPR/Cas9 系统的特异性很强，靶基因的 1 个碱基发生突变都有可能导致无法识别，而 TAR 位点相对比较保守而且在不同的 HIV 病毒亚类中也基本一致。

② 在植物相关研究中，已成功构建了带有 U6 启动子的 Cas9、sgRNA 多种 CRISPR/Cas9 表达载体。实验表明，在拟南芥的原生质体中可有效产生双链断裂，并且在转基因拟南芥植株中稳定表达。在双子叶（拟南芥叶片、烟草叶片）植物和单子叶（水稻原生质体）植物中，通过农杆菌转化法或者 PEG 介导转化均已实验证明特定位点剪切可以达到对目的基因编辑的作用。

③ 在实际应用中，crRNA 与 tracrRNA 形成的双链可以采用人工设计的 gRNA（Guide RNA）取代，gRNA 自主折叠形成 Cas9 可识别的双链 RNA，简化了 CRISPR-Cas9 系统。其中在酿酒酵母中，采用人工设计的 gRNA，在 Cas9 的辅助下，基因组的定点突变和同源基因替换的效率接近 100%，实现了简单、高效、精确的基因组编辑。

④ 除了对基因组 DNA 定点编辑之外，通过对 Cas9 的改造，消除其核酸内切酶的活性（dCas9），改造的 CRISPR/dCas9 系统可应用于单个或多重基因的表达调控，包括细菌和真核生物。其原理是：在细胞内表达 gRNA 后，使其与 dCas9 形成复合物，识别目标基因但不发生双链切割，可阻止该基因的转录延伸、核糖体结合或是转录因子结合，使基因表达水平显著下降，一些基因的转录水平甚至下降至原来的 10^{-4} 水平，几乎沉默该基因的表达；在 dCas9 蛋白上融合转录激活结构域或抑制结构域，由表达的 gRNA 精确引导，使其结合到目标基因的调控区，实现稳定且精确地调控基因表达。通过引入多重 gRNA，可实现多重基因的表达调控，具有简单、高效和精确的特点。

（2）CRISPR/Cas9 系统的脱靶效应

CRISPR/Cas9 系统在基因编辑操作中具有时效性高的特点，为基因编辑提供了非比寻常的技术助力。但是随着 CRISPR/Cas9 系统的应用和推广，渐渐暴露出一些问题，其中最为严重的是 CRISPR/Cas9 系统的脱靶效应。

① 脱靶效应产生的原因

CRISPR/Cas9 基因系统的编辑特异性由 PAM 区决定（即 sgRNA 识别序列后具有 NGG 特征的碱基）。但是，基因组的组成成分是十分多样的，sgRNA 的识别位点可能会脱离原有区域而与非特异性区域发生局部匹配（Partial Match）。其中一类是 sgRNA 以碱基错配的形式与非特异区域匹配；第二种情形是非特异区域碱基序列以形成脱氧核糖核苷酸突起或核糖核苷酸突起来实现与 sgRNA 配对。当非特异性区域 DNA 序列长度与 sgRNA 的正确识别序列相差 5bp 时，仍然可以通过多个脱氧核糖核苷酸突起来进行配对并介导 Cas9 蛋白执行其生物学功能。

② 减少 CRISPR/Cas9 系统脱靶的方案包括两种。第一为设计高度特异性的 sgRNA 序列：为了减少 CRISPR/Cas9 系统的脱靶概率，需要保证 sgRNA 序列的高度特异性。在设计 sgRNA 时需要参照相应的标准，即：减少 sgRNA 与软件计算出的非特异性区域序列的碱基匹配数目；避免设计的 sgRNA 在靠近 PAM 区与软件计算出的非特异性区域序列有 2 个或 2 个以上碱基的匹配；sgRNA 要避免间隔的或连续的 4 个碱基与非特异性区域序列配对。第二为合理改造 Cas9 蛋白：在 DNA 实际切割中主要行使内切酶活性的是 Cas9 蛋白，所以为了减少该体系的基因脱靶，可以改造执行基因组 DNA 切割功能的 Cas 蛋白。原始的 Cas9 蛋白具有两个内切酶活性结构域，将其中一个结构域失活，形成新的 Cas9 蛋白（即 nCas9），其只能切割 DNA 的一条链，产生切口，并不会造成 DNA 双链的断开。应用 nCas9 改造的 CRISPR/Cas9 系统，关键的是设计成对的 sgRNA，并且在基因组编辑靶点分布上两个 sgRNA 的序列的距离要适中。nCas9 蛋白在每个 sgRNA 结合区域形成切口，在两个相邻的切口之间 DNA 双链会发生断裂，DNA 双链断裂的形成会刺激细胞以 NHEJ 方式进行基因修复，从而向靶位点引入点突变、基因缺失或者插入。而在非特异区段，单个 sgRNA 即使与之配对也只能造成单链缺口，无法形成 DNA 双链断裂。利用 nCas9 系统，可以实现在避免基因切割效率降低的前提下，降低 CRISPR 系统在哺乳动物基因组上的脱靶效应。

（3）CRISPR/Cas9 系统基因编辑的优越性

利用可以自我设定的 TALEN、ZFN 和 CRISPR/Cas 系统改造复杂的基因组，是人工核酸酶系统在基因编辑应用中最具有魅力的地方。ZFN 和 TALEN 这两种基因组编辑方式在操作过程中存在着实际操作技术难度大、构建编辑体系组件组装时间长、常规实验室一般很难使之有效利用的缺点。CRISPR/Cas9 系统基因定点改造技术与 ZFN 及 TALEN 相比较，具有非常明显的优越性，如表 9-9 所示。

具体来说，CRISPR/Cas9 系统可以对任何含有 PAM 区的前面 20bp 的序列进行编辑；CRISPR/Cas9 系统理论上可以同时作用于多个基因编辑靶位点；并且 CRISPR/Cas9 系统载体构建简单，Cas9 蛋白是通用的，实施目标区域序列的基因编辑只需要设计 sgRNA，因此 CRISPR/Cas9 系统在实验室中得到极大推广和应用。CRISPR/Cas9 系统在实现靶基因定点改造时具有非常大的可操作性及多变性。这是由于 CRISPR/Cas9 系统所需要识别靶位点只有 20bp，可以实现几个 sgRNA 串联在一起，同时编辑多个不同基因或者编辑同一基因的多个位点。这样一种操作方式，在实施定点编辑多个基因的过程中，有助于研究基因之间的相互作用机制，也有助于研究基因家族成员之间的不同功能；在基因组的两个不同区域设计一套 sgRNA，可以利用 CRISPR/Cas9 系统实现基因组大片段的缺失。除此之外，我们还可以充分利用 CRISPR/Cas9 系统的作用机制，在改造后的 Cas9 蛋白的末端加入可以行使其他作用的蛋白质，可用于激活靶基因的表达以及用于调控靶位点的甲基化水平。

表 9-9 CRISPR/Cas9 系统与 ZFN 及 TALEN 对比

结构特点	ZFN	TALE	CRISPR/Cas9
体系组分	ZF，Fok I	TALE Fok I	Cas9，sgRNA
分子机制	蛋白质-DNA	蛋白质-DNA	RNA-DNA
组装步骤	困难	简单	非常简单
载体构建时间/d	5～7	5～7	2～3
靶标长度/bp	18～24	22～48	20
靶点要求	存在位置效应	无位置效应	PAM 序列
对甲基化敏感性	敏感	敏感	不敏感
编辑效率	中等	高	高
多位点编辑	困难	困难	简单
成本	昂贵	中等	低

（4）CRISPR/Cas9 系统及基因编程技术的展望

CRISPR/Cas9 系统作为新兴一代基因编辑技术，具有广阔的发展前景。CRISPR/Cas9 系统具有非常强的可操作性、可控制性并且使用极为方便的特点，可以快速高效地完成体系所需的组件组装，这些优势促使 CRISPR/Cas9 系统成为基因编辑领域中的研究热点。此外，科研工作者在 CRISPR/Cas9 系统原有特性的基础上，开发出了许多新的技术：①CRISPRi 技术，可通过操作靶点的特异识别来调控转录延伸、RNA 聚合酶与基因的结合或转录因子与启动子区域的结合。催化失活的 Cas9（dCas9）在靶向原核启动子区域时会导致基因表达的抑制，这是由于转录机制的空间位阻效应。若将 dCas9 与阻遏结构域（如 KRAB）融合，则能实现高效的转录沉默。这个过程被称为 CRISPRi（CRISPR 干扰）。由于 DNA 没有任何变化，故 CRISPRi 实现了可逆的敲落，而不是敲除。②CRISPRa 技术，与转录激活因子（如 VP64 和 p65）融合的 dCas9 可靶向启动子和增强子区域，导致基因表达上调，能够实现对靶向基因的定向激活。③单碱基编辑器，以 Cas9 为识别平台偶连胞嘧啶脱氨基酶，能够定点精确实现胞嘧啶（C）到胸腺嘧啶（T）的转变。

基于 CRISPR/Cas9 系统的在基因组编辑领域的迅猛发展，可以预见随着分子生物学相关基础科学研究的不断深入，CRISPR/Cas9 基因编辑系统将会在全基因组水平上的基因编辑、基因转录调控等研究领域中得到更为广阔的发展与应用。

参考文献

C M 弗雷泽，T D 里德，K E 纳尔逊，2018. 微生物基因组. 许朝晖，喻子牛，译. 北京：科学出版社.

沈萍，陈向东，2016. 微生物学. 8 版. 北京：高等教育出版社.

郑用琏，2012. 基础分子生物. 2 版. 北京：高等教育出版社.

Sharon I，Banfield J F，2013. Microbiology. Genomes from metagenomics. Science，342：1057-1058.

Magoc T，Salzberg S L，2011. FLASH：fast length adjustment of short reads to improve genome assemblies. Bioinformatics，27：2957-2963.

Segata N，Izard J，Waldron L，et al.，2011. Metagenomic biomarker discovery and explanation. Genome Biol，12：R60.

Quast C，Pruesse E，Yilmaz P，et al.，2013. The SILVA ribosomal RNA gene database project：improved data processing and web-based tools. Nucleic acids research，41：D590-D596.

Douglas G M，Maffei V J，Zaneveld J R，et al.，2020. PICRUSt2 for prediction of metagenome functions. Nature biotechnology，38：685-688.

Li R，Yu C，Li Y，et al.，2009. SOAP2：an improved ultrafast tool for short read alignment. Bioinformatics，25：1966-1967.

Truong D T，Franzosa E A，Tickle T L，et al.，2015. MetaPhlAn2 for enhanced metagenomic taxonomic profiling. Nature Methods，12：902-903.

Franzosa E A，McIver L J，Rahnavard G，et al.，2018. Species-level functional profiling of metagenomes and metatranscriptomes. Nature methods，15：962-968.

Luo R，Liu B，Xie Y，et al.，2012. SOAPdenovo2：an empirically improved memory-efficient short-read de novo assembler. GigaScience，1：18.

Peng Y，Leung H C，Yiu S M，et al.，2012. IDBA-UD：a de novo assembler for single-cell and metagenomic sequencing data with highly uneven depth. Bioinformatics，28：1420-1428.

Zhu W，Lomsadze A，Borodovsky M，2010. Ab initio gene identification in metagenomic sequences. Nucleic acids research，38：e132.

Liu B，Pop M，2009. ARDB--Antibiotic Resistance Genes Database. Nucleic Acids Res，37：D443-447.

McArthur AG，Waglechner N，Nizam F，et al.，2013. The comprehensive antibiotic resistance database. Antimicrobial agents and chemotherapy，57：3348-3357.

Westreich S T，Treiber M L，Mills D A，et al.，2018. SAMSA2：a standalone metatranscriptome analysis pipeline. BMC bioinformatics，19：175.

Franzosa E A，Morgan X C，Segata N，et al.，2014. Relating the metatranscriptome and metagenome of the human gut. Proceedings of the National.

Lloyd-Price J，Mahurkar A，Rahnavard G，et al.，2017. Strains，functions and dynamics in the expanded Human Microbiome Project. Nature，550：61-66.

Arumugam M，Raes J，Pelletier E，et al.，2011. Enterotypes of the human gut microbiome. Nature，473：174-180.

Edwards R A，Vega A A，Norman H M，et al.，2019. Global phylogeography and ancient evolution of the widespread human gut virus crAssphage. Nature microbiology，4：1727-1736.

Ajami N J，Wong M C，Ross M C，et al.，2018. Maximal viral information recovery from sequence data using VirMAP. Nature communications，9：3205.

Singer E，Bushnell B，Coleman-Derr D，et al.，2016. High-resolution phylogenetic microbial community profiling. The ISME journal，10：2020-2032.

Makarova K S，Wolf Y I，Iranzo J，et al.，2020. Evolutionary classification of CRISPR-Cas systems：a burst of class 2 and derived variants. Nature Reviews Microbiology，18（2）：67-83.

Li M，Gong L，Cheng F，et al.，2021. Toxin-antitoxin RNA pairs safeguard CRISPR-Cas systems. Science，372，eabe5601，DOI：10.1126/science.abe5601.

附：微生物基因组学网络资源
1. DDBJ 数据库（日本 DNA 数据库）：https：//www.ddbj.nig.ac.jp
2. EMBL 数据库（欧洲分子生物学实验室）：https：//www.embl.org/
3. FGSC（真菌遗传学资料中心）：https：//www.fgsc.net
4. GOLD 数据库：https：//gold.jgi.doe.gov
5. KEGG 数据库（京都基因与基因组百科）：https：//www.kegg.jp
6. NCBI（美国国立生物技术信息中心）：https：//www.ncbi.nlm.nih.gov
7. TIGR（美国基因组研究所）：https：//www.tigr.org

（王黎明　田野　刘瑞瑞）

第10章

化学微生物学

摘要：以化学的视角介绍微生物的代谢与活性天然产物的物质基础、微生物次级代谢的意义和次级代谢调控，在微生物天然产物的结构多样性和应用的基础上对微生物天然产物的生物合成及合成途径等进行了论述。还对微生物天然产物面临的问题，以及利用新的技术手段结合产物活性筛选的策略，高效地发现新的微生物天然产物进行论述。最后还论述了合成生物学、微生物代谢组学以及微生物活性产物的高效"智造"等。

10.1 微生物代谢与活性天然产物的物质基础

一切生命现象都直接或间接与机体内进行的化学反应有关。生物体细胞内进行的所有反应的总和称为生化代谢（Biochemical Metabolism）。代谢一词来源于希腊词 metabole，它的意思是变化（Change）。我们可以想象细胞在其生命活动过程中是持续不断地进行着变化。虽然在显微镜下看到的细胞是一个固定不变的结构，但实际上，细胞是一个动态变化的整体，进行着连续不断的变化。这种变化正是在细胞内发生的所有化学反应和过程（Chemical Reactions and Processes）结果的反映。生化代谢是微生物最基本的特征之一。代谢活动的正常进行，保证了微生物的生长和繁殖，而一旦代谢活动中止，生命活动也就停止。因此，代谢活动与微生物的生命存在和发展密切相关。随着人们对发生在微生物细胞内的各种化学过程的了解逐渐深入，微生物学作为一门科学也逐渐成熟。生物体细胞同样受到非生命世界中的各种化学和物理定理、定律的控制。但作为一个能自我复制的整体，微生物细胞还含有许多在非生命世界中不存在的分子和物质。正是这些物质在细胞中的存在构成了细胞生命活动的基础。

10.1.1 细胞的生物元素

组成细胞的化学元素，称为生物元素（Bioelements）。在自然界常见的 90 多种化学元素中，只有约 20 种元素参与生命活动，包括：C、H、O、N、P、S、Na、K、Mg、Mn、Ca、Cl、Fe、Zn、Cu、Co、Ni、Mo、Se 和 W。其中，C、H、O、N、P、S 六种元素组成细胞的有机化合物和水；Na、K、Mg、Mn、Ca、Cl 六种元素则以离子状态游离于细胞质中，或与有机酸化合成易被解离的盐类；其余的生物元素则分别组成各种酶的辅基，它们在细胞中含量甚微，通常称为微量元素（Trace Element）。

各种生物细胞的化学组成基本相似，但在化学组成的质和量上，各类生物细胞都有自身的特点，不同种类的微生物之间也存在一定的差异。从总体来看，微生物细胞可分为水和固形物质两大部分，其中水占细胞组成的 $70\%\sim90\%$，剩余的为固形物质。

10.1.2　生物溶剂——水

生命化学是以水这种普通溶剂为基础的。水是微生物细胞中含量最高的物质。细菌的含水量一般为 $75\%\sim85\%$，酵母菌为 $70\%\sim85\%$，霉菌可达 90% 左右。细胞的含水量不仅与微生物的种类有关，而且也与微生物细胞所处的环境条件和细胞本身的生理状态有关。例如有文献报道，酵母菌在 $20℃$ 生长时，细胞的含水量可达 91%；而在 $43℃$ 生长时，细胞的含水量则为 74% 左右。又如，休眠细胞的含水量通常低于正在生长的营养细胞；细菌芽孢含水量约为 40%；霉菌的孢子含水量约为 38%，特别是某些曲霉的分生孢子，含水量可低至 20%。

细胞内的水可以分为两种类型：一种是游离水（自由水），具有正常水的性质；另一种是结合水，其性质发生了某些变化，如不易挥发，$0℃$ 下不结冰、不具流动性、渗透性以及不能作为溶剂等。用 $100\sim105℃$ 恒重法测定出的细胞水分含量占水分总量的 $17\%\sim28\%$。细菌芽孢和霉菌孢子的结合水比例要比其他细胞高。

生命起源于水。在地球的任何角落，只要发现有水存在，就很可能发现微生物的存在。这一推断也用于地外生命探索活动。水的独特化学性质使它成为理想的生物溶剂，因此不难理解为何水是所有细胞化学物质的溶剂。事实上，水还参与了许多发生在细胞内的生物反应。

10.1.3　细胞固形物质的组成

微生物细胞除去水分后，剩下的是由各种多聚物组成的固形物质。就元素组成上看，固形物质中 C、N、O、H 这四种元素占 $90\%\sim97\%$，其余 $3\%\sim10\%$ 为矿物元素。碳素含量在各类微生物中的变化不大，一般占干物质的 50% 左右；N、O、H 这几种主要元素的含量在各类微生物细胞中有较大的差异（表 10-1）。各种元素在细胞中绝大部分是以化合物的形式存在，元素首先组成各种单体成分（糖、脂肪酸、核苷酸和氨基酸等），然后由各种单体物质组成多聚物，如蛋白质、核酸、糖类和脂类。另外，干物质中还含有由无机化合物组成的灰分物质。表 10-2 列出了固形物质的组成成分和大致含量。

表 10-1　细胞中几种主要元素的含量（以干重计,%）

元素	细菌	酵母菌	霉菌
C	$50\sim53$	$45\sim50$	$40\sim63$
N	$12\sim15$	$7.5\sim12.4$	$7\sim10$
O	约 20	约 30	约 40
H	约 8	约 7	约 7

表 10-2　细胞固形物质中主要组分和含量（%）

微生物	蛋白质	糖类	脂类	核酸	灰分物质
细菌	$50\sim80$	$12\sim28$	$5\sim20$	$10\sim20$	$2\sim10$
酵母菌	$32\sim75$	$27\sim63$	$2\sim15$	$6\sim8$	$7\sim10$
霉菌	$20\sim40$	$7\sim10$	$4\sim40$	1	$5\sim10$

细胞的主要化学成分是生物大分子，它们由单一的合成砌块（Building Block）通过特殊的连接方式组成。在细胞中，主要有四类单体物质：①糖（Sugar），是多糖的组成成分；②脂肪酸（Fatty Acid），是脂类的组成单元；③核苷酸（Nucleotide），是核酸（DNA 和 RNA）的基本单位；④氨基酸（Amino Acid），是蛋白质的单体组分。以上四类单体组成的大分子可以分为信息分子和非信息分子。核酸和蛋白质是信息分子，它们的单体单元的序列（Sequence）具有高度的专一性，并携带有生物信息或加工这些信息的方法。脂类和多糖是非信息分子（结构单元），这些多聚物的单体序列经常是高度重复的，序列本身一般不带有功能信息。在细胞中，已经发现 500 种左右的单体物质，有些单体物质在结构上仅有微小的差别。信息大分子只包含相对少的单体单元，而它们排列出的序列却是非常重要的。

10.1.3.1 糖类

微生物细胞中糖类包括单糖、寡糖和多糖，其中多糖相对最重要。糖类有的参与细胞结构，如核糖和脱氧核糖参与核酸的结构，纤维素、几丁质等多糖参与细胞壁结构；有的作为细胞的储存物质，如某些梭菌中含有的淀粉粒、酵母细胞中含有的肝糖粒等。糖类不仅可作为细胞的结构物质，它们同时也是能量储存物质，如淀粉和糖原。微生物细胞中糖类含量和种类除了由菌体的遗传性状控制外，也受培养条件的影响。

10.1.3.2 脂类

微生物细胞中所含的脂类包括脂肪、磷脂、蜡和甾醇等。脂肪是许多微生物细胞的储藏物质，某些产脂酵母、青霉、毛霉菌株可在细胞内大量积累脂肪，有的菌株脂肪含量甚至可达干物质的 $50\%\sim60\%$。磷脂主要构成细胞的膜系统。蜡主要存在于某些微生物的细胞壁上或分生孢子表面，含量通常很少。甾醇又名固醇，在原核细胞中很少发现这种物质存在，而真核细胞普遍都含有甾醇，它们有的游离存在，有的与脂肪酸结合成酯，作为膜的一种成分。

10.1.3.3 核酸

微生物细胞都含两种核酸：一种是核糖核酸（RNA），另一种是脱氧核糖核酸（DNA）。而几乎所有非细胞生物——病毒只含有一种遗传物质，RNA 或 DNA。各种微生物的核酸含量变化较大，霉菌的核酸含量较低，一般只占细胞干重的 1% 左右；细菌的核酸含量较高，生长中的大肠杆菌，RNA 含量可达细胞干重的 20%，DNA 含量也可达细胞分子的 $3\%\sim4\%$。

微生物细胞的 RNA 含量通常随菌龄而变化，例如培养 10h 的大肠杆菌细胞比培养 30h 的大肠杆菌细胞 RNA 含量高一倍以上。细胞中 DNA 含量一般不受菌龄和培养条件的影响。在同一微生物种内组成 DNA 的碱基也相对稳定。

10.1.3.4 蛋白质

蛋白质是构成微生物细胞的基本物质，含量约占细胞干重的一半，其中细菌和酵母菌的蛋白质含量往往比霉菌高。微生物细胞中蛋白质的种类也很多，如每个细菌细胞约含 3000 种不同的蛋白质分子。各种蛋白质分子有的与其他物质结合，成为结合蛋白，也有的以单一状态存在，其中主要有以下几种类型：

蛋白质与核糖核酸结合成为核蛋白，构成细胞的核糖体，这一部分蛋白质占细胞总蛋白量的 1/3 以上。各类微生物细胞中的核糖体数量变化较大：细菌细胞平均含 1.5×10^4 个核糖体；真核微生物细胞平均含 $10^6 \sim 10^7$ 个核糖体。在每个核糖体中一般有数十个蛋白质分子，如大肠杆菌的每个核糖体中有 55 个蛋白质分子。

蛋白质与脂类结合成为脂蛋白。脂蛋白是构成一切生物膜的主要成分，在构成细胞质膜的脂蛋白中，蛋白质成分占 50%～70%。

酶也是一类蛋白质。有些酶是单纯的蛋白质，另一些酶与金属离子或其他非蛋白质组分结合成为结合蛋白质，它们在细胞生命活动中起着非常重要的作用。

10.1.3.5　灰分物质

将细胞在高温（550℃）下灰化，细胞中所含的矿物元素转变成氧化物，通常被称为灰分物质。在灰分中，以磷的含量最高（表 10-3），大部分微生物的磷氧化物含量可达总灰分的 50%，其次为 K、Mg、Ca、S、Na、Fe 等，此外还有含量极微的 Cu、Mn、Zn、B、Mo、Si 等元素，这些矿物元素只有少量以游离状态在细胞内存在，绝大部分都是细胞有机化合物的组成部分。

表 10-3　微生物细胞物质中灰分元素占细胞干重的含量（%）

灰分物质	固氮菌	醋酸细菌	酵母菌	霉菌
P_2O_5	4.95	2.71	3.54	4.85
SO_3	0.29	—	0.04	0.11
K_2O	2.41	1.28	2.34	2.81
Na_2O	0.07	0.16	—	1.12
MgO	0.82	0.48	0.43	0.38
CaO	0.89	0.64	0.38	0.19
Fe_2O_3	0.08	0.62	0.04	0.16
SiO_2	—	0.04	0.09	0.04
CuO	—	0.10	—	—

10.2　微生物次级代谢

微生物除了从外界吸收各种营养物质，通过分解代谢和合成代谢，产生出维持生命活动的物质和能量的初级代谢过程外，它还能产生生命活动所必需的次级代谢（次生代谢）过程。次级代谢（Secondary Metabolism）的概念是 1958 年由植物学家 Rohland 首先提出来的。他把植物产生的与植物生长发育无关的某些特有的物质称为次级代谢物（次生代谢产物），合成和利用它们的途径即为次级代谢。1960 年微生物学家 Brock 把这一概念引入微生物学领域。

次级代谢并没有一个严格的定义，它相对于初级代谢而提出的一个概念，主要是指次级代谢物的合成。微生物在一定的生长时期（一般是稳定生长期），以初级代谢产物为前体，合成一些对微生物的生命活动没有明确功能的物质的过程就是次级代谢，这一过程的产物即为次级代谢物。另外，也把初级代谢物的非生理量的积累，看成是次级代谢物，例如微生物发酵产生的维生素、柠檬酸、谷氨酸等。

10.2.1 次级代谢的意义

初级代谢的生理意义是确定的，它为机体提供能量和中间产物，并利用它们来合成复杂的细胞物质。这是维持生命活动所必需的代谢过程，若某一环节发生障碍，机体将不能正常生活。而次级代谢的生理意义不像初级代谢那样明确，一般说，次级代谢产物不是生长、繁殖所必需的物质。次级代谢途径中某个环节发生障碍，只是不能合成某个次级代谢产物，但不影响菌体生长、繁殖。变异株可以在和亲本相同的培养基上生长。关于次级代谢的生理意义，目前有多种看法。

（1）次级代谢可维持初级代谢的平衡

初级代谢的某些中间产物是次级代谢的前体，而次级代谢又是在菌体生长后期体内酶活性下降，某些物质积累的情况下才进行的。据此，有人认为此时菌体内代谢体系发生较大的调整，次级代谢体系被激活，于是将初级代谢积累下来的中间产物进行另外形式的转化，从而保持初级代谢的平衡或消除物质过量积累对细胞的不利影响。由此引申的一种看法，认为次级代谢的功能在于解毒。这种观点必须认为次级代谢产物如抗生素对菌体本身是无毒的，实际上它的毒性远比其前体的毒性还要大，所以这种解毒的说法难以确立。

（2）次级代谢产物是储藏物质的一种形式

次级代谢可能是个别合成砌块的来源或保证某些菌株具有独特功能的代谢储备，这是根据链霉素的合成而提出的一种看法。在链霉素合成中，脯氨酸、组氨酸、精氨酸等特别是含有两个氨基的氨基酸对链霉素的产生都有促进作用。链霉素分子中氮的含量较高，因此认为链霉素是过剩氮的储存形式。不过次级代谢产物种类很多，不能把所有的次级代谢产物都看成是一种储藏物质。

（3）使菌体在生存竞争中占优势

抗生素可以抑制或杀死某些微生物，一般对产生菌自身不敏感，因此认为在自然条件下，菌体产生抗生素可以使其在生存竞争中占优势。

（4）与细胞分化有关

分化是指营养细胞转化为孢子的过程。抗生素是分化不可缺少的重要物质。这一结论根据如下：①某些产生孢子的微生物都产生抗生素。②不产孢子的突变株几乎都不能合成抗生素。具有回复形成孢子的能力，也会重新获得合成抗生素的能力。③孢子形成的抑制剂，也抑制抗生素的合成。二者的具体关系还不甚明了。现在知道抗生素可以抑制或阻遏营养细胞大分子物质的合成，如肽类抗生素能抑制细胞壁及膜的合成，从而有利于内生孢子形成。当然抗生素合成与孢子形成是两个独立过程，但可能由共同机制来调节。

次级代谢调节微生物分化在许多情况下是十分重要的。诱导细胞分化的调节分子已从真菌和霉菌中分离到，并确证形态分化可以通过特殊内源因子的帮助被调节。这些内源因子可以认为是次级代谢物，因为它们在微生物营养生长阶段不具有任何功能。

次级代谢的生理意义究竟是什么，目前虽无定论，但可以肯定它对微生物自身是有意义的，否则这种需要多种酶类参与、包含有精巧的调节机制、具有复杂的生物合成过程的物质，是不会在生物体内存在下来的（刘志恒，2002）。

10.2.2　次级代谢的调节

次级代谢和初级代谢调节在某些方面是相同的，也有酶活性的激活和抑制、酶合成的诱导和阻遏等。但初级代谢产物是次级代谢的前体，所以初级代谢对次级代谢的调节作用较大，凡是与次级代谢有关的初级代谢受到影响，也必然波及次级代谢。

（1）抗生素合成中的调节

之前有研究表明赖氨酸对产黄青霉（*Penicillium chrysogenum*）产生青霉素有抑制作用。1947 年 Bonne 发现产黄青霉的赖氨酸缺陷型中 25% 的菌株不产青霉素，于是他预言青霉素和赖氨酸的合成有共同途径。10 年后发现赖氨酸是青霉素合成的一个强烈的抑制剂。赖氨酸合成的前体 α-氨基己二酸不仅可以逆转赖氨酸的抑制作用，而且能刺激青霉素的合成。现在我们对青霉素的合成途径已经清楚，青霉素合成的前体之一 α-氨基己二酸是合成青霉素和赖氨酸的共同前体。当赖氨酸过量时，催化 α-酮戊二酸和乙酰 CoA 合成高柠檬酸的高柠檬酸合成酶受到反馈抑制，从而使 α-氨基己二酸的产量减少，青霉素的合成也受到影响（图 10-1）。

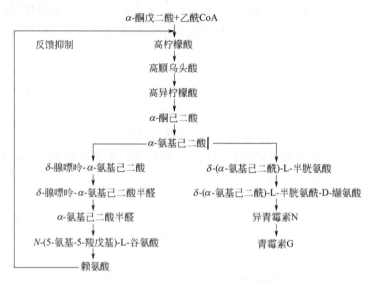

图 10-1　赖氨酸对青霉素合成的调节

（2）碳代谢物的调节作用

具有次级代谢的微生物，一般菌体在生长阶段之后，才进入次级代谢产物合成阶段。之所以分为两个生理阶段，是由于碳的分解产物产生阻遏作用。在菌体生长阶段，被快速利用的碳源葡萄糖、柠檬酸等的分解产物，阻遏了次级代谢酶系的合成，只有当这类碳源消耗之后，阻遏作用被解除，菌体才由生长阶段转入次级代谢产物合成阶段。例如在放线菌素合成中，葡萄糖阻遏下列途径中①、②、④、⑥酶的合成，特别是⑥，即酚噁嗪酮合成酶的合成（图 10-2）。把产生菌抗生链霉菌（*Streptomyces antibioticus*）培养在含有 1% 半乳糖和 0.1% 葡萄糖的谷氨酸、无机盐的培养基中，培养 30h 葡萄糖才消耗尽。开始 20h 几乎不合成酚噁嗪酮合成酶，在 20～36h，该酶的比活性增加 5～6 倍，到 48h 为 12 倍。放线菌素的合成稍晚于酶的合成，培养 24h 后才能检出。葡萄糖消耗完之后，才开始缓慢地利用半乳糖。此外，甘露糖和甘油也有明显的阻遏作用

（施巧琴等，2003）。

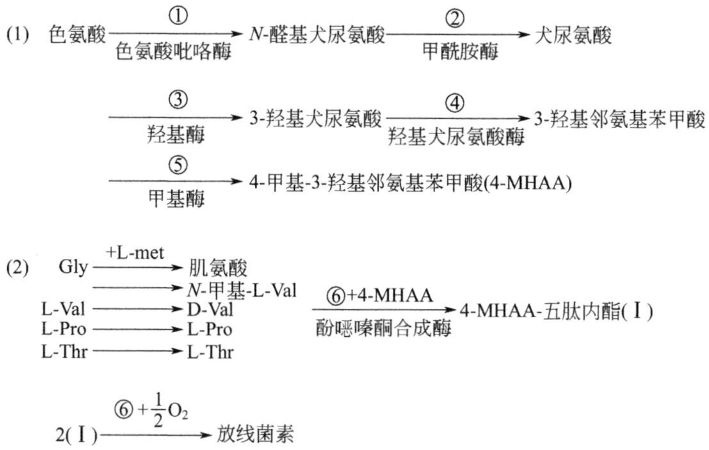

(1) 色氨酸 $\xrightarrow[\text{色氨酸吡咯酶}]{①}$ N-醛基犬尿氨酸 $\xrightarrow[\text{甲酰胺酶}]{②}$ 犬尿氨酸

$\xrightarrow[\text{羟基酶}]{③}$ 3-羟基犬尿氨酸 $\xrightarrow[\text{羟基犬尿氨酸酶}]{④}$ 3-羟基邻氨基苯甲酸

$\xrightarrow[\text{甲基酶}]{⑤}$ 4-甲基-3-羟基邻氨基苯甲酸(4-MHAA)

(2) Gly $\xrightarrow{+\text{L-met}}$ 肌氨酸
$\rightarrow$ N-甲基-L-Val
L-Val $\longrightarrow$ D-Val
L-Pro $\longrightarrow$ L-Pro $\xrightarrow[\text{酚噁嗪酮合成酶}]{⑥+4\text{-MHAA}}$ 4-MHAA-五肽内酯（Ⅰ）
L-Thr $\longrightarrow$ L-Thr

$2（Ⅰ）\xrightarrow{⑥+\frac{1}{2}O_2}$ 放线菌素

图 10-2　放线菌素合成中受阻遏的酶

除葡萄糖外，柠檬酸发酵产物也具有阻遏作用。例如新霉素产生菌雪白链霉菌（*Streptomyces niveus*）当培养基中柠檬酸和葡萄糖同时存在时，菌体先利用柠檬酸，此时不合成新霉素，柠檬酸被利用完，利用葡萄糖时才合成新霉素。

（3）氮代谢物的调节作用

在不同氮源的研究中发现，以蛋白质作为氮源，可以促进抗生素的合成，以无机氮等容易利用的氮作氮源，可以促进产生菌的生长，而抑制抗生素的合成。同时发现过量的 NH_4^+ 的作用在生长初期显示，而抗生素开始合成之后，则不表现抑制合成的作用。因此可以认为 NH_4^+ 的作用不是直接抑制抗生素合成酶的活性，而是在早期影响合成酶的形成或合成途径中的某一个酶的合成。已有报道利福霉素、氯霉素、放线菌素、白霉素及黄曲霉素等抗生素的生物合成，受高浓度 NH_4^+ 或其他氨基酸阻遏。研究证明 NH_4^+ 的作用与谷氨酰胺合成酶（GS）有关。GS 酶的比活性与抗生素的合成有相关性（表 10-4）。

表 10-4　抗生素合成与 GS 活力的相关性

抗生素	产生菌	相关性
头霉素	*Streptomyces clavuligerus*	最高产量在高 GS 比活性条件下出现。过量 NH_4^+ 条件下培养，抗生素产量和 GS 活力都下降
利福霉素 SV	*Amycolatopsis mediterranei*	过量 NH_4^+ 抑制产量，产量与高的 GS 比活性有正相关性
Thienamycin	*Streptomyces cattleya*	最高产量在高 GS 比活性条件下出现
氯霉素	*Streptomyces venezuelae*	最高产量在高 GS 比活性条件下出现
井冈霉素	*Streptomyces hygroscopicus*	产量与 GS 比活性有正相关性
丝裂霉素	*Streptomyces verticillatus*	产量与 GS 比活性有正相关性

表中所列利福霉素、井冈霉素和丝裂霉素体内 GS 比活性随 NH_4^+ 浓度增加而下降，同时抗生素产量也下降。从利福霉素的研究中，进一步弄清楚了 GS 与抗生素合成的关系。当 GS 酶活力高时，谷氨酰胺增多，使利福霉素的中间体 3-氨-5-羟基苯甲酸

（A-32）也增加。由于这些前体增加，进而促进了利福霉素的合成。经诱变或用谷氨酰胺结构类似物筛选出抗性菌株，解除了对 GS 酶的反馈调节，可以大幅度提高利福霉素的产量（图 10-3）。

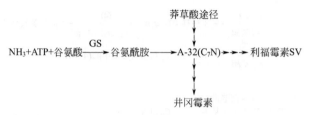

图 10-3　利福霉素、井冈霉素分子中 N 原子参入途径

另外，在用地中海诺卡氏菌（*Nocardia mediterranei*）合成利福霉素研究中，发现硝酸盐可以大幅度地促进利福霉素合成（表 10-5）。

表 10-5　硝酸盐对利福霉素 SV 合成的影响

添加的盐类（浓度）SV 增加比例/%	利福霉素 SV 含量/（μg/mL）
—	1980
—	
KNO_3（0.80%）	5370
171	
$NaNO_3$（0.63%）	4615
133	
KCl（0.60%）	2188
11	

注：0.63%$NaNO_3$ 与 0.80%KNO_3 中的 NO_3^- 含量相当；0.60%KCl 与 0.80%KNO_3 中的 K^+ 含量相当。

硝酸盐对利福霉素的作用，概括如图 10-4 所示。

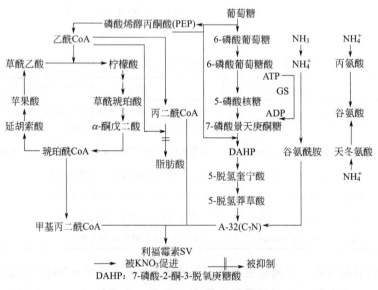

图 10-4　硝酸盐对利福霉素合成的调节作用

（4）磷酸盐的调节作用

通过许多试验研究，发现过量的磷酸盐也含像葡萄糖一样抑制次级代谢产物的合成。这在生产实践中已受到重视，注意控制磷的用量，以免产物合成受到影响。一些抗生素合成所需磷酸盐的浓度范围列于表10-6。

表 10-6　合成抗生素所需无机磷浓度

抗生素	产生菌	可以合成抗生素的磷酸盐浓度/（mmol/L）
链霉素	*Streptomyces griseus*	1.5～15
新生霉素	*Streptomyces niveus*	9～40
摩那霉素	*Streptomyces jamaicensis*	0.2～0.4
氯霉素	*Streptomyces aureofaciens*	1～5
土霉素	*Streptomyces rimosus*	2～10
万古霉素	*Streptomyces orientalis*	1～7
紫霉素	*Streptomyces* sp.	1～8
杆菌肽	*Bacillus licheniformis*	0.1～1
瑞斯托霉素	*Proactinomyces fructiferi*	0.2～5
放线菌素	*Streptomyces antibioticus*	1.4～17
四环素	*Streptomyces aureofaciens*	0.14～0.2
卡那霉素	*Streptomyces kanamyceticus*	2.2～5.7
环己酰亚胺	*Streptomyces griseus*	0.05～0.5
A-9145	*Streptomyces griseus*	0.28～2.24
绿脓菌蓝素	*Pseudomonas aeruginosa*	0.1（最适）
灵菌霉素	*Serratia marcescens*	0.05～0.2
丁酰苷菌素	*Bacillus brevis*	＜5.6
棒状杆菌素	*Corynebacterium* sp.	2.24（最适）
荚竹桃霉素	*Streptomyces antibioticus*	0.5（最适）
短杆菌肽 S	*Bacillus brevis*	50（最适）
头霉素	*Streptomyces clavuligerus*	25
两性霉素	*Streptomyces nodosus*	1.5～2.2
抗酵母素	*Streptomyces aureofaciens*	1～17
杀念珠菌素	*Streptomyces griseus*	0.5～5
制念珠菌素	*Streptomyces virdoflavus*	0.5～5
制酵母菌素	*Streptomyces levoris*	0.3～4
七烯制菌素	*Streptomyces mycoheptinicum*	3.5（最适）
制霉菌素	*Streptomyces noursei*	1.6～2.2

磷酸盐对次级代谢产物合成的影响表现在以下几个方面：①抑制次级代谢产物前体的形成；②阻遏次级代谢产物合成中某些关键酶的合成；③抑制碱性磷酸酯酶的合成；④改变菌体能荷状态。

（5）次级代谢中细胞膜透性调节

次级代谢中也存在着膜透性调节。据报道产生新霉素的弗氏链霉菌（*Streptomyces fradiae*）和不产生新霉素的变异株的细胞膜的脂肪酸组成不同。当在培养基中加入油酸钠或氯化钠后，经培养变异株细胞膜脂肪酸组成发生改变，恢复成与母株的膜组成相同，并又合成新霉素。进一步分析母株细胞内氨基酸和己糖胺库的含量，比变异株大 $2\sim6$ 倍。由此推测细胞膜的脂肪酸组成可能是细胞摄取合成新霉素所需氨基酸前体的控制因素。

利用诱变产生的青霉素高产菌株中，有的就是因为改变了膜的透性，使硫酸盐更容易透过细胞膜，提高了细胞内硫酸盐的浓度，更多的转变成青霉素的前体之一半胱氨酸，从而促进青霉素合成。因此，改变某些抗生素产生菌的膜透性，也是提高产量的一种途径。

（6）溶解氧和金属离子的影响

次级代谢产物的产生和其他发酵过程一样，也要求有最适量的溶解氧。利用无细胞体系由青霉素 N 进行头孢菌素合成，随着氧分压的增大而被促进。同时加入 KCN 或减少搅拌则合成量减少。这说明在次级代谢产物转换中需要加氧酶作用，氧参与反应。同样情况在氨基糖苷类抗生素合成中也存在。

在次级代谢中微量金属离子也具有不可或缺的作用，多数情况下它们是次级代谢中合成酶的活化因子，但有时也在转录、转译水平上起作用。产生卡那霉素、新霉素及链霉素菌株的菌丝，在生长的对数期及静止期非特异地结合着这些抗生素。这种结合作用可因 Mg^{2+}、Ca^{2+} 等阳离子的作用而显著降低，使抗生素从菌丝上游离。Mg^{2+} 还可以增加产生菌对所产抗生素的抗性。在天然培养基中卡那霉素链霉菌产生卡那霉素和弗氏链霉菌产生新霉素的量，都可被加入 $5\sim20mmol/L$ Mg^{2+} 而显著促进，Mg^{2+} 也促进抗生素分泌到培养基中。Mg^{2+} 甚至增加卡那霉素链霉菌的卡那霉素乙酰化酶、乙酰卡那霉素胺基水化酶和弗氏链霉菌的碱性磷酸酶的活性，或促进它们的合成。在卡那霉素合成中以乙酸形成乙酰 CoA 为前体，这个过程需要 ATP，Mg^{2+} 也是能量代谢的必要因子，可以促进氧化磷酸化，增加卡那霉素的产量（刘志恒，2002）。

10.3　微生物次级代谢产物的研究

10.3.1　微生物来源的抗菌药物

自弗莱明从丝状真菌中发现青霉素开始，微生物天然产物药物的研究进入"黄金时期"，其间发现了超过 1000 个具有抗细菌或抗真菌活性的天然产物，其中数十个后来被批准作为药物使用。

到目前为止已经发现天然产物中，虽然微生物来源的比例仅约占 14%，但在所有的活性天然产物中其比例却高达 55%；说明虽然微生物来源的天然产物总数较少，但其中有生物活性的比例非常高，达到约 47%，而植物和动物来源的分别仅有 7% 和 5%。微生物活性天然产物主要来源于放线菌和真菌，其中真菌来源的占比超过 45%，放线菌来源的活性天然产物也占到 40%。在天然产物成药性方面，微生物也具有非常大的优势，其约 0.6％的成药概率相比于植物来源（0.03％）或动物来源（0.01％）高出了几十倍，在总数上也大约占到了所有天然产物药物的三分之一。

截止到 2013 年，美国食品药品监督管理局（FDA）一共批准了 547 个天然产物或天然产物衍生物药物，其中约 44％来源于动物，剩余的批准药物中微生物来源的占比约为 50％。1930 年到 2013 年间 FDA 批准的抗菌药物 69％来源于天然产物，其中微生物来源或修饰的占比达到 97％；在 2000 年到 2013 年间这两个比例更是达到了 77％和 100％。代表性的微生物抗菌药物包括 β 内酰胺类 [青霉素（R2）、头孢菌素和美洛培南（R3）等]、氨基糖苷类 [新霉素 B（R4）和链霉素等]、四环素类 [金霉素（R5）、二甲胺四环素和盐酸多西环素等]、氯霉素（R6）、大环内酯类 [红霉素（R7）、两性霉素 B 和泰乐霉素等] 和糖肽类 [万古霉素（R8）、达托霉素和普那霉素等] 等（图 10-5）。

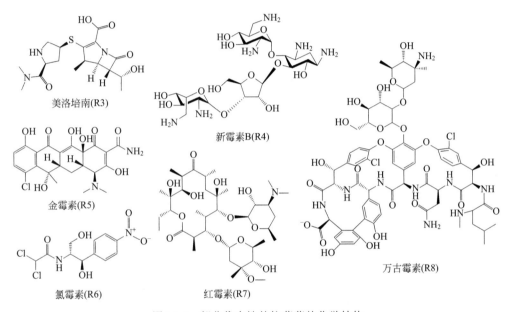

图 10-5　部分代表性的抗菌药的化学结构

10.3.2　微生物来源的抗肿瘤药物

Newman 和 Shapiro 认为微生物在抗肿瘤药物发现方面也发挥了非常重要的作用。从 FDA 在 2013 年之前批准的抗肿瘤药物来看，一共 69 个，超过一半（37 个）来源于植物、真菌和细菌，微生物来源的占比为 37％。其中大部分重要的化疗药物均来源于微生物或者其衍生物，主要包括放线菌素 D（R9）、蒽环类 [柔红霉素（R10）和多柔比星等]、糖肽类 [博来霉素（R11）和腐草霉素等]、丝裂霉素 C(R12)、蒽酮 [光神霉素（R13）、链脲佐菌素和喷司他丁]、卡奇霉素（R14）和伊沙匹隆（R15）等（图 10-6）。

10.3.3　微生物来源的其他活性药物

微生物来源的其他代表性药物有环孢菌素 A（R16）、雷帕霉素、他克莫司和麦考酚酸吗乙酯等免疫抑制剂，辛伐他汀（R17）、美伐他汀、洛伐他汀和普伐他汀等降胆

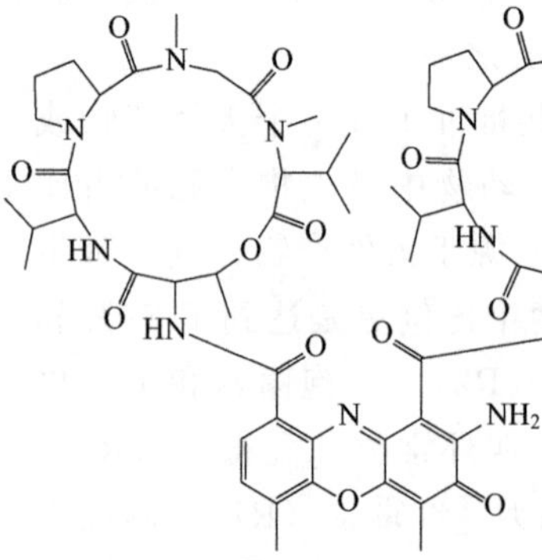

放线菌素D(R9) 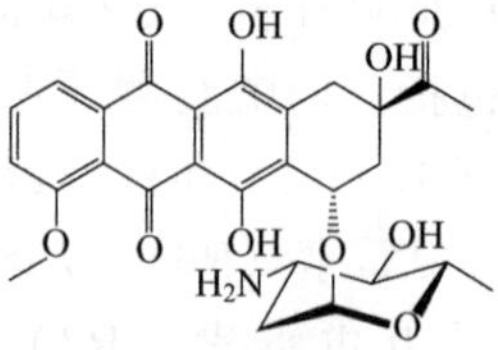　　　柔红霉素(R10) 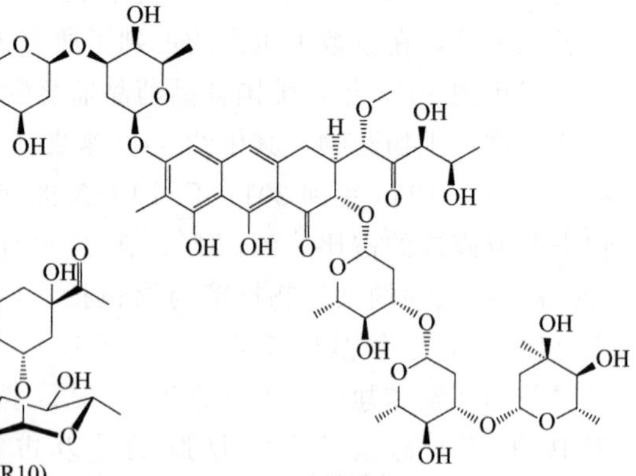　　　光神霉素(R13)

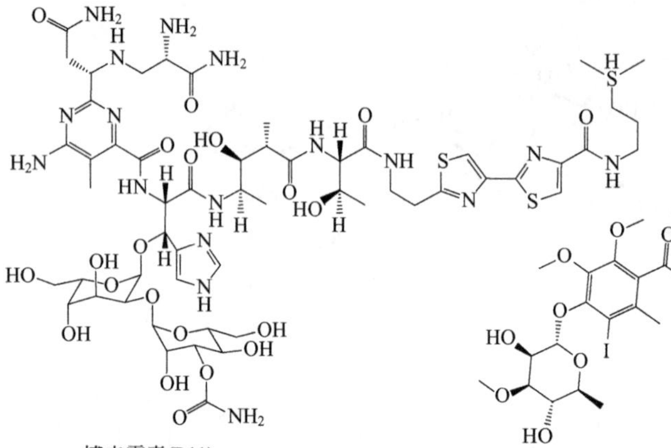

博来霉素(R11) 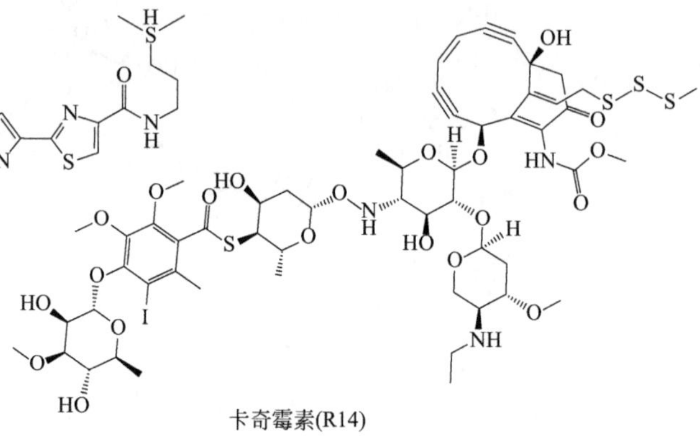　　　卡奇霉素(R14)

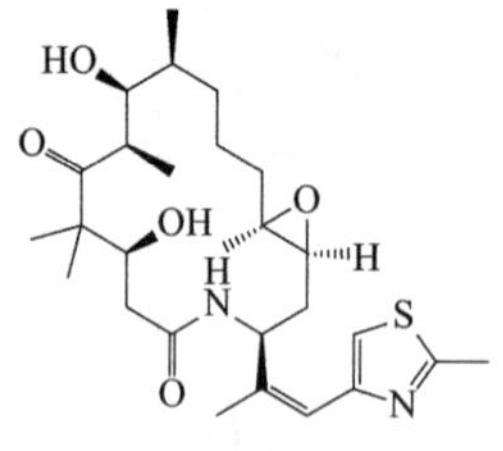

伊沙匹隆(R15) 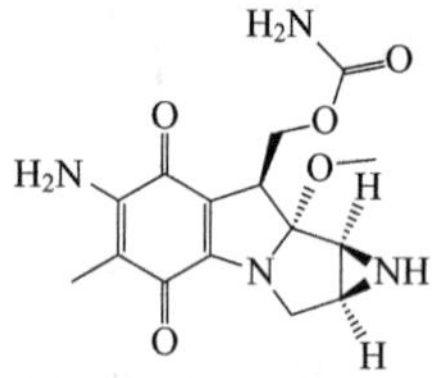　　　丝裂霉素C(R12)

图 10-6　部分代表性的抗肿瘤药的化学结构

固醇药物，阿维菌素、多拉菌素、依维菌素（R18）和多杀菌素等抗虫杀虫药物，克拉维酸（R19）和亮肽素等酶抑制剂以及双丙氨膦（R20）和草铵膦等除草剂等（图 10-7）。

另外微生物在药物工业生产方面也发挥着巨大的作用，并且在将来的药物工业化生产方面具有巨大潜力。到目前已经有超过几十种的药物或者药物前体在微生物中实现生物合成，其中最具有代表性的工作就是青蒿酸（R21）、5-α-羟化紫杉二烯醇（R22）和生物碱类氢可酮（R23）药物的微生物合成。同时通过微生物发酵实现了数十个天然产物药物的工业生产，包括抗细菌的头孢菌素（R24）、多黏菌素（R25）和链霉素（R26）等，抗真菌的多烯类（R27）药物，抗病毒的莽草酸（R28）及抗虫药阿维菌素（R29）等（图 10-8）。

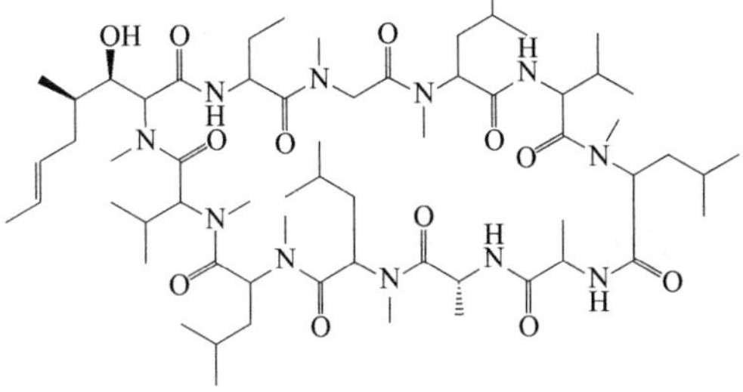

图 10-7　其他部分代表性的微生物天然产物药物的化学结构

环孢菌素A(R16)

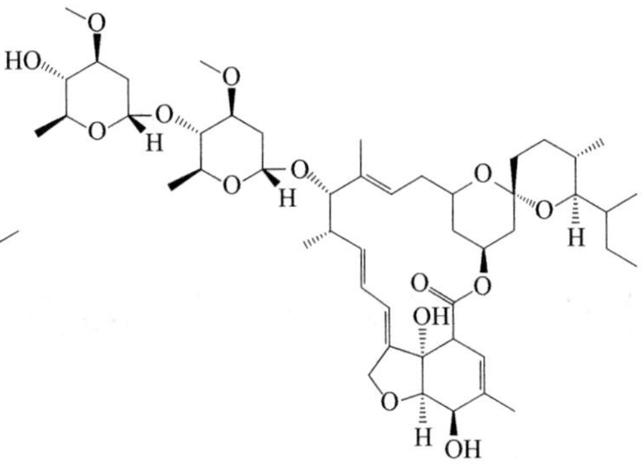

依维菌素(R18)

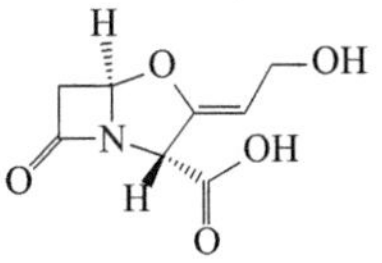

克拉维酸(R19)

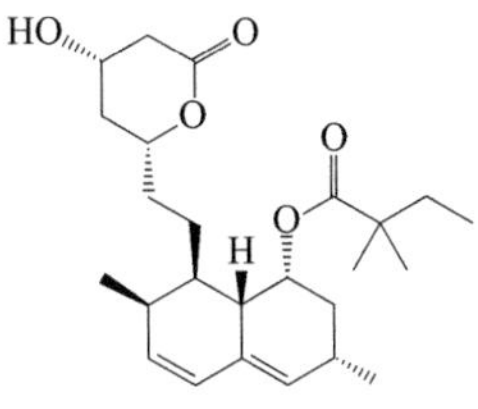

辛伐他汀(R17)

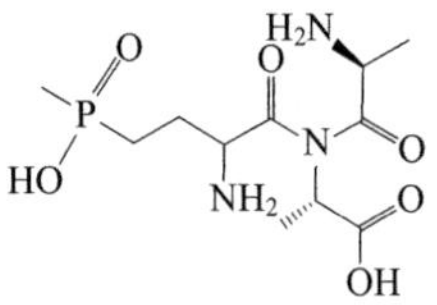

双丙氨膦(R20)

图 10-8　部分代表性的实现微生物生物合成或工业生产的天然产物药物的化学结构

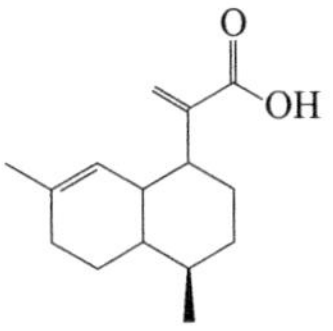

青蒿酸(R21)

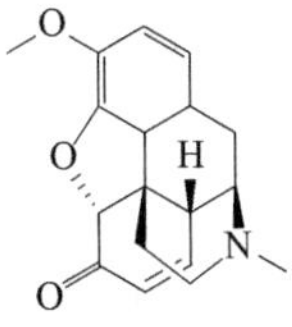

氢可酮(R23)

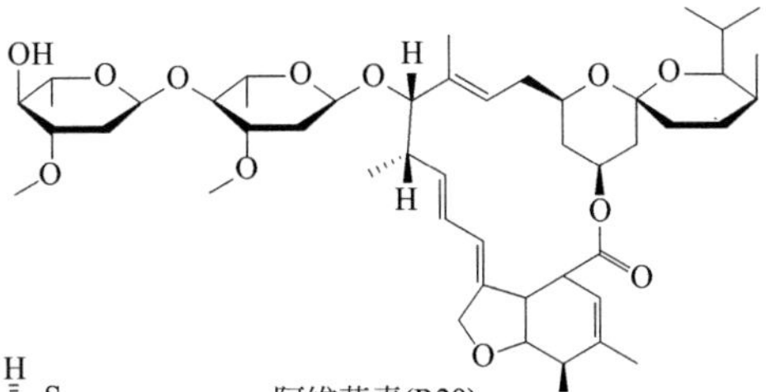

阿维菌素(R29)

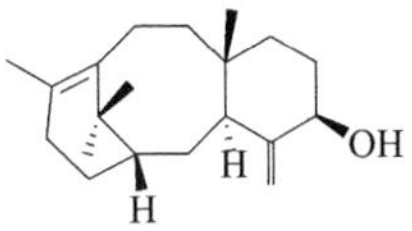

R22

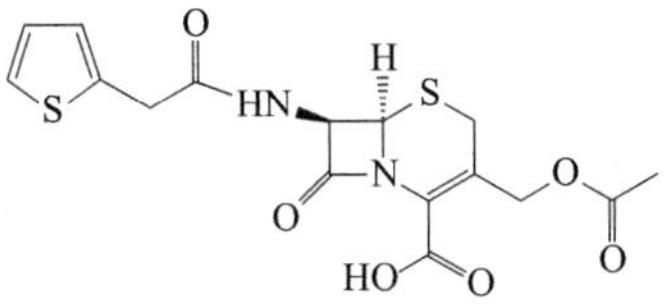

头孢菌素(R24)

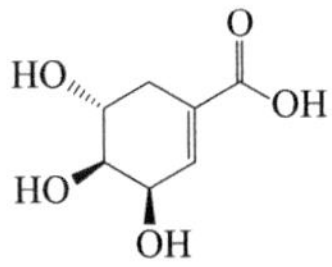

莽草酸(R28)

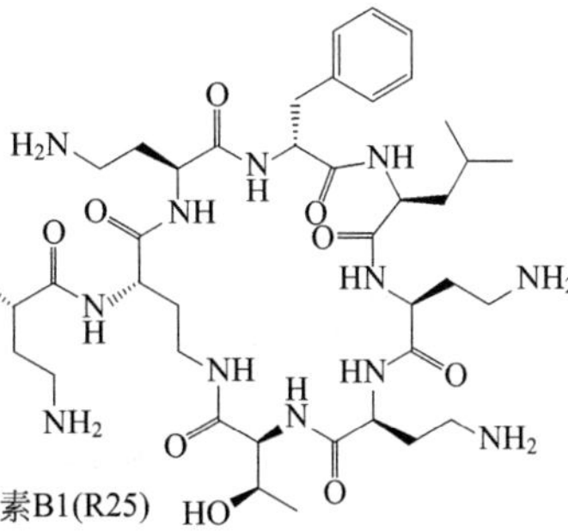

多黏菌素B1(R25)

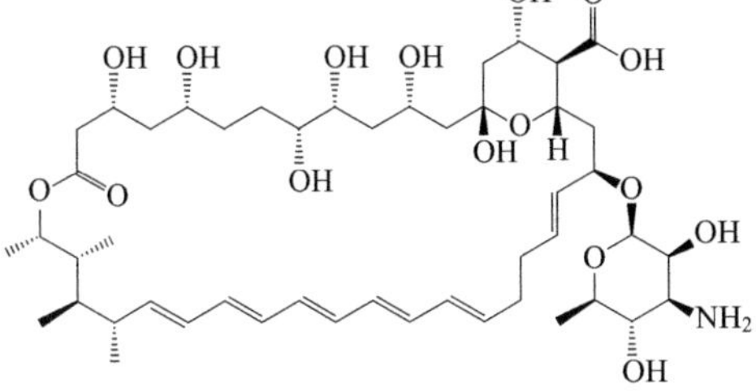

两性霉素B(R27)

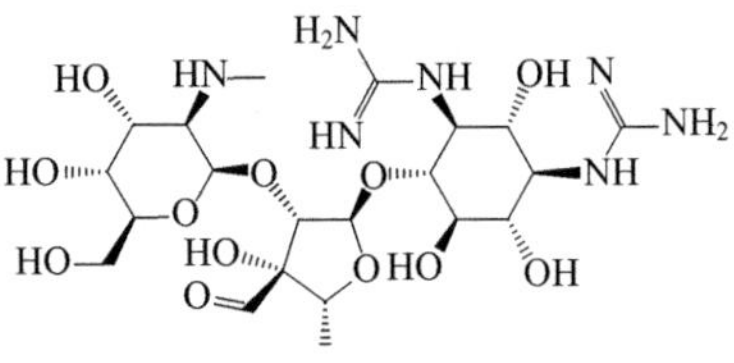

链霉素(R26)

新颖微生物资源的开发和利用以及基因组测序的快速发展和基因组挖掘技术的广泛应用使得研究人员在发现微生物新颖天然产物方面取得了很大的进展。发现了包括PKS、NRPS、PKS-NRPS杂合、RiPP和萜类等多种类型的新颖化合物。这里主要对新颖微生物资源开发和通过基因组挖掘发现的新颖天然产物进行简要综述。

10.4 结构多样的微生物天然产物

10.4.1 聚酮类

聚酮类化合物由复杂的聚酮合酶（Polyketide Synthase，PKS）负责合成，根据酶催化机理的不同可以分为三种类型。近年来研究人员根据酶的催化特性、序列的保守性、进化关系等，通过基因组挖掘的手段从丰富的微生物资源中鉴定了许多新颖的基因簇及其代谢产物。

Cimermancic等人通过ClusterFinder算法从1154个原核生物的基因组中共预测出了33351个假定的生物合成基因簇，包括10724个高可信度的基因簇。进一步的分析表明其分属于905个基因簇家族，其中一个未被研究的家族被鉴定为芳基烯羧酸类化合物的生物合成基因簇家族，通过PCR对两个基因簇进行整簇的组装和异源表达，最终获得了两个新的芳基烯羧酸化合物APEEc和APEVf（R30）（图10-9）。

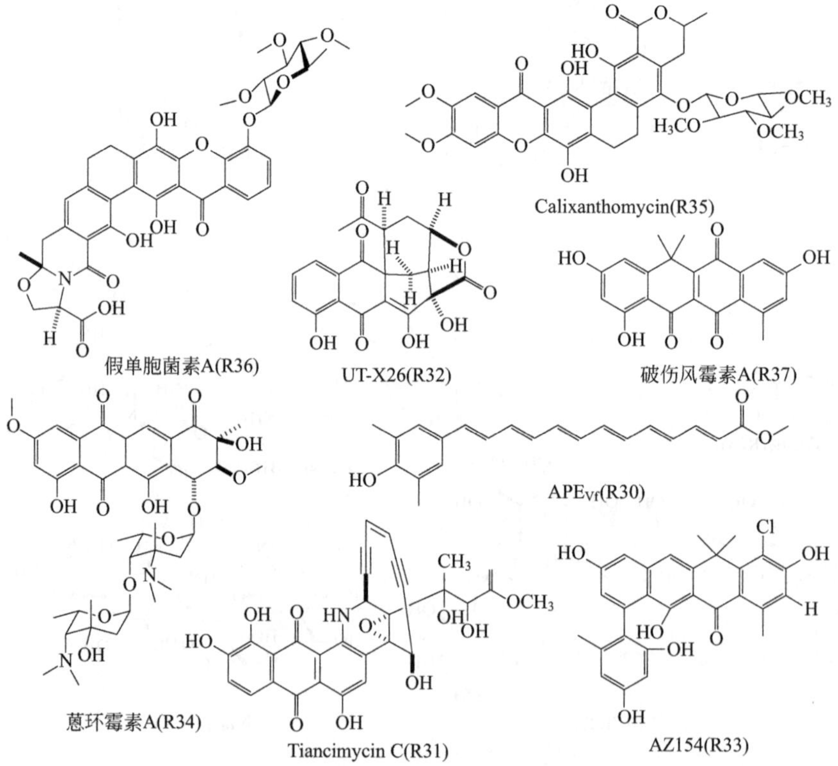

图 10-9　部分代表性新聚酮类化合物结构

烯二炔类化合物因其特殊的结构、生物合成以及活性，对现代化学、生物学和医学有深远的影响。目前仅鉴定了 11 个烯二炔类化合物，其核心骨架结构由重复 I 型 PKS 合成。有人通过烯二炔合成基因保守序列筛选和转录分析，从 3400 株放线菌中鉴定了 81 株可能产烯二炔类化合物的菌株，通过聚类分析表明可能存在 28 种不同类型的烯二炔生物合成基因簇，对其中具有代表性的 31 株菌进行测序，验证了烯二炔基因簇的存在，并对其中一个新颖的烯二炔基因簇进行遗传操作，定位和分离到了新颖的烯二炔化合物 Tiancimycin A 和 C（R31）（图 10-9）。

在宏基因组挖掘聚酮类化合物方面，Brady 研究组做了大量的工作，通过筛选土壤宏基因组文库中新颖的 II 型 PKS 的基因，首先对多个新颖的基因簇进行了异源表达，鉴定了一系列新颖或稀有碳骨架的化合物（R32、R33），一个新颖的蒽环类药物生物合成基因簇及临床应用前景比现有药物更有潜力的活性化合物蒽环霉素（R34），6 个具有生物活性的新颖代谢产物 Calixanthomycin（R35）、阿雷尼霉素 C~D 以及假单胞菌素 A（R36）、B 和 C。另外有学者通过过表达转录因子激活宏基因组来源的一个沉默基因簇，发现具有抗 MRSA（抗甲氧西林金黄色葡萄球菌）活性的破伤风霉素 A（R37）。

10.4.2 非核糖体肽类

非核糖体肽类化合物由非核糖体肽合成酶（Non Ribosomal Peptide Synthetase，NRPS）催化合成，同样根据酶的催化机理不同可以分为模块型、重复型和非线性三种类型。因其核心催化酶的高度保守、模块间很好的线性组织以及多种预测底物特异性的生物信息学工具的发展，使得非核糖体肽类化合物成为了很好的基因组挖掘靶标。

基于 35 株稀有盐胞菌属放线菌基因组，有学者通过结合基因簇模式新颖性、分子网络和次级代谢产物二级质谱模式的特殊性，从菌株 CNT-005 中鉴定了一个特殊模式的基因簇 NRPS40，和其代谢的新颖肽类化合物雷蒂霉素 A（R38）（图 10-10）。

在宏基因组挖掘方面，通过序列导向的宏基因组挖掘策略，有学者对 2000 多个土壤宏基因组样品中钙依赖型抗生素生物合成 NPRS A 结构域的新颖性分析，发现了一类产生抗耐药菌的苹果酸类化合物（R39）的全新基因簇（图 10-10）。有学者对一个土壤宏基因组中六个糖肽类基因簇的精细分析发现了一系列可能产生新颖糖肽类化合物的后修饰酶，进一步地利用这些酶在体内体外获得了一系列新颖的硫酸化的糖肽类化合物（R40）（图 10-10），这一方法可以扩展应用到重要药物的衍生物库构建。

Yamanaka 通过对糖单胞放线菌 Saccharomonospora sp. CNQ490 进行基因组分析，发现一个与达托霉素生物合成基因簇十分相似的基因簇，但其本身不产类似的化合物。然后通过 TAR 技术克隆该基因簇以及对相关的调控基因进行操作，在天蓝色链霉菌 M1146 宿主中进行异源表达，获得了新颖的酯肽类抗生素塔罗霉素 A（R41）（图 10-10）（Yamanaka，2015）。另外从菌株自身抗性的角度，有学者通过对 1000 株放线菌基因组糖肽类抗生素抗性基因 PCR 筛选，从 100 株抗性菌株获得 11 株阳性菌，进而通过糖肽类化合物生物合成核心基因的进化分析选出了可能产生新颖糖肽类化合物的三株菌，鉴定了其中一株产新颖骨架的糖肽类化合物派克霉素（R42）（图 10-10）。

10.4.3 聚酮和非核糖体肽杂合类

聚酮和非核糖体肽杂合类化合物主要分为两类：一类生物合成其 PKS 和 NRPS 模

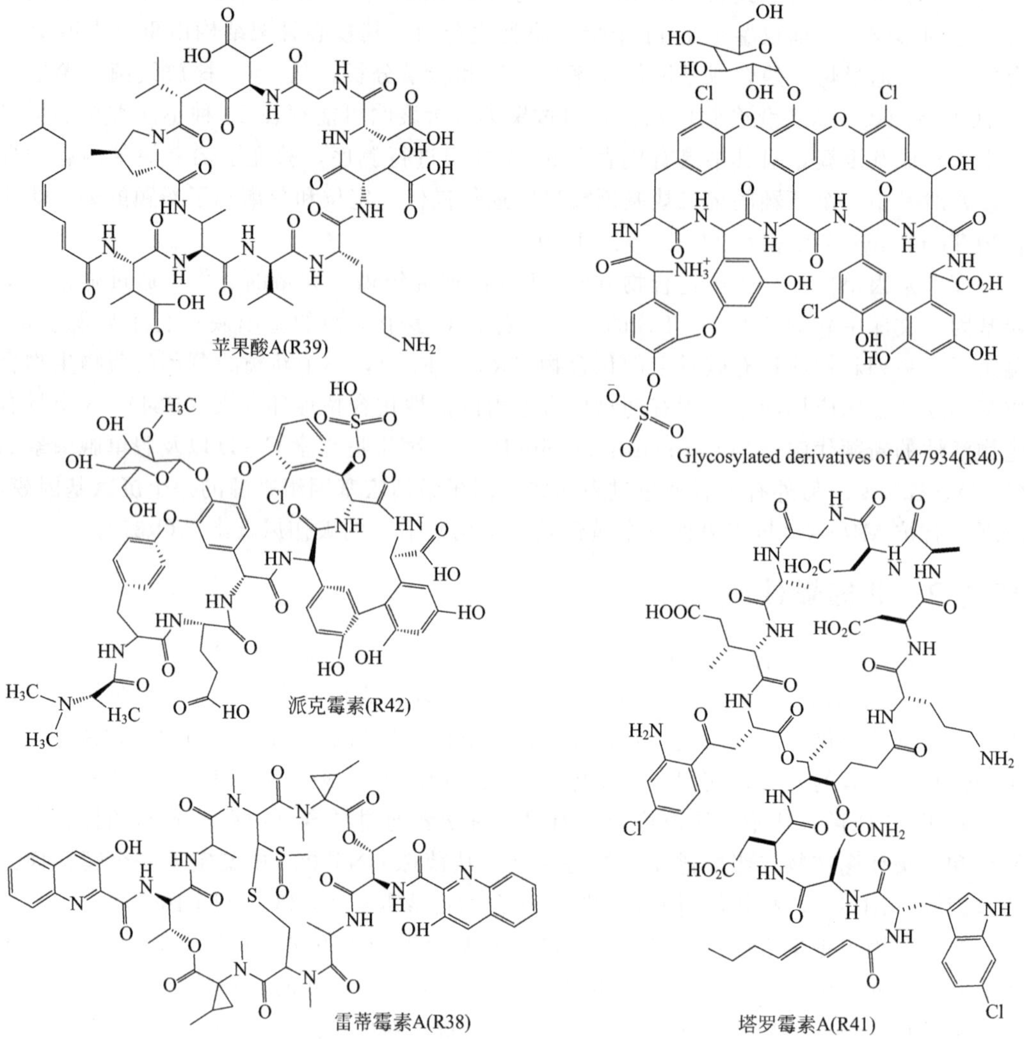

图 10-10　部分代表性新非核糖体肽类化合物结构

块在功能上没有相互作用，另外一类则通过 PKS 和 NRPS 模块之间有相互作用的杂合 PKS-NRPS 系统合成。除了杂合 PKS-NRPS 中 KS 结构域比较特殊之外，其他结构的催化机理与普通 PKS 和 NRPS 一致。

　　通过基因组分析抗性基因定位，利用合成双链 DNA 介导的基于 TAR 技术的克隆策略，从 86 株稀有盐胞菌属放线菌基因组中优选了一个杂合的 PKS-NRPS 基因簇，并通过异源表达获得了数个具有脂肪酸合酶抑制作用的新颖硫代季酮酸类化合物（R43）（图 10-11）。通过建立生物信息学平台 eSNaPD（Environmental Surveyor of Natural Product Diversity），以环氧酮蛋白酶体抑制剂生物合成 KS 结构域序列标签筛选新颖的基因簇进行异源表达，鉴定了 7 个新颖的蛋白酶体抑制剂环氧酮化合物［克拉霉素 A（R44）～E 和利达霉素 A（R45）和 B］（图 10-11），另外还通过包含磷酸泛酰巯基乙胺基转移酶（PPTase）基因的基因簇筛选，发现了新颖化合物黏液菌素 A（R46）（图 10-11）。

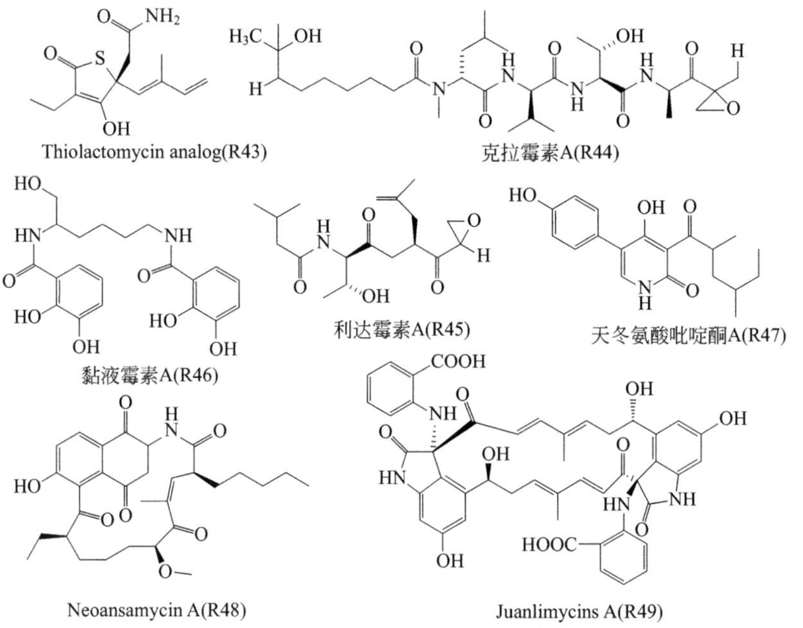

图 10-11　部分新聚酮-非核糖体肽杂合化合物结构

另外从 *Aspergillus nidulans* 的单个基因组中发现了一个可能沉默的 PKS-NRPS 杂合基因簇，过表达簇中潜在的激活基因获得两个新颖的 PKS-NRPS 杂合化合物天冬氨酸吡啶酮 A（R47）和 B（图 10-11）。

针对特定的临床上非常重要的安沙霉素类抗生素，通过 PCR 筛选其前体 AHBA（3-氨基-5-羟基苯甲酸）保守合成基因，并通过进化分析从 206 株植物相关和 688 个海洋来源的放线菌筛选出了 26 株菌，然后通过多种策略从数株阳性菌中分离得到了一系列新颖的安沙霉素类化合物（R48，R49）（图 10-11）。

10.4.4　核糖体合成和翻译后修饰肽类

核糖体合成和翻译后修饰肽（Ribosomally Synthesized and Post-Translational Modified Peptide，RiPP）是由 PRPS（Post-Ribosomal Peptide Synthesis）合成的另外一类肽类化合物，基因簇中的结构基因先被翻译成一个长 20～110 个氨基酸残基的"前体肽"，然后通过剪切和修饰生成最终产物。

对 RiPP 的生物合成基因簇预测分析，利用新的算法 RODEO，从 28 个已知的基因簇出发，在 NCBI 开放数据库中预测了 1419 个 RiPP 基因簇，并鉴定了 1315 个前体肽。然后通过序列相似度网络分析选择了四个新颖的基因簇进行研究，鉴定了枸橼酸 A（R50）和 LP2006（R51）等六个新颖的肽类化合物（图 10-12）。其中枸橼酸 A（R50）结构中包含一个细菌中罕见的瓜氨酸修饰；而 LP2006（R51）则具有一个手铐样的拓扑结构，同时其还具有抗多种细菌的生物活性。通过基因组分析 126 株蓝细菌产蓝藻毒素的能力，结合质谱分析对两个新颖的蓝藻毒素基因簇进行验证，鉴定了三个线性的短的蓝藻毒素类化合物绿烟酰胺 A（R52）、绿脓假单胞菌素 B 和 C，结构中有特殊 N 端氮异戊烯基化和 C 端氧甲基化（图 10-12）。

硫肽类化合物是一类重要的 RiPP，通过对 27 株海洋放线菌的基因组分析，结合活性筛选从一株拟诺卡氏菌属的海洋放线菌分离到一个抗革兰氏阴性菌的新颖硫肽类化合物 TP-1161（R53）（图 10-12）；而通过对 752 个人体微生物宏基因组样本分析，共预测鉴定 3118 个小分子生物合成基因簇，并从其中一株人体微生物中鉴定一个具有抗革兰氏阳性菌活性的硫肽类抗生素乳杆菌肽类化合物（R54）（图 10-12）。该研究结果充分地说明了人体微生物组中广泛存在小分子生物合成基因簇，并且具有产生成药分子的潜力。从 *S. collinus* Tü 365 的单个基因组中预测了一个新的镧肽基因簇，并异源表达鉴定其产物为新的镧肽化合物链菌肽（R55）（图 10-12）。

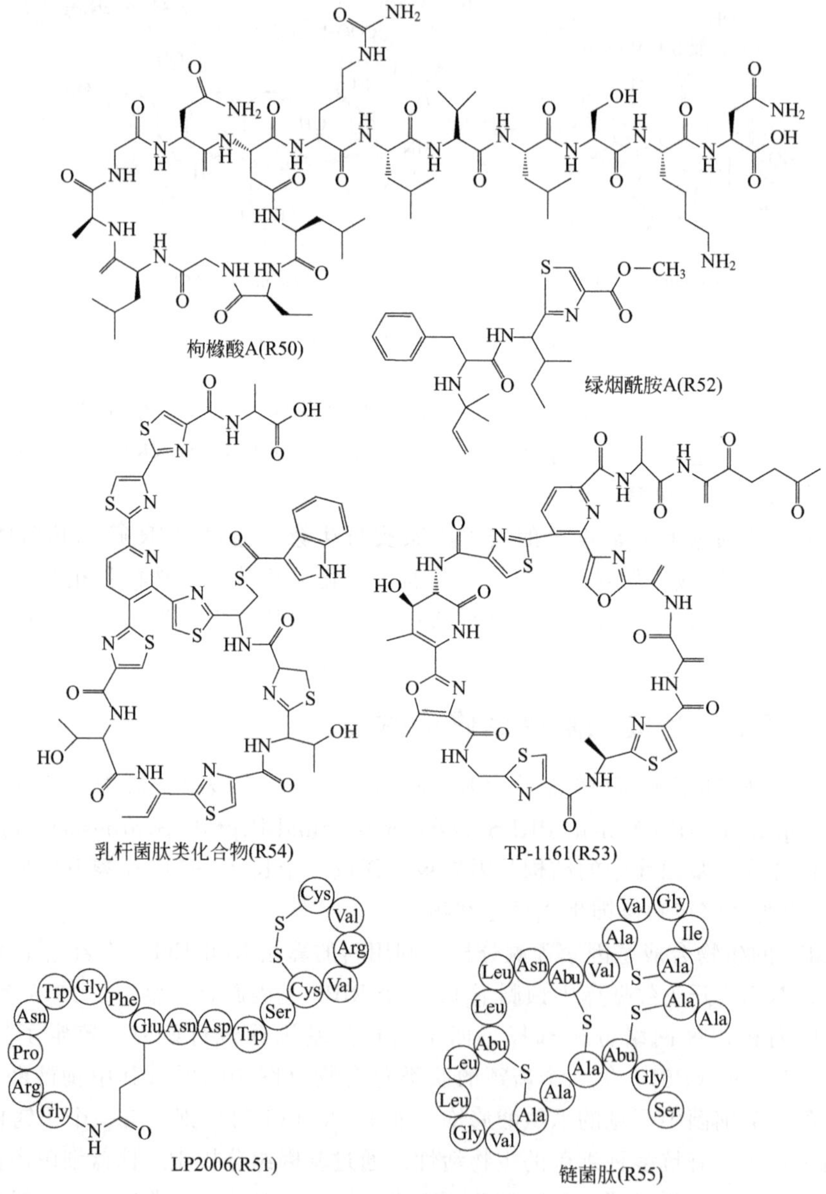

图 10-12　部分代表性新 RiPP 类化合物结构

10.4.5　新颖萜类天然产物的发现

萜类化合物的骨架是由萜类环化酶催化不同数目异戊二烯结构单元的前体形成的，虽然萜类环化酶不像 PKS 或者 NRPS 那样高度保守，通过单个的环化酶基因或者多个进行建模作为探针，同样可以通过基因组挖掘的策略发现新颖的萜类化合物（图 10-13）。

目前发现的萜类化合物主要来源于植物和真菌，细菌来源的不多。Yamada 等通过隐马尔可夫模型（Hidden Markov Model，HMM）建模从开放数据库中调取了 262 个潜在的细菌萜类环化酶，进而通过进化树分析对部分新颖的萜类环化酶进行异源表达获得了 11 个新颖的萜类化合物（R56～R59）（图 10-13）。虽然目前真菌来源的萜类化合物已报道很多，但是双功能萜酶的报道较少。这些双功能酶在其结构中同时含有 C 端 PT（Prenyltransferase，PT）结构域和 N 端萜烯环化酶（Terpene cyclase，TC）结构域，先通过 PT 结构域催化二甲基烯丙二磷酸（DMAPP）和异戊烯二磷酸（IPP）形成 GGPP/GFPP，然后由 TC 结构域环化，形成不同的骨架。随后多个研究组通过基因组挖掘寻找同源基因的策略，先后共发现了超过 10 个新颖的双功能萜类环化酶及其代谢产物（R60～R67）（Yamada，2015）（图 10-13）。

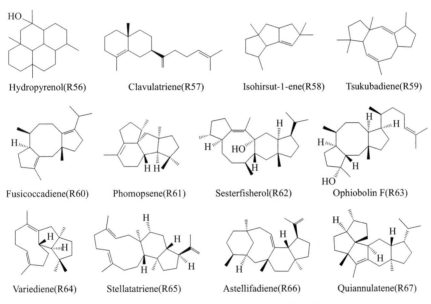

Hydropyrenol(R56)　　Clavulatriene(R57)　　Isohirsut-1-ene(R58)　　Tsukubadiene(R59)

Fusicoccadiene(R60)　　Phomopsene(R61)　　Sesterfisherol(R62)　　Ophiobolin F(R63)

Variediene(R64)　　Stellatatriene(R65)　　Astellifadiene(R66)　　Quiannulatene(R67)

图 10-13　部分代表性新萜类化合物结构

10.4.6　其他类新颖天然产物的发现

以相关生物合成途径中关键的基因或者保守序列为探针，通过基因组挖掘策略同样可以发现更多新颖的基因簇及其代谢产物。

例如磷酸酯类化合物，有学者通过对 10000 株放线菌中磷酸烯醇式丙酮酸（PEP）变位酶的筛选分析菌株的产含磷化合物潜力，发现 278 株菌包含产磷酸酯类化合物的基因簇，分属于 64 个不同类型，其中 55 个可能产生新颖的磷酸酯类化合物。最终从 5 株菌中分离得到 11 个新颖的磷酸酯类化合物，包括广谱抗菌的阿戈拉普类（R68～R69）、缬草磷类（R70）和含硫的磷酸酯化合物磷藻毒素（R71～R72）等（图 10-14）。

通过从土壤宏基因组文库中筛选和分析保守色氨酸二聚体合成基因的新颖性，对一个未被研究过的新颖基因簇进行异源表达激活，鉴定了四个具有多种生物活性的新颖吲哚噻啉化合物博雷霉素 A～D（R73～R76）（图 10-14）。

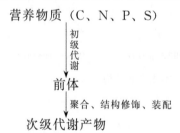

阿戈拉普A(R68)　　　　　　　　阿戈拉普B(R69)　　　　　　　　缬草磷类(R70)

Phosphono-cystoximic acid(R71)　　Hydroxyphosphono-cystoximic acid(R72)　　博雷霉素A(R73)

博雷霉素B(R74)　　　　　　　　博雷霉素C(R75)　　　　　　　　博雷霉素D(R76)

图 10-14　部分代表性新的其他类化合物结构

10.5　微生物天然产物的生物合成

10.5.1　次级代谢的生物合成

次级代谢产物的合成过程可以概括为如下模式：

营养物质（C、N、P、S）

↓ 初级代谢

前体

↓ 聚合、结构修饰、装配

次级代谢产物

次级代谢产物的合成（Biosynthesis of Secondary Metabolism）是以初级代谢产物为前体，进入次级代谢产物合成途径后，大约经过三个步骤：前体聚合，结构修饰和不同组分的装配，合成次级代谢产物。

（1）前体物和主要生物合成途径

次级代谢产物由少数充当前体物的起始物分子合成。它们或者直接通过修饰而产生起始物分子新的化学衍生物，或者与寡聚物质耦联后再修饰产生。各种各样的结构物按照一定的生物合成原理，即在聚缩过程（Polycondensation Process）中结合同源，甚至异源构造成分而合成。而且构造成分，如大环内酯糖苷、Angucyclines 和蒽环类抗生素能够像生物合成的修饰糖一样连接到其他组成成分上。

只有一小部分的前体结构物用于次级代谢产物的形成，包括低级脂肪酸的辅酶 A 衍生物（乙酰、丙酰、丁酰和已丁酰辅酶 A）、甲羟戊酸（也是从乙酰辅酶 A 衍生而来）、氨基酸、shikimate、糖（最好是葡萄糖），以及核苷（嘌呤和嘧啶）。这些前体物在初级代谢中形成诸如蛋白质、核酸、细胞壁成分和膜脂质的细胞物质时也是需要的。尽管许多单分子的生物转化还不清楚，但上面提及的基本结构物的寡聚化只通过三种途径产生：活化糖的糖基化、活化脂肪酸、氨基酸的聚缩反应。

（2）通过简单前体的生物合成修饰合成次级代谢产物

单糖结构修饰，如阿卡波糖中的 valienamin 是从葡萄糖通过一系列单一的生物转化作用而产生的。同样，氨基酸被用作合成许多抗代谢物和酶抑制剂的前体。

Shikimate 和 Chorismate（芳香族氨基酸途径的中间产物）提供了合成氯霉素和 C7N 衍生代谢物的起始前体物。在代谢途径中各种高级脂肪酸，包括聚酮和脂肽类是合成次级代谢产物的前体。

自然存在的各种核苷类抗生素是由细胞核苷（如杀结核菌素，Tubercidin）通过一系列的氧化、脱氢和碳骨架的重排而形成的。另一个生物合成次级代谢产物的策略是用核糖和自由核苷碱基作为起始物，随后分别耦联到独立形成的核苷碱基和糖类似物上而产生次级代谢产物。

10.6　微生物天然产物的生源途径

微生物天然产物类型多样，负责它们生物合成的基因往往在基因组上排列成簇，并且具有极高的保守性，这也使得我们可以从其生源途径的规律入手对其进行研究。按照生源途径，天然产物可以分为很多种，这里我们主要介绍以下几种类型：PKS 类、NRPS 类、PRPS 类、萜类。

10.6.1　PKS 类

许多聚酮型次级代谢产物一般是以脂酰 CoA 作为起始物，与丙二酰 CoA 通过头尾脱羧聚缩作用而产生。这种机制有的类似于脂肪酸生物合成（聚缩酶）。然后通过与其他的丙二酰 CoA 单位缩合而使链延长。这种方式与脂肪酸合成的一个大的差别是紧接着起始缩合（β-酮酸还原脱氢，水合）的酶反应步骤不是按正常的反应进行的，而是偶然地依靠所给的聚酮合成酶而发生的。产物的最后结构与假设的聚酮中间物的形成相一致。这些很不稳定的酶结合中间物被还原、脱氢、水合及为了形成许多环状或聚环状结构物而发生分子内缩合。与哺乳动物和植物细胞中的脂肪酸合成一样，各种脂酰 CoA 构造体被用作合成起始物或延伸物。

迄今为止通过广泛的基因序列分析实验研究的许多微生物的聚酮合成酶（PKS）与脂肪酸合成酶在反应机制和反应动力学方式上是类似的。在链霉菌中有两类不同的 PKS，它们与细菌和植物中的脂肪酸合成酶 II 类似，与脊椎动物和真菌的脂肪酸合成酶 I（多酶合成酶）可相比。

10.6.1.1　Ⅰ型 PKS

Ⅰ型 PKS（PKSⅠ）可分为模块型 PKSⅠ（MPKSⅠ）、trans-AT PKS 和重复型 PKSⅠ（IPKSⅠ）。模块型 PKSⅠ是目前研究得最充分的一类，它由多个模块组成，在生物合成过程中每个模块使用一次，负责引入一个合成单元。每个模块包含不同的功能结构域以共同完成合成单元的引入，最基本的组成功能结构域包括酮合成酶结构域（Ketosynthase，KS）、酰基转移酶结构域（Acyltransferase，AT）和酰基载体蛋白结构域（Acyl Carrier Protein，ACP/T）。AT 负责该模块选择底物的识别；ACP 作为底物的酰基载体，其需要被磷酸泛酰巯基乙胺基转移酶（PPTase）活化后形成全酶才能行使功能；KS 则负责将底物与 ACP 上的聚酮链缩合从而使得聚酮链得以延伸。PKS的模块有两种不同的类型：第一类称为起始模块，功能结构域组成一般为 AT-ACP，有些情况下为 KSQ-AT-ACP（活性位点 Cys 被 Glu 取代，脱羧功能，负责选择起始单元），起始模块负责选择化合物生物合成的起始单元从而启动化合物的合成；第二种被称为延伸模块，该类模块最基本的功能结构域结构为 KS-AT-PCP，此外，这类模块中还经常有酮还原酶结构域（Ketoreductase，KR；负责将酮基还原生成羟基）、脱氢酶结构域（Dehydratase，DH；负责将 KR 还原生成的羟基脱水生成双键）、烯醇还原酶结构域（Enoylreductase，ER；负责将 DH 生成的双键还原成单键）以及甲基转移酶（Methyltransferase，MT）等额外的功能结构域赋予聚酮链骨架的多样性。在生物合成的过程中，起始模块负责选择一个起始合成单元，随后每个延伸模块负责选择一个合成单元添加至聚酮链骨架上，在合成的最后由一个硫酯酶（Thioesterase，TE）催化链的环化将产物从蛋白质上解离，或者通过其他方式解离成环状或者链状产物，最后再被各种修饰酶所修饰，生成最终的产物。许多重要的抗生素，如阿维菌素、红霉素和雷帕霉素等都由模块型 PKSⅠ合成，图 10-15 显示了典型的模块型 PKSⅠ阿维菌素生物合成路径。

一类较为特殊的 MPKSⅠ被称为 trans-AT PKS，许多化合物如 leinamycin、FK228 和 thailandepsin 等由此类 PKS 合成。此类 PKS 的模块组成类型与 MPKSⅠ类似，但是模块内部没有 AT 结构域，在 PKS 各模块的外部，有独立的 AT 被各模块重复利用。

重复型 PKSⅠ一般只包含一个可重复利用的模块，模块的组成与模块型 PKSⅠ中的延伸模块类似，在其合成的过程中模块重复利用，最终通过多种方式将产物解离。真菌中发现的 PKS 往往属于重复型，可分为非还原型 PKS（NR-PKS）、部分还原型 PKS（PR-PKS）和高度还原型 PKS（HR-PKS），典型的代表有苔色酸合成酶（OSAS，NR-PKS）、6-甲基水杨酸合成酶（MSAS，PR-PKS）、洛伐他汀九酮合成酶（LNKS，HR-PKS）和洛伐他汀二酮合成酶（LDKS，HR-PKS）。除了真菌之外，细菌或放线菌中也存在很多重复型 PKSⅠ，例如 MSAS 和 OSAS 以及烯二炔类 PKS（PKSE）等。图 10-16 显示了 IPKS 的两个典型代表 MSAS 和 OSAS 的功能结构域组成以及催化机制。

此外，还有一种 PKS-NRPS 杂合型的基因簇，其中的 PKS 作用方式与 PKSⅠ一样，并且在 PKS/ NRPS 的交界处，需要下游的 KS 识别上游的肽酰链或下游的 C 能识别上游的酮酰链。典型的例子有 FK520 生物合成基因簇、博来霉素生物合成基因簇以及 Yersiniabactin 生物合成基因簇等。

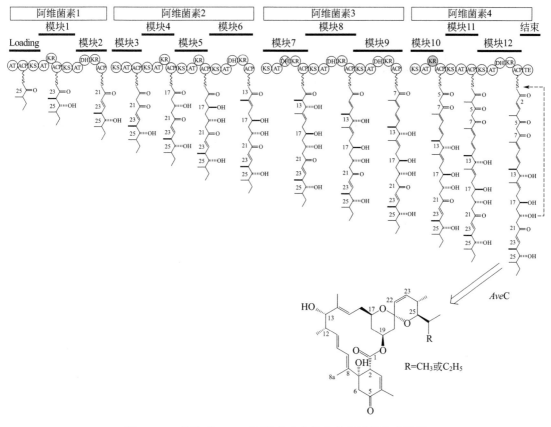

图 10-15　模块型 PKS Ⅰ 阿维菌素生物合成基因簇合成路径

10.6.1.2　Ⅱ型 PKS

Ⅱ型 PKS（PKSⅡ）一般只存在于细菌中，为重复利用型，又因产物为芳香族化合物被称为芳香型 PKS。PKSⅡ最基本的功能结构域包括一个 KSα、KSβ 和 ACP。其中 KSα 与 PKS Ⅰ中 KS 功能相同；KSβ 则是此种类型中特有的，KSβ 又被称为链长因子（Chain Length Factor，CLF）或者链起始因子（CIF，Chain Initiation Factor），功能与 MPKS Ⅰ中 KSQ 类似，可起到起始单元识别作用；而 PKSⅡ 中的 ACP 则被发现可在体外自催化生成丙二酰 ACP。PKSⅡ 一般以丙二酰 CoA 作为起始单元，丙二酰 CoA：ACP AT（MAT）将其丙二酰基团转移至 ACP 上形成丙二酰 ACP，再由 KSβ 将其脱羧生成乙酰 ACP 从而起始生物合成过程，随后经过模块的重复使用，在 KSα 的催化下形成线性的多聚-β-酮脂酰-ACP 中间产物。最后在 ER、环化酶（Cyclase，CYC）和芳香化酶（Aromatase，ARO）的催化下，从 ACP 上解离并生成芳香族的稠环化合物，有时也有 O-MT 将产物进行甲基化。目前已知许多天然产物是由此类 PKS 催化合成的，例如四环素、放线菌紫素和金黄霉素等。图 10-17 显示放线菌紫素的生物合成过程，代表典型的 PKSⅡ 生物合成途径。

聚酮合成酶Ⅱ用于形成聚环或芳香族化合物，如放线菌紫素、粒菌素、特曲霉素、土霉素和富伦菌素等。不同的是来自大环内酯产生菌的 PKS 类似于真核Ⅰ型酶。来自 *Saccharopolyspora erythraea* 的红霉素内酯 B 合成酶表现出一种组件组合结构，它由 3

(a)

细菌或真菌6-MSAS

KS | AT | DH | KR | ACP

细菌OSAS

KS | AT | DH | ACP

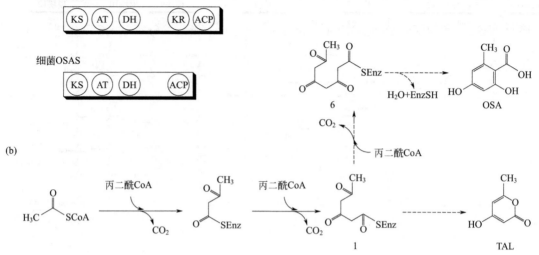

(b)

图 10-16　两种代表性 IPKS 的组成（a）和催化机制（b）

个一样的共线性多肽链组成，并包括了所有的活性位点。它们由 3 个 5kb 的 ORF 所编码。每个 ORF（在两个组件中）包含两套编码脂酰转移酶、脂酰载体蛋白和 β-酮酸 ACP 合成酶的信息。由于组件组合结构，聚酮合成酶扩增了 6 倍。聚酮链延长期间在 3 个多肽上的同样的聚酮合成酶Ⅰ亚基紧密合作。第六个组件是终止酶，它负责环化以合成作为红霉素内酯生物合成中第一个可检测的中间产物红霉素内酯 B。利用在功能区域中进行点突变，或利用功能区域的位置变化，如在终止反应的硫酯酶的区域中，或功能区域的交换可以巧妙地变化聚酮结构。

　　来自不同的链霉菌的芳香族型聚酮合成酶Ⅱ的基因显示出广泛的序列同源性，这意味着它们只是在底物专一性和反应序列上有微小的差别。但是酶结合的聚酮中间产物的各自独立的折叠方式在很大程度上决定了从同样的聚酮中间产物可以形成什么样的环状芳香族型产物。明显地，柔红霉素、四环素、水青霉素和一些安格西霉素在聚酮形成过程中，通过不同的折叠方式环化前体物酮体化合物而合成。在Ⅱ型聚酮生物合成簇中一些被检测到的蛋白质被推测出功能的尝试有许多获得了成功。这导致了最小聚酮合成体

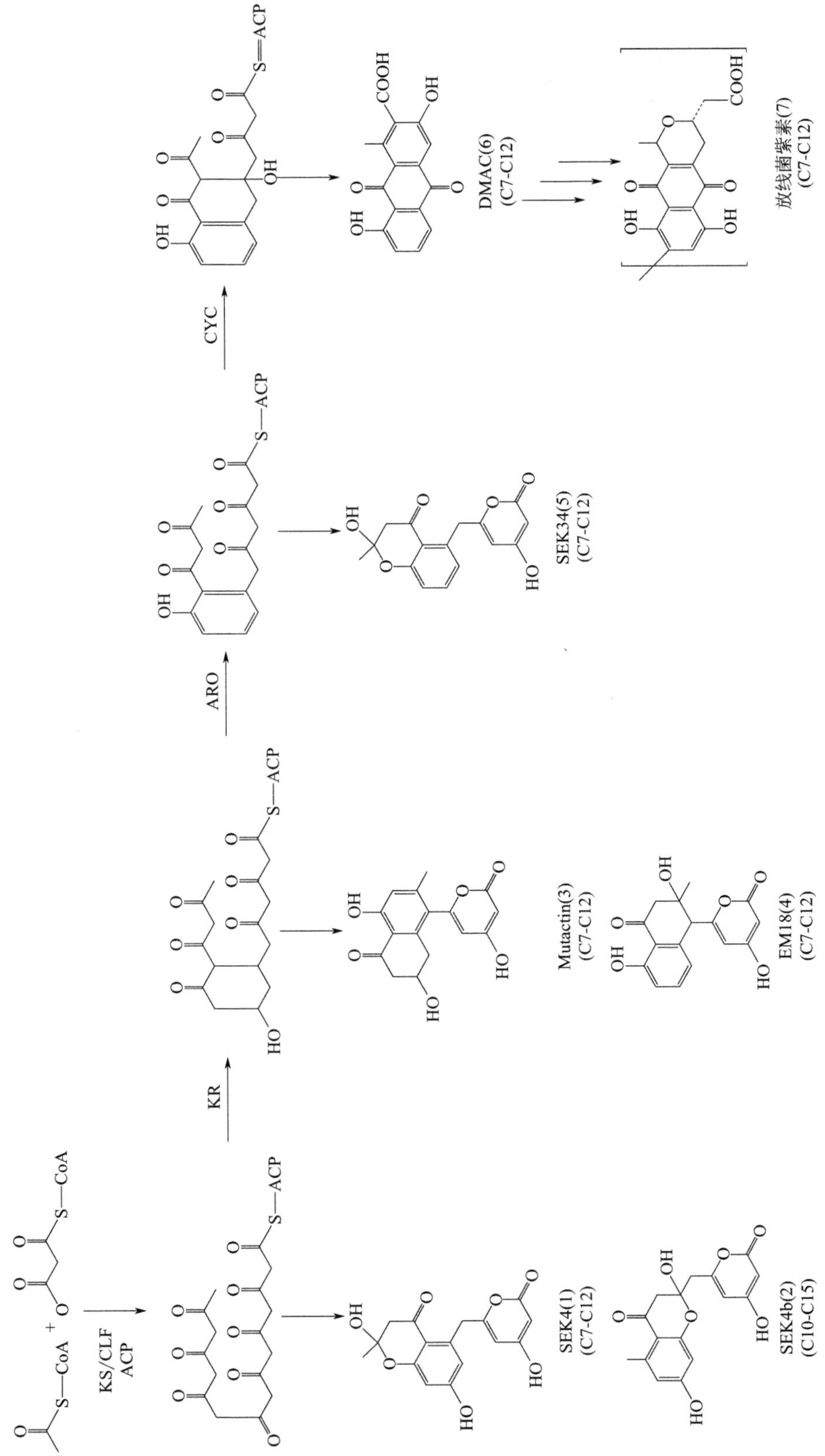

图 10-17　放线菌紫素生物合成途径

系的概念的产生，这个体系包括缩合酶、脂酰载体蛋白和丙二酰 CoA 转移酶。另外还有一个蛋白质作为链延长因子而起作用，它决定了链延长步骤的数目和作为环化酶引导环化的方式。许多新的聚酮被新的菌株所产生。这些菌株含有各种最小体系和因子的结合体，这种结合体导致了第一个组合生物合成方法的出现。

10.6.1.3　Ⅲ型 PKS

Ⅲ型 PKS（PKSⅢ）主要发现于植物和细菌中，是一类比较特殊的 PKS，它仅有一个独立的蛋白质形成同源二聚体催化化合物的合成，代表的化合物有查耳酮、二苯乙烯等。PKSⅢ可以接受多种类型的酰基-CoA 作为起始单元，例如乙酰 CoA、p-香豆酰 CoA 和异戊酰基 CoA 等；随后再引入一定数量的脂酰 CoA 作为延伸单元并催化产物链的延伸；最后 PKSⅢ再通过不同的机制催化产物的释放。图 10-18 显示了几种典型的 PKSⅢ的生物合成途径。

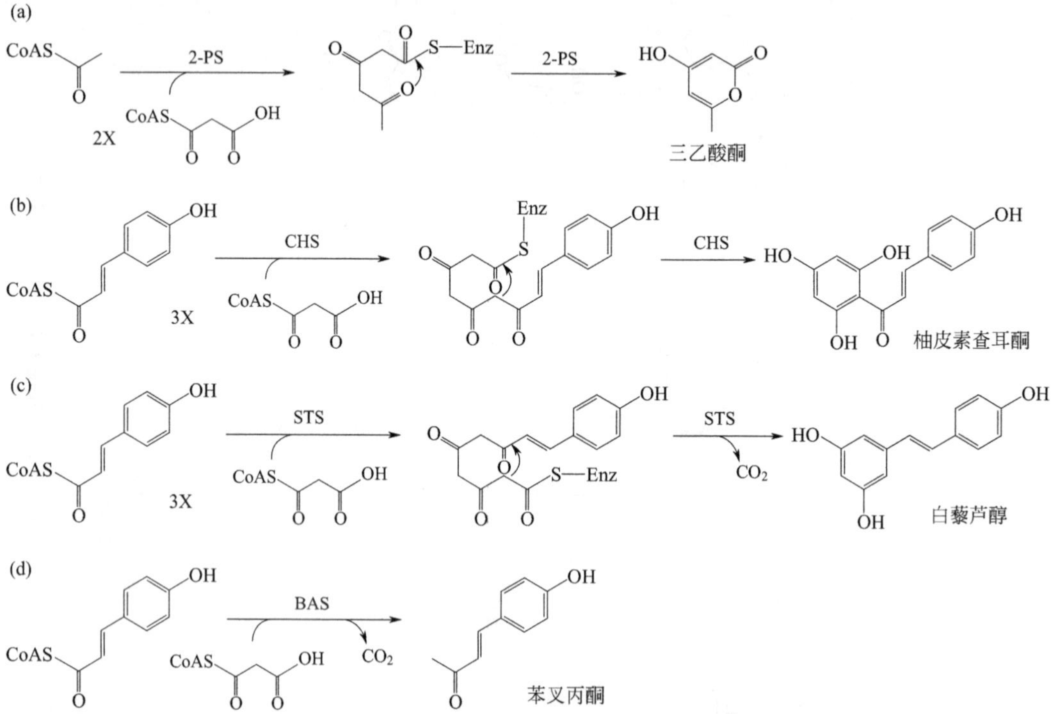

图 10-18　PKSⅢ生物合成途径
（a）三乙酸酮；（b）柚皮素查耳酮；（c）白藜芦醇；（d）苯叉丙酮
2-PS，2-吡喃酮合成酶；CHS，查耳酮合成酶；STS，二苯乙烯合成酶；BAS，苯甲丙酮合成酶

10.6.2　NRPS 类

非核糖体肽合成酶（NRPS）是一类核糖体以外合成多肽类物质的一类复合酶，其产物被称为非核糖体肽（NRP），它的底物除了 20 种蛋白质氨基酸外，还可以选择多样的非典型氨基酸，因此具有极大的产物多样性。许多重要的化合物都是由此类基因簇合成的，比如万古霉素、青霉素的前体 ACV、环孢素 A（Cyclosoprin A）以及埃博霉素（Epothilone）等。

10.6.2.1　模块型 NRPS

NRPS 一般为模块型，每个模块在产物的合成过程中负责引入一个氨基酸残基。NRPS 的每个模块又分为不同的功能结构域，最基本的有缩合结构域（Condensation Domain，C）、腺苷酸化结构域（Adenylation Domain，A）和肽载体蛋白（Peptidyl Carrier Protein，PCP/T）。A 的作用类似于 MPKS I 中的 AT，负责底物的识别和活化；PCP 则等同于 MPKS I 中的 ACP，被 PPTase 活化后作为酰基载体；C 则类似于 KS，负责将选择的氨基酸底物与 PCP 上的多肽链缩合生成肽键。同样与 MPKS I 类似的，NRPS 包含两种不同的模块类型：起始模块，A-PCP，负责起始单元的选择；延伸模块，C-A-PCP，负责多肽链的延伸，这类模块还存在异构化结构域（Epimerase，E；负责氨基酸构象由 L 型转变为 D 型）、异环化结构域（Heterocyclization Domain，Cy；即与 C 一样催化肽键生成，又催化 Cys、Ser 和 Thr 的侧链与肽链骨架之间生成噻唑啉或噁唑啉杂环）、氧化结构域（Oxidation Domain，Ox；负责将噻唑啉或噁唑啉杂环生成噻唑或噁唑）和 MT 等。NRPS 的生物合成起始于起始模块活化第一个单元，随后由延伸模块引入氨基酸单元，每个延伸模块中的 C 催化其模块中 A 所选择的底物与上一个模块中 PCP 上的肽酰链连接形成酰胺键，最后由硫酯酶（TE）催化或其他方式使得 NRPS 从 PCP 上解离下来形成环状或者线性产物，最后被多种修饰酶生成最终产物（图 10-19）。

10.6.2.2　其他类型 NRPS

NRPS 除了模块型以外，还有 PKS-NRPS 杂合型、重复型 NRPS 和非线性 NRPS。PKS-NRPS 杂合型在前面已经有所描述，在此不再赘述。重复型 NRPS 的模块和功能结构域可被重复利用多次，典型的例子就是肠杆菌素合成酶和 Coelichelin 合成酶。肠杆菌素合成酶的 DHB-Ser 双模块在生物合成过程中被利用了三次，而 Coelichelin 合成酶则是由三个模块合成了四肽的产物。非线性 NRPS 则是与传统的 A-PCP-[C-A-PCP] n-C-A-PCP-Te 线性组装方式不同的一种类型，其工作机制也较为神秘，随着大量微生物基因组的解密，也有许多类似的 NRPS 被发现。杀刚果锥虫素合成酶是其中一个典型的例子，它的功能结构域或模块包括 A-PCP-C、游离的 A、游离的 PCP 和游离的 C，其可能的生物合成途径由图 10-20 所示。

10.6.3　PRPS 类

从大量微生物基因组解密以来，人们发现了大量的 PRPS 基因簇，说明了 RiPP 是自然界中最主要的肽类天然产物之一。目前已知的 RiPP 可分为数十个种类，这里主要介绍几个重要类型如羊毛硫肽、硫肽、套索肽和萜类的结构特点及其生物合成的机制。

10.6.3.1　羊毛硫肽

羊毛硫肽（Lanthipeptides）是一类结构中含有羊毛硫氨酸（Lan）或 3-甲基羊毛硫氨酸（MeLan）的 RiPP，由于具有抗菌活性，又被称为羊毛硫菌素，代表性的化合物有乳酸链球菌肽和肉桂霉素等。Lan 和 MeLan 的形成需要通过两个步骤："前体肽"中 Ser 和 Thr 脱水生成脱氢丙氨酸（Dha）和脱氢酪氨酸（Dhb）；迈克尔加成将 Cys 与 Dha 或 Dhb 之间形成硫酯键。根据负责 Lan 和 MeLan 形成酶的不同，可将羊毛硫肽进一步细分为四个类型。I 型由两个酶分别催化这两个过程，其中脱水酶 LanB 催化脱水，

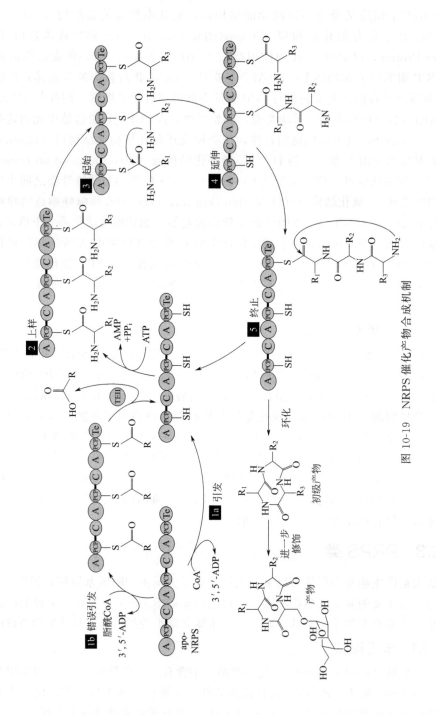

图 10-19　NRPS 催化产物合成机制

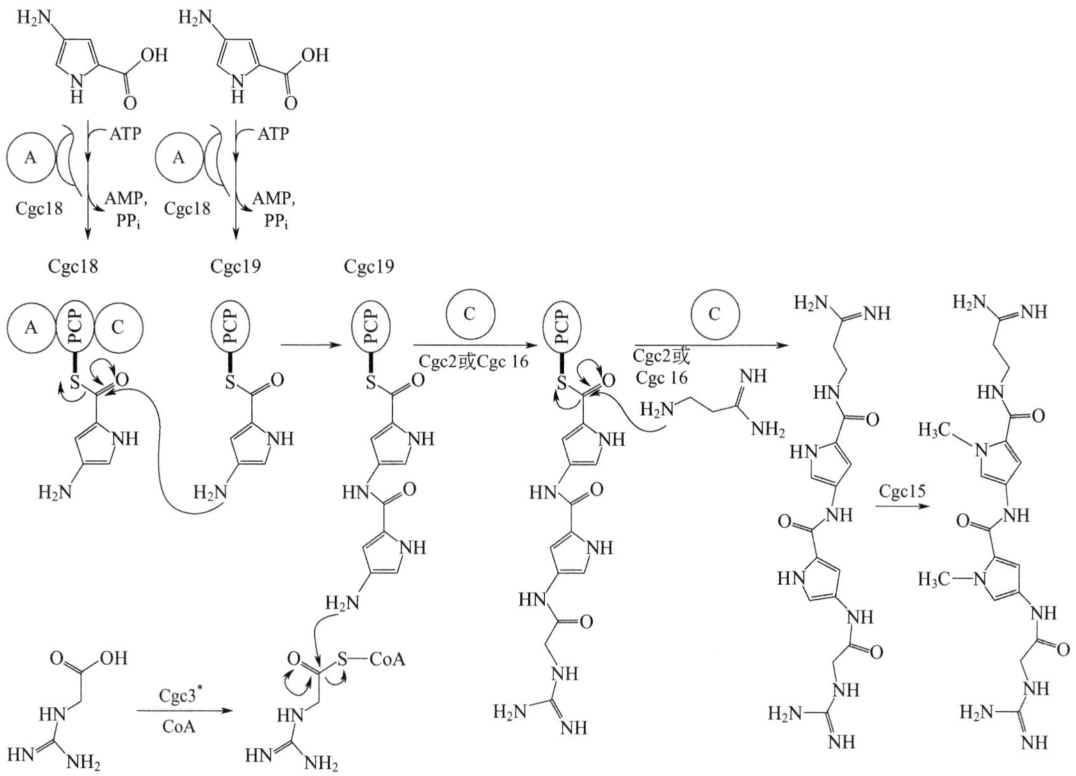

图 10-20　杀刚果锥虫素生物合成途径

环化酶 LanC 催化环化过程；Ⅱ型则是由双功能的羊毛硫氨酸合成酶 LanM 催化完成脱水和环化，LanM 的 N-末端有一个脱水酶结构域，C-末端有一个类似于 LanC 的环化酶结构域；Ⅲ型由 LanKC 负责催化这两个过程，其 N-末端有一个磷酸化丝氨酸/磷酸化苏氨酸裂解酶结构域，中间有一个激酶结构域，这两个结构域共同负责脱水，在 C-末端还有一个环化酶结构域（与 LanC 不同，缺少金属结合位点）负责环化；Ⅳ型则是双功能酶 LanL，它与 LanKC 类似都有三个功能结构域，不同之处在于其 C-末端的环化酶结构域与 LanC 类似。值得注意的是，所有的羊毛硫氨酸合成酶的底物特异性并不强，这也使得研究人员可以对羊毛硫肽进行人工修饰。

10.6.3.2　硫肽

硫肽（Thiopeptides）结构上存在一个由多个噻唑、噁唑、吲哚、脱氢氨基酸以及一个含 N 六元杂环形成的肽大环骨架，每个不同的分子中这个六元杂环一般为三种形态中的一种：哌啶、二氢蝶啶和吡啶。硫肽具有多种活性，更多报道是抗革兰氏阳性菌活性，代表性的化合物有硫链丝菌素（Thiostrepton，Thio）等。按照六元杂环的结构，一般可将其分为五种不同类型。硫肽结构中的这些共同特征中，有些与其他类 RiPP 相同，如结构中的 Dha、Dhb 与羊毛硫肽类似。这几个结构特征的生物合成也与相应的几类 RiPP 类似：结构中的 Dha 或 Dhb 的生成由脱水酶 TpdB 或 TpdC（两者中的一个或者两个，与 LanB 较低相似性）催化 Ser 或 Thr 生成；与 LAP 机制类似的是，环化脱水酶 TpdG 和脱氢酶 TpdE 分别负责催化聚唑啉和聚唑的生物合成。而结构中的含 N 六元杂环则可能是通过其中独特的酶 TpdD 催化两个 Dha 之间通过［4＋2］加成反应而生成。

10.6.3.3　套索肽

套索肽（Lasso peptide）类化合物的结构特点在于其 N-末端的套索结构，因此非常稳定，它一般具有抗革兰氏阴性菌活性，代表化合物有小菌素 J25 等。套索肽一般由 16～21 个氨基酸残基组成，并且 N-末端的氨基与第 8 或第 9 位的 Glu/Asp 侧链上修饰的羧基之间形成内酰胺键，从而形成 N-末端的套索结构。套索肽可分为三个类型：Ⅰ型的特点是分子内部有 2 个二硫键，且第一个氨基酸残基是 Cys；Ⅱ型特点是没有二硫键，且第一个氨基酸残基是 Gly；Ⅲ型则只有 1 个二硫键，且第一个氨基酸残基是 Gly。在套索肽的生物合成过程中，LasB 负责剪切掉"引导肽"序列，LasC 负责将第 8/9 位的 Asp/Glu 侧链上的羧基腺苷酸化后再形成内酰胺键，最后由 LasD（ABC 转运蛋白）将产物输出。

10.6.4　萜类

萜类已知有超过 5500 种化合物，是多样性最丰富的天然产物类型之一。目前多数已知的类萜次级代谢物经常存在于植物和真菌的次级代谢产物中，其中著名的产物有青蒿素、紫杉醇和类胡萝卜素等，而在细菌中是少见的（如戊烯内酯、阿雷纳霉素）。然而随着大量细菌基因组的解密，研究人员发现细菌中，尤其是放线菌中也广泛存在萜类化合物合成基因。大量的次级代谢产物单、倍半、二、三类萜结构物是从乙酰 CoA 经过甲羟戊酸和异戊烯焦磷酸而形成的。它们合成的起始步骤（如 β-羟-β-甲基戊二酰 CoA，异戊烯焦磷酸的形成）与作为真菌和细菌的细胞必需成分三萜甾体和藿烷类的形成是一样的。目前已知在生物体内，IPP 和 DMAPP 由两条不同的途径合成——甲羟戊酸（MVA）途径和 2-甲基-D-赤藓糖醇-4-磷酸途径（MEP），微生物中，真菌利用 MVA 途径提供棕榈酸异丙酯（IPP）和二甲基烯丙基焦磷酸（DMAPP），细菌中一般仅有 MEP 途径。

在萜类化合物的生物合成途径中，前体供应的下游合成路径决定了其结构的多样性。目前研究较清楚的是由异戊烯基转移酶（Prenyl Transferase，PT）利用 IPP 和 DMAPP 催化生成一系列的前体：DMAPP 与一个 IPP 缩合生成 Geranyl Diphosphate（GPP）；DMAPP 与两个 IPP 缩合生成 Farnesyl Diphosphate（FPP）；DMAPP 与三个 IPP 缩合生成 Geranylgeranyl Diphosphate（GGPP）。进一步这些链状的前体再经由不同的 Terpene Synthase（TPS）催化通过不同的环化方式生成各式各样的萜类骨架：GPP 环化生成单萜、FPP 环化生成倍半萜、GGPP 环化生成二萜，而两个 FPP 连接经环化生成三萜，两个 GGPP 连接再经环化则生成四萜，最后经过一系列的修饰生成最终的产物。Yamada 等对细菌来源的 TPS 经过系统分析后，将这些新颖的 TPS 在特定的宿主中进行异源表达后，得到了 13 个新颖的萜类骨架，其中包括 2 个倍半萜和 11 个二萜。这一结果说明了细菌中萜类化合物的广泛存在，从微生物尤其是放线菌中挖掘萜类化合物是非常有前景的（Yamada，2015）。

微生物中，芳香 PT 是又一类参与萜类生物合成的酶，它也可将异戊二烯基类的前体作为修饰引入芳香化合物骨架中，这些化合物包括 Tryprostatin（抗癌活性）、Mycophenolic Acid（免疫抑制剂）和 Panepoxydone（抗炎症活性）等。其中吲哚 Pt（又称为 Dimethylallyltryptophan Synthase，DMATS）是目前真菌发现最主要的一类，它负责将 DMAPP 或者 DMAPP 修饰基团转移至色氨酸吲哚基上特定位点；另一类为细菌中的 ABBA 类 PT，这类 PT 催化 Phenylpropanoids、Flavonoids 和 Dihydroxynaphtha-lenes 等的异戊二烯基化。真菌类萜（如 Trichothecens、Germacrine、Aristolochene 等）的生物合成的最后步骤是通过特殊的环化酶催化进行的。许多环化包括双键或环氧化物的质子化和烷基化，以及烯丙基双磷酸酯的离子化。

10.7　微生物天然产物研究的挑战

微生物天然产物作为抗生素药物的重要来源，是我们不得忽视的一个巨大资源，但是微生物天然产物研究也遭遇了困境。制约微生物天然产物发展的因素有很多，主要可总结为以下几个方面：

10.7.1　传统微生物天然产物研究策略上的局限

一直以来，微生物天然产物研究的传统策略是基于环境中分离所得到的可培养微生物（仅占不到环境中微生物总量的 1%），通过对其进行发酵培养，再结合活性追踪以及化学分离方法最终获得化合物。在微生物天然产物研究的初期，这种策略能够迅速累积大量活性化合物，然而在天然产物研究已经得到长足发展的今天，已经逐渐显现出其自身存在的不足。传统的微生物菌种分离技术仅能获得环境中不到 1% 的那些可在实验室条件下容易生长的微生物，因而非常容易出现菌株的重复，这一方面增加了去重复的工作量，另一方面也不断分离到重复的已知化合物。而这些已知的化合物往往活性强、产量高，这些已知化合物往往会掩盖许多产量偏低、新颖作用机制或者活性中等但具有改造潜力的新化合物。此外，微生物中负责编码次级代谢产物的基因往往成簇排列形成次级代谢产物基因簇（Secondary Metabolites Gene Cluster，SMGC），研究人员发现被解密的微生物基因组中存在着大量的基因簇，而在传统的研究策略下这些基因簇中仅有一小部分的产物被人们所获得。因此传统的研究策略往往在浪费了大量的人力、物力和时间后，新型活性天然产物的发现率仍然非常低。这就要求我们在传统研究策略之外，要另辟新径，采取其他互补的策略，以不断丰富我们的手段，最终增加获得活性化合物乃至药物的概率（Jorgensen，2002）。

10.7.2　获取资源技术上的不足

在药物研发的许多技术手段得到长足发展的今天，许多筛选模型被开发出来用于筛选目的活性化合物，在高通量筛选（High Throughput Screening，HTS）发展起来之后，限制药物开发的主要因素则是用于筛选的化合物资源。而对于微生物天然产物研究来说，化合物资源归根结底就是菌种资源以及其基因组中所蕴含的 SMGC 资源。然而现有的手段却不能够有效利用甚至发现这一部分资源，这也是造成现阶段微生物天然产物研究瓶颈的重要原因。首先，自然界中超过 99% 的微生物资源目前我们很难触及，这使得我们的可用资源被限定在一个有限的范围内。其次，对于现阶段微生物天然产物研发的主力军——放线菌来说,链霉菌由于生长快速等在数量上占据绝对优势,然而传统方式从其中得到新颖活性化合物概率已经很小。因而需要将数量上"小众"的"稀有放线菌"作为研究对象,然而"稀有放线菌"往往由于生长缓慢、生长培养基独特等特性难以获得纯培养,因而可供我们研究的稀有放线菌数量较少,这也使得我们的研究资源被大大限制了。虽然近年来随着分离技术和分类手段的进步,一些稀有放线菌属,如疣孢菌属、拟无枝菌酸菌属、盐孢菌属以及普氏菌属等逐渐进入我们的视线,从一定程度上逐渐开始弥补菌种资源不足这一缺陷,却仍然难以跟上天然产物研究的步伐,这也要求在微生物资源学的研究上更快进步。最后,对于我们反复研究的微生物,其基因组内 SMGC 资源仍然有相当一部分未被我们所利用,例如 *Streptomyces avemitilis* 和 *Streptomyces coelicolor* 等,这也要求我们要发展更多的技术和方法去找到这些基因簇,然后激活它们,并最终获得化合物(Jorgensen,2002)。

10.7.3 化合物检测、获得技术手段上的缺乏

微生物产生次级代谢产物有利于其在生活环境中生存,往往很多化合物的产量是非常低的,而对于这些产量很低的化合物的检测也存在着技术手段上的不足,这也使得我们容易遗漏许多具有潜在非常好生物功能但微量的新颖天然产物。虽然近年来质谱的发展,使得在微量成分的检测上取得了很大进步,但是海量数据的快速分析、预测方法的建立依然是个瓶颈。另一方面,天然产物往往分子量比较大、结构比较复杂,存在着多种异构体和多种同系物,因此也造成了化合物的分离、结构解析等过程中的极大困难,这些困难也从某一方面限制了天然产物发展。这也依赖于色谱技术、质谱技术、核磁共振技术(NMR)等进一步发展。

各种瓶颈的限制,最终使得天然产物研究的速度和效率急剧下降,严重阻碍了天然产物的发展。然而随着各学科研究人员的共同努力,诸多技术手段和研究方法的发展,人们也逐渐找到了一些新的方法和途径,这势必会推动微生物天然产物的研究进入一个新的黄金时期(Zhang,2002)。

10.8 微生物天然产物研究的相关技术手段

新颖微生物资源开发以及基因组挖掘发现新颖天然产物涉及微生物资源的获取、基因组测序分析、基因簇 DNA 片段的获得、基因簇的表达和产物分离鉴定等多个方面;近年来,研究人员在各个环节已开发了多种技术和方法,极大地促进了新颖微生物天然产物的发现,以下对相关技术方法进行简要概述。

10.8.1 新的资源获取和开发

微生物新颖天然产物发现的根本是微生物资源,多样的微生物资源是新颖天然产物的保障。随着深海探测、极地勘探等技术的发展,获取极端环境微生物资源成为可能。目前海洋、极地、沙漠、温泉、植物内生、共生、厌氧等待开发生态环境中的微生物资源,在传统微生物天然产物研究和基因组挖掘方面均已获得了研究人员的关注。目前阶段,从纯培养微生物出发进行天然产物研究仍然是最有效的手段,然而分离技术却仍然

是瓶颈。为了从环境中获得更多的微生物，研究人员将目光放到各种特殊生境的微生物上，发展了许多的手段以提高微生物获得率。

对分离样品进行稀释、寡营养培养以及添加细胞信号分子等方式都能够增加微生物的获得率。有学者将微生物分散包裹到微滴中在模拟的自然环境中进行培养，保证它们之间的代谢产物和信号分子可以相互交换，最终获得多种新颖的微生物。有学者从一株可以促进微生物生长的菌株中分离得到一种新的酰胺去铁胺铁螯合剂，它可以作为生长因子促进环境中"非可培养"微生物的生长。研究人员还发展了一套直接从环境中原位培养增加微生物获得率的方法，将样品置于一个称为"扩散云室"的装置中，并置于环境中培养，最终获得了大量的"非可培养"微生物。随后，在此基础上又开发了一种高通量富集环境微生物的装置——分离芯片，使得海水中和土壤中可培养微生物的比例分别上升至 40% 和 50%，并从这些分离得到的一株革兰氏阴性菌 *Eleftheria terrae* 中获得了一个全新机制的抗生素——泰克菌素。

10.8.2　基因组挖掘策略

2001 年，当第一个放线菌基因组 *Streptomyces avermitilis* 序列被解密后，人们发现其基因组中所蕴含的 SMGC 数量远远高于人们所发现的化合物；随后有学者对 *S. coelicolor* A3（2）进行了测序并公布了第一个放线菌基因组完成图，人们同样发现其中蕴含着大量的未知基因簇，随后一些其他微生物的基因组的测序同样揭示了许多沉默"次级代谢产物基因簇"，"基因组挖掘"策略应运而生。基因组挖掘的一般流程是通过生物信息学手段或者 PCR 的手段对基因组或微生物菌株进行搜索，找到目的基因簇或菌株后，通过多种方式使得基因簇表达产物最终获得新颖的化合物。人们已经从几株基因组测序的放线菌中获得了一部分它们基因组中所蕴含的新颖基因簇。随着基因组测序等技术的发展，基因组测序变得越来越普遍，这推动了"基因组挖掘"的快速发展。作为传统研究策略的一个重要补充，基因组挖掘也确实使得人们能够更加方便和快速地找到新颖的化合物。"基因组挖掘"可以分为以下几个层面：

10.8.2.1　基于基因组序列的挖掘

微生物基因组序列的公布，使得我们得以看到其蕴含的全部次级代谢潜力，进而我们根据序列分析得到的信息，对感兴趣的基因簇进行不同的操作或处理，最终将会获得大量的新颖化合物。

有学者通过对 *S. coelicolor* M145 基因组进行分析，发现了一个含有 3 个模块的 NRPS 基因簇 cch，最终获得其产生的四肽新型天然产物科利切林，这也开启了基因组挖掘的先河。随后，诸多报道如雨后春笋般涌现，也使得基因组挖掘的手段越来越丰富。例如从 *Aspergillus nidulans* 基因组中发现相邻的 NR-PKS I 和 HR-PKS I 基因，他们将附近一个推定的正调控因子的启动子序列替换成诱导型 alcA 启动子，最终获得了新型化合物艾斯博呋喃酮；从 *S. ambofaciens* 基因组中发现了一个具有 25 个模块的 PKS I 基因簇，进而他们发现该基因簇中存在一个 LAL 家族的正调控因子，他们将其进行了过表达最终获得了 51 元环的聚酮化合物斯坦博霉素；从 *S. lactacystinaeus* OM-6519 基因组中发现一个新的硫肽基因簇 laz，通过在 *S. lividans* TK23 中异源表达，最终获得了新颖化合物乳唑；在海洋放线菌 *Saccharomonospora* sp. CNQ-490 中找到一个沉默的 NRPS 基因簇，他们通过 TAR 克隆技术直接将其克隆出，再结合对负调控因子的敲除，最终获得了新颖化合物塔罗霉素（Yamada，2015）。

10.8.2.2 宏基因组挖掘

从广义上来看，"基因组"包括"单菌基因组"和"宏基因组"两个层次，后者包含大量的微生物基因组，因此宏基因组使得我们能够触及自然界中大量的以前未曾触碰的次级代谢产物资源。"宏基因组挖掘"一般基于构建的宏基因组文库或者对宏基因组的大规模测序，利用表型观察、直接发酵克隆、基于 PCR 的筛选或者生物信息学手段找到含有目的基因簇的克隆，最终获得化合物。自从宏基因组学提出以来，人们已经通过这一途径获得了包含各种类型的诸多的化合物和基因簇。

然而，由于一些技术上的限制，例如文库插入片段大小不足、筛选工作量巨大等因素造成了宏基因组技术并没有展现出它应当有的优势。而在未来，随着文库构建技术的进步、大片段组装技术的逐渐成熟，再配合对宏基因组文库的高通量测序，以及各种生物信息学手段，宏基因组挖掘也将为推动微生物天然产物研究做出巨大的贡献。

10.8.2.3 大数据挖掘

近年来，随着测序的基因组以及宏基因组数据越来越多，人们也逐渐利用这些公布的数据，通过流行的大数据挖掘手段进行基因组挖掘。

通过对已测序的菌株进行了生物合成基因簇（Biosynthetic Gene Cluster，BGC）的预测，发现在细菌基因组中存在着多种类型的基因簇，而我们目前关注较多的类型仅占很小一部分，其中相当一部分是我们目前未知的。对于未知家族的基因簇，进一步通过实验证实它们负责合成芳基多烯羧酸类化合物，并且这类基因簇广泛存在于革兰氏阴性菌当中；针对人体相关微生物的基因组和宏基因组序列，发现与人体共生的这些菌株中广泛存在着各种类型的基因簇，进而发现硫肽类化合物合成基因簇在人体共生菌中普遍存在，最终从一株阴道共生菌中分离得到了硫肽类化合物乳唑，表现出了良好的抗阴道中的革兰氏阳性病原菌，并且利用宏转录组数据也验证了发现的化合物在人体中即处于表达状态，说明了这些微生物通过表达硫肽类抗生素参与调节人体内微生物群落稳态，同时也证明了之前得出结论的正确性。

利用大数据，可以得到很多的规律，并指导我们更有效率地研究微生物天然产物，然而目前的研究才刚刚起步，随着基因组测序数量的不断增加，将会给我们带来更多有用的信息（Mukherjee，2017）。

10.8.3 基因组测序及基因组挖掘分析工具

DNA 测序对于生物学研究至关重要。在过去的半个世纪里，来自世界各地的许多研究人员投入了大量的时间和资源来开发和改进 DNA 测序技术。一代测序技术由 Applied Biosystems 垄断，而二代测序则有 454（罗氏）、Solexa（Illumina）、Agencourt（Applied Biosystems）、Helicos（Quake）、Complete Genomics（Drmanac）和 Ion Torrent（Rothberg），相互之间的竞争也非常激烈。正因为如此，二代测序技术迅猛发展，测序的成本也越来越低，才使得大量微生物基因组的测序成功开展。目前三代测序中 PacBio 的 SMRT 应用最为广泛，另外还有 Nanopore 测序技术（Oxford Nanopore Technologies）。随着二代测序的不断完善，三代测序的发展，获得高质量的基因组数据将越来越简单。通过测序获得基因组数据后，如何从中发掘我们需要的信息是关键。近年来，随着生物信息学的发展，大量基因组数据、次级代谢基因簇数据库、次级代谢基因簇预测分析和比对工具被开发（表 10-7）。

表 10-7　基因组挖掘相关分析工具和数据库

工具/数据库	网址
ClusterMine360	http：//www. clustermine360. ca/
CASSIS	https：//sbi. hki-jena. de/cassis/cassis. php
eSNaPD v2	http：//esnapd2. rockefeller. edu
FunGeneClusterS	https：//fungiminions. shinyapps. io/FunGeneClusterS
GNP	http：//magarveylab. ca/gnp
GARLIC	https：//magarveylab. ca/gast/
NaPDoS	http：//napdos. ucsd. edu
SANDPUMA	https：//bitbucket. org/chevrm/sandpuma
NP. searcher	http：//dna. sherman. lsi. umich. edu/
NRPSpredictor	http：//nrps. informatik. uni-tuebingen. de
SeMPI	http：//www. pharmaceutical-bioinformatics. de/SeMPI/
PRISM 3	http：//magarveylab. ca/prism
RODEO	http：//www. ripprodeo. org
SBSPKSv2	http：//www. nii. ac. in/sbspks2. html
（SEARCHPKS）/SBSPKS v2	http：//202. 54. 226. 228/~pksdb/sbspks _ updated/master. html
RiPPMiner	http：//www. nii. ac. in/rippminer. html
Smiles2Monomers	http：//bioinfo. lifl. fr/norine/smiles2monomers. jsp
EvoMining	http：//evodivmet. langebio. cinvestav. mx/newevomining/new/evomining _ web/index. html
SMURF	http：//www. jcvi. org/smurf
GNPS	http：//gnps. ucsd. edu/
DEREPLICATOR	Standalone：http：//cab. spbu. ru/software/dereplicator/
iSNAP	https：//magarveylab. ca/analogue
MIBiG	https：//mibig. secondarymetabolites. org/
GRAPE	Source code：https：//github. com/magarveylab/grape-release
IMG-ABC	https：//img. jgi. doe. gov/abc/
StreptomeDB 2. 0	http：//www. pharmaceutical-bioinformatics. org/streptomedb/
Norine	http：//bioinfo. lifl. fr/NRP/
APD3	http：//aps. unmc. edu/AP/
CAMPR3	http：//www. camp3. bicnirrh. res. in/
DBAASPv. 2	http：//dbaasp. org/
antiSMASH 4	http：//antismash. secondarymetabolites. org
ARTS	http：//arts. ziemertlab. com

工具/数据库	网址
SMBP	http：//www. secondarymetabolites. org
BAGEL3	http：//bagel2. molgenrug. nl/
CLUSEAN	https：//bitbucket. org/antismash/clusean
DoBiSCUIT	http：//www. bio. nite. go. jp/pks/
KNApSAcK database	http：//kanaya. aist-nara. ac. jp/KNApSAcK/
LSI based A-domain function predictor	http：//bioserv7. bioinfo. pbf. hr/LSIpredictor/AdomainPrediction. jsp
MAPSI/ASMPKS	http：//gate. smallsoft. co. kr：8008/pks/
Novel Antibiotics Database	http：//www0. nih. go. jp/~jun/NADB/search. html
NRPS-PKS/SBSPKS	http：//www. nii. ac. in/~pksdb/sbspks/master. html
NRPSSP	http：//www. nrpssp. com/
PKMiner	http：//pks. kaist. ac. kr/pkminer/
PKS/NRPS Web Server/Predictive Blast Server	http：//nrps. igs. umaryland. edu/nrps/
PKSⅢ explorer	http：//type3pks. in/tsvm/pks3/

利用基因组数据和以上相关分析工具，除了一般的基于核心基因的基因组挖掘方法外，研究人员还开发了基于基因簇家族、后修饰基因、抗性基因、基因组邻近网络、基因簇和二级质谱模式或结合活性筛选等基因组挖掘的方法。

10.8.4　DNA 组装及大片段 DNA 获取技术

微生物天然产物基因簇在基因组上所占据的空间较大（一般 30～150kb），传统利用构建 cosmid 或 BAC 文库的方式对基因簇进行克隆，然而往往完整的基因簇序列断成多个片段。很多情况下在原位进行目的基因簇的遗传操作很难实现，因此在异源宿主中对潜力基因簇进行重构或者直接通过基因组克隆整簇则可以带来极大的方便。

近年来发展起来的一些大片段 DNA 片段克隆、拼接和突变技术极大地方便微生物天然产物的研究。

DNA 组装是合成生物学和代谢工程的重要基础技术之一，自 20 世纪 70 年代初限制性内切酶消化和连接方法建立以来，研究人员投入了大量的时间来开发高效、高保真、模块化以及快速简便的 DNA 组装方法。目前主要有基于限制性内切酶、同源序列和寡核苷酸序列桥联等方法。

10.8.4.1　Red/ET 重组技术

Red/ET 技术是由 Stewart 等发展起来的一项在 E. coli 中工作的快速克隆技术，其原理基于 Rac 噬菌体的 ET 重组系统（RecE 和 RecT）和 λ 噬菌体来源的 Red 系统（Exo 和 Beta 蛋白）。当将这两个系统的蛋白质组合使用介导重组时，在同源臂仅为 50bp 左右的情况下即可达到很高的重组效率和正确率，并且避免了传统基因工程操作中的酶切、连接等繁琐步骤。在经过几次的优化与升级之后，Red/ET 技术的效率都得到了大大地提高，其有着极广的应用范围，例如 DNA 大片段克隆、基因敲除、点突变、载体快速改造等。Red/ET 技术的发展大大地推动了微生物天然产物研究的发展。

10.8.4.2　TAR 克隆技术

TAR（Transformation-Associated Recombination，转化相关的重组）克隆技术原理类似于 Red/ET，其使用酿酒酵母作为受体菌，通过在体外构建好含有同源臂的线性捕获载体，再将含有目的片段的基因组或宏基因组质粒经合适酶切处理后，共转录至酿酒酵母。利用酿酒酵母体内重组系统重组成含目标 DNA 片段的重组质粒，最终通过筛选获得最终的目的质粒，TAR 克隆技术所能捕获的片段最大长度可达 250kb，一般最终筛选阳性率为 1%～5%。如果酶切位点选择合适，使目标区域接近切口末端则能提高至 30%。然而这受到酶切位点的局限，将 CRISPR/Cas9 与 TAR 技术相结合，利用 CRISPR/Cas9 对基因组预处理以绕开酶切的局限，最终使得阳性率提高到 32%。TAR 克隆技术的优势也使得它有着较广泛的应用，例如将宏基因组或基因组 cosmid 文库中具有重叠同源区的克隆进行组装，直接克隆基因组中大片段 DNA 序列用于异源表达等。此外，有学者利用该技术拼接出 *Mycoplasma genitalium* 的完整基因组，这更说明了该技术的优势和易用性。

10.8.4.3　吉普森组装

吉普森组装（Gibson Assembly）是一类不依赖限制性内切酶的作用，体外直接将具有重叠区域的 DNA 片段连成完整的质粒的方法。该类方法采用一步等温法完成所有过程，其原理是：利用 T5 核酸外切酶从 DNA 双链 5′ 端进行切割露出 DNA 双链的 3′ 端，两条 DNA 链露出的单链通过碱基互补而发生退火，再通过 DNA 聚合酶以其中任意一条单链为模板自 5′ 向 3′ 端进行延伸，最后通过 DNA 连接酶将两条链连接起来。该方法简单易行，且同时可以进行多个片段的连接避免了传统的酶切连接的繁琐，大大简化了基因组装的过程。该项技术的典型应用就是对 *M. genitalium* 基因组部分的体外组装，因此它在未来大片段 DNA 克隆、质粒的构建等方面也将有着极大的应用空间。

10.8.4.4　CRISPR/Cas9

CRISPR/Cas9（Clustered Regularly Interspaced Short Palindromic Repeats）是近年来发展起来的一项基因组编辑的革命性技术，其工作原理是：在区序的引导下将 sgRNA（Single Guide RNA）带到特定位点，Cas9 蛋白结合到 sgRNA 的发卡结构，识别基因组上 PAM（Protospacer Adjacent Motifs）序列并进行剪切。目前该技术已经广泛应用在人类、小鼠、酵母等多种物种，随着研究人员的不断改造与优化，该技术能够方便地实现基因敲除、基因敲减、基因激活等，极大地推进了生命科学研究的发展。而针对微生物天然产物研究领域，该技术已经成功应用于链霉菌基因组编辑，在未来微生物天然产物研究中必定会发挥至关重要的作用。

10.8.5　沉默基因簇激活策略

在实验室培养条件下微生物基因组中大量的"沉默基因簇"无法利用传统的方法去进行研究。随着各种关键技术的发展，研究人员发展了一系列方法以激活它们，尝试获得对应的产物，可大致分为以下几种方法（表 10-8）：

表 10-8　沉默基因簇激活策略

策略		原则/方法
全局性策略	培养条件改变	利用微生物对生长环境的适应诱导基因簇的表达：培养基组成、温度、pH、化学试剂、前体添加、共培养、天然环境模拟等
	转录和翻译机器的改造	突变 RNA 聚合酶和核糖体蛋白：核糖体工程等
	全局调控因子操纵	调节全局转录因子的表达，群体感应信号操纵
	表观遗传干扰	通过突变或者小分子抑制剂改变染色体的结构；DNA 甲基化或组蛋白去乙酰化酶抑制剂
靶向性策略	特定途径调控因子操纵	转录激活因子的过表达，抑制因子的敲除
	基于报告基因的突变筛选	在制造全局突变的情况下，通过报告基因监测靶点的转录
	代谢通路重构	启动子更换、合成生物学重构
	异源表达	将基因簇导入异源宿主进行表达和操作

10.8.5.1　针对通路特异性调控元件激活沉默基因簇

该方法通过分子生物学的方法对特异性控制基因簇表达的关键负调控因子进行敲除或者对正调控因子进行过表达或者引入异源的强启动子以激活目的基因簇，最终获得目的产物。小巢状曲菌 Aspergillus nidulans 基因组中存在着一个沉默的 NRPS-PKS 杂合基因簇，该基因簇中基因 apdA 所编码的蛋白质包含一个 PKS 模块和 NRPS 模块，在其附近存在一个可能的正调控基因 apdR。随后将调控基因 apdR 进行过表达，最终使得该沉默基因簇得到表达，获得了化合物阿司吡啶酮 A 和 B。

10.8.5.2　利用表观遗传学方法激活基因簇

该方法从表观遗传学层面解除微生物对次级代谢产物基因簇表达的抑制，达到激活沉默基因簇的目的。有学者发现，A. nidulans 中存在一个调控次级代谢产物的全局调控因子 laeA，作者将该基因敲除或者过表达后再利用微阵列（Microarray）检测各基因簇的表达情况，发现许多基因簇的表达得到了提高。最终他们通过的 laeA 基因的过表达获得了抗肿瘤活性的化合物 terrequinone A。随后他们找到 A. nidulans 基因组中的 COMPASS（与 set1 有关的复合体）组蛋白甲基化酶 cclA，认为其可能通过将组蛋白 H3 上 4 位赖氨酸甲基化而参与到次级代谢产物的调控。将其敲除后，使得 2 个基因簇得到激活，最终得到了单二异噻吩酮和大黄素。此外，利用组蛋白或 DNA 修饰等小分子抑制剂以改变染色体的状态，也可以达到解除基因簇表达抑制的目的。有学者利用组蛋白去乙酰化酶抑制剂亚油氧基苯胺羟胺酸（suberoylanilide hydoxamic acid，SAHA）处理 A. niger 最终获得了化合物奈杰降 A。

10.8.5.3　利用种间相互作用激活基因簇

利用 58 个不同的放线菌与 A. nidulans 共培养，最终发现 S. rapamycinicus 诱导了 A. nidulans 两个化合物的产生，有学者用五株不同的放线菌与 S. coelicolor 在平板上共培养，他们发现相邻的菌株之间会通过小分子信号相互影响导致代谢谱发生变化，他们除了检测到一些已知的化合物外，还检测到了许多未知化合物被激活。

"核糖体工程"的技术除了可以提高化合物产量外，还能激活新颖化合物的表达。对 1068 株放线菌进行了筛选，发现其中 6% 的非链霉菌和 43% 的链霉菌经过核糖体工程技术处理后，产生了新的抗菌化合物（Thodey，2014）。

10.8.5.4 同位素组合方法激活基因簇

对 *Psuedomonas fluorescens* 基因组中次级代谢基因簇进行预测分析，发现一个沉默的 NRPS 基因簇 ofa，推测其可能利用 Leu 作为底物，随后用 15N-L-Leu 喂养到 *P. fluorescens* 发酵体系中，再通过同位素追踪的分离方法获得酰胺类化合物。异源表达是一种很有效的激活沉默基因簇的方法。目前 *E.coli*、*S. coelicolor* 以及 *S. avemitilis* 等都作为宿主成功异源表达出了很多的基因簇。在未来，随着基因簇克隆技术的提高，在体外重构基因簇并进行异源表达，将会大大提高沉默基因簇激活的概率。

10.8.5.5 OSMAC 策略激活基因簇

其原理利用微生物对不同环境做出的反应不同，当微生物处于不同的发酵培养基、培养条件中，其自身将会对不同的外界环境做出不同的响应，从而表达出不同的次级代谢产物，当使用多种条件进行发酵时，则可能会得到多种的化合物（Mukherjee，2017）。此外，往培养基中添加不同的添加物如有机试剂、重金属等，也可以达到激活沉默基因簇的目的。报告基因引导的突变株挑选技术（Reporter-Guided Mutant Selection，RGMS）激活基因簇。

在 *Streptomyces* sp. PGA64 中发现沉默的 PKS II 基因簇 pga，将合成 PKS II 骨架的核心基因所在的操纵子的启动子置于报告基因 xylE 上游，构建成整合性报告质粒。随后将报告质粒转入 PGA64 中，获得基因工程菌株，菌株中的报告基因可以监测目标操纵子的表达状态。由于 pga 基因簇一般处于沉默状态，此时菌株中的报告基因也相应地处于沉默状态。随后利用紫外诱变从基因组全局层次上对菌株进行扰动，则有可能使得该启动子被激活、强化最终获得了化合物高迪霉素 D 和 E。

10.8.6 产物检测分析手段的进步

微生物基因组中虽然含有大量的次级代谢产物基因簇，然而在实验室的培养条件下，往往大部分基因簇处于沉默状态——不表达或表达量很低，这也是很多代谢产物难以被发现的重要原因之一，因此对微量产物的检测与分析的手段也是微生物天然产物研究的重要制约因素之一。近年来，质谱技术的发展使得微量产物的检测手段更加灵敏、方便与快速。

利用基质辅助激光解吸电离飞行时间质谱（MALDI-TOF MS）、影像质谱等技术，对微生物代谢产物进行检测，并结合多级质谱技术（MSn）对微生物中的肽类等天然产物进行分析，再结合其他数据获得新颖化合物；将 MS/MS 与 nanoDESI 联用，直接检测微生物菌体或粗体物，再进一步构建分子网络，使得我们能够从全局上看到微生物的代谢谱，最终再结合相应的数据库以及其他技术最终也简化了我们获得新化合物的流程。

此外，NMR 等技术的发展将会更加地简化化合物的检测与结构解析过程，有助于降低产量低的化合物结构解析等难度。另一方面，基于质谱、核磁等多种排重方法的建立，极大地促进了新颖化合物的发现效率。

10.9　微生物活性筛选

微生物的代谢物包括细胞代谢的终产物和中间产物，代谢物的水平是细胞对基因变化和环境变化的最终应答。由于微生物具有分布广、种类多、易变异的特性，所以微生物的代谢产物种类繁多，可以为高通量筛选提供丰富的样品。自1943年美国著名土壤微生物学家Selman Abraham Waksman从放线菌（*Streptomyces griseus*）中发现链霉素以来，药物化学家和微生物学家已经培养并筛选了大量的陆生微生物，并发现了一系列新的抗生素。目前，从土壤微生物来源的新抗生素发现越来越少。原因包括以下两点：一是反复分离到已知的微生物菌株；二是许多情况下环境微生物只有不到5%是可以进行纯化分离培养。建立菌种库对已获得和不断获得的微生物菌株进行长期有效的保藏，减少因菌种保藏不力致使菌种死亡而带来的损失，保护好微生物菌种资源是顺利进行微生物高通量筛选的基础与关键。同时建立不可培养微生物的宏基因组文库以及大规模微量保存和快速解析体系，应用生理学组阵列技术最大范围获取自然环境中可培养或不可培养的微生物菌种，与基因突变库中的微生物克隆子是一项非常重要的工作（张立新，2017）。

10.9.1　筛选样品资源库

以收集、保存、研究、开发丰富的微生物遗传资源为目的，在一些关键技术（如极端、稀有微生物、动植物共生微生物的分离、培养技术，环境基因资源分离和保存技术等）取得突破性进展的基础上，最大限度地发掘在研究和应用前景方面有重要意义的微生物资源，提升微生物资源开发利用的可持续发展能力。近几年国外文献报道很多新种基因组，新基因和新的功能物质从动植物共生微生物Endophytes（内生微生物）和Epiphytes（外生微生物）中分离出来，显示了巨大的产业化潜力。动植物共生微生物为适应环境生存而产生的结构万千的次级代谢产物中，更蕴藏着无数高效低毒的崭新活性物质等待我们去发现。另一方面，随着温室效应全球变暖和环境恶化，很多动植物共生微生物种正处于灭绝的边缘。我们拟充分利用、保存和发扬光大我国微生物资源，建立适合我国特色的微生物菌种库、宏基因组文库和功能物质库应用于高通量筛选和优化平台的研究模式和可持续发展技术体系。重点加强极端环境生物资源、海洋微生物资源、动植物共生微生物资源、环境治理和能源转化微生物资源的收集和保存，在较短的时期内，形成一个菌种资源储备量达到10万株，集资源储备、利用和共享为一体的微生物菌种资源库，满足筛选平台的需求，为我国生命科学研究、生物技术创新及产业发展提供充分必要的资源储备和技术保障（张立新，2017）。

10.9.1.1　构建高通量、低重复、新颖的微生物天然种质数据库和实物库

高通量分离纯化微生物，模拟各种自然环境刺激微生物，产生新型的天然产物；利用TLC、HPLC-MS化合物数据库软件，迅速排除已经报道的活性天然产物，把精力放在有崭新结构和崭新活性化合物的分离提取、结构鉴定和放大生产上。同时建立高质量的海洋微生物数据，对其进行标准化整理、数字化描述；建立系统规范的数据库和实

物库，初步建立微生物资源共享网络体系，实现信息和实物共享。

选择的微生物可以在液体或固体培养基中，在不同的条件下进行发酵并通过萃取获得粗提物。对微生物代谢产物的粗提物可直接进行编码储存及相应的高通量筛选。为了不排除样品中微量成分，减少样品的复杂性，可使用部分纯化的微生物代谢产物样品库进行高通量筛选。也可应用快速纯化系统分离微生物的粗提物，获得具有一定质量和纯度的代谢产物样品库并进行高通量筛选。总之，目标是对保有的所有可培养微生物进行发酵及相应的处理，建立粗提物、部分纯化提取物及较为纯化天然产物三个样品库，并对所有样品编码保存和进行针对相应靶标的高通量筛选。

建立新的富集和分离微生物（尤其是独特环境下微生物和动植物共生微生物）的方法，建立高容量的微生物种质库，通过形态特征及高通量的分子鉴定方法，借助核糖体DNA等分子鉴定方法。首先在微生物的来源、形态、分离方法等水平去重复化，获得相应的微生物层面的信息，然后通过生物学上保守遗传信息等分子鉴定手段获得菌种分子层面的信息，模拟其生态环境刺激其产生化学结构多样性的次级代谢产物。整合遗传多样性与代谢物指纹图谱信息，一旦发现活性菌株和产物即对其进行大规模发酵分离获得活性物质，如图 10-21 所示：

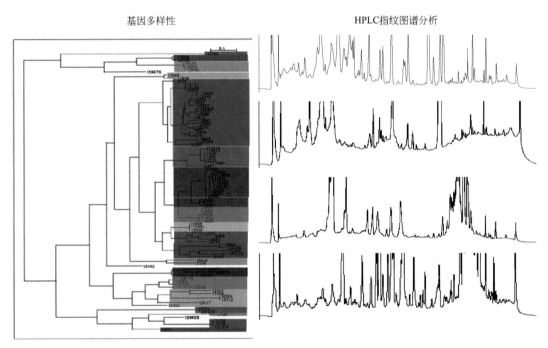

基因多样性　　　　　　　　　　　　　　HPLC指纹图谱分析

图 10-21　整合遗传多样性与代谢物指纹图谱信息的数据库去重复化

建立利用不同的营养和控制条件获得微生物代谢产物的方法，这些条件包括微生物种类、底物、发酵参数等。方法的重现性可以通过实验室自动化系统实现，通过 HPLC 和 LC/MS 指纹图谱检测重现性。

建立利用生物合成和代谢调控机制的发酵技术获得微生物代谢产物的方法，包括建立定向生物合成方法、突变生物合成方法及外源化合物的生物转化方法。

建立发酵产物的预处理及半提取技术，包括发酵产物的不同方法的提取、干扰成分的去除、微孔板样品的制备等。

建立微生物代谢产物库的指纹图谱及质谱数据管理系统。

通过以上技术建立的微生物代谢产物库，可以为高通量筛选平台每年提供大量的样品，是微生物高通量筛选平台的有力支撑（张立新，2017）。

10.9.1.2　微生物宏基因组库

建立在工业、能源、环境、医药应用中具有重要价值的微生物纯培养物的总 DNA 制备与纯化技术，构建全基因组 DNA 与 cDNA 文库。建立环境样品中总 DNA 制备与纯化技术，建立快速有效的大片段 DNA 的提取技术，构建环境基因文库与环境宏基因组文库。建立宏基因组文库的大规模微量保存和快速解析体系，在宏基因组文库基础上建立小片段子文库和酶库。利用 DNA 重排等基因重排技术，构建酶基因突变文库。

由于接近微生物种类 99% 的难分离培养微生物无法在实验室获得纯培养，无法对它们进行研究。通过建立宏基因组文库克隆难分离培养微生物的基因，可以在分子层次上对它们进行直接研究，更重要的是可以克隆它们所拥有的丰富的基因资源。宏基因组文库是发现难分离难培养微生物产生活性物质新基因的宝库，可克隆到新的未见于报道的基因。但是由于环境中污染物质的多样性和丰富性，建立环境中的宏基因组文库难度也比较大。宏基因组文库转入表达宿主中，需要宿主能提供必要的前体和生物合成途经。但是即使这些条件具备，很多微生物的功能代谢产物基因组仍旧处于休眠状态，需要采用独特的微生物环境模拟和培养来诱导表达。我们拟利用先进的分子生物学基因序列分析方法结合生物信息学方法，对所分离得到的微生物进行解析，对其代谢途径和潜在功能代谢产物进行初步推断，同时根据分析结果，设计不同的培养条件，诱导各个功能代谢途径的开启，产生多种功能代谢产物，希望能分离到新颖的活性物质。同时，我们模拟海洋自然环境的方法，在实验室应用生物反应器、传感器、培养基选优、高密度发酵等技术，来刺激海洋微生物的感知，适应并应答产生目的活性物质，建立包括制种、种子发酵培养、发酵罐培养及后提取、浓缩、精制等技术联动配套的高效的发酵技术体系。利用分子生物学定点诱变等方法，对菌种的代谢途径进行有效改造（张立新，2017）。

10.9.2　自动化高通量样品处理体系

实现微生物高通量筛选所需要的关键技术包括以下两种。①高通量的生理学组阵列系统的建立：利用目前已有的微型机电技术设备，建立微孔板微生物差异培养的方法；建立微孔板上细胞密度、底物消耗、产物生成的测定方法；建立利用基因芯片技术分析微生物细胞基因表达的方法。②微生物的快速、准确的鉴定系统：利用分子生物学、免疫学技术结合常规生化技术，实现对目标微生物的快速鉴定。

以工业微生物菌种选育和产量提高为例。在国内菌种选育方式主要有自然选育、诱变选育、杂交选育、原生质体融合等技术，其不足之处在于耗费大量人力物力和时间，筛选工作比较复杂，必须要建立模型，采用高通量筛选的模式而且菌种筛选随机性较高，可能在引入有利变异的同时也会产生很多有害的变异，而有害的菌种变异往往影响发酵过程的优化和放大作用；这种传统的菌种选育方式由于对引起功能变化的生物学基础不了解，因此这些改良特性和方法不能用在其他菌种上。抗生素作为我国医药生产的大宗产品，在医药产品中占很大的比例，其生产方法主要是微生物发酵，在菌种改良方面仍采用常规的菌种选育方法，存在较大的盲目性，耗费大量人力物力和时间，筛选工作比较繁琐，必须要建立模型、采用高通量筛选的模式；国内最新投入的抗生素工业生产用发酵罐的规模和数量越来越大，在菌种改良的过程中就必须要考虑到发酵放大的问题，而高效的菌种可以在不增加任何设备投资情况下大幅度提高效益，类似杠杆式地级联放大。

10.9.3 微生物高通量筛选模型

研究高通量药物筛选的新技术、新方法，完善高通量微生物的筛选技术平台，扩大高通量筛选能力和规模；研究由高通量微生物的筛选发展出超级微生物的技术体系和理论体系，通过高通量筛选与有效的经典筛选方法相结合（体内外筛选方法相结合），大幅提高有限样品条件下微生物筛选的效率和质量，发现新的微生物；建立大规模高通量微生物筛选样品生物活性信息数据库，保证高通量筛选工作的持续性和筛选资料长期应用。

10.9.3.1 分子细胞水平的特异性体外筛选模型

分子水平的药物筛选模型是 HTS 中使用最多的模型。根据生物分子的类型，分子水平的药物筛选模型主要分为受体、酶、通道、基因和其他类型的模型，其特点是药物作用靶标明确，应用这些模型可以直接得到药物作用机理的信息。

10.9.3.2 受体筛选模型

受体筛选模型典型的是受体与放射性配体结合模型。其过程一般是将受体、配体、供试化合物和必要的辅助因子一起加入到适当的缓冲液中，温孵一定时间使结合反应达到平衡，随后通过过滤分离结合和游离的配体，然后将滤纸烘干，滤纸上残留的即为结合的放射性配体，这可用液体闪烁计数来测量结合的放射性配基。

10.9.3.3 酶筛选模型

筛选作用于酶的药物，主要是观察药物对酶活性的影响。根据酶的特点，酶的反应底物、产物都可以作为检测指标，并由此确定反应速度。典型的酶筛选包括 3 个部分：①让被测化合物在适当缓冲液中孵化；②反应起始后（可以加金属离子或蛋白质激活剂）可以通过改变反应混合物的温度、缓冲液的 pH 值和酶的浓度来控制反应速度；③如果是单时间点数器，反应必须终止，且需测量产物的增加和底物的减少。

10.9.3.4 离子通道筛选模型

作用靶标为钠通道上的蛤蚌毒素（STX）结合位点，用放射性配体（^{3}H STX）进行竞争性结合试验考察受试样品。用酵母双杂交的方法 HTS 干扰 N 型钙通道 B3 亚单位与 A1B 亚单位相互作用的小分子，寻找新型钙通道拮抗剂。

10.9.3.5 细胞水平药物筛选模型

该模型是观察被筛样品对细胞的作用，但不能反映药物作用的具体途径和靶标，只能反映出药物对细胞生长等过程的综合作用，所以当已知单一确切的与治疗相关的靶标后就不适合于初筛。这些模型中最重要的是报告基因（Reporter Gene）测定。由于转录因子和基因表达相关因子是药物作用的重要靶标，从而出现了报告基因法。如果把靶基因表达的调控序列与编码某种酶活性的基因相连，转入细胞内，通过简单地检测酶活性的变化，就可以反映化合物对转录因子和基因表达的作用性质和程度，一般把这种能间接反映基因转录水平的编码某种酶的基因称为基因报告法。在应用时，首先确定构建模型所需的调控序列，然后根据具体情况选择载体。

10.9.3.6　高灵敏的检测系统

为了能够针对上述的各种作用靶点，对大量化合物进行快速、高效、低成本、微量化的筛选，建立了许多新的检测方法，特别是荧光技术和放射性同位素技术的应用和发展，适应并加速了 HTS 的发展。

10.9.3.7　均相时间分辨荧光分析法（HTRF）

采用脉冲激光作为光源，激光照射样品后所发射的荧光是一混合光，但由于待测组分的荧光具有特定的衰变期，可根据时间变化灵敏地检测到待测样品的荧光变化而不受其他组分、杂质荧光及仪器噪声等干扰。这项技术具有采取均相测定模式、自动化、非同位素和使用荧光标签等优点。当以镧系元素铕等为示踪剂，在紫外线激发下，能够发射微弱离子荧光，这些元素与紫外线吸收配体螯合并微胶化（Microcapsulation）后即可产生很强的荧光信号，一般自然本底衰减时间为 1~ 10ns ，而铕的衰减时间为 1020Ls，待本底光衰减后，所测荧光即为离子荧光，从而减少了本底干扰，提高了分析灵敏度。

10.9.3.8　荧光极化法

荧光极化法（FP）在分析生物和化学体系中的分子间相互作用时是一种强有力的、快速的技术，它可以根据示踪剂在游离和与靶标分子结合两种状态时的旋转速率不同而加以区分。在一定温度和黏度时，1 个分子的旋转松弛时间（Rotational Relaxation Time，RRT）与其体积相关。1 个荧光配体在游离时不需要 1ns 就会完成 1RRT ，而当这个配体被适当波长的偏振光激发时，产生的诱导偶极子将绕着起初的激发面随机旋转。这样通过一个即时极化过滤器就可以观察这种放射，这种放射开始是平行的，然后垂直于极化的激发面，几乎有相等的密度，当荧光配体结合到大分子上，由于体积变大，复合物的 RRT 可为 100ns 或更多。因此，在荧光试剂的 ns 存在周期内大多数激发光的原始极化都被保留，此时可以检测到比垂直时更高的荧光强度，一个分子的极化值与分子的 RRT 成正比，再根据 RRT 与分子体积的关系可得分子体积，从而可得到结合游离率，这就是荧光极化的原理。

10.9.3.9　时间分辨荧光能量传递分析法

时间分辨荧光能量传递分析法（TRET）是一种双标记方法，其原理是在荧光镧系复合物和共振能量受体之间的长范围能量传递。TRET 是完全在液态下进行的，不需固定相支持和分离步骤，也不需对试剂特殊处理、检测或沉淀。其优点是通过减少背景使长期存在的供体和受体信号的时间门控显示很高的敏感性。现在，已有大量的HTS 检测在使用 TRET ，包括成功使用之微型化而应用于 1536 孔板的筛选。除了用于 HTS 酪氨酸激酶外，还可应用于蛋白质与蛋白质结合分析、受体结合分析等。此外，还有荧光共振能量传递法（FRET）和荧光关联光谱法（FCS）等。

10.9.3.10　微型化放射技术

虽然荧光检测技术是 HTS 的发展趋势，并越来越受重视，但是放射性检测技术仍然在 HTS 中发挥重要作用，估计现在仍占 HTS 量的 20%～50%。闪烁接近分析法（SPA）利用含闪烁剂的微小球（闪烁球），经过化学处理这种小球能使靶标分子（抗体、受体蛋白质和酶）偶合到达其表面，如果以^{3}H 或^{123}I 标记的分子直接或通过偶合分子的相互作用结合到闪烁球表面，当它靠得足够近以致发射的能量能激活闪烁球上的闪烁剂而产生光信号，而产生光信号的多少与标记分子结合到闪烁球上的数量成正比，并被闪烁球计数器方便地测量。这样，结合的放射性配体产生了 1 个闪烁信号而游离的没有，从而可以得出结合率。SPA 在检测 RNA 转录、测定 P56 激活酶活性、对氨基乙酰化 tRNAd 进行测定等方面都有实际的应用。FLASH PLATE 分析法与 SPA 的原理相同，只是它把闪烁剂固定在微皿内表面而不是闪烁球上。

10.9.3.11 细胞基础的放射性技术

G2 蛋白偶合受体，离子通道功能和共焦显影平板用于细胞和亚细胞的显影，FLIPR（Fluorometric Imaging Plate Reader）可以在短时间同时检测荧光的强度和变化，对于测定细胞内钙离子浓度是非常理想的方法，也可以用于测定膜电位和细胞内的 pH 值（张立新，2017）。

10.10 合成生物学

合成生物学是 21 世纪初在基因组学和系统生物学全面发展的基础上，以工程科学理念引入生命科学研究领域为特征而形成的新兴前沿交叉学科。作为一门新兴的、有望引领生物技术和生命科学领域的颠覆性交叉学科，合成生物学已经登上了历史舞台并体现出了强大的生命力。合成生物学以解决人类社会中的重大问题为出发点，利用工程学思想，以"合成"指导研究，以系统"构建"指导技术发展，是一门涉及生物、化学、物理、工程、计算机与信息化技术等多领域的综合交叉学科。它利用工程化的生物系统或生物模型来处理信息、操纵生物体，通过人工设计和构建自然界中原本不存在的生物系统，以达到制造材料、生产能源、提供食物、保持和增强人类健康以及改善环境等目的。2004 年，美国著名科技杂志《麻省理工学院科技评论》（*MIT Technology Review*）已将合成生物学评选为未来改变世界的十大新技术之一。合成生物学从兴起至今一直受到全世界的关注（刘乐诗，2019）。

随着生命科学的发展，合成生物学已经使人们对遗传信息的认识从基因测序"读"的过程迈入到基因编辑"写"的阶段，真正实现了设计。通过构造人工生物系统，可进一步了解生命系统的基础法则，即"Build to Understand"，体现了合成生物学对生命本质的认识提升属性。与此同时，通过人造微生物细胞工厂进行高效制造，即"Build to Apply"。微生物作为了解和认识生命活动规律最重要的实验材料，同时也是合成生物学实现"格物致知"的一种非常重要的研究对象和工具。从 Wimmer 实验室首次人工合成脊髓灰质病毒、Venter 研究所依照蕈状支原体 *Mycoplasma mycoides* 的基因组合成人造生命 Synthia，到 Jay Keasling 和 Christina Smolke 的研究组利用酿酒酵母分别实现植物来源的药物青蒿酸和阿片类药物的微生物合成，Christopher Voigt 课题组建立的大肠杆菌成像系统，再到最近我国科学家完成的全化学合成重新设计酿酒酵母染色体及首次创造出单条融合染色体酵母，合成生物学掀起的技术革命已经彻底颠覆了人们过去对于生命科学和生物技术的认知。与此同时，伴随着大数据、人工智能、机器人和先进装备制造等高新技术的快速发展，合成生物学的发展和应用前景及生物制造属性正在变得越来越清晰，合成生物学将助力产业化的发展，并促进基于微生物细胞的高效智能制造平台技术，帮助解决目前面临的能源、食品、生物医药、环境等各种困境，最终真正实现从"格物致知"到"建物致用"（刘乐诗，2019）。

10.11　代谢组学分析

　　利用组学分析的方法，可系统、全面地考察微生物体系，组学分析已经成为后基因组时代进行微生物药物开发、指导菌株工程改造的一种重要平台技术。代谢组学分析是一个对目标生物体系中所有代谢产物全面地进行分析定量的过程，因而可以从代谢物的水平上真实而又直观地反映细胞内的状态，进一步提供通过转录组学和蛋白质组学分析无法得到的更多有用信息。

　　利用组学分析的方法系统而全面地考察微生物生物体系，已经成为后基因组时代进行微生物药物开发或相关机制研究探索的一种重要平台技术。利用三代测序技术（如单分子荧光测序技术或纳米孔测序技术）可以方便、快捷地获得生物样本的基因组信息；DNA芯片（DNA微阵列）或测序（如RNA测序）的方法则同样可以比较方便地对样本的转录组进行分析；2D技术（二维电泳）及目前流行的MS检测也已经发展成为相对比较成熟的蛋白质组学分析方法。然而，由于代谢产物的多样性和复杂性，目前尚未有一种通用的代谢组学分析方法可以完成同时对所有代谢产物的检测。相对于动物或植物样品而言，对于一般生长在培养基中、代谢物浓度比较低的微生物样品进行代谢组学分析则难度要更大一些。这是导致目前微生物代谢组学分析发展较缓慢的一个重要原因。

　　代谢组学分析是一个对目标生物体系中所有代谢产物全面地进行分析定量的过程，因而可以从代谢物的水平上真实而又直观地反映细胞内的状态，进一步提供通过转录组学和蛋白质组学分析都无法得到的更多有用信息。按照研究目的不同，代谢组学分析可分为靶向性和非靶向性两类。对药物合成途径进行的靶向代谢组学分析有助于对药物合成机制的理解；而针对所有代谢物进行分析的非靶向性代谢组学分析则有利于从整体的水平了解细胞的代谢状态，一方面为通过代谢工程或合成生物学手段提高药物的合成效率提供导向作用，另外一方面也是发现药物的重要手段。值得一提的是，与通过基因组序列信息进行的"基因组挖掘（Genome Mining）"来发现新药的策略相比，通过代谢组学分析可以更加直接、快速地找到我们感兴趣的化合物。若是能将基因组学和代谢组学分析二者结合起来，则可以大大提高新药发现的周期和成功率。

　　正是由于上述这些代谢组学分析所具有的不可替代的优势，前期的研究已经在大肠杆菌、酵母菌的代谢组学分析方面展开了相关的工作并取得了一些进展。但是，对于放线菌这类具有强大药物合成能力、代谢也更加复杂的体系，由于缺乏相对比较成熟的代谢组学分析方法，阻碍了放线菌代谢组学的研究。代谢组学的研究主要涉及样品制备和前处理、样品的分析检查以及数据处理等方面。放线菌在细胞形态、细胞壁结构甚至是培养条件（尤其是工业菌株）上有其自身的特点，这些都决定了需要开发针对放线菌的样品制备方法。此外，相对于大肠杆菌或酵母菌而言，放线菌的代谢物谱要更加丰富，尤其在次级代谢物方面比较关注的，所以也需要结合放线菌自身的代谢特征，建立一套适用于放线菌代谢组学分析的方法。最后，还需要针对放线菌特殊的代谢途径（主要是药物合成途径）开发靶向性的代谢组学分析方法（刘乐诗，2019）。

10.12 微生物药物的智能生物制造

以上方法简言之就是首先从微生物层面在考虑底盘特点的基础上，利用合成生物学需要的顺式调控元件、反式调控元件、报告基因、传感元件、催化反应元件，结合底盘宿主的代谢模型，重塑目标产物的合成路线，同时利用传感元件搭建各种基因控制回路，最终使微生物细胞工厂在底物利用率、目标产物得率和反应器时空产率等生产效率上实现最大化，为生物制造的绿色、高效提供保障。其次是开展大数据（例如多组学过程）的整合分析研究，在反应器水平解析底盘系统与智能元件交互作用规律，进一步反馈至上游合成路线优化及元件的设计和组装；开发生物过程在线传感技术，实现生物过程的智能监测和基于过程大数据分析的自动控制；建成基于生物过程大数据的微观和宏观代谢相结合、细胞生理特性和反应器流场特性相结合的智能绿色生物制造优化和放大技术体系。如阿维菌素的研发过程一样，整个工作将从元件挖掘与开发（Mine）、建模和设计（Model）、元件组装与通路搭建（Manipulate）、系统测试（Measure）直到智能工业制造（Manufacture）5 个方面展开，简称"5M"策略。在该策略的指导下，大幅度提高了阿维菌素的发酵水平。

2017 年 1 月 9 日，中国科学院微生物研究所主持完成的成果"阿维菌素的微生物高效合成及其生物制造"荣获 2016 年度国家科技进步奖二等奖。这是自 1984 年阿维菌素在中国首次被分离鉴定以来，继沈寅初院士和李季伦院士分别在 1999 年和 2006 年获得两次国家科技进步奖二等奖之后，第三次因阿维菌素的研究而获得的国家奖。因首次发现阿维菌素而获得 2015 年的诺贝尔生理学或医学奖日本科学家大村智（Satoshi Ōmura）院士在获奖后，曾专门致谢中国科学家为高效制造阿维菌素原料药做出的卓越贡献（刘乐诗，2019）。

目前国内阿维菌素相关的登记证超过 2500 个，涉及的企业超过 1000 家，其中原料药生产企业 29 家，其余均为制剂生产企业，产生了 4 个上市公司，形成了一个巨大的产业链。阿维菌素也是目前唯一一个年产值超过 30 亿元人民币的生物农药，原料药远销世界各国，创造了巨大的社会和经济效益。以上数据充分显示了中国科研工作者在阿维菌素研发中从跟跑到并跑，再到领跑的过程，最终使中国从阿维菌素"发酵大国"转变成为"发酵强国"，为用合成生物学方法提高其他微生物药物的产量和效率提供了宝贵的经验（刘乐诗，2019）。

参考文献

刘乐诗，谭高翼，王为善，等，2019. 微生物，高智商，大产业——合成生物学助力阿维菌素的高效智能制造. 生命科学：1-15.

刘志恒，2002. 现代微生物学. 北京：科学出版社.

施巧琴，吴松刚，2003. 工业微生物育种学. 2版. 北京：化学工业出版社.

张立新，Arnold L Demain，2017. 微生物天然产物高通量筛选和新药发现. 北京：高等教育出版社.

Doroghazi J R，Albright J C，Goering A W，et al.，2014. A roadmap for natural product discovery based on large-scale genomics and metabolomics. Nat Chem Biol，10（11）：963-968.

Jorgensen P，Nishikawa J L，Breitkreutz B J，et al.，2002. Systematic identification of pathways that couple cell growth and division in yeast. Science，297：395-400.

Mukherjee S，Seshadri R，Varghese N J，et al.，2017. 1，003 reference genomes of bacterial and archaeal isolates expand coverage of the tree of life. Nat Biotech，35（7）：676-683.

Thodey K，Galanie S，Smolke C D，2014. A microbial biomanufacturing platform for natural and semisynthetic opioids. Nat Chem Biol，10（10）：837-844.

Yamada Y，Arima S，Nagamitsu T，et al.，2015. Novel terpenes generated by heterologous expression of bacterial terpene synthase genes in an engineered Streptomyces host. J Antibiot（Tokyo），68（6）：385-394.

Zhang Y X，Perry K，Vinci V A，et al.，2002. Genome shuffling leads to rapid phenotypic improvement in bacteria. Nature，415（6872）：644-646.

（代焕琴　谭高翼　张立新）

第11章

环境微生物学

摘要: 环境微生物 (Environmental Microorganism) 通常是指大量的、丰富多样的存在于自然界的形态微小、结构简单、肉眼不易看见，须借助光学或电子显微镜放大数百倍、数千倍，甚至数万倍才能观察到的微小生物。环境微生物与人类和其他生物密切关联。我们随时都享受着环境微生物给予的美味、带来的药物和多种多样工业原料等。微生物也可以使污染的环境得到恢复，保证我们享有舒适的生活。另一方面，病原微生物会引起疾病、动植物病害，微生物也会引起生活资料和生产资料的腐败；在某些条件下，微生物也引起环境的损害甚至崩解等，我们也必然遭受着它们带来的经济损失和疾苦。对人类的生存和发展而言，环境微生物就像一把双刃剑。因此，认识和研究环境微生物，对于人类是十分重要的。由于自然界的环境条件的复杂多变，不同环境中的微生物群落组成与群体之间的生态系统平衡也会随着环境条件变化而变化。本章主要针对不同自然环境生态系统中微生物的群落结构组成及变化作一般性介绍。

11.1 土壤环境微生物

　　陆地环境中的微生物主要栖息于土壤。土壤 (Soil) 是地球外表的疏松部分，其组成常因各种因素 (自然的和人为的) 的影响而变化，主要由矿物质、水、空气、有机质和生物等五部分组成。一般说来，矿物质所占的体积不到土壤体积的 1/2，空气和水的体积约占土壤体积的 1/2，孔隙和有机质一般占 3%～6%。生物所占的体积不到 1%，但却是土壤的重要组成成分，是土壤肥力和作物生长必不可少的。土壤微生物为重要的生物类群，是它赋予土壤生命活力。它是土壤的主要分解代谢者，许多微生物能降解土壤有机质和矿物质，如蛋白质降解成氨基酸，纤维素、木质素降解为糖，磷钾矿石溶解为磷、钾素作为植物的养分。有些微生物又是土壤有机物的合成者，如固氮菌将空气中的分子氮合成氨态氮。通过这种降解与合成作用，参与生态系统中元素的循环，促进土壤肥力的释放，对维持生物圈生态平衡及为人类提供广泛、大量的未开发资源有着重要的作用。因此，加强对土壤微生物的研究，以改善各类生态系统的生态效益，提高生物生产力，保护各类生态系统中微生物物种的多样性，已成为目前极其重要的问题之一。

11.1.1 土壤微生物学发展史

　　19 世纪后期，农业化学和细菌学的形成和发展为研究土壤中物质转化的微生物学过程开辟了道路。1877 年，施勒辛和明茨证实了土壤中的硝化作用是通过微生物进行的。1891年，韦林顿又证实了硝化作用不仅在土壤中发生，也可以在含有铵盐的液体中用土壤接种产生。1885～1888年间，维诺格拉茨基用他首创的无机选择性和富集培养法分离得到能使氨氧化为亚硝酸和使亚硝酸氧化为硝酸的两种细菌。同时，他还发现了硫细菌并研究了土壤中的硫化作用。他的研究不仅论证了土壤中氮和硫的还原性化合物的微生物学氧化作用，也揭示了土壤中化能无机营养型细菌。1888～1901年间，多名研究者证明土壤根瘤菌与豆科植物的共生固氮，开辟了探讨微生物固氮作用的研究领域。1904年，奥梅良斯基分离得到纤维分解细菌，开创了土壤有机物质分解的微生物过程的研究。这些先驱者们从不同方面奠定了土壤微生物学在20世纪迅速发展的基础。

在20世纪50年代，土壤微生物学已得到迅速的发展。人们对土壤中诸营养元素循环的各个环节的微生物学过程（包括起作用的微生物种类和作用条件）进行了深入的研究，既阐明了土壤腐殖质形成和分解的微生物学过程，也论证了土壤微生物对增强土壤肥力的作用。对土壤微生物间拮抗关系的研究，特别是对拮抗性放线菌所产生的各种抗菌性物质的研究成果，为抗生素发酵工业的兴起做出了巨大贡献。

20世纪90年代后期，以聚丙烯酰胺变性梯度凝胶电泳（DGGE）、末端限制性片段长度多态性（T-RFLP）、克隆文库和DNA测序等为代表的分子生物学技术引入土壤微生物研究中，国际上以土壤微生物为核心的陆地表层系统变化过程与机理研究方兴未艾，我国土壤微生物学研究也重新得到了不同领域、不同学科的高度关注。2005年后，现代测序技术与多组学的快速发展，尤其是宏基因组测序技术的应用，使得对土壤微生物群类的复杂度和多样性有了更深入的掌握，对它们与其他生物（植物和小型动物）之间的相互作用关系有了更深入的认识，对它们对整个陆地生态系统的动态变化的影响有更准确解析。更多的新型技术手段的出现，使得人们根据需求对土壤微生物类群的重新构建得以实现（图11-1）。

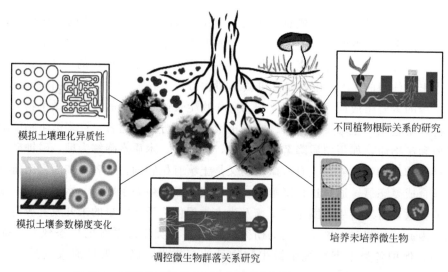

模拟土壤理化异质性

模拟土壤参数梯度变化

调控微生物群落关系研究

不同植物根际关系的研究

培养未培养微生物

图 11-1　利用微流控技术研究土壤微环境中微生物群落行为
（Aleklett et al.，2018）

随着研究的不断深入，已形成了以土壤微生物数量、组成与功能研究为基础的技术体系。在研究内容方面以前所未有的广度和深度拓展，超越了传统细菌、真菌和放线菌的表观认识，围绕土壤生态系统的关键过程，在有机质分解、土壤元素转化与土壤质量保育过程等方面系统研究了土壤微生物的群落结构及其功能，取得了显著的进展；在土壤微生物学理论方面，形成了较为完善的土壤微生物多样性、土壤微生物结构与功能等研究理念，在土壤元素生物地球化学循环的微生物驱动机制等方面取得了重要进展（图 11-2）。

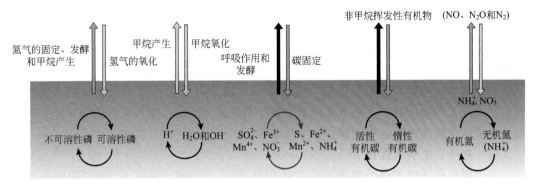

图 11-2　微生物调节的土壤生物地球化学过程
(Fierer，2017)

11.1.2　土壤微生物分布

土壤环境因子众多，因此土壤中微生物数量及类群差异较大。首先，土壤中有来自动植物及人工添加的有机质，其次，土壤中含有丰富的微量元素，为微生物生长提供了必要的条件；同时土壤具有保水性，这使土壤能够支持植物生长，由于微生物对水分需求更低，故土壤水分完全满足微生物生长繁殖的需要；由于微生物对环境具有较大的适应范围，故土壤中普遍适宜的 pH（5.5～8.5）、昼夜温度的变化、季节性温度变化、土壤中适宜的渗透压、弱光照均适合于微生物生长。

同一地区土壤中不同环境因子的变化主要随土壤深度变化，即土壤微生物分布随土壤成分变化呈垂直分布。根据土壤成分不同，土壤剖面分为 O 层、A 层、B 层、C 层、R 层。O 层为有机质层；A 层为淋溶层，它是土表以矿物质为主的一个层次，降水和灌溉造成强烈淋溶作用；B 层为淀积层，由上面层次淋洗下来的物质在此大量沉积；A 层和 B 层加在一起称为土体层；C 层可能有钙、镁碳酸盐的累积；最下面为 R 层，即疏松母质层或基岩。一般情况下，表层土中微生物（20～30cm）含量最高，总的微生物数量随深度增加而减少，厌氧微生物数量下层土壤中多，地表土受阳光直接照射，其中微生物含量较低。但藻类聚集在土壤表层。

土壤中矿物质、有机质和各种生物相互结合和作用，形成土壤团聚体，是土壤肥沃的重要因素。土壤矿物质颗粒按大小分为砂粒、粉粒和黏粒。黏粒是直径小于 $0.2\mu m$ 的矿质颗粒，大的矿质颗粒为粉粒和砂粒。黏粒的理化性质最活泼，同微生物的关系也最密切。由于土壤的结构性，即使在通气较好的表土层中仍存在缺氧部位。土壤团聚体内外受微生物活动影响导致 CO_2 和 O_2 浓度差别很大，一般团聚体表面主要是好氧微生物，而且微生物之间竞争较激烈，数量和组成常有变化；团聚体内部的微生物主要是厌氧微生物，而且数量和组成相当稳定。

此外，受土壤中其他生物的影响，土壤微生物分布也会产生较大差异。由于植物根基受植物根部分泌物及残骸的影响，植物根际土壤（根际土壤即离根 5mm 以内的土壤）的微生物数量和多样性高于周围土壤。根部表面的微生物分布不均匀，以微菌落的形式存在，根尖数量少，多数微生物存在于根的裂隙中。

11.1.3　土壤微生物多样性

土壤微生物含量丰富，但各类微生物数量会有所不同，例如：细菌（Bacteria），$10^7 \sim 10^9$ 个/g；放线菌（Actinobacteria），$10^6 \sim 10^7$ 个/g；真菌（Fungi），$10^3 \sim 10^4$ 个/g；藻类（Algae），5×10^4 个/g；原生动物（Protozoan），3×10^4 个/g。若根据生物量计算则细菌的生物量最大。同时根据对氧的需求不同又分为专性厌氧、兼性厌氧、微需氧以及专性需氧微生物；按照对能源和营养需求不同分为光能自养、光能异养、化能自养、化能异养四种类型。土壤中各种微生物混杂聚居，形成了多种多样的微生物群落形态。土壤微生物多样性主要表现在以下几个方面：

（1）物种、生物多样性

在土壤中存在的大部分细菌为革兰氏阳性（G^+）细菌，并且 G^+ 细菌的数目要比淡水和海洋生境中的 G^+ 细菌的数目高。土壤中能利用糖类的土著细菌数目要比水圈中的多。在土壤中常见的细菌属包括：不动杆菌属（Acinetobacter）、农杆菌属（Agrobacterium）、产碱杆菌属（Alcaligenes）、节杆菌属（Arthrobacter）、芽孢杆菌属（Bacillus）、短杆菌属（Brevibacterium）、柄杆菌属（Caulobacter）、纤维单胞菌属（Cellulomonas）、梭菌属（Clostridium）、棒杆菌属（Corynebacterium）、黄杆菌属（Flavobacterium）、微球菌属（Micrococcus）、分枝杆菌属（Mycobacterium）、假单胞菌属（Pseudomonas）、葡萄球菌属（Staphylococcus）和黄单胞菌属（Xanthomonas）。但是在不同的土壤中它们的相对比例有很大的不同。

放线菌占土壤细菌群体的 $10\% \sim 33\%$，其中链霉菌属和诺卡氏菌属在土壤放线菌中占的比例最大，其次是小单孢菌属、放线菌属和其他放线菌，它们是土壤中的土著微生物，但是它们的数量是很少的。放线菌对干燥条件抗性比较大，并且能在沙漠土壤中生存，它们比较适应在碱性或中性条件下生长，并对酸性条件敏感。

土壤中主要的光合自养细菌群体是蓝细菌（Cyanobactera），包括鱼腥藻属（Anabaena）、眉藻属（Calothrix）、色球藻属（Chroococcus）、柱胞藻属（Cylindrospermum）、鞘丝藻属（Lyngbya）、小枝藻属（Microcoleus）、节球藻属（Nodularia）、念珠藻属（Nostoc）、颤藻属（Oscillatoria）、席藻属（Phormidium）、织线藻属（Plectonema）、裂须藻属（Schizothrix）、伪枝藻属（Scytonema）、单歧藻属（Tolypothrix）。在这些蓝细菌中，某些蓝细菌，如念珠藻在某些土壤生境中既能固定氮气，又能通过光合作用合成有机物。合成的含氮物质甚至可以成为这些微生物生长的限制性因子。蓝细菌在没有植物生长的土壤表面上形成表面壳，这对土壤具有稳定作用。固氮菌是土壤中的自生固氮菌，能把大气中的氮气转化成氮化合物。土壤中的某些厌氧梭状芽孢杆菌也能固定氮气。根瘤菌和某些植物通过共生进行固氮，土壤中还有许多化能异养菌能对无机物进行转化，这对维持土壤肥力是必要的。

土壤微生物群落由共同生活于同一个土壤生态系统中的无数种微生物组成，结构庞大、种类繁多。通常认为，已分离鉴定的细菌种还不到 1%。由此可见，土壤中存在着丰富的微生物物种，而微生物适应环境的多样性不仅表现为适应在任何环境中生存，而且几乎在任何环境条件下均可以生活。在高浓度酸碱盐等其他生物无法忍受和生存的极端环境中，微生物均可生长。厌氧呼吸更是微生物中普遍存在的功能，沼泽土壤等各种缺氧或无氧环境中的微生物能够进行必要的物质转化。微生物对环境的广泛适应使微生物群落具有更多的可能形式，最终形成了高生物多样性、强竞争的微生物群落。

在土壤中真菌的生物量相当大，在土壤中可以找到大部分真菌，土壤真菌可以以游离的状态存在或与植物根系形成菌根关系。真菌主要存在于土壤上表面 10cm 处，在 30cm 以下很难找到真菌。如果土壤含有大量的氧气，那么真菌的量就很大。在土壤中常见的真菌主要是半知菌，如曲霉属（*Aspergillus*）、地霉属（*Geotrichum*）、青霉属（*Penicillum*）和木霉属（*Trichoderma*），但也可以找到大量的子囊菌和担子菌。此外，土壤中还含有大量的酵母类群，如假丝酵母属（*Candida*）、红酵母属（*Rhodotorula*）和隐球酵母属（*Crytococcus*）等。说明土壤也是这一类群的主要生境。

由此可见，土壤中细菌与真菌类群和其他生物形成了复杂的群落动态变化关系，进而对植物和其他小型动物进行调节（图 11-3）。

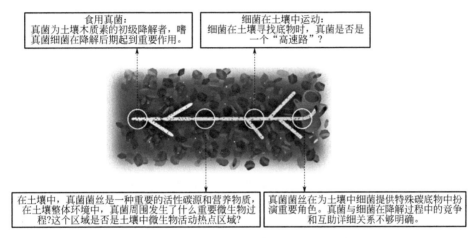

图 11-3　土壤中细菌与真菌类群的相互作用关系
(De Menezes et al.，2017)

（2）土壤微生物的作用

微生物在生态系统的能量转化和食物链中具有双重身份。作为初级生产者，它可以利用太阳能；作为消费者和分解者，它在降解地球上动植物尸体和废物为自己利用的同时，更重要的是履行着分解者的职能。

① 对植物生长的直接作用

在相当长一段时间内，人们一直认为微生物对植物生长的促进作用主要是固氮和转化磷。近年来许多研究表明：植物生长发育过程中，根际促生细菌和共生菌产生的植物激素具有促进生长的作用。据报道有 80% 的根际促生细菌能产生吲哚-3-乙酸。吲哚-3-乙酸通过与植物质膜上的质子泵结合使之活化，改变细胞内环境，使细胞壁可塑性增加，从而增大细胞体积，促进 RNA 和蛋白质合成，增加细胞体积和质量，达到促生作用。另有报道，根际促生细菌促进植物生长的作用之一是：提高植物对锰的吸收和促进土壤中锰的还原。因锰在植物体内起着重要的生理功能，是多种酶的活化剂，调节氧化还原过程，参与光合作用和氮代谢。另外，微生物产生的核酸类、维生素类等物质对植物的生长均有不同程度影响。由此可见，微生物对植物生长发育具有多方面的调节作用。

② 对植物生长的间接作用

有些微生物通过产生抗生素来抑制植物病害发生和发展从而有利于植物生长，达到间接促进作用。如芽孢杆菌产生的脂肽抗生素对多种真菌具有强烈拮抗作用。细菌素是细菌合成的对其他生物具有抗生作用的小分子蛋白质，芽孢杆菌产生的多种细菌素可抗真菌和细菌病害。一些植物的促生细菌还能产生几丁质酶和 1,3-葡聚糖酶，可水解以几丁质和 1,3-葡聚糖为主要成分的病原真菌细胞壁；还有的能产生卵磷脂酶 C，卵磷脂酶 C 可在几丁质酶和纤维素酶的协同作用下，作用于植物细胞膜，影响其通透性等生理活性，强化了其抑病作用。同时，此酶可以增强一些微量肽和含氮杂环抑菌物质和抑病物质。

③ 其他方面的特殊作用

土壤微生物是土壤有机物的主要分解者。由于它们个体小，代谢强，繁殖快，与土壤接触面积大，在分解各种有机质中起着十分重要的作用。在农业生态系统的养分循环中，微生物有两方面的作用，一方面微生物自身含有一定数量的 C、N、P、S 等，可看成是一个有效养分的储存库，具有"源与汇"的调控功能，对土壤养分具有储存和调节作用。另一方面，土壤微生物通过其新陈代谢推动元素转化和流动。由此可见，微生物对土壤肥力的提高有着极其重要的作用（图 11-4）。

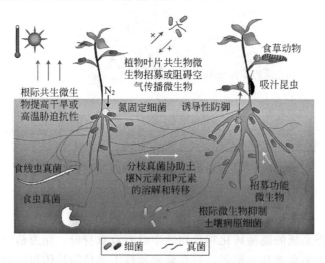

图 11-4　细菌与真菌类群复杂的地下网络

(Toju et al.，2018)

土壤微生物是生态系统的重要组成部分，且在能量流动、物质循环以及土壤的形成与熟化过程中均起重要作用，也是反映环境变化的敏感指示生物，其数量种群和组成是评价土壤环境质量的重要参数。研究土壤微生物，对了解各类生物系统功能具有积极作用。微生物是地球上多样性形式最多的生命形式，是生物中重要的分解代谢者，在维持生物圈生态平衡和为人类提供广泛的、大量的未开发资源方面起着重要作用。但随着全球变暖的趋势逐渐加重，土壤微生物参与物质循环过程不断受到影响，不仅生态系统不可能可持续发展下去，而且高等生物和人类也将受到严重影响。因此，运用正确而适当的方法研究土壤微生物的数量、多样性及其作用和对环境条件的影响具有重要意义（图 11-5）。

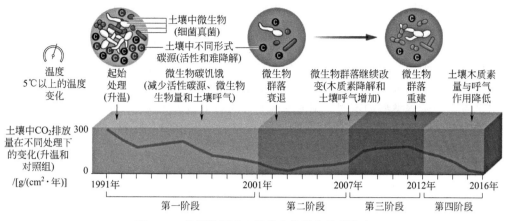

图 11-5　长期增温下土壤微生物群落受到影响
(Metcalfe et al., 2017)

11.2　湖泊水体微生物

自然界的水不以纯水的形式存在，而是含有各种其他物质。水是许多微生物生长繁殖的良好场所，由于不同地区的水分物理和化学条件相差巨大，所以，不同地区的水及水中不同部位的微生物种类和数量变化极大。湖泊生境作为自然界水圈生态系统重要组成部分之一，其蕴含着大量的 C、N、P、S 等元素。这些元素是生命物质的组成元素，它们通过微生物参与地球化学循环，反映了湖泊生态环境演化的基本特点。微生物作为物质循环和能量循环的主要参与者，在主体生态系统中起着特别重要的作用，Azam 等科学家在 1983 年提出了微食物环概念，即相当数量的有机物是被原核生物（浮游细菌）和真核生物所利用，并转化成自身的颗粒有机物被微型的浮游草食性捕食者捕食，后者被大的浮游动物捕食进入主食物链。且几乎在所有的生态系统中，C 源的一个最大的流动方向是从有机质流向微生物，微生物在好氧呼吸、厌氧呼吸以及营养物质的矿化作用中扮演着重要角色。因此，湖泊微生物研究中首先要了解的是湖泊微生物多样性和各种微生物在生态系统中的丰度，其次是了解影响水生生态系统中微生物丰度、分布、生长率和呼吸作用的因素，最终要了解微生物在生态系统中所扮演的角色即生态功能如何，以开发湖泊中丰富的微生物资源为人类所用。

11.2.1　湖泊环境微生物群落结构特征

11.2.1.1　湖泊细菌

湖泊生态系统微生物多样性随着湖泊盐度的变化而变化。盐度是影响细菌群落结构多样性的一个重要因素，不同盐度环境中的湖泊细菌类群会发生很大的变化，而且某一特定细菌类群的丰度在很大程度上也会受到盐度的影响，只有少数种类的细菌能够在不同盐度的湖泊环境中找到。

在碱性湖泊中，细菌的群落结构也有其特有的多样性分布。碱性湖泊中主要以革兰氏阴性（G^-）菌为主，其中变形菌门（Proteobacteria）所占比重达到 50% 以上，而革兰氏阳性菌相对较少。在不同的碱性湖泊中，细菌群落的微生物多样性也各不相同；而且在碱性湖泊中，存在着大量的能够降解有机化合物的细菌，它们的存在可能同湖泊环境的化学平衡息息相关。湖泊的深度同样也会对细菌的微生物多样性产生影响。在不同的深度，湖泊细菌的微生物多样性的分布也不相同。下层水样（缺氧环境）的细菌的微生物多样性比上层水样（有氧环境）更为丰富。

随着湖泊营养类型的不同，湖泊细菌类群的微生物多样性也不尽相同。富营养湖泊中主要细菌是变形菌门、硝化螺旋菌门（Nitrospirae）、酸杆菌门（Acidobacteria）、绿弯菌门（Chloroflexi）和拟杆菌门（Bacteroidetes）等。另外，季节的变化会很大程度上对富营养湖泊、腐殖质湖泊和贫营养湖泊中细菌群落的微生物多样性产生影响。一般来说在春秋两季，湖泊细菌的群落组成相对比较稳定，但是在夏季却会发生较大的变化，变化的特点就是细菌微生物多样性的减少。

而淡水湖泊中的细菌群落的多样性分布也有其自身的特点，在淡水湖泊中发现的微生物类群主要是变形菌门、放线菌门（Actinobacteria）、拟杆菌门、蓝细菌门（Cyanobacteria）、疣微菌门（Verrucomicrobia）和浮霉菌门（Planctomycetes），而且其中以变形菌门、放线菌门和拟杆菌门为主要的细菌类群。虽然不同的淡水湖泊中的细菌群落结构是大致相同的，但是，同一细菌类群在不同的淡水湖泊之中所占的比例存在着差异。

11.2.1.2　湖泊古菌

古菌类群之前一直被认为只能生存于极端生境（高盐、高温、厌氧等）之中，随着生物技术，特别是测序的发展，人们开始认识到古菌也存在于各种非极端环境之中。它们在湖泊浮游生物中占有一定的比重，在湖泊生态系统的生物地化循环中具有举足轻重的作用。古菌在不同的湖泊中的数量和种类分布极不平衡。湖泊水体中，古菌的数量较多，是湖泊浮游生物的主要的细胞组成，而在湖泊沉积物中（极端环境除外），古菌丰度要远小于细菌。湖泊中大多数的古菌都属于广古菌门（Euryarchaeota）和泉古菌门（Crenarchaeota），在其他较低的分类级别上，在不同的湖泊中微生物的种类却各不相同，说明了在湖泊生态系统中，古菌的种类分布是不平衡的。此外，同一类群的古菌在许多不同的湖泊中也都能够鉴定到。如 *Methanosaetaceae* 和 *Methanomicrobiales* 这两类古细菌在湖泊生态系统中是广泛存在的。

湖水以及湖泊沉积物中新的古菌类群不断地被发现。以前人们一直认为绝大多数的古细菌都属于泉古菌门和广古菌门，但是随着许多新的古菌类群从各种环境中被鉴定出来，人们对于古菌分类的认识也发生了根本的改变，主要分为三大类群：广古菌门（Euryarchaeota），由泉古菌门（Crenarchaeota）、奇古菌门（Thaumarchaeota）、曙古菌门（Aigarchaeota）、初古门（Korarchaeota）等组成的 TACK 超级门，由丙盐古菌门（Diapherotrites）、小古菌门（Parvarchaeota）、谜古菌门（Aenigmarchaeota）、纳古菌门（Nanoarchaeota）和纳盐古菌门（Nanohaloarchaeota）等组成的 DPANN 超级门。尽管多数古菌的基因组都是通过生物信息学预测获得，但是通过基因功能预测表明，它们不仅在微生物进化方面有重要的作用，而且在生物地球化学循环中扮演着重要的角色。

11.2.1.3　湖泊真核生物

超微真核藻类（Picoeukaryotes）是地球上数量最多的真核生物，在海洋和湖泊环境中的细胞密度更是高达 $10^2 \sim 10^4 \, \mathrm{CFU/mL}$。它是环境生态系统的微生物食物链中必不可少的重要组成部分，在环境地球化学循环中也扮演着重要作用。目前湖泊的真核微生物多样性研究，发现多数都属于已知的真核微生物类群，如丝足虫类（Cercozoa）、囊泡虫类（Alveolata）、不等鞭毛类（Stramenopiles）和后鞭毛生物（Opisthokonta）等。当然，湖泊环境的不同也会影响到湖泊真核微生物的群落组成。富营养和寡营养的湖泊中真核微生物的多样性较低，中等营养的湖泊的多样性最高。其中金藻纲（Cryptophyta）和严格异养的纤毛虫类（Ciliophora）和真菌等广泛分布不同的湖泊中，真核微生物的群落组成与湖泊所处的环境有密切的关系。另外，湖泊的温度、溶解氧、营养素甚至是细菌数量以及浮游动物的种类都会对真核微生物的种群结构产生影响。总之，在不同的湖泊环境中，各湖泊真核微生物群落组成各不相同。在湖泊真核微生物多样性的研究之中，湖泊所处的特定环境条件是一个重要的参考因素。

11.2.2 淡水中的微生物群落代谢活力

淡水微生物具有许多共同的特征：能在低营养浓度的条件下生长；淡水中的微生物是可以运动的；拥有特殊的菌体形态，进而表面积与体积比值增加，高效地吸收有限的营养物。

自养微生物是许多湖泊的土著微生物，这些微生物对于湖泊的营养物循环起着非常重要的作用。在湖泊中常见的自养细菌是蓝细菌以及紫色和绿色厌氧光合细菌。蓝细菌包括微囊藻属、念珠藻属和束丝藻属，它们是淡水生境中主要的水生微生物。湖泊中自养菌在氮、硫和铁循环中起着重要作用。特别是硝化单胞菌、硝化杆菌和硫杆菌在淡水微生物群落中是重要的成员。

湖泊系统中垂直方向的微生物类群差异巨大，因为在垂直方向上有许多非生物因素，如光穿透、温度和氧气浓度等。在许多情况下湖泊表面的微生物被认为是土著的微生物，在水底深处的却被看作外来微生物。例如，在接近湖面的地方蓝细菌数目通常是很高的，因为在该处光穿透有利于蓝细菌的光能自养代谢，在更深的地方蓝细菌就成为外来微生物。在湖泊较深的地方，绿菌科和红硫菌科均属于能光能自养生活的细菌，这些细菌是淡水微生物群落的土著微生物，因为在那里氧气张力很小，存在足够的 H_2S，并且还有足够的光穿透。

在湖底沉积泥中不同部位的微生物是有差别的，在浅层池塘和湖泊中，厌氧光合自养细菌生活在沉积泥的表面，使水体出现特征性的颜色。在沉积泥表面上的一些植物碎片生长有降解纤维素的真菌。能进行厌氧呼吸的细菌也是沉积泥表面的主要微生物，其中的假单胞菌能进行反硝化作用。在沉积泥中，专性细菌是主要的，这些微生物包括梭状芽孢杆菌、产甲烷细菌和产生硫化氢的脱硫弧菌。

湖泊中真菌种属经常发生变化，这是由于可被真菌利用的有机物和其他因素经常发生变化。在淡水湖、河流和溪流中的许多真菌与外来的有机物有关系，这些真菌可以被看作是这种生态系统中的外来微生物。在河流和湖泊中的木头和死亡的植物残体上经常可以找到子囊菌和半知菌。当这些植物残体被降解后，有关的真菌便消失。在河流、溪流和湖泊中常见的酵母有球拟酵母、假丝酵母、红酵母和隐球酵母，它们发酵的能力很差。其中藻类是淡水生态系统中很重要的土著微生物。在大面积深水湖中，水生植物提供了大部分的有机物，用于淡水生态系统中的异养微生物生长。

微生物在湖泊光合作用和有机物转化过程中起着关键的作用，但这些作用随着季节的变化有很大的不同。例如，在夏天淡水中光合作用和有机物转化能力就很强，而到了冬天光合作用能力就下降。

总之，微生物在淡水生态系统中主要的生态学功能有：这些微生物能降解死的有机物，释放出无机营养物，这些无机营养物可以作为生产者的原料；它们可以同化可溶性有机物并把它们重新引入食物网；它们能进行无机元素的循环；它们可以进行光能自养和化能自养；细菌可以作为原生动物的食物，在一些大面积深水湖中不存在高等植物，那么水生微生物就是主要的初级生产者。

11.2.3　环境条件对水体微生物群落结构的影响

影响淡水生境中微生物种类和数量的主要因素有：营养状况、温度、光强度、光照延续时间和季节的变化等。

水中的 CO_2 浓度对藻类的影响是相当大的，藻类的光合作用，导致水中的 CO_2 浓度下降，结果造成碳酸氢盐平衡发生变化，使得水的碱性增大，所以，水中的 CO_2 被藻类利用的过程中，pH 就会起着限制微生物生长的代谢的作用。在 CO_2 浓度较低的条件下，不同种的微生物对碱性有着不同的抗性，从而使微生物群落中不同种之间的比例发生变化，同时还引起光合作用效率的变化。水中的另一个营养状况是维生素。水中的某些细菌和一些藻类，如钙板金藻能产生自身所需的维生素 B_{12}，同时还需要向这种微生物提供外源的维生素 B_2 和生物素，这些外源的维生素 B_2 和生物素可由多边膝沟藻等生物产生，但是这种藻类也需要上述细菌和藻类提供的维生素 B_{12}。这样，一年四季的变化就会导致微生物群落发生有规律的变化。

某些藻类在水中可以产生抗生素，抑制或杀死其他藻类和细菌，结果在某些水体中只存在一种或几种藻类。而某些藻类能产生毒素，当这种毒素达到一定浓度时，就会杀死浮游动物，从而使捕食者数量下降。

11.3　海洋水体微生物

11.3.1　海洋环境与海洋生态系统

地球海洋面积达 $3.6×10^8 km^2$，约占地球面积的 71%，水体总量约为 $1.41×10^{18} t$，相当于地球总水量的 97%，是地球上最大的水体地理单元。海洋环境是指由海洋中生物群落及非生物自然因素组成的各种生态系统所构成的整体，包括海水、生活于其中的生物、海面附近的大气、海洋周围的海岸以及海底泥土等。海洋具有复杂多变的区域环境，包括高盐、高压、低温、低营养和无光照等多种特殊生态环境，总而言之，海洋环境具有整体性与区域性、变动性和稳定性、环境容量大三大主要特性。

海水是偏碱性的水溶液，含有丰富的无机物、有机物和溶解气体等，其中包含的化学元素已达 80 多种，但大部分含量偏低。除了组成水的大量的氢和氧之外，含量大于 $1mg/L$ 的只有 12 种，即氯、钠、硫、镁、钙、钾、碳、溴、锶、硼、氟和硅。而含量大于 $1mg/L$ 的离子，称为主要离子（Major Ions），其中四种最主要的离子分别是 Cl^-、

Na^+、SO_4^{2-} 和 Mg^{2+}，分别占海水总离子量的 55%、30%、7.8% 和 3.7%。

海水中的有机物种类丰富，以生命状态和非生命状态两种形式存在。非生命状态的有机物又分为溶解有机质（Dissolved Organic Matter，DOM）和颗粒性有机质（Particulate Organic Matter，POM），前者一般可以通过 $0.45\mu m$ 的过滤器。而生命状态的有机物主要指存在于海洋浮游生物活体中的有机物。由于海洋和大气有广阔的交界面，大气中的气体能不断溶于海水，同时海洋生物的活动也产生了很多种类的溶解气体。海水中含量最丰富的溶解气体为 CO_2、N_2 和 O_2。其中，溶解氧是大部分海洋生物呼吸作用所必需的，其主要来源于大气溶氧和海洋植物的光合作用。海洋也是一个巨大的 CO_2 的储存库，主要来源于空气、有机物的氧化分解、微生物和动植物的呼吸作用、少量碳酸钙的溶解，而消耗则主要通过海洋植物的光合作用和碳酸钙的形成。地球约 93% 的 CO_2 的循环和固定是通过海洋完成的，海洋不仅能长期储存碳，而且能重新分配 CO_2，是最高效的碳汇（图 11-6）。

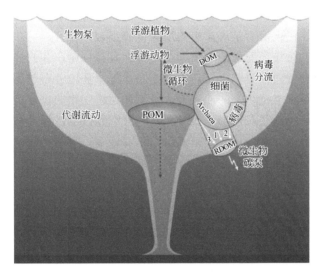

图 11-6 不同海洋环境下微生物参与碳汇
(Jiao et al.，2010)

11.3.2 海洋微生物多样性

海洋微生物一般是指分离自海洋环境、正常生长需要海水的微生物，这些生物适合在寡营养、低温条件下生长。然而也有学者认为栖息于海洋环境中的微生物均为海洋微生物，因为有些陆地微生物进入海洋后，能适应海洋环境而生存下来，而海水也不是其生长所必需的。所以，这些陆生的耐盐或有些广盐的微生物物种，则称为兼性海洋微生物。总之，海洋中蕴藏着十分丰富的微生物资源，包括细菌域、古菌域和真核生物域以及病毒等，估计物种超过 2 亿种，生物量占整个海洋生物量的 90%。

11.3.2.1 海洋细菌

海洋细菌是海洋微生物中分布最广、数量最大的一类原核生物类群。由于在低光照、高水压、贫营养等独特海洋生境中长期的适应，海洋细菌已经演化出了嗜压、嗜盐、嗜酸或碱、嗜冷或热等独特生理特性，使其与陆源微生物系统进化关系分歧较大。

这些多样的生境使得海洋微生物的物种多样性也十分丰富，包含了自养和异养、光能和化能、好氧和厌氧、寄生和腐生以及浮游和附着等几乎所有的已知生理类群的细菌。在海水中，革兰氏阴性细菌占优势，而在远洋沉积物中，革兰氏阳性细菌居多；在大陆架沉积物中，芽孢杆菌类群最为常见。表层海水和水-底泥界面处的细菌密度较深层水大，底泥中的细菌密度一般较海水中大，泥土底质中的细菌密度一般高于沙土底质。

其中，在已经分离鉴定的海洋细菌中，变形菌门数量最多，这也是整个细菌中最大而且生理状态最为多样的类群之一。变形菌门中的所有成员都是革兰氏阴性菌，但是其代谢类型却非常多样化。基于 16S rRNA 基因序列，变形菌门中的微生物主要分布在 α-变形菌纲、β-变形菌纲、γ-变形菌纲、δ-变形菌纲和 ε-变形菌纲等 5 个纲。在这 5 个纲中，都有来自海洋的种类，但 α-变形菌纲和 γ-变形菌纲的细菌在海水中含量最为丰富。其中，α-变形菌纲中有两个在系统分类上相关的类群，即玫瑰杆菌属（Roseobacter）和鞘氨醇单胞菌属（Sphingomonas），是海洋环境中发现的最占优势的两个类群。而 γ-变形菌纲的成员因在常规的琼脂培养基上能形成菌落而最容易从世界各地的水体中分离出来，所以这个类群往往被认为是海洋中的最大优势细菌。

除变形菌门外，海洋环境中的主要细菌类群还有拟杆菌门和放线菌门。其中拟杆菌门能在附着物表面滑行而营附着生长，因此在海洋等水环境分布较为广泛，特别是海洋环境中的海草、藻类和动植物等的外表等，是海洋浮游生物的重要组成部分。放线菌门的分布也十分广泛，特别是在近岸、浅滩、红树林沉积以及浅海动植物内附生环境等容易采样的生境中，所以针对海洋放线菌的研究相对较多，特别是浅海的海绵共附生放线菌，目前已经发现丰富的类群，并从中发现大量活性次级代谢产物。

11.3.2.2 海洋古菌

古菌是生物圈极限生命的代表，其类群在地球上各种极端环境中普遍且大量存在。早期一直认为海洋古菌只大量存在于高温、高盐、厌氧等极端环境中。但从 20 世纪 90 年代后开始，人们逐渐发现在太平洋、海洋近岸、大型动物体内都有古菌普遍存在。在海洋环境中，古菌的丰度很高而且种类很多，占原核微生物总量的 23%～84%，主要分布在海水、沉积物、深海热液区以及极地海洋中。

在海洋中泉古菌门所占比例最大，是海洋环境中最为丰富的类群，其次为广古菌门。在不同的海域上，古菌也存在不同的分布特点，有研究表明，泉古菌门在海洋中层以下的深海区域海水中普遍存在，随着深度增加，其比例有所增高，且具有明显的节律性或季节性变化。而广古菌门从表层到深水区变化不大，但在南极极地深海处的浮游生物中，则存在数量较多的广域古菌。

海洋沉积环境古菌，又称为海洋底栖古菌类群（Marine Benthic Group B，MBG-B），与后来提出的深海古菌类群（Deep-Sea Archaeal Group，DSAG）一致，是广古菌门海洋沉积环境的重要代表，也是深海原核微生物的优势菌群。特别是广古菌门中的产甲烷菌（Methanogens），能够对有机物进行厌氧生物降解的最后一步，并产生甲烷，是无氧海洋沉积物中产生大量甲烷的主要原因。这些甲烷可以作为未来的能量来源，对全球具有重要意义，而且它作为温室气体也将影响着气候变化。

随着第二代测序技术的快速发展，在深海沉积物中发现大量的未知古菌类群，极大地丰富了对深海生境中古菌类群多样性的认知。2013 年，王凤平团队发现杂色泉古菌类群（Miscellaneous Crenarchaeotic Group，MCG）在系统发育上处于一个新分支，显著不同于目前分类已确定的所有古菌门类。因此，将 MCG 古菌类群归类于一个全新的门类——深古菌门（Bathyarchaeota）。2019 年，该团队发现另一古菌类群，该类群能够氧化多碳烷烃，并命名为哪吒古菌门（Nezhaarchaeota）。此外，在深海环境中发现另一个超级古菌门——阿斯加德超级门（Asgard Superphylum），该超级门包含有 5 大门类：洛基古菌门（Lokiarchaeota）、索尔古菌门（Thorarchaeota）、奥丁古菌门（Odinarchaeota）、海姆达尔古菌门（Heimdallarchaeota）以及海拉古菌门（Helarchaeota）。该超级门为真核生物的起源问题提供了新的认识，不断完善"生命之树"（图 11-7）。

11.3.2.3　海洋真核微生物

海洋真核微生物主要包括海洋原生生物（Protist）和海洋真菌（Fungi）。而原生生物可划分为原生动物（Protozoa）和原生植物（Protophye）或称微藻（Microalgae），划分依据是它们分别代表动物和植物的原始形式。

原生动物是一大类具有或无明显亲缘关系的单细胞"低等动物"的泛称或集合名词。它们都是单细胞动物或由其形成的简单（无明确细胞分化）的群体，但具有完整的运动、摄食、营养、代谢、生殖和应激等生理活动。这些活动依靠各种特化的细胞器完成，如鞭毛、纤毛、伪足、胞口等。原生动物大部分长 $10\sim200\mu m$，在海洋中分布十分广泛，主要有微型浮游鞭毛类（Nanoplanktonic Flagellates）、纤毛虫（Ciliates）、放射虫（Radiolarians）和有孔虫（Foraminifera）等。

原生植物又称真核微藻，是一类可进行光合放氧的微型生物，广泛分布在淡水、海洋中。微藻个体微小，大部分个体在 $10\sim100\mu m$ 之间。海洋微藻是海洋初级生产力中最主要的贡献者，对全球初级生产力的贡献接近 50%，是决定海洋生态系统功能的基础，对维护全球生态平衡起到至关重要的作用。海洋微藻的主要代表类群有蓝藻门（Cyanobacteria）、红藻门（Rhodophyta）、绿藻门（Chlorophyta）、硅藻门（Bacillariophyta）和甲藻门（Dinoflagellata）等，根据不同的海洋环境，如潮间带、近岸、大洋、底层、表层、珊瑚礁等，表现出不同的多样性特征。

海洋真菌是指从海洋环境或海洋相关环境分离到的真菌的总称。根据海洋真菌生长对海水理化性质的适应和需求，把分离自海洋环境样品中的真菌分为专性海洋真菌和兼性海洋真菌。前者是可以在海洋环境中完成产孢、生长等完整生活史的真菌，而后者能在海洋中生活，但是不能产孢，一般通过外源污染进入海洋。又根据营养方式的不同，将海洋真菌分为寄生真菌、共生真菌和腐生真菌。目前估计的真菌有 150 万种，但发现和描述的只有近 10 万种，而其中海洋真菌的数量和种类更少，仅有 500～1500 种。已分离的海洋真菌多为子囊菌纲（Ascomycetes）、半知菌纲（Deuteromycetes）、担子菌纲（Basidiomycetes）、壶菌纲（Chytridiomycetes）和卵菌纲（Oomycetes）等。在这其中，又以子囊菌纲居多，子囊菌主要生长在海洋漂浮木上，有性繁殖时期产生子囊和子囊孢子。有些真菌还是海洋动植物的病原体，但对其的研究还很少。

11.3.2.4　海洋病毒

海洋病毒是海洋生态系统中个体最小也是丰度最高的成员，其总体数量是细菌数量的 5～25 倍。它们几乎对所有的海洋生物都有影响，能够侵染多种海洋生物，5%～40% 的海洋生物是被病毒侵染致死的。海洋病毒主要以浮游病毒（Virioplankton）和底

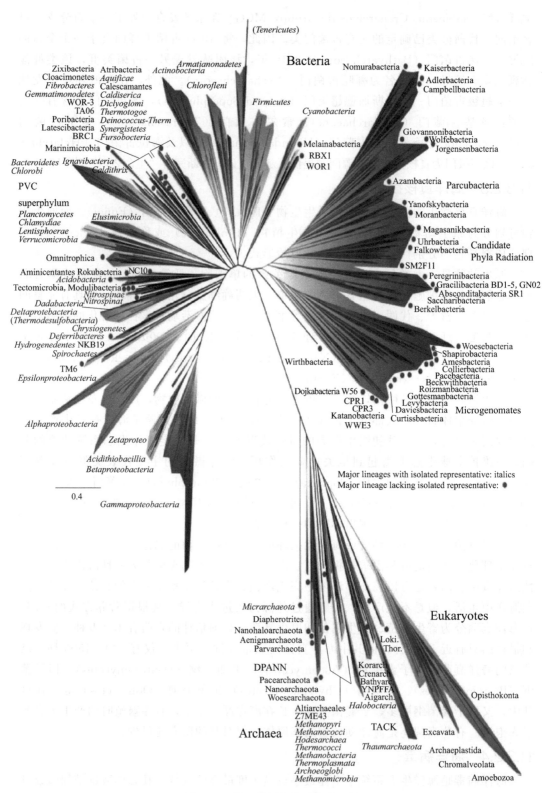

图 11-7 基于基因组的"生命之树"

(Hug et al. , 2016)

栖病毒（Viriobenthos）两种形式存在。浮游病毒是指悬浮于水体中的病毒，它们是极其微小的颗粒，能够自由进出细胞壁侵入其他浮游生物细胞，含量极其丰富，主要是噬菌体和藻类病毒。而底栖病毒是指海洋沉积层中的病毒。海洋病毒在海水中的含量呈动态变化，会随其他参数的变化而快速变化，一般这些参数都与其宿主有关。随着病毒组计划的提出，海洋病毒研究越来越受到研究者的重视，海洋病毒在海洋物质循环中具体作用将被进一步揭示，通过对海洋病毒的动态变化观察，进而实现对海洋生态系统物质循环的检测和调控（图 11-8）。

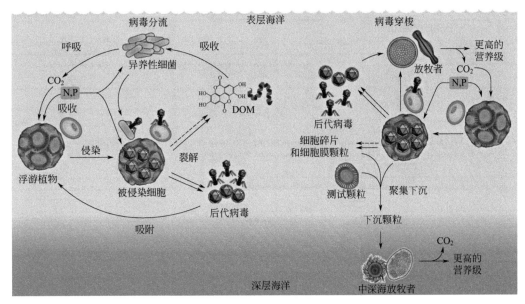

图 11-8　海洋病毒参与的碳元素与营养物质的循环
(Zimmerman et al.，2020)

11.3.3　海洋微生物研究进展及前景

目前对海洋微生物的研究主要从纯培养和免培养两个方向开展。纯培养为系统研究海洋微生物的生理、生态、多样性、生命进化与演化、环境适应机制等提供了基础，而免培养则是在纯培养的基础上对整个微生物群落的遗传多样性、物种多样性以及功能多样性进行进一步的挖掘和阐述，而免培养研究的结果也可更好地帮助微生物的培养。

11.3.3.1　海洋微生物的纯培养

关于一个微生物物种的生理学和生物地球化学活性机理方面的数据不容易直接从自然界中获得，只有严格控制实验室条件，才能仔细、系统地检测环境变化对微生物生长和行为的影响。因此将微生物从自然环境中分离出来并建立纯培养，是研究其形态特征、生理特性、生态特性及基因测序的基础。在纯培养微生物前，要先从海洋环境中将微生物群落采样、分离并纯化。分离中关键的是分离培养基的成分和条件的设计，主要原则是有利于目标菌株的生长而不利于非目标菌株的生长，并没有一种单独的分离方法能够适用于所有的微生物种类。由于大多数微生物尚不能用现有的培养方法和技术进行分离培养，这些微生物被称为未培养微生物（Uncultured Microorganism），出现这种现象的一个重要原因是天然环境中很多微生物处于休眠状态。因此，利用相应的复苏方法促进休眠的微生物的复苏，将有助于分离、培养和认识该类群（图 11-9）。

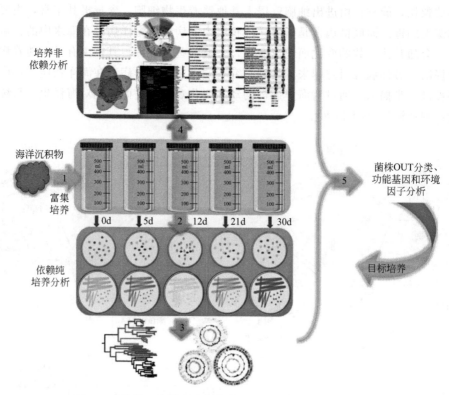

图 11-9　培养、归类和表征海洋沉积物微生物群的工作流程
（Mu et al.，2018）

分离纯化后，为了进一步了解菌株的特点和性质，需要对它们进行分类鉴定。Colewell 在 1970 年提出的多相分类（Polyphasic Taxonomy），是如今微生物鉴定的主要方法。多相分类是指综合利用微生物表型、基因型和系统发育等多种信息，来研究微生物分类和系统进化的方法。主要鉴定的指标有形态特征、生理生化特征、化学特征、全基因组等。根据上述指标反映生物种群间自然的系统演化关系，从而为海洋微生物资源开发利用奠定基础。

11.3.3.2　海洋微生物的免培养

因为绝大部分海洋微生物所需的生长因子以及微生物-微生物或微生物-环境之间的相互关系极其复杂，依靠现有的知识远远不能人为创造它们合适的生长环境，所以现在海洋微生物的纯培养还不足 0.1%。目前细菌域的 100 多个门类，70 多个处于未培养状态，也就是说，大多数的海洋微生物的优势种还没有实现实验室培养。

但是如今快速发展的分子生物学技术极大地促进了海洋微生物的免培养研究，特别是高通量测序和基因组学的发展，揭示了超出估量的微生物基因多样性，使我们能够更全面地认识海洋微生物的遗传信息。目前，免培养主要集中于环境样品中宏基因组和宏转录组的研究。先从环境样品中提取整个样点的基因组，然后利用高通量测序手段进行整个环境样品的测序，再进行组装以及注释，从而研究微生物整体群落的多样性以及功能。

11.3.4 海洋微生物资源的开发利用

海洋微生物不仅能够为人类提供种类繁多、分子结构新颖、化学组成复杂和生理活性特异的海洋天然产品，是海洋药物、保健食品和生物材料的巨大宝库，而且在海洋生态环境保护、地球物质循环和能量转换等方面具有非常显著的作用，因而开发利用海洋微生物资源具有非常大的意义。目前对海洋微生物多样性资源的发掘主要集中在以下几个方面。一是研究具有重大经济价值的海洋生物活性物质，比如从海洋细菌、放线菌等体内提取到的毒素、抗生素、不饱和脂肪酸等；二是海洋生物材料的开发研制，这是一种由海洋生物产生的具有支持细胞结构和机体形态的一类功能性生物大分子，可用于制造防水、无毒、易降解的生物塑料，在工、农、医和环保等领域都有广泛的应用前景；三是海洋微生物极端酶的研制开发，由于海洋微生物普遍具有耐压、耐碱、耐盐、耐冷等特性，是极端酶的主要来源。

11.4 大气微生物

大气圈由低到高可分为对流层、平流层和电离层。从地面到 $10\sim12km$ 以内的空气为对流层，包含大气层质量的 80% 左右，含有几乎全部的水分和尘埃，因此空气中的微生物主要存在于 3000m 以下的对流层中。$12\sim50km$ 高度属于平流层，空气稀薄，几乎没有水分和尘埃，而且此层含有的臭氧层能杀死进入本层的微生物。之外的电离层由于强烈阳光照射和巨大的温差变化，一般不存在任何生物。一般认为每升高 10m，微生物的含量下降 $1\sim2$ 个数量级。

11.4.1 大气微生物的来源

相对于整个大气圈来说，由于太阳光的直接照射，大气中有比较强的紫外辐射，并缺乏微生物生长所必需的营养和水分，因此，大气并不是微生物生长和繁殖的场所。但是大气中仍然存在着数量不等、种类不同的微生物。这主要是其他环境中微生物进入空气的缘故。土壤、水体、各种腐烂的有机物以及人和动植物体上的微生物，随着气流的运动不断以微粒、尘埃等形式被携带到空气中去。主要包括：①真菌孢子很容易通过外力，如风力的作用而被释放到空气中；②土壤中的微生物可以被吹到灰尘上，然后由灰尘带到空气中；③海洋的蒸汽可以携带微生物进入海洋上空；④各种水体经搅拌和曝光可以产生气溶胶，气溶胶可以携带微生物进入空气中；⑤人类的活动，如耕地、开动汽车等也会造成微生物进入空气（图 11-10）。

11.4.2 大气微生物的分布特点

携带有微生物的载体，如尘埃、气溶胶和水滴，对微生物在空气中的生存起着非常重要的作用。例如，如果细菌存在于飘浮在空气中的土壤颗粒上，就会受到土壤颗粒的保护，这时再受到紫外线和干燥条件的作用，其生存时间要比没有受到保护的长。而尘埃越多，其中所含的微生物种类和数量也就越多。因此，灰尘可被称作"微生物的飞行器"。一般在畜舍、公共场所、医院、宿舍、城市街道的空气中，灰尘含量多，微生物

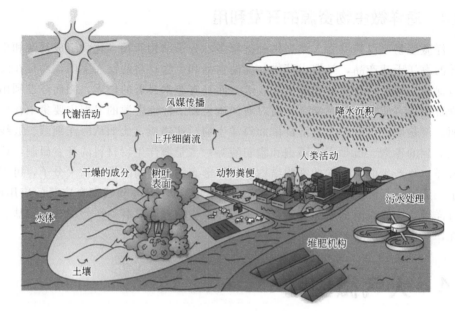

图 11-10 生物气溶胶的生成与传输示意图

(Smets et al.，2016)

的含量最高，而大洋、高山、高空、森林地带、终年积雪的山脉或极地上空的空气中，微生物的含量就极少；空气的温度和湿度影响着气溶胶和水滴，继而影响空气中微生物的种类和数量。夏季气候湿热，微生物繁殖旺盛，空气中的微生物比冬季多；下雨、下雪的季节，空气中的微生物数量大为减少。

微生物气溶胶，是指悬浮于空气中的微生物所形成的胶体体系。微生物气溶胶的粒径范围一般在 $0.002\sim30\mu m$ 之间，包括分散相的微生物粒子和连续相的空气介质。与人类疾病有关的微生物气溶胶粒子直径一般在 $4\sim20\mu m$ 之间，而真菌则以单个孢子的形式存在于空气中。不同微生物气溶胶粒径大小不同：细菌 $0.3\sim15\mu m$，真菌 $3\sim100\mu m$，孢子 $6\sim60\mu m$，病毒 $0.015\sim0.045\mu m$，藻类 $0.5\mu m$，花粉 $1\sim100\mu m$。目前，已知存在空气中的细菌及放线菌有 1200 种，真菌有 4 万种。影响微生物气溶胶总量的因素主要有：微生物的群落种类与结构、气溶胶胶化前的悬浮机制以及各类环境因素。气溶胶和水滴在空气中很快就会干燥，但是干燥之后的颗粒对微生物还会起保护作用。微生物身小体轻，能随着空气流动到处传播，因而微生物的分布是世界性的。大气中也有一定量的微生物，但都只是在其中停留和传播，最终它们要沉降到土壤、水中或其他物体上，有的因空气干燥和缺乏营养而死去。表 11-1 列出了在不同条件下 $1m^3$ 空气的含菌量。

表 11-1 不同地区上空的空气中微生物数

地区	$1m^3$ 空气的含菌量/个
北极（北纬 80°）	0～1
海面上	1～2
公园	200
城市街道	5000

地区	$1m^3$ 空气的含菌量/个
宿舍	20000
畜舍	1000000～2000000

11.4.3　大气微生物群落结构

在 20 世纪 30 年代，人们首次通过飞机证实在 20km 的高空中存在着微生物；70 年代中期又发现在 30km 的高空中存在着微生物；70 年代末，人们用地球物理火箭，从 74km 的高空采集到处在同温层和大气中层的微生物，其中包括 2 种细菌和 4 种真菌，它们是白色微球菌（*Micrococcus albus*）、藤黄分枝杆菌（*Mycobacterium luteum*）、蝇卷霉（*Circinella muscae*）、黑曲霉（*Aspergillus niger*）、点青霉（*Penicillium notatum*）和异形丝葚霉（*Papulospora anomala*）；后来，又从 85km 的高空发现了微生物，这是目前所知道的生物圈的上限。

空气微生物包括了细菌、霉菌、放线菌、病毒、孢子和尘螨等有生命活性物质的微粒，它主要以微生物气溶胶的形式存在于大气环境中。在空气中，芽孢细菌的数量最多，这是由于芽孢的适应力强，能在空气中存活很久，空气中的霉菌大多数是以体积较小和有孢子的色素存在，它们耐受紫外线的辐射能力较强。

室外空气中的微生物主要有各种球菌、芽孢杆菌、产色素细菌和对干燥和射线有抵抗力的真菌孢子等。室内微生物的微生物含量更高，尤其是医院的病房、门诊间因经常受到污染，故可找到多种病原菌，例如结核分枝杆菌（*Mycobacterium tuberculosis*）、白喉棒杆菌（*Corynebacterium diphtheria*）、溶血链球菌（*Streptococcus hemolyticus*）、金黄色葡萄球菌（*Staphylococcus aureus*）、若干病毒（麻疹病毒、流感病毒）以及多种真菌孢子等。

空气是人类和动植物赖以生存的极其重要的因素，也是传播疾病的媒介。空气中微生物的传播方式一般是借助空气的流动和飞沫的扩散来进行。风是空气流动的表现形式。当刮风时，带有微生物的灰尘和地面上的小颗粒就会随风飘荡，到处扩散。如果随地吐痰，那么带有微生物的痰迹干燥后也会随风流动，容易传播疾病。这是不文明的表现，所以要提倡良好的习惯，不随地吐痰。飞沫是讲话、咳嗽、打喷嚏所引起的。值得关注的是，由于人体呼吸道的生理结构特殊、表面积大，空气中的病原微生物粒子会通过人的鼻、咽、喉、气管、支气管进入到肺泡，引起相应部位感染。同时，空气的流动性和扩散性使病原微生物气溶胶四处扩散，可在短时间内产生大量病例。2003 年暴发的传染性非典型肺炎疫情，一个明显特征是家庭聚集和医院聚集，因此非典型肺炎流行的特点及方式可能是近距离飞沫传播，而飞沫传播黏膜可能是主要传播途径，如开放的黏膜包括鼻腔、口腔、眼结膜等。常规通风条件好的环境下非典型肺炎不易传播。所以在疾病流行期间，尽量不要去公共场所，即使必须去也要注意佩戴口罩。

空气中的微生物，常使工农业产品霉变，发酵产品污染，给国民经济造成重大损失，特别是空气中的病原微生物直接威胁着人类的健康，常造成动植物传染病的流行。为了防止疾病传播，提高人类的健康水平，要控制空气中微生物的数量。目前，空气还没有统一的卫生标准，一般以室内 $1m^3$ 空气中细菌总数为 500～1000 个以上作为空气污染的指标。

好氧发酵必须通入空气，为了防止空气中杂菌污染，就必须通入无菌空气。由于自然界的空气中总是有微生物，所以通入发酵罐的空气必须经过处理。在发酵工业用气的要求中，通常采用过滤除菌法去除杂菌，可用棉花、纱布（8 层以上）、石棉、硅胶等过滤空气。为了减少过滤器的负荷，人们总希望从采风口采入的空气尘埃和微生物含量越低越好，因此提高采风口的高度，以减少空气中尘埃和微生物含量。

11.4.4 空气中微生物的监测评价

空气中的微生物监测通常采用营养琼脂平板计数法，评价空气的清洁程度。测定的微生物指标有细菌、霉菌和放线菌总数，在必要时则测病原微生物。空气中微生物的污染程度要以量化的数据形式来得以体现，以便人们对空气微生物的污染程度进行质量评价。空气微生物采样方法主要有 2 种：自然沉降法和气流撞击法。在环境监测过程中，应依据不同的研究目标选择不同的采样器，用不同的采样方法监测空气微生物的结果会有一定的差异。研究表明，空气微生物采样过程的影响因素很多，自然沉降法以其采样简单而被广泛应用，但也有研究表明这种采样方法准确度较差，不能反映微生物的真实数量。相比较而言，撞击式采样器采集空气微生物以其稳定性、准确性好而被推广使用，目前最为常用的是安德森六级筛孔撞击式空气微生物采样器。两种方法采集的空气中微生物的评价方法如下：

（1）自然沉降法

自然沉降法是德国细菌学家 Koch 于 1881 年建立的，是指利用空气微生物粒子的重力作用，在一定时间内，让所处区域空气微生物颗粒逐渐沉降到含有培养基质培养皿内的采样方法。计算平均菌落数通过奥梅梁斯基公式（11-1），换算为所测单位体积空气中的各类微生物菌落数。奥氏认为：5min 内落在面积 100mm^2 营养琼脂平板上的细菌数和 10L 空气中所含的细菌数相同。奥梅梁斯基公式：

$$n = 1000 \times N / (A/100 \times t \times 10/5) = 50000 \times N / (A \times t) \tag{11-1}$$

式（11-1）中，n 为空气微生物浓度，CFU/m^3；N 为平均菌落数，个/皿（经过培养后牛肉汁蛋白胨琼脂培养基的细菌菌落数＋马丁培养基的霉菌菌落数、放线菌菌落数＋高渗透压培养基的耐高渗透压霉菌菌落数）；A 为平皿面积，cm^2；t 为平皿暴露于空气中的时间，min。

空气微生物的测点数越多越准确，为照顾到工作方便，又相对准确，以 20～30 个测点数为宜，最少测点数为 5～6 个。

（2）气流撞击法

气流撞击法是利用采样器的抽气动力来完成采样。按照采样器的原理，可分为撞击式、离心式、气旋式、过滤式、静电式等。以安德森（ANDERSEN）采样器为例，将采样后的平皿倒置于 37℃恒温恒湿箱中 48h，对有特殊要求的微生物则放相应条件下培养，计算各级平皿上的菌落数，一个菌落即是一个菌落形成单位（CFU）。以每立方米空气中所含粒子数量表示空气中微生物数量，公式如下：

$$n = (N \times 1000) / (t \times V) \tag{11-2}$$

式（11-2）中，n 为空气中微生物数量，CFU/m^3；N 为所有平皿菌落数，个；t 为采样时间，min；V 为空气流量，L/min。

以各级的菌落数占六级总菌落数比例表示空气微生物大小分布，即：各级微生物粒子数＝该级菌落数/六级总菌落数量×100％。

质量评价采用中科院生态中心推荐使用的空气微生物评价标准（如表 11-2），对空气微生物污染状况进行评价。

表 11-2　空气微生物评价标准（$\times 10^3$ CFU/m³）

级别	污染程度	空气微生物（总数）	空气细菌	空气霉菌
1	清洁	<3.0	<1.0	<0.5
2	较清洁	3.0～5.0	1.0～2.5	0.5～0.75
3	微污染	>5.0～10	>2.5～5.0	>0.75～1.0
4	轻度污染	>10～15	>5.0～10	>1.0～2.5
5	中度污染	>15～30	>10～20	>2.5～6.0
6	重度污染	>30～60	>20～45	>6.0～15
7	极重度污染	>60	>45	>15

11.4.5　大气微生物的粒径分布

空气中微生物气溶胶的粒子尺度及分布状况研究得到广泛关注，众多研究者对环境中的微生物气溶胶粒子的大小进行过测定，不同地区不同研究人员用不同方法测出的微生物气溶胶粒径结果各异。空气中微生物是个群体概念，本身就至少有 50 万种，因此，微生物气溶胶粒谱范围也很宽，粒径分布范围在 0.002～30μm。空气中微生物粒子的粒度分布以小于 8.2μm 的居多，而根据有关研究，空气中与疾病有关的带菌粒子直径一般为 4～20μm。不同粒子大小的微生物颗粒进入人体呼吸系统的位置不同，对人体的危害不同，10～30μm 的粒子可进入鼻腔和上呼吸道；6～10μm 的粒子能沉着在支气管内，1～5μm 的粒子可进入肺深部，详见图 11-11。

11.5　极端生境微生物

极端自然环境（Extreme Natural Environment）是指存在某些特有物理和化学条件以及某些特有微生物的自然环境。其中特有物理和化学条件，包括低温、高温、高压、强酸、高盐、干燥和低营养等。特有的微生物包括嗜冷菌（Psychrophiles）、嗜高温菌（Thermophiles）、嗜压菌（Barophiles）、嗜酸菌（Acidophiles）、嗜盐菌（Halophiles）以及抗辐射等微生物。嗜极端环境的微生物能适应其他生物所无法生活的环境，有的能适应生活在火山周围温泉的高温环境下，有的生活在地球两极地区的低温条件下，有的生活在深海的高压条件下，有的生活在非常低或很高 pH（pH 0～3 或 pH 10～12），或很高盐浓度条件下。由于这些微生物具有特殊的工业用途和研究价值，同时对于一些重大理论问题的研究，如生命适应极端环境的分子机理和生物进化等，这些微生物是很好的研究材料，所以说研究这些微生物具有重要的理论和实际意义。近年来，有关这方面的研究在全世界范围内是研究的热点之一。

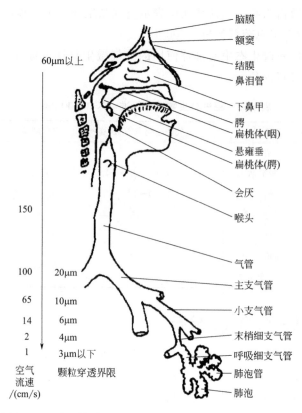

左侧标注（从上到下）：
60μm以上

150
100　20μm
65　10μm
14　6μm
2　4μm
1　3μm以下

空气
流速
/(cm/s)　颗粒穿透界限

右侧标注（从上到下）：
脑膜
额窦
结膜
鼻泪管
下鼻甲
腭
扁桃体(咽)
悬雍垂
扁桃体(腭)
会厌
喉头
气管
主支气管
小支气管
末梢细支气管
呼吸细支气管
肺泡管
肺泡

图 11-11　病原体气溶胶进入呼吸道的粒径及其感染的部位

11.5.1　低温环境中的微生物

低温微生物为指能适应低温并生长繁殖的微生物统称，根据对温度的耐受程度主要分为两大种类。嗜冷菌，生长温度范围则不超过 20℃，最适生长温度不超过 15℃，而最低温度可达 0℃ 及以下，主要分布于常冷地区，如南北两极、高山、冰川、冻土、深海等。而耐冷菌（Psychrotrophs），生长温度范围可大于 20℃，分布范围更广泛，除常冷地区，还可分布在土壤、海产品及冷冻食品等不稳定的低温环境。嗜冷菌大部分为革兰氏阴性菌，主要的嗜冷菌类群包含有假单胞菌属、黄杆菌属、产碱菌属、弧菌属、无色杆菌属、螺菌属、动性球菌属等，而目前已分离到的耐冷菌的主要菌属有假交替单胞菌属、嗜冷杆菌属、盐单胞菌属、假单胞菌属、生丝单胞菌属、节杆菌属等。

地球上约 80％ 以上的生物圈部分为永久性低温地区，研究低温微生物不仅可以探索其丰富的多样性，还可以利用特殊的耐冷基因及产物服务于社会生产，是微生物资源的重要来源。另外，由于生命起源于温度较低的海洋，有人认为对低温微生物的研究也有助于增强我们对生命起源的认识。

11.5.1.1　低温微生物的耐低温机制

① 细胞膜的组成：低温微生物的细胞膜含有更加丰富的脂类，以及更高比例的不饱和脂肪酸，使得脂类熔点降低，即使是在低温条件下也能保持良好的流动性和正常的功能。另外，耐冷菌可在低温条件下通过改变细胞外膜蛋白的结构，使通道孔径缩小，

避免外界环境中某些毒素分子进入细胞。②酶的活性：嗜冷菌细胞中的代谢酶类多为低温酶，最适温度较低，在低温环境下具有较高的活性和较强的底物亲和力，确保蛋白质的正常合成，维持生命活动。③冷激蛋白：此外，这些微生物还会产生冷激蛋白（Cold Shock Protein）以适应环境。

11.5.1.2　低温微生物的应用及前景

① 低温酶：低温酶在工业上的应用优势在于这类酶催化反应最适温度较低，可以节约能源。如低温蛋白酶可对皮革处理，低温脂肪酶及蛋白酶可作为洗涤剂添加剂。在食品加工方面，嗜冷菌凝乳酶可用于奶酪制品生产，稳定性较弱的嗜冷菌凝乳酶不需过高的温度即可灭活。既能保证奶酪的风味，节省能源，也能有效抑制低温发酵过程中温微生物的污染。②耐寒基因：基因工程技术的发展为嗜冷菌的应用提供了更加广阔的前景，不仅可以将嗜冷菌的基因克隆至中温宿主菌表达，以获得大量有应用价值的低温酶，还可将中温微生物基因克隆至低温宿主菌表达，拓宽其应用范围。③污染治理：在低温地区，冬天生活污水的处理效果较差，因为在低温环境下大多数的中温菌都会受到低温影响减低或失去代谢外源物质的能力。但是低温微生物尽管在低温环境下，也具有显著清除氮和磷、降解石油烃和脂类的作用。研究表明，嗜冷菌在消除海洋和高山低温环境油污过程中能起到至关重要的作用。

11.5.2　高温环境中的微生物

自然界中存在多种高温环境，如喷发的火山（$1000℃$）、火山岩浆（在 $500℃$ 以上）以及周围的土壤和水、热液喷口、热泉系统、非沸的温泉、堆肥内部和高温反应器等。在过去十多年中分离到了大量的超嗜热古菌，它们可以在最高温度为 $103\sim110℃$ 的环境中生长，如热棒菌属（*Pyrobaculum*）、热网菌属（*Pyrodictium*）、火球菌属（*Pyro-coccus*）、甲烷嗜热菌属（*Methanopyrus*）等。至今，已经知道了 60 多种的超嗜热细菌和古菌，它们多为厌氧和好氧的化能自养和异养微生物，这些异养微生物能利用多种多聚物，如淀粉、半纤维素、蛋白质和肽类。这些微生物的代谢过程和特异生物学功能与细胞中存在特殊功能的酶有密切关系，这些酶能在极端环境中发挥功能。

11.5.2.1　嗜热微生物的多样性

1969 年，水生栖热菌（*Thermus aquaticus*）（用于生产 PCR 技术中 *Taq* 聚合酶的菌株）被发现，它被视为极端嗜热菌，它在 $75℃$ 下生长。但近几年发现的超嗜热延胡索酸火叶菌（*Pyrolobus fumarii*）改变了我们的认知，它可以在 $113℃$ 生长，这种古菌被认为是真正的极端嗜热菌。20 世纪末，超过 70 多种的超嗜热微生物被发现，其中 7 株获得基因组序列。通过 16S rRNA 基因序列和脂类分析表明已知的超嗜热古菌仅占实际超嗜热菌类群的很小一部分。目前，分离和培养新的超嗜热菌有限，如红色热毛菌（*Thermocrinis ruber*），这种粉红色的丝状细菌早在 1967 年就被发现，但经历 25 年才成功地得到它的纯培养物，所以建立有效的分离超嗜热微生物新技术非常必要。

这些超嗜热微生物广泛分布于温度 $80\sim115℃$ 的自然环境中，如陆地的硫黄温泉、燃烧石油加热的地球深处、浅海和深海高温沉积泥和深海 4000m 以下的地热环境。超嗜热菌也可以从高温工业环境中分离到，如地热电力工厂和污泥处理厂的排出水。在深海环境中生活的超嗜热菌其环境的静水压为 $200\sim360atm$（$1atm=101.325kPa$），所以这些微生物同时也是耐压或者嗜压微生物。现在认为生命的上限温度是 113℃，一旦超过这个温度，氨基酸和代谢产物等分子变得非常不稳定，并且疏水作用会大大减弱。在所得到的 70 多种超嗜热菌中，通过生理生化特征分析表明它们属于 29 个属，大部分是古菌，只有栖热袍菌目（Thermotogales）和产水菌目（Aquificales）是真细菌，在进化树中处于最深的分支上，所以很多人对它们的进化关系非常感兴趣。通过对海栖热袍菌（*Thermotoga maritima*）基因组分析发现它和古菌之间存在水平基因转移。因此，研究者推断热环境可能为生命的起源。

11.5.2.2 高温环境中的微生物类型

一般嗜热微生物分为三类：①专性嗜热微生物（Obligate Thermophiles），其最适生长温度为 65～70℃，当温度低于 35℃时，生长停止。②兼性嗜热微生物（Facultative Thermophiles），这些微生物的生长温度范围介于嗜热微生物和嗜中温微生物（13～45℃）之间，其最适生长温度为 50～65℃。③抗热菌（Thermotolerant Microorganism），最适生长温度为 20～50℃，在室温下生长。

（1）原核嗜热微生物

在酸性温泉和存在火山岩浆的土壤中，广泛存在一种兼性化能自养菌，即酸热性硫化叶菌（*Sulfolobus acidocaldarius*），这种细菌既嗜热又嗜酸，能利用单质硫作为能源物质在把 Fe^{2+} 氧化成 Fe^{3+}，并利用 CO_2 作为碳源。近年来这种细菌受到了广泛重视，这是因为这种细菌不仅抗酸，耐高温，而且还会氧化无机和有机硫化物，可用于细菌浸矿和处理石油和煤中含硫化合物。在酸性温泉中，还存在氧化硫硫杆菌、嗜热硫球菌和嗜热放线菌以及一种能氧化硫、具有芽孢的嗜热菌，即嗜热硫杆菌。嗜热硫杆菌仅能在 60℃的温泉中生长。在一些污泥、温泉和深海地热海水中，存在能产甲烷的嗜热细菌，如詹氏甲烷球菌（*Methanococcus jannaschii*）和炽热甲烷嗜热菌（*Methanothermus fervidus*）。在深海地热区海水中还存在嗜热嗜盐菌，如栖热菌属（*Thermus*）的细菌和海洋红栖热菌（*Rhodothermus marinus*）。前者生活在 3% 或更高 NaCl 浓度的培养基中，而后者的最适生长条件为温度 65℃、pH 7 和 2% NaCl。

除了这些高温环境中存在的嗜热菌外，许多其他环境中也存在嗜热菌，如从法国塞纳河中分离到的一种细菌能在 73℃下生长。花园土壤中存在嗜热脂肪芽孢杆菌（*Bacillus stearothemophilus*）。正在腐烂的植物和种植蘑菇的地方均存在嗜热菌，它们多数为 G^- 细菌。有些能进行光合作用的细菌同时能进行固氮，但是在嗜热光合细菌中很少有这种生理功能的细菌，如层状鞭枝蓝细菌（*Mastigocladus laminosus*）在 50℃ 以上可以固氮。当温度超过 80℃时，环境中存在的微生物主要为古菌，如绝对厌氧的产甲烷细菌詹氏甲烷球菌和炽热甲烷嗜热菌。能代谢硫的好氧和厌氧细菌，如硫化叶菌属（*Sulfolobus*）、热变形菌目（Thermoproteales）和热原体目（Thermoplasmatales）属于极端嗜热菌。

（2）真核嗜热菌

① 真菌。嗜热真菌一般存在于许多高温环境中，如堆肥、干草堆、谷仓和碎木堆中。在蘑菇栽培过程中，嗜热真菌的存在有助于堆料中各种多聚物的降解，为以后培养蘑菇提供营养物，并可以增加蘑菇产量，缩短堆料时间。在堆料过程中，许多嗜热真菌可以降解塑料的增塑剂和聚乙烯。

② 嗜热藻类。在能耐高温的藻类中，温泉红藻（*Cyanidium caldarium*）引起了人们的高度重视。这是一种唯一能在 pH 小于 5，温度高于 50℃ 的自然环境中生长的藻类。这种藻类的最高生长温度为 55～60℃，它广泛分布于酸性温泉和温度较高的陆地中。

超嗜热菌（Hyperthermophiles）在 80～110℃ 生长最好，现在发现仅有细菌和古菌中某些菌株才有这种生理特征，它们主要生活在陆地和海洋地热环境中，这些微生物产生的酶具有非常高的热稳定性，酶作用最适温度在 70℃ 以上，有些酶甚至在 100℃ 和 110℃ 以上还有活力，超嗜热菌在 40℃ 以下是没有活力的。根据现有的理论和实验证据人们认为超嗜热菌是地球生命起源的第一种形式，所以超嗜热酶可以作为生物学家、化学家和物理学家研究进化、蛋白质热稳定性和酶功能上限温度的理想模型，同时也可以通过酶工程技术设计更为有效的酶和为生物工程技术开发更为广泛用途的酶提供了良好的材料。

11.5.2.3 嗜热菌的产物多样性及其应用

（1）热稳定的淀粉酶和葡萄糖淀粉酶

超嗜热微生物中得到的酶在 100℃ 以上还具有活性，并且能适应广泛的 pH 范围。具有这些特性的热稳定淀粉酶和葡萄糖淀粉酶可用于淀粉生物转化过程。许多研究花费大量的精力从超嗜热微生物中分离热稳定和高活性的淀粉酶。现已从乌氏火球菌（*Pyrococcus woesei*）、激烈火球菌和嗜热球菌中分离到热稳定的淀粉酶，并研究了它们的基本特征。从嗜热厌氧微生物，热解糖梭状芽孢杆菌（*Clostridium thermosaccharolyticum*）中已经分离纯化到了葡萄糖淀粉酶，该酶的最适酶活力温度为 70℃，pH 为 5。还从热解糖热厌氧杆菌（*Thermoanaerobacterium thermosaccharolyticum*）DSM 571 中纯化得到葡萄糖淀粉酶。相应的酶基因已经得到克隆，并在其他宿主中表达，从而解决了这些基因在原来的菌株中表达效果差的问题，在生产商得到了广泛应用。

（2）高温下有活性的异淀粉酶

热稳定和在高温下有活性的异淀粉酶（Isoamylase）也存在于极端嗜热微生物中，如速生热球菌（*Thermococcus celer*）、毛霉状脱硫菌（*Desulfurococcus mucosus*）、海洋葡萄栖热菌（*Staphylothermus marinus*）和凝聚热球菌（*Thermococcus aggregans*）。最适的温度为 90～105℃，在没有底物和 Ca^{2+} 存在情况下有明显的热稳定性。至今所研究的大多数酶属于异淀粉酶类型Ⅱ群。现已从激烈火球菌、热球菌和水热热球菌（*Thermococcus hydrothermomalis*）中纯化得到该酶。这些酶有很高的热稳定性，可以水解 α-1,6 和 α-1,4 糖苷键，所以有助于工业生产水解过程。好氧细菌嗜热栖热菌（*Thermus caldophilus*）GK-24 菌株能产生稳定的异淀粉酶类型Ⅰ，这种异淀粉酶在 75℃ 和 pH 5.5 下活力最大，在 90℃ 以上还是稳定的，酶活力和稳定性不需要 Ca^{2+} 的存在。

现在已经从这些微生物的培养基中分离到了这些特殊功能的酶，并发现它们有独特的性质，对热特别稳定，并可以抵抗化学变性剂。这些酶可以作为设计和构建具有特殊功能酶的模型，以便用于工业生产。此外，在高温下进行生物催化反应还具有许多优点：温度的升高对有机化合物的可利用性和可溶性有明显的影响；温度的升高同时伴随着黏度的下降和有机物扩散系数的增加，结果是由于较小的边界层（Boundary Layer），反应速率加快；在较高温度下，多环芳烃、脂肪烃、脂肪、多环化合物、淀粉、纤维素、半纤维素和蛋白质的溶解性也加大；难降解和不溶解的环境污染物在较高温度下更容易被降解，从而净化效率加大。

11.5.3 酸性环境中的微生物

自然界中存在许多强酸环境，如废煤堆及其排出水、酸性温泉及其周围的高温土壤、废铜矿及其排出水。这些极端酸性环境有些是天然的，有些为人为污染造成的。在大多数情况下强酸环境是微生物通过氧化单质硫、还原性硫化合物和二价铁离子的结果。自养和异养微生物氧化硫的结果产生硫酸，导致环境的 pH 迅速下降。强酸对大多数微生物是有毒的，当环境中的 pH 接近 1 时，一些真菌和细菌生长和繁殖就受到抑制。但在上述强酸环境中，也存在一些能抗强酸的微生物。嗜酸微生物便是指在相当酸性的培养基中能生长繁殖的微生物。

11.5.3.1 酸性环境中的微生物类群

嗜酸微生物可以分为两大类群，有许多微生物能在强酸环境中生长或生存，但是它们最适生长 pH 是 4～9，这些微生物被称为抗酸微生物（Acidotolerant Microorganism）。还有一些微生物必须在 pH 是 0～3 的酸性环境下才能生长，这些微生物被称为嗜酸微生物（Obligate Acidophiles）。嗜酸微生物有嗜酸细菌和嗜酸真核微生物。在酸性生境中首先出现的微生物是能氧化 S 和 Fe^{2+} 的化能自养菌，当这些化能自养菌大量增殖后，酸性环境中出现有机物，这时嗜酸的异养菌才会出现。表 11-3 列出了一些嗜酸微生物类型、生理特征和它们生活的环境。

表 11-3 嗜酸微生物类型、生理特征及生活环境

微生物	(G+C) 含量/%	生理特征和生活环境
氧化铁的原核微生物		
（a）中温微生物		
Thiobacillus ferrooxidans	58～59	兼性厌氧菌，黄铁矿环境
T. ferrooxidans m-1	65	不氧化 S^0
T. prosperus	63～64	耐盐
Leptospirillum ferrooxidans	51～56	利用 Fe^{2+} 作为主要的电子供体
Ferromicrobium acidophilus	51～55	异养型微生物
（b）中度嗜热菌		
Sulfobacillus acidophilus	55～57	自养或异养混合营养型微生物
S. thermosulfidooxidans	48～50	自养或异养混合营养型微生物
Acidomicrobium ferrooxidans	67～68.5	自养或异养混合营养型微生物
L. thermoferrooxidans	56	自养型微生物
（c）极端嗜热菌		
Acidianus brierleyi	31	兼性厌氧微生物
A. infernus	31	兼性厌氧微生物
A. ambivalens	33	兼性厌氧微生物
Metallosphaera sedula	15	专性好氧微生物
Sulfurococcus yellowstonii	44.5	专性好氧微生物
氧化硫的（不氧化铁）原核微生物		
（a）中温微生物		

微生物	(G+C) 含量/%	生理特征和生活环境
Thiobacillus thiooxidans	50～52	自养型微生物
T. albertis	61.5	自养型微生物
T. acidophilus	63～64	混合营养型微生物
Thiomonas cuprinus	66～69	混合营养型微生物
S. disulfidooxidans	53	混合营养型微生物
(b) 中度嗜热菌		
T. caldus	62～64	在 22～55℃生长
(c) 极端嗜热菌		
Sulfolobus shibatae	35	混合营养型微生物
Sf. solfataricus	34～36	混合营养型微生物
Sf. hakonensis	38.5	混合营养型微生物
Sf. metallicus	38	自养型微生物
Metallosphaera prunae	46	混合营养型微生物
Sulfurococcus mirabilis	43～46	混合营养型微生物
异养原核微生物		
(a) 中温微生物		
Acidiphilium spp.	59～70	某些种能还原 Fe^{3+}
Acidocella spp.	59～65	
Acidomonas methanolica	63～65	甲基营养型
Acidobacterium capsulatum	60	产胞外多聚物
(b) 中度嗜热菌		
Alicyclobacillus spp.	51～62	某些种能还原 Fe^{3+}
Thermoplasma acidophilum	46	兼性厌氧菌，生活在煤排出物中
Th. volcanium	38	兼性厌氧菌
Picrophilus oshimae	36	绝对好氧菌
P. torridus		绝对好氧菌
(c) 极端嗜热菌		
Sf. acidocaldarius	37	混合营养型，生活在地热地区和含 S^0 的温泉
其他		
Stygiolobus azoricus	38	专性厌氧和化能自养菌

(1) 自养和异养嗜酸原核微生物

极端酸性环境中微生物大部分以 SO_4^{2-} 作为主要的阴离子，大多数极端酸性环境含有相对少的可溶性有机物（浓度小于 20mg/L），因而这些环境被认为是寡营养环境。在这些环境中微生物主要进行亚铁离子和还原性硫化合物的氧化，主要的化能自养菌是氧化铁和硫的氧化亚铁硫杆菌。大部分氧化铁和硫的嗜酸细菌是自养菌，但是某些菌株也有同化有机物的能力，如某些氧化亚铁硫杆菌就可以利用甲酸。在废煤矿中含有高浓度的硫酸、铁和 H^+，pH 为 1.5～4，这是由于硫杆菌氧化硫化矿中含硫化合物，其中最有名的是一些专性化能自养菌，如氧化硫硫杆菌和氧化亚铁硫杆菌，它们都是极端嗜酸菌，可以通过氧化硫或含硫化合物获得能量，并产生硫酸。氧化硫硫杆菌可以在 pH 0.9～4 内生长，最适生长 pH 在 2.5 左右。氧化亚铁硫杆菌也能氧化含硫化合物，并

利用 O_2 氧化 Fe^{2+}，在这过程中伴随着产酸。这种细菌生长的 pH 取决于它所氧化的底物，氧化 S^0 时，最适生长 pH 在 5 左右；代谢含 S 的矿物时，最适生长 pH 为 $2\sim3$；生长在含有 Fe^{2+} 的环境中或还原性硫化合物的原核生物是混合营养型生物（可以同化有机碳和无机碳）或是专性异养菌。

在酸性煤矿排出水中，存在有氧化 Fe^{2+} 的生金菌，氧化 Fe^{2+} 时，最适 pH 为 $3.5\sim5$。在废矿石中存在器官硫杆菌（*Thiobacillus organparus*），这种细菌为兼性自养菌，最适生长 pH 为 3.0 左右，在 pH 为 2.5 的废煤矿堆中存在一些 G^-，不产芽孢，但能产亮黄色素的杆菌。在 pH 为 2.8 的酸矿水中存在一种能产生黏液的细菌，产生的黏液可以保护这种细菌免遭伤害。在酸性环境中，存在一些嗜酸嗜热的芽孢杆菌，如酸热芽孢杆菌（*Bacillus acidocaldarius*）和凝结芽孢杆菌（*Bacillus coagulans*）。前者在 $60\sim65℃$、pH3~4 的条件下，生长速率达到了最大。在化学合成培养基中，这种细菌能利用糖类或氨基酸作为生长物质。

某些异养细菌可以污染嗜中温和嗜高温的化能自养菌分离物，例如，隐蔽嗜酸菌（*Acidiphilium cryptum*）是嗜中温的嗜酸异养菌，这种细菌可存在于氧化亚铁硫杆菌分离物中。酸热芽孢杆菌是嗜酸的异养菌，这种细菌存在于温度为 $45\sim70℃$ 的，pH 为 $2\sim6$ 的含硫热温泉中。这些嗜酸的异养菌可以从化能自养菌细胞释放的有机物中获得营养，或从死细胞分解物或其他环境中获得营养。

能在酸性环境中生存的另一种最异常的微生物是嗜酸热原体（*Thermoplasma acidophilium*），这种细菌存在于自发燃烧的废煤堆中，最适生长温度为 59℃，最适 pH 为 2 左右。它无细胞壁，对营养要求相当复杂，必须利用酵母膏作为底物，在化学合成培养基中不生长。

在某些土壤中能进行硫循环，其中含有氧化硫的细菌和还原 SO_4^{2-} 的细菌。当环境中没有氧气时，这些细菌便利用 SO_4^{2-} 作为呼吸链的电子受体，最终的产物是 H_2S。在某些环境中 H_2S 可以扩散开，当有氧时，H_2S 又被氧化成 SO_4^{2-}。在石油工业排出水中，通过这种方式产生的 SO_4^{2-} 会造成严重的问题，因为这些硫酸会严重腐蚀金属管道和其他设施。在其他一些环境中，形成的 SO_4^{2-} 可以与 Fe^{2+} 形成硫酸亚铁层，结果会影响土壤的排水。

在大部分极端酸性环境中很容易分离到异养微生物，许多嗜酸异养微生物所需的有机物来自于嗜酸化能自养菌细胞的渗出物和裂解物。专性的嗜酸异养微生物包括古菌、细菌、真菌、酵母菌和原生动物。某些原核嗜酸异养微生物在铁氧化-还原同化代谢中具有直接的作用，这些微生物包括氧化铁的嗜酸亚铁微菌（*Ferromicrobium acidophilus*）（这种微生物能利用铁氧化还原释放的能量进行生长）和各种嗜酸分离物（这些分离物可以利用 Fe^{3+} 作为最终电子受体）。许多嗜酸古菌是专性异养微生物，如在酸性温泉中的酸热硫化叶菌就是专性异养微生物。该菌最适生长温度为 70℃，最适生长 pH 为 $2\sim3$。过去认为这是一种兼性化能自养古菌，但现在认为是由于酸热硫化叶菌和另一种极端嗜热菌［可能是金属硫化叶菌（*Sulfolbus metallicus*）］混合培养。通过宏基因组技术发现，在酸性环境中存在大量基因组较小，代谢功能不全的古菌类群微古菌门（Micrarchaeota）和小古菌门（Parvarchaeota），其与其他类群共生协作，适应改造酸性环境（图 11-12）。

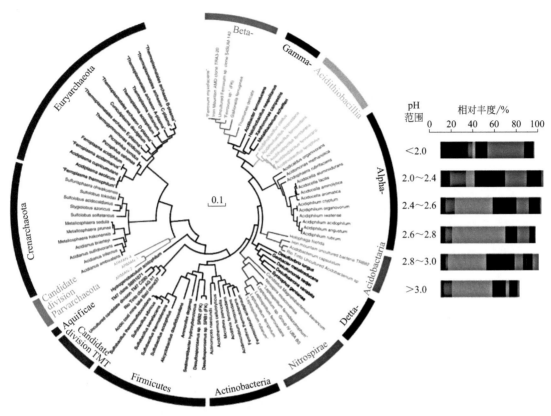

图 11-12　酸性矿山废水生境中微生物多样性（见彩图）

(Chen et al.，2016)

（2）嗜酸真核微生物

在酸性环境中，存在许多嗜酸酵母，如椭圆酵母、点滴酵母和酿酒酵母可分别在pH 2.5、pH 2.0 和 pH 1.9 中生长。在 pH 2.0 左右的废铜矿中可以分离到红酵母。在酸矿排出水中很容易分离到红酵母属的各个种、假丝酵母和球拟酵母。菌幕枪丝霉（*Aconitium velatium*）和头孢霉可以在 1.25mol/L H$_2$SO$_4$ 溶液中生长，并要求培养基中含有 4% 的 CuSO$_4$，这两种真菌是现已发现的抗酸能力最强的微生物。在酸性废煤堆和酸溪流中，还可分离到黑色枪丝霉（*Aconitium pullans*）和丝孢酵母。在强酸环境中还可以分离到原生动物，如鞭毛虫、纤毛虫和阿米巴虫，这些原生动物都是专性嗜酸的，并且是以氧化矿物质的嗜酸细菌为食物。

许多藻类也能抗酸，如从地热酸性温泉和美国黄石国家公园溪流中可以分离到温泉红藻（*Cyanidium caldarium*），其最适生长 pH 为 2～3，生长的最低 pH 甚至可以到 0 左右，在 pH 为 5 以上的环境中便不能生长，但可以在 pH 为 7 的环境中进行光合作用。这种中度嗜热微生物在没有光照的情况下可以进行异养生长。大部分这些真核微藻包括丝状微藻，也有单细胞的微藻和硅藻。嗜中温的嗜酸光合微生物包括裸藻（*Euglena* spp.）、绿藻（*Chlorella* spp.）、嗜酸衣藻（*Chlamydomonas acidophila*）、环丝藻（*Ulothrix zonata*）和漂浮克里藻（*Klebsormidium fluitans*）。此外，利用培养组学方法，从酸性矿山废水（AMD）酸性环境中分离获得与温泉红藻相似的藻株，但其培养特征与黄石公园分离株略有差异（图 11-13）。

图 11-13　光合自养（左）和异养 *G. sulphuraria* 细胞（见彩图）
细胞培养（上）和光学显微镜图像（下）（Schönknecht et al.，2013）

11.5.3.2　嗜酸菌的应用

（1）细菌冶金

氧化 Fe^{2+} 和 S^0 的细菌能产生酸性的含有 Fe^{3+} 的溶液，该溶液可氧化矿石的大量成分，使矿石中的 Cu^{2+}、U^{4+}、Sn^{2+}、Sb^{5+}、Zn^{2+}、Sb^{3+}、Ni^{2+}、Ga^{3+} 和 Mo^{2+} 呈可溶性状态，然后电解使这些重金属沉淀下来。所用的微生物有氧化硫硫杆菌和硫化叶菌及氧化亚铁硫杆菌。例如，利用氧化亚铁硫杆菌通过微生物沥取法可以从低含量的矿物中大量提取 Cu^{2+}（图 11-14）。

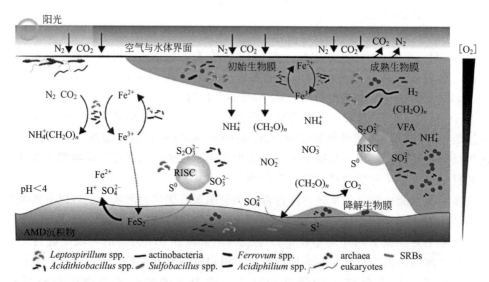

图 11-14　酸性矿山废水生境总微生物参与的元素循环
（Chen et al.，2016）

（2）煤和石油脱硫

煤和石油中含有大量的有机和无机硫化合物，这些矿物在燃烧时，其中的含硫化合

物被转化成 SO_2，SO_2 是大气中有严重危害的气体。因此，利用嗜酸嗜热的酸热硫化叶菌分解矿物中无机硫和有机硫化合物，就可以减少 SO_2 对大气的污染。

（3）生产肥料

可以利用氧化硫硫杆菌提高磷矿粉的速效性，以便提高农作物的产量。因为天然磷矿粉中的氟磷酸钙是难溶的磷酸盐，这样，磷矿粉在农田中作为化肥使用，肥效很差，利用硫杆菌氧化单质硫或硫化物产生 H_2SO_4，来分解磷矿粉，可以提高氟磷酸钙的溶解度，增加磷矿粉的肥效。

（4）利用氧化铁和还原硫酸的嗜酸细菌对酸矿水进行生物修复

如图 11-15 所示，将氧化 Fe^{2+} 的嗜酸细菌和还原硫酸盐的嗜酸细菌分别固定在两个生物反应器中。酸矿水进入第一个生物反应器中，Fe^{2+} 被嗜酸细菌作用后形成 Fe^{3+}，固定化基质为稻草，可以给为嗜酸微生物提供碳源，其中的溶解氧被这些异养菌利用，Fe^{2+} 被氧化成 Fe^{3+} 引起酸矿水的氧化还原电位变化，形成不溶性含铁物质，所以 pH 没有很大变化。然后，富含分子量较小的有机物（固定化物质部分降解的产物）的酸矿水进入第二个生物反应器，为反应器 2 中嗜酸细菌的生长提供底物。酸矿水的大部分变化发生在生物反应器 2 中，这些变化包括：①由于硫酸的还原产生碱性物质，增大 pH。②由于有硫化物和氢氧化物，出现金属沉淀。这样有必要定期清理在生物反应器 2 中累积的沉淀物，并回收这些金属。

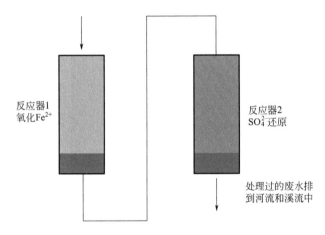

图 11-15　矿山酸矿废水的生物处理

（5）利用可以固定金属的嗜酸细菌去除酸矿水中的有毒金属

在酸矿水中许多金属是可溶性的，尤其是钼酸根等阴离子就是这种情况，当水被化学或生物物质中和时，这些金属作为氢氧化物就出现沉淀。某些微生物（细菌、真菌和其他微生物）可以作为生物吸附剂，累积这些金属，这样便可以利用这些生物吸附作用去除污染环境中的金属和从工业废弃物中回收金属。

（6）利用生物物质控制酸矿水的产生

如何利用生物产生的物质抑制酸矿水的形成也是一个很重要的问题。利用合适的噬菌体或细菌素控制酸矿水中嗜酸细菌的生长就是其中措施之一。目前只分离到可以感染嗜酸菌的噬菌体，还没有发现可以感染氧化铁的嗜酸菌的噬菌体。同样也没有发现细菌素可以作用于积累金属的嗜酸菌。相反，可以利用捕食嗜酸细菌的嗜酸原生动物来控制和降低氧化黄铁矿中可以积累金属细菌的数目，但是如何大规模使用还是一个很大的问题。

11.5.4 高盐环境中的微生物

在自然界中，有许多含有高浓度 NaCl 的环境，如天然的盐湖和死海。这些盐湖位于亚热带和热带地区，这些地区的温度很高，光照强度大，水分蒸发速率很快。除了天然的环境外，人工也会造成许多含有高浓度 NaCl 的环境，如用盐腌制的食品、用于生产盐的太阳蒸发池或者制盐场。在这些高浓度 NaCl 环境中，由于高渗透压的作用，大多数微生物细胞因质壁分离而生长受到抑制，但在这些环境中也存在抗高渗透压的微生物。目前，极端嗜盐细菌和嗜盐微藻这两类微生物引起了人们的高度重视，但近年来，中度嗜盐菌也引起许多研究者的兴趣，因为它们的抗炎机制和发酵产物非常独特（图 11-16）。

图 11-16　不同盐浓度下的盐湖（见彩图）

11.5.4.1 高盐环境微生物群落结构特征

在高浓度的 NaCl 环境中发现的嗜盐微生物主要有微藻和嗜盐细菌，可以分为以下几类：①抗盐微生物。它们最适生长的盐浓度为 0～0.3mol/L NaCl，能生长的盐浓度为 0～1mol/L NaCl。抗盐微生物主要是由肠道细菌和各种微藻组成的。②中度嗜盐微生物。它们最适生长的盐浓度为 0.5～2.5mol/L NaCl，能生长的盐浓度为 0.1～4.5mol/L NaCl。中度嗜盐菌微生物包括某些真细菌、蓝细菌和微藻，如盐拟杆菌属（*Halobacterioides*）、生孢盐细菌属（*Sporohalobacter*）和盐厌氧细菌属（*Haloanaerobium*）的细菌。某些单细胞绿藻，如绿色杜氏藻（*Dunaliella viridis*）也属于抗盐微生物，能在 NaCl 浓度 0.3～5.0mol/L 条件下生长。③极端嗜盐微生物。它们最适生长的盐浓度为 3.0～5.0mol/L NaCl，能生长的盐浓度为 1.5～5.0mol/L NaCl。极端嗜盐微生物有盐杆菌和盐球菌，它们属于古菌。盐杆菌没有完整的细胞壁，在细胞膜外表面覆盖着一层蛋白质亚基。极端嗜盐微生物中唯一的真细菌是光合微生物的外硫红螺旋菌属（*Ectothiorhodospira*）。唯一的真核嗜盐微生物是杜氏藻属的某些种。

11.5.4.2　嗜盐菌的多样性

高盐生物栖息地的细胞生命主要由古菌和细菌微生物所主导，伴随着少许的真核微生物，如自养的和异养的原生生物、卤虫藻和真菌，除此之外，病毒也是生物群落中的一个重要组成部分。

嗜盐细菌中研究最多的是中度嗜盐菌（Moderate Halophile），其代谢类型多样，如好氧/厌氧化能异养型、光能自养/异养型和化能无机营养型等，广泛分布于细菌域的蓝藻菌门（Cyanobacteria）、变形菌门（Proteobacteria）、厚壁菌门（Firmicutes）、放线菌门（Actinobacteria）、螺旋体门（Spirochaetes）和拟杆菌门（Bacteroidetes），主要的代表类群如厌氧革兰氏阴性盐硫杆状菌科（Halothiobacillaceae）、盐厌氧菌科（Halanaerobiaceae）和盐拟杆菌科（Halobacteroidaceae）等；好氧有机营养嗜盐细菌，如盐单细胞菌科（Halomonadaceae）、糖螺菌属（*Saccharospirillum*）、盐弧菌属（*Salinivibrio*）等；原核嗜盐蓝细菌，如嗜盐隐杆菌（*Aphanothece halophytica*）。

嗜盐古菌的分类研究历史悠久，最早研究者们从用盐腌制的肉类中发现红色的嗜盐菌。嗜盐古菌的分类地位，属于广古菌门（Euryarchaeota）、盐杆菌纲（Halobacteria），嗜盐菌目（Halobacteriales），嗜盐菌科（Halobacteriaceae）。2015 年，有研究者根据系统基因组学分析和分子特征，提出将嗜盐菌纲在原来嗜盐菌目（Halobacteriales）的基础上，再新加盐富饶菌目（Haloferacales）和钠白菌目（Natrialbales），每个目分别含有盐杆菌科（Halobacteriace）、盐富饶菌科（Haloferacacea）、钠白菌科（Natrialbaceae）。次年，有研究者在原有研究基础上根据系统发育学分析继续提出，将盐富饶菌目（Haloferacales）分为盐富饶菌科（Haloferacaceae）和盐红菌科（Halorubraceae）两个科，将嗜盐菌目（Halobacteriales）分为三个科，分别为 Halobacteriaceae、Haloarculaceae 和 Halococcaceae。经过最近几年研究者们对嗜盐古菌资源分类学的不断研究，嗜盐杆菌纲包含有效发表的 57 个属超过 200 个种。利用免培养的方法研究嗜盐古菌多样性时，发现还有许多潜在嗜盐古菌新类群，这些都表明嗜盐古菌资源还具有巨大的挖掘潜力。

能适应高盐浓度的原生动物有鞭毛虫、纤毛虫和变形虫，这些原生动物可以存在于盐湖和死海中。许多硅藻可以生活在含有 16％ NaCl 的培养基中。但是，当 NaCl 浓度达到 23％ 时，硅藻便无法生长。在含有 23％ NaCl 的培养基中，仅有杜氏藻（*Dunaliella*）和嗜盐隐杆菌（*Aphanothece halophytica*）可以生长，这些藻类广泛存在于盐湖和晒盐池中。

真菌中的丝孢菌类，即枝孢霉可以生长在浸没于盐湖中的木块上，这些真菌可以生存在 29％ 或更高浓度的 NaCl 溶液中，所以这些真菌可以生长在极端盐浓度条件下。能形成膜状的酵母菌也经常于酱油中，酱油的 NaCl 浓度大约为 16％。

11.5.4.3　嗜盐微生物的应用

由于盐湖中广泛存在光合微生物，而降解有机物的微生物却很少，所以在盐湖中，生产力超过分解力，这样水体的沉积泥中便存在大量的有机物。通过利用死海底部的沉积泥进行富集培养，然后利用含有 25％ NaCl 或死海水配制成含有各种营养成分的培养基进行分离纯化，结果发现这些沉积泥中含有氧化硫化物的微生物、降解纤维素的微生物和降解石油、石蜡和煤油的微生物。在无氧条件下进行培养，这些样品中还含有发酵乳糖的微生物、发酵葡萄糖产生丁酸的微生物、产生甲烷细菌、反硝化细菌、还原硫酸盐的细菌，降解纤维素的细菌和紫色细菌，说明在高盐环境中还存在许多具有各种生理功能的异养菌，这些异养菌具有潜在的工业应用价值。

11.5.5　高压环境微生物

高压环境存在于海洋、湖泊、深油井、地下煤矿和某些工业加压设备中。在海洋中，每加深 10m 就要增加一个标准大气压。太平洋海底的压力可达 1160atm，在海底的平均大气压约为 380atm，在海洋深处高压还伴随着低温。在陆地中深度每增加 1m，压力便增加 0.1 个标准大气压，而温度随着深度增加而提高，平均为每米增加 0.014℃。深海底部是一个压力非常大，温度非常低（1~2℃）的环境，但是在深海热液喷口的周围温度却可达 400℃。在深海中生长的微生物具有许多独特的特征，以便特异地适应这种极端环境。

尽管深海压力非常大，许多微生物还是可以生活和生长在这种环境中。1979 年，ZoBell 和 Morita 首次分离到了能特异生长在高压环境的微生物被称为嗜压微生物（barophiles）。目前，嗜压微生物通常指在压力大于 40MPa 下生长良好的微生物，而在压力小于 40MPa 下生长良好的微生物被称为耐压微生物（Barotolerant Bacteria）。大部分深海底部是稳定的，研究深海微生物有助于了解生命的起源和进化，同时也有助于了解在高温高压生物圈中的生命过程。

11.5.5.1　深海高压环境微生物的群落结构特征

为了研究和探索深海环境的微生物多样性，有学者在深海 10500m 处分离到了微生物，培养得到的各种微生物可以在 2℃、压力大于 100MPa 生长以及压力大于 40MPa、温度大于 100℃条件下生长。有人对嗜压微生物进行了广泛研究，在大于 50MPa 的条件下，耐压菌株 *Moritella japonica* DSK1 在 15℃下要比 10℃下生长得好。通过比较16S rRNA 基因序列发现嗜压和耐压微生物菌株属于紫色菌群的 γ 亚群，但是耐压菌株 *Sporosarcina* sp. DSK25 是 G⁺ 的，可以形成芽孢的细菌。所有绝对嗜压菌株〔DB55-1、DB6101、DB6705、DB6906、DB172F 和希瓦氏菌属（*Shewanella* sp. PT99）〕、某些中度嗜压菌株 DSS12 菌株和海底希瓦氏菌（*Shewanella benthica*）属于希瓦氏菌属的同一亚分支。其他的中度嗜压菌株希瓦氏菌属 SC2A 菌株、发光杆菌（*Photobacterium* sp.）SS9 菌株和 DSJ4 菌株以及耐压菌株（羽田希瓦氏菌 *S. hanedai* 和 DSK1 菌株）广泛分布在整个紫色菌群的 γ 亚群中。

有人在世界最深的海沟中获得了底泥样品，直接从这些底泥样品中提取的 DNA 通过 PCR 进行扩增，引物根据海洋古菌的 16S rRNA 基因序列进行设计，序列测定结果表明至少两种细菌的 16S rRNA 是与假单胞菌属和适应深海生活的海洋细菌有密切的亲缘关系。扩增得到的受压力调节的基因簇序列比较类似于嗜压细菌相应的序列，而与耐压细菌的序列亲缘关系较远。这些结果表明适应深海生活的嗜压细菌、水生海洋细菌和全世界分布最广泛的细菌（假单胞菌属）可以共同生长在世界最深的海洋中。

为了进一步了解最深海底的微生物群落，有学者从深海海沟底泥样中分离到数千株微生物，培养所用的条件是温度 4~75℃，压力 0.1MPa 或 100MPa，培养时间是 1~4周。在 10897m 处发现的微生物群落是由放线菌、真菌、非嗜极端细菌、各种嗜极端微生物（嗜碱微生物、嗜热菌、三种嗜压菌和嗜冷菌）组成的。根据 16S rRNA 序列分析和系统发育进化研究表明这些微生物代表非常广泛的分类种。

11.5.5.2 嗜压菌的潜在应用

（1）压力对蛋白质结构和稳定性的影响

在各种生物体系中，包含多亚基酶、核糖体、细胞骨架蛋白质、与信号转导途径有关的蛋白质，蛋白质与蛋白质之间的相互作用是很重要的，而这些相互作用对压力的增加是敏感的。静水压力可以引起部分多亚基蛋白质发生解离，并伴随着负体积变化，而体积变化是由形成盐桥的带电荷基团融合作用引起的，或是由非极性基团暴露于溶剂的结果。然而，某些嗜压或耐压微生物的酶具有较好的抗压性，其相应的酶活会随着压力的增加而提高。因此，从工业角度来说，这些压力对酶的稳定作用具有重要的实际意义，同时也有助于我们更好地设计工业用酶。

（2）控制酶反应产物

压力对于一个反应的影响取决于活化体积的性质和大小。α-胰凝乳蛋白酶催化的在可逆微团中进行的酰基替苯胺水解伴随着负体积变化，这样压力增加可以刺激该反应。由该酶催化的酯水解伴随着正体积变化，这样压力增加会抑制该反应。由于这两个反应体积变化的不同，在含有酰基替苯胺和酯类混合物中施加压力可以刺激酰基替苯胺的水解，并抑制酯类水解。

（3）受压力调节的基因表达

目前大部分研究集中在嗜压菌如何适应高压环境的分子机制上。尽管这些受压力调节的基因在实际应用中的用途较小，然而，嗜压微生物中特有的压力感受调节因子，可以调节相应的基因簇表达，这为开发控制重组基因表达与转录调节机制的研究和膜蛋白质功能的研究提供新思路。

11.5.6 沙漠环境微生物

沙漠是一种典型的极端环境，具有降水稀少、空气干燥和植被稀疏等特点。地球上约超过 1/3 的陆地表面是干旱或半干旱的，占到地球总面积的 1/5，主要分布在热带、亚热带和温带干旱区。1953 年，Peveril Meigs 根据年降雨天数、总降雨量、温度、湿度等参数，将地球上的干旱区域划分为三类：完全没有植物覆盖的极度干旱地区（年降水量<100mm）；季节性的长草但无树木生长的干旱地区（蒸发量比降水量大，年降水量<250mm）；草和低矮灌木可生长地区为半干旱地区（年降水量 250～500mm）。根据上述判断标准沙漠主要分布在全球的特干和干旱地区。而被人们普遍接受的是联合国环境规划署（UNEP）广泛采用的环境干旱度指数，即降水量与蒸腾量的比值（Precipitation/Potential Evapotranspiration，P/PET），这个比值是直接基于气象观测的数据，若 P/PET<1，该地区则可被认为是沙漠地区。当然，也有学者根据年平均气温将这些干旱地区分为热沙漠（>18℃）或者冷沙漠（<18℃）。

沙漠生态系统是陆地生态系统中最为脆弱的系统之一，其分布区域多为干旱多风、营养与水资源匮乏、盐碱化严重，地表以物理风化为主，这些因素导致沙漠生态系统土壤形成过程缓慢、植被稀少、生物量和多样性相对较低。然而研究发现，即使在极端恶劣的条件下，沙漠也存在着大量的微生物资源，且绝大部分仍然未知。

微生物作为沙漠生态系统的重要组成部分，能够参与生物地球化学循环等重要生态过程，其对于构建稳定沙漠生态系统具有重要意义。微生物群落对环境的反应十分敏感，细微的环境变化就会引起群落组成的改变。沙漠微生物多样性和群落结构组成能够反映沙漠生态环境的变化情况，其变化会直接影响整个沙漠生物群落。沙漠生态系统的特殊性，使得其微生物生态学研究受到诸多因素限制，起步较晚。随着近年来高通量测序技术和培养组学的发展，沙漠微生物生态学研究领域已得到广泛开展，研究领域涵盖了全球主要沙漠分布区，但相对于其广阔的分布面积，有关研究还很缺乏。

11.5.6.1 沙漠微生物群落结构特征

（1）细菌

沙漠土壤微生物群落在组成和功能上与其他生物群落存在显著差异。有学者通过对不同土壤微生物群落进行宏基因组比较研究，发现热沙漠和冷沙漠的系统发育和功能多样性水平都表现最低。然而，沙漠土壤微生物群落的分类多样性遍及了许多关键分类单元，并且比最初预想的更为多样。

放线菌门、拟杆菌门和变形菌门是世界各地沙漠主要的代表性类群。其中，放线菌在沙漠环境中常具有较高的丰度。例如，非洲纳米布沙漠土壤中放线菌类群占到44%，其中主要包括红杆菌属（*Rubrobacter*）、节杆菌属（*Arthrobacter*）、热多孢菌属（*Thermopolyspora*）和链霉菌属（*Streptomyces*）。有研究在冷沙漠中同样也发现了上述这些属，并指出节杆菌属在南极土壤中分布十分普遍。尽管这些分类单元普遍存在于很多土壤类型中，但从沙漠土壤中分离得到的放线菌包含大量的新物种。放线菌之所以能够成为干旱沙漠地区的主要类群，归功于其产孢能力、广泛的代谢能力，以及通过次级代谢产物合成和多种紫外修复机制带来的竞争优势。

蓝藻门（Cyanobacteria）细菌在冷热沙漠中均普遍分布，这些具有光合作用的类群在营养贫乏的干旱环境中尤为重要，它们广泛参与了包括碳（C）、氮（N）循环在内的许多关键生物地球化学循环过程，并且表现出一定的抗旱抗盐碱特性。厚壁菌门在纳米布沙漠中丰度可达50%，在中国西部戈壁沙漠部分地区则高达80%。拟杆菌门存在多种营养型细菌能够广泛适应各种环境。研究发现，南极干燥河谷拟杆菌门丰度超过50%。变形菌门在全球广泛分布，并且也是沙漠土壤微生物的重要组成成员。通过对比沙漠和农田土壤微生物群落组成发现，变形菌门在沙漠土壤中的丰度是农田土壤的两倍，其中α-变形菌门的苍白杆菌属（*Ochrobactrum*）占主要地位。同时，变形菌门也被认为是寡营养干旱地区中重要的功能微生物，因为，有研究发现其与叶绿素依赖的光合作用具有紧密联系。有人则认为沙漠变形菌门这种能够赋予其他类群（如芽单胞菌门Gemmatimonadetes）光合作用能力的现象是通过水平基因转移实现的。

（2）真菌

沙漠土壤环境中已经报道了许多真菌类群，大多数对沙漠真菌的研究都采用了基于培养的方法，只有少数研究采用了与培养无关的方法。早期的研究，使用来自巴基斯坦内盖夫沙漠和美国的索诺拉沙漠土壤进行分离培养，结果显示出高度的真菌多样性，这与真菌是地球上最耐压的真核生物之一的普遍观点具有一致性。荒漠土壤可培养真菌数量约为10^3CFU/g，其中优势属为曲霉菌属（*Aspergillus*）、弯孢菌属（*Curvularia*）、镰孢菌属（*Fusarium*）、毛霉菌属（*Mucor*）、拟青霉菌属（*Paecilomyces*）、青霉菌属

（*Penicillium*）、茎点霉属（*Phoma*）及匍柄霉属（*Stemphylium*）。而如今利用分子手段发现的真菌数量和种类都大大超过用纯培养方法研究时期得到的结论。

（3）古菌

古菌类群在许多生境中相对罕见，但在沙漠土壤中似乎特别丰富，且以奇古菌门（Thaumarchaeota）为主要代表类群。这个类群目前所有已知物种均是化能无机自养型且具有氨氧化作用，其在生物地球化学循环中扮演着很重要的角色，特别是在一些贫瘠的环境中。值得注意的是，对印度喀奇沙漠 7 个盐碱地土壤样品的宏基因组测序结果表明，嗜盐的广古菌门（Euryarchaeota）可能占到土壤原核生物总量的 40%。但也有学者认为古菌在沙漠环境并没有广泛的分布，它们只是存在于少数盐碱地且氧气含量较低的环境中。古菌能在极端的条件下生存，其独特的生理特性非常值得研究，但目前相关报道还较少。

（4）病毒

相比于其他生态环境，病毒在沙漠生物地球化学循环中可能扮演着更加重要的角色。然而，目前沙漠土壤微生物生态学研究主要集中在细菌群落上，细菌在很大程度上仍然作为最主要的初级生产者。土壤病毒种群和功能很少被考虑，这相当于忽略了生态模型中用于预测微生物种群动态的一个关键变量。研究发现，炎热沙漠中存在相当数量的病毒，且以 dsDNA 病毒为主。随着第二代测序技术（NGS）的进步，免培养方法已成为研究病毒多样性的标准方法。然而，快速增长的环境病毒测序数据结果表明，大多数序列（≈70%）在公共数据库中无同源性，这些序列通常被标记为"病毒暗物质"。

11.5.6.2 沙漠微生物功能多样性

沙漠环境的高温、干旱和紫外辐射强度高等极端恶劣特点，限制了初级生产者的发展，同时也削弱了整个沙漠生态系统的碳氮循环过程。沙漠微生物在沙漠生态系统的生物地球生物化学循环过程中扮演重要角色，但是与普通环境土壤相比，与氮（N）、钾（K）、硫（S）代谢相关的基因丰度较低。宏基因组测序结果显示，沙漠来源土壤比非干旱土壤类型存在更多的与休眠和应激反应相关的基因，这可能是水分和热应激事件压力进化的结果。然而，在沙漠土壤微生物生态学研究中，尽管功能 α 多样性在解释群落间基因多样性和分布时具有重要意义，但该项研究仍未得到深入开展。此外，研究发现，沙漠土壤中也存在高水平的抗生素产生基因，学者在中国青藏高原和河西走廊地带均分离得到大量产抗生素放线菌类群。

11.5.6.3 沙漠微生物对生态系统的影响

沙漠通常植被稀少，土壤微生物对沙漠生态系统的稳定性及生产力而言显得极其重要。例如，生物结皮和石下的物理结构能够稳定土壤，防止其受到风和水的侵蚀。已有研究表明，生物锈菌和水泥土群落能够提高土壤肥力和土壤保水能力，从而影响广泛分布的维管植物萌发、存活和营养吸收。此外，生物结皮中的深色蓝藻和地衣色素会降低地表反射率，影响局部和地区温度。因此，沙漠微生物群落和沙漠地表的扰动可能是沙漠化进程中的主要因素。在全球范围内，森林面积减少、干旱土地荒漠化和农田开垦等因素会减少外生菌根和类菌根的丰度，增加丛枝菌根丰度。研究发现，在高二氧化碳浓度下，丛枝菌根真菌会促进有机碳的分解，这些变化可能会对地下碳库产生重要影响。

此外，土地沙漠化减少了植物覆盖的事实，这可能会对 C、N 和 P 的生物地球化学循环产生积极影响（图 11-17）。

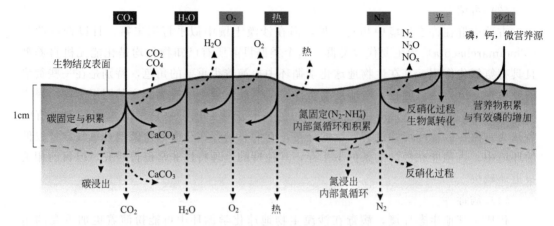

图 11-17　沙漠生物结皮调节沙漠环境的物质元素循环
(Pointing et al.，2012)

沙漠曾经被认为是没有生命的地方，随着时代的进步和分子生物技术的发展，荒漠蕴含的丰富微生物资源逐渐被人们发现并得到重视。利用高通量测序、荧光原位杂交、宏基因组测序等技术对沙漠不可培养微生物进行分析研究，荒漠环境微生物的适应性机制也将迎来新机遇。在分子生物技术的技术创新和成本降低的背景下，荒漠中潜在的微生物资源信息也将被充分解析，这对后续获得纯培养菌株及功能挖掘提供了有利条件。

11.5.7　喀斯特生境微生物

洞穴是岩石受到溶蚀或火山岩浆冷却形成的地下空间或通道，这种自然地质构造由于特殊的极端环境条件，并不利于生命发展。然而，洞穴的这些复杂特殊环境也为高度专一性的微生物提供了生态位。根据洞穴成因（洞穴是如何在地质学上形成和发展的）能够判定洞穴的多种类型，其包括：①矿物类型及其周围基岩（如石灰石或熔岩管）；②几何结构与形态（如水平或垂直）；③通过岩石寿命判断洞穴形成时间（如初级、次级或三级）；④形成机制（如溶质或非溶质）。根据进入洞穴的光线量，洞穴内部环境也可以分为四个主要区域：①入口区（地表和地下环境的交汇处）；②边缘区（光线逐渐消失，超过这一点没有植物能生长）；③过渡区（无光但仍能检测到温度、湿度等表面环境通量）；④深部区（完全黑暗、湿度高且温度恒定）（图 11-18）。最常见的洞穴是由石灰岩形成的喀斯特洞穴和其他钙质岩石洞穴。洞穴遍布世界各地，仅美国境内已探明的洞穴就超过了 50000 个。洞穴构成了营养极其贫乏的生态系统（总有机碳 TOC< 2mg/L），其特征是完全黑暗或低光、稳定低温和高湿度。尽管具有寡营养的环境特征，这些生态系统中岩石上的微生物平均数量仍达到 10^6 CFU/g。尽管洞穴已经被研究了数百年，但洞穴微生物却有诸多未知，并且长久以来是被人们忽略的。

尽管洞穴被证明营养极其有限，但各种各样的微生物仍然能茁壮成长。洞穴是近年来许多微生物生态学研究的重点，洞穴中发现了许多具有多种酶活性和抗菌活性的微生物，这些微生物不同于其他极端环境中观察到的微生物，引发了研究人员的极大兴趣。最初，研究人员通过配制丰富的营养培养基，并在 37℃ 的温度下培养，但是分离效果

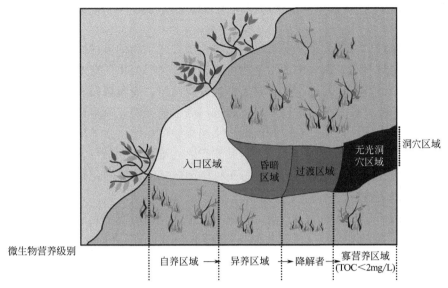

图 11-18　洞穴营养级能量流示意图

(Ghosh et al.，2017)

并不理想。这是因为洞穴微生物适应生活在寡营养的环境中，标准培养基中丰富的营养物质使得洞穴微生物细胞受到渗透压胁迫，导致微生物死亡。近年来，有研究会采用寡营养和低温条件（15℃）来分离洞穴微生物。随着分子生物学和分离培养技术相结合后，洞穴微生物群落的研究进展突飞猛进。

11.5.7.1　喀斯特洞穴微生物群落

（1）细菌群落特征

在过去几十年来，人们逐渐意识到地球生命的多样性，细菌和古菌是我们星球上的优势物种。它们在地球表面无处不在，也存在于地下的区域空间，洞穴也不例外。微生物在洞穴里普遍存在，在营养贫乏的洞穴里也可以发现稀疏的微生物群落，在富含硫化物的岩壁上也能够发现密集的微生物生物膜。地球亚表面蕴藏着巨大的微生物生物量和新的微生物资源，但仍然在很大程度上没有得到充分地开发。喀斯特地貌覆盖了地球表面约15%，构成了微生物的重要储存库，其中可能包含生命之树的新分支、新的微生物代谢过程，以及用于制药或生物技术应用的独特遗传信息来源。为了描述洞穴微生物多样性，需要利用不同方法对环境微生物群落进行特征描述。微生物群落和物种的鉴定、描述和定量有助于了解微生物在洞穴生态系统和其在生物地球化学循环过程中的作用。

迄今为止，大多数洞穴微生物生态学相关研究都强调了细菌多样性在其中的重要性。这些研究主要集中在洞穴的石壁、洞顶、水体沉积物和洞穴地面沉积物上。目前的大多数研究均采用了基于纯培养或免培养宏基因组测序的方法来阐明洞穴细菌多样性。例如，2014 年，有学者基于纯培养方法研究了斯洛文尼亚喀斯特洞穴，利用 16S rRNA 基因图谱对这些分离菌株进行分析，发现在 80 个被研究的细菌分离株中，链霉菌属（*Streptomyces*）、微球菌属（*Micrococcus*）和红球菌属（*Rhodococcus*）为主要类群，分别占 25%、16% 和 10%，所有样品中均有链霉菌属（*Streptomyces*）和农杆菌属

（*Agrobacterium*），且样品中微生物的多样性与其他有关地下环境微生物特征的研究十分相似。

高通量测序近年来得到迅速普及以协助研究洞穴微生物的多样性。大量通过洞穴样品高通量测序结果表明，洞穴中的微生物主要以放线菌门为主。对 Kartchner 洞穴的 10 个洞穴表面样品进行研究发现，其主要类群为放线菌门、变形菌门和酸杆菌门。有趣的是，微生物群落多样性较低的采样点以放线菌门为主要类群，而多样性较高的采样点以变形杆菌门为主。同样，通过对中国西部金家洞岩壁沉积物、水生沉积物和天坑土壤中细菌丰度检测，发现了 γ-变形杆菌门和放线菌门占主要类群。放线菌的许多 16S rRNA 基因序列与无机化能自养细菌（能够进行无机碳固定和无机氮转化）很相似。

（2）真菌群落特征

相比于细菌而言，有关洞穴真菌的研究非常少。原始洞穴中真菌的研究一直没有引起太多的关注，直到几年前一种致命的真菌疾病——白鼻综合征（WNS）在北美蝙蝠中暴发。从那时起，有关洞穴真菌相关的新药物和新基因的研究逐渐兴起。近年，有研究从洞穴中分离到真菌、黏性真菌和类真菌种有 518 属，1029 种之多，这极大地填补了关于原始洞穴真菌多样性的空白。在生态学上，真菌被观察到存在于砂岩、花岗岩、石灰石和大理石等各种岩石的表面和石内，甚至在冰洞中也能找到其踪迹。多数研究表明，子囊菌门（Ascomycota）在洞穴中相比其他真菌类群而言占绝对优势，其主要包括青霉菌属（*Penicillium*）、曲霉菌属（*Aspergillus*）、葡萄孢霉属（*Botrytis*）、枝孢菌属（*Cladosporium*）和镰刀菌属（Fusarium）。尽管真菌群落对洞穴矿物质沉积有非常重要的影响，但对真菌及其在岩溶系统中的潜在生态功能的研究还很缺乏。古菌类群最初是在极端环境中发现的，比如热泉和盐沼。但是目前很少有人研究洞穴中的古菌，我们也对此知之甚少。有人推测古菌能够适应慢性能量应激，这可能是细菌与古菌分化的一个重要因素，古菌可能通过硫氧化、产甲烷、固氮、硝化和氨氧化等作用，在营养有限的洞穴生态系统中发挥重要作用，促进营养循环。

11.5.7.2　喀斯特洞穴微生物研究

早期对微生物群落组成的研究主要采用分离培养的方法，通过优化培养条件、接种量、培养基成分等获得尽可能多的可培养菌株。将分离到的菌株进行统计学分析，可以快速衡量一些小群体的多样性。分离洞穴微生物有着非常悠久的历史，并且已经证实该方法具有极大的价值。有人利用 7 种不同培养基对斯洛文尼亚某洞穴岩壁黄色、粉色、灰色和白色斑点样品进行了分离培养，共得到 80 株形态不同的细菌。其中，农杆菌属和链霉菌属菌株在所有样品中均被分离到。有学者从西伯利亚最大的喀斯特洞群中分离到的链霉菌具有抗细菌和真菌的活性，能够产生多种次级代谢产物，这些活性物质的纯化、表征及生物合成将成为进一步研究的兴趣点之一。当然，随着测序技术的发展，宏基因组技术也逐渐被应用到洞穴微生物的研究中（图 11-19）。

洞穴常年黑暗潮湿，温度相对稳定，营养比较贫瘠，形成了一种高度特异性的生态系统，从洞穴中分离得到的许多微生物新种极大地拓展了微生物资源。作为一种开放而独立的生态系统，洞穴理化性质稳定，通过比较不同洞穴的微生物组能够评估特定因素对微生物群落结构的影响，追踪小的环境波动造成的微生物群落变化，研究洞穴历史演化以及演化过程中微生物的作用。另外，第一，应该对生物活性代谢物进行分析和鉴

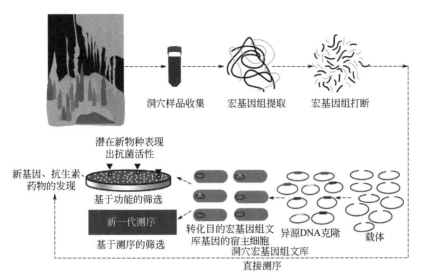

图 11-19　洞穴宏基因组学研究示意图
(Ghosh et al.，2016)

定，从洞穴中发现更多的活性菌株并进行详细的研究；第二，应更多地采用高分辨率方法来分析洞穴代谢物，无论有无生物活性，都应研究所有的未知化合物，在后来的研究中，似乎不活跃的化合物常常被认为具有生物活性；第三，拓展洞穴分离菌株的各项潜在生物活性指标；第四，应更多地利用分子方法筛选生物活性代谢物；第四，我们应重视对洞穴不同类群的分析，目前，放线菌的代谢产物是洞穴微生物研究的重点。

11.5.8　特殊环境未培养微生物研究

微生物是地球上数量最为众多、形式最为多样的生命形式，据估计其细胞总量高达 $4 \times 10^3 \sim 6 \times 10^{30}$ CFU，是地球生物圈的重要组成部分；同时微生物细胞生长繁殖快，具有丰富的生理代谢功能，是生态过程的重要参与者，被认为是地球上元素生物地球化学循环与能量流动的重要引擎。然而，自然界微生物的实际数量与现有实验手段获得的数量相差甚远，尽管现代分离技术手段有了长足发展，但这个基本微生物学问题仍然没有得到很好的解决。随着基于生物 Marker 基因的系统发育分析方法建立，以及不依赖于微生物培养的测序技术在微生物领域的广泛应用，如基于系统发育基因（如 16S rRNA 基因）、宏基因组、单细胞基因组来研究环境中的微生物，这些方法，使我们更加全面和深刻地理解微生物多样性，并从环境中发现了大量的未培养微生物（Uncultured Microorganism）。基于"主要未培养微生物（Uncultured Majority）"的范围和规模，研究人员借用天体物理学中"暗物质（Dark Matter）"的概念，直接使用"暗物质"、"生物暗物质（Biological Dark Matter）"或"微生物暗物质（Microbial Dark Matter）"等术语来代表它们。

11.5.8.1　未培养微生物研究的主要方法和挑战

毋庸置疑，从复杂环境样品中直接获得未培养微生物的基因组信息并进行解读存在着巨大挑战和风险。但是随着测序技术的不断革新和发展，特别是宏基因组和单细胞基因组技术的应用，以及相应生物信息学分析工具的完善，让我们能够获得宏基因组组装

的 基 因 组 （Metagenome-Assembled Genome，MAG） 和 单 细 胞 基 因 组 （Single Amplified Genome，SAG）。通过这些方法可以从环境中得到部分未培养微生物的基因组信息，并探索其代谢潜能，有利于发现全新的生理代谢功能和过程，进而完善对生态系统过程及功能的了解；同时还有助于拓展对微生物多样性的认识，有利于重构生命之树，解析生命起源及其进化历程。

宏基因组技术通过获得环境样品中所有微生物的 DNA，构建宏基因组文库，然后测序，利用基因组学方法研究环境样品所包含的全部微生物遗传信息及其群落功能。针对微生物"暗物质"类群，进行基因预测以获得其基因信息，并完成基因组的功能注释，结合注释信息，预测其代谢潜能。通过该方法研究人员已经获得了部分未培养微生物的完整或接近完整的基因组信息。宏基因组技术的一大优势是样品制备过程相对简单和可变，可以应用到任何能够获得足量总 DNA 的样品中。总 DNA 的提取方法也可以根据样品特性来进行调整和完善，这是其他方法，如单细胞基因组技术所不能比拟的。理论上通过改进总 DNA 提取过程，结合一定的测序深度，能够全面地反映样品中的所有遗传信息，从而获得所有微生物的全基因组信息。但该技术存在的主要挑战是，测序获得的基因信息是来自于环境中丰度各异的不同物种，同时还存在种群内部菌株水平的异质性，因此从中得到单一物种的独立基因组信息并不容易。特别是针对具有复杂微生物群落结构的环境样品（如土壤），或低丰度类群以及缺少完整的参考基因的未培养微生物（如一些潜在新门级别的类群）时。

单细胞基因组技术是通过从样品中分选出单一细胞，然后利用全基因组扩增和测序，借助生物信息学分析软件组装获得单细胞基因组（SAG），从最基本的生物学单位（单个细胞）来研究样品中的微生物的一种技术。通过单细胞基因组技术挖掘未培养微生物主要包括以下几个步骤：①单细胞分选。目前可以通过不同的方式来分选样品中的细胞，包括梯度稀释、细胞捕获、显微操作、流式分选以及微流控芯片技术等。其中梯度稀释和显微操作分选过程相对随机，分选目标难以实现特异性，并且通量低；基于流式细胞仪的分选过程可以参照细胞的大小、形态、荧光信号等表型特征，高效分选出不同类型的微生物细胞，但是大型高效的分选型流式细胞仪往往价格昂贵，并且需要专业技术人员进行操作和维护。基于微流控芯片的单细胞分选技术，在具有分选效率高的基础上还可以结合荧光和光谱类检测方法，对特定表型细胞实现特异性分选，是近年来较为主流和热门的单细胞分选手段。②单细胞基因组扩增。分选获得单细胞之后进行细胞裂解，以释放基因组 DNA，然后通过多重置换扩增（MDA，Multiple Displacement Amplification）进行全基因组扩增，单细胞基因组 DNA 从飞克级别扩增到纳克至微克级别。③未培养微生物的筛选和测序。后续一般先通过 PCR 扩增和测序对分选获得的单细胞进行初步鉴定，选择感兴趣的未培养微生物类群进行全基因组测序，并参照组装得到的单细胞基因组中单拷贝保守基因（SCMs，Single-copy Conserved Markers）的数目来确定所获得的单细胞基因组的完整度。单细胞基因组技术的挑战主要在于从复杂环境样品中筛选单细胞以及单细胞所含的 DNA 量太低而必须要借助于全基因组扩增。在环境样品中紧密黏附在固体颗粒表面或者呈聚集生长状态的微生物细胞，往往要经过相应的前期处理来富集和分散细胞，以便于细胞分选；另外在分选过程中还要保证细胞的完整性。单细胞极微量的基因组 DNA，需要大量扩增，对污染问题特别敏感，因此对样品制备要求严格，需要考虑所使用的试剂、仪器等。

宏基因组技术和单细胞基因组技术各有优劣，相互补充，2种技术组合应用，是挖掘未培养微生物的有力手段。宏基因组技术不需要分选单细胞和 MDA，而单细胞基因组技术可以直接揭示系统发育位置和潜在功能联系，同时为从宏基因组序列中组装出单个基因组提供依据。两种测序技术互补，可以从环境样品中得到近乎完整基因组的未培养微生物的信息。

11.5.8.2　未培养微生物研究的主要进展

（1）利用宏基因组技术挖掘未培养微生物

有学者利用宏基因技术，并借助 Sanger 测序从 AMD 的粉色生物膜中获得了 2 个未培养细菌的基因组（*Leptospirillum* group Ⅱ和 *Ferroplasma* group Ⅱ），并且对它们的营养需求和生物地球化学循环功能进行了解析。细菌类群 WWE1 的第一个基因组 *Candidatus* Cloacamonas acidaminovorans 是通过相似的技术手段从厌氧消化池中获得的，基因组分析揭示该类群与其他未知微生物互养生长。可以利用富集手段来降低样品中微生物的多样性，以利于宏基因组的组装和分析。古菌类群 *Korarchaeota* 的基因组 *Candidatus* Korarchaeum cryptofilum，便是基于该类群对高浓度的 SDS 有一定耐受的特性，通过富集并结合宏基因组测序得到的。

第二代测序技术的出现，大大降低了测序成本，同时加速了利用宏基因组技术挖掘未培养微生物的进程。前期主要是通过 Fosmid 文库对大片段基因组进行测序，拼接获得 MAGs，如古菌新类群 *Candidatus* Caldiarchaeum subterraneum 和细菌新类群 *Candidatus* Acetothermum autotrophicum 的基因组。有学者将第一代、二代测序技术相结合，从富集培养物中获得了海洋来源的厌氧氨氧化细菌 *Candidatus* Scalindua profunda 的基因组，通过解析发现该菌株可以利用小分子有机酸及寡肽，能够以硝酸盐、亚硝酸盐和金属氧化物作为电子受体，这些特性与淡水环境中的厌氧氨氧化细菌存在很大差别。细菌新类群 *Candidatus* Fodinabacter communificans、*Candidatus* Accumulibacter sp. strain UW-2，以及具有光合异养潜能的放线菌新类群 *Candidatus* Actinomarinidae 的基因组都是通过这种方法得到的。针对多样性较低的样品，通过第二代测序就能成功地获得部分未培养微生物的基因组信息。有学者从高海拔 Atacama 沙漠火山碎石样品中获得 *Pseudonocardia* sp. 的 MAG，能够编码完整的氧化大气中不同小分子气体物质（如 H_2、CO 等）并固定二氧化碳的分子通路。有学者从永久冻土解冻区获得的 *Candidatus* Methanoflorens stordalenmirensis 的 MAG，具有氧化氢并产甲烷的基因，该物种是一类基于甲烷的应对气候变暖正反馈调节的重要类群。有学者采用"分而治之"的组装策略，同时参考宏转录组数据，从 AMD 系统中获得 11 个 MAG，其中 10 个属于稀有类群，同时揭示了这些微生物适应低 pH、高重金属环境的机制。目前随着具有更长读长的第三代测序技术的不断完善，将更有利于从环境样品中直接重构基因组。有学者基于 PacBio 测序平台从农业土壤富集物中组装得到第一个土壤环境来源的氨氧化古菌Ⅰ.1b 类群 *Candidatus* Nitrososphaera evergladensis 的 MAG。

借助深度测序可以从样本中获得大量的 MAG，从而更好地理解样品中的微生物及其过程，同时完善对微生物系统发育和进化的认识。有学者利用宏基因组技术从美国科罗拉多州的一个地下蓄水层沉积物和地下水样本中，获得了 2500 多个 MAG，涵盖了近 80% 的已知细菌门类，包含 47 个新门级的细菌类群，该研究揭示了地下微生物的多样性及不同微生物之间的互作方式，及其参与的碳、氮、氢等重要元素的生物地球化学循环过程。加州大学伯克利分校的 Jillian F. Banfield 研究团队基于公共数据库中的基因组和 1011 个从不同环境中获得的新的 MAG，重构生命之树，揭示了细菌类群巨大的多样性，其中多样性最高的分支被称为"候选门辐射分支（Candidate Phyla Radiation，CPR）"，目前还没有纯培养物。有学者从 1500 多个公开的宏基因组中组装获得了 7903 个 MAG，大大拓展了细菌和古菌的多样性，其中包含 17 个新门级别的细菌和 3 个新门级别的古菌，还包括 245 个 CPR 类群的未培养微生物。此外宏基因组技术在解析环境中病毒多样性方面也显示出一定的优势。有学者通过宏基因组重构未培养古菌类群 Aigarchaeota 基因组信息，揭示其潜在的代谢潜能及其遗传多样性获得机制，并结合数据库中已有 Thaumarchaeota 和 Aigarchaeota 基因组进行比较基因组学和进化基因组学分析，勾勒出这两个近缘支系的演化历史场景，指出古菌类群 Thaumarchaeota 和 Aigarchaeota 的共同祖先起源于高温生境，频繁的水平基因转移极大地提升了两者对各自生境的适应性，该研究极大地促进了对古老且神秘的古菌支系的认知。有学者分析了全球 10 类生境的 3024 个宏基因组样本，最终得到了 125842 个部分及完整的病毒基因组，将已知的病毒基因数量提高了 16.6 倍，这些病毒基因可编码 279 万多个蛋白质，且其中 75% 和已分离培养的病毒无序列相似性，还构建了首个全球病毒的分布图。

（2）基于单细胞基因组技术挖掘未培养微生物

单细胞基因组技术是挖掘未培养微生物的有力手段，特别是针对微生物群落中的稀有类群。第一个低盐环境下的氨氧化古菌 *Candidatus* Nitrosoarchaeum limnia SFB1 的基因组就是通过这种方法得到的。有学者利用该技术成功解析了人类口腔中丰度只有 0.7%～1.9% 的细菌类群 TM7 的基因组，并对该类群菌株进行了分离培养。有学者解析了全球分布的未培养细菌类群 TM6，有学者解析了陆地和海洋生态系统中广泛存在的未培养细菌类群 OP11，有学者解析了地球深部生物圈中绿弯菌门的未培养类群的全基因组。有人获得了海洋主要微生物类群 Deltaproteobacteria cluster SAR324、Gammaproteobacteria cluster ARCTIC96BD-19 和 Agg47，以及部分 Oceanospirillales 成员的全基因组，并解析其化能无机自养代谢途径，这些类群在海洋碳循环中扮演着重要角色。有人利用流式细胞仪分选结合单细胞基因组测序，从海洋、淡水、热液口等 9 种不同环境样品中获得了 201 个 SAG，涵盖 29 个未培养微生物类群，基于这些数据进一步解析了不同类群之间的系统进化关系，并提出 2 个超门，同时发现了很多新奇的代谢途径。另外单细胞基因组技术还能够更好地解析不同微生物之间的互作关系，有学者利用单细胞基因组技术从白蚁 *Reticulitermes speratus* 的肠道共生原生生物 *Trichonymphaagili* 中获得未培养细菌菌株 Rs-D17 的 SAG，并对三者之间的关系进行了阐述。有学者揭示了蜜蜂肠道内生菌 *Gilliamella apicola* 和 *Snodgrassella alvi* 种内不同菌株之间蛋白质编码基因的差异。

（3）混合策略挖掘未培养微生物

宏基因技术和单细胞基因组技术各有优劣，相较于单一技术，采用混合策略将提升对未培养微生物的挖掘和理解。单细胞基因组可以参照宏基因组技术获得的序列来提高基因组的完整性，同时单细胞基因组也可以用于指导并校正宏基因组数据的组装拼接。有学者通过融合两种技术获得了 15 个门下的 35 个基因组草图，其中包括 3 个潜在新门 Atribacteria、Hydrogenedentes 和 Marinimicrobia 的第一个基因组。另外还可以借助单细胞基因组技术对宏基因组技术获得的特定类群的功能进行专门研究。有学者利用单细胞基因组技术证实墨西哥湾漏油事故中的优势类群 Oceanospirillales（宏基因组研究结果）具有石油烃降解功能。有学者借助这种方法解析了细菌新类群 OP9 的全基因组，并对其代谢特征进行了预测。斯坦福大学的 Stephen Quake 研究团队最近提出了 MINI-宏基因组技术，该技术基于微流控芯片从环境样品中获得含有 5～10 个细胞的子样品，从而降低样品中微生物复杂度，然后利用宏基因组技术对不同的子样品进行研究，这种方法一方面保留了单细胞的高分辨率，另外利用不同子样品中微生物细胞的共存模式还能提高单个基因组的 binning。他们利用该技术从美国黄石公园的热泉样品中获得了 29 个新的微生物基因组。

11.5.8.3　总结与展望

测序技术的革新，特别是宏基因组和单细胞基因组技术的应用，同时借助相应生物信息学方法，更加全面地了解自然环境中微生物的多样性，并且能够从复杂环境中得到大量未培养微生物的基因组信息。这些信息，促进了对生命之树各个分支及其进化历程的认识，同时有助于对生物多样性和生态系统功能，特别是新的代谢特征的理解。大规模测序工作如人类微生物组计划（Human Microbiome Project）、地球微生物组计划（Earth Microbiome Project）、细菌和古菌的基因组百科全书（Genomic Encyclopedia of Bacteria and Archaea）等的成功实施，加速了对环境微生物多样性和功能的认识，在未培养微生物研究方面也取得了一些实质性的进展。表 11-4、表 11-5 分别列示了目前已经解析的新门级别古菌和细菌类群"暗物质"，但生命之树仍有很多分支没有基因组信息。随着国际上主要微生物组计划的实施，例如美国已经实施的国家微生物组计划（National Microbiome Initiative）、我国即将实施的中国微生物组计划（China Microbiome Initiative）、中、美、德等国科学家呼吁组织的国际微生物组计划（International Microbiome Initiative），以及专门针对微生物"暗物质"，美国能源部联合基因组研究中心（DOE-JGI）启动的细菌和古菌的基因组百科全书-微生物"暗物质"计划（Genomic Encyclopedia of Bacteria and Archaea-Microbial Dark Matter，GEBA-MDM）等。公共数据库中基因组数据集将不断增加，越来越多的微生物"暗物质"将被发现并解析。

表 11-4　近年来通过宏基因组和单细胞基因组技术获得的古菌潜在新门

潜在新门	基因组类型	分离源
Aenigmarchaeota（DSEG）	SAG	霍姆斯特克矿
Aigarchaeota（pSL4；HWCG-I）	MAG，SAG	热泉
Bathyarchaeota（MCG）	MAG	海洋沉积物
Diapherotrites（pMC2A384）	SAG	霍姆斯特克矿
Geoarchaeota	MAG	酸铁矿菌席
Heimdallarchaeota	MAG	海洋沉积物
Korarchaeota	MAG	热泉沉积物
Lokiarchaeota	MAG	北冰洋中脊
Helarchaeota	MAG	深海地热沉积物

潜在新门	基因组类型	分离源
Nanoarchaeota	MAG	海底热液烟囱沉积物
Nanohaloarchaeota	MAG，SAG	盐湖沉积物
Odinarchaeota	MAG	热泉生境宏基因组
Pacearchaeota	MAG	科罗拉多河水体
Parvarchaeota（ARMAN）	MAG，SAG	里奇蒙德矿井
Thorarchaeota	MAG	白栎河河口沉积物
UAP1-3	MAG	公共数据库的宏基因组数据
Verstraetearchaeota	MAG	纤维素厌氧反应器 科罗拉多河水体
Woesearchaeota	MAG	热泉沉积物与海洋沉积物
Brockarchaeota	MAG	

表 11-5　近年来通过宏基因组和单细胞基因组技术获得的细菌潜在新门

潜在新门	基因组类型	分离源
Acetothermia（OP1/KB1 group）	MAG，SAG	热泉沉积物
Aerophobetes（CD12）	SAG	萨基诺湖
Aminicenantes（OP8）	SAG	热泉沉积物
Atribacteria（OP9/JS1）	MAG，SAG	热泉沉积物
BD1-5	MAG	地下水
Berkelbacteria（ACD58）	MAG	科罗拉多河水体
BRC1	SAG	埃托利科泻湖与 Sakinaw 湖
Calescamantes（EM19）	SAG	热泉沉积物
Cloacimonetes（WWE1）	MAG，SAG	厌氧污泥反应器
CPR（RIF1-46 and SM2F11）	MAG	水体沉积物与地下水
EM3（former OP2）	SAG	热泉沉积物
Fervidibacteria（OctSpA1-106）	SAG	热泉沉积物
Gracilibacteria（GN02）	MAG，SAG	盐湖
Hydrogenogenetes（BRC1/NKB19）	MAG，SAG	土壤和水稻根际
Kryptonia	MAG	黄石公园热泉
KSB3	MAG	厌氧污水处理反应器
Latescibacteria（WS3）	SAG	沃特史密斯空军基地
Marinimicrobia（SAR406）	MAG，SAG	海洋水体
Melainabacteria	MAG	人类肠道和地下水
Microgenomates（OP11）	MAG，SAG	热泉
NC10	MAG	喀斯特洞穴水体
Omnitrophica（OP3）	MAG，SAG	黄石公园热泉
Parcobacteria（OD1）	MAG，SAG	黄石公园热泉

潜在新门	基因组类型	分离源
PER	MAG, SAG	地下水
Poribacteria	SAG	海绵
Saccharibacteria（TM7）	MAG，SAG	泥炭沼泽
SBR1093	MAG	活性污泥废水处理系统
SR1	MAG，SAG	水体污染水体
Tectomicrobia	MAG，SAG	海绵
TM6	SAG	泥炭沼泽
UBP1-17	MAG	公共数据库宏基因组
WS1	SAG	沃特史密斯空军基地
WWE3	MAG	厌氧活性污泥反应器

（1）未培养微生物研究的后基因组时代

基于未培养微生物 MAG 和 SAG 信息获得的代谢潜能，仅仅只是预测，如果没有其他数据做支撑，只能作为一个线索，而非有力证据。在后基因组时代，未培养微生物的研究将以基因组功能预测为基础，重点开展原位功能活性分析。因此，部分研究选择宏转录组和宏蛋白质组相结合，在转录和翻译层面上来检测目的基因的表达。这种方法在微生物多样性较低的环境如热泉、酸性尾矿、生物反应器等生境具有一定的优势，但该方法不能直接对微生物本身及其功能基因代谢产物进行检测。同位素标记实验对解决这一问题具有优势。在原始生境中使用放射性或稳定性同位素进行标记，然后利用荧光原位杂交（FISH，Fluorescence *in situ* Hybridization）结合显微放射自显影技术（Microautoradiography，MAR）或纳米级二次离子质谱技术（Nano-Scale Secondary Ion Mass Spectrometry，Nano-SIMS）、拉曼光谱技术（Raman）可以揭示特定微生物类群的同化代谢特征。此外如果用系统发生芯片（PhyloChip）来代替荧光原位杂交同时结合 Nano-SIMS，可以同时对多个类群的功能进行研究（Chip-SIP）。类似的高通量方法还有利用物质的拉曼效应，直接对微生物细胞内各种化合物进行定性、定量分析，并结合细胞分选，然后进行单细胞基因组测序。

（2）未培养微生物的分类命名及可培养化

目前微生物的分类命名系统主要是针对纯培养菌株利用双名法进行命名，用简单的字母和数字来标识。但大量未培养微生物的存在，导致现有命名系统存在局限性，尽管提出了暂定种（*Candidatus*）的概念，但因其操作性不强，使用范围非常有限。因此能够兼顾未培养微生物和所有已有效发表的纯培养菌株的分类体系，以及针对未培养微生物的命名法则亟待建立。随着技术的进步，越来越多的基因组信息被用于区分不同的物种，有学者提出使用基因组信息和预测的表型特征作为新的分类标准材料的提案，但形成一套行而有效的分类命名系统，并得到大家的广泛认可和接受，尚需时日。

获得微生物的纯培养菌株是科学研究和开发应用的基础，微生物细胞能否被培养在一定程度上取决于适宜的培养方法。而未培养微生物往往具有特殊的生长需求，包括温度、pH、含氧量、营养源、生长因子、信号物质或特殊代谢前体等。另外这些微生物在实验室条件下作为一种适应策略可能会形成活而未养（Viable but Non-Culturable）

或休眠状态。借助未培养微生物基因组的分析和推断，获得特殊代谢途径或方式，将有助于实现未培养微生物的可培养化。另外培养手段的创新也很重要，如基于允许微生物与环境及其他物种交流代谢物思想设计的 iChip（Isolation Chip）技术，大大提高了可培养微生物的多样性。基于未培养微生物的全基因组信息，深入研究其代谢特性，并结合其原位生长环境特征，改进完善分离培养策略，实现免培养技术和纯培养手段的有效结合，能够大大增强未培养微生物类群的可培养性，从而提高对未培养微生物的认识和理解。

（3）功能导向性的未培养微生物挖掘

未培养微生物蕴藏着大量的未知功能基因和代谢潜能，在生物能源、生物技术和环境领域具有重要的应用潜力。有学者指出未培养微生物是探寻新抗生素的重要来源，可以解决目前病原微生物的抗药性和耐药性问题。有学者利用宏基因组技术构建海绵共生细菌 *Candidatus* Entotheonella factor 和 *Candidatus* Entotheonella gemina 的基因组，并证明它们是海绵中生物活性物质的主要产生者。有学者利用 iChip 装置，通过原位培养，从土壤中获得一种隶属于 β-变形杆菌 *Eleftheria terrae* sp. 类群的未培养微生物，该菌株能够产生一种称之为 Teixobactin 的酯肽，该物质可以阻碍革兰氏阳性细菌细胞壁的合成，具有广谱的抗菌活性，同时很难产生抗药性。环境中未培养微生物的不断发现和解析，将大大促进功能导向性的研究工作，使未培养微生物来源的新基因和新活性物质的挖掘出现新的机遇。

此外值得注意的是，微生物"暗物质"除了包括那些已知的未培养微生物类群之外，还包括那些目前未探明（Undiscovered）的生命，主要是指基于现有的技术手段还未探测到的生命类群。譬如由于现有技术的限制或者目前还未获得它们相应生境的样品，以至于还检测不到它们。在未探明的生命中很有可能会发现生命之树以外的分支。全球范围内的极端环境，如热泉、盐湖、喀斯特洞穴、冰川、AMD、油藏环境等，从极端环境中挖掘未培养微生物，并揭示其生态角色，是理解地质微生物及其生态过程的重要组成部分。以热泉为例，基于全球地热系统微生物 16S rRNA 基因高通量测序结果表明热泉环境孕育着大量的微生物"暗物质"，在门一级水平达到 16.1%，纲一级水平达 34.0%，目一级水平达 42.1%，科一级水平高达 46.9%。研究者们从滇藏热泉生境中分离并描述了大量微生物新物种，极大地拓展了高温微生物资源。同时基于 16S rRNA 基因利用高通量测序，对滇藏部分热泉微生物群落组成进行了分析，结果发现部分热泉中未培养微生物的丰度在门一级别可高达 30% 左右。利用宏基因组结合单细胞基因组技术，从热泉环境中发现 1 个高温中性热泉环境特有的潜在细菌新门 *Candidate* Kryptonia，由于该类群的 16S rRNA 基因与现有细菌通用引物存在错配，所以一直未被探测到，基因组代谢潜能分析发现该类群微生物营异养生长，存在营养缺陷，需要与其他微生物共生生长。后续通过对云南、西藏多个热泉宏基因组的深度分析，还探测到其他的未培养微生物，其中包含 7~8 个潜在的新门，对它们的代谢潜能及其在热泉重要生源元素循环中所起的作用，还有待进一步研究。

参考文献

方治国，欧阳志云，胡利锋，等，2004. 城市生态系统空气微生物群落研究进展. 生态学报，9（02）：143-150.

李学恭，2013. 深海微生物高压适应与生物地球化学循环. 微生物学通报，40（1）：59-70.

李婷，张威，刘光琇，等，2018. 荒漠土壤微生物群落结构特征研究进展. 中国沙漠，38（2）：329-338.

李彦鹏，刘鹏霞，谢铮胜，等，2018. 霾污染天气大气微生物气溶胶特性的研究进展. 科学通报，63（10）：940-953.

林学政，边际，何培青，2003. 极地微生物低温适应性的分子机制. 极地研究，15（1）：78-85.

刘双江，施文元，赵国屏，2017. 中国微生物组计划：机遇与挑战. 中国科学院院刊，32（3）：241-250.

钱亚利，王森，丁柳屹，等，2019. 大气颗粒物中微生物分析方法及分布特征的研究进展. 生态毒理学报，14（2）：53-62.

秦亚玲，梁宗林，宋阳，等，2019. 高通量测序分析云南腾冲热海热泉微生物多样性. 微生物学通报，46（10）：2482-2493.

任娟娟，何聃，邢鹏，等，2013. 湖泊水体细菌多样性及其生态功能研究进展. 生物多样性，21（4）：421-432.

任红妍，1995. 嗜热微生物. 生物学通报，（3）：18.

唐兵，唐晓峰，彭珍荣，2002. 嗜冷菌研究进展. 微生物学杂志，22（1）：51-53.

王淑丽，郑绵平，王永明，等，2019. 中国盐湖地球化学发展历程与研究进展. 科学技术与工程，19（09）：6-14.

曾巾，杨柳燕，肖琳，等，2007. 湖泊氮素生物地球化学循环及微生物的作用. 湖泊科学，19（4）：382-389.

郑绵平，2010. 中国盐湖资源与生态环境. 地质学报，84（11）：1613-1622.

Aleklett K，Kiers E T，Ohlsson P，et al.，2018. Build your own soil：exploring microfluidics to create microbial habitat structures. The ISME Journal，12（2）：312-319.

Amend J P，Teske A，2005. Expanding frontiers in deep subsurface microbiology. Palaeogeography Palaeoclimatology Palaeoecology，219（1）：131-155.

Baker-Austin C，Dopson M，2007. Life in acid：pH homeostasis in acidophiles. Trends in microbiology，15（4）：165-171.

Barton H A，Jurado V，2007. What's up down there? Microbial diversity in caves. Microbe，2：132-138.

Casanueva A，Tuffin M，Cary C，et al.，2010. Molecular adaptations to psychrophily：the impact of 'omic' technologies. Trends in Microbiology，18（8）：374-381.

Cavicchioli R，2016. On the concept of a psychrophile. The ISME Journal，10（4）：793-795.

Chen L X，Huang L N，Méndez-García C，et al.，2016. Microbial communities，processes and functions in acid mine drainage ecosystems. Current Opinion in Biotechnology，38：150-158.

Crowther T W，Van den Hoogen J，Wan J，et al.，2019. The global soil community and its influence on biogeochemistry. Science，365（6455）：1-10.

De Menezes A B，Richardson A E，Thrall P H，2017. Linking fungal-bacterial co-occurrences to soil ecosystem function. Current Opinion in Microbiology，37：135-141.

Delgado-Baquerizo M，Oliverio A M，Brewer T E，et al.，2018. A global atlas of the dominant bacteria found in soil. Science，359（6373）：320-325.

Falkowski P G，Fenchel T，Delong E F，2008. The microbial engines that drive Earth's biogeochemical cycles. Science，320（5879）：1034-1039.

Fierer N，2017. Embracing the unknown：disentangling the complexities of the soil microbiome. Nature Reviews Microbiology，15（10）：579-590.

Gandolfi I，Valentina Bertolini，2013. Unravelling the bacterial diversity in the atmosphere. Applied Microbiology and Biotechnology，97（11）：4727-4736.

Gao Q，Garcia-Pichel F，2011. Microbial ultraviolet sunscreens. Nature Reviews Microbiology，9（11）：791-802.

Ghosh S，Kuisiene N，Cheeptham N，2017. The cave microbiome as a source for drug discovery：reality or pipe dream?. Biochemical pharmacology，134：18-34.

Gunde-Cimerman N，Oren A，Ana Plemenitaš，2006. Adaptation to life at high salt concentrations in Archaea，

Bacteria，and Eukarya．Springer Science & Business Media：1-10.

Hug L A，Baker B J，Anantharaman K，et al.，2016．A new view of the tree of life．Nature Microbiology，1 (5)：16048.

Jiao N Z，Herndl G J，Hansell D A，et al.，2010．Microbial production of recalcitrant dissolved organic matter：long-term carbon storage in the global ocean．Nature Reviews Microbiology，8 (8)：593-599.

Johnson D B，Schippers A，2017．Recent advances in acidophile microbiology：fundamentals and applications．Frontiers in microbiology，8：428.

Kato C，Takai K，2000．Microbial diversity of deep-sea extremophiles-Piezophiles，Hyperthermophiles，and subsurface microorganisms．Uchu Seibutsu Kagaku，14 (4)：341-352.

Lighthart B，Mohr A J，2012．Atmospheric microbial aerosols：Theory and applications．Springer Science & Business Media.

Logares R，Bråte J，Bertilsson S，et al.，2009．Infrequent marine-freshwater transitions in the microbial world．Trends in microbiology，17 (9)：414-422.

Maheshwari R，Bharadwaj G，Bhat M G K，2000．Thermophilic Fungi：Their Physiology and Enzymes．Microbiology and Molecular Biology Reviews，64 (3)：461-488.

Margesin R，Schinner F，Marx，J C，et al.，2008．Psychrophiles：from biodiversity to biotechnology．Berlin：Springer.

Martin W F，Sousa F L，2014．Hydrothermal vents，energy，and the origin of life：On the antiquity of methyl groups．BBA-Bioenergetics，1837：e1-e2.

Metcalfe D B，2017．Microbial change in warming soils．Science，358 (6359)：41-42.

Mu D S，Liang Q Y，Wang X M，et al.，2018．Metatranscriptomic and comparative genomic insights into resuscitation mechanisms during enrichment culturing．Microbiome，6 (1)：1-15.

Nogi Y，2008．Bacteria in the Deep Sea：Psychropiezophiles Psychrophiles：from Biodiversity to Biotechnology．Springer Berlin Heidelberg.

Oren A，2013．Life at high salt concentrations，intracellular KCl concentrations，and acidic proteomes．Frontiers in microbiology，4：315.

Pointing S B，Belnap J，2012．Microbial colonization and controls in dryland systems．Nature Reviews Microbiology，10 (8)：551-562.

Parks D H，Rinke C，Chuvochina M，et al.，2017．Recovery of nearly 8，000 metagenome-assembled genomes substantially expands the tree of life．Nature microbiology，2 (11)：1533-1542.

Rinke C，Schwientek P，Sczyrba A，et al.，2013．Insights into the phylogeny and coding potential of microbial dark matter．Nature，449：431-437.

Schönknecht G，Chen W H，Ternes C M，et al.，2013．Gene transfer from bacteria and archaea facilitated evolution of an extremophilic eukaryote．Science，339 (6124)：1207-1210.

Smets W，Moretti S，Denys S，et al.，2016．Airborne bacteria in the atmosphere：Presence，purpose，and potential．Atmospheric Environment，139：214-221.

Toju H，Peay K G，Yamamichi M，et al.，2018．Core microbiomes for sustainable agroecosystems．Nature Plants，4 (5)：247-257.

Woyke T，Rubin E M，2014．Searching for new branches on the tree of life．Science，346 (6210)：698-699.

Zeng Y，Feng F，Medova H，et al.，2014．Functional type 2 photosynthetic reaction centers found in the rare bacterial phylum Gemmatimonadetes．Proceedings of the National Academy of Sciences of the United States of America，111 (21)：7795-7800.

Zimmerman A E，Howard-Varona C，Needham D M，et al.，2020．Metabolic and biogeochemical consequences of viral infection in aquatic ecosystems．Nature Reviews Microbiology，18 (1)：21-34.

（房保柱　李文均）

第12章

生命起源与地外生命科学探索

摘要：揭示生命的起源和演化，是当今自然科学永恒的前沿课题之一，它不仅是一项基础研究课题，而且是一项具有长期战略意义的宏大课题，其涉及化学、生物学、天文学、考古学、地质学、地球化学、空间科学等不同领域的多学科交叉，也涉及了同位素追踪、微生物培养等各种研究方法。生命起源的探究涉及宇宙的其他行星，所以人们也在积极进行地外生命的探索，这是人们对未知世界进行探索的过程，也是人类认识宇宙的过程，从"先锋0号"月球探测器的发射到最新"天和"核心舱的发射，人们对宇宙的探索从未停止；随着人们对外太空认识的增加，星球之间的交叉污染问题也越来越受到关注，人们又提出了行星保护的概念，本章将对以上涉及的方面进行叙述。

12.1　生命的定义

说到生命的定义，人们通常会局限于自己认识的生命形式中去，不同领域的研究者也会用自己的专业术语来定义生命。比如生理学定义，把生命定义为具有进食、代谢、排泄、呼吸、运动、生长、生殖和反应性等功能的系统；生物化学定义，生命系统包含储藏遗传信息的核酸和调节代谢的酶蛋白；遗传学定义，生命是通过基因复制、突变和自然选择而进化的系统；热力学定义，生命是个经过能量流动和物质循环而不断增加内部秩序的开放系统。

诺贝尔奖获得者 Erwin Schrödinger 定义生命是一个热力学体系，它可以不断从环境吸取营养，在一个相当高的有序条件下维持自我的稳定，从此提供了一个负熵的条件。日本生命起源和进化学会前会长认为，生命与非生命的区别在于，非生命会随着时间流逝而毁灭，生命虽然也会随着时间流逝而毁灭，但它能在毁灭之前复制或增殖，因而从外部看没有毁灭。在空间生物学中，生命的定义是，可以进行达尔文进化的、自我维持的化学系统，并认为宇宙中的生物分子和细胞信号可能支持着这一达尔文进化论。

不管如何定义生命，所有的生命形式都有3个共同特点：①所有的生命形式基于碳化学；②所有的生命形式遵循同样的自然法则；③生命的基本功能是自我复制，通过变异和进化及新陈代谢。

生命产生前在分子水平上的进化被称为化学进化。生物的化学进化过程，主要是指从地球形成初期直到原始细胞出现，一系列非常复杂的有机化学反应过程，这个生命起源过程与当时的全球环境变化密切相关。一般认为，化学进化可分为4个层次：无机分子的生成、生物小分子的合成、生物大分子的合成和原始细胞的出现。Lahav 和 Nir 则将生命的化学进化过程分为两个阶段：一些简单有机物的前生命合成阶段和更复杂的化合物出现的阶段。在第二个阶段出现的化合物具有重要的生命特性，如代谢循环等。

137 亿年前宇宙大爆炸，之后的几秒形成质子和中子，大爆炸 30 万年以后形成了最早的原子，然后形成了无机分子，无机分子经过放电、紫外线（UV）、辐射和火山作用形成了有机分子。在星际物质以及环恒星云中已经发现有生命体前体分子，如甲醛、氨、氰化氢等。

氨基酸、糖、核酸碱基在没有生命体帮助下进行非生物合成，如氨基酸可以从甲醛、氨、氰化氢混合物合成，糖可以通过甲醛聚糖的醛缩合途径合成，核酸碱基的腺嘌呤可以通过氰化氢反应来形成。总之，很多重要的生物分子可以通过非生物的过程来形成。

20 世纪 20 年代，俄国生物化学家奥巴林最早提出生命起源的"化学进化说"，他设想化合物可以合成不同复杂程度的有机分子，并且最终可以通过"化学进化"合成生物有机体。目前科学家已经陆续提出了许多生命发生和进化理论及模型。

现在将生命的化学进化归纳为两种可能的路线：一为以氨基酸合成蛋白质生物大分子的进化途径；另一途径是以碱基合成核苷酸生物大分子的途径。前者的理论依据是蛋白质具有生命代谢催化功能；后者的理论依据是核苷酸 RNA 是生物遗传信息的载体，特别是后来具有催化功能的核酶发现支持了"RNA 时代"生命进化说（刘志恒，2009）。

中国科学家赵玉芬院士在研究磷化学的基础上，通过分子进化，发现了一个仅有两个氨基酸的二肽（丝氨酸-组氨酸二肽），却具有切割核酸和蛋白质的酶活性，并提出了"蛋白质和核酸共起源"学说。这一学说的提出可以帮助解决学术界有关生物分子进化中长期争论的"先有蛋还是先有鸡"的问题。

目前关于生命手性起源问题没有明确的解释，有一种学说认为，生命分子，如氨基酸，是在太空中形成后，通过陨石带到地球来的。目前发现的证据，有助于解释生命分子为何都是左旋式同分异构体，从而支持了这一学说。

12.2 地球上的生命历史

地球上的生命历史十分漫长，这里我们可以通过化石和生物分子的系统进化发育学来了解。

12.2.1 生命历史的化石记录

化石是保存于地层中的古生物遗体、遗物或遗迹，埋藏在地下，经过自然界的作用，变化而成的保留原物体、遗迹形状、结构或印模的钙化、碳化、硅化、矿化的东西，结合同位素分析技术，可以很好地了解地球上的生命历史。

化石记录了地球上的生命历史。研究表明，早在 35 亿年之前就出现了原核生命，真核细胞的出现则是在 15 亿年前，多细胞的出现则是 6.5 亿年前，在此期间是前寒武纪，随后出现贝壳等其他生物，为寒武纪，寒武纪生命大爆发"骤然"上演，几乎所有门类现生动物的祖先分子在很短的时间里涌现了出来，其复杂而多样的生命形态与之前漫长演化过程中出现的原始生命体截然不同，2.45 亿年前泛大陆（Pangaea）形成，标志着古生代的结束，中生代的开始，到 6600 万年前恐龙灭绝，大量植物、动物出现，标志着新生代的开始。我们自己的祖先，最早的原始人类出现在 300 万年以前（图 12-1）。

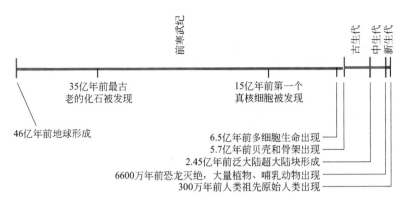

前寒武纪　　　古生代　中生代　新生代

35亿年前最古
老的化石被发现　　　15亿年前第一个
真核细胞被发现

46亿年前地球形成

6.5亿年前多细胞生命出现
5.7亿年前贝壳和骨架出现
2.45亿年前泛大陆超大陆块形成
6600万年前恐龙灭绝，大量植物、哺乳动物出现
300万年前人类祖先原始人类出现

图 12-1　生命历史的化石记录
(Gerda Hroneck et al.，2008)

12.2.2　生命历史的分子系统进化

化石证据虽然是最理想的方法，但是这种方法常常零散不完整，所以还可以利用分子系统进化发育学来进行分析。这是一种研究物种进化和系统分类的方法，常常用一种类似树状分支的图形来概括各种生物之间的亲缘关系。

通过比较储存在 16S/18S rRNA 序列中的基因信息，利用生物信息学的方法构建了系统发育树（图 12-2），在这个系统进化发育树中分为细菌、古菌和真核生物三大部分。其中细菌和古菌中最先出现的都是极度嗜热微生物，并且位于系统发育树的根部，厌氧且可以自养生长，这表明生命可能起源于高温热的环境并且是化学自养型的微生物。

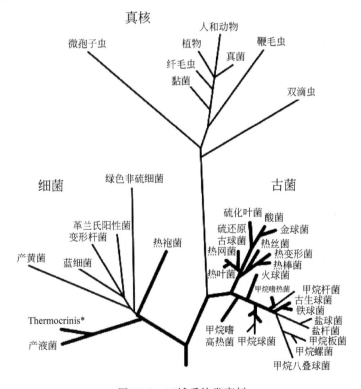

图 12-2　三域系统发育树

12.3 地外是否存在生命

12.3.1 关于地外生命的观点

关于地外生命的观念，早在世界各地出现，并且常常与超自然现象、外星人联系到一起。早在公元前 6 到 7 世纪，希腊作家 Thales 就首先提出了宇宙中存在许多行星，并且这些行星上可能存在生命。古希腊的主流学说坚持地球是宇宙的中心的观点，认为地外没有生命。地心说的拥护者亚里士多德也认为地外不存在生命。犹太族的创始人认为有地外存在着生命，犹太法典认为有将近两千个世界存在。基于这些，18 世纪的 Seler HaBrit 提出了外星生物、智慧生命的存在的假设。

自从望远镜的发明和哥白尼对地心说的质疑开始，人们在思想上受到了巨大的冲击，开始清楚地意识到地球只是广袤的宇宙中的一个星球而已，从此对外星人的了解就进入科学主流。近现代这些观点的拥护者中，最有名的是布鲁诺（Giordano Bruno），他提出宇宙是无穷的，并且每个恒星都被自己的太阳系所包围。从 18 世纪到 19 世纪，有许多天文学家都坚信在太阳系中可能存在其他适宜外星生命居住的星系。直到 1970 年，人们对外星人的看法到了一个十字路口，有些科学家开始质疑宇宙中是否普遍存在智慧文明。2000 年，两位著名的古生物学家和天文学家提出了虽然宇宙中可能存在很多低等生物，但是它们几乎没有发展到高等生物的机会。目前，主流科学家对地外生命存在的可能性争议很少，答案是没有直接证据的支持。

12.3.2 地外生命存在的基础

宇宙其他地方有没有生命的存在，人们一直没有停止对这个问题答案的思考。随着科学家对宜居环境的了解和探测技术的进步，科学家们认为地外存在生命，原因在于：一是宇宙过于广袤，很多地方都没有探索到，很有可能有适宜生存的条件；二是宇宙中存在地球上的生命必需的碳、氢、氧、氮等基本元素；三是在地外的很多地方都可以进行有机反应。

水是地外生命存在的基础，尤其是液态水的存在，有助于形成适宜的气候，维持着生命存在的热力学平衡，还可以作为溶剂，为生物等提供足够的氧。碳元素可以与其他元素形成共价化合物，与水反应把太阳能储存到有机物中，用于其他生物的化学反应，为生命提供结构基础；有机酸和氨基可以通过水合作用，聚合成肽链和各种有功能的蛋白质，当有磷酸基团的存在时，还可以生成 ATP 和 DNA。有些科学家认为硅元素耐高温，可以硅基生物的形态存在于距离恒星比较近的行星上面。

对于地外生命的形态，科学家们主要分为"分歧主义"和"趋同主义"两种说法。分歧主义认为仅地球上就存在如此繁多种类的生物，那么宇宙中则存在更多种类的生物；趋同主义认为，趋同进化可能会使地球生命和地外生命之间有很多相似之处，具有人类的特点或爬行类的形态。

12.4 地外生命探索

地外生命探索是为了调查研究宇宙中是否存在其他生命而进行的研究。宇宙中的任何星系只要满足生命存在的基础，都有可能存在生命，从而进化为生命的高级形态。

12.4.1 寻找地外生命的核心

寻找地外生命的核心科学问题主要是寻找生命信号。即选择什么样的生命信号或者标志物来准确地表示之前和现在存在的生命，以及这些相应的生命信号和标志物如何检测出来及如何进行识别。

目前用于地外生命探测的生物标志物或生命信号主要包括以下几种：①活体生命，这是最直接的地外生命证据；②化石，留在岩石中的古生物遗体、遗物或遗迹，是直接的研究对象；③地外生命活动过程产生的物质，如氧气、甲烷等；④进行生命活动所产生的化学信号，如生物大分子；⑤地外高等生命科技活动产生的信号，如无线电波、激光等。

12.4.2 寻找地外生命的途径

一是采样返回陨石分析。陨石是地球以外脱离原有运行轨道的宇宙流星或其他行星表面的未燃尽的石质、铁质或是石铁混合的物质，来自于地外天体。分析陨石样品，可以了解到其他天体的组成成分，可能会找到其他天体生命的存在痕迹。

二是开展航天地外生命探索任务。在太阳系中，科学家们对火星、土卫二、土卫六和木卫二有很大的兴趣，进行了多次探索，尤其是对于火星，已经进行了数十次的航天任务探索。当然，对土星和木星的卫星也进行了相应的探索任务，如卡西尼-惠更斯号（Cassini-Huygens，NASA-ESA-ASI）、旅行者号（Voyager，NASA）和伽利略号（Calileo，NASA）。

三是遥感探测技术。这是太阳系内寻找地外生命和系外行星探测的重要技术手段。对于太阳系内星体，遥感技术可以对地貌、云层甚至地表流体等进行一定程度上的探测；对于银河系外行星，可以对行星大气进行分析，这些分析主要是信号分析，包括可见光谱、红外光谱、大气化学不平衡和透射光谱等信号。

12.4.3 探索结果

科学家们对许多天体进行了探索，一些探索结果如下：①火星，检测到有液体水和甲烷的存在；②水星，外层大气含有水分；③土星，观测到大气环境；④金星，表面50km 以上的大气层中，有优越的气候条件且化学不平衡；⑤木卫二、三、四，冰层下面可能存在液体水；⑥土卫二，有水蒸气；⑦土卫六，有重要大气，液体湖。

12.5　合成生物学与实验室中的第二地球

合成生物学在空间生命起源研究中的主要研究内容有模拟原始生命与探索生命进化的机制及可能性，模拟的环境可以称得上是实验室中的第二地球。

20 世纪 50 年代，美国科学家 Urey 根据木星和土星的大气成分主要是 CH_4（甲烷）、NH_3（氨气）和 H_2（氢气）的事实，推想原始地球的大气也是这样的还原性大气。Miller（图 12-3）受 Urey 的理论影响，在 1953 年再现早期地球大气处于还原态的环境首次合成生物重要组成有机物的实验，他以 CH_4、NH_3 和 H_2 为原料模拟原始大气成分，在水蒸气的驱动下，在密闭的玻璃仪器内火花放电，结果生成了很多种低分子有机物，其中有 4 种氨基酸（甘氨酸、丙氨酸、谷氨酸和天冬氨酸）就是组成生物体蛋白质的氨基酸（图 12-4）。此后，Miller 采用不同的大气组成成分，利用不同的能源如紫外线、放射线、高温和强阳光等重复实验，生成了许多生命组成中的重要有机物质。

图 12-3　Miller 教授（右二）在第 14 届国际生命起源大会上（左一为本书名誉主编刘志恒研究员）

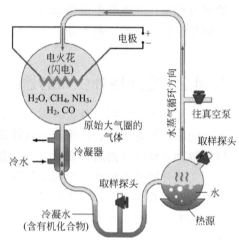

图 12-4　Miller-Urey 实验示意图

有学者没有用放电来模拟雷电，而是用质子来模拟宇宙射线照射含有氮和一氧化氮一类不大容易发生反应的分子的混合气体，结果也得到了若干种氨基酸等有机分子，认为原始地球形成生命材料很可能不是来自雷电，而是来自宇宙射线。

生物学家、诺贝尔奖获得者、哈佛大学的杰克·绍斯塔克（Jack Szostak）试图构建从无生命的化学反应到有生命的物质桥梁。就是在实验室试图创造生命为真正了解宇宙中生命出现的机遇，建立"实验室中的第二地球"。许多学者还以彗星和星际物质的化学组成成分为原料来合成有机物，这也是非常有意义的。

12.6　空间微生物研究

由于空间环境的独特性与复杂性，探索微生物在空间环境中的生存能力与适应机制成为推进人类空间探索可持续发展、支撑人类开展地外生命探索和宇宙生命起源等基础科学研究的核心问题。同时，在载人航天活动支撑下，利用微生物在空间环境下特有的生命机能、活动特性和代谢过程，发展服务于空间和地面环境的微生物技术和转化应用，将大大丰富地面医药、环境、能源和农业等领域的发展（袁俊霞等，2020）。

12.6.1 空间站

空间站也叫作太空站、航天站，是一种在近地轨道长时间运行，可供多名航天员巡访、长期工作和生活的载人航天器。1971年礼炮一号发射升空，它是首个空间站。之后相继发射了"天空实验室"空间站、"和平号"空间站等。

国际空间站（International Space Station，ISS），是目前在轨运行最大的空间平台（图12-5），长73m，宽109m，是一个拥有现代化科研设备，可开展大规模、多学科基础和应用科学研究的空间实验室，为在微重力环境下开展科学实验研究提供了大量实验载荷和资源，支持人在地球轨道长期驻留。目前，国际空间站主要由美国国家航空航天局、俄罗斯联邦航天局、欧洲航天局、日本宇宙航空研究开发机构、加拿大空间局共同运营（https：//www.nasa.gov/）。

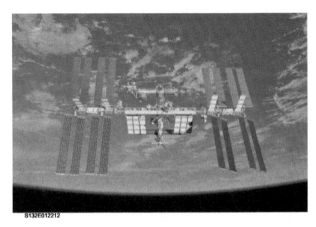

图12-5　国际空间站全貌图
（来源于NASA）

12.6.2 国际空间站微生物组学研究

美国国家航空航天局（National Aeronautics and Space Administration，NASA）对火星进行重点研究，NASA喷气推进实验室（NASA Jet Propulsion Laboratory）的高级研究员Kasthuri Venkateswaran带领团队开展了国际空间站的微生物组研究。空间站中的宇航员采集样本，并把它们送回地球，由六个部分构成的NASA"微生物追踪"调查研究旨在盘点国际空间站空气中及物体表面微生物，以帮助人们理解在国际空间站这一个封闭系统，微生物对长期太空旅行的宇航员有何影响，以及微重力压力、强辐射条件如何影响国际空间站中的微生物菌群。通过三次飞行，对八个样点进行平行采样（如图12-6），同时开展了免培养和纯培养研究。

免培养分析结果表明，第一次飞行与第二次飞行中各样点的菌株群落相似性较高，并明显区别于第三次飞行的样品（图12-7），共有318个微生物物种被检测到，同时共

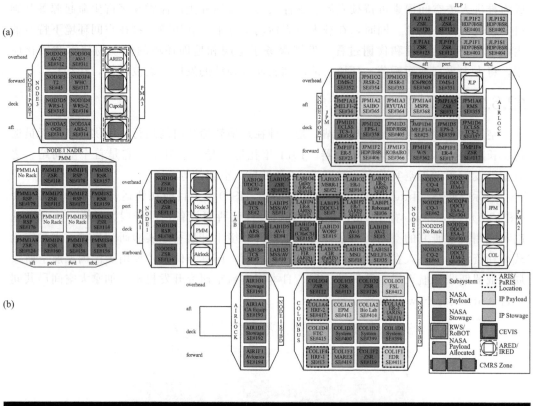

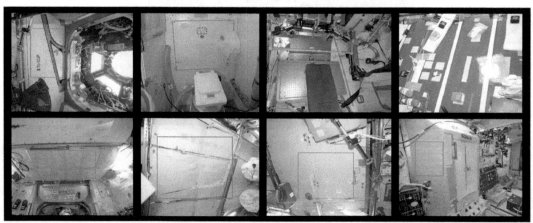

图 12-6　国际空间站舱内采样区位及采样点

(Sielaff et al.，2019)

有 18 个属的 46 个种在三次飞行中均检测到。同时，Venkateswaran 及其团队还检测到一些潜在致病类群如鲍曼不动杆菌、流感嗜血杆菌、肺炎克雷伯菌、肠道沙门氏菌、宋内志贺菌、金黄色葡萄球菌和费氏耶尔森菌等。值得注意的是，肺炎克雷伯菌在 US Node 1 样点一直存在且有可能在第三次飞行中同时扩散到了其他 6 个样点，这提示在长期飞行周期内，需要有系统的清洁制度以减少有害菌的长期定植。

纯培养结果显示 14 个月间的三次飞行任务中，微生物在样点的平均数量为 $10^4 \sim 10^9 \mathrm{CFU/m^2}$，细菌包括放线菌门、厚壁菌门和变形菌门，真菌包括子囊菌门和担子菌门，结果与之前免培养测序的分析结果是一致的。值得人们注意的是，最主要的菌群与

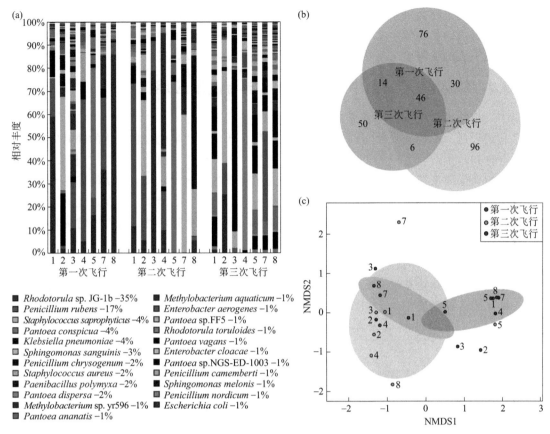

图 12-7　三次飞行微生物组免培养分析结果（见彩图）

(Singh et al.，2018)

人类微生物组相关，提示它们可能具有条件致病性。同时，这种针对封闭系统的微生物组学研究，对于制药和医疗行业也有重要的启示意义。

12.6.3　我国空间微生物组学研究

　　我国科学家也对某航天器 AIT（总装、集成和测试）中心的空气微生物多样性开展了研究（袁俊霞等，2020）。利用免培养的高通量测序技术与传统培养法比较分析，结果显示 AIT 中心空气中优势细菌以芽孢杆菌属为主，相对丰度 78.47%±1.59%，优势真菌为银耳目，相对丰度 8.97%±0.93%。基于纯培养法获得的优势细菌为葡萄球菌属，未获得真菌培养物。空气微生物的 Chao1 指数、Simpson 多样性指数以及 Shannon 多样性指数均显示该 AIT 中心空气中细菌的多样性水平高于真菌。同样的，对北京、天津、酒泉三个 AIT 中心空气微生物分析，结果也显示空气微生物分布呈现地区差异。我国航天部门也正在构建航天器 AIT 中心以及航天器的组装、总装和发射等阶段相应的环境微生物检测方法和数据库。

　　随着人类对宇宙的不断探索，大量研究观察到微生物次级代谢在航天飞行中的变化，为人类利用太空环境进行高产量和高质量微生物制药带来了希望，有研究发现太空环境下微生物生长停滞期缩短，更早进入生长期，更早产生次级代谢产物。目前，不同的航天飞行和模拟微重力下微生物次级代谢研究并未观察到相对一致的结果，其表型变化背后的分子生物学机制也有待进一步研究。太空微生物制药利用太空诱变筛选具有商业和医学价值的制药微生物菌株，这种航天飞行后地面筛选的模式具有无法控制诱变方向、被动筛选的缺陷，有待相关诱变通路进一步研究后予以改进。

12.6.4　载人航天工程中的微生物科学与技术应用

（1）生物再生生命保障系统中的应用

利用天然、工程微生物菌群进行舱内航天员生活代谢产生的废物转化的同时完成生物质（食物）生产，实现人类所需的营养、氧气和水等重要资源的再生是空间环境下生物再生生命保障系统中微生物功能部件开发的主要思路。同时，微生物功能部件在空间环境下的稳定性也是评估系统整体性能的重要因素。因此，功能微生物在近地轨道环境以及深空环境中的储存、运输以及复苏后的遗传稳定性、生物活性、毒性等特征均需经过空间验证与评估。

我国从 1990 年开始就进行了生物再生生命系统保障技术方面的探索，我国第一个空间基地生命保障地基综合实验装置"月宫一号"（图 12-8），在 2014 年成功完成了首次长期高闭合度集成实验。2016 年又进行了"绿航星际"受控生态生保系统集成试验，深化了我国对于第三代航天环控生保系统（Environmental Control and Life Support System，ECLSS）的认识。

图 12-8　志愿者在"月宫一号"植物舱内工作

欧洲航天局 ESA 的 Lasseur 等建造的微生态生命支持系统替代系统 MELiSSA 是由微生物与植物共同组成的闭合系统，微生物作为生产者与分解者均发挥了重要作用。系统主要包含由嗜热厌氧细菌组成的废物分解系统，由光合异养细菌、微藻（螺旋藻）、高等植物组成的食物生产系统，以及由亚硝化细菌和硝化细菌组成的硝化室。此外，为解决未来深空探测人类营养素的原位按需补充，有学者搭建了"Bionutrients"原位微生物生产平台，该平台能够利用工程酵母生产类胡萝卜素，以补充长期储存食物中的维生素损失。同样，这些技术在未来地面食品生产、环境保护等领域的应用也极具潜力。

（2）药物代谢评估模型及工程菌诱变

在空间飞行任务中，航天员表现出心血管功能失调、骨质流失、肌肉萎缩等症状，解决航天员在空间飞行环境下的生存、健康和工效的问题是载人航天的首要问题。研究表明，药物在空间环境中施用时的表现与在地球上表现不同。有学者利用酿酒酵母在微重力条件下评估了二甲双胍影响细胞代谢途径，了解微重力条件下药物在细胞内的作用途径，进而提高药物在空间环境下的有效性。

利用空间高能粒子辐射、微重力、高真空、温度骤变的特殊环境条件，筛选产率高、活性强的生产菌。如利用微生物开发抗病毒研究和癌症治疗的 γ 干扰素、治疗肺气肿的弹性蛋白酶、治疗糖尿病的胰岛素等。NASA 的 Briggs 研究团队利用微重力环境改变大肠杆菌工程菌的代谢网络，进而指导空间环境下异丁烯的高效生产，Nickerson 等在空间培养重组减毒的沙门氏菌疫苗（RASV）菌株，通过提高疗效和保护性免疫反应促进下一代疫苗的设计和开发。

12.7　我国探月与深空探测工程

12.7.1　中国探月工程

探月与深空探测项目、中国载人航天工程、高分辨率对地观测系统以及北斗导航系统是中国"航天梦"蓝图中的四个重大任务。近期，以深空探测为主要目标的探月工程成果丰硕，取得了许多里程碑式的成就。

我国探月工程规划为绕、落、回三期，主要由"嫦娥"系统实施（图 12-9，详细介绍参考 http：//www.clep.org.cn/index.html）。

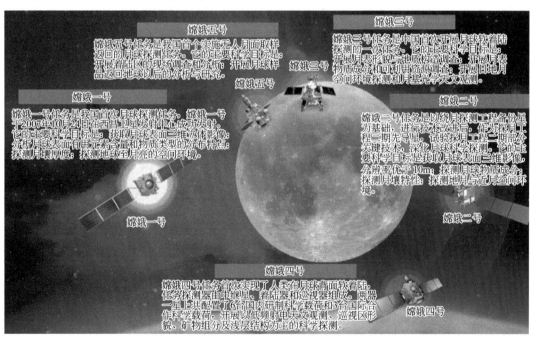

图 12-9　中国探月工程"嫦娥"系统主要工作任务
（图片来源于中国科学院国家天文台）

绕：2004 年～2007 年（一期）研制和发射我国首颗月球探测卫星，实施绕月探测，由嫦娥一号、嫦娥二号实施完成，主要探测月球物质成分、地球至月亮的空间环境等。

落：2013 年前后（二期）进行首次月球软着陆和自动巡视勘测，由嫦娥三号（图 12-10）、嫦娥四号实施完成。

回：2020 年前（三期）进行首次月球样品自动取样返回探测，由嫦娥五号实施完成。

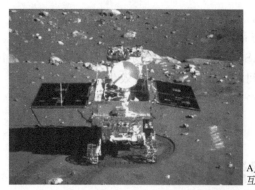

A点
互拍

图 12-10 嫦娥三号巡视器（左）与着陆器（右）两器互拍
（图片来源于中国探月工程与深空探测网）

我国探月工程已按计划逐项完成。2013 年 12 月 21 日 11 分，"嫦娥三号"月球探测器成功降落月球表面，2019 年 1 月 3 日 10 时 26 分，"嫦娥四号"月球探测器实现人类探测器在月球背面首次软着陆，随即开展原位和巡视探测，以及地月 L2 点中继通信。2020 年 12 月 17 日 1 时 59 分，"嫦娥五号"采样返回，全面实现月球探测工程"三步走"战略目标。

12.7.2 我国其他深空探测工程

2022 年 1 月 28 日，国务院新闻办公室发布了《2021 中国的航天》白皮书，以进一步增进国际社会对中国航天事业的了解。白皮书指出，未来五年，中国航天将立足新发展阶段，贯彻新发展理念，构建新发展格局，按照高质量发展要求，推动空间科学、空间技术、空间应用全面发展，开启全面建设航天强国新征程，为服务国家发展大局、在外空领域推动构建人类命运共同体、促进人类文明进步作出更大贡献。

2020 年我国已实施首次火星探测任务，发射我国首颗火星探测器"天问一号"，以突破火星环绕、着陆、巡视探测等关键技术。"天问一号"探测任务的三大科学问题之一即为探测火星生命活动信息。2021 年 5 月 15 日，"天问一号"成功着陆于火星乌托邦平原南部的预选着陆区，开始对火星的表面形貌、土壤特性、物质成分、水冰、大气、电离层、磁场等进行科学探测。"天问一号"任务是我国独立开展行星际探测的第一步，实现了中国在深空探测领域的技术跨越，必将推动我国空间科学、空间技术、空间应用全面发展，为服务国家发展大局和增进人类福祉做出更大贡献。

"天问一号"任务是我国独立开展行星际探测的第一步，将通过一次发射实现对火星的"绕、着、巡"，即火星环绕、火星着陆、火面巡视。后续至 2030 年前后，我国还将实施小行星探测、火星取样、木星系探测及行星穿越等深空探测任务。

12.8 地外生命探索过程中的行星保护

12.8.1 行星保护的定义

行星保护是指在开展深空探测时，应避免地球和地外天体间出现交叉生物污染，即地球生命污染其他天体，或从其他天体返回的生命污染地球生物圈，这使得对行星进行保护变得十分有意义和必要。

行星保护一般包括两方面要求：一是正向防护，保护被探测天体的自然状态，避免探测结果被污染，甚至影响后续生命探测活动；二是逆向防护，避免从地外天体带回的物质污染地球，危及地球生物圈。

12.8.2　行星保护国际政策

1957 年苏联发射第一颗人造卫星后，1958 年国际科学联合会理事会（ICSU）发起成立了宇宙探测污染委员会（CETEX）和空间研究委员会（COSPAR）等机构。CE-TEX 有 4 项基本原则：①对地外生命体探索的自由必须符合行星检疫要求；②公开 COSPAR 相关活动和实验信息；③开展实验需科学数据支持；④不应在地球附近天体进行核爆。

COSPAR 的宗旨是在国际范围内通过学术交流和组织实施国际研究项目，促进以卫星、飞船、火箭、深空探测器、高空气球等为手段的科学研究。COSPAR 有 7 个科学小组，其中第 7 组为"行星保护"分委会，主要在政策和技术层面提出行星保护的建议要求。中国于 1993 年 3 月正式加入该组织。

在联合国领导下，COSPAR 开始制定行星保护的有关国际政策，目前每 2 年更新一次。2017 年 12 月发布的最新版 COSPAR 行星保护国际政策，把行星保护定义为五个类别：类别Ⅰ，对金星和未分化的小行星的星球探索的直接目标不是了解生命的起源或化学演化的过程，对以这些星球为目标星球的轨道飞行器或着陆器，不需要实施行星保护要求，可以飞越、环绕、着陆；类别Ⅱ，对彗星、月球、木星、土星、天王星、海王星、冥王星及其卫星和柯伊伯带天体的星球探索的目标是为了了解生命的起源或化学演化的过程，但由航天器造成的污染机会非常小，不会对未来的探索计划造成危害，可以飞越、环绕、着陆；类别Ⅲ，明确任务目标是对火星、木卫二、土卫二星球的生命起源或化学演化的过程进行探索，或者科学家认为航天器会造成污染的机会较大，从而危害未来生物学实验，只允许飞越、环绕；类别Ⅳ，明确任务目的是对火星、木卫二、土卫二星球的生命起源或化学演化的过程进行探索，或者科学家认为航天器会造成污染的机会较大，从而危害未来生物学实验，只允许着陆；类别Ⅴ，所有执行返回任务的航天器，对火星、木卫二限制返回，对月球等其他天体无限制返回，重点关注保护地球和月球（其中火星Ⅳ类任务中又分为 3 个子类。Ⅳa 类为不研究火星生命的着陆任务；Ⅳb 类为研究火星生命的着陆任务；Ⅳc 类为到达火星特定区域的着陆任务）。

其中，这五类的行星保护任务政策性要求如下：类别Ⅰ，无重点关注，无典型保护政策；类别Ⅱ，要记录受控撞击概率和污染控制措施，简要记录行星保护计划、发射前报告、发射后报告、与天体相遇后的报告、任务终止后报告；类别Ⅲ，重点关注限定撞击概率被动生物负荷控制，详细记录（在Ⅱ类任务措施基础上增加）污染控制和含有机物的设备，任务实施过程包括轨迹偏转、洁净间、生物负荷减缓三方面；类别Ⅳ，重点关注限定非正常撞击概率限定生物负荷，详细记录（在Ⅱ类任务措施基础上增加）污染概率分析计划、微生物减缓计划、微生物评估计划和含有机物的设备，任务实施过程包括轨迹偏转、洁净间、生物负荷减缓、部分接触硬件净化、生物防护罩和生物负荷监测；类别Ⅴ，对于限制返回的航天器要求不得撞击地球或月球、净化返回硬件和不得污染样品，返回保护措施，对于限制返回要求详细记录（在 Ⅱ 类任务措施基础上增加）污染概率分析计划、微生物减缓计划、微生物评估计划和任务实施过程（轨迹偏转、净化或密封返回地球的硬件、持续监测项目进展、相关研究活动），对于无限制返回的航天器，无保护措施。

12.8.3　行星保护技术

通过了解国外行星保护的历史发展及政策解读，不难看出，行星技术保护主要包括以下几个方面：

发射前生物污染防控主要是通过表面清洁在组装和子系统水平减少微生物负荷；在轨飞行时，合理的飞行轨道能够减少其撞击概率，同时隔热罩的外表面将经历来自大气的高温加热，足以满足整体生物负荷要求；着陆环节，对于无人探测，在选材时应该尽可能将污染降到最小，对于有人探索，要对航天器内和航天服进行消毒灭菌处理；对于航天器返回的行星保护，采取限制性样本返回，主要针对从火星、木卫二或土卫二返回的样本，目前的规划以火星返回样本控制为主，策略为在不污染样本和采样源区域的情况下获取和保存样本，用于样品采集的材料和微生物控制技术必须与发射前过程相呼应，再用随后着陆的航天器装载含有采集样本的容器，再运送到绕轨道运行的航天器，后者将通过再入飞行器将样品运送到地球表面，从而防止逆向污染。

12.8.4　行星保护国际发展概况

在深空探测任务的研制和执行过程中，各国航天机构建立了各自的行星保护技术和管理体系，通过实施行星保护的相关法律法规，积累了丰富的经验，具有一定的技术基础。

（1）欧洲行星保护现状

欧洲航天局（European Space Agency，ESA）有规范的行星保护制度，设立有专门的行星保护办公室，监督 ESA 各项任务研制过程中行星保护的执行情况。ESA 规定：在每个深空探测任务顶层需求中必须明确行星保护具体需求，并在研制及出厂总结中报告研制情况；每个项目应设置行星保护负责人，直接向项目经理负责。ESA 在开展火星探测的过程中，十分重视行星保护工作。"火星快车"（Mars Express）、"猎兔犬 2 号"（Beagle 2）及"火星生物学" 2016（ExoMars2016）任务中，均对微生物总量、探测器撞击火星概率、探测器研制和发射前 AIT 过程的微生物检测和消杀等提出了严格的要求，从而 ESA 的火星、彗星和小行星探测等任务均严格按要求实施行星保护。

（2）美国行星保护现状

美国国家航空航天局（NASA）是目前在行星保护研究方面最为规范的航天机构。NASA 在成立之初就十分重视行星保护工作，1959 年在喷气推进实验室（Jet Propulsion Laboratory，JPL）成立了生物学研究办公室，后来发展为隶属于 NASA 总部的行星保护办公室，设立了行星保护官，专门负责行星保护技术研究与规范制定，审批各项深空探测任务的行星保护计划，并对全周期行星保护措施的落实情况进行监督审查。行星保护官直接向 3 个主管副局长之一汇报工作。

NASA 有明确的行星保护技术体系，发布了《航天器内外部生物污染控制》等一系列标准规范，并针对不同类型的任务细化了不同的行星保护技术和管理要求，在航天器的飞行轨迹设计、单机设备研制、总装与测试等过程中，均对行星保护措施的落实情况进行严格的监督审查。

1959 年美国在月球探测"徘徊者"（Ranger）系列任务中实施行星保护；1975 年发射的"维京号"（Viking）最为严格，甚至占探测器的总研制经费近 25％；近年来执行的火星探测（环绕/着陆/巡视）、木星和土星探测等任务中，均严密策划、严格执行 COSPAR 和 NASA 自身的行星保护政策、法规和各项管理制度。在最新 NASA 系统工程手册中，明确了开展行星保护的基本原则，并要求每个深空探测的项目执行情况都应通过 COSPAR 向联合国汇报。NASA 建立了行星保护网站，相关政策和标准均可以在其行星保护网站中查到。

（3）日本行星保护现状

日本的深空探测始于 20 世纪 80 年代。早在第一个火星探测任务"希望号"（Nozomi，1998 年）任务中，就开始了行星保护实践。在后来的"隼鸟"小行星采样返回探测任务中，也按照 COSPAR 的国际行星保护政策要求开展工作。近年来，日本宇宙航空研究开发机构（Japan Aerospace Exploration Agency，JAXA）组织和参与的深空探测任务不断增多，逐步建立了行星保护机制。

参考文献

林巍，李一良，王高鸿，等，2020. 天体生物学研究进展和发展趋势. 科学通报，65（05）：380-391.

刘志恒，2009. 生命起源与地外生命探索. 中国空间科学学会第七次学术年会会议手册及文集. 中国空间科学学会.

袁俊霞，印红，马玲玲，等，2020. 载人航天工程中的微生物科学与技术应用. 载人航天，026（002）：237-243.

张兰涛，杨宏，印红，等，2016. 行星保护的防控环节分析及实施建议. 航天器工程，25（05）：105-110.

张轶男，彭兢，邹乐洋，等，2019. 国际行星保护发展综述. 深空探测学报，6（01）：3-8.

Gerda Hroneck，庄逢源，2008. 宇宙生物学：了解宇宙中的生命. 航天员，06：50-53.

Hendrickson R，Kazarians G，Yearicks S，et al.，2020. Planetary Protection Implementation of the InSight Mission Launch Vehicle and Associated Ground Support Hardware. Astrobiology，20：1158-1167.

Krishnamurthy R，Hud N V，2020. Introduction：Chemical Evolution and the Origins of Life. Chemical Reviews，120（11）：4613-4615.

Monica V，Alia W，Jonathan B，et al.，2020. Absolute Prioritization of Planetary Protection，Safety，and Avoiding Imperialism in All Future Science Missions：A Policy Perspective. Space Policy，51：1-11.

Rummel J D，Betsy P D E，2019. Planetary protection technologies for planetary science instruments，spacecraft，and missions：Report of the NASA Planetary Protection Technology Definition Team（PPTDT）. Life sciences in space research：23.

Ragulskaya M V，Khramova E G，Obridko V N，2018. The Young Sun，Conditions on the Early Earth，and the Origin of Life. Geomagnetism and Aeronomy，58（7）：877-887.

Singh N K，Wood J M，Karoula F，et al.，2018. Succession and persistence of microbial communities and antimicrobial resistance genes associated with International Space Station environmental surfaces. Microbiome，6：204.

Sielaff A C，Urbaniak C，Mohan G B M，et al.，2019. Characterization of the total and viable bacterial and fungal communities associated with the International Space Station surfaces. Microbiome，7：50.

（董雷　徐璐　李文均）

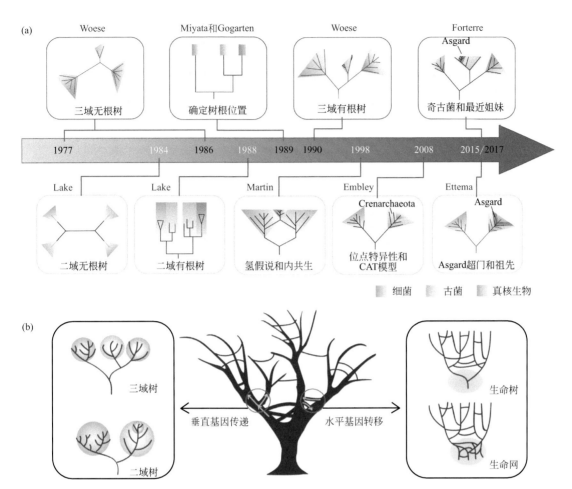

图 1-1 生命树发展及其相关理论 [引自（肖静等，2019）]

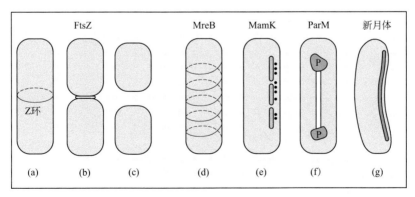

图 2-4 一些原核细胞骨架元件的示意图和定位

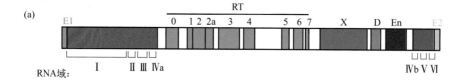

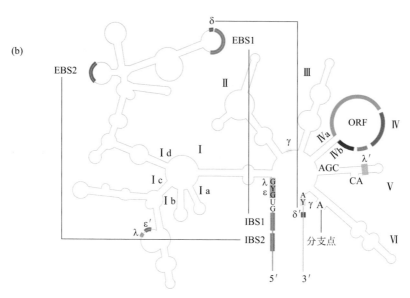

图 2-8 乳酸乳杆菌（*Lactobacillus lactis*）*ltrB* Ⅱ型内含子 DNA 序列和 RNA 结构

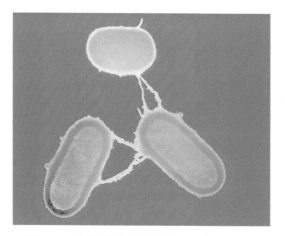

图 2-9 大肠杆菌接合的透射电子显微镜照片

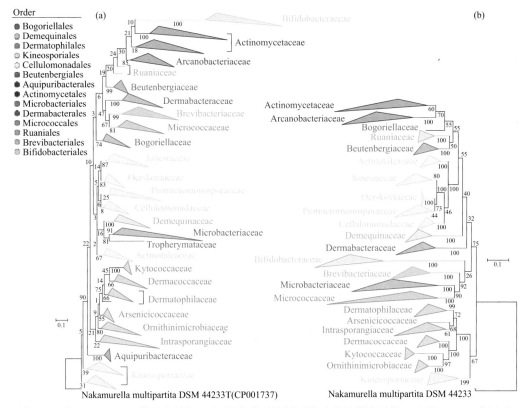

图 2-30 基于 16S rRNA 基因序列和 18 个通用标记基因序列构建的放线菌目等 14 个目 RAxML 树比较

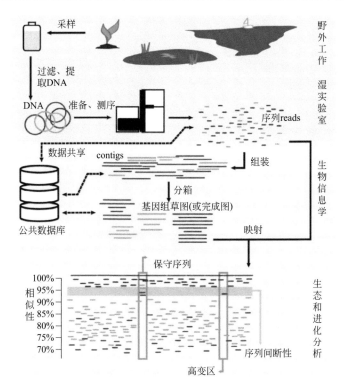

图 2-31 宏基因组方法鉴定序列离散种群的流程示意图

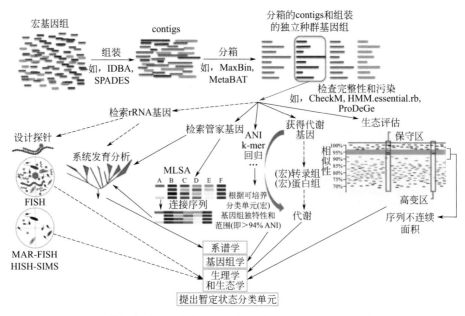

图 2-32　获得高质量的未培养微生物的分类单元描述所需数据的流程

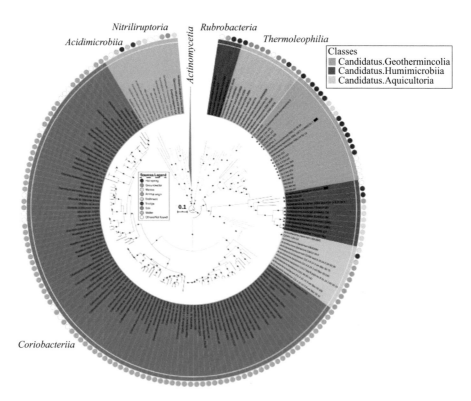

图 3-2　结合公共数据库已有放线菌基因组和宏基因组构建的
包括三个未培养放线菌新纲的系统进化关系图

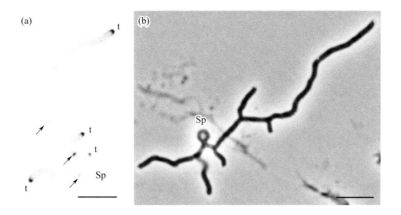

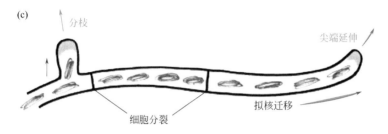

图 3-5　链霉菌菌丝中极化生长的简化图示

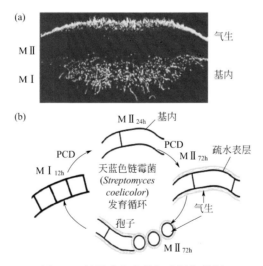

图 3-6　链霉菌发育的细胞周期特征

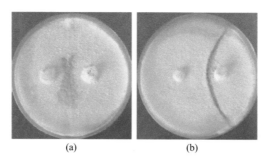

图 6-25　木材降解菌云芝（*Trametes versicolor*）的营养亲和与不亲和现象

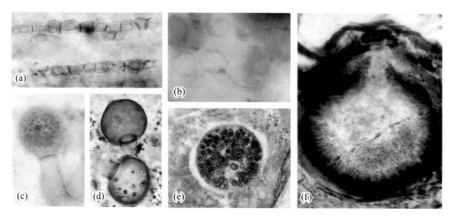

图 6-31　下泥盆纪莱尼燧石中的化石真菌

图 6-57　北极地衣（左）和南极地衣（右）

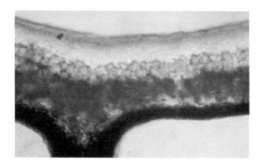

图 6-58　一种叶状地衣石梅衣（*Parmelia saxatilis*）原植体的纵切面

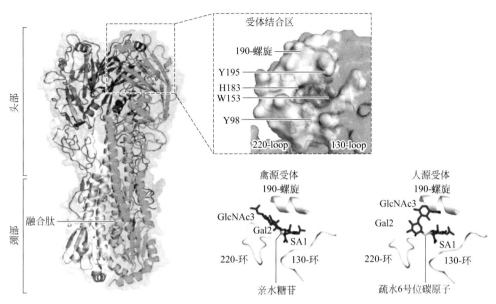

图 8-1 流感病毒受体结合部位及其受体

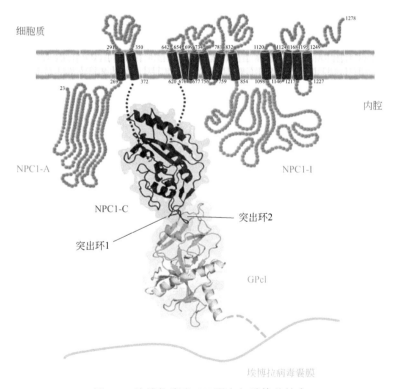

图 8-3 埃博拉病毒 GP 蛋白与受体的结合

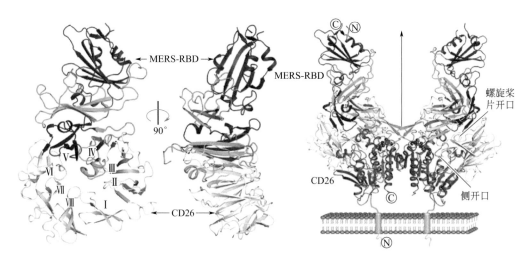

图 8-4　MERS S 蛋白 RBD 与受体的结合

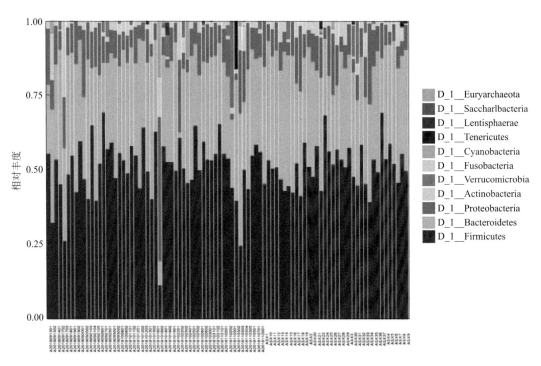

图 9-8　OTU 分类注释结果示意图

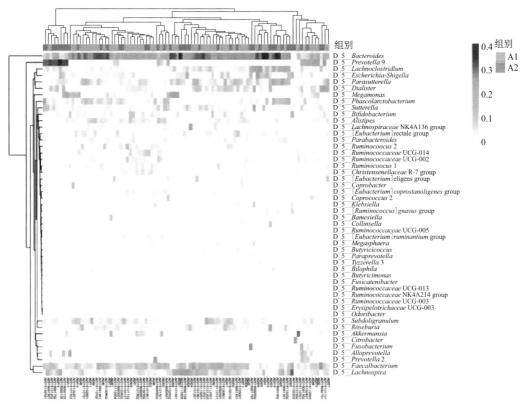

图 9-9　物种丰度聚类热图

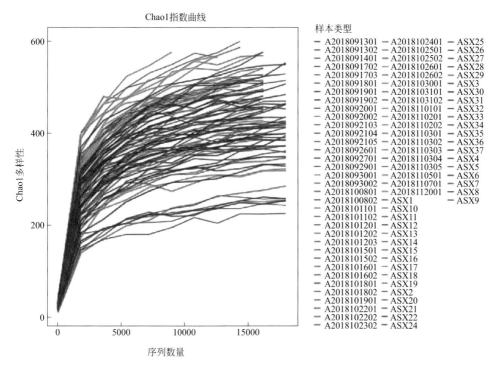

图 9-11　样本稀释曲线示意图

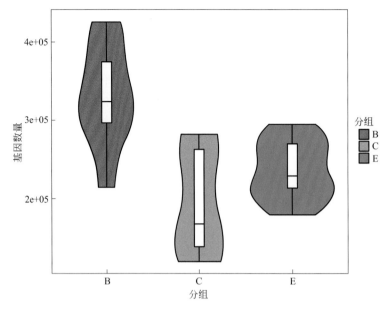

图 9-16　基因数目差异情况示意图

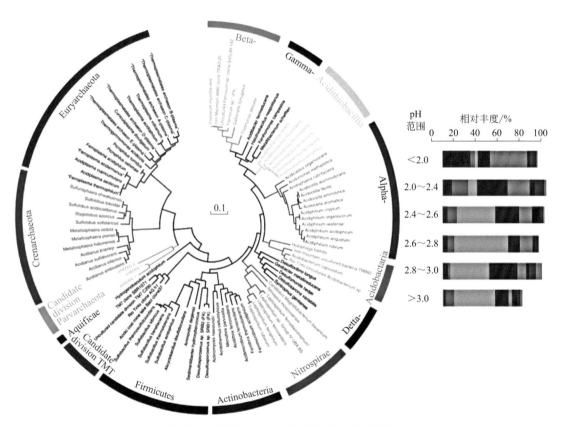

图 11-12　酸性矿山废水生境中微生物多样性

图 11-13 光合自养（左）和异养 *G. sulphuraria* 细胞

图 11-16 不同盐浓度下的盐湖

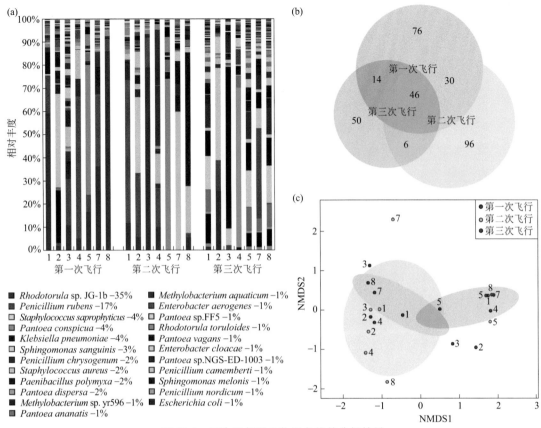

(a)

相对丰度

第一次飞行　第二次飞行　第三次飞行

(b)

76

第一次飞行

14   30

46

50   第三次飞行

第二次飞行

6   96

(c)

NMDS2

NMDS1

■ 第一次飞行
○ 第二次飞行
● 第三次飞行

■ *Rhodotorula* sp. JG-1b −35%
■ *Penicillium rubens* −17%
□ *Staphylococcus saprophyticus* −4%
■ *Pantoea conspicua* −4%
■ *Klebsiella pneumoniae* −4%
□ *Sphingomonas sanguinis* −3%
■ *Penicillium chrysogenum* −2%
□ *Staphylococcus aureus* −2%
■ *Paenibacillus polymyxa* −2%
■ *Pantoea dispersa* −2%
■ *Methylobacterium* sp. yr596 −1%
■ *Pantoea ananatis* −1%

■ *Methylobacterium aquaticum* −1%
■ *Enterobacter aerogenes* −1%
□ *Pantoea* sp.FF5 −1%
■ *Rhodotorula toruloides* −1%
■ *Pantoea vagans* −1%
■ *Enterobacter cloacae* −1%
□ *Pantoea* sp.NGS-ED-1003 −1%
■ *Penicillium camemberti* −1%
■ *Sphingomonas melonis* −1%
■ *Penicillium nordicum* −1%
■ *Escherichia coli* −1%

图 12-7　三次飞行微生物组免培养分析结果